QUIDO ZÁRUBA – VOJTĚCH MENCL

INGENIEURGEOLOGIE

AKADEMIE-VERLAG · BERLIN
VERLAG DER TSCHECHOSLOWAKISCHEN AKADEMIE
DER WISSENSCHAFTEN · PRAG

QUIDO ZÁRUBA und VOJTĚCH MENCL

INGENIEURGEOLOGIE

INGENIEURGEOLOGIE

von

Prof. Dr.-Ing. QUIDO ZÁRUBA
Korr. Mitglied der Tschechoslowakischen
Akademie der Wissenschaften

und

Prof. Dr.-Ing. VOJTĚCH MENCL

Mit 384 Abbildungen und
14 Tabellen

AKADEMIE-VERLAG · BERLIN 1961

VERLAG DER TSCHECHOSLOWAKISCHEN AKADEMIE
DER WISSENSCHAFTEN · PRAG 1961

Originaltitel:
INŽENÝRSKÁ GEOLOGIE
2. erweiterte Auflage
Erschienen im
Verlag der Tschechoslowakischen Akademie der Wissenschaften
Prag 1957
Übersetzt aus dem Tschechischen
von Rudolf Winkler, Berlin

Wissenschaftliche Redakteure:
Prof. Dr. Radim Kettner, Akademiemitglied
Prof. Dr.-Ing. Konrád Hruban, Korr. Akademiemitglied
Dr. Richard Köhler, Berlin

Gemeinschaftsausgabe
des Nakladatelství Československé akademie věd, Praha 2, Vodičkova 40
und des Akademie-Verlages GmbH, Berlin W 8, Leipziger Straße 3-4

Gesamtherstellung: Knihtisk, n. p., závod 1, Praha 1

Printed in Czechoslovakia

Bestellnummer: 8015. E S 18 F2/20E6

Vorwort zur deutschen Ausgabe

Für die Autoren war es eine große Ehre, daß durch die Entscheidung des Akademie-Verlages in Berlin die deutsche Ausgabe ihres Buches „Ingenieurgeologie" zustande kam.

In der Weltliteratur erschienen in den letzten Jahren einige gute Lehrbücher auf dem Gebiete der Ingenieurgeologie; wir sind aber der Meinung, daß sich einige da viel mehr mit der Geotechnik befassen und andere wiederum vorwiegend auf die dynamische Geologie ohne unmittelbare Beziehung zum technischen Bauwerk abgestellt sind. Wir waren bestrebt, unser Buch so zu schreiben, daß dieses dem Fachgebiet der Geologie genügend Raum bietet, dabei aber die Beziehungen der geologischen Bedingungen zu den Ingenieurbauten berücksichtigt. Darüber hinaus waren wir bestrebt, neue Beispiele aus der eigenen Praxis anzuführen und damit neue Unterlagen über Anwendung und Bedeutung der Ingenieurgeologie beizubringen. Hierbei knüpften wir auch an bedeutsame Beispiele des Auslandes an.

Die Möglichkeit, sich unmittelbar auf die Fragen der Ingenieurgeologie zu konzentrieren, war auch dadurch gegeben, daß von einer systematischen Durcharbeitung des Stoffes der allgemeinen Geologie und der technischen Petrographie Abstand genommen wurde, weil es sich um Fachgebiete handelt, die in guten Speziallehrbüchern eingehend behandelt werden, so daß diese in dem Lehrbuch der Ingenieurgeologie nur enzyklopädisch angeführt zu werden brauchen.

Was die Bodenmechanik anbelangt, deren Bedeutung bei der ingenieurgeologischen Untersuchung in dem vorliegenden Werk hervorgehoben wird, so werden lediglich ihre praktische Anwendung und die Ergebnisse in den Inhalt einbezogen. Wir sind der Meinung, daß theoretische Grundlagen und Einzelheiten nicht in ein übersichtliches Lehrbuch der Ingenieurgeologie gehören. Das gleiche gilt für die geophysikalischen Methoden, die wir nur erwähnen, soweit es sich um ihre Anwendung und die Anwendungsmöglichkeiten handelt.

Das vorliegende Buch ist als Lehrbuch für die Studenten des Ingenieurbauwesens und gleichzeitig für die Hörer der Ingenieurgeologie, die sich ihrer Anwendung auf den einzelnen Gebieten des Bauwesens widmen, bestimmt. Die geologischen Erscheinungen werden deshalb in der Weise vermittelt, daß diese den Studierenden der technischen Fachrichtung ohne weiteres verständlich sind, und Begriffe des Ingenieurbauwesens sind in der Weise erläutert, daß diese von den Hörern der Geologie verstanden werden.

Die erste Ausgabe des Werkes in tschechischer Sprache im Jahre 1954 war sehr schnell vergriffen, weil die Nachfrage nach diesem Buch nicht nur seitens der Studierenden, sondern auch seitens älterer Mitarbeiter auf dem Gebiete der Geologie des Bauwesens sehr groß war. Für die Übersetzung benutzten wir die zweite Auflage des tschechischen Textes, der für die deutschen Leser teilweise überarbeitet wurde. Gegenüber der tschechischen Ausgabe wurden einige lokale Beispiele und Bezeichnungen weggelassen, wenngleich wir bestrebt waren, Beispiele aus unserer Praxis allgemeinen Charakters und von denen wir angenommen hatten, daß sie für die ausländischen Kollegen von Interesse sein könnten, beizubehalten. Wir blieben bemüht, die lokalen geologischen und geographischen Bezeichnungen durch die üblichen, allgemeinverständlichen Termini zu ersetzen.

Die Herausgabe des vorliegenden Buches wäre nicht ohne die aufopferungsvolle Mitarbeit hervorragender deutscher Fachleute, die an der deutschen Ausgabe mitgewirkt haben, möglich gewesen. Vor allem sind wir Dr. R. Köhler und Ing. A. Thomas von der Staatlichen Geologischen Kommission Berlin zu Dank verpflichtet und auch den beiden Verlagen, dem Akademie-Verlag, Berlin, und dem Verlag der Tschechoslowakischen Akademie der Wissenschaften in Prag für die Mitarbeit und das Verständnis bei der Herausgabe der deutschen Übersetzung unseres Buches verbunden.

Q. Z., V. M.

Inhaltsverzeichnis

III. Teil

Die Aufgaben der Geologie in den einzelnen Fachbereichen des Ingenieurwesens

---

Frontispiz:

Rechter Hang der Baustelle für die Gewichtsstaumauer bei Bicaz an der Bistritza in Rumänien. Durch die Aufschlußarbeiten freigelegte steilgeneigte Tarcausandsteine mit Tonschiefereinlagen.

Einführung

Zusammenarbeit der Geologen und Ingenieure

Eine planvolle Wirtschaft setzt als unerläßlich voraus, daß sämtliche Bauvorhaben bis ins einzelne durchdacht und vorbereitet werden. Erste Bedingungen eines einwandfreien Planes sind also eine zuverlässige Vorbereitung und eine gründliche, allseitige Kenntnis der Probleme und die Bewertung aller Faktoren, die mit den Problemen zusammenhängen.

Wenn wir in Betracht ziehen, daß jeder ausgehobene Kubikmeter Boden, jede an der Erdoberfläche abgelagerte Belastung, jeder eingerammte Pfahl oder jedwede sonstige Bautätigkeit mehr oder weniger große Eingriffe in die natürlichen Geländeverhältnisse darstellen, so müssen wir diese jeweils im Zusammenhang mit der geologischen Struktur bewerten. Wenn wir ein Bauwerk planten und nicht wüßten, auf welchem Baugrund dieses errichtet wird, so würden wir den gleichen Fehler begehen wie ein Ingenieur, der eine Konstruktion aus einem Werkstoff projektiert, dessen Eigenschaften er nicht kennt. Die Kenntnis der natürlichen Bedingungen stellt deshalb eine wichtige Voraussetzung jeder Planung dar. Dem Ingenieur stehen zwar heutzutage solche Möglichkeiten und Mittel zur Überwindung der Hindernisse zur Verfügung, daß er die schwierigsten Arbeiten unter den ungünstigsten Bedingungen in Angriff nehmen kann, jedoch besteht die Aufgabe einer einwandfreien Planung darin, das Werk wirtschaftlich und so zu projektieren, daß ein überflüssiger Kostenaufwand vermieden wird. Ein einwandfreies Projekt soll deshalb mit dem entsprechenden Verständnis für den Charakter des Gebietes und mit der gründlichen Kenntnis der geologischen Verhältnisse ausgearbeitet werden.

In der Regel sind jedoch diese natürlichen Bedingungen und Eigenschaften des Gebietes nicht ausreichend bekannt, und es ist deshalb erforderlich, daß vor der Durchführung des Projektes für das betreffende Bauwerk das Gelände eingehend untersucht wird. Soweit diese Untersuchungen sich mit dem geologischen und tektonischen Aufbau des Gebietes, mit dem petrographischen Charakter des Gesteins und dessen technischen Eigenschaften in Zusammenhang mit dem projektierten Bauwerk beschäftigen, gehört das in das Gebiet der Ingenieurgeologie, die eigentlich ein Verständigungsmittel zwischen dem Ingenieur und der Natur darstellt. Der Ingenieur, der sich die Grundbegriffe aus der Geologie aneignete und imstande ist, diese zweckmäßig anzuwenden, versteht die Natur und kämpft nicht überflüssigerweise gegen ihre Gesetze an. Er projektiert und führt seine Bauwerke wirtschaftlich und in Übereinstimmung mit den natürlichen Bedingungen aus.

Die Ingenieurgeologie wendet bei der Lösung der praktischen Aufgaben die Erkenntnisse aller Fachbereiche der geologischen Wissenschaften an. Die allgemeine Geologie, die Geomorphologie, die stratigraphische und regionale Geologie, die Petrographie, die Hydrogeologie und manchmal auch die Paläontologie, alle diese Wissenszweige kommen bei der Lösung der praktischen Aufgaben bei Ingenieurbauten in entscheidendem Maße zur Geltung. Etwas unterschiedlich ist nur die Methode, weil der Ingenieurgeologe unter dem Einfluß der großen Verantwortung, die er zusammen mit dem Projektanten für das Gelingen der gemeinsamen Arbeit trägt, bestrebt ist, die technischen Eigenschaften des Gesteins möglichst genau zahlenmäßig auszudrücken. Die Zahlenwerte können nur auf der Grundlage von Versuchen gewonnen werden, weshalb in der Ingenieurgeologie alle Verfahren Anwendung finden, die zur Präzisierung der Forschung geeignet sind, so z. B. verschiedene Arten der Aufschlußarbeiten, Probebelastungen und Gleitversuche, Wasserdruckproben und Probeinjizierungen, geophysikalische Methoden, Messungen der Deformationen der Bauwerke und ihrer Umgebung, Messungen der Bewegungen in Rutschungsgebieten, Messungen der Wasserdurchlässigkeit, petrographische und chemische Analysen u. dgl.

Die Ingenieurgeologie stützt sich hierbei auf die Bodenmechanik, die den Charakter eines selbständigen Wissensgebietes trägt, weil deren theoretische Grundlagen wesentlich von dem Charakter und der Methodik der geologischen Wissenschaften abweichen und der Umfang des Stoffes ein weiteres Wissensgebiet ausfüllt.

Die theoretische Geologie konnte in ihren Anfängen dem Ingenieur bei der Lösung der technischen Probleme nur wenig von Nutzen sein, aber wir verdanken der theoretischen Geologie die Vertiefung unserer Kenntnisse und die gründliche Ausarbeitung der Untersuchungsmethoden, die wir bei der geologischen Erkundung der Baustellen anwenden. Es sind Fälle aus der jüngsten Vergangenheit bekannt, wo auf den Großbaustellen in der Zusammenarbeit zwischen dem Ingenieur und dem Geologen, der auf dem Bau mitarbeitete, kein voller Einklang erzielt wurde. Das gegenseitige Nichtverstehen wurde hauptsächlich dadurch hervorgerufen, daß jeder eine andere Denkweise entwickelte und daß beide sich nicht gut verstanden. Die Geologie wurde früher an den Hochschulen der technischen Fachrichtung allzu theoretisch, ohne Beziehung zu den Erfordernissen des Ingenieurs auf den Baustellen vorgetragen. Aus diesem Grunde wurde sie von den Hörern als ein Gegenstand von untergeordneter Bedeutung angesehen, der sie vom Fachstudium abhält und von dem sie nur sehr wenige Erkenntnisse für ihre praktische Arbeit gewinnen können. Wenn jedoch der Betriebsingenieur am Bau nicht über ausreichende Kenntnisse auf dem Gebiete der Geologie verfügt, so weiß er nicht, welche Forderungen er an den Geologen stellen kann, und er ist auch nicht imstande, sich vorzustellen, was er alles und was er nicht von der geologischen Untersuchung verlangen kann. Dies führt allerdings zur Unterschätzung der Geologie und zu Unstimmigkeiten zwischen dem Geologen und dem Ingenieur auf der Baustelle. Zu einer Verbesserung dieses Zustandes trug nicht wenig der Umstand bei, daß an den Hochschulen der technischen Fachrichtung den Fragen der angewandten Geologie erhöhte Aufmerksamkeit gewidmet wurde.

Das Verschulden kann allerdings auch auf der anderen Seite liegen, wenn der allzu theoretisch eingestellte Geologe sich nicht der Mühe unterzieht, die Erfordernisse des Bauwerks zu verstehen, und sich mehr für theoretische Probleme interessiert, die mit dem Bau als solchem und mit dessen Problemen vielleicht überhaupt nicht zusammenhängen. Es ist daher von Wichtigkeit, daß der Ingenieur zumindest über derartige geologische Kenntnisse verfügt, um zu wissen, wo und wie er die geologischen Arbeitsmethoden anwenden kann, inwieweit diese Verfahren genau sind und was er im großen und ganzen von der geologischen Untersuchung erwarten kann. Ferner ist es wichtig, daß der Ingenieur weiß, wann ihm der Geologe von Nutzen sein kann, und daß er imstande ist, diesem einwandfrei die notwendigen Fragen zu stellen. Er muß die gebräuchliche geologische Terminologie kennen, um die geologischen Berichte und Ausdrucksweisen richtig zu verstehen. Seine geologischen Kenntnisse sind jedoch schon aus dem Grunde erwünscht, daß auch der Geologe bei seiner geologischen Untersuchung an den Ingenieur Fragen stellen kann. Während in den meisten Fällen der Geologe nicht ständig auf der Baustelle zugegen sein wird, hat der Bauingenieur täglich die Möglichkeit, alle mit dem Bau und seinem Fortgang sowie mit den natürlichen Bedingungen im Zusammenhang stehenden Erscheinungen zu beobachten. Diese Erscheinungen haben oftmals nur zeitweiligen Charakter, oder sie sind nur vorübergehend wahrnehmbar. So wird beispielsweise ein freigelegter Hang eines Einschnittes von einer Humusschicht überdeckt, zahlreiche Quellen versiegen bei trockener Witterung, Frostkeile und andere periglaziale Erscheinungen werden oftmals schon im Anfangsstadium des Bodenaushubes gestört usw. Es kann daher vorkommen, daß der Geologe einige wichtige, nur zeitweilig zugängliche Abdeckungen gar nicht zu sehen bekommt. Und diese Spuren und Anzeichen früherer Veränderungen in der Gestaltung der Erdoberfläche stellen oftmals einen wichtigen Beweis bei der Klarstellung der geologischen Entwicklung eines Gebietes dar. Wenn in diesem Falle der auf dem Bau ständig wirkende Ingenieur in der Lage ist, eine für die Geologie bedeutsame Erscheinung zu erkennen, diese zu registrieren und zu beschreiben, dann kann er ein guter Mitarbeiter des Geologen sein, kann ihm bedeutsame und anregende Informationen geben, und in wichtigen Fällen fordert er rechtzeitig den Geologen zur Besichtigung der Aushubarbeiten auf, solange die Abdeckung noch zugänglich ist.

Meinungsverschiedenheiten zwischen Ingenieur und Geologen wurden manchmal dadurch hervorgerufen, daß entweder der Geologe eine Alternativlösung des Projektes vorschlug oder in anderer Weise in die technischen Dispositionen eingriff oder umgekehrt der Ingenieur sich mit der Lösung komplizierter geologischer Probleme befaßte. So weit soll eine Zusammenarbeit nicht gehen. Beide sollen auf dem Boden ihres Fachgebietes bleiben, wo sie die theoretische Ausbildung nachweisen können und Erfahrungen gesammelt haben. Der Ingenieur soll Ingenieur und der Geologe soll Geologe bleiben.

Bei der eingehenden Untersuchung von Baustellen haben sich bei umfangreichen Ingenieurbauten die Ingenieurgeologen gut bewährt. Im wesentlichen handelt es sich um Ingenieure mit einer umfassenden Bildung und guten Kenntnissen in den geologischen Wissenschaften. Ihre Aufgabe besteht darin, die allgemeine geologische Untersuchung für das projektierte technische Bauvorhaben in der Weise auszuwerten, daß die Ergebnisse der geologischen Untersuchung für den Ingenieurprojektanten gut verständlich sind. Für diese Aufgabe müssen sie einen weitreichenden Überblick und gründliche Kenntnisse auf dem einschlägigen Fachgebiet des Ingenieurwesens, insbesondere in Grundbau und Bodenmechanik, sowie auf dem Fachgebiete der geologischen Wissenschaften besitzen und besonders über ein gutes Wissen in der technischen Petrographie, Tektonik und regionalen Geologie des betreffenden Gebietes verfügen. Sie müssen in der Lage sein, sich die geologische Entwicklung des Geländereliefs unter Berücksichtigung des geologischen Aufbaus des Gebietes zu vergegenwärtigen, um den Einfluß der Eingliederung des projektierten Bauwerks in das betreffende Landschaftsbild bewerten zu können.

Die Pflicht des Projektanten und des mit der Bauausführung betrauten Ingenieurs ist es, die Ergebnisse der geologischen Untersuchungen zu verfolgen und deren Folgerungen Beachtung zu schenken. Sie sollen sich nicht darauf verlassen, daß das geologische und bodenmechanische Gutachten alle Konsequenzen für die Bauausführung, den Arbeitsablauf, die rechtzeitige Bereitstellung der erforderlichen Geräte usw. enthält. Der Ingenieur soll im Gegenteil Erläuterungen zum Gutachten in all den Fällen anfordern, wo er selbst die praktischen Folgerungen nicht ableiten kann.

In heutiger Zeit stieg die Bedeutung der Geologie im Ingenieurbauwesen und auch auf anderen Wirtschaftsgebieten stark an. Die geologische Untersuchung ist gegenwärtig ein wichtiges Glied der Vorarbeiten bei der Wahl und Bewertung der Baustelle, bei Planung der zu errichtenden Objekte und auch bei der Ausführung umfangreicher Ingenieurbauten selbst. Eine systematische und zielbewußte Anwendung der Geologie im Bauwesen setzte erst in den letzten beiden Jahrzehnten ein. Diese Einschätzung und Durchsetzung der Geologie im Bauwesen erfolgte hauptsächlich aus zweierlei Gründen: Einerseits stellen die Ingenieure immer höhere Anforderungen an die gründliche Kenntnis der geologischen Bedingungen im Zusammenhang mit umfangreicheren und gewagteren Konstruktionen, Dämmen, Brücken, Werkhallen usw., andererseits nimmt die Fähigkeit der Geologen, ihre Denk- und Ausdrucksweise den Erfordernissen der Praxis anzupassen, ständig zu.

Diese Umstände bewirkten, daß sich die Nachfrage nach einem sachkundigen geologischen Dienst wesentlich steigerte. Von der gelegentlichen Berufung der Geologen zu Unglücksfällen auf Baustellen und zu schwierigen Fällen wird zu einer systematischen Zusammenarbeit übergegangen. Die Geologen arbeiten ständig bei der Planung und Durchführung umfangreicher Ingenieurbauten mit und befassen sich systematisch mit den Problemen der angewandten Geologie.

Die systematische Einbeziehung des geologischen Dienstes in die Bauplanung brachte eine Verbesserung der Bauplanung und eine Erhöhung der Sicherheit sowie der Wirtschaftlichkeit der Arbeit des Ingenieurs mit sich. Die Bedeutung der Anteilnahme der Geologen an der Vervollkommnung der Ingenieurbauten wird noch weiter wachsen, wenn sich die Geologen immer mehr der Wichtigkeit ihrer Aufgabenstellung und ihrer Verantwortlichkeit bewußt werden, wenn sie also noch besser lernen, ihre Kenntnisse und Feststellungen mit der Lösung der praktischen Probleme zu verbinden, und wenn die Ingenieure die Geologie besser verstehen lernen und die Ergebnisse der geologischen Untersuchungen bei ihrer Arbeit voll und ganz respektieren werden.

Die ständige Zusammenarbeit der Ingenieure und Geologen und das gegenseitige Verständnis für die Probleme beider Seiten werden in noch stärkerem Maße zur Durchsetzung der Geologie im Bauwesen beitragen und zur Entfaltung der Erkenntnisse sowie zu einer vollkommeneren Lösung der Aufgaben des Bauwesens führen.

I. Teil

Vorarbeiten

1. Kapitel. Geologische Vorarbeiten–Untersuchungsmethoden

Die geologischen Vorarbeiten haben eine verschiedene Aufgabenstellung und einen unterschiedlichen Charakter, je nachdem, in welchem Zeitabschnitt der vorgesehenen Bauten sie ausgeführt werden sollen, welche Bedeutung dem projektierten Bauwerk beizumessen ist, wie kompliziert die geologischen Bedingungen sind und wie weit die allgemeine geologische Untersuchung in der weiteren Umgebung der zu untersuchenden Baustelle fortgeschritten ist. Wir unterscheiden:

1. *die Voruntersuchung*, durchgeführt zu der Zeit, in der an den ersten Planentwürfen des Bauwerks gearbeitet, eine geeignete Baustelle ausgesucht und die Investitionsaufgabe vorbereitet wird;
2. *die eingehende geologische Untersuchung*, deren Aufgabe es ist, zuverlässige Unterlagen für die Ausarbeitung des technischen Projektes, der Baupläne, der Berechnungen und des Arbeitsverfahrens auf der Baustelle zu ermitteln;
3. *die geologische Untersuchung während der Bauausführung*, die insbesondere beim Aushub der Baugrube und bei den sonstigen Erdarbeiten auf der Baustelle zur Kontrolle des Ergebnisses der Voruntersuchung und der eingehenden geologischen Untersuchung sowie für Detailerfordernisse der Bauleitung durchgeführt wird.

Grundlagen für diese, auf ein bestimmtes Bauwerk oder eine bestimmte Baustelle ausgerichtete geologische Vorarbeit ist die *allgemeine geologische Untersuchung*, die sich hauptsächlich mit der systematischen geologischen und hydrogeologischen Kartierung des Staatsgebietes befaßt.

Die allgemeine geologische Untersuchung zielt auf die Erkenntnis des geologischen und tektonischen Aufbaus großer Gebietskomplexe ab und löst stratigraphische und genetische Fragen sowie Probleme des Gesteinsalters von einer breiteren Grundlage aus. Das Ergebnis sind die vom Geologischen Zentralinstitut herausgegebenen geologischen Karten. Sofern die geologischen Karten für einige Gebiete nicht neu bearbeitet wurden, ist die detaillierte ingenieurgeologische Kartierung meist ein integrierender Bestandteil der Voruntersuchung. Die gründliche Kenntnis der geologischen Bedingungen der weiteren Umgebung einer zu untersuchenden Baustelle ist deshalb von Wichtigkeit, damit beispielsweise nicht auf Lagerstätten mineralischer

Rohstoffe gebaut wird, Einzugsgebiete wichtiger Grundwasserquellen bebaut und Schutzgebiete von Mineralquellen u. dgl. gestört werden. Mit diesen Problemen befaßt sich die geologische Untersuchung für die Gebiets- und Siedlungsplanung (siehe 14. Kapitel).

1,1. Geologische Voruntersuchung. Die geologische Voruntersuchung ist meist eine schwierige und verantwortungsvolle Aufgabe, zumal es erforderlich ist, mit Hilfe oft unvollkommener Unterlagen über die Standortwahl und die Methode der Bauausführung zu entscheiden. Aus diesem Grunde soll mit der geologischen Voruntersuchung nach Möglichkeit ein erfahrener Geologe betraut werden, der in dem betreffenden Gebiet bereits früher tätig war und der mit den örtlichen geologischen Verhältnissen in jeder Hinsicht vertraut ist.

Die Mittel, deren sich der Geologe bei der geologischen Voruntersuchung der Baustelle bedient, ähneln denen bei der allgemeinen geologischen Untersuchung des Gebietes.

a) Vor allem sind es die Ergebnisse der allgemeinen geologischen Untersuchung, also die geologischen Karten, soweit diese für das betreffende Gebiet ausgearbeitet und herausgegeben wurden (siehe 2. Kapitel), ferner verschiedene Berichte und Referate, die das zu erkundende Gebiet betreffen und bereits früher in der Fachliteratur erschienen sind.

b) Eine sorgfältige Untersuchung des Gebietes, bei der der Geologe die natürlichen Aufschlüsse, die morphologischen Formen der Geländeoberfläche und alle Erscheinungen untersucht, in denen die Natur sich äußert und demjenigen ihren Aufbau andeutet, der dies zu ergründen trachtet.

c) Die Ergebnisse einer früheren menschlichen Betätigung in dem betreffenden Gebiet; es können dies alte Bohrungen, Brunnen, aufgelassene Steinbrüche, verschiedene Aufgrabungen, vorhandene benachbarte Bauwerke usw. sein. Auch Anfragen bei den örtlichen Mitarbeitern sind am Platze, um Informationen über frühere Bauwerke und Brunnenbauten zu erhalten und sonstige Erfahrungen zu sammeln.

Die auf diese Weise gewonnenen Unterlagen werden von dem Geologen sorgfältig durchgearbeitet, wobei er bemüht ist, sich eine Vorstellung über den geologischen Bau der betreffenden Stelle zu machen. Um nämlich die gesamte weitere Untersuchung wirtschaftlich und zweckmäßig zu gestalten, muß diese durch einen bestimmten Plan gelenkt werden. Hierzu ist die Schaffung einer vorläufigen Arbeitshypothese erforderlich.

Da die so gewonnenen Angaben in der Regel kaum als ausreichend anzusehen sind, handelt es sich vorerst lediglich um eine wahrscheinliche Voraussage, die richtig sein, aber gegebenenfalls auch von den tatsächlichen Verhältnissen abweichen kann. Vor allem wird es erforderlich sein, weitere Unterlagen und Erscheinungen, die bei den bisherigen Untersuchungen unbeachtet blieben, zu erfassen, die eine Berechtigung der Arbeitshypothese begründen würden.

d) Durch zweckmäßig angeordnete Aufschlußarbeiten sind wir ferner bemüht, uns von der Richtigkeit unserer Annahme zu überzeugen. Dadurch erhalten wir gleichzeitig auch einige für die Projektierung des technischen Bauwerks wichtige quantitative Angaben, wie z. B. die Mächtigkeit der Deckschichten, die Verwitterungstiefe usw. Die Anzahl der Bohrungen wird in diesem Stadium der Voruntersuchung nach Möglichkeit eingeschränkt.

e) Zur vorläufigen Bestimmung der Tiefe des felsigen Untergrundes, des Grundwasserspiegels usw. werden auch geophysikalische Methoden angewandt.

f) Ein Bestandteil der Voruntersuchung ist auch die Ermittlung der *chemischen Beschaffenheit* der Wässer, die mit dem betreffenden Bauwerk in Berührung kommen. Wenn die informatorischen Analysen der Grund- und Tagwässer vermuten lassen, daß die Wässer nicht einwandfrei sind, so werden diesen Wässern Proben entnommen und dem hierfür zuständigen Forschungsinstitut zum Zwecke einer eingehenden chemischen Analyse sowie zur Beurteilung, ob diese die projektierten Konstruktionen nicht beeinträchtigen werden, eingesandt.

Die Ergebnisse der geologischen Voruntersuchung stützen sich nicht auf exakte Arbeitsmethoden, und deshalb lassen sich geringere oder auch größere Differenzen zwischen den angenommenen und den tatsächlichen geologischen Verhältnissen nicht vermeiden. Die geologische Voruntersuchung soll deshalb lediglich dem Investitionsträger und Projektanten über die Durchführbarkeit des Bauvorhabens eine vorläufige Information liefern, die Wahl des Standortes erleichtern und zur Ausarbeitung eines Planes für die eingehende Untersuchung dienen. Die auf Grund dieser unvollständigen Unterlagen gewonnenen vorläufigen geologischen Ergebnisse stellen noch keine geeignete und genügend zuverlässige Unterlage für die Ausarbeitung des technischen Projekts, der Baupläne, der Kostenanschläge und Arbeitsdispositionen auf der Baustelle dar.

1,2. Eingehende geologische Untersuchung. Nach den Ergebnissen der geologischen Voruntersuchung und unter Berücksichtigung der räumlichen Verteilung der Objekte des projektierten Bauwerks werden das Programm und der Umfang der eingehenden geologischen Arbeiten festgelegt. Diese umfassen in der Regel die Vermessung und die detaillierte geologische Kartierung der Baustelle und deren Umgebung sowie die systematische Untersuchung des Geländes durch Schürfe und Bohrungen. Das Programm der Erkundungsarbeiten wird je nach der Art des Bauvorhabens zur Ermittlung der Eigenschaften des Gesteins beim Aushub, zur Bewertung der Gründungsverhältnisse und auch zur Erkundung geeigneter Baustoffe durchgeführt.

Die eingehende geologische Untersuchung wird meist den Erfordernissen entsprechend durch eine Untersuchung der Lockergesteine und Deckschichten mittels der Verfahren der *Bodenmechanik* ergänzt, insbesondere dann, wenn es sich um die Ermittlung der Standfestigkeit von Hängen und um die Bestimmung der Tragfähigkeit des Baugrundes handelt. Die Tragfähigkeit des Baugrundes wird entweder im Laboratorium an Hand der durch Bohrungen entnommenen ungestörten Bodenproben oder unmittelbar auf der Baustelle durch Probebelastungen (siehe 7. Kapitel) ermittelt.

Gleichzeitig mit der ingenieurgeologischen Untersuchung soll auch an die eingehende Untersuchung der *hydrogeologischen Verhältnisse* der Baustelle und ihrer weiteren Umgebung gedacht werden.

Die Ergebnisse der eingehenden Erkundungsarbeiten werden von dem Geologen gemeinsam mit dem Projektanten und dem Vertreter des Investitionsträgers ausgewertet. Deren Schlußbericht soll eine eingehende Beschreibung der geologischen Verhältnisse, eine Analyse und kritische Bewertung der Erkundungsarbeiten, die Beurteilung der Tragfähigkeit des Baugrundes, die Bestimmung der Art der Gründung und der erforderlichen Gründungstiefe enthalten. In dem Bericht sollen ferner die erforderlichen Sondermaßnahmen, wie z. B. Vorschläge zur Sicherung der Unterlage hoher Aufschüttungen, zur Sicherung des durch Rutschungen gefährdeten Geländes usw., festgelegt werden.

Die eingehende Untersuchung muß *rechtzeitig*, noch vor der Ausarbeitung des technischen Projektes und vor Abwicklung der eigentlichen Bauarbeiten, durchgeführt werden. Man muß sich deshalb dessen bewußt sein, daß die eingehende geologische Untersuchung in der Regel ziemlich schwierige Arbeiten umfaßt und genügend lange Zeit zur Durchführung aller Teilaufgaben der Untersuchung erfordert.

Die eingehende geologische Untersuchung schließt umfangreiche und kostspielige Arbeiten ein, die nur dann durchgeführt werden sollen, wenn aus der Voruntersuchung hervorgeht, daß die einmal gewählte Baustelle nicht gewechselt wird. Um die geologischen Untersuchungen wirtschaftlich durchzuführen, ist es erforderlich, etappenweise vorzugehen, indem jeweils die eingehendere Untersuchung nach der erfolgreich abgeschlossenen vorhergehenden Etappe begonnen wird. Es wäre also nicht richtig und zweckmäßig, durch große Anhäufungen von technischen Hilfsmitteln, Bohrausrüstungen und Fachpersonal bestrebt zu sein, die zur Durchführung der Erkundungsarbeiten erforderliche Zeit zu verkürzen oder die vorhergehenden Untersuchungsetappen zu übergehen. Auf diese Weise würden wir bewußt das Risiko auf uns nehmen, daß die mit der eingehenden Untersuchung in Zusammenhang stehenden kostspieligen Arbeiten zwecklos waren, wenn sich später herausstellt, daß die ausgewählte Baustelle oder die Gesamtdisposition des Bauwerks, vom geologischen Standpunkt aus betrachtet, unzweckmäßig ist.

Am Umfang der eingehenden Untersuchung, insbesondere an Erkundungsarbeiten, soll nicht gespart werden. Durch eine einwandfreie und zuverlässige Untersuchung werden Investitionsträger und Projektant vor falschen Dispositionen bereits im Anfangsstadium der Bauarbeiten und bei der Bauplanung bewahrt. Insbesondere in der heutigen Zeit, wo sämtliche Bauarbeiten systematisch geplant werden und besonderer Wert auf eine ordnungsgemäße Ausarbeitung der Pläne gelegt wird, ist eine sorgfältige geologische Untersuchung der Baustelle unbedingt erforderlich. Wenn der Plan innerhalb der festgelegten Frist erfüllt werden soll, ist es unerläßlich, daß sämtliche Informationen und Unterlagen, nach denen der Ingenieur seine Berechnungen, die Konstruktionspläne und Kostenanschläge durchführt, einwandfrei und zuverlässig sind, soweit dies überhaupt im Bereich der menschlichen Möglichkeiten liegt.

1,3. Geologische Untersuchungen während der Bauausführung. Bei umfangreichen Ingenieurbauten, wie z. B. beim Bau von Talsperren, Tunneln, Brücken usw., ist es zweckmäßig und erstrebenswert, auch während der Bauausführung geologische Untersuchungen vorzunehmen. Aufgabe des Geologen ist es, den Bodenaushub zu überwachen, alle zeitweilig abgedeckten geologischen Profile nach dem Aushub der Baugrube zu registrieren und zu untersuchen, inwieweit die Annahmen und Schlußfolgerungen der Voruntersuchung und der eingehenden geologischen Untersuchung richtig waren. Der Geologe wirkt bei der Bestimmung der erforderlichen Gründungstiefe mit, weist auf die Notwendigkeit einer begrenzten Durchführung von Sprengarbeiten hin, arbeitet mit der Bauleitung bei der Gestaltung der Gründungssohle, bei der Lösung von Einzelheiten des Bauablaufes und bei der Wahl natürlicher Baustoffe mit. Er entnimmt Gesteinsproben für technologische Versuche und sorgt für eine systematische geologische Dokumentation, d. h. für eine sorgfältige und verständliche Registrierung der bei der Bauausführung gewonnenen geologischen Erfahrungen.

Er soll bei der Messung der Bodensetzungen und sonstigen Deformationen der Bauobjekte sowie des umliegenden Gebietes und auch bei der Auswertung und Erläuterung der Meßergebnisse mitwirken. So ist beispielsweise die Mitarbeit des Geologen bei der Wahl und Anordnung der Festpunkte, an die die genauen geodätischen Messungen der Deformationen anknüpfen, von besonderer Wichtigkeit. Bei umfangreichen Ingenieurbauten soll der Geologe auch die Erfahrungen aufmerksam verfolgen, die nach Fertigstellung sowie nach längerem Bestehen der Bauwerke gesammelt wurden, insbesondere die Wirksamkeit der Maßnahmen, die zur Sicherung der Fundamente oder zur Gewährleistung der Wasserundurchlässigkeit u. dgl. durchgeführt wurden.

Über seine Untersuchungen stellt der Geologe laufend Stellungnahmen und Berichte nebst den dazugehörigen graphischen Anlagen dem Bauleiter, dem Investitionsträger und der geologischen Dokumentationsstelle beim Geologischen Zentralinstitut zur Verfügung, damit die Erfahrungen auch für die Zukunft erhalten bleiben.

2. Kapitel. Geologische Karten

2,1. Einführung. Die geologische Karte veranschaulicht die geologischen Verhältnisse und den geologischen Bau eines Gebietes, wie sie an der Erdoberfläche in Erscheinung treten. Die geologischen Karten entstehen in der Weise, daß die durch systematische Erkundung des Gebietes gewonnenen Erkenntnisse in eine topographische Unterlage eingezeichnet werden. Die geologische Kartierung und die Erkundungsarbeiten im Gelände stellen im Wesen die Grundlage aller geologischen Arbeiten und die Quelle unserer Kenntnisse dar. Insbesondere bei der im Ingenieurbauwesen angewandten Geologie wird der überwiegende Teil der Arbeiten im Gelände ausgeführt. Auch wenn die labormäßigen Arbeiten, wie es z. B. die petrographischen, chemischen, bodenmechanischen, technologischen und sonstigen Untersuchungen sind nicht unterschätzt werden dürfen, so tragen doch alle den Charakter von ergänzenden Studien, die uns bei der Lösung der geologischen Verhältnisse und des geologischen Baues der Landschaft behilflich sind; die Beobachtungen im Gelände stellen jedoch das wichtigste und wesentlichste Skelett unserer Untersuchungen dar.

Aus einer guten geologischen Karte kann nicht nur abgelesen werden, welche Gesteine an der Erdoberfläche heraustreten, sondern die Karte läßt auch Rückschlüsse auf die Lagerungs- und stratigraphischen Verhältnisse sowie den tektonischen Bau des Geländes zu. Die geologische Karte gewährt auch Informationen über Vorkommen nutzbarer Gesteine und Mineralien, so daß sie ein gutes Hilfsmittel zur Beurteilung der Lagerstätten des Gebietes darstellt. Sie erleichtert die Arbeit der Bergleute beim Aufschluß von Lagerstätten mineralischer Rohstoffe und legt dar, wo mit Aussicht auf Erfolg Kohle- oder Erdöllagerstätten gesucht, wo geeignete Baustoffe gefördert oder Lagerstätten anderer mineralischer Rohstoffe erkundet werden können.

Der Ingenieurpraxis gewährt die geologische Karte die erste vorläufige Information bei der Projektierung von Großbauten in der Wasserwirtschaft und in der Industrie sowie insbesondere auch bei der Trassierung von Verkehrswegen. Die geologische Karte dient als Unterlage für eine zweckdienliche und wirtschaftliche Stadt- und Gebietsplanung, denn aus der geologischen Karte ersehen wir, welche Flächen für eine Bebauung geeignet oder nicht geeignet sind, welche einen tragfähigen oder nichttragfähigen Baugrund aufweisen oder ob einige Flächen landwirtschaftlich von so großem Nutzen sind, daß deren Bebauung unerwünscht ist. Aus diesem Grunde sind die geologischen Karten in der heutigen Zeit von besonderer Bedeutung, wo jedes Bauvorhaben ordnungsgemäß geplant, vorher gut durchdacht und von verschiedenen Gesichtspunkten aus ökonomisch bewertet werden soll.

Wenn die geologische Karte allen an sie gestellten Anforderungen entsprechen soll, muß sie vor allem *zuverlässig* sein, d. h. sie muß ein wahrheitsgetreues Bild des geologischen Baues der Landschaft gewähren. Dies läßt sich dadurch erreichen, daß eine große Anzahl von Beobachtungen im Gelände möglichst genau in die Karte eingezeichnet und alle diese Angaben untereinander logisch und wahrheitsgetreu zusammengefügt werden.

2,2. **Topographische Unterlagen der geologischen Karten.** Die Zuverlässigkeit der geologischen Karten ist in erster Linie von der Genauigkeit der topographischen Unterlage abhängig. Je besser die topographische Unterlage ist, desto genauer ist unter sonst gleichen Bedingungen auch die geologische Karte. Zur geologischen Kartierung werden deshalb möglichst detaillierte Karten, die für das betreffende Gebiet zur Verfügung stehen, verwendet. In der Tschechoslowakischen Republik waren es Karten, die vom Militärgeographischen Institut herausgegeben wurden. Grundlage all dieser Karten ist die im Gelände gezeichnete topographische Karte im Maßstab 1 : 25 000. Diese Karten waren für das Gebiet der ČSR jedoch nicht einheitlich Die ursprünglichen alten Karten vom Ende des vorigen Jahrhunderts wurden in verschiedenen Zeitabständen nach und nach berichtigt und ergänzt und durch neue Karten entsprechend den neuesten Aufnahmen ersetzt. Durch Verkleinerung der 4 Blätter der Karte 1:25 000 auf den Maßstab 1:75 000 entstand die Spezialkarte und durch Verkleinerung von 8 Spezialkarten auf den Maßstab 1:200 000 die Generalkarte.

Die *Generalkarten* wurden in der Regel im Vielfarbendruck herausgegeben; ihres kleinen Maßstabes wegen eignen sie sich nicht für die geologische Kartierung im Gelände. Die geologischen Karten, sofern diese im Maßstab 1:200 000 herausgegeben werden, tragen den Charakter von Übersichtskarten und sind mehr von pädagogischer und wissenschaftlicher als von praktischer Bedeutung.

Spezialkarten werden ihres kleinen Maßstabes wegen ebenfalls nicht als Unterlage für die Geländearbeiten verwendet. Diese Spezialkarten wurden als Grundlage für die geologischen Karten des Geologischen Zentralinstitutes der ČSSR benützt.

Seit dem Jahre 1946 werden neue *topographische Karten* im Maßstab 1:25 000 herausgegeben. Die grundlegenden Höhenverhältnisse sind durch Höhenschichtlinien (Isohypsen) zu je 10 m dargestellt, im ebenen Gelände und in Höhenlagen sind Höhenschichtlinien zu je 5 m bzw. 2,5 m eingeführt. Es sind dies sehr genaue und übersichtliche Pläne, die sich für die geologischen Aufnahmearbeiten im Gelände sehr gut eignen. Nach diesen neuen topographischen Karten werden neue Spezialkarten im Maßstab 1:50 000 und Generalkarten im Maßstab 1:100 000 herausgegeben (W. A. Aprodow, 1952).

Für eingehende geologische Arbeiten (z. B. als geologische Unterlagen für die Stadtplanung, zur Erkundung von Lagerstätten mineralischer Rohstoffe u. dgl.) werden die staatlichen Karten im Maßstab 1:5000, die die Zentralverwaltung für Geodäsie und Kartographie herausgibt, verwendet. Diese Karten, soweit sie nach den neuen Lage- und Höhenmessungen angelegt wurden, haben Höhenschichten von Meter zu Meter aufzuweisen und stellen eine sehr genaue topographische Unterlage für geologische Aufnahmearbeiten im Gelände dar. Es muß erwähnt werden, daß für die Zusammenstellung der Karten im Maßstab 1:5000 die konforme Kegeldarstellung angewendet wurde, so daß sich die Nord-Süd-Richtung mit der seitlichen Begrenzung des Blattes nicht deckt. Für einige wirtschaftlich weniger wichtige Gebiete stehen vorläufig abgeleitete, durch Verkleinerung der alten Katasterkarten auf einen Maßstab von 1:5000 gewonnene staatliche Karten zur Verfügung. Auf diesen abgeleiteten Karten ist zumeist lediglich die Lage eingezeichnet, die Höhenangaben fehlen entweder, oder die Höhenschichtlinien sind von alten Karten des Maßstabes 1:25 000 abgeleitet, so daß diese ungenau sind. Diese abgeleiteten Karten werden nach und nach durch neue ersetzt.

Die *geologischen Verhältnisse der Sperrstellen*, Überflutungsgebiete, Schiffahrtskanäle, Tunnel-und anderer Großbauten werden in Plänen mit einem besonders zu diesem Zweck gewählten Maßstab von 1:2000 bis 1:500 mit Höhenschichtlinien in der Regel zu 1 m dargestellt. Sie werden durch photogrammetrische oder tachymetrische Messung angefertigt. Gute *photogrammetrische Pläne* sind für die geologische Erkundung besonders geeignet, weil durch diese alle bedeutsamen Formen des Reliefs und auch die einzelnen kleinen Felsen am besten erfaßt werden, so daß die Ausbisse der Schichten in diese genau eingezeichnet werden können.

Es muß bemerkt werden, daß umgekehrt manche tachymetrischen Pläne, in denen die Geländeoberfläche auf Grund eines weitmaschigen Netzes von Meßpunkten schematisch dargestellt ist, für die geologische Erkundung weniger geeignet, oftmals sogar unbrauchbar sind.

Der übliche Mangel dieser für ein bestimmtes Bauwerk angefertigten Pläne besteht darin, daß ihr Flächenausmaß für die Zwecke der geologischen Kartierung zu gering ist. Erneute Lage- und Höhenmessungen sind mit relativ hohem Kostenaufwand verbunden und beschränken sich deshalb im allgemeinen auf die Baustellen selbst und deren nächste Umgebung; sie genügen in der Regel für eine geologische Untersuchung nicht und reichen zur Klärung des geologischen Aufbaus des Geländes auch nicht aus. Bei der Bestimmung der Größe des zu vermessenden Geländes sollte der mit der Untersuchung der Baustellen betraute Geologe gehört werden, weil eine nachträgliche Vermessung des Geländes mit hohem Kostenaufwand verbunden und zumeist infolge Zeitmangels gar nicht möglich ist.

Wenn für die eingehende Untersuchung der Baustelle neu vermessene Pläne in einem größeren Maßstab nicht zur Verfügung stehen, so können auch alte Katasterkarten im Maßstab 1:2880 verwendet werden. Auf diesen Karten ist lediglich die Situation ohne Höhenangaben eingezeichnet, so daß zumeist eine Ergänzung der Karten durch die Höhenmessung erforderlich ist. Sie können als Unterlage für die geologische Erkundung zumeist überall dort gut angewendet werden, wo ein ziemlich dichtes Wege- und Gemarkungsnetz besteht, so daß wir in der Karte und auch in der Natur genügend Orientierungspunkte finden, nach denen wir die geologischen Beobachtungen einzeichnen können. Auf bewaldeten Berghängen, wo nur wenige

Wege eingezeichnet sind, und wo es sich um ausgedehnte Ländereien mit großen Gemarkungsflächen handelt, können diese nicht verwendet werden.

In diesen Fällen leisten die für die Forstwirtschaft angefertigten *Forstkarten*, in denen gewöhnlich sämtliche Waldwege, Schläge und Bestandarten eingezeichnet sind, gute Dienste. In ausgedehnten Waldgebieten stellen deshalb die Forstkarten ein zweckmäßiges Hilfsmittel zur Orientierung dar und können als Unterlage für die geologische Kartierung benutzt werden.

Ein wichtiges Hilfsmittel zur geologischen Kartierung sind *Luftaufnahmen* des Gebietes, durch deren Studium wertvolle Angaben über die morphologischen Verhältnisse und die neuesten Veränderungen der Erdoberfläche gewonnen werden. Hierfür sind die stereoskopischen Aufnahmen, die eine räumliche Vorstellung vermitteln, besonders geeignet.

2,3. Geologische Kartierung und Aufstellung der geologischen Karte. Wenn uns eine geeignete topographische Unterlage zur Verfügung steht, können wir an die eigentliche geologische Kartierung herangehen. Vor der Befahrung des Geländes sucht der kartierende Geologe sämtliche vorher veröffentlichten Arbeiten über das zu kartierende Gebiet heraus und stellt im Bohrarchiv des Geologischen Zentralinstituts (*Geofonds*) fest, ob von diesem Gebiet nicht ältere Bohrungen registriert sind. Erst nach dem Studium früherer Arbeiten und älterer Profile begibt sich der Geologe mit der entsprechenden Ausrüstung ins Gelände.

Die *Geländeausrüstung* des kartierenden Geologen ist verhältnismäßig einfach; sie besteht aus dem Geologenhammer, der aus gutem Stahl gefertigt ist (für das Abschlagen der angewitterten Gesteinsoberfläche und zur Entnahme von Gesteinsproben), aus einem zuverlässigen Geologenkompass, einem Photoapparat, dem Feldbuch, Farbstiften (zum Einzeichnen von Vorkommen verschiedener Gesteinsarten in die Karte) und aus einem Fläschchen mit verdünnter Salzsäure zur Ermittlung des Kalkgehaltes im Gestein sowie Beuteln zur Unterbringung von Gesteinsproben. Im unübersichtlichen bewaldeten Gebirgsgelände ist noch ein zuverlässiger Höhenmesser, manchmal auch ein Distanzmesser zweckmäßig.

Bei der allgemeinen geologischen Kartierung nimmt der kartierende Geologe zuerst einige orientierende Begehungen quer durch das zu untersuchende Gelände vor. Hierbei studiert er alle natürlichen und künstlichen Gesteinsausbisse, die einzelnen Gesteine, entnimmt Gesteinsproben und vermerkt Streichen und Fallen der Schichten. Auf der Grundlage dieser vorläufigen Begehungen entscheidet er mit Rücksicht auf den Zweck der Kartierung, welche Schichten und welche Gesteine in der Karte zu unterscheiden sein werden, und legt den Plan der Marschrouten fest. Die Richtung der Aufnahmerouten soll anfangs so gewählt werden, daß diese nach Möglichkeit senkrecht zur Streichrichtung verlaufen. Auf der Karte wird allmählich eine beträchtliche Anzahl von Punkten gewonnen, die das Vorkommen verschiedener Gesteine kenntlich machen. Erhöhte Aufmerksamkeit ist den Grenzen zwischen den einzelnen Schichten oder Gesteinen zu widmen. Der Geologe ist bemüht, diese Grenzen in die Karte möglichst genau, und zwar durch Vermessen oder zumindest durch Abschreiten von in der Karte und im Gelände bekannten Punkten einzuzeichnen. Die Grenze zwischen zwei Gesteinsarten wird am besten durch die ergänzenden Aufnahmerouten festgelegt, die nach Möglichkeit zahnförmig quer zur Schichtgrenze geführt werden. An allen Ausbissen, wo das *Streichen* und *Fallen der Schichten* zu erkennen ist, werden vom Geologen entsprechende Messungen durchgeführt und deren Ergebnisse in die Karte eingezeichnet. Im Feldbuch vermerkt er die charakteristischen Eigenschaften der Gesteine, insbesondere die Veränderungen der petrographischen Zusammensetzung der gleichen Schicht, Veränderungen der Farbe, die Korngröße, die Art der Verwitterung und des Gesteinzerfalls. Er sammelt sorgfältig die Versteinerungen für die spätere Bestimmung durch einen Paläontologen und vermerkt in der Karte deren Fundstätten. Er zeichnet die Lage der Quellen ein und notiert sich deren Ergiebigkeit. Er beachtet auch die morphologischen Formen an der Erdoberfläche, zeichnet in der Karte die Rutschungsgebiete, die Schutt- und Dejektionskegel, die überfluteten Talauen und nassen Flächen ein. Er untersucht alle Steinbrüche und auch geringmächtige, aufgelassene Lagerstätten mineralischer Rohstoffe und vermerkt deren Lage in der Karte.

Wenn die geologische Karte auf diese Weise in groben Umrissen aufgestellt ist, konstruiert der kartierende Geologe die *Kontrollprofile* in den charakteristischen Abschnitten des Gebietes. Wenn er irgendwelche Unklarheiten oder Unstimmigkeiten feststellt, wiederholt er die Begehungen fraglicher Stellen, bis die Unklarheiten beseitigt sind. Der kartierende Geologe soll das Gebiet nicht eher verlassen, bevor ihm der geologische Bau des untersuchten Gebietes im wesentlichen klar ist. In dem untersuchten Gebiet soll es keinen einzigen Aufschluß geben, den der kartierende Geologe nicht untersucht hat.

Dokumentation der geologischen Karte. Es genügt nicht, daß der Geologe nur die Ergebnisse seiner Beobachtungen in die Karte einzeichnet, sondern es wird von jeder geologischen Karte verlangt, daß diese ordnungsgemäß dokumentiert wird. Alle Beobachtungen und Messungen der Aufschlüsse trägt der Geologe in das Dokumentationsbuch ein, die einzelnen Eintragungen versieht er mit Zahlen, die er in einer gesonderten Karte vermerkt. Die Gründlichkeit der Arbeit im Gelände und die Fähigkeit des Geologen, möglichst viele charakteristische Beobachtungen zu erkennen, zeigen sich in dieser Dokumentation.

Die Beschreibungen der Aufschlüsse und Bohrungen sollen durch Proben aller wichtigen Gesteinsarten belegt werden. Charakteristische Aufschlüsse werden photographiert, und auch der morphologische Charakter des zu untersuchenden Gebietes wird am besten durch photographische Aufnahmen dokumentiert.

Die geologischen Institute einiger Staaten geben Richtlinien heraus, in denen die Anzahl der dokumentierten natürlichen und künstlichen Aufschlüsse vorgeschrieben wird. Die Anzahl der Punkte richtet sich nach dem Maßstab der Karte, nach der Kompliziertheit des geologischen Baues und der Begehbarkeit des Geländes. So ist beispielsweise in der Tabelle 2 - I die geforderte Anzahl der dokumentierten Punkte nach den sowjetischen Richtlinien (W. A. Aprodow, 1952) und nach den Normen des Geologischen Zentralinstituts der ČSSR aus dem Jahre 1955 für die Karten im Maßstab 1:25 000 und 1:50 000 angeführt. Für eingehendere Karten wird eine ausführliche Dokumentation gefordert. So werden beispielsweise bei Karten im Maßstab 1:5000 nach der tschechoslowakischen Norm je km² 50 und in einem Gebiet mit einem komplizierten geologischen Bau bis zu 80 dokumentierte Punkte verlangt.

Tabelle 2-I

Maßstab der Karte	Geologischer Bau	Anzahl der dokumentierten Punkte je km²	
		nach Aprodow	nach dem Geologischen Zentralinstitut (ÚÚG)
1 : 25 000	einfach	6	–
	mittelmäßig kompliziert	8,5	9
	kompliziert	12	14
1 : 50 000	einfach	1,6	–
	mittelmäßig kompliziert	2,5	4
	kompliziert	4,5	6

Die Genauigkeit der geologischen Kartierung und die Arbeitsmethoden werden von einer Reihe weiterer Bedingungen bestimmt. Wenn das Gebiet von einem dichten Wegenetz durchzogen ist, wird die Kartierung wesentlich erleichtert. In wegearmen Gebieten ist die Orientierung zumeist schwierig. Dies ist beispielsweise in bewaldeten Gebirgsgegenden der Fall. Dort muß der kartierende Geologe auch seine Aufnahmerouten unter Zuhilfenahme des Kompasses, des Höhen- und Distanzmessers vermessen und die Ergebnisse in die Karte eintragen. Zwischen diese Orientierungspunkte kann er die geologischen Beobachtungen einzeichnen. Wenn die geologische Karte zuverlässig sein soll, dann müssen wir immer darauf bedacht sein, bei der Kartierungsarbeit eine gute Orientierung zu haben, d. h. die Ausbisse der Schichten und sämtliche Angaben müssen an der richtigen Stelle der Karte eingetragen werden[1].

[1] Bei der Kartierung nach alten topographischen Karten stellen wir oftmals grobe Fehler in der topographischen Unterlage fest. In diesem Falle ist eine Bereinigung der Unstimmigkeiten soweit wie möglich erforderlich, d. h. mit den zur Verfügung stehenden Hilfsmitteln (Kompass, Distanzmesser, Höhenmesser), damit durch den Fehler in der topographischen Unterlage kein weiterer Fehler bei der geologischen Kartierung entsteht.

Das geschilderte Verfahren der geologischen Kartierung kann mit Erfolg nur in Gegenden angewendet werden, wo *genügend natürliche Aufschlüsse* vorhanden sind, die Geländeoberfläche also nicht aus einer zusammenhängenden Verwitterungs- und Deckschicht besteht. So sind beispielsweise in Gegenden mit tief eingeschnittenen Tälern, mit felsigen Berghängen, wo die Oberfläche nicht allzuviel Vegetation trägt, günstige Bedingungen für die geologische Kartierung gegeben. Demgegenüber wird dort, wo die Oberfläche des felsigen Untergrundes von einer mächtigen Verwitterungsschicht und jungen Ablagerungen überdeckt ist oder wo zusammenhängende Waldbestände oder Sümpfe vorherrschen, die normale geologische Kartierung wegen Mangels an Aufschlüssen sehr erschwert. In derartigen Fällen ist es zumeist erforderlich, die natürlichen Aufschlüsse durch Schürfe oder Bohrungen zu ergänzen.

Für die allgemeine geologische Untersuchung können in unseren Gegenden in der Regel die geschilderten Verfahren der geologischen Erkundung angewendet werden; für eine genaue Festlegung der Grenzen zwischen den Gesteinsarten besteht jedoch vielfach ein Mangel an direkten Ausbissen der Schichten. Sofern sich der felsige Untergrund nicht tief unter der Oberfläche befindet, besteht die Möglichkeit, seine Beschaffenheit nach den *Bruchstücken des Gesteins* im Schutt oder in der Ackerkrume annähernd zu bestimmen. Die Aufstellung der geologischen Karte nach den Bruchstücken der Gesteine in den Oberflächenschichten kann sehr ungenau sein, wenn nicht verschiedene Faktoren berücksichtigt werden, die auf eine Verlagerung dieser Bruchstücke von Einfluß sind. So können beispielsweise auch Bruchstücke von Gesteinsarten aus einer beträchtlichen Entfernung durch Hangbewegungen (Rutschung, Solifluktion oder einfach durch Gravitation) auf ihren derzeitigen Platz verschleppt worden sein. Bruchstücke von Gesteinen, die der Verwitterung besser widerstehen, treten an der Erdoberfläche weitaus zahlreicher auf als Bruchstücke leichter verwitternder Gesteine. Sehr häufig liegen an der Erdoberfläche Bruchstücke von Gesteinen (Lesesteine), die als widerstandsfähiger Bestandteil der Schichten, die bereits seit langem denudiert wurden, erhalten geblieben sind. In den dichter besiedelten Gebieten treten zu diesen natürlichen Faktoren auch die künstlichen Eingriffe hinzu. So ist beispielsweise entlang der Wege und Straßen die Kartierung nach den Bruchstücken des Gesteines sehr unzuverlässig, denn die festgestellten Bruchstücke können von dem herangefahrenen und zur Instandhaltung der Straße verwendeten Schotter stammen. Selbst auf Feldern geben vielfach Lesesteine in der Ackerkrume kein klares Bild vom Charakter des felsigen Untergrundes, denn auch hier können beim Düngen, beim Kalken u. dgl. Gesteinsbruchstücke von woandersher auf das Feld gelangt sein.

Wie man hieraus ersehen kann, ist die Zuverlässigkeit und Genauigkeit der geologischen Kartierung um so geringer, je mehr das Gelände von Oberflächenablagerungen und Verwitterungsbildungen bedeckt ist. Bei der geologischen Kartierung für technische Zwecke, wo es auf die Genauigkeit der Karte ankommt, ist die Grenze des Gesteins durch Bohrungen nachzuweisen; manchmal genügen Rammsondierungen, mit deren Hilfe verhältnismäßig schnell der Charakter des Gesteins bis zu einer Tiefe von 2 m unter der Erdoberfläche ermittelt werden kann. Je nach Bedarf werden zur genauen Bestimmung der Oberfläche Schürfgruben und Schürfgräben angelegt.

Aus der Beschreibung der bei der allgemeinen geologischen Kartierung angewandten Arbeitmethoden geht hervor, daß auch eine sehr gewissenhaft angelegte geologische Karte nur eine allgemeine Darstellung der geologischen Verhältnisse der Gegend ist. Im einzelnen können jedoch stellenweise ziemlich schwerwiegende Abweichungen von der Wirklichkeit zutage treten. Deshalb können geologische Karten im Maßstab 1:75 000 und 1:25 000 der technischen Praxis nur eine vorläufige Information geben und lediglich als Hilfsmittel für Vorstudien und Entwürfe dienen, jedoch keinesfalls als Unterlage für eine Ausarbeitung des technischen Projektes. Zu diesem Zwecke müssen jeweils neue Untersuchungeen vorgenommen werden, die sich auf eine eingehende Untersuchung des Geländes stützen.

2,4. Arten der geologischen Karten. Die geologische Kartierung kann zu rein wissenschaftlichen Zwecken durchgeführt werden oder auf die Lösung einer speziellen praktischen Aufgabe abgestellt sein. Im zweiten Falle könnte die Untersuchung auf den Gegenstand der Aufgabe beschränkt werden, beispielsweise auf das Vorkommen des gesuchten Gesteins. Es muß jedoch ausdrücklich bemerkt werden, daß es richtiger ist, nach Möglichkeit ein größeres Gebiet geologisch zu kartieren; denn je größer die Fläche ist, die eine Untersuchung umfaßt, desto genauer kann der geologische Bau des betreffenden Gebietes erkannt und um so richtiger die gegebene praktische Aufgabe gelöst werden.

Die geologischen Karten und die Karten der verwandten Fachgebiete werden nach verschiedenen Gesichtspunkten zusammengestellt, und demgemäß unterscheiden wir einige Arten dieser Karten. Bei der Aufstellung der *allgemeinen geologischen Karte* wird besonderer Wert auf die Gesteine des felsigen Untergrundes gelegt, und nur dort, wo es nicht möglich ist, den Charakter des felsigen Untergrundes zu unterscheiden, werden die entsprechenden Deckschichten dargestellt. In den älteren geologischen Karten werden gewöhnlich nur die Terrassenablagerungen und die alluvialen Ablagerungen, Lehm und Hangschutt unterschieden; letztere werden in ihrer Gesamtheit durch eine einzige Farbe gekennzeichnet, gleichgültig, ob es sich nun um Lehm oder Schutt handelt, und ohne Rücksicht auf die petrographische Zusammensetzung und Entstehung. In einigen Ländern werden gesondert sogenannte abgedeckte Karten des felsigen Untergrundes und besonders Karten der Deckschichten herausgegeben.

In den *bodenkundlichen* („pedologischen“) Karten werden einzeln die Bodenarten und Bodentypen unterschieden. Der felsige Untergrund wird nur von dem Gesichtspunkt aus in Betracht gezogen, wie dessen Verwitterungen bei der Entstehung der Bodenarten mitwirkten. Die eingehenden bodenkundlichen Karten werden nach den Ergebnissen der Bohrungen und der Bodenanalysen angelegt. Diese stellen ein wertvolles Hilfsmittel für die Gebietsplanung dar, soweit es sich um Fragen der Landwirtschaft handelt. Neben den Bodenarten und -typen sind zumeist in diesen Karten eine Reihe weiterer Angaben vermerkt, z. B. der Kalkgehalt der Ackerkrume, die Tiefe des Grundwassers und der natürliche Wert des Bodens.

Für die Ingenieurpraxis werden Karten der Bodenverhältnisse (*pedogeologische Karten*) verwendet, die Angaben sowohl über die Bodenarten der Erdoberfläche als auch über die Gesteinsarten des felsigen Untergrundes enthalten. In den Karten ist

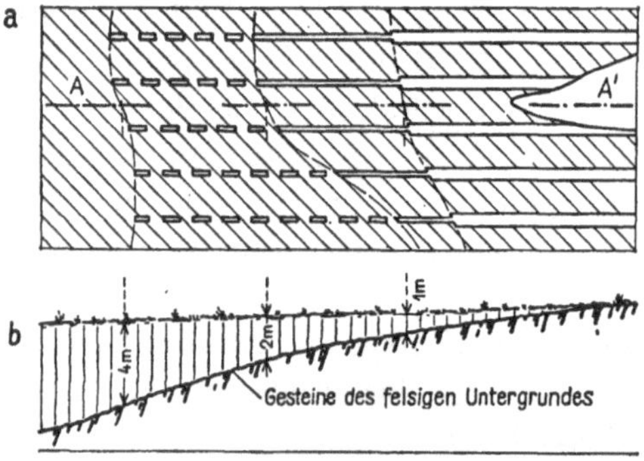

Abb. 2—1. Darstellung der Tiefe des felsigen Untergrundes unterhalb der Oberfläche mit Hilfe der Streifenmethode nach den Richtlinien des Geologischen Zentralinstitutes (Ú. Ú. G.) *a* — Grundriss, *b* — Schnitt A—A'.

zumeist die Tiefe des felsigen Untergrundes unter der Geländeoberfläche durch Darstellung nach der Streifenmethode gekennzeichnet. Durch helle Farben sind in der Karte die Bodenarten dargestellt, die dunklen Farben stellen Flächen dar, wo der felsige Untergrund bis an die Oberfläche tritt. Sofern der felsige Untergrund nicht tiefer als 4 m liegt, wird dessen Tiefe unter der Oberfläche durch die Breite des Streifens in der Farbe der betreffenden Gesteinsart gekennzeichnet (Abb. 2 — 1). Je breiter der dunkle Streifen ist, desto näher zur Oberfläche liegt das Gestein des felsigen Untergrundes. Die Genauigkeit dieser Karten hängt in erster Linie von der Anzahl der durchgeführten Bohrungen ab. Je dichter das Netz der Bohrungen ist, desto eingehender ist die Karte und um so genauer charakterisiert sie die tatsächlichen Verhältnisse.

In Gebieten, die bis in größere Tiefen mit Lehm, Löß u. dgl. überdeckt sind, kommt man mit Rammsondierungen bis zu einer Tiefe von 2 m nicht aus. Es werden hier Handbohrgeräte mit einem Durchmesser von 50 mm verwendet, mit deren Hilfe es möglich ist, in weichen Gesteinen bis zu einer Tiefe von 15 m zu bohren. Aus diesen Gründen ist die Anfertigung von Karten der Bodenverhältnisse mit relativ hohen Kosten verbunden und erfordert einen beträchtlichen Zeitaufwand. Deshalb werden pedogeologische Karten nur angefertigt für neue Siedlungen und neue Stadtviertel als Unterlagen für die Bebauungspläne, für große Industriebetriebe und umfangreiche Verkehrsbauten (Bahnen, Autobahnen, Flugplätze).

Für die Planung von Ingenieurbauten werden *ingenieurgeologische Karten* aufgestellt, deren Darstellungsweise bisher nicht festgelegt ist. In verschiedenen Staaten entstehen je nach dem Zweck und den Forderungen ingenieurgeologische Karten unterschiedlicher Konzeption, in denen entweder die technischen Eigenschaften der Gesteine (z. B. die Zusammendrückbarkeit, Lösbarkeit, Durchlässigkeit u. dgl.) oder die geomorphologischen Erscheinungen (Rutschungen, Karsterscheinungen usw.), die zu dem projektierten Bauwerk in irgendeiner Beziehung stehen, hervorgehoben werden.

Für die Siedlungsplanung und die Planung umfangreicher Hochbauten werden *Baugrundkarten* in Maßstab 1:5000 und auch in größeren Maßstäben zusammengestellt. In diesen Baugrundkarten sind die geologischen Verhältnisse des Gebietes so eingezeichnet, wie diese nach der Beseitigung der Oberflächenschichten bis in eine Tiefe von rund 2 m vorliegen, d. h. in einer Tiefe, bis zu welcher der übliche Aushub für verschiedene, unterhalb des Straßenniveaus verlegte Leitungen und auch für die Bauwerksfundamente durchgeführt wird. In diesen Karten sind in der Regel die Gesteine, die zwar petrographisch und genetisch verschieden sind, jedoch als Baugrund die gleichen Eigenschaften aufweisen, mit gleicher Farbe oder Schraffur eingezeichnet. In den Baugrundkarten sind zumeist weitere Eigenschaften der Gesteine und Angaben über das Grundwasser dargestellt. Die Baugrundkarten sollen nicht nur auf Grund des Bohrnetzes, sondern auch nach dem üblichen geologischen Verfahren ausgearbeitet werden.

Verschiedene Arten der in der DDR vorliegenden Karten des Baugrundes wurden von R. Köhler und A. Thomas (1958) eingehend bewertet.

In einigen Staaten werden ingenieurgeologische Karten verwendet, in denen Gebiete (Rayons) annähernd gleicher ingenieurgeologischer Bedingungen für verschiedene Bauwerkstypen umrissen sind. Die Abgrenzung der Gebiete hängt von dem Typ des Bauwerks ab, weshalb die *Rayonskarten* gesondert für die Hauptgruppen der Ingenieurarbeiten ausgearbeitet werden. So werden beispielsweise besondere Rayonskarten für Bauwerke der Wasserwirtschaft nach dem Einzugsgebiet der einzelnen Flüsse, für den Aufbau von Siedlungen, für den Bau von Flugplätzen, Straßen und Eisenbahnen herausgegeben. Die petrographischen, tektonischen und morphologischen Verhältnisse sind zumeist schwarz gedruckt, dagegen sind die einzelnen ingenieurgeologischen Gebiete (Rayons) mit verchiedenen Farben gekennzeichnet. Die Tiefe des felsigen Untergrundes wird gewöhnlich in den Karten durch ein schematisches Profil unmittelbar dargestellt. Jedes Gebiet (Rayon) wird durch ein geologisches Profil und eine Aufstellung sämtlicher durchgeführter Erkundungsarbeiten ergänzt. Diese Karten sind für die perspektivische Planung neuer Siedlungen und Industriebetriebe, für die wasserwirtschaftlichen Vorstudien an größeren Flußläufen und für umfangreiche Verkehrsbauten (Schiffahrtskanäle, Autobahnen) sehr zweckmäßig.

2,5. Geologische Karten in der ČSSR. Seit der zweiten Hälfte des 19. Jahrhunderts wird in allen Kulturstaaten die wirtschaftliche Bedeutung der systematischen regionalen geologischen Untersuchung und der eingehenden geologischen Kartierung anerkannt. Deshalb wurden zu dieser Zeit staatliche geologische Institute gegründet, deren Hauptaufgaben die allgemeine geologische Untersuchung und die Herausgabe von geologischen Karten sind.

Die ersten geologischen Karten des Gebietes der ČSSR stammen aus der zweiten Hälfte des vorigen Jahrhunderts, wo nach der Gründung des österreichischen geologischen Instituts in Wien im Jahre 1849 an die systematische Kartierung des gesamten Staatsgebietes herangegangen wurde. Als Unterlage für diese Kartierung diente die alte Generalkarte im Maßstab 1:144 000. Die geologischen Karten wurden nicht gedruckt herausgegeben, sondern den Interessenten wurden auf Bestellung handkolorierte Kopien zugesandt. Obwohl diese Karten in damaliger Zeit einen großen Fortschritt bedeuten, so waren sie doch sehr ungenau, denn die geologischen Verhältnisse konnten in einem so kleinen Maßstab nur schematisch dargestellt werden.

Nach Einführung der Spezialkarten im Maßstab 1:75 000 kamen weitere handkolorierte Karten heraus, bei denen die Angaben der alten Karten im Maßstab 1:144 000 vergrößert und in die neuen Spezialkarten umgezeichnet worden waren. Durch Umzeichnung und Vergrößerung zur neuen topographischen Unterlage vergrößerten sich die Mängel der ursprünglichen geologischen Karten noch mehr. Auch diese Karten wurden nicht gedruckt herausgegeben, sondern sie konnten in handgezeichneten und kolorierten Kopien bezogen werden.

Die österreichischen Geologen waren sich der Unvollkommenheit dieser alten Karten voll bewußt und nahmen deshalb in den siebziger Jahren des vorigen Jahrhunderts die neue Kartierung in Angriff. Für die Arbeiten im Gelände benutzten sie die neu eingeführten topographischen Pläne im Maßstab 1:25 000, aus denen die geologischen Angaben in die Spezialkarten im Maßstab 1:75 000 umgezeichnet wurden. Diese sogenannten geologischen Jubiläumskarten stellten die ersten gedruckten geologischen Karten unseres Gebietes dar. Nach diesem Verfahren sollte das gesamte Gebiet von Österreich-Ungarn kartiert werden; jedoch die Kartierung schritt nur langsam voran, so daß bis zum Umsturz im Jahre 1918 auf dem Gebiet der ČSSR lediglich 18 Kartenblätter erschienen.

Die Genauigkeit und Zuverlässigkeit dieser Karten hängt hauptsächlich davon ab, welcher Geologe das Gebiet kartierte. Einige Kartenblätter entsprechen noch den heutigen Anforderungen, andere weisen große Mängel auf und können nur für eine sehr allgemeine Information dienen.

Nach dem Jahre 1918 setzte das Staatliche Geologische Institut der ČSR die geologische Kartierung fort, das bisher 17 Blätter von geologischen Karten im Maßstab 1:75 000 herausgab.

Einige Kartenblätter wurden in der provisorischen Ausgabe ohne farbigen Aufdruck herausgegeben. Zur Zeit wird der Druck von geologischen Übersichtskarten im Maßstab 1:200 000 vorbereitet, die nach den zwischenstaatlichen Abkommen bis in das Gebiet der benachbarten Staaten hineinreichen sollen und einheitliche

Erläuterungen aufweisen werden. Diese Karten werden in zwei Serien gedruckt, einerseits als abgedeckte Karten, das sind Karten des felsigen Untergrundes, andererseits als Karten der Deckschichten. Zu den einzelnen Blättern der geologischen Karten wurden umfassende Erläuterungen herausgegeben, die eine eingehende Beschreibung der Gesteine enthalten und in denen die stratigraphischen, tektonischen und hydrogeologischen Verhältnisse des kartierten Gebietes geschildert sind. In den Erläuterungen wird besondere Aufmerksamkeit den Vorkommen nutzbarer Gesteine und Mineralien gewidmet.

Neben diesen amtlichen Karten wurde eine Reihe weiterer geologischer Karten in den Verlagen verschiedener wissenschaftlicher Gesellschaften und Organisationen herausgegeben. Diese Karten treten in der geologischen Fachliteratur verstreut auf, sie sind in verschiedenen Maßstäben ausgearbeitet, in der Regel als Anlagen zu Studien der regionalen Geologie. Ein detailliertes Verzeichnis dieser Karten bis zum Jahre 1924 veröffentlichte R. Kettner (1926). Für das Gebiet von Mähren stellte M. Kettnerová (1931) ein Verzeichnis dieser Karten bis zum Jahre 1930 zusammen.

Seinerzeit waren vier Blätter der bereits im Jahre 1864 vom Komitee für naturkundliche Forschung in Böhmen im Maßstab 1:200 000 herausgegebenen geologischen Karte von großer Bedeutung. Ferner sind die eingehenden geologischen Karten des Böhmischen Mittelgebirges wertvoll, die im Maßstab 1:25 000 von J. E. Hibsch ausgearbeitet wurden. Von den weiteren geologischen Karten ist die geologische Karte des Kreises Plzeň (Pilsen), die im Maßstab 1:30 000 im Jahre 1910 von C. Purkyně ausgearbeitet wurde, zu erwähnen. Für die technische Praxis sind ferner insbesondere die Studien und Karten des Gebietes der Böhmischen Kreideformation, die von Čeněk und Břetislav Zahálka ausgearbeitet wurden, von Bedeutung. In das Gebiet von Böhmen hinein reichen entlang der böhmisch-sächsischen Grenze die eingehenden Karten von Sachsen, die im Maßstab, 1:25 000 hergestellt wurden.

Übersichtskarten der *Bodenverhältnisse* gab seit dem Jahre 1945 das Geologische Zentralinstitut der ČSSR systematisch heraus. Diese wurden auf der Grundlage von Spezialkarten im Maßstab 1:75 000 gedruckt. Bisher sind 12 Kartenblätter erschienen. In diese Übersichtskarten der Bodenverhältnisse sind die Bodenarten, die Überflutungsgebiete, die Bodenwertzahlen und die Naturschutzgebiete eingezeichnet.

Eingehende *Baugrundkarten* wurden nur für einige Stadtgebiete (Buštěhrad, Zruč a. d. Sázava, Kutná Hora) in der Sammelschrift „Geotechnica" von dem Geologischen Zentralinstitut herausgegeben. Sie sind im Maßstab 1:5000 als Unterlagen für die Bebauungspläne der Städte ausgearbeitet. Solche Karten wurden für weitere Stadtgebiete zumeist nur im Lichtdruckverfahren vervielfältigt und von Hand für einen begrenzten Interessentenkreis koloriert.

Der geologischen Erkundung der *Slowakei* wurde in Österreich-Ungarn eine verhältnismäßig geringe Aufmerksamkeit gewidmet. Neben alten, von Hand kolorierten geologischen Karten im Maßstab 1:75 000 wurden lediglich 5 Kartenblätter im Maßstab 1:75 000 aus der Südslowakei gedruckt. Vom heutigen Standpunkt aus betrachtet sind dies eher Karten über die Bodenverhältnisse, die aber für die technische Praxis nur von geringer Bedeutung sind. Für die damalige Zeit waren die geologischen Karten, die im Maßstab 1:75000 von V. Uhlig für das Gebiet der Hohen Tatra und der Klippenzone ausgearbeitet wurden, sehr wertvoll. Von den sonstigen Gebieten wurden nur jene Bezirke kartiert, denen eine besondere praktische Bedeutung beigemessen wurde, beispielsweise die Umgebung von Erzgruben.

Nach dem ersten Weltkrieg wurde eine systematischere geologische Kartierung in Angriff genommen, und die Ergebnisse wurden in den Publikationen des Staatlichen Geologischen Instituts der ČSR veröffentlicht. Zu dieser Zeit wurde auch die tektonische Karte der Mittelslowakei im Maßstab 1:200 000 (A. Matějka, D. Andrusov) herausgegeben. Das Geologische Institut in Bratislava gab bisher 4 Blätter einer eingehenden geologischen Karte im Maßstab 1:25000 heraus. Es wählte einen größeren Maßstab, weil es nicht möglich war, den sehr komplizierten geologischen Bau der Slowakei in Spezialkarten einzuzeichnen.

3. Kapitel. Geologische Profile

Selbst eine eingehende geologische Karte kann den Schichtenverlauf in die Tiefe nicht einwandfrei erfassen. Zu diesem Zweck verwenden wir die geologischen Profile. Das geologische Profil ist also eine Darstellung des Schichtenverlaufes und der tektonischen Linien in der vertikalen Ebene.

Um ein geologisches Profil zeichnen zu können, müssen wir die Form der Erdoberfläche in der Profillinie und die entsprechenden geologischen Angaben kennen. Die Form der Erdoberfläche in der Profillinie können wir aus der topographischen oder geologischen Karte, sofern diese genau genug ist, oder durch direkte Vermessung der Geländeoberfläche im Profil gewinnen. Danach unterscheiden wir vermessene und konstruierte geologische Profile.

Die *vermessenen geologischen Profile* sind solche, bei denen die gesamte Fläche des Profils im Gelände sichtbar ist, so daß wir sie direkt messen können. Alle vertikalen oder steil einfallenden Aufschlüsse in der Natur, seien es natürliche oder künstliche, liefern gemessene Profile, wenn wir sie vermessen und einzeichnen. Hierher gehören also auch die Profile der Schürfgruben und Bohrungen. Gute Unterlagen für gemessene Profile großen Umfanges bieten die tief eingeschnittenen Täler der Flüsse und Bäche, soweit diese steile und unbewachsene Hänge aufweisen. Die natürlichen Aufschlüsse verlaufen vielfach nicht senkrecht zum Streichen, und deshalb werden sie zumeist als Schichtendefilés bezeichnet.

An zahlreichen Ingenieurbauten, hauptsächlich bei Verkehrswegen und Wasserbauten, wo lange und tiefe Schnitte geschaffen werden, besteht die Möglichkeit, durch Vermessung des Bodenaushubes charakteristische geologische Profile zu erhalten. Diese vermessenen Profile sind von hohem dokumentarischen Wert, denn nach kurzer Zeit sind die Aufschlüsse im allgemeinen nicht mehr zugänglich. Die Böschungen der Einschnitte werden zumeist nach der Fertigstellung des Bauwerks mit Humusboden überdeckt und bepflanzt, die Baugruben der Wasserbauten werden nach der Errichtung des Bauwerks unzugänglich.

Wenn wir ein an der Wand des Bodenaushubes oder Steinbruches sichtbares geologisches Profil vermessen wollen, dann gehen wir in der Weise vor, daß wir am Fuße der Wand eine möglichst waagerechte Bezugsebene wählen, auf der wir mit Hilfe von Meßstäben oder Pflöcken Längen von 2 bis 4 m markieren, je nachdem, wie kompliziert das Profil ist. Auf diese Weise haben wir die Wand in kleine Felder unterteilt, die wir nacheinander vermessen und im entsprechenden Maßstab einzeichnen. Mit Hilfe dieses einfachen Netzes können wir auch ein kompliziertes geologisches Profil maßstabgerecht aufzeichnen. Wenn die Wand geneigt ist, messen wir die Längen in der schrägen Wand, so daß die Skizze im Gelände etwas überhöht ist. Es ist erforderlich, jeweils die Böschungsneigung zu vermessen und zu vermerken, um die Höhen nachträglich auf das vertikale Profil umrechnen zu können. Das Profil ergänzen wir durch ausführliche Erläuterungen, durch eine Beschreibung der einzelnen Schichten, Klüfte und sonstige Angaben, insbesondere durch die Orientierung des Profils nach den Himmelsrichtungen. Beim Vermessen des Profils ermitteln wir nach Möglichkeit die richtige Höhe der Bezugsebene über dem Meeresspiegel. Die Profillinie zeichnen wir in die Karte ein.

Bei geologisch komplizierten Aufschlüssen wird empfohlen, photographische Aufnahmen der Aufschlüsse anzufertigen und mit einer ausreichend vergrößerten Kopie auf mattem Photopapier erneut diese Stelle aufzusuchen. Wichtige Schichten, tektonische Linien und andere Einzelheiten zeichnen wir in die Kopie mit Farbstiften ein. Wir sind bemüht, in dem Profil und auch auf dem Photo der leichteren Orientierung wegen irgendein charakteristisches Objekt, ein Bauwerk, den Mast einer Freileitung, einen Baum u. dgl., festzuhalten.

Einwandfrei vermessene Profile erhalten wir mit Hilfe der photogrammetrischen Methode. Dieses Verfahren eignet sich insbesondere für das Vermessen geologischer Profile an unzugänglichen Berghängen, die wir entweder vom gegenüberliegenden Talhang oder einem Flugzeug aus photographieren können (Abb. 3 - 1a, b; „Schweizerische Bauzeitung", 1939).

Abb. 3—1a. Fotogrammetrische Vermessung der geologischen Profile; Originalaufnahme aus der Schweizerischen Bauzeitung.

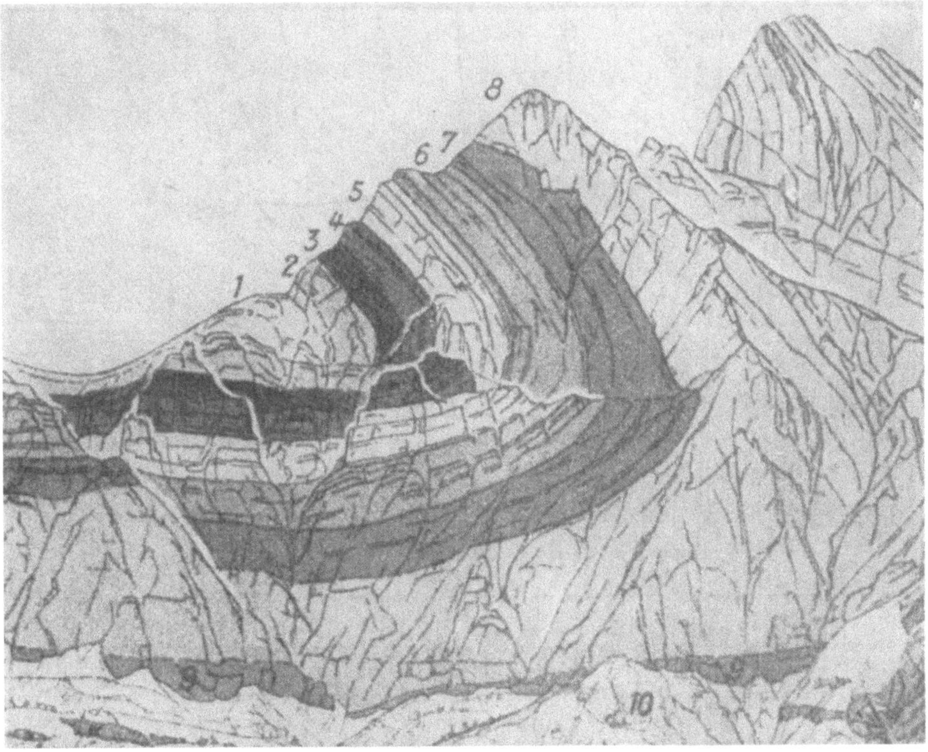

Abb. 3—1b. Fotogrammetrische Auswertung der Fotographie aus der *Abb. 3—1a.*

Konstruierte Profile werden nicht an Aufschlüssen im Gelände eingemessen, sondern man konstruiert diese nach den geologischen Karten und der eingehenden Kenntnis des geologischen Baues des Geländes. Für das Konstruieren eines solchen Profils müssen wir die Geländeoberfläche in der Schnittlinie und die Grenzen der einzelnen geologischen Formationen sowie der Gesteine in der geologischen Karte kennen. Diese Angaben genügen für die Konstruktion eines geologischen Profils dann, wenn die Schichten waagerecht gelagert sind. Wenn es sich jedoch um tektonisch deformierte, beispielsweise um schräg gelagerte, gefaltete Schichten usw. handelt, dann muß man noch das Streichen und Fallen der Schichten kennen.

Alle diese Angaben sind in den geologischen Karten enthalten oder sollten in diesen enthalten sein. Es besteht somit die Möglichkeit, aus einer jeden hinreichend genauen geologischen Karte ein Profil zu konstruieren, sofern wir über die erforderlichen Kenntnisse aus der allgemeinen, stratigraphischen und regionalen Geologie des betreffenden Gebietes verfügen. Es wird somit die Frage aufgeworfen, warum eigentlich geologische Profile konstruiert werden, wenn sämtliche Daten bereits in der geologischen Karte enthalten sind. Die Erklärung dafür wird in den folgenden Abbildungen gegeben. Bei Betrachtung der Karte (Abb. 3 — 2) erscheinen die Lagerungsverhältnisse der Schichten ziemlich kompliziert, wogegen aus dem Profil zu ersehen ist,

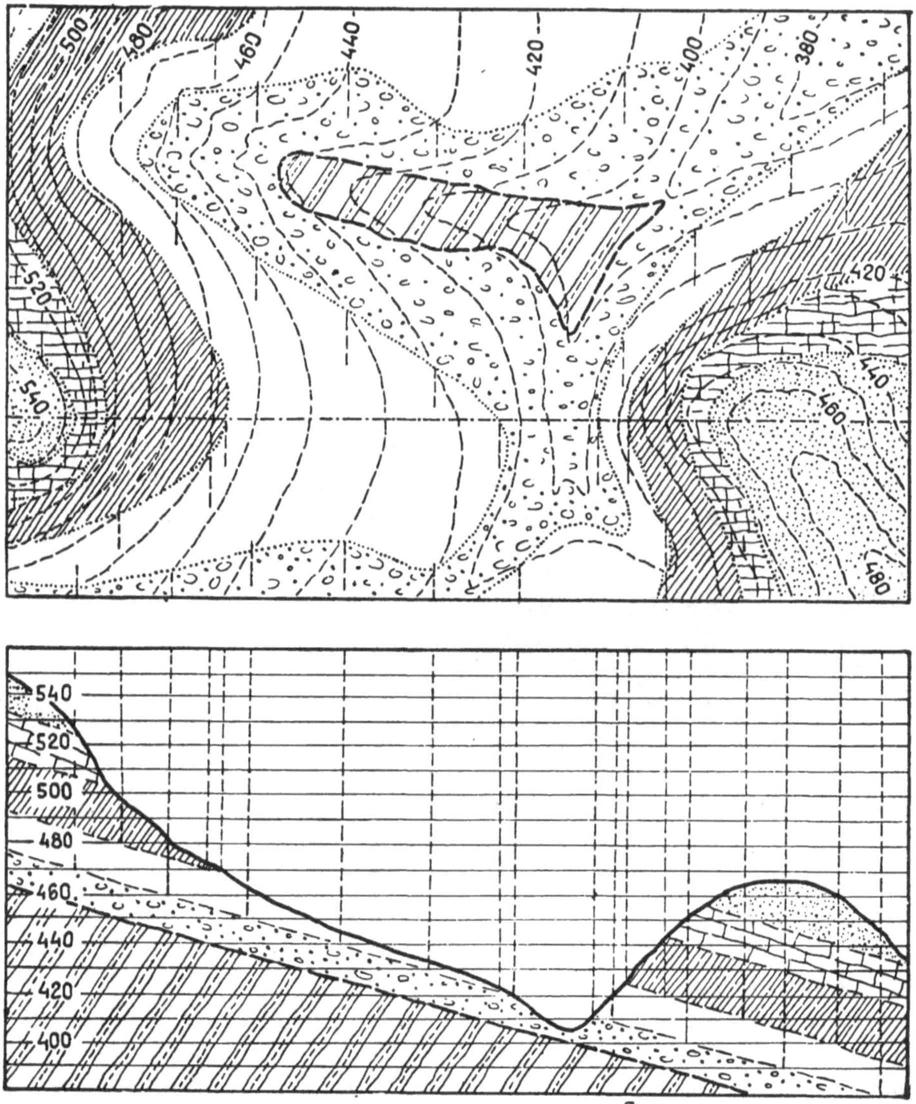

Abb. 3—2. Die geologischen Karten erscheinen auch bei einfacher Neigung der Schichten und unebener Geländeoberfläche kompliziert. Das geologische Profil zeigt im gegebenen Falle eine einheitliche Neigung der Schichten.

daß es sich um Schichten handelt, die unter einem mäßigen Winkel einheitlich geneigt sind und im gleichen Sinne verlaufen.

Die geologische Karte veranschaulicht die Durchdringungslinie der Schichtenflächen mit dem Geländerelief. Ist die Gebietsoberfläche gegliedert und haben die Schichten einen unregelmäßigen Verlauf aufzuweisen, wie dies bei gefalteten Schichten der Fall ist, dann lassen sich die Lagerungsverhältnisse der Gesteine aus der geo-

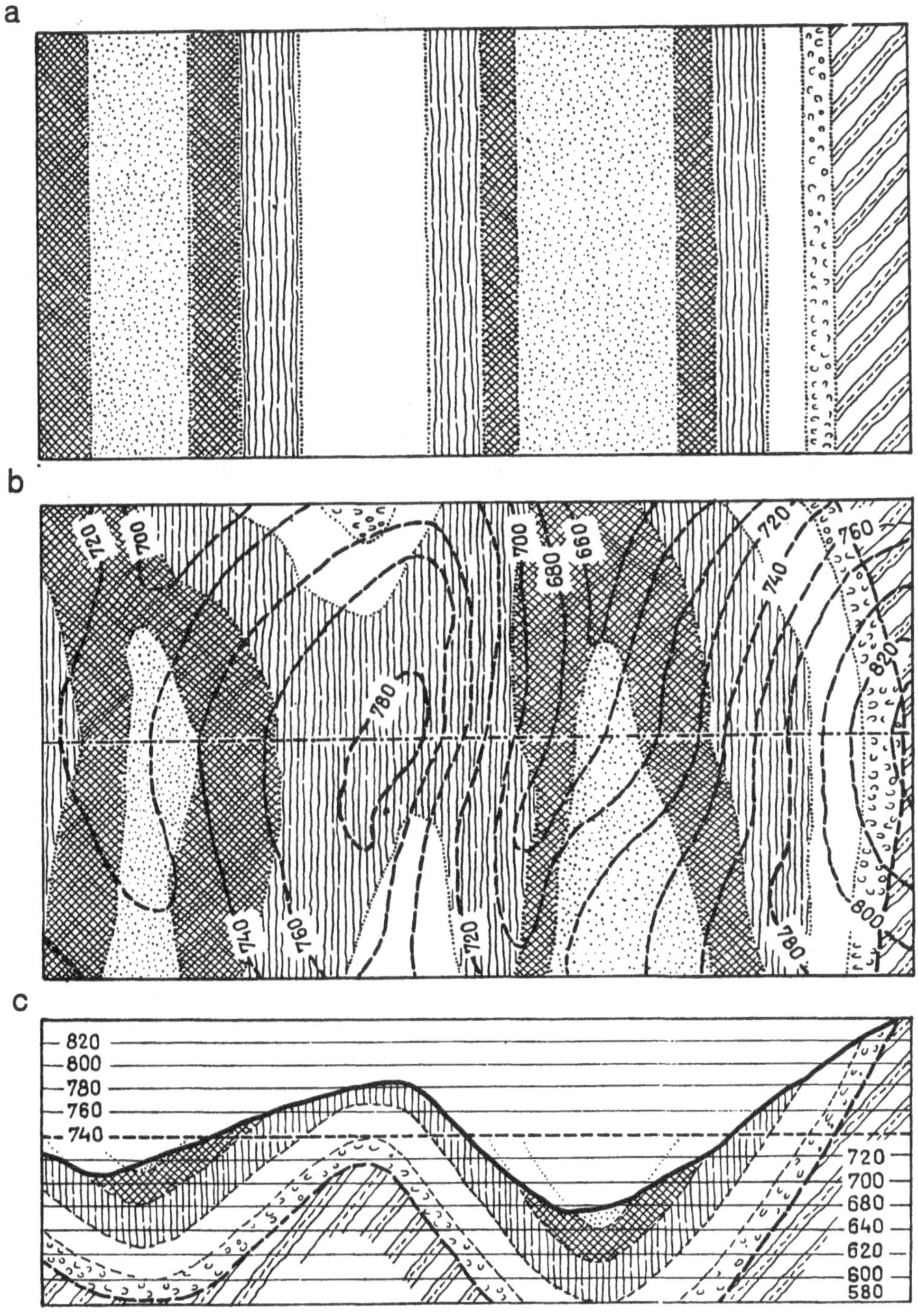

Abb. 3—3. *a* — Durchdringung der im Profil *c* angedeuteten gefalteten Schichten mit einer waagerechten Ebene auf Höhe 710 und Projektion der Schichten auf diese Ebene, *b* — die Ausbisse der gleichen Schichten im welligen Gelände.

logischen Karte manchmal nicht ohne weiteres erkennen. In einer weiteren Abbildung (Abb. 3 — 3) ist dargestellt, wie der Verlauf mäßig gefalteter Schichten bei der Projizierung in die waagerechte Ebene und die Ausbisse der gleichen Schichten im welligen Gelände in Erscheinung treten. Diese schematischen Abbildungen liefern den Beweis dafür, daß es sehr zweckmäßig ist, geologische Profile zu zeichnen und zu konstruieren, auch wenn es sich um einen einfachen geologischen Bau des Geländes handelt. In komplizierten Fällen ist die Konstruktion geologischer Profile eine notwendige Voraussetzung für die richtige Vorstellung über den geologischen Bau des Geländes. Dies gilt vor allem für die Vorarbeiten beim Bau von Gebirgstunneln.

Was die Orientierung der Profile gegenüber den Schichten des felsigen Untergrundes anbelangt, so unterscheiden wir *Querprofile*, die senkrecht zur Schichtenrichtung (quer zu den Schichten) verlaufen, ferner *Längsprofile*, die in Schichtenrichtung verlaufen, und *schräg* verlaufende Profile. Gewöhnlich zeichnen wir Querprofile, die zur Erläuterung des geologischen Baues des Geländes am besten beitragen. Mit Hilfe eines Systems von Querprofilen, die in bestimmten Abständen parallel nebeneinander geführt werden, können wir die Richtigkeit der geologischen Karte am besten kontrollieren.

Geologische Längsprofile werden dann konstruiert, wenn wir den Längsverlauf und die Neigung der Schichten benötigen. Diese werden häufig bei der Lösung hydrogeologischer Probleme und als Unterlage zur Erkundung von Lagerstätten mineralischer Rohstoffe benutzt. Beim Zeichnen der Profile unregelmäßig gefalteter Schichten kommt es manchmal vor, daß ein Teil des Profils schräg zu den Schichten geführt wird, also das Profil in einiger Abschnitten den Charakter eines schrägen Profils trägt. In diesem Falle müssen sodann die Schichtenneigungen zur Profillinie einwandfrei bestimmt werden. In manchen Fällen erfährt die Profillinie eine gering.

Tabelle 3-I

Meßwinkel in Graden	Überhöhtes Profil		
	2mal	3mal	4mal
5	9° 55	14° 45	19° 15
10	19° 25	27° 50	35° 10
20	36°	47° 30	55° 30
30	49° 05	60°	66° 30
45	63° 30	71° 40	76°
60	73° 55	79° 05	81° 45
75	82° 30	84° 50	86° 10
85	87° 30	88° 20	88° 45

fügige Knickung, damit das Profil nach Möglichkeit senkrecht zu den Schichten geführt wird. Die Knickungsstellen müssen sowohl in der Karte als auch im Profil markiert werden.

Die geologischen Profile werden zumeist für die Längen und Höhen im gleichen Maßstab konstruiert. *Überhöhte Profile* werden dann angewendet, wenn die Schichtenneigung sehr gering ist (beispielsweise in der böhmischen Kreideformation), ferner in der Hydrogeologie und beim Studium einiger quartärer Ablagerungen, wo die Höhenangaben im ebenen Gelände (z. B. beim Zeichnen der Profile von Flußterrassen oder von Torf- und Moorböden) hervorgehoben werden müssen.

Die Überhöhung eines Profils muß jeweils klar und deutlich angegeben sein. Es ist nicht zu empfehlen, geologische Profile zu überhöhen, in denen gefaltete, geschichtete oder schieferige Gesteine auftreten. In diesem Falle müssen die Schichtenneigungen entsprechend der Überhöhung des Profils umgerechnet werden; dadurch

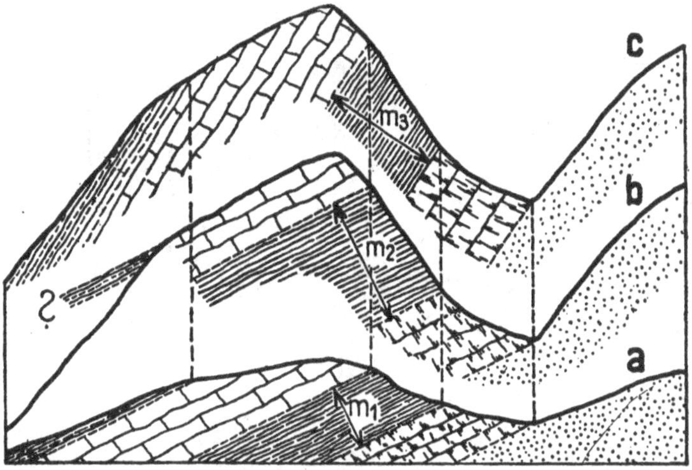

Abb. 3—4. Überhöhte Profile sind für die Darstellung der geologischen Verhältnisse ungünstig. Die Mächtigkeit der Schichten scheint bei jeder Überhöhung eine andere zu sein.

wird das Bild des geologischen Baues eines Gebietes stark verzerrt. In der beigefügten Tabelle ist angeführt, wie die Schichtenneigung in den überhöhten Profilen zu verändern ist.

In der Abb. 3 — 4a ist ein nicht überhöhtes geologisches Profil mit mäßig geneigten Schichten dargestellt. In den Abb. 3 — 4b und c ist das gleiche Profil dreimal überhöht. In der Abb. 3 — 4b wurde die Schichtenneigung nicht überhöht, daher war es nicht möglich, im linken Teil der Abbildung die Schichten einzuzeichnen, die eine geringere Neigung als die überhöhte Hangneigung aufzuweisen haben. Auch im Falle, daß wir die Schichtenneigung im gleichen Verhältnis überhöhen (Abb. 3 — 4c), ergibt sich eine andere Mächtigkeit der Schichten als in Wirklichkeit. Wir vermeiden daher nach Möglichkeit eine Überhöhung der geologischen Profile.

Bei der Konstruktion des Profils aus der geologischen Karte muß man sich vor-

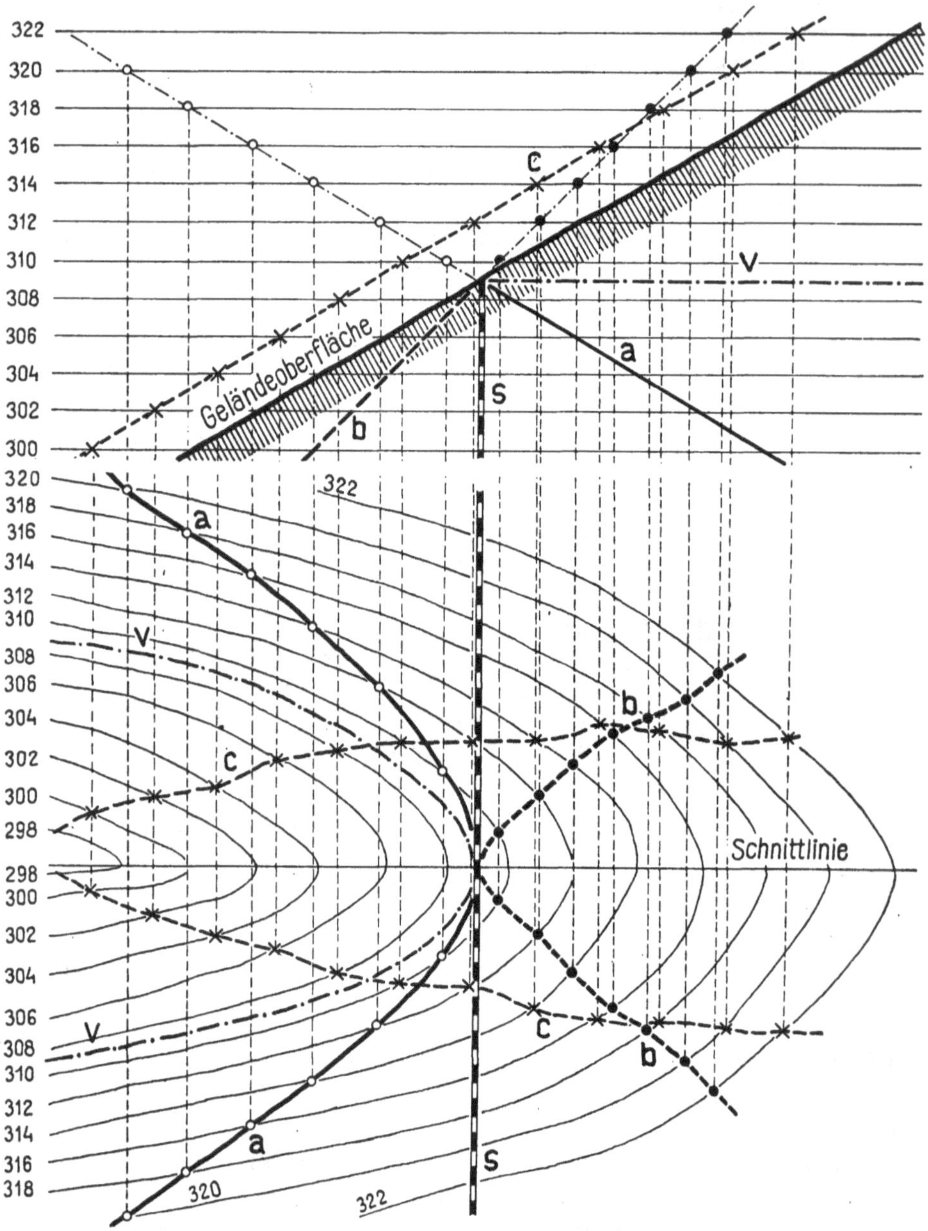

Abb. 3—5. Wie die Ausbisse der Schichten mit verschiedener Neigung im Talabschluß in Erscheinung treten.

stellen, wie die Ausbisse der verschieden geneigten Schichten in der Karte in Erscheinung treten. In der Abb. 3 — 5 wird durch die Schichtenlinien der Talabschluß mit einigen Ausbissen der verschieden geneigten Schichten dargestellt. Aus der Abbildung geht hervor, daß die vertikalen Schichten, Gänge und Störungen in der Karte einen geradlinigen Verlauf nehmen; die waagerechten Schichten folgen der Form der Schichtenlinien. Wenn die Schichten zum Berg hin einfallen, dann erweitert sich der Ausbiß im gegebenen Falle in Richtung des Talgefälles. Bei Schichten, die in Hangrichtung geneigt sind, verjüngt sich der Ausbiß in Richtung des Gefälles der Talsohle. Die parallel mit der Talsohle verlaufenden Schichten treten am Talhang heraus und werden im Grundriß annähernd parallel zu dessen Richtung projiziert.

Beim Konstruieren von Profilen ist die *tatsächliche Mächtigkeit* der Schichten einwandfrei zu bestimmen. Die Mächtigkeit der Schicht können wir auf einfache Art und Weise aus der Breite des Streifens der betreffenden Schicht in der Karte berechnen, sofern wir die Neigung der Schichten und die Hangneigung kennen.

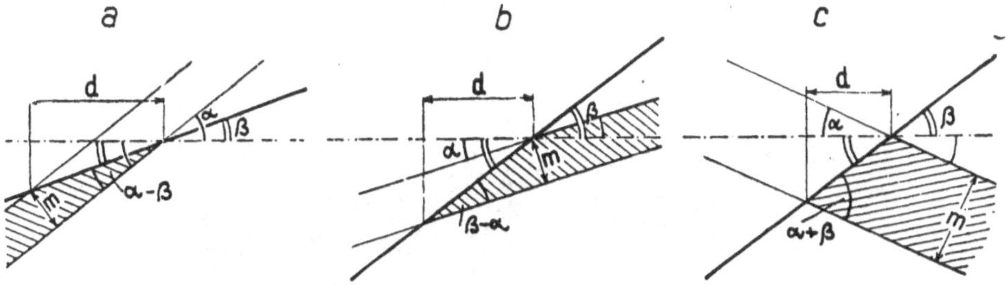

Abb. 3—6. Bestimmung der Mächtigkeit der Schichten bei verschiedener Neigung.

Wenn die Neigung der Schicht in Hangrichtung verläuft und diese eine größere Neigung als der Hang aufzuweisen hat (siehe Abb. 3 — 6a), dann beträgt die Mächtigkeit der Schicht

$$m = \frac{d \sin(\alpha - \beta)}{\cos \beta} .$$

Wenn die Schicht in Hangrichtung geneigt ist und eine geringere Neigung als der Hang selbst aufzuweisen hat (Abb. 3 — 6b), dann beträgt deren Mächtigkeit

$$m = \frac{d \sin(\beta - \alpha)}{\cos \beta} .$$

Fällt die Schicht zum Berg hin ein (Abb. 3 — 6c), dann beträgt die Mächtigkeit

$$m = \frac{d \sin(\alpha + \beta)}{\cos \beta} .$$

Für Ingenieurbauten müssen oftmals eingehende Profile auch der Deckschichten konstruiert werden. Beim Zeichnen der Profile dieser jüngsten *quartären Ablagerungen* werden häufig grobe Fehler begangen, die schwerwiegende praktische Folgen nach sich ziehen können. Man muß sich die Wechselbeziehungen, das Alter und die fortschreitende Entwicklung dieser jüngsten Schichten vergegenwärtigen. Als Beispiel führen wir den Ausschnitt der geologischen Karte und zwei Profile aus dem Mittelabschnitt des Moldautales an. In dem verbreiterten Talabschnitt bleiben drei Terrassenstufen (in der Abb. 3 — 7 mit *tII*, *tIII*, *tIV* bezeichnet) erhalten, die teilweise von Hanglehm, Schutt, Lößlehm und Dejektionskegeln überdeckt sind.

Um ein Hangprofil richtig einzeichnen zu können, muß das Alter der einzelnen quartären Ablagerungen bestimmt werden (Abb. 3—8). Im gegebenen Falle ist die mächtige mittlere Terrasse *tII*, auf der sich der älteste Teil des Dejektionskegels *dII* ablagerte, die älteste. Nach der Vertiefung des Tales setzten sich die Ablagerungen

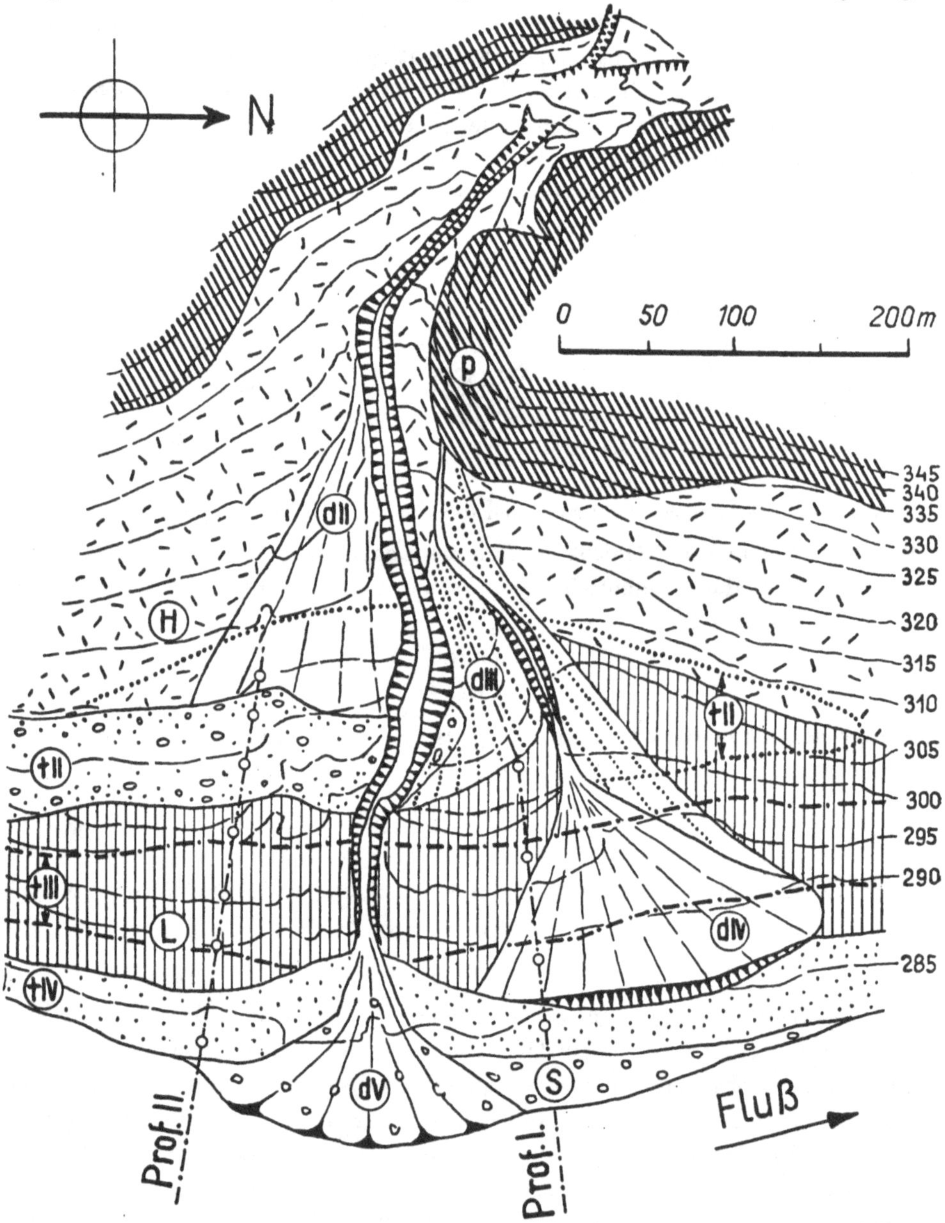

Abb. 3—7. Teil einer quartär-geologischen Karte des Moldautales: *p* — Porphyre der Jílové Zone (Algonkium), *tII, tIII, tIV* — pleistozäne Terrassen, *L* — Lösslehm, *H* — Hangschutt, *dI—dV* — Dejektionskegel, *S* — aus dem jüngsten Kegel ausgeschwemmter Schotter.

der Terrasse *tIII* ab, die jedoch in der Karte nicht sichtbar sind; auf diese stieß man nur bei Bohrungen unterhalb der jüngeren Deckschichten. Diese Terrasse *tIII* wird einerseits von Lößlehm, andererseits vom Dejektionskegel *dIII*, der in diesem Stadium etwas nach Osten hin verschoben wurde, überdeckt. Nach einer weiteren Erosionsperiode lagerten sich die sandigen Schotter der Talterrasse *tIV* ab, die an der Ober-

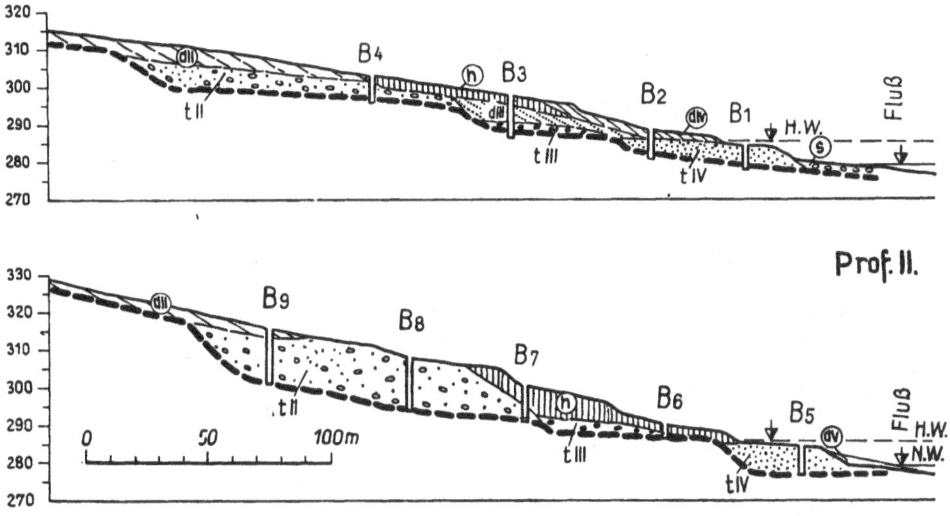

Abb. 3—8. Aus der Karte in *Abb. 3—7* konstruierte Hangprofile der quartären Ablagerungen im Moldautale.

fläche von den jüngsten sandigen Ablagerungen der Überflutungen überdeckt sind. Die Hochwasser reichen gegenwärtig bis in das Niveau dieser Terrasse hinein und erodierten zum Teil die Stirnseite des Dejektionskegels *dIV*, der auf die Talterrasse geschwemmt wurde. Das jüngste Glied stellt die Erosionsfurche dar, die bereits in der geschichtlichen Epoche alle quartären Ablagerungen durchschnitt und aus welchen der jüngste (rezente) Dejektionskegel (*dIV*) aufgeschwemmt wurde. Dieser reicht bis in das heutige Flußbett der Moldau hinein und wird bei Hochwasser entlang des linken Ufers abgeschwemmt.

Erst wenn wir die fortschreitende Genese der einzelnen quartären Ablagerungen und die morphologische Entwicklung desTales kennen, können wir das richtige Profil dieser Deckschichten konstruieren. Wenn wir die geologisch-historische Entwicklnug der Oberflächenschichten nicht richtig verstünden, könnten uns grobe Fehler unterlaufen; wir würden der Wirklichkeit nicht entsprechende, unlogische Profile zeichnen, weil in den meisten Fällen nicht so viele Bohrungen durchgeführt werden können, um mit deren Hilfe die Grenzen sämtlicher Schichten feststellen zu können.

Benützte und ergänzende Literatur zu den Kapiteln 1 bis 3 und allgemeine Lehrbücher der Ingenieurgeologie

Aprodow W. A.: Geologische Kartierung, Moskau 1952.
Апродов В. А.: Геологическое картирование, Москва 1952.

Bendel L.: Ingenieurgelogie, Springer-Verlag, Wien 1944, 1948.
Bonte A.: Introduction à lecture des cartes géologiques, Paris 1945.
Canavari M.: Manuale di geologia tecnica, Pisa 1928.
Denisow N. J.: Ingenieurgeologie, Moskau 1960.
Денисов Н. Я.: Инженерная геология, Москва 1960.
Desio A.: Geologia applicata all'ingegneria, Hoepli, Milan, 1949.
Fox C. B.: Civil Engineering Geology, Crosby Lockwood, London 1926.
Gwinner M. P.: Die Anwendung der genetisch-morphologischen Bodenkunde in der Ingenieurgeologie, insbesonders zur Klassifizierung des Baugrundes auf Baugrundkarten, Stuttgart 1954.
Keil K.: Ingenieurgeologie und Geotechnik, Verlag W. Knapp, Halle 1951, 1959.
Kettner R.: Verzeichnis der geologischen Karten Böhmens, Časopis pro mineralogii a geologii (Zeitschrift für Mineralogie und Geologie), Prag 1924.
Kettnerová M.: Geologische Kartierung des Landes Mähren-Schlesien, Časopis vlasteneckého spolku musejního v Olomouci (Zeitschrift des heimatkundlichen Museum-Verein), Olomouc 1931.
Köhler R., Thomas A.: Über den Stand der ingenieurgeologischen Kartierung in der DDR, Zeitschrift für angewandte Geologie, Bd. *4.*, Berlin 1958.
Kolomenskij N. V.: Ingenieurgeologie, Moskau I.—1951, II—1956.
Коломенский Н. В.: Инженерная геология, Москва 1956.
Krynin D. P., Judd W. R.: Principles of Engineering Geology and Geotechnics, McGraw-Hill, N. York 1957.
Lahee F. H.: Field Geology, McGraw-Hill, N. York 1941.
Legget R.: Geology and Engineering, McGraw-Hill, N. York 1939.
Maslov N. N.: Ingenieurgeologie, Moskau 1941.
Маслов Н. Н.: Инженерная геология, Москва 1941.
Maslov N. N.: Bodenmechanik, Moskau 1949.
Маслов Н. Н.: Прикладная механика грунтов, Москва.
Mihailescu N.: Geologia tehnica, Bucuresti 1951, 1952.
Popov I. V.: Ingenieurgeologie, Moskau 1959.
Попов И. В.: Инженерная геология, Москва.
Popov I. V. u. Kol.: Methodik der Zusammenstellung der ingenieurgeologischen Karten, Moskau 1950.
Попов И. В.: и коллектив: Методика составления инженерно-геол. карт, Москва 1950.
Priklonskij V. A.: Bodenmechanik, Moskau 1949.
Приклонский В. А.: Грунтоведение, Москва 1949.
Redlich K., Terzaghi K., Kampe R.: Ingenieurgeologie, Springer Verlag, Wien 1929.
Savarenskij F. P.: Ingenieurgeologie, Moskau 1937.
Саваренский Ф. П.: Инженерная геология, Москва 1937.
Sergejev E. M.: Allgemeine Bodenmechanik, Moskau 1952.
Сергеев Е. М.: Общее грунтоведение, Москва 1952.
Stiny J.: Technische Geologie, Stuttgart 1922.
Terzaghi K., Peck R. B.: Soil Mechanics in Engineering Practice, N. York 1948.
Trask P. D.: Applied Sedimentation, a symposium, J. Wiley, N. York 1950.
Záruba Q.: Geologische Erkundungsarbeiten im Ingenieurbauwesen, Prag 1932 (tschechisch).
Žebera K.: Die Geologie in der Gebiets- und Siedlungsplanung, Geotechnica, Prag 1947 (tschechisch).

4. Kapitel. Erkundungsmethoden

Zur Präzisierung der geologischen Erkundung werden verschiedene Versuchsmethoden angewendet die Zahl dieser Verfahren nimmt ständig zu. Um für einen bestimmten Fall das zweckentsprechende Erkundungsverfahren zu wählen, ist einerseits die Kenntnis der verschiedenen Arbeitsmethoden, andererseits eine ausreichende praktische Erfahrung erforderlich. Bei der geologischen Untersuchung der Baustelle können verschiedene Aufschlußmethoden angewendet werden. In einigen Fällen sind Schürfe, in anderen Schürfgräben, ein andermal wiederum Bohrungen vorteilhafter, und deshalb ist es notwendig, daß wir zumindest in großen Zügen die wichtigsten Erkundungsmethoden und deren Vorzüge und Mängel kennen, um zu wissen, was für Bodenproben hierbei gewonnen werden usw. In diesem Kapitel werden wir uns mit den Arbeitsmethoden der Erkundung nicht eingehend befassen. Es ist jedoch erforderlich, daß der Ingenieur diese Verfahren insoweit kennt, daß er gegebenenfalls das zweckmäßigste und wirtschaftlichste Verfahren zur Durchführung der Erkundung wählen kann. Viel Zeit und Geld werden nämlich für unzweckmäßige und unproduktive Erkundungen der geologischen und der Gründungsverhältnisse von Baustellen hauptsächlich deswegen aufgewendet, weil eine unzweckmäßige Erkundungsmethode gewählt oder weil die Untersuchung nicht in geeigneter Weise ausgewertet wurde. Für die geologische Erkundung bei Ingenieurbauten werden angewendet:

1. Schürfe, Schürfschächte und Schürfgräben,
2. Untersuchungsstollen (Querschläge und Richtstollen),
3. Rammsondierungen,
4. Bohrungen.

4,1. Schürfe und Schürfgräben. Schürfe bzw. Schürfschächte sind offene Gruben mit senkrechten Wänden, die gewöhnlich von Hand ausgehoben und nach Bedarf verschalt werden. Bei Schürfgruben bis zu einer Tiefe von etwa 6 m kommt man mit den Abmessungen 1,8 × 1,2 m aus (nach Norm ČSN). Schürfgruben sollen nicht kürzer als 1,8 m angelegt werden, damit in der Grube mit Geräten der üblichen Länge bequem gearbeitet werden kann. Bei größeren Tiefen der Schürfgruben (bis 10 oder bis 15 m) werden die Abmessungen 2 × 1,5 m gewählt. Wenn mit dem Abpumpen von Wasser gerechnet werden muß, sind noch größere Abmessungen der Schürfgruben erforderlich, damit eine Pumpe eingebaut werden kann. Schürfgruben müssen einige Tage oder oft auch einige Wochen zugänglich bleiben, und es ist deshalb eine einwandfreie Verschalung unbedingt erforderlich. Es werden waagerechte Zimmerung, lotrechte Zimmerung und Vortriebschalung verwendet.

Die waagerechte Verschalung besteht im wesentlichen aus waagerechten Schalungsbohlen und vertikalen Verbindungsleisten, die durch Querhölzer verspreizt sind (Abb. 4 — 1). Sie findet bei solchen Gesteinsarten Verwendung, die sich zumindest einige Stunden in der vertikalen Wand von etwa 1 m Höhe ohne Verschalung halten. Der Arbeitsvorgang bei Anwendung der den Schurf absteifenden Verschalung ist

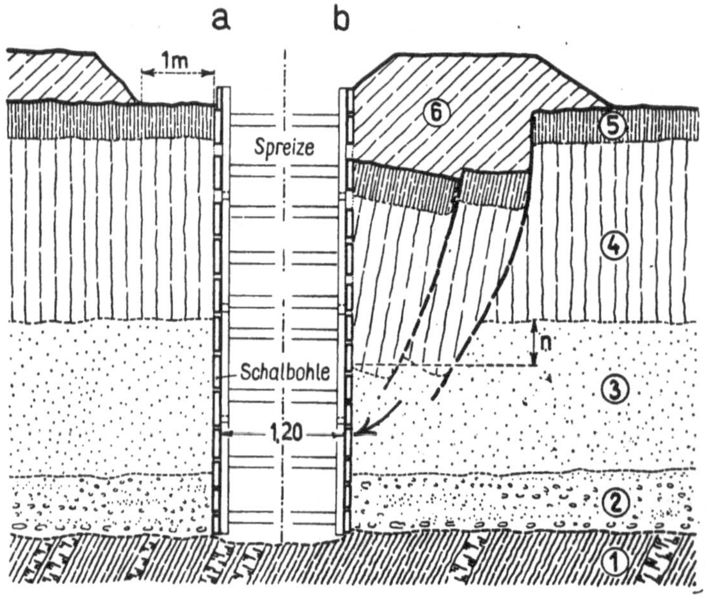

Abb. 4—1. Mit Hilfe einer waagerechten Zimmerung abgesteifter Schurf (*a*); wenn der Schurf nicht ordnungsgemäß abgesteift ist, kann in der Schurfwand ein falsches Profil erscheinen (*b*); *1* — Tonschiefer, *2* — Schottersand, *3* — feiner Sand, *4* — Lößlehm, *5* — humoser Lehm, *6* — Aufschüttung.

einfach. Der Schurf wird jeweils um 0,60 bis 1 m vertieft, anschließend werden die vertikalen Wände der Schürfgrube durch waagerechte Schalungsbohlen abgesteift, die mit vertikalen Verbindungsleisten versehen und durch Querhölzer verspreizt werden. Es ist dies das übliche Verfahren beim Ausheben und Verschalen von Schürfgruben. Dieses Verfahren ist jedoch für die geologische Erkundung weniger geeignet. Wenn auch zwischen den Schalungsbohlen Zwischenräume gelassen werden, damit das Gestein in der Wand der Schürfgrube sichtbar ist, kommt es häufig, insbesondere bei breiteren Schalbrettern vor, daß diese gerade eine wichtige Grenze zwischen unterschiedlichen Gesteinsschichten verdecken. Bei dieser Schalungsmethode kann eine einzelne Schalungsbohle nicht herausgenommen werden, ohne daß die Gefahr besteht, daß sich die gesamte Auszimmerung der Schürfgrube lockert.

Die *lotrechte Zimmerung* wird gleichzeitig mit dem Aushub der Schürfgrube eingebaut. Die Schalungsbohlen verlaufen vertikal und werden mittels Pfändkeilen gegenüber den Rahmen, die fachmännisch von Zimmerleuten hergestellt sein müssen, verspreizt (Abb. 4 — 2). Die lotrechte Zimmerung bei Schürfgruben ist für die geologische Erkundung sehr geeignet, weil sie eine eingehende Untersuchung der Wände der Schürfgrube ermöglicht. Wenn die Möglichkeit besteht, Lücken zwischen den Schalbohlen frei zu lassen, kann in diesen Zwischenräumen der Schichtenverlauf an allen Wänden der Schürfgrube verfolgt werden, weil die Lücken vertikal verlaufen.

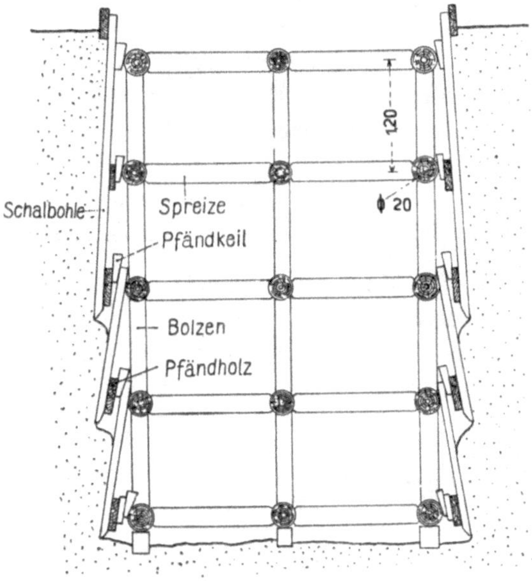

Abb. 4—2. Mittels lotrechter Zimmerung abgesteifter Schurf. Bei kleineren Schürfen wird kein Pfändholz verwendet, damit ein leichtes Herausnehmen der einzelnen Schalbohlen zum Zwecke der Aufnahme des Schurfes ermöglicht wird.

Erforderlichenfalls können die mit Hilfe der Pfändkeile befestigten einzelnen Schalungsbohlen gelockert und herausgezogen werden. Diese werden wieder nach der Vermessung des Aufschlusses an der ursprünglichen Stelle befestigt.

Die *Vortriebschalung* wird in nichtbindigem Gestein angewendet, insbesondere in wasserführenden Sanden, wo die Schalbretter zuerst eingerammt werden müssen. Erst dann kann der durch die Schalbretter gesicherte Raum ausgehoben werden. Die Vortriebschalung ist für Erkundungsarbeiten ungeeignet, weil eine nachträgliche Untersuchung der Wände der Schürfgrube nicht möglich ist. Bei wasserführendem Gestein müssen die Wände der Schürfgrube ganz verschalt werden, so daß bei einer nachträglichen Besichtigung in der Schürfgrube praktisch nichts zu sehen ist und wir auf die Aufzeichnungen und die während der Arbeit entnommenen Bodenproben angewiesen sind. Eine sorgfältig durchgeführte Bohrung zeigt in derartigen Fällen das gleiche Ergebnis, und zwar gewöhnlich mit einem geringeren Kostenaufwand.

Schürfgräben sind offene Gräben mit vertikalen Seitenwänden, die in der Regel verschalt werden. Die Breite des Schürfgrabens beträgt zumeist 0,80 bis 1,20 m.

Breitere Gräben sind schwierig zu verschalen, und der Umfang des erforderlichen Bodenaushubes wird unnütz vergrößert. Schürfgräben werden zweckmäßigerweise an Abhängen dort angelegt, wo diese ein zusammenhängendes Profil der Hangsablagerungen zeigen. Wenn deren Sohle mit einer mäßigen Neigung hangabwärts ausgeführt wird, sammelt sich in den Schürfgräben weder Regen- noch Grundwasser an, und sie sind ständig zugänglich. Deshalb werden Schürfgräben bei der Trassierung neuer Verkehrswege an Abhängen angelegt, weil hierbei meist eine größere Gruppe von Schürfgräben auf einmal vermessen und geologisch ausgewertet werden kann.

In besonders wichtigen oder unklaren Fällen, wie z. B. bei Talsperrenbauten und Steinbrüchen, werden Schürfgräben zumeist über die gesamte Höhe des Talhanges angelegt, oder es wird sogar ein zusammenhängender Aufschluß des felsigen Untergrundes hergestellt; dies ist dank der heutzutage angewendeten Hydromechanisierung nicht mehr mit unverhältnismäßig hohen Kosten verbunden.

4,2. Untersuchungsstollen. Untersuchungsstollen werden dort vorgetrieben, wo unmittelbar zugängliche Aufschlüsse in größerer Tiefe vorgenommen werden müssen. Dies ist insbesondere bei der Untersuchung von Steilhängen oder auch der Talsohle von Talsperrenbaustellen, bei der Lagerstättenerkundung mineralischer Rohstoffe

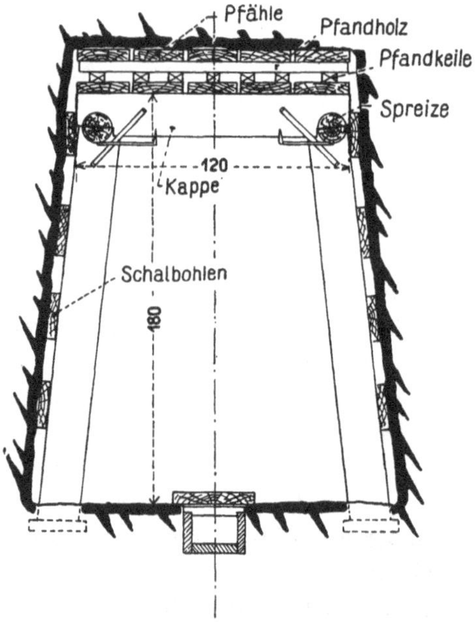

Abb. 4—3. Auszimmerung eines Untersuchungsstollens.

und beim Tunnelbau der Fall. Die Stollen werden in Abmessungen von mindestens 1,20 m (Breite zwischen den Schalbrettern in der Decke) × 1,80 m (Höhe von der Sohle bis zu den Schalbrettern) vorgetrieben. Bei Gleisverkehr und bei längeren Stollen ist eine Breite von mindestens 1,5 m und eine Höhe von zumindest 2,2 m zu wählen. Aus Gründen größerer Standfestigkeit soll der Stollen unten trapezförmig verbreitert sein, wie aus Abb. 4-3 zu ersehen ist. Bei Tunnelbauten wird gewöhnlich vor dem eigentlichen Baubeginn des Tunnels ein Richtstollen vorgetrieben; neben anderen Zwecken dient er insbesondere als Untersuchungsstollen. Allerdings muß er dann größere Abmessungen aufweisen. Diese sind dem vorgesehenen Arbeitsverfahren anzupassen.

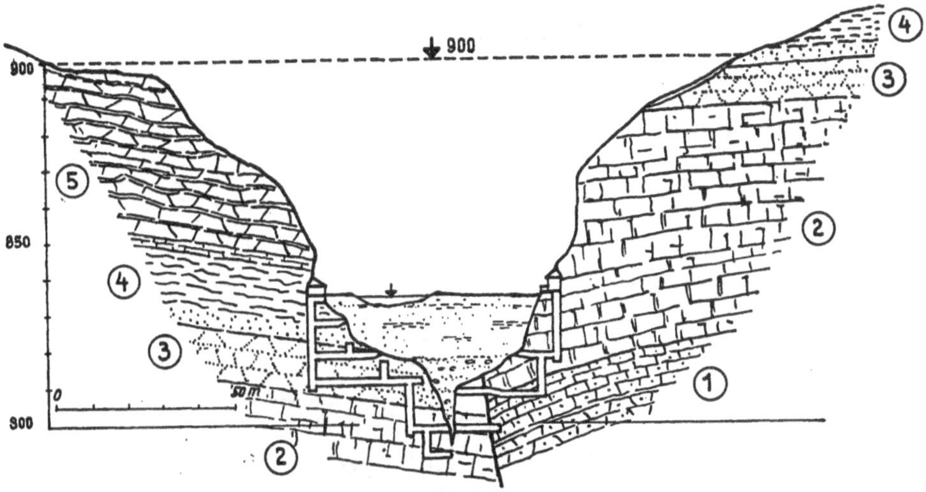

Abb. 4—4. Beispiel der Untersuchung einer Talsperrenbaustelle durch Stollen (Wasserkraftwerk Wäggital); *1* — Mergel und Mergelkalk (unteres Apt), *2* — oolithischer Kalkstein (unteres Apt), *3* — glaukonitischer Sandstein (oberes Apt), *4* — glaukonitischer Sandstein (Gault), *5* — Kalkschiefer (Turon) (*nach H. Schardt, 1924*).

Den Stollen, den wir senkrecht zum Schichtenverlauf vortreiben, um die Mächtigkeit irgendeiner Lagerstätte zu erkunden, bezeichnen wir nach der bergmännischen Fachterminologie als Querschlag. Ein in Schichtenrichtung vorgetriebener Stollen wird als Richtstollen bezeichnet. Dieser dient zur Verfolgung des Verlaufes einer Lagerstätte in Schichtenrichtung und zur Ermittlung der querverlaufenden Dislokationen.

Bei Talsperrenbauten ist es oftmals erforderlich, zur Erkundung des felsigen Untergrundes unterhalb des Flußbettes Stollen vorzutreiben. Der Zutritt zu diesen ist in der Regel durch Vertikalschächte oder schräg einfallende Gänge möglich. Die Stollen werden im festen Gestein des felsigen Untergrundes vorgetrieben. Zur Ermittlung der Oberfläche des felsigen Untergrundes unterhalb der Talablagerungen werden von den Stollen aus vertikale Aufbrüche nach oben vorgetrieben und von diesen aus zumeist Bohrungen nach oben hin ausgeführt (Abb. 4 — 4).

In Abb. 4 — 5 ist die Untersuchung des Verlaufes des felsigen Untergrundes unterhalb der Talsohle des Flusses Dranse in Savoyen dargestellt.

Von dem Schacht aus wurde zuerst der Stollen G_1 in den festen Jurakalk vorgetrieben. Als man dabei noch auf Talablagerungen stieß, wurde der Schacht vertieft und quer zum Tal verlaufend der Stollen G_2 vorgetrieben. Die genaue Tiefe des felsigen Untergrundes wurde durch Bohrungen ermittelt, die vom First dieses Stollens aus vorgenommen wurden (M. Gignoux, R. Barbier, 1955, S. 101).

Bei der Untersuchung von Talsperrenbaustellen sollen Stollen vorsichtig vorgetrieben werden, damit bei deren Ausbruch der Baugrund nicht unnütz gestört wird. Erkundungsstollen sind dann am Platze, wenn wir mit ihrer Hilfe die Tiefe des

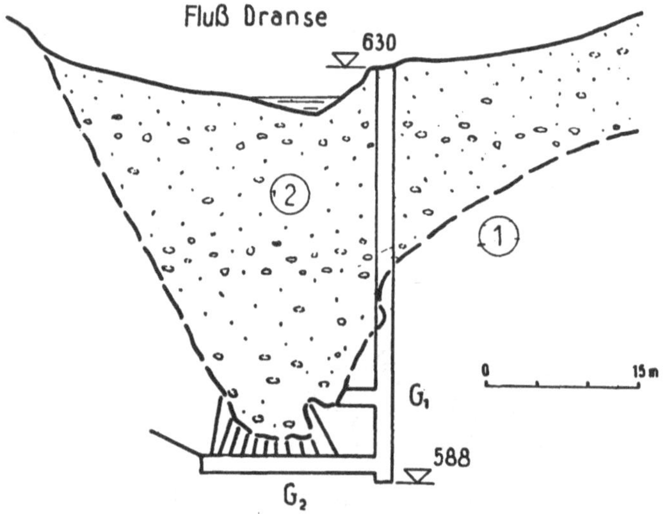

Abb. 4—5. Bestimmung der Tiefe des felsig Untergrundes unterhalb der Talsohle des Flusses Dranse mit Hilfe von Stollen und Bohrungen; *1* — Jurakalk, *2* — Anschwemmungen des Flusses (*M. Gignoux—Barbier 1955*).

gelockerten und angewitterten Gesteins des felsigen Untergrundes, das sowieso beim Fundamentausbruch ausgehoben wird, ermitteln wollen. Erkundungsstollen unterhalb des Niveaus der Gründungsfuge werden nur in besonderen Fällen, nach Möglichkeit mit geringen Abmessungen, entweder ohne Zuhilfenahme von Sprengstoffen oder unter Verwendung von kurzen Bohrungen und schwachen Sprengladungen vorgetrieben. Ein intensiver Vortrieb der Untersuchungsstollen mit Hilfe tieferer Bohrungen und unter Verwendung starker Sprengladungen stört spröde Gesteinsarten derart, daß die ursprüngliche Klüftung von der durch die Einwirkung der Sprengstoffe entstandenen Klüftung nicht einwandfrei zu unterscheiden ist.

Bei der Untersuchung von Sperrstellen ist es ratsam, Untersuchungsstollen, die parallel mit dem Tal unterhalb des Niveaus der Gründungsfuge verlaufen, zu vermeiden. Diese Stollen müssen nach der Auswertung unter hohem Kostenaufwand mit Beton verfüllt und injiziert werden, weil sie sonst durchlässige Wege für das Durchsickern des Wassers bilden würden.

4,3. Rammsondierungen. Um sich näher über die Mächtigkeit der Anschwemmungen an der Talsohle oder über die Mächtigkeit eines Moorbodens und anderer weicher

Ablagerungen zu informieren, werden manchmal Rammsondierungen verwendet. Ein Stahlstab oder ein angespitztes Schienenstück wird in den Boden eingeschlagen bzw. eingerammt und je nach dem Widerstand, den das Gestein dem Eindringen des Stabes entgegensetzt, wird auf das Gefüge des Bodens geschlossen. Es ist dies ein ziemlich primitives Verfahren, aber in einigen Fällen wurde es insbesondere zur Ergänzung der geologischen Profile innerhalb eines weitmaschigen Bohrungsnetzes mit Erfolg angewendet. Es eignet sich beispielsweise zur Bestimmung der Mächtigkeit nichttragender Oberflächenschichten (Torf-, Moorböden usw.), die über festem Untergrund lagern. Eine Proberammung mit Schienenstücken kann beispielsweise angewendet werden, um die erforderliche Länge der Rammpfähle auf einer Baustelle mit unterschiedlichen Lagerungsverhältnissen der sandigen Kiese zu bestimmen.

Aus den Diagrammen über das fortschreitende Eindringen der eingerammten Gleisstücke in den Boden sind zwar die Tiefen, in denen der Widerstand gegenüber dem Eindringen absinkt, gut zu ersehen, jedoch kann aus diesen nicht die Zusammensetzung des Bodens bestimmt werden. Es ist beispielsweise nicht zu erkennen, ob es sich um weiche tonige Böden, die stark zusammendrückbar sind, oder um lockere, weniger fest gelagerte Sande, die relativ weniger zusammendrückbar sind, handelt. Aus diesem Grunde können Proberammungen mit Probepfählen zu falschen Ansichten führen, wenn keine ausreichenden Bohrungen vorliegen. Die eingerammten Probepfähle können jedoch bei der Abgrenzung der Ausdehnung einzelner Schichten, deren Zusammensetzung und physikalische Eigenschaften durch Bohrungen untersucht wurden, gute Dienste leisten.

Von Hand eingetriebene Bohrgeräte werden bei der Kartierung der Deckschichten (Abb. 4—6) verwendet; es sind dies Stahlrohre mit einem Durchmesser von 30 mm und 1 m sowie 2 m lange Stahlstäbe, die mit längs verlaufenden Schlitzen versehen sind. Mit Hilfe eines Holzschlägels wird zuerst das Bohrrohr 1 m tief eingeschlagen und fortschreitend gedreht. Nach dem Herausziehen des Bohrers wird ein zusammenhängendes Bodenprofil bis zu einer Tiefe von 1 m gewonnen. In das vorgebohrte Loch wird ein 2 m langer Stahlstab eingelassen und um ein weiteres Meter, also bis zu einer Gesamttiefe von 2 m, eingeschlagen. In dem Einschnitt der Bohrstange werden nun die Bodenproben aus einer Tiefe von 1 bis 2 m festgehalten. In einigen Gegenden können Rammsondierungen auch bis zu größeren Tiefen, und zwar bis zu 3 bis 4 m, vorgenommen werden. Auch in diese größeren Tiefen lassen sich die Rammsonden ziemlich gut eintreiben, jedoch ist das Herausziehen der Bohrer mit Schwierigkeiten verbunden. Rammsondierungen sind ein gutes ergänzendes Hilfsmittel für die geologische Kartierung, sie eignen sich jedoch nicht für die Baustellenerkundung, weil mit ihnen nur bis zu einer relativ geringen Tiefe gearbeitet werden kann. Die gewonnenen Bodenproben sind sehr klein, so daß deren Bestimmung und Auswertung manchmal nicht ganz zuverlässig ist.

Die im *Vibrationsverfahren* durchgeführten Rammsondierungen beseitigen diese Mängel größtenteils. Dieses Verfahren kann für Sondierungen in den Deckschichten bis zu einer Tiefe von 20 m angewendet werden und liefert gute Ergebnisse in lockeren und auch bindigen Böden mit Ausnahme von festen Tonen, groben Kiesen und steinigem Schutt. Das Wesen dieses Verfahrens besteht in der Einrammung eines Bohrgerätes mit Hilfe eines Gewichtes und in der Rüttelwirkung spezieller Vibrationsgeräte. Es werden zwei verschiedene Arbeitsverfahren angewendet.

Beim ersten Verfahren übernimmt die Funktion des Bohrers ein 2 m langes Stahlohr mit einem Durchmesser von 6 cm, das in seiner gesamten Länge mit einem

Abb. 4—6. Untersuchung der oberen Bodenschichten mittels Rammsonden.

Ausschnitt bei einem Zentriwinkel von 60 bis 120° versehen ist. Es ist an einem Gestänge befestigt, durch das die Rüttelwirkungen auf die Bohrsohle übertragen werden. In nichtbindigen Böden oder bei Sondierungen in größere Tiefen werden Futterrohre verwendet, die nacheinander ebenfalls im Rüttelverfahren in die vorgebohrte Tiefe eingetrieben werden.

Das zweite, für flachere Sondierungen bis zu einer Tiefe von etwa 10 m angewendete Verfahren erfordert keine Futterrohre. Die Sondierung erfolgt durch aufeinanderfolgendes Eintreiben der Bohrrohre im Rüttelverfahren. Die einzelnen Rohrteile sind 2,5 m lang, haben einen Durchmesser von 7,5 cm und sind in ihrer gesamten Länge (außer den Muffen an den Enden) mit einem Ausschnitt bei einem Zentriwinkel von 100° versehen. Durch Herausziehen der Bohrrohre wird ein zusammenhängendes Bohrprofil gewonnen.

Das angeführte Bohrverfahren ermöglicht eine genaue Bestimmung der Schichtablagerungen allerdings nur im Gestein, wo sich dieses durchführen läßt. Man muß eine durch die Vibration bewirkte Verdichtung des Bodens im Innern der Rohre berücksichtigen, die sich in einer Differenz zwischen der Säulenhöhe der entnommenen Bodenprobe und der Bohrtiefe äußert. Diese Differenz ist während des Eintreibens der Rohre zu messen. Dies gilt auch hinsichtlich der Bodenproben, die bei der Rammung im Rüttelverfahren entnommen wurden. Der Arbeitsvorgang bei Bohrungen nach dem Rüttelverfahren ist bei ausreichender Mechanisierung bequem und schnell, so daß dieses für die ingenieurgeologische Erkundung mit einem größeren Umfang

Abb. 4—7. Handbohrbock.

an Bohrarbeiten zweckmäßig ist. Die Bohrgeschwindigkeit ist etwa dreimal so groß wie beim Handbohrverfahren. Das Bohrgerät wird mittels LKW, auf dem sich auch der Generator befindet, der beim Bohren den Motor des Rüttlers antreibt, herangefahren. (B. M. Gumenski, N. S. Komarov). Gute Erfahrungen wurden bei Bohrungen und beim Eintreiben von Beobachtungsrohren für die hydrogeologische Erkundung mit Hilfe des Rüttelbohrgerätes, das in der ČSSR vom Werk „Geologische Erkundung Brno (Brünn)" konstruiert wurde, gesammelt (M. Jedlička, 1959).

4,4. Bohrungen. Für Zwecke der geologischen Erkundung werden Bohrungen mit Hilfe verschiedener Verfahren und Geräte vorgenommen, von einfachen Handbohrstöcken bis zu sehr sinnvoll konstruierten Maschinenbohrgeräten, die Tiefbohrungen bis zu mehreren tausend Metern gestatten.

Wir unterscheiden:

1. das Bohren von Hand:
   a) das drehende Bohren,
   b) das schlagende Bohren;
2. das maschinelle Bohren, in der Regel mit Spülung:
   a) das schlagende Bohren mit Bohrgestänge, — mit Seil,
   b) das schnellschlagende Bohren,
   c) das drehende Kernbohren (System Craelius),
   — Bohren nach dem Rotaryverfahren,
   — Bohren mit Turbo- und Elektromotorantrieb.

1a. *Das drehende Bohren von Hand im Trockenverfahren.* — Dieses wird bei flachen Bohrungen bis zu einer maximalen Tiefe von einigen zehn Metern in weichen Gesteinen angewendet. Zum Handbohrbock (Abb. 4—7) gehören mehrere verschieden-

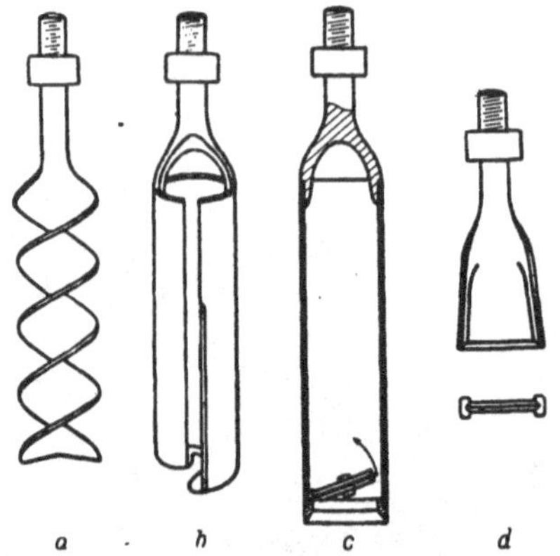

Abb. 4—8. Verschiedene Typen von Bohrgeräten: *a* — Spiralbohrer, *b* — Löffelbohrer (Schappe), *c* — Schlammbüchse (Ventilbohrer), *d* — Bohrmeißel für das schlagende Bohren.

artige Bohrer, deren Form für die einzelnen Gesteinsarten unterschiedlich ist, das Bohrgestänge, an dem der Bohrer befestigt ist, Futterrohre, mit deren Hilfe das Bohrloch gegen Wandbruch in lockeren und wasserhaltigen Gesteinen gesichert wird, ein Dreibock aus Holz oder Stahl, an dem das Bohrgestänge mit dem Bohrer aufgehängt wird, ein Kran oder eine Winde, mit deren Hilfe das Gestänge samt Bohrer aus dem Bohrloch herausgezogen werden kann, und schließlich verschiedene kleine Geräte und Werkzeuge, wie z. B. der Untersatz, verschiedene Schlüssel u. dgl.

Wie bereits erwähnt, werden — je nach der Gesteinsart — mehrere verschiedene Bohrer (Abb. 4—8), wie der Spiralbohrer, der zylindrische Löffelbohrer, die Schlammbüchse oder der Ventilbohrer, verwendet.

Der zylindrische Bohrer (*Löffelbohrer*) ist ein Hohlzylinder aus dickem Stahlblech, der längs geschlitzt, unten offen und mit einer gebogenen Schneide versehen ist. Die Schneide dient zum Lösen und Aufnehmen des angebohrten Gesteins in den Bohrer. Der Löffelbohrer ist an einem Gestänge befestigt, das entsprechend der Bohrtiefe eingestellt wird. Beim Drehen füllt sich der Bohrer teilweise mit Gestein; er wird sodann an die Oberfläche hochgezogen, das Gestein entnommen und der entleerte Bohrer erneut in das Bohrloch hinabgelassen. Auf diese Weise wird die Bohrung fortschreitend vertieft. Löffelbohrer sind für weiches homogenes Gestein, beispielsweise für Lehme, tonige Sande, feinen Schutt, eluviale Granit- und Gneissande usw. geeignet. Der Beschaffenheit des anzubohrenden Gesteins entsprechend wird ein Löffelbohrer mit breiterem oder engerem Ausschnitt gewählt, damit das aufgelockerte Gestein noch im Bohrer zurückgehalten wird. Das mit Hilfe des Löffelbohrers zutage geförderte Gestein ist gestört, denn es wurde durch die Schneide abgeschält und durch die schräge Fläche der Schneide in den Zylinder gedrückt. Da jedoch die Schneide bei der Drehbewegung nicht mit der gesamten Kreisfläche angreift, behält diese in der Mitte, und zwar am Ende des Zylinders, eine relativ wenig gestörte Bodenprobe zurück. Die Bodenprobe aus dem unteren Ende des Löffelbohrers zeigt uns daher vergleichsweise am besten die Beschaffenheit des Bodens; sie kann jedoch nicht als ungestörte Bodenprobe angesehen werden.

Der Spiralbohrer ist aus starkem Blech gefertigt und hat die Form einer Spirale mit unterschiedlicher Gewindesteigung. Die Schneide ist in ihrer gesamten Breite in Form eines Fischschwanzes ausgebildet. Der Spiralbohrer wird hauptsächlich in bindigen Böden, in zähen Tonen und Mergeln, in Tonschiefern, aber auch zur Auflockerung von festgelagertem sandigen Kies oder Steinschutt verwendet. In sandigen Kiesen hat sich der Spiralbohrer mit zylindrischem Mantel bewährt, aus dem das durch die Windungen erfaßte Geröll nicht herausfällt.

Der Ventilbohrer (die Schlammbüchse) ist ein Zylinder aus starkem Blech, der am unteren Ende entweder mit einer Klappe aus Leder oder mit einem Kugelventil versehen ist. Mit dem Ventilbohrer wird in wasserhaltigem Gestein, beispielsweise in Sanden und sandigem Kies, gearbeitet. Der Ventilbohrer wird schnell auf die Bohrlochsohle hinuntergelassen; dadurch wird das Ventil ein wenig geöffnet, und das wasserhaltige Erdreich samt dem Wasser gelangt in das Innere des Bohrers. Beim Heben schließt sich das Ventil, und das Erdreich bleibt in dem Zylinder zurück. Die Bewegung mit der Schlammbüchse wird einige Male wiederholt; Sand und Kies dringen oberhalb des Ventils ein, bis sich der Zylinder zum größten Teil anfüllt. Das Bohrloch muß allerdings durch ein Futterrohr gesichert werden.

Das Bohrgestänge ist entweder aus Stahlrohren oder aus massiven Stahlstäben mit quadratischem Querschnitt von 2,5 bis 4 cm Seitenlänge gefertigt. Es besteht aus Einzelstücken von 1 bis 8 m Länge, die durch Gewinde miteinander verbunden werden. Beim Bohren und auch bei der Handhabung während des Transportes ist dem Schutz der Gewinde erhöhte Aufmerksamkeit zu schenken, damit sie nicht beschädigt werden. Ein beschädigtes Gewinde an dem Bohrgestänge hatte schon des öfteren das Reißen des Bohrgestänges und damit schwere Störungen bei der Arbeit zur Folge. Für das Herausziehen eines beschädigten Bohrgestänges und sonstiger in das Bohrloch hineingefallener Werkzeuge oder Geräte wird eine Reihe von Spezialgeräten verwendet. Es ist dies immer eine sehr schwierige Arbeit, insbesondere bei tiefen Bohrungen, und nicht selten war es in einem derartigen Falle erforderlich, die Bohrung aufzugeben und von neuem zu beginnen.

Die Bohrwerkzeuge und das Bohrgestänge werden an einem Dreibock (*Bohrturm*) aus Holz oder Stahl aufgehängt, in dessen Scheitel das Hängeseil über eine Rolle geführt wird. Das Hochziehen der Werkzeuge aus dem Bohrloch erfolgt mittels eines Kranes oder einer Winde.

Die Futterrohre sind Stahlrohre, mit deren Hilfe das Bohrloch in nichtbindigen, lockeren Gesteinen vor Wandbruch gesichert wird. Der Durchmesser der Futterrohre ist etwa 10 bis 15 mm größer als der Durchmesser des Bohrers. Untersuchungsbohrungen sollen immer ordnungsgemäß verrohrt werden. In unverrohrten Bohrlöchern kann sich ein Gesteinsbruchstück aus der Wand lösen und auf die Bohrlochsohle fallen; dies kann zu einer unrichtigen geologischen Bewertung der Bohrung führen. Die Futterrohre werden nacheinander in das Bohrloch eingeführt und mit fortschreitender Vertiefung der Bohrung angesetzt. Das erste Futterrohr soll unten eine Stahlschneide haben. Oftmals kann die Bohrung nicht mit dem Anfangsdurchmesser zu Ende geführt werden, und es wird dann erforderlich, in das Bohrloch eine neue Futterrohrtour mit etwas geringerem Durchmesser einzulassen. Die Futterrohre sollen bis an die Bohrlochsohle vorgetrieben werden, jedoch nicht tiefer, als es die Bohrung erfordert. Die Futterrohre unter die Bohrlochsohle vorzutreiben, ist zu vermeiden, weil durch die Futterrohre ein Grundwasserhorizont abgeschlossen werden kann, ohne daß dieser bemerkt wird. Nach einigen Normen ist es zulässig, die Futterrohre maximal 0,50 bis 0,70 m unter die Bohrlochsohle vorzutreiben.

Der Durchmesser des Bohrloches: Beim Bohren von Hand wird üblicherweise mit einem Durchmesser von 150 bis 200 mm gearbeitet. Wenn die Entnahme ungestörter Bodenproben erforderlich ist, müssen die Futterrohre einen Innendurchmesser von mindestens 150 mm aufweisen, um den normalen Entnahmezylinder mit einem Durchmesser von 100 oder 120 mm verwenden zu können. In bindigen homogenen Gesteinen, so z. B. in Lehm, Löß, Ton usw., kann auch ein kleinerer Durchmesser (50 mm) angewendet werden, sofern in geringeren Tiefen (etwa 12 m) gebohrt wird und keine ungestörten Bodenproben entnommen werden müssen. In diesen Gesteinen läßt es sich verhältnismäßig leicht bohren, so daß keine schweren Bohrgeräte erforderlich sind.

Im Grobschotter und steinigen Schutt muß jedoch ein größerer Bohrlochdurchmesser gewählt werden, weil für festes Geröll ein schweres Bohrgerät benötigt wird, das für kleine Durchmesser nicht hergestellt werden kann. Für Grobschotter und Steinschutt ist der Durchmesser von 150 mm noch als gering anzusehen, weil für das Zertrümmern von größerem Geröll und Steinen ein schwerer Bohrmeißel eingesetzt werden muß. Man muß sich vergegenwärtigen, daß die Schlagwirkung des Bohrmeißels bei Lagerung des Gerölls auf nachgiebigem Untergrund verringert wird. In Grobschotter soll deshalb mit einem Durchmesser von 250 bis 300 mm gebohrt werden, so daß auch ziemlich großes Geröll ohne Zertrümmerung an die Oberfläche gelangt. Ein größerer Durchmesser ist in diesem Falle schon deshalb zweckmäßig, weil so eine größere Bodenmenge gefördert wird, wodurch eine zuverlässigere Bewertung des Verhältnisses zwischen den Anteilen des Sandes, Kieses und größeren Gerölls ermöglicht wird. So trit beispielsweise auf der Sohle des Moldautales Grobschotter mit sehr großem Geröll verschiedener Granite, von Porphyr, Diabas und anderen sehr harten Gesteinen auf, die in feinsandigen Kiesen gelagert sind. Bei Bohrungen mit einem kleinen Durchmesser bis zu 150 mm kam es des öfteren vor, daß die Bohrung die Schotter nicht durchdrang, weil man auf so große Steine stieß, daß diese weder mit dem Bohrmeißel zertrümmert, noch mit Hilfe eines anderen Bohrers beiseite geschoben werden konnten, so daß nichts anderes übrig blieb, als eine neue Bohrung zu beginnen.

Ein größerer Bohrerdurchmesser ist auch dann zu wählen, wenn angenommen wird, daß die Bohrung mit dem ursprünglichen Durchmesser nicht zu Ende geführt werden kann, z. B. wenn es erforderlich ist, den Oberflächenhorizont des Grundwassers abzuschließen, oder wenn sich die Futterrohre zwischen den Steinen verklemmen, so daß das Einbringen einer neuen Rohrtour mit einer geringeren lichten Weite erforderlich ist, um die Bohrung fortsetzen zu können.

Die beim drehenden Bohren von Hand gewonnenen *Gesteinsproben* sind gestört; so sind beispielsweise die Lehm- und Tonböden durchgeknetet, man kann jedoch an Hand dieser Proben ungefähr die ursprüngliche Feuchtigkeit und Konsistenz der Böden feststellen, sofern in das Bohrloch kein Wasser gegossen wurde oder in dieses kein Grundwasser eindrang. Beim Bohren in wasserhaltigen Böden mit der Schlammbüchse darf nicht vergessen werden, daß die Bodenprobe während der Arbeit ausgewaschen wird. Die Ton- und Schluffteilchen werden aus der Schlammbüchse gleichzeitig mit dem Wasser ausgegossen, und als Probe bleiben die relativ reinen gröberen Fraktionen zurück. Es ist wiederholt vorgekommen, daß nach der ausgewaschenen Bodenprobe in den Bohrprofilen reiner sandiger, für Betonkonstruktionen geeigneter Kies angegeben wurde. Beim späteren Bodenaushub zeigte sich jedoch, daß der Kies durch tonige Beimengungen stark verunreinigt und daher ohne Aufbereitung unbrauchbar war. Ähnliche Irrtümer können bei der Beurteilung der Durchlässigkeit der Böden eintreten.

Einige Bohrmeister wenden beim Bohren verschiedene Methoden an, die sich angeblich zur Erhöhung der Bohrleistung eignen. Sie gießen beilspielsweise beim Bohren in festen Tonen und Lehmen Wasser in das Bohrloch, wodurch das Bohren etwas erleichtert wird, die Bodenprobe aber entwertet und die Bestimmung des natürlichen Wassergehaltes sowie der Konsistenz des Bodens unmöglich gemacht, d. h. der eigentliche Zweck der Bohrarbeit in Frage gestellt wird. Bei lockerem Sand oder brüchigem Sandstein führen sie dem Bohrloch Ton zu, damit der Sand im Bohrer besser gehalten wird. Wenn derart verunreinigte Bodenproben in Probenkästchen aufbewahrt werden, können diese eine falsche geologische Bewertung der Bohrung bewirken. So warf beispielsweise ein verantwortungsloser Bohrmeister beim Bohren in brüchigem Sandstein grüne glaukonitische Tone in das Bohrloch hinein. Vielleicht erreichte er eine etwas höhere Bohrleistung, in geologischer Hinsicht jedoch machte er die Bohrung wertlos. An Hand dieser Bohrung war es nicht möglich, die stratigraphische Grenze genau zu bestimmen, weil die Bodenproben künstlich durcheinandergebracht worden waren.

Mit Hilfe des drehenden Handbohrens kann in weichen, bindigen Böden, in Lehm, Ton, Mergel, in weichen Tonschiefern und auch in nichtbindigen Sanden, Kiesen und in Schutt bis zu einer Tiefe von einigen zehn Metern gebohrt werden. Wenn Schichten härterer Gesteine oder Kiese mit größerem Geröll auftreten, erweist es sich als notwendig, das drehende Bohren von Hand mit dem schlagenden Bohren zu kombinieren.

1b. *Das schlagende Bohren von Hand.* Beim schlagenden Bohren von Hand wird

Abb. 4—9. Fahrbares Bohrgerät mit Kippmast B—120M, (*Maschinenwerke Slovácké strojírny in Uherský Brod*).

das Gestein auf der Bohrlochsohle mit Hilfe eines Bohrmeißels aus Stahl (Abb. 4—8) gelöst. Mit dem Bohrmeißel wird in der Weise gearbeitet, daß dieser etwas angehoben wird und wieder herabfällt; der Bohrmeißel schlägt auf die Bohrlochsohle mit seinem Eigengewicht auf. Nach jedem Schlag muß er etwas gedreht werden, damit die Schläge des Bohrmeißels fortschreitend ein kreisförmiges Bohrloch bilden. Dieser Arbeitsvorgang wird als schlagendes Bohren bezeichnet. Die Bohrmeißel werden aus Qualitätsstahl gefertigt und weisen verschiedene Formen auf. In festem Gestein mittlerer Härte, sofern es nicht allzu stark geklüftet ist, werden im allgemeinen flache Bohrmeißel mit einfacher Schneide verwendet. In Gesteinen mit offenen Klüften wird mit einem Bohrmeißel gearbeitet, der mit einer kreuzförmigen oder Z-förmigen Schneide ausgestattet ist, damit er sich nicht so leicht in den Klüften festklemmt. Die Schneidenformen richten sich nach der Härte und Beschaffenheit des Gesteins. Für mittelhartes Gestein beträgt der Schneidenwinkel zumeist 90°, bei sehr hartem Gestein ist er stumpfer und beträgt bis zu 120°.

Früher wurde der Bohrmeißel samt dem Bohrgestänge auf einem Schwinghebel hängend angeordnet, der ein regelmäßiges Anheben des Bohrmeißels ermöglichte. Bei Flachbohrungen wurde der Schwinghebel von Hand angehoben; dies war jedoch eine mühsame und eintönige Arbeit, die von 4 bis 6 Hilfsarbeitern ausgeführt werden mußte. Daher wird zur Zeit beim schlagenden Bohren im allgemeinen der maschinelle Antrieb bevorzugt.

Um das Bohrgestänge beim schlagenden Bohren durch den Aufschlag des Bohrmeißels auf die Bohrlochsohle nicht übermäßig zu beanspruchen, wird zwischen dem Bohrgestänge und dem Bohrmeißel ein *Freifallstück* eingesetzt. Dieses bewirkt, daß im Moment des Aufschlagens der Bohrmeißel von dem Bohrgestänge gelöst wird. Es stellt im wesentlichen einen Stahlzylinder dar, in dem sich eine Zugstange bewegt. Der Bohrmeißel ist an dieser innenliegenden Zugstange und das Bohrgestänge an dem außenliegenden Zylinder befestigt. Der Zylinder hat einen Längsschlitz, der oben mit einer Verzahnung versehen ist; die innenliegende Zugstange ist mit einem kurzen Steg, der aus dem Schlitz herausragt, versehen. Das schlagende Bohren mit Freifall ist ein relativ einfacher Vorgang. Wenn der Bohrmeißel auf der Bohrlochsohle aufsitzt und das Bohrgestänge herabgelassen wird, dann wird die innenliegende Zugstange im Zylinder bis an das Ende des Schlitzes geschoben. Dort wird der Steg über einen Absatz am gekrümmten Ende des Schlitzes geschoben. Nach dem Anheben des Bohrmeißels um etwa 60 cm wird durch eine schnelle Teildrehung des Bohrgestänges die Zugstange aus dem Absatz ausgeklinkt, und der Bohrmeißel fällt frei auf die Bohrlochsohle herab. Der Hub des Bohrgestänges muß allerdings kleiner sein, als der Schlitz lang ist, da sonst der Steg der Zugstange abgeschlagen wird.

Einen ähnlichen Zweck verfolgt die einfache Führung oder Gabel, die nur im Moment des Aufschlages das Bohrgestänge vom Bohrmeißel trennt und verhindert, daß der Aufschlag auf das Bohrgestänge übertragen wird. Bei hartem Gestein wird das Gewicht des Bohrmeißels durch eine Schwerstange, die zwischen den Freifallstück und den Bohrmeißel eingesetzt wird, erhöht.

Das zerkleinerte Bohrgut und der Schmant müssen von der Bohrlochsohle regelmäßig entfernt werden, damit die Schläge des Bohrmeißels keine Dämpfung erfahren. Der Bohrmeißel samt dem Bohrgestänge muß an die Erdoberfläche emporgezogen werden und es wird die Schlammbüchse (Ventilbohrer), mit deren Hilfe Schmant und Bohrgut entnommen wird, in das Bohrloch herabgelassen. Bei der Arbeit mit der Schlammbüchse ist etwas Wasser im Bohrloch erforderlich, damit der Schlamm die Konsistenz eines dünnflüssigen Breies annimmt, der sich aus dem Bohrloch am besten entnehmen läßt. Das schlagende Bohren ist eine sehr mühsame und im festen Gestein zeitraubende Arbeit; in einzelnen Fällen wird während einer Arbeitsschicht von 8 Stunden lediglich nur 0,5 m Bohrung und mitunter auch noch weniger niedergebracht. Bei tieferen Bohrungen verzögern insbesondere das Hochziehen des Bohrmeißels, das Auseinandernehmen des Bohrgestänges und das Herablassen der Schlammbüchse den Fortgang der Arbeiten.

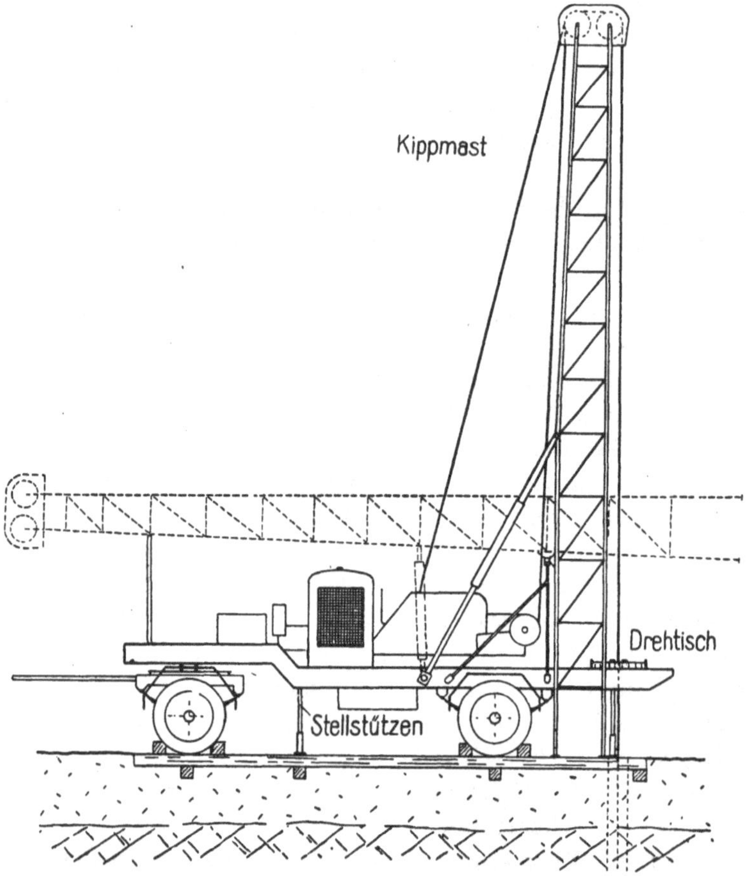

Abb. 4—10. Fahrbares Bohrgerät mit Kippmast für das maschinelle Dreh- und Schlagbohren

Für Zwecke der ingenieurgeologischen Untersuchung ist das schlagende Bohren weniger geeignet. Dem Bohrloch werden lediglich zerkleinertes Bohrgut und Schlamm entnommen, woraus nur sehr schwierig das ursprüngliche Gestein und seine technischen Eigenschaften bestimmt werden können. Etwas größere Bruchstücke können beim schlagenden Bohren gewonnen werden, wenn ein in der Mitte ausgesparter Bohrmeißel verwendet wird, mit dessen Hilfe das Gestein nur an der Bohrlochwandung zerkleinert wird, während in der Mitte fortschreitend größere Gesteinsstücke herausgebrochen werden. Von einigen Betrieben wird ein derartiger Bohrmeißel als Kernbohrer bezeichnet; es wird dann von einem Bohrkern gesprochen. Dies ist jedoch irreführend, weil ein wirklicher Bohrkern nur beim drehenden Bohren

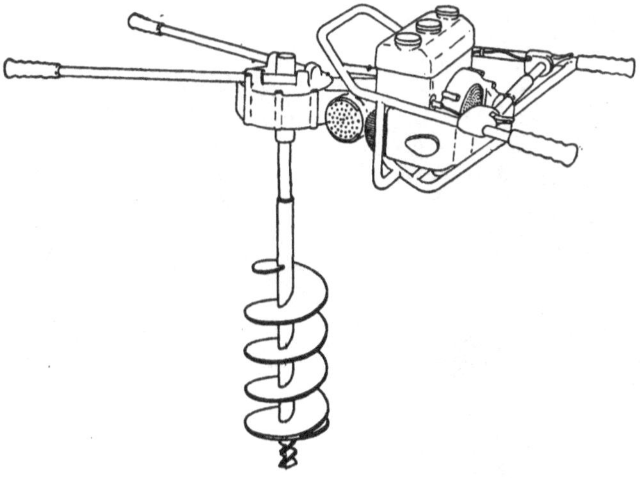

Abb. 4—11. Leichter Typ des Handbohrers mit Motorantrieb.

gewonnen werden kann. Wenn wir die Beschaffenheit des Gesteins zuverlässig bestimmen wollen, muß das schlagende Bohren unterbrochen und die Gesteinsprobe mit Hilfe des drehenden Bohrens abgebohrt werden.

Für Flachbohrungen, mit deren Hilfe die geologischen Verhältnisse auf Baustellen und bei der Brunnenabsenkung ermittelt werden, werden bisher das primitive Handbohren und das schlagende Bohren, auch wenn dieses Verfahren zahlreiche Mängel aufweist, angewendet. Handbohrgarnituren stehen auch einer Reihe von Baubetrieben zur Verfügung, und es können bei der Durchführung dieser Arbeiten neben dem Bohrmeister und Vorarbeiter auch ungelernte Arbeitskräfte beschäftigt werden. Bei Flachbohrungen in weichem Gestein bis zu einer Tiefe von 10 bis 15 m ist der Einsatz des Handbohrbockes auch bei der teueren Arbeit von Hand noch relativ billig, weil sämtliche Kosten für den Transport und den Aufbau eines Maschinensatzes wegfallen. Die Slovácké strojírny (Maschinenfabrik) in Uherský Brod stellen ein fahrbares Bohrgerät B-120 M her, bei dem im wesentlichen die gleichen Bohrwerkzeuge wie beim Handbohren verwendet werden und das durch eine Einrichtung für das schlagende Bohren mit Hilfe des Freifalls ergänzt wird. Dieses Bohrgerät wird für Bohrungen im Bauwesen bis zu einer Tiefe von 120 m verwendet. Es trägt zur Abschaffung des mühsamen Handbohrens bei. Für einige Baustellen, insbesondere auf Abhängen, ist es zu schwer, und bei der Weiterentwicklung wäre es angebracht,

Abb. 4—12. Bohrgerät mit tragbarem Motor (*Foto Testlab Co., Chicago*).

ein Bohrgerät ähnlichen Typs in leichterer Bauart für schwer zugängliche Baustellen zu konstruieren (Abb. 4—10).

Zur Erleichterung der Arbeit bei der geologischen Kartierung und für Untersuchungen der Deckschichten in schwer zugänglichem Gelände wurde ein leichter Typ des Drehbohrers konstruiert, der durch einen kleinen Motor (2,5 PS) angetrieben wird; für dieses Bohrgerät wurde der ursprünglich für den Antrieb von Maschinensägen hergestellte Motor verwendet. Auf diese Weise entstand die amerikanische (Abb.

4—11) und auch eine ähnliche deutsche Konstruktion. Das Bohrgerät ist entweder tragbar, d. h., der Motor wird auf dem Rücken des Arbeiters (Abb. 4—12) befestigt und die Drehbewegung mittels einer biegsamen Welle übertragen, oder der Motor kann auf einem Karren oder Kraftfahrzeug angebracht werden. Es werden auch hier die üblichen Bohrertypen verwendet; neu eingeführt wurde der Spiralbohrer mit einem Durchmesser von 2,5 Zoll (Abb. 4—13), der sich in festem tonigen Gestein bewährt hat. Das Bohrgerät dient hauptsächlich zur Entnahme von Bodenproben in geringen Tiefen von 2 bis 4 m. Durch Aufstecken eines Bohrgestänges kann auch tiefer gebohrt werden. Derartige Bohrgeräte werden ihrer leichten Handhabung und hohen Bohrgeschwindigkeit wegen sicherlich zu einem wichtigen Hilfsmittel für den kartierenden Geologen werden.

2a. *Das maschinelle Schlagbohren.* Beim maschinellen Schlagbohren wird mit einem ähnlichen Bohrwerkzeug, wie es beim schlagenden Handbohren geschildert wurde, gearbeitet, nur daß der Antrieb des Schwinghebels maschinell geschieht.

Bei tieferen Bohrungen verteuert sich die Arbeit einerseits durch das Hochziehen und Lösen des Bohrgestänges, andererseits durch das Herausnehmen des zerkleinerten Bohrgutes. Daher wurde zum Zwecke der Arbeitsbeschleunigung das *schlagende Bohren mit Spülung* eingeführt. In das Bohrloch wird Druckwasser eingespült, das das beim schlagenden Bohren entstandene Bohrgut fortschwemmt und emporträgt. Wir sprechen von *direkter Spülung*, wenn das Wasser durch das hohle Bohrgestänge und durch Bohrmeißel dem Bohrloch zugeführt wird, oder von *indirekter Spülung*, wenn das Wasser durch das Futterrohr dem Bohrloch zugeführt und zusammen mit dem zerkleinerten Bohrgut durch den Bohrmeißel und das Bohrgestänge nach oben geleitet wird. Die Geschwindigkeit des Wassers muß so groß sein, daß der Gesteinsschrot durch dieses von der Bohrlochsohle emporgetragen wird. Das schlagende Bohren mit Spülung beschleunigt den Arbeitsvorgang beträchtlich. Hierbei ist es nicht notwendig, den Bohrvorgang selbst zu unterbrechen und das Bohrgestänge hochzuziehen, um die Schlammbüchse zur Entnahme des Bohrgutes herablassen zu können. Das Druckwasser erhält die Bohrlochsohle in sauberem Zustande; dadurch wird auch die Leistung des Bohrmeißels erhöht. In weniger festem Gestein erleichtert das Spülwasser auch die eigentliche Arbeit des Bohrmeißels beim Lösen des Gesteins. Für die Spülung wird manchmal eine dickere Flüssigkeit, z. B. ein Gemisch von Ton und Wasser, verwendet. *Die Dickspülung* hat den Vorteil, daß sie Gesteinsbruchstücke leichter fortträgt und außerdem die Bohrlochwände in weniger bindigen Böden verfestigt.

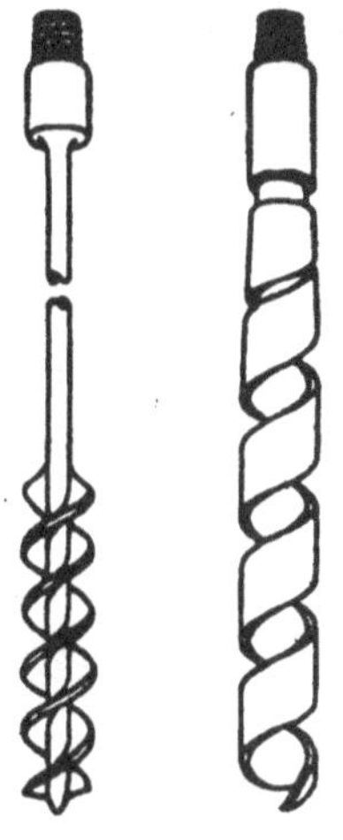

Abb. 4—13. Neue Typen von Spiralbohrern für tonige Gesteine.

Um das schlagende Bohren zu beschleunigen, wird der Bohrmeißel anstatt an einem Bohrgestänge an einem Seil hängend befestigt. Es ist dies das sogenannte *bakinische* oder *pennsylvanische* Seilbohren. An Stelle des mühsamen und zeitraubenden Lösens und Hochziehens des Bohrgestänges wird das Seil einfach auf der Trommel des Bohrkranes aufgerollt. Dadurch wird das Hochziehen des Bohrmeißels wesentlich beschleunigt.

2b. *Das Schnellschlagbohren* beruht auf der Erkenntnis, daß es für den schnellen Bohrablauf vorteilhafter ist, wenn der Bohrmeißel eine größere Anzahl kurzer Schläge schnell hintereinander vollführt als einige wenige Schläge aus größerer Höhe. Die

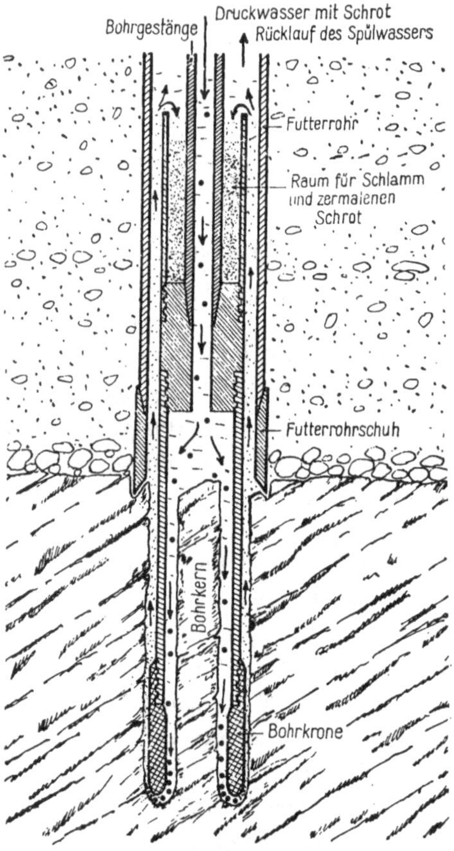

Abb. 4—14. Kernbohren mit Schrot.

schnelle Bewegung des Bohrmeißels wird durch die Schwingung des Hebels, an dem das gesamte Bohrgestänge befestigt ist, ausgelöst. Um die Bewegung des Bohrmeißels und die Intensität der Schläge zu erhöhen, werden zwischen der Aufhängung und dem Bohrgestänge starke Federn eingesetzt, die eine Verlängerung der Schwingung bewirken. Das Gesteinsmehl wird aus der Bohrlochsohle in der Regel durch direkte Spülung herausgetragen. Das Schnellschlagbohren wird bei Bohrungen in der Erdölförderung und bei Tiefbohrungen zur Erkundung tiefliegender Kohlenflöze angewendet. Für geologische Untersuchungen im Ingenieurbauwesen ist es wegen der Störung und Zerkleinerung der Gesteinsproben, die durch die Spülung als dünnflüssiger Schlamm an die Erdoberfläche gebracht werden, ungeeignet.

2c. *Das maschinelle Drehbohren.* Beim maschinellen Drehbohren kann es sich entweder um das Kernbohren oder um das Rotaryverfahren handeln. Beim Kernbohren wird das Gestein nur an der Bohrlochwandung zerkleinert, so daß ein zusammenhängender Bohrkern des ungestörten Gesteins gewonnen wird. Es ist dies das für geologische Untersuchungen fester Gesteine zweckmäßigste Verfahren. Bei Tiefbohrungen zur Erdölförderung u. dgl., wo sich das Interesse ausschließlich auf die Bohrleistung und die Bohrgeschwindigkeit konzentriert, wird das Rotaryverfahren, in neuerer Zeit das Turbo- und Elektrobohren angewendet. Bei diesen Bohrmethoden wird durch die Drehbewegung des Bohrers die gesamte Bohrlochsohle abgefräst und abgeschliffen, so daß lediglich zerkleinertes Bohrgut gewonnen wird, das die Dickspülung schließlich herausschwemmt.

Das Kernbohren. Beim Kernbohren dreht sich die kreisrunde Bohrkrone, die das Gestein nur am Bohrlochumfang zerkleinert. Durch die Drehbewegung der Bohrkrone wird ein Kreisring ausgebohrt, und in der Mitte bleibt eine zylindrische Säule ungestörten Gesteins — der eigentliche Bohrkern — zurück. Dem Bohrloch wird kontinuierlich Druckwasser zugeführt, das das Bohrgut fortträgt. Die Bohrkrone ist an einem Stahlzylinder gleichen Durchmessers, dem sogenannten Kernrohr, angeschraubt, in das fortschreitend der Bohrkern eingeschoben wird (Abb. 4—14). Das Kernrohr ist meistens etwa 2 bis 3 m lang. Der Bohrkern bricht in der Regel an einer Kluft- oder Schichtenfläche selbst ab. Zur Erfassung des Bohrkernes dient ein Stahlring, der zwischen Bohrkrone und Kernrohr eingesetzt wird. Der Ring weist die Form eines Kegelstumpfes (Abb. 4—18) auf und besteht aus den Stahlfedern, die ein Eindringen des Bohrkernes in das Kernrohr, jedoch nicht die rückläufige Bewegung des Bohrkernes gestatten. Bei Vertiefungen der Bohrung um 0,50 bis 1,50 m, maximal um die Länge des Kernrohres, wird das Bohrgestänge samt der Bohrkrone und dem Kernrohr an die Oberfläche gezogen. Die Bohrkrone wird sodann abgeschraubt, der Bohrkern dem Kernrohr entnommen, ordnungsgemäß gekennzeichnet und in dem Holzkasten für Gesteinsproben aufbewahrt.

In weichem und geklüftetem Gestein sollen *Doppelkernrohre* verwendet werden. Das innere Kernrohr dient zum Schutz des Bohrkernes, damit dieser nicht durch den Umlauf des Spülwassers gestört wird. Der Umlauf des Spülwasssers vollzieht sich zwischen dem äußeren und inneren Kernrohr und kommt mit dem Gestein nur unterhalb der Bohrkrone in Berührung. Ursprünglich waren die Doppelkernrohre fest miteinander verbunden (Abb. 4—15). Eine weitere Verbesserung stellt das Doppelkernrohr mit stehendem inneren Kernrohr dar, das an einem Kugellager hängend angeordnet ist. Diese Einrichtung ermöglicht es, daß sich das innere Kernrohr, das den Bohrkern umgibt, in Ruhe befindet, während sich das äußere Kernrohr dreht (Abb. 4—16).

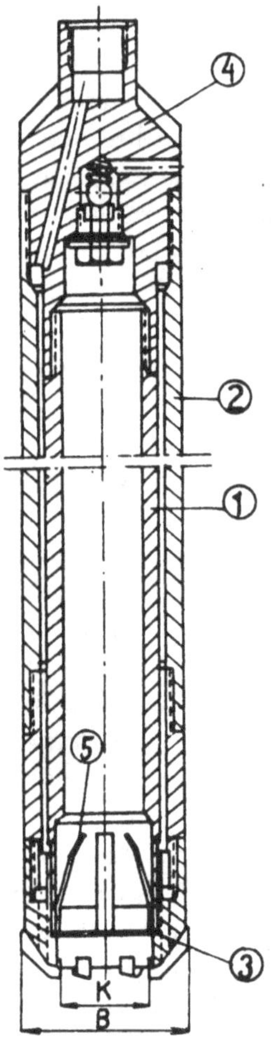

Abb. 4—15. Doppelkernrohr mit festem Innenrohr; *1* — Innenrohr, *2* — Außenrohr, *3* — Bohrkrone, *4* — Kopfstück, *5* — Kernfeder (*Salzgitter A. G.*).

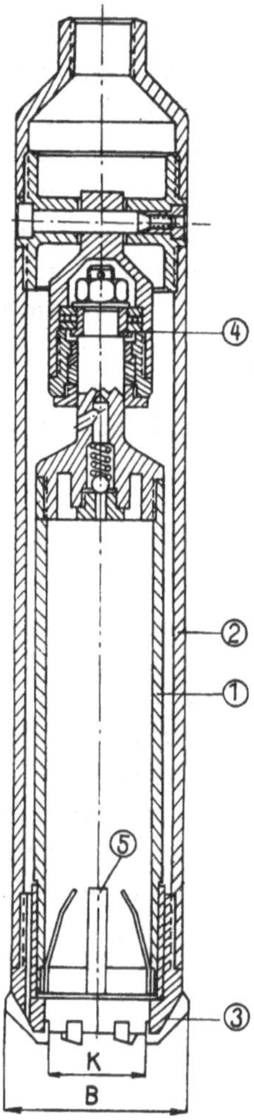

Abb. 4—16. Doppelkernrohr mit stehendem Innenrohr; *1* — Innenrohr, *2* — Außenrohr, *3* — Bohrkrone, *4* — Wälzlagerbuchse, *5* — Kernfeder (*Salzgitter A. G.*).

Im Doppelkernrohr kann der Kernfänger am inneren oder äußeren Kernrohr befestigt werden. Man ist bestrebt, den Kernfänger mit dem inneren Kernrohr zu verbinden, um eine Drehung desselben und somit eine Störung des Bohrkernes zu vermeiden. Verschiedene Betriebe wenden weitere Spezialeinrichtungen zur Verbesserung des Kerngewinnes an (Cambefort, 1955). In der Sowjetunion werden auch einige Typen von Kernfängern komplizierterer Bauart verwendet, z. B. für Lockergesteine. Die Kernfänger sind in die dickwandigen Bohrkronen eingebaut und bestehen aus Stahlzähnen, die durch eine rückläufige Teildrehung der Bohrkrone ausgerückt werden. Gleichzeitig wird hinter diesen der gesamte Querschnitt des Kernrohres

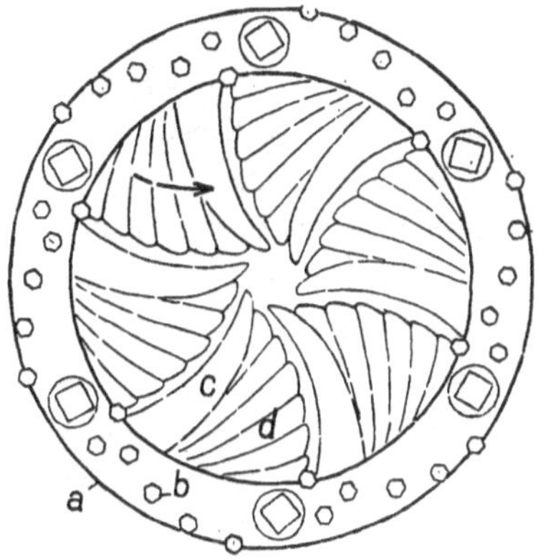

Abb. 4—17. Kernfänger des Gidroenergoprojekts in Moskau für Lockergesteine; *a* — Bohrkrone, *b* — Zähne aus Hartmetall, *c* — ausrückbare Stahlsegmente, *d* — Lamellen aus Stahlblech.

Abb. 4—18. Kernfänger aus Stahl.

Abb. 4—19. Diamant-Bohrkrone für das Kernbohren.

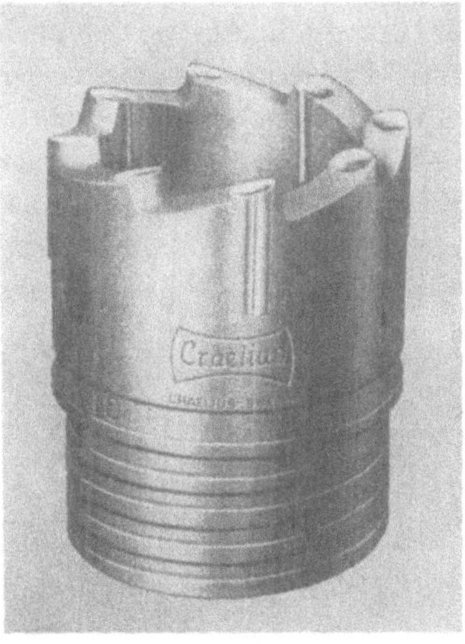

Abb. 4—20. Mit Hartmetallprismen verstärkte Bohrkrone.

fächerartig durch Stahlbleche verschlossen, die wie die Blende eines Photoapparates wirken (Abb. 4—17).

Beim Kernbohren werden verschiedene Typen von *Bohrkronen* verwendet (Abb. 4—19). Ursprünglich wurde mit Bohrkronen gearbeitet, in die schwarze Diamanten mit einem Gewicht von 4 bis 5 Karat (sog. Karbonados) aus Brasilien eingesetzt wurden. Die Karbonados bestehen aus kleinen aneinandergefügten Kristallen von schwarzen Diamanten, sie sind praktisch das härteste und zäheste Mineral der Erdoberfläche. Normale Diamanten sind weniger geeignet, denn sie sind spröde und spalten sich entlang der Kristallflächen. Es werden lediglich deren kleine, beim Schleifen der Diamanten (für Schmuck) abfallende Bruchstücke (borts) verwendet. Diese werden in das Metall eingegossen, so daß die gesamte Masse von kleinen Diamantbruchstücken durchsetzt ist. Das Bohren mit Diamantbohrkronen ist vollkommen, denn es werden glatte und verhältnismäßig lange Bohrkerne gewonnen, doch ist dieses Verfahren sehr kostspielig. Die Diamanten brechen oftmals aus, und dadurch ist die Bohrkrone innerhalb des Bohrloches einem sehr schnellen Verschleiß unterworfen. Auch die sehr teure Bohrkrone kann gänzlich abgebrochen werden. Dies ist vor allem in stark geklüftetem Gestein oder in Konglomeraten mit hartem Geröll der Fall. Deshalb werden in weniger festem oder gestörtem Gestein gewöhnlich Bohrkronen aus Stahl (Fräskronen) oder solche mit durch angeschweißtes Hartmetall verstärkten Zähnen verwendet (Abb. 4—20). In der ČSSR werden Zähne aus Widia-Hartmetall verwendet, die in der üblichen Weise auf die Bohrkrone aufgeschweißt werden. Beim Bohren mit derartigen Bohrkronen ist darauf zu achten, daß durch den Aufprall oder das plötzliche Eingreifen nicht die Zähne aus der Bohrkrone herausgebrochen werden. Ein herausgebrochener Zahn kann innerhalb weniger Minuten die Bohrkrone unbrauchbar machen oder, wenn er nach oben rutscht, ein Stück des Kernrohres abschneiden.

In besonders hartem Gestein wird beim Kernbohren *Stahlschrot* verwendet (Abb. 4—14). Unterhalb der mit einem Schrägschlitz versehenen Bohrkrone aus Stahl wird der Bohrung mittels Druckwasser Stahlschrot von einer Korngröße von 0,5

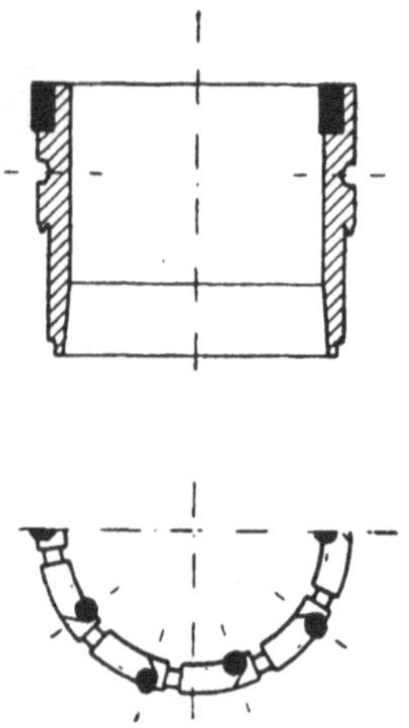

Abb. 4—21. Bohrkrone mit Hartmetallprismen nach der tschechoslowakischen Norm.

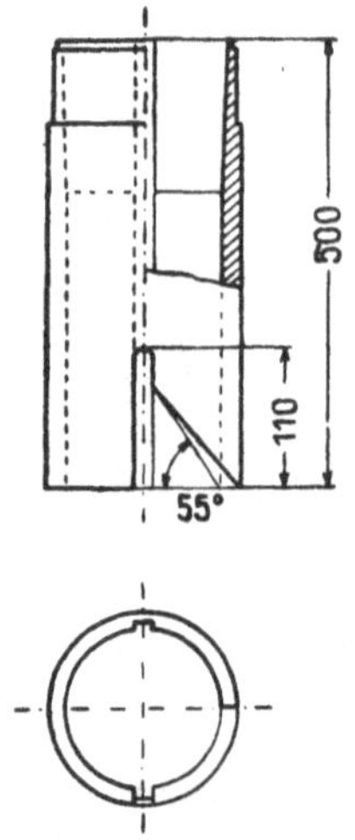

Abb. 4—22. Bohrkrone für das Schrotbohren nach der tschechoslowakischen Norm.

bis 2 mm zugeführt, der durch die Bohrkrone eine schnelle Drehbewegung (etwa 150 bis 200 U/min) erfährt und dadurch unterhalb der Bohrkrone das Gestein zermalmt. Das Kernbohren mit Schrot ist etwas schwieriger, die Bohrkerne haben eine gröbere Oberfläche, sie brechen während der Arbeit leicht ab und werden zermalmt. Bei geringen Erfahrungen kommt es vor, daß der Stahlschrot die Bohrkerne samt dem Kernrohr in dem Bohrloch verkeilt und dann das Bohrgestänge abgedreht wird. Das verkeilte Kernrohr ist, insbesondere bei Tiefbohrungen, nur unter sehr großen Schwierigkeiten freizubekommen. Manchmal ist es erforderlich, die Bohrung aufzugeben und mit einer neuen zu beginnen.

Bei Kernbohrungen im Ingenieurbauwesen haben sich die Bohrgeräte System Craelius (Abb. 4—23) bewährt, die ursprünglich in Schweden konstruiert und her-

Abb. 4—23. Bohrgerät System Craelius XCH; *1* — Elektromotor, *2* — Schaltgetriebe, *3* — Getriebekasten mit Spillkopf, *4* — Bohrspindelkopf, *5* — hydraulisches System.

gestellt wurden. Mit dem Bohrgerät System Craelius kann senkrecht, waagerecht und auch in jeder beliebigen Richtung schräg gebohrt werden. Zur Zeit werden Bohrgeräte für das Kernbohren auch in der ČSSR in mehreren Typen für verschiedene spezielle Aufgaben und mit Spezialausstattung für unterschiedliche Bohrtiefen und Bohrlochdurchmesser hergestellt. Für Untersuchungsbohrungen im Bauwesen, die einige zehn Meter tief sind, werden üblicherweise Bohrlochdurchmesser von 76 bis 150 mm gewählt. Ist der Durchmesser des Bohrloches kleiner als 76 mm, so lassen sich beträchtliche Bohrkernverluste nicht vermeiden. Zum Zwecke der Erleichterung und Beschleunigung des Transportes sind die Bohrgeräte nebst der kompletten Ausrüstung und dem kippbaren Mast zumeist auf einem Lastkraftwagen montiert (Abb. 4—25). Bei Bohrarbeiten an Wasserläufen, wo Bohrungen innerhalb des Flußbettes durchzuführen sind, werden die Bohrgeräte entweder auf einem Floß

(Abb. 4—26) aufgebaut, oder es wird von eingerammten Pfahljochen aus gebohrt.

Für geologische Untersuchungen ist das Kernbohren sehr vorteilhaft, weil es einwandfreie Bodenproben liefert, aus denen nicht nur die Beschaffenheit des Gesteins, sondern auch die Schichtenneigungen und deren Klüftung erkannt und so die technischen Eigenschaften sowie die Gewinnbarkeit des Gesteins bewertet werden können. Das Kernbohren ist heutzutage ein unentbehrliches Hilfsmittel bei der Baugrund-

Abb. 4—24. Bohrgarnitur JSH 600 für drehende Kronenbohrung mit direkter Spülung bis 600 m Tiefe, mit automatischer Regelung des Bohrgerätsvorschubes in das Bohrloch. *1* — hydraulischer Spannkopf, *2* — Elektromotor, *3* — Winde. (*Slovácké strojírny in Uherský Brod*).

untersuchung von Talsperrenbaustellen und beim Tunnelbau, bei Prüfversuchen der Wasserdurchlässigkeit und bei Injektionen.

Das Kernbohren muß allerdings fachmännisch und sorgfältig, mit dem Ziel eines möglichst großen *Kerngewinnes* und keineswegs nur als bloßes Ausbohren eines Loches in die Erde vorgenommen werden. Es kommt mitunter vor, daß der gewonnene Bohrkern in seiner Länge der gebohrten Tiefe nicht entspricht, was dann als sogenannter *Bohrkernverlust* bezeichnet wird. Beim Bohren soll regelmäßig festgehalten werden, welcher Prozentsatz an Bohrkern aus den einzelnen Bohrungen gewonnen wird. Ein fast voller Bohrkern kann beim Bohren in festem, homogenem Gestein, sofern dieses nicht geklüftet ist, gewonnen werden. So können beispielsweise in ungestörtem Granit und in anderem Eruptivgestein bzw. in dickschichtigen Kalk- und

Sandsteinen mit gut hergerichtetem Bohrgerät und zweckentsprechenden Bohrwerkzeugen mindestens 80 bis 90 % Kerngewinn erzielt werden. In dünnschichtigen und geschieferten Gesteinen kann der Kerngewinn mindestens 60 bis 70 % betragen. In stark geklüftetem Gestein, insbesondere, wenn die Klüfte eine steile Neigung aufweisen, ist die Erzielung eines höheren Kerngewinns schwierig. In der Regel werden im Kernrohr nur die kleinen Bruchstücke festgehalten, während der Großteil

Abb. 4—25. Auf einem Kraftfahrzeug montiertes sowjetisches Bohrgerät UKB. (*Foto J. Pašek*)

des zerkleinerten Bohrgutes als Bohrsand mit dem Spülwasser herausgeschwemmt wird. In diesem Falle wird zumindest der Bohrsand aufgefangen, um wenigstens teilweise, wenn auch nur unvollständig, den Charakter des angebohrten Gesteins beurteilen zu können. In den auf diese Weise gestörten Gesteinen kommt es sehr auf den Durchmesser des Bohrloches und auch auf die Fertigkeiten und Erfahrungen des Bohrmeisters an.

Abb. 4—26. Bohrung mittels Handbohrgerätes im Flußbett der Moldau von einem Floß aus.

Je größer der Durchmesser des Bohrloches und je kürzer die Kernmarsche sind, desto größer ist die Wahrscheinlichkeit, daß ein größerer Kerngewinn erzielt wird. Das hängt auch viel vom Druck des Spülwassers ab, das unter die Bohrkrone geleitet wird. Je weicher und gestörter das Gestein ist, desto geringer soll der Wasserdruck sein, mit dem gearbeitet wird, damit der Bohrkern durch einen allzu großen Druck des Wasserstrahles nicht gestört wird. Bei dem heutigen Fortschritt der Bohrtechnik ist von den Bohrbetrieben auch bei schwierigen Bohrbedingungen konsequent ein Bohrkern von mindestens 70 % zu fordern, anderenfalls ist die Bohrung als mißlungen anzusehen. Die Leistungsnormen für Bohrarbeiten sollen jeweils so festgelegt werden, daß nicht nur die Härte des Gesteins und die Anzahl der Bohrmeter, sondern auch der Kerngewinn berücksichtigt wird.

Auch bei den für die Ingenieurgeologie angewendeten, verhältnismäßig flachen Bohrungen ist darauf zu achten, daß diese möglichst genau in der verlangten Neigung ausgeführt werden. Dies gilt insbesondere für Bohrungen tiefreichender Injektionsschleier, für das Gefrierverfahren und für Tiefbohrungen im Tunnelbau. In solchen Fällen ist es erforderlich, die Krümmung der Bohrung zu verfolgen bzw. die *Abweichungen* von der vertikalen oder von der gewünschten Richtung zu messen. Zur Messung der Richtung und Neigung der Bohrung werden verschiedene Meßeinrichtungen verwendet, angefangen von den ganz einfachen bis zu den sehr komplizierten und sinnvoll konstruierten Meßgeräten, den sogenannten *Neigungsmessern.* Bei Flachbohrungen kann deren Neigung auf einfache Art und Weise kontrolliert werden, indem in das Bohrloch eine zum Teil mit dünnflüssiger Gipslösung angefüllte Flasche hinuntergelassen wird. Die Abweichung der Bohrung von der Vertikalen kann nach dem Winkel bestimmt werden, den die Oberfläche des erstarrten Gipses mit der Flaschenwandung bildet. Bei einigen Neigungsmessern wird zu dem gleichen Zweck flüssige Gelatine oder eine Säure verwendet, die in dem Glaszylinder das Niveau des Flüssigkeitsspiegels einätzt. Auf einem ähnlichen Prinzip beruht ein auf einigen Baustellen in Rumänien verwendetes Gerät. In ein zylindrisches Gefäß wird ein Film eingelegt. In der bestimmten Tiefe wird das Gefäß zum Teil mit Entwickler gefüllt, der auf dem Film die waagerechte Ebene markiert. Das Gefäß ist in einem zylindrischen Futteral an elastischen Aufhängern befestigt. Nach der Belastung durch den Entwickler sinkt das Gefäß ab und arretiert die Magnetnadel eines Kompasses, der am Boden des Gerätes befestigt ist. Auf diese Weise ist es möglich, die Neigung und Richtung der Bohrung zu bestimmen. Kompliziertere Neigungsmesser verwenden ein frei schwebendes Pendel, dessen Projektion auf die Bussole photographiert wird. Aus der Photographie können sodan die Richtung und auch die Abweichung der Bohrung bestimmt werden. In der ČSSR wird auch der sowjetische Neigungsmesser Bauart Poljak verwendet. Das Funktionsprinzip dieses Gerätes ist eine in kardanischer Aufhängung befestigte Bussole mit einem horizontal gelagerten Hilfspendel. Die relative Lage des Bussolenrahmens und der Magnetnadel wird mittels eines Uhrwerkes in der Stellung fixiert, die die Hülse des Neigungsmessers in dem Bohrloch einnimmt. Bei Tiefbohrungen werden noch andere kompliziertere Typen von Neigungsmessern, so z. B. die elektrischen Neigungsmesser, verwendet, mit deren Hilfe die Krümmung des Bohrloches kontinuierlich gemessen werden kann.

Für Spezialarbeiten wurden Bohrgeräte zum Kernbohren mit einem *großen Durchmesser* von 750 bis 900 mm konstruiert. Es wird mit einem rotierenden Zylinder, und zwar entweder mit Stahlschrot oder mit einer Bohrkrone, die mit Zähnen aus

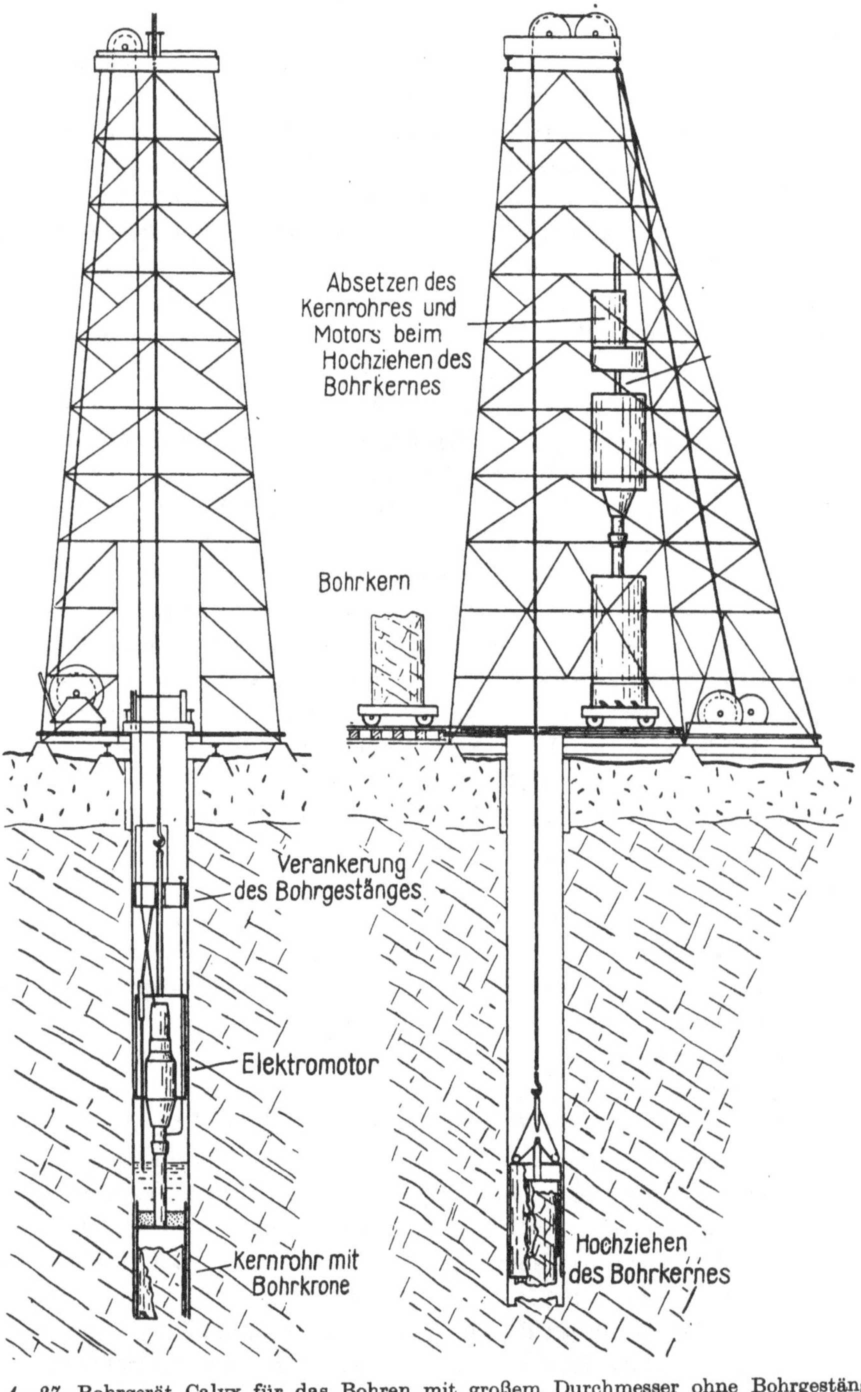

Abb. 4–27. Bohrgerät Calyx für das Bohren mit großem Durchmesser ohne Bohrgestänge; der Motor mit dem Kernrohr ist an einem Seil hängend angeordnet und wird während der Bohrarbeiten an der Bohrlochwandung verankert.

Hartmetall versehen ist und für weicheres Gestein verwendet wird, gebohrt. Nach dem Anbohren muß der Bohrkern in festem Gestein von der Bohrlochsohle mit Hilfe einer geringen Sprengladung, die an zwei oder drei Stellen auf der Sohle des Einschnittes am Umfang des Bohrkernes angebracht wird, abgesprengt werden. Da ein Bohrkern mit einem so großen Durchmesser sehr schwer ist, muß in der Mitte ein Loch mit einem geringen Durchmesser gebohrt werden, in dieser Bohrung wird ein Haken mit einer Öse verkeilt, mit dessen Hilfe sodann der Bohrkern angehoben wird.

In Abb. 4—27 ist das Bohrgerät Calyx für das Bohren mit großem Durchmesser ohne Verwendung eines Bohrgestänges dargestellt. Der Motor wird samt Kernrohr und Bohrkrone an einem Seil in das Bohrloch hinabgelassen und an der Bohrlochwandung verankert. Mit diesem Bohrgerät können Durchmesser von 90 bis 180 cm bis zu einer Tiefe von 100 m gebohrt werden.

Bohrungen mit großem Durchmesser haben sich bei der Untersuchung von Talsperrenbaustellen, beispielsweise in kavernösen Kalksteinen, bewährt. In die Bohrung kann auch der Geologe zum Zwecke der unmittelbaren Vermessung und Untersuchung des felsigen Untergrundes hinabgelassen werden. Auch bei Abdichtungsarbeiten an Talsperren wurden Bohrungen mit großem Durchmesser angewendet. Mit großem Erfolg gelangten diese auch bei der Wassererfassung zur Anwendung. Von den Bohrungen mit einem Durchmesser von 90 cm aus wurden kurze Stollen unter dem abgesenkten Grundwasserspiegel vorgetrieben, um die Ergiebigkeit der Brunnen zu erhöhen.

Bohrungen mit großem Durchmesser können dort angewendet werden, wo das Eindringen des Grundwassers gemeistert werden kann. Das in das Bohrloch eingeflossene Wasser kann entweder abgepumpt werden, oder das Gestein wird vor Niederbringung der Bohrung mit großem Durchmesser mit Zement injiziert. Bohrungen mit großem Durchmesser bieten die beste Gelegenheit zum Studium der Eigenschaften und der Lagerungsverhältnisse des Gesteins, besser als irgendein anderes Verfahren. Dem Geologen steht ein glatt abgeschliffene Gesteinsprofil an den Bohrlochwandungen zur Verfügung. Man kann die Dichte der Klüftung und deren Richtung verfolgen, ferner auch, ob die Klüfte geschlossen oder offen sind, und welche sekundäre Füllung sie aufweisen.

Die Bohrungen mit großem Durchmesser sind allerdings mit einem hohen Arbeits- und Kostenaufwand verbunden, und deshalb konzentriert sich das Interesse auf eine vollendetere Auswertung der Bohrungen mit üblichen Durchmessern. Zur Untersuchung der Bohrlochwandungen mit einem kleinen Durchmesser wurden verschiedene optische Geräte nach der Art eines Periskops konstruiert. Mit Hilfe eines Spiegelsystems und eines Fernrohres wird ein Bild der künstlich beleuchteten Bohrlochwandungen nach oben geworfen. Die Anwendung dieser Geräte brachte keine zufriedenstellenden Ergebnisse.

Als vorteilhafter erwies sich das Photographieren der Wände eines Bohrloches mittels spezieller Schmalfilmkamera. Das Gerät ist in einem Zylinder aus rostbeständigem Stahl mit einem Durchmesser von 7 cm und einer Länge von 80 cm untergebracht. Am Boden des Zylinders befindet sich ein Kompaß mit Öldämpfung. Über diesem ist ein Spiegel in Form eines Kegelstumpfes angebracht, der das am Zylinderumfang in das vertikal nach unten eingestellte Objektiv durch ein Fensterchen einfallende Bild der Bohrlochwandungen widerspiegelt. Über dem Objektiv befindet sich die normale Schmalfilmkamera für 16-mm-Film. Für die Belichtung sorgt eine zwischen dem Objektiv und dem konischen Spiegel angebrachte Entladungslampe. Die Belichtung, der Verschluß des Objektives und der Filmtransport sind mit der Vorrichtung für das Hochheben des Zylinders aus dem Bohrloch in der Weise gekoppelt, daß auf dem Filmstreifen ein zusammenhängendes Profil gewonnen wird. Der Filmstreifen in der Kassette reicht für Aufnahmen von etwa 25 m Bohrung aus. Die Bohrlochwandungen können auch unter Wasser photographiert werden, sofern dieses allerdings nicht allzu trüb ist. Durch Verwendung von Farbfilmmaterial erreicht dieses in den USA entwickelte Verfahren eine sehr hohe Vollkommenheit.

Nach einer ähnlichen Methode wurde bei der geologischen Untersuchung der durch Auslaugung von Gips betroffenen Gebiete in der Deutschen Demokratischen Republik verfahren. Zu diesem Zwecke wurde eine einfache Vorrichtung konstruiert, mit deren Hilfe das Photographieren des Umfanges der Karsthöhlen möglich war.

Eine direkte Beobachtung der Bohrlochwände wurde erst durch Anwendung des *Fernsehens* ermöglicht. Durch Koppelung einer Miniaturfernsehkamera mit der entsprechenden optischen Einrichtung wurde im Jahre 1957 in der Deutschen Bundesrepublik die erste Fernseh-Bohrlochsonde konstruiert. Das Gerät ist in einem Stahlzylinder mit einem Durchmesser von 62 mm und einer Länge von 800 mm untergebracht, der an einem selbsttragenden Fernsehkabel mit einer Länge von 400 m hängt. Im unteren Teil des Zylinders befindet sich ein Fensterchen aus Plexiglas, durch das man auf einem Spiegel mit einer Neigung von 45° das Bild der Bohrlochwandung erhält. An dem Spiegel erfolgt die Brechung des Bildes zu einem Weitwinkelobjektiv der Fernsehkamera mit geringer Brennweite hin. Für die Belichtung sorgen zwei Reihen von Glühlampen zu beiden Seiten des Spiegels. Es wurde an die Möglichkeit des abwechselnden Einschaltens des Lichtes von der einen oder anderen Seite gedacht, denn aus dem Schatten läßt sich beurteilen, ob die Klüfte hohl oder ausgefüllt sind. Im unteren Teil des Zylinders befinden sich der Kompaß und die Libelle mit eigener Beleuchtung, die mit Hilfe eines Prismas im Gesichtsfeld des Objektivs bildlich dargestellt werden und auf diese Weise eine Bestimmung der Achsenlage des Gerätes ermöglichen. Die Reichweite der Fernsehkamera ist durch die Kabellänge begrenzt. Eine Tiefe von 400 m ist für die Ingenieurgeologie völlig ausreichend, für andere Fachbereiche der angewandten Geologie zur Erkundung von Erdöl- und Erzvorkommen genügt sie jedoch nicht. Zur Zeit wird das Aufnahmegerät für industrielles Fernsehen des Werkes Tesla zum Muster einer tschechoslowakischen Fernseh-Bohrlochsonde umgebaut (M. Krajcík). Dieses Gerät weist eine ähnliche Ausstattung wie das westdeutsche Gerät auf und ist hauptsächlich für ingenieurgeologische Untersuchungen bestimmt. Ein Gerät dieses Typs wurde auf der Baustelle der Talsperre Orlík, insbesondere bei der Kontrolle der Injizierungsarbeiten, erprobt und hat sich sehr gut bewährt. Die Fernseh-Bohrlochsonde wird zusätzlich mit einer Einrichtung zum Photographieren der Bohrlochwandungen versehen werden, so daß nach der Untersuchung der Bohrung das Photographieren wichtiger Abschnitte möglich sein wird.

Das Bohren nach dem Rotaryverfahren. Das maschinelle Bohren nach dem Rotaryverfahren beruht auf der Drehbewegung des Bohrers an der Bohrlochsohle, wobei das Gestein durch den Bohrer im Bereich der gesamten Bohrlochsohle abgerieben und abgeschliffen wird. Hohe Bohrleistungen werden dadurch ermöglicht, daß die Bohrmeißel mit Hartmetallschneiden versehen sind. Von den Bohrmeißeln werden hauptsächlich die sog. „Fischschwanzbohrer" verwendet (Abb. 4—28). Das Bohr-gestänge wird beim Rotaryverfahren in weitaus stärkerem Maße als bei anderen Bohrverfahren auf Drehung beansprucht; deshalb besteht es aus dickwandigen Stahlrohren.

Abb. 4—28. Bohrmeißel, genannt „Fischschwanzbohrer", der bei Rotary-Bohrungen verwendet wird, wobei die gesamte Bohrsohle abgeschliffen wird.

Zum Herausspülen des zerkleinerten Bohrgutes wird *Dickspülung* verwendet, die durch das Bohrgestänge zum Bohrmeißel zirkuliert. Sie trägt das zerkleinerte Bohrgut zur Oberfläche empor, wo die Spülung von gröberen Körnern auf Sieben und in Klärbecken befreit und erneut in das Bohrloch zurückgeführt wird. Als Dickspülung werden in Wasser aufgeschlämmte Montmorillonittone verwendet. Mit der Dickspülung ist es einerseits möglich, größere Gesteinsstücke von der Bohrlochsohle emporzutragen, und zwar um so größere, je höher das spezifische Gewicht der Dickspülung ist, andererseits verklebt sie die Bohrlochwandungen und verfestigt sie. Das ist von großer Bedeutung, denn es wird die Verrohrung des Bohrloches eingespart. Das Rotaryverfahren wird heutzutage bei den meisten Tiefbohrungen, und zwar bis zu einer Tiefe von 4000 bis 5000 m angewendet. Es wird unter Umständen eine tägliche Bohrleistung von mehr als 100 m erzielt. Der Großteil der Arbeitsgänge wird automatisch gesteuert. So ist beispielsweise die automatische Kontrolle des Spülwasserumlaufes, der Dichte der Spülung, der Bohrmeißelabnutzung usw. eingeführt. Die geologische Kontrolle und Auswertung der Bohrung ist sehr schwierig. Die Gesteine sind derart zermalmt, daß es sehr schwierig ist, ihre Zusammensetzung zu erkennen. Die Bruchstücke des Gesteins sind von der Dickspülung und dem Bohrschlamm eingehüllt, so daß sie erst nach dem Auswaschen untersucht werden können.

Außerdem ist in Betracht zu ziehen, daß bei Tiefbohrungen die Bodenproben von der Bohrlochsohle mit einer beträchtlichen Verspätung an die Erdoberfläche gelangen. So treffen beispielsweise bei einer etwa 1000 m tiefen Bohrung die Bruchstücke des Gesteins von der Bohrlochsohle erst 1 Stunde, nachdem sie in der Bohrlochsohle ausgebrochen wurden, an der Erdoberfläche ein.

Deshalb werden für die Auswertung der Bohrung und zur genauen Bestimmung der Grenzen zwischen den einzelnen Gesteinsschichten verschiedene geophysikalische Verfahren, insbesondere die Potential- oder Widerstandsmeßmethode oder die Gammastrahlenmessung angewendet.

Das drehende Turbo- und Elektrobohren. Beim drehenden Kernbohren oder beim Rotaryverfahren bildet das Bohrgestänge eine schnell rotierende Welle, durch die die Drehbewegung auf den Bohrmeißel oder die Bohrkrone übertragen wird. Bei großer Länge des Bohrgestänges und dessen Befestigung nur am oberen Ende weisen die Bohrungen zumeist eine unregelmäßige Krümmung und eine beträchtliche Abweichung von der Vertikalen auf. Die Durchbiegung des Bohrgestänges bewirkt bei schneller Drehung eine Reibung desselben an den Bohrlochwandungen. Dies führt zu Energieverlusten und zu einer Senkung der Maschinenleistung, sowie zum schnelleren Verschleiß des Bohrgestänges. Beim Turbo- und elektrischen Bohren werden diese Mängel dadurch beseitigt, daß der Antrieb des Bohrmeißels nahe an die Bohrlochsohle verlegt wird; das Bohrgestänge verbleibt hierbei im Ruhestand. Die Turbobohrmaschine wurde im Jahre 1924 von Kapeljuschnikow konstruiert und seit dieser Zeit immer mehr vervollkommnet, so daß sie heute auf der ganzen Welt bei Erdölbohrungen laufend verwendet wird. Der Bohrmeißel der Turbobohrmaschine wird durch Druckwasser in Drehbewegung versetzt, das der Bohrlochsohle durch das hohle Bohrgestänge zugeleitet wird und gleichzeitig als Spülwasser dient. Das Bohrgestänge dreht sich nicht und wird nur durch den Widerstand des Gesteins gegen die Drehbewegung des Bohrmeißels beansprucht. Zum Bohren werden ähnliche Bohrmeißel wie beim Rotaryverfahren, z. B. der Fischschwanzbohrer und der Rollmeißel, die die gesamte Bohrlochsohle abschleifen, verwendet.

Auf dem gleichen Prinzip beruhend wurde das *elektrische Bohren* entwickelt, bei welchem der Elektromotor samt Bohrmeißel auf die Bohrlochsohle hinabgelassen wird. Die elektrische Bohrmaschine wird von einem Schutzmantel wasserdicht umschlossen, in dessen Hülle das Spülwasser, das die Bohrmaschine kühlt, zirkuliert und der die Dickspülung unterhalb der Schneide dem Bohrmeißel zuleitet. Der elektrische Strom wird durch Kabel zugeführt, die in den Bohrrohren verlegt sind. Ein Nachteil des elektrischen Bohrens ist die Unzugänglichkeit der komplizierten Maschine in großer Tiefe an der Bohrlochsohle. Auch die im Innern der Bohrrohre verlegten Kabel erfordern einen sorgfältigen Schutz vor dem Druckwasser. Das Kabel verringert den inneren Querschnitt der Bohrrohre; dies erhöht den hydraulischen Widerstand beim Durchfluß der Dickspülung.

4,5. **Auswertung der Aufschlußarbeiten; Arbeiten im Gelände.** Mit der Durchführung einiger Schürfe und Bohrungen ist allerdings die Untersuchung der Baustelle nicht beendet. Sie wird erst abgeschlossen durch eine sorgfältige Beschreibung und Vermessung der Bohrungen, durch die Entnahme von Gesteinsproben und durch die ingenieurgeologische Auswertung der Erkundungsarbeiten. Die Durchführung von Bohrungen erfordert einen großen Arbeitsaufwand und verhältnismäßig hohe Kosten, deren Aufwendung nur dann zweckmäßig ist, wenn die Bohrungen einwandfrei ausgewertet werden. Die Aufschlußarbeiten können nur dann als erfolgreich abgeschlossen gelten, wenn die Ergebnisse rechtzeitig in klarer und verständlicher Form verarbeitet sind, so daß sie sowohl dem Projektanten als auch dem mit der Durchführung der Arbeiten betrauten Ingenieur verständlich sind.

Dies setzt voraus, daß über den Ablauf der Bohrungen während der Arbeiten systematisch genaue Aufzeichnungen gemacht werden. In zahlreichen Fällen ist dies in der Praxis nicht der Fall, insbesondere wenn es sich um ingenieurgeologische Flachbohrungen handelt. Alle Aufzeichnungen über den Arbeitsablauf und die Beschreibungen der Gesteine werden zumeist dem Bohrmeister oder Vorarbeiter, der die Bohrung leitet, übertragen. Die Aufzeichnungen werden zumeist nur gelegentlich von dem Ingenieur überprüft, dem vielfach mehrere solcher Arbeiten obliegen und der außerdem durch Verwaltungs- und Betriebsaufgaben überlastet ist. Auch wenn der Bohrmeister sehr erfahren und gewissenhaft ist, kann er doch zweierlei Aufgaben mit verschiedenem Charakter nicht gut erfüllen, die manchmal auch gegensätzliche Anforderungen an ihn stellen. Der Bohrmeister soll sich nämlich um den Arbeitsablauf, die Bohrleistung, die Instandsetzung der Geräte und um die fristgemäße Beendingung der Arbeiten zum festgesetzen Termin kümmern. Demgegenüber wäre es im Interesse einer eingehenden Untersuchung erforderlich, beispielsweise irgendeine Bohrung zum Zwecke der zuverlässigen Bestimmung des Untergrundes bis in größere Tiefen vorzutreiben, häufiger Bodenproben oder eine weitere ungestörte Bodenprobe zu entnehmen usw.; all dies sind Forderungen, die zu einer Verlängerung der Arbeitszeit und zu einer Leistungsverminderung der Arbeitsgruppe, die der Bohrmeister leitet, führen; ganz zu schweigen von den häufigen Fällen, wo ein fachlich sehr tüchtiger Bohrmeister nicht mit der Bestimmung der Gesteinsproben vertraut und in der Registrierung der zur Auswertung der Bohrung erforderlichen Angaben nicht bewandert ist.

Fachliche Überwachung. Im Hinblick darauf, daß das Ergebnis der Aufschlußarbeiten von der Genauigkeit und Objektivität der während der Arbeiten gemachten Aufzeichnungen abhängt, soll bei allen bedeutenderen Arbeiten dieser Art außer dem Bohrmeister noch ein fachkundiger technischer Mitarbeiter (Kollektor) mit Grundkenntnissen der Geologie auf der Baustelle ständig anwesend sein. Dieser überwacht den Arbeitsablauf, nimmt die Eintragungen über die Bohrungen vor, führt die erforderlichen Messungen durch, entnimmt und beschriftet die Bodenproben und ist für die Richtigkeit der Aufzeichnungen verantwortlich. Er arbeitet mit dem Geologen zusammen, der mit der Auswertung der Ergebnisse der

Bohrungen betraut wurde. Der Geologe sieht bei den laufenden Besichtigungen der Bohrstelle die Beschreibungen und Bestimmungen des Gesteins durch und weist darauf hin, was besonders beachtet werden muß, damit die Aufzeichnungen vollständig sind. So ist es beispielsweise beim Handbohren nicht möglich, von allen Schichten ungestörte Bodenproben für eine labormäßige Untersuchung zu entnehmen. Es ist also sehr wichtig, daß insbesondere die bindigen Böden (Lehme, Tone, Mergel u. dgl.) sofort beim Hochziehen der Bodenproben aus dem Bohrloch richtig beschrieben und gekennzeichnet werden. An Hand ausgetrockneter und harter Proben toniger Gesteine, wie wir diese nach einigen Wochen in dem Probenkasten vorfinden, kann nicht einwandfrei beurteilt werden, wie der ursprüngliche Zustand dieser Ablagerungen in der Natur gewesen ist.

Bei nichtbindigem Gestein jedoch, dessen Beschaffenheit sich praktisch nicht verändert, muß eingehend beschrieben werden, in welchem Zustand es beim Bohren vorgefunden wurde. Wie die Ergebnisse der Bohrungen, bei denen für eine fachmännische Beaufsichtigung nicht gesorgt wurde, kritisch auszuwerten sind, zeigt die Untersuchung einer Baustelle am Moldauufer in Prag (Abb. 4—29). Bei einigen Bohrungen stieß man auf eine dicke Schicht sandiger Kiese mit einer Mächtigkeit von 13 bis 14 m. Die Oberfläche der Kiese wurde in den Bohrungen in einer Tiefe von 2,50 m registriert, und in einer Tiefe von etwa 6 m stieß man in den Kiesen auf eine dünne Zwi-

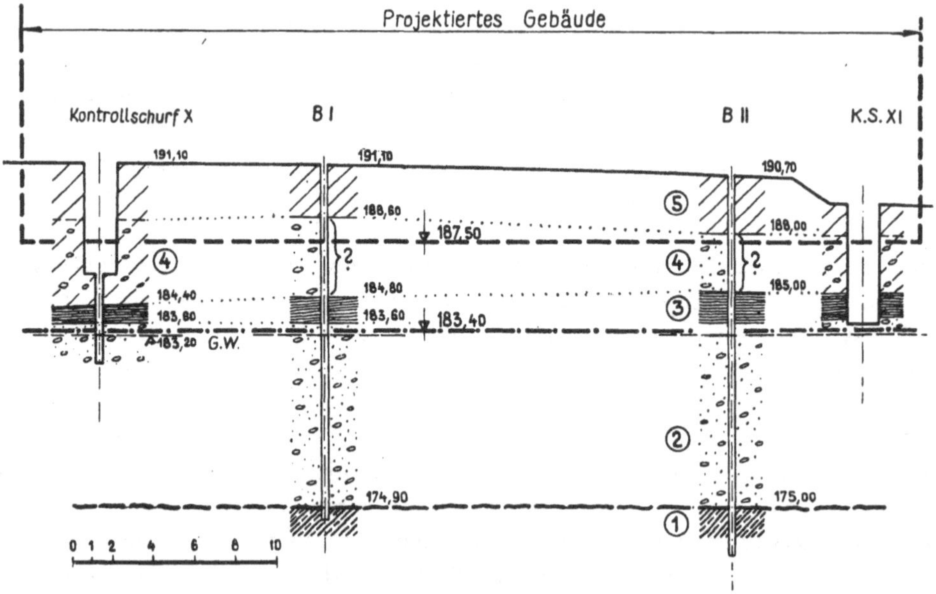

Abb. 4—29. Beispiel einer unrichtigen Bewertung der Bohrergebnisse. Die Kontrollschürfe *X* und *XI* zeigten, daß die Schicht *4* nicht von Schotter in ursprünglicher Lagerung, sondern von einer Aufschüttung gebildet wird; *1* — Tonschiefer (Ordovizien), *2* — sandige Schotter der Talterrasse, *3* — tonig-sandige Anschwemmungen, *4* — sandige Schotter (Aufschüttung), *5* — neue Aufschüttungen, *BI*, *BII* — ursprüngliche Bohrungen.

schenlage einer sandiger Tonablagerung. An Hand dieser Bohrprofile wurde die Gründung des Bauwerks auf Fundamentstreifen an der Oberflächenschicht der sandigen Kiese in der Ebene von 187,50 m in Betracht gezogen. Beim Aushub der Fundamentgrube zeigte sich aber, daß die Kiese in der Ebene der vorgesehenen Gründungssohle aufgelockert, stark zusammendrückbar sind und unregelmäßige lehmige Lagen enthalten. Bei den nachträglich durchgeführten Kontrollschürfen wurde festgestellt, daß es sich um eine junge Aufschüttung handelt, und daß erst die Schicht der tonigen Ablagerung das ursprüngliche „gewachsene Gelände" darstellt. Aus diesem Grunde mußte die Gründung in einer größeren Tiefe erfolgen und das Bauwerk auf den festgelagerten sandigen Kiesen gegründet werden. Im vorliegenden Falle wurden die ursprünglichen Bohrungen nicht mit hinreichender Sorgfalt durchgeführt, weil die Oberflächenschicht der sandigen Kiese als Aufschüttung hätte erkannt oder zumindest als locker und nicht festgelagert bezeichnet werden müssen. Außerdem zeigten sich an der Oberfläche der tonigen Ablagerungen zahlreiche Ziegelbruchstücke und Scherben aus dem Mittelalter. Diese wurden zwar, wie sich später herausstellte, bei den Bohrungen gefunden, doch wurde diese wichtige Beobachtung in den Aufzeichnungen weder vermerkt, noch wurden die Bruchstücke im Behälter für Bodenproben aufbewahrt. Der Bohrmeister hatte nämlich angenommen, daß die Scherben durch Unvorsichtigkeit bei der Arbeit aus der Oberflächenschicht in das Bohrloch gelangt waren. So erfüllten die ursprünglichen, in technischer Hinsicht ansonsten gut durchgeführten Bohrungen nicht ihren Zweck, und es war erforderlich, den Gründungsentwurf während der Bauausführung zu ändern. Es könnten noch zahlreiche andere ähnliche Beispiele angeführt werden, so daß die Forderung nach einer ständigen fachkundigen Überwachung der Bohrungen sehr begründet erscheint.

Arbeitsjournal: Der Arbeitsablauf und die Ergebnisse sollen täglich in einem Arbeitsjournal mit Durchschrift oder in einer Meldung vermerkt werden. Neben den üblichen Angaben über die Anzahl der Arbeitskräfte und die Arbeitsstunden, die Art der Arbeiten, das Wetter und die Temperatur soll noch folgendes vermerkt werden:

a) Die Nummern und die Abmessungen der Bohrungen oder Schürfe, an denen gearbeitet wird.

b) Die eingehende Beschreibung der Gesteine, auf die man während der Bohrung stößt. Natürlich werden nicht immer die Hilfsmittel zur Hand sein, die eine Bestimmung sämtlicher Eigenschaften des Gesteins ermöglichen, um diese danach einwandfrei zu kennzeichnen. Es geht hier jedoch darum, daß insbesondere jene Eigenschaften vermerkt werden, die sich im Laufe der Zeit (hauptsächlich durch Austrocknung oder auch durch schnelle Verwitterung und Zerfall) ändern. Endgültig können die einzelnen Gesteine und deren Eigenschaften erst nach der labormäßigen Untersuchung der entnommenen Bodenproben bestimmt werden. Durch die richtige Beschreibung der Bodenproben bei den Bohrungen erreicht man einerseits, daß die einzelnen Schichten genau abgegrenzt und andererseits, daß die Abweichungen von den Eigenschaften der untersuchten Bodenproben festgestellt werden. Die wichtigste Abweichung dieser Art ist der Unterschied in der Feuchtigkeit. Bei der Bohrung selbst wird also das geförderte Gestein wie folgt beschrieben:

Bestimmung der Gesteinsart nach Einschätzung und Kenntnis des Bearbeiters; auch lokale Bezeichnungen sind hierbei zulässig. Es ist allerdings erwünscht, daß der Leiter der Bohrarbeiten über die Grundkenntnisse der geologisch-petrographischen Terminologie und Klassifizierung der Lockergesteine im Hinblick auf die Bodenmechanik verfügt.

Bestimmung der Farbe im natürlichen Zustand, vor der Trocknung, und zwar Helligkeit und Farbton (beispielsweise dunkel, graugrün).

Beschreibung der Bruchflächen der Gesteine (glänzend, matt, rauh, glatt usw.), nach Möglichkeit auch der Lagerungsverhältnisse der Schichten, ferner des Geruches des Gesteins u. dgl.

Bei tonigen Gesteinen Beschreibung der Konsistenz, denn ihre Festigkeit und Zusammendrückbarkeit ist größtenteils durch ihre Konsistenz bedingt. Die Bezeichnungen für die Konsistenz der tonigen Gesteine stehen im allgemeinen fest und müssen deshalb eingehalten werden, damit es zu keinen Mißverständnissen kommt. Ein toniges Gestein bezeichnen wir als *hart*, wenn es so ausgetrocknet ist, daß seine Bruchstücke mit dem Hammer zerschlagen werden können, als *fest*, wenn es nicht plastisch, sondern leicht brechbar ist, als *zäh*, wenn es in der Hand schwierig zu kneten ist, wir aber aus ihm auf der Handfläche dünne Nudeln mit einem Durchmesser von 3 mm ausrollen können, als *weich*, wenn es sich ohne großen Druck leicht kneten läßt, als *breiig*, wenn es sich in der geballten Faust zwischen den Fingern hindurchdrücken läßt. Über diese Erkennungsmerkmale sind die Bohrmeister gut zu instruieren, denn sie bezeichnen manchmal alle tonigen Gesteine ohne Rücksicht auf deren Konsistenz als plastisch.

c) Die Tagesleistung, d. h. der Arbeitsfortschritt in jeder Arbeitsschicht unter Angabe der erzielten Bohrtiefen. Jede Arbeitsunterbrechung und deren Ursache, z. B. die Instandsetzung der Schalung in der Schürfgrube, das Abreißen des Bohrgestänges oder sonstige Schäden an den Geräten bei der Durchführung von Bohrungen.

d) Das Mittel, mit dem das Gestein gelöst wurde (bei Schürfgruben beispielsweise mit der Hacke, mit Hilfe von Keilen, Sprengstoffen; beim Kernbohren ist der Typ der Bohrkrone anzuführen). Bei sandigen und kiesigen Gesteinen ist es sehr wichtig, daß der Widerstand, den das Gestein dem Lösen oder Bohren entgegensetzt, vermerkt wird. Da ungestörte Proben dieser Gesteine nicht entnommen werden können, ist jede Angabe über den Grad der Lagerungsdichte wichtig, denn diese stellt einen Kennwert für das technische Verhalten dar.

e) Angaben, wie der Schurf verschalt wurde (bei Schürfgruben die Art der Schalung, bei Bohrungen die Abmessungen und Tiefen der eingelassenen Futterrohre).

f) Angaben über das Grundwasser, den Stand des Grundwasserspiegels bei der Arbeitsaufnahme und an den folgenden Tagen sowie auch über das Abpumpen des

Grundwassers. Wenn ein Abpumpen des Grundwassers in Schürfgruben erforderlich ist, muß die Pumpenleistung überprüft und genau vermerkt werden, wie lange und in welchen Zeitabständen das Wasser tatsächlich abgepumpt wurde, um zumindest annähernd den Wasserzufluß in die Schürfgrube bestimmen zu können. Bei Spülbohrungen ist jede am Stand des Spülwassers wahrgenommene Veränderung (beispielsweise der Wasserverlust) zu vermerken.

g) Aufzeichnungen über die Entnahme von Gesteins- und Bodenproben, insbesondere über die Tiefe der Entnahme und das Entnahmeverfahren. Es werden Aufzeichnungen über die Entnahme ungestörter und auch gestörter Bodenproben geführt. Insbesondere bei sandigen Gesteinen ist ein Vermerk über die Art der Entnahme erforderlich, da mitunter die feinen Teilchen bei der Entnahme der Bodenprobe durch das Wasser herausgespült sein können.

Beim Kernbohren ist auch der Kernverlust zu vermerken, und es müssen die Umstände angeführt werden, durch die es zu dem Verlust kam. Es können zwei verschiedene Fälle eintreten: Entweder fällt der Bohrkern aus dem Bohrrohr heraus und wird sodann beim weiteren Bohren zerstört, oder das Gestein ist so stark geklüftet, daß es beim Bohren bröckelt und eine Gewinnung des Bohrkernes überhaupt nicht möglich ist.

Im Arbeitsjournal sollen nur die tatsächlich ermittelten und gemessenen Angaben sowie die Beobachtungen ohne jeden Versuch einer Deutung vermerkt werden. Der Fortgang der Bohrarbeiten soll möglichst objektiv, ohne persönliche Erläuterungen und Mutmaßungen des mit der Aufsicht betrauten Mitarbeiters aufgezeichnet werden.

Außer dem üblichen Arbeitstagebuch wird empfohlen, für jede Bohrung ein gezeichnetes Profil im entsprechenden Maßstab anzufertigen, in das sämtliche Daten gleich bei der Arbeit übersichtlich eingetragen werden. Die Bedeutung des Profilzeichnens unmittelbar bei der Arbeit besteht darin, daß man rechtzeitig auf einen vielleicht vergessenen Vermerk stößt, und zwar zu einer Zeit, wo eine Beobachtung noch nachträglich ergänzt oder nachgemessen werden kann. An Stelle des gezeichneten Profils kann auch ein in einer übersichtlichen Tabelle geschriebenes Profil verwendet werden, bei dem die vorher gekennzeichneten Rubriken ausgefüllt werden.

Vermessung der Bohrungen. Sämtliche Bohrungen sollen genau vermessen und in den Situationsplan eingezeichnet werden. Die Lage der Bohrungen bestimmt man am besten durch Koordinaten, wobei man von markanten, unveränderlichen Punkten ausgeht, die sowohl im Plan als auch in der Natur (Straßenkreuzungen, Bauwerke, Brücken, Grenzsteine usw.) gut sichtbar sind. Die Höhe des Geländes und der Bohrungen bestimmen wir durch eine an den nächstgelegenen Festpunkt angeknüpfte Nivellierung, dessen Höhe über dem Meeresspiegel wir kennen (im Tagebuch soll vermerkt werden, an welchem Punkt die Einmessung der Bohrung angeschlossen wurde); wenn dies in Ausnahmefällen nicht möglich ist, wird für die relative Höhenmessung ein zweckentsprechender Festpunkt in unveränderlicher Lage gewählt, um im Bedarfsfalle die Messung nachträglich an das Nivellierungsnetz anschließen zu können.

Handelt es sich um verstreut liegende Bohrungen, die von dem Nivellimentszug weit entfernt sind, können wir für die annähernde Orientierung die Höhe mit Hilfe des Aneroids bestimmen. Es muß erwähnt werden, daß manche sonst einwandfrei ausgeführte und geologisch richtig bearbeitete Bohrung wertlos wurde, weil deren Lage nicht zuverlässig bestimmt war.

Für die Auswertung von Schürfgruben und Schürfgräben ist eine eingehende Aufnahme des Schürfprofils und dessen Einzeichnung in einem genügend großen Maßstab erforderlich. Sind die Ausbisse der Schichten an den Schurfwandungen unterschiedlich, so müssen alle Wandungen des Schurfes vermessen und aufgezeichnet werden. In das Schürfprofil sind die Ausbisse der Schichten, ihr Streichen und Fallen, der Verlauf der Klüfte und ihr Charakter, ihre Ausfüllung sowie ihr Abstand, die Tiefe und Art der Verwitterung sowie überhaupt alle Beobachtungen, die zur geologischen Auswertung des Schurfes beitragen können, einzuzeichnen. Nach den Lagerungsverhältnissen der Schichten, dem Verlauf der Hauptsysteme der Klüfte und deren Ausfüllung, nach der Schieferung und dem Streichen des Gesteins kann auch an einem kleinen Aufschluß in der Schürfgrube erkannt werden, ob sich das Gestein an seinem ursprünglichen Ort befindet oder ob es sich — im Vergleich mit der weiteren Umgebung — um eine verlagerte Schicht, beispielsweise durch Hangbewegungen, handelt.

Zeigt sich in der Schürfgrube *Grundwasser*, dann wird die Höhe des Grundwasserspiegels von der Geländeoberfläche ab gemessen. Gleichzeitig wird der Wasserspiegel des nächstgelegenen Wasserlaufes oder Teiches, in einem Brunnen oder auch in den benachbarten Schürfgruben, sofern diese noch zugänglich sind, gemessen, um die Wechselbeziehungen zwischen Grund- und Oberflächenwasser zu ermitteln bzw. die Schwankungen des Wasserspiegels durch den Einfluß verschiedener äußerer Faktoren (beispielsweise größere Niederschläge, Temperatur- und Luftdruckveränderungen) beobachten zu können. Der Stand des Grundwasserspiegels soll jeden Tag, am zweckmäßigsten nach dessen Beruhigung, d. h. vor dem Beginn einer weiteren Arbeit, gemessen werden. Stieg der Grundwasserspiegel in der Schürfgrube nach der ersten Messung an, dann muß sowohl die ursprüngliche Höhe, in der das Grundwasser angetroffen wurde, als auch die Höhe, bis zu der der Grundwasserspiegel anstieg, gemessen werden. Dies ist für die Ermittlung von Horizonten mit gespanntem Wasserspiegel (artesisches Wasser) wichtig.

In weniger durchlässigen Gesteinen kann es vorkommen, daß wir bereits unter dem Grundwasserspiegel bohren, ohne Wasserzufluß erkennen zu können, denn die geringe Wasserdurchlässigkeit und die Kapillarkräfte verhindern einen Austritt des Wassers aus den Bohrlochwandungen; erst nach dem Erreichen einer bestimmten Tiefe sowie nach einer gewissen Zeit tritt das Wasser in der Bohrung in Erscheinung. Kommen mehrere Grundwasserhorizonte übereinander vor, dann ist es erforderlich, die einzelnen Horizonte durch Futterrohre sorgfältig abzuschließen, um deren Ergiebigkeit und gegebenenfalls den artesischen Überdruck registrieren zu können. Manchmal kann das Wasser so schnell in die Bohrung einströmen, daß es auch den Feinsand mit fortträgt, so daß in der Bohrung das Erdreich samt dem Wasser ansteigt; dies muß erneut vermessen und ausführlich vermerkt werden.

Zu erwähnen ist, daß auch eine einfache Schürfgrube schlecht ausgeführt sein kann, so daß deren Aufnahme zu falschen Schlußfolgerungen führt. Bei den durch eine waagerechte Zimmerung abgesteiften Schürfgräben kommt es nicht selten vor, daß man unter einer genügend bindigen Schicht (beispielsweise Lehm) auf lockeren Sand oder eine wasserführende Schicht stößt, die in den Bodenaushub hineinrutscht. Die Geländeoberfläche in der näheren Umgebung des Schurfes sinkt dadurch ab (Abb. 4—1); der Schurf muß daher gewöhnlich erneut gereinigt, nach Bedarf verschalt und so für die Aufnahme und Vermessung vorbereitet werden. Die Schichten an den Schurfwänden befinden sich jedoch nicht in der ursprünglichen Lage, und das in einem solchen Aufschluß eingemessene Bodenprofil entspricht nicht der Wirklichkeit. Das Absinken der Schurfwände ist manchmal schwer zu erkennen, denn das herabgefallene Erdreich wird entfernt und die Schalung instand gesetzt. Auch am Rande des Aufschlusses ist eine Setzung nicht zu erkennen, weil um den Schurf herum das ausgehobene Material angehäuft wird. Einen weiteren Fehler könnten wir im vorliegenden Falle begehen, wenn aus einer auf diese Weise freigelegten Schurfwand eine „ungestörte" Bodenprobe zur Durchführung von Laboratoriumsuntersuchungen entnommen würde. Aus dem Beispiel ist zu ersehen, daß auch bei der Auswertung einfacher Schürfgruben auf die Art der Ausführung des Schurfes geachtet werden muß.

Man muß sich dessen bewußt sein, daß ein Schurf nur einen zeitweilig zugänglichen Aufschluß darstellt und daß nach dessen Zuschüttung keine Messung und Beobachtung, die unterlassen wurde, mehr nachgeholt werden kann. Aus diesem Grunde sollen Schürfgruben vor ihrer Zuschüttung jeweils von dem an dem betreffenden Problem mitarbeitenden Geologen abgenommen werden.

Entnahme und Lagerung der Proben. Aus jedem Aufschluß sind Proben aller auftretenden Gesteine zu entnehmen. Die Proben werden jeweils unmittelbar aus der Wand der Schürfgrube oder nach dem Hochziehen des Bohrwerkzeuges aus der Bohrung, jedoch keinesfalls aus einem Haufen ausgehobenen Materials entnommen. Die Proben sollen nicht lange an der Sonne lagern oder dem Regen ausgesetzt sein; sie sollen weder gewaschen noch in anderer Weise aufbereitet, sondern sofort nach der Entnahme in Holzkästchen gelagert, mit der Nummer der Bohrung, mit der laufenden Nummer und mit dem Vermerk versehen werden, aus welcher Tiefe unter der Erdoberfläche die Proben stammen.

Für die Lagerung von Gesteinsproben aus den nach dem Drehbohr- und Schlagbohrverfahren durchgeführten Bohrungen werden längliche Holzkästchen mit Fächern im Ausmaße von $10 \times 10 \times 10$ cm verwendet. Die Stege sollen bis zum Deckel hinauf dicht aufliegen, da sonst die Proben während des Transportes durcheinandergemengt werden. Vorteilhafter ist es, wenn die Proben getrennt in Pappkartons oder in Gefässen aus Wachspappe aufbewahrt werden. Allerdings muß auf dem Karton einer jeden Probe — nicht nur auf dem Deckel, sondern auch an der Seite —

ordnungsgemäß die Tiefe, aus der die Gesteinsproben stammen, sowie die Nummer der Bohrung vermerkt werden. Proben bindiger Gesteine dagegen sollen in Einweckgläsern mit Gummidichtung aufbewahrt werden.

Bohrkerne werden in der Regel in Kernkisten von 1 m Länge gelagert, an denen jede Entnahme eines Bohrkernes unter Anführung der Bohrtiefe vermerkt wird

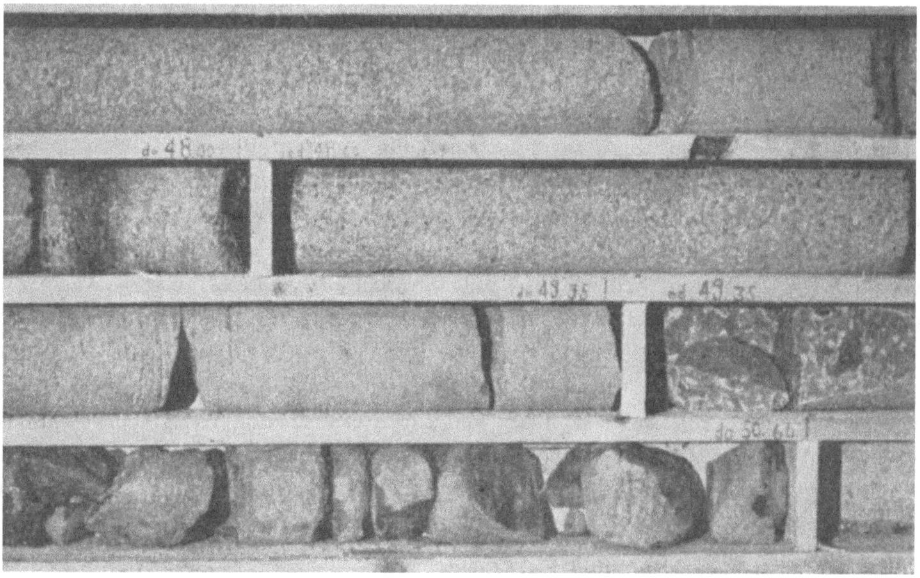

Abb. 4—30. In einer Kernkiste gelagerte Bohrkerne. Aus einem festen Gestein werden lange Kerne gewonnen, klüftige Gesteine geben nur Bruchstücke.

(Abb. 4—30). Die Gesteinsproben sollen sofort nach dem Hochziehen des Bohrkernes aus dem Bohrloch sorgfältig beschrieben werden, denn einige Gesteine, wie beispielsweise Tonschiefer, Schiefertone und Mergel verändern rasch ihr Aussehen, verwittern und zerfallen. Die gewonnenen Bohrkerne sollen sorgfältig gekennzeichnet, in festen Holzkästen gelagert und vor Witterungseinflüssen geschützt werden. Wird ein Bruchstück eines Bohrkernes zur Durchführung von Untersuchungen eingesandt, dann legen wir in die Kernkiste an Stelle des entnommenen Bohrkernes ein Holzklötzchen entsprechender Länge mit dem Vermerk, wann und warum der Bohrkern herausgenommen wurde. Wir müssen auch die richtige Lage eines jeden Bruchstückes eines Bohrkernes kennen, insbesondere wenn in Sedimentgestein gebohrt wird. Deshalb ist es wichtig, jedes Stückchen Bohrkern ordnungsgemäß zu kennzeichnen, sobald dieser dem Kernrohr entnommen wird. Es hat sich beispielsweise ein an der Seite des Bohrkernes eingezeichneter oder eingravierter und zum oberen Ende hinweisender Pfeil bewährt.

Kernkisten müssen in einem trockenen, verschließbaren Lagerraum in der Weise aufbewahrt werden, daß die Proben aus den einzelnen Bohrungen zugänglich sind.

Solange die Bohrarbeiten nicht endgültig ausgewertet sind und das Bauwerk nicht fertiggestellt ist, sind die Bohrproben ein wichtiges dokumentarisches Material, das den Wert der Gewinnungskosten repräsentiert. Leider wird an den meisten Großbaustellen mit den Bodenproben sehr nachlässig umgegangen. Diese werden an unzweckmäßigen Orten und unübersichtlich gelagert, so daß bei einer größeren Anzahl

Abb. 4—31. Entnahme eines mittels Schrotbohrung gewonnenen Bohrkernes. (*Foto Dr. Tkaný.*)

von Bohrungen die Kernkisten unzugänglich sind und damit die Bohrarbeiten ihren Zweck verfehlt haben.

Bei wichtigen Bauvorhaben hängt die Zuverlässigkeit der statischen Berechnung davon ab, inwieweit die angenommenen Eigenschaften der Gesteine den tatsächlichen Eigenschaften an Ort und Stelle entsprechen. Deshalb ist man bestrebt, sogenannte ungestörte Bodenproben in der Weise zu gewinnen, daß bei bindigen Gesteinen, insbesondere bei Tonen, der ursprüngliche Wassergehalt, die Porosität, Zusammendrückbarkeit und Festigkeit erhalten bleiben; bei nichtbindigen Lockergesteinen kommt es hauptsächlich auf das Porenvolumen an, denn dieses bestimmt im wesentlichen das statische Verhalten.

Die Entnahme ungestörter Bodenproben erfordert besondere Einrichtungen und Verfahren. Sie ist bei nicht bindigen Gesteinen sehr schwierig, oft sogar unmöglich. Bei bindigen Gesteinen ist die Entnahme verhaltungsmäßig leichter, aber auch hier

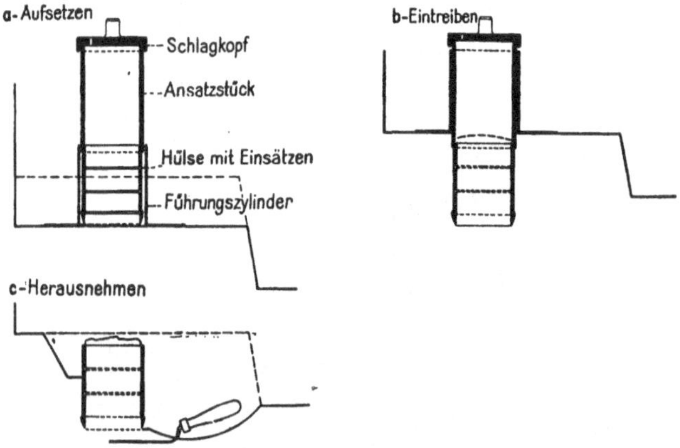

Abb. 4—32. Entnahme ungestörter Bodenproben aus einem Schurf.

erhalten wir nicht gänzlich ungestörte Bodenproben; der Grad ihrer Störung ist von der Methodik der Entnahme abhängig.

Bei den üblichen Verfahren der Entnahme wird in den Boden ein dünnwandiger Zylinder eingetrieben, in den herausnehmbare Einsatzringe eingeschoben werden (Abb. 4—32). Diese dienen in der Regel zur weiteren Handhabung der entnommenen Bodenproben. Die Ringe werden oben und unten in zweckdienlicher Weise durch Deckel luftdicht verschlossen, durch die auch die Probe mäßig angedrückt wird, so daß sich diese bei den Erschütterungen während des Transportes nicht bewegen kann.

Der Zylinder wird in den Boden mit einem Schlägel eingetrieben. Damit der Zylinder hierbei nicht kippt, wird er durch einen besonderen Zylinder geführt, der mit seiner erweiterten Aufsitzfläche am Erdboden aufliegt und verankert oder von Hand festgehalten wird. Bei der Entnahme von Bodenproben aus Bohrungen wird der Entnahmezylinder entweder durch Schläge mit einer Schwerstange unter Verwendung des Freifallstücks (Abb. 4—33 *a*) oder mit einem speziellen Fallbär (Abb. 4—33 *b*) eingetrieben.

Wenn möglichst wenig gestörte Bodenproben entnommen werden sollen, sind folgende Grundsätze zu beachten:

a) Es ist anzustreben, daß die entnommene Bodenprobe vor dem Einsetzen in das Ödometer nicht weiter bearbeitet zu werden braucht. Dazu werden die herausnehmbaren Ringe benützt, mit denen die Probe unmittelbar in das Ödometer eingesetzt wird. Der Durchmesser der Ödometer beträgt zumeist 100 oder 120 mm.

b) Durch die Reibung an den Wandungen des Entnahmezylinders wird die Bodenprobe gestört. Man versucht diese Reibung dadurch zu verringern, daß man den Innendurchmesser der Eintrittsöffnung des Entnahmezylinders um 0,5 bis 1,5 % kleiner wählt als den Innendurchmesser des anderen Teiles des Entnahmezylinders.

c) Sind die Wandungen des Entnahmezylinders allzu dick, dann wird der Boden zuerst unterhalb der Zylinderwand zusammengedrückt und in der Mitte aufgewölbt. Deshalb soll die Fläche der Außenkontur des Entnahmezylinders um nicht mehr als 15 % größer sein als die Fläche der Eintrittsöffnung. Beträgt der Durchmesser der Bodenprobe 100 mm und hat die Zylinderwand (samt den Ringen) eine Dicke von 4 mm, dann beträgt die Differenz der beiden Flächen bereits 16 %. Wir sehen, daß dieser Entnahmezylinder bereits hart an der Grenze unserer Forderung liegt und daß es besser ist, wenn der Entnahmezylinder einen größeren Durchmesser hat.

d) Die Erschütterungen beim Eintreiben des Entnahmezylinders in den Boden stören die Bodenproben, insbesondere die feinkörnigen Gesteine mit geringer Kohäsion. Es ist daher vorteilhafter, den Entnahmezylinder in den Boden einzudrücken (Abb.4- 34). Nach dem Eindrücken sollen 15 Minuten verstreichen, und erst dann soll der Entnahmezylinder angehoben werden. In Schürfgruben ist es vorteilhaft, wenn wir beim Eindringen des Entnahmezylinders in das Gestein durch vorsichtiges Abstecken um die Schneide herum nachhelfen.

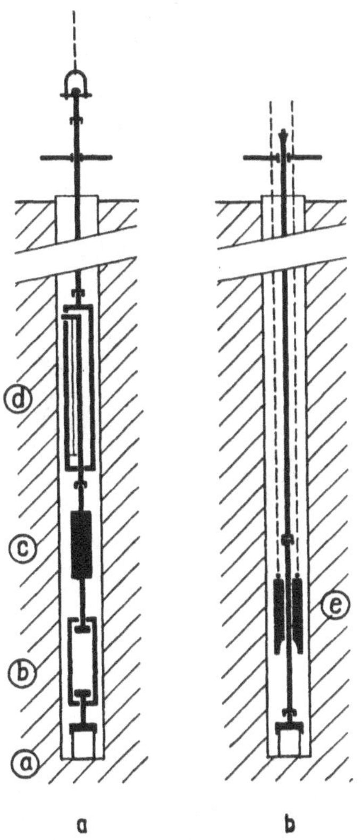

Abb. 4—33. Schema des Eintreibens eines Zylinders für die Entnahme ungestörter Bodenproben in Bohrlöchern *a* — Entnahmezylinder, *b* — Führungsbuchse, *c* — Schwerstange, *d* — Freifallstück, *e* — Fallbär.

e) Für den normalen Bedarf wird empfohlen, daß die Länge der entnommenen Bodenprobe das 2,5fache des Durchmessers nicht übersteigt. Größere Längen erhält man, wenn Entnahmezylinder mit innen liegendem Kolben verwendet werden. Ausnahmsweise werden Bodenproben von einigen Metern Länge in der Weise gewonnen, daß diese gemeinsam mit der Stahlfolie in dem Entnahmezylinder weiterrutschen und so eine Reibung der Bodenprobe an den Wandungen vermieden wird (Abb. 4—35).

f) Um den eingetriebenen Entnahmezylinder vom umgebenden Gestein zu lösen, hilft man sich durch Drehen usw. Oftmals rutscht jedoch die Bodenprobe aus dem Entnahmezylinder heraus und verbleibt im Bohrloch. Deshalb wurden komplizierte Vorrichtungen zum Abscheren der Bodenprobe an der unteren Fläche des Entnahmezylinders konstruiert. Die Schwierigkeit wird durch die Verwendung eines Entnahmezylinders mit Kolben (Abb. 4—36) beseitigt. Der Kolben bewegt sich im Innern des Entnahmezylinders. Bei der Entnahme der Bodenprobe wird der Zylinder samt dem Kolben gegen die Bohrlochsohle gedrückt; dadurch werden herabgefallene Bruchstücke, der aufgeweichte Boden und auch das Wasser an der Bohrlochsohle an die Seiten gedrückt und gelangen nicht in den Entnahmezylinder. Sodann wird die Stange mit dem Kolben festgehalten und der Entnahmezylinder um den Kolben herum in das Gestein gedrückt. Der Entnahmezylinder wird also gut geführt, er kann nicht weiter als bis zum Kolben nachgedrückt werden, und das Wasser kann in den Zylinder nicht eindringen. Ein Abpumpen des Wassers aus dem Bohrloch ist deshalb zumeist nicht erforderlich. Dies ist vorteilhaft, denn, wenn nicht abgepumpt wird, wird das Gestein nicht in das Bohrloch hineingeschwemmt, und die Bohrung braucht unter Umständen nicht verrohrt zu werden. Beim Hochziehen des Entnahmezylinders aus dem Bohrloch verhindert der Kolben, daß oberhalb der Bodenprobe Luft eindringt, so daß die Bodenprobe nicht aus dem Entnahmezylinder herausfällt.

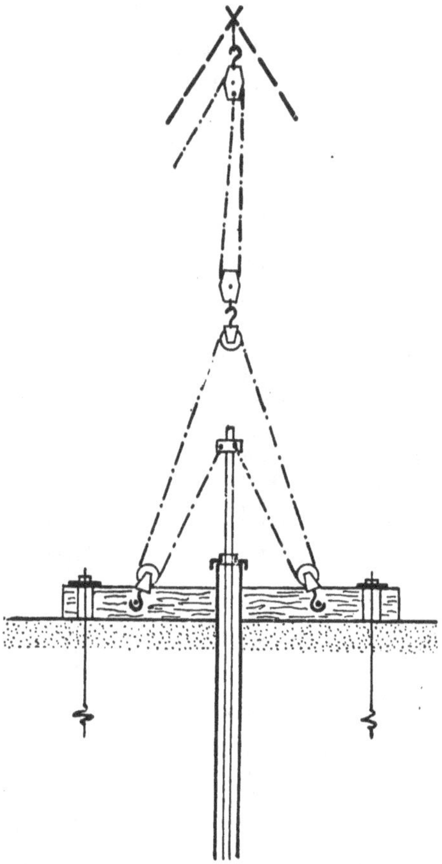

Abb. 4—34. Schema des Hineindrückens des Entnahmezylinders für die Entnahme von Bodenproben aus einem Bohrloch bei weichen Böden.

Wie bereits erwähnt wurde, können ungestörte Bodenproben aus bindigen Gesteinen, Lehmen, Tonen, Mergeln und aus tonigen Sanden entnommen werden. Aus lockeren Sanden, sandigem Kies und Steinböden können ungestörte Bodenproben nur schwierig entnommen werden, denn lockere Sande werden beim Eintreiben des Entnahmezylinders gestört und zusammengerüttelt; in Steinböden und Kiesen verhindern feste Gesteinsbruchstücke und Geröll das Eintreiben des Entnahmezylinders.

Gegen die Einwirkung des Zusammendrückens werden sandige Gesteine vor der Entnahme der Bodenproben in einigen Fällen durch bituminöse Lösungen verfestigt oder einem Gefrierverfahren unterzogen; dies sind sehr komplizierte und kostspielige Verfahren. Da bei den Sanden zur Bewertung der Festigkeit, Zusammendrückbarkeit usw. neben der Größe und Form der Körner, die Porengröße der wichtigste Faktor

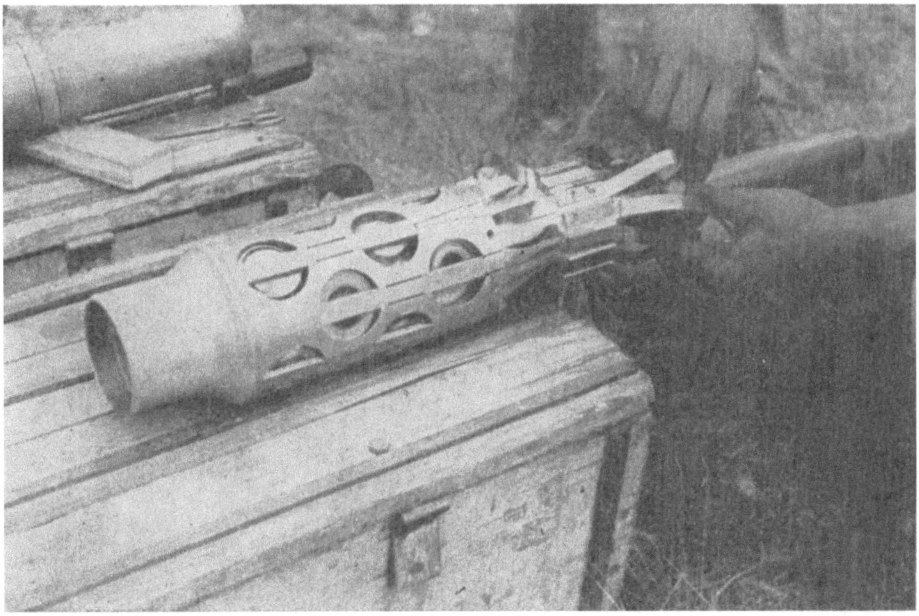

Abb. 4—35. Gerät zur Entnahme ungestörter Bodenproben weicher toniger Böden. Der Kern wird mittels Metallstreifen geschützt (nach Kjellmann). (*Foto Q. Záruba.*)

ist, geht es im wesentlichen darum, das Porenvolumen in der Raumeinheit des Bodens zu ermitteln. Dies ist auch dann möglich, wenn die Bodenprobe bei der weiteren Manipulation gestört wurde; in diesem Falle muß aber das Volumen der entnommenen Probe bekannt sein. Deshalb wird manchmal einfach eine kleinere Grube ausgehoben und die gewonnene Probe nach der Austrocknung gewogen; der Rauminhalt der Grube wird entweder direkt oder aus dem Volumen des in diese durch einen Fülltrichter lose geschütteten, trockenen Sandes einer bestimmten Fraktion gemessen (Sandersatzmethode).

Da wir bei ingenieurgeologischen Erkundungen wissen müssen, wie sich die Eigenschaften des Baugrundes nach der Tiefe verändern, werden in der Regel dem Schurf mehrere ungestörte Bodenproben fortschreitend nach je 1 bis 2 m entnommen, je nachdem, wie der Schurf niedergebracht wird. Aus Bohrungen müssen Bodenproben gleichzeitig mit dem Bohren entnommen werden. Bei Schürfgruben werden die Bodenproben entweder gleich beim Niederbringen des Schurfes entnommen oder nach Fertigstellung des Schurfes auf einmal. In diesem Falle wird eine Wand der Schürfgrube abgestuft ausgeführt, allerdings muß die Länge der Schürfgrube etwas größer gewählt werden. Aus jeder Stufe kann eine ungestörte Bodenprobe entnommen werden, wobei der Entnahmezylinder senkrecht eingetrieben wird. Ist seit dem Ausheben der Schürfgrube eine gewisse Zeit vergangen, so kann das Gestein an der Oberfläche ausgetrocknet sein; deshalb muß vor der Entnahme einer ungestörten Bodenprobe das ausgetrocknete Gestein beseitigt werden. Bei Verwendung der lotrechten Zimmerung kann ein Schalbrett abgenommen und die ungestörte Bodenprobe aus der Wand der Schürfgrube entnommen werden. In diesem Falle wird der Entnahmezylinder waagerecht eingetrieben.

Die entnommenen Bodenproben sind von der oberen und unteren Berührung des umgebenden Gesteins befreit. Die Einflüsse des veränderten Spannungszustandes werden jedoch bei tonigen Gesteinen durch die Einwirkung der Kapillarkräfte stark

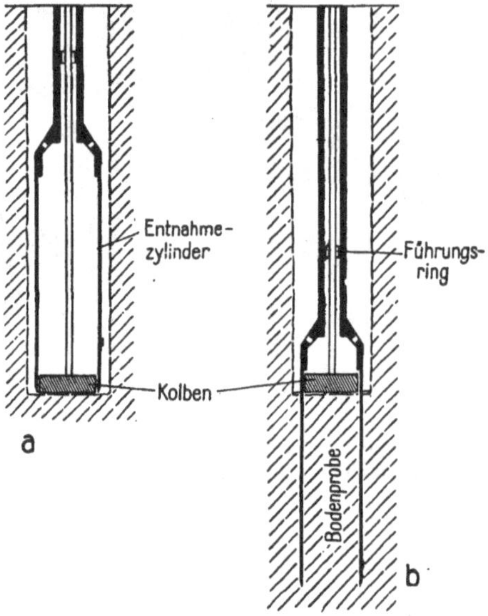

Abb. 4—36. Schema eines Entnahmezylinders mit Kolben. *a* — auf die Sohle der Bohrung aufgesetzter Entnahmezylinder mit Kolben, *b* — in das Gestein eingedrückter Entnahmezylinder.

verringert. Um den natürlichen Wassergehalt unverändert zu erhalten, werden die Bodenproben beiderseits durch einen Paraffinverguß geschützt. Während des Transportes ist Vorsicht geboten, damit die Struktur, insbesondere bei wenig bindigen Feinsandböden, nicht gestört wird. In wichtigen Fällen ist ein sorgfältiger Transport durch Boten zweckmäßig.

Das Bestreben, die Eigenschaften des Baugrundes unmittelbar auf der Baustelle zu bestimmen und dadurch die laboratoriumsmäßigen Untersuchungen einzuschränken, führt zur Ermittlung der Eigenschaften des Gesteins mit Hilfe von *Feldversuchen.* Durch Schürfen sind wir bemüht, vorerst den geologischen Bau des Baugeländes zu bestimmen. Anschließend ermitteln wir einige Eigenschaften des Gesteines an Hand der in einem Entnahmezylinder von geringem Durchmesser (beispielsweise 5 cm) entnommenen Bodenproben. Wir erhalten auf diese Weise im großen und ganzen ein zutreffendes Bild von der Feuchtigkeit der tonigen Gesteine, bei sandigen Gesteinen von deren Korngröße. Weitere wichtige Eigenschaften, wie z. B. die Festigkeit und Zusammendrückbarkeit der tonigen Gesteine, die Lagerungsdichte bei sandigen Gesteinen, bestimmen wir durch Feldversuche, von denen die am meisten angewendeten die Sondierverfahren oder die Rotationsversuche (bei tonigen Gesteinen, siehe Abschnitt 7,6) sind.

Die Sondierverfahren (*Penetrationsversuche*) gehören zu den Feldversuchen und nach Art der Durchführung werden sie unterteilt in:

Schlagsondierung (dynamische Sondierung); das Sondiergerät wird durch Schläge in den Boden eingetrieben, und

Drucksondierung (statische Sondierung); das Sondiergerät wird bei konstanter Geschwindigkeit in den Boden hineingedrückt. Durch diese Versuche werden die Eigenschaften der Gesteine entweder in den Oberflächenschichten (die Sondiergeräte werden bis zu einer Tiefe von 20 bis 100 cm in den Boden eingeschlagen) untersucht, oder die Geräte werden in beträchtliche Tiefen vorgetrieben und es werden so Veränderungen der Eigenschaften der Gesteine in der Tiefe untersucht (die Versuche werden bis zu einer Tiefe von 10 m und mehr vorgenommen).

Bei den Sondiermethoden wenden wir verschiedene Gerätetypen an, entweder konische oder offene Sondiergeräte, die am Ende mit einer Schneide versehen sind (die Anordnung der Schneide, der Durchmesser der Röhre und die Wanddicke sind zumeist verschieden). Bei diesen Versuchen wird der Widerstand, den das Gestein dem Eintreiben oder Hineindrücken entgegensetzt, untersucht. Gegen das Eindringen des Gerätes in das Gestein wirkt einerseits der Widerstand an der Spitze, andererseits der durch Reibung am Mantel entstehende Widerstand. Es wurden verschiedene Gerätetypen konstruiert, die eine getrennte Messung des Widerstandes an der Spitze und der Mantelreibung ermöglichen, oder es werden beide Widerstände des Bodens gleichzeitig bzw. der Widerstand an der Spitze mit Hilfe einer besonderen Vorrichtung gemessen (R. Köhler 1959)[1].

Die Sondierversuche können auf verschiedene Art und Weise angewendet werden. Mit ihrer Hilfe kann der normale, übliche Verlauf der Erkundung durch Bohrungen von Hand ergänzt werden. Bei kontinuierlichen Sondierverfahren äußert sich die Veränderung des Charakters der Schichten durch die Änderung des Widerstandes der Gesteine. Man kann also den Schichtenverlauf zwischen den Hauptbohrungen, gegebenenfalls die Veränderungen der Eigenschaften des Baugrundes mit zunehmender Tiefe untersuchen.

Durch diese Sondierversuche kann bei nichtbindigen Gesteinen die Lagerungsdichte, bei bindigen Gesteinen die Konsistenz bewertet werden. In der Untersuchungspraxis wurde eine Reihe von Zusammenhängen gefunden, nach denen man auch die Größe der zulässigen Beanspruchung (siehe Kapitel 7) bewerten kann, so z. B. bei Lockergesteinen der Zusammenhang zwischen der Lagerungsdichte und dem Winkel der inneren Reibung bzw. durch Formveränderungscharakteristiken u. dgl. Im Abschnitt 7,5 führen wir die bei dem sogenannten Standard-Sondierversuch gewonnenen Zusammenhänge an. Er stellt einen dynamischen Versuch dar. R. Köhler (1959)

[1]) Köhler R.; Über die Verwendung von Proctorgerät und Spitzendrucksonde bei der Untersuchung des Baugrundes, Straßentechnik, Berlin *1959*, Nr. 2.

führt die mit der Spitzendrucksonde (Durchmesser der Spitze 40 mm) gewonnenen Erfahrungen bei Fein- und Mittelsanden an. Der Widerstand bis zu 50 kg/cm² entspricht stark aufgelockerten Sanden, von 50 bis 100 kg/cm² aufgelockerten bis mitteldicht gelagerten, 150 bis 200 kg/cm² mitteldicht bis dicht gelagerten und mehr als 200 kg/cm² sehr dicht gelagerten Sanden.

Bei den Sondierversuchen besteht die Möglichkeit, auch die Größe der Auflockerung oder Verdichtung der Lockergesteine, die Lagerungsdichte von Polstergründungen, die Verdichtung von Aufschüttungen, die Auflockerung in den durch Bergbau gefährdeten Gebieten, die Störungszonen bei Rutschungen usw. zu bewerten. Aus den Ergebnissen der Sondierversuche kann auf die Tragfähigkeit von Pfählen geschlossen werden. In diesem Falle haben die Sondierungsversuche den Charakter von Modellversuchen.

4,6. Auswertung der Aufschlußarbeiten. Arbeiten im Laboratorium.

Bestimmung und Kennzeichnung der Gesteinsproben. Bei der endgültigen Bewertung der Ergebnisse von Aufschlußarbeiten und beim Zeichnen der Profile ist darauf zu achten, daß die Gesteinsarten einwandfrei und verständlich gekennzeichnet werden. Für praktische Zwecke unterteilt man die Gesteine in festes Gestein des felsigen Untergrundes und in unverfestigte Lockergesteine, die den felsigen Untergrund überdecken und deshalb zusammenfassend meist als Deckschichten bezeichnet werden. Zu den nichtbindigen Lockergesteinen gehören Sande, Kiese, sandiger Hangschutt und verschiedene eluviale Verwitterungen, zu den bindigen Gesteinen sodann Tone, Mergel und verschiedene Lehme.

Bei der Kennzeichnung der Gesteine ist darauf zu achten, daß keine unklaren lokalen Bezeichnungen angewendet werden. Diese lokalen, oftmals volkstümlichen Bezeichnungen muß man jedoch kennen und vermerken, um gewisse örtliche Informationen oder ältere Aufzeichnungen richtig zu verstehen. Allerdings gehört in die Beschreibungen der Aufschlüsse und Bohrungen sowie in die geologischen Profile ausschließlich die genaue Fachterminologie.

1. Die *festen Gesteine* des felsigen Untergrundes kennzeichnen wir nach der petrographischen Fachterminologie, nach der Mineralzusammensetzung und dem geologischen Ursprung. In der Beschreibung sind ferner der Grad der Verwitterung, Klüftung, die Art der Lagerung und das geologische Alter des Gesteins anzuführen. Die petrographische Untersuchung besteht einerseits in der makroskopischen Voruntersuchung, andererseits in der mikroskopischen Untersuchung des Gesteins.

Makroskopisch ermitteln wird das Aussehen des Gesteins, die Farbe und deren Veränderungen durch den Einfluß der Verwitterung, die Art des Zerfalls, den Bau (die Textur) des Gesteins (es kann beispielsweise eine massige, geschichtete, schiefrige Textur haben), ferner die wechselseitige Anordnung und Bindung der Gemengteile, die Form und Größe der Poren und deren Ausfüllung. Sofern die Gesteine nicht sehr feinkörnig sind, kann die Korngröße und die Mineralzusammensetzung makroskopisch bestimmt werden. Es müssen auch die verschiedenen Ungleichmäßigkeiten und Ungleichartigkeiten des Gesteins, so z. B. Streifenbildung, die örtliche Anhäufung eines Minerals und insbesondere die Anwesenheit ungünstiger Beimengungen, beispielsweise des Pyrits und anderer Mineralien, die eine schnelle Verwitterung des Gesteins bewirken, vermerkt werden.

Die mikroskopische Untersuchung wird mit dem Polarisationsmikroskop am Schliff des Gesteins mit einer Dicke von 0,02 bis 0,04 mm vorgenommen. Schliffe können aus festen Gesteinen angefertigt werden, bei Gesteinsarten mit einer ungenügenden Bindung oder bei gestörtem Gestein ist eine künstliche Bindung erforderlich. Durch die mikroskopische Analyse wird hauptsächlich die Mineralzusammensetzung des Gesteins ermittelt, nach der die systematische Eingliederung erfolgt. Bei kristallinem und körnigem Gestein werden die Korngröße und das quantitative Verhältnis der Gemengteile bestimmt. Ferner werden die Klüftung oder die Spaltbarkeit der Körner, deren gegenseitige Bindung und die Erscheinungen bestimmt, die an den Kontaktstellen der verschiedenen Körner entstehen. Die Entwicklung und relative Größe der Gemengteile bestimmen die Struktur des Gesteins.

Bei verfestigten Sedimenten werden die Mineralzusammensetzung, die Form und Größe des Kornes, ferner der Charakter des Bindemittels, dessen relative Menge oder die sekundäre Verdrängung des ursprünglichen Bindemittels durch einen anderen Stoff bestimmt. Wichtig ist es auch festzustellen, ob in dem Gestein Reste von Mikroorganismen (Mikrofossilien) auftreten, deren Häufigkeit und Grad der Mineralisierung sodann ermittelt wird.

Es werden alle Veränderungen der Gemengteile und der Struktur durch Druck, wie z. B. die Verformungen der Körner, der Druckprozeß (Kataklase), die Orientierung usw. eingehend ermittelt. Wichtig für die technischen Eigenschaften sind auch die durch die chemischen Umwandlungen, so z. B. durch die hydrothermale und Kontaktumwandlung, durch Verwitterung usw., entstandenen Veränderungen.

Je nachdem, wie es der technische Charakter der Aufgabenstellung verlangt, werden weitere Prüfungen der technologischen Eigenschaften der Gesteine vorgenommen. So ermittelt man beispielsweise die Druckfestigkeit unter verschiedenen Bedingungen, die Wasseraufnahmefähigkeit, die Frostbeständigkeit, die Widerstandsfähigkeit gegenüber verschiedenen chemischen Angriffen usw.

2. *Die Lockergesteine* bezeichnen wir nach der in der Bodenmechanik angewendeten Terminologie und führen in der Beschreibung ferner den geologischen Ursprung an. Zur Bewertung der technischen Eigenschaften und des Grades der Diagenese ist auch das geologische Alter und die stratigraphische Gliederung der Gesteine von Wichtigkeit.

Leider steht manchmal die in der Bodenmechanik angewendete Bezeichnung in Widerspruch zur geologischen Terminologie. Ein typisches Beispiel ist die Bezeichnung „Lehm". In der Bodenmechanik werden unter dieser Bezeichnung Lockergesteine verstanden, die in einem bestimmten Verhältnis Sand-, Schluff- und Tonteilchen, ohne Rücksicht auf die Entstehung des Bodens, enthalten. Demgegenüber ist in der Geologie die Bezeichnung „Lehm“ an die Entstehung des Gesteines gebunden, und man kann diese nur für das Gestein der Oberflächenablagerungen (Deckformationen), in der Regel pleistozänen Alters, anwenden. Da die geologische Terminologie älter und stabilisierter ist, wäre es zweckmäßig, daß sich die Terminologie der Bodenmechanik den Grundprinzipien der geologischen Terminologie anpaßt. Diese Forderung muß insbesondere dann erhoben werden, wenn aus der Bezeichnung des Gesteins nicht direkt zu ersehen ist, daß es sich um eine Begriffsbestimmung der Bodenmechanik handelt.

In der Bodenmechanik werden die Lockergesteine nach zwei verschiedenen Merkmalen gekennzeichnet: einerseits nach der Korngrößenverteilung, andererseits nach der Zusammensetzung und den wichtigsten physikalischen Eigenschaften.

a) Der Klassifikation nach der Korngröße werden die Bezeichnungen der einzelnen Fraktionen zugrunde gelegt. In der Regel werden die Bezeichnungen Kies, Sand, Schluff und Ton angewendet. Die Korngröße der einzelnen Fraktionen ist nicht einheitlich festgelegt, und wir führen als Beispiel einige Klassifikationen an:

Von K. Terzaghi (M. I. T. Massachusetts, Institute of Technology):

	2	0,6	0,2	0,06	0,02	0,006	0,002 mm
Kies	Sand			Schluff			Tonfraktion
	grob	mittel	fein	grob	mittel	fein	Feinstes

Die tschechoslowakische Norm ČSN 3718/20 unterscheidet folgende Fraktionen:

	2	1	0,2	0,05	0,005 mm
Kies	Sand			Schluff	Tonfraktion
	grob	mittel	fein		

DIN 4022

	2	0,06	0,002
Kies	Sand	Schluff	Tonfraktion

Die verschiedenen Institutionen in der Welt benutzen eine ganze Reihe ähnlicher Klassifikationen. Die Uneinheitlichkeit dieser Bezeichnungen hat tiefere Gründe. Bei den feinen Fraktionen ist nämlich für die physikalischen Eigenschaften des Gesteins nicht nur die Korngröße, sondern auch die mineralogische Zusammensetzung entscheidend. Die feinkörnigen Lockergesteine können im wesentlichen zwei Arten von Mineralteilchen enthalten:

Die sehr fein aufgeteilten Körnchen der festen Gesteinsmineralien, so z. B. des Quarzes, Feldspates, Glimmers, Kalksteins usw. Die vorwiegend aus diesen Körnern zusammengesetzten Lockergesteine besitzen nicht die plastischen Eigenschaften des Tons. Dies zeigt sich vor allem darin, daß sie leicht auseinander fallen. Für ein solches Gestein (deutsch: Schluff, russisch: pyl, englisch: silt) wenden einige sowjetische Autoren die petrographische Bezeichnung Aleurit an.

Oder aber es können die feinsten Teilchen verschiedenen *Tonmineralien*, beispielsweise dem Kaolinit, Montmorillonit, Illit usw. angehören. Die Tonmineralien verleihen den Gesteinen typische Eigenschaften, wie z. B. die Kohäsion, die Plastizität

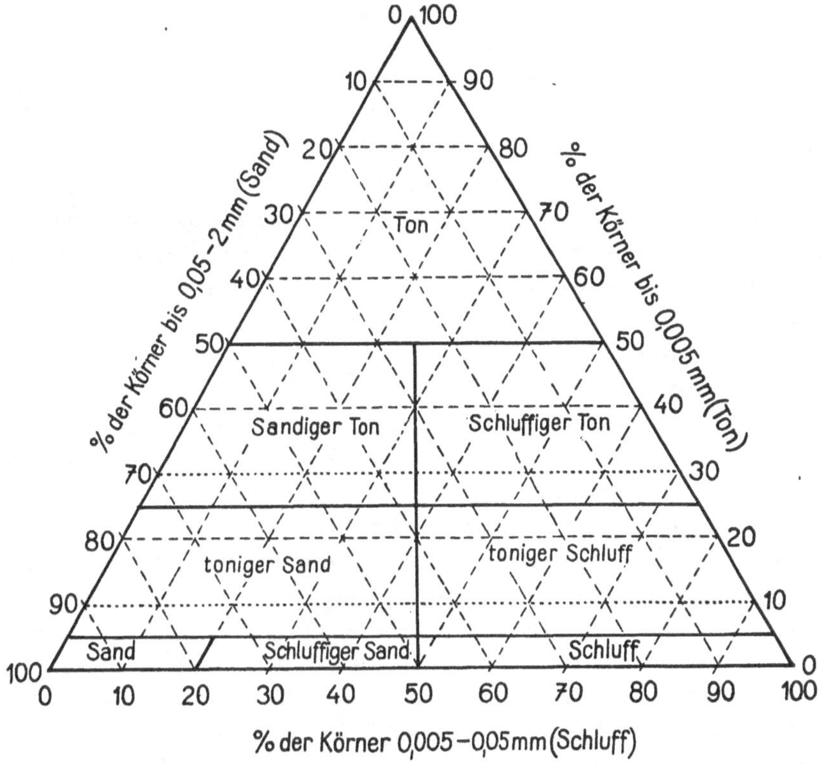

Abb. 4—37. Dreiecks-Diagramm zur Klassifizierung der Böden (*nach den in dem Normenentwurf ČSN für den Baugrund angegebenen Grenzen.*)

und die Undurchlässigkeit (siehe Abschnitt 7,5). Daraus geht hervor, daß wir durch die bloße Korngröße die technischen Eigenschaften der bindigen Gesteine nicht charakterisieren können.

Zur Darstellung der Kornverteilung der mehrere Fraktionen enthaltenden Gesteine werden zwei graphische Hilfsmittel verwendet: die *Kornverteilungskurve* (Beispiele siehe Abb. 13-64) und die *Dreiecksdiagramme*. So wie eine Uneinheitlichkeit in der Klassifizierung der Fraktionen besteht, so ist auch eine Uneinheitlichkeit in der Kennzeichnung der Lockergesteine in den Dreiecksdiagrammen zu verzeichnen. Um uns den

Forderungen der geologischen Nomenklatur anzupassen, waren wir bemüht, im Diagramm der Abb. 4—37 die Bezeichnung Lehm zu vermeiden.

An den Seiten des Dreiecks finden wir Punkte, die dem Gehalt der einzelnen Fraktionen an Ton, Schluff und Sand in Gewichtsprozenten entsprechen. Wenn wir durch diese Punkte Parallelen zu der folgenden Seite (in Richtung der Uhrzeigerbewegung) ziehen, dann gibt deren Schnittpunkt die Bezeichnung des Gesteins an. Wenn das Gestein auch Körner enthält, deren Durchmesser größer als 2 mm ist, dann werden diese vor der Analyse abgetrennt, jedoch wird bei der Bezeichnung nach dem Diagramm der Charakter der groben Beimengungen (z. B. toniger Sand mit Kies) mit angegeben. Da die Bezeichnung nach der Korngröße nicht immer die physikalischen Eigenschaften des Gesteins erfassen kann, wird empfohlen, bei der Bezeichnung, die nach diesem Verfahren festgelegt wurde, den Vermerk „nach der Korngröße" hinzuzusetzen.

b) Die Klassifikation nach der Kornverteilung und den physikalischen Eigenschaften. Wir haben bereits erwähnt, daß die Kornverteilung für das tatsächliche Verhalten des Baugrundes nicht allein ausschlaggebend ist; man ist daher bestrebt, in die Klassifikation auch jene Eigenschaften einzubeziehen, die das Verhalten des Baugrundes beeinflussen würden. Es ist dies insbesondere die Bestimmung der *Konsistenzgrenzen:* die *Ausrollgrenze* (Wassergehalt in Gewichtsprozenten der Trockensubstanz an der Grenze zwischen dem festen und plastischen Zustand, wo sich noch aus dem bindigen Gestein Stäbchen ausrollen lassen) und die *Fließgrenze* (Wassergehalt, bei der der Boden zu zerfließen beginnt; sie wird in einem einfachen Gerät mit Schale ermittelt). Die Differenz der beiden Werte ist die sogenannte Plastizitätszahl; je tonhaltiger das Gestein ist, desto größer ist dieser Wert, denn das Gestein ist dann in der Lage, mehr Wasser zu binden. Diese Zahlen werden zur Klassifikation der Lockergesteine verwendet. So bezeichnet beispielsweise die sowjetische Norm OST 90004:

die bindigen Gesteine mit einer Plastizitätszahl < 7 als Lehmsand (supes),
die bindigen Gesteine mit einer Plastizitätszahl von 7 bis 17 als Lehm (suglinok),
die bindigen Gesteine mit einer Plastizitätszahl > 17 als Ton (glina).

Gut ausgearbeitet ist das von mehreren Organisationen der USA angenommene Klassifizierungssystem, das nunmehr als Unified Soil Classification System bezeichnet wird. Dieses beruht auf dem älteren Verfahren von A. Casagrande und wendet als Kriterium neben der Korngröße auch die Fließgrenze, den Zerreibungsversuch u. a. an. Die einzelnen Fraktionen werden mit den Anfangsbuchstaben englischer Termini bezeichnet, die Gesteine hingegen mit einer Kombination dieser Symbole. Dieses System zielt weitestgehend auf die praktische Anwendung ab und verdient Beachtung.

In zahlreichen Fällen, insbesondere bei bedeutenderen Bauten und bei Gesteinen mit einem hohen Tongehalt ist es wünschenswert, daß auch die mineralogische Zusammensetzung der tonigen Fraktionen angeführt wird. Bisher wurde bei der üblichen ingenieurgeologischen Untersuchung feinkörniger Gesteine deren mineralogische

Zusammensetzung nicht angegeben, obgleich deren große Bedeutung für das technische Verhalten dieser Gesteine (siehe Abschnitt 7,5) bekannt ist. Die Prüfverfahren sind heute bereits so weit entwickelt (Differentialthermoanalyse, röntgenographische Analyse), daß sie eine relativ schnelle Bestimmung der mineralogischen Zusammensetzung der tonigen Gesteine gestatten.

Zur Charakterisierung der Gesteine gehört auch die Bestimmung der üblichen beschreibenden und physikalischen Eigenschaften (Farbe, Geruch, Porosität, Raumgewicht, Wassergehalt, Zerreibungsversuch[1]), der Lagerungsverhältnisse und der für technische Zwecke erforderlichen mechanischen Eigenschaften (der Druckfestigkeit, Schubfestigkeit, Durchlässigkeit usw.).

Die Druckfestigkeit ermitteln wir bei tonigen Gesteinen mit einfachen Druckgeräten, indem wir die zur Zerdrückung einer Gesteinsprobe erforderliche Spannung bestimmen. Sie gibt uns einen vergleichenden Wert von der Festigkeit des Gesteins.

Da unter den üblichen Bedingungen der Baugrund fast immer auf Schub beansprucht wird, ist man insbesondere bestrebt, die Scherfestigkeit des Bodens zu ermitteln.

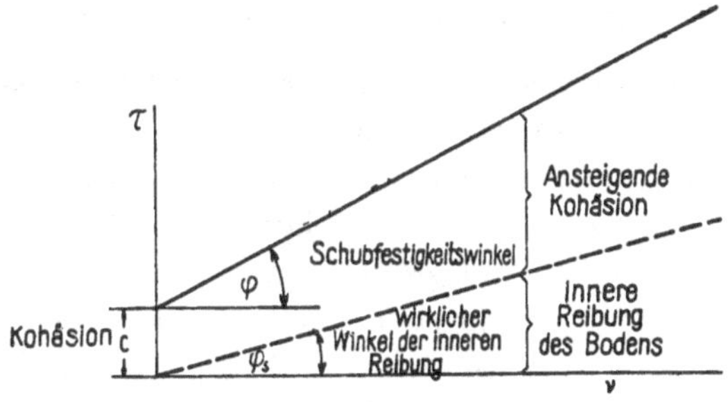

Abb. 4—38. Graphische Darstellung der Festigkeit des Tonbodens; auf der Horizontalachse sind die Normalspannungen aufgetragen, die vertikalen Ordinaten zeigen die Größe der Tangentialspannung an.

Bei Sanden ist die Festigkeit nur durch die Reibung zwischen den Körnern gegeben; mit zunehmendem Druck zwischen den Körnern (Normalspannung σ) steigt die Scherfestigkeit an und kann nach Coulomb rechnerisch durch die Gleichung

$$s = \sigma \cdot \operatorname{tg}\varphi$$

ausgedrückt werden, in der φ den Winkel der inneren Reibung bedeutet.

Die Scherfestigkeit von bindigen Gesteinen ergibt sich einerseits aus ihrer Haftfestigkeit, andererseits aus der Reibung zwischen den Teilchen; die Formel von Coulomb wird sodann um ein Glied erweitert, das die Kohäsion c zum Ausdruck bringt, es heißt dann: $s = c + \sigma \cdot \operatorname{tg}\varphi$. Man muß sich jedoch vergegenwärtigen, daß mit zunehmendem Druck im Baugrund (mit der Normalspannung σ) nicht nur die Reibung, sondern auch allmählich die Kohäsion ansteigt. Graphisch können wir dies nach der Abb. 4—38 darstellen; dann ist der Winkel φ mit dem wirklichen

[1] Den Zerreibungsversuch feinkörniger Gesteine bestimmen wir in trockenem Zustande. Wenn das Gestein durch Druck und Zermahlung in Pulver verwandelt werden kann, so handelt es sich wahrscheinlich um ein wenig bindiges Lockergestein.

Winkel der inneren Reibung nicht mehr identisch, und man spricht vom Scherfestigkeitswinkel oder auch Schubfestigkeitswinkel.

Die *Durchlässigkeit* drücken wir durch den Durchlässigkeitskoeffizienten zahlenmäßig aus; es ist dies die Strömungsgeschwindigkeit des Wassers im Gestein (beispielsweise in cm/sec) bei einem hydraulischen Gefälle von $i = 1$. Das durch einen bestimmten Erdkörper strömende Wasser weist nämlich vor dem Erdkörper einen höheren Wasserspiegel als hinter ihm auf. Die Differenz der beiden Wasserspiegel, geteilt durch die Länge der Bahn des durchgesickerten Wassers, nennen wir hydraulisches Gefälle des strömenden Wassers und bezeichnen es mit i. Praktisch bewegt sich der Durchlässigkeitskoeffizient etwa in folgenden Grenzen:

reiner Kies	1 bis 100 cm/sec
sandiger Kies	0,001 bis 1 cm/sec
sehr feiner Sand	1×10^{-4} bis 10^{-3} cm/sec, d. s. etwa 9—90 cm/Tag
Sand mit Schluff	1×10^{-5} bis 1×10^{-4} cm/sec, d. s. etwa 9—90 mm/Tag
Schluff mit Tonbeimengungen	1×10^{-5} und weniger cm/sec, d. s. weniger als 9 mm/Tag.

Die tonigen Gesteine haben eine noch geringere Durchlässigkeit, soweit wir diese überhaupt als durchlässig ansehen, denn die Bewegung des Wassers wird in ihnen eher durch die Sorptionskräfte (Abschnitt 7,5) als durch die Gravitation bewirkt.

Wie bereits angeführt wurde, werden bei einer Beschreibung der Bohrungen bei den einzelnen Tiefen nicht nur die geologischen und bodenmechanischen Bezeichnungen sondern auch die zahlenmäßig ermittelten Ergebnisse der einzelnen Prüfungen, die die mechanischen Eigenschaften der Gesteine wiedergeben, hinzugefügt. Manchmal werden diese Zahlen neben dem Schnitt der Bohrung als Diagramm eingezeichnet. Dies gilt bei tonigen Gesteinen insbesondere für den Wassergehalt, für die Konsistenzgrenzen und für die Druckfestigkeit. Bei Sanden werden zumeist auf diese Weise die Porosität und der Winkel der inneren Reibung angegeben.

4,7. Das Aufzeichnen geologischer Profile. Vor allem muß betont werden, daß auch sehr gewissenhaft durchgeführte Erkundungen in manchen Fällen nur eine unvollkommene, ungefähre Wiedergabe der vielgestaltigen Verhältnisse in der Natur sein können. In manchen Gegenden mit einem komplizierten geologischen Bau und unregelmäßigen Lagerungsverhältnissen gewährleisten die einzelnen Bohrungen nur ein für die unmittelbare Umgebung der Bohrung gültiges Profil. Wenn man aus einigen Bohrungen auf den geologischen Bau des weiteren Geländes schließt, dann muß man den wahrscheinlichen Schichtenverlauf zwischen den einzelnen Bohrungen nach den eigenen Erfahrungen konstruieren. Bei der Auswertung der Ergebnisse der Erkundungsarbeiten soll der Geologe in seinem Bericht anführen, inwieweit seine Schlußfolgerungen zuverlässig sind, über welche Punkte er Zweifel hegt oder welche Fragen durch die Erkundung nicht eindeutig gelöst wurden. Bei der Auswertung der Erkundungsarbeiten ist es erforderlich, in dem Bericht und auch in allen gezeichneten Anlagen die ermittelten Fakten von den hypothetischen Annahmen scharf zu trennen, so z. B. in den Profilen die ermittelten Erkenntnisse der Bohrungen mit Vollinie, die Verbindungen zwischen diesen mit Strichlinie einzuzeichnen. Ein Beispiel einer unrichtig und rein mechanisch durchgeführten Verbindung der Bohrungsergebnisse ist in Abb. 4—39 dargestellt. Ein einwandfrei konstruiertes Profil der gleichen Bohrungen ist in Abb. 4—40 aufgezeichnet.

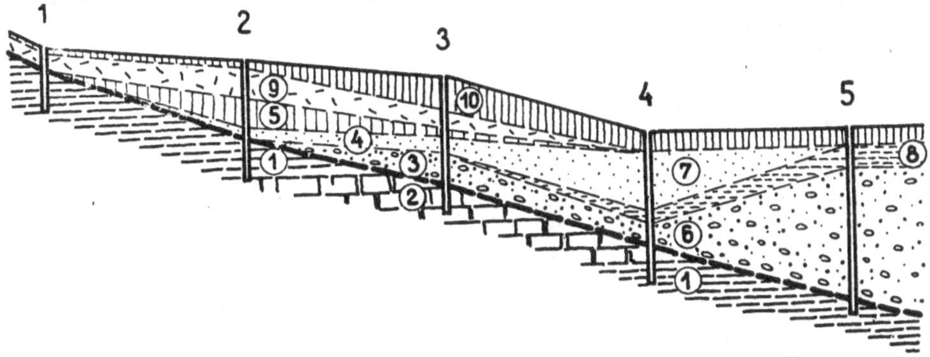

Abb. 4—39. Beispiel einer unrichtigen Aufzeichnung des geologischen Profils anhand der Bohrungen. *1* — Kreidemergel, *2* — Sandstein, *3* und *4* — Sand und Kies der unteren Terrasse, *5* — Lößlehm, *6* — sandiger Kies der Talterrasse, *7* — Sand, *8* — holozäne tonige Anschwemmungen, *9* — Hangschutt, *10* — rezenter Boden (Mutterboden), *11* — Auelehm, *12* — Lehmaufschüttung.

Die geologischen Profile, zumindest die wichtigsten, konstruiert man in der Regel in nicht überhöhtem Maßstab.

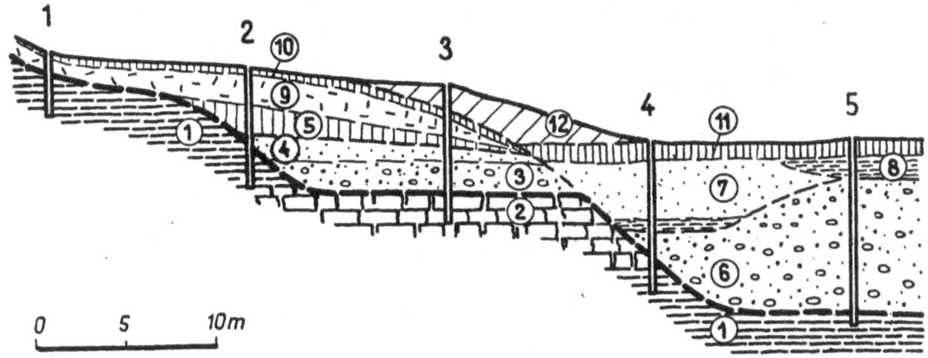

Abb. 4—40. Aus den gleichen Bohrungen konstruiertes richtiges Profil.

Sind die Lagerungverhältnisse kompliziert, dann ist es zumeist zweckmäßig, nicht nur die geologischen Profile des untersuchten Baugeländes, sondern darüber hinaus noch weitere Darstellungen als anschauliche Hilfsmittel zu konstruieren. Auf diese Weise ist es möglich, in den Grundrißplan der Bohrungen Schnitte durch die Bohrungen einzuzeichnen; dadurch wird eigentlich ein gewisses axonometrisches Bild der Bohrungen gewonnen. Bei jeder Bohrung ist die Höhe der Oberfläche hinzuschreiben, und auch die entsprechende Vergleichsebene muß eingezeichnet werden. In Abb. 4—41 ist als Beispiel das Blockdiagramm der Baustelle einer Fabrikhalle angeführt, in dem in axonometrischer Projektion 6 geologische Querprofile, verbunden durch ein Längsprofil, aneinandergereiht sind. Ähnliche Diagramme vermitteln einen guten Über-

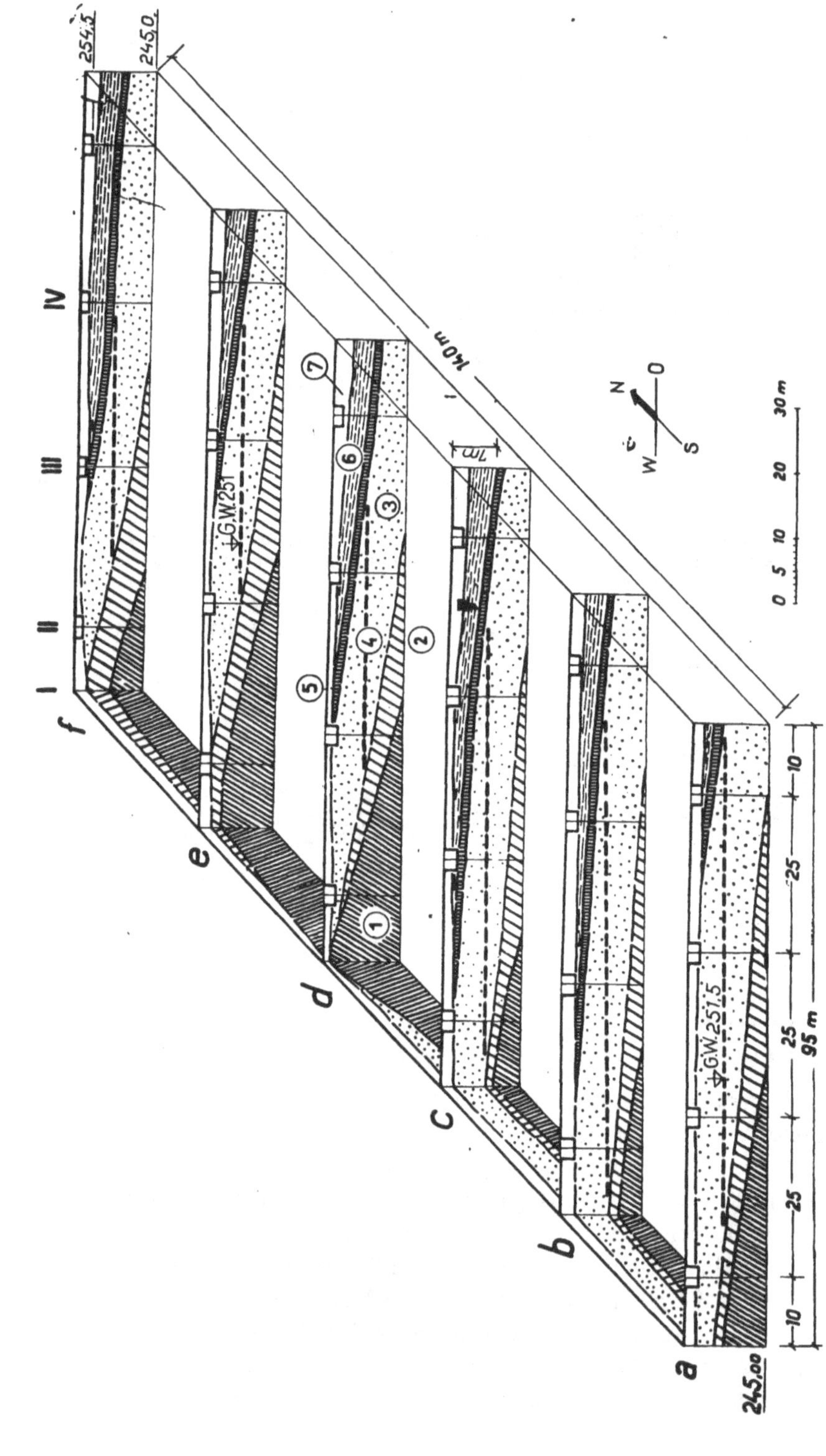

Abb. 4—41. Beispiel der axonometrischen Darstellung (*Blockdiagramm*) der geologischen Verhältnisse einer Baustelle. *1* — algonkische Schiefer, *2* — durch Zersetzung der Schiefer entstandene Kaolintone, *3* — Quadersandstein, *4* — Grundwasserspiegel, *5* — korycaner Glaukonit-Sandsteine, *6* — Tonmergel (Oberkreide).

blick auch über ziemlich komplizierte geologische Verhältnisse des Baugeländes. In einem stark gegliederten Gelände und bei einem komplizierten geologischen Bau ist es zweckmäßig, auch ein Modell der Bohrungen aus Stäbchen oder Hartpapierstreifen oder aus Glas zu konstruieren, das auf einer bestimmten Vergleichsebene aufgestellt ist.

4,8. **Plan und Programm der Erkundungsarbeiten.** Wenn zweckentsprechende und wirtschaftliche Pläne sowie ein Programm der Erkundungsarbeiten auszuarbeiten sind, muß man sich der Bedeutung des Bauwerks, der Kompliziertheit der geologischen Verhältnisse des betreffenden Geländes und der Probleme, die durch Erkundungsarbeiten zu lösen sind, bewußt sein. Je bedeutsamer und umfangreicher das Bauwerk ist, um so gründlicher und umfangreicher wird die Planung der Erkundungsarbeiten sein müssen. Wenn es sich beispielsweise um den Ausbau eines großen Industriewerkes oder um Wasserbauten mit Talsperre und Wasserkraftwerk usw. handelt, müssen die Beziehungen zwischen dem projektierten Bauwerk und den gegebenen natürlichen Bedingungen zusammenpassend studiert werden. Es wäre falsch, sich mit irgendeinem Teilproblem eingehend zu befassen, bevor die ganze Konzeption des Bauwerks gelöst ist. Bei der Planung der Erkundungsarbeiten muß man deshalb vorerst jenen Fragen Aufmerksamkeit schenken, die für die Realisierung des Projektes von entscheidender Bedeutung sind.

Bei der Aufstellung des Programms für die vorläufigen Aufschlußarbeiten wird man nach Möglichkeit bemüht sein, Bohrungen einzusparen. Die Bohrungen in diesem Stadium der Vorarbeiten haben nur den Zweck, unsere Arbeitshypothese über den geologischen Bau des Geländes, die nach der Begehung der Baustelle und aus den Ergebnissen der geologischen Kartierung der weiteren Umgebung aufgestellt wurde, zu bestätigen.

Das Programm der eingehenden Aufschlußarbeiten kann aufgestellt werden, wenn der allgemeine Arbeitsplan des betreffenden Bauwerks und die Ergebnisse der Voruntersuchung bekannt sind. Bei der Planaufstellung für die eingehenden Erkundungsarbeiten hat man somit bereits eine annähernde Vorstellung darüber, in welchen Gesteinen die Bohrungen niedergebracht werden, in welcher Tiefe man ungefähr auf die Oberfläche des felsigen Untergrundes, auf Grundwasser usw. stoßen wird. Bei der zweckmäßigsten Anordnung der Bohrungen, bei der Bestimmung des Bohrverfahrens und der wahrscheinlichen Tiefe der Bohrungen ist die Mitarbeit des Geologen erforderlich, dem die Voruntersuchung übertragen wurde und der im allgemeinen mit den örtlichen geologischen Verhältnissen vertraut ist.

Zuerst erhebt sich die Frage, welches Erkundungsverfahren angewendet werden soll. Um darüber entscheiden zu können, welche Verfahren im gegebenen Falle am vorteilhaftesten sind, muß man sich die Vorzüge und Mängel der einzelnen Untersuchungsmethoden vergegenwärtigen.

Ein Vorteil der Schürfarbeiten und Stollen ist es, daß sie unmittelbar zugänglich sind, so daß das Gestein an den Wänden und auch an der Sohle des Aushubes untersucht werden kann. Es besteht die Möglichkeit, die Lagerungsverhältnisse des Gesteins unmittelbar zu studieren, das Einfallen und Streichen der Schichten, tektonische Störungen, die Klüftung sowie die Art und Tiefe der Verwitterung des Gesteins festzustellen. Beim Aushub der Schürfgruben können die technischen Eigenschaften und die Gewinnbarkeit des Gesteins am besten beurteilt werden. Auch die Entnahme von Bodenproben vollzieht sich unmittelbar, so daß eine Vermengung, Störung und Verunreinigung der Proben bei sorgfältiger Arbeit beinahe ausgeschlossen ist.

Ein Nachteil der Schürfgruben ist, daß sie einen hohen Aufwand an manueller Arbeit erfordern, so daß zur Durchführung einer größeren Anzahl von Schürfen ein verhältnismäßig langer Zeitraum benötigt wird. Schürfgruben sind deshalb mit einem hohen Arbeitsaufwand verbunden und bei größeren Schürftiefen auch sehr kostspielig. Die Verteuerung und die Erschwernisse der Arbeiten erhöhen sich noch in wasserführenden Gesteinsarten, insbesondere, wenn ein Abpumpen des eindringenden Grundwassers erforderlich ist. In lockeren Gesteinen müssen die Schürfe verschalt werden. Die Schalung verteuert die Arbeit und erschwert die unmittelbare Untersuchung sowie die Messung der Ausbisse der Schichten an den Wandungen der Schürfe. In einigen Fällen sind Schürfgruben gar nicht zu empfehlen, weil beim Bodenaushub das umliegende Gelände gelockert und gestört werden kann; so sind sie beispielsweise auf Hängen mit Rutschungsgefahr oder in feinen, wasserführenden Sanden unter starkem Grundwasserzufluß usw. nicht zu empfehlen.

Ein Vorteil der Bohrungen sind der schnelle Arbeitsablauf und der verhältnismäßig geringe Kostenaufwand je laufenden Bohrmeters; hierbei wird praktisch die Arbeit weder durch eine größere Bohrtiefe noch durch das Grundwasser eingeschränkt. Ein Nachteil der Bohrungen ist, daß größtenteils nur gestörte Bodenproben gewonnen werden, so daß die Bohrungen keine vollkommen zuverlässigen Unterlagen für die geologische Auswertung des Profils liefern. Insbesondere beim schlagenden Bohren wird nur zerkleinertes Bohrgut gewonnen, nach welchem der ursprüngliche Zustand des Gesteins nicht einwandfrei beurteilt werden kann. In einer auf diese Weise niedergebrachten Bohrung können weder die Lagerungsverhältnisse noch das Fallen und Streichen der Schichten ermittelt werden. Das Streichen und Fallen der Schichten kann aus einigen benachbarten Bohrungen abgeleitet werden, jedoch ist in manchen Fällen ein Verwechseln der Schichten und damit ein falsches Ergebnis nicht ausgeschlossen.

Das maschinelle Schnellschlagbohren mit Spülung ist für Erkundungsarbeiten im Ingenieurbauwesen nicht geeignet, weil aus dem Bohrgut, das das Spülwasser von der Bohrlochsohle emporträgt, eine Beurteilung der technischen Eigenschaften des Gesteins nicht möglich ist. Das maschinelle Schlagbohren sollte nur bei tieferen Brunnenbohrungen oder in Verbindung mit dem Kernbohren angewendet werden, mit dessen Hilfe in bestimmten Intervallen ungestörte Bodenproben entnommen werden können.

Das Kernbohren im festen Gestein ersetzt fast die Schürfgruben, wenn es gewissenhaft und fachkundig ausgeführt wird. Nach dem gewonnenen Bohrkern kann man nicht nur den petrographischen Charakter und den Grad der Verwitterung des Gesteins, sondern auch die Schichtenneigung, die tektonische Störung und die Dichte der Klüftung beurteilen. Ein weiterer Vorteil des Kernbohrens ist, daß nicht nur in vertikaler Richtung, sondern mit verschiedener Neigung und auch waagerecht gebohrt werden kann. Somit kann die günstigste Richtung, so z. B. senkrecht zu den einfallenden Schichten, gewählt werden. Ein Nachteil der Kernbohrungen ist, daß sie kein zufriedenstellendes Ergebnis in nichtbindigen und stark geklüfteten Gesteinen liefern.

Bei der *Wahl des Bohrverfahrens* ist stets darauf zu achten, daß die Arbeitsmethode einen Erfolg verbürgt und daß der Kostenaufwand für die Bohrungen angemessen ist. Ist es beispielsweise erforderlich, die Art und den Charakter des Gesteins in einem tiefen Einschnitt zu bestimmen, um die Gewinnbarkeit des Gesteins einwandfrei bewerten zu können, dann wird man bestimmt nicht das schlagende Bohren anwenden. An Hand der beim schlagenden Bohren gewonnenen, zerkleinerten Gesteinsproben würde man die Frage, in welche Gewinnungsklasse das Gestein im Einschnitt gehört, nur ungenau beantworten können. Zweckmäßig ist eine Schürfgrube, die bei größerer Tiefe durch Kernbohrung ersetzt werden könnte. Wenn es sich um die Bestimmung der Oberfläche und des Charakters des felsigen Untergrundes auf der Sohle der Talaue unterhalb der wasserführenden Ablagerungen handelt, wird man gewiß hierfür keine Schürfgruben verwenden. Das Niederbringen von Schürfgruben in wasserführenden Ablagerungen ist schwierig, erfordert ein intensives Abpumpen des Wassers und eine gründliche Verschalung der Wände. In einem derartigen Falle würde das von Hand ausgeführte drehende Bohren, und zwar sogar unter Anwendung des schlagenden Bohrens zweckmäßiger sein, da es zur Ermittlung der Oberfläche des felsigen Untergrundes ausreicht.

In allen Fällen, wo auf eine direkte Untersuchung der Gesteine des felsigen Untergrundes Wert gelegt wird, wo die Eigenschaften des Gesteins als Baustoff ermittelt werden müssen, bei der Bestimmung der Gewinnbarkeit, der Standfestigkeit der Felshänge usw. wird man nach Möglichkeit Schürfgruben wählen. Bei größeren Tiefen können sie in festem Gestein durch das Kernbohren ersetzt werden.

In homogenen bindigen Gesteinen, so z. B. in Löß- und Gehängelehmen, Tonen, lehmigen Sanden, weichen Schiefern usw., sind die von Hand mit Hilfe des drehenden Bohrens ausgeführten Bohrungen, insbesondere bei geringeren Tiefen von 8 bis 20 m, in der Regel am billigsten. Die gewonnenen Bodenproben sind gestört und durchgeknetet, deshalb werden je nach Bedarf für laboratoriumsmäßige Untersuchungen ungestörte Bodenproben entnommen. In steinigem Schutt und Grobkies ist das Bohren von Hand ziemlich schwierig und daher nur bei größeren Tiefen begründet, wenn ein beträchtlicher Grundwasserzufluß zu verzeichnen ist. Bei geringeren Bohrungstiefen (bis 6 — 8 m) sind in der Regel Schürfgruben vorteilhafter, denn es bleibt der Transport der Bohranlage und des schweren Gerätes erspart, und es entfallen der Aufbau des Bohrturmes, etwaige erforderliche Geländevorbereitungen u. dgl.

Anordnung und Anzahl der Bohrungen. Die Bestimmung der Lage und Anzahl der Bohrungen ist eine verantwortungsvolle Aufgabe, denn es geht einerseits darum, daß mit den vorhandenen Mitteln nicht verschwenderisch umgegangen wird, andererseits darum, daß das Ergebnis der Erkundungsarbeiten zuverlässig ist. Die erforderliche Anzahl der Bohrungen und ihre Anordnung hängt von dem Charakter des projektierten Bauwerkes und von der Kompliziertheit der geologischen Verhältnisse ab. In der Regel ergibt sich die Anzahl aus den geologischen Voruntersuchungen und aus der Lage der wichtigsten Bauobjekte. Die Bohrungen ordnet man jeweils in mehreren Reihen an, und zwar so, daß an Hand des Ergebnisses der Aufschlußarbeiten eine zuverlässige Aufzeichnung mehrerer geologischer Profile der Baustelle

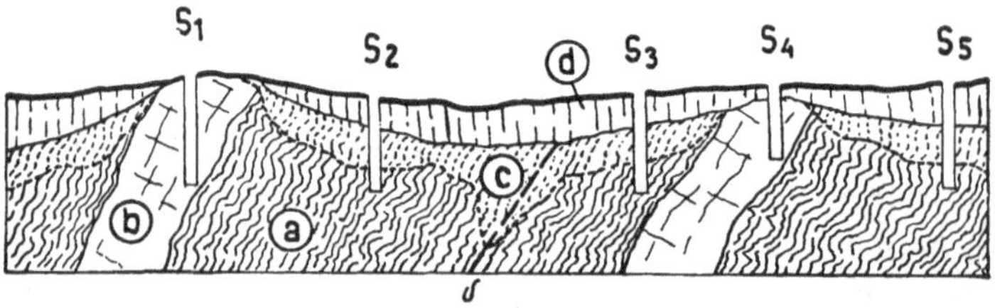

Abb. 4—42. Zur Bestimmung der Oberfläche des nicht verwitterten felsigen Untergrundes auf altem Peneplain ist ein dichtes Bohrnetz erforderlich, weil die Gesteine tief und unregelmäßig verwittert sind; *a* — Gneis, *b* — Quarzit, *c* — verwitterter Gneis, *d* — eluvialer Lehm.

selbst und des angrenzenden Geländes möglich ist.

Es bewährt sich in der Regel, besser wenige aber gut gewählte Profile durch eine größere Anzahl von Bohrungen zu erkunden, als dieselbe Anzahl von Bohrungen unregelmäßig auf der Baustelle nach den Bauobjekten zu verteilen.

Der gegenseitige Abstand der zu untersuchenden Profile und der einzelnen Bohrungen kann nicht allgemeingültig festgelegt werden. In manchen Gebieten genügen einige wenige Bohrungen, um zu einer richtigen Anschauung über den geologischen Bau und die Beschaffenheit des Gesteins zu gelangen, wogegen in einem geologisch komplizierten Gelände die gleiche Anzahl von Bohrungen nicht ausreichen würde. Will man beispielsweise die Tiefe und den Charakter des felsigen Untergrundes ermitteln, so kommt es dabei sehr auf die geologische Entwicklung der Erdoberfläche an. Die Oberfläche des felsigen Untergrundes weist zumeist dort Unebenheiten auf, wo Gesteine von verschiedener Festigkeit und mit unterschiedlichem Verwitterungsgrad auftreten und wo die verwitterte Oberfläche durch eine jüngere Erosion nicht beseitigt wurde. Auch entlang tektonisch gestörter Zonen sind die Gesteine des felsigen Untergrundes zumeist tiefgründig gestört. In einem solchen Falle muß ein Bohrnetz von ausreichender Dichte angelegt werden, um die einfache Aufgabe, wie tief die Oberfläche des felsigen Untergrundes liegt, befriedigend zu lösen (Abb. 4—42).

Demgegenüber sind zumeist unterhalb der Talterrassen die Oberflächenverwitterungen beseitigt, und der felsige Untergrund ist meistenteils durch die Erosion des Flusses fast ohne Rücksicht auf die Härte der Gesteine eingeebnet. In derartigen

Fällen genügen einige wenige Bohrungen zur Ermittlung des felsigen Untergrundes (Abb. 4—43).

Eine relativ sehr sorgfältige Erkundung erfordert die Umgebung ehemaliger Steinbrüche oder die Umgebung alter Befestigungsbauten, wo das Geländerelief durch menschliche Eingriffe stark verändert wurde. Dort schließt auch ein dichtes Bohrnetz unliebsame Überraschungen nicht aus.

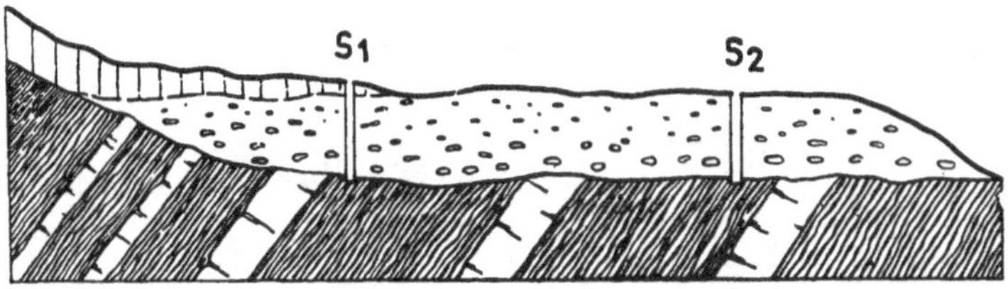

Abb. 4—43. Unterhalb der Talterrassen ist felsiger Untergrund durch die Erosion des Flusses eingeebnet; es genügen relativ wenige Bohrungen zur Niveaubestimmung des felsigen Untergrundes.

Die geologischen Verhältnisse in den weiten Talauen unserer Flüsse scheinen vermutlich einfacher Natur zu sein. Die Einebnung der Oberfläche der Talsohle durch Auenlehme und die bedeutende Mächtigkeit der Ablagerungen verleiten zu der Vorstellung von einer regelmäßigen Ablagerung sandiger Schichten. In Wirklichkeit verändert sich jedoch der Charakter dieser jüngsten Ablagerungen auch auf Baustellen mit begrenztem Umfang oftmals sehr stark. In den Talauen bilden sich Flußmäander, welche sich nach der Verlegung des Flußbettes allmählich mit Vegetation bedecken und bei Überflutungen durch Ablagerungen mit beträchtlichen organischen Beimengungen ausgefüllt werden. Aus diesem Grunde ist es insbesondere in den durch einen mäandrierenden Flußlauf gebildeten Talauen erforderlich, bei der Untersuchung der Baustellen ein verhältnismäßig dichtes Bohrnetz zu wählen, um unvorhergesehenen Überraschungen vorzubeugen.

Bei einer Baugrunduntersuchung ist zu empfehlen, die Bohrungen nicht nur innerhalb der Grenzen des zu untersuchenden Geländes, sondern auch, falls die Möglichkeit besteht, außerhalb der Baustelle selbst niederzubringen und auch die nächste Umgebung des Bauwerkes zu untersuchen. Wenn die Bohrungen nur innerhalb der Bauwerkgrundriße niedergebracht werden, verringert sich der Bereich des zu untersuchenden Geländes wesentlich, und es sind Überraschungen gerade unterhalb der Umfassungsmauern der in Betracht gezogenen Objekte nicht ausgeschlossen. In Abb. 4—44 ist das Übersichtsprofil einer Baustelle in Prag dargestellt. Während der Vorarbeiten wurden in diesem Profil zwei Bohrungen bis auf den felsigen Untergrund niedergebracht, jedoch beide innerhalb des Baugeländes. Die Bohrung *1* konnte weder näher zum Rand der Baustelle, wo altes Mauerwerk vorhanden war, noch außerhalb der Baustelle vorgenommen werden, weil das Nachbargelände bebaut war. Beim Bodenaushub für die Gründungen zeigte sich, daß der felsige Untergrund unterhalb der südlichen Umfassungsmauer im Abschnitt *a—b* jäh abfällt, und zwar weitaus steiler als im Abschnitt *b—c*, in welchem die Neigung der Oberfläche des felsigen Untergrundes durch beide Bohrungen bestimmt wurde. Die südliche Umfassungsmauer mußte deshalb viel tiefer gegründet werden, als im Projekt vorgesehen war. Dies führte zu einer wesentlichen Verteuerung der Fundamentkonstruktion, weil bei der Gründung in dieser Tiefe durch den starken Zufluß chemisch nicht einwandfreien Grundwassers beträchtliche Schwierigkeiten auftraten. Dieses Beispiel zeigt, wie

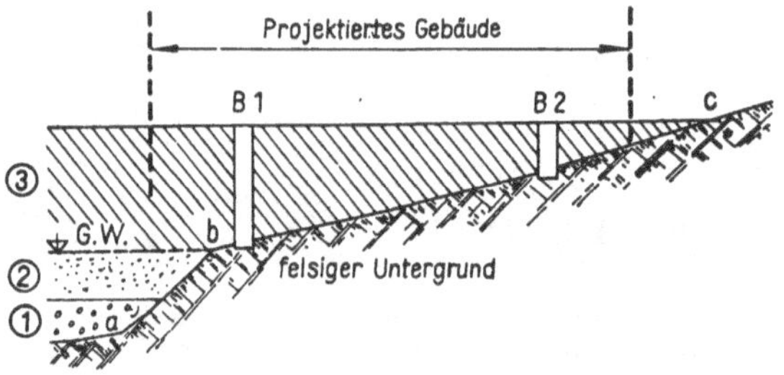

Abb. 4—44. Unzweckmäßige Anordnung der Bohrungen innerhalb, anstatt am Rande der Baustelle. In dem Abschnitt *a — b* fällt der felsige Untergrund steiler ab, als nach den Bohrungen *B1* und *B2* angenommen wurde. *1* — Kies, *2* — Sand, *3* — Aufschüttung.

sehr es auf eine zweckmäßige Anordnung der Bohrungen ankommt, wenn das Ergebnis der Erkundungsarbeiten zuverlässig sein soll.

Bei der Anordnung der Bohrungen muß auf einigen Baustellen vorsichtig vorgegangen werden, damit durch den Aufschluß der Baugrund nicht gerade unterhalb der Fundamente gestört wird. Deshalb werden Bohrungen nach Möglichkeit nicht unmittelbar unter den Gründungen angesetzt, sondern außerhalb der Grundrisse der projektierten Fundamentkonstruktion. Wenn Bohrungen in der Nähe später zu errichtender Fundamente niedergebracht wurden, sollen sie möglichst unmittelbar nach ihrer Auswertung wieder verfüllt und entsprechend verdichtet oder mit Magerbeton ausgefüllt werden.

Die Bohrtiefe muß einerseits den Erfordernissen des projektierten Bauwerkes entsprechen, andererseits so festgelegt werden, daß die Bohrung den angenommenen geologischen Bau des Geländes nachweisen kann. So werden beispielsweise Bohrungen zur Bestimmung der Gewinnbarkeit des Gesteins in tiefen Einschnitten in das unverwitterte Gestein des felsigen Untergrundes niedergebracht, manchmal bis zum projektieren Niveau des Verkehrsweges. Bohrungen zur Bewertung des Baugrundes werden bis auf den festen felsigen Untergrund niedergebracht oder, wenn dieser allzu tief liegt, zumindest bis zu einer Tiefe, bis zu der die Einwirkungen der projektierter Fundamentkonstruktionen reichen werden (siehe Kapitel 7). Bohrungen zur Erkundung von Sperrstellen werden so tief geführt, wie das Durchsickern des Wassers reichen könnte; sie müssen die angewitterten Zonen durchdringen und bis in das ungestörte Gestein hineinreichen. Die tiefsten Bohrungen werden für Tunnelbauten niedergebracht. Handelt es sich um tiefliegende Tunnels unterhalb der Bergrücken und sind die Lagerungsverhältnisse kompliziert, dann werden die Bohrungen bis zur

Höhenlage des Tunnels geführt, um die angenommenen geologischen Profile zu kontrollieren.

Für Bauzwecke werden die Bohrungen gewöhnlich bis in das feste Gestein des felsigen Untergrundes vorgetrieben. Oftmals muß an Ort und Stelle entschieden werden, ob die Bohrung bereits tief genug niedergebracht wurde; es muß daher dem richtigen Abschluß der Bohrungen Beachtung geschenkt werden. In Schürfgruben ist dies einfach, weil in der offenen Grube die Oberfläche des felsigen Untergrundes mit Sicherheit bestimmt werden kann, dagegen erfordert die einwandfreie Bestimmung der Oberfläche des felsigen Untergrundes bei Bohrungen Erfahrungen und Ortskenntnisse. Die Bohrung soll nicht beendet werden, solange nicht festgestellt wurde, welches Gestein die harte Bohrlochsohle bildet. Dies bedeutet, daß beim schlagenden Bohren zumindest 0,50 bis 1 m in das feste Gestein an der Bohrlochsohle einzudringen ist, um eine ausreichende Menge Bruchstücke für die zuverlässige Bestimmung des Gesteins zu gewinnen. Bei Bohrungen wäre es jedoch unzweckmäßig, sich nur auf die Bestimmung der Bodenproben aus der Bohrung zu beschränken; es ist erforderlich, nach den geologischen Verhältnissen der weiteren Umgebung in Erwägung zu ziehen, ob das an der Bohrlochsohle festgestellte Gestein tatsächlich den felsigen Untergrund darstellt. Es liegen bereits einige warnende Beispiele vor, bei denen die Tiefe des felsigen Untergrundes nach den Bohrungen falsch bezeichnet war. So wurden beispielsweise bei der Ermittlung der Mächtigkeit von Talablagerungen (Abb. 4—45) die Bohrungen vermeintlich im Granit beendet, und nach dieser Annahme

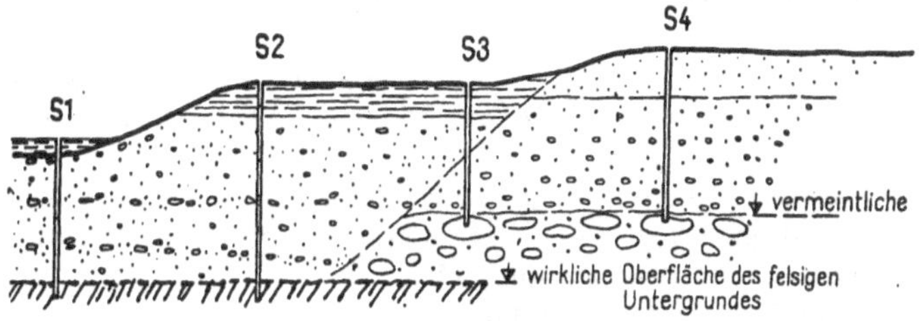

Abb. 4—45. **Unrichtige Bestimmung des felsigen Untergrundes mittels Bohrungen. Die Bohrungen *S3* und *S4* endeten auf Felsblöcken.**

wurde der Plan der Bauarbeiten aufgestellt. Beim Aushub zeigte sich später, daß es sich nicht um den felsigen Untergrund, sondern um große Granitblöcke handelte, die eine durchgehende Schicht in der Talterrasse bildeten. An diesem Beispiel kann man erkennen, daß der leitende Ingenieur, wenn er über ausreichende geologische Kenntnisse verfügt hätte, diesen Fehler leicht erkannt hätte. Beide Ufer wurden von unveränderten algonkischen Schiefern gebildet, so daß es beinahe ausgeschlossen war, daß unterhalb der Sohle des Flusses Granit auftreten könnte.

Benutzte und ergänzende Literatur zum 4. Kapitel

Cambefort H.: Forages et sondages, leur emploi dans les travaux publics. Paris 1955.

Ehrenberg: Geräte zur Entnahme ungestörter Tonproben aus Bohrlöchern, Bautechnik, *49*, 1932.

Gumenski B. M., Komarow N. S.: Das schlagende Bohren bei Baugrunduntersuchungen für Schienenwege, Verlag des Eisenbahnverkehrwesens, Moskau 1953.

Гуменский Б. М., Комаров Н. С.: Вибробурение грунтов при изысканиях железных дорог, Транжелдориздат, Москва 1953.

Jedlička M.: Für eine breitere Anwendung der Technik des schlagenden Bohrens, Geologický výzkum (Geologische Erkundung), Nr. 6, Prag 1959 (tschechisch).

Köhler R.: Über die Verwendung von Proctorgerät und Spitzendrucksonde bei der Untersuchung des Baugrundes, Straßentechnik, Nr. 2, Berlin 1959.

Loos W.: Praktische Anwendung der Baugrunduntersuchungen, Berlin 1937.

Pašek J.: Die Anwendung von Film und Fernsehen bei der geologischen Erkundung, Geologický výzkum (Geologische Erkundung), Nr. 8, Prag 1959 (tschechisch).

Poljanow P. F.: Das Vibrationsverfahren in der geologischen Erkundung, Moskau 1956.

Полянов П. Ф.: Вибраторы в разведочном бурении, Москва 1956.

Richtlinien für die Bodenuntersuchungen, Deutsche Gesellschaft für Bauwesen, Berlin 1935.

Roth V., Tkaný Z.: Aufschluß-Bohrarbeiten im Bauwesen, Prag 1959. (tschechisch).

Schubert K.: Untersuchung des sandigen Baugrundes durch Rammsonden, Bauplanung-Bautechnik, Berlin 1957.

Schultze E., Muhs H.: Bodenuntersuchungen für Ingenieurbauten, Berlin 1950.

Simpson W.: Foundations—The Examination and Testing of the Ground Preliminary to the Construction of Works, London 1928.

Terzaghi K.: Fünfzig Jahre Baugrunduntersuchung, Schweizerische Bauzeitung *72*, Nr. 4—5, Zürich 1954.

Tkaný Z.: Das Prinzip des Kernbohrens, Sammelschrift, Mährische Erdbohrbetriebe, Brno (Brünn) 1953. (tschechisch)

Wolodtschenko K. G.: Das Kernbohren in der geologischen Erkundung, Moskau 1953.

Володченко К. Г.: Колонковое разведочное бурение, Москва 1953.

5. Kapitel. Geophysikalische Untersuchungsmethoden

Da die Untersuchung mit Hilfe von Bohrungen verhältnismäßig zeitraubend und kostspielig ist, war man bestrebt, den geologischen Bau mit Hilfe von Verfahren zu erkunden, bei denen die Messungen nur an der Erdoberfläche vorgenommen werden. Grundlage dieser Verfahren sind die Veränderungen des Verlaufes der natürlichen und künstlichen physikalischen Felder, die durch die verschiedenen physikalischen Eigenschaften der Gesteine beeinflußt werden. Diese physikalischen Felder können wir auf eine bestimmte Entfernung mittels empfindlicher Geräte mit großer Genauigkeit vermessen. Durch Bestimmung der Charakteristiken eines Feldes an mehreren Stellen gewinnen wir ein Bild von dessen Ausdehnung in einem bestimmten Gebiet, so daß man daraus Schlüsse ziehen kann, wo die Grenzlinie zwischen den einzelnen Gesteinsschichten mit verschiedenen geophysikalischen Eigenschaften verläuft. Einige dieser Verfahren haben sich gut bewährt und wurden fortschreitend verbessert. Durch systematische Anwendung und Vergleich der geophysikalischen Messungen mit den Bohrungen hat sich gezeigt, wo die einzelnen Verfahren angewendet werden können, wie groß deren Zuverlässigkeit, ihre Vorzüge und Nachteile sind.

Von den geophysikalischen Methoden werden am häufigsten diejenigen angewendet, bei denen die Tiefe, bis zu der die Untersuchung reicht, verändert werden kann und die hinsichtlich der Zusammensetzung und der baugrundtechnischen Eigenschaften der Gesteine die klarsten Ergebnisse liefern. Aus diesem Grunde werden die geoelektrischen Methoden (Widerstandsverfahren) und die seismischen Methoden am häufigsten angewendet.

Bei der *geoelektrischen Widerstandsmethode* wird das elektrische Feld eines Gleich- oder Wechselstromes, das mit Hilfe der beiden Elektroden E_1 und E_2 erzeugt wird, gemessen (Abb. 5—1) und daraus der elektrische Widerstand des Gesteins ermittelt. Die elektrischen Widerstandsmethoden werden auf zweierlei Art und Weise angewendet. Vor allem ist es die sogenannte elektrische Sondierung, bei der die Schichtenfolge in vertikaler Richtung ermittelt wird. Bei der elektrischen Sondierung wird der Abstand der Speisungselektroden E_1 und E_2 verändert, wobei der Abstand der Meßelektroden S_1—S_2 einen bestimmten Bruchteil des Abstandes E_1—E_2, meistenteils ein Drittel, beträgt. Bei Veränderung des Abstandes E_1—E_2 ermittelt man an den Meßelektroden mit Hilfe eines empfindlichen Spannungsmessers (Potentiometer) den Spannungsabfall und die Stromintensität; aus den Meßgrößen kann sodann der scheinbare spezifische Widerstand des Gesteins errechnet werden. Wenn der Abstand der Elektroden E_1—E_2 verändert wird, sollte eigentlich der Widerstand des Bodens konstant bleiben. In der Natur werden jedoch bei den verschiedenen Abständen der

Elektroden E_1—E_2 unterschiedliche scheinbare Widerstände gemessen. Das elektrische Feld zwischen den beiden Elektroden reicht bis in eine bestimmte Tiefe unterhalb der Erdoberfläche, und es läßt sich eine Beziehung zwischen den Elektrodenabständen und der Tiefe, in der vorwiegend die elektrische Leitfähigkeit des Mittels zur Geltung kommt, bestimmen; daraus kann geschlossen werden, wie sich der Widerstand des Bodens mit zunehmender Tiefe verändert und wo oder wie die Grenzlinie zwischen den einzelnen Gesteinsschichten mit unterschiedlicher Leit-

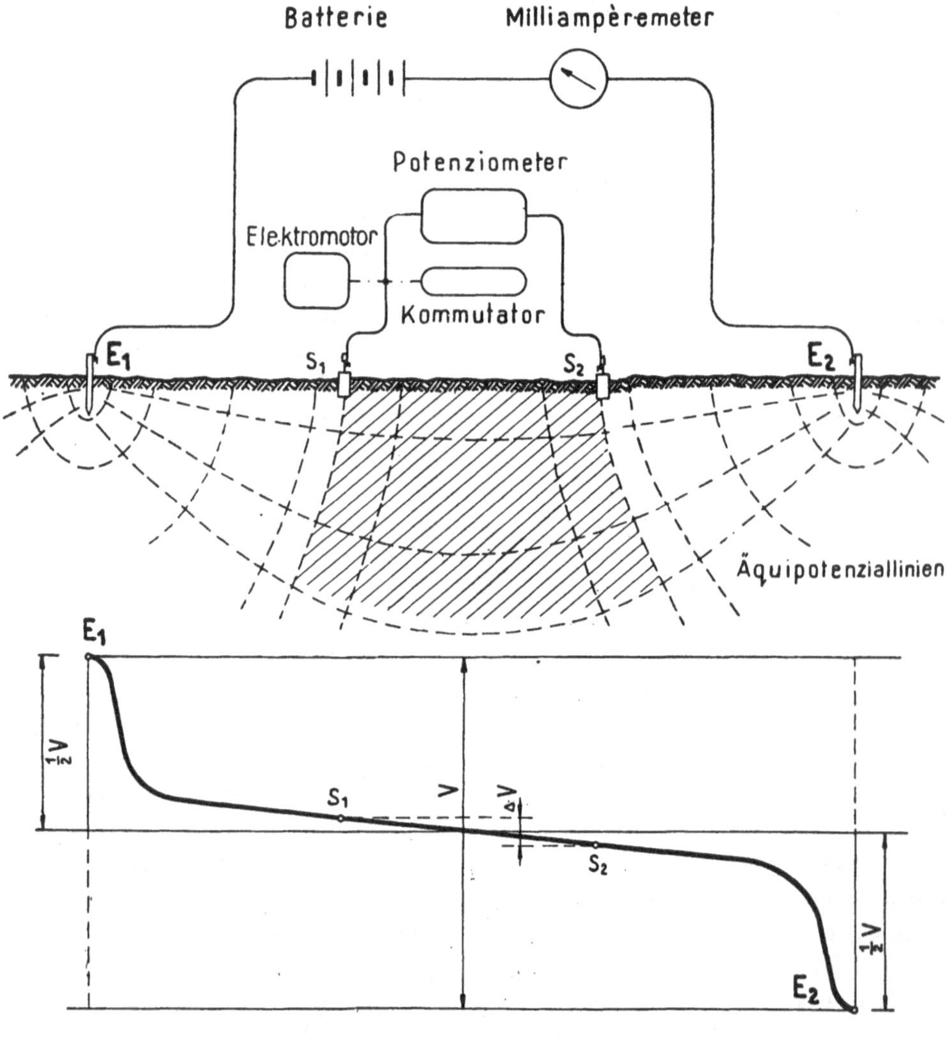

Abb. 5—1. Schema der geoelektrischen Messung mit Hilfe der Widerstandsmethode. Zwischen den durch die Elektroden S_1 und S_2 hindurchgehenden Äquipotentiallinien ist durch Schraffierung der Raum des Bodens eingezeichnet, dessen Widerstand gemessen wird. Unten ist der Spannungsabfall zwischen den Elektroden E_1 und E_2 angegeben. In der Nähe der Elektroden nimmt die Spannung rasch ab, im inneren Drittel ist diese fast linear.

fähigkeit verläuft. Je markanter die Unterschiede in der Leitfähigkeit der Bodenschichten sind, desto deutlicher zeigt sich bei der Messung die Grenzlinie der Schichten (Abb. 5—2). Die elektrische Sondierung wird insbesondere in waagerecht verlaufenden Schichten angewendet.

Beim zweiten Verfahren stellt man fest, wie sich die Zusammensetzung des Gesteins in waagerechter Richtung in einer bestimmten Ebene verändert; dies ist das sogenannte Widerstandsprofilieren. Beim Widerstandsprofilieren wird der Elektrodenabstand

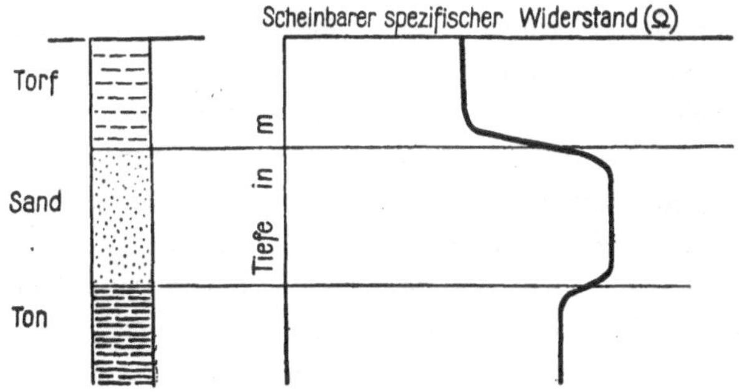

Abb. 5—2. Die Veränderungen des scheinbaren spezifischen Widerstandes an der Grenzlinie der Schichten verschiedener elektrischer Eigenschaften.

nicht verändert, sondern die Stellung des Meßgerätes in einem bestimmten Profil an der Oberfläche des zu untersuchenden Geländes gewechselt. Man erhält auf diese Weise eine Reihe vertikaler Messungen, die bis in eine bestimmte Tiefe reichen. Gewöhnlich werden in einem Profil mindestens zwei verschiedene Ebenen vermessen. Dieses Verfahren ist für die Lagebestimmung von Störungslinien, Dislokationen und der Grenzlinie des Gesteins bei steil einfallenden Schichten geeignet.

In den Meßergebnissen zeigt sich der Einfluß der Bodenfeuchtigkeit und des Grundwasserspiegels, der stärker als die relativ geringe Leitfähigkeit der Gesteinsart zur Geltung kommt. Dieser Umstand verschleiert manchmal den Einfluß des geologischen Baues auf das elektrische Feld; dies muß man bei der Auswertung der Ergebnisse bedenken. Die Leitfähigkeit des Wassers ist ferner von der Temperatur und hauptsächlich vom Gehalt an gelösten Salzen abhängig. Ein anderer ungünstiger Faktor ist der Einfluß der Unebenheit der Geländeoberfläche und der Ungleichartigkeit (Heterogenität) der einzelnen Bodenschichten. Dies wirkt sich ebenfalls auf die Meßergebnisse aus. Die wahren Ursachen für die Veränderungen der Leitfähigkeit des Gesteins unterhalb der Geländeoberfläche und für die Veränderung der technisch—petrographischen Eigenschaften werden am besten durch Bohrungen ermittelt, die gleichzeitig als Stütz- und Kontrollpunkte der Messungen dienen können. Es ist deshalb vorteilhaft, die geoelektrische Methode mit Bohrungen zu kombinieren. Die Bohrungen können in verhältnismäßig großen Abständen angeordnet werden, der Grenzverlauf in den Abschnitten zwischen den Bohrungen wird dann mit Hilfe der Widerstandsmethode bestimmt.

Mit der geoelektrischen Sondierung wird die Oberfläche des felsigen Untergrundes unterhalb der Talablagerungen, (Lehm—, Sand—, oder Kiesablagerungen) festgestellt. Sie wird auch dann mit Erfolg angewendet, wenn es sich um wasserführende Schichten handelt. Sind die Gesteine des felsigen Untergrundes bereits an der Oberfläche kompakt, dann ist der Unterschied zwischen ihrem elektrischen Widerstand und dem Widerstand der Deckschichten markant, so daß erstere mit Hilfe der Widerstandsmethode gut zu erkennen sind. Wird jedoch der felsige Untergrund von einer verwitterten Schicht überdeckt oder ist dessen Oberfläche sehr unregelmäßig, dann kann die Oberfläche des felsigen Untergrundes nur schwierig und nicht zuverlässig bestimmt werden.

Die geoelektrische Widerstandsmethode wurde beispielsweise zur Bestimmung der Mächtigkeit durchlässiger holozäner Ablagerungen unterhalb der Schutzdämme von Flüssen erfolgreich angewendet, und zwar in einer Länge von fast 50 km. Mit einer durchschnittlichen Genauigkeit von etwa 3 % wurde durch dieses Verfahren die Oberfläche des tertiären Tones in einer Tiefe von rund 30 m ermittelt. Die Bohrungen wurden in Abständen von 1500 m (an Stelle der ursprünglich vorgesehenen 300 m) niedergebracht, und dazwischen wurde geoelektrisch sondiert. Die Untersuchung beanspruchte fast nur ein Fünftel der ursprünglich vorgesehenen Zeit und etwa 40 % des geplanten Kostenaufwandes (W. R. Perret, 1948).

Bei der Erkundung für das Projekt eines hydrotechnischen Bauwerkes an der Donau oberhalb von Bratislava gelang es, mit Hilfe der Widerstandsmethode unterhalb der Schicht der Talkiese eine Stelle zu ermitteln, wo der feste Granituntergrund ausstreicht; dadurch konnten die für eine weitere Untersuchung geeigneten Abschnitte vorausbestimmt werden (J. Hladík, T. Jablonický, T. Ferenczy, 1958).

Seismische Untersuchungsmethoden: Diese beruhen auf der Tatsache, daß sich die durch die Explosion des Sprengstoffes, durch den Aufprall eines Gewichtes oder durch einen Rüttler hervorgerufenen elastischen Wellen mit unterschiedlicher Geschwindigkeit fortpflanzen, die von den elastischen Eigenschaften der Gesteine und ihrer Dichte abhängt. Außerdem werden die Brechung und der Rückstoß der elastischen Wellen an der Grenzlinie zwischen den unterschiedlichen Gesteinsarten ausgewertet (Abb. 5—3).

Durch Messung wird die Geschwindigkeit, mit der sich die Wellenfront von der Störungsstelle aus fortpflanzt, ermittelt, und aus der Veränderung dieser Geschwindigkeit wird die Tiefe und Form der Grenzlinie zwischen den einzelnen geologischen Schichten errechnet. Aus den gemessenen Geschwindigkeiten der Wellen und der Dichte des Gesteins können auch dessen elastische Eigenschaften, vor allem der Elastizitätsmodul, berechnet werden.

Wenn es sich um die absolute Ermittlung der Formänderungseigenschaften handelt, ist es von Nachteil, daß man im allgemeinen den Verformungsmodul, also das Ausmaß der elastischen und bleibenden Deformationen, kennen muß. Die Erschütterungen rufen jedoch in festeren Gesteinen nur momentane (elastische) Formänderungen und keineswegs bleibende Deformationen hervor, die sich unter einem konstanten

Druck langsam vollziehen. Deshalb liefern bei gestörten Gesteinen die Versuche relativ hohe Werte des Verformungsmoduls, so daß das Gestein weniger zusammendrückbar erscheint, als es in Wirklichkeit ist. Da jedoch die Störung des Gesteins oftmals durch Oberflächeneinflüsse bewirkt wird, werden sich die höheren Werte dort der Wirklichkeit stärker nähern, wo es sich um die Ermittlung der Eigenschaften des Baugrundes bis in große Tiefen hinein, so z. B. bei Talsperren, handelt. In

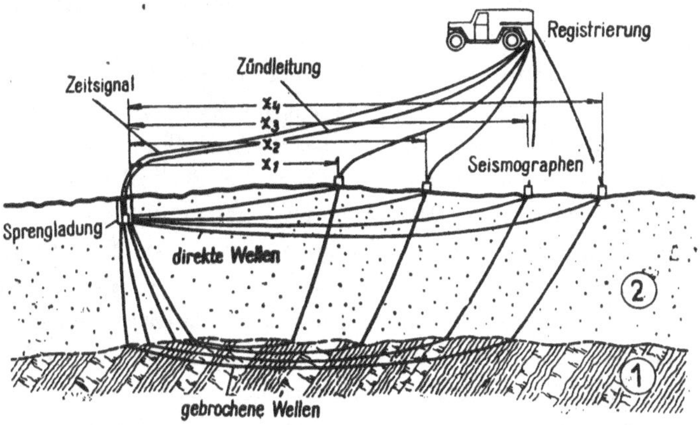

Abb. 5—3. Schema seismischen Messungen zur Bestimmung der Tiefe des felsigen Untergrundes.

diesen größeren Tiefen liegen die seismisch ermittelten Werte des Verformungsmoduls in der Regel höher als jene, die wir mit Hilfe der Versuche an der Oberfläche ermittelten.

Die seismische Methode wird im Bauwesen für sehr unterschiedliche Zwecke verwendet. Bei der Kontrolle der Injektionsarbeiten werden beispielsweise mit Hilfe dieses Verfahrens Messungen vorgenommen, um festzustellen, inwieweit es durch Injizierung oder andere Mittel gelang, das Gestein zu verfestigen. Ferner wurde z. B. mit Hilfe des seismischen Verfahrens die tiefgreifende Verwitterung des festen Gesteins (Granits) in der Nähe eines Steinbruches ermittelt, wo sonst jeder annehmen würde, daß das feste Gestein in einer geringen Tiefe unterhalb der Oberfläche angetroffen wird. Das verwitterte Gestein machte sich durch die sehr geringe Geschwindigkeit der elastischen Wellen, die durch Versuchssprengungen hervorgerufen wurden, bemerkbar. In ähnlicher Weise können auch die Dämpfungen der dynamischen Erscheinungen innerhalb des Gesteins untersucht und die Gefahren abgeschätzt werden, die beispielsweise bei Kammersprengungen in der Nähe von Steinbrüchen, bei der Pfahlrammung, bei Betrieb schwerer Maschinen usw. entstehen. Die seismischen Methoden wurden auch mit Erfolg zur Ermittlung von Karsthöhlen und ausgehauener unterirdischer Räume angewendet (L. E. Kent, 1952; D. J. Gough, 1953).

Ferner kann die Eigenschwingung der Fundamente von Maschinen in der Weise berechnet werden, daß wir die Eigenfrequenz der Rüttler, bei der auch die Substanz des umliegenden Bodens mitwirkt, ermitteln; diese Feststellungen sind bei der Projektierung der Fundamente schwerer Maschinen von großer Bedeutung und werden auch häufig angewendet. In einem anderen Falle wurde aus der Oberflächenmessung am Fundament einer großen Maschine auf den Charakter des Baugrundes geschlossen; aus der Eigenschwingung der Fundamentplatte konnte der angenäherte Elastizitätsmodul des Gesteins unterhalb der Gründungssohle bestimmt werden.

Die Ergebnisse der seismischen Messungen brauchen auch nicht immer ganz zuverlässig zu sein. Bei der Untersuchung einer Sperrstelle in paläogenen Sandsteinen in den Karpaten mußte die Oberfläche des felsigen Untergrundes unterhalb einer mehr als 20 m dicken Schicht holozäner Ablagerungen bestimmt werden. Bei der Voruntersuchung wurde außer einigen Bohrungen auch eine seismische Messung vorgenommen. Die tiefste Stelle der Oberfläche des felsigen Untergrundes bildete nach dieser Messung eine Vertiefung von etwa 7 m, die vom morphologischen Standpunkt aus schwer zu erklären war. Im Hinblick auf die angenommene Vertiefung wurde die Sperrstelle etwas verlegt, bei der späteren eingehenden Untersuchung mittels Bohrungen zeigte sich jedoch, daß die Ergebnisse der seismischen Messung falsch waren und daß die tiefgreifende Depression in den Gesteinen des felsigen Untergrundes nicht existierte. Offenbar wurde die seismische Messung durch eine dichte Klüftung der Sandsteine entlang der Dislokationen beeinflußt.

Zur Lösung einiger Aufgaben der Ingenieurgeologie wird ausnahmsweise auch die *magnetische Methode* angewendet, bei der die Veränderungen der vertikalen Komponente des erdmagnetischen Feldes gemessen werden. Mit Hilfe dieses Verfahrens kann beispielsweise die Lage der Dislokationen, der Ganggesteine und anderer geologischer Schichten, die sich durch ihre magnetischen Eigenschaften von ihrer Umgebung unterscheiden, bestimmt werden. Dieses hat sich insbesondere bei vertikalen oder steil einfallenden Schichten bewährt. So wurde z. B. die Lage eines Diabasganges im Granit unterhalb der Talsohle einer Sperrstelle bestimmt (J. F. Enslin, 1953).

Geophysikalische Verfahren werden auch zur Bestimmung der Richtung und Strömungsgeschwindigkeit des Grundwassers in der Gründungssohle großer Wasserbauten benutzt. An Stelle von Farbstoffen oder Chemikalien werden dem Wasser am Anfang des zu messenden Bereiches *radioaktive Isotope* zugesetzt, und in den Kontrollbohrungen wird deren Aktivität gemessen (H. Moser, F. Neumaier, W. Rauert, 1957; H. Moser, F. Neumaier, 1958).

Auch die bisher unzureichend gelöste Aufgabe, wie der Grad der Lagerungsdichte sandiger Schichten (siehe Abschnitt 7,5) zu ermitteln ist, wurde Gegenstand der Untersuchung mit Hilfe spezieller physikalischer Methoden. Bei den großen Wasserbauten in der Sowjetunion wird hierfür ein Kondensator in Form einer Bohrstange verwendet. Mit Hilfe dieses Gerätes wird die Dielektrizitätskonstante des Bodens, aus der seine Porosität bestimmt werden kann, gemessen.

Ein anderes Verfahren, das von D. J. Belcher, T. R. Cuydenkall, H. Sack (R.

Horonjeff, J. Goldberg, 1953) eingeführt wurde, beruht darauf, daß mit Hilfe besonderer Stäbe, in denen das entsprechende radioaktive Isotop (am häufigsten ^{60}Co) untergebracht ist, im Boden Gammastrahlen ausgesendet werden und deren Intensitätsverlust infolge Absorption an einem anderen Punkt festgestellt wird. Das Verfahren wird erfolgreich weiterentwickelt; es werden insbesondere Mittel und Wege zu seiner Präzisierung und Verbilligung gesucht (Gruhle, 1957; T. Jaeger, 1958).

Bei der Bestimmung des geologischen Baues ist die *radiometrische Methode,* bei der wir die Gamma oder die Beta und Gammastrahlung mit Hilfe eines Elektroskops oder des Geiger-Müllerschen Zählrohres ermitteln, von Bedeutung. Dieses Verfahren wird hauptsächlich zur Lagebestimmung von Dislokationen angewendet, denn diese sind durch Veränderungen der radioaktiven Strahlung gekennzeichnet.

Wie hieraus zu ersehen ist, lassen sich die geophysikalischen Methoden in einigen Fällen gut anwenden und sind dann vorteilhaft, während sie in anderen Fällen nur annähernde und ungenaue Ergebnisse liefern. Daher muß über ihre Anwendung bei ingenieurgeologischen Untersuchungen in jedem Einzelfall entschieden werden. Bei der geophysikalischen Messung gewinnen wir zahlenmäßige Angaben über Eigenschaften der Gesteine; dies ist für die technische Praxis zweckmäßiger als eingehende Beschreibungen der Gesteine mit nicht richtig geschätzten technischen Eigenschaften. Man muß sich jedoch vergegenwärtigen, daß zahlreiche geophysikalische Verfahren bei ihrer Anwendung keine eindeutigen Ergebnisse liefern. Es ist deshalb erforderlich, daß die Meßergebnisse in einer solchen Art und Weise ausgewertet und gedeutet werden, daß die Auswertung vom geologischen Standpunkt aus betrachtet die wahrscheinlichste ist. Es wäre allerdings ein Fehler, wenn man die objektiven geophysikalischen Ergebnisse den auf Grund der geologischen Voruntersuchung gewonnenen Auffassungen anpaßte.

Man kann also sagen, daß geprüft werden muß, wann die geophysikalischen Methoden anzuwenden sind und wann nicht. Diese Verfahren werden in Spezialfällen unentbehrlich, wo mit ihrer Hilfe Werte bestimmt werden, die auf andere Art und Weise gar nicht zu ermitteln sind. So wird beispielsweise die Eigenschwingung der Fundamente am besten mit Hilfe des dynamischen Verfahrens bestimmt. Die Ermittlung des Verformungsmoduls in größeren Tiefen würde den Vortrieb von Stollen erfordern, was sich durch die Anwendung der seismischen Methode erübrigt.

Die Aufgaben der geophysikalischen Untersuchungen spezialisieren sich auf diese Weise und finden eigene Wege, mit denen in einigen Fällen die üblichen Verfahren der Niederbringung von Bohrungen nicht konkurrieren können.

Benutzte und ergänzende Literatur zum 5. Kapitel

Bouška J., Procházka J.: Einführung in die Geophysik, Prag 1954 (tschechisch).

Dvořák A.: Seismische Untersuchung des Baugrundes, Klokner- Sammelschrift, Prag 1953 (tschechisch).

Enslin J. E.: Geophysics as an Aid to Foundation, Engineering Trans. of the South-African Inst. of Civil Eng., Vol. *3*. No. 2, 1953.

Gough D. J.: The Investigation of Foundations by the Seismic Method, Engineering Trans. of the South-African Inst. of Civ. Eng., 1953.

Gruhle .: Verwendung radioaktiver Isotope zur Bestimmung der Lagerungsdichte von Böden in großen Tiefen, Die Bautechnik, Nr. 3, 1957.

Hladík J.: Grundlagen der geoelektrischen Untersuchung, Bratislava 1956 (slowakisch).

Hladík J., Jablonický T., Ferenczy T.: Forschungsbericht Nr. 69/270/58 des Instituts für Baugeologie, Žilina 1958 (slowakisch).

Horonjeff R., Goldberg J.: Field Measurements of Soil Moisture and Density with Radioactive Methods, Proceeding Highway Res. Board 1953.

Jaeger T.: Die Anwendung radioaktiver Isotope für die Messung der Bodenfeuchtigkeit und Dichte, Bauplanung-Bautechnik, Nr. 1, 1958.

Kent L. E.: Geology as an Essential Aid in Civil Engineering, Engineering Trans. of the South-African Inst. of Civ. Eng., Nr. 8. 1952.

Moser H., Neumaier F., Rauert W.: Die Anwendung radioaktiver Isotope in der Hydrogeologie, Atomenergie, Nr. 2, 1957.

Moser H., Neumaier F.: Determination of Seepage Flow under Rosshaupten Dam by Means of Radioactive Isotopes, Trans. 6. Talsperrenkongreß 1958.

Perret W. R.: Electrical Resistivity Exploration as a Complement to Boring in Deep Alluvial Deposits, Proceedings of the II. Inter. Conf. on Soil Mechanics, Vol. *VII.*, Rotterdam 1948.

Sorokin L. V., u. Mitarbeiter.: Lehrbuch der geophysikalischen Methoden zur. Erkundung von Erdölvororkommen, Berlin 1953 (Übersetzung aus dem russischen).

Svoboda K.: Geophysikalische Methoden in der Ingenieurgeologie und bei Untersuchung von Baustoffen, Bratislava 1958 (slovakisch).

II. Teil

Allgemeine Aufgaben der Ingenieurgeologie

6. Kapitel. Lösbarkeit und Gewinnbarkeit der Gesteine

6,1. Klassifizierung der Gesteine. Einen wesentlichen Teil der Ingenieurbauten bilden die Aushub- und Felsarbeiten bei der Herstellung der Geländeeinschnitte für Verkehrsbauten sowie bei der Errichtung von Baugruben. Für eine einwandfreie Planung der Aushubarbeiten, für die Aufstellung des Kostenanschlags und des Zeitplans ist es erforderlich, die Eigenschaften der Gesteine, die einen Einfluß auf ihre Lösbarkeit und Gewinnbarkeit ausüben, vorher zu kennen. Insbesondere bei Verkehrsbauten sind die Erdarbeiten der vorherrschende Faktor, und deshalb bildet eine zuverlässige Kenntnis der Gesteine in den Geländeeinschnitten die Voraussetzung für ein einwandfreies Projekt. Die Beschaffenheit des Gesteins ist oft für die Trassenführung und auch für den Termin der Baubeendingung entscheidend.

Wir müssen uns deshalb bei den geologischen Vorarbeiten mit den Fragen befassen, die mit der Lösbarkeit der Gesteine, mit ihren Eigenschaften (z. B. der Auflockerung), die beim Verladen und Transport auftreten, in Zusammenhang stehen, sowie mit allen Erscheinungen, die den Gesteinsabbau im weiteren Sinne des Wortes beeinflussen.

Zum Zwecke des leichteren gegenseitigen Vergleiches und der Beurteilung der Lösbarkeit und Gewinnbarkeit werden die Gesteine in einige Klassen unterteilt, entweder nach dem Widerstand, den diese bei der Lösung leisten, oder nach den Geräten und Hilfsmitteln, die beim Abbau Verwendung finden. Mit der Klassifizierung der Gesteine unter Berücksichtigung ihrer Eigenschaften bei der Gewinnung beschäftigten sich eine Reihe Autoren. Allgemein fand die Klassifikation, die F. Ržiha hauptsächlich für die Erfordernisse des Tunnelbaus ausarbeitete, eine breite Anwendung. Ržiha gliederte die Gesteine nach der Lösbarkeit in folgende Klassen: 1. schüttbares, 2. mit dem Spaten stechbares, 3. hackbares, 4. brüchiges, 5. leicht sprengbares, 6. schwer sprengbares, 7. sehr schwer sprengbares Gestein.

Die Unterteilung der Gesteine in 7 Stufen ist bei überwiegend von Hand ausgeführten Arbeiten begründet, aber für die Maschinenarbeit mit Baggern ist dies sehr kompliziert. Die einzelnen Stufen lassen sich bei Baggerarbeiten nicht leicht messen, und eine eingehende Klassifizierung erschwert die mit der Verrechnung verbundenen Arbeiten. Einige Betriebe führten deshalb im Kostenanschlag für Erdarbeiten nur einen einzigen Posten für den Bodenaushub auf, in die alle Gesteinsarten einbezogen waren. Die Festsetzung eines durchschnittlichen Einheitspreises ist allerdings sehr unzuverlässig, insbesondere bei umfangreicheren Erdarbeiten, denn als Berechnungsgrundlage dient in zahlreichen Fällen lediglich die Schätzung der anteilmäßigen Menge der einzelnen Gesteinsarten.

In der tschechoslowakischen Norm für Erd- und Nebenarbeiten aus dem Jahre 1935 (ČSN 1171) sind vier Klassen vorgesehen, in denen die Gesteine nach ihrer *Gewinnbarkeit* untergliedert sind. Als Maßstab der Gewinnbarkeit gilt nach der Norm der Arbeitsaufwand, den das zweckmäßigste Abbauverfahren des betreffenden Gesteins erfordert. Diese Arbeit hängt nicht nur von der Größe des Widerstandes ab, den das Gestein beim Lösen leistet, sondern auch von anderen Umständen, die einen Einfluß auf die Gewinnung ausüben, z. B. wie sich das Gestein nach dem Lösen auflockert, wie sich dieses verladen und transportieren läßt usw. Wasserhaltige tonige Böden, die an der Schaufel haften bleiben, lassen sich schlecht verladen, transportieren und entladen; diese gehören in eine höhere Klasse, als ihnen nach der Lösbarkeit zustehen würde.

Für die von Hand ausgeführten Erdarbeiten wurde die Gliederung der Norm ČSN - 1171 durch die Verordnung des Ministeriums für Sozialfürsorge aus dem Jahre 1948 ergänzt. In dieser Verordnung ist die I. Klasse in weitere 2 Gruppen unterteilt:

a) schüttbares Gestein,
b) mit dem Spaten stechbares Gestein,

und die II. Klasse in drei Gruppen:

c) leicht hackbares Gestein,
d) mittelschwer hackbares Gestein,
e) schwer hackbares Gestein.

In der Tabelle 6—I ist die Gesteinsgliederung, wie diese bei uns zur Zeit angewendet wird, übersichtlich zusammengestellt. Bei jeder Klasse sind gleichzeitig das Lösungsverfahren und die Durchschnittswerte der vorübergehenden und dauernden Auflockerung vermerkt.

Beim mechanischen Abbau der Gesteine mittels Bagger werden gewöhnlich die Gesteine der I. Klasse nicht unterteilt, und in der II. Klasse werden die Gruppen c) und d) vereinigt, so daß bei der Maschinenarbeit 5 Gruppen unterschieden werden:

I. a) b) schüttbares und mit dem Spaten stechbares Gestein,
II. c) d) leicht und mittelschwer hackbares Gestein,
II. e) schwer hackbares Gestein,
III. f) brüchiges und leicht sprengbares Gestein,
IV. g) schwer und sehr schwer sprengbares Gestein.

Bei der Maschinenarbeit wird vorausgesetzt, daß die Gesteine der Klassen III. f) und IV. g) vorher durch Sprengarbeiten gelöst wurden.

6,2. Einteilung der Gesteine nach der Gewinnbarkeit (Klassifizierung). Für die Klassifizierung der Erdarbeiten kann eine allgemeingültige Tabelle der Gesteine z. B. nach der petrographischen Zusammensetzung, nicht zusammengestellt werden, denn ein und dasselbe Gestein kann entsprechend dem Grad der Verwitterung und Klüftung in jede beliebige Klasse gehören. So gehört beispielsweise fester, unverwitterter Granit in mächtigen Bänken sicherlich in die IV. Klasse, dagegen aber stark geklüfteter Granit in die III. Klasse; zersetzten Granit (Granit-Eluvium), der den Charakter eines lehmigen Sandes aufzuweisen hat, reihen wir in die II. Klasse ein. Analoge Beispiele lassen sich auch für andere Gesteinsarten anführen. Im Böhmischen Massiv sind die Gesteine durch den Verwitterungsprozeß bis in beträchtliche Tiefe hinein verändert, insbesondere auf alten Peneplains, deren Oberfläche im Verlaufe einiger geologischer Epochen den Witterungseinflüssen ausgesetzt war. Der Grad der Verwitterung nimmt mit zunehmender Tiefe allmählich ab, und deshalb sind in der Natur die Grenzen zwischen den einzelnen Gewinnungsklassen in der Regel nur schwer zu erkennen. Bei der Klassifizierung der Gesteine können wir uns nicht ausschließlich nach den Vorschriften richten, sondern müssen neben den Eigenschaften und der Beschaffenheit des Gesteins auch andere Bedingungen berücksichtigen, die die Arbeit an jeder einzelnen Arbeitsstätte entweder erleichtern oder erschweren. Die Fälle werden bei den einzelnen Klassen behandelt.

In die I. Gewinnungsklasse gehören jene Gesteine, die, ohne aufgelockert zu werden, mit der Schaufel aufgenommen oder mit dem Spaten gestochen bzw. mit dem Pflug aufgelockert werden können. Für die von Hand auszuführenden Erdarbeiten unterscheidet die Verordnung des Ministeriums für Sozialfürsorge aus dem Jahre 1948 a) schüttbares, b) mit dem Spaten stechbares Gestein. Zum schüttbaren Gestein gehören vor allem lockere, schüttbare Sande, leichte Sandböden, lockere Ackerböden u. dgl. Zu den mit dem Spaten stechbaren Gesteinen gehören sandige Lehme, toniger Sand, Torf usw.

In die II. Gewinnungsklasse gehören hackbare Gesteine, die mit der Haue, Hacke, Spitzhacke oder auch mit Hilfe von Keilen gelöst werden müssen. Hierher gehören festgelagerte Lehme, Tone und Mergel, sandige Kiese, verschiedene steinige Böden und lehmiger Schutt, ferner stark verwitterte und dünnschichtige Gesteine des felsigen Untergrundes, leichtes Mauerwerk und verschiedene Aufschüttungen. Mit Rücksicht auf die schwierige Arbeit beim Verladen und Transport gehören hierher auch aufgeweichte Böden und Moorböden, die sonst der leichten Lösbarkeit wegen in die I. Klasse gehören würden. Für die von Hand durchzuführenden Arbeiten wird diese Klasse nach der Verordnung aus dem Jahre 1948 in c) leicht, d) mittelschwer und e) schwer hackbares Gestein unterteilt, wie bereits in der Tabelle angeführt.

Auf die Gewinnbarkeit der Oberflächenschichten üben auch die *klimatischen*

Bedingungen, d. h. die Witterung, bei der die Arbeiten verrichtet werden, einen großen Einfluß aus. So trocknen beispielsweise Tonböden während einer anhaltenden Trockenperiode an der Erdoberfläche zu einem sehr harten, scholligen Boden aus, der ohne Zuhilfenahme der Hacke nicht lösbar ist. Darauf ist bei der Eingliederung in die Gewinnungsklassen zu achten. Auch anhaltende Fröste bewirken eine Änderung der Klasseneinteilung feuchter Böden bei Arbeiten in der Winterperiode. Durchfrorene Böden bei einer Mächtigkeit der gefrorenen Schicht von mehr als 60 cm werden bis in die III. Gesteinsklasse eingereiht.

Beispiele: In die II. Klasse werden zumeist die sandigen Terrassenschotter, der Hangschutt, Lehme und Verwitterungen des felsigen Untergrundes eingereiht. Bei Verkehrsbauten in der Karpaten-Flyschzone gehören in die II. Klasse die angewitterten paläogenen Schiefer und auch der Hangschutt mit Sandsteinbruchstücken.

Die III. Gewinnungsklasse umfasst nach der Norm die festen, brüchigen und leicht sprengbaren Gesteine. Es sind dies geschichtete feste Sedimente, z. B. Sandsteine, Tonschiefer, geschichtete Kalksteine, blockförmiger Schutt und altes festes Mauerwerk, oder stark klüftiges Eruptivgestein und kristalline Schiefer. Bei der Lösung werden noch Haue und Spitzhacke benutzt, und es kann nicht ohne Zuhilfenahme von Keilen und Brechstangen gearbeitet werden. Manchmal wird das Gestein mittels Sprengstoffen gelöst. Auf größeren Baustellen werden im allgemeinen Preßluftgeräte eingesetzt.

Beispiele: In der Umgebung von Prag gehören in die III. Klasse der überwiegende Teil der ordovizischen Schiefer, Sandsteine der Kreideformation, plattige Kalksteine des Devon und Silur. Im Karpatengebiet gehören in die III. Klasse beispielsweise feste paläogene Schiefer mit Sandsteinbänken, klüftige Kalksteine, tektonisch gestörte Kalksteine der Klippenzone, Sandsteine und Schiefer des Perm, Tuffe und einige Agglomerate, soweit diese nicht allzu große Andesit- und Basaltblöcke aufweisen.

In die IV. Gewinnungsklasse gehören die schwer bis sehr schwer sprengbaren Gesteinsarten. Zu deren Lösung dienen ausschließlich Sprengstoffe und Preßluftwerkzeuge. Es gehören also in die IV. Klasse unverwitterte, massive Eruptivgesteine, soweit diese in mächtigen Blöcken oder Bänken auftreten, von den metamorphen Gesteinen Amphibolite, Granulite, Gneise und Hornsteine. Von den Sedimentgesteinen gehören hierher nur die harten Gesteine, die in mächtigen Bänken auftreten. so z. B. Quarzite, Kieselschiefer (Lydit), Hornsteine und Grauwacken. Einen Sonderfall stellen grobe Konglomerate und Agglomerate dar, soweit sich diese aus großem und hartem Geröll oder aus Blöcken zusammensetzen. Diese Gesteine sind sehr schwer gewinnbar und gehören in der Regel in die IV. Klasse, auch wenn sie vielleicht nur ein Tonbindemittel aufzuweisen haben. Konglomerate sind schwierig zu bohren, weil die Bohrer an der glatten Oberfläche des Gerölls abrutschen, in die Fugen eindringen und oftmals auch brechen. Der Wirkungsgrad der Sprengstoffe ist relativ gering, da sich bei der Sprengung nur einzelne Gesteinsbrocken lösen. Auch das Lösen verkeilter Gesteinsbrocken einzeln von Hand ist mit einem hohen Arbeitsaufwand verbunden und sehr zeitraubend. Ein Ausbruch in grobkörnigen Konglomeraten ist zumeist schwieriger als das Lösen einer zusammenhängenden Felswand.

Auf die Lösbarkeit fester Gesteine sind vor allem deren petrographische Eigenschaften, d.h. ihre mineralogische Zusammensetzung und die gegenseitige Bindung (Struktur und Textur) der einzelnen gesteinsbildenden Mineralien von Einfluß. Ferner kommen bei der Lösung auch die Lagerungsverhältnisse, die Mächtigkeit der Schichten, deren Streichen und Fallen im Hinblick auf die Form des Bodenaushubes, das Ausmaß der tektonischen Störung, die Dichte der Klüftung, die Absonderung und der Verwitterungsgrad des Gesteins zur Geltung.

Bei Sedimenten und kristallinen Schiefern überwiegt in der Regel die Trennbarkeit nach den Schichtenflächen. Diese Gesteine sind entweder dünn oder dick, platten- oder bankförmig geschichtet, die Schichten sind in der Regel quer geklüftet, so daß deren Gewinnung gewöhnlich keinerlei Schwierigkeiten bereitet.

Abb. 6—1. Bankförmige Absonderung des Granits. Steinbruch Vápenice bei Sedlčany. *(Foto Q. Záruba).*

Bei der Gewinnung von Eruptivgesteinen ist für deren Gewinnbarkeit die *Absonderung* entscheidend. Bei regelmäßiger bankförmiger (Abb. 6–1) und quaderförmiger (Abb. 6–2) Absonderung, wie wir sie bei Tiefengesteinen kennen, ist die Gewinnung leichter als bei unregelmäßigen Gesteinsbrocken und bei polyedrischer Absonderung, wo die einzelnen Gesteinsbrocken ineinander verkeilt sind. Auch die kugelige (Abb. 6–3) und blockförmige Absonderung erschwert die Gewinnung, weil nach dem Ausbruch die einzelnen Gesteinsblöcke oder die harten, kugeligen Kerne erneut

Abb. 6—2. Quaderförmige Absonderung des Granits. Elbegrund im Riesengebirge. (*Foto Q. Záruba.*)

zerschlagen oder auseinandergesprengt werden müssen. Der blockförmige Zerfall tritt häufig bei einigen Graniten, der kugelige bei Diabas und Spilit auf.

Schwierig ist auch die Gewinnung von Basalt bei säulenförmiger Absonderung (Abb. 6—4), insbesondere bei großen Abmessungen der Säulen.

Für die Beurteilung der Gewinnbarkeit fester Gesteine ist auch der Charakter der Schichtflächen und Klüfte von Bedeutung; es ist wichtig, ob diese gerade oder wellig, glatt oder höckerig, offen oder sekundär ausgefüllt sind. Werden bei der Gewinnung Sprengstoffe verwendet, dann ist es immer günstiger, wenn die Risse zumindest durch eine tonige Masse und Gesteinssplitter in natürlicher Weise abgedichtet sind. Bei offenen Klüften wird die Wirkung der Sprengstoffe verringert, die Ladung verpufft durch die Risse. Sind die Klüfte sekundär ausgefüllt und beispielsweise mit Kalkstein, Quarzit oder Limonit ausgefüllt, dann verhält sich das Gestein wie massiver Fels.

Die klimatischen Verhältnisse sind auch bei Felsausbrüchen zu beachten. In Felseinschnitten wird gewöhnlich den ganzen Winter über gearbeitet, und bei der Beurteilung der Lösbarkeit des Gesteins müssen wir uns vergegenwärtigen, daß die Bruchfeuchtigkeit des Gesteins auch im scheinbar trockenen Fels ein Anfrieren der einzelnen Steine und Blöcke untereinander bewirkt. In derartigen Fällen muß

Abb. 6—3. Kugelige Diabas-Absonderung im alten Steinbruch von Lodenice. (*Foto Q. Záruba*).

auch das stärker geklüftete Gestein anders als bei normaler Witterung bewertet werden, wo das Gestein nicht durchgefroren ist.

Die Witterungseinflüsse müssen auch dann in Betracht gezogen werden, wenn wir die Gewinnbarkeit des Gesteins nachträglich nach Ablauf eines längeren Zeitraumes beurteilen sollen, z. B. wenn wir den Charakter des Gesteins am Hang eines Einschnittes nach Ablauf der Winterperiode beurteilen. Einige Gesteine verwittern an der Oberfläche derart schnell, daß es zu Irrtümern bei ihrer Klassifizierung kommen kann.

6,3. Auflockerung der Gesteine. Bei der Untersuchung der Gewinnbarkeit der Gesteine muß man sich auch mit der Frage der Auflockerung befassen. Beim Lösen, sei es durch Graben von Hand, mittels Bagger oder durch Sprengungen, zerfällt das Gestein in kleinere Stücke, die nach dem Lösen ein größeres Volumen einnehmen als vorher das gewachsene Gestein. Diese Volumenvergrößerung wird als Auflockerung bezeichnet und ist für die verschiedenen Gesteinsarten unterschiedlich.

Je härter und massiver das Gestein ist, um so größer ist seine Auflockerung, weil beim Lösen unregelmäßige scharfkantige Bruchstücke entstehen, die sperrig sind, so daß sich zwischen ihnen große Zwischenräume bilden. Bei weicherem, rolligem Gestein entstehen beim Lösen zahlreiche kleinere Bruchstücke, durch die die Lücken zwischen den größeren Bruchstücken ausgefüllt werden, die Auflockerung ist deshalb geringer. Am wenigsten vergrößert sich das Volumen der lockeren Böden, insbesondere der Sande und sandigen Kiese mit unterschiedlicher Korngröße, weil die kleinen Körner die Lücken zwischen den größeren ausfüllen.

Wir unterscheiden eine vorübergehende und eine bleibende Auflockerung. Unter einer *vorübergehenden Auflockerung* verstehen wir die Volumenvergrößerung, die sich sogleich nach dem Lösen zeigt, beispielsweise beim Verladen und Transportieren

Abb. 6—4. Säulenförmige Absonderung des Basalts. Basaltbruch bei Kamenický Šenov. (*Foto Q. Záruba.*)

des abgegrabenen Gesteins. Während die vorübergehende Auflockerung des sandigen Kieses zumeist nicht mehr als 10 bis 15 % beträgt, erreicht die vorübergehende Auflockerung der Schiefer, die einen scherben- oder griffelartigen Zerfall ausweisen, 60 bis 90 %.[1] Die vorübergehende Auflockerung vergrößert somit das Volumen des transportierten Materials nach dessen Lösung. Da der Bodenaushub in der

[1] Die größte vorübergehende Auflockerung haben in der Umgebung von Prag einige ordovizische Schiefer, die durch einen griffelförmigen Zerfall gekennzeichnet sind. Auch paläogene Schiefer mit scherbigem Zerfall weisen zumeist eine vorübergehende Auflockerung von 60 bis 80 % auf.

Regel je m^3 Gestein im gewachsenen Zustand verrechnet wird, bedeutet eine große vorübergehende Auflockerung eine beträchtliche Erhöhung der Kubatur für den Transport und damit einen höheren Arbeitsaufwand sowie eine Erhöhung der Verlade- und Transportkosten.

Als *bleibende Auflockerung* wird die Volumenvergrößerung bezeichnet, die nach dem Absetzen des aufgeschütteten Materials gegenüber der ursprünglichen Kubatur des Gesteins vor dessen Lösung weiterhin bestehen bleibt. Beim Bau von hohen Dämmen ist eine einwandfreie Bestimmung der vorübergehenden und auch der bleibenden Auflockerung erforderlich, weil wir den Unterschied zwischen diesen Werten kennen müssen. Die Aufschüttungen müssen nämlich um diese Differenz überhöht werden, damit sie nach der Setzung die richtige Höhe aufweisen und weder eine Nachschüttung noch ein Abtragen erforderlich ist. Derartige nachträglich durchzuführende Arbeiten sind immer sehr schwierig und kostspielig, weil sich zumeist auf der Baustelle nicht mehr die bei den Hauptarbeiten verwendeten Maschinen befinden und auch keine Möglichkeit mehr für einen Massentransport gegeben ist, so daß durch die Nacharbeiten die Bauzeit wesentlich verlängert wird.

Bei einer gründlichen maschinellen Verdichtung der Aufschüttung kommt es vor, daß einige Böden (so z. B. lockere sandige Lehme, tonige Sande, Löß,) keine dauernde Auflockerung zeigen, denn diese wurden so verdichtet, daß sie nunmehr im Gegenteil ein geringeres Volumen haben als ursprünglich das Gestein im gewachsenen Zustande. Auch derartige Fälle muß man berücksichtigen.

Die annähernden Werte der Auflockerung sind in der Tabelle 6—I angeführt. Die Zahlen in der Klammer bedeuten die Werte der vorübergehenden Auflockerung, die für die einzelnen Gewinnungsklassen in der Verordnung aus dem Jahre 1948 angeführt sind.

Zum Vergleich sind in der Tabelle 6—II die Werte der Auflockerung nach N. D. Awerin angeführt, die in den Arbeitsnormen der UdSSR angewandt werden.

6,4. Messung der Gewinnbarkeit. Es wurde bisher kein geeignetes Prüfverfahren gefunden, mit dessen Hilfe es möglich wäre, die Gewinnbarkeit des Gesteins durch Zahlenwerte zu ermitteln und zu kennzeichnen. Mit dem Widerstand, den die Gesteine bei ihrer Gewinnung leisten, hat sich Ržiha eingehend befaßt und versucht, diesen zahlenmäßig auszudrücken. Er gab den zur Lösung eines Kubikmeters Gestein erforderlichen Aufwand an Arbeitskraft und Sprengstoffen in kgm an und drückte nach der Gesamtsumme den Grad der Gewinnbarkeit aus.

Zur Ermittlung der Festigkeit des Gesteins bei Erdarbeiten wurde auch das übliche Handbohrgerät verwendet; hierbei wurde der Arbeitsvorgang bei verschiedenen Gesteinen und bei unterschiedlicher Belastung des Bohrers beobachtet. Es wurden auch Versuche mit dem Einschlagen von Bohrstangen mittels eines Holzschlägels durchgeführt, und man gelangte zu einem einfachen Gerät, eigentlich zu einer kleinen Handramme, mit deren Hilfe eine 30 cm lange Stahlnadel mit einem Durchmesser von 15 mm in den zu untersuchenden Boden eingeschlagen wurde. Durch

Tabelle 6 - 1

Klasse der Gewinnbarkeit	Verordnung aus dem Jahre 1948	Gestein	Art der Lösung	Auflockerung in %	
				vorübergehend	bleibend
I	a) schüttbares Gestein	schüttbarer, lockerer Sand, lockere Ackerkrume	Schaufel	10—15	1—2
	b) mit dem Spaten stechbares Gestein	bindige Böden, sandiger Lehm, toniger Sand, Torf	Spaten, Pflug	10—15	2—4
II	c) leicht hackbares Gestein	festgelagerter Lehm, Sand mit Feinkies, Lehm mit Kies, dichter Torf	Haue, Breithacke	15—20 (18)	4—6
	d) mittelschwer hackbares Gestein	schwere Tonböden, Geröll, Moorböden, verwitterte, dünnschichtige Schiefer, zersetzte Gesteine des felsigen Untergrundes, weiches Mauerwerk, Aufschüttungen	Haue, Breithacke	15—20 (22)	4—6
	e) schwer hackbares Gestein	zähe Tone und Mergel, Grobkies, verwitterte und klüftige Gesteine des felsigen Untergrundes, weicher Sandstein und Sandmergel	Haue, Spitzhacke und Keile	20—30 (30)	6—10
III	f) brüchiges und leicht sprengbares Gestein	feste Gesteine in Schichten von geringer Mächtigkeit, feste Sandsteine, Kalksteine, Schiefer, feste stark zerklüftete Eruptivgesteine, Schutt aus großen Felsbrocken, gefrorener Boden	Haue, Spitzhacke, Keile, Brechstangen, Druckluftwerkzeuge, Sprengstoffe	30—40 (37)	10—20
IV	g) schwer und sehr schwer sprengbares Gestein	unverwitterte, harte Eruptivgesteine, z. B. Granit, Diorit, Diabas, Basalt, Andesit, massive kristalline Schiefer, Amphibolit, Granulit, harte Sedimentgesteine, in mächtigen Bänken Quarzite, Konglomerate	Druckluftwerkzeuge, Sprengstoffe, Keile, Schlägel, Brechstangen	40—90	20—30

die Anzahl der für das Einschlagen der Nadel bis zu einer Tiefe von 30 cm erforderlichen Schläge wurde die Festigkeit des untersuchten Gesteins ausgedrückt (A. Kumm 1934; K. H. Kripner 1937). Aus den Meßwerten kann man auf die Lösbarkeit des Gesteins schließen, allerdings läßt sich das Verfahren nur bei solchen Gesteinsarten anwenden, in die die Nadel eingeschlagen werden kann. Für steinige und kiesige Böden

Tabelle 6 - II

Klasse	Gestein	Auflockerung in %	
		vorübergehend	bleibend
I	sandige Böden	8—17	1—2,50
II	Torf, Ackerkrume	20—30	3—4
	sandige Tonböden	14—28	1,5—5
III	Tonböden	24—30	4—7
IV	schwere Tone	26—32	6—9
	Mergel, Sandmergel	33—37	11—15
V	steinige Böden	30—45	10—20
VI	Gesteine des felsigen Untergrundes	45—50	20—30

ist die Nadel nicht sehr geeignet, weil die Ergebnisse sehr unterschiedlich sind, je nachdem, ob man beim Einschlagen des Stabes auf größere Steine stößt oder in die Zwischenräume derselben eindringt. Für die Anwendung in der technischen Praxis fehlt bisher eine systematische Beobachtung zum Vergleich und zur Beurteilung der Meßwerte.

Für die Unterscheidung der festen Gesteine der III. und IV. Klasse können die Bohrbarkeitsversuche einen bestimmten Maßstab bieten. Ein Mangel dieser Bohrbarkeitsversuche und auch aller vorausgegangenen Versuche besteht darin, daß wir mit deren Hilfe nur die Kohäsion und die Lösbarkeit des Gesteins, jedoch keineswegs die gesamte Gewinnbarkeit bewerten können. Deshalb können wir diese Messungen nur als Hilfsmittel zur Bestimmung einer der Eigenschaften betrachten, die auf die Gewinnbarkeit vom wesentlichen Einfluß sind, wobei diese nicht immer entscheidend sein müssen.

6,5. Prüfung der Bohrbarkeit. Die Bohrbarkeit der Gesteine war Gegenstand zahlreicher Studien in der zweiten Hälfte des vorigen Jahrhunderts. Mit dieser Frage hat sich Ržiha eingehend befaßt, der als Maß der Bohrbarkeit den für das

Ausbohren von 1 cm^3 Bohrung erforderlichen Arbeitsaufwand in kgm einführte. Die von ihm für verschiedene Gesteine angegebenen Durchschnittswerte der Bohrbarkeit liegen im allgemeinen ziemlich hoch, weil er diese von Versuchen mit einem kleineren Bohrdurchmesser (25 bis 30 mm) ableitete. An die Arbeit von Ržiha knüpfte Rosiwal an, der die Bohrbarkeit im Laboratorium an Proben verschiedener Gesteinsarten ermittelte. Auf Grund von Versuchen mit Meißeln verschiedener Durchmesser ermittelte er Beziehungen zwischen der Bohrbarkeit des Gesteins und dem Durchmesser der Bohrung.

Zu Vergleichsprüfungen der Bohrbarkeit können auf der Baustelle auch die üblichen Typen der Bohrhämmer verwendet werden. Die Bohrbarkeit können wir als Bohrgeschwindigkeit in cm pro Minute ausdrücken, allerdings müssen Bohrer eines bestimmten Durchmessers und des gleichen Typs verwendet werden. Wenn wir die Leistung des Bohrhammers in kgm/min. kennen, dann können wir nach Ržiha die Bohrbarkeit durch den Arbeitsaufwand in kgm/cm^3 Bohrung ausdrücken, oder die Bohrbarkeit des Gesteins kann durch die für das Ausbohren eines Bohrmeters erforderliche Anzahl von Minuten angegeben werden; es ist dies ein in der Sowjetliteratur angeführtes Verfahren.

Zur schnellen Beurteilung eines Gesteins hat sich die Prüfung der Bohrbarkeit gut bewährt, allerdings dient dieser Versuch nur zur allgemeinen Information. Wir können nämlich nur schwer eine einheitliche Durchführung sicherstellen und nicht alle das Ergebnis beeinflußende Faktoren kontrollieren. Die Leistung des Bohrhammers hängt von dem Betriebsdruck der Preßluft in der Rohrleitung ab. Ein Leistungsrückgang des Bohrhammers bei geringerem Druck wird dadurch bewirkt, daß die Schläge der einzelnen Bohrmeißel weniger kräftig sind, sowie auch dadurch, daß sich die Anzahl der Schläge in der Minute verringert. Ferner wäre es erforderlich, die gleichen Abmessungen — die Schneidenform und die Qualität des Bohrmeißels sowie die Kraft, die den Bohrhammer in der Bohrung festhält — sicherzustellen. Es muß auch in Betracht gezogen werden, daß bei der Arbeit in weichen Gesteinen der Verschleiß der Bohrer geringer ist, wogegen in harten Gesteinen die Schneide des Bohrers bereits nach kurzer Bohrzeit abgestumpft ist und die Bohrer des öfteren ausgewechselt werden müssen.

Wegen dieser Mängel werden Prüfungen der Bohrbarkeit für Zwecke der wissenschaftlichen Untersuchung der Gesteine vorläufig nicht angewendet. Für die Anwendung in der üblichen Praxis reicht deren Genauigkeit jedoch aus, und im Hinblick auf ihre einfache Durchführung können diese zu einer einwandfreieren Klassifizierung der festen Gesteine wesentlich beitragen.

In der Tabelle 6—III sind einige Versuchsergebnisse der Bohrbarkeit der charakteristischen Gesteine unserer Baustellen angeführt.

Bei den Versuchen wurde zunächst ein Bohrhammer älteren Typs Flottmann AN 55 mit doppelter, 44 mm breiter Meißelschneide verwendet. Weitere Versuche wurden mit den Bohrhämmern Typ Flottmann AT 18 und Vítkovice FDLK 60 durchgeführt. Gebohrt wurde senkrecht zu den Schichten, und die Bohrtiefe wurde

TABELLE 6 - III

Nr.	Gestein	Ort	Bohrhammer	⌀ der Bohrung in mm	Bohrgeschwindigkeit in cm/min	Arbeitsaufwand je cm^3 Bohrung in kgm
1	Basalt	Linz	AN 55	50	2,3	31,0
2	Amphibol—Granodiorit	Požáry	AN 55	40	4,8	23,6
3	harter Orthogneis	Ostrov n/Osl.	EDLK 60	40	6,4	19,6
4	fester Granit	Dolní Hamry	EDLK 60	44	6,0	18,7
5	Drabover Quarzit	Tunnel Praha-Vinohrady	AT 18	40	8,6	15,8
6	grobkörniger Granit	Vatín bei Žďár	EDLK 60	40	9,4	14,4
7	Guttensteiner Kalkstein	Harmanec	AN 55	44	7,2	12,7
8	Quarzsandstein, Perm	Ulmanka	AN 55	44	8,2	11,2
9	Kalkstein (Devon)	Lodenice	AN 55	40	10,0	11,1
10	dichter Dolomit (Trias)	Harmanec	AN 55	44	10,5	8,8
11	Plattenkalk (Neokom)	Ulmanka	AN 55	44	12,0	7,8
12	tektonisch gestörter Orthogneis	Ulmanka	AN 55	44	12,4	7,4
13	grobkörniger Sandstein (Verrucano, Perm)	Ulmanka	AN 55	44	14,0	6,6
14	verwitterter klüftiger Granit	Obřany	AT 18	40	24,0	5,6
15	schieferiger Sandstein (Perm)	Ulmanka	AN 55	44	19,2	5,0
16	verwitterter Gneis	Ulmanka	AN 55	44	20,5	4,5
17	feste ordovizische Tonschiefer	Tunnel Praha-Vinohrady	AT 18	40	30,5	4,4
18	ordovizischer Tonschiefer	Tunnel Praha-Vinohrady	AT 18	40	36,0	3,8
19	Tonschiefer (Perm)	Ulmanka	AN 55	44	28,0	3,3

jeweils nach zwei Minuten bei einem Normaldruck von 5 atü gemessen. Die in der Tabelle angeführten Ergebnisse stellen die Durchschnittswerte aus 6 bis 10 Messungen dar, bei jeder Bohrung wurden hierbei neu angeschärfte Bohrmeißel verwendet.

In der Spalte 7 ist die Bohrbarkeit der einzelnen Gesteinsarten nach Ržiha als der für das Ausbohren von 1 cm^3 Bohrung erforderliche Arbeitsaufwand in kgm ausgedrückt. Es erscheint zweckmäßig, die Bohrbarkeit des Gesteins durch diesen Wert auszudrücken, weil der Bohrdurchmesser berücksichtigt wird und die Möglichkeit besteht, die mit verschiedenen Bohrhämmern ermittelten Ergebnisse, sofern wir deren Leistung kennen, zu vergleichen.

Wenn wir die in der Tabelle angeführten Werte der ermittelten Bohrbarkeit vergleichen, so läßt sich feststellen, daß die Widerstandsfähigkeit der Gesteine beim Bohren im großen und ganzen der Druckfestigkeit proportional ist. Je fester das Gestein ist, um so höher ist dessen Bohrbarkeit. Hierbei wirken sich insbesondere die Härte und Größe der einzelnen mineralischen Bestandteile sowie ihre gegenseitige Bindung aus. Es ist natürlich, daß Granite, Basalt und Quarzit in der Tabelle mit einem ziemlich hohen Wert der Bohrbarkeit an den ersten Stellen stehen, daß dagegen bei geklüftetem Schiefer und angewitterten Gesteinen die Bohrbarkeit bedeutend geringer ist. Die Grenze zwischen den Gewinnungsklassen III und IV liegt nach den praktischen Erfahrungen bei einer Bohrbarkeit von etwa 7 bis 8 kgm/cm^3, sofern es nicht erforderlich ist, andere, bereits früher angeführte Umstände und Eigenschaften der Gesteine, die die Klassifizierung beeinflussen, in Betracht zu ziehen. Diesem Wert würde eine Bohrgeschwindigkeit von 12 bis 14 cm/min bei Verwendung des alten Bohrhammers Typ Flottmann AN 55 und eine Bohrgeschwindigkeit von etwa 14 bis 16 cm/min bei Verwendung der Bohrhämmer Typ AT 18 und Vítkovice EDLK 60 entsprechen, bei einem Betriebsdruck von 5 atü und unter Verwendung einer doppelten Meißelschneide mit einem Durchmesser von 44 mm. Nach diesem Kriterium würden die Gesteinsarten Nr. 1 bis 10 der Tabelle in die *IV.* Klasse, die Gesteine Nr. 11 bis 18 in die *III.* Klasse gehören; dies entspricht der üblichen Praxis. Die in der Tabelle angeführten tektonisch gestörten Orthogneise, der klüftige Granit (*14*), die schieferigen Sandsteine (*15*) und auch die Tonschiefer wurden in die *III.* Klasse eingereiht. Obgleich die Bohrbarkeit der Plattenkalke des Neokom (*11*) ziemlich hoch war (7,8 kgm/cm^3), wurden diese gleichfalls nur in die *III.* Klasse eingruppiert, weil sie in Bänken mit einer Dicke von nur 8 bis 12 cm auftreten.

Die neue Klassifizierung der Gesteinsarten der Akademie der Wissenschaften der UdSSR berücksichtigt bei den 16 Klassen der Lösbarkeit auch die Bohrgeschwindigkeit. Diese Klassifizierung ist hauptsächlich für die Anwendung im Bergbau und beim Tunnelbau aufgestellt.

6,6. Einteilung der Gesteine nach Gewinnbarkeit in Profilen. Bei der Aufgliederung der gesamten Kubatur der Erdarbeiten in Gesteinen bestimmter Gewinnungsklassen kann auf verschiedene Art und Weise vorgegangen werden.

Gewöhnlich wird die Grenze der einzelnen Gewinnungsklassen in die Querprofile eingezeichnet und durch Planimetrierung der entsprechenden Flächen die Menge einer jeden Klasse bestimmt. Handelt es sich um einzelne Bänke oder Schichten, dann wird die Kubatur des Felsgesteins unmittelbar nach den Umrissen berechnet; bei verstreut liegenden Bänken und Blöcken läßt die Norm eine Flächenverteilung nach dem in geeigneter Weise aus dem gesamten Bodenaushub bestimmten Prozentsatz zu.

In Abb. 6—5 ist das Querprofil des Einschnittes für einen Bahnhof in der Mittelslowakei dargestellt, in dem die Aufteilung der

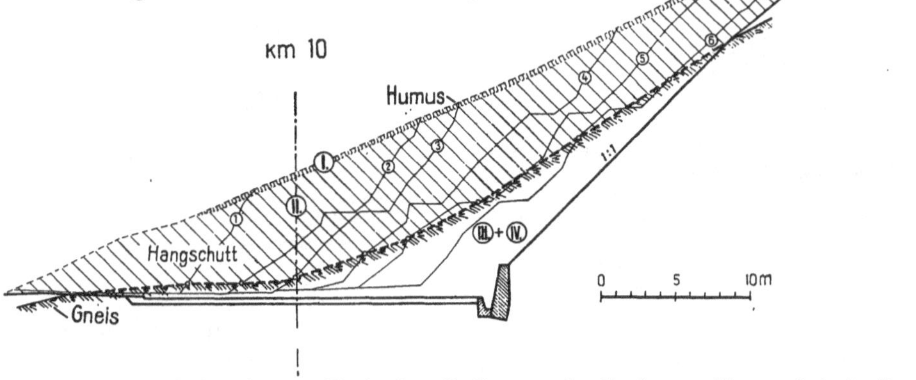

Abb. 6—5. Beispiel eines Querprofils, in dem die Grenzen der Gewinnungsklassen fortschreitend nach den Messungen in den einzelnen Arbeitsetappen eingezeichnet sind.

Gewinnungsklassen der Wirklichkeit entsprechend eingezeichnet ist. Die Humusschicht (*I.* Gewinnungsklasse) wurde bei der Aufnahme nach der Fläche und Tiefe der Schicht vermessen. Die Grenze zwischen dem tonigen Hangschutt (Gewinnungsklasse *II*) und dem Gneis (Gewinnungs- klasse *III* und *IV*) wurde fortschreitend nach der Vermessung in den einzelnen Arbeitsperioden in die Profile eingetragen. In den Einschnitten mit unregelmäßigen Lagerungsverhältnissen wurden die Gesteine der *IV.* Gewinnungsklasse in Prozenten der gesamten Menge der *III.* Gewinnungsklasse bestimmt. An einigen Stellen, wo die festen Gneise den überwiegenden Teil des Bodenaushubes bildeten, wurde deren Kubatur durch direkte Vermessung und Verrechnung ermittelt.

In Schichtenfolgen, in denen die Gesteine verschiedener Gewinnungsklassen wechseln, ist für die Berechnungsmethode in der Regel die Schichtenrichtung maßgebend. Wenn der Einschnitt senkrecht zur Schichtenrichtung geführt wird, dann können Querprofile zur Berechnung der einzelnen Klassen nicht gut verwendet werden; es müßte durch das Profil jede Bank erfaßt werden, damit das Ergebnis richtig ist und der Wirklichkeit entspricht. In diesem Falle ist in der Weise zu verfahren, daß in einem übersichtlichen Maßstab die Ansicht der Längswand der Arbeitsstelle eingezeichnet und darin die verschiedenen Gesteinsarten gekennzeichnet werden. Aus dem Verhältnis der einzelnen Flächen können die Gesteinsmengen der *III.* und *IV.* Gewinnungsklassen (Abb. 6—6) bestimmt werden.

Zur Berechnung der Kubaturen der einzelnen Gewinnungsklassen können Querprofile verwendet werden, wenn der Einschnitt parallel zur Schichtenrichtung verläuft; in die Profile werden fortschreitend die Lage und Mächtigkeit der harten Schichten eingezeichnet. In Abb. 6—7 ist Querprofil des Bodenaushubes einge-

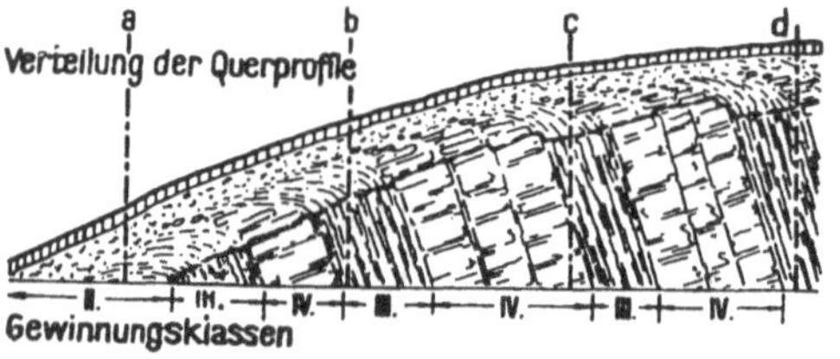

Abb. 6—6. Ansicht der Längswand der Arbeitsstelle bei quer zum Einschnitt verlaufender Richtung der Schichten. Zur Berechnung der Kubatur der verschiedenen Gewinnungsklassen können nicht die Querprofile benutzt werden.

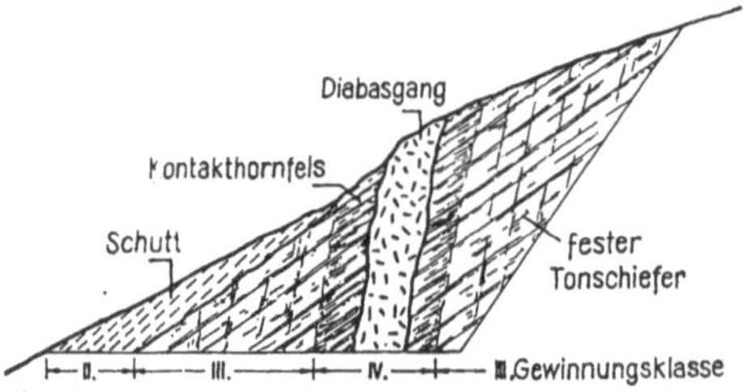

Abb. 6—7. Der Diabasgang durchschneidet die Tonschiefer parallel zur Richtung des Bodenaushubes. Die Querprofile können zur Berechnung der Kubatur der einzelnen Gewinnungsklassen benutzt werden.

zeichnet, in dem annähernd gleichlaufend zur Achse ein harter Diabasgang (*IV.* Gewinnungsklasse) die festen Tonschiefer (*III.* Gewinnungsklasse) durchschneidet. In die *IV.* Gewinnungsklasse gehören auch die Schiefer in der Nachbarschaft des Ganges, sofern diese durch Kontaktmetamorphose verfestigt sind. Da der Gang in einigen Profilen erfaßt und vermessen wurde,kann die Kubatur der *IV.* Gewinnungsklasse aus den Querprofilen berechnet werden.

6,7. Vorausbestimmung der Gewinnbarkeit des Gesteins. Die Bewertung der Lösbarkeit und die richtige Bestimmung der Gewinnbarkeit des Gesteins gehören zu den wichtigen Aufgaben der Vorarbeiten und der geologischen Erkundung. Von der zuverlässigen Vorausbestimmung dieser Eigenschaften des Gesteins hängen die Wahl des Arbeitsverfahrens, die Planung der maschinellen Ausrüstung der Baustelle und die Festlegung des Termins zur Ausarbeitung der Teilabschnitte ab. Deshalb liegt es im Interesse des Investträgers und ist es Pflicht des Projektanten, daß die Baustelle in einem solchen Umfang geologisch erkundet wird, daß eine zuverlässige Beantwortung der die Gewinnbarkeit des Gesteins betreffenden Fragen möglich ist.

Bohrungen und Schürfe geringerer Ausmaße eignen sich nur wenig zur Bestimmung der Gewinnbarkeit des Gesteins. Daher haben sich Schürfgräben gut bewährt, mit denen die erforderlichen Eigenschaften des Gesteins zuverlässig ermittelt werden können, denn diese bieten hierfür einen größeren Raum und ein längeres, zusammenhängendes Profil. Schürfgräben brauchen nicht bis zur Sohle des künftigen Einschnittes herabgeführt zu werden. Stößt man bei der Bohrung auf Gestein des felsigen Untergrundes, dann genügen in der Regel eine Beseitigung der Verwitterungsdecke und ein Aufschluß des gesunden Felsens. Nach dem Niederbringen und Sprengen einiger Bohrlöcher oder nach dem Wegbrechen des festen Gesteins bis zu einer Tiefe von etwa 1 m können wir schon mit ziemlicher Sicherheit dessen Eigenschaften und Gewinnbarkeit bewerten. Am besten läßt sich der Grad der Gewinnbarkeit des Gesteins durch Vergleich mit Gesteinsarten ähnlicher Eigenschaften, deren Gewinnbarkeit wir bereits von anderer Seite her kennen, bewerten. Es ist deshalb erforderlich, durch die Bohrungen die petrographische Zusammensetzung und den Verwitterungsgrad des Gesteins, das Streichen und Fallen der Schichten, die Dichte und die Hauptrichtungen der Klüfte sowie alle Umstände, die auf die Gewinnbarkeit Einfluß haben, zu ermitteln und einzeln zu vermerken. Sodann ist es möglich, die Gewinnbarkeit des Gesteins auf der neuen Baustelle mit der eines ähnlichen Gesteins zu vergleichen, das wir bereits von einer anderen aufgeschlossenen Arbeitsstelle, beispielsweise aus einem Steinbruch oder von einer früheren Baustelle her kennen. Handelt es sich um ein in dieser Hinsicht unbekanntes Gestein und ist auch kein Vergleich mit analogen älteren Fällen möglich, dann bleibt nichts anderes übrig, als Versuchsarbeiten zur Bewertung der Gewinnbarkeit im großen Maßstab, beispielsweise durch Aufschluß eines Steinbruches, durchzuführen.

Die Ergebnisse der Bohrungen und der geologischen Erkundungen werden gewöhnlich in die Längsprofile eingezeichnet, wobei neben der Gesteinsart auch die Gewinnungsklasse vermerkt wird. Derartige Profile sind sehr übersichtlich, allerdings können diese im voraus nur dann aufgestellt werden, wenn das Gelände ordnungsgemäß erkundet und die Gewinnbarkeit der Gesteine sorgfältig untersucht wurde; andernfalls ist es besser, zusammenhängende Profile dieser Art nicht zu zeichnen, denn es könnte leicht geschehen, daß das eingezeichnete Bild von den wirklichen Verhältnissen stark abweicht.

Benutzte und ergänzende Literatur zum 6. Kapitel

Awerin N. D.: Der Steinbruchbetrieb, Moskau 1953.

Аверин Н. Д.: Карьерное хозяйство, Москва 1953.

ČSN 1171 Norm für Erd- und Nebenarbeiten, Prag 1935.

Keil K.: Die Gewinnbarkeit der Fels- und Lockergesteine, Ingenieurgeologie und Geotechnik, Halle 1954.

Kripner K. H.: Beitrag zur Kennzeichnung einiger Festigkeitseigenschaften von Böden verschiedenen geologischen Alters, Geologie und Bauwesen, Wien 1937.

Kumm A.: Über Festigkeitsuntersuchungen mit Hilfe des geologischen Handbohrgerätes, Geologie und Bauwesen, Wien 1934.

Rosiwal A.: Beitrag zur Kenntnis der Bohrfestigkeit der Gesteine, Zeitschrift des Österr. Ing.- u. Arch.-Vereines, Wien 1890.

Ržiha F.: Üder die Bohrfestigkeit der Gesteine, Zeitschrift des Österr. Ing.- u. Arch.-Vereines, Wien 1888.

Ržiha F.: Die Gewinnungsfestigkeit der Erz- und Felsmassen in Einschnitten, Zentralblatt der Bauverwaltung, Wien 1889.

Scheidig A., Leussink H.: Die Bodeneinteilung in den technischen Vorschriften für Erdarbeiten, Bautechnik 1939.

Záruba Q.: Bestimmung der Gewinnbarkeit des Gesteins. Zprávy veřejné služby technické (Bericht des Öffentl. Techn. Dienstes), Prag 1941 (tschechisch).

7. Kapitel. Baugrunduntersuchung

7,1. Aufgaben der Baugrunduntersuchung. Die auf den Oberflächenschichten errichteten Ingenieurbauten bewirken an diesen zahlreiche Veränderungen, die auf das Bauwerk selbst von Einfluß sind. Es sind dies nicht nur statische Veränderungen, wie die Zusammendrückung des Baugrundes, sondern auch Einwirkungen anderer Art; z. B. verändert sich durch systematisches Abpumpen die chemische Zusammensetzung des Grundwassers. Nicht nur das fertiggestellte Bauwerk, sondern häufig auch die Bauausführung, insbesondere die offene Baugrube, können Veränderungen hervorrufen. Die Untersuchung dieser Probleme im Zusammenhang mit der Gründung des Bauwerks ist Aufgabe der Ingenieurgeologie. Bei der Bauwerksgründung müssen allerdings mehrere Forderungen erfüllt werden; an dieser Stelle soll jedoch nur denjenigen Beachtung geschenkt werden, die in den Arbeitsbereich der Ingenieurgeologie gehören.

Je nach ihrer Wichtigkeit können die Forderungen wie folgt unterteilt werden:

a) Untersuchung der *Standsicherheit* des Baugeländes. — Im wesentlichen geht es darum, ob das Gelände im gegenwärtigen Zustande standfest ist und ob die Standsicherheit durch die Errichtung des Bauwerks oder die Bauarbeiten nicht beeinträchtigt wird. Diese Aufgabe muß vorrangig gelöst werden, denn die technischen und wirtschaftlichen Folgen einer Rutschung sind groß, und oftmals ist es erforderlich, auf dem vorgesehenen Standort von der Errichtung des Bauwerks überhaupt Abstand zu nehmen.

   Den Rutschungen sind das 8. Kapitel und der Abschnitt 10,4 dieses Buches gewidmet, die Frage ist deshalb nicht Gegenstand dieses Kapitels.

b) Untersuchung der *Tragfähigkeit des Baugrundes.* Unter der Tragfähigkeit des Baugrundes ist die Belastung zu verstehen, die auf den Baugrund einwirken kann, ohne daß es zu einem Herauspressen des gestörten Bodens unterhalb der Fundamentkonstruktion kommt. Ein Überschreiten der Tragfähigkeit führt in der Regel zu schwerwiegenden Störungen des Bauwerks. Bei der geologischen Voruntersuchung begnügt man sich in der Regel damit, die Eigenschaften der Gesteine qualitativ zu bewerten und die Grundwasserverhältnisse zu ermitteln. Bei der eingehenden geologischen Untersuchung wird sodann die Tragfähigkeit des Baugrundes mittels bodenmechanischer Methoden bestimmt. Hierfür ist es hauptsächlich erforderlich, die Festigkeit der Baugrundschichten und die Höhe des Grundwasserspiegels unterhalb der Gründungssohle zu bestimmen.

c) Untersuchung der *Setzung des Baugrundes* und damit auch der Bauwerkssetzung. Man muß die durch das Eigengewicht der Konstruktion und deren Betriebsbelastung, ferner durch den Einfluß der benachbarten Objekte und durch die Veränderung des Grundwasserspiegels bewirkte Setzung bestimmen. Bei den einzelnen Bauwerkstypen und den verschiedenen Arten des Baugrundes hat dieses Problem unterschiedliche Bedeutung. Bei einigen Arten des Baugrundes ist die Deformation so geringfügig, daß es gar nicht erforderlich ist, sich mit ihr zu befassen (Gesteine des felsigen Untergrundes, dichtgelagerte sandige Schotter); bei anderen muß man die Setzung sorgfältig mit Hilfe bodenmechanischer Verfahren untersuchen. Durch die Baugrunduntersuchung ist hauptsächlich die Zusammendrückbarkeit des Baugrundes zu bestimmen.

Von besonderer Wichtigkeit bei der Lösung des Setzungsproblems ist die Frage der *Heterogenität* des Baugrundes innerhalb des Grundrisses des Bauwerks, denn sie führt zu größeren *Setzungsunterschieden* der einzelnen Bauwerksteile. Da dieses Problem mit der Genesis des Baugrundes zusammenhängt, wird bei der Beschreibung der einzelnen Schichten des Baugrundes darauf aufmerksam gemacht, welche Gefahr besteht, wenn der Baugrund nicht homogen ist.

Die Setzung des Baugrundes und die Tragfähigkeit stellen die Grundlage zur Bestimmung der *zulässigen Beanspruchung des Baugrundes* dar. Die zulässige Beanspruchung darf deshalb zwei Werte nicht überschreiten: den durch die Tragfähigkeit gegebenen Wert, geteilt durch den Sicherheitskoeffizienten, der bei den meisten Bauwerken 2 bis 3 beträgt, ferner den durch die zulässige Setzung des Bauwerks gegebenen Wert. Diese beiden Faktoren, aus denen die zulässige Beanspruchung des Baugrundes hervorgeht, muß man sich stets vor Augen führen und sich auch vergegenwärtigen, daß die zulässige Belastung keine eindeutige Zahl darstellt, die allein durch die Eigenschaften des Baugrundes gegeben ist, sondern auch vom Charakter des Bauwerks, insbesondere von der zulässigen Setzung, die das Bauwerk ohne Beschädigung verträgt, abhängig ist.

Unter einfachen geologischen Verhältnissen und bei nicht so bedeutenden Bauten kann die zulässige Beanspruchung des Baugrundes nach den Erfahrungen, die in den *Normen* enthalten sind, bestimmt werden. In komplizierten Fällen und bei Großbauten ist es erforderlich, die *Tragfähigkeit* und *die Setzung* des Baugrundes mit den Verfahren der Bodenmechanik zu ermitteln. Dabei müssen die Festigkeit des Baugrundes, die Höhe des Grundwasserspiegels und die Zusammendrückbarkeit der Schichten bestimmt werden.

d) Untersuchung der Höhenlage und des Charakters des *Grundwasserspiegels* auf dem Baugelände. — Dieses Problem ist deshalb sehr wichtig, weil es auf den Kostenaufwand und die Gesamtlösung des Bauwerks von wesentlichem Einfluß ist und seine große Bedeutung manchmal unterschätzt wird. Deshalb wird eine zuverlässige Klarstellung dieses Problems bereits bei der geologischen Voruntersuchung angestrebt.

e) Einfluß der *Witterungsverhältnisse* auf den Baugrund. — Es handelt sich um die Einwirkungen des Frostes und die durch Austrocknung der Gesteine bewirkten Volumenveränderungen. In der Regel ist hier keine besondere Untersuchung erforderlich, und es genügt, die Art des Baugrundes und die Höhe des Grundwasserspiegels festzustellen.

f) Einfluß der *seismischen* Einwirkungen auf die Bauwerke. — Der Grad der Beeinträchtigung durch seismische Einwirkungen wird nach den in den einzelnen Staaten vorhandenen Karten der Erdbebengebiete beurteilt. In der ČSSR wurde eine Karte der durch Erdbeben gefährdeten Gebiete von A. Dvořák (1958) neu aufgestellt.

g) Einfluß *des Bergbaus* auf die Bauwerke. — Dieses Problem hängt mit Bergarbeiten eng zusammen und wir berühren des weiteren nur einige Punkte, welche spezielle Bedeutung für den Zweck unseres Buches haben.

h) Weitere Probleme sind mit *der Bauausführung* verbunden. — Sie betreffen die Standsicherheit der Hänge oder der Baugrundsohle und die Entwässerung der Baugrube. Bei der Lösung dieser Probleme können Schwierigkeiten auftreten, die wesentliche wirtschaftliche und technische Folgen nach sich ziehen und zu Terminverzögerungen führen. Es kann daher vorkommen, daß solche bautechnologischen Fragen ein Hauptproblem darstellen. Der Ingenieurgeologe ist daher verpflichtet, die mit dem Bauablauf zusammenhängenden Anweisungen zu geben.

Das Ausmaß der geologischen Untersuchung wird von der Kompliziertheit der geologischen Verhältnisse, von der Gleichmäßigkeit des geologischen Baues, den morphologischen Verhältnissen des Baugeländes und von der Art des Bauwerks, insbesondere von seiner Größe und seiner Bedeutung abhängig sein. Hierbei muß man sich vergegenwärtigen, daß es sich nicht nur darum handelt, eine richtige Vorstellung von den Verhältnissen in der Ebene der Gründungssohle zu erhalten, sondern auch von den Verhältnissen in den Tiefen, in die die statische Wirkung der Belastung hineinreicht. Die Baugrunduntersuchung beschränkte sich manchmal nur darauf, Schürfgruben bis zur Ebene der Gründungssohle auszuheben. An der Sohle der Schürfgruben wurden sodann Probebelastungen durchgeführt oder ungestörte Proben zur laboratoriumsmäßigen Untersuchung entnommen. Dies reicht dort nicht aus, wo sich unterhalb der Gründungen Schichten befinden (insbesondere zusammendrückbare unverfestigte Sedimente), die den durch die Einwirkung der Bauwerkslast hervorgerufenen Veränderungen unterworfen sind. Man muß sich vor Augen halten, daß sich die Bauwerkslast unterhalb der Fundamente auch nach den Seiten hin ausdehnt, so daß sich die durch die Bauwerkslast hervorgerufene Vertikalspannung mit zunehmender Tiefe verringert; die Wirkung reicht jedoch um so tiefer, je größeren Umfang das Bauwerk hat.

In der Abb. 7—1 sind die Linien der gleichen Vertikalspannungen (die sog. Isobaren) in einem durch eine kreisförmige Gründungsplatte belasteten ideal-elastischen Körper eingezeichnet. Hieraus ist zu ersehen, daß noch in einer dem dreifachen Halbmesser dieser Gründungsplatte entsprechenden Tiefe der vertikale Druck ein Fünftel des Druckes auf der Gründungsplatte beträgt. Beim Streifenfundament wird die Bauwerkslast in eine noch größere Tiefe übertragen (Abb. 7—2), so daß sich erst in einer der dreifachen Breite entsprechenden Tiefe die Spannung auf zwei Zehntel verringert. Die Spannungsverhältnisse im Baugrund kann man nicht vollkommen mit den Spannungsverhältnissen im elastischen Halbraum, wie ein solcher elastischer Körper genannt wird, identifizieren. Trotzdem ist hieraus zu ersehen, daß die Einwirkung der Belastung um so mehr berücksichtigt werden muß,

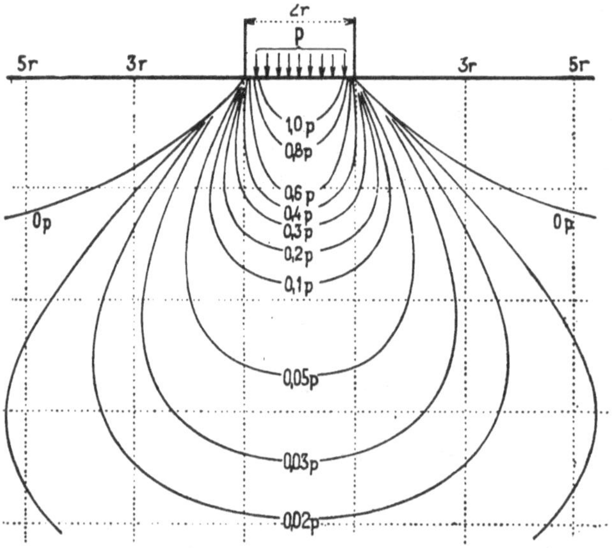

Abb. 7—1. Isobaren unterhalb der kreisförmigen Gründungsplatte.

je ausgedehnter die Fundamente sind und je größer deren Belastung ist. Selbstverständlich kommt es auch darauf an, in welcher Tiefe man auf festes Gestein des felsigen Untergrundes stößt.

Zeitliche Bewältigung der Aufgabe. — Bei ordnungsgemäß geplantem Ablauf wird die Baugrunduntersuchung in der Weise durchgeführt, daß sie bereits bei der Aufstellung der Baupläne verwertet werden kann.

Die Voruntersuchung muß bereits abgeschlossen sein, wenn die Planung für die Einzelobjekte vorgenommen wird. Grundsätzlich muß man bereits in diesem Zeitabschnitt der Projektvorbereitung die Möglichkeiten und die Art der Gründung der Teilkonstruktionen in Betracht ziehen.

Die eingehende Untersuchung soll rechtzeitig vor der Ausführung des technischen Projektes und der Ausarbeitung der Baupläne in Angriff genommen werden. Für die notwendige Vorbereitung der Aufschlußarbeiten, für den Transport der Bohranlagen zur Baustelle sowie für die Bohrungen selbst und deren Auswertung sind mindestens einige Wochen, bei größerem Umfang der Arbeiten einige Monate erforderlich. Auch für die laboratoriumsmäßigen Untersuchungen der Proben nach den Verfahren der Baugrundmechanik müssen einige Wochen eingeplant werden. Bereits der Drucksetzungsversuch im Ödometer nimmt mindestens 10 Tage in Anspruch, und es ist nicht anzunehmen, daß das Laboratorium gerade frei ist, um sofort mit den Versuchen beginnen zu können. Probebelastungen auf der Baustelle mit der notwendigen Vorbereitung der Prüfanlage erfordern noch mehr Zeit. So sollte beispielsweise die Probebelastung von Pfählen in tonigem Untergrund mindestens einen Monat dauern. Auch die Auswertung der Bohrarbeiten und der laboratoriumsmäßigen Versuche nehmen einige Wochen in Anspruch. Es ist deshalb

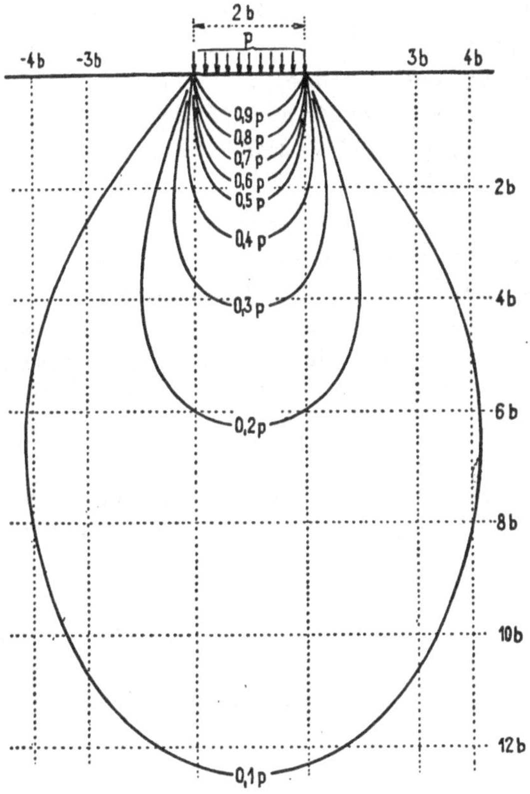

Abb. 7—2. Isobaren unterhalb des Gründungsstreifens.

wichtig, daß für die Untersuchungsarbeiten im Zeitplan ausreichend Zeit vorgesehen ist, damit diese Arbeiten rechtzeitig abgeschlossen und sorgfältig ausgewertet werden können. Nur dann können die Ergebnisse der Erkundungsarbeiten bei der Projektierung und bei der Berechnung der Fundamentkonstruktionen in vollem Umfange verwertet werden.

Ein neues wissenschaftliches Fachgebiet, die *Bodenmechanik*, übernahm die Untersuchung der physikalischen Eigenschaften des Baugrundes. Ihre starke Aufwärtsentwicklung in den letzten drei Jahrzehnten trug wesentlich zur Erweiterung unserer Kenntnisse bei. So konnten die mechanischen Abhängigkeiten mit Hilfe von mathematischen Beziehungen und Zahlenwerten ermittelt werden. Die geologische Untersuchung des Baugrundes und die Bodenmechanik müssen eng zusammenarbeiten, da sich beide Fachgebiete gegenseitig ergänzen. Durch die geologischen

Verfahren werden keine genauen Zahlenwerte gewonnen, auf deren Grundlage es möglich wäre, die mechanischen Beziehungen, so z. B. die Setzung der Konstruktion als Funktion der Zeit, auszudrücken. Die Methoden der Bodenmechanik könnten jedoch enttäuschen, wenn sie bei den Berechnungen nur an die durch die Untersuchung der Gesteine gewonnenen genauen Zahlen anknüpften, und hierbei die Voraussetzungen über den geologischen Bau des Geländes und die Lagerungsverhältnisse der Schichten auf der Baustelle nicht der Wirklichkeit entsprächen. Die geologische Erkundung und die Untersuchung der mechanischen Eigenschaften des Baugrundes bilden somit einen Komplex, in dem die geologischen Probleme von primärer Bedeutung sind, während die Probleme der Bodenmechanik deren zahlenmässige Präzisierung darstellen.

Geologische Voruntersuchung. — Die erste Teilaufgabe der geologischen Voruntersuchung besteht im Erkennen des gesamten geologischen Baues der weiteren Umgebung des Baugeländes, so daß wir diesen in geologischen Übersichtsprofilen darstellen können. In die Profile müssen die einzelnen Gesteinsarten, deren qualitative Eigenschaften und die Grundwasserverhältnisse eingezeichnet werden. Die Profile werden im Hinblick auf den geologischen Bau des Geländes senkrecht zum Schichtenstreichen geführt, bei Hängen in Richtung des größten Gefälles. Bei der geologischen Voruntersuchung ordnen wir deshalb die Bohrungen nicht verstreut um die einzelnen Objekte an, sondern streben eine eingehende geologische Untersuchung einiger weniger Profile an, von denen eines durch das Hauptobjekt (mit Tiefgründung und hoher Belastung) führen soll.

Bei der geologischen Voruntersuchung muß man bemüht sein, mit einfachen Mitteln auszukommen: mit der Untersuchung des Geländes und der benachbarten Bauwerke, mit dem Studium der Schichtenausbisse und morphologischen Erscheinungen oder mit einfachen Schürfen. Handelt es sich um Fälle, bei denen sich der felsige Untergrund in geringerer Tiefe (bis zu 8 m) befindet und nicht mit einem größeren Grundwasserzufluß zu rechnen ist, so kommt man vielfach mit Schürfen aus. Bei größeren Tiefen des felsigen Untergrundes werden jedoch Bohrungen erforderlich sein. Bei umfangreichen Brückenbauten und hauptsächlich bei großen Wasserbauten müssen auch bei der geologischen Voruntersuchung des felsigen Untergrundes die Gesteine durch Tiefbohrungen ermittelt werden.

Der Plan der *eingehenden geologischen Untersuchung* hängt hauptsächlich von der Art und dem Umfang des Bauwerks ab, und deshalb wird hierüber in den die Aufgaben der Ingenieurgeologie behandelnden Kapiteln im Rahmen der einzelnen Fachbereiche des Ingenieurbauwesens gesprochen.

7,2. Untergliederung der Gesteine als Baugrund. Die Bezeichnung „Baugrund“ ist von umfassender Bedeutung; man versteht darunter die Schicht, auf der das Bauwerk errichtet wird, ohne Rücksicht darauf, um welche Gesteinsart es sich hierbei handelt. Nach den grundlegenden ingenieurgeologischen Eigenschaften der Gesteine als Baugrund können wir die Gesteine in fünf Gruppen gliedern.

A) *Gesteine des felsigen Untergrundes*, nicht angewittert oder in anderer Weise gestört, die in der Regel einen guten und sehr tragfähigen Baugrund gewährleisten (Abschnitt 7,3).

B) *Angewitterte* oder in anderer Weise *gestörte Gesteine* des felsigen Untergrundes (Abschnitt 7,4).

C) *Nichtbindige Lockergesteine* (Sand, Schotter u. dgl.), die gewöhnlich einen Baugrund mit sehr guten Eigenschaften gewährleisten. Eine Ausnahme bilden sehr feine Sande und Schluff, insbesondere wenn sie wassergesättigt sind (Abschnitt 7,5).

D) *Bindige Lockergesteine* (Tone, Mergel, Lehm u. dgl.), die in der Regel durch eine starke Zusammendrückbarkeit gekennzeichnet sind und deren Eignung als Baugrund von ihrer Konsistenz abhängig ist (Abschnitt 7,6).

E) *Organogene Ablagerungen* (Torf, Sumpf, Moor u. dgl.) und künstliche Aufschüttungen, die stark zusammendrückbar und in der Regel als Baugrund ungeeignet sind (Abschnitt 7,7).

Diese Untergliederung kann allerdings nur als sehr grob angesehen werden; zwischen den einzelnen Gruppen trifft man in der Natur Übergangstypen an. Es werden nunmehr die Eigenschaften der einzelnen Baugrundarten behandelt.

7,3. Gesteine des felsigen Untergrundes. Zu den Gesteinen des felsigen Untergrundes gehören alle *Eruptivgesteine* (Granit, Syenit, Diorit, Andesit, Diabas, Melaphyr, Basalt, Porphyr u. a.), ferner *kristalline Schiefer* (Gneis, Glimmerschiefer, Amphibolite und sonstige metamorphe Gesteine, wie Hornstein, kristalliner Kalkstein usw.) und schließlich die *festen Sedimente* älterer geologischer Formationen (Konglomerate, Sandsteine, Arkosen, Grauwacken, Quarzite, Kalksteine, Dolomite usw.).

Diese Gesteine gewährleisten in der Regel einen einwandfreien und sehr tragfähigen Baugrund. Auf Baustellen, wo der felsige Untergrund bis an die Oberfläche reicht, sind die Gründungsverhältnisse in der Regel einfach, und die Erkundungsarbeiten beschränken sich auf die Untersuchung der Tiefe des *unverwitterten felsigen Untergrundes*. Die Untersuchung wird hier unter Anwendung der üblichen geologischen Verfahren mit Schürfen vorgenommen, und die petrographische Zusammensetzung des Gesteins sowie der Grad der Verwitterung werden bestimmt.

Bewertung der Standsicherheit des Baugeländes. — Wie bereits erwähnt wurde, muß bei der geologischen Voruntersuchung eingehend die Frage erörtert werden, ob das Gelände, in dem ein Bauwerk gegründet werden soll, nicht durch Hangbewegungen gestört ist. Sind die Schichten ungünstig gelagert, dann kann durch die Errichtung eines Bauwerks die Standsicherheit des Baugrundes, auch wenn es sich um Gesteine des felsigen Untergrundes handelt, gestört werden. Die Bedeutung der Lagerungsverhältnisse für die Bewertung der Standsicherheit des Baugrundes wird durch einige schematische Abbildungen erläutert. Die Abb. 7—3 bis 7—6 stellen das Profil eines Talhanges dar, dessen Fuß mit Hangschutt überdeckt ist und an dessen oberer Hangstufe der mit einer dünnen Schicht sandiger Terrassenschotter überdeckte felsige Untergrund heraustritt.

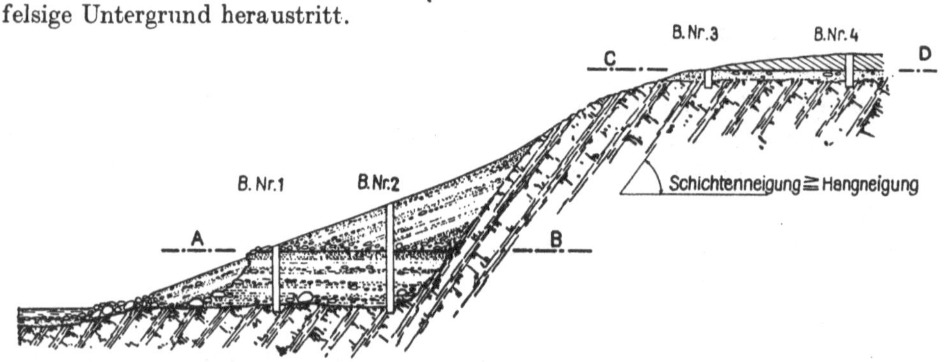

Abb. 7—3. Die Schichten fallen schräg in das Tal ein, die Baustellen in den Ebenen $A-B$ und $C-D$ sind standfest.

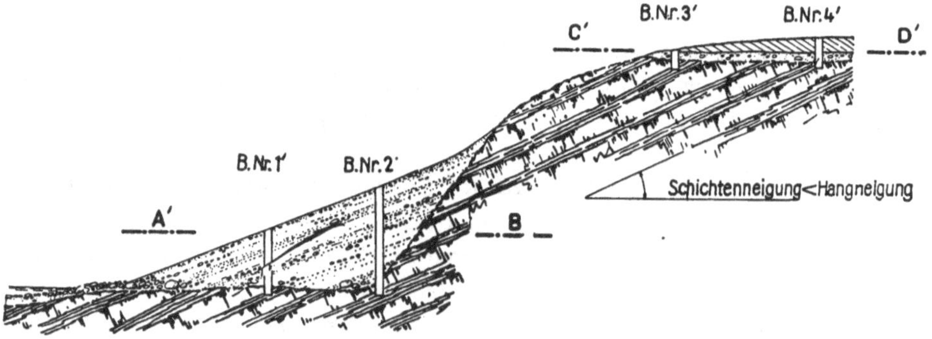

Abb. 7—4. Die mäßig geneigten Schichten sind an dem Böschungsfuß unterschnitten. Die Baustellen in der Ebene $A'-B'$ und $C'-D'$ sind nicht standsicher.

Bei oberflächlichem Studium und bei Vernachlässigung der Lagerungsverhältnisse würden die Beispiele fast identisch erscheinen. Nach eingehender Untersuchung des Hanges (der Schichtenausbisse) und nach Durchführung einiger Bohrungen ist jedoch der grundlegende Unterschied des geologischen Baues zu erkennen. Die in der Abb. 7—3 in Betracht gezogenen Schichten (beispielsweise der Quarzit mit Schiefereinlagen) fallen steil in das Tal ein, und die Baustelle an der oberen Hangstufe befindet sich daher in einer standsicheren Lage. Auf Abb. 7—4 fallen die gleichen Schichten mäßig in das Tal ein. Bei der Vertiefung des Tales wurde der Zusammenhang der Schichten am Hangfuß gestört. Stellen die Schichtflächen gleichzeitig die Absonderungsflächen dar, so muß untersucht werden, ob der Hang ein standsicheres Gleichgewicht besitzt. Der Baugrund in der Ebene $C'-D'$ muß unter Umständen als ungeeignet bezeichnet werden, weil durch die Bauausführung und die Belastung der oberen Hangstufe leicht das Gleichgewicht des Hanges gestört werden könnte. Die

Verhältnisse können noch durch das Eindringen des in den Schottern an der Oberfläche des felsigen Untergrundes vorhandenen Wassers in die Schichtfugen verschlechtert werden.

Fallen die Schichten in den Hang ein (Abb. 7—5), dann ist die obere Hangstufe auch bei sehr steilem Abfallen der Berglehne, sofern die Gesteine nicht allzu stark

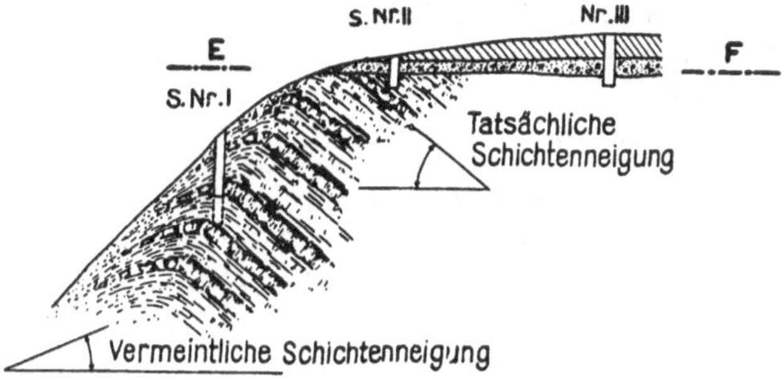

Abb. 7—5. Die in den Hang einfallenden Schichten sind durch Hakenwerfen gestört. Die Baustelle in der Ebene *E* — *F* ist standfest.

zerklüftet sind, in der Regel standsicher. Sind die Schichten durch geneigte Klüfte längs des Hanges gestört (Abb. 7—6), so kann die Ebene *E'*—*F'* nicht als standsicher angesehen und der Baugrund muß als ungeeignet bezeichnet werden. Die Neigung zu Hangbewegungen ist um so größer, je durchlaufender die Klüfte sind, insbesondere dann, wenn diese nachträglich mit einer tonigen Masse ausgefüllt wurden.

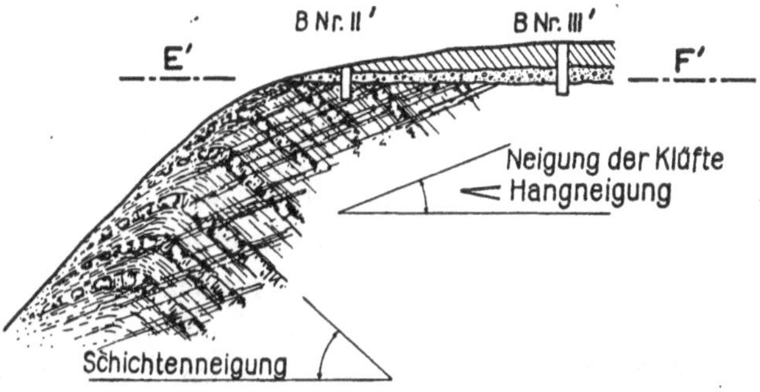

Abb. 7—6. Durchgehende Klüfte, die eine geringere Neigung besitzen als die Hangneigung, gefährden die Standsicherheit der Baustelle in der Ebene *E'* — *F'*.

Die zulässige Beanspruchung der festen Gesteine des felsigen Untergrundes ist in der Regel so groß, daß sie bei den meisten Bauwerken nicht erreicht wird. In den üblichen und klaren Fällen genügt es, sich nach den Bestimmungen der Normen für den Baugrund zu richten.

So gestattet die tschechoslowakische Norm ČSN 73 — 1820 folgende Belastungen des felsigen Untergrundes (sie wird im vollen Wortlaut auch für verwitterte Gesteine angeführt):

a) Massige oder quaderförmig zerklüftete und grobschichtige Gesteine, die fest oder wenig angewittert sind, bei einer Druckfestigkeit im gesättigten Zustand von mehr als 600 kg/cm² ... 15—30 kg/cm², je nach dem Grad der Klüftung und der Festigkeit;

b) dünnschichtige oder zerklüftete, feste oder wenig angewitterte Gesteine und solche mit einer geringeren Festigkeit als 600 kg/cm² ... 6—15 kg/cm², je nach Schichtendicke und Klüftigkeit;

c) weniger feste Tonschiefer und tektonisch gestörte oder verwitterte Felsgesteine, sofern die ursprüngliche Lagerung beibehalten wurde und die Teile des Gesteins feste Stücke bilden, ... 4—6 kg/cm², je nach der Festigkeit;

d) verwitterte Tonschiefer, sofern die ursprüngliche Lagerung beibehalten wurde, ... 3—4 kg/cm², je nach der Störung.

Im Punkt a) wurde die tschechoslowakische Norm ČSN durch die Bestimmungen der deutschen Norm DIN 1054 beeinflußt, in der die zulässige Beanspruchung bei Fels wie folgt festgelegt wurde: „Fels mit geringer Klüftung in gesundem, unverwittertem Zustand und in günstiger Lagerung (bei stärkerer Zerklüftung oder ungünstiger Lagerung sind die nachstehenden Werte um die Hälfte zu ermäßigen)

in geschlossener Schichtenfolge .... 15 kg/cm²;
in massiger oder säuliger Ausbildung .... 30 kg/cm².“

Die Gesteine des felsigen Untergrundes sind bei den geologischen Verhältnissen der ČSSR durch die tiefgreifende Verwitterung im Pleistozän gestört, so daß selten auf Gesteinen gegründet wird, die vollkommen gesund sind. Die Werte 15—30 kg/cm² gelten nur bei tatsächlich gesundem, ungestörtem Fels, wie er bei tiefen Gründungen von Brückenpfeilern auftreten kann, an der Oberfläche nur ausnahmsweise bei gesundem, tektonisch nicht gestörtem Gestein, von dem die Verwitterungsdecke abgetragen wurde.

In den folgenden drei Fällen ist es nötig, die zulässige Beanspruchung genauer zu bestimmen:

a) wenn es sich um verhältnismäßig weiche und zusammendrückbare Gesteine des felsigen Untergrundes handelt; hierher gehören insbesondere Tonschiefer, Mergel, weiche Sandsteine usw.;

b) bei verhältnismäßig festem Gestein, aber starker und ungünstiger Beanspruchung, wie dies gewöhnlich bei Gründungen großer Staumauern der Fall ist;

c) bei festem Gestein, sofern es sich um Konstruktionen handelt, die gegenüber Deformationen sehr empfindlich sind, z. B. Bogenstaumauern, große Bogenbrücken usw.

In den ersten beiden Fällen wird es vor allem notwendig sein, die Tragfähigkeit des Baugrundes zu beachten und dessen Festigkeit zu ermitteln, im dritten Falle wird vielmehr die Verformung der Felsmasse ausschlaggebend sein.

Die Gesteinsfestigkeit des felsigen Untergrundes wird mit Hilfe von Verfahren ermittelt, die bei der Errichtung von Talsperren eingeführt wurden. Dies ist dann von Bedeutung, wenn die Festigkeit des Gesteins geringer ist als die Festigkeit des Betons. Vorgenommen werden hauptsächlich *Scherversuche an Prüfblöcken*, die unmittelbar an der Gründungssohle betoniert werden, so daß sie eigentlich ein kleines Modell des Bauwerks darstellen (Abb. 7—7).

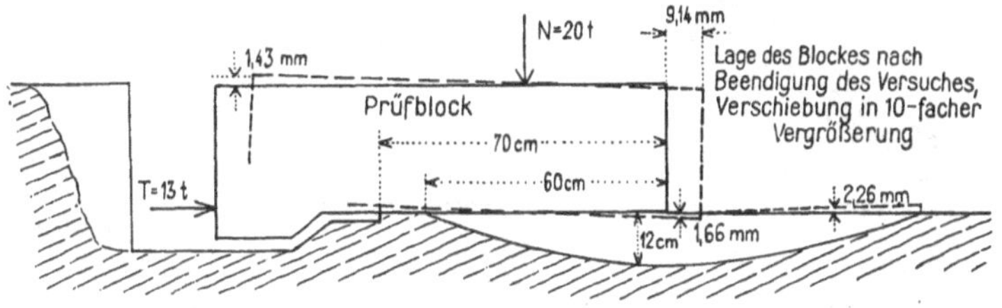

Abb. 7—7. Gleitfläche innerhalb des Gesteins unter dem Prüfblock bei großer Kraft N.

Der Block wird durch die Normalkraft N und durch die Scherkraft T beansprucht, die beide durch Druckpressen erzeugt werden. Vorteilhaft werden die Versuche in Untersuchungsstollen durchgeführt, denn in ihnen können die Pressen an der Decke oder an den Wänden abgestützt werden. In der Regel werden mehrere Prüfblöcke angefertigt und durch verschieden große Kräfte N beansprucht. Werden die Kräfte N und T, bei denen die Abscherung eintrat, durch die Größe der Lagerfläche geteilt, dann erhält man die Normalspannung σ und die Scherspannung τ. Werden σ und τ nach Mohr graphisch dargestellt (Abb. 7—8), dann kann man durch die ermittelten Punkte eine Gerade führen, die die Festigkeitsparameter c und φ liefert.

Bei der Auswertung dieser Versuche muß man sich jedoch darüber klar sein, daß bei größeren Kräften N keine Abscherung längs der Lagerfläche des Prüfblockes eintritt, sondern längs der durch das Gestein verlaufenden Gleitfläche (Abb. 7—7). Bei geringen Kräften N schert der Prüfblock an der Lagerfläche ab; der Gleitwiderstand nimmt linear mit dem Normaldruck N zu. Von einem bestimmten Werte der Normalkraft an (der sog. kritischen Kraft, Abb. 7—8) bildet sich die Gleitfläche innerhalb des Gesteins aus, und der Gleitwiderstand nimmt langsamer zu, bis er bei noch höheren Werten N (gestrichelte Linie in Abb.7—8) sogar absinkt. Erreicht der Druck N den Grenzwert N_m, dann wird das Gestein nur durch den Vertikaldruck herausgepreßt. Hierbei besitzt das Gestein konstant die gleiche Scherfestigkeit, die durch die Anfangsrichtung der Kurve gegeben ist.

Daraus geht hervor: Wenn durch Versuche an Prüfblöcken für die verschiedenen Werte N die Größen der Scherkräfte T, bei denen die Zerstörung eintrat, ermittelt werden, darf man die Festigkeit nicht durch eine Gerade ausdrücken, die man durch die Versuchsergebnisse an den einzelnen Prüfblöcken (Gerade A in Abb. 7—8) erhält. Durch sorgfältiges Messen der Bewegung des Prüfblockes und der Aufwölbung des Gesteins vor dem Prüfblock sowie durch vorsichtiges Abdecken des gestörten

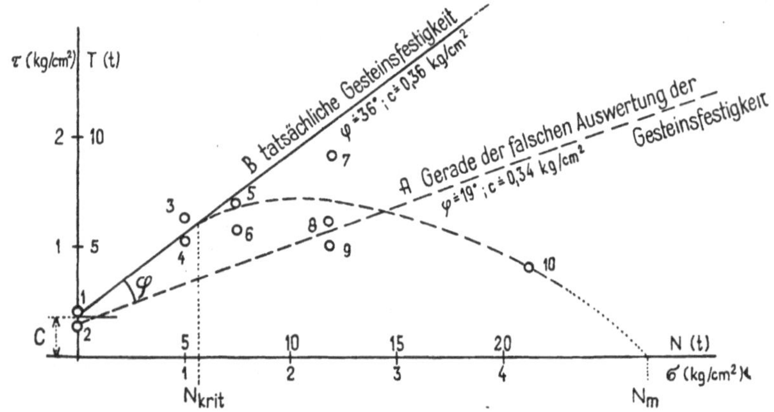

Abb. 7—8. **Richtige und falsche Auswertung von 10 Scherversuchen an Mergelschiefern (untere Kreide).**

Gesteins nach Entfernung des Blockes wird die Form der Gleitfläche innerhalb des Gesteins (Abb. 7—7) ermittelt. Dann kann man die Gleichgewichtsbedingung für die Drehung um den Mittelpunkt der Gleitfläche herum zahlenmäßig festlegen. Hierdurch ergeben sich höhere, richtigere Werte für die Gesteinsfestigkeit (Gerade B in Abb. 7—8). So ergibt sich beispielsweise in Abb. 7—8 aus der Anfangsrichtung der Kurve ein Scherfestigkeitswinkel von 36° anstatt von 19°, der aus der Linie A bestimmt wird; auch durch eine Probebelastung mit kreisförmigen Gründungsplatten wurde der Scherfestigkeitswinkel von 36° an dem gleichen Gestein (Mergel der unteren Kreide) bestimmt.

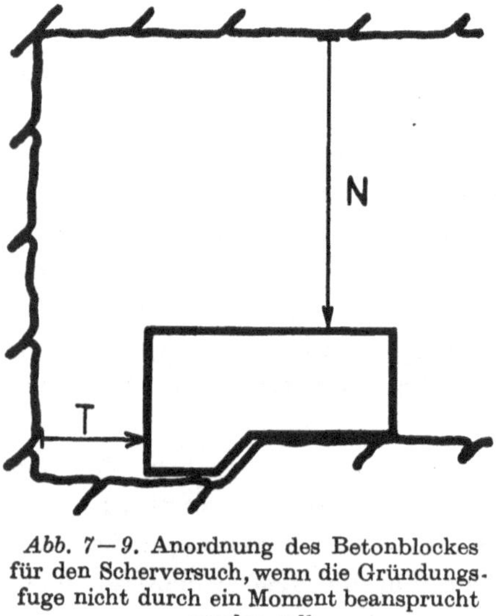

Abb. 7—9. **Anordnung des Betonblockes für den Scherversuch, wenn die Gründungsfuge nicht durch ein Moment beansprucht werden soll.**

Bei Scherversuchen an Prüfblöcken wird oftmals den Blöcken eine solche Form gegeben, daß die Scherkraft T in der Ebene der Gründungssohle einwirkt und diese nicht durch ein Moment beansprucht wird (Abb. 7—9). In weniger festen oder zerklüfteten Gesteinen wird jedoch die Kante der Abtreppung unterhalb der Prüffläche zerstört, und der Versuchsverlauf erscheint sodann verzerrt. Deshalb beläßt man in derartigen Fällen die Gesteinsoberfläche entweder in waagerechter Lage und nimmt dafür in Kauf, daß die Kraft T in der Gründungssohle auch ein Moment erzeugt, oder man gibt Probebelastungen den Vorzug.

Werden Scherversuche an Prüfblöcken vorgenommen, dann müssen die geologischen Verhältnisse der Versuchsstelle genau eingezeichnet werden. Es ist klar, daß je größer die Auflagefläche des Prüfblockes ist, es um so besser gelingt, alle Einflüsse, die für die Festigkeit von ausschlaggebender Bedeutung sind, wie z. B. der Grad der Zerklüftung, der Wechsel weicher und härterer Gesteine (beispielsweise im Flysch) usw. zu erfassen. So wurde beispielsweise beim Bau der Rappbode-Staumauer ein Betonblock mit einer Lagerfläche von 40 m^2 verwendet (W. Hahn, 1958). Leider gelang es nicht, eine Abscherung des Blockes zu erreichen, und außerdem beschränkte sich der Versuch nur auf einen einzigen Prüfblock. Wenn $\varphi = 54°$ angenommen wird, dann ergibt sich bei den festen, jedoch dünnschichtigen Schiefern des Devons die Kohäsion $c = 56$ t/m^2.

Infolge der bereits angeführten Unzulänglichkeiten bei Scherversuchen an Betonblöcken wurden auch andere Wege gesucht, um die Scherfestigkeit weicherer Felsgesteine zu bestimmen.

So wurde beim Bau des Wasserkraftwerkes Ňosice an der Waag in den Kreidemergeln der Klippenzone die Scherfestigkeit des Gesteins durch Messen des aus dem Wanddruck abgeleiteten passiven Gesteinsdrucks ermittelt. In der Wand der Baugrube, die durch Abtreppung der Fundamente entstand, wurden vorsichtig Querschlitze ausgehoben, so daß Gesteinsblöcke mit einer Breite von 1,5 m, einer Höhe von 1,5 m und einer Länge von 5 m gebildet wurden. Die Stirnfläche der Blöcke wurde in einer ausreichenden Stärke betoniert, so daß diese den Pressendruck aufnehmen konnte. Auf jeden Block wirkten zwei Pressen ein, und der gesamte Blockkörper wurde mit 15 bis 20 an einem leichten Gerüst befestigten Meßuhren ausgestattet, um die Bewegung des Blockes festzustellen. Insgesamt wurden auf diese Weise 6 Blöcke geprüft, denn es ging um die Gewinnung von Unterlagen für eine schwerwiegende Entscheidung über die Anordnung des Staumauerprofils. Der Verlauf der Gleitfläche wurde nur an einem Block genau ermittelt, einige Blöcke wurden quer auseinandergedrückt, und andere verformten sich unregelmäßig. Aus diesen Versuchen an Blöcken von relativ großen Abmessungen ergibt sich für diese Kreidemergel $c = 5$ t/m^2, $\varphi = 31°$. Man könnte behaupten, daß es auf den Verlauf der Gleitfläche nicht so sehr ankommt; aus der Bodenmechanik ist jedoch bekannt, daß gerade beim passiven Erddruck die Größe desselben vom Verlauf der Gleitfläche stark beeinflußt wird.

Bei weicherem Gestein hat sich in unserer Praxis die Ermittlung der Gesteinsfestigkeit mit Hilfe von *Probebelastungen* gut bewährt. Das Gestein wird durch kreisförmige Platten bis an die Grenze der Tragfähigkeit, d. h. bis zu einer Belastung, bei der die Platte ohne weitere Auflast eingedrückt wird, belastet (Abb. 7—10).

Abb. 7—10. Probebelastungen auf der Baustelle sind beschwerlich, denn sie erfordern große Gegengewichte.

Einen Versuch mit einer größeren Fläche vorzunehmen ist deshalb schwierig, weil gewöhnlich keine entsprechenden Gegengewichte für das Abstützen der Pressen zur Verfügung stehen. Vorteilhaft werden jedoch diese Versuche in Untersuchungsstollen durchgeführt. Aus den Versuchsergebnissen kann die Gesteinsfestigkeit ermittelt werden, wenn geeignete Formeln für die Berechnung der Tragfähigkeit zur Anwendung kommen. In unserer Praxis werden die von G. G. Meyerhof (1951) und A. W. Skempton (1951) gegebenen Formeln angewendet, die nachstehend angeführt sind. Für die Tragfähigkeit einer kreisförmigen Gründungsplatte an der Oberfläche des Gesteins ergibt sich die Formel

$$p = 1{,}2\, c\, N_c + 0{,}5 \gamma\, r \cdot N_\gamma .$$

In der Formel bedeuten p die Tragfähigkeit (t/m^2), γ das Raumgewicht des Gesteins (t/m^3), r den Halbmesser der Gründungsplatte (m). Das erste Glied zeigt, welchen Einfluß die Kohäsion auf die Tragfähigkeit ausübt; da sich jedoch sowohl die Tiefe als auch die Breite der Gleitflächen mit zunehmendem Winkel der inneren Reibung vergrößern, ist der Koeffizient N_c von dessen Größe abhängig. Die Koeffizienten N_c und N_γ sind von φ abhängig und werden aus dem Diagramm der Abb. 7—11 ermittelt.

Da die Gesteinsfestigkeit durch die beiden Parameter c und φ gegeben ist, benötigen wir zu deren Bestimmung zwei Gleichungen. Aus diesem Grunde werden Versuche mit Gründungsplatten verschiedener Durchmesser gemacht.

In der Abb. 7—12 sind die Ergebnisse von Versuchen an dicht zerklüfteten Karpaten-Sandsteinen bei Belastung durch Gründungsplatten mit einem Durchmesser von 0,34 m und 0,49 m dargestellt. Aus zwei Versuchsserien ergab sich folgende Tragfähigkeit:

Bei der Gründungsplatte mit einem Durchmesser von 0,34 m:

$$p_1 = 45 \text{ kg/cm}^2 = 450 \text{ t/m}^2 .$$

Bei der Gründungsplatte mit einem Durchmesser von 0,49 m:

$$p_2 = 55 \text{ kg/cm}^2 = 550 \text{ t/m}^2 .$$

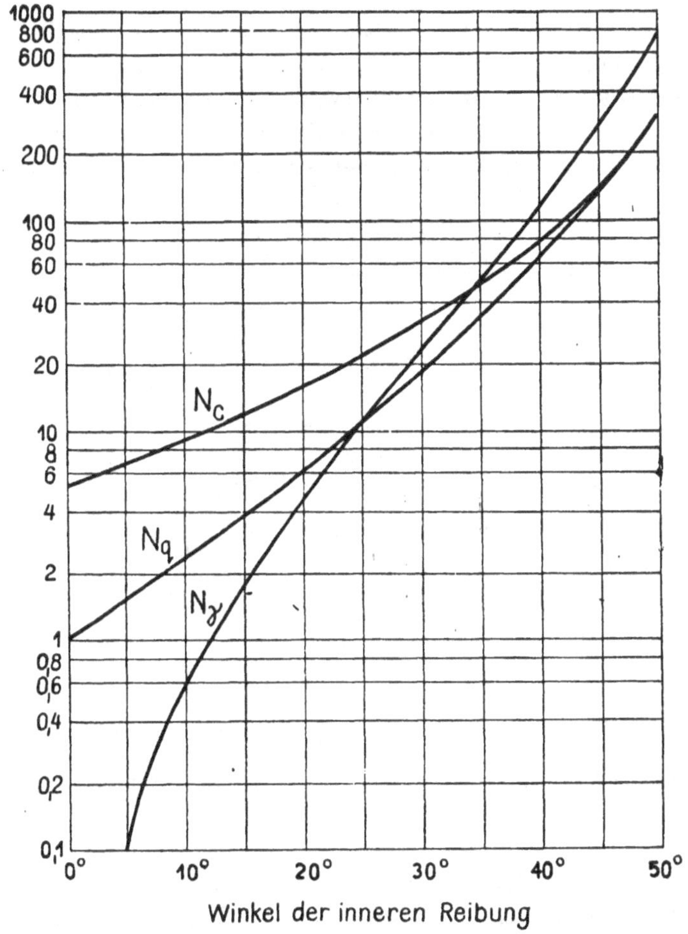

Abb. 7—11. **Diagramm zur Ermittlung der Koeffizienten N_c, N_q, N_γ (*Meyerhof 1951*).**

Das Raumgewicht des Gesteins betrug 2,61 t/m³.

Die Gleichung der Tragfähigkeit für beide Belastungsfälle hat die Form

$$450 = 1{,}2\, c\, N_c + 0{,}5 \cdot 2{,}61 \cdot 0{,}17\, N_\gamma,$$
$$550 = 1{,}2\, c\, N_c' + 0{,}5 \cdot 2{,}61 \cdot 0{,}245\, N_\gamma.$$

Durch Subtraktion der beiden Gleichungen erhält man eine Gleichung, aus der $N_\gamma \doteq 870$ resultiert. In der Abb. 7—11 wird hierzu der Winkel der inneren Reibung (im gegebenen Falle durch eine geringfügige Extrapolation) von annähernd 53° ermittelt. Dem entspricht ein N_c von etwa 1000. Wird N_c in beide Gleichungen eingesetzt, so erhält man aus jeder das c; das Mittel beider Werte beträgt annähernd $c = 0{,}18$ t/m². Das Gestein besitzt also eine Festigkeit von

$$\tau = 0{,}02 + \sigma \cdot \text{tg}\, 53° \text{ (kg/cm}^2\text{)}.$$

Die auf diese Weise durch Probebelastungen ermittelten Festigkeitswerte sind nicht absolut genau, sie entsprechen jedoch zumindest annähernd den wirklichen Werten. Eine gewisse Kontrolle besteht darin, daß φ in der Regel annähernd 50° nicht überschreiten sollte, denn eine höhere Festigkeit ist dann schon hauptsächlich durch die Kohäsion bedingt. Die Kohäsion selbst sollte etwa 1/12 der Festigkeit

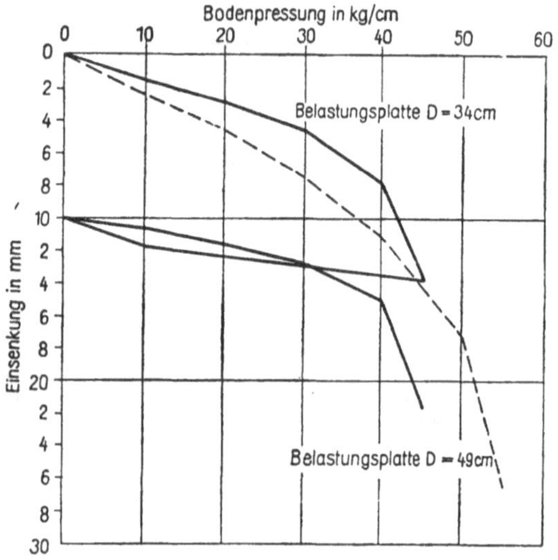

Abb. 7–12. Ergebnis der an weichen Schiefern (Flysch) mittels Belastungsplatten eines Durchmessers von 34 cm und 49 cm durchgeführten Belastungsversuche.

der Gesteinsbruchstücke bei Beanspruchung auf einfachen Druck nicht überschreiten. Ein Vorteil der Probebelastungen besteht darin, daß hierbei gleichzeitig die Verformungseigenschaften des Gesteins ermittelt werden.

Wenn die Parameter der Gesteinsfestigkeit bekannt sind, kann aus diesen für die betreffende Gründung die Tragfähigkeit des Baugrundes bestimmt werden. Für diese Aufgabe ist nicht mehr der Ingenieurgeologe, sondern der Projektant des Bauwerks zuständig, denn die statische Lösung ist besonders bei asymmetrisch und schräg belasteten Fundamenten kompliziert. Um jedoch zu erkennen, welche Faktoren für die Tragfähigkeit entscheidend sind, wird hier in die vorerwähnten Formeln der Sicherheitskoeffizient m (in der Regel größer als 2 und am häufigsten gleich 3) eingeführt, so daß man bereits die *zulässige Beanspruchung entsprechend der Tragfähigkeit* erhält. Gegenüber der für eine kreisförmige Gründungsplatte angeführten Formel werden diese Formeln um die Faktoren erweitert, die durch die Form des Fundamentes und die Belastung der Umgebung der Gründungssohle p_0 bedingt sind, weil diese sich niemals unmittelbar an der Geländeoberfläche selbst befindet.

Auf diese Weise erhält man für das rechteckige Fundament mit einer Länge (längeren Seite) L und einer Breite (kürzeren Seite) 2b die Formel

$$p \text{ zul.} = \frac{1}{3}\left[c(1 + 0{,}4\frac{b}{L})\, N_c - p_o(1 + 0{,}3\frac{b}{L})\,(N_q - 1) + \gamma b\,(1 - \frac{b}{L})N_\gamma\right] + p_o.$$

Die Formel ist im Grunde genommen einfach: Das erste Glied in der eckigen Klammer drückt die Einwirkung der Kohäsion c aus, das zweite Glied die Einwirkung der Gründungstiefe (p_o ist das Gewicht des die Gründung umgebendes Bodens) und das dritte Glied den Einfluß der Fundamentbreite (b ist die halbe Breite). Die Werte in den runden Klammern drücken den Einfluß der Form des Fundamentes (das Verhältnis der Breite zur Länge) aus, die Koeffizienten N_c, N_q und N_γ werden aus dem Diagramm der Abb. 7—11 ermittelt. Das Glied p_o am Ende der Formel ist von den anderen getrennt, denn es bedeutet, daß das Gewicht des durch den Aushub entfernten Bodens in vollem Umfange durch die Bauwerkslast — ohne Verringerung des Sicherheitskoeffizienten — ersetzt werden kann. Das Diagramm der Abb. 7—11 zeigt, daß bei φ größer als 20° der Einfluß der Fundamentgröße und der Gründungstiefe auf die Tragfähigkeit sehr beachtlich ist.

Bei quer zu den Schichten auf Abscherung beanspruchten Schichtgesteinen (wie z. B. bei Abb. 13—40) ist es vom Gesichtspunkt der Standsicherheit aus am gefährlichsten, wenn die Schichten sich *umbiegen* wie beim Hakenwerfen. Verhältnismäßig dünne Schichten verhalten sich wie die Blätter in einem umgebogenen Buche und leisten nur dadurch Widerstand, daß an den Schichtflächen eine Reibung auftritt. In solchen Fallen muß bei der ingenieurgeologischen Untersuchung die Gleitfestigkeit entlang den Schichtflächen studiert werden. Das Problem der Standsicherheit von Fundamenten für Talsperren auf Tonschiefern wurde von Z. Jiroušek (1955) gründlich durchgearbeitet und die mathematische Lösung von V. Kafka (1957) gegeben.

Der Einfluß weicher Tonschiefereinlagerungen auf die Festigkeit wurde von S. A. Rosa (1952) untersucht, der durch Abscherung der Prüfblöcke die Festigkeit der aus Tonschiefern und Sandsteinen zusammengesetzten Schichtenfolge bei einer Schichtenneigung von 70° in Bewegungsrichtung ermittelte. Die Scherfestigkeit sank mit abnehmendem Gehalt an Sandsteinen und betrug bei $\sigma = 5$ kg/cm²:

Gehalt an Sandsteinen (%)	Scherfestigkeit (kg/cm²)
77	7,9
40	6,8
30	5,6
0	4,1

Die Zusammendrückbarkeit der ungestörten Gesteine des felsigen Untergrundes ist in der Regel so gering, daß sie bei Bauwerksgründungen gar nicht ermittelt zu werden braucht. Eine Ausnahme bilden hohe Schwergewichtsstaumauern,

Bogenmauern, große Brückenbauten und Hochhäuser. Die Gesteine werden nicht wie elastische Massen zusammengedrückt. Durch den Einfluß der Intergranularbindungen der Poren und anderer Hohlräume sowie der Absonderungsflächen kehrt das Gestein nach seiner Entlastung nicht in die ursprüngliche Lage zurück. Deshalb wird in der Regel nicht die Bezeichnung Elastizitätsmodul, sondern Deformationsmodul angewendet und die Bezeichnung Elastizitätsmodul für die Elastizitätskomponente der Verformung vorgesehen.

Der *Deformationsmodul* des Gesteinsmassivs ist in der Regel um ein Vielfaches geringer als der an Gesteinsproben ermittelte, denn im Gesteinsmassiv macht sich die Zusammendrückung der Klüfte und der Schichtenfugen usw. ungünstig bemerkbar. Deshalb können als Deformationsmodul des Gesteinsmassivs nicht die in den statischen Tabellen usw. angegebenen Werte für den Elastizitätsmodul des Gesteins übernommen werden.

Bei Näherungslösungen reicht eine Schätzung nach den Erfahrungen aus. In der Tabelle 7—I werden einige Werte des Deformationsmoduls von Gesteinen aus unseren vorgenommenen Messungen und aus verschiedenen Literaturangaben angeführt. Der Übersicht halber werden auch die Moduln gestörter Gesteine, die im Abschnitt 7,4 behandelt werden, angeführt.

Soll der Deformationsmodul genauer ermittelt werden, dann ist dessen Bestimmung durch Versuche anzustreben. Dazu werden gewöhnlich Probebelastungen an der Sohle der Baugrube, in Schürfen oder Untersuchungsstollen benützt; die Versuche in Untersuchungsstollen haben den Vorteil, daß die hydraulischen Pressen an der Decke des Stollens abgestützt werden können. Während des Versuches wird das Gestein mittels einer starren, kreisförmigen Versuchsplatte fortschreitend belastet, und bei jeder Belastung werden die Endwerte des Eindrückens abgewartet. Soll der Anteil der dauernden und elastischen Setzung ermittelt werden, dann erfolgt nach Beendigung einer jeden Belastungsstufe eine allmähliche Entlastung bis auf einen geringen Wert (mindestens 1 kg/cm^2) und danach wieder eine stufenweise Erhöhung der Belastung auf die nächsthöhere Stufe. Die Versuchsergebnisse sind um so zuverlässiger, je größer die Belastungsplatten sind. Aus diesem Grunde werden bei Talsperren die Flächen der Versuchsplatten bis auf einige Quadratmeter vergrößert. Ein Beispiel des Ergebnisses einer solchen Probebelastung ist in der Abb. 7—13 dargestellt.

Um das Ergebnis zahlenmäßig festzulegen, wird die Formel von Schleicher für die Eindrückung einer starren, kreisförmigen Versuchsplatte in den elastischen Halbraum angewendet, aus der

$$E(\mathrm{kg/cm^2}) = \pi \frac{m^2 - 1}{m^2} \cdot \frac{p\,r}{w}$$

bestimmt wird, wobei r — den Halbmesser der Versuchsplatte (cm),
p — die entsprechende Belastung (in kg/cm^2),

w — die Eindrückung der Versuchungsplatte (cm),
m — die Poissonsche Konstante, die bei diesem Gesteinstyp etwa 5 bis 6 beträgt,

bedeuten.

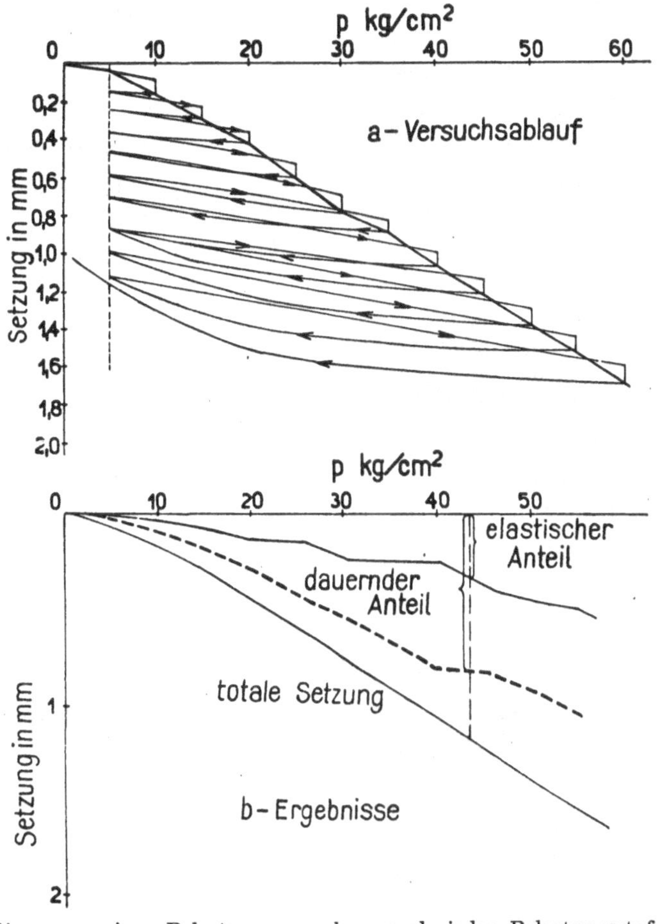

Abb. 7—13. Diagramm eines Belastungsversuches; nach jeder Belastungsstufe erfolgte eine Entlastung. Dadurch wurden die Werte der elastischen, dauernden und totalen Setzung gewonnen.

Bei einigen Talsperrenbauten, insbesondere bei Bogenstaumauern, wo die Verformungseigenschaften des Gesteins, auf dem die Staumauer errichtet wurde, bekannt sein müssen, wurden auch Wasserdruckproben in Untersuchungsstollen vorgenommen (Abschnitt 12.9).

Das Bestreben, den Deformationsmodul mit Hilfe weniger kostspieliger Verfahren zu ermitteln, führte zu Prüfungsversuchen möglichst kleiner Ausmaße, so daß insbesondere die großen Ausbrüche und umfangreichen Belastungseinrichtungen wegfielen. Von diesen Verfahren wurde insbesondere eine Methode angewendet,

TABELLE 7 - I

Eruptivgesteine, nicht angewittert:	
feste, bankförmig zerklüftete	150 000 bis 200 000 kg/cm^2
unregelmäßig zerklüftete	100 000 bis 150 000 kg/cm^2
unregelmäßig stark zerklüftete	70 000 bis 120 000 kg/cm^2
Beispiele: Granit, Talsperre Salamonde[1]	
im oberen Teil des Talhanges	80 000 kg/cm^2
im unteren Teil des Tales	200 000 kg/cm^2
Granit, fester, Talsperre Venda Nova[1]	100 000 bis 200 000 kg/cm^2
Granit, Talsperre Canicada[1]	100 000 bis 200 000 kg/cm^2
Granit, Talsperre Cabril[1]	
im oberen Teil des Talhanges	70 000 bis 150 000 kg/cm^2
im unteren Teil des Tales	200 000 bis 220 000 kg/cm^2
Eruptivgesteine, angewittert:	
Granit, Talsperre Salamonde[1], angewitterter, im oberen Teil des Talhanges	5 000 bis 20 000 kg/cm^2
Granit, Talsperre Venda Nova[1], angewitterter, im oberen Teil des Talhanges	50 000 kg/cm^2
Kristalline Schiefer, nicht angewittert:	
wenig zerklüftete	120 000 bis 180 000 kg/cm^2
stark zerklüftete	50 000 bis 100 000 kg/cm^2
Gneis, Stollen Lucendro (*Frey—Baer, 1944*)	120 000 kg/cm^2
Kristalline Schiefer, angewittert und gestört:	
Glimmerschiefer, tektonisch gestörter, Talsperre Vír in Mähren	9 000 kg/cm^2
Gneis—Eluvium, Böhmisch-Mährischer Höhenzug	500 kg/cm^2
Sedimentgesteine:	
Kalksteine, feste, nicht angewitterte, wenig zerklüftete	150 000 bis 200 000 kg/cm^2
stark zerklüftete oder geschichtete	50 000 bis 150 000 kg/cm^2
Talsperre Santa Giustina (*C. Marcello, 1957*)	107 000 kg/cm^2
Sandsteine und Konglomerate:	
feste, bankförmig zerklüftete	60 000 bis 100 000 kg/cm^2
feste, dünnschichtige	30 000 bis 60 000 kg/cm^2
geschichtete Grauwacke mit einzelnen Schiefereinlagen, Kulm (*Stollen Kružberk*)	45 000 kg/cm^2
geschichtete Grauwacke mit zahlreichen Schiefereinlagen	34 000 kg/cm^2
zerklüftete Grauwacke	24 000 kg/cm^2
Sandsteine, geschichtete, Wasserstollen in den Ostkarpaten	49 000 kg/cm^2
Schiefer:	
fester, wenig zerklüfteter	40 000 bis 70 000 kg/cm^2
Tonschiefer, ungestörter	20 000 bis 50 000 kg/cm^2
gestörter Kreidemergelschiefer, Talsperre Žermanice	4 000 kg/cm^2
Tonschiefer, Senon, Wasserstollen in den Ostkarpaten, tektonisch gestörter	4 200 kg/cm^2
Tonschiefer, Talsperre Ben Metir (*H. Marty, A. Montmarin, 1955*)	4 000 bis 10 000 kg/cm^2

[1]) Nach M. Rocha, J. L. Serafine, A. F. da Silveria, 1957.

bei der die „*Metallpolster*" benutzt werden (Abb. 7—14). In der Felswand muß ein etwa 5 bis 10 cm breiter Schlitz angelegt werden, beispielsweise mittels dicht nebeneinander durchgeführter Bohrungen. In diesem Schlitz werden die flachen „Metallpolster" aus sehr dünnem Blech eingesetzt. In die Metallpolster wird Öl eingepreßt, und nach dessen Menge und Druck kann die Deformation der Wandungen

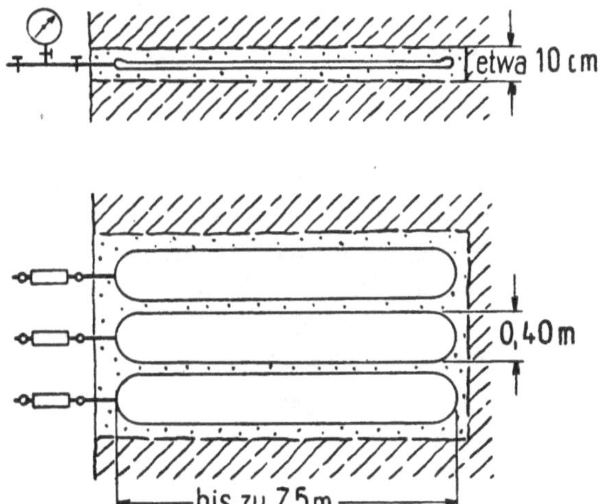

Abb. 7—14. Ermittlung der Verformungseigenschaften der Felsgesteine durch Deformation von Metallpolstern (*Hornlimann 1948*).

des Schlitzes bei dem gegebenen Druck bestimmt werden. Die Metallpolster sind etwa 40 cm breit und bis zu mehreren Metern lang (F. Hornlimann, 1948).

Wird der Deformationsmodul des Gesteins an Hand von Versuchen ermittelt, dann ist dem Versuchsbericht eine Detailzeichnung der geologischen Verhältnisse der Umgebung des Versuchsortes beizufügen.

Werden die Setzungen der Bauobjekte berechnet, dann kommen die entsprechenden Formeln für den elastischen Halbraum zur Anwendung, je nachdem, um welchen Belastungsfall und um welche Form der Gründungsfläche es sich handelt (die entsprechenden Formeln siehe beispielsweise bei V. Mencl, 1955). Die wirklichen Setzungen sind jedoch wesentlich geringer (mit Ausnahme kleiner Objekte) als die berechneten. Dies kommt daher, daß die durch ein großes Bauwerk bewirkten Einflüsse bis in größere Tiefen reichen, wo das Gestein weniger gestört und einem größeren Drucke des Hangenden ausgesetzt ist. In diesen größeren Tiefen ist demnach das Gestein weniger zusammendrückbar, es besitzt einen größeren Deformationsmodul als die untersuchten Oberflächenschichten.

Das beste Bild über den Deformationsmodul der Gesteine vermitteln uns die *Setzungen großer Bauwerke*. Daraus, wie sich der Einfluß der Bauwerkslast auch in der Umgebung äußert, kann annähernd bestimmt werden, wie sich der Deformationsmodul mit zunehmender Tiefe verändert. So wurde durch die Analyse der am Auslaufstollen der Talsperre Iril Emda (J. Guilhamon, S. Vormeringer, 1958) gemessenen Setzungen ermittelt, daß die festen Mergel in einer Tiefe von 0 bis 12 m einen Deformationsmodul von 5000 kg/cm² haben, der in den Tiefen von 12 bis 40 m fast bis auf 25 000 kg/cm² und in einer noch größeren Tiefe fast bis auf 80 000 kg/cm² anstieg. Durch sorgfältiges Messen der Setzung von Talsperrenbauten in der Tschechoslowakei stellten Z. Čermák und P. Marčák (1958) fest, daß der Deformationsmodul mit zunehmender Tiefe z nach der Beziehung

$$E = E_0 z^n$$

ansteigt. Bei den Gesteinen der Flyschzone wurde der Wert $n = 0{,}8$ ermittelt, so daß weicher Schiefer, bei dem die Oberflächenprüfung (an der Baugrubensohle) für E einen Wert von 500 bis 700 kg/cm² ergab, in einer Tiefe von 10 m bereits den Wert $E = 2750$ bis 3850 kg/cm² aufweist. Die festeren Gesteine weisen kleineren derartigen Anstieg von E mit zunehmender Tiefe auf: Bei bankförmig gelagertem Gneis ergab sich der Wert $n = 0{,}5$, an der Baugrubensohle $E = 13\,500$ kg/cm² und in einer Tiefe von 10 m $E = 29\,000$ kg/cm².

Bei Gesteinen, bei denen unter der gegebenen Belastungsgröße die elastische Deformation die dauernde übersteigt, also bei massivem Gestein des felsigen Untergrundes, kann zur Bestimmung des Deformationsmoduls auch die *seismische Methode* angewendet werden. Bei diesem Verfahren wird der Deformationsmodul nach der Fortpflanzungsgeschwindigkeit der Erschütterungswellen ermittelt, die innerhalb des Gesteins durch die Explosion einer kleinen Sprengladung hervorgerufen werden. In der festen Gesteinsmasse breiten sich erstens Longitudinalwellen aus, die parallel zu der Linie verlaufen, die den Explosionspunkt mit der Beobachtungsstelle verbindet (innerhalb des sog. Erschütterungsstrahles), zweitens die senkrecht zu den seismischen Strahlen verlaufenden Transversalwellen und schließlich die Oberflächenwellen. Die Wellenbewegung wird mit Hilfe einiger Seismographen registriert, auf die der Explosionsmoment durch ein elektrisches Signal übertragen wird. Aus der für den Wellendurchgang vom Ort der Explosion zu den Meßgeräten erforderlichen Zeit und aus dem bekannten Abstand der Beobachtungsstellen vom Ort der Explosion kann die Fortpflanzungsgeschwindigkeit der seismischen Wellen ermittelt werden.

Wenn die Fortpflanzungsgeschwindigkeit der seismischen Wellen und die Gesteinsdichte bekannt sind, lassen sich die elastischen Eigenschaften des Gesteins berechnen. Die Fortpflanzungsgeschwindigkeit der Wellen ist nämlich der Quadratwurzel des Deformationsmoduls direkt, der Quadratwurzel der Gesteinsdichte umgekehrt proportional.

Die Gründungstiefe im Hinblick auf die Witterungseinflüsse: — Einige Gesteinsarten werden verhältnismäßig rasch zerstört, wenn sie den Witterungseinflüssen ausgesetzt sind. Von den klimatischen Faktoren wirken der Temperaturwechsel, die Feuchtigkeit und insbesondere die Durchfrierung störend. Man muß sich vor Augen halten, daß auch die festen Gesteine des felsigen Untergrundes durch wechselndes

Gefrieren und Auftauen des Wassers in den Klüften gestört werden können, denn das Wasser vergrößert, wie bekannt, bei der Veränderung des Aggregatzustandes sein Volumen um 1/11. Insbesondere dünnschichtige und schiefrige Gesteine können durch die Einwirkung des Frostes verhältnismäßig schnell zerstört werden. Auch anscheinend massives Gestein ist zumeist von mit bloßem Auge nicht wahrnehmbaren Haarrissen durchzogen, in denen das Wasser durch die Kapillarkräfte zurückgehalten wird. Durch das abwechselnde Gefrieren und Auftauen werden die Haarrisse allmählich vergrößert, und das Wasser kann bei weiterem Gefrieren immer tiefer in den Felsen eindringen.

Deshalb wird bei Gesteinen des felsigen Untergrundes die Gründungssohle so tief angelegt, daß sie einwandfrei unterhalb der Frostzone und nach Möglichkeit in einer solchen Tiefe unter der Erdoberfläche liegt, wo sich keine klimatischen Unterschiede, insbesondere Veränderungen im Feuchtigkeitsgehalt, mehr bemerkbar machen. Wenn sich die Gründungssohle dauernd im Trockenen befindet, so genügt unter den normalen klimatischen Bedingungen der Tschechoslowakei eine Gründungstiefe von 0,80 m. In feuchter Umgebung und in klimatisch exponierten Lagen sowie im Hochgebirge ist eine Gründungstiefe von mindestens 1,20 m, besser von 1,50 m zu wählen.

Ein gutes Beispiel dafür, daß infolge Durchfrierens des Baugrundes auch ein auf felsigem Untergrunde gegründetes Bauwerk gefährdet werden kann, ist ein auf festem Sandmergel der böhmischen Kreideformation aufgebautes Lagergebäude (Abb. 7—15). Die Umfassungsmauern des Lagergebäudes wurden aus Ziegelmauer-

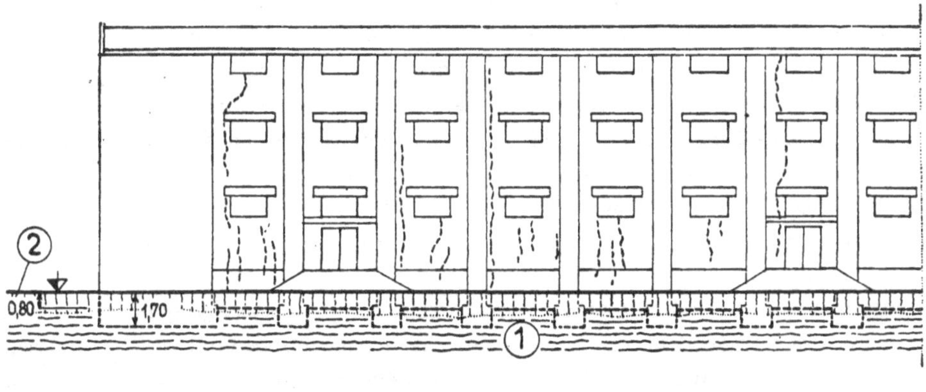

Abb. 7—15. Infolge Durchfrierens der Kreidemergel unterhalb der flachgründigen Fensterbrüstungsmauern kam es in dem strengen Winter 1928—1929 zum Abreißen dieser Mauern von den tiefergegründeten Pfeilern. *1* — feste Sandmergel, *2* — sandiger Lehm.

werk errichtet, die Pfeiler zwischen den Fenstern wurden in einer Tiefe von 1,80 bis 2 m, die Fensterbrüstungsmauern dagegen nur bis zu einer Tiefe von 0,80 bis 1 m gegründet. Mehrere Jahre hindurch war das Lagergebäude ohne jede Störung in Betrieb; im strengen Winter 1928/29 mit seinen lang anhaltenden Frösten kam es jedoch zu einer ernsthaften Beschädigung des Objektes. Der feste Sandmergel unterhalb der flachgründigen Fensterbrüstungsmauern fror durch, das Grundwasser fror in den waagerechten Klüften und bildete dünne Eisschichten, die die wenig belasteten Fensterbrüstungsmauern hoben und von den Pfeilern abrissen. Bei flüchtiger Untersuchung der Risse hatte es den Anschein, als ob Setzungen der Pfeiler eingetreten wären; erst nach Freilegung der Fundamente wurde festgestellt, daß die Ursache der Störung das Durchfrieren und Anheben des Baugrundes unterhalb der flachgründigen Fensterbrüstungsmauern war. Dadurch kam es zu ernsthaften Beschädigungen, weil die meisten Fenster, die mit Glassteinen vermauert waren, zerdrückt wurden.

7,4. Angewitterte oder in anderer Weise gestörte Gesteine des felsigen Untergrundes. Bei allen Bauwerken stößt man zuerst auf die verwitterte Oberflächenschicht, denn selten tritt das Gestein des felsigen Untergrundes in unverwittertem Zustande an der Geländeoberfläche zutage. Die Dicke und Beschaffenheit der verwitterten Deckschicht ist unterschiedlich und hängt im wesentlichen von der Art der Verwitterung, dem Alter der Oberfläche — d. h. von dem Zeitraum, in dem die Verwitterung wirkte —, ferner von den Eigenschaften des Gesteins und von der Art der Umlagerung verwitterter Gesteine ab. Die Gesteinsverwitterung wird durch äußere Kräfte, die auf die Erdoberfläche einwirken, hervorgerufen. Es sind dies hauptsächlich der Temperaturwechsel, die Sonneneinstrahlung (Insolation) und die rasche Abkühlung, die Wassersättigung und das Durchfrieren, die den mechanischen Zerfall des Gesteins herbeiführen; die chemische Einwirkung des einsickernden Wassers, die Vegetation u. a. verursachen die chemische Verwitterung. Wie daraus zu ersehen ist, sind diese Faktoren von den klimatischen Bedingungen abhängig. So kommt in den Gegenden des ariden Klimabereiches hauptsächlich die durch den Temperaturwechsel bewirkte mechanische Verwitterung zur Geltung, in Polargegenden und im Hochgebirge macht sich vorwiegend die Einwirkung des Frostes bemerkbar. Demgegenüber kommt es in der gemäßigten und besonders in der tropischen Zone bei dem feuchtwarmen Klima zu einer tiefgreifenden chemischen Verwitterung, die eine chemische Zersetzung der einzelnen Mineralgemengteile verursacht.

Auf dem Gebiet des Böhmischen Massivs trifft man häufig tiefgreifend verwitterte Gesteine des felsigen Untergrundes an, die als Baugrund benutzt werden müssen, weil es unwirtschaftlich wäre, die Fundamente bis auf den unverwitterten Untergrund herabzuführen. Um die Eignung der Verwitterungsdecke des felsigen Untergrundes als Baugrund beurteilen zu können, muß man sich vergegenwärtigen, welche Verwitterungsarten in diesem Gebiete den felsigen Untergrund verändern und unter welchen Bedingungen sich dieser Vorgang vollzog. Die heutige Geländeoberfläche bildete sich im wesentlichen während des Pleistozäns heraus, als sich in die alten ausgedehnten Hochebenen die tiefen Täler der Flußläufe einschnitten. Deshalb sind in den Tälern und auf den Talhängen die Gesteine nur durch pleistozäne Verwitterung gestört, deren Intensität um so geringer ist, je näher sich die Gesteine der Talsohle befinden, denn die der Talsohle näheren Gesteine waren eine kürzere Zeit der Verwitterung ausgesetzt. Demgegenüber findet man auf den die alte Geländeoberfläche darstellenden Hochebenen sowohl charakteristische Nachweise der pleistozänen als auch Spuren der älteren tertiären oder tropischen Verwitterung der Oberkreide.

Die fortschreitende Vertiefung der Täler im Pleistozän deuten die Schotterterrassen der Flüsse an, auf die man häufig beim Bodenaushub in verschiedener Höhe oberhalb des Wasserspiegels der heutigen Flußläufe stößt. Es sind dies Überreste alter Talebenen und neben den Sand- und Schotterablagerungen sind zumeist auf ihnen auch verschiedene Hangsedimente und Lößlehme erhalten geblieben. Dieser Hangschutt und Lößlehm ist gerade ein Nachweis der rauhen klimatischen Bedingungen im Pleistozän, wo einige Male die kalten und trockenen Perioden der Eiszeit (Glazial) mit den wärmeren und feuchten Perioden der Zwischeneiszeit (Interglazial) und den kürzeren Perioden ähnlichen Charakters zwischen den einzelnen Gletschervorstößen (den sog. Stadialen und Interstadialen) wechselten. Böhmen war nicht vereist, aber es lag im Eiszeitalter im *Periglazialbereich*, in einem Gebiet, dessen Klima durch die Nähe des ausgedehnten kontinentalen Gletschers beeinflußt wurde. Die Front des Gletschers reichte in der Periode der stärksten Vereisung bis zu den Nordhängen des Riesengebirges und des Erzgebirges. Daneben erstreckte sich der Einfluß der Vereisung des Alpengebietes, die sich während der Eiszeit viel weiter ausdehnte als heute, bis nach Böhmen. In den Eiszeiten herrschte daher in diesem Gebiet ein sehr rauhes und dabei verhältnismäßig trockenes Klima, ähnlich dem heutigen Klima der subarktischen Gebiete, wie es beispielsweise in Sibirien, auf Spitzbergen oder in Alaska anzutreffen ist. Unter diesen klimatischen Bedingungen kam es zu einer charakteristischen mechanischen Verwitterung der Gesteine und zu einem tiefgreifenden, dauernden Durchfrieren des Bodens, der nur während der warmen Sommermonate bis zu einer geringen Tiefe auftaute. An der Oberfläche des *Dauerfrostbodens* bildeten sich im Sommer sumpfige Tundren, weil das Wasser in den gefrorenen und somit undurchlässigen Untergrund nicht einsickern konnte. Das vom Tauen und von den Niederschlägen herrührende Wasser sammelte sich in der Oberflächenschicht an, die infolgedessen vollkommen aufweichte. Hierbei kam es zum Abfließen der breiigen Oberflächenverwitterungsdecken auch bei mäßiger Neigung der Geländeoberfläche. Diese Erscheinung wird als *Solifluktion* bezeichnet.

Ein Nachweis der intensiven mechanischen Verwitterung, insbesondere der Einwirkung des Frostes in den Klüften, sind der mächtige *Gehängeschutt* und die *Steinmeere*, die an einigen Talhängen, soweit sie aus festen Gesteinen mit blockförmiger Lösbarkeit gebildet sind, erhalten blieben. Ein Beweis dafür, daß der Boden dauernd gefroren war, sind tiefe, keilförmige Spalten, die in den Eiszeiten mit Eis ausgefüllt waren; dieses wurde nach dem Auftauen später durch Lehm oder Sand ersetzt. Diese *Frostkeile* sind zumeist auch in den verwitterten Oberflächenschichten des felsigen Untergrundes erhalten geblieben; in ihnen tritt durch den

Einfluß des Durchfrierens, auch eine charakteristische Auflockerung der Oberflächenschichten ein. Ein Nachweis der Solifluktion ist die Anhäufung von lehmigem und tonigem Schutt am Fuße einiger Hänge wie auch das Herabschleppen und *Hakenwerfen* der Schichtenausbisse an den Hängen. Alle diese für das Klima des periglazialen Bereiches charakteristischen Erscheinungen wurden zuerst als rezente Erscheinungen der Polargegenden erkannt und beschrieben; erst später wurden sie nach und nach in fossiler Form in den Ablagerungen des Pleistozäns der periglazialen Gebiete gefunden.[1] Zur Bewertung der Tragfähigkeit des Baugrundes ist insbesondere die Störung der Gesteine des felsigen Untergrundes durch periglaziale Verwitterung wichtig, die diesen Gesteinen charakteristische Eigenschaften verleiht.

Die Auflockerung der früheren Oberfläche des felsigen Untergrundes infolge Durchfrierens. An der Oberfläche des felsigen Untergrundes, besonders bei schiefrigen und dünnschichtigen Gesteinen, trifft man im periglazialen Gebiet ziemlich oft eine klüftige Verwitterungszone an, die gewöhnlich in Mittelböhmen bis in eine Tiefe von 2 bis 4 m unter die ehemalige Oberfläche des felsigen Untergrundes reicht. In dieser aufgelockerten Schicht ist zumeist die ursprüngliche Lagerung des Gesteins vollkommen gestört. Die Schiefer sind stark zerklüftet, längs einiger Klüfte aufgerichtet und zu kleinen Oberflächenfalten zusammengeschoben. Die einzelnen flachen Bruchstücke der Gesteine haben sich zumeist gegenseitig angehoben und verspreizt. Die entstandenen Hohlräume sind entweder frei oder teilweise mit Feinsplitt und Lehm ausgefüllt. Das Material der gestörten Schicht trägt den Charakter von Eluvialschutt, der nach der Tiefe zu allmählich in das ursprünglich ungestörte Gestein übergeht. Weist die Geländeoberfläche auch nur eine geringe Neigung auf, dann zeigen die angewitterten Schichten Hakenwerfen und werden gleichlaufend mit der Hangneigung herabgeschleppt.

Diese Auflockerung und Stauchung der Oberflächenschichten wird mit dem wechselnden Durchfrieren und Auftauen der Gesteine, besonders an den Stellen, wo das Grundwasser herausfließt, erklärt. Beim Durchfrieren der schiefrigen und dünnschichtigen Gesteine bilden sich an der Oberfläche dünne Eisschichten, die durch die kapillaren Klüfte mit Wasser aus dem bisher nicht gefrorenen Liegenden gespeist werden. Sobald diese Zuleitungsklüfte nach und nach zufroren, bildeten sich etwas tiefer neue, dünne Eisschichten, ähnlich wie sich die Eisschichten beim Durchfrieren toniger Gesteine bilden. Das Gefrieren des Wassers führte in den Oberflächenschichten zu einer ziemlichen Druckwirkung, die stellenweise ein unregelmäßiges Anheben bewirkte und Oberflächenwellen, hier und da auch Oberflächenfalten entstehen ließ. Als das Eis auftaute, kam es zu einer teilweisen Setzung der Oberfläche, die einzelnen Schieferbruchstücke und -scherben kehrten nicht in ihre Ausgangslage zurück, manche blieben verspreizt. So kann die Entstehung zahlreicher Hohlräume in dieser aufgelokkerten Zone erklärt werden.

---

1) Diese Erscheinungen wurden in der letzten Zeit systematisch studiert; sie werden unter der Bezeichnung Kryopedologie und Kryotektonik zusammengefaßt.

In Abb. 7—16 sind die Oberflächenauflockerung und die Stauchung der algonkischen Schiefer auf einer Baustelle in einem nordöstlichen Bezirk von Prag dargestellt. Die Auflockerung der Schiefer ist bis zu einer Tiefe von 2,80 m wahrnehmbar. Das Gestein ist bis zu dieser Tiefe gestört, es trägt den Charakter eines aufgelockerten Schieferschuttes. Hierbei wurde jedoch die gestörte Schicht nicht horizontal verschoben, denn einige Schichten gehen aus dem unverwitterten Liegenden in den

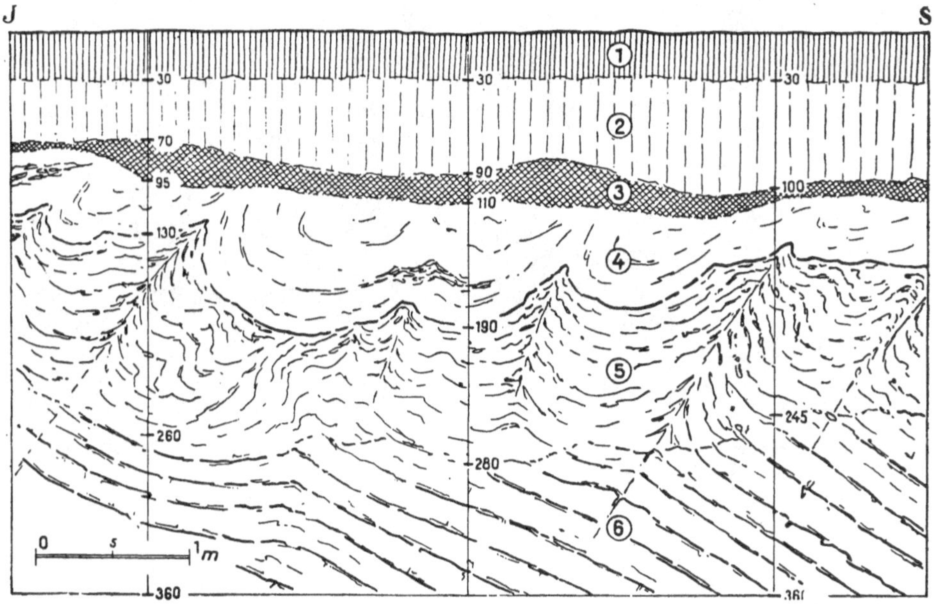

Abb. 7—16. Auflockerung der algonkischen Schiefer infolge periglazialer Durchfrierung. *1* — humoser Lehm, *2* — jüngerer Löß, *3* — Überreste des fossilen Bodens, *4* — unterer Lößlehm mit Schieferbruchstücken, *5* — aufgelockerte, angewitterte Schiefer, *6* — feste algonkische Schiefer.

gestörten Bereich über. Das pleistozäne Alter der Erscheinung wird durch zwei Schichten Lößlehm nachgewiesen, die die Oberfläche des gestörten felsigen Untergrundes überdecken. An der unteren Lehmschicht ist die mit der Oberfläche des felsigen Untergrundes übereinstimmende Stauchung zu erkennen. Der jüngere hellbraune Löß, der die Oberfläche des Geländes zu einem einheitlichen Planum ausgleicht, ist in der ursprünglichen und ungestörten Lagerung erhalten geblieben.

Die Zusammendrückbarkeit der infolge periglazialer Verwitterung aufgelockerten Oberflächenschicht des felsigen Untergrundes ist sehr beträchtlich; dies wurde auf zahlreichen Baustellen festgestellt. Bei Probebelastungen wurde festgestellt, daß der dicht gelagerte Hangschutt und die sandigen Terrassenschotter eine geringere Zusammendrückbarkeit als die gestörten Gesteine des felsigen Untergrundes aufweisen.

Die starke Zusammendrückbarkeit der aufgelockerten Schieferschichten zeigte sich deutlich bei den Probebelastungen, insbesondere bei der Ermittlung der ela-

Abb. 7–17. Periglaziale Auflockerung der Sandmergel des Turons, Steinbruch Přední Kopanina bei Prag, Höhe der Wand etwa 6 m (*Foto Q. Záruba*).

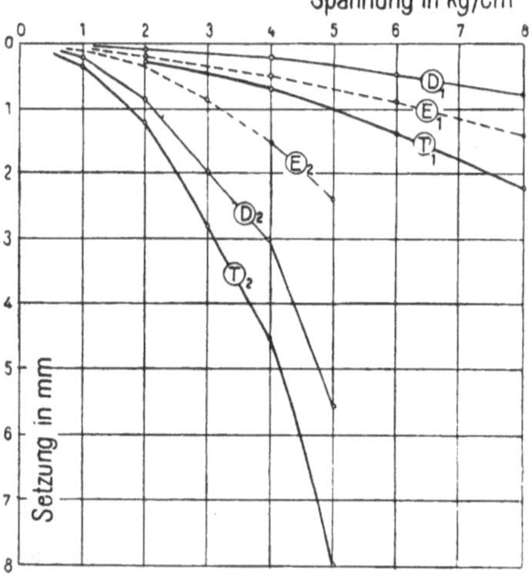

Abb. 7–18. Linien der elastischen, dauernden und totalen Setzung bei Probebelastung der Tonschiefer des Ordovizium. Bei ungestörten Tonschiefern überwiegt die elastische Setzung E_1 die dauernde D_1; die verwitterten Tonschiefer haben eine wesentlich größere dauernde Setzung D_2 als die elastische E_2.

stischen und dauernden Setzung. Aus diesen Versuchen, bei denen nach jeder Belastungsstufe eine Entlastung erfolgt, ist zu ersehen, welcher Anteil der totalen Setzung auf die elastische und welcher auf die dauernde Setzung entfällt. In der Abb. 7–18 ist der Verlauf der Probebelastung an aufgelockerten ordovizischen Tonschiefern in Prag dargestellt. Die gestörten Tonschiefer weisen eine geringe Elastizität (E_2), große dauernde Setzungen (D_2) und somit auch eine beträchtliche totale Setzung auf, die bei einer Belastung von 5 kg/cm² Werte bis zu 8 mm erreicht. Demgegenüber übertrifft bei unverwitterten Schiefern die elastische Setzung (E_1) die dauernde (D_1), und die totale Setzung (T_1) beträgt bei einer Pressung von 5 kg/cm² nur 1 mm.

In der Abb. 7—19 ist einer der zahlreichen Fälle dargestellt, an dem die Folgen der periglazialen Verwitterung für die Gründung von Bauwerken nachgewiesen werden können. Sie stellt das Profil der Baustelle einer Werkhalle in Prag dar. In der Baugrube stieß man auf sandige Terrassenschotter des Rokytka-Baches, und im nördlichen Teil der Baugrube wurde ein Hang freigelegt, der aus ordovizischen Tonschiefern gebildet ist. Die Schiefer waren an der Oberfläche verwittert und

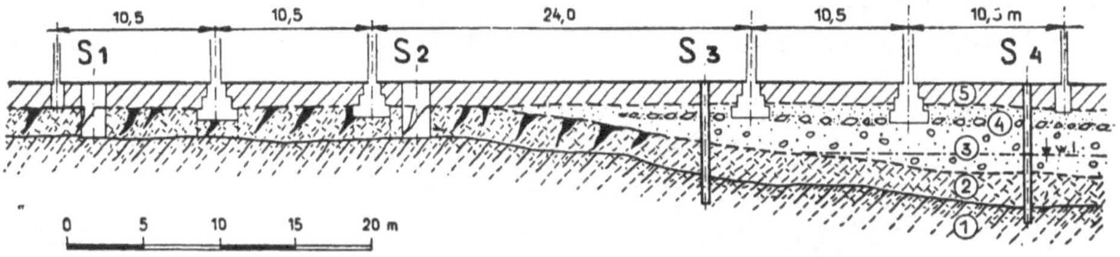

Abb. 7—19. Profil der Baustelle einer Werkhalle bei Prag. Die durch den Frost aufgelockerten verwitterten Tonschiefer, durch Frostkeile gestört, sind stärker zusammendrückbar als die Terrassenschotter. Deshalb mußten die Fundamente zwischen den Schürfen S_1 und S_2 auf dem unverwitterten Tonschiefer gegründet werden. *1* — unverwitterte Tonschiefer des Ordovizium, *2* — aufgelockerte Tonschiefer, *3* — sandiger Schotter, *4* — Lage der Windkanter, *5* — Aufschüttung.

aufgelockert, so daß sie bis zu einer Tiefe von 2 bis 4 m den Charakter von Schieferschutt besaßen. In der Verwitterungszone waren keilförmig geöffnete *Frostspalten* sichtbar, die an der Oberfläche 0,60 bis 1 m breit waren und bis zu einer Tiefe von 2 m unter der Oberfläche des felsigen Untergrundes reichten. Die ursprüngliche Tiefe der Frostspalten war wahrscheinlich noch größer, weil die heutige Oberfläche der Schiefer nicht dem Zustand der Geländeoberfläche zu der Zeit entsprach, als sich die Keile bildeten. Die keilförmigen Spalten waren mit lehmigem Sand ausgefüllt, der in diese von der benachbarten Terrasse hineingeschwemmt oder - geweht wurde. Die Klüfte waren ursprünglich mit Eis ausgefüllt und stellen Frostkeile aus der pleistozänen Eiszeit dar.

Auf der Baustelle wurden Probebelastungen in der Ebene der projektierten Gründungen vorgenommen, und zwar einerseits an sandigen Schottern, andererseits an verwitterten Schiefern. Es zeigte sich, daß die aufgelockerten Schiefer wesentlich stärker zusammendrückbar sind als die Terrassenablagerungen. Die sandigen Schotter wiesen bei einer Belastung von 6 kg/cm^2 eine Setzung von 1,91 mm auf, wogegen man bei den verwitterten Schiefern bei gleicher Belastung eine Setzung von 5,66 mm, also fast das Dreifache, nachweisen konnte. Die Pfeiler der Rahmenkonstruktion konnten deshalb nicht auf den verwitterten Schiefern gegründet werden, weil die Setzung der Konstruktion auch bei einer geringen Belastung des Baugrundes verhältnismäßig groß sein würde (V. Roth, 1949).

Tiefgreifend verwitterte und aufgelockerte Gesteine des felsigen Untergrundes treten häufig auch in Südböhmen auf. Hierzu gehören die Randschichten des südböhmischen tertiären Beckens, wo die Gneise, Amphibolite, Granulite und andere

Gesteine des felsigen Untergrundes einerseits durch die tertiäre Verwitterung, andererseits infolge Durchfrierens und durch Hangbewegung im Pleistozän zumeist tiefgreifend gestört sind.

Als Beispiel wird die Baustelle eines Industriewerkes angeführt, das im Vorlande des Böhmerwaldes liegt. Den felsigen Untergrund bilden Amphibol- und Biotitgneise, die bis zu einer Tiefe von 4 bis 7 m verwittert und stellenweise bis auf die kaolinischen und nontronitischen Sandböden zersetzt sind, die den Hang entlang durch Solifluktion herabgeschleppt wurden (Abb. 7—20). Das Gelände ist an der Oberfläche

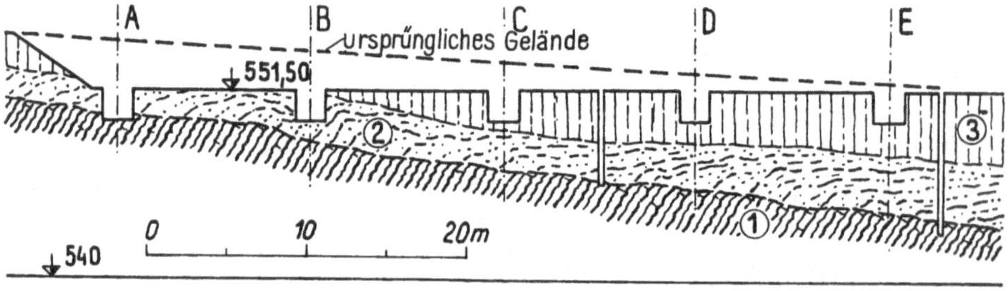

Abb. 7—20. Profil der Baustelle eines Industriewerkes in Südböhmen. *1* — Amphibol- und Biotitgneis, *2* — lockeres Gneis-Eluvium (Kaolinsand) durch Solifluktion verlagert, *3* — Hanglehm.

von sandigen Gehängelehmen mit einer Mächtigkeit von 2 bis 4 m überdeckt, an denen sich das charakteristische Podsol-Bodenprofil entwickelt hat. An den Wänden der Baugrube trat in auffallender Weise der weißgraue A_2-Horizont hervor, der bis zu einer Tiefe von 0,80 bis 1,20 m reicht und von ausgebleichten sandigen Lehmen gebildet wird. Unter diesen wurden rostbraune verdichtete Lehme bloßgelegt, welche den B-Horizont vorstellen. Die ausgebleichten sandigen Lehme des A_2-Horizontes waren locker und stark zusammendrückbar, der verdichtete Lehm des B-Horizontes war sehr dicht gelagert und wenig zusammendrückbar.

Für die Haupthalle des Werkes mußte eine waagerechte Fläche mit den Abmessungen von etwa 150 × 100 m geschaffen werden. Deshalb wurde das Gelände im nordöstlichen Teil bis zu einer Tiefe von 3 bis 4 m abgegraben. Im südlichen Teil wurde das Geländeniveau durch eine Aufschüttung etwas erhöht. Die Gründungsverhältnisse der Baustelle waren anscheinend einfach; nach der Durchführung einiger Bohrungen zeigte sich jedoch, daß die Gesteine in der Ebene der vorgesehenen Gründungssohle sehr unterschiedlich zusammendrückbar sind. Auf der Baustelle traten drei Gesteinsarten mit wesentlich voneinander abweichenden Eigenschaften auf:

1. feste, leicht angewitterte Amphibolgneise,
2. teilweise entlang des Hanges herabgeschleppte zersetzte Gneise, die den Charakter eines lockeren tonigen Sandbodens besitzen,
3. Gehängelehm, dessen mächtiger B-Horizont dicht gelagert und wenig zusammendrückbar ist.

Der Verlauf der einzelnen Gesteinsarten in der Ebene der Gründungssohle ist im Grundriß der Abb. 7—21 dargestellt. Auf den festen Gneisen ruhen die Säulenfüße der Reihe *A* und teilweise die Säulenfüße der Reihen *B* und *C*. Die Säulenfüße B_8 - B_{16}, C_5 - C_{17}, D_1 - D_8, E_1 - E_6, F_1 - F_4 haben als Baugrund aufgelockerte Gneisverwitterungen und die übrigen Säulenfüße dicht gelagerte Gehängelehme. Die Grenzen zwischen den einzelnen Gesteinen verlaufend arallel mit den Schichtlinien

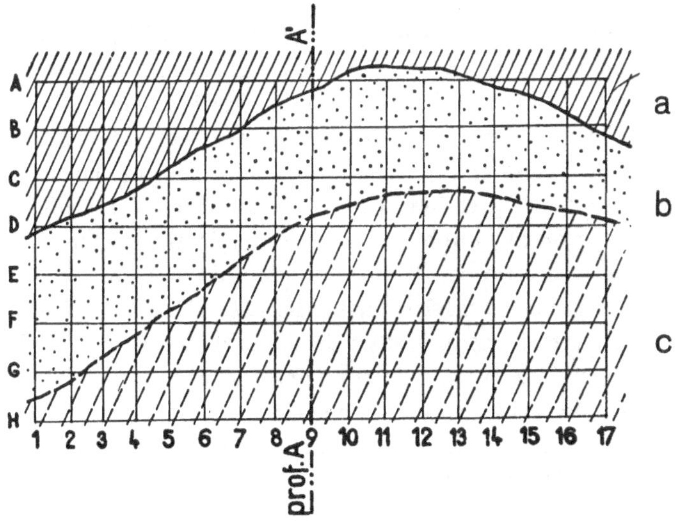

Abb. 7—21. Baustellen-Situation zu *Abb. 7—20*; *a* — Amphibolgneis, *b* — lockeres Gneiseluvium, *c* — Hanglehm.

des Geländes, weil die Gehängelehme und auch die Gneisverwitterungen mit der Hangoberfläche annähernd gleichlaufend gelagerte Schichten bilden.

Die festen Gneise werden bei der vorgesehenen Belastung von 2 bis 3 kg/cm^2 praktisch überhaupt nicht zusammengedrückt, während sich die auf den aufgelockerten Gneisverwitterungen gegründeten Säulenfüße stark setzen. Damit die Setzung der Säulenfüße nicht unterschiedlich wird, wurde der Aushub für die Fundamente in den festen Gneisen vertieft und auf der Baugrundsohle vor dem Betonieren eine Schicht lehmigen Sandes aufgebracht. Diese Sandpolster haben sich im vorliegenden Fall bewährt, und an der Stahlbetonkonstruktion wurden keine, durch die ungleichmäßige Setzung der Fundamente verursachten Deformationen beobachtet.

Bei der Bauwerksgründung auf Gesteinen des felsigen Untergrundes, die durch periglaziale Verwitterung gestört wurden, muß darauf geachtet werden, daß die Eigenschaften und die Mächtigkeit der Verwitterungszone wie auch die Tiefe und Form der ungestörten Oberfläche des felsigen Untergrundes im gesamten Bereich der Baustelle ermittelt werden.

Da die periglaziale Verwitterung zum überwiegenden Teil eine mechanische ist, muß bemerkt werden, daß nach einer einem Schurf oder einer Bohrung entnommenen kleineren Gesteinsprobe nicht einwandfrei die Tiefe der Verwitterungsschicht bestimmt werden kann. Ein Gesteinsbruchstück kann ganz frisch sein, auch wenn es sich um eine aufgelockerte Schicht handelt. Für die Beurteilung der Tragfähigkeit des Baugrundes sind in diesem Falle die Zerklüftung und Auflockerung des Gesteins und keineswegs die petrographischen Eigenschaften eines kleinen Bruchstückes maßgebend.

Wenn die Mächtigkeit der infolge pleistozänen Durchfrierens aufgelockerten Schicht bekannt ist, kann deren zulässige Beanspruchung ermittelt werden, so als ob es sich um ein anderes, stark zusammendrückbares, nichtbindiges Gestein handelt.

Für einfache Fälle können die Angaben der Norm angewendet werden. So führt die Norm ČSN 73 1820 für tektonisch gestörte oder verwitterte Gesteine des felsigen Untergrundes eine zulässige Beanspruchung von 4 bis 6 kg/cm^2 und für verwitterte Tonschiefer von 3 bis 4 kg/cm^2 an. Die verwitterte Schicht erfordert jedoch erhöhte Aufmerksamkeit, weil sie gewöhnlich keine so regelmäßige Lagerung und konstante Mächtigkeit wie beispielsweise Terrassensande aufweist. Da die Auflockerung der Verwitterungszone zumeist ungleichmäßig ist (die größte ist an Stellen austretenden Grundwassers zu verzeichnen), besteht die Gefahr, daß sich die aufgelockerte Zone unterhalb der Gründungen bei Belastung ungleichmäßig setzen wird. Deshalb wird bei der Gründung derartiger Konstruktionen, die eine gleichmäßige Setzung erfordern, eine vollständige Entfernung der durch die periglaziale Verwitterung gestörten Schicht und eine Gründung bis auf den ungestörten felsigen Untergrund erforderlich sein.

7,5. Lockere, nichtbindige Gesteine. Diese Gesteine bieten gewöhnlich günstige Bedingungen für die Gründung, die des öfteren bereits nach dem Ursprung der Ablagerungen beurteilt werden können. Zu lockeren, nichtbindigen Gesteinen gehören nach dem Ursprung:

Sande und *sandige Schotter*, die vom Wasser transportiert und abgelagert wurden, wie beispielsweise die Terrassenablagerungen der Flüsse, gewährleisten einen einwandfreien und tragfähigen Baugrund, sofern sie in einer ausreichend mächtigen Schicht auftreten oder auf festem Untergrund gelagert sind. Aufmerksamkeit verdienen *holozäne Sande*, die zumeist nicht dicht gelagert sind und zu beträchtlichen Bauwerkssetzungen führen. *Die Meeres-* und *Seesande* (z. B. die Sande in neogenen Becken), stellen in der Regel einen standfesten und wenig zusammendrückbaren Baugrund dar. Vorsicht ist aber geboten, weil die Sande zumeist von undurchlässigen Ablagerungen (neogenen Tonen) überdeckt werden, so daß oftmals in ihnen Wasser unter Druck anzutreffen ist.

Steiniger und *sandiger Gehängeschutt*, sofern er von Wasser, beispielsweise in Schwemm- (Dejektions-) Kegeln, abgelagert wurde, ist von ähnlicher Beschaffenheit und Lagerungsdichte wie die sandigen Terrassenschotter und gewährleistet in der Regel günstige Bedingungen für eine Gründung. Auf den mäßig geneigten Hängen ausgedehnter Schwemmkegel wurden in einigen Gebirgsgegenden auch große Siedlungen angelegt.

Lose herabgefallener oder durch Hangbewegungen verlagerter Gehängeschutt ist in der Regel verschiedenartig zusammengesetzt, stellenweise sehr locker und daher ungleichmäßig zusammendrückbar; er liefert daher keinen geeigneten Baugrund. Auch *Flugsande* in ihrer ursprünglichen Lagerung sind locker und als Baugrund stark zusammendrückbar.

Sandige Verwitterungsprodukten z. B. Granit- oder Gneiseluvium und Sandsteineluvium, sind meist durch die Verwitterungsprozesse stark aufgelockert und liefern deshalb gewöhnlich einen stark zusammendrückbaren Baugrund.

Aufgabe der geologischen Erkundung bei nichtbindigen Lockergesteinen ist es, deren Zusammensetzung und Homogenität, ferner die Mächtigkeit der Schicht, den Charakter des Liegenden und die Grundwasserverhältnisse zu ermitteln. Der größte Teil der nichtbindigen Lockergesteine ist nicht homogen. Die Korngröße ändert sich in den Schichten sowohl in waagerechter als auch in vertikaler Richtung, je nachdem, wie sich die Sedimentationsbedingungen veränderten. So weisen beispielsweise die Terrassen der Flußtäler in Böhmen auf der Sohle zumeist eine ausgeprägte Grobschotterschicht auf; auf dem Untergrund der Terrassen des Moldautales kommen Felsbrocken mit bis zu 0,3 m^3 Rauminhalt vor. Das Schottermaterial verkleinert sich während der weiteren Sedimentation, es überwiegen Sande, und den Abschluß der Sedimentationsperiode deuten die sandigen und lehmigen Ablagerungen an.

Die Sedimentation einiger Flußterrassen wurde durch eine Periode der Seitenerosion unterbrochen, wobei irgendwo im Innern der Terrassenablagerungen alte, mit humosen tonig-sandigen (schlammigen) Ablagerungen ausgefüllte Flußmäander erhalten geblieben sind. Diese Fälle wurden auch in den Terrassen des Moldautales festgestellt. Ein Beispiel dafür ist in der Abb. 7—22 wiedergegeben.

Die Stahlbetonpfeiler des Gebäudes sollten ursprünglich in einer Ebene auf den Terrassenablagerungen gegründet werden. Durch Bohrungen wurde festgestellt,

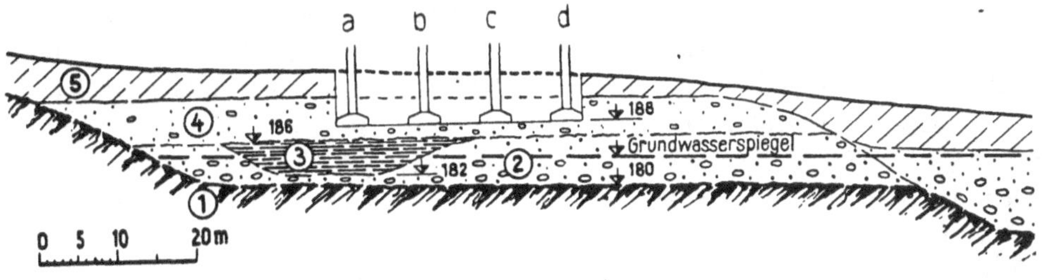

Abb. 7—22. Auch die sandigen Schotter der Terrasse müssen mit Hilfe eines dichten Bohrnetzes untersucht werden, wenn der Verdacht besteht, daß in diesen alte Mäander vorkommen, die durch nichttragfähige humose Ablagerungen *3* ausgefüllt sind. Die Fundamentsohlen der Reihen *a* und *b* müssen bis auf den Schotter *2* unterhalb der humosen Ablagerungen gegründet werden. *1* — Tonschiefer des Ordovizium, *4* — sandiger Schotter, *5* — Lehm und Aufschüttung.

daß in den sandigen Schottern unterhalb der Ebene der Gründungssohle humose Ablagerungen auftreten, die die Überreste eines alten hufeisenförmigen Mäanders ausfüllen. Die Pfeiler der Reihe *a—b* mußten tiefer gegründet werden, als ursprünglich projektiert war. Aus dem Beispiel ist zu ersehen, daß die Terrassensande und -schotter tonige oder schlammige Einlagen und Linsen und stellenweise eine größere Beimengung lehmiger oder toniger Gemengteile enthalten können. In solchen Fällen handelt es sich um heterogene und ungleichmäßig zusammendrückbare Gesteine. Bei den Erkundungsarbeiten sind nach Möglichkeit der Umfang und die Form dieser zusammendrückbaren Schichten zu ermitteln.

Auf sandigem Schotter werden in der Regel verhältnismäßig hohe Beanspruchungen zugelassen; deshalb ist eine genaue Ermittlung der Schichtmächtigkeit und der Beschaffenheit des Liegenden im gesamten Bereich der Baustelle von Bedeutung. Eine wichtige Aufgabe der geologischen Untersuchung ist es, im voraus zu erkennen, wo sich unterhalb der tragfähigen Schotterschicht eine Schicht mit geringerer Tragfähigkeit befindet. In Abb. 7—23 ist das Profil der Terrassenablagerungen

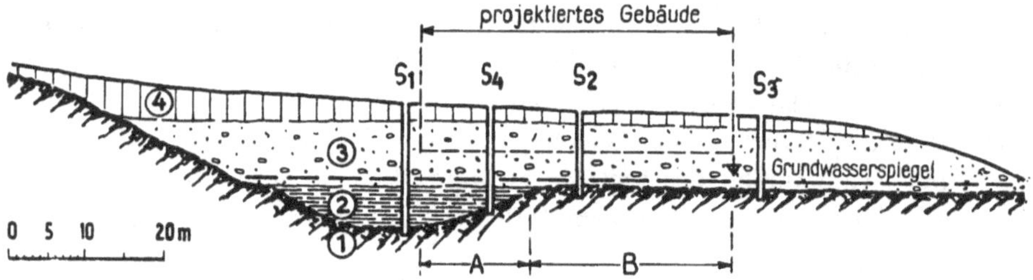

Abb. 7—23. Ein analoger Fall, wo die Tragfähigkeit der Schotter durch humose Ablagerungen die das alte vertiefte Flußbett im felsigen Untergrund ausfüllen, verringert wird. *1* — Algonkische Schiefer, *2* — humose Schlammablagerungen, *3* — sandige Schotter, *4* — Lößlehm.

eingezeichnet, die auf den festen Gesteinen des felsigen Untergrundes ruhen. Am Hangfuß wurde jedoch der felsige Untergrund durch das frühere Flußbett vertieft, in dem wassergesättigte humose Ablagerungen erhalten geblieben sind. Die Anwesenheit der Ablagerungen wurde mit Hilfe der Bohrung S_1 ermittelt und deren Ausmaß unterhalb des projektierten Gebäudes durch die nachträglich durchgeführte Bohrung S_4 abgegrenzt. Der Baugrund in der Ebene der Gründungssohle ist scheinbar homogen, es liegen Terrassenschotter vor; er weist jedoch in dem mit *A* bezeichneten Teil, wo sich im Liegenden des Schotters zusammendrückbare Ablagerungen befinden, einen ganz anderen Charakter auf, als im Teil *B*, wo sich im Liegenden des Schotters felsiger Untergrund zeigt.

Eine sorgfältige Untersuchung erfordert der in der Abb. 7—24 dargestellte Fall, wo im Liegenden der Terrassenschotter eine geneigte Schicht weicher tertiärer Tone auftritt, die mit Sanden abwechselt. Der Untergrund des Schotters ist im gegebenen Falle ebenfalls heterogen. Die Sande sind wenig zusammendrückbar, wogegen die Zusammendrückbarkeit der Tone wesentlich größer ist. Das projektierte Gebäude sollte ursprünglich in der Ebene *a* gegründet werden. Mit Rücksicht auf den ungleichartigen Untergrund wurde das Gebäude flacher gegründet, und zwar in der Ebene *b*, damit die Schotterschicht nach Möglichkeit nicht geschwächt würde.

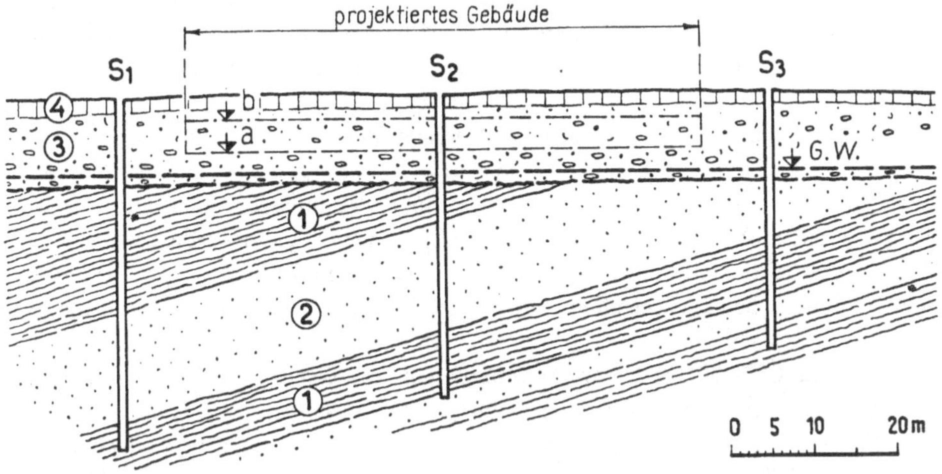

Abb. 7—24. Im Liegenden der pleistozänen sandigen Schotter befinden sich neogene Tone und Sande. Bei geringer Mächtigkeit der Schotter unterhalb der Gründungsfuge *a* sind für den Charakter des Baugrundes die Eigenschaften des Liegenden entscheidend. *1* — neogene Tone, *2* — neogene Sande, *3* — Terrassenschotter, *4* — sandiger Lehm.

Die *Tragfähigkeit* und *Zusammendrückbarkeit* nichtbindiger Lockergesteine hängt von ihrer Korngröße, der Lagerung und den Grundwasserverhältnissen ab. Als Baugrund bieten grobkörnige Lockergesteine (sandige Schotter und Grobsande) in der Regel günstigere Bedingungen als Fein- und Schluffsande.

Sandige Schotter und *Grobsande* sind meist ausreichend dicht gelagert, so daß deren Tragfähigkeit ziemlich groß ist und die Setzung der auf ihnen gegründeten Bauwerke in der Regel weniger als 1 cm ausmacht.

Deshalb gestatten auch die Normen eine relativ hohe zulässige Beanspruchung dieses Baugrundes und lassen deren Vergrößerung mit zunehmender Breite und Tiefe der Gründung zu. So führt z. B. die Norm ČSN 73 1820 die zulässige Beanspruchung in kg/cm² für die Gründungstiefe 1m (für die Hauptlast) wie folgt an:

Fundamentbreite in m	0,5	1	6
die zulässige Beanspruchung	in kg/cm²		
Schotter und Steinböden	4	5	8
Grobsand und Grobsand mit Schotter	3	3,5	6

Hierbei ist eine höhere Beanspruchung zulässig, wenn die Gründungstiefe mehr als 1 m beträgt, und zwar um das 2,5 fache des Druckes, den das in der Ebene der Gründungssohle zwischen der Tiefe von 1 m und der Gründungstiefe liegende Gestein durch sein Eigengewicht hervorruft.

Steht der Baugrund unter Auftrieb, dann verringert sich der Widerstand gegenüber dem Herausdrücken und damit auch die Tragfähigkeit. Deshalb bestimmt die Norm, daß in solchen Fällen die zulässige Beanspruchung bis um ein Drittel verringert wird.

Jedoch ist bei Sanden eine gewisse Vorsicht geboten, wenn sie weniger dicht gelagert sind. Hierher gehören lockere *eluviale Sande* und *holozäne sandige Ablagerungen.* So haben in Südmähren die holozänen Sandablagerungen eine Porosität von 39 % und mehr, und ihre Setzungen betragen auch bei geringen Beanspruchungen 3 bis 4 cm bei üblichen Bauwerken; bei der breiten Gründungsplatte eines Kohlensilos aus Stahlbeton beträgt bei einer Beanspruchung von etwa 2 kg/cm² die Setzung 6 cm.

Die Norm ČSN 73 1820 empfiehlt in Fällen, wo Zweifel an der dichten Lagerung bestehen, die zulässige Beanspruchung bei Grobsanden nicht über 2,5 kg/cm² anwachsen zu lassen. Man muß sich allerdings vergegenwärtigen, daß durch Verringerung der Belastung allein größere Setzungen nicht vermieden werden, die insbesondere bei Maschinenfundamenten mit ihren *dynamischen Einwirkungen* auftreten.

In Deutschland, wo man große Erfahrungen bei der Gründung auf nicht dicht gelagerten quartären Sanden gesammelt hat, wurde eine Reihe von Verfahren entwickelt, um diese Sande zu verdichten; diese Methoden wurden beispielsweise bei der Bauwerksgründung der Ausstellung Interbau in Berlin im Jahre 1957 angewendet.

Bei Bauwerksgründungen auf *Feinsand* und *Schluffschichten* ist die Wahrscheinlichkeit, daß diese weniger dicht gelagert sind, noch größer. Deshalb besteht bei ihnen die Gefahr einer starken Bauwerkssetzung, bei Sanden unter Wasser die Möglichkeit des Fließens (siehe Abschnitt 8,8). Diese feinsandigen Schichten enthalten in der Regel auch geringe Beimengungen toniger Teilchen, die die Porosität erhöhen, die Konsolidierung verlangsamen und die innere Reibung verringern, ohne eine Kohäsion zu gewährleisten. Dicht gelagerte Schichten dieser Art stellen im großen und ganzen einen guten Baugrund dar.

Liegt die Baustelle in einer Talaue, dann sind die sandigen Ablagerungen in der Regel wassergesättigt, weil sie unter dem Wasserspiegel liegen. Sandige Böden sind wasserdurchlässig; deshalb muß bei Fundamentkonstruktionen unterhalb des Grundwasserspiegels auch an die Einwirkungen des Wasserauftriebes gedacht werden. In durchlässigen Ablagerungen an der Talsohle schwankt der Grundwasserspiegel, da er vom Wasserspiegel des Flusses abhängt. Durch Veränderung der Höhe des Grundwasserspiegels kann sich auch die Größe des Wasserauftriebes verändern. Wenn man dies nicht berücksichtigt hat, kann sich bei Hochwasser ein leichtes

Bauwerk heben oder auch eine nicht ausreichend dimensionierte Fußboden- oder Fundamentplatte durchbrechen.

Ist das die Strömung des Grundwassers hervorrufende Gefälle beträchtlich (siehe Abschnitt 8,8), so können Sande in Bewegung geraten; man spricht dann von *Fließsanden*. Beim Aushub der Baugrube werden diese mit dem Wasser hereingeschwemmt oder verlegen Schächte und Stollen. Sie können auch in einer Bohrung, bei der eine Schicht wassergesättigter Sande mit gespanntem Grundwasserspiegel angebohrt wurde, emporsteigen. Wenn das Grundwasser direkt aus der Baugrube abgepumpt wird, wirkt auf die Sande der Druck des in die Baugrube einströmenden Grundwassers ein. Dadurch wird die Standfestigkeit der Baugrubenwände verringert und der Boden aufgelockert.

Ein ungünstiger Fall kann eintreten, wenn sich unter den Sanden durchlässigere Schotterschichten mit gespanntem Grundwasserspiegel befinden. Das Wasser steigt aus diesen empor und hebt die Sande an der Sohle der Baugrube an. Der Baugrund erweist sich dann als scheinbar nichttragfähig (Fließsande), obwohl er mit 2 kg/cm^2 belastet werden kann, wenn das Fundament breit genug ist und in einer Tiefe von mindestens 2 m unterhalb der Geländeoberfläche gegründet wird.

In der Abb. 7—25 ist als Beispiel eine in Feinsanden angelegte Baugrube in Südmähren dargestellt, auf deren Sohle Schotterschichten auftreten. Die Forderung

Abb. 7—25. Unrichtiges Vorgehen bei Entwässerung einer Baugrube in wasserführenden Sanden. In der Umgebung des Brunnens *B2* stieg das Wasser über die Sohle der Baugrube empor und Sande wurden durch das strömende Wasser aufgelockert. *1* — Neogener Ton, *2* — sandiger Schotter, *3* — Feinsand, *4* — Lehm.

nach Abpumpen aus einigen Brunnen wurde nur teilweise erfüllt (beim Brunnen B_1), so daß in einem bestimmten Abschnitt der Gründungssohle (auf dem Bild in der Umgebung des Brunnens B_2) das Wasser über die Sohle der Baugrube emporsteigen konnte. Der Sand auf der Sohle der Baugrube erwies sich hier als nicht tragfähig; er war aufgelockert, so daß sich die Bauwerkssetzung, insbesondere bei Erschütterungen, vergrößerte.

Dort, wo es sich um gegen Setzungen empfindliche Bauobjekte handelt, wie auch in den Fällen, wo es sich um geologisch und hydrogeologisch komplizierte

Verhältnisse handelt, kann man die Bestimmungen der Norm nicht benützen, sondern es müssen die Gründungsprobleme eingehender untersucht werden. Hierzu sind insbesondere zu ermitteln:

a) *Die Kornverteilung*; wenig günstige Eigenschaften besitzen feinkörnige Lockergesteine von gleicher Korngröße und gerundeter Form der Körner.

b) *Die Höhe des Grundwasserspiegels*; die Anwesenheit von gespanntem (artesischem) Wasser in Sanden oder Schotter zwischen weniger durchlässigen Schichten ist sorgfältig zu überprüfen.

c) *Die Lagerungsdichte*; diese ist im wesentlichen durch die Porositätszahl gegeben. Die Porositätszahl nichtbindiger Gesteine zu ermitteln, ist nicht einfach, denn deren Struktur wird sehr leicht gestört. Die Aufgabe wird entweder durch Probebelastungen oder Eindrückversuche bzw. durch Eintreiben von Stahlstangen (Röhren, Gleisstücken) oder Entnahme einer bestimmten Bodenmenge und Messung des Raumgewichtes oder schließlich mit Hilfe geophysikalischer Verfahren gelöst.

Probebelastungen werden in der Regel an der Schürfgrubensohle mit Hilfe einer Belastungsplatte mit einer Fläche von 5000 cm² oder an der Bohrlochsohle mittels einer Belastungsplatte mit einer Fläche von 600 cm² vorgenommen. Die Untersuchungen auf der Bohrlochsohle haben den Vorteil, daß sie ohne Abpumpen des Wassers möglich sind; beim Abpumpen in Schürfgruben lockert das in den Schurf einfließende Wasser den Boden auf, so daß die Ergebnisse entstellt werden. Die Setzungskurve ist bei dicht bis sehr dicht gelagerten Lockergesteinen eine Gerade (Abb. 7–26), und erst bei höheren Belastungen, die bei größeren Flächen kaum erreicht werden, erfährt diese eine Krümmung. Bei locker gelagerten Böden ist die Setzungskurve bereits von Anfang an gekrümmt.

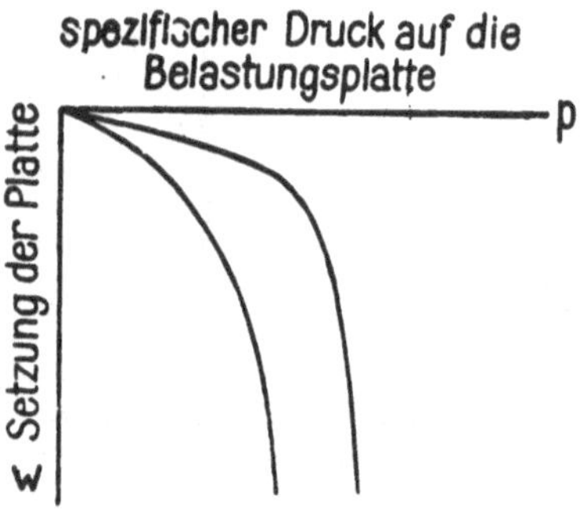

Abb. 7–26. Setzungskurven der dicht und locker gelagerten Sande bei einer Probebelastung.

Das Eintreiben oder Hineindrücken von Stangen ist ein weniger verläßliches Verfahren. In den USA werden bei Bohrungen standardisierte *Eindringversuche* durchgeführt: Der Entnahmestutzen mit einem Außendurchmesser von 5 cm sowie einer Wandstärke von 7 mm wird mittels eines 70 kg schweren Rammbären, der aus einer Höhe von 75 cm herabfällt, 15 cm in die Bohrlochsohle hineingetrieben. Sodann wird die für ein weiteres Eindringen um 30 cm erforderliche Anzahl von Schlägen ermittelt. Bei einer Schlagzahl von weniger als 10 handelt es sich um einen locker gelagerten Sand, bei einer Schlagzahl von 10 bis 30 um eine mittelmäßig dicht gelagerte Schicht, und bei mehr als 30 Schlägen betrachtet man den Baugrund als dicht gelagert. Die Bedeutung des Eindringversuches wird unter den Bedingungen, die in der ČSSR herrschen, dadurch wesentlich gemindert, daß die feinkörnigen

Sande hier zumeist gröbere Komponenten enthalten, wodurch die Versuchsergebnisse stark entstellt werden.

Die Entnahme ungestörter Proben aus nichtbindigen Lockergesteinen ist eine schwierige Arbeit, die nicht immer die gewünschten Ergebnisse zeitigt. Die Verfahren wurden bisher noch nicht gründlich durchgearbeitet. Um das Gestein bei der Entnahme nicht zu stören, wird es mit Hilfe des Gefrierverfahrens oder indem man es mit einem Bindemittel, beispielsweise einem bitumenhaltigen, durchtränkt, verfestigt. In der technischen Praxis werden diese Verfahren nur selten angewendet. Aus tonigen Feinsanden und Schluffen, die jeweils auch geringe Mengen toniger Teilchen enthalten, können im allgemeinen ungestörte Proben in der gleichen Weise wie aus bindigen Schichten entnommen werden.

Wo es sich um eine zugängliche Schicht nichtbindigen Gesteins handelt, kann dessen Lagerungsdichte in der Weise untersucht werden, daß eine Grube ausgehoben und einerseits die Gewichtsmenge des entnommenen Sandes, andererseits dessen Volumen ermittelt wird; dies geschieht beispielsweise so, daß die Grube aus einem besonderen Schüttrichter mit gleichkörnigem Standardsand von bekanntem Dichtigkeitsgrad gefüllt wird.

Die geophysikalischen Verfahren versprechen eine schnelle Bestimmung der Porosität bei wassergesättigten Sanden. Diese Verfahren befinden sich im Stadium der Entwicklung, und die Porosität der Sande wird zum Teil so bestimmt, daß mit Hilfe spezieller Sondierstangen die Dielektrizitätskonstante des Sandes oder dessen Leit- bzw. Sorptionsfähigkeit und Reflexionsvermögen für Gammastrahlung gemessen werden.

Bei der Voruntersuchung kann die Lagerungsdichte des Sandes danach beurteilt werden, wie weit man mit der Schaufel oder mit der Hand in den Sand eindringt; in dicht gelagerte Sande kann die Hand nicht tief eindringen.

d) *Der Winkel der inneren Reibung* des Baugrundes. Dieser kann durch laboratoriumsmäßige Versuche ermittelt werden; oftmals genügt jedoch eine Schätzung oder das folgende einfache Verfahren: Durch lose Schüttung wird der natürliche Neigungswinkel der Trockensubstanz ermittelt. Dieser wird bei Trümmergestein ungefähr 40°, bei Schotter etwa 38°, bei Grobsand mit verschiedenen Korngrößen etwa 35°, bei Feinsand mit abgerundeten Körnern 32° und bei Schluffsand weniger betragen. Der natürliche Neigungswinkel des trockenen Gesteins ist ungefähr der gleiche wie der Winkel der inneren Reibung des aufgelockerten Baugrundes.

Handelt es sich um dicht gelagerte Schichten, so vergrößert sich dieser Wert bei Schluff und Sand um 4 bis 5°, bei sandigem Schotter um 8 bis 10°. Im Wasser verringert sich der Winkel der inneren Reibung um 1 bis 2°, bei Schluff, die jeweils einen geringen Prozentsatz an tonigen Teilchen, oftmals auch Glimmer enthalten, noch mehr, beispielsweise um 5°. Deshalb wird bei Schluff die Festigkeit jeweils laboratoriumsmäßig bestimmt. Eine Beimengung von tonigen Teilchen verringert die Durchlässigkeit stark, und deshalb verläuft deren Konsolidierung langsamer, als die Bauwerkslast zunimmt; das Wasser kann nicht so schnell verdrängt werden, und in den Poren entsteht ein Überdruck (neutrale Spannung). Unter diesen Verhältnissen muß mit einer geringeren Festigkeit gerechnet werden, als sie mit Hilfe des langsam vor sich gehenden Versuches im kastenförmigen Abschergerät ermittelt wurde. Es werden auch schnell verlaufende Versuche im dreiaxialen Gerät durchgeführt, bei denen sich der Einfluß der neutralen Spannung bemerkbar macht.

e) *Die Zusammendrückbarkeit* wird gewöhnlich nur bei Schluff unmittelbar ermittelt, wo in der Regel ungestörte Proben entnommen und in dem Gerät zur Messung der Zusammendrückbarkeit des Gesteins (Ödometer) geprüft werden können.

Wurden die Lagerungsdichte und der Winkel der inneren Reibung ermittelt, so kann nach den Formeln im Abschnitt 7,3 die zulässige Beanspruchung berechnet werden.

7,6. Bindige Lockergesteine. In diese Gruppe gehören Tone, Mergel, Löß und Gesteine, die nach der Korngröße als sandig oder tonsandig bezeichnet werden, wobei es sich um ein Gemisch toniger Gemengteilchen mit gröberen Fraktionen handelt. Die Kohäsion dieser Böden ist durch den Anteil toniger Teilchen bedingt. Enthält eine Schicht mehr als 25 bis 30 % toniger Gemengteilchen, dann ist diese Beimengung für die physikalischen und mechanischen Eigenschaften des Baugrundes ausschlaggebend, denn die feinen Teilchen umhüllen die gröberen Fraktionen, und das Gestein nimmt an Bindigkeit zu. Bindige Gesteine verändern ihre Konsistenz mit dem Wassergehalt. Bei einem höheren Wassergehalt quellen sie auf und werden breiig, bei Trockenheit erhärten sie, verringern fortschreitend ihr Volumen und schrumpfen ein. Sie weisen bei Feuchtigkeit eine geringe Kohäsion auf, und da gleichzeitig ihr Winkel der inneren Reibung klein ist, sind sie beweglich und neigen zum Rutschen. In der Bodenmechanik wurde eine einheitliche Bezeichnung der Konsistenz eingeführt: breiig, weich, steif, fest, hart (siehe Abschnitt 4,5).

Bei *der geologischen Untersuchung* werden der petrographische Charakter, die Entstehung und das geologische Alter der Schichten, die Lagerungsverhältnisse (Mächtigkeit und Neigung der Schichten), die Grundwasserverhältnisse, ferner zumindest annähernd die Konsistenz der Schichten und die Gründungsart der benachbarten Objekte ermittelt. Die technischen Eigenschaften der bindigen Gesteine hängen mit dem geologischen Charakter und der Entstehung des Gesteins zusammen. Man muß bereits bei der geologischen Untersuchung eine richtige Vorstellung von der Entstehung der Schichten haben.

Tone und *tonige Gesteine* sind unverfestigte Sedimente, die zumeist mehr als 30 % Gemengteilchen mit einem geringeren Durchmesser als 0,005 mm enthalten. Für Tone ist ihr Verhalten bei Berührung mit Wasser charakteristisch. Tone können zumeist beträchtliche Wassermengen aufnehmen, sie werden sodann plastisch und bei höherem Wassergehalt sogar flüssig. Mit zunehmendem Wassergehalt vergrößern die Tone ihr Volumen, quellen auf und schrumpfen bei Austrocknung ein. Diese räumliche Unbeständigkeit der Tone ist eine für die technische Praxis sehr unangenehme Eigenschaft, besonders bei der Bauwerksgründung.

Die geringen Abmessungen der Tonteilchen waren die Ursache dafür, daß sich die Tone lange Zeit hindurch den petrographischen Bestimmungsmethoden entzogen. Deshalb war noch unlängst die genaue mineralogische Zusammensetzung der Tone nicht bekannt. Die petrographische Untersuchung der Tone machte erst mit der Anwendung der röntgenoskopischen Verfahren und des Elektronenmikroskops Fortschritte.

Mit Hilfe dieser Verfahren wurde festgestellt, daß selbst die feinsten Tonteilchen, die früher als amorphe Stoffe angesehen wurden, größtenteils kristalline Stoffe sind und in die Gruppe der Tonmineralien gehören. In den feinsten Fraktionen der tonigen Gesteine treten auch, neben kleinen organogenen Resten und einigen sekundären Mineralen, Körnchen des Quarzes und anderer gesteinsbildender Minerale, wie des Amphibols, der Feldspate und der Glimmer auf.

Die Tonmineralien bilden feine schuppenartige oder stengelige Kristalle, die an Glimmer erinnern. Chemisch sind es zumeist wasserhaltige Tonerdesilikate, die sich durch ein unterschiedliches Verhältnis der am Aufbau beteiligten Bestandteile, nämlich des Aluminiumoxyds, des Siliziumdioxyds, des Wassers und der Na-, Ca-, Mg- und Fe-Kationen, voneinander unterscheiden. Die Zahl dieser schuppenartigen Tonminerale ist sehr groß, und es sind bisher nicht alle bekannt. Sie werden nach dem chemischen und kristallographischen Charakter in einige Gruppen unterteilt, von denen die Gruppen des Kaolinits, des Montmorillonits und des Illits die wichtigsten sind.

Eine gemeinsame Eigenschaft aller dieser Mineralien ist, daß die Teilchen sehr geringe Abmessungen haben, nur beim Kaolinit sind sie etwas größer. Die Abmessungen der anderen Gruppen liegen weit unter der Grenze des Auflösungsvermögens des Mikroskops und erreichen nur in den seltensten Fällen eine Größe von 0,01 mm, meistenteils sind sie kleiner als 0,005 mm. Die flache Form und die geringen Abmessungen verleihen den Tonmineralien eine große spezifische innere Oberfläche, die die Ursache zahlreicher wichtiger Eigenschaften der Tone ist. Das gilt vor allem für das sehr große *Sorptionsvermögen* der Tone, d. h. die Fähigkeit, beträchtliche Wassermengen zu binden. Diese Fähigkeit ist nicht bei allen Tonmineralien gleichmäßig stark entwickelt. Das größte Sorptionsvermögen besitzen die Montmorillonittone (Ca-Montmorillonit-Tone mit 200 bis 300 % Wasseraufnahme in Gewichtsprozenten, Na-Montmorillonite sogar mit bis zu 600 %). Die hohe Sorptionsfähigkeit des Montmorillonits wird dadurch erklärt, daß dessen Kristallgitter elastisch ist, so daß das Wasser nicht nur an die Kristalloberfläche gebunden ist, sondern auch zwischen den einzelnen elementaren Schichten des Kristallgitters eindringen kann. Diese Tonminerale besitzen also neben der Oberflächensorption auch ein sog. inneres Sorptionsvermögen. Die *innere Sorption* bewirkt, daß sich die elementaren Schichten des Montmorillonitkristalls bei der Wasseraufnahme voneinander entfernen und beim Freiwerden des Wassers wieder nähern.

Auch *Kaolintone* können eine beträchtliche Wassermenge absorbieren (bis zu 60 % des ursprünglichen Gewichtes), aber das Wasser hält sich nur in den feinen Kapillaren des Bodens oder wird an der Oberfläche der Tonteilchen gebunden. Die Minerale der Kaolinitgruppe besitzen nicht die Fähigkeit der inneren Sorption, d. h. die Fähigkeit, Wasserteilchen zwischen den elementaren Schichten der Kristalle zu binden. Bei den Kristallen der Kaolinite ist der Abstand der elementaren Teilchen bei Änderung des Feuchtigkeitsgehaltes konstant. Dieses unterschiedliche Verhalten dem Wasser gegenüber äußert sich praktisch in beträchtlichen Unterschieden zwischen den Kaolin- und Montmorillonittonen.

Die Minerale der *Montmorillonit-* und *Illitgruppe* zeichnen sich in stärkerem Maße durch die Fähigkeit des Kationenaustausches aus. Mit dem *Kationenaustausch* ändern sich bei den Tonmineralien nicht nur deren Sorptionsfähigkeit, sondern auch die Struktur und die physikalischen Eigenschaften der Tongesteine. Der natürliche Ca-Bentonit (Montmorillonit überwiegend mit Ca-Kationen) kann durch einen chemischen Eingriff in Na-Bentonit umgewandelt werden, der eine bis zu zweimal größere Sorptionsfähigkeit als der ursprüngliche Ton aufzuweisen hat.

Montmorillonit ist auch ein *thixotropes Mineral*, d. h., es besitzt die Fähigkeit, die Kristallkörner aneinanderzureihen. Mit Wasser gesättigter Montmorilloniton ist steif, solange er sich im Ruhezustand befindet. Beim Rütteln jedoch, beispielsweise beim Einrammen von Pfählen, beim Walzen oder Kneten, bei Belastungsänderung usw., werden die verspreizten Schüppchen gleichgerichtet. Es zeigt sich plötzlich ein Wasserüberschuß, so daß der Ton flüssig wird und Störungen verursacht.

Daraus geht hervor, daß von der mineralogischen und chemischen Zusammensetzung der Tone ihre meisten physikalischen und technischen Eigenschaften abhängen. Das gilt vor allem für ihre Wasseraufnahmefähigkeit und die damit verbundene Plastizität sowie für die räumliche Unbeständigkeit, die Haftfähigkeit und sonstige mechanische Eigenschaften. Die Tone können deshalb nicht als einheitliche Gesteinskategorie angesehen werden, sondern es müssen verschiedene Typen der Tone, je nach der vorherrschenden Art oder Gruppe der Tonmineralien, unterschieden werden. Die Zusammensetzung der Tone wird noch durch sandige oder schluffige Beimengungen, die in unterschiedlichen Mengen fast in allen Tonböden vorkommen und gewissermaßen die Eigenschaften der Tonminerale überdecken, kompliziert.

Mergel sind im wesentlichen Tone mit kalkigen Beimengungen. Rein äußerlich und in ihren physikalischen Eigenschaften unterscheiden sie sich nur wenig von den Tonen. Man erkennt sie daran, daß sie beim Anfeuchten mit Salzsäure schäumen, weil hierbei Kohlendioxyd frei wird. Der Gehalt der Mergel an Kalziumkarbonat kann verschieden sein, es bestehen zwischen Ton, Mergel und Kalkstein kontinuierliche Übergänge. Weisen Tone einen Gehalt an Kalziumkarbonat von 5 bis 25 % auf, dann werden sie als kalkhaltige Tone bezeichnet. Mergel und kalkhaltige Tone besitzen manchmal eine leicht auslaugbare kalkige Beimengung. In diesem Falle liefern die Mergel einen noch weniger tragfähigen und zuverlässigen Baugrund als Tone, weil durch das Ausschlämmen der kalkigen Beimengung das Gestein aufgelockert wird. Demgegenüber gewährleisten feste Sandmergel, in denen die Beimengung des Kalziumkarbonates den Charakter eines Bindemittels besitzt, einen standfesten felsigen Untergrund. Die zulässige Belastung der diagenetisch verfestigten Mergel kann weitaus höher gewählt werden, als die der gewöhnlichen Mergel, sie ist vom Grad der Klüftung abhängig. So wird beispielsweise bei sandigen Mergeln der böhmischen Kreide in der Umgebung von Prag eine Belastung von 4 bis 6 kg/cm^2 zugelassen.

Für die technische Praxis ist eine sorgfältige Untersuchung der Eigenschaften der Tone, Mergel und tonigen Gesteine, die man auf dem Baugelände trifft, von großer Wichtigkeit. So ist beispielsweise für die Standfestigkeit der tonigen Schichten als Baugrund das Verhalten dieser Gesteine bei der Berührung mit Wasser von entscheidender Bedeutung. Die Volumenbeständigkeit hängt indirekt von der Sorptionsfähigkeit des Tones ab; sie erreicht bei den an Mineralien der Montmorillonit- und Illitgruppe reichen Tonen und tonigen Schichten die höchsten Werte. Dazu gehören einige neogene Tone, die oftmals durch ihre Volumenveränderungen, insbesondere durch Schrumpfung bei lang anhaltender Trockenheit, Störungen

Abb. 7–27. Schrumpfung der Mergel des oberen Turons im Gebiet von Turnov im trockenen Jahre 1947. (*Foto Q. Záruba*).

an Bauwerken hervorrufen. Die Volumenveränderungen des Baugrundes zeigen sich am stärksten bei solchen Objekten, die in verschiedenen Tiefen gegründet sind. Ein flachgründiger Gebäudeteil hat eine viel stärkere Setzung zu verzeichnen als ein tiefer gegründeter (z. B. unterkellerter) Gebäudeteil, weil die Austrocknung der Endoberfläche durch Witterungseinflüsse nicht so tief reicht.

So zeigten sich beispielsweise an einer Kirche und am Pfarrhaus im Gebiet von Žatec (Saaz) in den trockenen Jahren Risse, die durch Austrocknung der tertiären Tone unterhalb der Fundamente entstanden (Abb. 10—30). Es wurde ursprünglich angenommen, daß die Ursache der Schäden eine Rutschung sei. Nachdem man Bohrungen und geologische Untersuchungen vorgenommen hatte, wurde jedoch festgestellt, daß fast waagerecht gelagerte neogene Tone den Baugrund bilden, bei denen infolge Wechsels des Feuchtigkeitsgehaltes große Volumenveränderungen eingetreten waren. In den sehr trockenen Jahren 1934 und 1935 wurden auch ernsthafte Beschädigungen an den auf Mergeln des oberen Turons gegründeten Gebäuden beobachtet, so z. B. im Gebiet von Mělník, Slaný usw. Ähnliche Schäden

Abb. 7—28. Charakteristische Risse eines auf Kreidemergeln flachgegründeten Gebäudes (aus der Umgebung von Turnov). (*Foto Q. Záruba.*)

waren im trockenen Jahre 1947 auf Kreidemergeln des oberen Turons im Gebiet von Turnov (Abb. 7—27 und 7—28) und in Ústí a. d. Orlice an den auf tertiären Tonen gegründeten Gebäuden zu verzeichnen.

Bereits bei der geologischen Voruntersuchung des Baugeländes muß daran gedacht werden, daß auf Tonen und tonigen Schichten in ausreichender Tiefe (mindestens 1,40 bis 2 m unterhalb der Erdoberfläche) gegründet werden muß, bis wohin die durch Witterungseinflüsse verursachten Volumenveränderungen nicht mehr reichen.

Lehme und *Löß* bilden den Übergang von den Peliten zu den Psammiten. Sie sind durch einen beträchtlichen Gehalt an Schluffteilchen mit Korngrößen von 0,01 bis 0,05 mm gekennzeichnet. Der größere Gehalt an Sand- und Schluffteilchen bewirkt, daß sie einige ungünstige Eigenschaften der Tone nicht besitzen; so sind z. B. bei ihnen die Volumenveränderungen weitaus geringer. Demgegenüber bewirken der leichtere Zutritt des Wassers und seine verhältnismäßig rasche Verdunstung, daß die Veränderungen der Konsistenz bei Lehmen viel schneller als bei Tonen vor sich gehen. Die mineralogische und chemische Zusammensetzung der Lehme ist sehr vielfältig und hängt von ihrer Entstehung ab. Neben feinen Quarzkörnchen und Glimmerschüppchen enthalten sie auch zahlreiche Körnchen anderer gesteinsbildender Mineralien mit einem unterschiedlichen Verwitterungsgrad; auch kommen in ihnen in beträchtlichem Maße Tonmineralien vor. Manche Lehme weisen einen ziemlich hohen Gehalt an Kalziumkarbonat auf. Die braune und rostbraune Verfärbung der Lehme ist durch eine Beimengung von Limonit bedingt, eine schwarzbraune Farbe wird den Lehmen durch Beimengung von Humus verliehen. Auch die technischen Eigenschaften der Lehme hängen von ihrer Entstehung ab. Nach der Entstehung unterscheidet man a) Eluviallehm, b) Gehängelehm, c) Auelehm, d) Geschiebelehm und e) äolischer, angewehter Lehm (Löß).

a) *Eluviallehme* enststehen durch Verwitterung und Zerfall der festen Gesteine am Ort ihrer Entstehung. Sie wurden vom Ort ihrer Entstehung weder fortgeschwemmt noch in anderer Weise verlagert. In den Eluviallehmen nehmen gewöhnlich mit zunehmender Tiefe die Bruchstücke des angewitterten Muttergesteins zu. An der Basis ist zumeist ein allmählicher Übergang zum festen Gestein des Untergrundes zu erkennen. Eluviallehme haben sich in großem Umfange und von beträchtlicher Mächtigkeit an der Oberfläche alter Peneplains gebildet, beispielsweise aus algonkischen Schiefern. Sie sind in der Regel wenig zusammendrückbar, insbesondere in den unteren, durch Oberflächenverwitterung und periglaziale Durchfrierung nicht gestörten Lagen.

b) *Gehängelehme* bedecken die Talhänge und häufen sich am Hangfuß, wohin sie vom abfließenden Regenwasser aus dem Hangschutt oder den eluvialen Verwitterungsprodukten herabgeschwemmt wurden. Ein charakteristisches Merkmal der Gehängelehme ist ihre Lagerung in Schichten, welche beinahe parallel mit der Neigung des Hanges verlaufen. In ihnen kommen öfters Bruchstücke der Gesteine vor, welche aus den höheren Lagen des Hanges zur Zeit eines größeren Regens herabgeschwemmt wurden. Sie sind manchmal durch die Hangbewegung gestört, und dies verschlechtert stellenweise ihre sonst günstigen technischen Eigenschaften (die Lagerungsdichte und die geringe Zusammendrückbarkeit).

c) *Auelehme* wurden hauptsächlich bei Hochwasser in den Talauen der Flüsse und Bäche angeschwemmt. Ein charakteristisches Merkmal der Auelehme ist, daß sie in waagerechten Schichten gelagert sind, die zumeist durch dünne Feinsandschichten, entstanden bei Veränderungen der Sedimentationsbedingungen, angedeutet werden. Zu den Auelehmen gehören die holozänen Lehme der Talauen und die Terrassenlehme, die die pleistozänen Terrassensande und -schotter überdecken. Die jungen, aufgeschwemmten Lehme der Talauen sind zumeist locker, werden von Zeit zu Zeit vom Hochwasser überflutet und sind meist stark zusammendrückbar. Die alten pleistozänen Terrassenlehme sind gewöhnlich trocken, weil sie auf durchlässigem Untergrund gelagert sind. Sie weisen eine feste Konsistenz auf und sind dicht gelagert; ihre Zusammendrückbarkeit ist gering.

d) *Geschiebelehme* wurden durch Gletscher, insbesondere in den Grund- und Endmoränen, angehäuft oder abgelagert. Die Geschiebelehme enthalten gewöhnlich Gesteinsbruchstücke und -brocken der verschiedensten Größen, die ebenfalls durch den Gletscher herabgeschleppt wurden. Geschiebelehme sind charakteristische Ablagerungen in den Gebieten, die im Quartär vom nordischen Inlandeis bedeckt waren, z. B. Mittel- und Nordeuropa. In der ČSSR treten sie nur ganz vereinzelt im Rahmen der pleistozänen Vereisung auf, sind zumeist dicht gelagert und wenig zusammendrückbar.

e) *Löß* und *Lößlehme* sind pleistozäne, vom Wind angewehte Sedimente, die sich hauptsächlich an windgeschützten Hängen ablagerten. Was die Korngröße anbelangt, so herrschen im Löß hauptsächlich Staubteilchen von 0,05 bis 0,01 mm vor. Diese Kornzusammensetzung weist auf ihren äolischen Ursprung hin. Den Rest bilden tonige Teilchen oder Feinsand. Die Mineralzusammensetzung hängt von den Gesteinen ab, aus deren Verwitterungsprodukten der Löß herausgeweht wurde. Ein wichtiger Bestandteil des Lößes ist das Kalziumkarbonat, das entweder verstreut in feinen Körnchen vorkommen kann oder einen weißlichen Anflug bzw. Überzug an den Klüften bildet, die Röhrchen der ehemaligen Pflanzenwurzeln ausfüllt und manchmal in Form von kleinen Ausblühungen und Konkretionen auftritt. Die gelbbraune Farbe des Lößlehms stammt von Eisenhydroxyd.

Der Löß ist eine charakteristische Ablagerung des Pleistozäns, die im Böhmischen Massiv entweder zusammenhängende Deckschichten oder auf den Ost- und Südosthängen Verwehungen bildet. Die Lößablagerungen bilden in der Regel mehrere Schichten übereinander, die durch *fossile Bodenprofile* voneinander getrennt sind. Diese entstanden bei feuchtem und wärmerem Klima während der Interglazialzeit. In den unteren Lagen einer jeden Lößschicht sind zumeist die Lehme etwas gröber, sandiger, in den oberen Lagen feiner. Beim jüngsten Löß blieb meistenteils die ursprüngliche Lagerung erhalten, er ist sehr porös, locker und stark kalkhaltig. Das

Kalziumkarbonat wirkt wie ein Bindemittel und verleiht diesen Gesteinen eine beträchtliche Kohäsion. Sie brechen nach den vertikalen Klüften zu ab, so daß diese beim Bodenaushub vertikale Wände bilden, die sich ziemlich lange halten. Der ältere Löß ist dichter gelagert, weniger porös und enthält auch kleine Gesteinsbruchstücke aus den höher gelegenen Hangschichten. Die poröse Struktur, die vertikalen Klüfte und die zahlreichen kleinen Kanäle längs der Wurzeln haben eine beträchtliche Wasser- und Luftdurchlässigkeit zur Folge. Das Niederschlagswasser hält sich lange Zeit im Löß und steigt in den Trockenperioden zur Oberfläche empor. Entkalkter und teilweise verlagerter Löß wird als *Lößlehm* bezeichnet.

Als Baugrund ist der Löß *stark zusammendrückbar* und gegen unterschiedliche Belastungen empfindlich. Bei zunehmender Feuchtigkeit sinkt die Kohäsion des Lößes ab und seine Konsistenz verändert sich. Bei Bauwerksgründungen auf mächtigen Lößschichten ist es wichtig, daß die Fundamentkonstruktionen auch bei geringen Belastungen von 1 bis 1,5 kg/cm^2 annähernd die gleichen Abmessungen haben. Andernfalls ist es erforderlich, unterhalb der stärker belasteten Pfeiler eine entsprechend geringere Belastung des Baugrundes als unterhalb der weniger belasteten Pfeiler zu wählen, damit die Setzung der Fundamente gleichmäßig verläuft. Bereits eine relativ geringe Ungleichmäßigkeit bei der Belastung des Baugrundes oder eine unterschiedliche Breite der Fundamente äußert sich in großen Unterschieden bei den Setzungen der Fundamentkonstruktionen. Dieser Umstand wurde häufig unterschätzt und nicht beachtet, wahrscheinlich deshalb, weil die im trockenen Lößlehm ausgehobene Baugrube, in der für eine gewisse Zeit senkrechte Wände von einigen Metern Höhe erhalten bleiben, einen sehr günstigen und standsicheren Eindruck hinterließ.

So wurde beispielsweise das Gebiet der Lößlehme in Prag 6 (in Dejvice und Bubeneč) hauptsächlich nach dem ersten Weltkrieg bebaut. Damals waren die Projektanten bestenfalls bestrebt, die Gründungen so zu gestalten, daß auf die Lößlehme eine gleichmäßige Belastung von etwa 2 bis 2,5 kg/cm^2 einwirkte, jedoch ohne Rücksicht auf die Breite der Fundamentkonstruktionen. So war es üblich, daß der Gründungsstreifen unterhalb der Umfassungsmauern von Wohngebäuden mit bis zu fünf Geschossen 1,5 bis 2 m breit war, während sich unterhalb der stärker belasteten Mittelmauern für den Fundamentstreifen eine Breite von 2 bis 3 m ergab. Auch bei gleicher Beanspruchung des Baugrundes kam es unausbleiblich zu einer weitaus stärkeren Setzung der breiteren Fundamente, bei denen sich die Belastung in eine größere Tiefe überträgt. Dies zeigte sich besonders bei den Treppenmauern oder den Innenpfeilern der Eckgebäude. Die Setzungsunterschiede betrugen einige Zentimeter und hatten somit bedenkliche Rissbildungen zur Folge. Eine nachträgliche Setzung der Giebelmauern bei Reihenhäusern zeigte sich auch dann, wenn an ein älteres, bereits früher erbautes Wohngebäude später ein neues Haus angebaut wurde. Die durch das neue Gebäude entstandene zusätzliche Belastung der Lößlehme machte sich auch unterhalb der anliegenden Mauern des älteren Gebäudes durch nachträgliche Setzungen bemerkbar.

Der lockere Löß ist gegen *Belastungsänderungen* derart *empfindlich*, daß bei einigen Gebäuden schon bei unvorhergesehener Erhöhung der Nutzlast oder bei Aufschüttung eines höheren Dammes oder Straßenkörpers u. dgl. eine nachträgliche Setzung eintrat. So bewirkte beispielsweise die Lagerung eines größeren Kohlen- und Holzvorrates im ehemaligen Ballhausgebäude des Königlichen Gartens auf dem Hradschin in Prag eine erneute Setzung des über 400 Jahre alten Gebäudes infolge der starken Zusammendrückbarkeit der Lößlehme, auf denen das Gebäude gegründet war (Abb. 10—25).

Eine weitere ungünstige Eigenschaft des Lößes und der Lößlehme besteht darin, daß diese *frostempfindlich* sind und bei Berührung mit Wasser breiig werden. In einigen Fällen ließ sich die Setzung benachbarter Mauern von Reihenhäusern dadurch erklären, daß zwischen den Häusern ein unbebautes Grundstück frei blieb, das während des Frühjahrstauwetters oder eines Wolkenbruches vom Wasser überschwemmt wurde. Der angefeuchtete Lößlehm konnte hier tief bis unter die Fundamente des Nachbargebäudes durchfrieren, wenn diese nicht tief genug gegründet waren.

Den Fragen der Setzung der auf Löß gegründeten Bauwerke und der Untersuchung des Lößes und der Lößböden wurde in der Sowjetunion große Aufmerksamkeit gewidmet[1].

Die Bestimmung der zulässigen Belastung. Nach der Feststellung der geologischen Verhältnisse muß man mit der Untersuchung der mechanischen Eigenschaften der bindigen Lockergesteine beginnen, damit deren Tragfähigkeit und die Setzung des betreffenden Bauwerks ermittelt werden können. Im Unterschied zu den nicht bindigen Lockergesteinen, wo sich eine größere Setzung nur bei locker gelagerten Sanden zeigt, ist bei tonigen Schichten jeweils nicht nur die Tragfähigkeit, sondern auch die Setzung zu beachten, deren Verlauf hier sehr lang andauernd ist.

In einfacheren Fällen wird die zulässige Beanspruchung nach den Normen bestimmt, sofern diese in der Weise aufgestellt wurden, daß sie nicht nur die Tragfähigkeit sondern auch die Zusammendrückbarkeit des Baugrundes berücksichtigen.

So läßt die Norm ČSN 73 1820 für tonigen Baugrund bei weicher Konsistenz 0,5 kg/cm^2, bei steifer 1 kg/cm^2, bei fester 2 kg/cm^2 und bei harter 3,5 kg/cm^2 zu. Bei diesen Belastungen führt die Norm an, daß die Setzung bei Fundamenten mit einer Breite von 2 m maximal 3 cm, bei einer Fundamentbreite von 4 m maximal 5 cm betragen wird. Diese Setzungen werden als zulässig angesehen. Hierbei ist es allerdings unstatthaft, die zulässige Beanspruchung mit zunehmender Funda-

[1] Die sowjetischen Autoren empfehlen bei der Untersuchung des Lößes die Ermittlung der Kornverteilung und der mineralogischen Zusammensetzung, der Porosität und der Konsistenzgrenze. Nach ihren Erfahrungen ist die Gefahr einer umfangreichen Setzung um so größer, je weiter das Verhältnis $\frac{\varepsilon_l - \varepsilon}{\varepsilon_l - \varepsilon_p}$ unter — 0·5 liegt, wobei ε_l die Porositätszahl an der Fließgrenze, ε_p die Porositätszahl an der Plastizitätsgrenze und ε die Porositätszahl des Lößes im natürlichen Zustande bedeuten. Von ihnen werden Zusammendrückbarkeitsversuche im trockenen und wassergesättigten Zustande angeführt.

mentbreite zu erhöhen; mit zunehmender Fundamenttiefe darf sie nur um das Gewicht des ausgehobenen Bodens erhöht werden. Die zulässige Beanspruchung des trockenen oder wenig angefeuchteten Lößes beträgt laut obiger Norm nur 1,2 kg/cm^2.

Die zulässigen Beanspruchungen werden in der Praxis oftmals überschritten, insbesondere bei steifen Tonen und Löß. Dann ist es erforderlich, die *Tragfähigkeit* und die *Setzung* des Baugrundes nachzuweisen; dazu wird die Festigkeit und Zusammendrückbarkeit des Baugrundes bestimmt.

Was die *Festigkeit* anbelangt, lassen sich hier zwei Fälle unterscheiden:

a) Durch Bestimmung des Raumgewichtes des Gesteins, des spezifischen Gewichtes und des Feuchtigkeitsgehaltes wurde festgestellt, daß die Poren des Baugrundes fast vollständig mit Wasser ausgefüllt sind; durch Bestimmung der Konsistenzgrenzen zeigte sich, daß das Gestein ausgesprochen tonig ist (Abschnitt 4,5). Die Konsolidierung des Baugrundes und die Erhöhung seiner Festigkeit durch den Gewichtsdruck der Konstruktion gehen gewöhnlich langsam vor sich, so daß mit ihnen bei der Bestimmung der Festigkeit nicht gerechnet werden darf. Es muß deshalb eine konstante Scherfestigkeit angenommen werden, wobei der Winkel der Scherfestigkeit $\varphi = 0$ ist. Die Scherfestigkeit wird durch den Druckversuch, oder den Rotationsversuch[1] mit Flügelgerät usw. ermittelt.

b) Die Poren des Gesteins sind nicht nur mit Wasser, sondern auch mit Luft oder anderen Gasen ausgefüllt, oder das Gestein weist eine Beimengung von Sand oder Kies auf. Im ersten Falle verläuft die Konsolidierung ziemlich schnell, im zweiten haben die größeren Körner eine strukturelle Festigkeit zur Folge. Es muß sodann mit einer bestimmten Kohäsion und außer dieser auch mit dem Winkel der Scherfestigkeit gerechnet werden. Diese Größen werden am besten im Triaxialgerät ermittelt.

Was die *Zusammendrückbarkeit* des Bodens anbelangt, so wird diese gewöhnlich im Ödometer ermittelt, das die Abhängigkeit der Zusammendrückung vom Vertikaldruck anzeigt.

Die *zulässige Beanspruchung* bestimmt man nach den Ergebnissen, welche mit Hilfe der theoretischen Berechnung ermittelt wurden, und bei Berücksichtigung der in den Normen angeführten Werte. Bei der theoretischen Berechnung werden Tragfähigkeit und Setzung getrennt bestimmt sowie die Bauwerksgründung für beide Fälle bewertet.

Die Tragfähigkeit des Baugrundes wird durch Einsetzen in die Formeln ermittelt, die bereits an anderer Stelle angeführt wurden (Abschnitt 7,3). Bei tonigen Schichten ist in diesen Formeln die Kohäsion der maßgebliche Faktor. Deshalb ist bei Bauwerksgründungen auf Tonen und tonigen Gesteinen darauf zu achten, daß die Kohäsion des Baugrundes nicht gestört wird, beispielsweise durch Frost, Schrump-

---

[1] Bei diesem Versuch wird der Widerstand eines in den Baugrund getriebenen Flügelgerätes gegen Drehung gemessen.

fung bei Austrocknung, Aufweichung bei unzweckmäßigem Arbeitsvorgang oder nach dem Frühjahrstauwetter.

Die *Setzung des Baugrundes* ist Gegenstand ausgearbeiteter Verfahren der Bodenmechanik. Diese stützen sich auf Zusammendrückbarkeitsversuche mit ungestörten Gesteinsproben. Die Setzung an der vorgesehenen Baustelle ist durch das Zusammendrücken eines Bodenkörpers unterhalb des Fundamentes infolge Belastungseinwirkung gegeben. Der Baugrund wird der Höhe nach in Intervalle unterteilt und die Zusammendrückung der einzelnen Intervalle addiert. Auf diese Weise wird bis zu einer Tiefe verfahren, in der der Einfluß der Bauwerkslast verschwindet. Um zu veranschaulichen, wie groß die Bauwerkssetzungen auf tonigen Schichten sind wird in Abb. 7—29 ein Diagramm angeführt. In diesem sind die Fundamentbreite

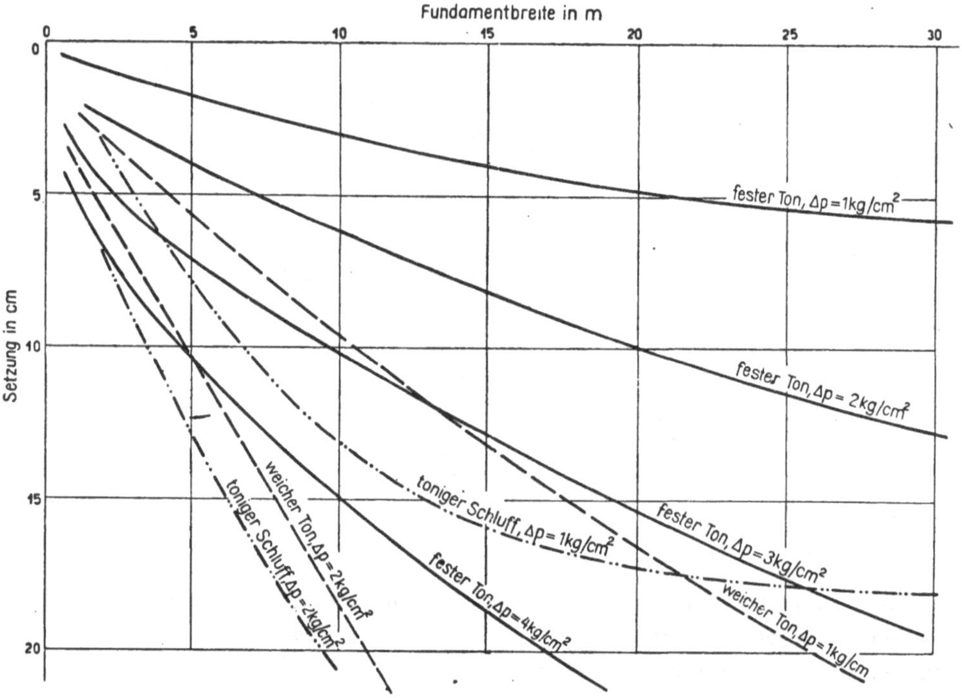

Abb. 7—29. Diagramm der annähernden Setzung von Fundamenten verschiedener Breite in Tonböden bei einer Belastungszunahme des Baugrundes $\triangle p$ in kg/cm².

und die Setzungen für feste tonige Gesteine (Ton und tonigen Schluff) bei einer zusätzlichen Belastung von 1,2,3 und 4 kg/cm², für plastischen Ton bei einer zusätzlichen Belastung von 1 und 2 kg/cm² und für plastischen tonigen Schluff bei einer zusätzlichen Belastung von 1 und 2 kg/cm² dargestellt. Unter zusätzlicher Belastung ist die Gewichtszunahme durch das Bauwerk zu verstehen, d. h., von dem durch das Bauwerk verursachten Druck muß der durch den Aushub der Baugrube verringerte Druck abgezogen werden.

Die berechnete Setzung wird mit der zulässigen verglichen und danach die endgültige Beanspruchung bestimmt. Oftmals ist die Setzung einer Bauwerkskonstruktion zu ermitteln, die durch ihr Eigengewicht oder das Gewicht der angrenzenden Bauwerke hervorgerufen wird. Praktische Beispiele werden im Kapitel 10 angeführt.

7,7. **Organogener, nichttragfähiger Baugrund.** In die Gruppe der nichttragfähigen Gesteine, die in der Regel für die Gründung irgendeines Bauwerks ungeeignet sind, gehören vor allem verschiedene Ablagerungen organischen Ursprungs, wie Torf, Moor und schlammige Ablagerungen. Diese organogenen Ablagerungen sind als Baugrund vor allem deshalb ungeeignet, weil sie einen hohen Wassergehalt besitzen, so daß sie stark zusammendrückbar sind. Auch die eigentliche Substanz des organischen Anteiles selbst ist nicht beständig; sie wird zumeist weiter zersetzt, so daß sich diese Gesteine auch ohne erneute Belastung nachträglich setzen und damit ihr Volumen verringern. Bei einer Belastung werden sie stark und ungleichmäßig zusammengedrückt.

Wassergesättigte schlammige Ablagerungen mit organischen Beimengungen treten gewöhnlich in Talauen auf, wo sie die verlassenen Flußmäander ausfüllen. Manchmal werden sie von lehmigsandigen Ablagerungen der Hochwasser überdeckt, so daß dann die organischen Schichten bei der geologischen Voruntersuchung nicht sichtbar sind. Sie sind stark zusammendrückbar und verursachten bereits des öfteren ernsthafte Schwierigkeiten bei der Gründung von Bauwerken.

In diese Gruppe gehören auch andere Kaustobiolithe, so z. B. die Lignit- und Braunkohlenflöze. Die Braunkohlenflöze sind zumeist am Ausbiß tiefgreifend verwittert, zerklüftet und durch die Verwitterungsvorgänge aufgelockert, so daß sie als Baugrund nur in Ausnahmefällen dienen können. Man muß auch in Betracht ziehen, daß es zu einer Selbstentzündung des Kohlenflözes kommen kann; wenn die Kohle dann ausbrennt, können erneut starke Setzungen der Oberfläche eintreten.

Aufschüttungen, Bergbauhalden und andere künstliche Ablagerungen gehören ebenfalls zum wenig tragfähigen Baugrund, insbesondere wenn sie sich aus ungleichartigem Material zusammensetzen und ungleichmäßig dicht gelagert sind. Alte Aufschüttungen, deren Zusammensetzung unbekannt ist, sind als Baugrund, besonders in der Umgebung von Großstädten, sehr unzuverlässig. Manchmal schien sich nach oberflächlicher Betrachtung die Aufschüttung vorwiegend aus sandigen Kiesen oder Schieferbruchstücken zusammenzusetzen, so daß keine starke Setzung zu erwarten war. Wurden dann jedoch auf einer solchen Aufschüttung größere behelfmäßige Bauwerke gegründet, so kam es bereits im Verlaufe von 2 bis 3 Jahren zu einer starken Setzung der Bauobjekte. In der Umgebung von Städten sind die Aufschüttungen sehr verschiedenartig. Bei der Gründung von Bauwerken bestehen große Bedenken, weil das unterschiedliche Material der Bodenaushübe zumeist mit städtischen Abfällen vermengt ist. Die fortschreitende Verwesung dieser Abfälle bewirkt eine starke und ungleichmäßige Setzung der Aufschüttungsoberfläche und eine unterschiedliche Zusammendrückung ohne jede zusätzliche Belastung.

Man muß auch berücksichtigen, daß diese Böden verschiedene Stoffe enthalten, die auf Betonkonstruktionen einen ungünstigen Einfluß ausüben. Die Wässer in den Torf- und Moorböden enthalten gewöhnlich Huminsäuren, das Wasser in den Randschichten der Kohlenflöze enthält zumeist als Verwitterungsprodukte des Pyrits oder Markasits Sulfate. Auch in den Aufschüttungen aus Kessel- oder Hochofenschlacke können betongefährdende Wässer auftreten.

Gesteine dieser Gruppe können in der Regel nicht als Baugrund verwendet werden. Die Untersuchung beschränkt sich hier nur auf die Ermittlung der Mächtigkeit und Ausdehnung solcher nichttragfähigen Schichten, wogegen der geeignete Baugrund unterhalb zu suchen ist.

An einigen Beispielen wird gezeigt, wie sich ein nichttragfähiger Baugrund in der Bauplanung bemerkbar macht. In der Abb. 7—30 ist der Querschnitt von

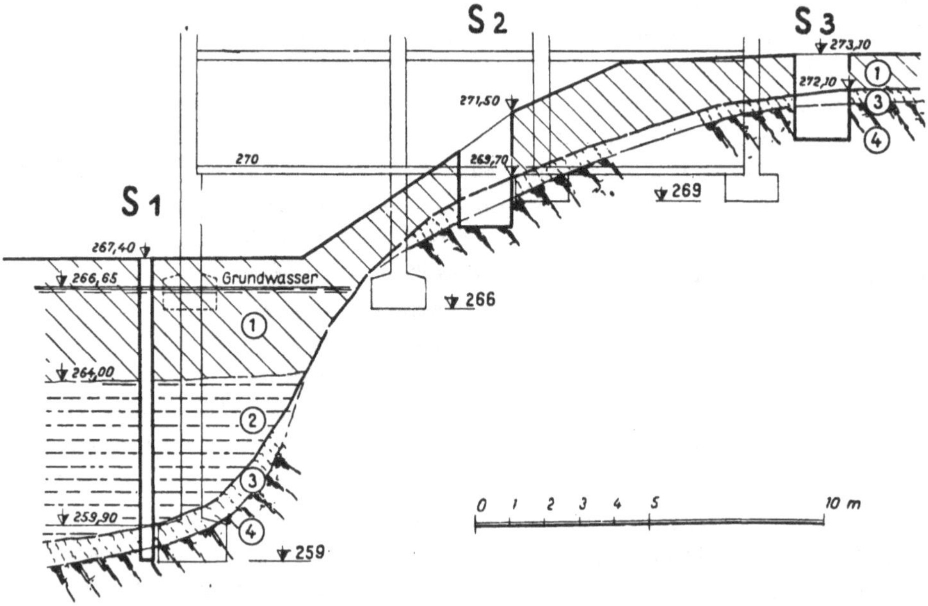

Abb. 7—30. Auf Grund eines unzweckmäßigen Bebauungsplanes, der ohne Rücksicht auf die geologischen Bedingungen aufgestellt wurde, mußten die Vorderwände der Wohngebäude tief unterhalb der nichttragfähigen nassen Ablagerungen des Baches gegründet werden. *1* — Aufschüttung, *2* — wassergesättigte humose Ablagerungen, *3* — verwitterte, *4* — feste Tonschiefer.

Wohngebäuden dargestellt, die am Hangfuß im Tal eines Baches errichtet wurden, wo man auf wassergesättigte humose Ablagerungen (*2*) stieß, die von verschiedenartigen Aufschüttungen überdeckt waren. Diese Aufschüttungen und Ablagerungen erwiesen sich als nichttragfähig, und deshalb war eine Gründung der Vorderfront der Wohngebäude auf ihnen unmöglich, um so mehr, als die anderen Fundamentkonstruktionen auf festen Schiefern gegründet waren. Die Pfeiler der Vorderwände mußten deshalb bis auf den Untergrund der nichttragfähigen Ablagerungen 8 m unter der Oberfläche niedergebracht werden.

Beim Bau eines langen Institutsgebäudes bei Prag stieß man in der Baugrube zu beiden Seiten auf angewitterte ordovizische Tonschiefer; in der Mitte war Schutt der gleichen Schiefer festzustellen (Abb. 7—31). Bei Probebelastungen zeigte es sich, daß der Schutt stark zusammendrückbar war und daß es sich um eine neue Aufschüttung handelte, durch die eine alte, unten mit städtischen Abfällen ausge-

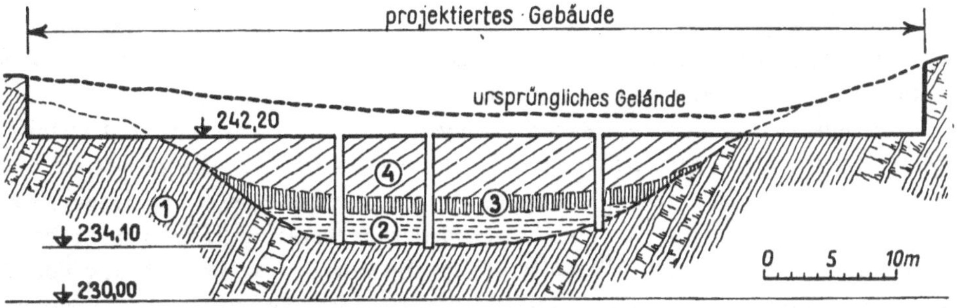

Abb. 7—31. Geologisches Profil der Baustelle eines Institutsgebäudes bei Prag. Die Erosionsfurche war durch alte Aufschüttungen *4* zugedeckt. *1* — Tonschiefer des Ordovizium, *2* — wassergesättigte lehmigsandige Ablagerungen, *3* — humoser Lehm.

füllte Erosionsfurche überdeckt war. Im angeführten Fall hatte man es mit der Errichtung des Objektes sehr eilig. Die Gründungsverhältnisse in der offenen Baugrube schienen zunächst sehr einfach zu sein, und erst kurz vor der Betonierung der Fundamente wurden Bohrungen vorgenommen, so daß ernsthafte Schäden an dem Gebäude verhindert werden konnten. Die Fundamente konnten noch den geologischen Verhältnissen angepaßt werden.

In der Abb. 7—32 ist eine Baustelle im Tal des Rokytka-Baches bei Prag dargestellt, deren Wert durch eine alte Sandgrube stark beeinträchtigt wurde. Es wurde angenommen, daß sandige Kiese und Sande (der pleistozänen Terrasse), die den Baugrund des Objektes bildeten, einen geeigneten Baugrund für eine einfache

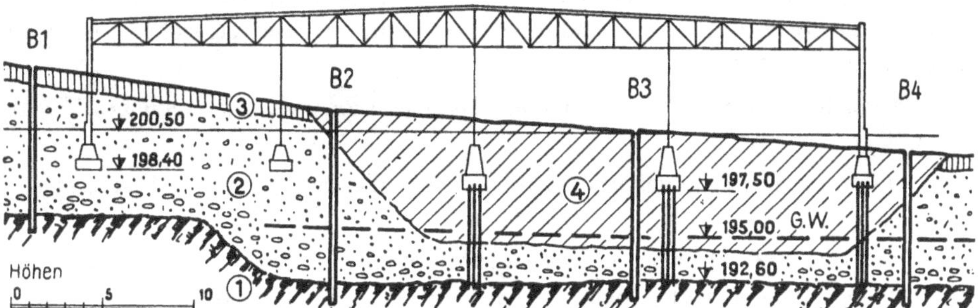

Abb. 7—32. Durch eine alte Sandgrube beeinträchtigte Baustelle im Tal des Rokytka Baches. *1* — Tonschiefer des Ordovizium, *2* — pleistozäne Sande und Kiese, *3* — Hanglehm, *4* — Auffüllung der alten Sandgrube.

Flachgründung der Pfeiler abgeben würden. Durch Bohrungen wurde jedoch festgestellt, daß auf einer größeren Fläche der Baustelle die Sande früher bis zum Grundwasserspiegel abgebaut waren und man die alte Sandgrube mit städtischen Abfällen angefüllt hatte. Auf der ziemlich locker gelagerten ungleichartigen Aufschüttung war eine Gründung des Bauobjektes auf Flachfundamenten unmöglich. Es wäre entweder eine Niederbringung der Pfeiler bis auf die Sohle der Sandgrube oder eine Pfahlgründung, wie sie in der Abbildung dargestellt ist, erforderlich gewesen. Im geschilderten Falle wurden die Erkundungsarbeiten rechtzeitig ausgeführt, so daß eine andere Baustelle ausgewählt werden konnte.

Dicht gelagerte gleichartige Aufschüttungen, insbesondere kiesige und steinige, können als Baugrund für leichtere Bauwerke oder für Objekte, die ein starres statisches Ganzes bilden, verwendet werden. Es wird empfohlen, deren Gleichartigkeit mit Hilfe von Bohrungen und deren Zusammendrückbarkeit an Hand von Probebelastungen zu ermitteln. Im Abschnitt 7,3 ist die Formel zur Bestimmung von E angeführt. Bei einer Aufschüttung, auf der eine Gründung ohne weitere Vorkehrungen beabsichtigt ist, sollte E nicht niedriger als 200 kg/cm^2 sein.

7,8. **Grundwasser im Baugrund.** Das Problem des Grundwassers auf der Baustelle muß von zwei verschiedenen Gesichtspunkten aus betrachtet werden. Das Grundwasser ist in der Regel beim Bauen ein Hindernis der Bauarbeiten; es kann jedoch auch der Fall eintreten, daß das Vorhandensein von Grundwasser auf der Baustelle direkt gefordert wird (z. B. bei einigen Industriebauten, bei Sendestationen usw.). In diesem Abschnitt wird das Grundwasser als Hindernis bei den Bauarbeiten behandelt. Wurde auf einer Baustelle Grundwasser festgestellt, dann müssen die Erkundungsarbeiten durch eine Untersuchung der *hydrogeologischen Verhältnisse* und der *chemischen Eigenschaften* des Grundwassers ergänzt werden. Aufgabe der Erkundungsarbeiten ist es insbesondere:

a) zu ermitteln, ob es sich um Oberflächenwasser, und zwar um Regenwasser oder aus irgendeinem Wasserlauf eingedrungenes Wasser (in den Städten sind auch Schäden an der Wasserleitung und Kanalisation in Betracht zu ziehen), oder um Grundwasser handelt;

b) festzustellen, ob es sich um strömendes oder ruhendes, unbewegliches Wasser handelt;

c) zu bestimmen, ob es sich um Wasser mit freiem oder gespanntem Wasserspiegel handelt;

d) die Lage und Mächtigkeit der wasserführenden Schicht zu ermitteln und festzustellen, ob es sich um einen oder mehrere übereinanderliegende Grundwasserhorizonte handelt;

e) die Tiefe des Grundwasserspiegels unter der Erdoberfläche zu vermessen und dessen Schwankungen im Zusammenhang mit den Niederschlägen oder dem Wasserstand in den benachbarten Wasserläufen zu beobachten;

f) die Zuflußgröße zu ermitteln und für den betreffenden Fall die Möglichkeiten einer Ableitung, des Abpumpens oder des Absenkens des Grundwasserspiegels zu beurteilen.

Ist zu erkennen, daß der Grundwasserspiegel beträchtlich schwankt, dann sind die Gesteine, die im Untergrund auftreten, sorgfältig zu bewerten, weil sich mit der Änderung des Wassergehaltes die physikalischen Eigenschaften der Gesteine verändern können. So können beispielsweise Lehm, Feinsand und Schluff nach der Wassersättigung beträchtliche Setzungen der Fundamente bewirken. Der Wasserstand in den Bohrungen wird nach Möglichkeit während eines langen Zeitraumes gemessen, um die Abhängigkeit der Schwankungen des Grundwasserspiegels von den Niederschlägen und vom Wasserstand im Fluß festzustellen. Es ist meistens unmöglich, große Futterrohre in der Bohrung zu belassen; deshalb werden noch vor dem Hochziehen der Futterrohre Beobachtungsrohre so tief in die Bohrungen abgesetzt, daß diese zuverlässig das Niveau des untersten Grundwasserspiegels erreichen. Die Rohre sollen oben verschließbar sein. Die Beobachtungsrohre werden so lange in der Erde gelassen, bis mit dem Bodenaushub begonnen oder die Baustelle ihrer Unzweckmäßigkeit wegen verlassen wird. Durch systematische Beobachtung können wichtige Daten über den Grundwasserhaushalt und die Schwankungen des Grundwasserspiegels im Verlaufe eines Jahres gewonnen werden. Der obere Rand der Bohrungen soll genau einnivelliert werden, um das Gefälle des Grundwasserspiegels verfolgen und hieraus auf die Strömung des Grundwassers schließen zu können.

Das Beobachten der Schwankungen des Grundwasserspiegels hat beispielsweise bei der Gründung von Bauwerken auf Holzpfählen, die immer unter dem Grundwasserspiegel liegen müssen, große Bedeutung. Durch ständiges Absinken des Grundwasserspiegels würden die Pfähle morsch werden, und ihre Tragfähigkeit müßte im Laufe einiger Jahre nachlassen. Ein Absinken des Grundwasserspiegels kann auch durch spätere Eingriffe in der Umgebung des Bauwerks bewirkt werden (Abb. 7—33). Es ist darauf zu achten, daß das Abpumpen des Grundwassers in

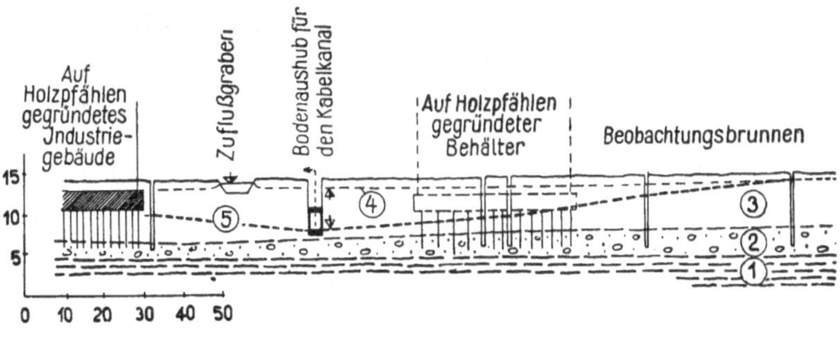

Abb. 7—33. Beim nachträglichen Bodenaushub für den Kabelkanal wurde der Grundwasserspiegel abgesenkt. Dies beeinträchtigte das auf Pfählen gegründete Nachbargebäude. *1* — neogener Mergel, *2* — Kiessand, *3* — Schlammablagerungen, *4* — ursprünglicher Grundwasserspiegel, *5* — abgesenkter Grundwasserspiegel.

der Nachbarschaft eines auf Holzpfählen gegründeten Bauwerks abschnittweise vor sich geht, damit der Grundwasserspiegel nur vorübergehend und örtlich abgesenkt wird.

Eine einwandfreie Untersuchung der hydrogeologischen Verhältnisse einer Baustelle ist notwendig, wenn man in Betracht zieht, welchen Einfluß das Grundwasser auf den Ablauf der Bauarbeiten ausübt und in welcher Beziehung es zum fertiggestellten Bauobjekt steht. Das Lösen und die Gewinnung von Gesteinen und die Gründung von Bauwerken unterhalb des Grundwasserspiegels macht einen speziellen Arbeitsvorgang notwendig.

Das Bauprojekt sollte in solchen Fällen immer daraufhin überprüft werden, ob eine Möglichkeit besteht, das Bauobjekt höher zu gründen, damit die Fundamente über dem Grundwasserspiegel liegen. Gleichermaßen ist auch die Frage zu klären, ob nicht eine dauernde Senkung des Grundwasserspiegels möglich ist. Wenn die Möglichkeit einer Absenkung des Grundwasserspiegels durch natürliches Gefälle, beispielsweise zur Kanalisation hin, besteht, sollte dies immer berücksichtigt werden. In einigen Fällen sprechen jedoch wirtschaftliche Gründe dafür, den Grundwasserspiegel durch Abpumpen dauernd niedrig zu halten, besonders dann, wenn dadurch kostspielige Isolierungen entfallen oder das abgepumpte Wasser als Kühlwasser usw. verwendet werden kann. Ist nur eine vorübergehende Grundwasserabsenkung möglich, so ist eine ordnungsgemäße Isolierung der Kellerräume gegen das Eindringen von Grundwasser erforderlich, und bei den statischen Berechnungen ist der Wasserauftrieb in Betracht zu ziehen.

Auch wenn sich der Grundwasserspiegel unterhalb der vorgesehenen Gründungssohle befindet, wirkt sich bei feinkörnigen Lockergesteinen der hydrostatische Auftrieb auf die einzelnen Körner ungünstig aus. Der Auftrieb führt zu einer wesentlichen Verringerung der Tragfähigkeit und zur Auflockerung und Erweichung des Baugrundes.

Die mit dem Problem der Baugrubenentwässerung in Zusammenhang stehende ingenieurgeologische Untersuchung ist eine verantwortungsvolle Aufgabe, denn eine unzweckmäßige Bestimmung des Charakters sowie der Menge des Wasserzuflusses in die Baugrube kann eine beträchtliche Verzögerung im Bauablauf oder auch ernsthafte Komplikationen verursachen. Bei der Niederbringung von Baugruben unter den Grundwasserspiegel, wobei das Grundwasser aus flachen offenen Brunnen an der Baugrubensohle abgepumpt wird, fließt das Wasser aus dem umliegenden Gelände in die Baugrube; der Druck des fließenden Wassers überträgt sich auf die Bodenteilchen, und die auf diese Weise auftretenden Kräfte können eine Hangrutschung bewirken. Befindet sich unterhalb der Baugrubensohle eine wasserdurchlässige Schicht, so z. B. Kies, dann drückt das Wasser senkrecht nach oben, entlastet die sandige Baugrundsohle, die emporgehoben wird und auch durchbrechen kann („der Sand kocht").

Bei der Baugrubenentwässerung handelt es sich um folgende Aufgaben:

a) Man muß ermitteln, auf welchen Wegen das Wasser in die Baugrube eindringen wird. Weiter muß man auch wissen, ob das Wasser durch die wasserführenden Schichten aus den Baugrubenwandungen in die Baugrube fließen oder aus der Baugrubensohle austreten wird, denn in beiden Fällen müssen unterschiedliche technische Maßnahmen getroffen werden.

b) Es ist das Verfahren zu bestimmen, das zur Entwässerung bzw. Abdichtung der Baugrube, d. h. zur Unterbindung des Wasserzuflusses in die Baugrube, angewendet wird (beispielsweise Errichtung von Spundwänden). Für dieses ausgesprochen technische Problem muß die ingenieurgeologische Erkundung verläßliche Unterlagen liefern. Es wird der Durchlässigkeitskoeffizient bestimmt, der zeigt, inwieweit das projektierte Abpumpverfahren zweckmäßig ist. So fließt beispielsweise bei Durchlässigkeiten von mehr als 1×10^{-3} cm/sec das Wasser ohne weiteres zur Abpumpstelle, so daß die Baustelle mit entsprechenden Pumpen auszustatten ist. Bei einer Durchlässigkeit von etwa 1×10^{-3} bis 1×10^{-5} cm/sec würde das Wasser nicht mehr zu den Bohrbrunnen fließen. Man hilft sich dann dadurch, daß man im Brunnen einen Luftunterdruck schafft (sog. Vakuumverfahren). Schließlich wird bei Durchlässigkeiten von weniger als 10^{-5} cm/sec, z. B. bei feinen Schluffen, das Fließen des Wassers zum Brunnen dadurch gefördert, daß dem Boden Gleichstrom zugeführt wird (sog. Elektroosmose). Bei größeren Bauwerken wird die Wasserdurchlässigkeit des Bodens außer durch Ermittlung der Kornverteilungskurven durch Pumpversuche bestimmt. Aus einem Versuchsbrunnen wird eine konstante Wassermenge abgepumpt und das Absinken des Grundwasserspiegels (der Verlauf der Absenkungslinie) in den Beobachtungsrohren, die in der Nähe des Brunnens eingetrieben oder in die Bohrungen eingebaut wurden, beobachtet. Aus der abgepumpten Wassermenge und dem Verlauf der Absenkungslinie kann die Wasserdurchlässigkeit errechnet werden. Bei den Pumpversuchen ist die ständige Mitarbeit des Geologen erforderlich, der beurteilt, aus welchen Schichten das Wasser abgepumpt werden muß, und die Versuchsergebnisse auswertet.

Bei ausgedehnten Baugruben muß das Abpumpen mit Hilfe eines ganzen Pumpensystems geschehen, durch das der Grundwasserspiegel in der nächsten Umgebung der Baustelle abgesenkt wird. Bei tiefen Baugruben wird auch ein stufenweises Absinken des Grundwasserspiegels durch mehrere Brunnenreihen in verschiedenen Ebenen angewendet (Abb. 7—34).

c) Ist das Verfahren festgelegt, nach dem das Grundwasser abgepumpt und die Baugrube gesichert werden soll, dann wird aus der Durchlässigkeit des Gesteins die Wassermenge berechnet, die abgepumpt werden muß. Danach werden die Anzahl der Rohrbrunnen, die Pumpenleistung, der elektrische Leistungsbedarf usw. bestimmt. Bei der Berechnung muß an die entsprechende Betriebssicherheit gedacht werden.

7,9. Aggressive Wässer. Erhöhte Vorsicht ist bei Baustellen geboten, wo Wasser mit aggressivem Charakter auftritt. Es handelt sich hierbei um Wasser, das infolge seiner chemischen Zusammensetzung schädigende Einflüsse auf einige Metalle und auf Betonkonstruktionen ausübt. Man spricht daher auch von *aggressivem*, d. h. *angreifendem Wasser*. Die geologische Erkundung muß das mögliche Auftreten aggressiven Wassers voraussehen, d. h. nach einer Untersuchung des gesamten Baues des Geländes und des chemischen Charakters der Gesteine darauf aufmerksam machen, daß aggressives Wasser auftreten kann, damit rechtzeitig

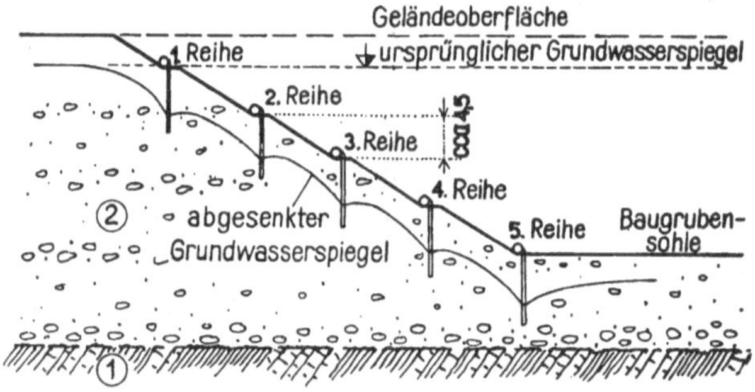

Abb. 7—34. Beispiel der Absenkung des Grundwasserspiegels durch Abpumpen aus mehreren Brunnenreihen.

Wasserproben für die chemische Analyse entnommen und die erforderlichen Baumaßnahmen getroffen werden können. So verrät beispielsweise bei einigen Gesteinsarten eine Beimengung von Pyrit, durch dessen Zersetzung Sulfate entstehen, daß wahrscheinlich aggressives schwefelsaures Wasser vorhanden ist. Aus Moor- und Torfböden austretendes Wasser enthält Huminsäuren, weiches Wasser aus kristallinen Schiefern besitzt stark lösenden Charakter, und bereits bei geringem Gehalt an freiem Kohlendioxyd ist dieses für die Betonkonstruktionen sehr schädlich.

Mit der Untersuchung des chemischen Charakters des Baugrundes und mit dessen Einwirkung auf die Gründungen von Bauwerken befassen sich andere Wissensgebiete. Vom geologischen Gesichtspunkt aus muß man sich den Zusammenhang zwischen den chemischen Eigenschaften des Baugrundes und dessen geologischem Bau vergegenwärtigen. Die aggressiven Wässer und Gesteine sind nicht nur an bestimmte Gebiete gebunden, jedoch sind typische Voraussetzungen bekannt, die auf eine wahrscheinliche Anwesenheit angreifender Wässer schließen lassen.

Wenn von aggressivem Wasser gesprochen wird, muß man sich vergegenwärtigen, daß der Schädlichkeitsgrad des Wassers auch durch das Material der Konstruktionen, das mit dem Wasser in Berührung kommt, bedingt wird. So hängt er beispielsweise bei Beton nicht nur von der verwendeten Zementsorte ab, sondern auch von dessen Verarbeitung, dessen Wasserundurchlässigkeit und der Qualität der Mineralbestandteile. Ein qualitativ hochwertiger, sorgfältig verarbeiteter, dichter Beton wird nicht durch Wasser angegriffen, das für einen durchlässigen, mageren Beton stark aggressiv wäre. Bei der Beurteilung des Schädlichkeitsgrades des Wassers kommt es auf folgendes an:

a) auf die Art der Aggressivität, d. h. auf den chemischen Charakter der schädlichen Stoffe;

b) auf die Konzentration dieser Verbindungen, die sich zeitlich und auch örtlich verändern kann;

c) auf die Art und Weise der Berührung des schädlichen Wassers mit der gefährdeten Konstruktion, z. B. ob es sich um strömendes oder stehendes Wasser, um ein dauerndes oder zeitweiliges Eintauchen handelt;

d) darauf, ob die Gesteine in der Umgebung der Fundamente durchlässig oder undurchlässig sind, ob sie lösliche mineralische Stoffe enthalten, die die Aggressivität erhöhen oder manchmal auch verringern.

Nach dem Chemismus unterteilt man die aggressiven Wässer in weiche Wässer und Wässer mit starkem Mineralgehalt.

Die *weichen aggressiven Wässer* können in drei Gruppen unterteilt werden:

a) in die eigentlichen weichen, lösenden Wässer mit geringem Gehalt an mineralischen Stoffen,

b) in saure Wässer,

c) in weiche, aggressive Kohlensäure (CO_2) enthaltende Wässer.

Reines weiches Wasser löst leicht Kalziumhydrat und fortschreitend auch Silikate sowie Aluminate des Zementbindemittels auf; deshalb wird es als lösendes („*hungriges*") Wasser bezeichnet. Gewöhnlich gesellt sich hierzu noch die Einwirkung der freien Kohlensäure, deren Anwesenheit, auch wenn es sich nur um geringfügige Mengen handelt, gefährlich ist. In der ČSSR tritt es im Bereich der kristallinen Gesteine auf, wo das Wasser nicht die Möglichkeit hat sich mit mineralischen Stoffen anzureichern, und sehr weich bleibt. Weiche saure Wässer fließen aus Moor- und Torfböden aus, ihre Aggressivität wird durch die Anwesenheit von Huminsäuren noch gesteigert.

Der Gradmesser der Azidität oder Basizität des Wassers ist die *Wasserstoffionenkonzentration*. Besteht ein Überschuß an freien Wasserstoffionen ($H^{\cdot}$),dann reagiert das Wasser sauer, überwiegen umgekehrt die Hydroxylionen (OH'), dann ist das Wasser alkalisch (basisch). Neutrale Reaktion besteht, wenn von beiden Ionenarten gleiche Mengen vorhanden sind, wie dies bei chemisch reinem Wasser der Fall ist, wo in 1 Liter bei 22 °C 10^{-7} g Wasserstoffionen ($H^{\cdot}$) und 10^{-7} g Hydroxylionen (OH') enthalten sind. Der Einfachheit halber wird in der Praxis der Grad der Azidität oder Basizität durch den negativen Logarithmus der Konzentration an Wasserstoffionen ausgedrückt, denn die Summe beider ist konstant. Die Formel lautet demnach:

$$\mathrm{pH} = \log \frac{1}{(H^{\cdot})} = -\log (H^{\cdot})$$

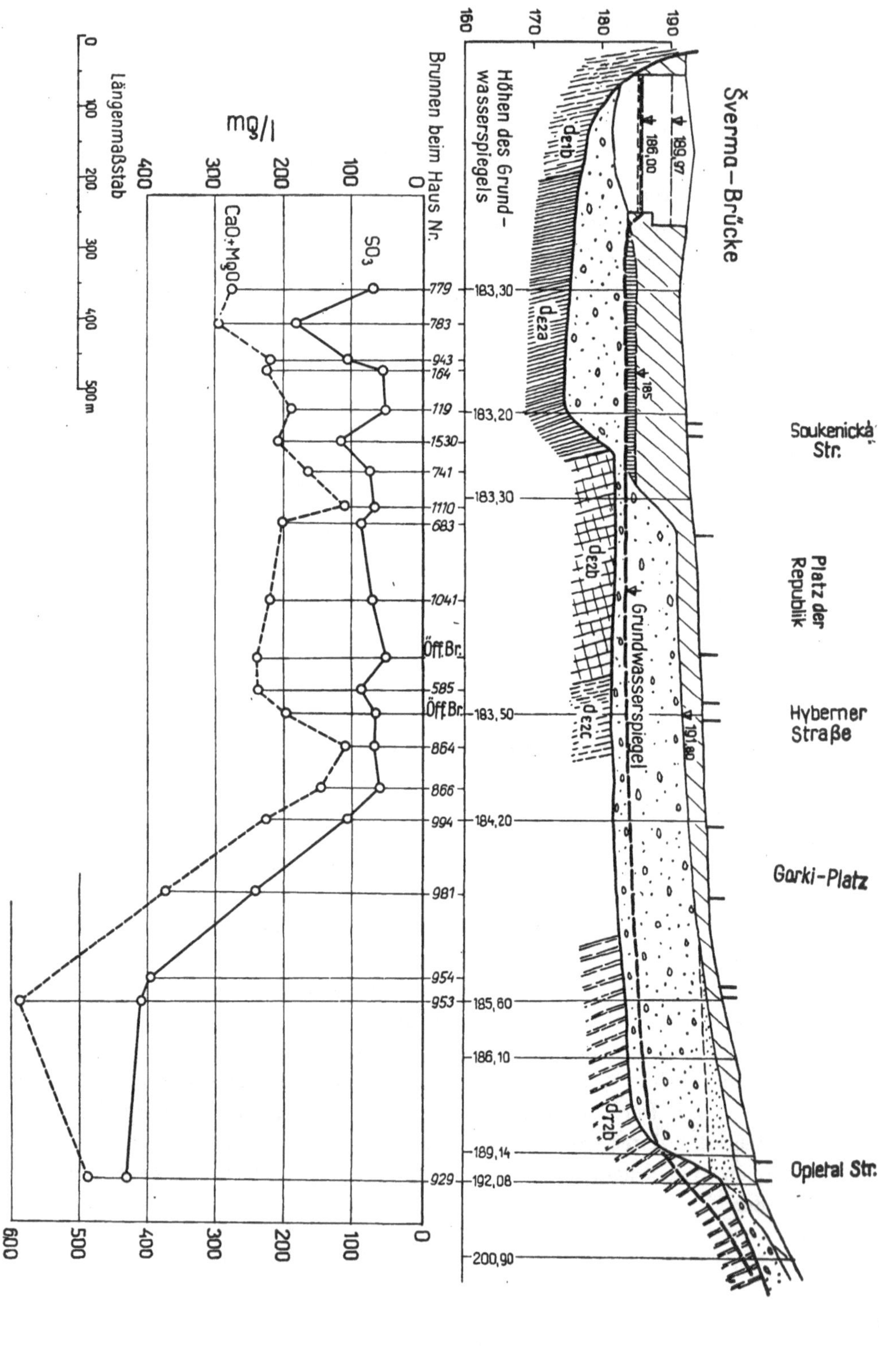

Abb. 7–35. Diagramm der Mineralzusammensetzung des Grundwassers, wie dieses in Brunnen und Bohrungen in dem Profil zwischen der Šverma-Brücke und der Opletal-Straße in Prag ermittelt wurde.

Die Konzentration freier Wasserstoffionen (pH) kann also alle Werte von 0 bis 14, auch mit Dezimalen, annehmen; bei pH = 7 ist das Wasser neutral, saure Wässer weisen einen geringeren, basische einen höheren pH—Wert als 7 auf.

So wurde beispielsweise bei der Gründung eines Fabrikgebäudes in Žďár in Mähren in der Baugrube Grundwasser mit einer Gesamthärte von 1,46° (deutsch) und einem pH-Wert von 6,28 festgestellt; bei einem Gehalt von 18:3 mg kalkaggressiver Kohlensäure (HCO_3) und von 9 mg Sulfationen (SO_4) je Liter war das Wasser ausgesprochen aggressiv.

In Smokovec in der Hohen Tatra wurden die Zementrohrleitungen der Dränagen um das Sanatoriumsgebäude herum im Laufe einiger Jahre gänzlich zerstört und aus einem Teil des durchflossenen Bereiches durch lösende Wässer mit geringen Beimengungen an CO_2 fortgespült. Von den Betonrohren blieben nur die oberen Teile übrig, die nicht mit dem lösenden Wasser in Berührung kamen, und dieser Beton war fest. Es handelte sich hierbei im wesentlichen um reines Niederschlagswasser, das den Granitschutt durchfloß; die Beimengung von CO_2 entstand offenbar durch Zersetzung organischer Substanzen auf den nassen Wiesen.

Wässer mit *hohem Gehalt an Mineralien* sind sehr hart und können eine größere Menge schädlicher Verbindungen enthalten. In der ČSSR treten hauptsächlich schwefelsaure Wässer und solche mit einem hohen Gehalt an CO_2 (kohlensaure Wässer) auf.

Schwefelsaure Wässer bilden bei Berührung mit dem Kalziumhydrat im Beton Gips ($CaSO_4 \cdot 2H_2O$), der ein Expansionsbestreben aufweist. Noch ernsthaftere Störungen treten ein, wenn sich unter bestimmten Bedingungen das komplizierte Kalzium-Aluminatsulfat (Candlotsches Salz : $Al_2O_3 \cdot 3CaO \cdot 3CaSO_4 \cdot 31H_2O$) bildet. Dieses Sulfat kristallisiert mit 31 Molekülen Wasser und nimmt dadurch an Volumen beträchtlich zu. Es bildet filzartige Kristalle, die zuerst den Zementmörtel sprengen und ihn in eine schmierige Masse verwandeln. Dieser Umstand bewirkt, daß der Beton schließlich erweicht und breiig wird.

Schwefelsauren Wässern begegnet man in der Natur sehr oft, und zwar überall dort, wo das Gestein Pyrit und andere Schwefelverbindungen enthält. So treten beispielsweise in einigen Schichten des Ordovizium bei Prag und in seiner Umgebung Zonen mit starken Beimengungen von Pyrit auf. Im Gebiet von Plzeň findet man pyrithaltige algonkische Schiefer, die Alaunschiefer. Auch die Randlagen der Kohlenflöze enthalten Pyrit und Markasit, und die sie durchfließenden Wässer sind ausgesprochen sulfatisch.

Als Beispiele stark aggressiver schwefelsaurer Wässer werden zwei Analysen von der Baustelle auf der Letná und in Holešovice in Prag 7 angeführt.

In der Abb. 7—35 ist das Profil der Talablagerungen von der Šverma-Brücke zur Opletal-Straße in Prag dargestellt. In dem Profil sind die Brunnen und Bohrungen eingezeichnet, von denen die chemische Analyse des Grundwassers bekannt ist; unter dem Profil sind durch Ordinaten der jeweilige Gehalt an SO_3 und die jeweilige Summe der Gehalte an CaO und MgO in mg/l dargestellt. Das Diagramm drückt anschaulich den höheren Mineralgehalt des Grundwassers in den dem Felshang näher gelegenen Brunnen aus, der die Talterrasse unterhalb der Opletal-Straße begrenzt.

Den höchsten Gehalt an schwefelsauren Salzen hat Kluftwasser, aber auch Grundwasser, das in den sandigen Kiesen der Talterrassen einen ausgedehnten Horizont bildet, weist einen ziemlich großen Mineralgehalt auf. Ein größerer Mineralgehalt des Grundwassers und ein höherer Gehalt an schwefelsauren Salzen zeigt sich in der Nähe von Felshängen, wogegen sich in Richtung zum Flußbett hin der Mineralgehalt verringert.

Aus einwandfreien Wässern können schädliche Wässer entstehen, wenn sie (auch auf künstliche Weise) mit Gesteinen in Berührung kommen, die schädliche Verbindungen enthalten. So veränderte sich beispielsweise in der Baugrube in Prag 1 der chemische Charakter des abgepumpten Wassers in der gleichen Weise, wie sich das Medium änderte, das es durchfloß. Solange das Wasser aus den sandigen Kiesen der Talterrasse abgepumpt wurde, wies es einen mäßig erhöhten Mineralgehalt auf (siehe Analyse vom November 1935). Als der Bodenaushub bis in die Tiefe der Tonschiefer (Ordovizium) fortgesetzt wurde, erhöhte sich der Mineralgehalt des abgepumpten Wassers, besonders der Gehalt an Sulfaten, beträchtlich (Analyse vom Februar 1936), weil das Wasser Klüfte und Schichtfugen durchfloß, an denen sich Gipsüberzüge befanden.

Einen erhöhten Gehalt an schwefelsauren Salzen können Wässer besitzen, die künstliche Aufschüttungen aus verschiedenen städtischen Abfällen (besonders aus Asche und Schlacken) durchfließen. In der Umgebung von Prag wurde in der Nähe der Ascheabladeplätze ein erhöhter Gehalt an schwefelsauren Salzen (1603 bis 6700 mg SO_4 je Liter Wasser) festgestellt. Auch das alte Bergbauhalden durchfließende Wasser kann einen höheren Gehalt an schwefelsauren Salzen aufweisen, wie es z. B. bei den alten Halden in der Umgebung von Kutná hora (Kuttenberg) der Fall ist, aus denen Zersetzungsprodukte des Pyrits und Chalkopyrits ausgelaugt werden.

Tabelle 7 - II

Chemische Teilanalyse von schwefelsaurem Wasser aus Prag

Zusammensetzung	Letná[1]	Prag—Holešovice[2]
Trockensubstanz	2 774,4 mg/l	1 486,5 mg/l
SO_3	1 192,6 mg/l	546,9 mg/l
CaO	761,9 mg/l	367,8 mg/l
MgO	96,6 mg/l	96,8 mg/l
Gesamthärte	92,6°	50,3°

[1] Nach der Analyse des chemischen Laboratoriums des ehemaligen Klokner-Forschungsinstituts.

[2] Nach der Analyse des chemischen Laboratoriums des Geologischen Zentralinstituts (ÚÚG).

Wie bereits an anderer Stelle erläutert wurde, hängt der Grad der Aggressivität von mehreren Faktoren ab; jedoch wird auf Grund von Erfahrungen in der ČSSR Wasser als aggressiv für den normalen Beton aus Portlandzement bezeichnet, wenn es einen höheren Gehalt an SO_3 als 300 mg/l besitzt. Es sind jedoch Fälle bekannt, daß nicht einmal Wasser, das 600 bis 800 mg SO_3 je Liter enthielt, die Betonkonstruktionen schädigte, wenn diese in qualitativ hochwertigem dichtem Beton ausgeführt waren. Ein qualitativ minderwertiger Beton wurde von schwefelsaurem Wasser, das kaum 100 mg SO_4 je Liter enthielt, ernsthaft angegriffen.

Kohlensaure Wässer besitzen einen höheren Gehalt an CO_2 und sind ausgesprochen aggressiv. Hierher gehören beispielsweise Mineralwässer für Heilzwecke in Bädern, von denen bekannt ist, daß sie sowohl auf Betonkonstruktionen als auch auf Eisen zerstörend einwirken, so daß die Zuleitung dieser Wässer sinnvolle Maßnahmen erfordert. Das Ausfließen kohlensauren Mineralwassers erschwerte beispielsweise die Gründungsarbeiten für das Wasserkraftwerk Nosice an der Waag beträchtlich. Vor Ausführung dieses Bauvorhabens war nicht bekannt, daß hier solche Wässer vorkommen, weil sie in die wasserführenden Kiese an der Talsohle hineinflossen und sich mit dem Flußwasser vermengten. Erst als man bei der Wehrpfeilergründung Senkkästen herabließ, zeigte sich in diesen ein Ausfließen stark kohlensäurehaltiger Wässer aus Kreide-Sandsteinen. Die Fundamentkonstruktionen mußten durch eine Andesitpflasterung mit Asphaltdichtung der Fugen sorgfältig geschützt werden. Außerdem wird in Erwägung gezogen, nach der Fertigstellung des Bauwerks den Spiegel des Mineralwassers durch systematisches Abpumpen abzusenken und es teilweise für Heilzwecke zu verwenden.

Treten auf einer Baustelle aggressive Wässer — seien es lösende oder schwefelsaure — auf, dann ist das Verhalten des Grundwassers zur Fundamentkonstruktion zu untersuchen und festzustellen ob das Grundwasser ruht oder ob es die Fundamente umströmen oder sogar die Konstruktionen durchdringen wird. In wasserundurchlässigen oder wenig durchlässigen tonigen Gesteinen ist die schädigende Wirkung der aggressiven Wässer nicht so durchgreifend wie in durchlässigen Sand- oder

TABELLE 7 - III

Teilanalyse des Grundwassers von der Baustelle in Prag 1

Zusammensetzung	Analyse	
	November 1935	Februar 1936
Trockensubstanz	766,0 mg/l	1 070,0 mg/l
SO_3	153,8 mg/l	271,0 mg/l
CaO	184,6 mg/l	205,0 mg/l
MgO	48,6 mg/l	82,5 mg/l
Gesamthärte	25,2 °	32,3 °

Kiesböden. In durchlässigen Böden kann das Wasser die Fundamente umströmen; dadurch kommen die Fundamente ständig mit frischem Wasser in Berührung. In diesem Falle ist es erforderlich, nach Möglichkeit für längere Zeit in Bohrungen den Grundwasserspiegel zu beobachten und seine Höhenschwankungen zu verfolgen.

Die Wirkung der aggressiven Wässer tritt besonders stark in der Ebene des Grundwasserspiegels und im Bereich der Kapillarität des Wassers in Erscheinung, wo das Wasser verdunstet und durch Kapillarwirkung erneut emporsteigt, so daß die Konzentration schädlicher Salze zunimmt. Ungünstig wirkt sich auch ein häufiges Schwanken des Grundwasserspiegels aus, und die stärksten Wirkungen werden zumeist gerade in den Bereichen der Schwankung des Grundwasserspiegels beobachtet (St. Bechyně, 1934).

Falls das Grundwasser fließt, müssen die hierdurch nach Errichtung des Bauwerks eintretenden Wirkungen in Erwägung gezogen werden. Durch die Bebauung des Geländes kann es nämlich zu durchgreifenden Veränderungen in den hydrogeologischen Verhältnissen kommen, zu einer Hebung oder Senkung des Wasserspiegels und auch zu Veränderungen des chemischen Charakters des Grundwassers.

Durch verschiedene mit dem Abpumpen zusammenhängende bauliche Eingriffe wird das Grundwasser abgeleitet, das oftmals lange Zeit hindurch mit den Gesteinen in Berührung gekommen war, die seinen Mineralgehalt erhöhten. Falls es durch Entwässerung gleichzeitig zu einer Infiltration von Oberflächenwasser kommt, verringert sich die Konzentration des Mineralgehaltes, weil sich das harte Grundwasser mit dem weichen Wasser der Flußläufe vermischt. So war beispielsweise in der Umgebung des Heizkraftwerkes in Brno (Brünn) das Wasser in den wasserführenden Ablagerungen der Talaue ursprünglich stark mit Sulfaten der miozänen Mergel angereichert, es vermischte sich aber laufend mit dem Flußwasser. Infolge der zahlreichen und ständig mit Abpumpen von Wasser verbundenen Bauarbeiten sank der Gehalt an SO_3 in den umliegenden Gebieten, beispielsweise in einer der Bohrungen von 306,5 mg/l im Jahre 1929 auf 161,9 mg/l im Jahre 1953.

Zum Schutze der Fundamente vor Einwirkungen aggressiven Wassers ist es am günstigsten, wenn die örtlichen Verhältnisse eine dauernde Grundwasserabsenkung unter die Gründungssohle durch Ableitung des Grundwassers zulassen. Ist dies nicht möglich, dann muß der Wasserspiegel durch Abpumpen gesenkt und so lange auf dem Absenkungsniveau gehalten werden, bis der Beton abgebunden hat und die erforderliche Isolierung des Fundamentmauerwerks ausgeführt wurde.

Den chemischen Charakter des Grundwassers muß man insbesondere bei einer Gründung in großen Tiefen kennen, weil die Fundamentkonstruktionen mit aggressivem Wasser in Berührung kommen können, ohne daß dessen Anwesenheit bemerkt wurde, z. B. beim Herablassen von Caissons, wobei das Wasser während der Arbeit durch den Überdruck der Luft herausgedrängt wird, oder beim Einrammen von Pfählen, wenn diese in die mit aggressivem Wasser gesättigten Schichten hineinreichen. Handelt es sich um Wasser mit gespanntem Grundwasserspiegel, so kann dieses längs der Senkkästenwände oder Pfähle emporsteigen und den Beton in der ganzen Höhe der Konstruktion zerstören. Es ist deshalb erforderlich, besonders bei Tiefgründungen dem Charakter des Grundwassers größte Aufmerksamkeit zu widmen.

7,10. Gebiete mit untertägigem Bergbau. Der Einfluß des untertägigen Bergbaus auf die Geländeoberfläche stellt kein ausgesprochen bautechnisches Problem dar, denn die eigentliche Ursache, den untertägigen Bergbau, dessen Verlauf und Ausdehnung, kann der Bauingenieur nicht ohne enge Zusammenarbeit mit den Bergbaufachleuten beurteilen. Bei Störungen der an der Oberfläche gelegenen Bauwerke ist es manchmal ungewiß, ob die Ursache hierfür im untertägigen Bergbau oder in anderen Gründen zu suchen ist, deren Beurteilung in das Fachgebiet der Ingenieurgeologie fällt. Es ist daher notwendig, zumindest in kurzer Form die Erscheinungen anzuführen, zu denen es beim untertägigen Bergbau kommt.

Nach dem Abbau des Flözes sinkt der Bereich, der seine Stütze verloren hat, und der Druck konzentriert sich auf die Seiten. Dadurch werden die Flanken zusammengedrückt, bis sie nachgeben, so daß auch die Zone oberhalb des Abbaurandes absinkt. Der Vorgang breitet sich auf diese Weise nach den Seiten aus, und die praktische Folge ist ein Absinken der gesamten Masse des Hangenden, das durch die unter dem Bruchwinkel α geneigten Seitenwände begrenzt wird. Die Größe des Winkels ist je nach dem Charakter der Gesteine verschieden: In tertiären Ablagerungen beträgt er etwa 70°, im Karbon rund 80°, in den Deckschichten weniger als 70°; er verändert sich beträchtlich, wenn es sich um ein einfallendes Flöz handelt. Infolge Lockerung des abgesunkenen Gesteins kommt es auch zu einer waagerechten

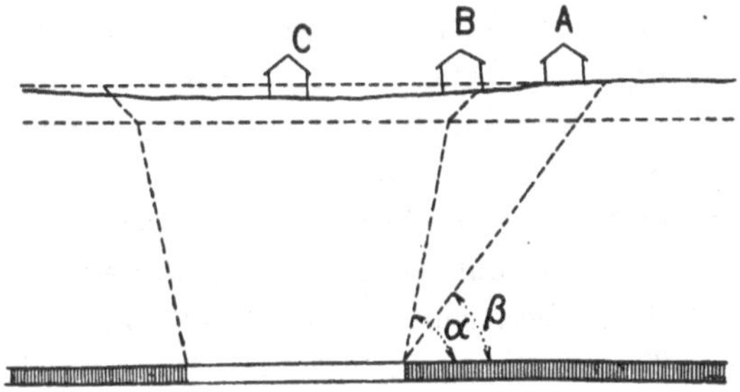

Abb. 7—36. Senkung des Geländes über dem abgebauten Flöz. α — Bruchwinkel, β — Grenzwinkel.

Lockerung weiterer benachbarter Gesteinsmassen, in denen horizontale Bewegungen bis zu der durch den sogenannten Grenzwinkel β gegebenen Grenze eintreten (Abb. 7—36). Dieser ist bei festen Gesteinen um 5 bis 10° und bei plastischen Ablagerungen (Ton, Mergel) bis zu 15° kleiner als der Winkel α, wobei es auch über größere Entfernungen zu einer Schleppung kommt.

Ein in einem Gebiet mit untertägigem Bergbau gegründetes Gebäude wird also, wenn es sich an seinem Rand befindet, durch waagerechte Zugbewegungen, wenn es sich im Innern des Gebietes befindet, durch unregelmäßige Einsenkung oder wenn es in der Mitte des Gebietes errichtet wird, durch waagerechte Zusammendrückung gestört. Je niedriger der ausgehauene Raum und je schneller der Vortrieb ist, um

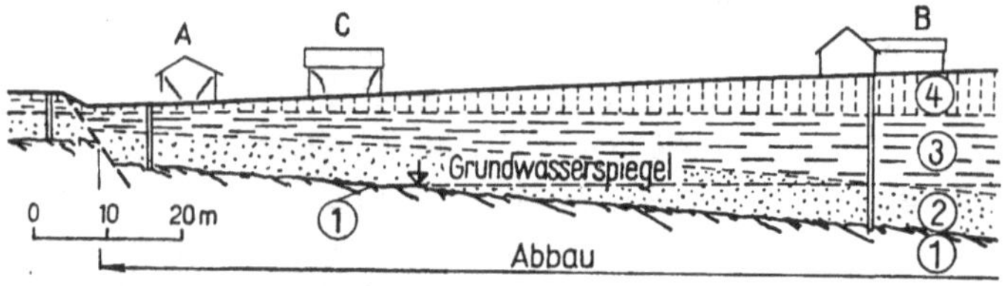

Abb. 7—37. Der Grundwasserspiegel wurde durch Abbau gesenkt. *4* — Lehm, *3* — neogener Mergel, *2* — neogener Sand, *1*— Sandstein (Perm).

so weniger gefährlich wird der Effekt sein, weil sich das Gebiet mit untertägigem Bergbau als Ganzes senken wird. In Wirklichkeit wird sich jedoch die Wirkung der Abbaue verschiedenen Alters mehrerer übereinandergelagerten Flöze addieren. Dadurch wird die Beurteilung weniger klar.

Es ist offensichtlich, daß zur Beurteilung der Wirkung die Kenntnis von der Lage des abgebauten Flözes und von dessen Mächtigkeit, ob der ausgehauene Raum mit Versatz ausgefüllt wurde, vom zeitlichen Abbauvorgang und vom geologischen Charakter der Schichten des Hangenden erforderlich ist. Vom ingenieurgeologischen Standpunkt aus ist es zweckmäßig, den Charakter der Gesteine oberhalb der kohlenführenden Schicht festzustellen. Je fester und weniger plastisch diese Gesteine sind, desto krasser und ungünstiger treten in ihnen die Setzungsunterschiede und die Einwirkungen der waagerechten Bewegungen zutage.

In einzelnen Fällen kann es durch den Einfluß des untertägigen Bergbaus auch zu anderen Erscheinungen kommen, die das Bauwerk an der Oberfläche gefährden. So ist beispielsweise in der Abb. 7—37 schematisch ein Querschnitt durch ein Gelände dargestellt, in dem durch den Einfluß des untertägigen Bergbaus der Grundwasserspiegel sank. Da die Geländeoberfläche von Lößlehm und neogenen Tonen, unter denen sich in geringer Tiefe tertiäre Sande befanden, überdeckt wurde, verloren die tonigen Gesteine den Kontakt mit dem Grundwasserspiegel, und es konnte den Tonen durch Kapillarwirkung keine Feuchtigkeit zugeführt werden. Sie waren also der Oberflächenaustrocknung unterworfen, und ihre Schrumpfung übertrug sich auf die Gebäude an der Erdoberfläche, die bereits durch den untertägigen Bergbau teilweise beschädigt waren. Hierbei wurden hauptsächlich die Häuser *A* und *C*, keineswegs aber das Objekt *B* in Mitleidenschaft gezogen. Im Unterschied zu den ungünstigen Erscheinungen, die sich anderswo infolge Austrocknung und Schrumpfung der tonigen Gesteine zeigten (siehe Abschnitt 7,6), wurden diese Störungen bereits vor den trockenen Jahren 1943 und 1947 registriert.

7,11. Geologische Untersuchung während der Bauausführung. Bei der Bauausführung kommt es zu fortschreitenden Eingriffen in das Baugelände, wodurch der Baugrund manchmal mehr als durch das Gewicht des fertiggestellten Bauwerks gefährdet werden kann. Deshalb muß man sich bei der ingenieurgeologischen Untersuchung des Baugeländes nicht nur die künftige endgültige Anordnung, sondern auch die einzelnen Verhältnisse während der Bauausführung vergegenwärtigen. Besonders muß man sich hierbei dem Studium folgender Fragen widmen:

1. *Standfestigkeit der Baugrubenwandungen.* — Eine Rutschung der Baugrubenwände kann die Ausführung des Bauwerks überhaupt in Frage stellen. Ein wichtiges Problem stellt dies beispielsweise beim Bau von Talsperren dar, wo in dem oft an und für sich schon sehr steilen Talhang die Baugrube ausgehoben wird, so daß deren Böschungen dann noch steiler sind und es leicht zu Hangbewegungen kommt. Die Standsicherheit verschlechtert sich bei nicht bindigen Lockergesteinen auch durch Ausfließen von Wasser aus den Baugrubenwandungen (siehe Abschnitt 8,8); deshalb bedient man sich in solchen Fällen der künstlichen Grundwasserabsenkung. Für deren Projektierung ist es notwendig, die Durchlässigkeitskoeffizienten der Gesteine zu bestimmen; dies geschieht am zweckmäßigsten mit Hilfe des Pumpversuches.

2. *Standfestigkeit der Baugrubensohle.* — Liegt die Baugrube unterhalb des Grundwasserspiegels und erfolgt das Abpumpen von der Baugrubensohle aus, dann strömt das Wasser nicht nur durch die Seitenwände sondern auch aus der Baugrubensohle in die Baugrube, besonders wenn die Schicht unterhalb der Baugrubensohle wasserdurchlässig ist. Die Baugrubensohle wird dann entlastet, aufgelockert und manchmal auch durchbrochen, so daß sich deren Tragfähigkeit und Zusammendrückbarkeit verschlechtert (Abb. 7—25).

3. *Gefährliche Belastung des Baugrundes.* Sie kann dann eintreten, wenn ein bestimmter Teil des Bauwerks mit einem beträchtlichen Gewicht bereits ausgeführt ist, während das Gelände nebenan noch unbelastet ist oder gar erst die Baugrube ausgehoben wird. Dazu kommt es häufig bei Wasserbauten, wenn bestimmte Bauabschnitte zurückgestellt werden müssen, weil über diese Bauabschnitte noch das Wasser geleitet wird. Besonders gefährlich ist es, wenn zuerst die Bauabschnitte an den Hängen und erst später die Talabschnitte in Angriff genommen werden. Ein Beispiel hierfür ist die Gründung der sogenannten Gehängeblöcke bei Gewichtsstaumauern wobei es die Aufgabe der Ingenieurgeologie ist, zu untersuchen, ob die Blöcke vorher und in welcher Höhe sie betoniert werden können. Ein anderes Beispiel stellt die Errichtung eines Erddammes dar, wenn dabei Bauwerksteile für die Ablaßvorrichtungen ausgelassen werden.

4. Gefährdung der Gründungssohle durch *Witterungseinflüsse.* Hierzu kann es durch Einwirkung folgender Faktoren kommen:

a) *Durch Berührung der Gesteine mit der Luft.* — Beim Bau der Talsperre Foum el Gueiss in Algerien wurde festgestellt, daß die Mergeltone des Baugrundes im Wasser plötzlich zerfielen, falls sie vorher mit Luft in Berührung kamen. Der Winkel der inneren Reibung betrug 44°, die Kohäsion war geringfügig (0,05 kg/cm²). Solange die Mergeltone nicht mit der Luft in Berührung kamen (Gesteinsproben wurden sogleich in Paraffin eingegossen), besaßen sie eine wesentlich höhere Festigkeit (bei $\sigma = 2$ bis 7 kg/cm² betrug τ 6 bis 12 kg/cm²). Die Oberfläche der aufgeschlossenen Gründungssohle wurde deshalb sofort mit einer Torkretschicht abgedeckt.

b) *Durch Austrocknung.* Werden im Baugrund tonige Gesteine angetroffen, dann schrumpft er durch Austrocknung ein und bildet tiefe Risse. Bei Berührung mit Wasser saugt dann ein solcher Baugrund unter Einwirkung der Kapillarkräfte dieses gierig an; die herausgedrängte Luft lockert hierbei das Gestein weiter auf, so daß es breiig wird. Deshalb muß die Baugrube vor diesen Einflüssen geschützt werden. Dies geschieht durch eine allmähliche Freilegung der Baugrubensohle und durch gleichzeitiges Abdecken mit einer Betonschutzschicht.

c) *Durch Einwirkung des Frostes.* Durch Frosteinwirkung vergrößern die frostempfindlichen tonigen Gesteine ihr Volumen bedeutend, sobald sie Wasser aus dem Untergrund aufnehmen können. Nach dem Auftauen werden solche Gesteine breiig; daher müssen sie vor den Einwirkungen des Frostes geschützt werden. Das Ausheben der letzten Erdschicht muß also zu einer Zeit geschehen, wenn auf die Baugrundsohle kein Frost einwirken kann und ein Betonieren derselben möglich ist. Eine ähnliche Gefahr tritt bei felsigen Gesteinen auf, die durch die Einwirkung des Frostes zerreißen; die Baugrube darf deshalb nicht voll ausgebrochen überwintern; man läßt eine Schicht von 2 m Stärke stehen, die erst im Frühjahr ausgebrochen wird.

d) *Einflüsse des Niederschlagswassers.* Manchmal wird ein aufgeweichter Schluff an den Talhängen durch lang anhaltende Austrocknung verfestigt, so daß er sehr tragfähig wird. Gegen Erweichung unter dem Einfluß des Niederschlagswassers wird er zumeist durch eine Lehmdeckschicht geschützt. Nach dem Aufschluß der Baugrube besteht jedoch die Gefahr, daß das Gestein mit dem Oberflächenwasser in Berührung kommt. Man muß daher vorsichtig zu Werke gehen, damit in die Baugrube kein Wasser aus der Nachbarschaft eindringt; gegen das Niederschlagswasser muß die Baugrubensohle durch fortschreitenden Aufschluß und gleichzeitiges Abdecken mit Beton, durch Überdeckung mit einer Schlackenschicht oder in besonders ungünstigen Fällen auch durch Überdachung der Baustelle geschützt werden.

5. Gefährdung der Festigkeit des Baugrundes *durch die Art des Gesteinsaushubes.* Wird das Gestein mit Hilfe von Sprengstoffen gelöst, so besteht die Gefahr, daß die Zerstörung der festen Gesteine des felsigen Untergrundes bis unter das Niveau der Gründungssohle reicht. Es ist deshalb erforderlich, die letzte Gesteinsschicht von Hand zu lösen.

6. *Gefährdung benachbarter Bauwerke* und Anlagen durch Abpumpen in der Baugrube. Die Absenkung des Grundwasserspiegels macht sich manchmal noch in

beträchtlicher Entfernung bemerkbar, über die sich auch noch eine Senkung der Geländeoberfläche erstrecken kann. So wurde beispielsweise bei einem Wasserbauwerk in Holland der Grundwasserspiegel um 6 m abgesenkt; die Geländeoberfläche sank an der Baugrube um 35 cm, in einer Entfernung von 900 m um 6 cm und in einer Entfernung von 1700 m um 2,5 cm.

Benutzte und ergänzende Literatur zum 7. Kapitel

Ambrož V.: Periglaziale Erscheinungen bei Jevany, Zprávy Stát. Geol. Ústavu (Mitteilungen des Staatlichen Geol. Inst.) Prag 1942 (tschechisch).

Baugrund-Normen, Verlag Technik, Berlin 1956.

Bechyně S.: Betonbauweise, Prag 1934 (tschechisch).

Čermák Z., Marčák P.: Vergleichende Untersuchung der berechneten und tatsächlichen Verschiebung bei Wasserbauten, VÚTMS, Bratislava 1958 (tschechisch).

Cytovič N. A.: Bodenmechanik, Moskau 1951.

Цытович Н. А.: Механика грунтов, Москва 1951.

Dvořák A.: Anwendung mechanischer Schwingungen bei der Baugrunduntersuchung, Technický obzor (Technische Rundschau) Prag 1947 (tschechisch).

Frey-Baer O.: Die Berechnung der Betonauskleidung von Druckstollen, Schweizerische Bauzeitung, 30/9, 1944.

Guilhamon J., Vormeringer R.: Deformations du Barrage d'Iril Emda, de ses fondations et de ses appuis, VI. Talsperrenkongreß N. York *125*, 1958.

Hahn W.: Baugrund-Großversuch an der Rappbode-Staumauer zum Nachweis der Stand- und Gleitsicherheit, Wasserwirtschaft-Wassertechnik *4*, 1958.

Hornlimann F.: Testing of the Elasticity and Stress Property of Rock Soil, Proc. of the II. Inter. Confer. on Soil Mechanics and Found. Engineering *I*, Rotterdam 1948.

Hruban K.: Fundamentsetzungen und Berechnung der Gründungsplatten, Prag 1936 (tschechisch).

Jiroušek Z.: Die Gründung von Betonstaumauern im Flysch, Sborník pro vodní hospodářství SAV (Sammelschrift für Wasserwirtschaft der Slowakischen Akademie der Wissenschaften), Bratislava 1955 (tschechisch).

Kafka V.: Der Spannungszustand einer am Rande belasteten orthotropen Halbebene, Acta Technica der Tschechoslowak. Akad. der Wissenschaften (ČSAV) 1957 (tschechisch).

Kloкner F., Záruba Q., Hacar B.: Baugrundprüfungen in Groß Prag, Zprávy veřejné služby technické (Mitteilungen des öffentlichen technischen Dienstes) Prag 1934 (tschechisch).

Marcello C.: Measurements and studies on Santa Giustina Dam, Proc. ASCE 1957.

Marty H., Montmartin A.: Le Barrage de Ben-Metir, V. Talsperrenkongreß Paris 1955.

Mencl V.: Bodenmechanik, Prag 1955 (tschechisch).

Meyerhof G. G.: The Ultimate Bearing Capacity of Foundations, London 1951.

Moos A., Quervain F.: Technische Gesteinskunde, Basel 1948.

Rocha M., Serafim J. L., Silveira A. E.: Design and Observation of Arch Dams in Portugal, Proc. ASCE, Sept. 1957.

Rosa S. A.: Gleitwiderstand des Felsgesteins im Baugrund von Talsperren, Moskau 1952.

Роза С. А.: Сопротивление скальных пород основания гидротехнического сооружения сдвигающему усилию, Москва 1952.

Roth V.: Störung des Baugrundes durch pleistozäne Frostkeile in Prag-Vysočany, Technický obzor (Technische Rundschau) Prag 1949 (tschechisch).

Roth Z.: Der Baugrund von Talsperren als Ergebnis pleistozäner Verhältnisse, Sborník ÚÚG (Sammelschrift des Geologischen Zentralinstituts) Prag 1954 (tschechisch).

Skempton A. W.: The Bearing Capacity of Clays, Proc. Bldg. Res. Congr. 1951.

Tolman B.: Die Gründung von Bauwerken, Prag 1924—37 (tschechisch).

Wünsch J.: Der Scherversuch auf der Baustelle einer Talsperre, Inženýrské stavby (Ingenieurbauten), Prag 1955 (tschechisch).

Záruba Q.: Der Einfluß der klimatischen Verhältnisse auf die Schrumpfung der Kreidemergel, Přírodní věda (Naturwissenschaft) Prag 1936 (tschechisch).

Záruba Q.: Die Bedeutung der periglazialen Verwitterung der Gesteine und Solifluktion für die Gründung von Bauwerken, Technický obzor (Technische Rundschau), Prag 1934 (tschechisch).

Záruba Q.: Frozen Ground Phenomena of Pleistocene Age and Their Significance in Engineering Problems, Internat. Geolog. Congress, Proceedings Part XIII, London 1952.

Záruba Q., Havlíček J.: Durch Schrumpfung tertiärer Tone bewirkte Bauwerkssetzung, Sborník ÚÚG (Sammelschrift des Geologischen Zentralinstituts), Prag 1951 (tschechisch).

8. Kapitel. Hangbewegungen und Rutschungen

8,1. Einführung. Eine wichtige Aufgabe der Ingenieurgeologie ist die Ermittlung und die Erforschung von Gebieten mit Rutschungsgefahr und die Mitarbeit bei der Sanierung solcher Rutschungen sowie bei der Beurteilung der Standfestigkeit künstlich angelegter Böschungen. Unter einer Rutschung im weiteren Sinne des Wortes sind Gesteinsbewegungen aus höheren Lagen eines Hanges in tiefere zu verstehen, zu denen es durch Wirkung der Schwerkraft kommt, wenn die Gleichgewichtsbedingungen des Hanges gestört sind. Vom geologischen Standpunkt aus betrachtet ist kein Hang auf die Dauer standfest. Durch Einwirkung der Schwerkraft und exogener Faktoren (wie z. B. des Frostes, der Oberflächenwässer, der Temperaturänderungen usw.) entstehen an den Hängen verschiedenartige Gesteinsbewegungen. Diese Bewegungen sind gewöhnlich geringfügig und kaum erkennbar, jedoch bei lang anhaltender Einwirkung treten sie bei der Gestaltung der Erdoberfläche deutlich ausgeprägt in Erscheinung. Neben den langsamen Bewegungen kommt es zuweilen zu plötzlichen Bewegungen von katastrophalem Ausmaß, wodurch die natürlichen Hänge oder auch vom Menschen geschaffene Bauwerke zerstört werden.

Von einer Rutschung können sowohl die festen Gesteine des felsigen Untergrundes als auch unverfestigte Ablagerungen der Deckschichten, wie Schutt, Lehm, Ton und Sand verschiedenen Ursprungs, betroffen werden. Auch die Ursachen, die das Gleichgewicht des Hanges stören, können sehr mannigfaltig sein. So kann es sich beispielsweise um die Unterspülung eines Hanges durch die Erosionstätigkeit der Wasserläufe, um strukturelle Veränderungen der Gesteine an den Hängen, um Veränderungen im Grundwasserhaushalt oder auch um künstliche Einschritte bzw. eine Belastung des Hanges durch Aufschüttungen usw. handeln. Es können verschiedene Kombinationen zwischen den einzelnen Faktoren eintreten, die die Bewegung verursachen; deshalb sind die Hangbewegungen sehr vielfältig.

Die Rutschungen wurden bisher von zwei verschiedenen Gesichtspunkten aus untersucht. Geologen und Geomorphologen haben sich mit ihnen als einem der bedeutsamsten Denudationsvorgänge befaßt. Sie beschrieben die Bedingungen, unter denen Hangbewegungen entstehen, deren Verlauf, die resultierenden Formen und deren Bedeutung für die Gestaltung der Erdoberfläche. Der Ingenieur ist bemüht, die zu Rutschungen neigenden Hänge, bei denen das Gleichgewicht durch das projektierte Bauwerk gestört werden könnte, zu ermitteln und zu erkennen. Er ist bestrebt, die maximalen Neigungen künstlich angelegter Hänge, die noch als standfest gelten können, zu bestimmen. Da er hierbei eine große Verantwortung für die Sicherheit des projektierten Bauwerks trägt, sucht er nach zweckentsprechenden Verfahren, nach denen man die Standsicherheit des Hanges zuverlässig ermitteln kann. Insbesondere beim Bau von Eisenbahnstrecken und Kanälen müssen oft tiefe Geländeeinschnitte geschaffen und hohe Aufschüttungen vorgenommen werden, und gerade mit derartigen Bauten ist die quantitative Ermittlung der Standsicherheit von Hängen eng verknüpft. Die katastrophalen Rutschungen bei den schwedischen Eisenbahnen waren der Anlaß zur Konstituierung einer besonderen geotechnischen Kommission in Schweden im Jahre 1914. Die Studienergebnisse dieser Kommission hatten das Aufblühen eines neuen Wissensgebietes — der Bodenmechanik — zur Folge.

Allerdings ist es erforderlich, daß sich beide erwähnten Forschungsgebiete systematisch ergänzen und zusammenarbeiten. Für die quantitative Bestimmung der Standsicherheit von Hängen unter Anwendung der Verfahren der Bodenmechanik ist es unbedingt erforderlich, den gesamten geologischen Bau des Gebietes, den Verlauf und die Zusammensetzung der Schichten, sowie die morphologische Entwicklung des Landschaftsreliefs zu kennen. Umgekehrt können die Geologen die Bedingungen für die Entstehung und den Verlauf älterer, vielleicht sogar fossiler Rutschungen einwandfrei deuten, wenn sie ihre Betrachtung mit den Ergebnissen der Bodenmechanik vergleichen.

8,2. Rutschungen bewirkende und den Rutschungserscheinungen ein bestimmtes Gepräge verleihende Faktoren. Für den Ingenieur ist es wichtig, die Ursachen, die zur Rutschung eines Geländes führen können und die Vorgänge oder Anlässe, die eine Bewegung unmittelbar bedingten, deutlich zu erkennen. Nur eine genaue, die Wirklichkeit erfassende Diagnose ermöglicht es, das Ausmaß der Gefahr richtig zu beurteilen und die Hangsicherung zu projektieren. Um das Erkennen der Hangbewegungen zu ermöglichen, werden die Faktoren angeführt, die das Abrutschen bewirken und den Rutschungserscheinungen charakteristische Züge verleihen, denen zufolge sie dann unterschieden werden können.

1. *Veränderungen der Neigung* oder *Höhe* eines Hanges. Sie können auf natürliche Weise durch Unterspülung des Hangfußes infolge Erosionstätigkeit oder durch tektonische (gebirgsbildende) Bewegungen bewirkt werden. Künstlich können sie durch Untergrabung des Hangfußes oder andere Erd- oder Bergbauarbeiten hervorgerufen werden. Ein Anwachsen der Hangneigung bewirkt Veränderungen der Spannungen in den Gesteinen; das Gleichgewicht wird zumeist durch eine Erhöhung der Scherspannungen gestört.

2. *Das Gesteinsgewicht.* Dieses bewirkt eine Kriechbewegung toniger Gesteine oder ein Herausdrücken des plastischen Untergrundes am Hangfuß auch unterhalb fester Gesteine. Es entstehen auf diese Weise neue Klüfte, die Kohäsion der Gesteine wird vermindert und die sonstigen Denudationsvorgänge werden beschleunigt.

3. *Die plötzliche zusätzliche Belastung.* Sie bewirkt ein Anwachsen der Scherspannung und eine Vergrößerung der Spannung des Wassers in den Poren bindiger Gesteine, wodurch sich die innere Reibung vermindert.

4. *Erschütterungen, Vibrationen.* Durch Erdbeben entstehen in den Gesteinen Schwingungen verschiedener Frequenz; eine ähnliche Wirkung haben auch Detonationen großer Sprengstoffladungen und durch Maschinen hervorgerufene Erschütterungen. In jedem Gestein entstehen auf diese Weise vorübergehende Spannungsänderungen, die das Gleichgewicht des Hanges stören. Bei Löß und locker gelagerten Sanden kann es durch Erschütterungen zu einer Störung der intergranularen Bindung, zu einer Verminderung der Kohäsion kommen.

5. Durch Änderung des Korngefüges bei sensitiven Tonen bewirkte *Veränderung der Konsistenz.* Einige Tone haben eine Konsistenz, die nicht ihrer Feuchtigkeit entspricht. Sie befinden sich im labilen Zustand und es genügt ein geringer Impuls, um diese Gesteine plötzlich in fließenden Zustand zu bringen.

6. *Veränderungen des Wassergehaltes.* Das Regenwasser sowie das Wasser der Schneeschmelze gelangen in die Klüfte, in denen ein hydrostatischer Druck entsteht, und in den Gesteinen steigt der Wasserdruck in den Poren an. Dadurch nehmen die Kohäsion und die innere Reibung ab.

Ferner dringt das Wasser in die Poren der Gesteine ein und verringert deren Festigkeit. Einige Autoren (C. Veder, 1957) ermittelten durch Messungen den Unterschied des elektrischen Potentials zweier Schichten, an deren Berührungsfläche sich eine Gleitfläche bildete. Sie führen die Erhöhung des Wassergehaltes auf elektroosmotische Vorgänge zurück, wodurch es zu Störungen des Gleichgewichtes kommt.

7. *Schrumpfung.* Während einer Trockenperiode schrumpfen die tonigen Gesteine ein; es entstehen tiefe Risse, die die Kohäsion der Gesteine auf dem Hang verringern und ein Eindringen des Wassers in die tonigen Gesteine ermöglichen.

8. *Rasche Veränderungen des Wasserspiegels.* Diese können Anlaß geben zur Verlagerung der Körner, insbesondere bei Fein- und Schluffsanden (Silten). Der jähe Anstieg des Wasserdruckes in den Poren kann ein plötzliches Fließen des Gesteins bewirken. Bei schnellerem Absinken des Wasserspiegels sickert das Wasser aus dem Hang heraus, und der Druck des strömenden Wassers in den Poren erhöht die Scherspannung.

9. *Das Grundwasser:*

a) Das strömende Grundwasser wirkt durch seinen Druck auf die Bodenteilchen ein; dadurch verringert sich die Standfestigkeit des Hanges.

b) Das Grundwasser kann das lösliche Bindemittel herausschwemmen. Dieser Vorgang wird von sowjetischen Autoren als *Suffosion* bezeichnet. Dadurch wird die intergranulare Bindung vermindert und die Kohäsion verringert und der Koeffizient der inneren Reibung sinkt ab.

c) Im Feinsand und Schluff schwemmt das strömende Grundwasser Bodenteilchen aus dem Hang heraus. Durch diese Form der Erosion entstehen unterirdische Hohlräume, wodurch die Standfestigkeit des Hanges gestört wird.

d) Der gespannte Grundwasserspiegel wirkt auf die undurchlässigen Schichten im Hangenden als Auftrieb.

10. *Die Wirkung des Frostes.* Durch Gefrieren vergrößert sich das Volumen des Wassers in den Klüften: Die alten Klüfte werden erweitert, und es entstehen neue. In den zerklüfteten Gesteinen verringert sich die Kohäsion. In tonigen und tonig-sandigen Lockergesteinen bilden sich kleine Eisschichten. Bei ihrem Auftauen vergrößert sich der Wassergehalt der Oberflächenschicht, die dadurch breiig wird; es kommt zur Solifluktion.

11. *Die Verwitterung.* Die mechanische und die chemische Verwitterung stören fortschreitend die Kohäsion des Gesteins. Bei manchen Rutschungen deuten bestimmte Anzeichen darauf hin, daß als ein weiterer Faktor chemische Veränderungen der Gesteine anzusehen sind, die durch Einwirkung des aus den benachbarten, chemisch aktiven Gesteinen einsickernden Wassers hervorgerufen werden. Eine Neigung zur Rutschung zeigt sich beispielsweise in jenen Gebieten, in denen glaukonitische Gesteine vorkommen.

8,3. Gliederung der Rutschungserscheinungen. Die Rutschungserscheinungen können nach den natürlichen Bedingungen, unter denen sie entstehen und nach den bereits angeführten Faktoren in verschiedene Arten gegliedert werden. Mit der Klassifizierung der Rutschungen befaßte sich eine Reihe von Autoren. Die früher allgemein anerkannte, auf alpine Verhältnisse abgestimmte Gliederung des Schweizer Geologen A. Heim gehört heute bereits der Geschichte an. Für die technische Praxis war die Gliederung der Rutschungen zweckmäßig, die K. Terzaghi (1925) vorschlug und bei der er die physikalischen Eigenschaften der betroffenen Gesteinsarten berücksichtigte. Er unterscheidet Trockenbewegungen, bei denen die statische Reibung voll wirksam wird, und Breibewegungen, d. h. Massenbewegungen bei ganz oder teilweise ausgeschalteter statischer Reibung, z. B. Fließen infolge eines im Porenwasser durch Belastung hervorgerufenen hydrostatischen Überdruckes.

In der Sowjetliteratur wird die grundlegende Gliederung nach F. P. Sawarenski (1937) angewendet, der dem Verlauf der Gleitflächen Rechnung trägt. Er gliedert die Rutschungen in asequente, konsequente und insequente.

Asequente Rutschungen bilden sich in homogenen, ungeschichteten bindigen Gesteinen. Die Bewegungen vollziehen sich längs zylindrischer Gleitflächen.

Zu dem *konsequenten* Typ gehören Rutschungen, bei denen es zu einer Bewegung längs der Schichtflächen oder auf anderen vorhandenen, hangwärts geneigten Flächen kommt. Hierzu gehören beispielsweise das Abgleiten von Schichten an Schichtenflächen und das Abrutschen von Gesteinen an Klüften oder Schieferungsflächen. Hierzu werden auch Rutschungen von Hangablagerungen an der Oberfläche des felsigen Untergrundes und die Solifluktion, wobei die weiche Oberflächenschicht auf dem gefrorenen Untergrund abfließt, gezählt.

Insequente Rutschungen verlaufen quer zu den Schichten und weisen gewöhnlich große Ausmaße auf. Die Gleitflächen reichen tief in den Hang hinein. Zu den insequenten Rutschungen gehören die tiefgreifenden schollenartigen Rutschungen an den Rändern der Böhmischen Kreidetafel, hauptsächlich aber die Rutschungen an der Meeresküste, z. B. bei Odessa und an der Südküste Englands bei Folkestone. Sie entstehen in der Regel durch Herauspressen weicher Schichten unterhalb des Hangfußes der durch feste Gesteine gebildeten hohen Steilhänge.

N. W. Rodionow gliedert die Rutschungen nach den Ursachen für den Verlust der Standfestigkeit in drei Hauptgruppen. Er unterscheidet folgende Arten von Rutschungen:

a) *konsistente Rutschungen*, wenn der Verlust der Standfestigkeit durch eine Veränderung der Konsistenz bewirkt wird, beispielsweise nach Durchtränkung von Tonen und Lehmen mit Wasser;

b) *suffosive Rutschungen*, wobei Gesteinsauflockerungen sowie Hangstörungen durch Herausschwemmen der feineren Gesteinsteilchen eintreten, was durch das aus dem Hang herausfließende Grundwasser bewirkt wird;

c) *strukturelle Rutschungen*, wobei eine Bewegung längs der hangabwärts geneigten Schichtflächen, Klüfte oder tektonischen Zonen einsetzt. — Neben diesen grundlegenden Typen unterscheidet der Autor dieser Klassifikation noch eine Reihe weiterer Übergangstypen.

I. W. Popow (1951) empfiehlt, bei der Klassifizierung der Rutschungserscheinungen die *regionalen Verhältnisse zu* berücksichtigen, weil im Hinblick auf die Mannigfaltigkeit der Faktoren und der verschiedenen Entwicklungsstadien die einzelnen Rutschungstypen in den verschiedenen Gegenden einen unterschiedlichen Charakter tragen. Deshalb gestatten die nach regionalen Rutschungstypen zusammengestellten Klassifikationen eine genauere Charakterisierung der Rutschungen und liefern bessere Unterlagen für die Geländesicherung.

Bei der Klassifizierung der Rutschungserscheinungen für die Zwecke der Ingenieurgeologie war man bestrebt, die regionalen Verhältnisse zu berücksichtigen und folgende praktische Richtlinien zu beachten:

a) Es soll nach den charakteristischen Merkmalen (dem geologischen Bau, der Art der Störung, dem Wassergehalt usw.) eine möglichst einwandfreie Einordnung bestimmter Rutschungserscheinungen in eine der Gruppen angestrebt werden.

b) Es soll ermöglicht werden, für eine jede Gruppe nach dieser Klassifizierung die Richtlinien für das Untersuchungsverfahren in groben Zügen abzuleiten.

c) Für jede Gruppe sollen nach Möglichkeit die zur Verhütung oder Einstellung der Rutschungsbewegung erforderlichen Maßnahmen angeführt werden, soweit dies überhaupt im Bereich der menschlichen Kräfte liegt.

Bei Beachtung dieser Richtlinien erweist sich für die Verhältnisse im Gebiet der ČSSR folgende Klassifizierung als zweckmäßig:

1. *Hangbewegung der Deckschichten* (Gehängelehm, Schutt, Verwitterungsdecken usw.), die hauptsächlich durch Einwirkung von Witterungsfaktoren (8,7) entstehen:
   a) Schuttkegel, Schutthalden, Steinmeere;
   b) Schuttströme (Muren) bei Hochwasser;
   c) kriechende Bewegung der Schuttmassen, Schuttkriechen;
   d) Solifluktion (Bodenfließen), wodurch Fließerden entstehen;
   e) Hakenwerfen der Schichten;
   f) Flächenrutschungen;
   g) Stromrutschungen.
2. *Durch Veränderung der Konsistenz* entstandene Rutschungen (8,8):
   a) Fließsande;
   b) sensitive Tone (quick clay).
3. *Rutschungen in bindigen Böden*, gewöhnlich längs der zylindrischen Gleitflächen; Rutschungen in rissigen Tonen (8,9) (fissured clays).
4. *Durch Herauspressen des plastischen Untergrundes* entstandene Erdbewegungen (8,10):
   a) schollenartige Rutschungen;
   b) Herauspressen der weichen Gesteine an der Talsohle (bulging);
   c) Dammrutschungen durch Herauspressen des Untergrundes.
5. *Rutschungen längs vorhandener Flächen* (8,11):
   a) das Abgleiten längs der Schichtenflächen;
   b) das Abgleiten längs der Klüfte und tektonischen Flächen.
6. *Bergstürze* (8,12).

8,4 Geologische Untersuchungen der Rutschungen im Gelände. 1. Bei der geologischen Untersuchung der Rutschungen ist vor allem der *Morphologie* und dem *geologischen Bau* der Landschaft Aufmerksamkeit zu schenken. Durch eingehende Untersuchungen des betroffenen Hanges wird das Ausmaß des Abrutschgebietes bestimmt, das lage-und höhenmäßig zu vermessen und in einen Plan im Maßstab 1:5000 oder 1:10 000 einzuzeichnen ist. Für diesen Zweck eignet sich die photogrammetrische Vermessung am besten, sofern das Gelände nicht allzu stark bewachsen ist. Mit Hilfe dieses Verfahrens können alle Einzelheiten des Reliefs erfaßt werden, die zur geologischen Kartierung der Rutschung und der Lösung einiger mit der Bestimmung der Standfestigkeit des Hanges zusammenhängender Aufgaben wesentlich beitragen können. Wird das tachymetrische Verfahren angewendet, so muß eine ausreichende Zahl von Punkten vermessen und eine detaillierte Skizze des Geländes angefertigt werden, damit das Geländerelief möglichst naturgetreu dargestellt wird.

Falls es sich um eine geologische Voruntersuchung handelt, oder falls für die eingehende Vermessung und Aufstellung eines Schichtenplanes nicht genügend Zeit vorhanden ist, so ist es notwendig, wenigstens einige charakteristische Profile einzumessen. Diese Profile sollen vom Hangfuß über die Rutschungszunge bis zum Abrutschgebiet geführt werden und müssen eine ausreichende Länge aufweisen, damit sie auch das Gelände des benachbarten ungestörten Gebietes veranschaulichen. Die Geländeoberfläche soll in den Profilen nicht schematisch aufgezeichnet werden, sondern es ist darauf zu achten, daß die Profile unter entsprechender Berücksichtigung der morphologischen Formen des Gebietes vermessen werden, damit nach Möglichkeit alle charakteristischen Reliefkanten, Bodenwellen, Depressionen und auch alle freigelegten Gleitflächen bildlich dargestellt werden.

2. In dem neu vermessenen Plan wird das Gelände eingehend geologisch kartiert, und die vermessenen Profile werden durch das Ergebnis der Aufschlußarbeiten ergänzt. Es werden nicht nur alle Schichtenausbisse, sondern auch der Verlauf der Risse und der Gleitflächen und auch der Baumbestand (die Neigung der Bäume und sonstige Störungen) vermerkt. In der Karte werden die Rutschungen nach Alter und Entwicklungsstadium unterschieden. Das Alter der Rutschungen wird nach den geomorphologischen Merkmalen und den Beziehungen der Rutschungsbewegungen zu den Deckschichten bekannten Alters (wie in Abschnitt 8,5 angeführt) bestimmt.

Ist die Oberfläche des Rutschungsgebietes einwandfrei vermessen und sorgfältig kartiert, dann kann zumeist bereits eine Reihe praktischer Aufgaben gelöst werden. So ist es beispielsweise möglich, den Verlauf der Gleitfläche und damit die Tiefe der Rutschung zu schätzen, weiter kann nach dem Alter der Bodenbewegungen das Rutschgebiet gegliedert und nach der Gestalt der Oberfläche und der Störung des Baumbestandes auf die Zahl der stattgefundenen Bewegungen usw. geschlossen werden.

3. Ein wesentlicher Bestandteil der Untersuchung von Rutschungen ist die *Lagebestimmung der Gleitfläche.* Der Verlauf der Gleitfläche ist meistens durch eine steile, das Abrutschgebiet im oberen Teil des Hanges begrenzende Kluft gekennzeichnet. Auch am Hangfuß kann ein Ausbiß der Gleitfläche erkennbar sein. Diese verläuft entweder oberhalb des Hangfußes oder unterhalb der Talsohle. Im letztgenannten Falle wird ein Teil der Talsohle gehoben, und vor der Stirnseite der Rutschung bildet sich ein Wall.

Der Verlauf der Gleitflächen und die Tiefe der Rutschungen werden meistenteils durch Schürfe ermittelt. Am besten haben sich Schürfgruben oder Schürfgräben bewährt, in denen der Verlauf der Gleitflächen leicht festgestellt und ungestörte Bodenproben für die Untersuchung im Laboratorium unmittelbar entnommen werden können. Schürfgruben werden zumeist nur bei flachen, sich nicht mehr in Bewegung befindlichen Rutschungen angelegt. Die Anlage tiefer Schürfgruben in sich noch bewegenden, gelockerten Gesteinen ist gefährlich. Zuweilen können als Schürfgräben die Aufgrabungen für die Stabilisierungsdränage verwendet werden, die gleichzeitig zur Entwässerung der Rutschung dienen. Der Graben wird gewöhnlich von unten her in Abschnitten von 8 bis 10 m Länge ausgehoben und nach der geologischen Auswertung mit Steinpackung oder Schotter ausgefüllt. Dadurch ist ein beständiger Wasserabfluß gewährleistet, und es wird verhindert, daß sich die Gesteine in der Nachbarschaft lösen; dies würde eintreten, wenn der verschalte Graben längere Zeit hindurch offen bliebe. An Stelle der Schürfgräben sind in einigen Fällen Schürfstollen besser geeignet, die auch der Entwässerung der Rutschung dienen und zur Stabilisierung des Hanges beitragen.

In einigen Fällen ist man auf Bohrungen angewiesen, die hierfür jedoch nicht besonders geeignet sind. Auch bei der Kernbohrung ist meist eine Lagebestimmung der Gleitfläche oder der Zone der plastischen Deformationen sehr schwierig. Bei den mit einer Handbohranlage durchgeführten Bohrungen sind gewöhnlich die Gesteinsproben derart gestört, daß eine Lagebestimmung der Gleitflächen mit großen Schwierigkeiten verbunden ist. Man muß nicht nur die petrographischen Veränderungen der Gesteine, sondern auch ihre Konsistenz und den Wassergehalt sorgfältig beobachten. Gestörte Zonen längs der Gleitflächen kann man gewöhnlich daran erkennen, daß sie einen höheren Wassergehalt aufweisen, daß sie durchgeknetet sind und deshalb ein geringeres Raumgewicht für die Trockensubstanz zeigen. Diese Schichten sind zumeist einige Zentimeter stark, und es ist deshalb schwierig, hieraus ungestörte Proben zu entnehmen. Wird beispielsweise die Bohrung mit einem Spiralbohrer vorgenommen, dann wird empfohlen, zumindest kleinere Bodenproben dem Spiralbohrer zu entnehmen, deren natürlicher Wassergehalt und Konsistenz für die Untersuchung im Laboratorium durch Eintauchen der Proben in flüssiges Paraffin erhalten wird. Ist es notwendig, normale ungestörte Proben aus diesen Schichten zu entnehmen, dann müssen zwei Bohrungen nebeneinander niedergebracht werden. Die erste dient zur Ermittlung der gesuchten durchkneteten Schichten sowie auch zur Bestimmung ihrer Tiefe. Die zweite Bohrung dient wieder dazu, aus dieser ermittelten Tiefe die ungestörten Proben zu entnehmen. Grundwasserführende Schichten sollen sorgfältig verschlossen werden, damit die Gesteine an der Bohrlochsohle durch das Grundwasser aus höher gelegenen Grundwasserleitern nicht aufgeweicht werden.

Bei der Erkundung stößt man häufig auf mehrere übereinandergelagerte Gleitflächen. Zur Bewertung der Standfestigkeit des Hanges und zur Projektierung der Hangsicherung ist es erforderlich, die am tiefsten gelegene Gleitfläche genau zu bestimmen. Der Verlauf einer konsequenten Gleitfläche, die entweder durch eine Schichtfuge oder eine andere, durch die geologischen Verhältnisse prädestinierte Fläche gegeben ist, wird auf verhältnismäßig einfache Art und Weise bestimmt. Handelt es sich um eine insequente Rutschung, dann können die Gleitflächen einen ziemlich unregelmäßigen Verlauf aufweisen, und dieser ist durch Bohrungen sowohl in Längs- als auch in Querrichtung zu ermitteln.

4. Große Aufmerksamkeit ist den *hydrogeologischen Verhältnissen* des Rutschungsgebietes zu widmen. Bereits bei der geologischen Kartierung müssen alle Quellen und Austritte des Grundwassers am Hang, nasse Stellen und Vertiefungen ohne Abfluß vermerkt werden. Durch eine Rutschung bewirkte Veränderungen des Hangreliefs

beeinflussen auch die Abflußverhältnisse der Oberflächen- und Grundwässer. Die ursprünglichen Grundwasseraustritte werden gewöhnlich durch die Hangbewegungen unterbrochen,und das Wasser sucht sich neue Wege durch die gestörten Gesteine. Die Gleitflächen erweisen sich zumeist als undurchlässig, auf ihnen werden die Oberflächen- und Grundwässer gestaut. Dort, wo sich die Gleitfläche der Oberfläche nähert, treten neue Quellen und nasse Stellen auf. Bei den Bohrungen müssen alle Fakten über das Grundwasser sowie darüber, wann es auftrat, und die Schwankungen des Grundwasserspiegels sorgfältig vermerkt werden. Besonders zu beachten sind Grundwasserleiter mit gespanntem Wasser, das die Schichten anhebt und durch den Auftrieb auf das Hangende einwirkt.

5. Bei der Untersuchung einer Rutschung stellt man zunächst fest, daß sie sich in einem bestimmten Stadium ihrer *geologisch-morphologischen Entwicklung* befindet. Die Rutschungen entstehen unter verschiedenen geologischen Bedingungen und unter Einwirkung zahlreicher Faktoren; bei deren Entwicklung ist auch die Funktion der Zeit von Bedeutung. Einige Faktoren verändern sich im Laufe der Zeit, so daß sich jede Rutschung mit der Zeit fortschreitend entwickelt. Zuerst mehren sich die Umstände, die die Entstehung einer Rutschung vorbereiten, es stellen sich die ersten Anzeichen einer Störung des Gleichgewichtes ein, und es entstehen Klüfte im oberen Teil des Hanges; dann setzt die eigentliche Bewegung der gelockerten Massen, deren Schub und fortschreitende Ablagerung am Hangfuß ein. Durch Akkumulation der abgerutschten Massen am Hangfuß stellt die Natur selbst ein vorübergehendes Gleichgewicht her.

Bei der Untersuchung ist zu bestimmen, in welchem Entwicklungsstadium sich die untersuchte Rutschung befindet. Das Entwicklungsstadium der Rutschung erkennt man an ihrem Aussehen, am Charakter der Oberfläche, am Baumbestand usw. Alte Rutschungen unterliegen leicht den erodierenden Wirkungen der Oberflächenwässer, weil die Hangbewegungen in der Regel die Abflußverhältnisse verändern, so daß sich die Oberflächenwässer einen neuen Weg suchen. Rutschungen sind zumeist von tiefen Furchen durchzogen, die das gelöste Gestein entwässern und dadurch zu dessen Standfestigkeit beitragen.

6. Um die weitere Entwicklung der Rutschung beobachten zu können, soll für eine systematische *Messung der Hangbewegung* gesorgt werden. Zu diesem Zwecke wird an der Oberfläche des Rutschungsgebietes ein Netz von Festpunkten abgesteckt, das an das angrenzende ungestörte Gelände in zweckdienlicher Weise angeschlossen wird. Lageveränderungen der Festpunkte werden durch Messungen ermittelt, und zwar entweder in regelmäßigen Zeitabständen oder entsprechend den die Rutschungen bewirkenden Faktoren, z. B. nach dem Frühjahrstauwetter, nach einer Regenperiode, nach größeren Überschwemmungen, Erdbeben usw.

Die Festpunkte werden zuweilen nicht nur an der Geländeoberfläche angebracht, sondern auch auf die gesamte Tiefe der Bohrung in der Weise verteilt, daß man sich über den Bewegungsverlauf der einzelnen Schichten unterhalb der Geländeoberfläche ein genaues Bild machen kann. Deshalb werden in die Schürfe oder Bohrungen

Holzpflöcke, Ziegel oder Betonformsteine eingebracht. Danach wird der Schurf oder die Bohrung zugeschüttet. Wenn nach einer gewissen Zeit ein solcher Aufschluß wieder freigelegt wird, kann aus der Lage der eingesetzten Stücke auf den Bewegungsverlauf in den verschiedenen Tiefen unterhalb der Geländeoberfläche geschlossen werden.

Übersicht der Merkmale von Rutschungserscheinungen als Unterlage für deren Erkennen und Klassifizieren[1]. Sollen Rutschungen einwandfrei beschrieben, analysiert und eingegliedert werden, muß man wissen, welche Merkmale zu beachten und welche Erscheinungen zu vermerken sind.

1. Vor allem ist die Lage der Rutschung in bezug auf das Relief und hinsichtlich des Niveaus des Wasserlaufes in Betracht zu ziehen. Eine Rutschung kann an der oberen Hangkante, am Hangfuß oder auch in der Mitte des Hanges entstehen, sie kann auch den gesamten Hang erfassen. In bezug auf den Flußlauf kann eine Rutschung oberhalb oder unterhalb des Wasserspiegels verlaufen.

2. Die Rutschung kann sich, was ihre Form im Grundriß anbetrifft, halbkreisförmig oder quer zur Hangbewegung erstrecken (beispielweise bei Flächenrutschungen) oder einer Gletscherzunge (Stromrutschung) ähneln.

3. Ein wichtiges Merkmal ist die Form des Reliefs des abgerutschten Hanges im Längsprofil. Der durch Erosion entstandene und mit Hangschutt überdeckte Hang schließt sich an die Talaue in einer mäßigen, allmählich in diese übergehenden Kurve an. Auch eine sehr alte vorgeschobene Rutschungszunge kann man an der Form des konvex gewölbten Hangfußes (in Tropfenform) erkennen, der für Rutschmassen zähflüssiger Konsistenz charakteristisch ist. Bei dieser, einem Brotlaib ähnelnden Form ist das Akkumulationsgebiet von dem Schwemmkegel leicht zu unterscheiden.

4. Nach den Verschiebungen der Verkehrswege, Feldraine, Baumreihen, Waldgrenzen usw. kann die Größe der Bewegung geschätzt werden, sofern am benachbarten ungestörten Hang eine Fortsetzung des verschobenen Objektes zu finden ist.

5. Abrutschmassen können sich in großen, zusammenhängenden Schollen oder Blöcken bewegen, sie können zu Bröckchen zermalmt sein oder sich im plastischen oder breiigen Zustande befinden.

6. Die Oberfläche des abgerutschten Hangteiles kann eben (beispielsweise bei fließenden, breiigen Abrutschmassen), gewellt oder bröckelig und stufen- oder terrassenförmig entwickelt sein.

7. Der Zustand und das Alter des Baumbestandes, insbesondere die Art seiner Störung, bieten auch wichtige Anhaltspunkte für den Verlauf der Rutschung.

8. Die Gleitfläche kann einen asequenten, konsequenten oder insequenten Verlauf aufweisen (siehe Abschnitt 8,3).

9. Die Tiefe der Rutschungen ist meistens unterschiedlich. Als Oberflächenrutschung werden Rutschungen bezeichnet, bei denen die sich bewegende Schicht nicht mächtiger als 1,5 m ist, als flache Rutschungen solche mit einer Schichtdicke bis zu 5 m, als tiefe Rutschungen solche mit einer Mächtigkeit von 5 bis 20 m und als sehr

---

[1] Den Verhältnissen in der ČSSR angepaßt nach F. P. Sawarenski und I. W. Popow, 1951.

tiefe Rutschungen solche mit einer Schichtdicke von mehr als 20 m. Die Tiefe der Rutschung wird senkrecht zur Hangoberfläche gemessen.

10. Die Anzahl der Gleitflächen. Es gibt Rutschungen mit nur einer Gleitfläche, jedoch kommen auch zwei oder mehrere übereinander liegende Gleitflächen vor.

11. Nach der Neigung der Gleitfläche werden die Rutschungen mit einem Neigungswinkel bis zu 5° als sehr flach, mit einem Neigungswinkel von 5 bis 30° als flach und mit einem solchen von über 30° als steil bezeichnet.

12. Bei den von einer Rutschung betroffenen Gesteinen werden nicht nur die petrographische Zusammensetzung und ihre physikalischen Eigenschaften, sondern auch die geologische Entstehung vermerkt. Nach der petrographischen Zusammensetzung werden beispielsweise Rutschungen sandiger Lehme auf Ton, fester Sandsteine auf Mergelschiefereinlagen oder auf den mit Ton u. dgl. ausgefüllten Klüften unterschieden. Nach der Genese könnte es beispielsweise zur Rutschung von Hangschutt auf dem Eluvium, des Eluviums auf dem felsigen Untergrund oder der Gesteine des felsigen Untergrundes auf anderen Schichten des Felsgesteins usw. kommen.

13. Nach der Geschwindigkeit und dem Charakter der Bewegung sind schnelle und langsame Hangbewegungen zu unterscheiden, weiter ist zu unterscheiden, ob es sich um eine einzige Bewegung oder um periodisch sich wiederholende oder kontinuierliche Bewegungen handelt.

14. Wichtig sind Aufzeichnungen über die Wasserverhältnisse, über die Höhe des Grundwasserspiegels und dessen Veränderungen, über die Lage der Quellen, nassen Stellen, Tümpel und wasserführenden Risse.

15. Ferner ist es wichtig, in welcher Jahreszeit es zu den Bewegungen gekommen ist, während des Frühjahrstauwetters, nach stärkeren Niederschlägen, länger anhaltenden Frösten, bei anhaltender Trockenheit usw.

16. Nach dem Entwicklungsstadium unterscheidet man *rezente* Rutschungen, die gerade in Bewegung sind, *beruhigte* und *fossile* Rutschungen, die sich unter anderen morphologischen oder klimatischen Bedingungen vollzogen. Die Ursachen, die zu einer Rutschung führten, können sich nämlich im Laufe der Zeit ändern. Zur Zeit der Aggradation, z.B. wenn der Fluß Anschwemmungen im Tal ablagert und seine Talsohle erhöht, läßt die Tiefenerosion nach und die Bedingungen, die Hangrutschungen bewirken, sind oft nicht mehr vorhanden. Wenn der Fluß die Prallstellen des Ufers verlegt, kann die seitliche Unterwaschung des Hanges aufhören und dadurch eine Beruhigung der Rutschung eintreten. Wenn eine solche Veränderung von Dauer ist, wird aus der beruhigten Rutschung eine fossile Erscheinung. Wird eine derartige Rutschung durch Lößlehm oder andere junge Oberflächenablagerungen überdeckt, dann spricht man von einer *begrabenen Rutschung.*

8,5. Das Alter der Rutschungen. Bei der Untersuchung von Rutschgebieten ist es für die technische Praxis wichtig, zu erkennen, ob es sich um rezente, beruhigte, oder fossile Rutschungen handelt. Das Alter der Rutschungen kann an

Hand geringfügiger morphologischer Anzeichen, ferner nach der Beziehung der Bewegungen zu den jungen Deckschichten, nach den Bodenprofilen und auch nach dem gestörten Baumbestand geschätzt werden.

Rezente Rutschungen sind verhältnismäßig leicht an ihren äußeren Merkmalen zu erkennen, weil die durch die Rutschung entstandenen Oberflächenformen noch frisch und durch Niederschlagswasser und Erosion wenig gestört sind; das Abrutschgebiet wird durch steile, unbewachsene Hänge begrenzt, die Risse sind offen und in ihnen sind zumeist straffgespannte Wurzeln zu erkennen. Wege, Raine und Baumreihen sind unterbrochen, Bauwerke teilweise beschädigt.

Bei der Bewertung der Bodenbewegungen bei rezenten Rutschungen aus der jüngsten Zeit ist es sehr zweckmäßig, den Baumbestand zu beobachten. Bei Rutschungen sind die Bäume zumeist unregelmäßig von der ursprünglichen Wuchsrichtung weggeneigt (Abb. 8—1, 8—3). Während der Ruheperiode wenden sich die

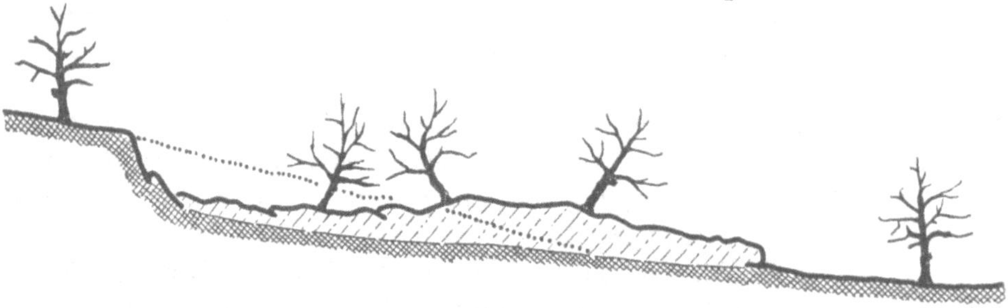

Abb. 8—1. Rezente Rutschungen, erkennbar an dem veränderten Baumbestand.

frisch gewachsenen Baumschößlinge wieder senkrecht nach oben, dadurch entstehen an den Baumstämmen auffallende Verkrümmungen. Aus diesen Verkrümmungen der Baustämme und der jüngeren Schößlinge kann wiederum ziemlich genau auf den Zeitpunkt geschlossen werden, zu dem es zum Erdrutsch kam.

In Abb. 8—2 zeigt das Beispiel 1 eine Bodenbewegung vor etwa 6 bis 7 Jahren an, das Beispiel 2 die kontinuierliche Bodenbewegung in der Zeit vor 3 bis 12 Jahren,

Abb. 8—2. Aus der Verkrümmung des Stammes und der Richtung der jungen Schößlinge kann man das Alter der Bodenbewegung schätzen.

und an den jungen Schößlingen des Laubbaumes kann annähernd geschätzt werden, daß es vor 2 bis 3 Jahren zur Wegneigung der Bäume kam (siehe Beispiel 3).

Die *alten beruhigten Rutschungen* sind im allgemeinen durch Erosion gestört. Das Abrutschgebiet, besonders in wenig bindigen Böden, ist zumeist durch tiefgreifende Furchen und durch Rinnen, die sich gewöhnlich an die Randspalten zu beiden Seiten des Rutschungsstromes anschließen, erodiert. Das Akkumulationsgebiet wird in

Abb. 8—3. Durch Rutschung gestörter Kiefernwald in Dneboh am Fuße des Berges Mužský. (*Foto Q. Záruba*).

diesem Falle meistens durch jüngere Schwemmkegel (Abb. 8—4) teilweise überdeckt, deren Material aus den geschilderten Furchen im Abrutschgebiet stammt.

In einigen Gegenden sind die alten beruhigten Rutschungen teilweise von Löß und Lößlehm überdeckt. Löß bildet eine charakteristische Anwehung auf der Windabseite des Abrutschgebietes und auch auf der Windabseite der Rutschungszunge. So wurde beispielsweise das Alter einiger Rutschungen in Basalttuffen und in den neogenen Tonen unweit von Ústí n. L. (Aussig a.d. Elbe) festgestellt (Abb. 8—5).

Ein wichtiges Merkmal für das Erkennen des Alters von Hangrutschungen ist deren *Beziehung zu den Talterrassen.* Die Terrassenablagerungen können durch Hangbewegungen gestört sein, so daß sie in verschiedenen Höhenlagen zu finden sind, und zwar in anderen, als man dem Längsprofil nach annehmen müßte. Wenn die Terrasse durch Hangbewegungen gestört ist, dann ist dies ein Beweis dafür, daß die Bewegungen jüngeren Datums sind als die Terrasse. Sind die so entstandenen

Hangstufen von Lößlehm überdeckt, dann beweist dies, daß die Bewegung älter ist als die Lößdecke (Abb. 8—6).

Anschauliche Beispiele waren im Gebiet von Turnov (Turnau) zu verzeichnen. Die mächtigen, auf Mergeln des oberen Turon abgelagerten pleistozänen Terrassenschotter wurden von den Hangbewegungen erfaßt. Die entstandenen Hangstufen wurden von jüngeren Lößablagerungen überdeckt. Aus diesen Anzeichen kann man erkennen, daß die Hangbewegungen im jüngeren Pleistozän vor der Ablagerung des jüngsten Lößes entstanden sind.

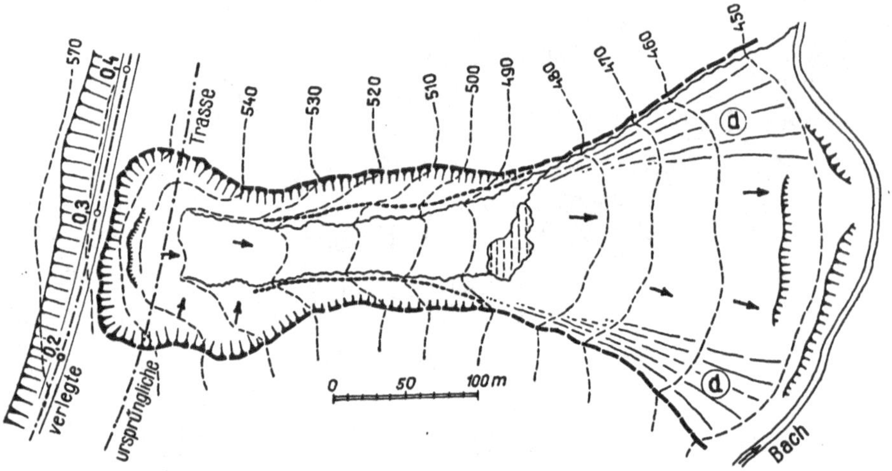

Abb. 8—4. Alte Rutschung, teilweise durch jüngere Dejektions-Kegel *d* verdeckt.

In Ausnahmefällen können mit Flußablagerungen teilweise überdeckte Rutschungszungen beobachtet werden. Beim Bau des Wasserkraftwerkes im Tal des Flusses Bistriza in Rumänien (Flyschgebiet) wurden die Akkumulationsgebiete der Stromrutschungen freigelegt, auf denen deutliche Anzeichen dafür erhalten geblieben sind, daß sich die Hangbewegungen während der Aggradation des Tales wiederholten (Abb. 8—7). Im Niveau der alten Talterrasse wurde eine mächtige Stromrutschung festgestellt, deren Stirnfläche etwa in einer Höhe von 8 bis 10 m über der damaligen Talaue durch Seitenerosion abgetragen wurde. Die schnelle Aggradation der Flußschotter hüllte die Stirnfläche der alten Rutschung ein, und die sandigen Kiese überdeckten teilweise auch die alte Rutschungszunge. Auf diesem höheren Niveau kam es zur Erneuerung der Bewegung, und die Talterrasse wurde von einem neuen, jüngeren Rutschungsstrom überdeckt. Sodann wurde das Tal tiefgreifend bis auf die heutige Talaue erodiert. Die alte, aus Grobsandsteinblöcken mit Beimengungen verwitterter Tonschiefer bestehende Stromrutschung blieb teilweise an Ort und Stelle mit einem Überrest waagerecht gelagerter sandiger Kiese einer höheren Stufe der Talterrasse erhalten. Die Strömungsrutschungen haben sich im gegebenen Falle beruhigt und befinden sich im stabilen Gleichgewicht, weil die abgerutschten Böden ausgetrocknet sind und in letzter Zeit keine neuen Bewegungen zu verzeichnen waren. Nur an den Stirnflächen der Rutschungen sind die durch die jüngste Erosion des Flußes und die Eingriffe des Menschen verursachten kleineren rezenten Rutschungen zu erkennen.

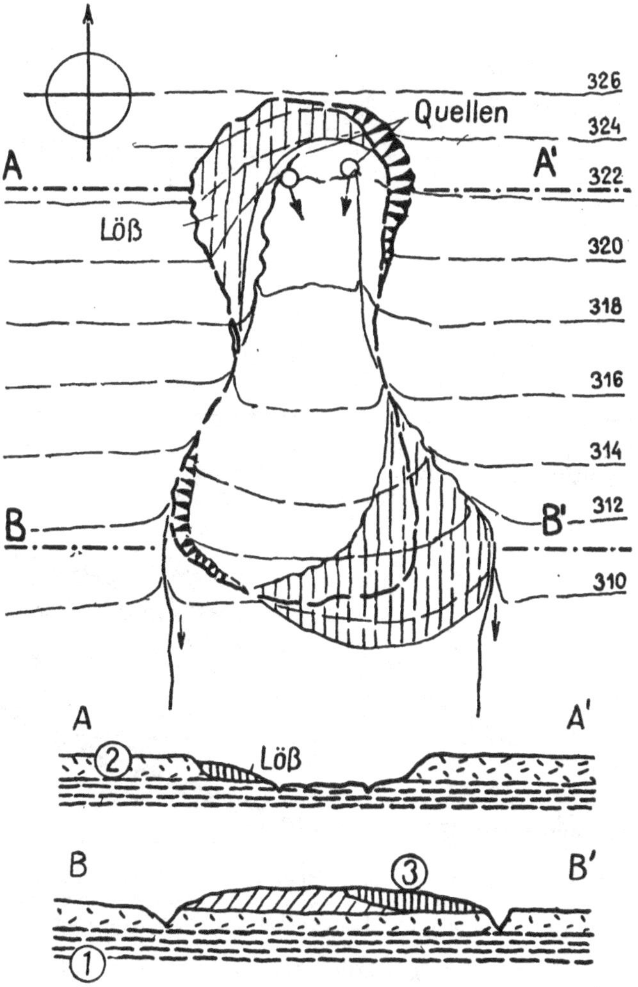

Abb 8—5. Das pleistozäne Alter der Rutschung ist aus den Löß-Ablagerungen erkennbar. *1* — neogener Ton, *2* — Hangschutt, *3* — Löß.

Das Alter der Rutschungen kann auch nach dem Verlauf der erhalten gebliebenen *Bodenprofile* beurteilt werden. Wenn in der freigelegten Wand eines Abrutschgebietes ein ungestörtes Bodenprofil zu erkennen ist, so zeugt dies davon, daß sich die Rutschbewegung praktisch beruhigt hat und daß in den vergangenen Jahrhunderten das Gelände nicht in Bewegung war; denn das Bodenprofil benötigt eine ziemlich lange Zeitspanne zu seiner Ausbildung. Wenn umgekehrt das Bodenprofil stufenförmig zerbrochen oder in anderer Weise durch eine Rutschung gestört ist, dann deutet dies auf neue Bewegungen in jüngster Zeit hin. Auch ist es wichtig, den Verlauf der fossilen Bodenprofile zu verfolgen. So wurde beispielsweise in der Gegend von Žatec (Saaz) beobachtet, daß die älteren begrabenen Bodenprofile

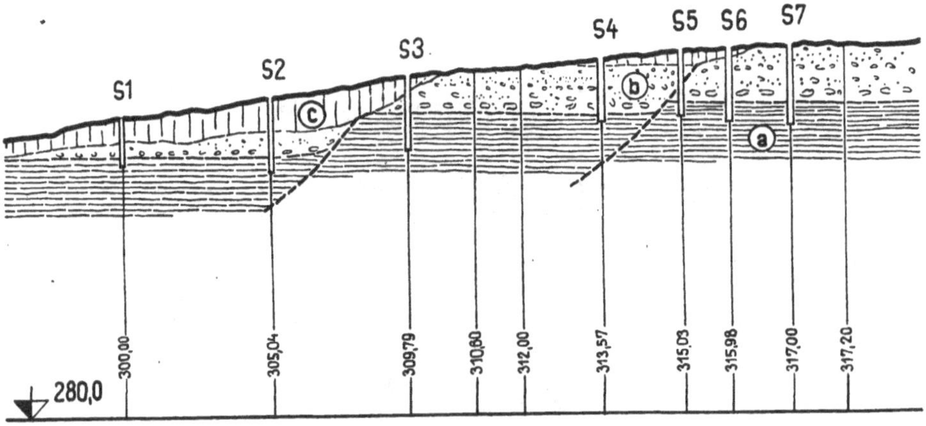

Abb. 8—6. Die auf den Mergeln des oberen Turons *a* abgelagerten Terrassenschotter *b* sind durch Hangbewegungen gestört. Das pleistozäne Alter der Bewegungen weisen die jüngeren Löß-Ablagerungen *c* nach.

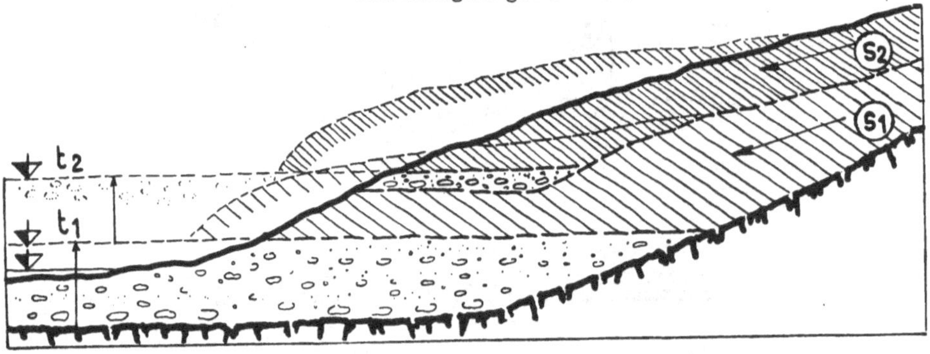

Abb. 8—7. Querprofil des Flusses Bistriza in Rumänien. Im Hang sind zwei Rutschungsströme (s_1, s_2,) verschiedenen Alters erkennbar. Die Lage der Terrassenschotter zeigt an, daß sich die Rutschungen während der Aggradation des Tales (t_2) wiederholten.

durch Rutschungen stufenförmig gestört sind, wogegen das auf dem jüngsten Löß entwickelte rezente Bodenprofil (degradierte Schwarzerde) ungestört war. Daraus kann geschlossen werden, daß die Bodenbewegungen im jüngeren Pleistozän entstanden und sich seit Ablagerung des jüngsten Lößes im Ruhezustand befinden (Abb. 8—8).

8,6. Die Abhängigkeit der Hangbewegungen von den Niederschlagsmengen. Bei der Untersuchung von Rutschungserscheinungen ist es zweckmäßig, den Einfluß der Niederschlagsmengen auf die einzelnen Rutschungsgebiete zu verfolgen. Es wurde beobachtet, daß periodisch sich wiederholende Hangbewegungen gerade in den Jahren eintreten, in denen außergewöhnlich starke Niederschläge zu verzeichnen sind. Als Beweis werden die Summenlinien der monatlichen Niederschläge in einigen charakteristischen Jahren für das Gebiet bei Přerov a. d. Elbe nach den Beobachtungen der drei am nächsten gelegenen Niederschlagsmeßstationen angeführt (Abb. 8—9).

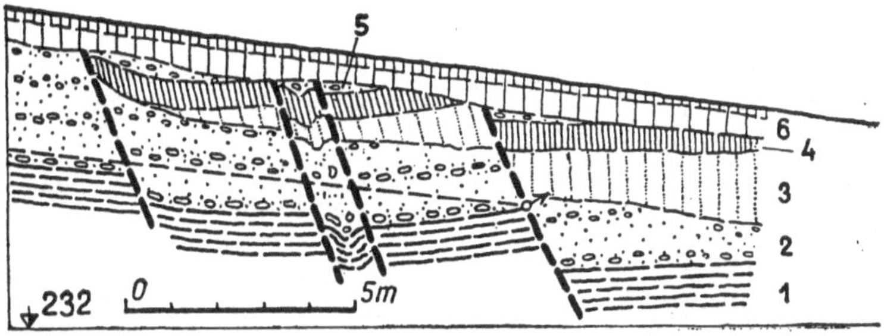

Abb. 8—8. Profil des in einer Sandgrube bei Žatec (Saaz) freigelegten Rutschgebietes. Das pleistozäne Alter der Bewegung deutet die durchgehende Schicht des jüngsten Lößes *6* an. *1*—Tone der Žatecer (Saazer) Schichten, *2* — pleistozäne Kiessande, *3* — älterer Löß, *4* — fossile Schwarzerde, *5* — durch Solifluktion herabgeschleppte Kiessande, *6* — jüngerer Löß.

Die Abbildung wurde nach den in den Mitteilungen des Staatlichen Hydrologischen Instituts veröffentlichten Aufzeichnungen zusammengestellt. Charakteristische Rutschungen des Hangschuttes in Přerov a. d. Elbe wurden in den Jahren 1882, 1899 und 1926 beobachtet, also in den Jahren, in denen die größten Niederschlagsmengen registriert wurden. In der Abbildung sind die monatlichen Summen der Niederschlagsmengen jeweils vom 1. Juli bis zum 30. Juni des folgenden Jahres dargestellt. Für den Grundwasserbestand im Frühjahr ist der Charakter der Herbstmonate entscheidend. Ferner ist allgemein bekannt, daß es zu Rutschungen meistens im Frühjahr kommt, obwohl im Gebiet der ČSSR die Sommermonate Juni, Juli und August am niederschlagsreichsten sind.

Noch besser sind die Hauptperioden der erhöhten Grundwasserstände aus den Mittelwerten der jährlichen Niederschlagsmengen dreier aufeinanderfolgender Jahre zu ersehen. In der Abb. 8—10 sind diese Mittelwerte dreier aufeinanderfolgender Jahre für die drei Niederschlagsmeßstationen in Louny, Česká Lípa (Böhm. Leipa) und Středmy zusammengestellt. Das Diagramm wurde für die Zeit von 1879 bis 1935 nach den Mitteilungen des Staatlichen Hydrologischen Instituts zusammengestellt. Maxima traten in den Jahren 1899, 1914 und 1926 auf, in denen es in der ČSSR zu den größten Rutschungen kam. Umgekehrt wurde in den Jahren 1933 bis 1935 ein Minimum an Niederschlägen registriert. In diesen trockenen Jahren wurden ernsthafte Schäden an den auf Tonen des oberen Turon flachgegründeten Gebäuden beobachtet, die durch die tiefgreifende Austrocknung und Schrumpfung der Kreidemergel entstanden.

Durch systematische Analyse der Aufzeichnungen der Niederschlagsmeßstationen ist es möglich, ein erneutes Auftreten der Bodenbewegungen vorauszusehen und auf

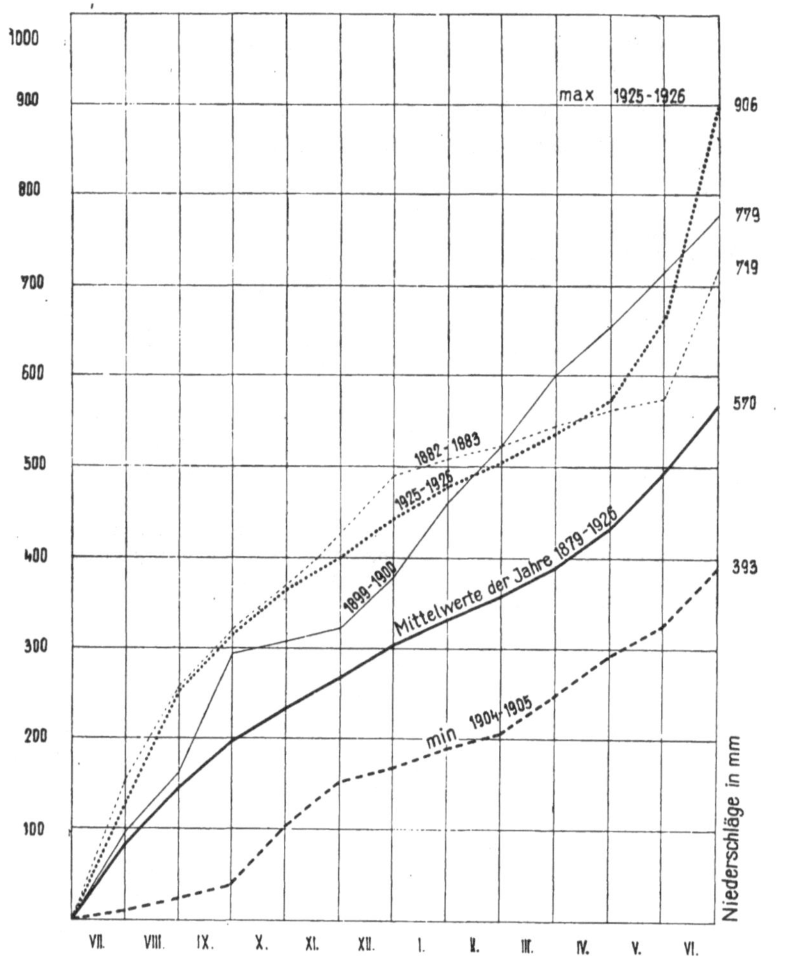

Abb. 8—9. Summenlinien der Niederschläge einiger charakteristischer Jahre für die Umgebung von Přerov n. Labem (a. d. Elbe).

die Notwendigkeit einer erhöhten Wachsamkeit aufmerksam zu machen, wenn durch die Bodenbewegungen öffentliche Verkehrswege gefährdet werden könnten.

8,7. **Hangbewegungen der Deckschichten** (Gehängelehm, Schutt, Verwitterungsdecken usw.). Hierin sind Hangbewegungen mit einbezogen, die hauptsächlich durch die Einwirkung der Gravitation und unter dem Einfluß von Witterungsfaktoren in Oberflächenschichten entstehen.

a) *Schuttkegel, Schutthalden, Blockmeere*[1]. — Durch mechanische und chemische

[1] Die aufgeschütteten Schuttkegel müssen von den Schwemmkegeln (Dejektionskegeln) unterschieden werden, die sich durch Ablagerung der durch die Wasserfluten (Murenbäche) herabgeschleppten Schuttmassen an der Mündung der Schluchten und Bäche in die breiteren Täler bilden. Die Böschungen der Schwemmkegel weisen eine weitaus geringere Neigung, meistens von 3 bis 20°, auf.

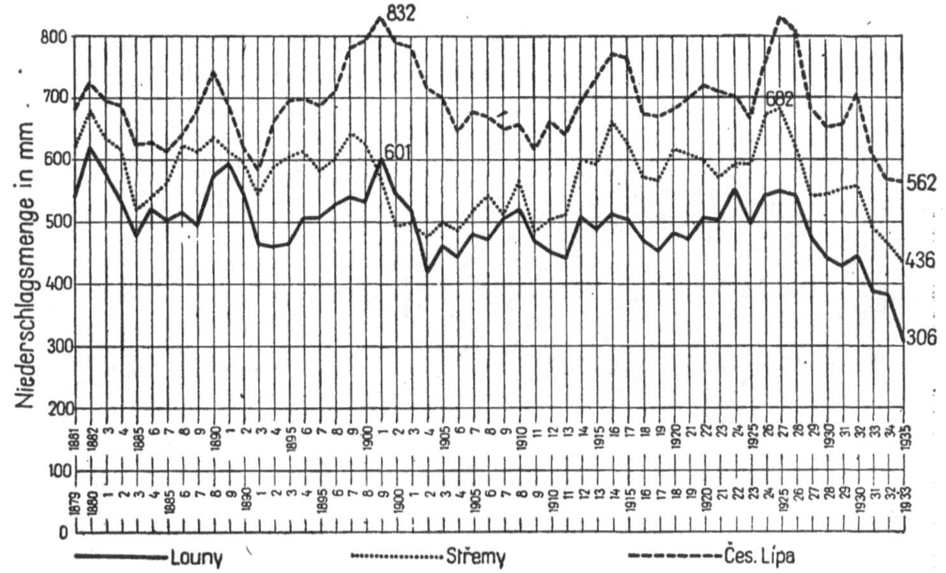

Abb. 8—10. Die aufeinanderfolgenden Mittelwerte der Niederschläge dreier Jahre beeinflussen den Grundwasserstand. Zur Zeit der Maxima kann der Wiederbeginn der Rutschungen vorausgesehen werden, zur Zeit der Minima macht sich die Schrumpfung der Tonböden nachteilig bemerkbar.

Verwitterung lösen sich an Felshängen Gesteinsbruchstücke und fallen als einzelne Steine zum Hangfuß hinab. Durch Anhäufung dieser Gesteinsbruchstücke bilden sich am Hangfuß der Berglehnen aufgeschüttete Schuttkegel und Schutthalden, die aus größeren oder kleineren Gesteinsbruchstücken bestehen. Die Zusammensetzung dieser Schutthalden hängt von der Absonderung und Zerfallsanfälligkeit der Gesteine ab (Abb. 8—11). Zum Herabstürzen abgelöster Steine kommt es besonders während des Frühjahrstauwetters nach einer länger anhaltenden Frostperiode.

Die Hangneigung der Schuttkegel entspricht der Haftfähigkeit des betreffenden Materials, die von der Form und Oberflächenrauheit der Gesteinsbruchstücke abhängt. Je gröber und rauher die Steine sind, desto besser haften sie an steiler geneigten Hängen. Schutt aus plattigen, glatten Gesteinsbruchstücken hat eine geringere Hangneigung. Nach A. Piwowar (1903), der die Neigungen alpiner Schuttmassen untersuchte, weisen Schuttkegel aus trockenen Mergeln und Schiefern eine Neigung von 25 bis 29°, aus Kalksteinen von 32°, aus Glimmerschiefern und Gneisen von 30 bis 34° und aus Graniten von 35 bis 40° auf; bei feuchtem Zustande sind die Neigungen geringer, so daß bei einem plötzlichen Wassereinbruch auch die alten Schuttkegel gestört werden können. Zu einer ähnlichen Erscheinung kann es auch bei Erdbeben kommen, wobei die lose geschütteten Schuttkegel zusammengerüttelt werden.

Mächtige Schuttkegel und Schutthalden auf Berglehnen oder Felshängen der tief eingeschnittenen Flußtäler stellen zumeist ein ernsthaftes Hindernis dar, besonders

Abb. 8–11. Schuttkegel am Hang der Koprovský-Spitze in der Hohen Tatra. (*Foto Q. Záruba.*)

bei der Trassierung von Verkehrswegen. Die Oberfläche des frei herabgefallenen Schuttes weist im allgemeinen eine dem Winkel der inneren Reibung entsprechende Neigung auf, so daß jeder Eingriff in den Hang zu umfangreichen Hangstörungen führt. Wenn in der Böschung des Schuttkegels ein Anschnitt vorgenommen werden soll, müßte die zusammenhängende Schicht von dem Niveau der Straße an bis zum oberen Ende des Schuttkegels entfernt werden. Eine Sicherung des untergrabenen Hanges durch eine Stützmauer ist zumeist nicht gut möglich, weil der lose geschüttete Schutt keinen geeigneten Baugrund für eine Mauer bietet. Außerdem wäre der Verkehrsweg in den meisten Fällen durch *Steinschlag* aus den Felshängen und Klammen, aus denen der Schuttkegel aufgeschüttet wurde, gefährdet. Der Steinschlag stellt in einigen Gebieten eine ernste Gefahr für die Verkehrssicherheit dar. An den durch Steinschlag gefährdeten Hängen werden Fangmauern und Steinbänke mit Gräben angelegt oder Schutznetze angebracht. Die herabgestürzten Steine müssen von Zeit zu Zeit weggeräumt werden, was die Kosten für die Straßenunterhaltung erhöht.

Blockmeere bilden sich an Gebirgshängen mit vorstehenden Felsausbissen, besonders wenn es sich um Gesteine mit blockförmiger Lösbarkeit handelt. Die Abmessungen der Felsblöcke sind sehr unterschiedlich, angefangen von einigen Kubikdezimetern bis zu Kubikmetern. Die Flächenausdehnung der Blockmeere hängt von der Länge und Höhe der freigelegten Felsausbisse und von der morphologischen Form der Hänge ab. Bei einer einheitlichen, ausgeglichenen Hangneigung bilden sich Blockmeere von großer Ausdehnung, bei einem gegliederten Hang langgestreckte Blockströme.

Der größte Teil der Blockmeere und auch Blockströme ist bei den heutigen klimatischen Verhältnissen der ČSSR stabil; ausnahmsweise vergrößern sich einige Blockmeere durch weiteren Steinschlag in Gegenrichtung zur Hangneigung, d. h. in Richtung zur Felswand. Eine langsame, kontinuierliche Bewegung einzelner Steine tritt nur unter dem Einfluß von Temperaturveränderungen (die Steine dehnen sich bei Insolation aus und ziehen sich nach der Abkühlung wieder zusammen) und durch Gefrieren des Wassers zwischen den Felsblöcken ein. In den seltensten Fällen bewegt sich das ganze Blockmeer oder der Blockstrom, z. B. wenn er auf einem weichen tonigen Untergrund lagert.

Die Blockmeere in mitteleuropäischen Verhältnissen gehören größtenteils zu den fossilen Erscheinungen, die sich im Pleistozän unter periglazialen klimatischen Bedingungen bildeten. Manchmal sind diese Blockmeere auch auf einem sehr mäßig geneigten Hang, weit vom ursprünglichen Gesteinsausbiß entfernt, vorgeschoben. Diese Erscheinung wurde von B. Högbom (1914) erläutert und auch sonst mehrfach beschrieben. Die Räume zwischen den Felsblöcken froren im Winter fortschreitend zu. Auf diese Weise bildete sich eine Eisbrekzie, in der das Eis den Grundstoff bildete und eine Verschiebung der Blöcke auch auf einem sehr mäßig geneigten Hang ermöglichte. Z. Roth (1943) beschrieb ähnliche Blockströme in Südböhmen, V. Ambrož (1942) und Q. Záruba (1942) in der Umgebung von Prag.

b) *Schuttströme, Muren.* Schuttströme sind schnelle Bewegungen des Hangschuttes, der Sande, sandigen Kiese, ausnahmsweise auch — bei plötzlich einsetzenden Wasserfluten oder Wolkenbrüchen — von Schluff und Asche. Schuttströme bilden sich hauptsächlich wenn die kohäsionslosen Lockergesteinen, in die das Wasser schnell eindringen kann, plötzlich mit Wasser gesättigt werden. Schuttströme der Gebirge werden nach der örtlichen alpinen Bezeichnung auch *Muren* genannt. Solche Schuttströme bilden sich in der Weise, daß die Schluchten und Bruchfelder oberhalb der Baumgrenze, soweit sie mit kleinerem oder größerem Gesteinschutt ausgefüllt sind, bei Sturzregen ausgeschwemmt werden. Der kleinstückige Schutt und auch große Blöcke werden in Form eines Schuttstromes bis tief in die Täler hinabgeschleppt. Der Schuttstrom fließt zuerst in dem ursprünglichen Bachbett ab, das er gewöhnlich vertieft, wobei er die gesamte Vegetation vernichtet. Ist der Schuttstrom im Tal (im allgemeinen auf einem durchlässigen Dejektionskegel) angelangt, dann fließt das Wasser allmählich ab. Einerseits sickert es in den durchlässigen Untergrund ein, andererseits fließt es bei verminderter Geschwindigkeit aus dem durchlässigen Material aus. Damit kommt der Schuttstrom zum Stehen. Manchmal füllt er das ursprüngliche Bachbett vollkommen aus oder bildet neue Längswälle zu beiden Seiten des Bachbettes. Das Verhältnis des Wassers zu den festen Bestandteilen im sich bewegenden Schuttstrom beträgt meistens 1 : 1. Der Schuttstrom bewegt sich mit großer Geschwindigkeit vorwärts. In den Alpen ist es des öfteren vorgekommen, daß ein fahrender Zug von einer Mure erfaßt und verschüttet wurde. Das Material der Schuttströme ist nicht sortiert, es besteht aus großen scharfkantigen oder grob abgeschlagenen Felsblöcken und auch aus kleinstückigem sandigem Schutt (Abb. 8—12). An einigen Dejektionskegeln können mehrere Generationen von teilweise übereinanderlagernden Schuttströmen beobachtet werden, die zur Bildung von Schwemmkegeln wesentlich beitragen.

Abb. 8—12. Lagerungsverhältnisse des Schuttstromes in der Wand des Aushubes für ein Sanatorium am Fuße der Slavkovský-Spitze. (*Foto Q. Záruba.*)

Unter den klimatischen Verhältnissen der ČSSR bilden sich Schuttströme hauptsächlich im Hochgebirge oberhalb der Baumgrenze und beschränken sich deshalb auf die höchsten Gebirgsketten: Hohe Tatra, Niedere Tatra, Liptovské Hole usw. Sie können jedoch auch durch einen unvorsichtigen Eingriff des Menschen in die natürlichen Gleichgewichtsverhältnisse auf den Hängen entstehen, beispielsweise durch Rodung des Waldbestandes auf lockerem Schutt oder durch Störung der Vegetationsdecke auf größeren Flächen, in ausgedehnten Sandgruben oder auch beim Bau von Verkehrswegen, wenn nicht rechtzeitig für eine ordungsgemäße Bedeckung mit einer Humusschicht und Bepflanzung der freien Hänge in Lockergesteinen gesorgt wird.

Für die Bildung von Schuttströmen sind starke Regenfälle von hoher Intensität ausschlaggebend. So kam es beispielsweise in der Hohen Tatra am 15. Juli 1933, als die Intensität der Niederschläge bis zu 26 mm in der Stunde erreichte, zu zahlreichen Schuttströmen. Auf der Niederschlagsmeßstation in Smokovec wurde an diesem Tage in der Zeit von 18 bis 20 Uhr eine Niederschlagsmenge von 45,8 mm gemessen. Der starke Regen löste eine Reihe größerer Schuttströme aus, die an zahlreichen Stellen bereits vollkommen bewachsene Schuttkegel zerstörten.

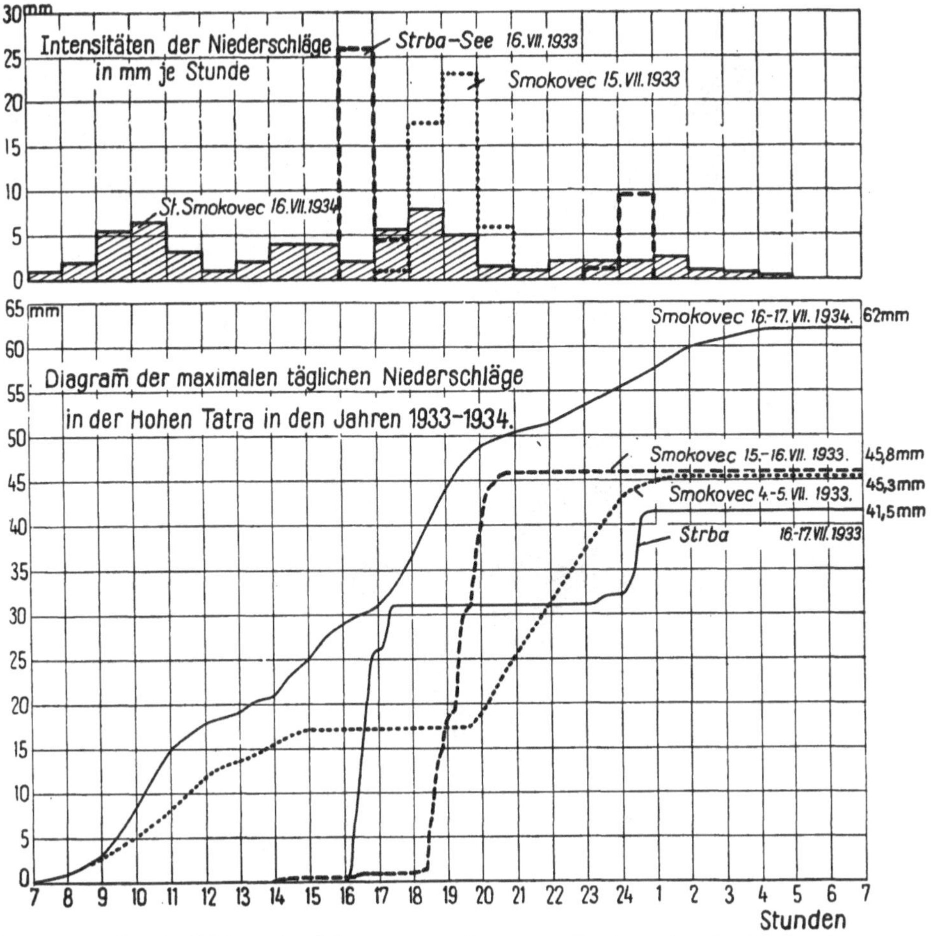

Abb. 8—13. Für die Bildung der Schuttströme (Muren) ist die Intensität der Niederschläge ausschlaggebend. Während der katastrophalen Regenfälle am 15. und 16. 7. 1933 bildeten sich in der Hohen Tatra zahlreiche Schuttströme.

In der Abb. 8—13 sind einige Ergebnisse der Messung der größten täglichen Niederschlagsmengen im Tatragebirge angeführt. Aus dem Diagramm geht hervor, daß die größten Niederschlagsmengen während 24 Stunden am 16. und 17. Juli 1934 registriert wurden. In dieser Zeit fielen 62 mm Niederschlag. Diese Niederschläge beeinflußten aber den Hangschutt nicht, weil die Intensität des Regens verhältnismäßig gering war, maximal 5 bis 8 mm in der Stunde. Die außerordentlich hohe Intensität des angeführten katastrophalen Regengusses vom 15. Juli 1933 ist sowohl aus der Summenlinie als auch aus der graphischen Darstellung zu ersehen.

In der Abb. 8—14 ist der Verlauf einiger Schuttströme verschiedenen Alters am Fuße der Sladkovský-Spitze in der Hohen Tatra dargestellt. Das Sammelgebiet dieser Schuttströme befindet sich am steilen Südhang der Sladkovský-Spitze ober-

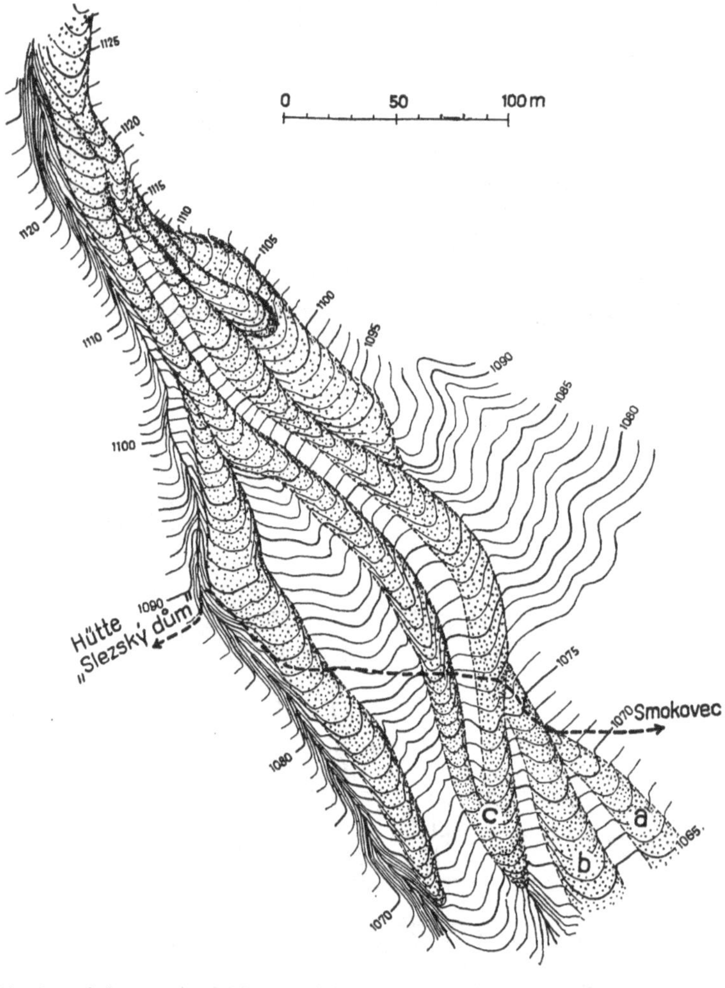

Abb. 8—14. Die alten Schuttströme (Muren) sind an der Oberfläche des Dejektionskegels unterhalb der Slavkovský-Spitze gut erkennbar; der Schuttstrom *a* ist der älteste, der Schuttstrom *c* der jüngste.

halb der Baumgrenze, von wo der Granitschutt zur Zeit der Regengüsse herabgetragen wurde und sich in Form von Schuttströmen auf dem flachen Dejektionskegel oberhalb von Smokovec ablagerte. Die Schuttströme wurden höhen- und lagemäßig vermessen, und aus der Abbildung ist zu ersehen, daß einige von ihnen teilweise die alte Erosionsrinne des Baches ausfüllten, andere hingegen Längswälle von einigen hundert Metern an der Oberfläche des Dejektionskegels bilden. Aus dem Verlauf dieser Schuttströme kann geschlossen werden, daß die Intensität der Regengüsse zurückgegangen ist, weil die ältesten Schuttströme die längsten sind und bis unterhalb der Straße reichen, wogegen die jüngeren Schuttströme entsprechend kürzer sind und schon am oberen Teile des Dejektionskegels liegengeblieben sind. Aus dem Längsprofil (Abb. 8—15) geht hervor, daß die Neigung des Berghanges oberhalb der

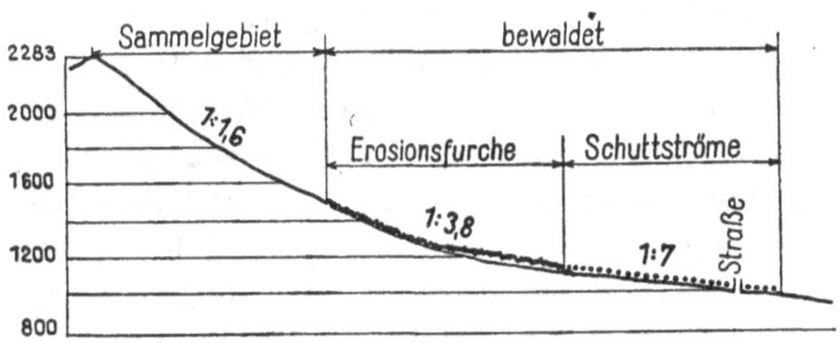

Abb. 8—15. Längsprofil der Erosionsfurche am Südhang der Slavkovský-Spitze, wo sich die in Abb. 8—14 dargestellten Schuttströme bildeten.

Baumgrenze 1 : 1,6, der Erosionsfurche 1 : 3,8 und des oberen Teiles des Dejektionskegels, wo es zur Ablagerung der Schuttströme kam, 1 : 7 beträgt. Die Ablagerungsverhältnisse des Schuttstromes sind in der Abb. 8—12 aus dem Aushub der Baugrube für ein Sanatorium zu ersehen. Neben großen, grob abgeschlagenen Granitblöcken tritt auch kleinstückiger lehmig-sandiger Granitschutt auf.

Schuttströme sind eine gefürchtete Erscheinung in ariden (trockenen und halbtrockenen) Gegenden, wo während der periodischen Regengüsse die Täler mit einer zusammenhängenden Schicht aus Gesteinsschutt, Lehm und Schlamm vermurt werden. Unter den hier herrschenden klimatischen Verhältnissen sind die Oberflächenschichten bei starken Regenfällen nicht ausreichend geschützt, da eine zusammenhängende Pflanzendecke fehlt. Auf diese Weise ist die Entstehung der Auelehme im Böhmischen Massiv zu erklären. Zum Abschwemmen der Lehme kam es bei einer plötzlichen Verschlechterung der klimatischen Bedingungen in der Nacheiszeit, etwa 1000 bis 800 Jahre v. u. Z. Zur Störung des Pflanzenwuchses trug in den böhmischen Ländern auch der Mensch bei, und zwar einerseits durch Rodung der Wälder, andererseits durch die primitive landwirtschaftliche Bodenbearbeitung. Zahlreiche ältere Siedlungen noch aus der Bronzezeit sind von diesem Auelehm überdeckt.

In diese Gruppe der Hangbewegungen gehören auch die *vulkanischen Schlamm-*

ströme. Vulkanausbrüche sind von Regengüssen begleitet, die die vulkanischen Lockerprodukte, Asche und auch die kleinen Auswürflinge hinabschwemmen und daraus eine breiige Masse bilden, welche als Schlammstrom zum Hangfuß des Vulkans hinabfließt. Durch einen derartigen vulkanischen Schlammstrom wurde beispielsweise die Stadt Herculaneum beim Ausbruch des Vesuvs im Jahre 79 u. Z. verschüttet.

Schuttströme bilden sich auch auf den von Gebirgsgletschern bedeckten Vulkanen, wenn sie nach einer längeren Ruhezeit wieder ausbrechen. Durch Erwärmung der Vulkankuppe tauen die Gletscher plötzlich auf, und durch die Wasserfluten wird der Hangschutt und das auf der Talsohle vor der Stirnseite des Gletschers abgelagerte Moränenmaterial hinabgeschwemmt.

c) Die *kriechende Bewegung des Schuttes,* ist das Ergebnis verschiedener kleinerer Vorgänge, die zu einer langsamen Abwärtsbewegung der Oberflächenschichten am Hang führen. Dazu zählt im Winter das Anheben und Auflockern der Hangablagerungen durch den Frost: diese kehren während des Frühjahrstauwetters nicht in ihre ursprüngliche Lage zurück, sondern einzelne Teile von ihnen werden durch die Einwirkung der Schwerkraft etwas nach unten hin verschoben. Bei losem Gesteinsschutt treten hauptsächlich die Wärmeausdehnung und Schrumpfung bei Abkühlung auf. Bei tonigen Gesteinen werden die Oberflächenschichten auch durch Quellung und Austrocknung den Hang entlang langsam nach unten verschoben. Diese geringfügigen Bewegungen beschränken sich auf die Oberflächenschicht und reichen nur bis in jene Tiefen, bis zu denen sich die durch die klimatischen Einflüsse während des Jahres bewirkten Temperatur-und Feuchtigkeitsänderungen bemerkbar machen. Diese Verschiebungen betragen zwar nur einige Millimeter im Jahr, aber in den längeren geologischen Zeiträumen werden die Bewegungen addiert und äußern sich als langsames kontinuierliches Kriechen des Schuttes und der Oberflächenverwitterungen.

Mit dem Problem der kriechenden Bewegung des Hangschuttes beschäftigte sich T. Haefeli, der eine statische Lösung dieser Erscheinung unterbreitete („Schweizerische Bauzeitung", 1944). Auf Grund der Tatsache, daß zwischen dem Schnee und den kohäsionslosen Gesteinen vom Standpunkt der Bodenmechanik aus betrachtet kein wesentlicher Unterschied besteht, vergleicht Haefeli die Erkenntnisse von den plastischen Deformationen der Schneeschicht an einem Hang mit der kriechenden Bewegung der kohäsionslosen Hangablagerungen. In beiden Fällen verlaufen gleichzeitig langsame plastische Bewegungen der Masseteilchen längs des Hanges und vertikale Bewegungen derselben (Setzung). Während der Deformation kommt es zur größten Bewegung der Masseteilchen an der Oberfläche der Schicht, in Richtung zum Liegenden hin verringert sich die Bewegungsgeschwindigkeit. Hierbei wird gleichzeitig die Masse verdichtet, aus der Schneeschicht bildet sich allmählich Firn, bis am Ende die Vereisung eintritt, sofern es vorher nicht zur Lawinenbildung kommt.

Wie durch labormäßige Untersuchungen des Schnees festgestellt wurde, kommt es zu einer Bewegung in Hangrichtung und gleichzeitig zu einer Verdichtung (Abb. 8—16). Ein ähnlicher Verdichtungsvorgang setzt auch bei Hangablagerungen ein, mit dem Unterschied, daß dieser viel langsamer vor sich geht.

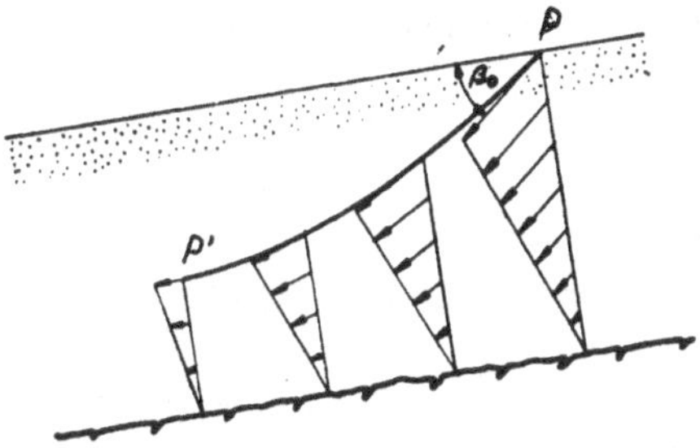

Abb. 8—16. Resultierende Bewegung eines Massenteilchens während der kriechenden Bewegung des Schuttes.

d) *Die Solifluktion* ist ein Sonderfall der Oberflächenbewegung, der aus subarktischen und Hochgebirgsgegenden bekannt ist. Beschreibungen der Solifluktion sind uns hauptsächlich aus Polargebieten überliefert. Der Boden ist hier die längste Zeit des Jahres durchgefroren; durch das fortschreitende Durchfrieren werden die Oberflächenschichten mit Wasser angereichert. Während der kurzen Sommerschmelze fließen die breiigen Oberflächenschichten ab und werden auch an sehr mäßig geneigten Hängen auf dem gefrorenen Untergrund verschoben. Diese Erscheinung wird als Solifluktion bezeichnet. Die Solifluktion ist nicht an einen dauernd gefrorenen Boden gebunden. Auch unter den klimatischen Verhältnissen in Mitteleuropa kommt es manchmal bei besonders ungünstigen Bedingungen während des Frühjahrstauwetters zur Solifluktion, allerdings nur in geringerem Ausmaße.

Zahlreiche Beweise für eine mächtige Solifluktion findet man auf dem Gebiet der ČSSR, nämlich im periglazialen Bereich des Pleistozän. Ein großer Teil des Hangschuttes in diesem Bereich bildete sich gerade durch *pleistozäne Solifluktion.* Es ist dies dicht gelagerter Hangschutt, der sich aus fest in der tonig-sandigen Grundmasse gelagerten kleinen und gröberen harten Gesteinsbruchstücken zusammensetzt. Er tritt zumeist in mehreren übereinander liegenden Schichten auf, die am Hang alle Unebenheiten des felsigen Untergrundes zu einer einheitlichen Neigung ausgleichen. Sie gehen allmählich in die Talaue über, sofern der Hangfuß nicht durch eine jüngere Seitenerosion bei Vertiefung und Verbreiterung des Tales gestört ist. Diese Hangschutte sind gewöhnlich von Lößlehm oder Gehängelehm überdeckt, an deren Oberfläche sich für gewöhnlich ein holozänes Bodenprofil entwickelte. Die Hangschutte sind mit Vegetation bedeckt. Diese Merkmale zeugen davon, daß der Hansgchutt im mitteleuropäischen Hügelland vorwiegend fossiler Natur ist und daß er sich während der Eiszeit bei einem Klima bildete, das demjenigen ähnelt, bei dem heutzutage die Solifluktion in den Polargegenden entsteht. In diesen Gebieten stellt also der Hangschutt einen Überrest der Fließerde dar, die in breiigem Zustande zum Hangfuß hin abrutschte, wo sie austrocknete. Heute bildet sie oftmals mächtige dichtgelagerte Schichten, die die niedriger liegenden Teile der Talhänge überdecken.

So liefern beispielsweise in der Umgebung von Prag einige ordovizische Schichten, in denen sich zerklüftete Quarzite mit weichen Tonschiefern abwechseln, ein für die Fließerde besonders geeignetes Material. Die zerklüfteten Quarzitbänke durch die Einwirkung des Frostes zerfallen leicht in kleine, jedoch weiter nicht verwitternde

Gesteinsbruchstücke, wogegen die leicht verwitternden Tonschiefer das Material für die weiche plastische Füllmasse zwischen den einzelnen Steinen liefern. So ist beispielsweise der Schutt aus den Drabover Schichten sehr fest; er läßt sich bei Bodenaushüben schwer lösen und ist gegenüber Witterungseinflüssen sehr widerstandsfähig. Deshalb ist die Fließerde mit Bruchstücken der Drabover Quarzite in der Umgebung von Prag von weitaus größerer Ausdehnung, als es dem gesamten Anteil der Quarzite an der Zusammensetzung des felsigen Untergrundes entsprechen würde. Der dichtgelagerte Quarzitschutt schützt oftmals die weichen Schiefer des Untergrundes vor der Denudation. Deshalb ist die alte pleistozäne Fließerde auch in den höheren Lagen des Geländereliefs zu finden.

e) *Das Hakenwerfen der Schichten* entsteht durch Verschiebung der Oberflächenschichten, des Hangschuttes und der Verwitterungsdecken. Zwischen der sich bewegenden Schuttschicht und der Oberfläche des felsigen Untergrundes wirkt die Reibung, die angewitterte Schichtenausbisse des felsigen Untergrundes umbiegt, und diese manchmal auf eine beträchtliche Entfernung herabschleppt. Die herabgeschleppten und gestörten Schichten des felsigen Untergrundes werden zu einem Bestandteil der Hangablagerungen, deren Mächtigkeit sich auf diese Weise wesentlich vergrößert.

Das Hakenwerfen und Herabschleppen der Schichten auf den Hängen wurde zuerst auf die Bewegung von Gletschern zurückgeführt; daraus wurde irrtümlicherweise auf einen weitaus größeren Umfang der pleistozänen Vereisung Mitteleuropas geschlossen. Später wurde das Hakenwerfen ausschließlich als eine rezente Erscheinung angesehen, die durch langsame Verschiebung des Schuttes, d. h. durch dessen kriechende Bewegung zustande kommt. Zur Verbreitung dieser Ansicht trug hauptsächlich G. Götzinger (1907) bei, der zahlreiche Beispiele dieser Art aus dem Flyschgebiet der nördlichen Alpen beschrieb. Die paläogenen Schichten und insbesondere deren Hangverwitterungen neigen jedoch auch unter den heutigen klimatischen Bedingungen derart zu Rutschungen, daß es nicht gut möglich ist, Beispiele aus dem Flyschgebiet auch auf andere, aus standfesteren Gesteinen gebildete Gebiete zu übertragen und zu verallgemeinern. Übrigens wurden auch im Flyschgebiet der Karpaten alte, offenbar fossile Rutschungen festgestellt, und man kann nicht mit Sicherheit sagen, inwieweit sich das allgemein verbreitete Hakenwerfen der Schichten im Pleistozän herausgebildet hat und in welchem Umfange es unter den heutigen klimatischen Bedingungen entsteht.

Heutzutage herrscht die Ansicht vor, daß ein Herabschleppen und Hakenwerfen der Schichten auf mäßig geneigten Hängen unter den gegenwärtigen klimatischen Bedingungen nicht gut eintreten kann, sondern daß es sich hierbei größtenteils um fossile Formen handelt, die im periglazialen Klima der Eiszeit entstanden sind. Die intensive mechanische Verwitterung der Gesteine führte zur Bildung mächtiger Schuttmassen, die während des Sommertauwetters auch an mäßig geneigten Hängen durch Solifluktion verlagert wurden. Als die Deckschichten allmählich abrutschten und die Schichtenausbisse in die Zone des regelmäßigen sommerlichen Auftauens gelangten, wurden auch die festen Gesteine durch das wiederholte Gefrieren und Auftauen derart gestört und gelockert, daß sie den Hang entlang herabgeschleppt werden konnten.

Das Hakenwerfen der Schichten ist auf dem Gebiete der ČSSR sehr verbreitet. Man findet es an den von verschiedenen Schiefern, dünnschichtigen Sand- oder Kalksteinen gebildeten Hängen, aber auch an solchen, die aus Gneisen, Quarziten, angewitterten Graniten und Porphyren sowie anderen festen Gesteinen gebildet sind. Z. B. in der Umgebung von Prag war in den alten Steinbrüchen von Hlubočepy das Herabschleppen der Kalksteine (Devon) sehr gut zu erkennen (Abb. 8—17.)

Abb. 8—17. Die Kalksteine in einem alten Steinbruch in der Nähe von Hlubočepy bei Prag wurden entlang des Hanges durch pleistozäne Solifluktion herabgeschleppt. *a* — ursprüngliche Geländeoberfläche, *b* — Abraum aus dem Kalksteinbruch. (*Foto Q. Záruba*)

Auch in der Lehmgrube einer ehemaligen Ziegelei wurde das charakteristische Hakenwerfen der ordovizischen Schiefer festgestellt (Abb. 8—18). Als Beispiel des Hakenwerfens angewitterter Granitporphyre wird die Abb. 8—19 vom Fuße des Erzgebirges angeführt.

Dem Hakenwerfen der Schichten begegnet man manchmal auch beim Aushub von Baugruben; in diesem Falle muß man sich vergegenwärtigen, daß die herabgeschleppte Oberflächenschicht der verwitterten Gesteine eine alte Gleitfläche darstellt, auf der sich die Neigung zur Rutschung bemerkbar macht. So stieß man beispielsweise beim Aushub der Baugrube am Nordhang des Tales von Motol bei Prag in einer Tiefe von 2 bis 3 m unter der Erdoberfläche auf verwitterte ordovizische Schiefer, die durch pleistozäne Solifluktion herabgeschleppt und von Hangschutt sowie Lößlehm überdeckt waren (Abb. 8—20). Um sich die Verschalung der Baugrube zu ersparen, wurde diese bis zu einer Tiefe von etwa 4 m mit einer Böschungsneigung 1 : 1 ausgehoben. An der Oberfläche des felsigen Untergrundes sind Überreste

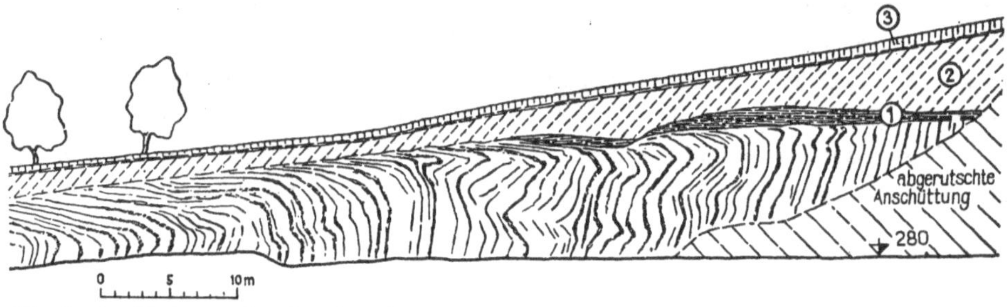

Abb. 8—18. Hakenwerfen der Tonschiefer (Ordovizium) an der Westwand der Lehmgrube der Ziegelei in Prag-Střešovice. *1* — Tone des Cenomans, *2* — Hanglehm, *3* — holozäne Braunerde. (*Q. Záruba, 1948*).

von Kreidetonen erhalten geblieben, die ebenfalls den Hang entlang herabgeschleppt waren. Auf den alten Gleitflächen kam es zur Rutschung des Hanges der Baugrube. Obwohl die Hangneigung oberhalb der Baustelle sehr gering war (etwa 4 bis 6°), wurde das Gelände oberhalb des Bodenaushubes ziemlich stark gestört und mußte unter hohem Kostenaufwand gesichert werden.

Abb. 8—19. Hakenwerfen des angewitterten Granitporphyrs in einem Steinbruch am Fuße des Erzgebirges. (*Foto Q. Záruba.*)

Ähnliche Erfahrungen wurden auch bei anderen Bauwerken gesammelt, sofern durch den Bodenaushub die herabgeschleppten Schichten gestört wurden. Aus dem angeführten Beispiel geht hervor, daß die herabgeschleppten Schichten ein System alter Gleitflächen darstellten, auf denen sich verhältnismäßig leicht Bewegungen

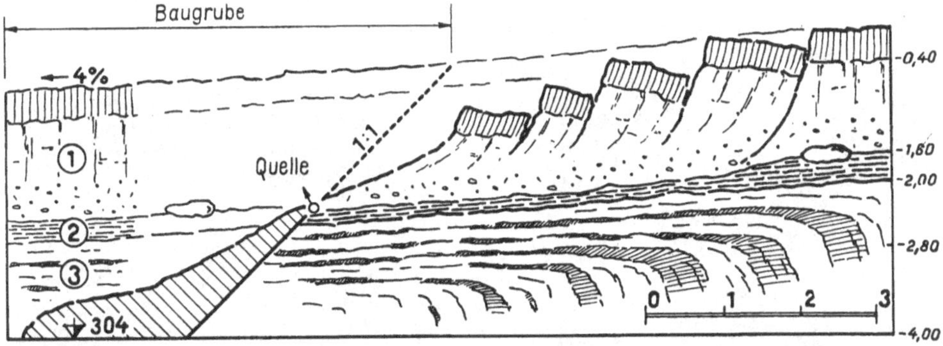

Abb. 8—20. Beim Aushub der Baugrube wurden alte Gleitflächen an der herabgeschleppten Oberfläche der Tonschiefer und der Kreide-Tone durchschnitten und es kam zur Hangrutschung. *1* — Hanglehm und Hangschutt, *2* — herabgeschleppte Kreide-Tone, *3* — verwitterte und herabgeschleppte Tonschiefer des Ordovizium. (*Q. Záruba, 1944.*)

wiederholen. Diese Fläche ist oftmals in Quer- und Längsrichtung unregelmäßig gewellt, und gerade ihr unregelmäßiger Verlauf bewirkt, daß die Standfestigkeit der Baugrubenwände oder auch der Fundamente gefährdet ist, wenn die Gründung in den hangenden Schichten erfolgt.

f) *Flächenrutschungen.* Als Flächenrutschungen werden Bewegungen von flachem Hangschutt, Gehängelehm und anderen Verwitterungsprodukten bezeichnet, die gewöhnlich längs des felsigen Untergrundes vor sich gehen. Die abrutschenden Deckschichten weisen zumeist eine Mächtigkeit von weniger als 2 bis 3 m auf, doch sind in einigen Gegenden die Ausmaße der Flächenrutschungen sehr bedeutend. Auf den durch Flächenrutschungen gestörten Hängen kann man verschiedene Entwicklungsstadien beobachten, angefangen von soeben einsetzenden Bodenbewegungen, die durch Bildung offener Risse in Erscheinung treten und bei denen stufenförmig die unteren Erdschollen absinken, bis zu den fortgeschrittenen ausgedehnten Rutschungen, bei denen mehrere übereinandergelagerte Generationen zu erkennen sind. Flächenrutschungen breiten sich fortschreitend nach oben in den Hang hinein aus. Im Abrutschgebiet bildet sich für kurze Zeit eine fast senkrechte Wand, die sich bei Trockenheit nur durch die Bindigkeit der Gesteine halten kann. Ist die Kohäsion durch übermäßige Niederschläge oder Frost gestört, dann hält sich die Wand nicht mehr, es tritt eine weitere Rutschung ein, und das Abrutschgebiet beginnt sich fortschreitend in den Hang hinein nach oben hin zu erweitern.

In der Abb. 8—21 ist eine große Flächenrutschung im Gebiet von Žatec (Saaz) dargestellt.

Flächenrutschungen sind im Flyschgebiet der Karpaten in Ostmähren und in

Abb. 8—21. Flächenrutschung des Hangschuttes entlang der Oberfläche der neogenen Tonen in der Nähe von Žaboklіky bei Žatec. (*Foto Q. Záruba.*)

der Westslowakei stark verbreitet, sie treten vielfach in einigen Gebieten der böhmischen Kreideformation, in den neogenen Ablagerungen in Nordwestböhmen, beispielsweise im Gebiet von Žatec (Saaz), und auch auf den flachen Hängen des mährischen Neogen auf.

In der Abb. 8—22 ist eine Flächenrutschung des Hangschuttes dargestellt, die im Jahre 1926 in Přerov a. d. Elbe eintrat, wo ein Teil der Ortschaft am Fuße eines Hügels erbaut war. Am unteren Teil des Hanges treten weiche Mergel zutage,

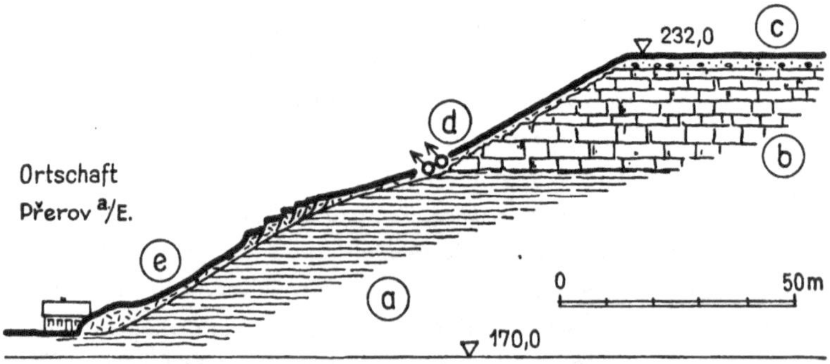

Abb. 8—22. Profil des Nordhanges des Weißen Berges bei Přerov n. L. (a. d. Elbe), *a* — Tonmergel (Turon), *b* — sandige Plattenmergel (Turon), *c* — pleistozäne Terrasse, *d* — Quellen, *e* — Rutschung des Hangschutts (*Q. Záruba, 1926*).

während die Anhöhe selbst aus Plattenmergeln (Unterturon) besteht. Am Fuße des Hügels ist der Hang mit Mergelhangschutt überdeckt, der 2 bis 4 m mächtig ist. Die festen Plattenmergel sind zerklüftet und durchlässig, während die weichen Mergel undurchlässig sind, so daß sich an deren Oberfläche ein Grundwasserleiter ausgebildet hat. Die Schichten sind in Richtung NNW von 4 bis 6° geneigt, so daß am Nordhang an der Grenze der beiden Schichten zahlreiche Quellen entspringen. Nach alten Aufzeichnungen wurden an diesen Stellen in den Jahren 1882/1883, 1899 und 1926 Rutschungen beobachtet. Die größte Bodenbewegung wurde im Jahre 1926 registriert, als 9 Wirtschaftsgebäude zerstört wurden. Wenn die Summenlinien der Niederschläge, nach den Aufzeichnungen der nächstgelegenen Niederschlagsmeßstationen (Abb. 8—9), mit den oben angeführten Jahren verglichen werden, dann kommt man zu dem Schluß, daß es gerade in jenen Jahren zu Rutschungen kam, in denen die stärksten Niederschläge registriert wurden.

Im Jahre 1926 wurden zahlreiche Flächenrutschungen im Gebiet der böhmischen Kreideformation bei Mladá Boleslav (Jungbunzlau) und Jičín beobachtet, wobei zahlreiche Gebäude und auch Bezirksstraßen beschädigt wurden.

Während der Trockenperioden sind die Flächenrutschungen meistenteils im Ruhezustand, jedoch kommt es während des Frühjahrstauwetters nach einer lang anhaltenden Frostperiode zu beträchtlichen Bodenbewegungen. Bei tiefgreifendem Durchfrieren des Bodens werden die Oberflächenschichten des tonig-sandigen Hangschuttes durch das aus den unteren, nicht gefrorenen Schichten an die Oberfläche aufsteigende Kapillarwasser durchfeuchtet. Von diesem Wasser werden die Oberflächenschichten allmählich durchdrungen, und das Wasser gefriert fortschreitend mit dem Eindringen des Frostes in den Boden in Form von dünnen Eisschichten. Beim Auftauen wird das gesamte Wasser frei, die Oberflächenschichten werden breiig, ähnlich wie dies bei der Solifluktion der Fall ist.

Dort, wo tonige und mergelhaltige Gesteine bis an die Geländeoberfläche reichen, wird die Entstehung von Flächenrutschungen noch auf andere Weise erklärt. Wie bereits erwähnt wurde, schrumpfen während der Trockenperiode tonige Gesteine ein, und es entstehen in ihnen offene Risse mit einer Tiefe bis zu 2 m und mehr, wodurch die ausgetrocknete Oberflächenschicht in unregelmäßige prismenförmige Schollen unterteilt wird. Bei starken Regenfällen schließen sich die Risse nicht sogleich, weil wegen der geringen Wasserdurchlässigkeit der Tone zur Durchfeuchtung der Oberflächenschicht eine ziemlich lange Zeit erforderlich ist. Das Niederschlagswasser fließt unterdessen in die vertikalen Risse und gelangt bis in die tieferen Lagen, wo es in den Boden einsickert und dessen Kohäsion verringert. Im Hinblick auf die beträchtliche Anzahl der vertikalen Risse bildet sich unterhalb der Deckschichten eine zusammenhängende aufgeweichte Schicht, auf der die unregelmäßigen prismenförmigen Erdschollen lagern. Infolge fortschreitender Durchfeuchtung der Erdschollen längs der Klüfte quellen diese auf; dadurch entstehen im Hang beträchtliche Horizontalkräfte, durch die einige Erdschollen angehoben, andere von dem ursprünglichen Untergrund abgeschert werden. Hierdurch entsteht zuerst eine charakteristische Wellung der Hangoberfläche und fortschreitend auch deren Rutschung.

Ein zweckmäßiger Schutz ist die Bepflanzung mit zweckentsprechenden Bäumen sowie die Anlage tief genug gegründeter Futtermauern. Bei durchfeuchteten Gesteinen müssen Dränagen angelegt werden. Ein deformierter und gewellter Hang muß eingeebnet werden, damit sich in Vertiefungen kein Niederschlagswasser ansammeln kann.

Die Bedeutung der Begrasung von Hängen bei der Stabilisierung von Flächenrutschungen wird manchmal unterschätzt. Man muß sich jedoch vergegenwärtigen, daß eine Rasendecke einerseits die Austrocknung der Oberfläche und die Bildung von Schrumpfrissen verhindert, andererseits den Hang nach der Tiefe zu austrocknet. Aus den Feuchtigkeitsmessungen in tonigen Böden, die J. Felt (1953) unterhalb der mit Getreide, Gras und Buschwerk bewachsenen Bodenflächen vornahm (Abb. 8—23), geht hervor, daß die Begrasung der Oberfläche die Feuchtigkeit bis zu einer

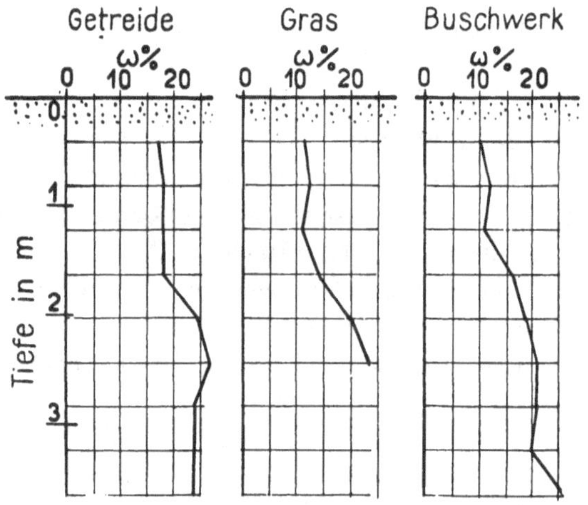

Abb. 8—23. Die Begrasung der Oberfläche verringert die Feuchtigkeit der Tonböden bis zu einer Tiefe von 2,5 m, der Einfluß des Buschwerks reicht bis zu einer Tiefe von mehr als 3 m, (*J. Felt, 1953*).

Tiefe von etwa 2,5 m verringert und daß der Einfluß des Buschwerkes bis zu einer Tiefe von mehr als 3 m reicht.

e) *Stromrutschungen* bilden sich unter bestimmten geologischen und morphologischen Bedingungen gewöhnlich dort, wo auch häufig Flächenrutschungen auftreten. Strömungsrutschungen haben meistens ein ausgedehntes Abrutschgebiet im oberen Teil des Hanges, aus dem der breiige Hangschutt in Form eines schmalen Stromes zum Hangfuß hin abfließt, wo dieser ein Akkumulationsgebiet, die Rutschungszunge, bildet. Die Form solcher Rutschungen paßt sich dem Geländerelief an, und die Lage des Rutschungsstromes wird durch irgendeine ältere Rinne oder Erosionsfurche bestimmt. Der Unterschied zwischen der Flächenrutschung und der Stromrutschung geht aus dem Diagramm der Abb. 8—24 deutlich hervor. Entstehung und Verlauf der stromartigen Rutschungen werden an einigen Beispielen erläutert.

Zu einer umfangreichen Stromrutschung kam es im Jahre 1937 im Flyschgebiet der Karpaten in der Westslowakei bei Dubková (Abb. 8—25).

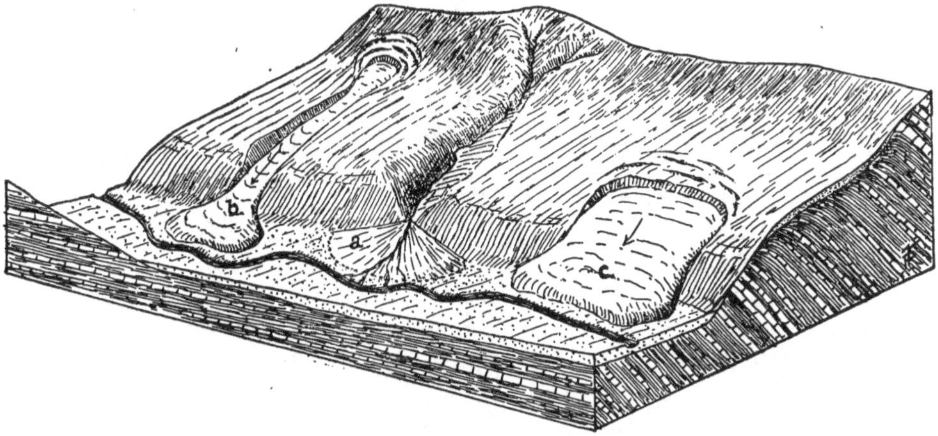

Abb. 8—24. Unterschied zwischen dem Dejektionskegel *a*, der Stromrutschung *b* und der Flächenrutschung *c*. (*Blockdiagramm Orig. R. Kettner.*)

Das Abrutschgebiet selbst breitete sich in einem flachen Sammelbecken des kleinen Baches aus, das 400 m lang und 150 bis 200 m breit war. Im März 1937 setzte in diesem Gebiet ein plötzliches Abtauen der Schneedecke unter intensiven Regenfällen ein. Dies bewirkte neue Bodenbewegungen auf fast allen von den Rutschungen betroffenen Hängen auch in der weiteren Umgebung. In den ersten Märztagen war in den höheren Lagen des Hanges bis zu 60 cm Schnee vorhanden, der innerhalb einer Woche unter ausgiebigen Regenfällen vollständig abtaute. Am 14. März beobachteten Einwohner der kleinen Gemeinde Hlboká, daß der Bach auffallend trüb wurde, und am folgenden Tage wurden die ersten neuen Bodenbewegungen beobachtet. Der im alten Abrutschgebiet angesammelte breiige und zu unregelmäßigen Wällen angehäufte tonig-sandige Hangschutt setzte sich in Bewegung, füllte die schmale Talfurche des Baches aus und ergoß sich talabwärts auf die Ortschaft Hlboká, wo er einige Gebäude zerstörte. Die stärkste Bodenbewegung setzte am 16. März ein. Im Laufe des nächsten Tages kam diese im großen und ganzen zum Stillstand. Die gesamte Länge der Rutschung beträgt 960 m. Die Kubatur des abgerutschten Materials beträgt rund 120 000 m^3. Aus dem Längsprofil (Abb. 8—26) ist zu ersehen, daß das Abrutschgebiet ein durchschnittliches Gefälle von 26 %, die Sohle der Erosionsrinne von 13 bis 22 % und die Rutschungszunge von 13 % besitzt.

Die morphologischen Formen der Stromrutschung waren sehr ausgeprägt, insbesondere in den ersten Tagen unmittelbar nach der Rutschung. Das Abrutschgebiet ist am oberen Ende durch eine 18 m hohe steile Wand begrenzt, über die

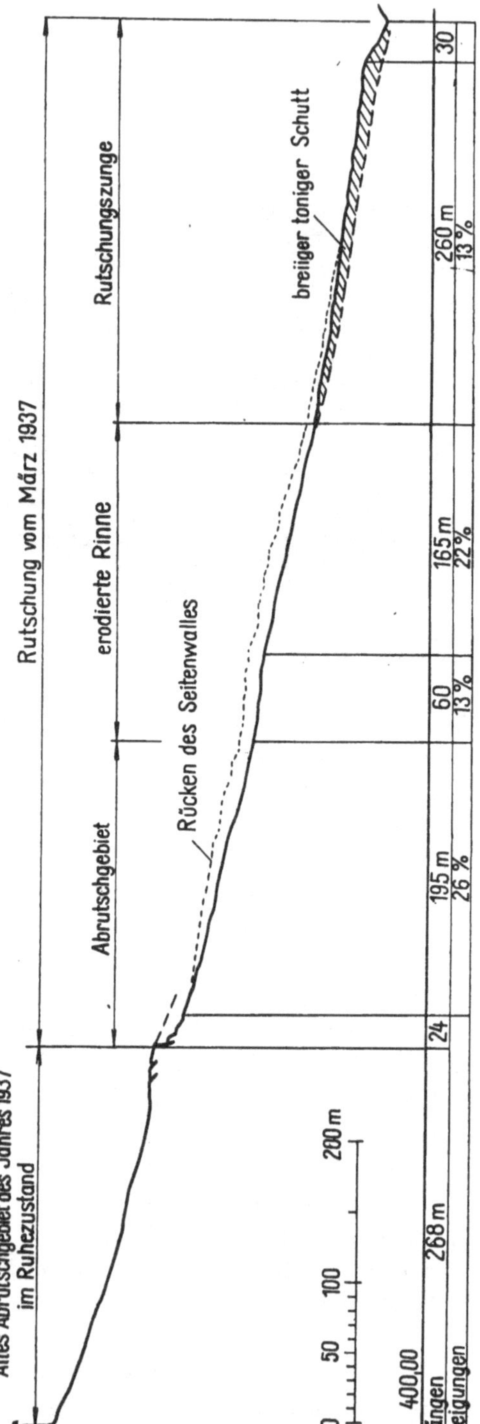

Abb. 8–26. Längsprofil durch die Stromrutschung bei Dubková.

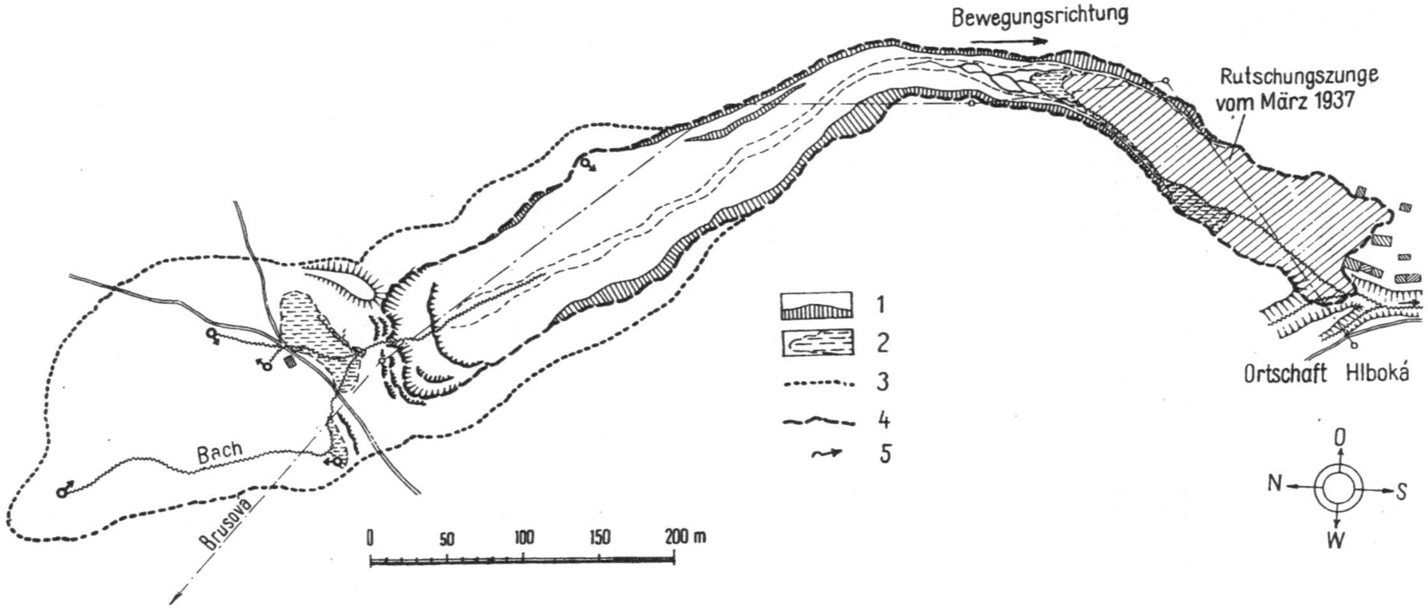

Abb. 8—25. Situation der Stromrutschung bei Dubková in der Slowakei. *1* — angehäufte Seitenwälle, *2* — Sümpfe, *3* — altes Abrutschgebiet, *4* — Rutschung vom März 1937, *5* — Quellen.

der Bach in Form eines Wasserfalles in die losgelösten Schuttmassen hinein abstürzt. In dem trogförmigen Abschnitt wurde die alte Erosionsrinne des Baches zu einem breiten U-Profil erweitert, wie dies von den Gletschertälern (Abb. 8—27) her bekannt ist. An den geglätteten Wänden der Erosionsrinne waren Furchen in Bewegungsrichtung zu erkennen (Abb. 8—28) und zu beiden Seiten der Erosionsrinne wurden Seitenwälle aus tonigem Schutt und entwurzelten Bäumen angehäuft, die während der Bodenbewegung seitlich herausgedrängt wurden. Diese Erdwälle waren stellenweise 4 bis 9 m hoch (Abb. 8—29). Die steilen Hänge der Erosionsrinne samt den Seitenwällen rutschten allmählich quer zur Bachrichtung in die Erosionsrinne hinein, so daß die bei der Rutschung entstandenen interessanten Formen in einer verhältnismäßig kurzen Zeit verwischt wurden.

Die Stromrutschung bei Dubková zeigt, wie solche Erscheinungen entstehen. Im Abrutschgebiet kommt es zuerst zur Anhäufung des breiigen Hangschuttes, der dann in Gestalt einer großen Welle den Hang hinabrutscht und sich am Hangfuß ablagert. Wenn im Abrutschgebiet keine weiteren losen Schuttmassen vorhanden sind, beruhigt sich die Rutschung allmählich und verwächst wieder. Verbleibt im Abrutschgebiet noch ein Teil der losgelösten Deckschichten, dann kommt es während der Feuchtigkeitsperioden zu weiteren Hangbewegungen, die neue Wellen im Akkumulationsgebiet bilden und als jüngere Generation der Stromrutschung in Erscheinung treten.

Abb. 8—27. Ansicht der verbreiterten Erosionsfurche der Stromrutschung bei Dubková. (*Foto Q. Záruba.*)

Abb. 8—28. Geglättete Wände der Erosionsrinne (Stromrutschung bei Dubková). (*Foto Q. Záruba.*)

Das Beispiel einer Stromrutschung mit teilweise erschöpftem Abrutschgebiet ist in der Abb. 8—30 aus der Umgebung von Púchov in der Slowakei dargestellt. Die Rutschung von Púchov entstand an einem von paläogenen Gesteinen, vorwiegend Mergelschiefern mit Sandsteinbänken, gebildeten Hang. Dieser Hang ist von Gehängeschutt in einer Mächtigkeit bis zu 3 m überdeckt. Die Stromrutschung von Púchov weist ein bis auf den felsigen Untergrund hinabreichendes Abrutschgebiet auf, aus dem der an der Talsohle endende kurze Rutschungsstrom mit einer breiten Rutschungszunge in Form eines Brotlaibes herausfließt.

Im Jahre 1935 wurde in den Profilen *B—B'* eine Gerade abgesteckt und bis zum Jahre 1937 die Verschiebung der einzelnen Punkte beobachtet. Die Horizontalverschiebung der Pflöcke gegenüber der ursprünglichen Geraden ist in der Abb. 8—31 unter dem Querprofil dargestellt. Naturgemäß vollzieht sich die Bewegung an den Rändern des Stromes durch den Einfluß der Reibung an den festen Ufern am langsamsten. Bei einer Kontrolle der Ablenkung der Pflöcke wurde festgestellt, daß die Bewegung während der Sommerperiode vollkommen aufhörte und sich auf die Winter- und Frühjahrsmonate beschränkte. Während der Winterperiode 1935/1936 wurde die größte Verschiebung von 46 cm und während der feuchten Frühjahrsperiode der Jahre 1936/1937 sogar von 194 cm beobachtet, so daß die Gesamtverschiebung der Rutschung während zweier Jahre 240 cm betrug.

Abb. 8—29. Seitenwälle am Rande des Akkumulationsgebietes der Stromrutschung bei Dubková. (*Foto Q. Záruba.*)

8,8. Durch Veränderung der Konsistenz entstandene Rutschungen.

A. *Fließsande.* Fließsande sind bis auf einige nachstehend (unter Punkt 3) angeführte Ausnahmen keine besonderen Gesteinsarten, weil jedes Lockergestein unter bestimmten Bedingungen in den fließenden Zustand übergehen kann. Wenn diese Bedingungen gegeben sind, kann man drei Fälle unterscheiden, bei denen in der technischen Praxis von Fließsand die Rede ist.

1. Die Bodenbewegung entsteht durch Einwirkung der durch die *Wasserströmung* im Sand hervorgerufenen Kräfte. Wenn das Wasser in die Sände einsickert, muß es den Widerstand in den Lücken zwischen den Körnern überwinden. Dadurch verringert sich die Druckhöhe des Wassers um $\triangle h$ (Abb. 8—32), und die Druckdifferenz wird auf die Sandkörner übertragen. Wenn der Weg in Strömungsrichtung $\triangle l$ (cm) beträgt und der Druckverlust der Piezometerstände $\triangle h$ (cm) ist, so entfällt je Volumeneinheit Erdmasse die auf die Körner übertragene Kraft der Wasserströmung i in g/cm^3, wobei i das hydraulische Gefälle in Strömungsrichtung

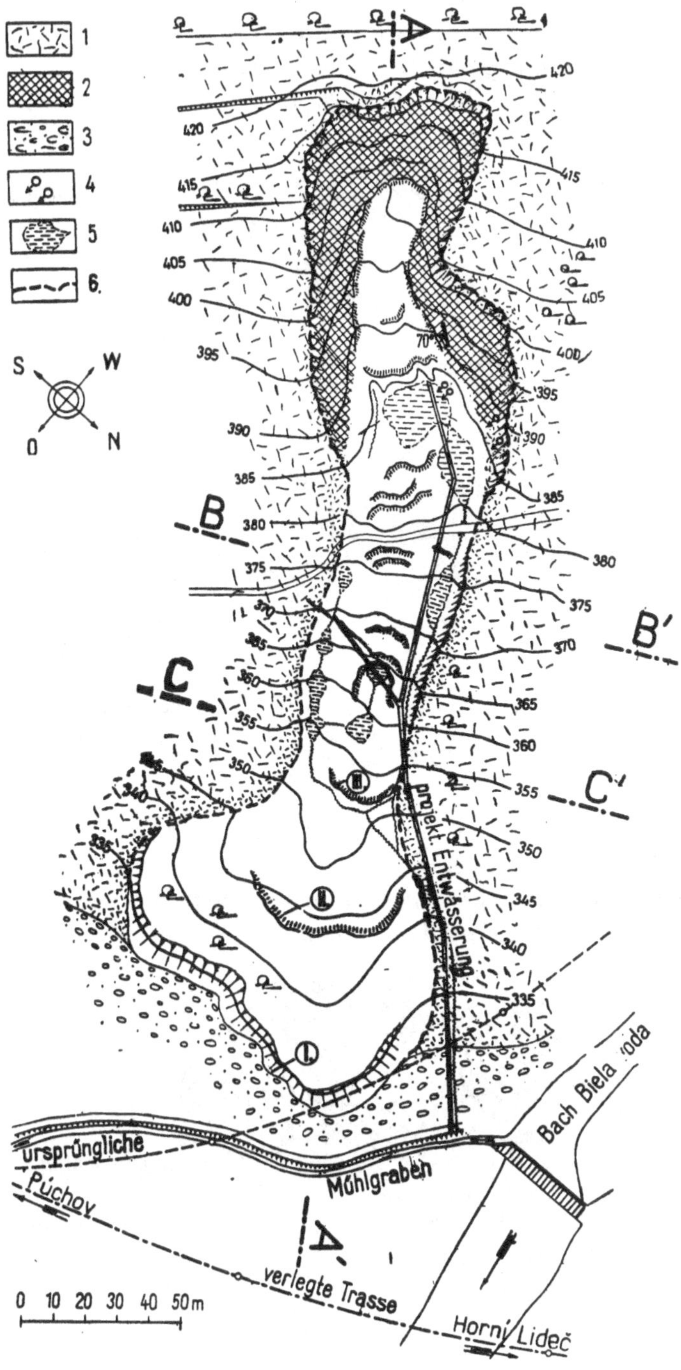

Abb. 8–30. Stromrutschung bei Púchov in der Slowakei. *1* — toniger Hangschutt, *2* — paleogene Tonschiefer mit Sandsteinbänken, *3* — sandiger Kies, *4* — markante Quellen, *5* — Sümpfe, *6* — Grenze des Rutschgebietes.

$\triangle h/\triangle l$ bedeutet. Daraus geht hervor, daß die Kraft der Wasserströmung in Sanden um so größer sein wird, je größer die Differenz der Wasserspiegel auf kurzer Distanz ist. Deshalb ist gewöhnlich die Gefahr des Fließens bei Feinsanden größer als bei

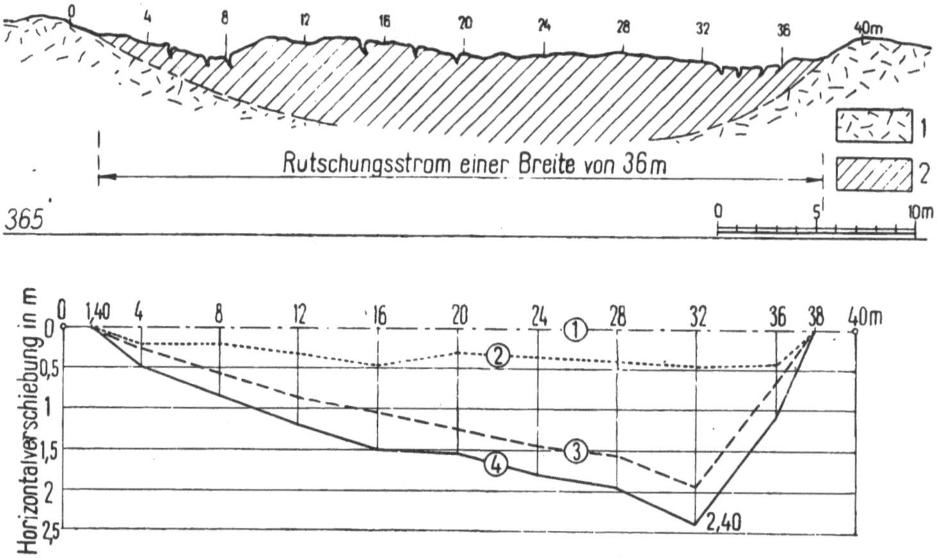

Abb. 8—31. **Bewegung der Stromrutschung in der Nähe der Ortschaft Zariečie im Querprofil *B—B'*. *1* — am 28. 7. 1935 abgesteckte Gerade, *2* — Verschiebung der Pflöcke bis zum 9. 5. 1936, *3* — Verschiebung der Pflöcke vom 20. 9. 1936 bis zum 29. 5. 1937, *4* — Gesamtbewegung bis zum 29. 5. 1937.**

Grobsanden und Schottern, in denen der Grundwasserspiegel in normalen Fällen kein großes Gefälle aufzuweisen hat. Eine Ausnahme bildet das plötzliche Absinken des Grundwasserspiegels beim Durchstoßen der Deckschichten oder das Absinken des Grundwasserspiegels in Staubecken usw.

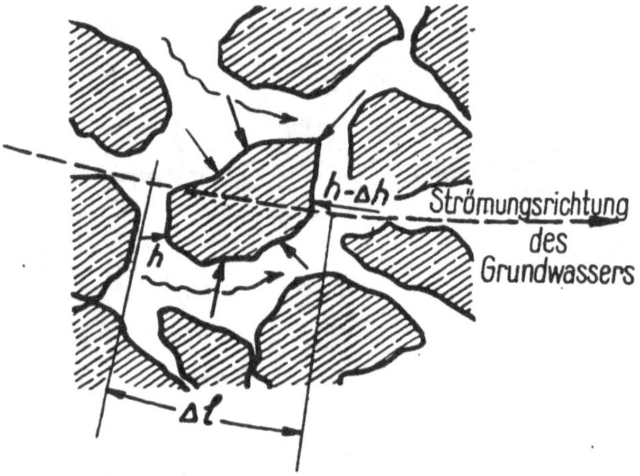

Abb. 8—32. **Entstehung von Fließsand durch die Wasserströmung.**

Bei natürlichen Hängen tritt diese Art des Fließens verhältnismäßig selten ein, denn in durchlässigen Gesteinen ist die Höhe des Grundwasserspiegels zumeist ausgeglichen. Fließsande dieser Art können nur dann auftreten, wenn die Schicht des sandigen Bodens plötzlich mit Wasser aus einer höhergelegenen Quelle gesättigt wird.

In einem alten verlassenen Steinbruch wurde in den Kalksteinen eine pleistozäne Terrasse eines Baches freigelegt, die aus sandigen Kiesen und Sanden mit Toneinlagen bestand. Ihre Mächtigkeit betrug insgesamt etwa 14 m (Abb. 8—33). Die Terrassen-

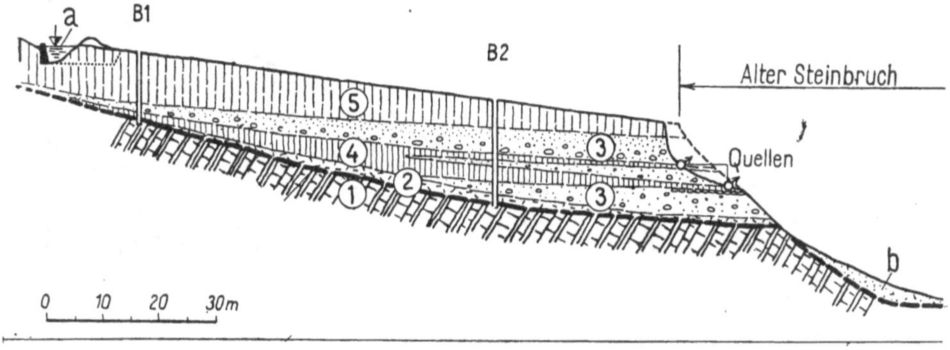

Abb. 8—33. Während der Frühjahrsschneeschmelze im Erdaushub für die Umfassungsmauer (im Punkt *a*) gestautes Wasser drang in die Sande *3* ein und verursachte deren Herausfließen am Hang des alten Steinbruches. *1* — Kalksteine des Devon, *2* — Verwitterungsschutt, *3* — Sande mit feinem Kies, *4* — tonige Ablagerungen, *5* — Lößlehm.

ablagerungen waren von Lößlehm überdeckt. Der Hang wurde als Garten ausgestaltet, der lange Jahre hindurch trocken und im dauernden Ruhezustand war. Im Winter 1940 wurde auf dem höher gelegenen Grundstück ein Aushub für die Umfassungsmauern bis zu einer Tiefe von etwa 3 m durchgeführt. Der Erdaushub blieb den Winter über offen und ohne Abfluß. Das Oberflächenwasser füllte während des Frühjahrstauwetters den Erdaushub an (in der Abb. 8—33 in Punkt *a*), und das Wasser drang in die sandigen Ablagerungen ein. Zuerst zeigten sich an den tonigen Einlagen am Hang kleine Quellen. Dann kam es plötzlich zum Ausfließen der oberen Sandschichten, die an der Sohle des Steinbruches einen flachen Schwemmkegel b bildeten.

Beim Erdaushub für künstliche Einschnitte ist solch ein Fall von Hangstörung selten, denn in wasserdurchlässigen Böden sinkt der Grundwasserspiegel meistens gleichzeitig mit der Vertiefung des Einschnittes ab. Fließsande können in Einschnitten z. B. dann auftreten, wenn durch das Abgraben der weniger durchlässigen Gesteine wassergesättigte Sandschichten am Hang freigelegt werden. In der Abb. 8—34 ist ein ähnlicher Fall vom Bau einer Eisenbahnstrecke in Mähren dargestellt. Die schräg zur Bahnachse verlaufende alte Erosionsrinne war mit Sand und sandigem Schutt ausgefüllt und von Gehängelehm sowie einer Humusschicht überdeckt. In Anbetracht der praktisch undurchlässigen Oberfläche wurde in den Sanden das am Hang abfließende Grundwasser gestaut, wo es einige gefaßte Quellen gab. Beim Erdaushub für die Dränage unterhalb der projektierten Aufschüttung wurde wassergesättigter Sand freigelegt, der in den Erdaushub ausfloß und schwere Hangstörungen verursachte. Eine wirksame Maßnahme gegenüber diesen Erscheinungen ist das allmähliche Ablassen des gestauten Wassers, im gegebenen Falle also eine fortschreitende Vertiefung der Dränage vom Grundwasserspiegel aus im Sand längs des Hanges nach unten hin.

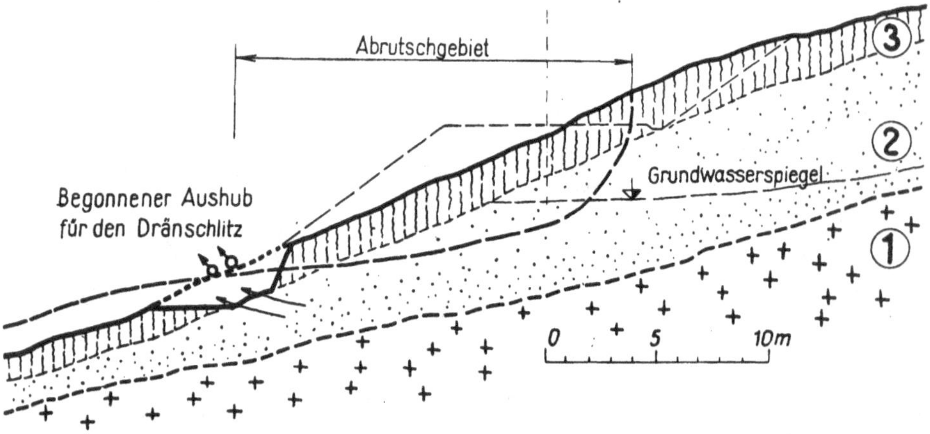

Abb. 8–34. In den Sanden (*2*) unterhalb der tonigen Lehmschicht *3* gestautes Grundwasser floß beim Erdaushub für den Dränschlitz plötzlich aus. Durch den Wasserstrom wurde der Sand ausgeschwemmt und es kam zu einer tiefgreifenden Hangstörung.

2. Ein Fließen kann bei wassergesättigten Sanden auch aus einem anderen Grunde eintreten. Weisen diese Sande eine starke Porosität auf (größer als die sog. kritische, die etwa 40 % beträgt) und sind sie einem plötzlichen Impuls ausgesetzt, beispielsweise Erschütterungen oder der Strömung des Wassers usw., dann werden die Körner umgelagert, die Masse wird verdichtet und hierbei die Porosität verringert. Das überschüssige Wasser wird dabei aus den Sanden herausgepreßt. Da es aber nicht auf einmal entweichen kann, können die Körner bei der Umlagerung nicht aufeinander aufliegen. Dadurch entsteht im Porenwasser ein Druck, der die Reibung zwischen den Körnern verringert; für kurze Zeit geht so die Erdmasse in den fließenden Zustand über. In diese Kategorie von Rutschungen gehören einige Bodenbewegungen an der Meeresküste (beispielsweise in Holland) oder die Rutschungen der glazial-limnischen Sande an den Seeufern; am häufigsten treten jedoch diese Rutschungen an künstlich angelegten Hängen auf, wie den sandigen Aufschüttungen bei Verkehrswegen längs der Staubecken oder den wasserseitigen Hängen bei Erddämmen. Wie bereits erwähnt wurde, sind diese Rutschungen durch die große Porosität der Sande bedingt; deshalb müssen derartige Aufschüttungen einwandfrei verdichtet werden.

3. Sehr gefährlich sind Sande mit hoher Porosität und kolloider Porenfüllung. Bei Scherbeanspruchung kommt es wie im vorhergegangenen Falle zu einer Störung

der Struktur, jedoch kann das überschüssige Wasser aus dem Erdstoff nur sehr langsam herausgedrängt werden. Der fließende Zustand eines solchen Sandes ist also nicht vorübergehend, es sind dies Fließsande im wahrsten Sinne des Wortes. Bei der Analyse solcher Fließsande wurden in einem Falle Quarz- und Glimmerkörnchen in der Größenordnung von Feinsanden bis Schluff mit durch die Tonmineralien Halloysit und Montmorillonit ausgefüllten Lücken ermittelt.

Im Gebiet von Ostrava (Mährisch Ostrau) und in Oberschlesien werden Fließsande als Schwimmsande (Kurzawka) bezeichnet; sie gefährden Kohlengruben durch Verschüttung.

B. *Sensitive Tone.* Einen besonderen Charakter besitzen einige Rutschungen in tonigen Meeresablagerungen, die nach der Regression des Meeres flache, auch mehrere hundert Meter über dem Meeresspiegel liegende Gebiete bilden, wie z. B. in Norwegen oder Kanada. Die Festigkeit dieser Ablagerungen, wie sie heute bestehen, verringerte sich im Laufe der Jahrhunderte fortschreitend. Die Ursache ist eine allmähliche Verringerung des *Salzgehaltes des Wassers,* das sich in den Poren des Erdstoffes befindet. Durch Vergrößerung der Höhenunterschiede nach der Regression des Meeres nimmt auch die Bewegung des Grundwassers zu, das die durchlässigen Schluffschichten in den Tonen langsam durchsickert und durch osmotische Prozesse den umgebenden Gesteinen das Salz entzieht. Von der Oberfläche her wirkt auch noch das Niederschlagswasser ein. So beschreibt beispielsweise L. Bjerrum (1955) einen Fall, bei dem sich der Salzgehalt im Porenwasser von 20—30 g/l auf 1,2—2,9 g/l verringerte. Durch Abnahme der Salzkonzentration im Porenwasser verringert sich auch die Kornbindung zwischen den Tonteilchen und dem gebundenen Wasser und damit auch die Festigkeit. Charakteristisch ist dabei, daß die Festigkeit gegen Ende dieses Prozesses am stärksten abnimmt, wenn die Salzkonzentration im Wasser unter 10 g/l absinkt. Neben der Festigkeit vermindern sich auch die Fließgrenze und die Sensibilität der Tone, d. h. die Neigung zu einem hohen Festigkeitsverlust bei Durchknetung nimmt zu. Ein charakteristisches Merkmal dieses Vorganges ist, daß sich hierbei das Wassergehalt des Gesteins nicht verändert. Der Festigkeitsverlust führt zu Rutschungen, wobei sich das durchgeknetete Gestein wie eine viskose Flüssigkeit verhält. Die Bodenbewegung breitet sich der Länge und Breite nach aus und gefährdet Bebauung und Verkehrswege. Diese Art Rutschungen sind besonders heimtückisch, da von ihnen ganz flache Gebiete, auch solche, deren Neigung geringer als 5 % ist, betroffen werden.

8,9. Rutschungen in bindigen Gesteinen längs zylindrischer Gleitflächen. In bindigen, homogenen Gesteinen entstehen bei Störung des Hanggleichgewichtes tiefgreifende Rutschungen längs kreisförmiger Gleitflächen. Zum Unterschied zu den vorhergegangenen Rutschungstypen tritt in diesem Falle eine Störung des Gleichgewichtes hauptsächlich durch die Zunahme der Scherkräfte ein; die übrigen Faktoren spielen hierbei eine untergeordnete Rolle. Die Zunahme der Scherkräfte kann entweder durch Untergraben des Hanges oder durch dessen Unterspülung bzw. durch zusätzliche Belastung infolge neuer Aufschüttungen oder Bauwerke bewirkt werden.

Die Rutschung verläuft nicht auf vorhandenen Gleitflächen, sondern längs der neu gebildeten Gleitflächen, die manchmal die Abrutschmasse in einige Erdschollen unterteilen. Gewöhnlich bewegt sich also die Abrutschmasse als Ganzes längs einer oder mehrerer Gleitflächen. Da die Gleitflächen jeweils gekrümmt sind, erfolgt eine Neigung der Oberfläche der Erdschollen in den Hang hinein. Handelt es sich um ein Gestein mit einem geringen Winkel der inneren Reibung, dann verläuft die Gleitfläche unterhalb des Hangfußes. Ein ähnlicher Fall tritt ein, wenn das Gestein unterhalb des Hangfußes nicht allzu fest gelagert ist. Am Hangfuß werden dann zumeist die Gesteine nach oben herausgedrückt, so daß das Absinken der Erdschollen längs der gekrümmten Gleitflächen am Hangfuß eine Aufwölbung bewirkt.

In homogenen Gesteinen kann die Gleitfläche ihrer Form nach als zylindrische Gleitfläche angesehen werden, was bereits im Jahre 1914 Untersuchungen der Schwedischen Geotechnischen Kommission an zahlreichen Rutschungen bestätigten. Durch theoretische Berechnungen wie auch durch einige Messungen könnte vielleicht eine etwas abweichende Form der Gleitfläche nachgewiesen werden, jedoch ist dabei der Unterschied bei der Ermittlung der Standfestigkeit des Hanges gering, entschieden geringer als die Zuverlässigkeit des Verfahrens, mit dessen Hilfe die Festigkeit des Baugrundes bestimmt werden kann.

Der Rutschungsverlauf in bindigen Schichten entlang zylindrischer Gleitflächen ist eine ausgesprochene Frage des statischen Gleichgewichtes, deren Bedingungen an einem Beispiel (Abb. 8—35) erläutert werden. Es wird angenommen, daß der durch die gekrümmte Gleitfläche begrenzte Teil des Hanges sich im Zustand des Grenzgleichgewichtes befindet. Um die Berechnung zu vereinfachen, wird folgendes vorausgesetzt:

a) Die Aufgabe kann als ebenes Problem gelöst werden; diese Annahme ist im großen und ganzen richtig, wenn der abrutschende Teil des Hanges breit genug ist, so daß die Reibung zu beiden Seiten der Rutschung nicht in Betracht gezogen zu werden braucht.

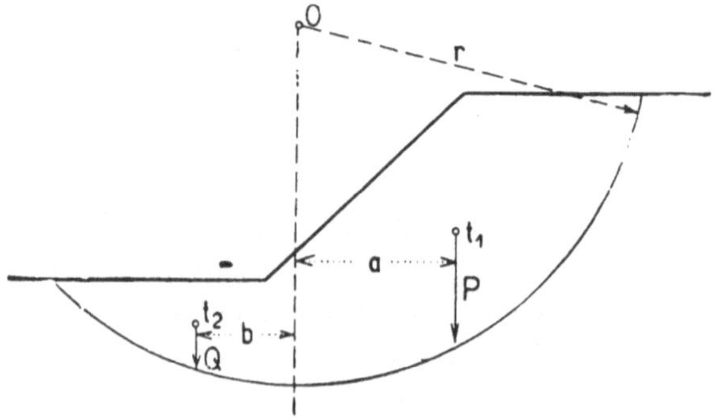

Abb. 8—35. Gleichgewichtsbedingungen der Böschung bei Rutschungen in bindigen Böden entlang der zylindrischen Gleitfläche.

b) Die Gleitfläche ist zylindrisch, im Querschnitt erscheint sie als eine vom Radius r um den Mittelpunkt O umschriebene Kreislinie. Wie bereits erwähnt wurde, sehen die Gleitflächen der Fläche eines kreisförmigen Zylinders sehr ähnlich, so daß diese Annahme berechtigt ist.

c) Der Gleitwiderstand des Gesteines ist im wesentlichen durch seine Kohäsion gegeben. Zur Vereinfachung wird angenommen, daß die Kohäsion in der gesamten Länge der angenommenen Gleitfläche gleich groß ist.

Die vom Punkt O aus geführte vertikale Gerade gliedert die Rutschung in zwei Teile: Rechts befindet sich ihr aktiver Teil, der ein Abrutschen des Bodens bewirkt, links der passive Teil der Rutschung, der die Bodenbewegung verhindert.

Aus der Abb. 8—35 kann die Momentenbedingung zu Punkt O wie folgt bestimmt werden:

$$Pa = Qb + clr.$$

Der Sicherheitsgrad ist durch das Verhältnis

$$m = \frac{clr}{Pa - Qb}$$

gegeben. In diesen Gleichungen bedeuten:

P — das Gewicht des aktiven Teiles, der im Schwerpunkt t_1 einwirkt,
Q — das Gewicht des passiven Teiles, der im Schwerpunkt t_2 einwirkt,
c — den Gleitwiderstand je Einheit der Gleitfläche, der durch die Kohäsion des Gesteins gegeben ist,
l — die Länge des Schnittes der Gleitfläche,
a — den Kraftarm von P,
b — den Kraftarm von Q.

Die Erhöhung des Wertes P, d. h. eine Belastungszunahme rechts von der Vertikalen, führt zu einer Verringerung der Standsicherheit des Hanges; eine Belastungszunahme links von der Vertikalen erhöht die Standsicherheit des Hanges, denn dadurch wird der Wert des Gliedes Qb, der dem Abrutschen entgegenwirkt, erhöht. Der Wert des dritten Ausdrucks clr ist veränderlich, wenn sich die Gesteinsfestigkeit, d. h. die Kohäsion, verändert. Erhöht sich die Bodenfeuchtigkeit, dann verringert sich die Kohäsion des Bodens und damit auch der Wert des Gliedes clr, dies tritt in großen Tonmassen praktisch erst nach längerer Zeit ein. Deshalb kann beispielsweise bei der Berechnung von Baugrubenböschungen, die nur kurze Zeit frei liegen werden, die Kohäsion so angenommen werden, wie sie sich unmittelbar aus den der Natur entnommenen Proben ergibt. Bei bleibenden Böschungen, wie es beispielsweise die Böschungen von Einschnitten sind, muß an Hand von laboratoriumsmäßig durchgeführten Prüfversuchen festgestellt werden, wie sich die Festigkeit infolge dauernder Entlastung des Gesteins nach dem Erdaushub des

Einschnittes verringert. In diesen Fällen wird also die Festigkeit auch von den vertikalen Drücken abhängen und nicht nur durch die Kohäsion c, sondern auch durch den Winkel der Scherfestigkeit gegeben sein (siehe Abschnitt 4, 6).

Auch bei tonigen Gesteinen, die Schluff- oder Sandteilchen enthalten, muß damit gerechnet werden, daß die innere Reibung die Festigkeit beeinflußt, und in die Berechnung ist sowohl c als auch φ aufzunehmen. Dadurch wird die Aufgabe komplizierter, denn in die Berechnung der Standfestigkeit des Hanges wird auch der Einfluß des Gewichtes des Hangenden aufgenommen. Es kann nicht Aufgabe dieses Buches sein, komplizierte statische Lösungen zu behandeln, mit denen sich die Bodenmechanik beschäftigt. Es werden daher in übersichtlicher Form nur die Grundprobleme angeführt, die in der Praxis beachtet werden müssen:

a) Bei der Anlage *neuer Einschnitte* in bindigen Gesteinen wird eine Hangneigung gesucht, bei der die Böschung noch standfest ist. Es muß versuchsweise die gefährlichste Gleitfläche ermittelt und für diese die Standfestigkeit des Hanges überprüft werden. Die Bodenmechanik hat jedoch eine Reihe von Verfahren ausgearbeitet, mit deren Hilfe diese Aufgabe erleichtert wird. Die Ergebnisse einiger solcher Verfahren sind in Diagrammen zusammengestellt, von denen das Diagramm (Abb. 8—36) nach Lobassow (Zytowitsch, 1951, S. 270) angeführt wird. Zunächst werden die Parameter der Festigkeit des Gesteins dadurch umgewandelt, daß sie durch den geforderten Sicherheitsgrad m dividiert werden; auf diese Weise erhält man den veränderten Wert der Kohäsion c und des Scherfestigkeitswinkels φ. Für die Kohäsion c, die Böschungshöhe h und das Raumgewicht des Gesteins γ wird als Ordinate auf der Vertikalachse der Wert $\frac{c}{\gamma h}$ gesucht. Es wird auf der Geraden des umgewandelten Reibungswinkels φ der dieser Ordinate entsprechende Punkt und auf der Horizontalachse der zugehörige Winkel der Böschungsneigung ermittelt.

Mit zunehmender Böschungshöhe muß also die Hangneigung verringert werden; umgekehrt ist für eine bestimmte Neigung des Hanges dessen Höhe begrenzt.

Der erforderliche Sicherheitsgrad der Standfestigkeit des Hanges beträgt mindestens 1,2, besser 1,5; er ist jedoch abhängig von der Genauigkeit des angewendeten Verfahrens der statischen Lösung, von der Art der Festigkeitsermittlung usw. (Man darf nicht vergessen, daß tonige Gesteine rheologische Eigenschaften besitzen, so daß man bei einem sehr langsam vor sich gehenden Prüfversuch eine geringere Festigkeit ermittelt als bei den üblichen Versuchen). Deshalb ist es notwendig, hinsichtlich des geforderten Sicherheitsgrades jeweils die Mitarbeiter der Bodenmechanik zu konsultieren.

B e i s p i e l : Fester neogener Mergel weist nach der Entlastung durch den Bodeneinschnitt eine Festigkeit auf, die durch die Kohäsion $c = 0{,}2$ kg/cm² (= 2 t/m²) und $\varphi = 18°$ gegeben ist. Welche Neigung muß ein 12 m hoher Hang bei einem Sicherheitsgrad von $m = 1{,}5$ haben, wenn das Raumgewicht $\gamma = 2{,}05$ t/m³ beträgt?

$$\frac{c}{m} = \frac{2}{1{,}5} = 1{,}33 \text{ t}/m^2,$$

$$\frac{\varphi}{m} = \frac{18}{1,5} = 12°,$$

$$\frac{1,33}{\gamma h} = \frac{1,33}{2,05 \cdot 12} = 0,054\,.$$

Im Interpolationsdiagramm wird die Linie eingezeichnet, die dem Wert $\varphi = 12°$ entspricht. Für die Ordinate 0,054 wird auf dieser der Punkt ermittelt, der auf der Abszissenachse den Neigungswinkel des Hanges von 27° ergibt. Es ist also eine Hangneigung von etwa 27°, d. h. von ungefähr 1 : 2 zulässig.

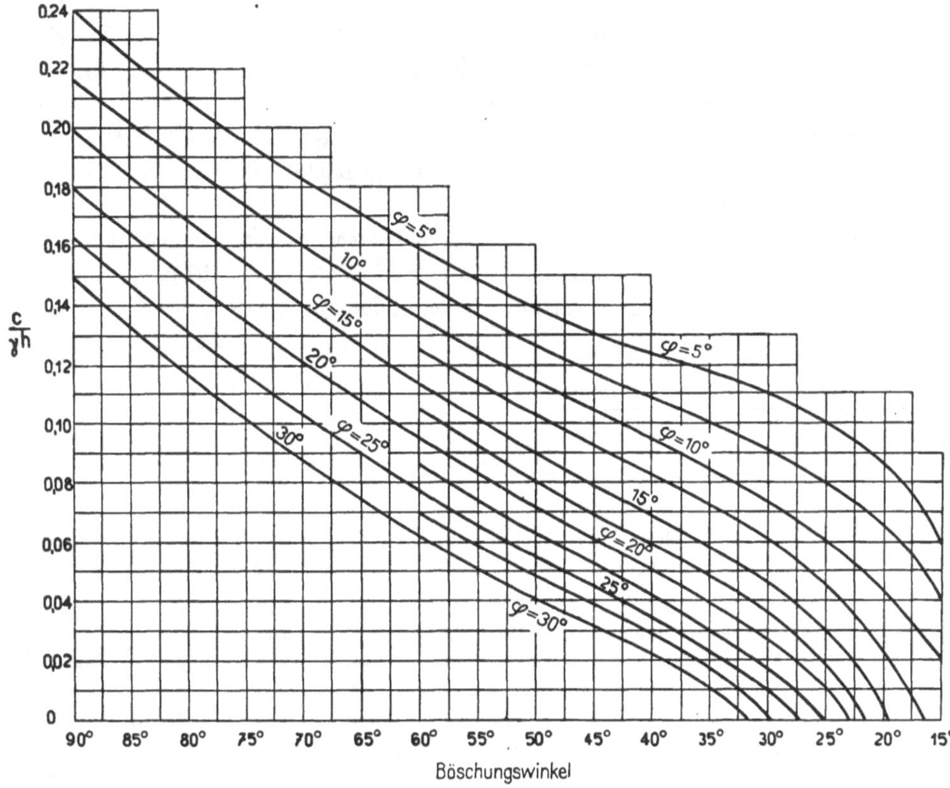

Abb. 8—36. Diagramm zur Bestimmung der stabilen Böschungsneigung nach Lobassow.

V. Mencl (1952) wies auch auf andere Erscheinungen hin, die in Einschnitten toniger Gesteine auftreten und später zu Störungen der Standfestigkeit des Hanges führen können. Es sind dies die Gleitflächen bei tiefgreifenden Einschnitten in tonige Gesteine, die durch das Hineinpressen des entlasteten Tones in den ausgehobenen Raum des Einschnittes an den Hängen entstehen.

Die Standsicherheit der durch Bodenbewegungen längs kreisförmiger Gleitflächen gefährdeten Hänge muß mit Hilfe bodenmechanischer Verfahren statisch ermittelt werden; durch Verminderung der Hangneigung oder auf andere Weise ist auf der Ballastseite Last abzunehmen, und umgekehrt ist durch Belastungsaufschüttungen, abstützende Bauwerke usw. auf der der Bodenbewegung entgegenwirkenden Seite

Last hinzuzufügen. In homogenen, bindigen Gesteinen sind andere Maßnahmen meistens zwecklos. Allerdings ist es erforderlich, künstlich angelegte Hänge rechtzeitig mit einer Humusschicht zu bedecken, damit sie nicht durch Austrocknung Schaden erleiden. Treten Schrumpfrisse auf, dann sind diese möglichst tief zuzustampfen.

b) *Befindet sich der Hang bereits in Bewegung,* dann ist durch sorgfältige meßtechnische Beobachtung bestimmter Punkte des Rutschungskörpers die Art der Bodenbewegung und die Tiefe der Gleitfläche zu ermitteln. Die Lage der Gleitfläche wird nach den Ausbissen im Abrutschgebiet und durch Aufschluß am Hangfuß bestimmt. Anschließend kann durch statische Berechnung die Reibung an der entstandenen Gleitfläche ermittelt werden. Diese ist zumeist gering, der Reibungswinkel beträgt gewöhnlich weniger als 10°, denn die Fläche ist geglättet. Die Kohäsion ist im allgemeinen gleich Null.

Die Festigkeit des Gesteins an der ausgebildeten Gleitfläche kann mit dem Abschergerät kontrolliert werden. So führt beispielsweise N. N. Masslow (1955, S. 159) für zwei verschiedene Fälle bei festen tertiären Tonen folgende Werte an:

Probe		Festigkeit		
		Im ungestörten Gestein	An der Berührungsfläche mit Sand	An den Klüften
1	Reibungswinkel	17°	14°	8°
	Kohäsion in kg/cm²	0,95	0,05	0
2	Reibungswinkel	22°	18°	12°
	Kohäsion in kg/cm²	1,5	0,4	0

Demgegenüber hatten kaolinische Kreidetone auch an den gestörten Flächen noch eine Kohäsion von 0,10 und 0,15 kg/cm² aufzuweisen.

Aus den so gewonnenen Werten kann mit Hilfe der statischen Berechnung die erforderliche Entlastung der Rutschung und die zur Erreichung einer Standfestigkeit von mindestens 1,2 erforderliche Auflast des Hangfußes ermittelt werden. Neben der Umlagerung der Lasten muß der Hang eingeebnet, mit einer Humusschicht versehen und angesäet werden, damit sich an der Oberfläche das Wasser nicht ansammeln und in die Klüfte eindringen kann.

In verschiedenen Gegenden begegnet man in bindigen Gesteinen Rutschungen unterschiedlichen Ausmaßes, die verschiedenen Entwicklungsstufen entsprechen. In künstlich angelegten Einschnitten bindiger Gesteine treten oftmals längs der gekrümmten Gleitflächen Rutschungen von geringerem Ausmaß auf, die nur einige m³ Boden erfassen, wogegen an hohen Flußufern und an der Küste ähnliche Rutschungen großen Ausmaßes entstehen; manchmal sind dabei auch mehrere Millionen m³ in Bewegung.

Eine Rutschung in bindigen Gesteinen kann sich fortschreitend so vergrößern, daß sich nach dem Abrutschen des Hangfußes das Abrutschgebiet allmählich in den Hang hinein ausbreitet. Das Einreißen vollzieht sich gewöhnlich längs der zylindrischen Gleitflächen, jedoch ist das gesamte Abrutschgebiet unregelmäßig gewellt, und die endgültige Gleitfläche weist nicht die Form einer regelmäßigen Rotationsfläche auf. Die Tiefe und Form der Rutschung paßt sich dem geologischen Bau des Hanges und den örtlichen Lagerungsverhältnissen an. Als Beispiel wird eine Rutschung angeführt, die sich an einem Hang in Nordwestböhmen beim Aushub der Baugrube bildete (Abb. 8—37).

Beim Aushub stieß man unterhalb einer Lößlehmschicht auf neogene Tone. Die Neigung der Baugrubenwände wurde allzu steil gewählt, so daß zuerst eine Rutschung der künstlich angelegten Böschung der Baugrube längst einer zylindrischen Gleitfläche eintrat, deren Ausbiß an der Baugrubensohle deutlich zu erkennen war.

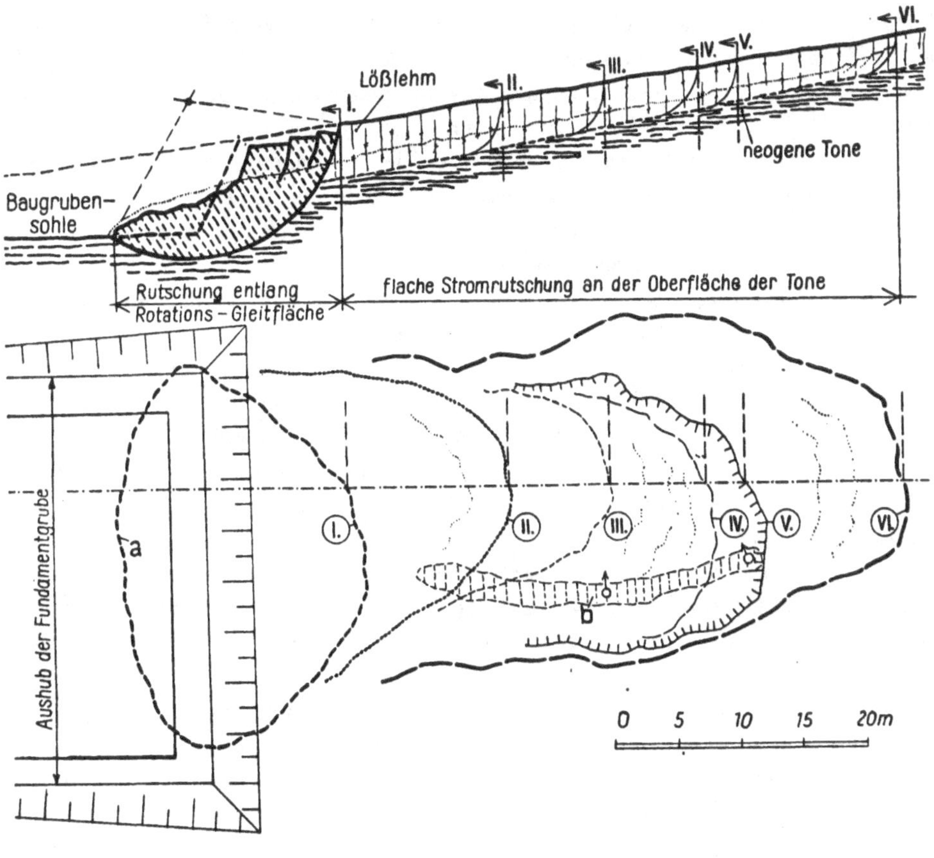

Abb. 8—37. Durch künstlichen Eingriff in den Hang hervorgerufene Rutschung in bindigen Böden. Zuerst kam es zur Rutschung der steilen Wand des Erdaushubes entlang der Rotations-Gleitfläche und dann breitete sich durch rückwirkendes Einreißen die Rutschung allmählich in den Hang hinein aus.

An der Oberfläche der Tone wurde das Grundwasser aufgehalten, das die unteren Lößlehmschichten aufweichte. Die Lehme wurden längs der Rotations-Teilflächen fortschreitend eingerissen, sie wurden breiig und rutschten zur Baugrubensohle hin ab, wo sie mit einem Bagger entfernt wurden. Das Reißen der Lößlehme hörte erst nach ordnungsgemäßer Entwässerung des Abrutschgebietes durch einige Dränagen und Ableitung des Oberflächenwassers auf.

Durch natürliche Faktoren bewirkte Rutschungen längs zylindrischen Gleitflächen sind eine häufige Erscheinung. Sie kommen z. B. in neogenen Tonen im Tal des Flusses Ohře (Eger) vor. An den in die neogenen Tone eingeschnittenen Steilufern reiht sich eine tiefgreifende Rutschung an die andere. Diese Rutschungen weisen gewöhnlich ein gut entwickeltes, kesselförmiges Abrutschgebiet auf, und die abgesunkene Oberfläche der abgerutschten Erdscholle ist jeweils in den Hang hinein geneigt. Die Rutschungszunge bleibt im allgemeinen nicht erhalten, weil sie, wenn die Abrutschmassen in das Flußbett hineinreichen, bei einem höheren Wasserstand fortgeschwemmt werden und dadurch erneut das Gleichgewicht des Hanges gestört wird. Umfangreiche Rutschungen dieser Art sind auch aus dem Neogen der mährischen Talniederungen, besonders aber aus den neogenen Ablagerungen im Tal des Flusses Váh (Waag) in der Slowakei bekannt.

Als Beispiel sei eine Rutschung angeführt, die im Zusammenhang mit dem Bau einer Talsperre am Flusse Váh bei Sučany untersucht wurde. Der am Südhang der Kleinen Fatra entlang strömende Fluß Váh schuf sich in den neogenen Ablagerungen, die das innerkarpatische Becken von Turiec ausfüllen, ein breites Tal. Die neogenen Ablagerungen setzen sich aus Mergeln und Mergelschluff mit Einlagen mürber Sandsteine und Konglomerate zusammen.

Westlich von Sučany nähert sich der Fluß Váh in einem Abschnitt von etwa 400 m Länge dem Hangfuß, den er unterspült. Hier entstand ein bis zu 24 m hohes Steilufer, an dem die neogenen Mergel und Schluffe der Oberfläche zutage treten. Bei eingehenderer Untersuchung der geologischen und morphologischen Verhältnisse zeigte sich, daß dieses Steilufer nicht mehr seine ursprüngliche Lage einnimmt, sondern die Stirnseite einer tiefgreifenden Rutschung bildet. Ihr Abrutschgebiet reicht bis auf eine Entfernung von 900 m vom rechten Ufer des Flusses Váh hangaufwärts. Die Oberfläche des Abrutschgebietes ist von einer nicht zusammenhängenden Schicht verschleppten Granitschuttes überdeckt, der aus einem alten Dejektionskegel stammt. Das Gelände ist tief gegliedert, woraus man erkennen kann, daß sich die Bodenbewegungen in der geologischen Vergangenheit einige Male wiederholten. Die Rutschung erstreckt sich auch bis auf das linke Ufer des Flusses Váh, wo in einer Entfernung von 40 bis 60 m vom Fluß ein Ausbiß der Gleitfläche festgestellt wurde. Hier wurde ein Wall neogener Mergel einige Meter über die holozänen Talablagerungen aufgepreßt. Aus den verkrümmten Stämmen alter Weiden konnte man darauf schließen, daß die Rutschung bis heute noch in Bewegung ist. Eine ungewöhnliche Erscheinung ist es, daß der Fluß Váh den unteren Teil der Rutschung durchfließt und durch Seitenerosion die Stirnfläche der Rutschung unterspült, während sich der Ausbiß der Gleitfläche am gegenüberliegenden Flußufer befindet (Abb. 8—38). Die Erosionswirkung des Flusses und die Bodenbewegung wirken also entgegengesetzt. Der Fluß Váh schneidet in diesem Abschnitt antezedent in die Abrutschmassen ein. Da die Bodenbewegung verhältnismäßig langsam verläuft und die Kraft der fluviatilen Erosion des mächtigen Flusses groß ist, stehen beide Faktoren im großen und ganzen im Gleichgewicht; d. h. die Erosionskraft

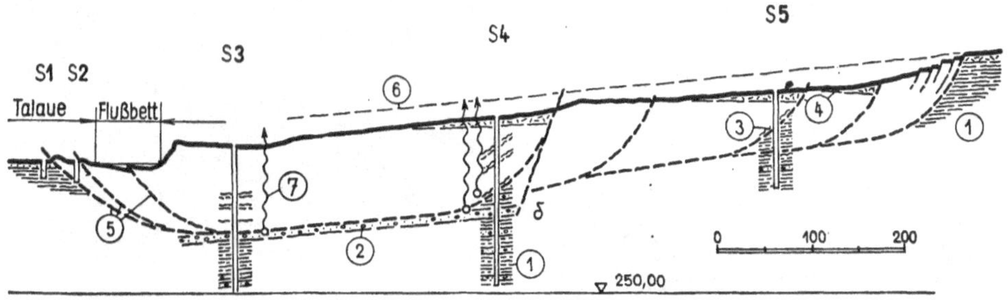

Abb. 8—38. Profil einer ausgedehnten Rutschung in den neogenen Ablagerungen am Fuße der Kleinen Fatra in der Slowakei. Der Fluß Váh (Waag) schneidet antezedent in Abrutschmassen ein. *1* — Mergelschluff (Neogen), *2* — Konglomerate mit gespanntem Wasser, *3* — durchgeknetete Lagen *4* — Granitschutt, *5* — Gleitflächen, 6 — ursprüngliche Oberfläche des Dejektionskegels, *7* — artesisches Grundwasser.

des Flußes reicht aus, um das Flußbett einzuschneiden, und die Lage des Flusses verändert sich zur Zeit fast gar nicht.

Im Längsprofil des Flusses kann man im Bereiche der Rutschung deutlich eine Stufe erkennen, die im Flußbett als Schwelle in Erscheinung tritt, obwohl die Sohle des Flusses von weichen neogenen Mergeln und Schluff gebildet wird. Ähnliche Schwellen bilden sich im Flußbett in der Regel durch die selektive Erosion an Stellen mit harten Gesteinen. Im vorliegenden Falle bildete sich die Schwelle in weichen Mergeln, die jedoch durch die Hangbewegung ständig in das Flußbett hineingepreßt werden.

Das Abrutschgebiet wurde eingehend vermessen und die Geschwindigkeit der Bodenbewegung geodätisch verfolgt. Die Horizontalverschiebung in den Jahren 1947 bis 1957 betrug durchschnittlich 8 bis 10 cm pro Jahr. Durch Schürfe und Bohrungen wurde der Verlauf der Gleitflächen und durchgekneteten Zonen verfolgt. Die Neigung der Gleitfläche unterhalb des herausgepreßten Walles am linken Ufer wurde durch Schürfgräben mit einer Neigung von 34 bis 40° gegen den Hang ermittelt; es wurde ein weiterer Ausbiß der Gleitfläche im Flußbett festgestellt (Abb. 8—39). Am rechten Flußufer reichen die Gleitflächen bis in eine Tiefe von 80 m. Insgesamt sind etwa 40 Mill. m^3 Erdmassen in Bewegung.

Die Rutschung bildete sich in einem ziemlich flachen Gelände, und eine Reihe von Faktoren wirkte bei ihrer Entstehung mit. Neben der Seitenerosion des Flusses Váh waren es hauptsächlich die hydrogeologischen Verhältnisse. Auf der Basis neogener Ablagerungen wurden grobkörnige Konglomerate festgestellt, in denen ein

Abb. 8–39. Die Stirnfläche der Rutschung bei Sučany bildet das 24 m hohe Steilufer des Flusses Váh (Waag). (*Foto Q. Záruba.*)

gespannter Grundwasserleiter mit einem Überdruck bis zu 13 atü beobachtet wurde. Durch diesen Überdruck wurde das Wasser in die sandigen Schluffe gepreßt, und die Abrutschmassen wurden durch Auftrieb entlastet. Die Bodenbewegungen vollzogen sich zum Teil längs alter tektonischer Flächen, die den abgerutschten Massen eine grundrißmäßige Form und Begrenzung aufzwangen. Bei der statischen Berechnung der Standfestigkeit des Hanges wurde festgestellt, daß die Ergebnisse der laboratoriumsmäßig durchgeführten Scherversuche nicht voll und ganz mit der Wirklichkeit übereinstimmen. Das Vergleichsergebnis hat gezeigt, daß man sich bei der Bewegung so umfangreicher Erdmassen und bei solchen, in großer Tiefe verlaufenden Gleitflächen auf die Werte der Scherfestigkeit, die in geringem Ausmaße an der Geländeoberfläche ermittelt wurden, nicht verlassen kann. Bei diesen Versuchen bildet sich eine einzige charakteristische Gleitfläche; bei hohen Drücken, im vorliegenden Falle bis zu 21 kg/cm^2, entstehen jedoch bei der Rutschung breite, durchgeknetete Zonen, in denen die tonigen Gesteine eine andere Textur erhalten und die Störung bis in die feinsten Teilchen hineinreicht. Hierauf wurde bereits von N. J. Denissow (1951) hingewiesen, der bei höheren Drücken als 10 kg/cm^2 eine innere

Störung der tonigen Gesteine und eine Verminderung des Scherfestigkeitswinkels feststellte.

Die Rutschungen von Sučany erinnern in ihrem Ausmaß und Charakter an die in der Sowjetische Literatur beschriebenen Rutschungserscheinungen an den Westufern Wolga, des Dnjepr, Kuban und anderer Ströme der Sowjetunion. Eines der am stärksten betroffenen Gebiete ist das mittlere und untere *Wolgagebiet* zwischen Gorki und Stalingrad. Die Rutschungen treten vorwiegend am Westufer der Wolga auf, das durch die Einwirkung der Seitenerosion sehr steil geworden ist. Es rutschen hier nicht nur junge Deckschichten (hauptsächlich Löß und Lößlehm), sondern auch die Gesteine des felsigen Untergrundes ab. An den steilen Flußufern treten fast waagerecht gelagerte Ton- und Sandablagerungen des Perm, Jura, der Kreide und des Tertiärs zutage. Die Uferrutschungen weisen unterschiedliche Formen und verschiedene Entwicklungsstufen auf, je nachdem, welche Faktoren die Bodenbewegung bewirkten und wie diese aufeinander folgten.

Rutschungen längs zylindrischer Gleitflächen treten insbesondere dort auf, wo an der Oberfläche des Hanges Jura- und Kreidetone zutage treten. Die für die Ausbildung von Rutschungen günstigen Bedingungen wiederholten sich in der geologischen Vergangenheit des Wolgatales einige Male, und so hat man stellenweise auch alte, unter den jüngeren Flußablagerungen begrabene fossile Rutschungen ermittelt.

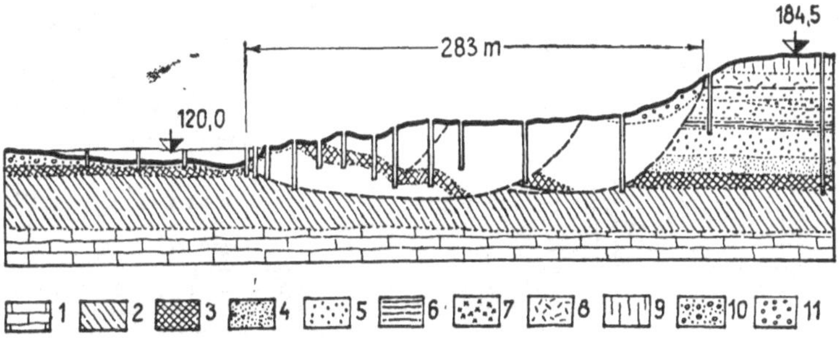

Abb. 8—40. Querprofil einer Flußuferrutschung vom Wolga-typ nach I. W. Popow. *1* — Kalke des Karbon, *2—3* — Juratone, 4 — untere Wolgasande, *5* — obere Wolgasande und neokome Sandsteine, *6* — Tone (Apt), *7* — Sande (Apt), *8* — submoräne Sande, *9* — Moräne, *10* — Alluvium, *11* — Hangschutt.

In der Abb. 8—40 ist das eingehend untersuchte Querprofil einer Flußuferrutschung vom Wolgatyp nach I. W. Popow (1951) dargestellt. Die zylindrischen Gleitflächen bildeten sich in den Juratonen aus, und die Hangbewegungen erfaßten auch die Kreidesande und -tone des Hangenden sowie die glazialen Ablagerungen der Deckschichten.

I. W. Popow führt an, daß bei Rutschungen der Tone an den Flußufern der Wolga weitere Faktoren auftreten. Einer davon ist die *Entlastung der tonigen Schichten* an der Talsohle. Die Tone werden dadurch wasseraufnahmefähig und büßen an Festigkeit ein. An einigen Stellen der Wolgaufer verringerte sich die ursprüngliche Belastung der Tone durch Vertiefung des Tales um eine bis zu 100 m mächtigen Schicht. Das bedeutet eine Entlastung um 15 bis 19 kg/cm². Dadurch wird die Neigung der Tone zum Aufquellen erklärlich.

Die Uferrutschungen im Wolgagebiet erreichen gewaltige Ausmaße, sie sind gewöhnlich einige hundert Meter lang und haben eine Mächtigkeit von einigen zehn Metern. An den Prallhängen der Ufer reiht sich ein Abrutschgebiet an das andere. Die Überreste des ursprünglichen Hanges zwischen den Rutschungen bilden charakteristische Kämme, die sich ziemlich lange halten. Zu deren Standfestigkeit trägt einerseits der Umstand bei, daß sie am Hangfuß durch die Abrutschmassen belastet sind, und andererseits, daß sie zu beiden Seiten durch die tiefgreifenden Randfurchen des Abrutschgebietes entwässert werden. Auf den Hängen sind gewöhnlich mehrere übereinandergelagerte Stufen der Hangrutschung zu erkennen. Die zumeist durch Unterspülung des Hangfußes bei Hochwasser bewirkten Bodenbewegungen der unteren Hangstufen treten auch an den höher gelegenen Stufen in Erscheinung. Ähnliche Uferrutschungen wurden von sowjetischen Autoren auch aus den Flußgebieten des Mannytsch und Kuban sowie von den Ufern des Dnjepr bei Kiew eingehend beschrieben.

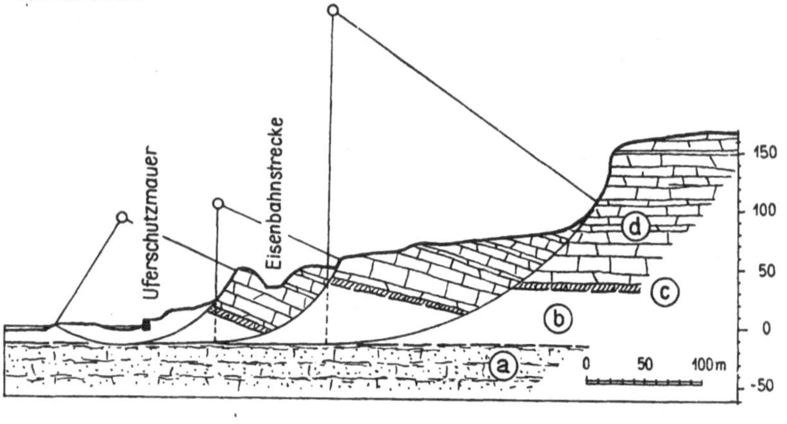

Abb. 8—41. Rutschung an der Meeresküste bei Folkestone. *a* — Glaukonitsandsteine, *b* — Tone des Gault, *c* — Glaukonitmergel, *d* — feste Sandmergel (Schreibkreide) (*Ward 1945*).

Zahlreiche *Rutschungen an der Meeresküste* gehören ebenfalls in diese Gruppe. Ein Beispiel dafür ist das Profil der bekannten Rutschung bei *Folkestone* an der Südküste Englands (Abb. 8—41). Am Steilufer treten Schichten der Oberkreide zutage, die auf Tonen des Gault lagern. Uferrutschungen treten nur in den Küstenabschnitten auf, wo die Tone der Erosionstätigkeit des Meeres ausgesetzt sind. Im Laufe der letzten zwei Jahrhunderte wurden hier eine Reihe umfangreicher Rutschungen registriert, die deshalb besonders bekannt geworden sind, weil durch sie die Eisenbahnstrecke an der Küste von Dover nach Folkestone unterbrochen wurde. Der Hauptfaktor, der die Rutschungen bewirkt, ist die Erosionstätigkeit des Meeres. Die Abrasion der Tone in der Ebene des Meeresspiegels bewirkt eine Entlastung des

Hangfußes der Steilufer; dadurch entstehen Bodenbewegungen längs gekrümmter Gleitflächen. Die Standfestigkeit des Hanges wird durch den hydrostatischen Druck des Wassers in den Klüften und Spalten verringert, von denen die Kreideschichten durchsetzt sind. An Hand der Bohrproben wurde festgestellt, daß die Tone des Gault in der Nähe der Gleitfläche nur einen Bruchteil der Festigkeit ungestörter Tone aufweisen. Diese Verminderung der Festigkeit wird wahrscheinlich durch die Entlastung der Tone bewirkt, was ein Aufquellen und Erweichen derselben ermöglicht.

Als ein weiterer Faktor ist die Anwesenheit der Glaukonitgesteine im Hangenden sowie im Liegenden der Tone anzusehen. Durch die chemische Einwirkung des Wassers, welches das Glaukonitgestein durchsickert hat, wird der Prozess der Aufweichung der Tone beschleunigt.

Nach jeder Rutschung bei Folkestone bildet sich am Ufer ein Wall aufgewölbter Tone, der aus dem Meer als Insel herausragt. Diese Insel wird durch die Abrasion fortschreitend abgetragen, bis sie vollständig verschwunden ist. Daraus geht hervor, daß sich auch die Gefährdung des Hanges durch Rutschung wesentlich verringern würde, wenn man die Erosion der aufgewölbten Tone verhinderte. Deshalb werden jetzt längs des Ufers mächtige Uferschutzmauern mit Quermauern errichtet, die eine Sedimentation der Küstenablagerungen ermöglichen sollen.

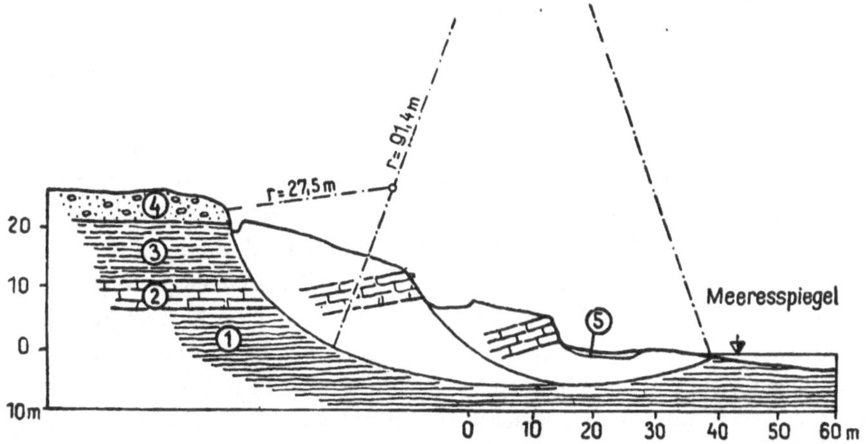

Abb. 8—42. Rutschung an der Küste der Insel Wight (Südküste Englands). Zylindrische Gleitflächen bildeten sich in den weichen oligozänen Tonen. *1* — Tone und Mergel der Osborner Schichten, *2—3* Kalksteine und Mergel der Bembridge Schichten, *4* — sandige Kiese, *5* — junge Strandsedimente (*Skempton 1946*).

Ein anderes Beispiel der Uferrutschung an der Küste längs der zylindrischen Gleitflächen wird von der Insel Wight (Südküste Englands) angeführt (Abb. 8—42). In diesem Falle wurde die Bodenbewegung einerseits durch die Erosionstätigkeit des Meeres, andererseits durch das fortschreitende Erweichen der rissigen oligozänen Tone verursacht. Am Meeresufer treten unten weiche graue Mergel und darüber feste Kalksteine heraus. Die Geländeoberfläche war von sandigen Kiesen überdeckt.

Die Rutschung trat längs einer zylindrischen Gleitfläche mit einem Halbmesser von etwa 91 m ein. An der Küste wurden die grauen Tone aufgewölbt, im Abrutschgebiet sanken zwei mächtige Erdschollen ab und neigten sich in den Hang hinein. Durch das Abrutschen dieser Erdschollen stellte die Natur selbst vorübergehend ein Gleichgewicht her, denn der Hang wurde standfester. Allerdings ist die Standfestigkeit des Hanges nicht von Dauer, weil die Erosionstätigkeit des Meeres den aufgewölbten Tonwall zerstört; dadurch wird auch das vorübergehend geschaffene Gleichgewicht des Hanges beeinträchtigt. Um die aufgewölbten Tone vor der Brandung zu schützen, müßte die Erosionstätigkeit des Meeres unterbunden werden. Derartige Maßnahmen sind mit hohem Kostenaufwand verbunden, wenn sie ihren Zweck voll und ganz erfüllen sollen; sie können nur dort errichtet werden, wo durch Rutschungen wichtige Objekte gefährdet sind.

Wie bereits erwähnt wurde, braucht der gesamte Rutschkörper keine einheitliche, zusammenhängende Abrutschmasse zu bilden. Nur in festen, homogenen Tonen bewegt sich die Abrutschmasse in großen Schollen, längs tiefliegender Gleitflächen. Wenn die Abrutschmasse nicht kompakt ist, so daß das Wasser tief in diese eindringen kann, tritt der Zerfall der einzelnen Erdschollen ein. Dies ist bei den sog. *rissigen Tonen* der Fall („treschtschinowatye gliny", „fissured clays"); das sind sehr dicht gelagerte, jedoch mit zahlreichen feinen Rissen (Haarrissen) durchsetzte Tone, die längs dieser Risse nach der Austrocknung leicht zerfallen. Nach der Wassersättigung längs der Haarrisse weichen diese Tone auf und werden breiig. Ein wichtiger Faktor ist in diesem Falle auch die Einwirkung des Frostes während der Winterperiode. Die Hangrutschung in rissigen Tonen reicht in der Regel nicht bis zur Sohle des Einschnittes, denn dort weist das Gestein einerseits dauernd eine ausreichende Feuchtigkeit auf und ist andererseits auch gegenüber seitlicher Auflockerung geschützt. Zu Bodenbewegungen kommt es unter diesen Bedingungen manchmal erst viele Jahre nach der Anlage des Einschnittes. Einen zweckmäßigen Schutz bieten die rechtzeitige Begrünung des Hanges, die Errichtung niedriger Futtermauern, die eine Lockerung des Hangfußes verhindern und die Anlage tieferer Dränagen, denn bei dieser Art der Tone sickert das Wasser durch die Risse ein und kann durch die Dränage abgeleitet werden. Ein deformierter Hang muß möglichst eingeebnet und begrünt werden, damit sich auf ihm kein Niederschlagswasser ansammeln kann.

8,10. Durch Aufwölbung der plastischen Schichten im Liegenden entstandene Bewegungen. Der Unterschied zwischen Rutschung und Aufwölbung besteht darin, daß die Rutschung eine in relativ kurzer Zeit verlaufende Erscheinung ist, die einsetzt, sobald die Gleichgewichtsbedingungen des Hanges gestört sind, während die Aufwölbung langsam verläuft und längere Zeit andauert. Die Rutschung ist eine Bewegung von Erdmassen mit einer deutlich erkennbaren Grenze, wogegen bei der plastischen Aufwölbung der Schichten gewöhnlich keine Grenze zwischen der sich in Bewegung befindenden und der im Ruhezustand verharrenden benachbarten

Erdmasse zu erkennen ist. Eine Aufwölbung der plastischen Gesteine kann auch im Laboratorium dargestellt werden, wenn auf eine Asphaltplatte ein kleines Gewicht gelegt wird. Zuerst ist keine Deformation zu erkennen, aber nach einiger Zeit bewirkt schon diese geringe Belastung ein Eindrücken des Gewichtes in den Asphalt, der sich wie eine sehr zähe Flüssigkeit verhält und nach den Seiten hin aufgewölbt wird. Dieser Vorgang zieht sich über eine lange Zeit hin und tritt bei Belastungen ein, die weit geringer sind, als die mit Hilfe der üblichen Verfahren ermittelte Druckfestigkeit.

Die Aufwölbung von Schichten ist eine in der Natur allgemein verbreitete Erscheinung, der man sich jedoch nicht voll bewußt wird, und zwar deshalb nicht, weil es sich um eine sehr langsam verlaufende Erscheinung handelt. Durch die Aufwölbung weicher Gesteine des Liegenden entstehen verschiedene Arten von Störungen, deren Form von den geologischen und morphologischen Bedingungen abhängt. Hierher gehören schollenartige Rutschungen, die Aufwölbung weicher Tone an der Sohle der durch fluviatile Erosion gebildeten Täler oder künstlichen Einschnitte und einige durch den nichttragfähigen Untergrund verursachte Störungen von Aufschüttungen.

a) *Schollenartige Rutschungen* entstehen dort, wo die zerklüfteten festen Gesteine Steilwände bilden, die auf weichen, plastischen Schichten lagern. Die durch Klüfte abgesonderten Randschollen fester Gesteine sinken fortschreitend in das weiche Liegende ein. Die plastischen Schichten im Liegenden werden seitlich aufgewölbt und tragen die festen Gesteine des Hangenden mit sich fort. In diesen Gesteinen entsteht eine Zugspannung, durch die sie auseinandergerissen werden, und es bilden sich in ihnen offene Spalten. Hierbei gleitet zumeist der untere Teil der Gesteinsschollen in Bewegungsrichtung ab, und die obere Fläche der Scholle neigt sich in den Hang hinein.

Umfangreiche schollenartige Rutschungen an der *Schwarzmeerküste bei Odessa* wurden bereits im Jahre 1898 von I. Sinzow beschrieben. Die großen Randschollen der Kalksteine sinken hier zusammen mit der mächtigen Lößschicht in die weichen Mergel ein, auf denen sie lagern. Die einzelnen, durch ungefähr mit der Küste parallel verlaufende Klüfte abgesonderten Schollen sinken allmählich ab und neigen sich langsam. Die Mergel werden dabei zur Küste hin aufgewölbt. Hat sich am Ufer ein ausreichendes Gegengewicht aus angehäuften Mergeln gebildet, dann tritt zunächst ein Gleichgewichtszustand ein, der so lange andauert, bis die Meeresbrandung die aufgewölbten Mergel und eingestürzten Kalksteinbänke abgeschwemmt hat. Anschließend wiederholt sich die Bewegung (Abb. 8—43).

Für die Entstehung schollenartiger Rutschungen sind auch in Böhmen am Rande der Kreidetafel günstige Bedingungen vorhanden, so z. B. in der Umgebung von Prag und im Gebiet von Turnov (Turnau), wo die Steilwände bildenden festen Sandsteine auf weichen Tonmergeln gelagert sind.

In der Abb. 8—44 ist ein Aufschluß der Kreideschichten in einem alten Steinbruch am Nordhang des Tales von *Motol bei Prag* dargestellt. In dem alten Steinbruch sind

Abb. 8–43. Schollenartige Rutschungen an der Schwarzmeerküste bei Odessa *(Sinzow 1898)*.

einige mächtige Sandsteinschollen zu erkennen, die in die Tone des Cenoman eingesunken sind und hangabwärts verschoben wurden. Die Schichtflächen der verschobenen Schollen weisen eine Neigung von 14 bis 16° in den Hang hinein auf, und in den Schollenstufen oberhalb der Sandsteine sind Überreste zerklüfteter sandiger Mergel (Unterturon) erhalten geblieben. Auf der Sohle der Sandgrube stieß man auf steif plastische dunkelgraue Cenomantone, die unterhalb der Sandsteinblöcke gestaucht waren. In den Schürfen wurden Kreidetone und Sandsteinblöcke auch in den tieferen Hanglagen festgestellt, wohin sie durch periglaziale Solifluktion herabgeschleppt worden waren. Den Untergrund der Kreidetone bilden angewitterte ordovizische Tonschiefer, die während der Hangbewegung ebenfalls hangabwärts herabgeschleppt wurden. Im vorliegenden Falle handelt es sich um eine fossile Erscheinung. Dies geht daraus hervor, daß der Hang von Lößlehm überdeckt ist, in dem man zwei durch einen Überrest fossilen Bodens getrennte Deckschichten erkennen kann. Der ältere Lößlehm ist am Hangfuß erhalten geblieben und gleicht die Stufen über den geneigten Sandsteinschollen aus. Der jüngere Lößlehm bedeckt in einer fast zusammenhängenden Schicht den gesamten Hang. Die Aufwölbung der Tone und die Setzung der Sandsteinschollen sind somit älter als der jüngste Löß. Zum Einsinken der Schollen konnte es nur zu einer Zeit kommen, in der die Tone weicher waren, als sie es heute sind. Die Erweichung trat beim Auftauen des Dauerfrostbodens ein, und man kann annehmen, daß die Konsistenz der Kreidetone damals durch das Wasser, mit dem die Tone bei fortschreitender Durchfrierung angereichert worden waren, verändert wurde. In diesem Falle wirkte ein weiterer Faktor mit, und zwar physikalisch-chemische Änderungen der Tone. Diese Änderungen wurden vom Wasser verursacht, welches durch die glaukonitischen Sandsteine durchsickerte.

Klassische schollenartige Rutschungen sind aus dem Stadtgebiet von *Algier* bekannt, wo sie große Schäden anrichteten. In der Abb. 8—45 ist das geologische Profil der bebauten Anhöhe von St-Raphael dargestellt, das von Lithotamnien-Kalken gebildet wird. Die Kalksteine sind stark zerklüftet und enden in einer steilen Wand, aus der die Randschollen ausbrechen und dann in die weichen Mergel (Miozän) einsinken. Die Basis der miozänen Schichten bilden Sandsteine und Konglomerate, die transgressiv auf kristallinen Schiefern, hauptsächlich auf Gneis liegen. Das Einsinken der Schollen und deren Verschiebung hangabwärts tritt bei starken Niederschlägen auf. Die für die Stadt katastrophalen Bodenbewegungen wurden in den Jahren 1829, 1845, 1942 und 1943 beobachtet. Die letzten schweren Schäden waren der Anlaß für eine komplexe Untersuchung, die beispielhaft ist für eine erfolgreiche Zusammenarbeit von Geologen, Bodenmechanikern, Topographen und Geochemikern (Agard, M., 1948, Drouhin, Gautier, Dervieux, 1948).

Die Untersuchung ergab, daß die Mergel unterhalb der Randblöcke aufgeweicht sind, so daß deren

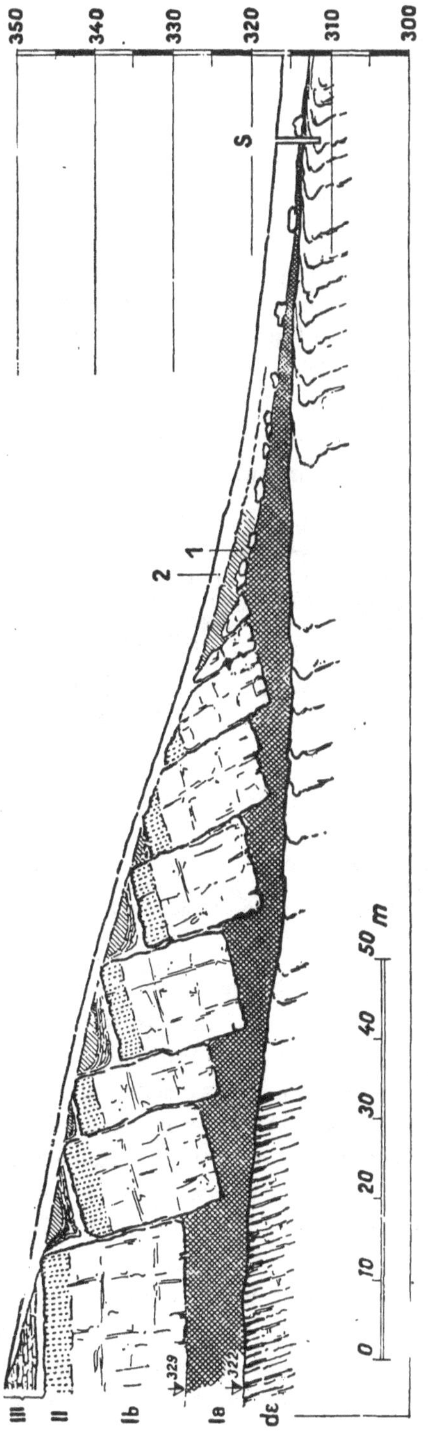

Abb. 8—44. Schollenartige Rutschung der Kreideschichten am Talhang von Motol bei Prag. *Ia* – Kreideton, *Ib* – Kreidesandstein, *II* – Glaukonitsandstein, *III* – Tonmergel (Unterturon). Der Hang ist von Lößlehm (*1, 2*) überdeckt.

Festigkeit geringer ist, als es dem Gewicht des Hangenden entspricht. Diese Auflockerung erklären die Autoren mit der chemischen Einwirkung des Glaukonits. Unterhalb der Kalksteine befindet sich eine Schicht von Glaukonitmergel. Durch Verwitterung des Glaukonits werden die Kaliumverbindungen frei, welche die Kalziumsalze im zirkulierenden Wasser verdrängen, wobei sich der pH-Wert beträchtlich erhöht. Das auf diese Weise alkalisch reagierende Wasser besitzt die Fähigkeit, feine Tonteilchen zu einer Suspension zu dispergieren, die vom Wasser fortgetragen wird. Der Wassergehalt der Mergel nimmt zu, und das Gestein erhält den Charakter einer viskosen Masse. Steile Kalksteinfelsen sind nur scheinbar standfest, denn sie lagern auf einem halbflüssigen Medium. Die Randblöcke lösen sich plötzlich und sinken in den aufgeweichten Mergel ein. (Im Jahre 1943 sank ein Block mit einem Rauminhalt von 4000 m³ 7 m tief ein.) Die waagerechten Bodenbewegungen dagegen vollziehen sich verhältnismäßig langsam und erreichen im Jahr etwa 30 cm.

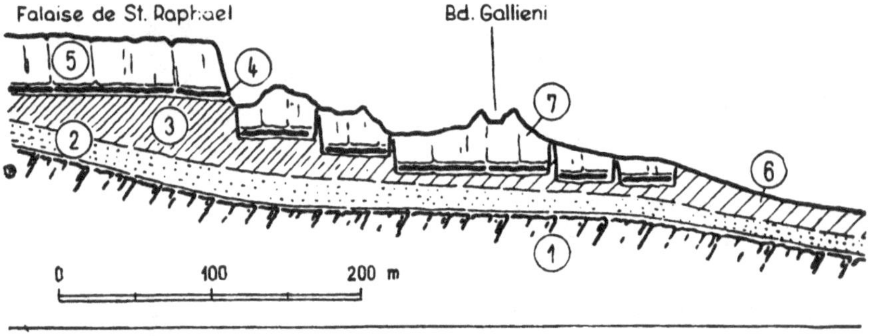

Abb. 8—45. Profil der schollenartigen Rutschung in der Stadt Algier (nach Agard, 1948). *1* — kristalline Schiefer, *2* — basale Sandsteine und Konglomerate (miozän), *3* — feste blaue Mergel, *4* — Glaukonitmergel, *5* — Lithotamnien-Kalke, *6* — aufgeweichte abrutschende Mergel, *7* — eingesunkene, abrutschende Schollen der Kalksteine.

Umfangreiche Küstenrutschungen eines ähnlichen Typs in *Neuseeland* beschrieb V. N. Benson. Im Küstengebiet von Dunedin treten sandige Mergel der Oberkreide zutage, auf denen glaukonitische Sande (Eozän) liegen. Das Gelände ist an der Oberfläche von Basaltlavadecken mit Tuffen und Agglomeraten überdeckt. In der Abb. 8—46 ist das Querprofil dieser Küste nach V. N. Benson (1946) dargestellt. Die Basaltlavadecke ist in eine Reihe von Schollen zerbrochen, die in das weiche Liegende einsinken und hangabwärts in Richtung zum Meer vorwärts geschoben werden. Im Jahre 1876 wurde an der Küste mit dem Bau einer Eisenbahnstrecke begonnen, die über dieses Rutschgelände führen sollte. Die Eisenbahnstrecke wurde nie zu Ende gebaut, weil sich die Bodenbewegungen derart oft wiederholten, daß die Trassenführung am Ende aufgegeben werden mußte. Die Bodenbewegung hat bis heute noch nicht nachgelassen; sie gefährdet eine Straße und mehrere Gebäude längs der alten Eisenbahnstrecke. Das Akkumulationsgebiet der Rutschung wird durch die Erosionstätigkeit des Meeres so schnell zerstört, daß die Küste hier fortschreitend alljährlich einige Meter zurückweicht. Die Küstenlinie wurde seit dem Jahre 1876 um einige hundert Meter in das Innere des Landes hinein verschoben.

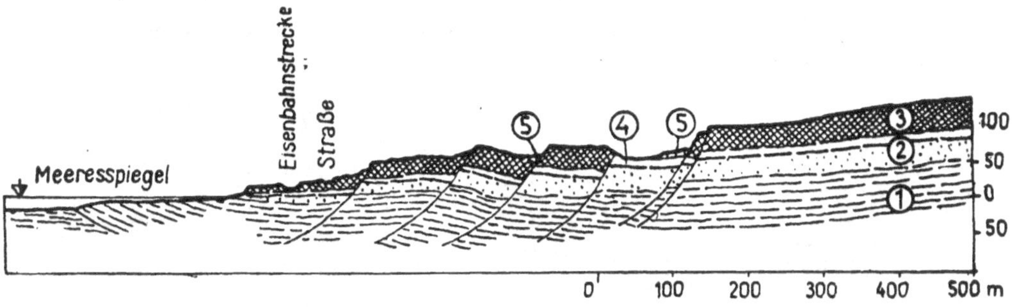

Abb. 8—46. Rutschungen an der Küste von Neuseeland. Die Rutschflächen bildeten sich in den Tonen der oberen Kreide. Die Oberfläche des mit einer Basaltschicht bedeckten Geländes wird stufenweise gebrochen. *1* — Sandmergel (obere Kreide), *2* — Glaukonitsande (Eozän), *3* — Basalte und Dolerite, *4* — eozäne Tone, *5* — Basaltschutt. (*Benson 1946*.)

b) *Aufwölbung weicher Schichten auf der Talsohle.* — In einigen Gegenden ist die Aufwölbung weicher Gesteine auf der Talsohle eine allgemein verbreitete Erscheinung und nimmt derartige Ausmaße an, daß sie schwerwiegende Folgen nach sich zieht. Diese Erscheinungen wurden anläßlich umfangreicher Abraumarbeiten für den Abbau von Eisenerzen in der Umgebung von Northampton in Mittelengland eingehend beschrieben.[1] Ziemlich tiefe Täler sind hier in die festen Jurakalke und Tonschiefer (unterer Oolith) eingeschnitten, und auf der Talsohle sind weiche Liastone freigelegt. Obwohl die Schichten im großen und ganzen fast horizontal gelagert sind, sind auf den Talhängen und unterhalb der Talsohle die Schichten stark deformiert. Bänke aus festen Kalksteinen und Sandsteinen mit Eisenerz sind auf dem Hang in Richtung zur Talsohle geneigt, wogegen die Tone auf der Talsohle nach oben hin aufgewölbt sind. Das Absinken der Randschollen beträgt bis zu 50 m gegenüber der ursprünglichen Höhe über dem Meeresspiegel, die auf den umliegenden Anhöhen erhalten bleibt. Die Oberflächenschichten der zum Tal geneigten festen Kalk- und Sandsteine sind von offenen, annähernd parallel mit den Höhenschichtlinien verlaufenden Spalten und Klüften durchsetzt, in die gewöhnlich Überreste jüngerer Gesteine hineingefallen sind.

Gleichzeitig mit dem Absinken der Randschollen des festen Gesteins an den Hängen werden die Liastone auf der Talsohle aufgewölbt. Obwohl diese Deformationen Tiefen von einigen zehn Metern erreichen, sind sie vom geologischen Standpunkt aus betrachtet eine Oberflächenerscheinung, weil sich die Falten nur in den Oberflächenschichten der Tone unterhalb der Talsohle bilden; am Hangfuß verlieren sie sich nach der Tiefe zu wie auch unterhalb der Hänge, und die Schichten weisen einen normalen, fast horizontalen Verlauf auf (Abb. 8—47). Die Aufwölbung

[1] S. E. Hollingsworth u. a. (1943) nennen das Absinken der Randschollen cambering, die offenen Spalten gulls und die Aufwölbung der Tone an der Talsohle bulging.

der Tone im Anfangsstadium erweist sich als eine mäßige Antiklinale unterhalb der Talsohle. Im fortgeschrittenen Stadium werden die Tone zu kleinen Oberflächenfalten zusammengeschoben, und am Hangfuß bilden sich auch mit dem Tal parallel verlaufende Brüche. Im Querprofil erscheinen sodann die am Hangfuß aufgewölbten Schichten als kleine Horste.

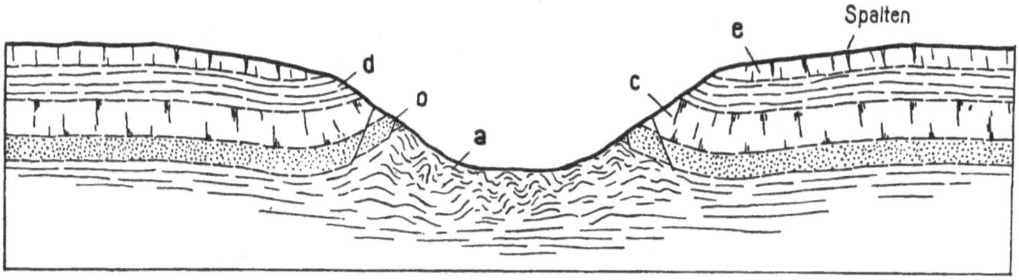

Abb. 8—47. Aufwölbung der Liastone auf der Talsohle bei Northampton in Mittelengland. *a* — Liastone, b — Sandsteine der Northampton-Schichten, *c* — Lincolnshire-Kalke, *d, e* — Schiefer und Kalke der Oolithschichten. (*Hollingworth, 1943.*)

Die die Aufwölbung der Tone bewirkende Spannung wurde von der unterschiedlichen Belastung der Tone auf der Talsohle und unter den Talhängen verursacht. Die Deformation kann als Aufwölbung einer plastischen Masse beim Übergang aus dem belasteten in den entlasteten Bereich gedeutet werden.

Diese Oberflächendeformationen der Gesteine und ihre Begleiterscheinungen erfordern eine erhöhte Aufmerksamkeit bei Ingenieurbauten. Eine ähnliche Erscheinung kann auch bei der Niederbringung künstlicher Einschnitte eintreten, wenn man beim Aushub unter den festen Gesteinen auf weiche Schichten stößt. Die durch Aufwölbung der Schichten längs der Talsohle bewirkte Störung der Gesteine kann Schwierigkeiten bei der Gründung von Talsperrenbauten bereiten, wie es beim Bau zweier Talsperren bei Northampton der Fall war, der unter solchen geologischen Verhältnissen stattfand. Auch in der ČSSR begegnete man dieser Erscheinung bei der Gründung einer Staumauer im Gebiet von Ostrava.

Dieses Beispiel, zu dessen gründlicher Analyse sich in den offenen Aushüben und Bohrungen für den Injektionsschleier Gelegenheit bot, wird eingehend behandelt. Das Tal ist in Mergelschiefer der Unterkreide eingeschnitten, die von Lagergängen des Teschinits durchsetzt sind. Die Schiefer sind weich, mergelig und dünnblättrig und enthalten schwache Kalkstein-Einlagen. Im trockenen Zustande zerfallen die Schiefer in kleine scherbenartige Bruchstücke, bei Feuchtigkeit weichen sie allmählich auf, bis sie breiig werden. Die Teschinite gehören den basischen Eruptivgesteinen der Beskiden an. An den Kontaktflächen mit dem Teschinit sind die Schiefer sowohl im Hangenden als auch im Liegenden der Kontaktmetamorphose unterworfen, es bildeten sich Hornfelsgesteine von plattiger Absonderung. Die Schiefer wurden gemeinsam mit dem Teschinit bei den gebirgsbildenden Prozessen der Karpaten tektonisch gestört. Das in der Abb. 8—48 dargestellte Profil wurde nach

Aufnahmen der Baustellenaufschlüsse und nach Kernbohrungen aufgestellt. Aus dem Profil ist zu entnehmen, daß der Teschinitkörper durch ein System von annähernd parallel mit dem Flußtal verlaufenden Verwerfungen in mehrere Schollen zerbrochen ist, die durch breite Spalten und Klüfte voneinander getrennt sind. Die schweren Teschinitblöcke sanken allmählich in die weichen Schiefer ein, die zum

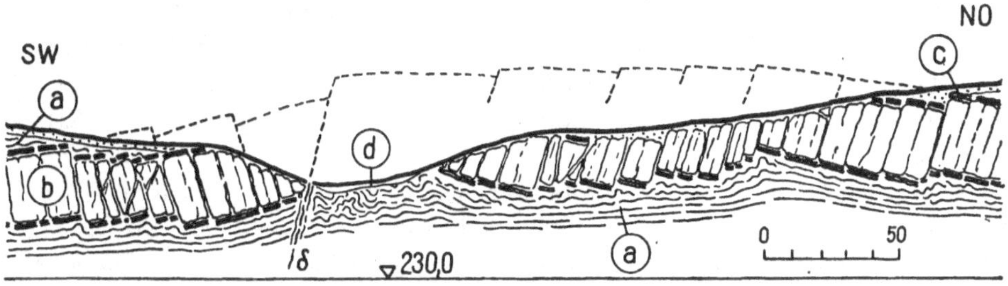

Abb. 8—48. Aufwölbung der Mergelschiefer auf der Talsohle des Flusses Lucina bei Ostrava
a — Mergelschiefer (untere Kreide), *b* — Teschinit, *c* — kontaktmetamorphe Schiefer, *d* — aufgeweichte Schiefer an der Talsohle *(Záruba, 1956)*.

Tal hin aufgewölbt und durch den Wasserlauf fortschreitend abgetragen wurden. Die Teschinitschollen sanken langsam ein und wurden zum Hangfuß hin verschoben. Die Neigung der einzelnen Teschinitschollen ist deutlich aus den Überresten der kontaktmetamorphen Schiefer im Hangenden der Teschinitschollen zu erkennen. Die größten Deformationen traten offenbar im jüngeren Pleistozän ein, denn die Stufen zwischen den Schollen sind mit Hangschutt und Lößlehm ausgefüllt.

Es drängt sich die Frage auf, ob es sich hierbei um eine ausgesprochene periglaziale Erscheinung handelt oder ob eine solche Deformation auch unter den gegenwärtigen klimatischen Bedingungen eintreten könnte. Im allgemeinen kann es zu einer Aufwölbung im Liegenden überall dort kommen, wo die Belastung der weichen Gesteine in einem begrenzten Bereich entweder durch künstlichen Eingriff oder natürliche Einflüsse aufgehoben wird und wo durch diese differentiale Entlastung Spannungen entstehen. Diese dauernden Spannungen können, auch wenn sie die Scherfestigkeit plastischer Schichten nicht überschreiten, dauernde Deformationen bewirken, wenn sie lange genug einwirken. Im vorliegenden Falle könnte es zu den beschriebenen Deformationen allein schon durch eine Vertiefung des Tales kommen, wie sie auch analog beim Aushub der Fundamentgrube für einen Damm in Erscheinung traten. Allerdings förderte die tiefgreifende periglaziale Durchfrierung des Bodens und dessen Auftauen diese Deformationen in starkem Maße. Die Schiefer wurden in der gesamten Durchfrierungstiefe mit Wasser angereichert, das in Form von dünnen Eisschichten gefror. Vom Eis ist bekannt, daß es sich wie eine plastische Masse verhält und ein geringeres Raumgewicht hat. Möglicherweise konnte es also bereits im Zustande der tiefgreifenden Durchfrierung zu einer plastischen Bewegung kommen, weil die dünnen, die Schieferbruchstücke umhüllenden Eisschichten eine rheologische Bewegung erleichterten. Außerdem ist in Betracht zu ziehen, daß das

Eis das Raumgewicht der Mergelschiefer in der gesamten Durchfrierungstiefe wesentlich verringerte. Nach den in der ČSSR gesammelten Erfahrungen kann im großen und ganzen angenommen werden, daß der Dauerfrostboden bis in eine Tiefe von mindestens 20 bis 40 m reichte. Der Raumgewichtsunterschied zwischen den schweren Teschinitblöcken, die verhältnismäßig wenig Wasser aufnehmen konnten, und den durch dünne Eisschichten aufgelockerten, durchfrorenen Schiefern war beträchtlich. Das Verhältnis der Raumgewichte betrug etwa 2,8 : 2. Dieser Raumgewichtsunterschied erleichterte die Aufwölbung der Schiefer, ähnlich wie sich bei der Aufwölbung einiger Salzlagerstätten das geringe Raumgewicht des Salzes auswirkt.

Die Bewegung der Schiefer wurde wahrscheinlich beim Auftauen des Dauerfrostbodens beschleunigt, da das Schmelzwasser die Konsistenz der Schiefer störte, so daß deren Schichten noch weicher und plastischer wurden, als dies in der Dauerfrostperiode der Fall war und heute der Fall ist.

Die Aufwölbung der weichen Mergelschiefer als Untergrund der Teschinitschollen trägt den Charakter einer plastischen Deformation der Gesteine. Richtiger wäre es, die Deformation als scheinbar plastische Verformung zu bezeichnen, denn sie ist mit zahlreichen kleinen Differentialverschiebungen an den die festen Schieferbruchstücke begrenzenden Flächen verbunden. Diese Bruchstücke innerhalb der durchgekneteten Zonen haben die Form kleiner Linsen, die durch geglättete Flächen mit weichen Tonüberzügen voneinander getrennt sind. Die Bewegung erweist sich deshalb als plastisch, weil sich die Differentialverschiebungen nicht zu einer einheitlichen Gleitfläche vereinen, so daß es nicht zu einer plötzlichen, schnellen Rutschung einer räumlich erkennbaren begrenzten Masse kommt. Die Labilität des Hanges wird erst im Laufe eines längeren Zeitraumes sichtbar, in dem die mehr oder weniger kontinuierlichen kleinen Deformationen meßbare Werte erlangen. In einer späteren Bewegungsphase kann es vorkommen, daß sich durch Vereinigung der kleinen Differentialgleitflächen eine durchgehende Gleitfläche ausbildet, längs der es unter günstigen natürlichen oder künstlichen Bedingungen zu einer Rutschung kommt.

Eine Aufwölbung der weichen Gesteine durch lithostatischen Druck an den Talsohle von Erosionstälern ist aus Rumänien bekannt, wo sie erstmals von I. P. Voitesti (1909) beschrieben wurde. In die rumänische Literatur ist diese Erscheinung unter der Bezeichnung „*Talantiklinalen*" eingegangen. I. P. Voitesti (1934) beschäftigte sich mit dem Vorgang der Aufwölbung von Salzlagerstätten und führte in seinen Arbeiten eine Reihe von Beispielen struktureller Deformationen an, die den Salzlagerstätten bei ihrer Entlastung durch eine junge Erosion der Flußläufe aufgezwungen wurden. Er weist darauf hin, daß die plastischen Deformationen wegen der beträchtlichen Plastizität des Salzes für Salzlagerstätten charakteristisch sind, daß sie jedoch auch bei Tonen auftreten, beispielsweise im Gebiet von Gorji, Albeni usw., wobei unter der Talsohle Antiklinalbiegungen entstehen, obgleich die Schichten unterhalb der benachbarten Hügel vollkommen waagerecht verlaufen. M. Ilie (1943, 1955) wies auf die Deformationen der Schichten in den Tälern der transsilvanischen Niederung hin, wo die Wasserläufe ihre Täler in die pelitischen Ablagerungen des jüngeren Tertiärs einschneiden. Er beschrieb zahlreiche Beispiele von Talantiklinalen aus dem Flußgebiet der Oltul und Tarnava Mare und betont, daß es sich dabei um junge, auf Flußerosion längs der Täler zurückzuführende Erscheinungen handelt. Die Achsenorientierung dieser Antiklinalen stimmt mit der Orientierung des hydrographischen Netzes überein; dort wo sich ein stärkerer Zufluß in das Haupttal bemerkbar machte, beobachtete Ilie auch eine Verzweigung der Talantiklinalen.

Auch R. Lachmann (1912, S. 76, 77) beobachtete, daß die Lagerungsverhältnisse einiger Salzlagerstätten durch die Form der Erdoberfläche beeinflußt wurden. Er führt einige Beispiele für das Heraustreten von Salzlagerstätten längs junger Erosionstäler im norddeutschen Gebiet an.

c) *Dammrutschungen durch Aufwölbung des Untergrundes.* Die am häufigsten vorkommende Ursache von Dammrutschungen ist gewöhnlich eine unrichtige Gründung des Dammes auf einem nicht tragfähigen Untergrund. Hohe Dämme werden in der Regel dort errichtet, wo ein Verkehrsweg über die Talsohle führt, die zumeist mit nicht tragfähigen, wassergesättigten Ablagerungen ausgefüllt ist. Wenn der Damm nicht richtig gegründet ist, wird der nicht tragfähige Untergrund seitlich aufgewölbt, und es tritt eine Dammrutschung ein. Bei der Aufwölbung des Untergrundes unterhalb der Dämme begegnet man verschiedenen Erscheinungen, je nach den örtlichen geologischen Verhältnissen und dem Gestein, das den Untergrund bildet.

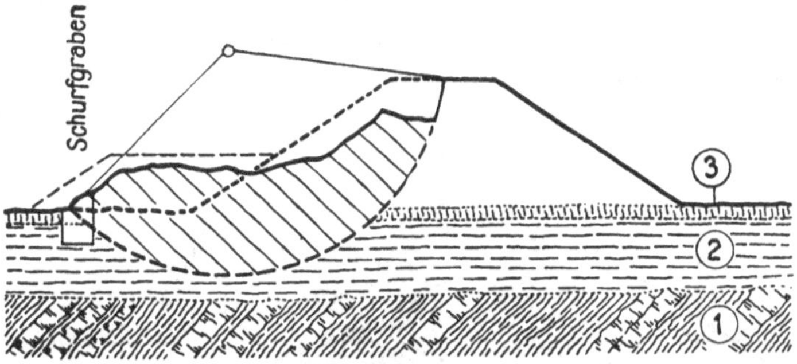

Abb. 8—49. Dammrutschung entlang zylindrischer Gleitfläche, die bis in den Untergrund hineinreicht. *1* — Mergelschiefer, *2* — tonige Talablagerungen, *3* — angeschwemmte Lehme.

Besteht der Untergrund des Dammes aus einem weichen bindigen Gestein von ausreichender Mächtigkeit, dann kommt es zu Rutschungen längs der zylindrischen Gleitflächen. Die statischen Gleichgewichtsbedingungen sind den im Abschnitt 8,9 angeführten ähnlich. Die Rutschung macht sich durch langsames Absinken des oberen Dammteiles und durch Aufwölbung der Geländeoberfläche am Dammfuß bemerkbar (Abb. 8—49). Wird im aufgewölbten Teil am Dammfuß ein Schürfgraben ausgehoben, so können in diesem die Tiefe und die Neigung der Gleitfläche ermittelt werden. Auch im Abrutschgebiet des oberen Dammteiles kann meistens die Gleitfläche freigelegt werden. Nach den ermittelten Fakten läßt sich in das Profil der wahrscheinliche Verlauf der Gleitfläche einzeichnen. Da die Standfestigkeit des Dammes zur Zeit der Störung gleich 1 ist, hat man eine gute Kontrolle dafür, ob die physikalischen Eigenschaften des Gesteins im Untergrund und innerhalb der Aufschüttung richtig bestimmt wurden.

Zur Stabilisierung des Dammes ist es erforderlich, entweder die Auflast zu vermindern — sofern eine Verringerung der Aufschüttung möglich ist — oder die eine Bewegung verhindernden Massen durch eine Belastungsaufschüttung zu vergrößern. Die Größe der Belastungsaufschüttung wird nach den Gleichgewichtsbedingungen in der Weise bestimmt, daß die Sicherheit gegenüber Rutschungen größer als 1,2 ist.

Als Beispiel wird die Rutschung des Eisenbahndammes bei Slaný angeführt (Q. Záruba, 1927). Der 16 m hohe Damm wurde zum Teil auf festen Schiefertonen und Sandsteinen des Perm, zum Teil auf nicht tragfähigen lehmig-sandigen Ablagerungen des Baches gegründet. Diese Ablagerungen wurden durch Druckwasser aus den sandigen Kiesen der Talsohle gesättigt. Nachdem man einige Bohrungen vorgenommen hatte, stellte man fest, daß zur Zeit der Rutschung das Grundwasser in den Kiesen unter Druck stand, denn der Grundwasserspiegel stieg nach dem Anbohren der Kiese beinahe bis zur Geländeoberfläche. Im Jahre 1926 kam es bei stärkeren Niederschlägen zur Abscherung des Untergrundes, der sich am Dammfuß in Form von Wällen anhäufte. Hierbei wurde das Bachbett verschüttet, und das gestaute Wasser gefährdete Bauwerke und Verkehrswege auf der Talsohle. Die Rutschung trat längs einer zylindrischen Gleitfläche mit einem Halbmesser von etwa 30 m ein (Abb. 8—50). Die Eisenbahnstrecke wurde durch eine Belastungsaufschüttung am Dammfuß gesichert.

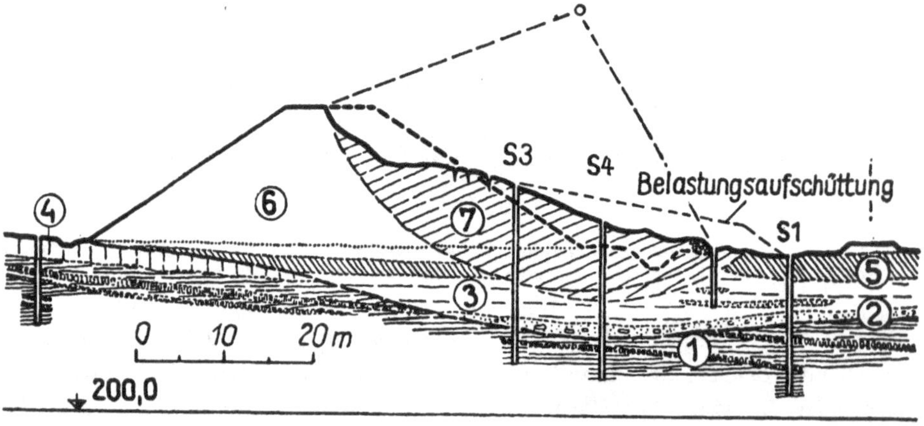

Abb. 8—50. Dammrutschung entlang der zylindrischen Gleitfläche bei Slaný. Die Aufschüttung ruht auf weichen lehmig-sandigen Ablagerungen des Baches. *1* — Schiefertone und Sandsteine des Perm, *2* — sandige Kiese, *3* — lehmig-sandige Ablagerungen des Baches, *4* — Lößlehm, *5* — Auelehm, *6* — Damm, *7* — abgerutschter Teil des Dammes. (*Q. Záruba, 1927.*)

Beim Bau von Dämmen auf Schlamm- und Moorböden wird absichtlich eine Aufwölbung des Untergrundes herbeigeführt. Der Damm wird so gebaut, daß man Sand auf dem weichen Untergrund aufschüttet, der nach den Seiten herausgedrängt wird. Das Gleichgewicht stellt sich erst dann ein, wenn ein Teil des nicht tragfähigen Untergrundes aufgepreßt ist. Die Aufschüttung wird überhöht, und nach Entfernung des überhöhten Teiles ist die erforderliche Standsicherheit erreicht. In einigen Fällen wird der nicht tragfähige Untergrund unterhalb des Dammes durch systematische Sprengungen beseitigt. Die Aufbrechung des nicht tragfähigen Untergrundes unterhalb der Dämme oder dessen Sprengung sind Verfahren, die oft mit Erfolg von deutschen Geologen angewendet wurden, da diese Verfahren den geologischen Bedingungen eines Gebietes entsprechen, das im Pleistozän von einem kontinentalen Gletscher überdeckt war. Aus der letzten Zeit wird ein treffendes Beispiel aus dem Gebiet von Berlin durch R. Köhler (1957) beschrieben.

8,11. Rutschungen längs vorhandener Flächen:

a) *Rutschungen längs der Schichtflächen* setzen ein, wenn die Schichten den Hang hinab geneigt sind und am Hangfuß unterspült oder künstlich abgegraben werden. Bei Gesteinen mit ebenen und glatten Schichtfugen stellt die Schichtenneigung gewöhnlich die maximale Neigung dar, bei der der Hang dauernd standfest ist. Wenn die Schichten am Hang unterspült oder abgegraben werden, halten sie sich in ihrer Lage nur durch die Einwirkung der Reibung. Der Reibungskoeffizient ist um so größer, je rauher und unebener die Schichtflächen sind. Die Reibung wird fortschreitend durch Witterungseinflüsse, Gefrieren und Auftauen des Wassers, manchmal auch durch den hydrostatischen Druck des Wassers in den Klüften verringert, wenn dieses aus der Schichtfuge nicht frei abfließen kann.

In Europa wurde die größte Rutschung längs der Schichtflächen am 12. September 1806 am Hang des Rossberges in der Schweiz registriert, bei der die Gemeinde Goldau und einige andere Ortschaften verschüttet wurden. Nach der eingehenden Kartierung durch den Schweizer Geologen A. Heim (1919) kam es zur Rutschung der tertiären Konglomerate (Nagelfluh) längs der Mergelsandstein- und bituminösen Mergelschichten, die eine Neigung von 19 bis 21° in Hangrichtung haben (Abb. 8—51). Der abgerutschte Schichtenkomplex war 1700 bis 2000 m lang, 300 m breit und 60 bis 100 m mächtig. Die Gesamtmenge der Abrutschmasse wurde auf 35 bis 40 Millionen m^3 geschätzt. Die Fläche des von der Rutschung heimgesuchten Gebietes beträgt 630 ha, wovon $^1/_6$ auf das Abrutschgebiet und $^5/_6$ auf den Schuttstrom entfallen. Durch die Rutschung wurden mehrere Ortschaften verschüttet, es kamen 457 Menschen ums Leben. Da sich die Schichten seit dem Ende der Eiszeit im Ruhezustand befanden, war die Frage, welche Kräfte die Gleichgewichtsstörung bewirkt hatten, lange Zeit hindurch Gegenstand von Diskussionen. Das Abrutschen der Felsschichten läßt sich im gegebenen Falle hauptsächlich auf folgende drei Faktoren zurückführen:

1. Entweder hatte sich durch gebirgsbildende Kräfte langsam die Schichten-

neigung vergrößert, bis der Reibungskoeffizient an der Schichtfuge unterhalb des losgelösten Blockes überschritten wurde, oder

2. an der Schichtfuge hatte sich durch Witterungseinflüsse fortschreitend die Gesteinsverwitterung beschleunigt, wodurch sich die Reibung verringerte, oder

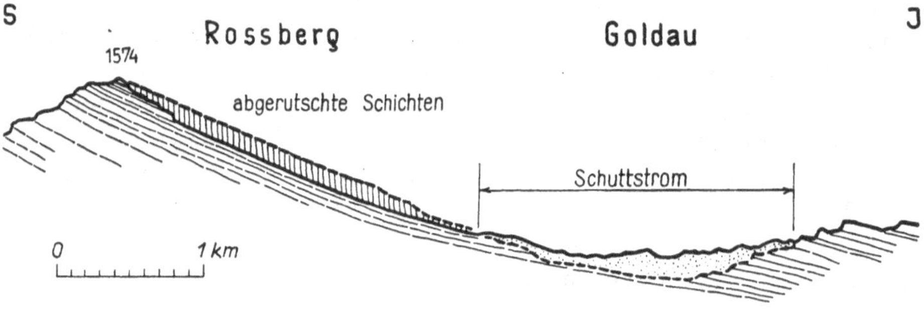

Abb. 8—51. Rutschung der tertiären Konglomerate auf Schichtflächen. Durch den Schuttstrom wurde im Jahre 1806 die Gemeinde Goldau verschüttet (*nach A. Heim, 1919*).

3. nach einigen regenreichen Jahren hatte sich der hydrostatische Druck des in den Schichtfugen gestauten Wassers vergrößert, und es kam dadurch zur Entlastung des losgelösten Blockes.

K. Terzaghi (1950), der den Fall erneut eingehend untersuchte, gelangte zu der Ansicht, daß die Bewegung entweder durch die Vergrößerung der Hangneigung oder dadurch, daß sich durch Verwitterung die Bindung zwischen dem abgerutschten Komplex und seinem Untergrund verringerte, am annehmbarsten erklärt werden kann.

Von gleichem Ausmaß war die Rutschung im Tal des Flusses Gross Ventre in Wyoming im Jahre 1925. Die Schichtenfolge von Tonschiefern, Sandsteinen und Kalksteinen mit einer Kubatur von 50 Millionen m^3 rutschte längs der Schichtfläche mit einer Neigung von 18 bis 21° zu Tal. Die Abrutschmassen verschütteten das Tal und bildeten vorübergehend einen 80 m hohen und etwa 1 km langen Damm, hinter dem ein 9 km langer See entstand. Im Jahre 1927 wurde dieser Damm während des Frühjahrshochwassers überflutet und durchbrochen; dies verursachte eine katastrophale Überschwemmung.

Rutschungen längs der Schichtflächen treten vielfach im Flyschgebiet der Karpaten auf, wo sie nicht nur durch die Beschaffenheit des Gesteins, sondern hauptsächlich durch den Stand der morphologischen Entwicklung der Karpaten bedingt sind. Die Bäche und Flüsse der Karpaten weisen meistenteils ein starkes Gefälle auf, so daß sie schnell in die weichen Gesteine des felsigen Untergrundes einschneiden. Die Vertiefung der Täler schreitet im Flyschgebiet der Karpaten so schnell voran, daß sich die Neigung der Berghänge der Erosionstätigkeit der Flußläufe nicht anzupassen vermag. Auf diese Weise entstehen Hänge mit steiler Neigung, die oftmals größer als die Schichtenneigung ist. Sind die Schichten zu der Tasohle geneigt, dann ergeben sich günstige Bedingungen für die Entstehung von Rutschungen längs der Schichtflächen.

Ein Abrutschen längs der Schichtflächen wird häufig auch durch einen Eingriff in die natürlichen Bedingungen des Hanges verursacht. Beim Bau einer Straße durch das Moldautal südlich von Prag wurde beispielsweise in einigen Abschnitten das Gleichgewicht der steilen Felshänge, die von algonkischen Schiefern gebildet werden, gestört. In der Abb. 8—52 ist das Querprofil des Hanges dargestellt, auf dem es längs der Schichtflächen zum Abrutschen der algonkischen Schiefer kam. Die Neigung der Schiefer zum Rutschen wird in diesem Falle durch ihre intensive Klüftung gefördert. Im Profil sind die einzelnen Phasen der Hangrutschung vom Jahre 1926 bis zum Jahre 1928 eingezeichnet. Das längere Verweilen des Hanges in steiler Neigung im Jahre 1927 wurde durch einen Diabasgang bewirkt, der die Schiefer längs der annähernd senkrecht zur Schichtfläche verlaufenden Klüfte durchzog.

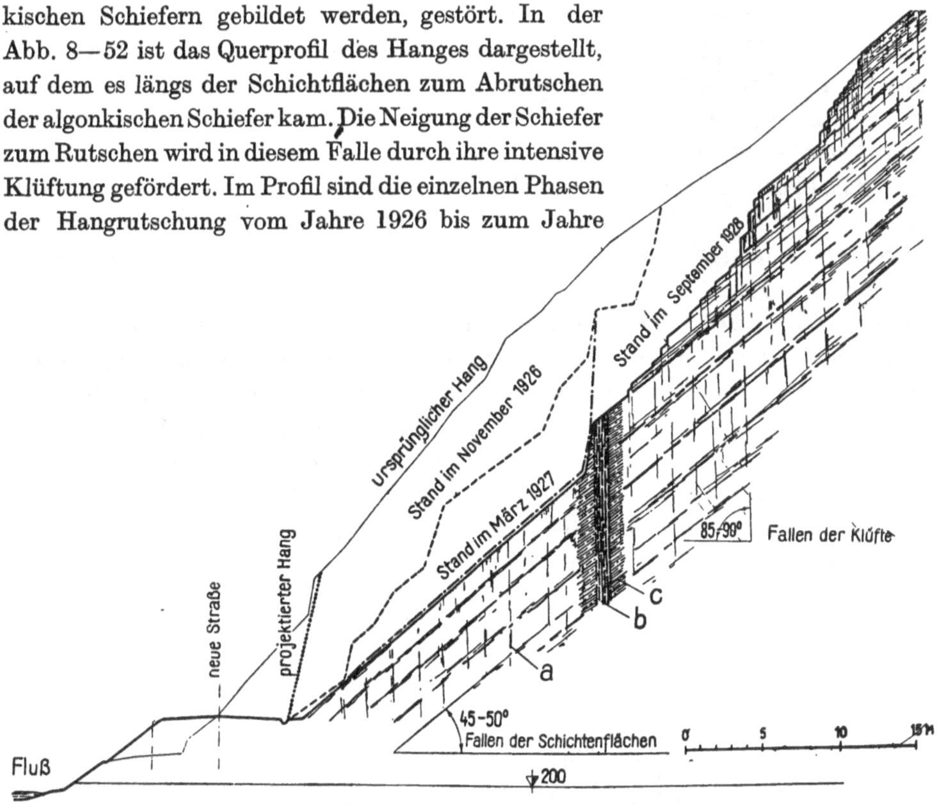

Abb. 8—52. Rutschung der algonkischen Tonschiefer auf Schichtflächen, die durch den Einschnitt für die neue Straße im Moldautal bei Štěchovice hervorgerufen wurde (*Q. Záruba, 1931.*) *a* — Algonkische Tonschiefer, *b* — Diabasgang, *c* — kontaktmetamorphe Tonschiefer.

Im vorliegenden Falle berücksichtigte das Straßenprojekt nicht den geologischen Aufbau des Geländes. Die im Projekt vorgesehene Kubatur der Ausbrüche wurde in einigen Abschnitten mehrfach überschritten. Der Hang befindet sich bis jetzt noch nicht im stabilen Gleichgewicht. Während des Frühjahrstauwetters setzt ein Abbruch zahlreicher Steine und auch größerer Schieferbänke ein, die

die Straßengräben verschütten und teilweise auch den Verkehr auf der Straße gefährden. In stärkerem Maße bröckeln in diesem Abschnitt die Gesteine bei plötzlich einsetzendem Tauwetter nach einer längere Zeit dauernde Frostperiode heraus. Das Beispiel zeigt, daß ein übermäßiger Eingriff in einen Felshang eine bleibende Entwertung eines Ingenieurbaues bedeutet; der Kostenaufwand für den Straßenunterhalt ist beträchtlich und wiederholt sich jedes Jahr.

Im Abschnitt derselben Straße bei Vraný wurde die vorgenannte Straße an einem Hangfuß entlanggeführt, der durch alte Steinbrüche gestört war. Die Steinbrüche waren in Porphyrlagergängen mit einer Neigung von 40 bis 42° zum Hangfuß angelegt. Die Porphyrlagergänge sind durch Schichten algonkischer Tonschiefer voneinander getrennt. Die teilweise abgebauten Gänge befinden sich nicht im dauernd stabilen Gleichgewicht. Am Hang halten sie sich nur deshalb, weil sie mit zahlreichen kleinen Dislokationen durchsetzt sind, die eine Verzahnung des Porphyrganges in das Liegende bewirken. Um die Standfestigkeit der festen Gesteine bewerten zu können, ist es wichtig, alle Kluftsysteme, mit denen sie durchsetzt sind, zu verfolgen.

In der Abb. 8—53 ist das Ergebnis von 186 Kluftmessungen in einem alten Steinbruch dargestellt. Die Anzahl der gemessenen Klüfte und ihre Orientierung werden durch die Kluftrose nach J. Stiny (1925) graphisch dargestellt. Die Konstruktion dieses Diagrammes beruht darauf, daß die einzelnen Messungen der Klüfte jeweils von 10° zu 10° addiert und in die Mitte der entsprechenden Abschnitte der 10°-Teilung eingezeichnet werden. In der Figur bedeutet also die Länge des Halbmessers die Anzahl der gemessenen Klüfte und die Richtung des Halbmessers ihre Orientierung. Da die Figur symmetrisch ist, genügt es, eine Hälfte zu zeichnen.

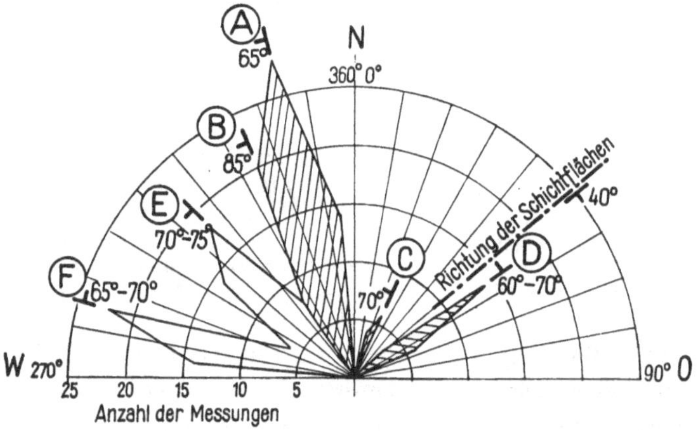

Abb. 8—53. Klüftenrose aus 186 Messungen.

Die Porphyrlagergänge sind mit mehreren Kluftsystemen verschiedenen Alters und unterschiedlicher Bedeutung durchsetzt. Am charakteristischsten sind die Klüfte der Richtung 345° mit einer Neigung von 65° in westlicher Richtung, (in der Kluftrose mit A bezeichnet). Sie verlaufen gerade, sind durchgehend, gewöhnlich mit sekundärem Quarz ausgefüllt und dislozieren quer den Porphyrlagergang. Für die Standfestigkeit des Hanges sind die mit D bezeichneten, ungefähr mit der Schichtenrichtung parallel verlaufenden Klüfte wichtig, welche die Schichten auch dislozieren. Eine Verschiebung der Porphyrlagergänge längs dieser Klüfte wurde sowohl in den Hang hinein als auch aus dem Hang heraus beobachtet. Die Verschiebung in den Hang hinein erscheint als kleine Bank auf einer glatten Kontaktfläche, während die Verschiebung aus dem Hang heraus als hervortretende Stufe in Erscheinung tritt. Es ist offensichtlich, daß bei einem in dieser Weise durch Klüfte gestörten Gestein nicht nur dessen Festigkeit, die Richtung und Neigung der Schichten, sondern auch die Orientierung der Klüfte und deren Beziehung zur Oberfläche des Hanges maßgebend sind.

Eine besondere Art von Rutschungen längs der Schichten ergibt sich, wenn auf dem Hang unterhalb einer undurchlässigen Schicht durchlässiges Gestein vorkommt, das *gespanntes Grundwasser* enthält. In welchem Maße das gespannte Grundwasser die Standfestigkeit des Hanges verringert, wird an dem Beispiel vom Anlegen eines Eisenbahneinschnittes bei Brno (Brünn) erläutert (Abb. 8—54).

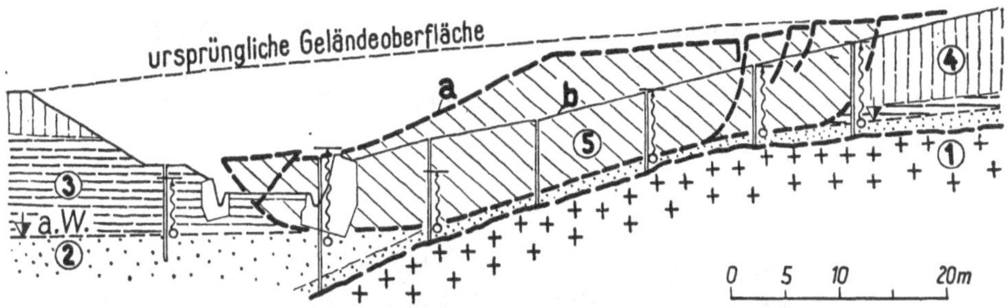

Abb. 8—54. Bedeutung des gespannten Grundwassers für die Standfestigkeit der Einschnittsböschung. *1* — Granite der Brünner Eruptivmasse, *2* — miozäner Sand, *3* — miozäner Tegel, *4* — Lößlehm, *5* — Rutschmasse, *a* — Oberfläche der Einschnittsböschung nach der Rutschung, *b* — entgültige Einschnittsform, a. W. — artesisches Wasser.

Der Einschnitt wurde in einer mächtigen Schicht des Badener Tegels angelegt, der an der Oberfläche von einer Lößlehmschicht überdeckt war. Im Untergrund des undurchlässigen Tegels stieß man bei den Bohrungen auf tertiäre Sande und sandige Verwitterungen der Brünner Eruptivmasse. Während der Niederbringung des Einschnittes rutschte die rechte Einschnittsböschung ab, und die anliegenden Abschnitte der Einschnittsohle wurden aufgewölbt. Durch Bohrungen wurde festgestellt, daß die sandigen Schichten im Untergrund des Tegels artesisches Wasser enthalten, das in den Bohrungen bis zu einer beachtlichen Höhe anstieg und auf der Sohle des Einschnittes aus den Bohrlöchern herausfloß. Das Druckwasser sollte durch einen vom Schacht aus vorgetriebenen Stollen abgeleitet werden. Aus technischen Gründen gelang jedoch dieses Vorhaben nicht, so daß die langsame Hangbewegung länger als ein Jahr anhielt, trotzdem der abrutschende Hang teilweise entlastet wurde. Erst als bei der Gründung der rechtsseitigen Futtermauer das Druckwasser in den Sanden abgepumpt und durch Dränagen abgeleitet wurde, kam die Bewegung zum dauernden Stillstand. Später stieß man beim Aushub für die tiefe Dränage im Hang bereits auf trockenen Sand. An den Wänden des Dränschlitzes war die in den Tonen dicht an der Kontaktfläche mit den Sanden verlaufende Gleitfläche einwandfrei zu erkennen. Die untere, etwa 1 bis 1,5 cm starke Tonschicht war stark durchgeknetet. In einem solchen Falle ist weder eine Entlastung des oberen Teiles der in Bewegung befindlichen Erdmasse noch eine zusätzliche Belastung des Hangfußes zweckmäßig. Letztere kann sogar von Nachteil sein, wenn dadurch dem Wasser der Weg versperrt wird. Hauptaufgabe bei der Hangsicherung muß im vorliegenden Falle die dauernde Ableitung des Wassers sein.

Der Einfluß des gespannten Grundwassers kann auch bei relativ dünnen durchlässigen Schichten in Erscheinung treten.

Die wassergesättigten durchlässigen Lagen in undurchlässigen tonigen Gesteinen können auch eine andere Art Rutschung hervorrufen, die ebenfalls zu dieser Gruppe gehört. Auch sehr dünne (nicht einmal 1 cm starke) wassergesättigte Schichten durchlässiger Gesteine sind für die Standfestigkeit eines Hanges im Winter bedenklich. Im Sommer kann man sie an nassen Streifen an den Einschnittsböschungen erkennen, bei anhaltender Trockenheit ist die Verdunstung in der Regel so stark, daß sie überhaupt nicht mehr zu sehen sind. Bei anhaltendem Frost friert das einsickernde

Abb. 8—55. Das herausfließende Wasser friert an der Hangoberfläche an (*Foto Q. Záruba*).

Wasser ein, so daß der Hang von Eisschichten überdeckt ist (Abb. 8—55). Unter der gefrorenen Oberfläche, die undurchlässig wird, staut sich das Wasser, so daß der Wasserdruck zunimmt, bis die Hangrutschung einsetzt (Abb. 8—56). Dies kann noch während der Frostperiode, gewöhnlich aber während des Frühjahrstauwetters der Fall sein. Die wassergesättigten Schichten der durchlässigen Gesteine müssen an den Hängen durch ausreichend (mindestens 1,8 m) tiefe Dränagen entwässert werden, die mit Schotter ausgefüllt sind, der an der Oberfläche mit einer Lehmschicht vor Durchfrierung geschützt wird. Wenn das Wasser aus dem Hang auf das Niveau des Einschnittgrabens abgeleitet wird, dann kann sich die Erscheinung am Hangfuß wiederholen. Deshalb müssen unter der Grabensohle Längsdränagen angelegt werden, damit der Grundwasserspiegel bis unter die Durchfrierungszone abgesenkt wird.

Abb. 8—56. Durch den zunehmenden Druck des gestauten Wassers wird das Gleichgewicht des Hanges, insbesondere während der Frühjahrs-Schneeschmelze, gestört.

Zweckmäßig sind auch kleine Futtermauern mit entsprechender Entwässerung.

Auch in diesem Falle ist eine Verminderung der Hangneigung nicht vorteilhaft. Zweckdienlich sind Dränagen, die so tief angelegt werden, daß sie auch bei anhaltendem Frost nicht durchfrieren.

Zu den vorhandenen Flächen, längs welcher manchmal eine Rutschung eintritt, gehört auch eine ehemalige Geländeoberfläche. Rutschungen treten dabei oft an Steilhängen von Tälern auf, wo jüngere Hangablagerungen auf älteren Schichten ruhen, die im Pleistozän die Geländeoberfläche bildeten. So schuf sich beispielsweise in Ostmähren der Fluß Dřevnice ein breites Tal mit einer ausgedehnten Talaue. In einigen Abschnitten näherten sich die Flußmäander dem Hangfuß, so daß hier steile Prallufer entstanden. Den felsigen Untergrund der Hänge bilden paläogene Tonschiefer mit Sandsteinbänken. Am Hangfuß sind Überreste der Schotterterrassen erhalten geblieben, die an der Oberfläche mit einer Schicht von tonigem Lehm überdeckt sind. Die Terrassen sind durch jüngeren, lehmig-sandigen Hangschutt ausgeglichen, der stellenweise eine beträchtliche Mächtigkeit aufweist. Der Hangschutt neigt an den Steilufern zu Rutschungen, und an zahlreichen Stellen kann man charakteristische Bodenbewegungen erkennen. Im unteren Teil des Hanges haben sich in auffallender Weise kesselförmige Abrutschgebiete entwickelt, in denen sich die Geländeoberfläche gegenüber den ungestörten Steilhängen in der Nachbarschaft deutlich gesenkt hat. Die Rutschungszungen reichen gewöhnlich bis in das Flußbett hinein, und die Abrutschmasse wird bei Hochwasser durch den Fluß erfaßt und fortgeschwemmt. Dadurch wird die zeitweilige Standfestigkeit des Hanges erneut gestört.

In der Abb. 8—57 ist ein Schnitt durch eine solche Uferrutschung dargestellt, die durch Bohrungen untersucht wurde, um den einwandfreien Verlauf einer neuen Straße zu gewährleisten. Nach dem ursprünglichen Projekt sollte die Straße auf einem

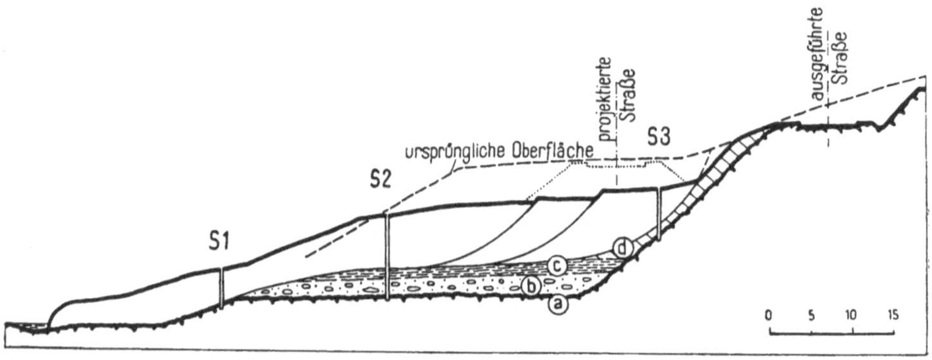

Abb. 8—57. Rutschung jungen Hangschuttes an der alten Oberfläche der pleistozänen Terrasse. *a* — Tonschiefer, *b* — kiesige Sande, *c* — Tonablagerungen, *d* — jüngerer Hangschutt.

etwa 3 m hohen Damm gerade über das Abrutschgebiet geführt werden. Eine Auflast der Rutschung im Abrutschgebiet hätte zwangsläufig eine Störung des Gleichgewichtes und eine erneute Bodenbewegung zur Folge gehabt. Die Straße wurde deshalb etwas höher in den Hang hinein verlegt, wo das Gelände standfest war, denn die Sandsteine und Schiefer des felsigen Untergrundes traten hier bis an die Geländeoberfläche heraus und waren in den Hang hinein geneigt. Das beschriebene Beispiel gehört zu den Rutschungen läng seiner alten Oberfläche, denn die tonigen Lehme auf Terrassenschottern stellten vor der Ablagerung des Hangschuttes die alte pleistozäne Oberfläche dar.

Ein Abgleiten längs des alten Reliefs tritt ziemlich häufig bei Dämmen ein, sofern sie nicht einwandfrei gegründet wurden. Tritt auf langen, mäßig geneigten Hängen feuchter Gehängelehm auf und wird auf diesem ein Damm gegründet, dann konsolidiert sich der Untergrund nur sehr langsam. Die Dammlast erhöht deshalb die Festigkeit dieses Lehmes nur allmählich, wogegen ihre Komponente in Richtung der Hangneigung die Scherbeanspruchung beträchtlich steigert. Sofern man derartigen Hängen beim trassieren nicht ausweichen kann, müssen auf ihnen nach Möglichkeit niedrige Dämme projektiert und langsam errichtet werden, wobei der Untergrund durch Dränagen zu sichern und die untere Schicht des Dammes aus durchlässigem Schüttmaterial anzulegen ist. Werden durch die Dränage konzentrierte Grundwasserquellen erfaßt, dann müssen diese durch Pflasterung eingefaßt und mit Kies ausgefüllt werden. Auf der Sohle werden Dränrohre verlegt. Hat die

Dränage nur die Aufgabe, die Konsolidierung des Baugrundes zu beschleunigen, d. h. das Abfließen des Wassers aus den Poren des Bodens zu ermöglichen, dann genügt es, sie mit reinem Sand oder mit Schlacke auszufüllen. In beiden Fällen wird empfohlen, die Dränage fast bis an den oberen Rand mit der Füllmasse aufzufüllen, wo sie mit feinerem Splitt und Sand überdeckt wird. Darauf erfolgt dann die Dammschüttung.

Ein anderer Fall einer Dammrutschung längs der Geländeoberfläche ist in der Abb. 8—58 dargestellt. Ein mehr als ein halbes Jahrhundert alter Damm durch-

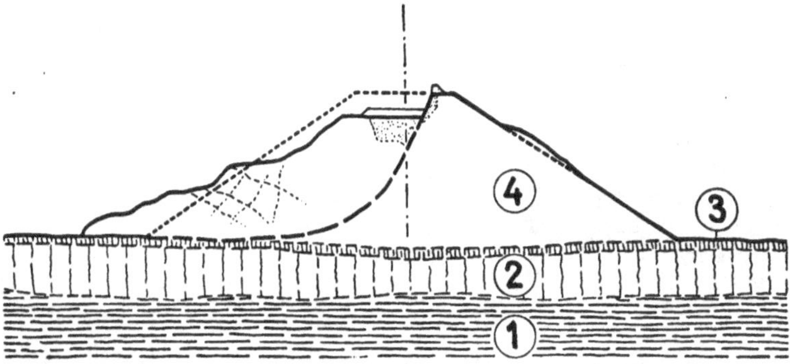

Abb. 8—58. Dammrutschung auf einer alten Geländeoberfläche. *1* — neogene Tone, *2* — Lößlehm, *3*— holozäner Boden, *4* — Dammschüttung.

quert ein flaches Tal von geringer Breite. Die Sohle wurde nur unvollkommen entwässert, weil die Wegunterführung und gleichzeitig der Durchlaß sich nicht an der tiefsten Stelle des Tales befinden. Nach dem Durchstich des abgerutschten Dammes wurde festgestellt, daß eine Gleitfläche auf der vermoderten Rasendecke der alten Oberfläche verläuft. Die Form der alten Oberfläche in den ausgehobenen Dränschlitzen zeigte, daß der Untergrund unterhalb des Dammes zusammengedrückt und wahrscheinlich unter der Dammlast durchgebogen wurde. In der entstandenen Bodensenkung hält sich das durch die Spalten aus der Schotterschicht unterhalb des Planums durchgesickerte Wasser. Aus diesem Fall kann man ersehen, daß es notwendig ist, die Dränage jeweils im tiefsten Punkt des Tales zu verlegen und den Dammuntergrund ordnungsgemäß herzurichten.

b). *Rutschungen entlang von Klüften und tektonischen Flächen.* Ähnliche Bodenbewegungen wie die längs der Schichtflächen treten dann ein, wenn die Haupttrennungsflächen der Gesteine, Klüfte oder alte, zum Hangfuß hin geneigte tektonische Flächen sind.

Rutschungen dieses Typs treten in jungen, tektonisch stark gestörten Gebirgen mit tiefgreifend gegliedertem Relief, besonders aber in künstlich angelegten Einschnitten dieser Gebiete auf. Beim Bau einer neuen Eisenbahnstrecke in der Slowakei wurden Bodenbewegungen längs der tektonisch prädestinierten Flächen, besonders in der Klippenzone, registriert. So wurde beispielsweise in einem Tal bei Púchov (Abb. 8—59) der Eisenbahneinschnitt in festen Jurakalken ausgebrochen. Diese Kalksteine wurden über die Mergelschiefer der Klippenhülle geschoben. Die hangabwärts mäßig geneigte Überschiebungsfläche wurde vom Einschnitt durchschnitten, so daß die Kalksteine ihren Halt verloren. Bereits während des Baues erneuerte sich die Bewegung auf der alten Überschiebungsfläche. Als die Entlastung des oberen Hangteiles nicht zum Stillstand der Bewegung führte, wurde

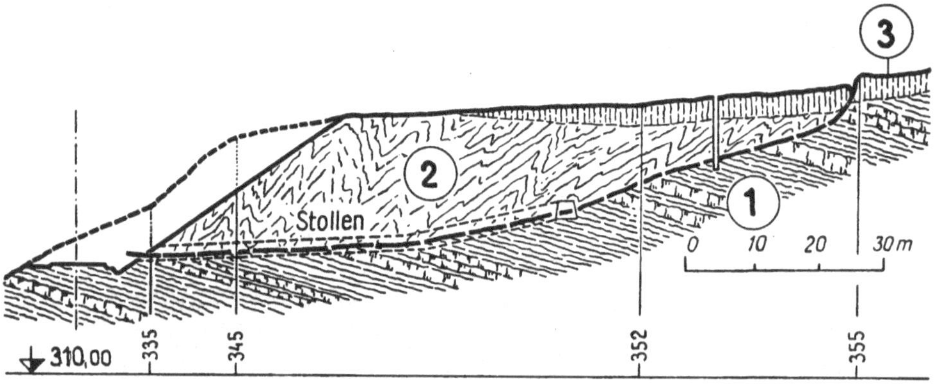

Abb. 8—59. Rutschung der Scholle von Jurakalk auf einer alten Überschiebungsfläche in dem Eisenbahneinschnitt. *1* — Mergelschiefer, *2* — Jurakalk, *3* — Hanglehm.

mit Hilfe einiger Stollen der Verlauf der alten Überschiebungsfläche ermittelt. Die Stollen wurden sodann mit Steinen ausgepackt, um die Reibung zu erhöhen und gleichzeitig die Überschiebungsfläche zu entwässern, auf der das Grundwasser aufgehalten wurde. Darüber hinaus wurden die Kalksteine am Fuß des Hangeinschnittes durch mächtige Futtermauern abgestützt.

Auch im Tal des Flusses Orava (Arwa) sind im Gebiet der Klippenzone die Verkehrswege in einigen Abschnitten durch Hangbewegung des festen Gesteins auf den alten tektonischen Flächen gefährdet.

In dieser Gruppe sind auch die Übergangsfälle zu erwähnen, die meistens wegen einiger Merkmale bereits zu den Bergstürzen gezählt werden. Zu diesem Typ gehört eine der größten bekannten Rutschungen, durch die im Jahre 1903 die Stadt Frank in Kanada vernichtet wurde. Die Stadt liegt am Fuße des Bergrückens Turtle, der eine relative Höhe von ungefähr 1000 m aufweist. Der Bergrücken besteht aus massiven paläozoischen Kalksteinen, die über verhältnismäßig weiche Kreidesandstein- und Schieferschichten geschoben wurden (Abb. 8—60). Die Bodenbewegung trat längs durchgehender Klüfte ein, die eine Neigung von annähernd 40° hangabwärts aufweisen. Von den Faktoren, die zur Entstehung der Rutschung wesentlich beigetragen haben, sind zu erwähnen: die sehr steile Hangneigung, die zum Hangfuß geneigten durchgehenden Klüfte und wahrscheinlich auch das Erdbeben im Jahre 1901, das die Standfestigkeit des Hanges ungünstig beeinflußte. Anlaß zur Bodenbewegung war offenbar die Setzung des Geländes am Hangfuß, der durch

Abbau eines Kohlenflözes gestört war, und die Sprengwirkung des gefrierenden Wassers in den Klüften.

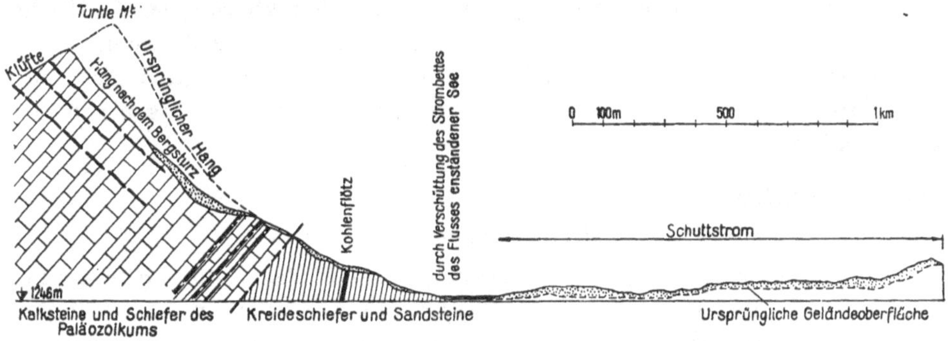

Abb. 8—60. Bergsturz entlang den Klüften im paläozoischen Kalkstein, wobei die Stadt Frank in Kanada im Jahre 1903 vernichtet wurde (*Mc Connell, Brock, 1904*).

Die Beziehung zwischen den letztgenannten Faktoren wird anschaulich durch das Diagramm (Abb. 8—61) erfaßt, das K. Terzaghi (1950) aufstellte. Die Abnahme der Standfestigkeit des Hanges durch Witterungseinflüsse wiederholt sich periodisch

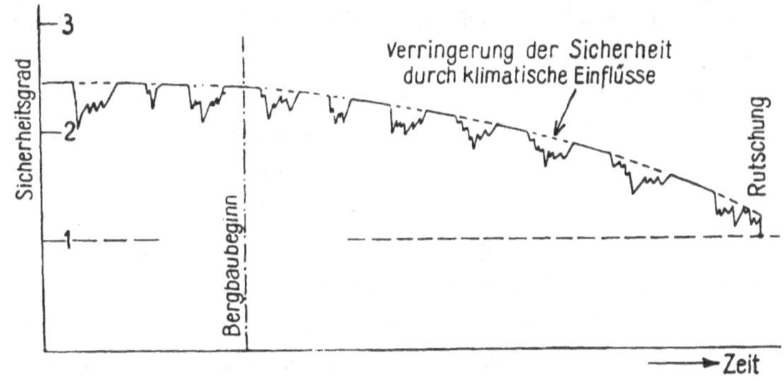

Abb. 8—61. Abnahme der Standfestigkeit des Hanges durch Witterungseinflüsse und Einwirkung der Hangstörung, hervorgerufen durch den Bergbau (*Terzaghi 1950*).

jedes Jahr annähernd im gleichen Ausmaße; die klimatischen Einflüsse allein konnten also von sich aus die Rutschung nicht bewirken. Wenn man jedoch in Betracht zieht, daß die steile Wand der festen Kalksteine auf den relativ weichen, durch den Bergbau noch geschwächten Kreidegesteinen ruhte, so ist es erklärlich, daß es fortschreitend zur plastischen Deformation des Hanges kam, die die Standfestigkeitsverhältnisse verschlechterte. Als dann zu diesen sich allmählich verschlechternden Umständen noch die periodische Störung der Standsicherheit des Hanges durch Witterungseinflüsse hinzukam, trat eine Rutschung ein, als der Sicherheitsgrad unter 1 absank.

8,12. Bergstürze. Als Bergsturz werden plötzliche Sturzbewegungen losgelöster Gesteinsblöcke oder Schichten fester Gesteine von steilen Felswänden oder

Höhlendecken bezeichnet. Vom Abgleiten der Schichten unterscheidet sich der Bergsturz dadurch, daß bei der Bewegung der Gesteinsmassen das lose Herabfallen überwiegt, und daß die Bodenbewegung nicht auf einer charakteristischen Gleitfläche einsetzt. In diese Gruppe gehören Hangbewegungen sehr unterschiedlicher Ausmaße, angefangen vom Loslösen und Herabfallen kleiner Steine (beschrieben im Abschnitt 8,7) bis zu Sturzbewegungen riesiger Felswände. Bei Bergstürzen wirken von den bekannten Faktoren besonders:

a) die Schwerkraft;

b) die Klüftung und tektonische Störung der festen Gesteine;

c) die Witterungseinflüsse, die Sprengwirkung des in den Klüften gefrierenden Wassers, der hydrostatische Druck des Wassers in den Klüften, in denen sich das Wasser stauen kann, sonstige Verwitterungsvorgänge der Gesteine, der Druck von Wurzeln usw.;

d) Anlaß zu Bodenbewegungen sind gewöhnlich eine Unterspülung oder künstliche Untergrabung steiler Felshänge, Erdbeben, manchmal auch Blitzschlag.

Bergstürze kommen relativ häufig auf steilen Gebirgshängen, insbesondere in durch Gebirgsgletscher übertieften Tälern und Karen vor; sie sind häufig an steilen, felsigen Meeres- und Seeufern sowie an steilen Prallufern der Erosionstäler von Flüssen und Bächen anzutreffen.

Aus dem Bereich der jungen Gebirge, dem Alpengebiet, den Karpaten, dem Himalajagebirge, den Anden und auch aus dem Felsengebirge (Rocky Mountains) wurden zahlreiche Beispiele von Bergstürzen beschrieben. Von diesen ist der Einsturz eines Gebirgshanges im Pamir wahrscheinlich der größte Bergsturz; er erfolgte im Jahre 1911 im Tal des Bartanga-Flusses. Die herabgestürzten Gesteinsmassen, deren Kubatur auf 4800 Millionen m^3 geschätzt wird, verschütteten das Flußtal und bildeten einen 75 km langen und 262 m tiefen See (S. A. Jakowlew, 1954). Andere gewaltige Bergstürze wurden aus dem Himalajagebirge z. B. aus dem Jahre 1893 beschrieben. Am Oberlauf des Ganges entstand durch Einsturz eines Berghanges vorübergehend ein See von 7 km Länge. Dieser Bergsturz führte zu katastrophalen Folgen, als im darauffolgenden Jahr der aufgeschüttete Damm durchbrach und das Hochwasser das gesamte Tal des Ganges heimsuchte.

Von den alpinen Bergstürzen ist der Einsturz des Berghanges bei Elm in der Schweiz im Jahre 1881 der bekannteste, der von Augenzeugen geschildert und von Schweizer Geologen eingehend untersucht wurde. In der Abb. 8—62 wird das Querprofil dieses Bergsturzes, aufgezeichnet nach dem Profil von A. Heim, dargestellt. Am Hang treten tektonisch gestörte Schiefer und Sandsteine des Flyschgebietes an die Oberfläche, die in den Hang hinein geneigt sind. Anlaß zu der Bodenbewegung war die Untergrabung des Steilhanges am Hangfuß durch einige Steinbrüche, in denen Dachschiefer gewonnen wurden. Der Bergsturz vollzog sich in 3 Phasen, die in Intervallen von 17 und 4 Minuten schnell aufeinander folgten. Insgesamt stürzten etwa 10 Millionen m^3 Felsmassen ein, die sich im Tal anhäuften und eine Fläche von

90 ha in einer Höhe von 10—20 m bedeckten. Hierbei wurden 83 Häuser verschüttet und 115 Menschen kamen ums Leben.

Von den großen Bergstürzen in den Karpaten wird der Einsturz der aus Jurakalken (Dogger) gebildeten Felswände östlich von Georgheni in Rumänien im Jahre 1828 angeführt. Die Abrutschmassen verschütteten das Tal und bildeten einen See (Lacul Rosu), der noch bis zum heutigen Tage besteht (Abb. 8—63). Aus dem Wasserspiegel ragen zahlreiche Baumstümpfe heraus, weil sich der See in einem bewaldeten Gelände bildete.

Einstürze steiler felsiger Ufer sind aus den norwegischen Fjorden bekannt; sie sind wegen ihrer indirekten Einflüsse sehr verderbenbringend, da die abgestürzten Felsmassen in den schmalen Fjorden starke Brandungswellen von einigen 10 m Höhe und damit verheerende Überschwemmungen an der besiedelten Küste verursachen.

In der ČSSR sind Bergstürze aus einigen Glazialtälern des Tatragebirges bekannt. Der größte und bekannteste ist der Einsturz des Felshanges der Slavkovský-Spitze in das Tal „Studená Voda" in der Hohen Tatra. Auch auf dem Gebiet der jungen Vulkangebirge in der Slowakei wurden Bergstürze beschrieben.

In den tiefen Erosionstälern der Flüsse in Böhmen treten Bergstürze von beträchtlichen Ausmaßen auf. Diese Bergstürze sind gewöhnlich pleistozänen Alters, teilweise mit

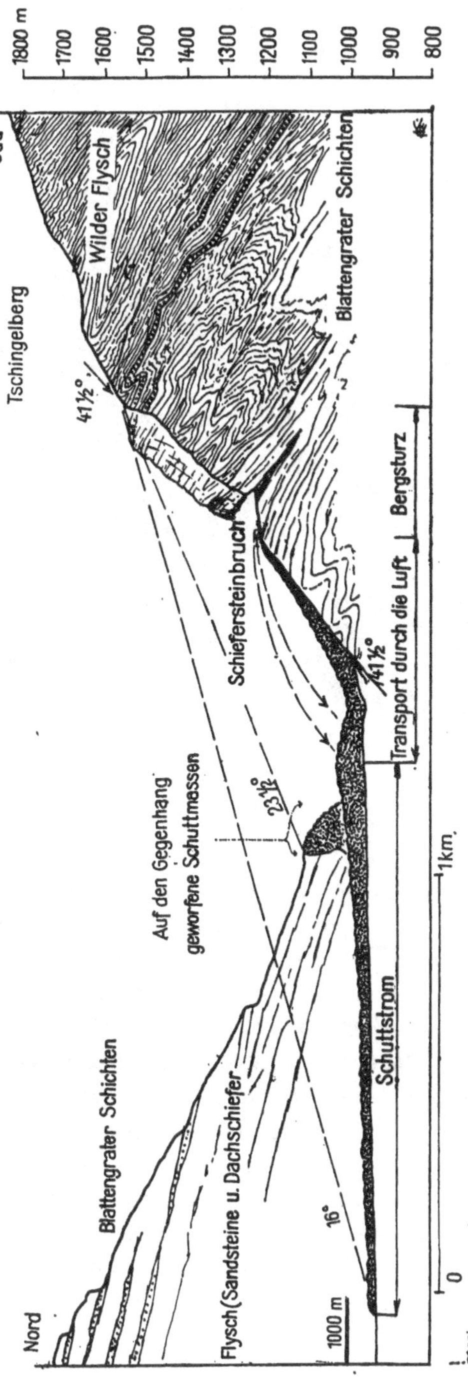

Abb. 8—62. Einsturz eines Berghanges bei Elm in der Schweiz im Jahre 1881 (nach A. Heim und R. Kettner).

Abb. 8–63. Der durch einen Bergsturz der Jurakalke im Jahre 1828 entstandene See Lacul Rosu in Rumänien. Aus dem Wasserspiegel des Sees ragen Baumstümpfe heraus.

jungen Hangablagerungen überdeckt, so daß sie an der Oberfläche nicht leicht erkennbar sind. Erst bei eingehender Untersuchung des Hanges durch Bohrungen oder Schürfe oder beim Aushub einer Baugrube sind sie zu erkennen. Einen charakteristischen Bergsturz stellte beispielsweise V. Zoubek im Mittellauf der Moldau bei Orlicke Zlákovice anläßlich der Untersuchung des Gebietes für eine Sperrstelle fest. Das Ausmaß des Bergsturzes war für die Disposition der Talsperre in diesem Abschnitt von ausschlaggebender Bedeutung (Abb. 13-5). Auch bei der Untersuchung der Sperrstellen an der Moldau zwischen Slapy und Štěchovice stieß man auf Abschnitte, die durch Bergsturz gefährdet waren.

Im Elbetal im Böhmischen Mittelgebirge wurde in der Vergangenheit ein großer Bergsturz bei Zálezly (Saalesel) registriert und Spuren von Bergstürzen sind auch in weiteren Abschnitten zu erkennen.

Benutzte und ergänzende Literatur zum 8. Kapitel

Agard M.: Les glissements et éboulements des quartiers St. Raphael et Télemly à Alger, Annales des ponts et chaussées, Paris 1948.
Almagio R.: Studi geografici sulle frane in Italia, Roma 1907 (I) 1910 (II).
Ampferer O.: Bergzerreißungen im Inntalraume, Wien 1941.
Backofen K. M.: Über die Rutschungen in Rosengarten bei Frankfurt a. d. Oder, Zeitschrift für Bauwesen, Berlin 1928.
Benson W. N.: Landslides and their Relation to Engineering in the Dunedin District, New Zealand, Economic Geology, 1946.
Beskow G.: Tjällyftningen (Soil Freezing and Frost Heaving), Sveriges Geol. Unders., Ärsbok *26*, Stockholm 1926.
Bjerrum L.: Stability of Natural Slopes in Quick Clay, Géotechnique, V/l, 1955.
McConnel-Broock R. W.: Great landslide at Frank, Alberta, Ottawa, 1904.
Denisow N. J.: Die Bedeutung der gebundenen Feuchtigkeit bei den Deformationen von tonigen Gesteinen, Hydrotechnisches Bauwesen 1951.
Денисов Н. И.: Означение связанной влаги в деформациях глиництых пород, Гидр. строй., 1951.
Dervieux M. F.: Problèmes particuliers de mécanique des sols en Algérie, Annales de l'Institut technique du bâtiment et des travaux publics, Paris 1950.
Dragos V.: Deplasari de teren, Bucuresti 1957.
Götzinger G.: Beiträge zur Entstehung der Bergrückenformen, Geographische Abhandlungen, Wien 1907.
Haefeli E.: Zur Erd- u. Kriechdrucktheorie. Schweiz. Bauzeit., Vol. *124*, 1944.
Heim A., Buss E.: Der Bergsturz von Elm, Zürich 1881.
Hollingworth S. E., Taylor J. H., Kellaway G. A.: Large-Scale Superficial Structures in the Northampton Ironstone Field. The Quat. Journ. of the Geolog. Soc. of London 1943.
Högbom B.: Die geologische Bedeutung des Frostes, Bull, Geol. Inst. of Upsala 1944.
Holmsen P.: Landslips in Norwegian Quick-Clays, Géotechnique, Vol. *III/5*, London 1953.
Ilie M.: L'influence des affaissements synclinaux sur le mode de présentation d'une structure géologique. C. R. de l'Acad. de Sciences de Roum., Bucuresti 1943/44.
Ilie M.: Cercetari geologice in Bazinul Transilvaniei, An. Com. Geol., vol. *XXVIII*, pp. 354—358, Bucuresti 1955.
Jakowlew A. S. (und Kollektiv): Methodisches Handbuch für das Studium und die geologische Aufnahme quartärer Ablagerungen, Moskau 1954.
Яковлв А. С.: Методическое руководство по изучению и геологической съемке четвертичных отложений, Москва 1954.
Kettner R.: Allgemeine Geologie, Prag 1941—1948.
Knorre M. E., Abramow S. K., Rogosin I. S.: Erdrutschungen und Maßnahmen zu deren Bekämpfung, Moskau 1951.
Кнорре М. Е., Абрамов С. К., іогозин И. С.: Оползио и меры борьбы с ними, Москва 1951.
Kolomenski N. V.: Methodische Hinweise zum Studium der Verwitterungsvorgänge der Felsgesteine für die Zwecke der Ingenieurgeologie, Gosgeolisdat, Moskau 1952.

Коломенский Н. В.: Методические указания по изучению процессов выветривания горных пород для инженерно-геологических целей. Госгеолиздат, Москва 1952.

Köhler R.: Ingenieurgeologische Fragen beim Bau des Berliner Außenringes, insbesondere am Templiner See, Zeitschrift für angewandte Geologie, 3—8/9, Berlin 1957.

Lachmann R.: Der Salzauftrieb, Halle (Saale) 1911/1912.

Lehmann O.: Die Verheerungen in der Sadlinggruppe (Salzkammergut), Wien 1926.

Maslow N. N.: Bedingungen für die Standfestigkeit von Hängen und Böschungen im Wasserbau, Moskau 1955.

Маслов Н. Н.: Условия устойчивости склонов и отклонов в гидроэнергетическом строительстве, Москва 1955.

Mencl V.: Bodenmechanik, Prag 1955 (tschechisch).

Michael R., Dienemann W.: Die Rutschungen im Eisenbahneinschnitt Rosengarten, Berlin 1926. Jahr. Preuß. Geol. L. A., 47, 1.

Myslivec A.: Das Abgleiten von Straßenböschungen und deren Sicherung, Prag 1951.

Myslivec A.: Bodenmechanik, Prag 1951 (tschechisch).

Pašek J.: Die fossile Rutschung bei Nosice an der Waag, Věstník ÚÚG (Mitteilungsblatt des Geologischen Zentralinstituts), Prag 1957 (tschechisch).

Penta. F.: Frane e movimenti franosi (Rutschungen und Rutschungserscheinungen), Universita di Roma 1960.

Piwowar A.: Über Maximalböschungen trockener Schuttkegel und Schutthalden, Zürich 1903.

Pollack E.: Über Rutschungen im Glazialen und die Notwendigkeit einer Klassifikation loser Massen, Wien 1918.

Popow I. W.: Ingenieurgeologie, Moskau 1951.

Попов И. В.: Инженерная геология, Москва 1951.

Rosenquist I. T.: Considerations on the Sensitivity of Norwegian Quick-Clays, Géotechnique, Vol. *III/5*, London 1953.

Sawicki L.: Rutschung in Szymbark und andere im Jahre 1913 in Westgalizien entstandene Bodenbewegungen, Krakau 1917.

Sharpe C. F. S.: Landslides and Related Phenomena, New York 1938.

Skempton A. W.: Pressure and the Stability of Slopes, The Instit. of Civil Engineers, London 1946.

Skempton A. W.: The Rate of Softening in Stiff Fissured Clays, with special reference to London Clay, Proc. of the II. Intern. Conf. on Soil Mechanics and Foundation Engineering, Rotterdam 1948.

Statens Järnvägars Geotekniska Kommission, Stockholm 1914—1922.

Stejskal J.: Zur Frage der Rutschungen an den Hängen der Pollauer Berge, Firgenwald Liberec (Reichenberg) 1932.

Stejskal J.: Die Erdrutschungen von Hasnburk (Hasenburg) bei Klapý, Prag 1939.

Stiny J.: Die Muren, Innsbruck 1910.

Stiny J.: Technische Geologie, Stuttgart 1922.

Sinzow J.: Die Erdrutschungen von Odessa, Odessa 1898.

Terzaghi K.: Mechanism of Landslides, Geol. Soc. of Am., Berkey Volume, New York 1950.

Terzaghi K., Peck R. B.: Soil Mechanics in Engineering Practice, New York 1948.

Toms A. H.: Folkestone Warren Landslips, London 1946.

Veder C.: Considerazioni sulla possibilita che fenomeni elettro-osmotici siano all' origine della formazione di particolari tipi di frane. Geotecnica 1957.

VENDL A.: Rutschungen in lößbedeckten Tongebieten im III. Bezirk von Budapest, Budapest 1929.

VOITESTI I. P.: Constributiuni la stadiul geologic paleontologic al regiunii Moscelelor dintre Olt si Dîmbovita, An. Inst. Geol. Rom., Vol. II, Bucuresti 1909.

VOITESTI I. P.: Notiuni de geologia zäcämintelor de sare, Rev. Muz. Min. Cluj, 1934.

WARD W. H.: The Stability of Natural Slopes, The Geographical Journal, London 1945.

ZÁRUBA Q.: Rutschungen in der Böhmischen Kreideformation, Teil I: Přerov a. d. Elbe, Věstník Stát. Geol. ústavu (Mitteilungsblatt des Staatlichen Geol. Instituts) Prag 1926 (tschechisch).

ZÁRUBA Q.: A railway landslide near Podlešín, Zprávy veřejné služby technické (Mitteilungen des öffentl. technischen Dienstes) Prag 1927 (tschechisch).

ZÁRUBA Q.: Quelques terrains de glissement dans la République Tchécoslovaque, Compt. Rendus du II. Congr. des Géograph., Krakow 1929.

ZÁRUBA Q.: Changes in Volume in Soils and their Influence on the Destruction of Buildings, Sborník ÚÚG (Sammelschrift des Geologischen Zentralinstituts), Prag 1930 (tschechisch).

ZÁRUBA Q.: Über die Standfestigkeit der Hänge oberhalb der Straße bei Štěchovice und Vrané, Technický obzor (Technische Rundschau) Prag 1931 (tschechisch).

ZÁRUBA Q.: Rutschungen am Lysá-Paß und deren Bedeutung für Verkehrsbauten, Technický obzor (Technische Rundschau) Prag 1938 (tschechisch).

ZÁRUBA Q.: Superficial Quasi-plastic Deformations of Rocks, Rozpravy ČSAV, Prag 1956 (tschechisch).

ZÁRUBA Q., MENCL V.: Analysis of a Landslide near Klačany in Slovakia, Rozpravy ČSAV, Prag 1958.

ZÁRUBA Q., Glaukonit, ein Faktor der erhöhten Neigung zu Rutschungen, Bergakademie, Freiberg 1961.

ZÁRUBA Q.: Plastische Verformung von Schichten in Tälern und ihre Bedeutung für die Gründung von Bauwerken, Zeitschr. für angew. Geologie, 1960.

9. Kapitel. Geologische Unterlagen für die Erkundung natürlicher Baustoffe und die Anlage von Steinbrüchen

Bei zahlreichen Ingenieurbauten, insbesondere Verkehrsbauten, bildet die Lösung des Baustoffproblems eine vorrangige Aufgabe der geologischen Vorarbeiten, damit das Bauvorhaben mit ausreichenden Mengen geeigneter Bausteine, Schotter, Sand, Splitt usw. kontinuierlich versorgt werden kann. Das Baustoffproblem ist bei Bauwerken, bei denen große Mengen an Bausteinen oder Beton benötigt werden, besonders wichtig, weil die Möglichkeit zur Gewinnung geeigneter Baustoffe gewöhnlich das wirtschaftlichste Verfahren der Bauausführung im voraus bestimmt. Der Ingenieur, der mit der Vorbereitung eines solchen größeren Bauwerkes betraut wurde, soll über so viel Kenntnisse und Erfahrungen verfügen, daß er zumindest annähernd die Steinbrüche in dessen Umgebung beurteilen und die Untersuchungsarbeiten organisieren kann, um so das Baustoffproblem einwandfrei zu lösen.

Bei den geologischen Vorarbeiten sollen entweder offene Steinbrüche und bekannte Gesteinsvorkommen dahingehend bewertet werden, ob sie sich für den vorgesehenen Zweck eignen, oder neue Lagerstätten für die Anlage neuer Steinbrüche erkundet werden müssen. Bei kleineren Bauten ist es zumeist vorteilhaft, auch bei einem etwas weiteren Transportweg das Gestein aus alten, in Betrieb befindlichen Steinbrüchen zu verwenden. Bei geringerem Bedarf wäre es nämlich unwirtschaftlich, neue Steinbrüche anzulegen und einzurichten. Bei großen Ingenieurbauten (Tunneln, Brücken, Talsperren) wird es oft wirtschaftlicher sein, neue Steinbrüche anzulegen, sofern sich allerdings in der Nähe geeignete Lagerstätten befinden.

Manchmal versorgen provisorische Steinbrüche nur ein einziges Bauwerk mit Baustoffen, besonders dann, wenn es sich um entlegene Gebiete handelt.[1]

Die Methoden, die wir bei der Erkundung der natürlichen Baumaterialen benutzen, ähneln im großen und ganzen jenen, die bei anderen geologischen Arbeiten ange-

---

[1] Für den Bau einer Talsperre im Böhmerwald wurde beispielsweise an einem Berghang ein großer Granitbruch angelegt. Für den Transport der Bausteine wurde eine Bergbahn gebaut, die nach Fertigstellung des Bauwerks stillgelegt wurde. Der Transport vom Steinbruch aus erfolgte sodann mit Lastwagen auf einem steilen, schwer befahrbaren Weg; dies erschwerte den Betrieb des Steinbruches dermaßen, daß er aufgelassen wurde. Als weiteres Beispiel wäre anzuführen, daß beim Bau einer Eisenbahnstrecke in der Mittelslowakei hoch in den Bergen große Andesitbrüche angelegt wurden, und das Gestein mit einer Seilbahn zur Baustelle transportiert wurde. Nach Fertigstellung des Bauwerks war es nicht möglich, die Steinbrüche weiter in Betrieb zu halten, weil an Ort und Stelle keine ausreichende Nachfrage bestand und bei geringerer Förderung der Kostenaufwand für die Instandhaltung der Seilbahn und die Weiterführung des Steinbruches allzu hoch geworden wäre.

Ein für den Bau der Talsperre von Slapy benutzter großer Steinbruch bei Teletín wurde ebenfalls aufgelassen. Nach dem Abbau der Seilbahn büßte der Steinbruch seine wirtschaftliche Bedeutung ein, weil es in diesem Gebiete zahlreiche andere, verkehrsmäßig günstiger gelegene Granitbrüche gibt.

wendet werden. Wir unterscheiden *vier Etappen der geologischen Erkundung* von Lagerstätten:

a) das Aufsuchen des Vorkommens der erforderlichen nutzbaren Gesteine,
b) die Voruntersuchung der Lagerstätte,
c) die eingehende Untersuchung,
d) die Betriebsuntersuchung für den Abbau.

Die einzelnen Untersuchungsetappen sollen zweckdienlich und wirtschaftlich aneinander anknüpfen. Nach Erkundung der Lagerstätte wird diese zuerst einer Voruntersuchung unterzogen. Erst wenn das vorläufige Gutachten günstig oder erfolgversprechend ausfällt, wird an die eingehende technisch-geologische Untersuchung und an technologische Prüfungen herangegangen. Der erfahrene ortskundige Geologe kann sich bereits auf Grund der Voruntersuchung der Lagerstätte mit ziemlicher Sicherheit darüber äußern, ob sich das Gestein für den betreffenden Zweck verwenden läßt. Ist die vorläufige Beurteilung ungünstig ausgefallen, dann können alle weiteren Untersuchungsarbeiten und technologischen Prüfungen entfallen, und es ist zweckmäßig, die Aufmerksamkeit einer anderen, erfolgversprechenden Lagerstätte zuzuwenden. Dadurch werden hohe Kosten und vor allem Zeit eingespart, die durch eingehende Untersuchung einer unzweckmäßigen Lagerstätte verloren wäre.

Nach den Richtlinien des Fachausschusses für *die Klassifizierung von Vorkommen* mineralischer Rohstoffe werden die Gesteinsvorräte, je nachdem, wie eingehend sie untersucht wurden, in vier Kategorien eingeteilt.

Die Gesteinsvorräte der *Kategorie C2* werden auf Grund der allgemeinen Kenntnisse über den geologischen Bau des Gebietes geschätzt.Form und Ausmaß der Lagerstätte wurden an Hand der geologischen Karte im Maßstab 1:25 000 schematisch festgelegt. Die Mächtigkeit der Deckschicht und der Umfang der Gesteinsvorräte wurden geschätzt, petrographische Analysen der Proben sollen nur informativ vorgenommen werden.

Zu den Gesteinsvorräten der *Kategorie C1* gehören Lagerstätten, die mit Hilfe eines weitgesteckten Netzes von Bohrungen und Schürfen untersucht wurden, ferner Vorräte, welche an eine höhere Kategorie (*B* und *A*) angrenzen, wenn ihr Vorkommen vom geologischen Standpunkt aus begründet ist. Hierher gehören auch Lagerstätten, die mit Hilfe wenig intensiver Gewinnungsverfahren bereits teilweise abgebaut wurden. Die Lagerungsverhältnisse, die Gesteinsgüte und die technologische Verarbeitung wurden auf Grund von laboratoriumsmäßig an Proben durchgeführten Prüfversuchen oder an Hand eines Vergleiches mit untersuchten Lagerstätten ähnlicher Art informativ festgelegt. Die Mächtigkeit und Beschaffenheit des Abraumes, sowie der Anteil des in bezug auf Stückgröße und Qualität geeigneten Gesteins werden informativ bestimmt. Die hydrogeologischen Verhältnisse und allgemeinen Prinzipien für den Aufschluß der Lagerstätte werden generell ermittelt. Bei der Berechnung der Kubaturen sind Unterschiede einer Größenordnung bis zu 70 % zulässig.

Die Gesteinsvorräte der *Kategorie B* werden mit Hilfe von Bohrungen oder Schürfgruben und Schürfstollen untersucht und abgegrenzt. Die Lagerungsverhältnisse und die einzelnen Rohstoffarten wurden ermittelt. Die Mächtigkeit des Abraums wurde durch Bohrungen annähernd bestimmt. Die allgemeinen Prinzipien für den Aufschluß der Lagerstätte und deren hydrogeologische Verhältnisse sind somit hinreichend erläutert. Alle abweichenden Gesteinsarten werden physikalisch-mechanischen Prüfungen unterzogen. Bei der Berechnung der Gesteinsvorräte sind Unterschiede bis zu etwa 30 % zulässig.

Die Gesteinsvorräte der *Kategorie A* werden eingehend untersucht und durch gründliche Aufschlußarbeiten abgegrenzt. Die Art der Lagerung und die tektonischen Verhältnisse, die qualitative Zusammensetzung der Gesteine und die technologischen Eigenschaften sind so weit bekannt, daß sie die Ausarbeitung eines Verfahrens zur Gewinnung und Verarbeitung des Gesteins ermöglichen. Die Mächtigkeit und Beschaffenheit des Abraums wurde an Hand eines ausreichend dichten Netzes von Bohrungen bestimmt. Der Anteil des in bezug auf Stückgröße und Qualität für den gegebenen Zweck geeigneten Gesteins wurde nach dem Ergebnis einer versuchsweisen Gewinnung prozentual bestimmt. Die hydrogeologischen Verhältnisse sind in allen Einzelheiten bekannt. Liegt ein Teil des Steinbruches unter dem Grundwasserspiegel, dann wurden auch der durchschnittliche und der maximale Wasserzufluß ermittelt. Bei der Berechnung der Gesteinsvorräte sind Unterschiede bis zu etwa 15 % zulässig.

9,1. Voruntersuchung. Bei der geologischen Voruntersuchung der Lagerstätte oder des Steinbruches sind folgende Aufgaben zu lösen:

1. Einholung vorläufiger Informationen über die in der Umgebung verwendeten Baustoffe, das Studium der geologischen Karten und der Berichte aus der einschlägigen Literatur;

2. vorläufige Beurteilung der Verwendbarkeit des Gesteins auf Grund der Ortsbesichtigung und der petrographischen Untersuchung der Proben;

3. Voruntersuchung der Lagerungs- und hydrogeologischen Verhältnisse; nach der Form der Lagerstätte und der Mächtigkeit des Abraums werden die nutzbaren Gesteinsvorräte geschätzt;

4. Beurteilung der geographischen Lage der Lagerstätte oder des Steinbruches in bezug auf das Verkehrsnetz und den Verbraucherort.

1. Erste *allgemeine Informationen* erhält man durch die Besichtigung bereits fertiggestellter Bauwerke in der Umgebung, an denen zu erkennen ist, welche Baustoffe in der Gegend verwendet werden. Wertvolle Hinweise bekommt man in der örtlichen Steinmetzwerkstatt oder in Baubetrieben. Handelt es sich um ein Bauwerk in einer entlegenen Gegend, dann ist es zweckmäßig, in einem wissenschaftlichen (geologischen oder petrographischen) Institut die Sammlung nutzbarer Mineralien des betreffenden Gebietes zu besichtigen, um sich ein vorläufiges Bild darüber zu machen, welche Gesteinsarten für den gegebenen Zweck von Bedeutung sein könnten.

Ein weiteres wichtiges Hilfsmittel stellt die *geologische Karte* dar. Man muß daher ermitteln, welche geologischen Karten für das betreffende Gebiet herausgegeben wurden und bemüht sein, sich nach Möglichkeit die neuesten und genauesten Karten zu beschaffen. Hierzu muß bemerkt werden, daß die geologischen Karten, besonders die älteren, in starkem Maße lediglich stratigraphische Begriffe enthalten, die demjenigen wenig nutzen, der sich mit der Geologie nicht eingehender befaßt hat. So findet man beispielsweise in den geologischen Karten Mittelböhmens die Bezeichnung der *Zdicer Schichten*, welche die weichen Schiefer von Králův Dvůr und festen Quarzite von Kosov umfassen. Aber auch die unmittelbare Kennzeichnung des Gesteins, beispielsweise des Granits, auf der Karte sagt noch nichts über dessen Verwendbarkeit für bauliche Zwecke aus. So treten z. B. auf alten Hochebenen des Böhmischen Massivs Granite bis an die Geländeoberfläche, sie sind durch Klimaeinflüsse tiefgreifend gestört und verwittert. Demgegenüber sind durch Verwitterung wenig gestörte Gesteine auf den Hängen junger Erosionstäler zu finden. Eine gute geologische Karte ist also ein wertvolles Hilfsmittel für den, der sie zu lesen versteht. Eine noch so genaue geologische Karte kann jedoch eine Ortsbesichtigung der Lagerstätte nicht ersetzen.

Für eine vorläufige Information sind Berichte über die geologischen Verhältnisse und natürlichen Rohstoffvorkommen des betreffenden Gebietes, die bereits früher veröffentlicht wurden, sehr von Nutzen. Hierzu gehören beispielsweise zusammenfassende Beschreibungen der Steinbrüche, die in der Sammelschrift „*Verzeichnis der Steinbrüche in der ČSSR*"[1] und zwar früher nach den einzelnen Bezirken, jetzt nach den Blättern der Spezialkarten geordnet. Jeder Band dieser Sammelschrift enthält die wichtigsten geologischen und technischen Daten der einzelnen Steinbrüche sowie Ergebnisse der technologischen Prüfungen und chemischen Analysen, soweit sie zugänglich waren. Beigefügt ist auch eine Übersichtskarte des betreffenden Kreises mit der Lagebezeichnung der beschriebenen Steinbrüche; durch verschiedene Zeichen werden die einzelnen Steinbrucharten und deren Größe unterschieden. Für die vorläufige Erkundung eines geeigneten Baustoffes sind diese Steinbruch-Verzeichnisse ein gutes Hilfsmittel, das viel Zeit erspart, denn die Erkundung im Gelände kann auf diejenige Lagerstätten beschränkt werden, die nach den im Steinbruch-Verzeichnis enthaltenen Angaben in Übereinstimmung mit den an das Gestein gestellten Forderungen ausgewählt werden.

2. Das Gestein muß zuerst an Ort und Stelle eingehend daraufhin untersucht und beurteilt werden, ob es die für den vorgesehenen Zweck erforderlichen Eigenschaften aufweist. Treten die Gesteine unmittelbar an die Geländeoberfläche, dann können auf einfache Art und Weise Gesteinsproben für die *petrographische Untersuchung* und Bestimmung herausgebrochen werden. Bereits bei der Bearbeitung der Proben mit dem Geologenhammer können bei entsprechenden Erfahrungen Gesteins-

[1] Der tschechoslowakische Verband zur Erforschung und Prüfung technisch wichtiger Stoffe und Konstruktionen gab bisher gemeinsam mit dem Geologischen Zentralinstitut der ČSSR von 42 Kreisen Verzeichnisse der Steinbrüche heraus. Seit dem Jahre 1950 werden diese Verzeichnisse nach den Blättern der Spezialkarten 1:75000 herausgegeben, und in dieser Form erscheinen auch die Verzeichnisse der Steinbrüche in der Slowakei.

festigkeit, Sprödigkeit, Zähigkeit, gegebenensfalls Spaltbarkeit, Form der Bruchflächen, Farbe und Gefüge des Gesteins vorläufig beurteilt werden. Durch die mikroskopische Untersuchung des Gefüges und der mineralogischen Zusammensetzung des Gesteins an Hand eines Dünnschliffes kann dessen allgemeine Verwendungsfähigkeit für technische Zwecke, besonders dessen Beständigkeit beurteilt werden.

An Witterungseinflüssen ausgesetzten Flächen läßt sich feststellen, welche Widerstandsfähigkeit das Gestein gegenüber klimatischen Einflüssen aufweist und wie es verwittert. Es ist deshalb ratsam, Bauwerke zu untersuchen, bei denen dasselbe Gestein verwendet wurde, um zu sehen, wie die Steinsockel, alten Tür- und Fenstereinfassungen, Treppen, Ecksteine, Marksteine usw. erhalten geblieben sind. Über die Beständigkeit eines örtlich vorkommenden Bausteins und dessen Bearbeitbarkeit vermittelt zumeist ein Besuch der Friedhöfe in den umliegenden Ortschaften ein wahrheitsgetreues Bild, wo die alten Grabmale in der Regel aus in der Nähe des Ortes vorkommenden Steinen gefertigt sind. Oftmals findet man auf den alten Grabmalen auch eine Jahreszahl, die angibt, wie lange diese den Witterungseinflüssen ausgesetzt waren.

Durch Verwendung von Gesteinen, deren Qualität nicht ihrem Verwendungszweck entsprach, können schwere wirtschaftliche Schäden entstehen, wie die Abb. 9—1 zeigt.

Abb. 9—1. Die ungleiche Widerstandsfähigkeit der Basaltpflasterung gegenüber Witterungseinflüssen bewirkt eine ungleiche Abnutzung der Fahrbahn (*Foto Q. Záruba*).

3. Durch Untersuchung aller Aufschlüsse in der weiteren Umgebung der Lagerstätte werden die *Lagerungsverhältnisse* der Gesteine vorläufig ermittelt. Ist das Gelände so weit aufgeschlossen, daß das Gestein an die Oberfläche tritt, so kann man das Streichen und Fallen der Schichten vermessen und in großen Zügen auch die Form der Lagerstätte, deren Mächtigkeit und die Beschaffenheit des Abraums ermitteln. Auf Grund dieser Daten ist es möglich, annähernd die Gesamtkubatur der Lagerstätte und den *gewinnbaren Gesteinsvorrat* anzugeben, der für den betreffenden Zweck zur Verfügung steht.

4. Ferner muß man die *geographische Lage* der Lagerstätte, deren Entfernung vom Verbrauchsort und die Möglichkeit eines Anschlusses an das bestehende Verkehrsnetz in Betracht ziehen. Vor allem interessiert es, wie weit der Steinbruch von einer Straße oder Eisenbahn entfernt liegt und welche Transportmöglichkeiten für das Gestein biz zum Bestimmungsort bestehen, ferner, ob es möglich ist, einen Anfahrtweg für den Transport mit Lastwagen oder eine Schmalspurbahn anzulegen, oder ob wegen des großen Höhenunterschiedes der Bau einer Bergbahn oder Seilbahn erforderlich ist.

Nach den Ergebnissen der Voruntersuchung können der allgemeine Gewinnungsplan ausgearbeitet und die Betriebswirtschaftlichkeit beurteilt werden. Oftmals werden mehrere Steinbrüche und Gesteinsvorkommen einer Voruntersuchung unterzogen, von denen nach gegenseitigem Vergleich das Vorkommen mit den günstigsten Bedingungen ausgewählt wird. In einigen einfachen Fällen sind die Ergebnisse der Voruntersuchung so eindeutig, daß keine weiteren Vorarbeiten erforderlich sind, und man kann entweder an die Anlage des Steinbruches herangehen oder die Lagerstätte auflassen. Wenn das Gelände unzureichend aufgeschlossen ist, sind die Ergebnisse der Voruntersuchungen nur als annähernd richtig anzusehen und müssen durch eine eingehende technisch-geologische Untersuchung überprüft werden.

9,2. Eingehende technisch-geologische Untersuchung. Diese hat den Zweck, die Mächtigkeit und die Ausdehnung der Lagerstätte zu bestimmen, den Charakter und die Mächtigkeit des Abraums zu ermitteln und zuverlässige Proben für technologische Prüfungen zu gewinnen. Sie umfaßt im wesentlichen folgende Teilaufgaben:

1. eingehende Lage- und Höhenaufnahme der Umgebung der Lagerstätte;
2. geologische Kartierung des Geländes auf der Grundlage der im Punkt 1 angeführten Karten und Untersuchung der hydrogeologischen Verhältnisse;
3. Aufschlußarbeiten oder versuchweiser Ausbruch des Gesteins;
4. Entnahme von Proben und deren technologische Untersuchung;
5. Auswertung der Ergebnisse der eingehenden Untersuchung, Berechnung der Vorräte, Ausarbeitung eines Entwurfes für das Gewinnungsverfahren und Aufstellung des Gewinnungsplanes.

1. *Aufnahme des Gebietes.* Für die eingehende Untersuchung ist vor allem ein guter topographischer Plan erforderlich, in den die Beobachtungsergebnisse eingezeichnet werden. Zu diesem Zweck reichen gewöhnlich die topographischen Karten

im Maßstab 1:25 000 nicht aus; deshalb ist es meistens erforderlich, die Umgebung der Lagerstätte neu aufzunehmen und den Schichtenplan des Gebietes im Maßstab 1 5000 bis 1:1000 auszufertigen. Es haben sich photogrammetrische Pläne gut bewährt, besonders dann, wenn es sich um steile Felswände alter Steinbrüche handelt, die mit Hilfe eines anderen Verfahrens nicht genau genug aufgenommen werden können.

2. Bei der *geologischen Kartierung* der Umgebung der Lagerstätte dienen die neu ausgefertigten topographischen Pläne als Unterlage. In diese werden alle Schichtenausbisse, das Streichen und Fallen der Schichten, die wichtigsten Kluftsysteme, tektonische Störungen und das Ausmaß der Deckschichten wie auch die Lage der durchgeführten Bohrungen und anderer künstlicher Aufschlüsse eingezeichnet. Die Karte muß durch eingehende Aufnahme und Beschreibung aller natürlichen und künstlichen Aufschlüsse ordnungsgemäß dokumentiert sein. Die Ausführlichkeit dre Dokumentation richtet sich nach der Kompliziertheit der geologischen Verhältnisse. Bei der eingehenden Untersuchung sind auch die *hydrogeologischen Verhältnisse* zu ermitteln, d. h. die Tiefe des Grundwasserspiegels unter der Geländeoberfläche, der wahrscheinliche Wasserzufluß und dessen Ursprung, sowie dessen Abhängigkeit von wasserführenden Schichten und tektonischen Störungen. Die hydrogeologischen Verhältnisse sind manchmal für die Abbauwürdigkeit des Gesteins der Lagerstätten entscheidend.

3. *Aufschlußarbeiten.* Der Umfang der weiteren Arbeiten im Gelände richtet sich nach der Mächtigkeit der Deckschicht oder danach, wie die Schichtenausbisse zugänglich sind. In stark bewachsenem, mit Verwitterungsmaterial, Gehängeschutt oder Lehm bedecktem Gelände reicht die eingehende geologische Kartierung nicht aus; der Charakter der Lagerstätte muß durch Aufschluß erkundet werden. Bei den Aufschlußarbeiten soll nicht mit Zeit und Mitteln gespart werden, weil nur eine gründliche Kenntnis der Lagerstätte, ihrer Form, des Abraums und der gewinnbaren Gesteinsvorräte die Ausarbeitung einwandfreier Betriebspläne ermöglicht und zuverlässige Schlußfolgerungen gestattet. Schon bei vielen wichtigen Bauwerken mußte für lange Zeit der Bauablauf unterbrochen werden, weil sich herausstellte, daß die Annahmen über die Baustoffe falsch waren, und während der Bauausführung ein anderer Baustoff gesucht werden mußte. Bei Tunnelbauten kann eine Verzögerung bei der Anlieferung des Baustoffes sehr ungünstige Folgen haben, weil die ausgehauenen Räume dann lange Zeit hindurch behelfsmäßig verschalt bleiben müssen. Dies bewirkt eine Lockerung des Gesteins und hohe Drücke, wie die besonders beim Tunnelvortrieb im Flyschgebiet der Karpaten gesammelten Erfahrungen zeigen.

Um die Bohrungen und Schürfe zweckmäßig anordnen zu können, muß man bereits eine annähernde Vorstellung von den Lagerungsverhältnissen der Gesteine und dem geologischen Bau der umliegenden Landschaft haben. Deshalb soll nach Möglichkeit der Geologe die Lage der Bohrungen und Schürfe bestimmen, damit diese zweckdienlich angeordnet werden und in solcher Anzahl vorhanden sind, daß Ausdehnung und Form der Lagerstätte zuverlässig ermittelt werden können.

Zur Beurteilung der technologischen Eigenschaften des Gesteins, seiner Klüftung und Verwitterung ist eine unmittelbare Untersuchung in einer offenen Grube erforderlich. Deshalb werden hauptsächlich Schürfgruben, Schürfgräben oder Schürfstollen sowie Versuchssprengungen angewendet. Bohrungen eignen sich nicht für diesen Zweck, mit Ausnahme der Kernbohrung. Auch aus dem zusammenhängenden Bohrkern kann man sich eine recht gute Vorstellung von den technischen Eigenschaften des Gesteins machen, wogegen aus dem bei der Meißelbohrung gewonnenen Bohrschmant die Eigenschaften des Gesteins nicht bewertet und seine Eignung als Baustoff nicht festgestellt werden können. Von Hand durchgeführte Bohrungen werden manchmal zur Ermittlung der Eigenschaften und der Mächtigkeit der Deckschichten, d. h. der Lehme, Sande usw., die den Abraum bilden, angewendet.

In jedem Falle ist ein Aufschlußverfahren zu wählen, das unter den gegebenen Verhältnissen am zweckmäßigsten ist. Soll beispielsweise die Schichtenfolge bei wechselnder Lagerung von steil einfallenden Sandsteinen und Schiefern ermittelt werden, dann können entweder im oberen Teil des Hanges Schürfgräben angelegt oder in der Ebene der künftigen Steinbruchsohle Schürfstollen vorgetrieben werden. Gegebenenfalls kann senkrecht zu den Schichten geführte schräge Kernbohrung den Schürfstollen versetzen (Abb. 9—2).

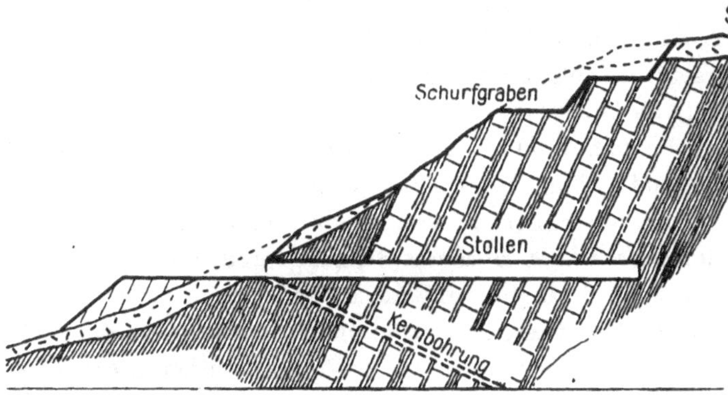

Abb. 9—2. Mögliche Verfahren der Lagerstättenerkundung.

In manchen wichtigen Fällen sind die *Absonderung* des Gesteins und die Größe der gebrochenen Gesteinsblöcke zu bewerten. Ist das Gestein in einem alten Steinbruch oder einer steilen Felswand nicht in ausreichendem Maße aufgeschlossen, dann ist der Aufschluß eines kleineren Versuchsbruches oder zumindest das probeweise Ausbrechen eines Teiles der Wand erforderlich. Bei Sedimenten sind die Absonderung des Gesteins und die Größe der Blöcke, die gebrochen werden können, durch die Mächtigkeit der Schicht und die Dichte der quer verlaufenden Klüfte gegeben. Bei Eruptivgesteinen ist die Absonderung sehr verschiedenartig, denn sie ist zumeist durch die beim Erkalten und Erstarren des Magmas entstandenen Schrumpfrisse bedingt.

Die Anforderungen an *Größe* und *Form der gebrochenen Gesteinsblöcke* sind verschieden, je nachdem, zu welchem Zweck das Gestein verwendet werden soll. Für Bausteine ist eine regelmäßige bank- oder quaderförmige Absonderung vorteilhaft, weil sie gestattet, annähernd rechtwinklige Blöcke solcher Ausmaße zu brechen, wie sie gerade benötigt werden. Für die Gewinnung von Bausteinen ist eine polyedrische oder unregelmäßige, blockförmige Absonderung weniger günstig. Unvorteilhaft ist auch eine kugelförmige oder konzentrisch schalenförmige Absonderung, wie sie manchmal bei einigen Diabasen anzutreffen ist. Auch die beim Basalt übliche Absonderung in größeren Säulen ist für seine Verwendung als Baustein ungünstig, weil die länglichen Säulen von polygonalem Querschnitt keine Auflageflächen haben und sich schlecht bearbeiten lassen.

Andere Anforderungen werden an die Absonderung des für die Herstellung von Schotter bestimmten Gesteins gestellt. Am vorteilhaftesten ist eine Absonderung, bei der das Gestein nach der Sprengung in kleine Stücke zerfällt, die ohne weitere Zerkleinerung direkt in die Brecheranlagen transportiert werden können. Deshalb wird bei der Herstellung von Schotter einer Absonderung in Platten oder Säulen mit kleineren Abmessungen der Vorzug gegeben. Weniger günstig ist es, wenn das Gestein zu großen Blöcken oder mächtigen Säulen zerfällt, weil jeder Block erneut gesprengt oder mühsam zu kleineren Bruchstücken einer bestimmten Größe zerschlagen werden muß, die in die Brecheranlage gebracht werden können. Dies bedeutet einen wesentlich höheren Sprengstoffverbrauch und eine Erschwerung des Betriebsablaufes (Abb. 9—3).

Das Niederbringen von Bohrungen in festen Gesteinen ist mit einem ziemlich hohen Kostenaufwand verbunden; deshalb ist es erforderlich, daß alle Bohrungen und Aufschlüsse genau vermessen und voll ausgewertet werden. Es müssen alle Daten über die Lagerungsverhältnisse, über das Streichen und Fallen der Schichten und deren Mächtigkeit, über die Dichte und den Richtungsverlauf der Klüfte, die Tiefe und Beschaffenheit der Verwitterung usw. sorgfältig vermerkt werden. Schürfgruben sollen nach Möglichkeit von einem Geologen untersucht werden. Unter seiner Aufsicht sollen Proben der wichtigsten Gesteinsarten zur Durchführung technologischer Prüfungen entnommen werden. Eine ungenaue und unsachgemäße Aufnahme der Bohrungen, eine falsche Entnahme von Proben und deren unklare Beschreibung können Aufschlußarbeiten auch größeren Umfanges vollkommen wertlos machen. Die Bohrungen und Schürfgruben sollen genau der Lage und der Höhe nach vermessen werden, um sie einwandfrei in die geologische Karte und in die Profile einzeichnen zu können.

4. *Entnahme von Proben.* Bei der Entnahme von Proben zur Durchführung technologischer Prüfungen ist vor allem darauf zu achten, daß die Probe tatsächlich dem Gestein entnommen wird, das man für den gegebenen Zweck gewinnen will. Es ist bekannt, daß fast in jedem Steinbruch vom gleichen Gestein Proben mit sehr unterschiedlichen Eigenschaften entnommen werden können. Die einer mächtigen ungestörten Bank entnommene Gesteinsprobe bringt sicherlich günstigere Ergebnisse als

Abb. 9—3. Absonderung des Basalt in großen Säulen ist für eine Zerkleinerung zu Schotter unvorteilhaft (*Foto Q. Záruba*).

eine in der Nähe der Störungszone entnommene Probe, die Haarrisse enthält, welche zwar makroskopisch nicht zu erkennen sind, sich aber bei Prüfversuchen bemerkbar machen. In wichtigen Fällen werden aus einem einzigen Steinbruch mehrere Proben entnommen, die allerdings gesondert einer Prüfung unterzogen werden. Die unterschiedlichen Versuchsergebnisse müssen sodann als Grenzwerte angesehen werden, zwischen denen die durchschnittliche Festigkeit des abgebauten Gesteins liegt. So werden beispielsweise in den Steinbrüchen des Moldautales an vielen Stellen Diabasgänge abgebaut; zusammen mit ihnen werden jedoch benachbarte metamorphe algonkische Schiefer gebrochen, die sich für die Herstellung von Schotter weniger eignen. Zur Bewertung dieses Steinbruches genügt eine Diabasprobe allein nicht, es ist auch eine Probe der algonkischen Schiefer erforderlich. Eine unzweckmäßige Auswahl der Gesteinsproben oder deren Verwechslung ergab schon des öfteren Unterschiede bei der Bewertung der Verwendbarkeit des Gesteins oder auch einen direkten Widerspruch zwischen den Ergebnissen der technologischen Prüfungsversuche und dem geologischen Gutachten, das sich auf die petrographische Analyse und auf frühere Erfahrungen stützt. Der Auswahl von Gesteinsproben ist schon deshalb die größte Aufmerksamkeit zu schenken, weil die technologischen Prüfungen und die Vorbereitung der Prüfkörper mit einem hohen Arbeits- und Kostenaufwand verbunden sind und nur dann einen Wert haben, wenn die eingesandten Gesteinsproben glaubwürdig sind.

5. *Auswertung der eingehenden Untersuchung.* Um den nutzbaren Gesteinsvorrat auswerten und einen Steinbruch einwandfrei anlegen zu können, muß man die Lagerungsverhältnisse und die hydrologischen Verhältnisse der Lagerstätte genau kennen. Die Lagerung der Gesteine wird am besten in geologischen Querprofilen dargestellt, die an Hand der geologischen Karte und der Aufschlüsse konstruiert werden. In die Profile werden alle Angaben eingezeichnet, die in den Aufschlüssen und bei Erkundungsarbeiten ermittelt wurden. Die Profile werden nicht in einem überhöhten Maßstab gezeichnet, weil eine Überhöhung zu großen Fehlern bei der Berechnung der Kubaturen führen könnte. Aus diesen Profilen kann man dann mit ausreichender Genauigkeit sowohl die Gesamtkubatur der Lagerstätte als auch den *nutzbaren Gesteinsvorrat* berechnen, d. h. die Gesteinsmenge, die bei Beachtung der Grundsätze der Wirtschaftlichkeit im Steinbruch gewonnen werden kann.

Bei *Sedimentgesteinen* ist, sofern sie tektonisch wenig gestört sind, die Kubatur der Lagerstätte durch die Schichtenmächtigkeit und ihre Ausdehnung gegeben, die aus einer guten geologischen Karte abgelesen werden können. Bei Hängen in bergigem Gelände wird gewöhnlich nur die Kubatur oberhalb der Talsohle in Betracht gezogen, weil ein Abbau des Gesteins in einer unterhalb der Talsohlenebene niedergebrachten Grube mit großen Schwierigkeiten verbunden ist (Abpumpen des Wassers, Schutz der Grube vor Überflutung durch Oberflächenwasser, Emporheben des gebrochenen Gesteins usw.). In der Abb. 9—4 sind einige einfache Fälle angeführt, bei denen aus dem Hang Schichten nutzbaren Gesteins, z. B. Kalksteine, bei unterschiedlicher Schichtenneigung an die Oberfläche treten. Obwohl die Höhe des Schichtenausbisses am Hang in allen drei Fällen annähernd die gleiche ist, sind die nutzbaren Gesteinsvorräte sehr unterschiedlich. Bei waagerecht gelagerten Schichten ist der Gesteinsvorrat weit größer als bei hangwärts geneigten und auch in den Hang einfallenden Schichten, wo sich der nutzbare Gesteinsvorrat durch den zunehmenden Abraum verringert.

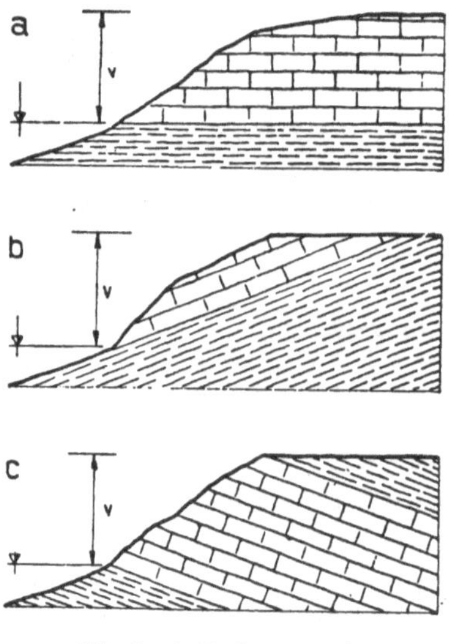

Abb. 9—4. Bedeutung der Schichtenneigung für eine Berechnung der Gesteinsvorräte.

Erhöhte Aufmerksamkeit ist jenen Schichten zu widmen, in denen Bänke fester Gesteine, z. B. der Sandsteine mit Schiefern oder anderen weichen, unbrauchbaren Gesteinen abwechseln. Haben diese Schichten eine geringe Mächtigkeit, so ist dies mitunter auch vorteilhaft, weil die weichen Lagen den Ausbruch der festen Gesteinsbänke erleichtern. Weisen jedoch die Schieferschichten eine größere Mächtigkeit auf, so erhöht sich dadurch der Abfall und der Betrieb des Steinbruches wird kostspieliger. An der Hangoberfläche treten harte Gesteinsschichten als auffallende Kanten heraus, wogegen Schiefereinlagen gewöhnlich von festem Gesteinsschutt überdeckt sind. Eine falsche Schätzung des Verhältnisses des Rauminhalts der festen Gesteinsbänke zu dem der unbrauchbaren Schichten weicher Gesteine führt oftmals zu groben Irrtümern bei der Berechnung des nutzbaren Gesteinsvorrates (Abb. 9—5).

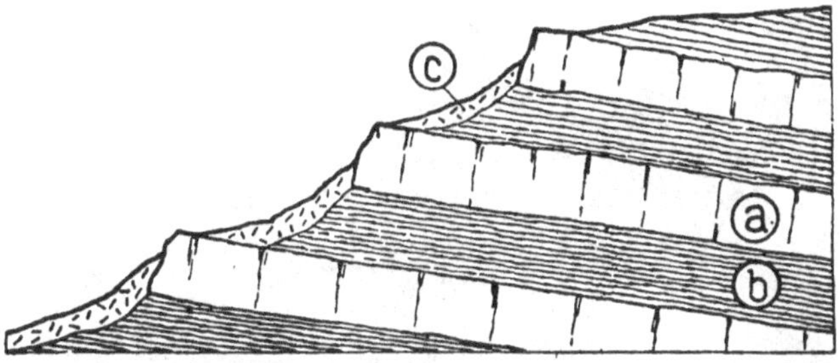

Abb. 9—5. Am Hang treten scheinbar nur die festen Gesteinsschichten *a* an die Oberfläche, die weichen Schichten *b* sind von dem Hangschutt *c* der festen Gesteine überdeckt.

Fehler bei der Berechnung des nutzbaren Gesteinsvorrates, hervorgerufen durch falsche Vorstellungen über den geologischen Bau des Geländes, treten sehr häufig auf und ziehen ungünstige wirtschaftliche Folgen nach sich. Beim Bau einer Eisenbahnstrecke wurde beispielsweise in festem Kalkstein ein neuer Wandsteinbruch für Schotter angelegt. Nach der Untersuchung des Hanges und auf Grund der oberhalb des Hanges aus niedergebrachten Schürfgruben wurde ein ausreichender Gesteinsvorrat angenommen, wie in Abb. 9—6 dargestellt ist. Zum neuen Steinbruch wurde

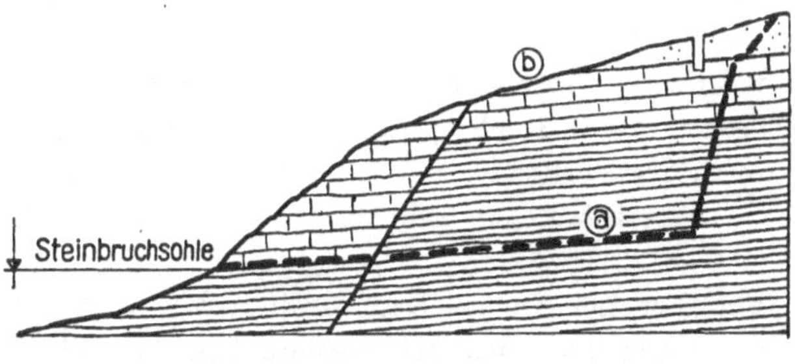

Abb. 9—6. Eine Störung kann den nutzbaren Gesteinsvorrat wesentlich verringern. *a* — Tonschiefer, *b* — Kalkstein.

ein Zufahrtsweg mit Feldbahn angelegt, es wurde eine leistungsfähige Brecher- und Sortieranlage aufgestellt. Jedoch bald nach dem Aufschluß des Steinbruches gelangte man zu der Überzeugung, daß die Kubatur des Kalksteins falsch geschätzt war. Die Lagerstätte des Kalksteins war nämlich durch eine annähernd parallel zum Hangfuß verlaufende Verwerfung gestört, und hinter der Störung stieß man im Untergrund der Kalksteine auf unbrauchbare Schiefer. Bei der Untersuchung der weiteren Umgebung des Steinbruches war es ohne große Schwierigkeiten möglich, die Existenz der Verwerfung in den Quertälern festzustellen, und es hätte nicht zu der unangenehmen Überraschung zu kommen brauchen.

Ein anderes Beispiel für eine falsche Schätzung des nutzbaren Gesteinsvorrates ist in Abb. 9—7 dargestellt. Der Steinbruch wurde in gefalteten Sandsteinschichten

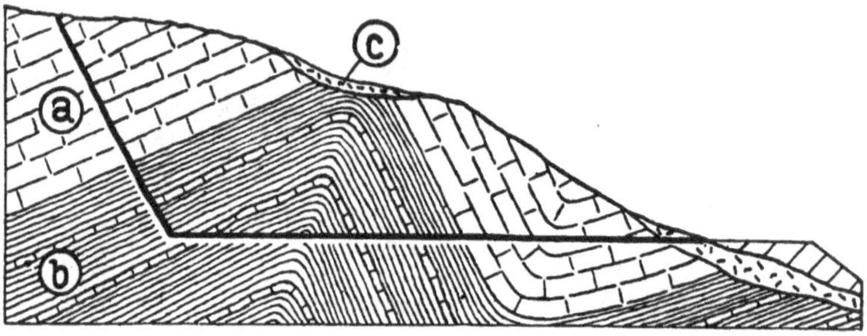

Abb. 9—7. An einem Hang, der vermeintlich ausschließlich aus Sandstein besteht, war ein Steinbruch angelegt; es wurden die Lagerungsverhältnisse nicht berücksichtigt.
a — Sandstein, *b* — Schiefer, *c* — Hangschutt.

angelegt; es wurde nicht vorausgesetzt, daß auf dem Hang in einer Antiklinale eine Schichtenfolge von Tonschiefer hervortritt. Eine sorgfältige Messung der Schichtenneigung oder eine einzige zweckmäßig am Hang angeordnete Bohrung hätte die geologischen Verhältnisse des Hanges klargestellt, und es hätte nicht zu einem so großen Irrtum zu kommen brauchen.

Eruptivgesteine (Granite, Granodiorite, Diorite usw.) treten gewöhnlich in so großen Mengen auf, daß der Gesteinsvorrat meistens nicht durch die Lagerungsverhältnisse begrenzt wird. In Ausnahmefällen kann der Granit vom Überrest eines Gneismantels bedeckt sein. Der nutzbare Gesteinsvorrat kann gegebenenfalls auch durch eine Störungszone, oder durch hydrothermal zersetzte Lagen oder Gesteinsveränderungen (durch das Vorhandensein von verschiedenen Gängen, Einschlüssen oder magmatischen Ausscheidungen bedingt) begrenzt sein, die das Gestein entwerten.

Bei *Ganggesteinen* (Porphyr, Diabas, Gangbasalt usw.) ist die Bestimmung des nutzbaren Gesteinsvorrates manchmal keine leichte Aufgabe, weil sich die Mächtigkeit der Lagergänge auf eine verhältnismäßig kurze Entfernung ändern kann oder weil diese vollkommen auskeilen können. Der interessante Fall eines in einem Porphyrgang angelegten Steinbruches in Süd-Böhmen ist in Abb. 9—8 dargestellt, wo auch erfahrene Steinbruchfachleute den nutzbaren Gesteinsvorrat viel zu hoch einschätzten. Den Hauptkörper bildet ein mächtiger Syenitporphyrgang, der die Biotit-Paragneise durchsetzt. Der Gang ist etwa um 20° gegen den Hang geneigt. Aus diesem Körper zweigen schwächere, mit einer Neigung von 65° hangwärts steil einfallende Lagergänge ab. Einer dieser Lagergänge wurde bereits früher abgebaut, der zweite ist in der Wand des Steinbruches gut aufgeschlossen. Da dieser einen beträchtlichen Teil der hohen Abbauwand des Steinbruches bildet, scheint der nutzbare Vorrat an

Porphyr im Steinbruch ziemlich groß zu sein. Dieser Eindruck täuscht jedoch, denn der Lagergang in der Wand des Steinbruches hat nur eine Mächtigkeit von etwa 8 m und ist im Hangenden und Liegenden von unbrauchbarem Paragneis umgeben.

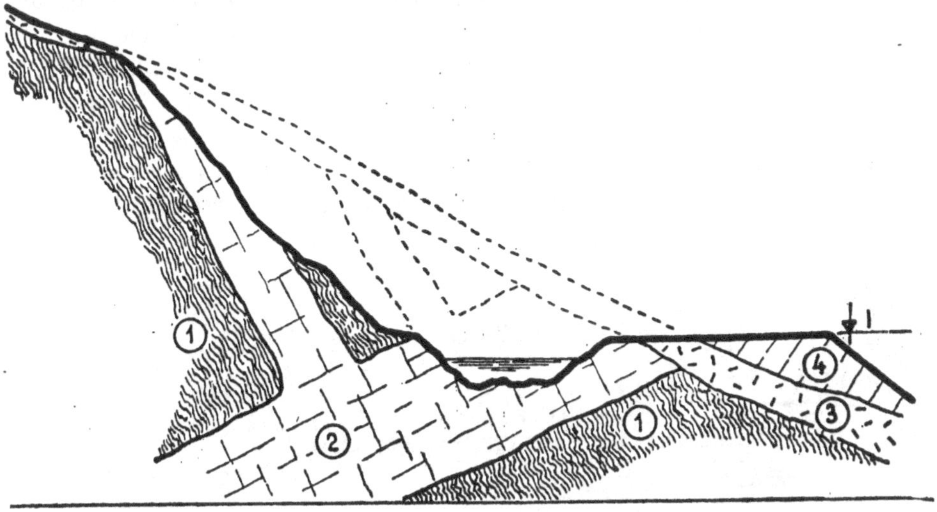

Abb. 9—8. In einem Porphyrgang angelegter Steinbruch mit geringem nutzbaren Vorrat.
1 — Glimmergneis, *2* — Syenitporphyr, *3* — Hangschutt, *4* — Aufschüttung.

Bei *Ergußgesteinen* (Basalt, Andesit, Melaphyr, Liparit usw.) sind für die Anlage eines Steinbruches in der Regel umfangreichere Decken von Vorteil, in denen das Gestein relativ homogen ist und zumeist eine ziemlich regelmäßige Lagerung aufweist. An der Oberfläche einer jeden Decke oder eines jeden Lavastromes sind die Gesteine gewöhnlich stark porös. Daraus kann man erkennen, ob es sich um einen Erguß handelt oder ob der Gesteinskörper aus mehreren, übereinandergelagerten Ergüssen besteht. Im letzteren Falle kann das Gestein in der Wand des Steinbruches sehr heterogen sein, besonders wenn die Lavaströme durch Tuff und Agglomeratschichten voneinander abgesondert sind.

Die Randschollen der Basaltströme, sofern diese auf weichen Gesteinen, beispielsweise auf Kreidemergeln, ruhen, sind meistenteils durch Hangbewegungen gestört. Abgesunkene Basaltschollen am Hangfuß weisen auf eine scheinbar größere Mächtigkeit des Basaltstromes hin (Abb. 9—9). Bei der Anlage eines Steinbruches in der abgesunkenen Scholle am Hangfuß ist eine fortschreitende Verlegung der Abbaugrundfläche des Steinbruches in eine höhere Ebene erforderlich. Höhenunterschiede sind für den Steinbruchbetrieb ungünstig und müssen durch Schrägaufzüge überwunden werden. In der Umgebung alter vulkanischen Kamine und Schlote sind die Ergußgesteine zumeist heterogen und enthalten hier oft ungleichmäßige Tuff- und vulkanische Agglomeratschichten, die praktisch unbrauchbar sind. Die meisten unter diesen Bedingungen angelegten Steinbrüche wurden des unwirtschaftlichen Betriebes wegen bald aufgelassen.

Der Abraum. Das gesuchte Gestein tritt nur in Ausnahmefällen in unverwittertem Zustande bis an die Geländeoberfläche. Gewöhnlich ist es von verschiedenen Verwitterungsprodukten und anderen Gesteinen überdeckt, die als Abraum bezeichnet werden, weil sie vor dem Abbaubeginn abgeräumt werden müssen. Der Abraum kann unterschiedlichen Charakter haben; er kann aus Verwitterungsprodukten des nutzbaren Gesteins selbst, oder aus verschiedenartigen Deckschichten bestehen, wie z. B. Gehängeschutt, Lehm, Löß, Terrassenschotter oder alte Halden und Aufschüttungen. Als Abraum werden auch Schichten bezeichnet, die das normale Hangende der Lagerstätte bilden, sofern dieses während des Abbaues entfernt werden muß, oder Einlagen und Schichten, die im Inneren der abgebauten Schichtenfolge auftreten, so z. B. Schieferlagen in Kalksteinen (sog. innerer Abraum).

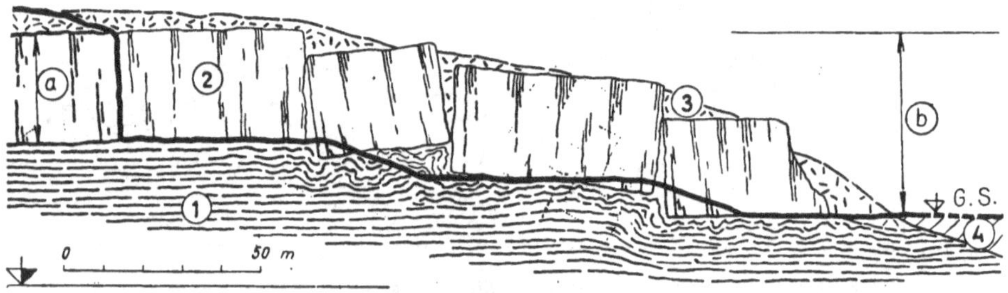

Abb. 9—9. Die Randschollen des Basaltstromes *2* sind durch die Hangbewegung gestört. Die Mächtigkeit des Basaltstromes *b* ist scheinbar größer als in Wirklichkeit *a*, *1*— Kreidemergel, *2* — Basalt, *3* — Hangschutt. G. S. — ursprüngliche Grundfläche des Steinbruches.

Die Mächtigkeit und Beschaffenheit des Abraumes ist oft für den Abbau des nutzbaren Gesteinsvorrates von entscheidender Bedeutung, weil eine allzu mächtige Deckschicht den Abbau des Gesteines unwirtschaftlich macht. Allgemeingültige Richtlinien, bei welcher Mächtigkeit des Abraums ein Steinbruchbetrieb bereits unwirtschaftlich ist, lassen sich nicht aufstellen. Dies hängt nicht nur von der Mächtigkeit des Abraums, sondern auch von seiner Zusammensetzung, vom Verhältnis der Mächtigkeit der Lagerstätte zur Mächtigkeit des Abraumes und von einer Reihe weiterer Umstände ab. Wird beispielsweise eine Deckschicht aus kohäsionslosen Gesteinen gebildet, so kann sie verhältnismäßig leicht mit Hilfe eines Baggers oder Bulldozzers entfernt werden, auch wenn sie mehrere Meter mächtig ist. Das Abräumen einer Schicht festen Gesteins von der gleichen Mächtigkeit, beispielsweise von Schiefer, die mit Sprengstoffen gelockert werden müßte, wäre für den Betrieb des Steinbruches bereits untragbar. Es kommt dabei auch auf den Wert des abzubauenden Gesteins an. So wird beispielsweise ein mächtiges Braunkohlenflöz heutzutage im Tagebau noch abgebaut, wenn das Hangende, eine 4 bis 5fache Mächtigkeit des Kohlenflözes erreicht. Bei den üblichen Baustoffen macht ein nur einige Meter starker Abraum den Abbau bereits unwirtschaftlich.

Die Bedeutung des Abraumes für die Bestimmung des nutzbaren Gesteinsvorrates wird an einigen einfachen Beispielen erläutert.

In Abb. 9—10 ist die Kalksteinschicht *b* dargestellt, die an der Oberfläche von der Schotterterrasse *c* überdeckt wird. Die Kalksteine sind zum Hangfuß hin geneigt, und in ihrem Untergrund treten unbrauchbare Schiefer *a* auf. Aus dem Profil geht

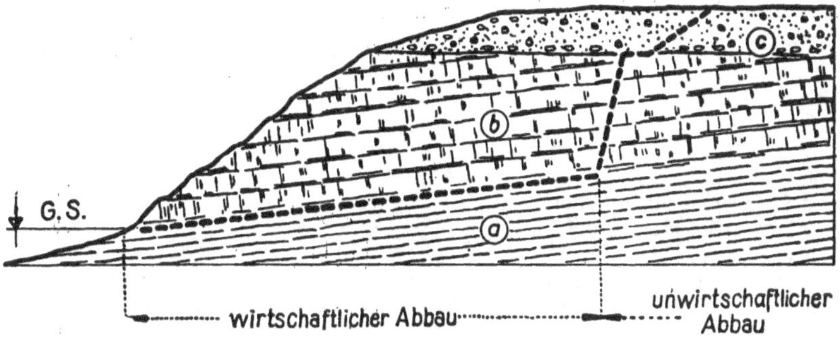

Abb. 9—10. Die Mächtigkeit der Lagerstätte des nutzbaren Gesteines *b* verringert sich im Verhältnis zum Abraum *c* hin allmählich; dies setzt einem wirtschaftlichen Abbau Grenzen. *G. S.* — Grundfläche des Steinbruches.

hervor, daß sich die Höhe der Kalksteinwand im Verhältnis zum Abraum allmählich verringert. Der abbauwürdige Teil der Lagerstätte ist in Abb. 9—10 gestrichelt. Ein Weiterbetrieb des Steinbruches wäre im Hinblick auf das ungünstige Verhältnis der ziemlich niedrigen Kalksteinwand zur mächtigen Deckschicht unwirtschaftlich.

Fallen die Schichten des gesuchten Gesteins in den Hang ein und sind sie im Hangenden von einer Schicht unbrauchbaren Gesteins überdeckt, dann nimmt der Abraum, verglichen mit dem abbauwürdigen Gestein, sehr schnell zu (Abb. 9—11). Bei waagerechter Steinbruchsohle würde der Abraum im Falle *a* 40 % und im Falle *b*

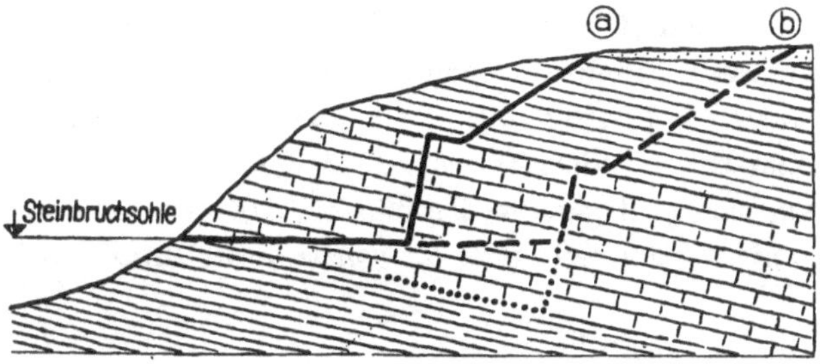

Abb. 9—11. Bei in den Hang einfallenden Gesteinsschichten nimmt der Abraum im Verhältnis zu dem abgebauten Gestein schnell zu.

bereits 80 % des abgebauten Gesteins betragen. Das Verhältnis des Abraumes zum abbauwürdigen Gestein würde sich etwas bessern, wenn die Arbeitsgrundfläche des Steinbruches der Schichtenneigung entsprechend allmählich abgesenkt würde. Eine Vertiefung des Steinbruches hätte allerdings betriebliche Nachteile zur Folge, denn es wäre notwendig, das Gestein nach oben zu bringen und das Wasser abzupumpen.

Der nutzbare Gesteinsvorrat kann auch durch künstliche Aufschüttungen und

Halden begrenzt werden. In Abb. 9—12 ist das Profil eines Basaltbruches dargestellt, bei dem der nutzbare Vorrat an Basalt mit sehr guten Eigenschaften durch eine alte Halde wesentlich verringert wird. Der Steinbruch ist in einem Basaltstrom angelegt, der an der Oberfläche von einer dünnen Tuffschicht und einer etwa 6 m mächtigen Schotterterrasse überdeckt wird. Dieser natürliche Abraum könnte noch entfernt werden, ohne daß dadurch der Betrieb des Steinbruches unwirtschaftlich würde. Aber

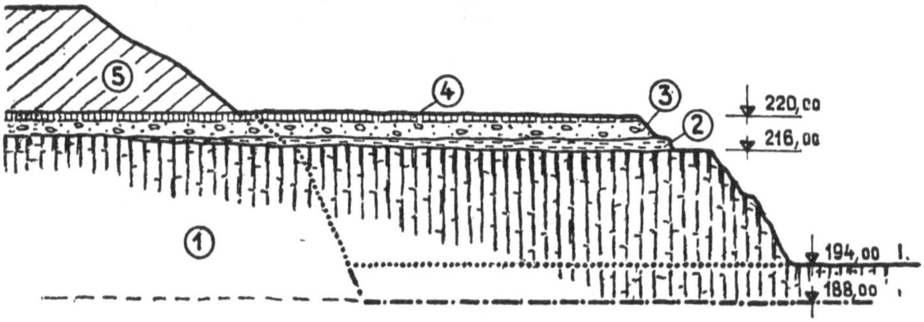

Abb. 9—12. Eine Erweiterung des Steinbruches wird durch eine alte Halde unmöglich. *1* — Basalt, *2* — Basalttuff, *3* — Terrassenkies, *4* — Lehm, *5* — Halde.

die alte, ausgedehnte Halde mit einer Höhe bis zu 20 m, die aus dem Hangenden eines Kohlenflözes auf den Basaltstrom aufgefahren wurde, schränkt den nutzbaren Vorrat und die Möglichkeit eines weiteren wirtschaftlichen Abbaues stark ein.

Zu den Aufgaben der geologischen Untersuchung bei der Anlage von Steinbrüchen gehört auch die Erkundung eines zweckmäßigen Platzes für die *Lagerung des Abraums.* Als Abladeplatz für die Abraummassen wird nach Möglichkeit ein Geländeabschnitt unterhalb der Steinbruchsohle am Hangfuß ausgewählt, damit der Betrieb nicht behindert wird und die Abraummassen ohne Aufwärtstransport gelagert werden können. Ein grober Fehler wäre es, die Abraummassen auf Gesteinsvorräten abzulagern, die künftig abgebaut werden sollen. Es geht hierbei nicht nur um die Abraummassen; in jedem Steinbruch häufen sich während der Arbeit große Mengen Abfall an, die so gelagert werden müssen, daß sie eine künftige Erweiterung des Steinbruches nicht behindern. Sehr oft wurde dieses Prinzip nicht beachtet; das

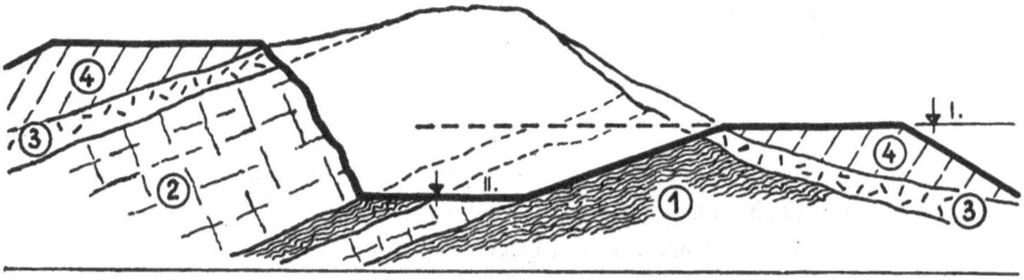

Abb. 9—13. Ein durch unzweckmäßige Lagerung des Abraums auf den nutzbaren Gesteinsvorkommen entwerteter Steinbruch. *1* — Glimmergneis, *2* — Pyroxen-Hornstein, *3* — Hangschutt, 4 — aufgeschütteter Abraum.

führte dann zu einer Entwertung des durch den Abfall und den Abraum verschütteten nutzbaren Gesteinsvorkommens. In der Abb. 9—13 ist als Beispiel das Profil eines Schottersteinbruches in Südböhmen dargestellt, der ursprünglich auf einer von Pyroxen-Hornstein gebildeten Anhöhe angelegt wurde. Hornstein ist sehr hart und zäh, er bildet eine Einlage in Glimmergneisen und liefert einen Schotter von ausgezeichneter Qualität. Nachdem man sämtliches Gestein in der Ebene der ursprünglichen Arbeitsgrundfläche gebrochen hatte, wurde der Steinbruch vertieft, jedoch dadurch beträchtlich entwertet, daß auf den umliegenden Hängen die natürliche Deckschicht durch unzweckmäßige Lagerung der Abraummassen vergrößert wurde. Ein anderes Beispiel ist in Abb. 9—14 dargestellt.

9,3. Grundprinzipien der Anlage von Steinbrüchen unter Berücksichtigung der Zweckbestimmung und der geologischen Bedingungen. Steinbrüche werden nicht nur zur Gewinnung von Gestein für Bauzwecke und für Steinmetzarbeiten angelegt, sondern auch für die Herstellung von Pflaster-steinen, von Schotter für Straßen und für den Eisenbahnoberbau und für verschiedene industrielle Zwecke.

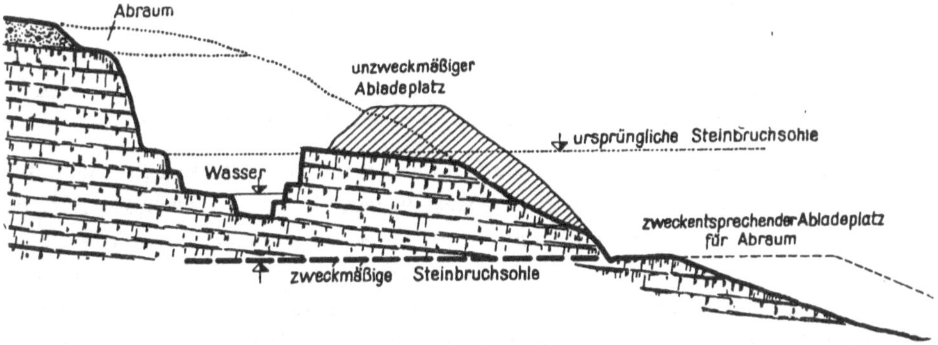

Abb. 9—14. Ein anderes Beispiel der Entwertung des Steinbruches durch unzweckmäßige Lagerung des Abraums.

Jedes dieser Fachgebiete stellt andere Anforderungen an die Beschaffenheit des Gesteins und an die Gewinnungsverfahren. Deshalb ist bei der Anlage eines Steinbruches vor allem zu berücksichtigen, zu welchem Zweck das Gestein verwendet wird. Die Art und Weise der Anlage eines Steinbruches hängt auch von der Gestalt der Geländeoberfläche ab. Im hügeligen Gelände werden auf Hängen Wandsteinbrüche, im ebenen Gelände Grubensteinbrüche angelegt. In Ausnahmefällen wird das Gestein bergmännisch in unterirdischen Steinbrüchen gewonnen.

Bei *Wandsteinbrüchen* bestehen in betrieblicher Hinsicht meist die günstigsten Bedingungen, besonders in Anbetracht der einfachen Transportverhältnisse. Die geologischen Verhältnisse sind bei der Bestimmung der Arbeitsgrundfläche und der Abbaurichtung des Steinbruches zu berücksichtigen. Es ist unzweckmäßig, die Arbeitsgrundfläche des Steinbruches an der Talsohle zu wählen, weil sich am Hangfuß gewöhnlich Hangablagerungen anhäufen, die die Lagerstätte überdecken und deren Beseitigung den Steinbruchbetrieb verteuert. Die Arbeitsgrundfläche wird also in ausreichender Höhe über der Talsohle angelegt, wo die Deckschichten im allgemeinen nicht mehr so mächtig sind (Abb. 9—15). Auch aus betrieblichen Gründen ist dies zweckmäßiger, weil das Gestein für den Transport nicht gehoben zu werden braucht und unterhalb der Arbeitsgrundfläche genügend Raum für die Lagerung der Abraummassen zur Verfügung steht.

Bei der Anlage von Wandsteinbrüchen ist das Streichen und Fallen der Schichten zu berücksichtigen. Handelt es sich um Gesteine für Bauzwecke, dann wird ange-

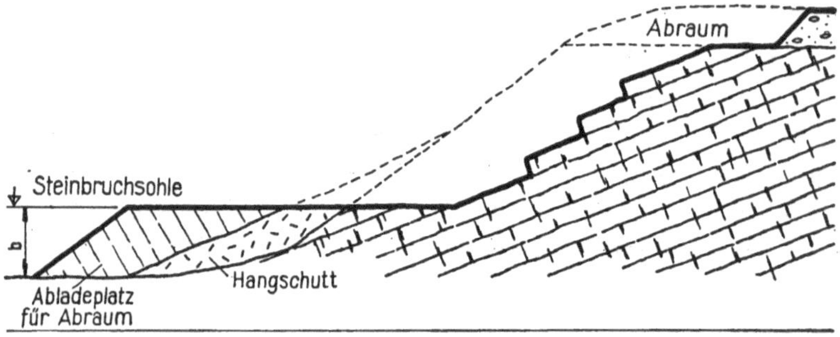

Abb. 9—15. Richtig angelegter Wandbruch. Die Grundfläche des Steinbruches wird oberhalb der Talsohle gewählt, die Gesteinsschichten sind zum Abbauort hin einfallend.

strebt, den Steinbruch so anzulegen, daß die Schichten zur Arbeitsgrundfläche des künftigen Steinbruches hin einfallen. Das Gestein kann nach dem Ausbrechen leicht auf der geneigten Schichtfläche wie auf einer Rampe zur Verarbeitungsstätte transportiert werden. Die umgekehrte Schichtenneigung gegen den Hang ist für das Brechen des zu Bauzwecken dienenden Gesteins ungünstig, weil das Lösen der eingeklemmten Gesteinsblöcke die Arbeit erschwert. Streichen die Schichten senkrecht zur Abbauwand des Steinbruches ein, dann ist der Abbau des Gesteins ebenfalls mit Schwierigkeiten verbunden. In diesem Falle ist es meistens vorteilhafter, zuerst einen Hangeinschnitt in Schichtenrichtung zu brechen und dann die Abbauwand so anzulegen, daß das Gestein schichtweise gebrochen wird. Diese Hinweise haben jedoch nicht für jeden Einzelfall Gültigkeit. Bei Schichten, die zur Arbeitsgrundfläche des Steinbruches hin steil einfallen, kann die Arbeit durch das Abrutschen längs der Schichtflächen losgelöster Blöcke gefährdet werden. Neigen die Schichten zur Rutschung, dann ist es günstig, die Abbauwand etwas schräg zur Schichtenrichtung anzulegen. Dadurch bleibt eine Seite der Wand ständig, durch den ungestörten Teil des Hanges abgestützt, so daß der Abbauort nicht mehr so stark durch Rutschungsbewegungen gefährdet ist.

Beim Brechen des Gesteins zur Schotterbereitung kommt es nicht so sehr auf die Schichtenneigung an. Schotterbrüche haben zumeist eine hohe Abbauwand, die mittels großer Kammersprengungen oder eines Systems senkrechter Bohrungen fortschreitend abgebaut wird. Aber beim Sprengen der hohen Wand treten jedoch manchmal Schwierigkeiten auf, die sich aus den Lagerungsverhältnissen des Gesteins ergeben. So ist es beispielsweise bei Basalten mit säulenförmiger Absonderung vorteilhaft, wenn die Säulen zur Arbeitsgrundfläche des Steinbruches hin einfallen oder wenn sie vertikal stehen. Sehr ungünstig ist jedoch, wenn die Säulen in die Abbauwand hinein geneigt sind, weil dann nach der Sprengung oberhalb des Abbauortes gefährliche Überhänge entstehen. Basaltströme passen sich der Form des ursprünglichen Reliefs an, auf dem sie erstarrten; dies führt manchmal zu einer unregelmäßigen Anordnung der säulenförmigen Absonderung, weil die Säulen fast senkrecht zu den Abkühlungsflächen stehen. Als Beispiel wird ein Basaltsteinbruch im Elbetal angeführt, der ursprünglich am Nordosthang des Basaltstromes gut angelegt war, die Säulen fielen steil hangabwärts ein, waren also zur Arbeitsgrundfläche des Steinbruches geneigt. Als der Abbau Fortschritte machte, zeigte sich, daß sich die Neigung der Säulen etwas änderte und die der höheren Lagen etwa mit 40° Neigung in die Abbauwand einfielen. Dies hatte zur Folge, daß die Basaltsäulen nach der Sprengung teilweise überhängend an der Steilwand stehenblieben und die Arbeit im Steinbruch gefährdeten. Im vorliegenden Falle wurde deshalb ein neuer Abbauort von der Seite her in einer etwas höheren Ebene angelegt, die in Abb. 9—16 mit II bezeichnet ist.

Bei der Anlage von Wandsteinbrüchen ist darauf zu achten, daß man an den Felsgraten zumeist ein festeres Gestein antrifft als in den Schluchten. Die verschiedensten Depressionen und Erosionsrinnen bilden sich an jenen Stellen, wo das

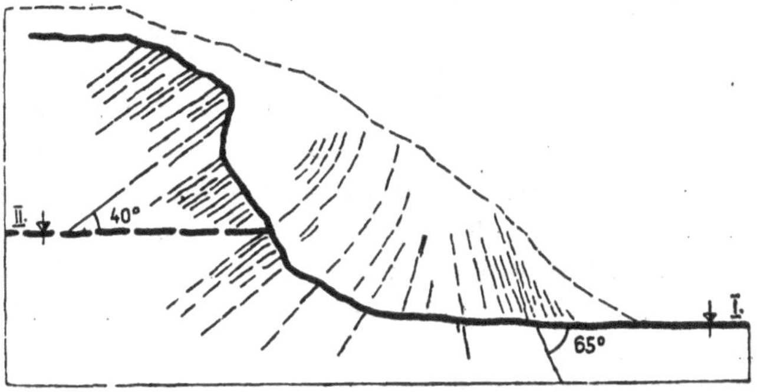

Abb. 9—16. Bei Anlage eines Steinbruches im Basalt muß die veränderliche Neigung der Säulen berücksichtigt werden. Bei in den Hang einfallenden Säulen entstehen an den Wänden gefährliche Überhänge.

Gestein weicher, verwitterter oder tektonisch gestört ist. Auf Bergrücken und in höheren Lagen der Gebirgshänge werden nur in dringendsten Fällen Steinbrüche angelegt. In diesen Steinbrüchen herrschen gewöhnlich ungünstige Bedingungen; sie weisen Nachteile auf, die sich aus dem Charakter des Gesteins ergeben. Der Transport ist bei großen Höhenunterschieden schwierig; sehr oft wird auch durch die ungünstigen klimatischen Bedingungen die Arbeitszeit verkürzt. In den höheren Lagen bleibt der Schnee lange Zeit liegen, und die ziemlich lange dauernde Schlechtwetterperiode schränkt die Arbeitsmöglichkeiten ein und erschwert die Arbeit im Steinbruch. Hinzu kommt, daß die Gesteine auf den Gebirgsrücken in besonderem

Maße den Witterungseinflüssen ausgesetzt und deshalb zumeist tiefgreifender verwittert sind, als in den niedriger gelegenen Berghängen.

. Bei der Lagebestimmung der Wandsteinbrüche ist auch die Lage des Hanges zu den Himmelsrichtungen in Betracht zu ziehen. Für Steinbrüche zur Gewinnung von Bausteinen und für die Herstellung von Pflastersteinen sind Nordhänge günstiger als Südhänge. An den Nordhängen trocknet das Gestein nicht so rasch aus, in den abgebauten Gesteinsblöcken hält sich die Feuchtigkeit länger, und das erleichtert deren Bearbeitung. Handelt es sich um Steinbrüche in höheren Gebirgslagen, die im Winter lange Zeit hindurch verschneit sind, dann haben ihnen gegenüber Südhänge den Vorteil, da hier mit der Arbeit im Frühjahr eher begonnen werden kann als auf den Nordhängen.

Grubensteinbrüche werden in ebenen Gebieten mit mäßigem Relief und mächtigen Deckschichten angelegt, wo Wandsteinbrüche nicht eingerichtet werden können. Ein Nachteil niedergebrachter Grubensteinbrüche besteht darin, daß sich in ihnen das Grund-und Oberflächenwasser ansammelt, das von der Sohle des Steinbruches abgepumpt werden muß. Auch das Heben des gebrochenen Gesteins erfordert eine besondere maschinelle Ausrüstung. Gewöhnlich werden Schrägaufzüge, oder bei größeren Tiefen einfache Kabelkräne oder Kräne mit langem Ausleger verwendet.

Grubensteinbrüche sind auf alten Hochebenen unerläßlich, auf denen die festen Gesteine zersetzt und tiefgreifend gestört sind. Während langer geologischer Perioden war hier die Gesteinsoberfläche der mechanischen und chemischen Verwitterung ausgesetzt. So reichen beispielsweise auf den alten Hochebenen des Böhmischen Massivs die Verwitterungen des Granits bis in eine Tiefe von 12 m und mehr. Je tiefer die Grube niedergebracht wird, desto gesünder ist der Granit und in desto mächtigeren Bänken wird er gebrochen. Grubensteinbrüche sind unter diesen Bedingungen vorteilhaft und erreichen dann eine Tiefe von mehr als 50 m. Das gebrochene Gestein muß von der Sohle des Steinbruches an die Oberfläche transportiert werden. Infolge der günstigen Eigenschaften des Gesteins gibt es jedoch fast keinen Abfall. Auch ist es nicht notwendig, die mächtige verwitterte Deckschicht auf einer größeren Fläche abzuräumen.

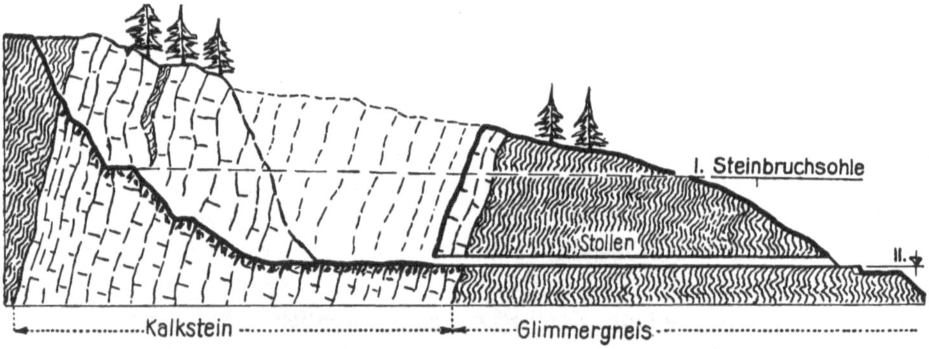

Abb. 9—17. Profil eines großen Kalksteinbruches mit Stollen, durch den das abgebaute Gestein abtransportiert und gleichzeitig auch der S.einbruch entwässert wird.

In einigen Fällen werden Grubensteinbrüche angelegt, um die mächtige Deckschicht, die das gesuchte Gestein vom Tal trennt, nicht abräumen zu müssen. Von der Steinbruchsohle aus wird dann ein Stollen in das Tal vorgetrieben, durch den das abgebaute Gestein abtransportiert und der Steinbruch entwässert wird. So sind beispielsweise einige Kalksteinbrüche in der Umgebung von Prag, einige Steinbrüche zur Gewinnung von Grauwacke in Mähren und ein großer Steinbruch für den Abbau von Kalkstein am Fuße des Riesengebirges angelegt; in Abb. 9—17 ist das Querprofil dieses Steinbruches dargestellt. Das Kalksteinvorkommen bildet eine gefaltete linsenförmige Lagerstätte in Glimmergneisen. Die Kalksteinschichten fallen steil ein und sind vom Tal durch eine etwa 150 m breite Zone der Glimmergneise getrennt. Ursprünglich wurde der Kalkstein in einer höheren Arbeitsebene abgebaut, von der das Gestein durch einen tiefen Einschnitt abtransportiert wurde. Nach der Vertiefung des Steinbruches wurde ein Stollen in das Tal vorgetrieben, durch den der abgebaute Kalkstein vom Steinbruch zum Verladeplatz gebracht wird, und der gleichzeitig zur Entwässerung des Steinbruches dient.

Ein anderer, besonderer Fall des Arbeitsverfahrens, bei dem das abgebaute Material durch einen Stollen abtransportiert wird, ist in Abb. 9—18 dargestellt. Als Baustoff

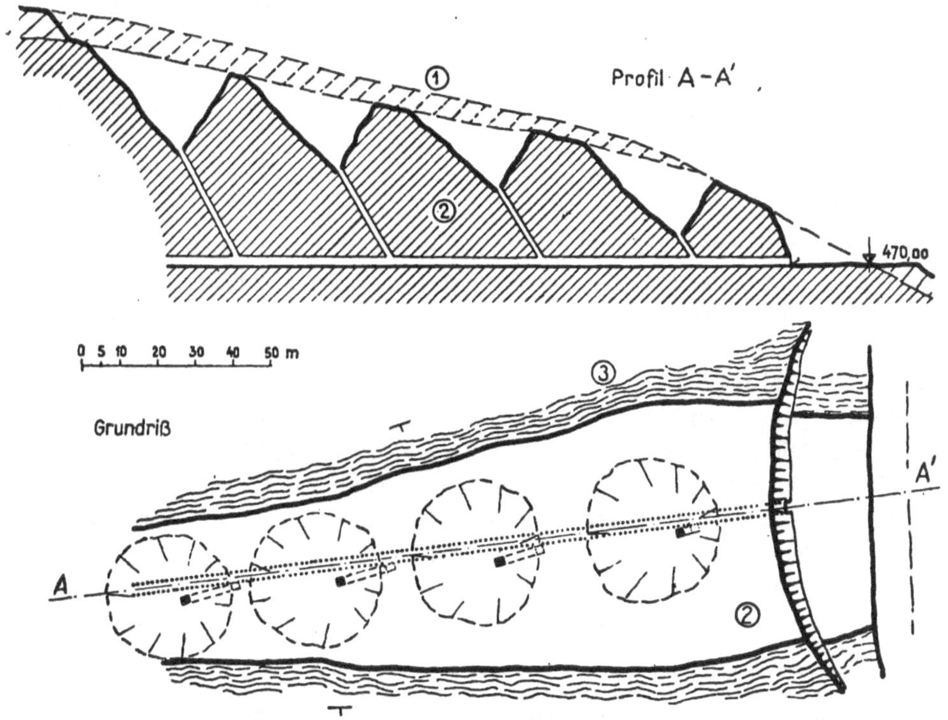

Abb. 9—18. Die linsenförmige Lagerung des Amphibolits im Biotitgneis bedingte diese Arbeitsdisposition. Das Gestein wird durch den Stollen abtransportiert, in den es durch Sturzschächte gelangt. *1* — Hangschutt, *2* — Amphibolit, *3* — Biotitgneis.

für eine Talsperre in Mähren wurde fester Amphibolit ausgewählt, der eine linsenförmige Lagerstätte in Glimmergneisen bildete. Die geologischen Verhältnisse waren für die Anlage eines Wandsteinbruches nicht günstig, weil die Linse eine geringe Mächtigkeit aufwies und senkrecht zum Talhang verlief. Der Wandsteinbruch hätte nur eine geringe Kapazität gehabt. Deshalb wurde in der Ebene der Arbeitsgrundfläche des Steinbruches ein Richtstollen vorgetrieben, in den einige Sturzschächte einmünden. An der Geländeoberfläche wird der Amphibolit durch Sprengungen abgebaut und fällt unmittelbar in diese Sturzschächte hinein, deren Einmündung sich nach oben allmählich trichterförmig erweitert. Am unteren Ende der Sturzschächte sind Fülltrichter angebracht, durch die das Gestein in die im Stollen bereitgestellten Wagen rutscht.

Unterirdische Steinbrüche. Eine allzu mächtige Deckschicht zwingt manchmal zur Anlage von unterirdischen Steinbrüchen, in denen das Gestein nach bergmännischen Verfahren in Stollen und unterirdischen Räumen abgebaut wird.[1] Unterirdische Steinbrüche kommen in der ČSSR nur sehr selten vor, weil deren Betrieb weitaus kostspieliger ist als bei Wand- oder Grubensteinbrüchen. In geringerem Umfange wurden einige Sandsteine (Cenoman) in der Umgebung von Prag in unterirdischen Steinbrüchen abgebaut. Auch Dachschiefer werden in der ČSSR manchmal in unterirdischen Steinbrüchen gewonnen, so z. B. Kulmschiefer in Mähren und Tonschiefer (Lias) in den Kleinen Karpaten.

9,4. Steinbrüche im Hinblick auf die Sicherheit ihrer Umgebung. Bei der Anlage von Steinbrüchen muß daran gedacht werden, daß ihr Betrieb in besiedelten Gebieten nicht gut möglich ist, weil beim Brechen des Gesteins, besonders wenn Sprengstoffe angewendet werden, die Umgebung des Steinbruches gefährdet ist. Dies ist auch ein Nachteil von Steinbrüchen in der Nähe öffentlicher Verkehrswege, weil die Arbeit im Steinbruch den Verkehr auf der benachbarten Straße nicht gefährden darf und dadurch selbst beeinträchtigt wird. Steinbrüche sind gewöhnlich durch hohe Steilwände begrenzt, die nicht dauernd im stabilen Gleichgewicht stehen. Das muß man sich sowohl bei der Anlage eines Steinbruches als auch bei der Aufstellung der Bebauungspläne in der Umgebung alter, verlassener Steinbrüche vergegenwärtigen. Eine alte, steile Abbauwand kann noch in einer beträchtlichen Entfernung vom Steinbruch die Standfestigkeit des Geländes stören. Die Umgebung eines Steinbruches gewährleistet also keinen standsicheren Baugrund und sollte deshalb nicht bebaut werden. Auch das Gelände an der Sohle des Steinbruches am Fuße einer steilen Abbauwand kann durch das Abrutschen losgelöster Schichten, durch Steinschlag oder auch durch Aufpressung weicher Gesteine am Fuße einer hohen Steil-

[1] Große unterirdische Steinbrüche zur Gewinnung von Bausteinen gab es beispielsweise im alten Rom, die später zu den bekannten Katakomben umgewandelt wurden. Auch in Paris gab es ausgedehnte unterirdische Räume, die durch den Abbau von Gestein in unterirdischen Steinbrüchen entstanden waren und beträchtliche Schwierigkeiten bei Bauwerksgründungen bereiteten. Auf der Halbinsel Kertsch im Osten der Krim wurden tertiäre poröse Kalksteine in unterirdischen Stollen abgebaut. Große unterirdische Steinbrüche für Dachschiefer beschreibt auch H. Pfeiffer (1957) in Thüringen.

wand gefährdet sein. Auch diese Umstände müssen vor der Anlage eines Steinbruches in Erwägung gezogen werden, damit durch dessen Betrieb künftig keine Schäden entstehen, die größer sind als der Wert des abgebauten Gesteins. So gab es beispielsweise früher einmal in Ostmähren eine große Ziegelei, für die zur Herstellung von Ziegeln Gehängelehm und paläogene Schiefer aus einer hohen Abbauwand entnommen wurden. Durch diese Abbauarbeit wurde der Hang mitten in der Stadt in einer beträchtlichen Länge untergraben. Seine Standfestigkeit wurde gestört, und die Deckschichten rutschten in großem Umfange zur Ziegelei hin ab. Als vor Jahren der Betrieb darauf aufmerksam gemacht wurde, antwortete der Ziegeleiverwalter in leichtsinniger Weise, daß überall der Lehm zur Ziegelei transportiert werden müßte, nur hier gelangt der Lehm von selbst in die Ziegelei. Nach einigen Jahren nahm die Rutschung dermaßen zu, daß sie die Standsicherheit wichtiger Gebäude am Hang gefährdete (Abb. 10—7). Erst dann wurde die Rohstoffentnahme eingestellt, jedoch zu spät. Ein hoher Kostenaufwand war erforderlich, um die Rutschung zu stabilisieren und die Standsicherheit der gefährdeten Gebäude wiederherzustellen. Rutschungen in der Abbauwand eines Steinbruches können zu großen technischen Schwierigkeiten, manchmal auch zur Einstellung des Abbaues führen, weil durch die herabgestürzte Deckschicht das abgebaute Gestein derart verunreinigt sein kann, daß ein weiterer Betrieb des Steinbruches unwirtschaftlich wird.

9,5. Der Abbau mineralischer Rohstoffe und der Naturschutz. Bei der Anlage von Steinbrüchen müssen die Prinzipien des Naturschutzes und des Schutzes der natürlichen Rohstoffquellen beachtet werden, und zwar in zweierlei Hinsicht. Da ist einmal vor allem der Gesichtspunkt des Schutzes und der wirtschaftlichen Verwertung der Rohstoffe und zum anderen der Schutz des landschaftlichen Charakters zu beachten.

Die natürlichen Rohstoffe sollen in der Weise abgebaut und verarbeitet werden daß deren wirtschaftlicher Wert so gut wie möglich ausgenutzt wird. So sollen beispielsweise wertvolle hochprozentige Kalksteine nicht als Bausteine oder Straßenschotter verwendet werden. Diese Kalksteine sind nämlich ein begehrter chemischer Rohstoff und gehören zum natürlichen Reichtum des Staates. Werden diese Kalksteine für einen anderen Zweck (beispielsweise zur Herstellung von Zement) verwendet, für den Kalkstein mit einem weitaus geringeren Gehalt an Kalziumkarbonat genügen würde, dann ginge man mit den einheimischen Rohstoffen unwirtschaftlich um. Es ließe sich eine ganze Reihe ähnlicher Beispiele anführen. Eine Lagerstätte besten Marmors in Südböhmen wurde in den vergangenen Jahren fast vollständig abgebaut, um in einem örtlichen Kalkofen zu Kalk gebrannt zu werden. Vom Standpunkt der wirtschaftlichen Rohstoffverwertung aus betrachtet ist es falsch, wenn verhältnismäßig kostbarer Marmor zur Zementherstellung abgebaut wird, obgleich für diesen Zweck andere Kalksteinlagerstätten genutzt werden könnten. Auch sollte aus dem wertvollen Diorit, der in großen Blöcken gebrochen wird und polierfähig ist, kein Straßenschotter hergestellt werden, auch wenn er für diesen Zweck vielleicht geeignet wäre. An diesen wenigen Beispielen wird die Bedeutung des Schutzes natürlicher Rohstoffe dargelegt, denn bei der Anlage von Steinbrüchen darf man die zweckmäßige und wirtschaftliche Verwertung des natürlichen Reichtums nicht vergessen.

Der zweite Gesichtspunkt ist ein ästhetischer. Beim Aufschluß eines Steinbruches ist darauf zu achten, daß der Landschaftscharakter möglichst wenig beeinträchtigt wird und keine natürlichen oder historischen Sehenswürdigkeiten gefährdet werden. Der Gesichtspunkt der ökonomischen Anlage und der Wirtschaftlichkeit eines Steinbruchbetriebes wird in diesem Zusammenhang sehr oft mit den Interessen des Naturschutzes im Widerspruch stehen, doch kann oft die Beeinträchtigung des Landschaftsbildes mindestens zu einem Teil beseitigt werden z. B. durch eine zweckmäßige Anordnung der Abladeplätze für den Abraum in Quertälern usw. Übrigens hat ein zweckmäßig angelegter und den öffentlichen Interessen dienender Steinbruch in der Natur durchaus seine Berechtigung. Schlimm wird es erst, wenn ein ausgedehntes Gelände durch zahlreiche Steinbrüche verwüstet wird, die nach und nach aufgegeben werden.

In der vergangenen Jahren wurden dic Steinbrüche in der Regel sehr unsystematisch angelegt. Das Privateigentum führte in den Zeiten der Konjunktur und gesteigerten Nachfrage durch Kleinunternehmer und Spekulanten zum Aufschluß zahlreicher Steinbrüche, die beim Eintreten von Absatzschwierigkeiten wieder verlassen wurden. So geschah es, daß in Gegenden, in denen wertvolle Gesteine vorkommen, bedeutende Flächen an Wald und Ackerland sich in unfruchtbare öde Gruben verwandelten, die von Halden, bestehend aus Abraummassen und Abfällen aus benachbarten Ortschaften, umgeben sind. In der Umgebung von Steinbrüchen wurde die Vegetation in Mitleidenschaft gezogen, es kam darüber hinaus durch Erosion oft zu einer Störung der benachbarten Hänge und zum Abtrag des Bodens. Als Beispiele werden zahlreiche Sandsteinbrüche und Sandgruben in der böhmischen Kreideformation, insbesondere in der Umgebung größerer Städte, oder kleine Basaltbrüche im böhmischen Mittelgebirge angeführt. Durch diese willkürlich und oft auch unzweckmäßig angelegten Steinbrüche wurde das Landschaftsbild beeinträchtigt und eine große Fläche vielfach wertvollen Bodens entwertet. Der Anlage solch kleiner, zeitweilig betriebener Steinbrüche muß Einhalt geboten werden. In der Zeit der sozialistischen Planwirtschaft wird von einem Betrieb kleiner unwirtschaftlicher Steinbrüche Abstand genommen, es werden große Steinbrüche mit einwandfreien natürlichen Bedingungen und vollkommen maschineller Ausrüstung angelegt. In derartigen Steinbrüchen, die rationell betrieben werden ist man bestrebt, nach Möglichkeit das gesamte abgebaute Gestein zu verwerten; dies geschieht in Übereinstimmung mit dem Prinzip des Naturschutzes, damit die Umgebung des Steinbruches nicht mit großen Abraumhalden und unverwertetem Abfall überstreut wird.

Weiter muß bei der Anlage neuer Steinbrüche auf historische Sehenswürdigkeiten Rücksicht genommen werden. Es ist falsch, einen neuen Steinbruch an einem Ort anzulegen, wo durch dessen Betrieb eine charakteristische historische Sehenswürdigkeit gefährdet wird. Schwerlich würde man sich beispielsweise mit der Anlage eines großen Steinbruches am Hang des Berges Říp (Georgsberg) oder dicht bei der Ruine Střekov (Schreckenstein) abfinden, auch wenn dafür sonst günstige wirtschaftliche Voraussetzungen vorlägen. Vom Standpunkt des Denkmalschutzes aus betrachtet zeugt die Anlage eines Steinbruches am Hang unmittelbar unterhalb der Burg Kapušany bei Prešov von größter Rücksichtslosigkeit (Abb. 9—19). Diese Anlage war auch

Abb. 9—19. Der unzweckmäßig angelegte Steinbruch am Hang unterhalb der Burg Kapušany gefährdet diese historische Sehenswürdigkeit (*Foto K. Hromada*).

überflüssig, wenn in Betracht gezogen wird, daß es in der Umgebung eine Reihe guter Andesitbrüche gibt. Es ist nur zu begrüßen, daß das Denkmalsamt den weiteren Betrieb des Steinbruches verbot. Aber die tiefe Grube am Hang und die abgeholzte breite Schneise für den Schrägaufzug werden ständig die Ansicht der Burg Kapušany entstellen; sie sind ein unrühmliches Andenken an die Ingenieure, die diesen Steinbruch für den Bau der in der Nähe verlaufenden Eisenbahnstrecke anlegten.

In ähnlicher Weise kann man dem Abbau des Granitschuttes am Fuße der Berghänge eines schönen Tales unterhalb der bekannten Wasserfälle in der Kleinen Fatra nicht zustimmen. Durch steile Unterschneidung des Hangfußes in Angriffshöhe des Baggers verliert der Hangschutt den Halt, so daß er sich löst und abrutscht. Die Störung des Hangschuttes breitet sich allmählich bis hoch in den Berghang hinein aus. Hierbei werden die alten Forstbestände in Mitleidenschaft gezogen, die im unteren

Hangteil bereits durch den Abbau vernichtet wurden. Durch fortschreitende Rutschung des Hangschuttes wird auch in den höheren Hanglagen der alte Forstbestand gestört. Dabei hat jedoch das abgebaute Gestein keine besonderen technologischen Eigenschaften, es ist angewittert und kann bei weitem nicht den Bedarf des Bauvorhabens decken, so daß der wirtschaftliche Nutzen in keinem Verhältnis zur Verschandelung der Natur steht.

Benutzte und ergänzende Literatur zum 9. Kapitel

Andrusow D.: Geologie und Vorkommen mineralischer Rohstoffe der Slowakei, Bratislava 1943 (slowakisch).

Arkel W. J.: Oxford Stone, London 1946.

Asklund B.: Gatsten och Kantsten, Stockholm 1947.

Awerin N. D.: Steinbruchwirtschaft, Moskau 1953 (russisch).

Bouwles O.: The Stone industries, London 1939.

Gäbert C., Steuer A., Weiss K.: Die nutzbaren Gesteinsvorkommen Deutschlands, Berlin 1915.

Hermann O.: Steinbruch-Industrie und Steinbruch-Geologie, Berlin 1916.

Kettner R., Čepek L.: Anleitung zur geologischen Bewertung der natürlichen Bausteine in der Natur und zur Beurteilung von Steinbrüchen in geologischer Hinsicht, Prag 1928 (tschechisch).

Moos A., Quervain F.: Technische Gesteinskunde, Basel 1948.

Pašek J.: Steinbrüche und Bauarbeiten am Fuße der Kleinen Fatra und Naturschutz, Ochrana přírody (Naturschutz), Prag 1955 (tschechisch).

Pfeiffer H.: Über das Problematische des Schiefergebirges, Zeitschrift für angewandte Geologie, H. 11/12, 1957.

Pratzka G.: Arbeitstagung über Fragen der Vorratsklassifikation, Zeitschrift für angewandte Geologie, H. 11, 1958.

Stiny J.: Die Anlage von Steinbrüchen und Baustoffgruben, Geologie und Bauwesen, Wien 1930.

Vachtl J.: Die Mineralgemengteile der Mörtel und Betone, Prag 1940 (tschechisch).

Vachtl J.: Steine und Erden im Dienste des Menschen, Prag 1946 (tschechisch).

Vachtl J.: Einfluß der Verwitterung auf die mechanischen Eigenschaften und die Qualität des Granitgesteines für bauliche Zwecke, Prag 1948 (tschechisch).

Vachtl J., Záruba Q.: Technische Petrographie, Prag 1948 (tschechisch).

Záruba Q.: Geologische Unterlagen für die Erkundung natürlicher Baustoffe und die Anlage von Steinbrüchen, Dopravní technika (Verkehrstechnik), Prag 1951 (tschechisch).

III. Teil

Die Aufgaben der Geologie in den einzelnen Fachbereichen des Ingenieurwesens

10. Kapitel. Hoch- und Industriebau

10,1. Einführung. Der Fortschritt, der im Bauwesen durch die Anwendung der Erkenntnisse der Ingenieurgeologie und Bodenmechanik zu verzeichnen war, offenbart sich eindrucksvoll auch auf dem Gebiete der Hoch- und Industriebauten. Bei der Beurteilung der Eignung von Standorten beschränkte sich die Baugrunduntersuchung bis vor einiger Zeit häufig nur auf die Durchführung von Schürfen bis zur Ebene der Gründungssohle. In dieser Ebene wurde entweder eine Probebelastung vorgenommen, oder das Gestein wurde nach seinem Aussehen in eine der Baugrundgruppen eingereiht und die zulässige Beanspruchung nach den geltenden Vorschriften festgelegt. Wenn die zulässige Beanspruchung geringer war, als das Projekt erforderte, so wurden die Grundrißmaße der Gründungen vergrößert. Bei einer beträchtlichen Differenz zwischen der zulässigen Beanspruchung und der Bauwerkslast wurden Pfahlgründungen, Brunnengründungen usw. angewendet. Bei einer Gründung dieser Art wurde angenommen, daß die Bauwerkssetzung geringfügig sein werde. Noch heute begegnet man der falschen Ansicht, daß die Bauwerkssetzung nicht größer als die Einsenkung der Gründungsplatte bei der Probebelastung sein wird, ja es gibt sogar Anschauungen, nach denen sich ein einwandfrei gegründetes Bauwerk überhaupt nicht setzen darf. Diese falschen Ansichten führen dann dazu, daß im Projekt mit einer geringeren Setzung des Bauobjektes gerechnet wird, als sie sich nach der Fertigstellung des Bauwerks tatsächlich ergibt. Wenn demzufolge an der Konstruktion eine kleinere oder größere Störung auftritt, sieht man die Ursache hierfür entweder in der mangelhaften Durchführung der Prüfung oder in einer unzweckmäßigen Eingruppierung des Baugrundes in die entsprechende Normengruppe. Die Verbreitung der Kenntnisse der Ingenieurgeologie und der Bodenmechanik erbrachte gegenüber diesen falschen Anschauungen bereits einen bedeutenden Fortschritt.

Einige Erfolge der Ingenieurgeologie und Bodenmechanik bei der Gründung von Hoch- und Industriebauten ergeben sich daraus, daß die Tragfähigkeit der Fundamente und die Bauwerkssetzung sowie die Setzung einzelner Bauwerksteile mit relativ großer Zuverlässigkeit bestimmt werden und manchmal auch beeinflußt werden können. Dadurch gelang es in zahlreichen Fällen, die Bauwerksgründung sehr wirtschaftlich zu gestalten. Auf Grund dieser Erfolge breitete sich jedoch vielfach die Vorstellung aus, daß der Fachmann in der Lage sein müsse, ein Bauwerk auf jedem Gelände bei geringem Kostenaufwand zu gründen. Vor allem die Projektanten der Fabriksbetriebe oder die Vertreter des Investitionsträgers, die keine Baufachleute sind, wählen bisweilen eine für den Betrieb selbst vorteilhafte Baustelle, ohne die Möglichkeiten und die Wirtschaftlichkeit der Gründung zu berücksichtigen. Auch die Anordnung der Bauobjekte, die Wahl des Konstruktionstyps, die Anlage der Transportwege usw. geschieht bei ihnen vielfach schablonenmäßig ohne Berücksichtigung der Gründungsverhältnisse der Baustelle. Sie verlangen, daß die Erfordernisse der Fabriksbetriebe voll und ganz respektiert werden, und übersehen dabei, daß es notwendig ist, diese mit den Erfordernissen einer wirtschaftlichen und statisch günstigen Anordnung der Fundamente zu koordinieren. Wenn der Baufachmann hierbei die Gründung nicht so billig projektieren kann wie auf einer anderen Baustelle, so wird dies von ihnen als eine gewisse Unfähigkeit angesehen. Sehr häufig sind sie dann verstimmt, wenn sie feststellen, welchen Arbeits- und Kostenaufwand ihr Projekt tatsächlich erfordert. Es ist deshalb erforderlich, gegen die Ansicht anzukämpfen, daß das vorgesehene Bauwerk auf jedem beliebigen Gelände errichtet werden kann und der Baugrund den sonstigen Forderungen angepaßt werden muß.

Die Aufgaben der Ingenieurgeologie bei Hoch- und Industriebauten müssen in Übereinstimmung mit dem Fortgang der Projektierungsarbeiten des Bauwerks gelöst werden. Bei der Voruntersuchung ist grundsätzlich der mögliche Standort des Bauwerks in dem betreffenden Gelände unter Berücksichtigung des perspektivischen Gebietsplanes festzulegen.

Ferner sind die Eigenschaften des Baugrundes qualitativ zu bewerten. Bei der eingehenden Untersuchung werden bereits alle zur Ausarbeitung des technischen Projektes erforderlichen Unterlagen quantitativ ermittelt.

Vom geologischen Standpunkt aus betrachtet sind für die Wahl der Baustelle, die Anordnung der Bauobjekte und die Gründungsart ausschlaggebend: die Standfestigkeit des Baugeländes, die Tragfähigkeit des Baugrundes, das Ausmaß der setzung und der Grundwasserstand. Im allgemeinen werden sich die Aufgaben und Verfahren bei der Untersuchung nicht von den allgemeinen Richtlinien unterscheiden, wie sie im Abschnitt 7,1 aufgestellt wurden. Im einzelnen werden diese Aufgaben in den Abschnitten 10,4 bis 10,7 behandelt. Bei Hoch- und Industriebauten wird jedoch darüber hinaus eine Bewertung der Baustelle vorgenommen. (Abschn. 10,2).

10,2. Einteilung der Bebauungsflächen nach den geologischen Bedingungen.

Die Ansichten über die Eignung eines Standortes sind verschieden. Man muß dabei nicht nur den Charakter des Baugrundes berücksichtigen, sondern auch die Art des Bauwerks, wie empfindlich dieses gegenüber Setzungen ist und insbesondere auch, welche Dimensionen das Bauwerk aufzuweisen hat. Das Ausmaß der Gründungsfläche beeinflußt gewöhnlich die Größe der Bodensetzung und häufig auch die Tragfähigkeit des Baugrundes (Kapitel 7 und Abschn. 10,6). Deshalb ist die Art des Baugrundes für die Eignung des Standortes für das betreffende Bauwerk und für das Ausmaß der zulässigen Beanspruchung nicht allein entscheidend; für jede Art des Bauwerks wird im Grunde genommen die zulässige Beanspruchung eine andere sein. Es gibt jedoch auch andere Faktoren, die die Zweckmäßigkeit der Baustelle in hohem Grade mitbestimmen können: die Aggressivität des Wassers, die Notwendigkeit kostspieliger Isolierungen, nicht zu bewältigender Wasserzufluß in die Baugrube usw. Um für die Beurteilung von Baustellen vom ingenieurgeologischen Standpunkt aus eine Grundlage zu schaffen, wird vorgeschlagen, folgende Baugrundarten zu unterscheiden:

a) *Sehr günstiger Baugrund.* Die Gesamtanordnung der Gebäude und deren Konstruktion werden durch die Gründungsverhältnisse nicht ungünstig beeinflußt, Bodensetzungen können also vernachlässigt werden. Es handelt sich um Fälle, wo der Baugrund durch tragfähiges und wenig zusammendrückbares Gestein gebildet wird. Die Gründung eines jeden Konstruktionselementes kann ohne eine große Erweiterung der Fundamente projektiert werden. Das Wasser läßt sich aus der Baugrube leicht abpumpen, und es genügen einfache Isolierungen der unterirdischen Räume, diese befinden sich über dem Grundwasserpiegel. Eine Aussteifung der Baugrubenwandungen ist entweder überhaupt nicht erforderlich, oder es genügt eine leichte Aussteifung. Die definitiven Böschungen der Verkehrswege und der Hofplätze sind ohne besondere Vorkehrungen standfest, das Straßen- und Eisenbahnplanum ist tragfähig und frostbeständig.

b) *Gut geeigneter Baugrund.* Die Gesamtgliederung der Gebäude und die Konstruktionstypen werden durch die Gründungsverhältnisse nicht nachteilig beeinflußt; es genügt, die Fundamentkonstruktion angemessen zu erweitern. Die Gebäudesetzungen halten sich in nicht schädlichen Grenzen, so daß es nicht erforderlich ist, die Konstruktionsart ihnen anzupassen; es muß jedoch bei ihrer Dimensionierung auf die Setzungsdifferenz geachtet werden. Der Grundwasserspiegel liegt noch so tief, daß keine besonders kostspieligen Isolierungen erforderlich sind, und das Wasser hat keine aggressiven Eigenschaften. Die Baugrubenwandungen müssen ausgesteift werden, das Abpumpen des Wassers ist möglich. Die Böschungen der Baugruben sind bei einer Neigung von 1 : 1½ standfest, das Planum der Verkehrswege erfordert nur kleinere Verfestigungen.

c) *Bedingt geeigneter Baugrund.* Der Baugrund weist zwar eine ausreichende Tragfähigkeit auf, ist jedoch im Verhältnis zu dem betreffenden Bauwerk zusammendrückbar oder heterogen. Die Gruppierung der Gebäude — mit Ausnahme sehr schwerer Bauwerke — braucht noch nicht geändert zu werden, aber die Art der Konstruktion, die Anordnung der Dehnungsfugen usw. müssen so gewählt werden, daß die Deformation des Baugrundes berücksichtigt ist. Die Gründungen müssen beträchtlich verbreitet werden, so daß breite Säulenfüße oder breite Streifenfundamente entstehen. Das Grundwasser kann aggressiv sein, sein Spiegel liegt maximal in der Ebene des am tiefsten gelegenen Fußbodens oder nur vorübergehend höher; das Abpumpen des Wassers ist möglich. Die Baugrubenwandungen benötigen einen lotrechten Verbau, die Böschungen der Baugrube sind bei den üblichen Neigungen nicht standfest, das Planum der Verkehrswege macht eine Verfestigung und Frostschutzmaßnahmen erforderlich.

Als Beispiel sei der Bauplatz eines Hochhauses in Wien (Abb. 10—1, F. Pfeffer, 1955) angeführt. Unterhalb der Fundamente befindet sich eine 4 m mächtige Schicht dicht gelagerten Kieses, der auf der festen miozänen Mergelschicht ruht. Im Hinblick auf die angenommene beträchtliche Setzung (10,5 cm) wurde der Hochteil des Gebäudes gesondert auf einer Stahlbetonplatte mit einer Dicke von 1,5 m gegründet, die an den Seiten durch senkrechte Wände versteift ist. Die Setzungen der niedrigen Nachbargebäude

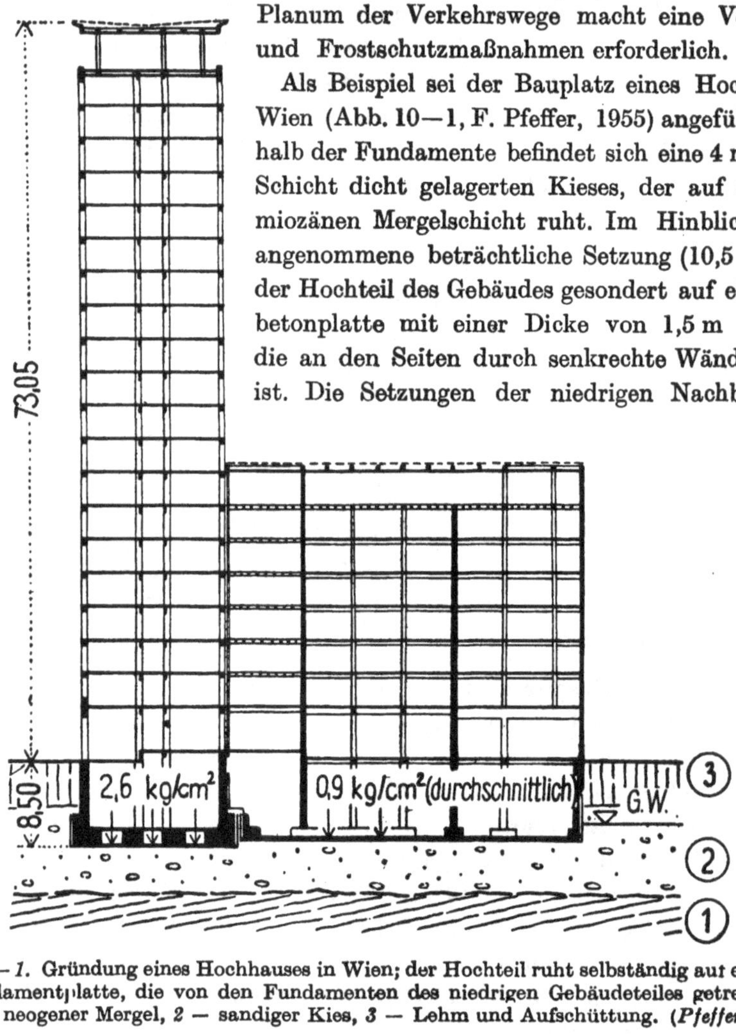

Abb. 10—1. Gründung eines Hochhauses in Wien; der Hochteil ruht selbständig auf einer starren Fundamentplatte, die von den Fundamenten des niedrigen Gebäudeteiles getrennt ist
1 — neogener Mergel, *2* — sandiger Kies, *3* — Lehm und Aufschüttung. (*Pfeffer 1955*).

werden infolge Zusammendrückung des Baugrundes durch das Hochhaus beeinflußt. Damit ihre Konstruktion die Setzungen verträgt, wird sie auf Streifenfundamenten gegründet, die untereinander durch dünne Platten verbunden sind, wodurch die Isolierungen in einer Ebene verlaufen.

d) *Wenig geeigneter Baugrund.* Der Baugrund ist im Verhältnis zum betreffenden Bauwerk wenig tragfähig und stark oder auch ungleichmäßig zusammendrückbar.

Deshalb muß die Gesamtanordnung und Aufgliederung der Konstruktionen entsprechend der Setzung geändert werden. Die Fundamente müssen so projektiert sein, daß die sich darüber befindenden Konstruktionen durch die ungleichmäßige Setzung nicht gefährdet werden (mächtige Fundamentplatten, Rammpfähle, Senkbrunnen usw). Eine Pfahl- oder Brunnengründung ist manchmal schon deshalb erforderlich, weil der Grundwasserspiegel sehr hoch liegt. Es ist erforderlich, die Baugrube mit einem Fangdamm zu umgeben oder bei künstlich abgesenktem Grundwasserspiegel zu gründen. Die Baugrubenwandungen erfordern eine sorgfältige Verschalung, z. B. unter Verwendung von Stahlspundwänden. Die Böschungen der Verkehrswege müssen verfestigt und entwässert werden, die Futter- und Stützmauern erfordern beträchtliche Ausmaße. Hierher gehören auch Baustellen, bei denen an der Gründungssohle schluffige Gesteine (Silt) auftreten, die bei Durchnässung (beispielsweise durch Niederschlagswasser) zu einer breiigen Masse aufweichen. In diesem Falle ist die Baugrube sorgfältig vor Niederschlägen zu schützen, ihr Aufschluß in die Trockenperiode im Sommer zu verlegen und das umliegende Gelände mit einer Schlacken- oder Schotterschicht usw. zu bedecken. Ein solches Gelände wird als Baugrund nur in Ausnahmefällen verwendet, und zwar nur dann, wenn es besondere betriebliche Vorteile bietet, wie z. B. ausreichende Wassermengen für den Betrieb eines Dampfkraftwerkes.

e) *Ungeeigneter Baugrund.* Im allgemeinen sollen folgende Flächen nicht bebaut werden: landwirtschaftlich wertvolles Kulturland; Gelände, unter dem sich Lagerstätten mineralischer Rohstoffe befinden, auch wenn diese bisher nicht abgebaut wurden; Gebiete, die im Infiltrations-Sammelbereich der öffentlichen Wasserleitung liegen oder diesem Zwecke dienen könnten; Gebiete mit ungünstigen Gründungsbedingungen, beispielsweise überflutete Talauen, Sümpfe, Moore, Flächen mit hohen Aufschüttungen, durch Rutschungen gefährdete Gebiete, Flächen auf Steilhängen und am Rande alter Steinbrüche; grundsätzlich sind Gebiete mit hoher Bodenfeuchttigkeit, bei denen der Grundwasserspiegel dicht unter der Geländeoberfläche liegt zu meiden, besonders wenn das Grundwasser aggressiv ist. Bei Bauwerken ist in diesen Gebieten oftmals eine Tiefgründung erforderlich (Abb. 10—2, Hansen, 1934). Flächen dieser Art sollen nicht bebaut werden; eine Ausnahme stellen lediglich besonders wertvolle Geländeteile inmitten der Großstädte dar. Zum ungeeigneten Baugrund zählt auch das Gelände in Senkungsgebieten des Bergbaus und Gebiete mit fortgeschrittenen Karsterscheinungen. In erdbebengefährdeten Gebieten ist eine Bebauung des Geländes entlang junger tektonischer Störungen nicht zu empfehlen.

Wie bereits erwähnt, lassen sich einige Bebauungsflächen nicht eindeutig in eine dieser Gruppen eingliedern, denn der Grad der Zweckmäßigkeit hängt nicht nur von deren Charakter, sondern auch von der Art des Bauwerkes ab. Auf wassergesättigtem lockerem Sand, auf dem der Baumeister Bedenken äußern würde, ein Wohngebäude in Ziegelbauweise ohne relativ kostspielige Maßnahmen im Verhältnis zur Bedeutung des Bauwerkes zu errichten, kann ein Fabrikgebäude auf breiter Gründungsplatte gebaut werden. Es gibt Baugrundarten wo flachgründige Wohngebäude durch saisonbedingte Volumenveränderungen des Bodens beschädigt werden. Hier muß daher tief gegründet werden. Ein derartiger Baugrund ist also für diesen Zweck wenig geeignet. Jedoch eignet sich dieser Baugrund für ein tiefgründiges massives Fabrikgebäude.

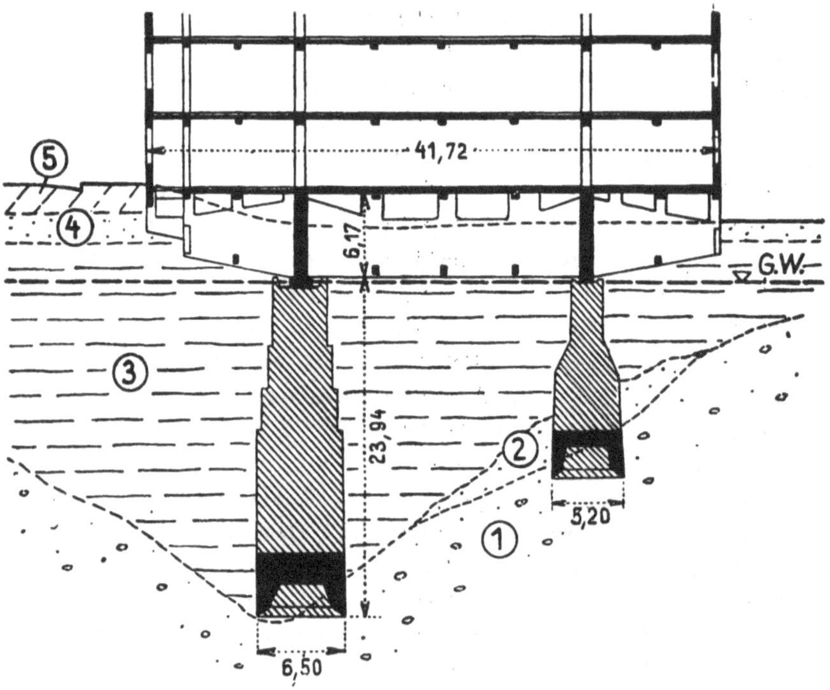

Abb. 10—2. Druckluftgründung mittels Senkkästen eines Krankenhausgebäudes in Berlin. (Hansen 1934) *1* — grober Sand, 2 — feiner Sand, *3* — schlammige Sandanschwemmungen, *4* — Sand, *5* — Aufschüttung.

10,3. Anordnung der Aufschlußarbeiten. In den Abb. 7—1 und 7—2 ist dargestellt, bis in welche Tiefe unterhalb der Fundamente der Einfluß der Bauwerkslast reicht. Praktische Folgerungen für die Anordnung der Bohrungen und Schürfe gehen aus Abb. 10—3 hervor, in der die Grenzen eingezeichnet sind, in denen das Bauwerk einen höheren Druck ausübt als 20 % der Beanspruchung auf der Gründungssohle. Hieraus ist zu ersehen daß bei gleicher einheitlicher Belastung dieser Bereich unter den Säulenfüßen einer Fabrikhalle nur bis in die Kiesschicht reicht, wogegen er sich bei einer auf breiter Gründungsplatte errichteten Rahmenkonstruktion auch bis in die Tonschicht erstreckt. Die zu erkundende Tiefe richtet sich deshalb nach der Größe der Gründungsfläche. Die Beanspruchung in einer bestimmten Tiefe ist jedoch nicht nur von der Größe der Gründungsfläche, sondern auch von deren Einheitsbelastung abhängig. Die Bohrtiefe wird deshalb auch von der Größe der Einheitsbelastung abhängen.

Die deutsche Norm DIN 1054 bestimmt deshalb: „Im allgemeinen genügt es, im gewachsenen, nicht felsigen Baugrund die Mindestbohrtiefe, von der Gründungssohle ab gemessen, nach der Gleichung $t = p \cdot b$ zu bestimmen; darin ist t die Mindestbohrtiefe in Metern, b die Länge der Schmalseite des Bauwerkes in Metern, p die auf die gesamte Grundfläche des Bauwerkes bezogene Last des Bauwerkes

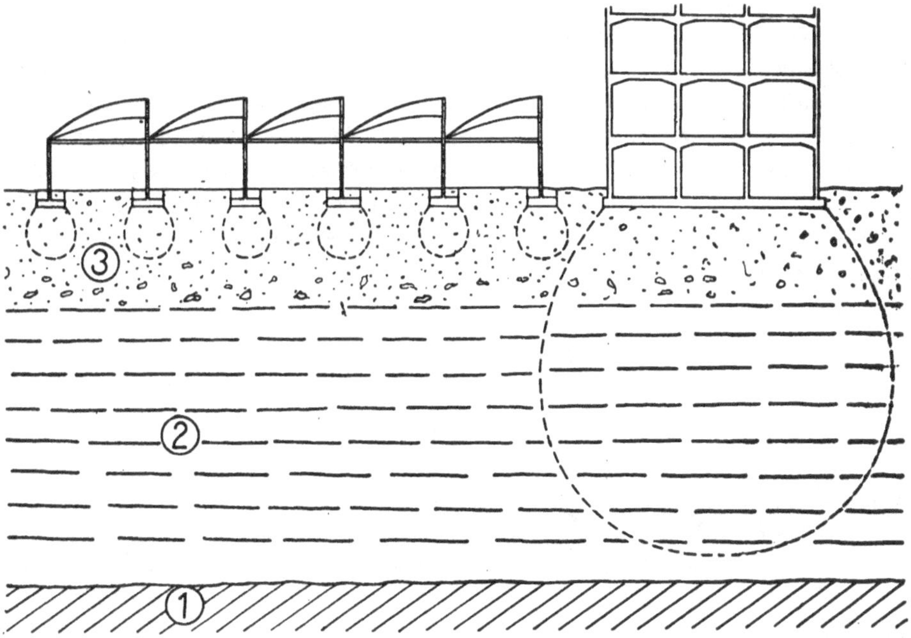

Abb. 10—3. Schematische Darstellung der Bereiche, in die der Einfluß der Bauwerkslast übergreift. *1* — felsiger Untergrund, *2* — Ton, *3* — sandiger Kies.

(mittlere Bauwerkslast) in kg/cm². Die Bohrtiefe muß außerdem mindestens gleich der Bauwerksbreite sein und zumindest 6 m betragen; im allgemeinen braucht sie nicht größer zu sein als 3b. Bei aufgelösten Grundbauwerken ist die Mindestbohrtiefe aus der durchschnittlichen Bodenpressung und den zugehörigen Schmalseiten sowohl der gesamten überbauten Grundfläche als auch des ungünstigsten Grundkörpers zu ermitteln. Der größte Wert ist maßgebend. Wenn die geologischen Verhältnisse es verlangen, sind die Bohrungen und Schürfe tiefer zu führen. Umgekehrt, bei nachweislich regelmäßigem Schichtenverlauf genügt es, von den notwendigen Bohrungen und Schürfen nur einen Teil bis zu der angegebenen Tiefe zu führen, die übrigen Bohrungen müssen aber mindestens 6 m tief geführt werden". Die sowjetischen Richtlinien für den Bau von Dampfkraftwerken (Radzig, 1952) bestimmen orientierungsweise eine Mindestbohrtiefe von 30 m.

Was die grundrißmäßige Anordnung der Bohrungen anbelangt, so besteht keine Einheitlichkeit, weil der einheitlich festgelegte Abstand der Bohrungen bei einfachen Verhältnissen des Baugrundes zu klein, dagegen bei komplizierten Verhältnissen zu groß ist.

Deshalb schreiben auch die einzelnen Normen verschiedene Abstände vor. So fordert beispielsweise die deutsche Norm DIN 1054 allgemein, daß „....der Abstand der Bohrungen nicht größer als 25 m sein darf". Bei der Anordnung der Bohrungen richtet man sich deshalb nach dem Charakter des geologischen Baues des betreffenden Geländes. Die Lage der Bohrprofile und die Anzahl der Bohrungen innerhalb derselben bestimmt also der Geologe, der die Untersuchung des Geländes vornimmt. Seine Richtlinien werden nur allgemein gehalten sein; wahrscheinlich wird er sie nach den Ergebnissen der fortschreitend niedergebrachten Bohrungen verändern. Hierbei ist das Wirtschaftlichkeitsprinzip zu beachten. Das geschieht so, daß die Zweckmäßigkeit einer jeden Bohrung sorgfältig erwogen und das Arbeitsprogramm möglichst in der Weise festgelegt wird, daß keine überflüssigen Transporte der Bohranlage nötig sind.

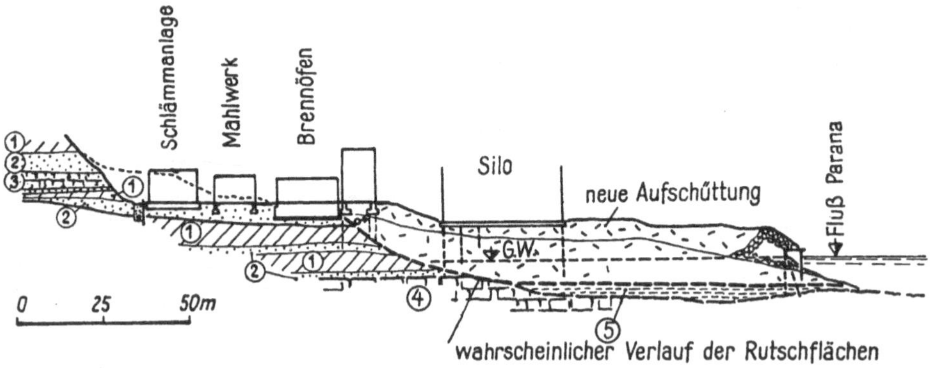

Abb. 10—4. Beeinträchtigung der Standfestigkeit der Baustelle einer Zementfabrik (Argentinien). *1* — Ton, *2* — Feinsand, *3* — Kalkstein, *4* — Sandstein, *5* — weiche, humose Ablagerungen. (*Proctor 1948*).

Um zuverlässige Unterlagen für das technische Projekt zu erhalten, sind für jedes wichtige Bauobjekt gesonderte Bohrungen anzulegen. Man muß sich immer vor Augen halten, daß das eingehende Projekt in der heutigen Zeit eine so genaue Untersuchung erfordert, daß alle Überraschungen ausgeschaltet werden, die sonst bei einer geringen Bohrdichte auftreten können. Ein dichtes Bohrnetz ist billiger als Projektänderungen während der Bauausführung, und zwar nicht nur absolut gesehen, sondern auch in Anbetracht des dadurch im Plan des Bauablaufes hervorgerufenen Chaos.

Deshalb fordern die bereits erwähnten sowjetischen Instruktionen für die Baugrunduntersuchung von Dampfkraftwerken ein (profilgerecht zusammengestelltes) Netz von Bohrungen in Abständen von 50 bis 75 m mit einer Mindesttiefe von 15 m mit der Maßgabe, daß für jede Konstruktion (Fundament für den Turbogenerator, Schornstein usw.) weitere 1 bis 3 Ergänzungsbohrungen von 6 m Tiefe (unterhalb der Gründungssohle) durchgeführt werden. Die Bohrungen werden nach Möglichkeit in unmittelbarer Nähe der Bauobjekte, keinesfalls jedoch unmittelbar im Bereich der Fundamente angeordnet.

10,4. Standfestigkeit des Baugrundes. Die vorrangige Aufgabe der geologischen Untersuchung bei der Erkundung der Baustelle ist die Ermittlung der Stand-

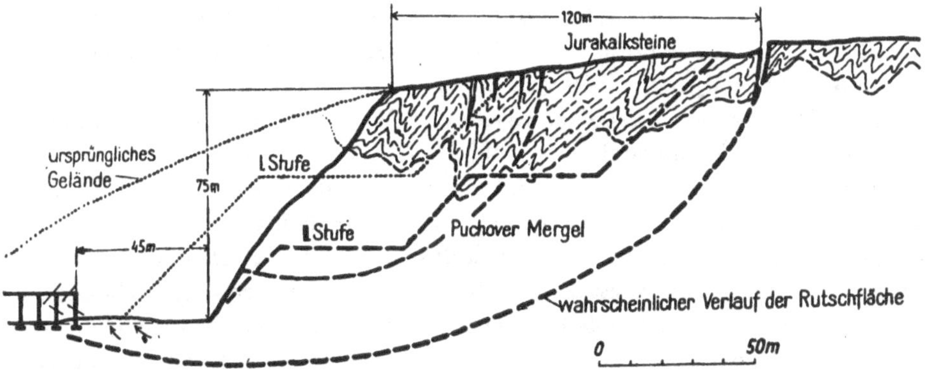

Abb. 10—5. Unrichtig gewählte Baustelle für eine Werkserweiterung. Der Baugrund wurde durch Herausdrücken der Mergel gestört.

festigkeit des Baugrundes. Die Bewertung der Standfestigkeit des Geländes, auf dem ein Hoch- oder Industriebau zu gründen ist, unterscheidet sich nicht von den im 8. Kapitel angeführten Grundsätzen. Bei Hochbauten ist es meist möglich, die Grundriß- und Höhengliederung des Bauwerks dem geologischen Aufbau des Geländes anzupassen; bei Industriebauten werden jedoch oft breite Hofplätze benötigt, die umfangreiche Eingriffe erfordern, wenn es sich um ein Gelände mit stärkeren Neigungen handelt. Dadurch wird der Abfluß des Niederschlagswassers wesentlich verschlechtert, die Oberflächenschutzschicht beseitigt, und es entstehen hohe, freigelegte Hänge. Das Aushubmaterial wird gewöhnlich quer am Hang abgelagert, und zwar einerseits, weil dies am bequemsten ist, andererseits, weil dadurch der Hofplatz erweitert wird. Diese Eingriffe verändern die Standfestigkeitsbedingungen und können der Anlaß zu Rutschungen sein.

In Abb. 10—4 ist das lehrreiche Beispiel einer Rutschung dargestellt, bei der alle erwähnten Faktoren zusammenwirkten; es handelt sich dabei um die Störung von Objekten einer Zementfabrik in Argentinien (Proctor, 1948). Der Hofplatz für dieses Objekt wurde durch Verbreiterung der Sohle eines Kalksteinbruches gewonnen. Die Ergebnisse der Aufschlüsse wurden nicht in die Profile eingezeichnet, so daß die alte Aufschüttung des Steinbruchabraumes, unter dem die ursprünglichen weichen Meeresbuchtablagerungen überdeckt blieben, nicht als solche erkannt wurde. Nach Fertigstellung der Gebäude und Belastung durch eine neue Aufschüttung trat eine Bodenbewegung längs der weichen Ablagerungen ein. Zur Bodenbewegung trug das Wasser bei, das vom Hofplatz aus bis zur Oberfläche der Tone einsickerte, von wo es dann unter der Aufschüttung abfloß. Die schwierige und kostspielige Instandsetzung umfaßte die Anlage einer Umfangdränage, die an der den Objekten zugekehrten Seite mit einer Stahlspundwand versehen wurde, die bis in die Tone hineinreichte. Der gesamte Hofplatz wurde gepflastert, und es wurde eine tiefe Kanalisation angelegt. Sobald die Durchführung dieser Maßnahmen abgeschlossen war, verringerte sich die Bodenbewegung, bis sie gänzlich aufhörte. Wichtige Gebäude wurden durch Pfähle abgestützt, die durch die Schicht der weichen Ablagerungen vorgetrieben wurden und auf diese Weise die ursprünglichen Pfähle ersetzten, die nur in die Aufschüttung eingerammt waren.

Man trifft jedoch auch Fälle an, wo sich das Objekt am Fuße eines abrutschenden Hanges befindet. So entstand die in Abb. 10—5 dargestellte Rutschung dadurch, daß der Rohstoff an einer hohen Steilwand abgebaut wurde, deren unteren Teil Kreidemergel bildeten. Wie hieraus hervorgeht, trat an der Steinbruchsohle eine Aufpressung der Mergel ein; hiervon wurde auch das neue Werk betroffen, das man in der Nähe der Steinbruchwand errichtet hatte. Nachdem man den oberen Hangteil abgebaut und die Steinbruchsohle belastet hatte, hörte die Bodenbewegung auf.

Ein Sanatoriumsgebäude (Abb. 10—6) in Ostmähren wurde an einem mäßig geneigten Hang erbaut, der aus Mergelschiefern und Sandsteinen der Flyschzone besteht. Die Schichten verwittern leicht und bilden an den Hängen tonig-sandigen

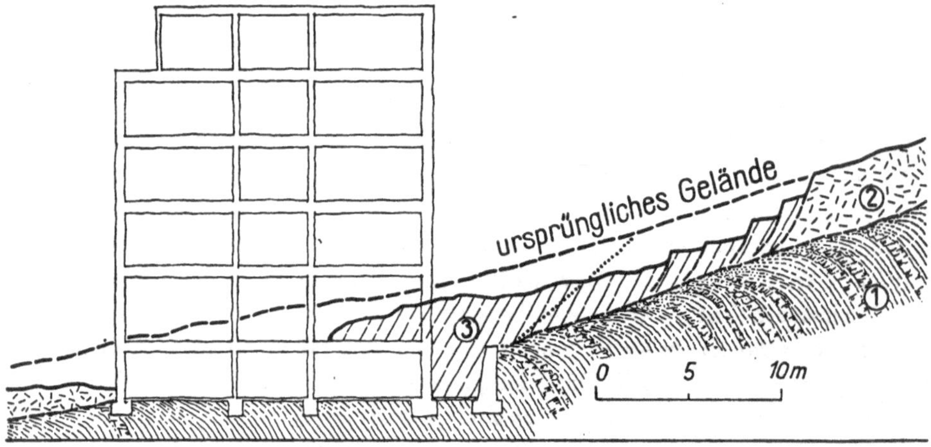

Abb. 10—6. Gefährdung eines Gebäudes durch abrutschenden Hangschutt. *1* — paläogene Tonschiefer und Sandsteine, *2* — Hangschutt, *3* — abgerutschter Hangschutt.

Schutt, der zur Rutschung neigt. Im vorliegenden Falle wurde das Objekt auf den festen Gesteinen des felsigen Untergrundes gegründet. Der Hangeinschnitt wurde durch eine niedrige Stützmauer gesichert und oberhalb derselben auf eine Neigung von 1 : 1,5 gebracht. Nach Errichtung des Stahlbetonskeletts und des Grobbaues überwinterte das Bauwerk. Im Frühjahr trat eine Rutschung des Hangschuttes ein, der den ausgehobenen Raum zwischen der Stützmauer und dem Gebäude ausfüllte und das Füllmauerwerk im Erdgeschoß wegdrückte. Die Stahlbetonkonstruktion selbst wurde nicht beschädigt, die breiigen Schuttmassen ergossen sich auf den Fußboden des Erdgeschosses um die Stahlbetonpfeiler herum. Die Beseitigung des Schadens war verhältnismäßig einfach. Die Rutschmassen wurden entfernt und der Hang hinter dem Objekt durch mehrere Dränagen gesichert.

Wesentlich ungünstiger verlief eine Rutschung (siehe Abb. 10—7), die sich ebenfalls im Karpaten-Flyschgebiet zutrug. Am Fuße eines langgestreckten Hanges wurden Gehängelehm und Schutt für eine Ziegelei abgebaut. Auf diese Weise bildete sich

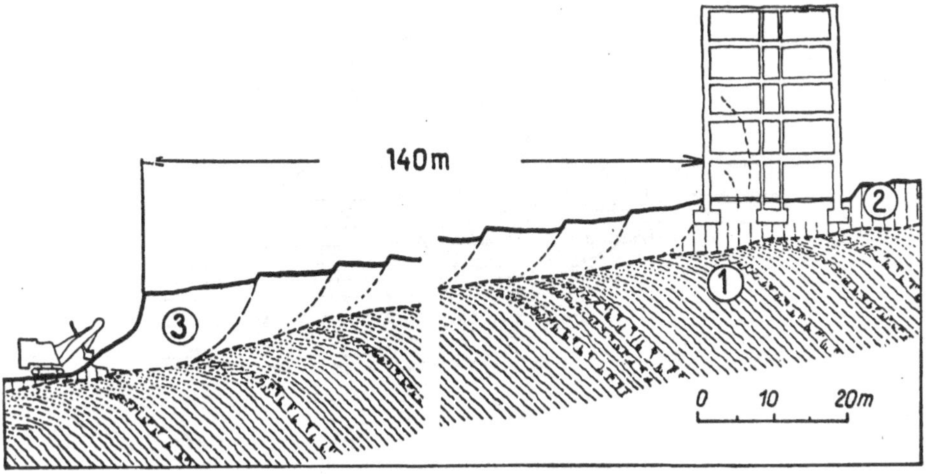

Abb. 10—7. Gefährdung eines Gebäudes durch unvorsichtigen Abbau in einer Lehmgrube am Hangfuß, *1* — Tonschiefer und Sandsteine der Flyschzone, *2* — Hanglehm und Schutt, *3* — durch Rutschung gestörter Schutt.

eine Steilwand, die am Hangfuß Rutschbewegungen großen Ausmaßes auslöste. In die Rutschung wurden jedes Jahr immer neue Hangteile einbezogen, und nach einigen Jahren reichte sie bis an ein großes, 140 m von der ursprünglichen Kante der Lehmgrube entferntes Gebäude. Die Rutschung verursachte an diesem Gebäude starke Deformationen. Deshalb mußten die betroffenen Säulenfüße abgestützt, der Betrieb in der Lehmgrube der Ziegelei gänzlich eingestellt und der gesamte Hang gesichert werden. So wurde durch einen unzweckmäßigen Arbeitsvorgang in der Lehmgrube ein beträchtlicher wirtschaftlicher Schaden verursacht, denn es wurde auch das Baugelände oberhalb der Lehmgrube entwertet.

10,5. Anordnung der Objekte und ihre Gründung unter Berücksichtigung der Tragfähigkeit des Baugrundes und des Ausmaßes der Setzung. Bei der ingenieurgeologischen Untersuchung ist mit dem Projektanten des Bauobjektes in der Weise zusammenzuarbeiten, daß die Anordnung der Bauten und deren Fundamentkonstruktionen den Tragfähigkeits- und Setzungsbedingungen entsprechen. Bei der Bestimmung der zulässigen Beanspruchung des Baugrundes (siehe 7. Kapitel) ist nämlich sowohl die Tragfähigkeit (damit das Gestein unterhalb der Gründungssohle nicht seitlich aufgepreßt wird) als auch die Setzung des Baugrundes zu beachten, die nachteilige Deformationen der Konstruktion verursachen könnte.

Eine Überschreitung *der Tragfähigkeit* des Baugrundes kommt selten vor; sie tritt nur bei flachgegründeten, schweren Konstruktionen auf. Ein bekanntes Beispiel hierfür ist das Kippen eines Getreidesilos der Kanadischen Pazifikbahn in Transcona, zu dem es im Jahre 1913 (Abb. 10—8) kam. Den Baugrund bilden Bänder-

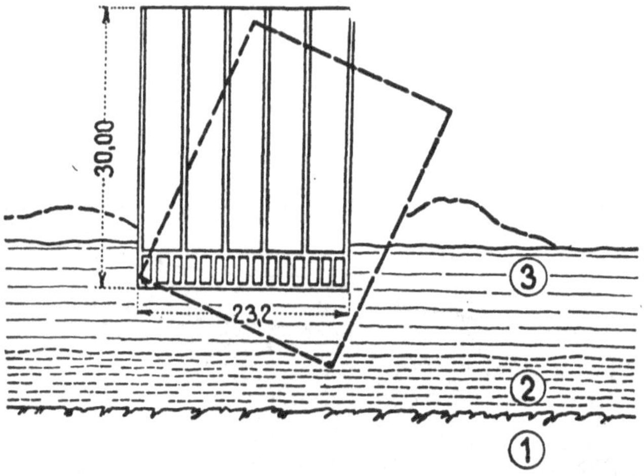

Abb. 10—8. Kippen eines Getreidesilos in Transcona (Kanada). *1* — Ordovizium-Kalkstein, *2* — weicher Ton, *3* — steifer Ton.

tonablagerungen eines glazialen Sees. In der Tiefe von 15 bis 20 m befindet sich der felsige Untergrund, der aus Ordovizium-Kalksteinen gebildet wird. Das Durchbrechen des Baugrundes erfolgte beim ersten Füllen des Getreidesilos. Leider wird man wohl nie mehr erfahren können, ob der Getreidesilo nicht allzu einseitig gefüllt wurde.

Ist die Tragfähigkeit des Baugrundes auf der Gründungssohle gering, so kann sie durch eine tiefreichende Gründung erhöht werden; diese ist jedoch in der Regel nur dann wirksam, wenn es sich um einen sandigen Baugrund (d. h. um Lockergesteine mit einem größeren Winkel der inneren Reibung) handelt. Andernfalls ist es erforderlich, beispielsweise eine Pfahlgründung anzuwenden, wobei die Pfähle bis in tragfähige Schichten hineinreichen.

Eine Pfahlgründung wird auch dort angewendet, wo sich der Grundwasserspiegel in durchlässigen Gesteinen einige Meter oberhalb der tragfähigen Schicht befindet, und wo der Aushub der Baugrube mit Schwierigkeiten verbunden wäre. In solchen Fällen, wo die Gründung kompliziert ist, geht es um die Lösung von wirtschaftlichen Problemen. Damit sich die Entscheidung auf die tatsächlichen Verhältnisse stützen kann, muß die geologische Erkundung zuverlässige Unterlagen bereitstellen und insbesondere folgende Umstände ermitteln:

a) Die mechanischen Eigenschaften der einzelnen Schichten des Baugrundes, vor allem die Durchlässigkeit der einzelnen Schichten;
b) Die Grundwasserverhältnisse und die Schwankungen des Grundwasserspiegels während der einzelnen Jahreszeiten;
c) Die chemische Zusammensetzung des Grundwassers in den von den Pfählen erreichten Tiefen,
d) Die Hindernisse, die das Einrammen von Pfählen unmöglich machen oder wesentlich erschweren. Es können dies Felsblöcke in Kiesablagerungen oder in lehmigem Schutt, Baumstämme in holozänen Ablagerungen oder auch verfestigte Kiesschichten usw. sein;
e) Sind die Nachbargebäude auf Sanden gegründet, dann ist zu beurteilen, wie sich der Baugrund dieser Objekte beim Rammen der Pfähle verhalten wird.

Bei weniger tragfähigen Gesteinen, z. B. tonigen Feinsanden u. dgl., muß manchmal auch in Erwägung gezogen werden, ob die Beanspruchung des Baugrundes nicht dadurch verringert werden kann, daß das Bauwerk tiefer gegründet und dabei das Gewicht der Fundamente soweit wie möglich durch freie Räume entlastet wird. Dies ist dort zweckmäßig, wo die unterirdischen Räume betrieblich genutzt werden können. Oft wird dann bei weichen Lockergesteinen darangegangen, den gesamten unterirdischen Teil des Objektes in Form eines großen offenen Brunnens zu gründen, der einen Senkkasten bildet. Auch in diesen Fällen muß man sorgfältig den Grundwasserspiegel sowie die Durchlässigkeit der einzelnen Baugrundschichten ermitteln und feststellen, ob man auf Hindernisse stoßen wird oder nicht.

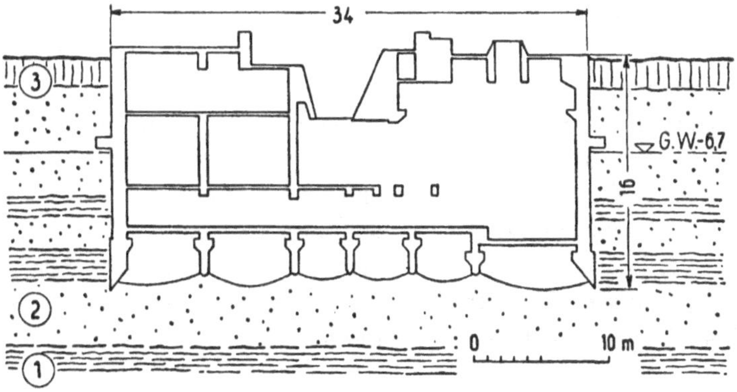

Abb. 10—9. Objekt einer Erzfüllvorrichtung, die als kastenförmiger Senkbrunnen in den jungen Ablagerungen der ungarischen Tiefebene gegründet wurde. *1* — neogener Ton, *2* — weicher Schluff, *3* — humoser Lehm.

In Abb. 10—9 ist als Beispiel einer solchen Gründung für eine Erzfüllvorrichtung in Ungarn dargestellt; das gesamte Bauwerk wurde als kastenförmiger Senkbrunnen gegründet.

Während die Kenntnisse der Bodenmechanik eine starke Verbreitung erfuhren und es zu einer Überschreitung der Tragfähigkeit des Baugrundes im allgemeinen nicht kommt, wird manchmal *die Setzung* der Konstruktion nicht genügend beachtet. Oft wird die zulässige Beanspruchung zu unwirtschaftlich gering gewählt in der Hoffnung, man könnte dadurch die Setzung vollkommen ausschalten. Unter dieser Voraussetzung bleibt bei der Wahl der Konstruktion die Setzung unberücksichtigt, so daß dann auch geringfügige Setzungen Schäden verursachen. Aufgabe der Ingenieurgeologen ist es daher, nicht nur die Tragfähigkeit des Baugrundes, sondern auch das Ausmaß der Setzungen zu beachten. Der Projektant muß deshalb davon in Kenntnis gesetzt werden, welche Setzungen beim projektierten Bauwerk wahrscheinlich zu erwarten sind.

Bevor an praktische Aufgaben herangegangen wird, muß man sich vergegenwärtigen, daß eine gleichmäßig belastete Fläche, die auf einer zusammendrückbaren Baugrundschicht von ausreichender Mächtigkeit ruht, keine gleichmäßige Setzung aufzuweisen braucht. Durch den Einfluß der Lastenverteilung innerhalb der Erdmasse in die Breite und Tiefe erfährt die Mitte gegenüber den Rändern eine stärkere Setzung. Wenn die Setzung des gesamten Bauwerks gleichmäßig sein soll, müßte dieses so starr sein, daß der Mittelteil entlastet wird, oder das Bauwerk müßte an den Rändern stärker als in der Mitte belastet werden. In beiden Fällen wäre der Druck auf den Baugrund an den Rändern größer als in der Mitte. Daraus geht hervor, daß auch bei gleichmäßiger Belastung Setzungsunterschiede eintreten. Es werden jedoch auch in einfachen Fällen die Fundamentkonstruktionen nicht gleichmäßig belastet, denn die Bauwerkslast wird auf ihnen nicht vollkommen gleichmäßig ruhen. Die durch diese Umstände hervorgerufenen Setzungsunterschiede können — bei sonst gleichmäßiger Beschaffenheit des Baugrundes auf der Baustelle — aus der Größe der Gesamtsetzung annähernd ermittelt werden, wobei die Gesamtsetzung unter der Voraussetzung einer gleichmäßigen Spannungsverteilung in der Gründungssohle, berechnet wurde.

Bei *gemauerten Bauwerken* des üblichen Typs (unterkellert) hat die Erfahrung gelehrt, daß sich Setzungsunterschiede nicht nachteilig bemerkbar machen, sofern die Gesamtsetzung auf sandigem Baugrund etwa 2,5 cm, auf tonigem Baugrund etwa 4,5 cm nicht überschreitet. Da die theoretische Setzung des Fundamentstreifens berechnet werden kann, ist diese Angabe ein guter Anhaltspunkt. Ergibt sich eine größere Setzung, dann muß das Projekt umgearbeitet werden. Soll die Setzung verringert werden, dann ist wie folgt zu verfahren:

a) Die Fundamente des Bauwerks können verbreitert werden. In Abb. 10—10 a ruhen die Gründungsstreifen auf festem Ton, dessen Eigenschaften sich mit zunehmender Tiefe nicht wesentlich verändern. Die ermittelte Setzung beträgt 34 mm. Um eine Setzung von 25 mm zu erhalten, muß das Fundament verbreitert werden, wie es in Abb. 10—10 b dargestellt ist.

b) Die Fundamente können — und dies ist etwas wirksamer — tiefer geführt werden. Durch eine ungefähr 2 m tiefer geführte Gründung (Abb. 10—10 c) wird im gegebenen Fall die Setzung ebenfalls auf 25 mm verringert.

c) Falls die Möglichkeit besteht, wird das Bauwerk so angeordnet, daß die schweren Gebäudeteile in der Nähe der Peripherie, die leichteren in der Mitte der Baustelle errichtet werden. Dadurch verringern sich ebenfalls die Gesamtsetzungen und die Setzungsunterschiede.

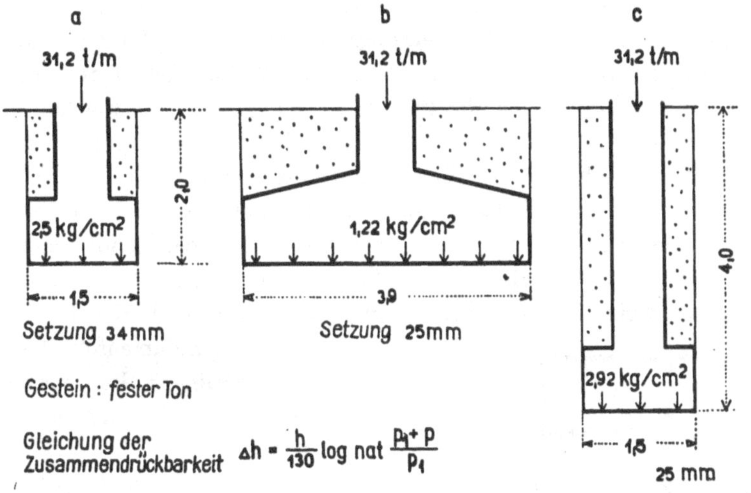

$$\Delta h = \frac{h}{130} \log nat \frac{p_1 + p}{p_1}$$

Abb. 10–10. Darstellung der Abhängigkeit der Setzung von Fundamentbreite und -tiefe.

In Abb. 10–11 ist dargestellt, wie die Setzung eines Bauwerkes und die Setzungsunterschiede auf andere Weise verringert werden können. Das geschieht durch die Gründung auf einem Kiespolster, wobei bis zu einer bestimmten Tiefe der zusammen-

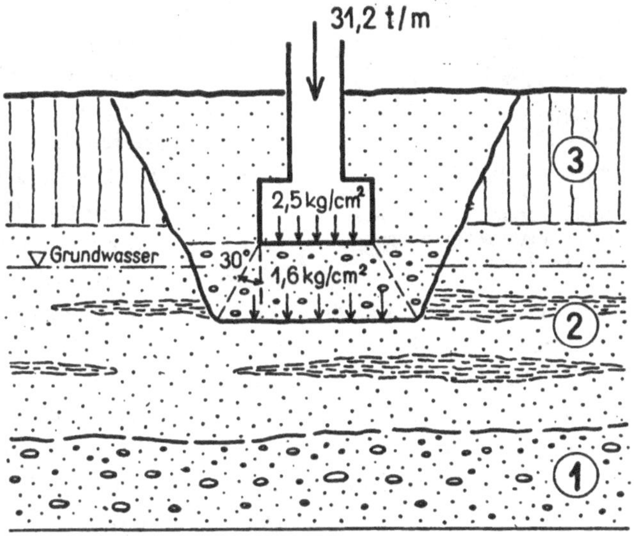

Abb. 10–11. Kiespolster unterhalb des Fundamentstreifens. *1* — Kies, *2* — holozäne Ablagerungen, *3* — Auelehm.

drückbare, nichttragfähige Baugrund durch verdichteten sandigen Kies ersetzt wird. Die Breite des Kiespolsters ist größer als die Fundamentbreite, so daß die Beanspruchung des Baugrundes geringer wird.

Statisch unbestimmte Bauwerke in Stahlbetonkonstruktion sind gegenüber einer ungleichmäßigen Setzung empfindlich. Es ist Sache des Projektanten, zu erwägen, ob für das Objekt die ermittelten Setzungsunterschiede der Fundamente noch zulässig sind. In Abb. 10—12 ist das Stahlbetonskelett eines Gebäudes dargestellt, das auf Streifenfundamenten gegründet ist. Da der Baugrund (eine weiche schlammige Ablagerung) stark zusammendrückbar ist, beabsichtigte der mit der Durchführung beauftragte Baubetrieb, eine Pfahlgründung anzuwenden. Die Berechnung der Streifenfundamente ergab jedoch, daß sich die mittlere Säulenreihe gegenüber den anderen um 18 mm setzen würde und daß die Konstruktion diese Deformation noch verträgt. Deshalb wurde das Bauwerk, auf Streifenfundamenten gegründet und weist keinerlei Setzungsrisse auf. Unterhalb des breiteren mittleren Fundamentstreifens wurde eine geringere Beanspruchung des Baugrundes gewählt als unter den übrigen.

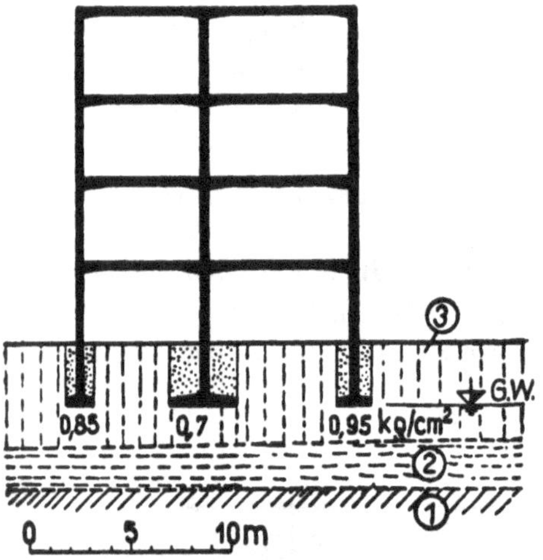

Abb. 10—12. Gründung der Stahlbetonkonstruktion eines Gebäudes auf Fundamentstreifen verschiedener Breite. *1* — Badener Tegel, *2* — Schlammige Ablagerungen, *3* — Lößlehm.

Um den Einfluß der Setzung auf die Konstruktion einwandfrei berücksichtigen zu können, muß man sich vergegenwärtigen, daß sich das auf einer zusammendrückbaren Schicht von großer Mächtigkeit ruhende Fundament bei einer bestimmten gleichmäßigen Belastung um so mehr setzt, je größer seine Fläche ist. Deshalb werden Setzungsunterschiede auch dadurch verringert, daß unter größeren Flächen eine geringere Einheitslast gewählt wird als unter kleineren Flächen (Abb. 10—12).

Besteht Grund zu der Annahme, daß der Setzungsunterschied einzelner Konstruktionselemente allzu groß sein wird, dann müssen kostspieligere Maßnahmen getroffen werden. In den Abbildungen 10—13 bis 10—15 sind drei Fälle der Gründung eines Wärmekraftwerkes dargestellt, wo die Gründung auf Fundamentplatten angewandt wurde. In den ersten beiden Fällen wird die Kiesschicht dazu benutzt, die Lasten auf den Untergrund zu verteilen; sie wirkt gleichzeitig als natürliche Konsolidierungsschicht, die ein Entweichen des Wassers bei der Konsolidierung der Tone im Untergrund ermöglicht. Im ersten Falle liegt unterhalb der Kiesschicht fester neogener Mergel; die Maschinen und Gebäude können auf einer selbständigen Fundamentplatte gegründet werden, denn die Setzungsunterschiede werden betrieblich zulässig sein. Die Dachkonstruktionen über den Werkhallen sind statisch bestimmt und ruhen auf den Konsolen der einzelnen Bauwerksteile. Um die Fundamente der Turbo-

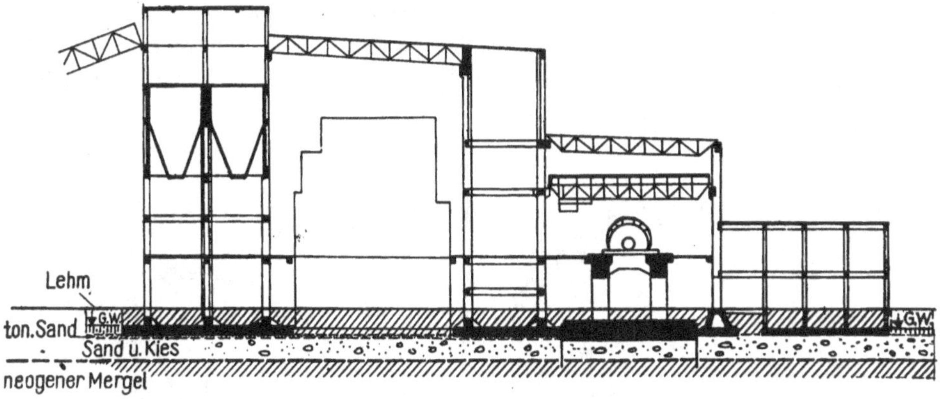

Abb. 10—13. Gründung eines Wärmekraftwerkes auf Fundamentplatten.

generatoren herum ist eine Holzspundwand eingerammt, die verhindern soll, daß sich die Vibration in die wassergesättigten Sande der Umgebung überträgt.

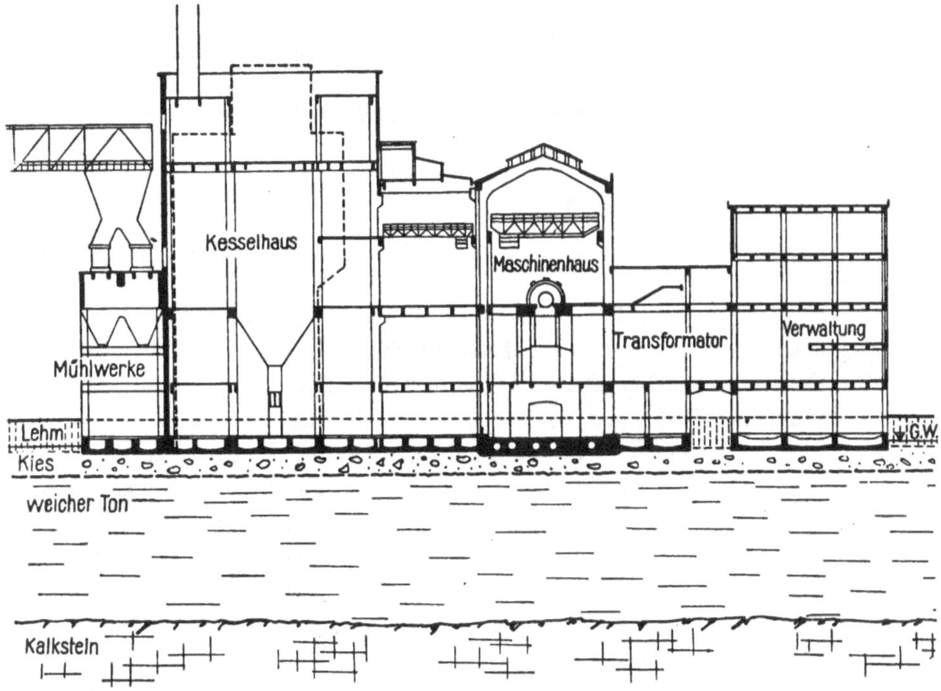

Abb. 10—14. Gründung eines Wärmekraftwerkes auf Fundamentplatten (*Annales de l'Institut Technique, 1950*).

In zweitem Falle, wo sich unterhalb der Kiesschicht weicher Ton befindet, wurde zuerst eine Brunnengründung bis zu den Kalksteinen in einer Tiefe von 25 m in Erwägung gezogen. Nach sorgfältiger bodenmechanischer Untersuchung wurde jedoch festgestellt, daß es genügt, wenn für eine jede Werkhalle eine durchgehende Fundamentplatte verwendet wird, auf der sowohl die Maschinen als auch die Säulenfüße der Gebäude ruhen. An den Stoßstellen zwischen den Fundamentplatten befinden sich Dehnungsfugen, und in analoger Weise sind auch die oberen Konstruktionsteile angeordnet.

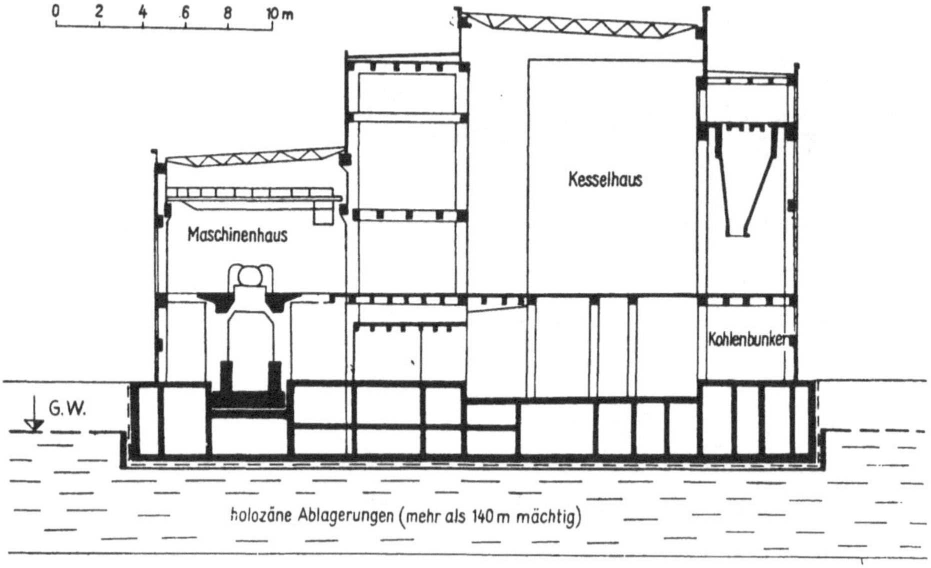

Abb. 10—15. **Gründung eines Wärmekraftwerkes auf einer kastenförmigen Plattengründung.**

In Abb. 10—15 ist ein Fall dargestellt, wo der Baugrund aus holozänen lokker gelagerten Silten mit einer Schichtmächtigkeit von mehr als 100 m bestand. Auf der Baustelle wurden Probebelastungen mit Stahlbetonpfählen von 40 m Länge durchgeführt. Bei dieser Lösung würde jedoch eine Setzung in der Größenordnung von 60 bis 80 cm und eine wechselseitige Neigung der einzelnen Konstruktionsteile eintreten. Deshalb wurde der gesamte Produktionsblock des Kraftwerkes auf einer kastenförmigen Plattengründung aufgeführt. Dadurch verringerte sich die Belastung des Baugrundes um das Gewicht der ausgehobenen Erdmassen. Bei Massivgründungen würde diese etwa 1,4 kg/cm^2 betragen, bei entlastender Kastengründung beträgt sie etwa 0,4 kg/cm^2. Die gesamte Bauwerkssetzung verringerte sich dadurch auf etwa 25 cm.

Bei Plattengründungen ist je nach der Starrheit der Fundamentplatten eine Setzung bis zu 10 cm zulässig. Handelt es sich um sehr starre Fundamentplatten, welche Setzungsunterschiede besser ausgleichen können, dann werden von einigen Fachleuten auch noch größere Setzungen zugelassen. Die hier angeführten Grenzwerte müssen in jedem einzelnen Fall unter Berücksichtigung der konstruktiven Anordnung und der Setzungsgeschwindigkeit überprüft werden. Bei einzeln stehenden Bauwerken mit geringen Grundrißmaßen (Schornsteine, schmale Behälter) wird gewöhnlich eine ziemlich starke Setzung zugelassen. Wichtig ist nur, die Gewähr dafür zu haben, daß sich das Bauwerk nicht neigt.

Es kommt sehr darauf an, ob die Konstruktion Elemente umfaßt, die gegenüber Setzungen besonders empfindlich sind, beispielsweise dünne vertikale Stahlbetonwände, Glaswände, ungewöhnlich große Fenster usw. Bei den üblichen Bauwerken in Ziegelbauweise empfiehlt F. W. Shukow (1955), die Setzungsgeschwindigkeit 2 cm im Monat nicht überschreiten zu lassen. Es ist anzunehmen, daß das Mauerwerk diese Setzung noch ohne Schaden zu nehmen verträgt.

Bauwerkssetzungen werden auch durch Pfahlgründungen verringert. Auch wenn in der Ebene der unteren Pfahlteile der Baugrund nicht dichter ist als in der Ebene der Gründungssohle, verringern sich die Setzungen und besonders die Setzungsunterschiede.

In der Abb. 10—16 ist (nach P. P. Brown, 1953) die Setzung zweier eingeschossiger, nebeneinander errichteter Gebäude dargestellt, von denen das eine auf Fundamentstreifen, das andere auf 7,5 m langen Pfählen gegründet wurde. Bei dem auf Fundamentstreifen gegründeten Gebäude wurde während der Bauausführung eine Kiesaufschüttung vorgenommen, damit der Baugrund vorbelastet und dadurch seine Konsolidierung beschleunigt wird. Der Baugrund bestand aus weichem tonigem Schluff mit einer Druckfestigkeit von 1,2 kg/cm². Die maximalen Setzungsunterschiede bei dem auf Pfahlen gegründeten Gebäude waren um 20 % geringer als bei dem auf Fundamentstreifen gegründeten.

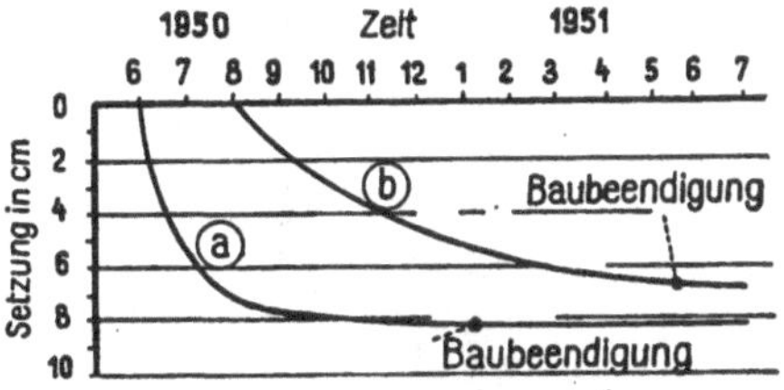

Abb. 10—16. Setzungsverlauf zweier gleicher Gebäude mit unterschiedlicher Gründung.
a — auf Fundamentstreifen,
b — auf Pfählen.

Bei breiten Fundamenten, bei denen eine tiefer reichende Gründung mit hohem Kostenaufwand verbunden wäre, kann ein Teil der nichttragenden Schicht unterhalb der Gründung als Baugrund ausgenützt werden (Abb. 10—17). Voraussetzung hierfür ist, daß es sich um solche Gesteine handelt, die während der Bauausführung konsolidieren können, also keinesfalls um undurchlässigen weichen Ton. Es ist zweckmäßig, die Konsolidierung zu beschleunigen, indem man unterhalb der Fundamente eine verdichtete Schicht aus Sand und Kies (Konsolidierungsschicht) anordnet, durch die gleichzeitig die Beanspruchung des Baugrundes etwas verteilt wird.

Liegt ein Fall vor, in dem im Grundriß des Bauwerks ein ungleichmäßiger Baugrund ansteht, dann müssen die dadurch entstehenden Setzungsunterschiede sorgfältig ermittelt und danach die Gebäude, die Fundamentkonstruktionen und die Dehnungsfugen angeordnet werden. Ein Beispiel dafür ist der Bau eines Industriewerkes am Rande der Böhmischen Kreideformation nordöstlich von Prag (Abb. 10—19).

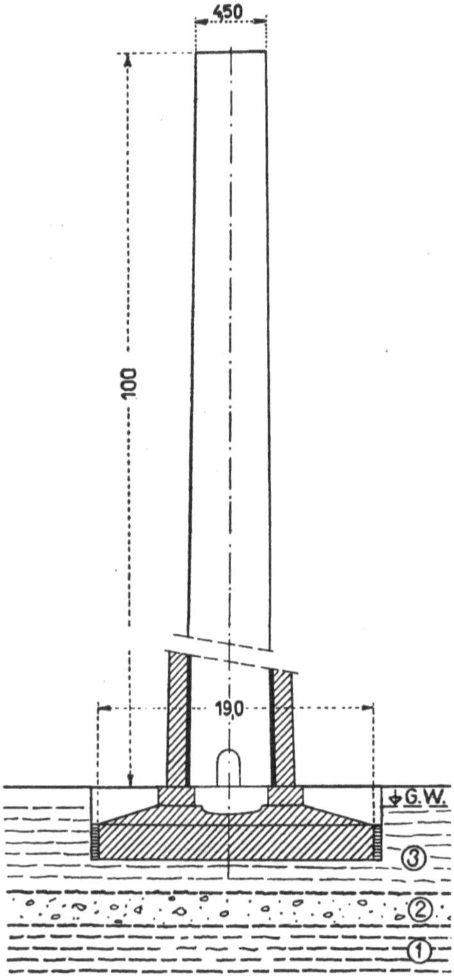

Abb. 10—17. Gründung eines Schornsteins auf einer Fundamentplatte. *1* — neogener Ton, *2* — Kies und Sand, *3* — Lehmablagerung.

Die ursprünglich in der gleichen Höhe projektierten Säulenfüße der Werkhalle würden auf sehr unterschiedlichen Gesteinen ruhen. Die Säulenfüße der Reihe *a* wären einerseits auf festen algonkischen Schiefern *1*, andererseits auf sandigen Kaolintonen *2*, die durch Verwitterung des Algonkium entstanden sind, gegründet. In den Reihen *b* und *c* würden die Säulenfüße vorwiegend auf festen Quadersandsteinen *3* ruhen. Den Baugrund der Säulenfüße der Reihe *d* würden einerseits Glaukonitsandsteine *4*, andererseits Kreidemergel *5* bilden. Die Säulenfüße der Reihen *e* und *f* sollten auf Lößlehm gegründet werden. Die geologischen Verhältnisse machten es also unmöglich, das Gebäude in der gleichen Ebene zu gründen. Es wurde zuerst in Erwägung gezogen, alle Säulenfüße auf den festen Sandsteinen oder dort, wo die Sandsteine denudiert waren, auf Schiefern zu gründen. Dies würde jedoch unterhalb des östlichen und nordöstlichen Gebäudeteiles zu sehr tiefen Fundamenten (5 bis 7 m) geführt haben, die teilweise bis unter den Grundwasserspiegel gereicht hätten, so daß deren Anlage mit einem hohen Kostenaufwand verbunden gewesen wäre. Deshalb entschied man sich dafür, das Bauwerk so zu gründen, daß es überall auf den Gesteinen des felsigen Untergrundes ruht und keinesfalls auf dem Lößlehm. Die zulässige Beanspruchung unterhalb der einzelnen Säulenfüße wurde je nach der Gründungstiefe und Gesteinsart so festgelegt, daß die Setzung der Säulenfüße annähernd gleich groß war. Größere Setzungsunterschiede waren zwischen den auf festen Quadersandsteinen und den auf den sonstigen Gesteinen gegründeten Säulenfüßen zu erwarten. Um diesen Unterschied zumindest teilweise auszugleichen, wurden auf Vorschlag von A. Myslivec beim Ausheben der Baugruben die festen Sandsteine unterhalb der Säulenfüße durch Anbohren und Zerkeilen zerstört und in einer Tiefe von etwa 40 cm gelockert, um auf ihnen eine größere Setzung zu erzielen. Es ist dies eine gewisse Analogie zu den lehmsandigen Polstern, die zur Vergrößerung der Setzung von Gebäudeteilen benützt werden, welche auf Felsen oder altem Mauerwerk ruhen. Auf diese Weise werden Setzungsunterschiede gegenüber den auf Lockergesteinen gegründeten Gebäudeteilen ausgeglichen.

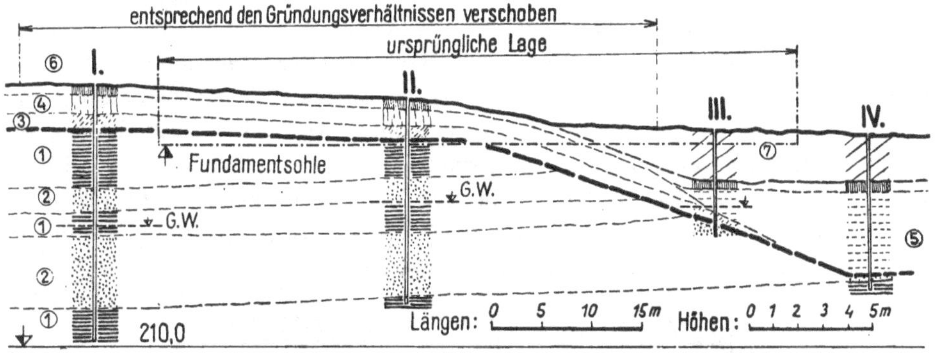

Abb. 10—18. Baustelle auf ungleichmäßigem Baugrund. *1* — neogener Ton, *2* — neogener Feinsand, *3* — durch periglaziale Durchfrierung gestörte Oberfläche des Tons, *4* — Lößlehm, *5* — holozäne humose Ablagerungen, *6* — holozäner Boden, *7* — Aufschüttung.

Wenn sich die Möglichkeit bietet, so weicht man ungleichmäßigem Baugrund aus, z. B. durch Verlegung des projektierten Objektes. Z. B. wurde als Baugelände für ein Industriewerk in Nordmähren ein mäßig geneigter Hang am Rande einer breiten Talaue ausgewählt. Nach den Bohrungen wurde festgestellt, daß der überwiegende Teil des Geländes von neogenen Tonen und Sanden gebildet wird, die von Lößlehm überdeckt sind (Abb. 10—18).

Der nordöstliche Teil des Geländes gehört zur Talaue, die mit holozänen humosen Talablagerungen ausgefüllt ist. Die Oberfläche der Talaue ist teilweise durch locker gelagerte junge Aufschüttungen überhöht. Das Werk wurde also ursprünglich auf ungleichmäßigem Baugrund projektiert. Da die Aufschlußarbeiten rechtzeitig

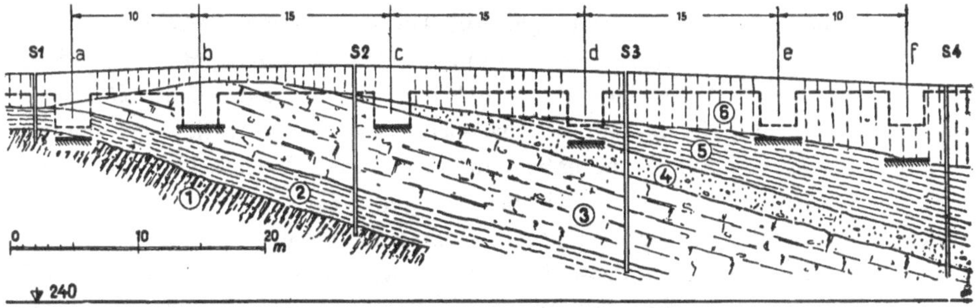

Abb. 10—19. Baustelle auf ungleichmäßigem Baugrund. *1* — Algonkischer Tonschiefer, *2* — Kaolinton (verwittertes Algonkium), *3* — Kreidesandstein, *4* — Glaukonitsandstein, *5* — Kreidemergel, *6* — Lößlehm.

durchgeführt wurden, erfolgte eine Verlegung der Baustelle in südwestlicher Richtung, wo der Baugrund aus neogenen Tonen und Sanden besteht.

Werden mehrere Konstruktionen nebeneinander gegründet und liegt unter ihnen eine zusammendrückbare Schicht größerer Mächtigkeit, dann beeinflussen sie sich gegenseitig, denn sie stellen eigentlich eine kontinuierliche Belastung einer größeren Fläche dar. Da sich der Baugrund unter dem Zentrum einer belasteten Fläche stärker setzt als an den Rändern, neigen sich die Konstruktionen zueinander. So werden laufend Fälle bekannt, wo sich Türme, Behälter, Gebäudeteile usw. zueinander neigen. An der Stoßstelle weisen sie in der Regel die gleiche Setzung auf. Bei der Untersuchung muß hier das Ausmaß der Setzung besonders deshalb ermittelt werden, um angeben zu können, wie weit sich die Dehnungsfugen zwischen den beiden Gebäudeteilen in den oberen Geschossen schließen. Die Projektanten müssen sodann diese Fugen frei lassen. In Abb. 10—20 ist die Setzung des Bunkerteiles eines Kraftwerkes im Längsschnitt dargestellt.

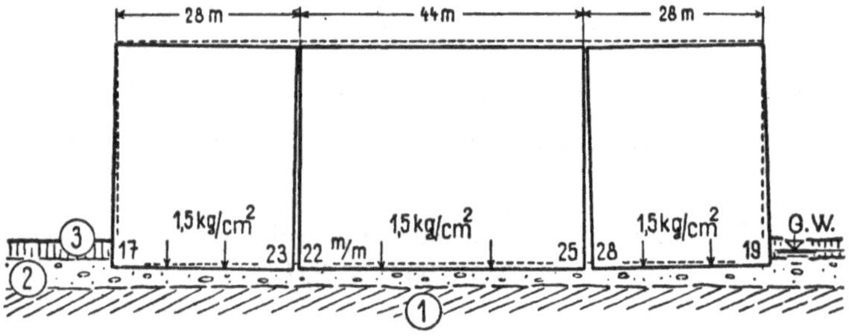

Abb. 10—20. Setzung der Kohlenbunker des in der Abb. 10—13 dargestellten Kraftwerkes. *1* — neogener Mergel, *2* — Sand mit Kies, *3* — Lehm.

Einige dieser Erscheinungen stellen sich so regelmäßig ein, daß sie in den Bauprojekten bereits von vornherein in Betracht gezogen werden. Es ist bekannt, daß bei Wärmekraftwerken das Kesselgewicht die Setzung der Fundamente der Turbogeneratoren beeinflußt, die sich in Richtung zum Kesselhaus hin neigen. Da eine Querneigung bei den Turbogeneratoren nicht so nachteilig ist wie eine Neigung in Achsenrichtung, ist es vorteilhafter, wenn die Turbogeneratoren im Maschinenhaus in Längs- anstatt in Querrichtung angeordnet werden. Man muß im voraus wissen, wie sich die Konstruktionsteile untereinander neigen, um danach die Dehnungsfugen, Installationen, die maschinelle Ausrüstung usw. anzuordnen. Die Dehnungsfugen müssen so viel Spielraum haben, daß die oberen Konstruktionsteile nicht aneinanderstoßen und sich gegenseitig beschädigen.

Anschauliche Beispiele für eine gegenseitige Beeinflussung der auf zusammendrückbarem Baugrund gegründeten Bauwerke bietet das Gelände am rechten Ufer der Moldau in Prag, zwischen der Palacký- und der Eisenbahnbrücke. Ein großer Teil der älteren Gebäude wurde auf Fundamentstreifen gegründet, die neueren auf Betonplatten. Das war nicht richtig, wenn in Betracht gezogen wird, daß der Baugrund aus holozänen tonig-sandigen Ablagerungen mit einer Mächtigkeit von 4 bis 6 m gebildet wird. Jedes der auf diese Weise errichteten Gebäude verursachte eine nachträgliche Setzung der älteren Nachbargebäude, wie heute noch an zahlreichen Bauwerken am Verlauf der Mauerrisse zu erkennen ist.

Lehrreich ist das Beispiel der Gründung eines 80 m langen Amtsgebäudes am Friedrich-Engels-Ufer, das im Jahre 1914 erbaut wurde (Abb. 10—21). Das Gebäude

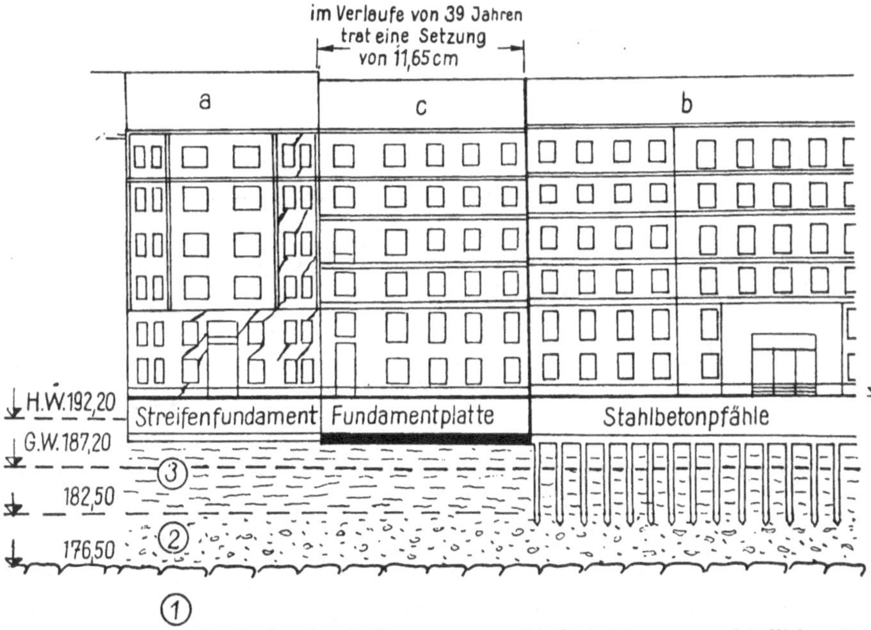

Abb. 10—21. Gebäudeschäden durch Setzungsunterschiede infolge unterschiedlicher Gründung, *1* — Tonschiefer (Ordovizium), *2* — sandiger Kies, *3* — holozäne Ablagerungen.

wurde größtenteils auf Stahlbetonpfählen gegründet, die durch holozäne Ablagerungen hindurch bis in die sandigen Kiese eingerammt wurden. Dieser Gebäudeteil weist keinerlei nachträgliche Setzungen auf. Die neben den älteren Nachbargebäuden liegenden Gebäudeteile, sowohl am Ufer als auch in der Quergasse, wurden jedoch auf Stahlbetonplatten gegründet, damit durch die Erschütterungen beim Rammen der Pfähle die Nachbargebäude nicht beschädigt werden. Dies war allerdings ein Irrtum. Die Zusammendrückung der tonig-sandigen Ablagerungen unterhalb der Gründungsplatte verursachte eine nachträgliche Setzung der älteren Nachbargebäude, die noch heute, nach 39 Jahren, an dem Verlauf der Risse im Mauerwerk zu erkennen ist. Die unterschiedliche Gründung führte auch zu ernsthaften Beschädigungen am Gebäude selbst. In Abb. 10—22 ist der Setzungsunterschied des auf Fundamentplatten gegründeten Gebäudeteiles gegenüber dem anderen auf Pfählen gegründeten Gebäudeteil dargestellt. Aus dem Diagramm geht hervor, daß sich die Gründungsplatte während der Bauausführung bis zum 1. Juni 1914 um 6 cm setzte. Die Setzung nahm auch nach der Fertigstellung des Bauwerks ihren Fortgang und betrug bis zum 1. Februar 1948 11,3 cm. Die Setzung ist in allen Geschossen des Gebäudes in den Gängen zu erkennen und verursachte auch Störungen an der Installation. Die beiden verschieden gegründeten Gebäudeteile wurden durch eine Dehnungsfuge voneinander getrennt, was jedoch im Steinschnitt der Granitverkleidung des Sockels nicht

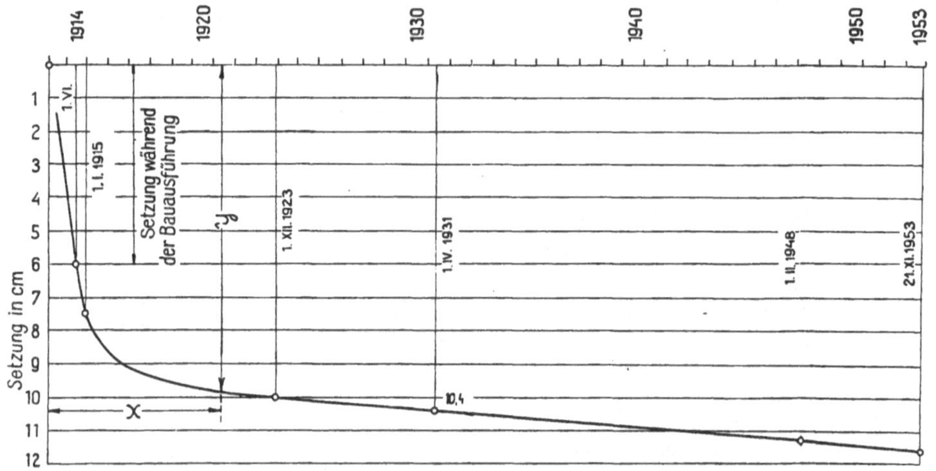

Abb. 10—22. Setzungsverlauf des auf Fundamentplatte gegründeten Gebäudeteiles (Abb. 10—21) von 1914 bis 1953.

konsequent durchgeführt wurde. Im Bereich des Setzungsunterschiedes wurde die Granitverkleidung stark beschädigt und es mußten daher einige Steine ausgewechselt werden. Ing. K. Herzán wies in einem Gutachten aus dem Jahre 1924 die Ursache der unterschiedlichen Bauwerkssetzung einwandfrei nach und machte den Versuch, die Kurve des Setzungsverlaufes durch die Gleichung $y^n = p(x - z)$ auszudrücken, wobei y die Setzung, x die in Monaten ausgedrückte Zeit bedeuten; z stellt die zeitliche Verschiebung während der Bauzeit dar. Nach dieser Gleichung beträgt am 1. April 1931 die berechnete Setzung 10,63 cm gegenüber der gemessenen von 10,4 cm, und am 1. Februar 1948 erreichte sie 11,21 cm gegenüber der gemessenen von 11,3 cm (Q. Záruba, 1948).

Zu einer gegenseitigen Neigung von nebeneinander errichteten Gebäuden kommt es dort, wo diese auf einer zusammendrückbaren Schicht großer Mächtigkeit ruhen. Handelt es sich um eine dünnere Schicht, unter der sich ein wenig zusammendrückbarer Untergrund befindet, dann setzen sich die Konstruktionen verhältnismäßig wenig und ziemlich gleichmäßig. Handelt es sich dagegen um einen stark zusammendrückbaren Baugrund (beispielsweise Löß), um eine Flachgründung, um eine ungleichmäßige Belastung oder auch um eine ungleiche Gründungstiefe, dann setzen sich die Konstruktionen manchmal nach entgegengesetzten Seiten. Die Abb. 10—23 stellt ein Lagergebäude in Mähren dar, dessen mittlere Dehnungsfuge sich oben um 7,5 cm geöffnet hat.

Dem Wegneigen einer Konstruktion von einer anderen begegnet man auf einer mächtigen Schicht zusammendrückbaren Baugrundes auch dann, wenn beide nicht gleichzeitig errichtet wurden. Unterhalb der älteren Konstruktion konsolidierte sich der Baugrund bereits teilweise, und diese Verdichtung übertrug sich in der Tiefe auch auf die benachbarten Gesteine. Wenn neben diesem Bauwerk ein neues Gebäude errichtet wird, so ruht dessen eine Seite auf dem bereits teilweise zusammen-

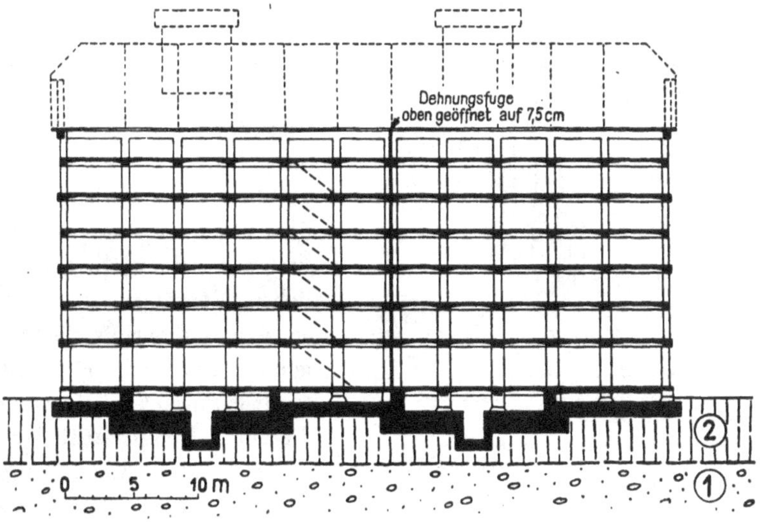

Abb. 10—23. Verkanten eines Gebäudeteiles mit Flachgründung auf zusammendrückbarem Lößlehm. *1* — sandiger Kies, *2* — Lößlehm.

gedrückten Baugrund, während die Gesteine unter der anderen Seite nicht zusammengedrückt wurden. Das neue Objekt neigt sich deshalb vom alten Gebäude weg, dieses neigt sich jedoch dem neuen Bauwerk mäßig zu. Da es gewöhnlich nicht so starr ist, daß es eine Fundamentsetzung verträgt, bilden sich Risse im Mauerwerk. Ein treffendes Beispiel für diese Erscheinung beschreibt B. Frühauf (1941). Der im 15. Jahrhundert erbaute Kirchturm von Estampes in Frankreich neigt sich von der benachbarten Kirche, die früher errichtet wurde, weg (Abb. 10—24). Den zusammendrückbaren Baugrund bilden sandige Moorböden mit einer Mächtigkeit von 15 m. Zur Zeit befindet sich der Turm im Ruhezustand, das benachbarte Kirchenschiff ist gerissen, da es sich in Richtung zum Turm setzte.

Eine ähnliche Wirkung wie ein Bauwerk in der Nachbarschaft übt auf eine Konstruktion auch das Gewicht einer angrenzenden Aufschüttung aus. Weil sich deren Druck in die Tiefe und Breite fortpflanzt, drückt sie auch die Gesteine unter dem Bauwerk zusammen, das sich setzt und dadurch beschädigt wird. Die gleiche Wirkung üben auch in ebenerdigen Lagerräumen, Werkstätten usw. gelagerte Rohstoffvorräte aus. Auf diese Weise wurde das Ballhausgebäude auf der Prager Burg (Abb. 10—25) in Mitleidenschaft gezogen. Der Brennstoffvorrat und die Neuaufschüttung belasteten zusätzlich den Lößlehm unterhalb der Südwand so stark,

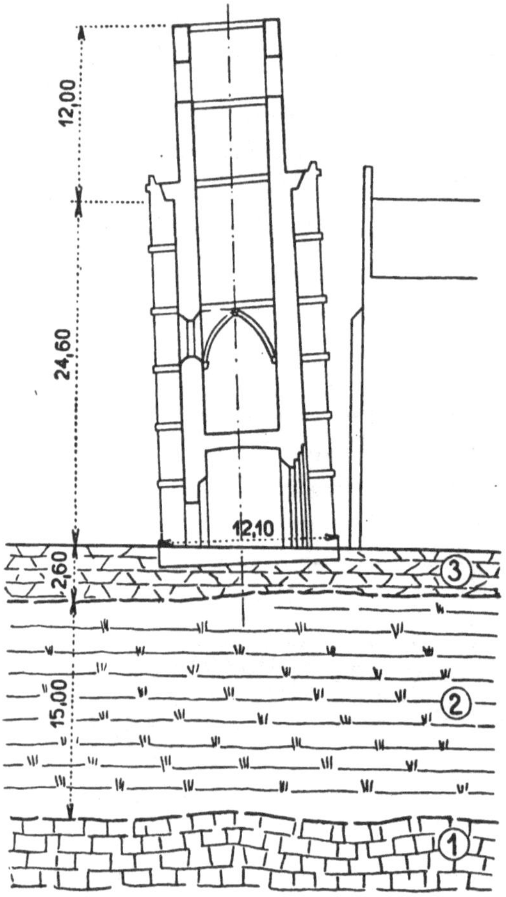

Abb. 10—24. Neigung des einer alten Kirche angebauten Turmes (Estampes, Frankreich). *1* — Kalkstein, *2* — sandiger Moorboden, *3* — weicher Travertin (*nach Frühauf 1941*).

daß dieser Teil des altertümlichen Gebäudes beschädigt wurde (Q. Záruba, Myslivec, 1947).

10,6. Durch Bodenschrumpfung hervorgerufene Setzung der Bauwerke. Die Setzung von Bauwerken muß nicht immer durch eine Belastung hervorgerufen werden, sondern sie kann auch auf andere Einflüsse, besonders auf eine Veränderung des Grundwasserstandes, zurückzuführen sein. Deshalb müssen vor der ingenieurgeologischen Untersuchung die wichtigsten betrieblichen Vorgänge im Objekt selbst sowie alle Eingriffe, die in der Umgebung durchgeführt wurden oder künftig durchgeführt werden, und die einen Einfluß auf den Grundwasserstand ausüben können, bewertet werden. Diese Umstände sind auch dann zu untersuchen, wenn es zu einer Setzung eines Objektes gekommen ist. Die häufigsten Störungen dieser Art ergeben sich aus der *Schrumpfung toniger Gesteine* infolge Austrocknung.

In der Abb. 10—26 ist eine Gießhalle dargestellt, deren Säulen sich nach 30 Jahren plötzlich setzten. Dies zeigte sich an der Kranbahn. Der Grundwasserspiegel liegt nach früheren Aufschlußarbeiten annähernd in der Ebene der Gründungssohle der Säulenfüße. Bei einer kürzlich erfolgten Erweiterung des Werkes wurden Gräben an der Stirnseite der Werkhalle und neben der rechtsseitigen Halle ausgehoben; aus den Gräben wurde das Grundwasser intensiv abgepumpt. Dadurch trat eine Absenkung des Grundwasserspiegels ein. Die Gießereiöfen konnten nun den Baugrund in ihrer Umgebung austrocknen, wodurch eine Setzung der benachbarten Säulen hervorgerufen wurde (Abb. 10—27).

Bei tonigen Gesteinen begegnet man häufig Störungen an Gebäuden, die durch Austrocknung des Baugrundes entstanden sind, und zwar besonders in anomal trockenen Sommern, beispielsweise in den Jahren 1933 bis 1935 und 1947. Dies wurde bereits im Abschn. 7,5 erwähnt. Befindet sich im Untergrund eines Bauwerks eine tonige Schicht von großer Mächtigkeit, dann können nur die Oberflächenschichten austrocknen, und das in entsprechender Tiefe gegründete Bauwerk wird nicht gestört. So wurde im neogenen Ton in Ústí a. d. Orlice als standsicher eine Gründungstiefe von 2,5 m ermittelt (Záruba, Havlíček, 1951).

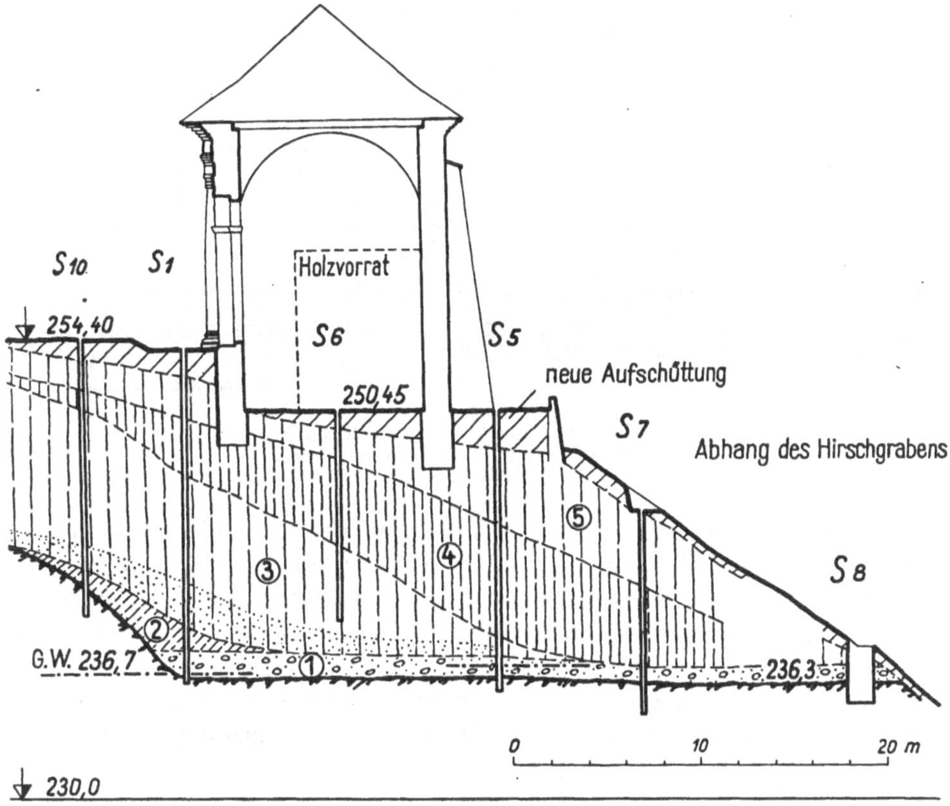

Abb. 10—25. Geologisches Profil unterhalb der Fundamente des Ballhausgebäudes im Königlichen Garten in Prag. *1* — lehmiger Schotter, *2* — Hangschutt, *3* — Löß, *4* — fossile humose Lehme, *5* — jüngster Löß.

In einigen Fällen ist man bestrebt, solche Störungen durch die Bauvorschriften zu unterbinden. Beispielsweise führt die britische Norm CP 101 aus dem Jahre 1948 unter Berücksichtigung der Schrumpfung toniger Gesteine eine Gründungstiefe von 1,5 bis 1,8 m als standsicher an. Es zeigte sich, daß auch *Bäume* eine Austrocknung bis in größere Tiefen verursachen. Die ungünstigste Wirkung rufen schnell wachsende Bäume hervor, wie Pappeln und Ulmen. Deshalb empfiehlt die erwähnte Norm, diese Bäume nur in einem Abstand von mindestens 7,5 m von den Gebäuden zu pflanzen.

Ein Beispiel dafür, wie durch Baumwurzeln Störungen an Baukonstruktionen hervorgerufen werden können, ist in Abb. 10—28 dargestellt. Einige Säulen einer

Lagerhalle in Mähren, die in steifem neogenem Mergel gegründet wurden, neigten sich bis zu einigen Zentimetern weg, so daß der Betrieb der Kranbahn gefährdet wurde. Die Ursache für diese Wegneigung waren Pappeln, die längs des gestörten

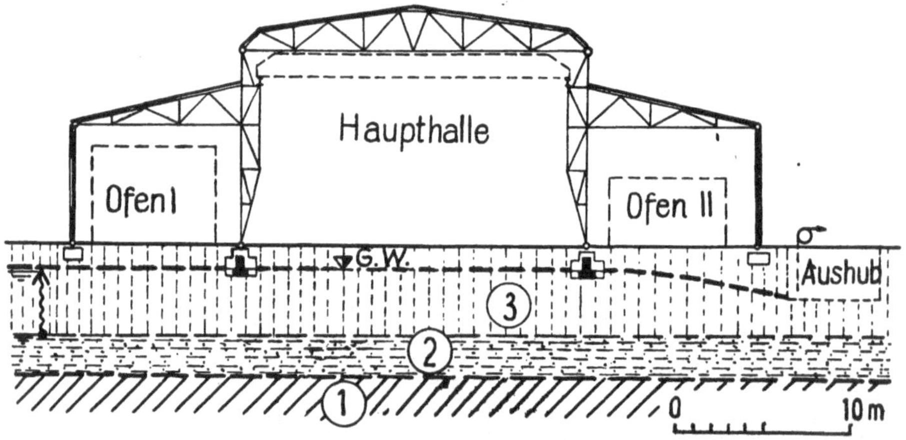

Abb. 10—26. Gießhalle, deren Fundamente sich nachträglich durch Austrocknung des Lehms, hervorgerufen durch den Ofenbetrieb, setzen. *1* — neogene Mergel, *2* — schlammiger Sand, *3* — Lehm.

Gebäudeteiles in einem Abstand von etwa 7 m stehen. Bei Aufschlußarbeiten wurden an der Außenseite der Säulenfüße dichte Büschel feiner Wurzeln von diesen Bäumen gefunden. Während in der übrigen Umgebung des Bauwerkes der Mergel einen Feuchtigkeitsgehalt von 29 bis 32 % hatte, wurde in Schürfen in der Nähe dieser Wurzeln nur ein Feuchtigkeitsgehalt von 24 % festgestellt.

Befindet sich im Untergrund von Gebäuden Ton, unter dem eine Sandschicht lagert, und kommt es in dieser Sandschicht zu einer Absenkung des Grundwasserspiegels, dann schrumpft das tonige Gestein in seiner gesamten Stärke ein, und es trocknet nicht nur von der Oberfläche her aus, sondern verliert auch die Basis für

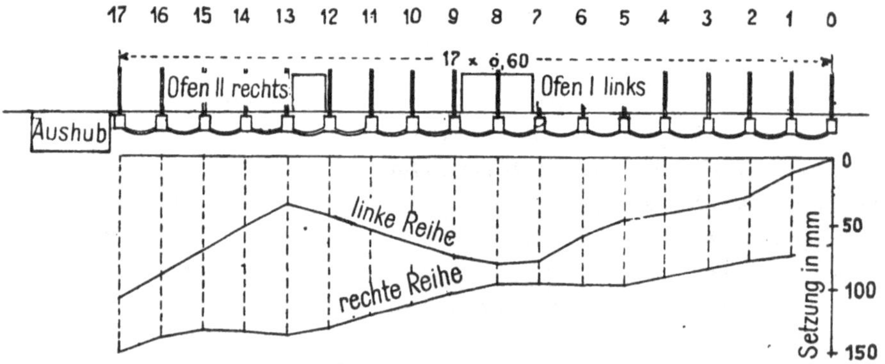

Abb. 10—27. Setzung der linken und rechten Reihe der Stützenfundamente der in Abb. 10—26 dargestellten Halle, hervorgerufen durch Austrocknung des Baugrundes.

den Kapillarwasserhub. Auf diese Weise wurden in der Umgebung von Brno (Brünn) Gebäude beschädigt, die auf neogenem Ton gegründet waren, dessen Untergrund neogener Sand bildete. In den Schürfen wurden Schrumpfrisse bis zu einer Tiefe von 4 bis 5 m unter der Geländeoberfläche festgestellt. Infolge Schrumpfung des Baugrundes zeigen sich sodann Risse an den Gebäuden. Wenn sich während der Feuchtigkeitsperioden die Schrumpfrisse im Baugrund wieder schließen, können sich die Risse in den Gebäuden nicht schließen, denn sie sind gewöhnlich durch Bruchstücke von

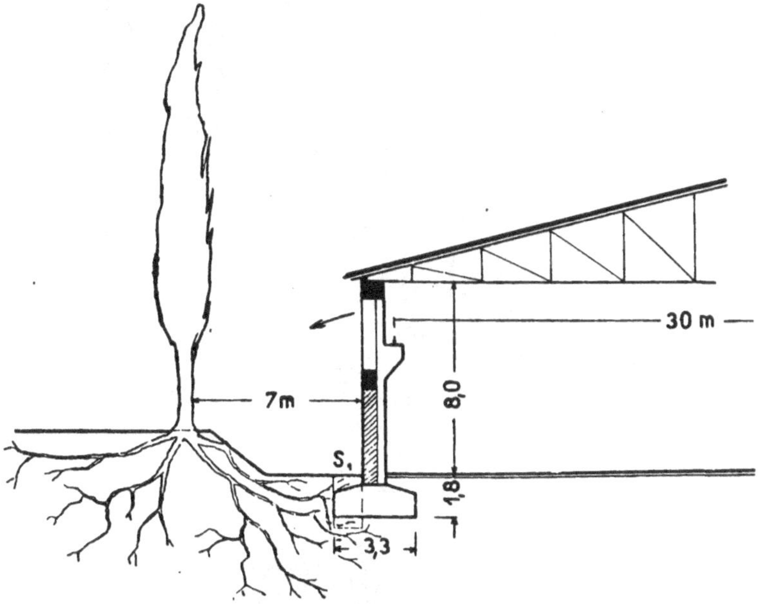

Abb. 10–28. Die Säulen der Lagerhalle neigten sich durch Bodenaustrocknung, hervorgerufen durch die Wurzeln einer Papelreihe.

Mauerwerk, Mörtel usw. verkeilt. Die Risse im Mauerwerk öffnen sich deshalb immer mehr. In einem solchen Falle wurde einer Erweiterung der Schrumpfrisse dadurch vorgebeugt, daß um das Gebäude herum ein etwa 3 m tiefer Graben ausgehoben wurde, der bis etwa 1 m unter die Gründungssohle reichte. Der Graben wurde mit Sand ausgefüllt und in den Sand das Wasser von der Dachrinne abgeleitet. Dadurch wurde der Baugrund in der Umgebung des Grabens etwas angefeuchtet, und in der nachfolgenden Trockenperiode reichten die Schrumpfrisse nicht unter das Gebäude.

Ein anschauliches Beispiel dafür, wie Volumenveränderungen des Baugrundes Gebäude stören können, ist in Abb. 10–29 dargestellt. Sie veranschaulicht ein Geländeprofil mit einer altertümlichen Kirche und Pfarre in Žabokliky bei Žatec (Saaz). Beide Objekte sind auf tertiären Tonen mit Feinsandschichten gegründet.

Die tertiären Schichten sind an der Geländeoberfläche von sandigen Kiesen der pleistozänen Terrasse und von einer dünnen Schicht Lößlehm überdeckt. In Zeiten starker Niederschläge und während des Frühjahrstauwetters wurden in der Um-

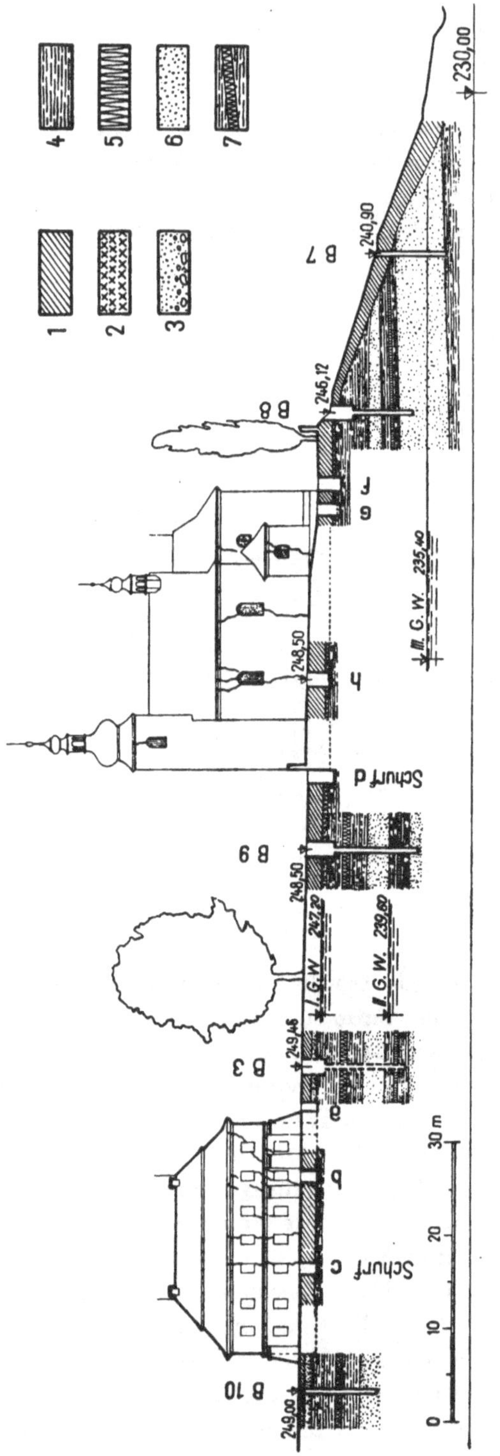

Abb. 10—29. Geologisches Profil in der Umgebung der Kirche und Pfarre in Žabokliky bei Žatec (Saaz). *1* — humoser Lehm und Aufschüttungen, *2* — rostbrauner dichter Lehm, *3* — sandiger Terrassen-Kies, *4—7* — Ton und Sand der Žatecer (Saazer) Schichten. *a, b, c* — Schürfgruben.

gebung der Objekte drei Grundwasserleiter festgestellt, der höchste von ihnen in den Terrassenkiesen an der Oberfläche der Tone und die beiden anderen in den sandigen Schichten zwischen den Tonen. In Zeiten anhaltender Trockenheit trocknet der Grundwasserleiter an der Oberfläche in den Terrassenkiesen und auch der zweite in den sandigen Schichten zwischen den Tonen vollkommen aus. Nur der unterste Grundwasserleiter ist beständig, allerdings sinkt auch sein Wasserspiegel während der Trockenperioden stark ab. Es kommt hier zu der bereits geschilderten Erscheinung, daß die Tone nicht nur von der Oberfläche her austrocknen, sondern auch die Kapillarwasserbasis verlieren, so daß die ganze Tonschicht austrocknet. Deshalb wurde jeweils während der Trockenperioden, insbesondere in den Jahren 1905, 1918, 1922 und 1935 ein bedenkliches Öffnen der Schrumpfrisse registriert. Um das Pfarrgebäude zu sichern, wurde im Jahre 1922 dessen nordöstliche Ecke mit Stützpfeilern versehen, die nur flachgründig lediglich auf der Oberfläche der Tone ruhten. Dies erwies sich jedoch als unzweckmäßig. Durch Schrumpfung des Baugrundes lösten sich die Stützpfeiler von dem alten Gebäude, und im Laufe einiger Jahre war der Riß zwischen dem Pfeiler und dem Gebäude mehrere cm breit. Eine dauernde Sicherung dieser Objekte wäre auf zweierlei Art und Weise möglich: Man müßte entweder die Fundamente bis in eine solche Tiefe führen, wo die Tone von den klimatischen Verhältnissen nicht mehr berührt werden, oder die Tone im Untergrund in gleichmäßig feuchtem Zustande halten.

Wie daraus hervorgeht, erfordern die Aufgaben der ingenieurgeologischen Untersuchung in einem Gelände, wo tonige Gesteine den Baugrund bilden, ein sehr eingehendes Studium sämtlicher Einflüsse und Umstände, die Volumenveränderungen des Baugrundes verursachen können.

10,7. Baustellen auf Talauen, die durch Flußwasser beeinträchtigt werden. Ein sorgfältiges Studium verlangt auch das Problem des Grundwassers in sandigen und schluffigen Ablagerungen, wo das Grundwasser die Gründungsarbeiten erschwert und wo besondere, mit hohen Kosten verbundene Maßnahmen für die Grundwasserabdichtung und gegen den Wasserauftrieb erforderlich werden. Handelt es sich um Flußwasser, dann sind die höchsten Wasserstände in der Vergangenheit und die Schwankungen des Grundwasserspiegels während des üblichen Hochwassers zu ermitteln. Bei vorübergehendem Ansteigen des Grundwasserspiegels kann eine Überflutung der Baugrube oder später der Kellerräume eintreten. Es muß deshalb untersucht werden, wie sich der Grundwasserspiegel durch verschiedene, künftig vorgesehene Eingriffe ändern kann.

Im Gebiet von Prag längs der Moldau stieg der Wasserspiegel des Flusses nach dem Bau von Wasserwehren um 2 bis 4 m an. Dadurch wurden holozäne Ablagerungen der ursprünglichen Talaue überflutet. Eine Bauwerksgründung auf den Talschottern unterhalb der wasserführenden holozänen Ablagerungen und Aufschüttungen ist mit großen Schwierigkeiten verbunden und macht zumeist die Anwendung einer Pfahl- oder Brunnengründung erforderlich.

Die Bedingungen der Gründung auf der holozänen Talaue sind aus dem Profil des Baugeländes der projektierten Staatsgalerie auf der Insel Kampa (Abb. 10—30) zu entnehmen. Als Baugrund konnten grobsandige Kiese benutzt werden, die die Talsohle bis zu einer Höhe von 181,00 m über dem Meeresspiegel ausfüllen. Auf der Oberfläche der Kiese ruhen holozäne Schlammablagerungen, die dauernd unterhalb des Grundwasserspiegels liegen. Die Geländeoberfläche wurde durch alte Aufschüttungen stark überhöht, aber trotzdem wird die Baustelle vom Katastrophenhochwasser überflutet. So stieg auf der Insel Kampa der Wasserspiegel im Jahre 1890 bis zur Höhe von 190,60 m NN an und das Hochwasser im Jahre 1845 erreichte sogar die Höhe von 191,37 m NN. Daraus geht hervor, daß die Differenz zwischen der Gründungssohle und dem Hochwasserspiegel 10 m beträgt. Die Räume in diesem Höhenbereich wurden entweder überflutet, oder sie mußten besonders konstruiert und isoliert werden, um den Wirkungen des beträchtlichen Wasserauftriebes vorzubeugen. Die Staatsgalerie wurde unter Berücksichtigung der historisch bedeutsamen Umgebung als ausgedehntes, niedriges Bauwerk projektiert; deshalb war die Tiefgründung im Verhältnis zum nutzbaren Raum sehr kostspielig. Dies war einer der Gründe dafür, daß die Baustelle aufgegeben wurde.

10,8. Geologische Untersuchung während der Bauausführung. Auch bei Hoch- und Industriebauten sollte die Mitarbeit des Ingenieurgeologen nicht mit der Aushändigung der Untersuchungsergebnisse an den Projektanten enden. Zumindest in begrenztem Umfange sollte bei diesen Bauten für eine geologische Untersuchung während der Bauausführung gesorgt werden, die sich bei Objekten geringeren Ausmaßes auf die Untersuchung der offenen Baugrube beschränken könnte. Es ist nicht gut möglich, daß sich der Ingenieurgeologe eine Revision der zulässigen Beanspruchung des Baugrundes bis nach der Untersuchung der Baugrube vorbehält; über die zulässige Beanspruchung muß bereits bei der eingehenden Untersuchung entschieden werden. Zweck der Untersuchung während des Baues sollte beispielsweise die genaue Erkundung der hydrogeologischen Verhältnisse der Baugrube sein. Bei der Untersuchung der Baustelle gelingt es nicht immer, die Probleme des Grundwassers mit absoluter Sicherheit zu klären; es ist aber meistens möglich, den Umfang des Wasserzuflusses in die Baugrube mit Hilfe von Pumpversuchen zu ermitteln und die Höhe des Grundwasserspiegels festzustellen. Die Schicht aber, aus der das Wasser zufließt, insbesondere bei Schluffsanden, die mit tonigen Schichten abwechseln, ist durch Bohrungen nicht leicht zu ermitteln, denn nach dem Abpumpen des Wassers verhindern die Kapillarkräfte dessen stärkeres Ausfließen aus der wassergesättigten Schicht in die Bohrung. Dabei ist jedoch wichtig, verläßlich festzustellen, aus welcher Ebene das Wasser in die Baugrube einfließen wird, besonders dann, wenn eine Entwässerung der Baugrube durch das eigene Gefälle in die Kanalisation vorgesehen ist.

Als Beispiel wird der Bau eines Wohnblockes angeführt, der auf einem mäßig geneigten Hang in neogenem Mergel gegründet ist. Bei der Voruntersuchung wurde ein

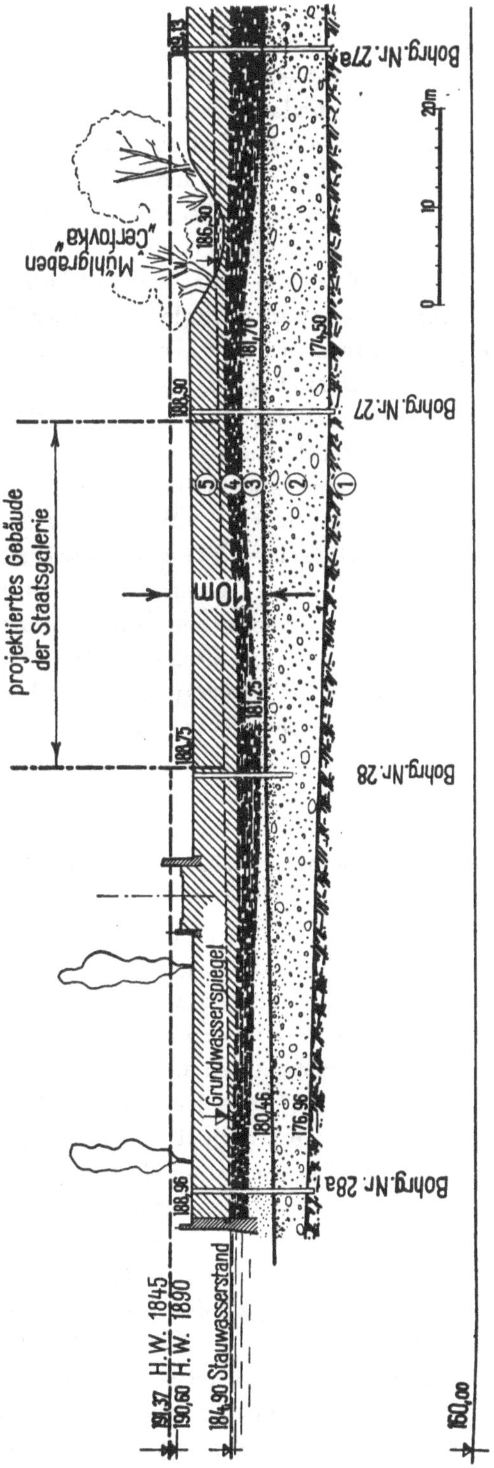

Abb. 10—30. Geologisches Profil der Baustelle der projektierten Staatsgalerie auf der Insel Kampa in Prag. *1* — Ordoviziumschiefer, *2* — sandiger Kies, *3* — Sande, *4* — humose Schlammablagerungen, *5* — Aufschüttung.

Wasserzufluß in die Bohrlöcher beobachtet. Daraus schloß man, daß es sich um gestautes Wasser an der Oberfläche neogener Mergel im Untergrund der Terrassensande und -kiese handelt. Da die Fundamente des Bauwerks bis in die neogenen Mergel hineinreichen, wurde angenommen, daß eine Ableitung des Grundwassers durch Dränagen an der Peripherie des Bauwerks möglich sein werde; deshalb wurde unter der Kellerpflasterung eine schwache Isolierung gegen Bodenfeuchtigkeit eingebaut. Beim Aushub der Baugrube bis zur Ebene der Keller zeigten sich an der Baugrubensohle schwache Quellen, denen aber keine Aufmerksamkeit geschenkt wurde. Nach Fertigstellung des Bauwerks wurde die Kellerpflasterung an zahlreichen Stellen von dem heraustretenden Wasser durchbrochen, und die Keller wurden überschwemmt. Im Keller mußten nachträglich Bohrungen durchgeführt werden, bei denen ermittelt wurde, daß das Wasser unter der Pflasterung aus feinen Rissen in den festen neogenen Mergeln austrat, die den Charakter rissiger Tone trugen. Da in den neogenen Mergeln auch dünne, wasserführende Schluffsandschichten auftraten, mußte an die Ableitung des Wassers aus dem Baugrund unter der gesamten bebauten Fläche mit Hilfe eines Dränagesystems herangegangen werden, das unter der Kellersohle angelegt wurde. Wenn die Fundamentgrube nach dem Bodenaushub fachkundig von einem Geologen untersucht worden wäre, hätten die falschen Ansichten über die Grundwasserverhältnisse richtiggestellt werden können, und es wäre nicht zum Durchbruch der Pflasterung und zu kostspieligen Ausbesserungsarbeiten gekommen, die auch eine verspätete Fertigstellung des Bauobjektes zur Folge hatten. Aus dem Beispiel geht hervor, welche Bedeutung auch bei Hochbauten der geologischen Untersuchung während der Bauausführung zukommt.

10,9. Beobachtung der Deformationen während und nach der Bauausführung. Neben der Kontrolle, ob die Voraussetzungen der Untersuchung erfüllt sind, ist vor allem der Verlauf der *Setzungen* zu verfolgen. Dies ist erforderlich einerseits aus Gründen der Dokumentation (in Bezug auf die Nutzung des Bauwerks und zur Kontrolle der berechneten Werte), andererseits, um zu bestätigen, daß sich die Bewegungen der Bauwerke verringern und es damit zur Konsolidierung kommt.

Es werden sowohl die Vertikalsetzungen als auch die Horizontalverschiebungen gemessen. Die vertikalen Setzungen der Bauobjekte werden durch genaue Nivellierung der an den Gebäudesockeln angebrachten Höhenmarken ermittelt.

In der Abb. 10—31 ist eine Höhenmarke dargestellt, wie sie nach Terzaghi in der Norm ČSN 1329-1944 eingeführt wurde. Bei manchen Bauwerken ist es auch erforderlich, die Setzung der einzelnen Schichten des Untergrundes zu beobachten. In diesem Falle werden sog. Grundpegel angebracht, mit denen man nicht nur eine Setzung des Fußstückes in einer bestimmten Tiefe, sondern auch die relative Setzung der Schicht darüber messen kann. In Abb. 10—32 ist ein solcher Grundpegel dargestellt, wie er (nach Terzaghi) in die bereits erwähnte Norm ČSN aufgenommen wurde. Durch Hineindrücken der Stange *2* mit dem Fußstück *1* und dem Rohr *3* wird das Fußstück in den Baugrund eingetrieben, und es entsteht ein Hohlraum *9*, der sich mit Öl füllt und eine reibungslose Bewegung des Fußstückes ermöglicht. Die Horizontalverschiebungen werden durch Messung des waagerechten Abstandes von den Festpunkten oder durch Beobachtung der Punktverschiebungen auf gesicherten Geraden ermittelt.

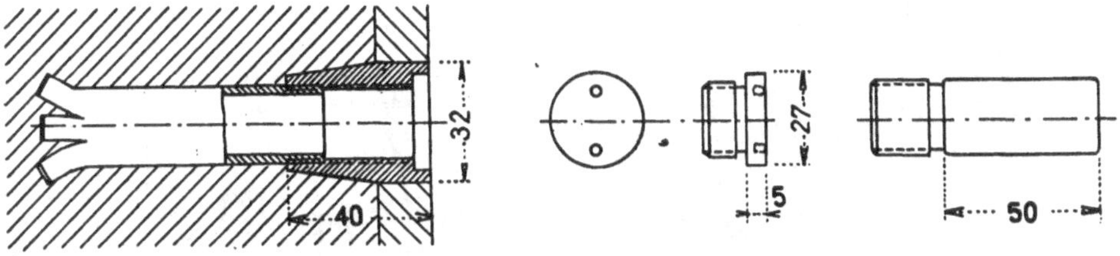

Abb. 10—31. Höhenmarke für die Messung von Bauwerkssetzungen *nach der Norm ČSN 1329.*

Mit der Messung der Bauwerksverschiebungen ist am besten ein Vermessungsfachmann zu betrauen. Aufgabe der Ingenieurgeologie ist es, erstens die Anordnung der Höhenmarken oder Grundpegel nach den angenommenen Möglichkeiten der Verschiebungen zu bestimmen, zweitens den Zeitplan der Beobachtungen unter Berücksichtigung der Baugrundverhältnisse aufzustellen und drittens die Dokumentation über den Baugrund, die Aufschlußarbeiten und die Bauwerksgründung bereitzustellen. Die einzelnen Punkte des Berichtes sind in der erwähnten Norm beschrieben.

Bei bereits vor längerer Zeit errichteten Bauwerken, bei denen es zu neuen Verschiebungen kommt oder bei denen eine Beobachtung der Verschiebungen neu eingeführt wird, ist es notwendig, die Geschichte des Bauwerks zusammenzustellen. Die Betriebsfachleute messen nämlich manchmal Umständen Bedeutung bei, die nicht entscheidend sind, wogegen sie unbewußt wesentliche Dinge übersehen. So wurde bei einem bereits bestehenden Kraftwerk sorgfältig der Einfluß der Veränderungen des Grundwasserspiegels auf die Setzung der Turbosätze beobachtet, deren Fundamente auf Holzpfählen gegründet waren. Dieser Umstand hat aber die Setzung nicht verursacht, sondern es wurde durch Zufall nachträglich festgestellt, daß der Kessel in der Nähe der Maschine viel später aufgestellt worden war als die anderen, so daß er die Setzung des Turbosatzes beeinflußte.

Der Setzungsverlauf wird in ein Diagramm eingezeichnet, für das ebenfalls in der bereits erwähnten Norm ein Muster angeführt ist. Der Kurvenverlauf weist auf mögliche Gefahren hin. Bekommt die Setzungskurve einen Knick und nimmt die Setzung zu, ohne daß dies durch eine erhöhte Belastung bedingt ist, so handelt es sich um eine Störung in der Tragfähigkeit des Baugrundes.

Große Aufmerksamkeit wurde der Setzung der Hochhäuser in Moskau gewidmet. Zu diesem Zwecke wurden an den Fundamentkonstruktionen zahlreiche Höhenmarken angebracht, die systematisch nivelliert werden. Die Setzung wird von Tiefenfestpunkten ausgemessen (Abb. 10—33), die in den Bohrungen außerhalb der Gebäude so angebracht wurden, daß sie bis in die festen Gesteine des felsigen Untergrundes hineinreichen. Mit der Überwachung des Setzungsverlaufes an den Fundamenten befaßt sich das Wissenschaftliche Institut für Baugrundforschung in Moskau. Das

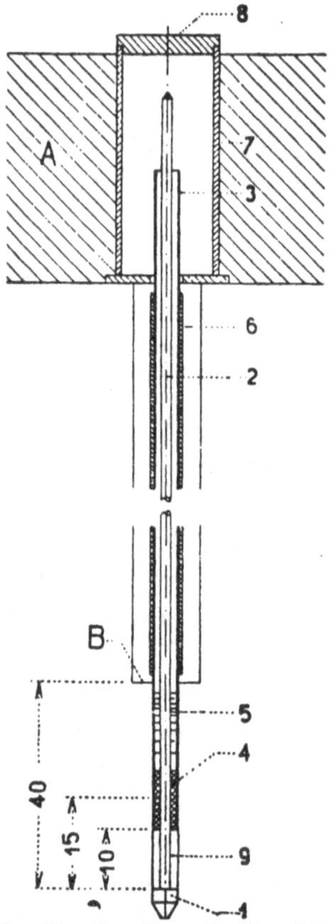

Abb. 10—32. Grundpegel für Setzungsmessungen *nach der Norm ČSN 1329. A* — Baugrund, *B* — Bohrsohle, *1* — konisch zugespitztes Fußstück, *2* — Stahlstange von 25 mm Durchmesser, *3* — Rohr von 40 mm Innendurchmesser, *4* — etwa 10 cm hohe Stopfbuchse aus ölgetränktem Werg, *5* — schweres Schmieröl, *6* — Asphaltanstrich mit ölgetränkter Wergpackung, *7* — Schutzmantel, *8* — Deckel, *9* — Hohlraum, der sich beim Hineindrücken des Fußstückes mit Öl füllt.

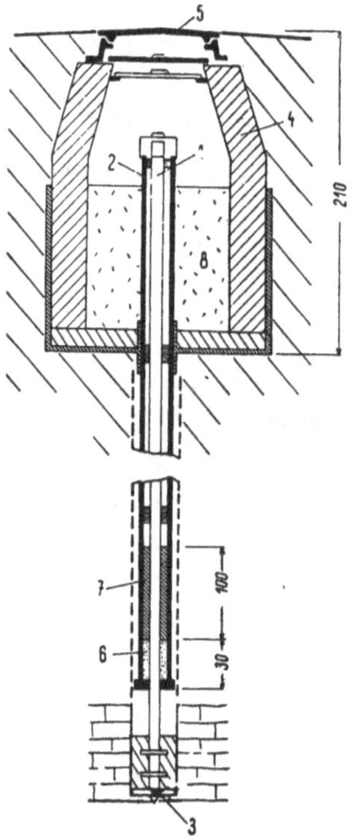

Abb. 10—33. Schnitt durch den Tiefen-Festpunkt *nach NII in Moskau aus dem Jahre 1948; 1* — mit einem Asphaltanstrich versehenes und mit Bitumengemisch gefülltes Stahlrohr, *2* — Futterrohr von 168 mm Innendurchmesser mit Asphaltanstrich, *3* — Verankerung in den Kalksteinen des Karbon, *4* — genormte Betonglocke, *5* — gußeiserner Deckel, *6*, *7* — Bitumen-Stopffüllung, *8* — Wärmeisolation aus bitumengetränkten Sägespänen.

Institut führt an zahlreichen bedeutenden Bauwerken systematische Messungen durch und sammelte (bis zum Jahre 1957) die Ergebnisse der tatsächlichen Setzungen von 90 Gebäuden.

So wurden beispielsweise bei einem Amtsgebäude am Smolensker Platz 76 Höhenmarken an der Gründungsplatte und eine Reihe weiterer Höhenmarken an den umliegenden Objekten angebracht. Durch systematische Nivellierung war es möglich, die Deformation der Gründungsplatte und auch des benachbarten Geländes während der Bauausführung und nach der Fertigstellung des Objektes festzustellen. Die genaue Nivellierung bezog sich auf zwei Tiefenfestpunkte, die 35 m vom Gebäude entfernt angebracht und in den Kalksteinen des Karbon verankert waren. Der Tiefenfestpunkt Nr. I wurde in der unteren Schicht der Kalksteine in einer Tiefe von 28 m angelegt, der Tiefenfestpunkt Nr. II in den oberen Kalksteinschichten in einer Tiefe von 20 m unter der Geländeoberfläche. Bei der Kontrollmessung zeigte sich, daß sich der in der oberen Kalksteinschicht verankerte Tiefenfestpunkt Nr II gegenüber dem in der tiefer gelegenen Kalksteinschicht verankerten Tiefenfestpunkt Nr. I noch um 6,7 mm setzte. Die geologischen Verhältnisse unterhalb der Fundamente sind aus der Skizze in Abb. 10—34 zu ersehen. Die Fundamenthohlplatte ruht auf einer 11 m mächtigen Schicht fluvioglazialen Sandes, darunter befinden sich Kalksteine des Karbon mit Tonlagen. Die Setzung der Fundamentplatte wurde zuerst an 36 an der unteren Platte abgesetzten Höhenmarken gemessen; nach

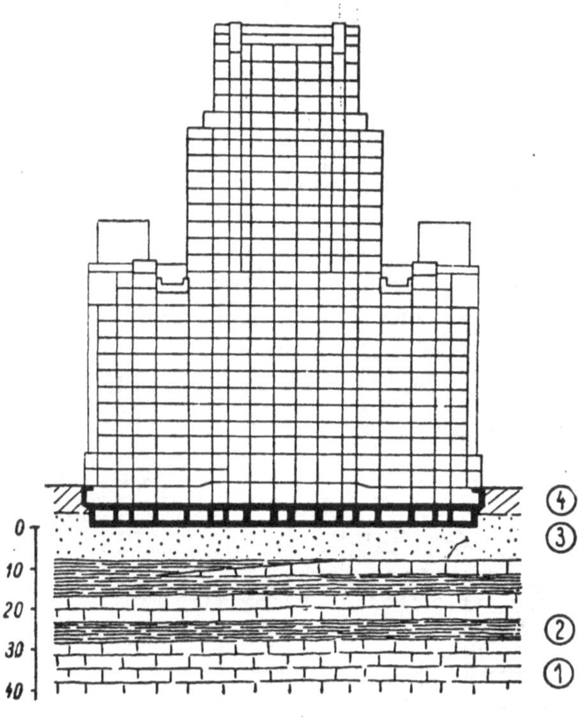

Abb. 10—34. Übersichtsschnitt eines Hochhauses auf dem Smolensker Platz in Moskau; *1* — Kalkstein des Karbon, *2* — Mergelton, Karbon, *3* — glaziofluvialer Sand, *4* — Aufschüttung.

Fertigstellung der Fundamente wurden weitere Höhenmarken an der oberen Fundamentplatte angebracht. Für die im Grundriß gekennzeichneten Punkte (Abb. 10—35) ist der Setzungsverlauf in den Jahren 1949 bis 1953 in Abb. 10—36 dargestellt.

Die Setzung der Fundamentplatte erreichte Ende des Jahres 1953 in deren Mitte 72 mm, am Rande etwa 50 mm bei einer Belastung von 4,8 kg/cm². Als Nullpunkt der Setzungsdiagramme wurde die Höhe der Marken nach beendeter Betonierung der Fundamentplatte bei einer Belastung von 0,25 kg/cm² angenommen. Theoretisch wurde in der Mitte der Fundamentplatte eine Setzung von 93 mm und an deren Rändern eine solche von 73 mm berechnet; in Wirklichkeit wird die Setzung geringer sein (Jegorov, 1954).

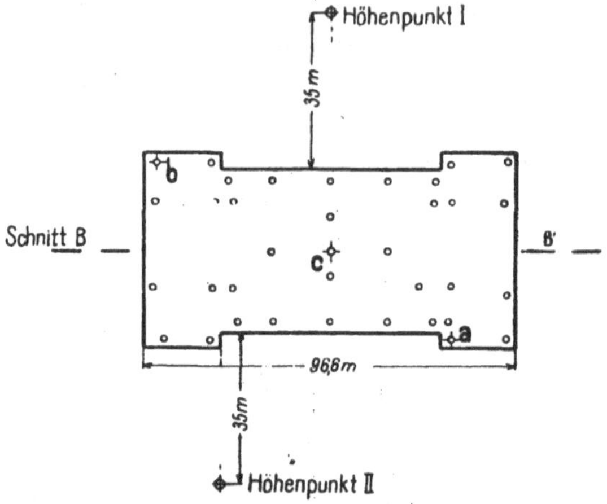

Abb. 10—35. Grundrißskizze der Fundamentplatte des Hochhauses am Smolensker Platz; *a*, *b*, *c* — Höhenmarken, deren Setzung in Abb. 10—36 dargestellt ist.

Auf dieser Baustelle wurde auch ein Anheben der Baugrubensohle nach Beendigung des Erdaushubes festgestellt und der Wert der Hebung der Baugrubensohle bei der Entlastung gemessen. Zu diesem Zweck wurden vor Inangriffnahme der Aushubarbeiten auf der Baustelle 11 Bohrungen ausgeführt, von denen aus die Tiefenfestpunkte 0,5 m unterhalb der Ebene der Gründungssohle angebracht und höhen-

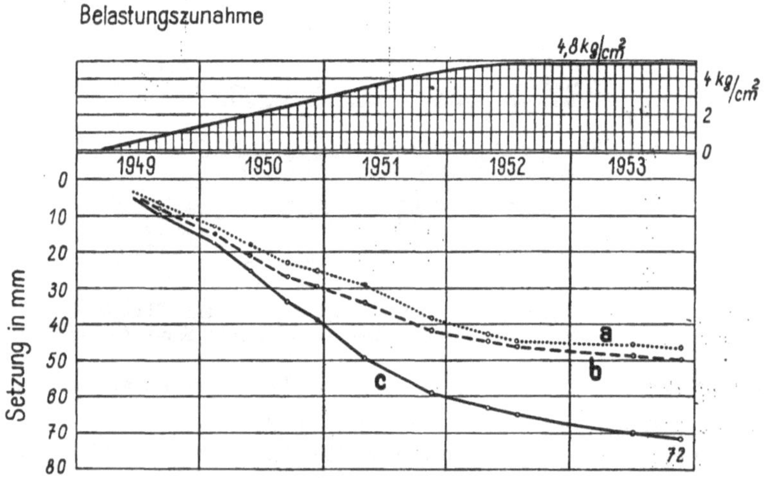

Abb. 10—36. Hochhaus am Smolensker Platz in Moskau. Setzungsverlauf und Belastungszunahme in den Jahren 1949 bis 1953. (K. E. Jegorow, 1954.)

mäßig genau vermessen wurden. Die Bohrlöcher wurden danach mit weißem Sand zugeschüttet und die Futterrohre herausgezogen. Die Baugrube wurde mit Hilfe großer Bagger ausgehoben. Vor der Betonierung der Fundamentplatte wurden die Tiefenfestpunkte auf der Sohle des Bodenaushubes durch den auftretenden weißen Sand leicht gefunden und erneut einnivelliert. Bei einer Durchschnittstiefe der Baugrube von 10,5 m und einer Breite von 38 m wurde die Sohle durchschnittlich am Rande der Baugrube um 15 bis 19 mm und in deren Mitte um 52 mm gehoben (Brait, Kosakow, 1950).

Eine genaue Messung der Fundamentdeformationen war auch deshalb wichtig, weil alle Hochhäuser in Moskau mit Naturstein- oder Keramikplatten verkleidet sind. Diese Verkleidungen sind gegenüber ungleichmäßigen Setzungen des Bauwerks empfindlich. Nach den Erfahrungen des Instituts N. I. I. vertragen die Verkleidungen, ohne Schaden zu nehmen, eine Durchbiegung der Fundamente in der Größenordnung von 0,001 ihrer Länge. Für die neuen Richtlinien wird eine maximal zulässige Durchbiegung der Fundamentkonstruktion von 1 : 1500 vorgeschlagen. Bei den bisher an bereits fertiggestellten Hochhäusern gemessenen Werten wurde das Verhältnis von 1 : 1800 nicht überschritten. Genaue Messungen der Fundamentdeformationen an fertiggestellten Bauwerken ermöglichen eine Kontrolle der theoretischen Berechnungen und Annahmen und gewährleisten dadurch einen tatsächlichen Fortschritt bei der Projektierung von Fundamentkonstruktionen.

Benutzte und ergänzende Literatur zum 10. Kapitel

Brait B. J., Kosakow A. I.: Beobachtungen von Fundamentsetzungen beim Hochhaus am Smolensker Platz in Moskau, Bauindustrie 1950.

Браит П. И., Козаков А. И.: Наблюдения за осадками фундаментов многоэтажного здания на Смоленской площади в Москве, Строительная промышленность, 1950.

Dobr J., Pašek J.: Die Setzung eines auf holozänen Ablagerungen am Moldauufer in Prag gegründeten Gebäudes, Inženýrské stavby (Ingenieurbauten), Prag 1954 (tschechisch).

Frühauf B.: Inclination of St. Martin's Tower, Civil Engineering 1941.

Hansen N.: Gründung der Neubauten für die Augen- und Frauenklinik der Berliner Universität, Zentralblatt der Bauverwaltung, 1943.

Hruban K.: Bauwerksverschiebungen, Brno (Brünn) 1946 (tschechisch).

Jegorow K. E.: Fundamentsetzungen bei Hochhäusern, Sammelband 24: Baugrundmechanik, Moskau 1954.

Егоров К. Е.: Осадки фундаментов высотных зданий, Сборник 24, Механика грунтов, Москва 1954.

Kollbrunner C. F.: Fundation und Konsolidation, Zürich 1946.

Pfeffer F.: Die Konstruktion des Hochhauses in Wien I, Ecke Schottenring-Kai. Österreichische Bauzeitschrift, 1956/56.

Proctor C. S.: Underpinning and Underdrainage to Check Earth Sliding and Settlements of a Large Cement Plant. Proceedings Internat. Conference on Soil Mechanics, Vol. *III*, S. 260–268, Rotterdam 1948.

Radcig V. A.: Die Wahl der Baustellen für Heizkraftwerke und Umspannstationen, Prag 1952.

Shukow W. F.: Zulässige Fundamentsetzungen von Bauwerken, Bauindustrie, Nr. 2, Moskau 1956.

Жуков В. Ф.: О допустимых осадкаё фундаментов сооружений, Строительная промышленность 2, 1956.

Singer M.: Der Baugrund, Wien 1932.

Wassiljew B. D.: Gründungen und Fundamente, ONTI, Moskau 1937.

Васильев Б. Д.: Основания и фундаменты, ОНТИ, Москва 1937.

Ward W. H.: The Effects of Fast Growing Trees and Shrubs on Shallow Foundations, Journal of the Inst. of Landscape Architects, London 1948.

Záruba Q.: Volumenveränderungen der Gesteine und deren Einfluß auf die Zerstörung von Bauwerken, Sborník ÚÚG (Sammelschrift des geologischen Zentralinstitutes), Prag 1930 (tschechisch).

Záruba Q.: Der geologische Untergrund und die Gründungsverhältnisse im Stadtzentrum von Prag, Prag 1948 (tschechisch).

Záruba Q.: Einige Erkenntnisse über die Gründung von Hochhäusern in Moskau, Inženýrské stavby (Ingenieurbauten), Prag 1955 (tschechisch).

Záruba Q., Myslivec A.: Störungen am großen Ballhausgebäude auf der Prager Burg, Technický obzor (Technische Rundschau), Prag 1947 (tschechisch).

11. Kapitel. Verkehrsbauten

11,1. Einführung. Bei der geologischen Untersuchung des Baugrundes für Verkehrsbauten wurde früher das Hauptaugenmerk auf die Probleme der Standfestigkeit der Hänge, der Bestimmung der Gewinnbarkeit des Gesteins und der Baugrunduntersuchung der Kunstbauten gerichtet. Nunmehr wird auch das Problem der Standfestigkeit des Planums eingehend untersucht, denn die Fahrbahnen der Straßen und Rollbahnen der Flugplätze sowie auch der Eisenbahnoberbau wurden zu stark beanspruchten Konstruktionen. Bei einer wirtschaftlich und zielbewußt durchgeführten geologischen Untersuchung muß man sich mit dem geologischen Bau des gesamten Gebietes längs eines neuen Verkehrsweges systematisch befassen und folgende Probleme komplex lösen:

1. Bewertung der Trasse des Verkehrsweges unter Berücksichtigung des geologischen Baues und der morphologischen Bedingungen des Geländes, der Standfestigkeit der Hänge, der Standfestigkeit und Entwässerung des Dammkörpers, der Tragfähigkeit und Frostbeständigkeit des Planums;
2. Bewertung der Eigenschaften der Gesteine, aus denen Dammkörper errichtet werden sollen, und Bestimmung des zweckentsprechenden Arbeitsvorganges unter Berücksichtigung der Beschaffenheit des Schüttungsmaterials;
3. Bestimmung der Hangneigungen;
4. Festlegung der erforderlichen Gestaltung des Unterbaues und der Stärke der Fahrbahndecke nach Tragfähigkeit und Frostbeständigkeit des Untergrundes;
5. Untersuchung des Baugrundes der Kunstbauten (Mauern, Durchlässe und Brücken);
6. Bewertung der Gewinnbarkeit der Gesteine bei Erd- und Felsarbeiten (siehe 6. Kapitel).

Diese Probleme werden in der Regel nicht auf einmal gelöst, sondern nach und nach durchgearbeitet, so wie es der Stand der Projektierungsarbeiten erfordert. Hierbei können je nach ihrer Bedeutung (für das betreffende Bauwerk) einige Fragen in den Hintergrund gedrängt, andere in den Vordergrund gerückt werden. Handelt es sich beispielsweise um den Bau einer großen Brücke, so wird die Gründung das wichtigste Problem darstellen, wogegen die Gestaltung des Dammkörpers der Zufahrtsrampe in diesem Falle von sekundärer Bedeutung sein wird.

Bei der Lösung all dieser Probleme muß der mit der Untersuchung betraute Ingenieurgeologe ständig mit dem Projektanten in Verbindung stehen, der das Bauwerk vom Gesichtspunkt der Transport- und Verkehrsbedingungen sowie der technisch-wirtschaftlichen Zweckmäßigkeit aus projektiert. Die sich aus der ingenieurgeologischen Untersuchung ergebenden Schlußfolgerungen sind nur einer der zahlreichen Faktoren, die einen Einfluß auf die endgültige Lage der Trasse und die bauliche Anordnung des Verkehrsweges ausüben. Deshalb ist bei der Zusammenarbeit des Geologen mit dem Projektanten erforderlich, daß der Geologe nicht nur die sich aus der geologischen und bodenmechanischen Untersuchung ergebenden Forderungen vertritt, sondern auch die technischen Anforderungen an das Bauobjekt kennt. Der Geologe soll sich bereits bei Beginn der Projektierungsarbeiten, besonders bei der Aufstellung des Investitionsplanes, mit dem Charakter der Trasse vertraut machen, um die richtige Vorstellung darüber zu erhalten, wie sich das Bauwerk in das Landschaftsbild einfügt.

Im ersten Stadium der Projektierungsarbeiten kann der Projektant dem Geologen noch keinen Plan vorlegen, aus dem dieser sich eine klare Vorstellung von den Geländeeingriffen bilden könnte, denn die Trasse ist nur generell projektiert. Der Geologe sollte also die allgemeinen Richtungs- und Neigungsverhältnisse, sowie wichtige Ausgangspunkte der Trasse (Anschluß an bereits bestehende Verkehrswege, Kreuzungen mit anderen Verkehrswegen und Wasserläufen) kennen, um sich eine ungefähre Vorstellung vom Verlauf der Trasse im Gelände und von den Bauabschnitten zu machen, in denen bei gegebenem Geländerelief die Trasse ohne wesentliche Geländeeingriffe (Einschnitte, Tunnel) nicht auskommt.

11,2. Voruntersuchung, allgemeine Bewertung der Trasse. In diesem Stadium der Projektierungsarbeiten wird im wesentlichen beurteilt, ob die vorgesehene Errichtung eines Bauwerks überhaupt möglich ist; es wird der allgemeine Kostenaufwand bestimmt, Prinzipien für eine wirtschaftliche Lösung des Bauvorhabens werden festgelegt. Deshalb ist ein Studium des geologischen Geländeaufbaues in dem Umfange erforderlich, wie er bei einer geologischen Voruntersuchung üblich ist. Obgleich man nach der geologischen Voruntersuchung nicht mit Sicherheit voraussagen kann, welche Gebiete aus geologischen Gründen als gefahrvoll anzusehen sind und welche nicht, so können doch erfahrungsgemäß die Stellen gekennzeichnet werden, an denen sich beim Bau von Verkehrswegen Schwierigkeiten ergeben werden. So gewährleisten beispielsweise im Gebiet der böhmischen Kreideformation die Sandsteine und deren sandige Verwitterungen einen festen und standsicheren Baugrund, während die Tone und Mergel, besonders die des Oberturon, ungünstige technische Eigenschaften aufweisen. Sie sind nicht volumenbeständig, und an ihrer Oberfläche wird das Wasser gestaut, so daß die Deckschichten in ihrem Hangenden gewöhnlich zur Rutschung neigen. Man ist deshalb bestrebt, die Trasse im Bereich der Sandsteine anzulegen und das aus Mergeln gebildete Gelände zu umgehen.

Mit Schwierigkeiten verbunden ist auch die Trassierung von Verkehrswegen im Bereich des Flyschgebietes der Karpaten. Im Flyschgebiet herrschen weiche Mergel- und Tonschiefer vor, die mit Sandsteinschichten abwechseln. Diese Gesteine verwittern leicht, aus ihnen bildet sich Hangschutt von großer Mächtigkeit, der vor allem auf den Steilhängen der tief eingeschnittenen Täler zur Rutschung neigt. In solchen Gegenden ist es manchmal aus wirtschaftlichen Gründen unzweckmäßig, das Prinzip des Ausgleiches der Kubaturen von Erdaushüben und Anschüttungen einzuhalten, denn auch geringe Geländeeinschnitte und -anschnitte können Bewegungen großer Gesteinsmassen verursachen. Deshalb wurden bei der Trassierung einiger Verkehrswege in der Westslowakei zahlreiche Abschnitte in der Talaue auf Dämme verlegt, um nicht mit dem Hang in Berührung zu kommen. Für die Aufschüttungen wurden Sand- und Kiesablagerungen der Flüsse verwendet, und der vermeintlich hohe Kostenaufwand für die Gewinnung dieses Schüttmaterials war sehr gering im Vergleich zu den Kosten für die Sicherungsarbeiten, die mit der Linienführung auf den durch Rutschungen gefährdeten Hängen verbunden gewesen wären.

Im vorläufigen geologischen Bericht sind die Eigenschaften der Gesteine hinsichtlich ihrer Standfestigkeit zu vermerken, und zwar vor Beginn der Bauarbeiten und nach dem Anlegen der Einschnitte und Anschüttungen, ferner der Oberflächen- und Grundwasserspiegel in den einzelnen Abschnitten, die Eigenschaften der Gesteine in der Ebene des Planums und die Bedingungen für die Gründung der Kunstbauten; danach werden die Richtlinien für die Lage der Trasse in den einzelnen Abschnitten angeführt. Da jedoch nur die allgemeine Richtung der Linienführung bekannt ist, wird nur der allgemeine Charakter der einzelnen Abschnitte beschrieben. Bei der Beschreibung der Trasse hält man sich an die Stationierung nach der Projektstudie, wobei darauf zu achten ist, daß die Stationierung während der Projektierungsarbeiten oft geändert wird.

Um zu beurteilen, welche Geländeeingriffe erforderlich sind, muß man sich vergegenwärtigen, welchen Charakter die Linienführung in gegebenem Gelände haben wird. Die Trasse kann entweder den Charakter der Linienführung im *ebenen Gelände* haben, wo die Geländebeschaffenheit deren Verlauf nicht beeinträchtigt, oder der Linienführung im *hügeligen Gelände*, wo man unter den gegebenen Bogenhalbmessern und bei der gegebenen Steigung nicht ohne Eingriffe in die Geländeoberfläche auskommt, oder der Trasse im *Gebirgsgelände*, wo auch bei minimal zulässigen Halbmessern große Eingriffe in die Geländeoberfläche (Einschnitte, Tunnel, hohe Anschüttungen, Viadukte) erforderlich sind.

Aus dieser Erwägung und der geologischen Analyse werden die Richtlinien für die Trassierung in dem jeweiligen Gelände wie folgt abgeleitet:

a) Es ist zu klären, ob eine Trasse in Einschnitten oder Anschnitten möglich ist oder ob sie auf einen Damm verlegt werden muß. Ferner ist in dem vorläufigen Bericht anzugeben, ob es sich um Einschnitte in Felsen oder in Deckschichten handeln wird. Sind im Projekte tiefe Einschnitte vorgesehen, ist zunächst zu erwägen, ob diese durchführbar sind oder ob eine Trasse in einem Tunnel günstiger wäre. Bei der Trassenführung durch einen Tunnel muß jedoch unter Berücksichtigung der Standfestigkeit des Hanges entschieden werden, ob die Tunneleingänge als Hangportale angelegt werden können oder ob sie als Frontalportale in der Weise ausgeführt werden müssen, daß die Trasse annähernd senkrecht zum Hang verläuft.

b) Bei Aufschüttungen ist anzuführen, welche Gesteine als Schüttmaterial verwendet werden können und unter welchen Bedingungen dies erfolgt. Es ist wichtig, rechtzeitig darauf aufmerksam zu machen, welche Gesteine zur Dammschüttung nicht verwendet werden sollen. Bereits im vorläufigen Bericht ist nach den Angaben über die Beschaffenheit des Untergrundes auf besondere Maßnahmen hinzuweisen, falls sie bei der Gründung von Dämmen erforderlich sind (z. B. Sanierung des Untergrundes).

c) Ferner muß man sich mit der Frage beschäftigen, welche Gesteine im Planum auftreten und ob diese tragfähig und frostbeständig genug sind. Treten im Planum feinkörnige Lockergesteine oder schnell verwitternde Gesteine des felsigen Untergrundes auf, dann muß der Projektant auf eine Herrichtung des Planums aufmerksam gemacht werden.

Bei Projekten von längeren Verkehrswegen ist es zweckmäßig, die Hinweise für die einzelnen Abschnitte in Übersichtstabellen zusammenzustellen. Begreiflicherweise werden im Stadium der Voruntersuchung diese Angaben nur qualitativer und allgemeiner Art sein. Auf Grund dieser Angaben werden gewöhnlich einige Alternativen der Linienführung studiert, die vom technischen und vom ökonomischen Gesichtspunkt aus miteinander verglichen werden.

11,3. Eingehende Untersuchung für das technische Projekt. Die ingenieurgeologische Untersuchung muß so eingehend sein, daß sie auf alle im Abschnitt 11,1 angeführten Fragen Antwort geben kann. Es genügen deshalb nicht allgemeine Angaben über die Lage der Trasse, sondern für die Erkundungsarbeiten muß die Trasse im Gelände abgesteckt werden, und dem Geologen müssen ein Lageplan, das Längsprofil und die charakteristischen Querprofile zur Verfügung stehen. Für eine genaue Festlegung der Trasse ist es erforderlich, einen mindestens 500 m breiten Geländestreifen eingehend geologisch zu kartieren; unter komplizierten geologischen Verhältnissen ist es ratsam, die Breite des kartierten Geländestreifens je nach Bedarf größer zu wählen.

Bei der Ausarbeitung geologischer Unterlagen für das technische Projekt beschäftigt man sich nicht nur mit den Eigenschaften der Gesteine, die im Verlauf der Trasse vorkommen. Man muß sich vergegenwärtigen, daß an der geologisch-historischen Entwicklung der Geländeoberfläche auch andere Faktoren beteiligt waren, wie z. B. die tektonischen Verhältnisse, die Erosionstätigkeit des Oberflächenwassers, verschiedene Hangbewegungen usw. Da in jedem Abschnitt der untersuchten Trasse diese Faktoren in anderer Form in Erscheinung treten, muß jeder Einschnitt, jede Aufschüttung und jedes größere Bauwerk als selbständige Einheit angesehen werden, das seine eigenen ingenieurgeologischen Bedingungen aufweist. Deshalb können sich die geologischen Erkundungsarbeiten nicht nur auf das Studium der Oberflächenschichten beschränken, sondern müssen sich auch auf planmäßig durchgeführte Aufschlußarbeiten stützen.

Um die Bohrungen und Schürfe zweckmäßig ansetzen zu können, ist eine *morpho-*

logische Analyse des Geländes längs der Trasse durchzuführen, die zusammen mit der geologischen Untersuchung Unterlagen zur Bewertung des geologischen Aufbaus des Geländes liefert. Die Oberflächenform des Geländes bietet nämlich in zahlreichen Fällen wertvolle Anhaltspunkte für die endogenen und exogenen Vorgänge, die sich im betreffenden Gebiet abspielten. Die morphologischen Formen des Geländes haben ihre Gesetzmäßigkeit, die auch den Bauingenieuren bekannt sein sollte. Durch sorgfältige Analyse werden nicht nur deren Entstehung, sondern auch der geologische Bau des Geländes in dem betreffenden Abschnitt geklärt.

Die Bedeutung der Analyse der Oberflächenformen für die Ingenieurbauten geht aus dem Beispiel der Abb. 11—1 hervor, das nach F. P. Sawarenski (1939) von uns teilweise umgearbeitet wurde. Die Terrassenstufe am Talhang kann auf verschiedene Art und Weise entstehen und deshalb kann erst, wenn deren Entstehung bekannt ist, beurteilt werden, ob sie für eine Überführung des Verkehrsweges geeignet ist. Einen sicheren und standfesten Untergrund gewährleistet der in Abb. 11—1*a* dargestellte Hang, wo die Terrasse durch Seitenerosion des Flusses in einem älteren Entwicklungsstadium des Flußtales entstand. Im Falle *b* leistete die härtere Schicht Witterungseinflüssen gegenüber größeren Widerstand und bildete am Hang eine hervortretende Kante. Im Falle *c* ist die Terrasse aus annähernd waagerecht gelagerten sandigen Schottern aus der Periode des früheren Akkumulationsstadiums des Wasserlaufes zusammengesetzt. Auch der flache Dejektionskegel (Abb. 11—1e), der durch Seitenerosion des Flusses abgestumpft wurde, gewährleistet einen guten Baugrund für die Anlage eines Verkehrsweges. Entstand eine Terrassenstufe durch Uferrutschung (Abb. 11—1d), dann ist die Standfestigkeit des Hanges sorgfältig zu überprüfen und festzustellen, ob sich die Rutschung bereits beruhigt und so weit stabilisiert hat, daß sie die Trasse aufnehmen kann. Aus dem beschriebenen einfachen Beispiel geht die Vielgestaltigkeit der Natur hervor. Deshalb ist es notwendig, die Naturerscheinungen zu kennen, um die Entwicklung der Geländeoberfläche einwandfrei deuten zu können.

Plan der Aufschlußarbeiten für das technische Projekt. Im Hinblick auf die Vielgestaltigkeit des geologischen Aufbaus ist es falsch, wenn Aufschlußarbeiten schablonenmäßig in regelmäßigen Abständen längs der Trasse geplant werden. Aufgabe der Aufschlußarbeiten im technischen Projekt ist es, den geologischen Bau des betreffenden Abschnittes zu erkennen; es ist wichtig einige Querprofile dort durch Bohrungen und Schürfe genau zu untersuchen, wo die geologischen Verhältnisse nach den natürlichen Aufschlüssen unklar sind und wo das Projekt einen größeren Eingriff in das Gelände erfordert. Bei größeren Einschnitten werden meistenteils in der Nähe der Nullpunkte Aufschlußarbeiten vorgesehen, um die Mächtigkeit und Beschaffenheit der Deckschichten zu ermitteln. Ferner wird mittels Bohrungen und Schürfen mindestens ein Profil untersucht, und zwar gewöhnlich an den tiefsten Stellen der Einschnitte. Auf Berghängen sind für diese Zwecke Schürfgräben geeignet, die ein Längsprofil der Deckschichten ermöglichen und bis auf den felsigen Untergrund niedergebracht werden (Abb. 11—2). In den meisten Fällen ist es dann nicht

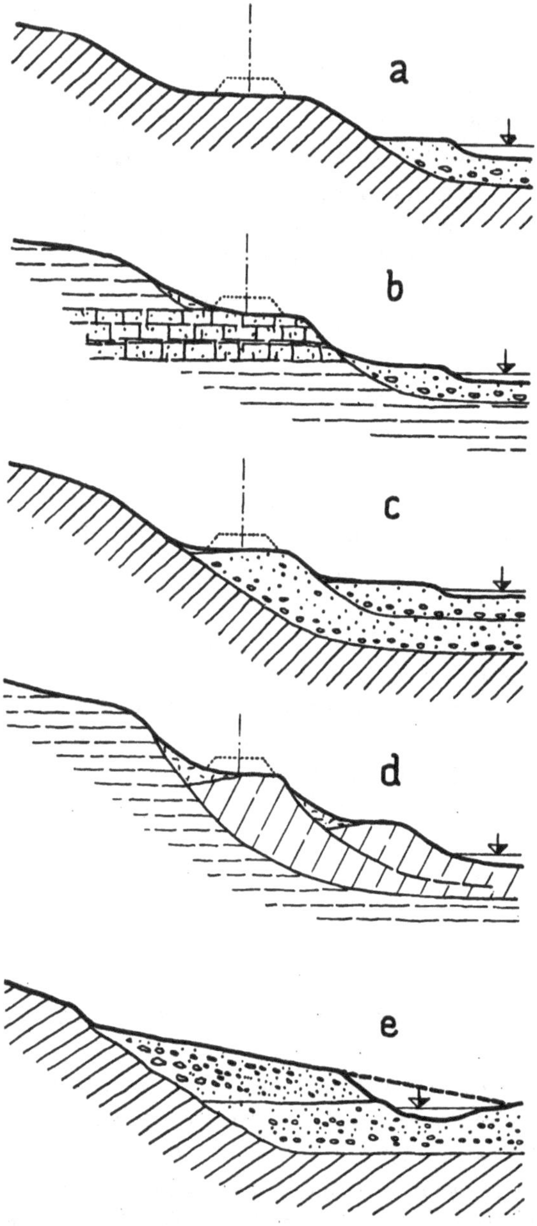

Abb. 11–1. Die Hangstufe ist standfest, wenn sie durch die Erosions- oder Akkumulationstätigkeit eines Flußes *a*, *b*, *c*, gebildet wird. Von gleicher Sicherheit ist auch der Fall *e*, wo der Hang von einem Dejektionskegel überdeckt ist. Die Standfestigkeit einer durch Rutschung entstandenen Stufe *d* muß sorgfältig untersucht werden.

erforderlich, diese bis auf das Planum herabzuführen. Bei tiefen Einschnitten und unter komplizierten geologischen Bedingungen sind Bohrungen vorzuziehen, die bis unter den Untergrund des Planums niedergebracht werden.

Weiterhin muß man den Charakter des Untergrundes hoher Aufschüttungen und den Baugrund der Kunstbauten kennen. Deshalb muß man sich mit Hilfe einiger Bohrungen beispielsweise vom Charakter und von der Mächtigkeit der Anschwemmungen

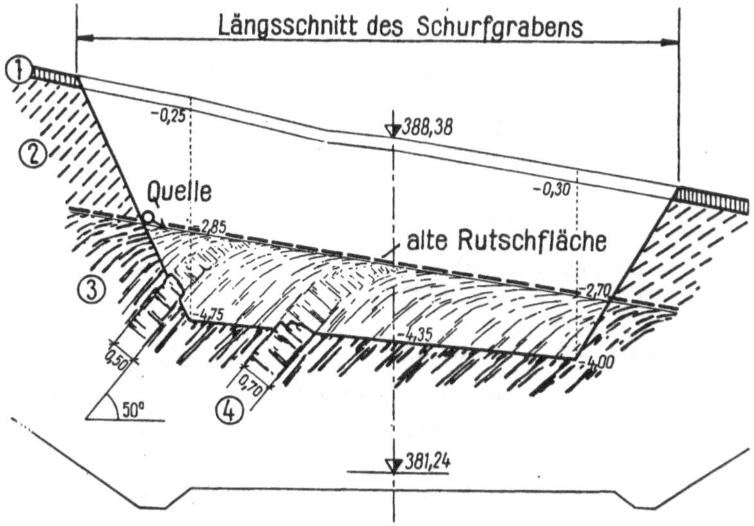

Abb. 11—2. Zur Erkundung der Lagerungsverhältnisse der Schichten auf Berghängen sind bei Verkehrsbauten Schürfgruben zweckmäßig. *1* — humoser Lehm, *2* — lehmigsandiger Hangschutt, *3* — Tonschiefer, *4* — Bänke klüftiger Sandsteine.

auf der Talsohle, von dem Charakter der Hangablagerungen und des Untergrundes überzeugen.

Da die Aufschlußarbeiten, wie in Abschnitt 11,1 angeführt wurde, unter Umständen zur Lösung einer Reihe von Problemen dienen sollen, wird gleichzeitig der Gewinnbarkeit und Lösbarkeit der Gesteine Beachtung geschenkt; es werden daher Proben für technologische Prüfversuche von den Gesteinen entnommen, die als Baustoffe Verwendung finden. Den Lockergesteinen werden Bodenproben entnommen, um die Standfestigkeit des Dammkörpers sowie die Tragfähigkeit des Baugrundes zu bestimmen und um ihre Eigenschaften als Schüttmaterial festzustellen.

Die Ergebnisse der Untersuchung werden in Querprofilen überall dort dargestellt, wo dafür Unterlagen vorhanden sind. Für den Transportplan des Materials und den Plan der erforderlichen Herrichtung des Planums sind die Ergebnisse der Untersuchungen übersichtlich in einem Längsprofil zusammenzufassen.

11,4. Einfluß der geologischen Verhältnisse auf die Lage der Trasse. Da auf die Lage der Trasse mehrere Faktoren einen Einfluß ausüben, sind diese eingehend zu untersuchen, um die beste Lösung zu finden. Vor allem wird eine Linienführung an jenen Hängen angestrebt, die standfest und nach Möglichkeit trocken sind (Abb. 11—3).

Neben den geologischen Verhältnissen wendet man das Augenmerk auch anderen natürlichen Einflüssen zu, die während der Bauausführung und nach der Fertigstellung des Bauwerks zur Geltung kommen können. So wird unter sonst gleichen Bedingungen einer auf einem Südhang verlaufenden Trasse, wo der Schnee schneller

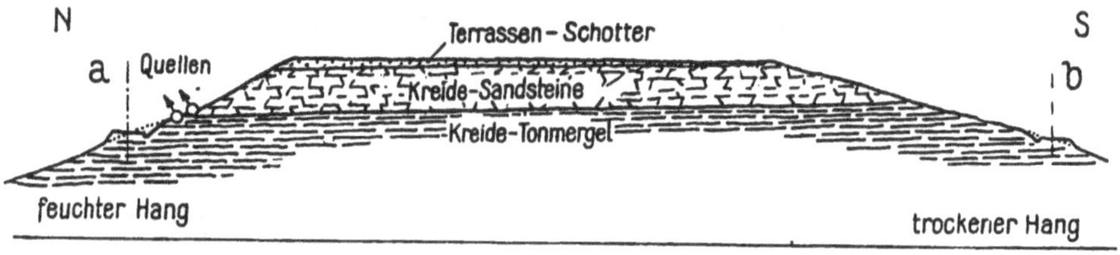

Abb. 11—3. Der feuchte Nordhang *a* ist für eine Linienführung weniger geeignet als der trockene Südhang *b*.

schmilzt und der Hang gewöhnlich trockener ist, der Vorzug gegeben. Man weicht auch Abschnitten aus, wo sich leicht Schneeverwehungen bilden, denn dadurch wird der Betrieb auf dem Verkehrsweg gestört und der Wasserabfluß zur Zeit der Schneeschmelze behindert.

Für den Verlauf der Trasse an Hängen ist gewöhnlich deren Standfestigkeit von entscheidender Bedeutung. In einem Gelände mit standfesten Hängen kann ein einfacher Anschnitt gemäß Abb. 11—4a projektiert werden. Ist die Böschung des Einschnittes sehr lang, dann wird eine Verminderung des Aushubes durch eine Futtermauer gemäß Abb. 11—4b angestrebt. Auf mit Hangschutt bedeckten Hängen wird der Verkehrsweg nach Möglichkeit wenig eingeschnitten, denn durch

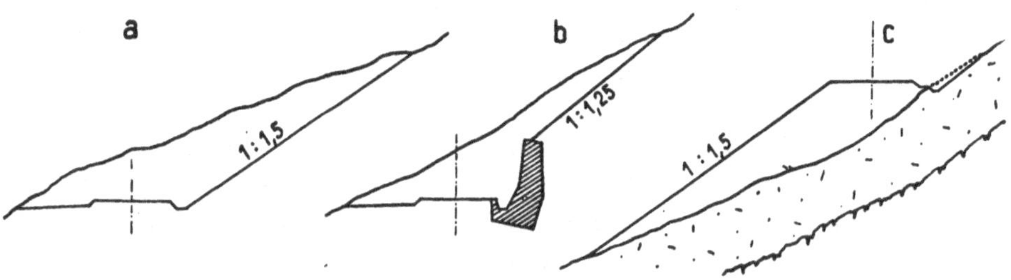

Abb. 11—4. Linienführung auf dem Hang; *a* — Anschnitt, *b* — Anschnitt mit Futtermauer, *c* — auf der Anschüttung.

Untergrabung wird die Standfestigkeit des Hanges stärker beeinträchtigt, als wenn auf ihm Aufschüttungen vorgenommen werden (Abb. 11—4c). Das Gewicht der Aufschüttung wirkt nämlich nicht nur durch seine Tangentialkomponente ein, sondern vergrößert auch die Reibung innerhalb des Schuttes. In den Hang wird nur die Grabensohle verlegt, die sorgfältig gepflastert oder betoniert wird, damit der Graben undurchlässig bleibt.

Unzulässig ist die in Abb. 11—5a dargestellte Lösung. Eine auf Schutt gegründete Stützmauer geriet bereits sehr oft in Bewegung und mußte unter hohem Kostenaufwand bis auf den Felsen untermauert werden. Eine derartige Mauer übernimmt auch unmittelbar die Einwirkungen des Gewichtes der Fahrzeuge, so daß

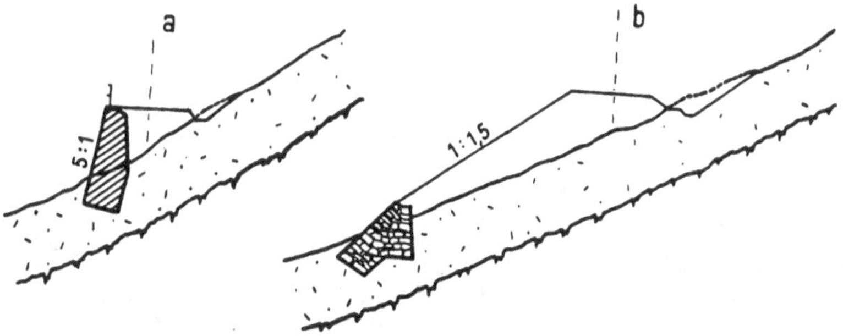

Abb. 11—5. Eine im Schutt gegründete Stützmauer *a* ist für die Lage des Verkehrsweges auf dem Hang weniger günstig als eine Anschüttung mit Steinpackung *b*.

ihre Fundamente durch Erschütterungen beansprucht werden. Günstiger ist die Ausführung b, bei der das Gewicht des Dammkörpers gleichmäßig über eine größere Breite verteilt wird; die Steinpackung am Hangfuß konzentriert die Last nicht auf eine kleine Fläche, wie es bei einer Mauer der Fall ist, und verträgt ohne Störung eine ziemlich große Deformation. Außerdem trägt sie zur Entwässerung und Durchtrocknung des Dammkörpers und seines Untergrundes bei. Bei weniger standfesten Hängen ist man gewöhnlich bestrebt, die Anschüttungen bis auf die Talsohle aufzustützen; die Konsolidierung der Böden unterhalb dieser Anschüttungen wird dabei durch die Anlage von Dränagen beschleunigt (Abb. 11—6a).

Die Dränagen werden so projektiert, daß in diese kein Oberflächenwasser gelangt. Hat die Talsohle eine geringere Festigkeit, dann wird die Standfestigkeit des Hangfußes durch Belastungsaufschüttungen erreicht. Damit die Aufschüttung besser durchtrocknet, ist es zweckmäßig, am Hangfuß eine Steinpackung anzulegen, die gleichzeitig als Längsdränage dient (Abb. 11—6b). Diese Maßnahmen müssen bereits im technischen Projekt vorgesehen sein.

Das Problem der Richtungsverhältnisse der Trasse gehört nicht in den Wirkungsbereich des Geologen; wenn aber die Richtungsverhältnisse der Trasse große Eingriffe in das Gelände erfordern, dann soll der Geologe rechtzeitig darauf aufmerksam machen, daß diese Eingriffe in dem betreffenden Gelände unzulässig sind und daß nach den geologischen Bedingungen eine Trasse an der Geländeoberfläche erforderlich wäre. Da die Verkehrsfachleute manchmal hartnäckig auf ihren Forderungen bestehen (große Halbmesser unter Berücksichtigung der geforderten Fahrgeschwindigkeit), ist es notwendig, daß der Geologe nachdrücklich auf die damit verbundenen Folgen hinweist.

Was die Höhenlage der Trasse anbelangt, so hängt diese mit der grundrißmäßigen Anordnung der Trasse zusammen; beide Komponenten müssen gleichzeitig untersucht werden. Besondere Bedeutung hat die Höhenlage der Trasse für die Tragfähigkeit und Frostbeständigkeit des Planums. Um eine Frostbeständigkeit des Planums zu erreichen, sollte man anstreben, daß das Planum keine feinkörnigen Lockergesteine (lehmige Feinsande, Schluffe, Tone) aufweist, die durch die Kapillarkräfte das

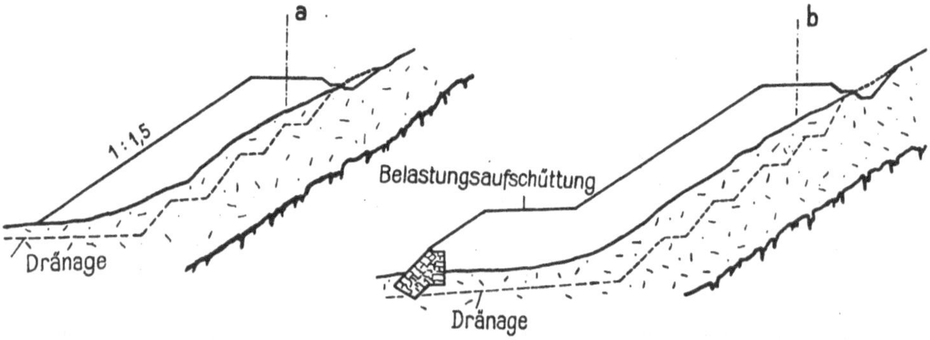

Abb. 11—6. Auf weniger standfesten Hängen wird die Anschüttung auf der Talsohle aufgelagert; die Konsolidierung wird durch Dränage an der Sohle beschleunigt. Im Falle *b* ist die Standfestigkeit des Hanges durch eine belastende Aufschüttung gesichert.

Wasser aus den wasserführenden Schichten des Untergrundes ansaugen können. Deshalb wird nach Möglichkeit die Linienführung so projektiert, daß das Planum aus geeigneten Gesteinen besteht; hierbei ist auch auf den Grundwasserspiegel zu achten, damit das Planum nicht in der Reichweite des Kapillarwassers liegt.

Handelt es sich um Änderungen der Höhe des Planums, dann ist zu beachten, ob die Trasse in dem betreffenden Abschnitt eine maximal zulässige Steigung aufweist oder ob die Steigung geringer ist. Im ersten Falle wird es nicht möglich sein, das Niveau des Planums wesentlich zu verändern; im zweiten Falle sind auch Gefälleverluste zulässig, um das Planum höhenmäßig zweckentsprechend anzuordnen und seine Entwässerung zu erreichen.

Ein anderer Fall, in dem aus Gründen, die mit dem geologischen Aufbau des Geländes zusammenhängen, die Höhe des Planums verändert wird, ist in Abb. 11—7a dargestellt. Das aus den Sandsteinschichten ausfließende Grundwasser wird nicht durch einen Graben aufgefangen und durchnäßt deshalb den Schutt im Dammuntergrund. Deshalb muß eine tiefe Längsdränage bis in die undurchlässigen Schichten des Dammuntergrundes angelegt werden. Diese mit hohen Kosten verbundene Maßnahme kann man sich sparen, wenn das Planum tiefer gelegt wird, wie dies bei der in Abb. 11—7 b dargestellten Anordnung geschah. Bei einigen Einschnitten in feinkörnigen Gesteinen liegt der Grundwasserspiegel in Höhe der Grabensohle; dadurch kommt es zu ungünstigen Einwirkungen durch Frost: Die Hänge rutschen ab, das Planum versumpft, seine Tragfähigkeit verringert sich. Handelt es sich um einen Bahnkörper, dann wird durch die Druckeinwirkung der

Fahrzeuge und das Unterstopfen des Oberbaues der Schotter in das Planum hineingedrückt, es entstehen Wassersäcke. Eine Entwässerung durch tiefer gelegene Dränagen unterhalb der Gräben ist oft unmöglich, denn das Planum liegt gegenüber dem übrigen Gelände ziemlich niedrig, so daß kein Gefälle besteht. In solchen Fällen ist es meistenteils zweckmäßig, im Einschnitt das Planum dachförmig anzuheben.

Eingliederung der Trasse in das natürliche Landschaftsbild. Die Trassen der Verkehrswege, sei es der Straßen oder der Eisenbahnen, wurden bisher meistens von dem Ge-

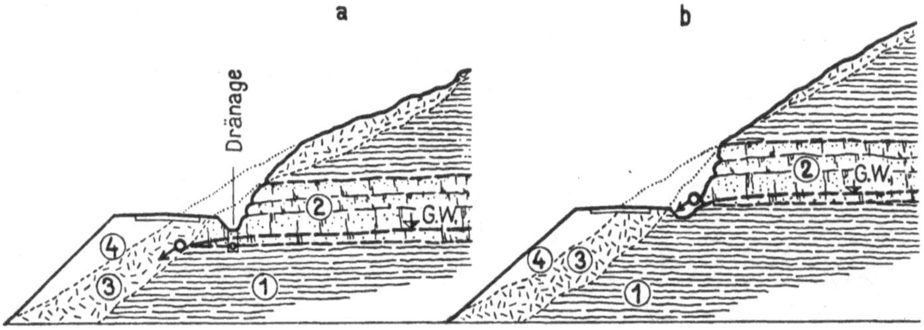

Abb. 11—7. Das aus den Sandsteinschichten *2* ausfließende Grundwasser durchnäßt den Dammuntergrund; durch eine Längsdränage muß das Wasser abgeleitet werden. Durch eine Tieferlegung des Planums wird das Wasser durch den in den undurchlässigen Mergel *1* eingeschnittenen Graben abgeleitet.

sichtspunkt aus projektiert, die kürzeste Verbindung bei sparsamster Ausführung zu schaffen, oft ohne Rücksicht auf den natürlichen Charakter des Landschaftsbildes und vielfach auch zum Nachteil der ökonomischen Werte der Landschaft. Dies war auf den einseitigen Standpunkt des Projektanten der Verkehrswege zurückzuführen, der die breiteren öffentlichen Interessen und die Bestrebungen nach einer Eingliederung der Trasse in das natürliche Landschaftsbild nicht berücksichtigte. Auf diese Weise wurden oft schwere Schäden verursacht, welche die Einsparungen weit überstiegen, die man an der streng nach dem Prinzip der Nützlichkeit angelegten Trasse eines Verkehrsweges erzielt hatte, der ausschließlich unter Berücksichtigung der Interessen des Investträgers der Straße projektiert wurde. So sind beispielsweise tiefe Einschnitte und hohe Anschüttungen mit steilen, nur wenig bewachsenen Hängen unansehnlich und stören das natürliche Landschaftsbild. Sie sind auch in wirtschaftlicher Hinsicht unvorteilhaft und erfordern eine kostspielige Unterhaltung, weil die Steilhänge durch das Regenwasser gestört werden und bei starken Regengüssen der Erosion ausgesetzt sind. Hohe Aufschüttungen in tiefen Tälern üben einen sehr ungünstigen Einfluß auf das Mikroklima des anliegenden Tales aus, es entstehen Frostmulden usw.

Die tiefen Einschnitte von Verkehrswegen greifen in manchen Gegenden sehr störend in den Grundwasserhaushalt ein. Sie leiten das Wasser aus den durchlässigen Gesteinen ab und tragen wesentlich zur *Grundwasserabsenkung* auch in der weiteren Umgebung bei. Beim Bau einer neuen Eisenbahnstrecke verlief die Trasse in einigen Streckenabschnitten auf der breiten Talsohle im Einschnitt (Abb. 11—8). Die gewählte Linienführung war auch in baulicher Hinsicht unvorteilhaft, weil sowohl die Bauarbeiten als auch die Unterhaltung der fertigen Eisenbahnstrecke durch den starken Grundwasserzufluß erschwert wurden. Weit größer ist aber der schädigende Einfluß, den diese Linienführung auf die ausgedehnten an-

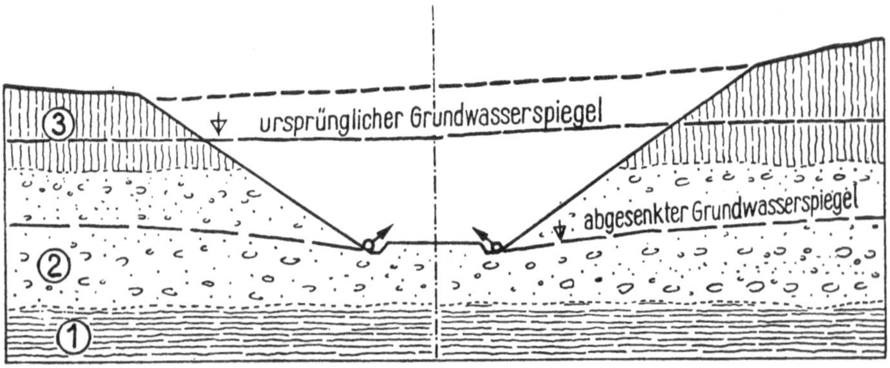

Abb. 11—8. Absenkung des Grundwasserspiegels durch einen tiefen Eisenbahneinschnitt; *1* — neogene Sandmergel, *2* — sandiger Kies, *3* — Lößlehm.

grenzenden Geländeflächen ausübt: Früher fruchtbarem Gebiet wird durch diesen langen Eisenbahneinschnitt praktisch das Wasser entzogen, der Grundwasserspiegel sinkt tief ab, und aus einem fruchtbaren Gelände wird eine öde Steppe. Der Investträger des Verkehrsweges sollte für derartige Eingriffe die Verantwortung tragen und dafür sorgen, daß ein Ersatzstauraum zur Verfügung gestellt wird, weil er durch seinen Eingriff der Volkswirtschaft einen beträchtlichen Vorrat an Grundwasser entzieht. Wenn in Erwägung gezogen würde, dies dem Investträger eines neuen Verkehrsweges zur Pflicht zu machen, dann würde er sicherlich eine zweckmäßigere Linienführung wählen, die die wirtschaftliche Produktivität des benachbarten Geländes nicht beeinträchtigt.

Man ist heutzutage bestrebt, sich bei der Linienführung von Verkehrswegen von einem möglichst breiten Gesichtspunkt leiten zu lassen. Es wird großer Wert auf eine harmonische Einfügung des Verkehrsweges in das Landschaftsbild gelegt. Einschnitte und Aufschüttungen werden unter Berücksichtigung der geologischen und hydrogeologischen Verhältnisse angelegt, nach Möglichkeit mit mäßig geneigten Hängen, damit sich auf ihnen eine Vegetation halten kann. Eine einwandfrei projektierte Linienführung soll weder die Abflußverhältnisse des Oberflächenwassers beeinträchtigen noch dauernde Folgen für den Grundwasserhaushalt haben.

11,5. Neigungen und Herrichtung der Böschungen. Eine wichtige Aufgabe der ingenieurgeologischen Untersuchung ist die Festlegung der Hangneigung in Einschnitten und Anschnitten. Zu diesem Zweck benötigt der Geologe vermessene charakteristische Querschnitte des Verkehrsweges, in die er die Ergebnisse seiner Ermittlungen und den Entwurf der Hangneigungen einzeichnet.

Handelt es sich um Felseinschnitte, dann sind die Lagerungsverhältnisse der Schichten sorgfältig zu ermitteln und alle Kluftsysteme zu untersuchen, vor allem deren Streichen und Fallen in bezug auf die vorgesehene Linienführung. Weisen die Schichten oder Klüfte eine Neigung in den Einschnitt hinein auf, dann können diese zu Gleitflächen werden, sobald sie bei der Herstellung des Einschnittes angeschnitten werden. Bei der Beurteilung der Standfestigkeit von Felshängen erfordert jeder einzelne Fall eine individuelle Analyse und Lösung. Auch an die Verfüllung der Klüfte muß gedacht werden.

Beim Aushub eines Einschnittes wird das Gestein vom seitlichen Druck entlastet, so daß in den Klüften, Dislokationen oder Schichtenfugen Quellungen der tonigen Füllmasse auftreten können. Die Festigkeit verringert sich daher. Manche Ingenieure projektieren in optimistischer Weise Felseinschnitte mit Steilhängen, obwohl sie sich durch eine Untersuchung des Geländes selbst davon überzeugen könnten, daß sich ein steiler Hang nirgendwo in der Natur halten kann. Die Hangneigungen müssen nachträglich verringert und das Abbaumaterial auf Halden transportiert werden, obwohl es seinerzeit für Aufschüttungen hätte verwendet werden können. Die Errichtung von Futtermauern ist nur in Ausnahmefällen wirtschaftlich, und zwar dann, wenn sich durch eine Verminderung der Neigung des Einschnittes die Kubatur des Erdaushubes zu sehr vergrößern würde.

Eine wesentliche Verringerung der Dicke dieser Futtermauern wird zur Zeit dadurch erreicht, daß das anliegende Gestein verankert oder die Felseinschnitte unmittelbar durch *Verankerung* gesichert werden. Beispiele der verschiedenen Verankerungsverfahren von Futtermauern werden von F. Pacher (1957) angeführt. Im großen und ganzen ist es entweder möglich, das Problem mit einer ziemlich schwachen Futtermauer zu lösen, die in ihrer gesamten Höhe durch ein dichtes Ankernetz gesichert wird, oder eine massivere Stützmauer wird nur durch eine einzige Ankerreihe in ihrem oberen Teil gesichert (Abb. 11—9).

Zweck der Anker ist es, die Kräfte in den Hang zu übertragen, von denen die Gesteinsfugen erfaßt werden. Dadurch wird die Reibung auf diesen Absonderungsflächen erhöht, die Fugen schließen sich, was auch die Wirkung der Verwitterungsfaktoren einschränkt. Die Anker müssen durch entsprechenden Zug vorgespannt werden. Zur Verankerung werden Stahlstäbe oder Kabel verwendet, deren Ende vor dem Spannen im Bohrloch fest einbetoniert wird. Dadurch wird eine Ankervorspannung mit einem Zug von bis zu 30 t, in Ausnahmefällen auch mehr, ermöglicht.

Beispielsweise haben sich die Verankerungen der Felswände oberhalb des Schleusenobjektes unterhalb der Staumauer Boulder am Flusse Colorado bewährt. Die Standfestigkeit der steilen Felswand des Cañons war durch eine tektonische Störung gefährdet (Abb. 11—10), die parallel zum Tal verlief und von der Wand des Cañons einen 62 m langen und 37 m hohen Felsblock einer vulkanischen Brekzie trennte.

Die Störung wurde bereits während des Baues im Jahre 1934 teilweise gesichert und weiterhin beobachtet. Im Jahre 1953 wurde mit der gründlichen Sicherung der Felswand mittels vorgespannter Anker begonnen. Es wurden 349 Bohrungen durchgeführt und in die Bohrlöcher Stahlstäbe mit einem Durchmesser von 50 mm eingesetzt. Die Anker wurden am Ende des Bohrloches hinter der Störung mit

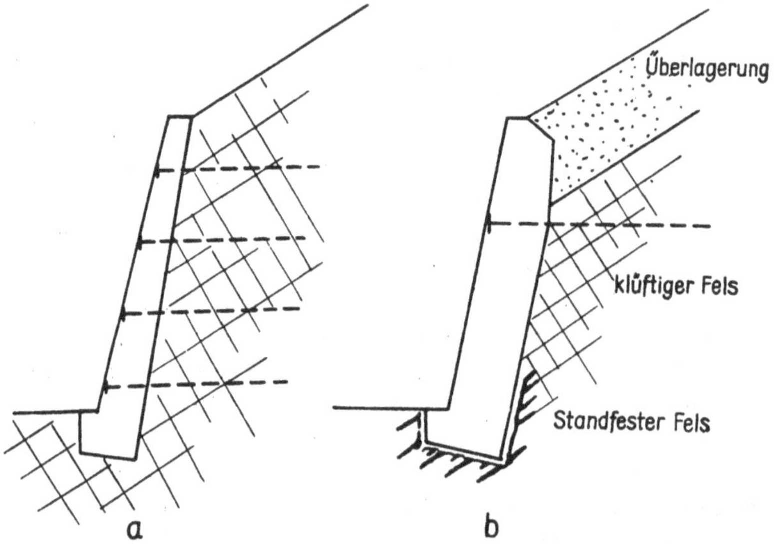

Abb. 11—9. Durch vorgespannte Anker befestigte Futtermauern in klüftigem Gestein. *a* — dünne Futtermauer mit einem dichten Netz vorgespannter Anker, *b* — massive Stützmauer mit einer Ankerreihe (*nach F. Pacher, 1957*).

Zementmörtel fest eingegossen. Im Abschnitt zwischen der Luftseite der Felswand und der Störung wurden die Stahlstäbe mit Papier umwickelt, damit der Zementmörtel hier an diesen nicht haftete (Abb. 11—11). Dadurch erreichte man, daß sich bei der Vorspannung der Ankerzug bis auf die Stirnfläche der gefährdeten Wand übertrug, und die Störung wurde zusammengedrückt. Die Anker wurden in einem quadratischen Netz in Abständen von 2,3 m angeordnet und durch Zug von 28,5 t vorgespannt. Nach der Vorspannung wurde die Störung unter einem Druck bis zu 1,75 kg/cm^2 mit Zement injiziert. Die Arbeiten wurden im Jahre 1954 abgeschlossen (A. W. Simonds, 1958).

Bei der Projektierung von Einschnitten in Felsgesteinen ist darauf zu achten, daß einige Gesteine verhältnismäßig rasch verwittern; es ist deshalb in Betracht zu ziehen, daß steile Felshänge dauernd den Witterungseinflüssen unmittelbar ausgesetzt sein werden, denn sie können nicht mit einer Humusschicht überdeckt werden, die sie vor der Verwitterung schützt. Deshalb muß durch petrographische Analyse ermittelt werden, wie sich die Gesteine in der Natur verhalten und wie groß deren Widerstandsfähigkeit gegenüber Verwitterung ist. Als Beispiel mögen zahlreiche Eisenbahneinschnitte in Cordieritgneisen des Böhmisch-Mährischen Höhenzuges dienen. Diese Gneise stellen im frischen Zustand ein sehr hartes Gestein dar. Dies verleitete die Ingenieure dazu, steile Felseinschnitte zu projektieren. Die Cordieritgneise verwitterten jedoch so schnell, daß noch während der Bauausführung die Hangneigungen verringert werden mußten. Es wird empfohlen, in leicht verwitternden Gesteinen die Hänge mit einer Neigung von mindestens 1 : 1,25 auszuführen, damit sich auf ihnen eine Humusschicht halten und diese besäet werden kann.

Auch das Herausfließen des Wassers an Felshängen beeinträchtigt deren Standfestigkeit; deshalb muß den Wasserverhältnissen Aufmerksamkeit geschenkt werden. Manchmal geben sich die Projektanten große Mühe, die zur Verwitterung neigenden Felshänge durch Errichtung von Verkleidungsmauern zu schützen. Eine solche Lösung erfordert eine eingehende Analyse, denn die Mauern sind der Durchfrierung unterworfen; deshalb muß man ermitteln, ob das hinter den Mauern liegende Gestein nicht durch Frostwirkung sein Volumen vergrößern wird. Zeigen sich am Hang Austritte von Kluftwasser, dann ist dessen Ableitung durch eine tiefliegende, nicht einfrierende Dränage vorzusehen.

Bei Einschnitten in Lockergesteinen (Sanden, Kiesen und sandigem Schutt) wird empfohlen, eine Hangneigung von mindestens 1 : 1,5 einzuhalten, bei der die Böschung eine dauernde Standfestigkeit aufweist und besäet werden kann.

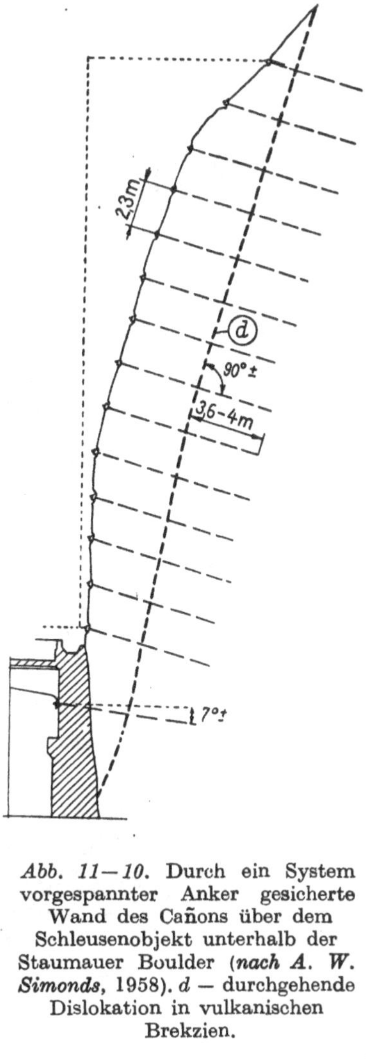

Abb. 11—10. Durch ein System vorgespannter Anker gesicherte Wand des Cañons über dem Schleusenobjekt unterhalb der Staumauer Boulder (*nach A. W. Simonds*, 1958). *d* — durchgehende Dislokation in vulkanischen Brekzien.

In bindigen Gesteinen (Ton, Mergel, Lehm usw.) ist die entsprechende Hangneigung an Hand bodenmechanischer Untersuchungen in einigen charakteristischen Querprofilen zu bestimmen, weil eine bloße Schätzung der Hangneigung zu falschen Schlüssen führen könnte. Wenn die Möglichkeit besteht, daß längs vorhandener Flächen eine Hangrutschung eintritt, so sind längs dieser Fläche ungestörte Bodenproben zu entnehmen und deren physikalische und mechanische Eigenschaften zu ermitteln. Vorhandene Gleitflächen bedeuten eine um so größere Gefährdung des Einschnittes, je tiefer sie verlaufen. In Abb. 11—12 ist ein verhältnismäßig einfacher Fall dargestellt, wo Hangschutt geringer Mächtigkeit von einem tiefen Eisenbahneinschnitt durchschnitten wird. Da es sich um Oberflächenbewegungen handelt, wurde die Standfestigkeit des Hanges durch Anlegen einiger Dränagen und Verringerung der Hangneigung ohne große Schwierigkeiten erreicht.

Ist die Lage einer möglichen Gleitfläche unbekannt, dann wird angenommen, daß Hangbewegungen längs zylindrischer Gleitflächen eintreten können. Wird die

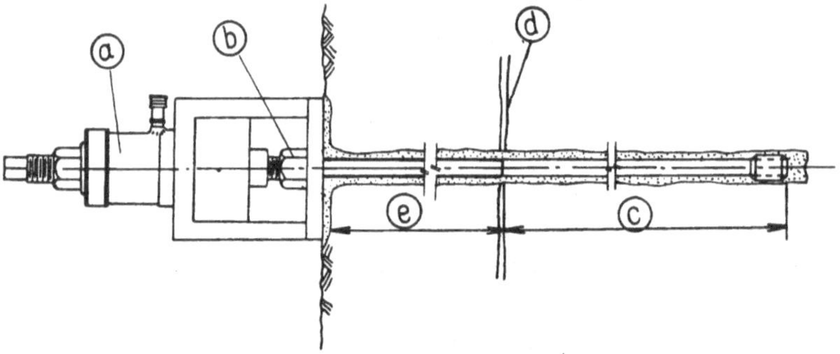

Abb. 11—11. Anordnung der Vorspannung des Ankerzuges *nach A. W. Simonds, 1958. a* — hydraulische Presse, *b* — Spannmutter, *c* — fest einbetonierter Abschnitt des Ankerzuges, *d* — Dislokation, *e* — mit Papier umhüllter Abschnitt des Ankerzuges.

Festigkeit der Gesteine an Hand von ungestörten Bodenproben ermittelt, dann ist in Betracht zu ziehen, daß durch einen Einschnitt die Erdmassen an der Sohle und an den Böschungen entlastet werden. Es wird deshalb annähernd bestimmt, welcher Druck an den einzelnen Punkten der angenommenen Gleitfläche einwirken wird. Bei unterschiedlichen, tatsächlich auftretenden Drücken läßt man die Bodenproben unter Wasserzutritt konsolidieren und ermittelt deren Scherfestigkeit. Auf diese Weise erhält man den Ausdruck für die Festigkeit des Gesteines $s = c + \sigma \operatorname{tg} \varphi$. Handelt es sich um ein einfaches Einschnittprofil, dann wird zur Bestimmung der

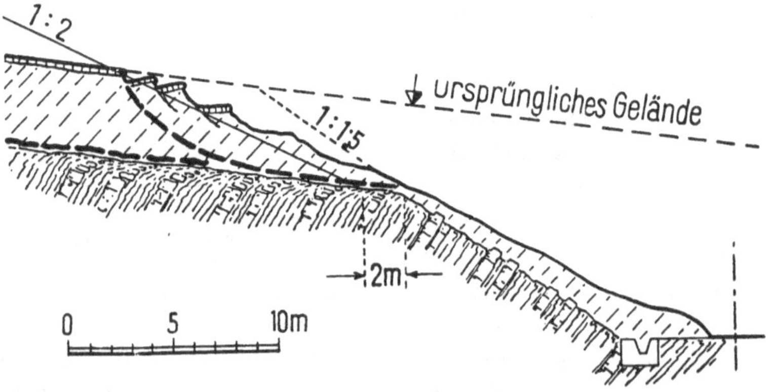

Abb. 11—12. Der tiefe Einschnitt beeinträchtigt die Standfestigkeit des Hangschuttes.

Hangneigung das Diagramm nach Abb. 8—36 verwendet. Als Sicherheitsfaktor wird mindestens 1,5 gewählt. Handelt es sich um ein komplizierteres Hangprofil, dann ist die Festlegung der Hangneigung mit Hilfe bodenmechanischer Verfahren durchzuführen.

Beim Durchsickern des Wassers aus dem Hang ist dessen Neigung zu verringern, und zwar bei wenig durchlässigen Gesteinen bis auf die Hälfte. Oft ist es wirtschaftlicher, wenn das Wasser durch tiefe Dränagen abgeleitet wird. Manchmal ist es zweckmäßig, den Grundwasserspiegel bis unter die Grabensohle abzusenken, da das Grundwasser besonders während des Frühjahrstauwetters die Standfestigkeit der Hänge gefährden würde; dadurch wird gleichzeitig das Planum entwässert. Dies geschieht am zweckmäßigsten durch Anlage einer tieferen Längsdränage, am besten in Verbindung mit einer Futtermauer. Wenn die Standfestigkeit des Hanges bereits während der Bauausführung gefährdet zu sein scheint, wird die Futtermauer abschnittsweise in Gräben errichtet (Abb. 11—13).

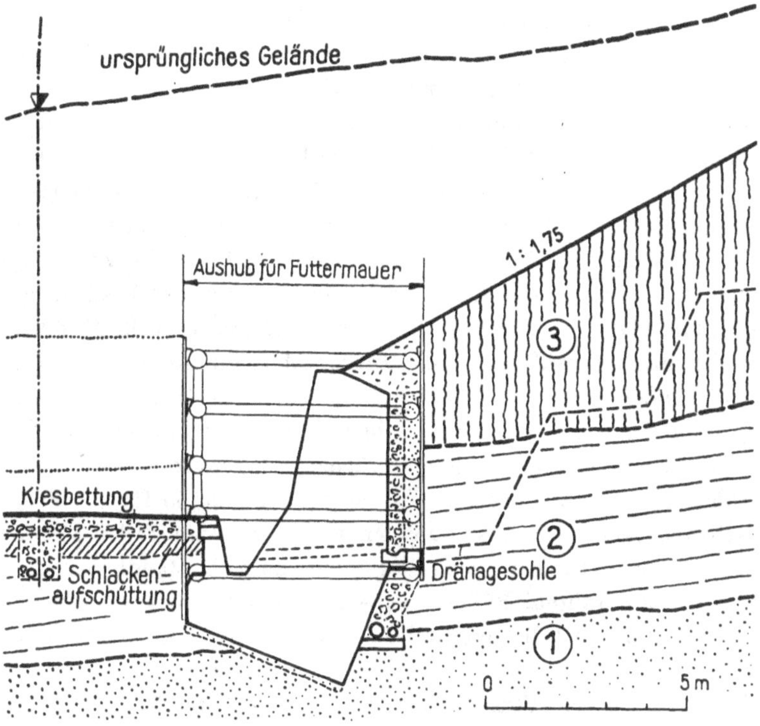

Abb. 11—13. In tiefen Einschnitten werden Futtermauern abschnittsweise aus gesteiften Gräben errichtet. *1* — wassergesättigter neogener Sand, *2* — neogener Ton, *3* — Lößlehm.

11,6. Untersuchungen für die Gründung von Dammkörpern. Aufgabe der ingenieurgeologischen Untersuchung ist einerseits die Beurteilung der Standfestigkeit des Untergrundes, andererseits die Ermittlung der Bedingungen für die Errichtung des eigentlichen Dammkörpers. Das erste Problem wurde im 8. Kapitel behandelt: Mit Hilfe einiger Aufschlüsse werden die Art und Beschaffenheit der Gesteine im Untergrund des Dammes und gleichzeitig der Grundwasserzustand ermittelt; es wird ein vorläufiges Urteil darüber abgegeben, welche Konsequenzen sich daraus für das Projekt ergeben. Eine eingehende Untersuchung wird erforderlich, wenn ein höherer Damm auf Hangschutt gegründet werden soll. Durch Aufschluß einiger Profile wird die Mächtigkeit des Hangschuttes, dessen Zusammensetzung und Lagerungsdichte ermittelt. Aufgelockerte Schuttmassen sind nicht standfest, oft treten bei ihnen ohne Belastungszunahme anhaltende Bewegungen hangabwärts ein. Handelt es sich um Hangschutt mit überwiegend bindigen Gesteinen (tonig-sandiger Hangschutt), dann wird dessen Standfestigkeit mit Hilfe bodenmechanischer Verfahren ermittelt.

Was den Dammkörper selbst anbelangt, so ist es Aufgabe der Untersuchungsarbeiten, die Beschaffenheit der Gesteine zu beurteilen, die als Schüttmaterial dienen sollen. Es ist darauf zu achten, daß die feine Fraktion nicht allzu tonig ist, weil sonst das Material schwer zu verdichten wäre und bei feuchtem Wetter während der Arbeit aufquellen und breiig werden würde. Das Schüttmaterial soll keine organischen Bestandteile enthalten, denn durch deren Zersetzung würde sich die Aufschüttung stark setzen. Manchmal wird die Eignung der Gesteine für Aufschüttungen in der Weise festgelegt, daß Gesteine mit einer hohen Fließgrenze (z. B. von mehr als 50) nicht zugelassen werden. In ähnlicher Weise werden Tonschiefer bewertet, falls sie leicht zu einer tonigen Masse verwittern. Dieses Verwitterungsprodukt wird aus dem Schüttmaterial ausgeschieden, soweit es nach der Aussiebung auf einem Sieb von 0,5 mm Maschenweite eine allzu hohe Fließgrenze (mehr als 50) hat. Diese Schiefer sollen nicht in größeren Bruchstücken ohne Füllmasse zur Errichtung von Dämmen verwendet werden; zumindest 40 % der Bruchstücke sollen deshalb eine Korngröße von weniger als 0,5 mm haben. Für Dammkronen wird jeweils ein Schüttmaterial aus sandigem Kies oder sandigem Hangschutt (ohne lehmige Bestandteile) gewählt. Daraus geht hervor, daß bei Verkehrsbauten für die Projektierung von Erdarbeiten nicht der Ausgleich der Kubaturen des Erdaushubes und der Aufschüttungen maßgebend ist, denn dies könnte zu nicht standfesten Einschnitten und Aufschüttungen führen. Billiger als eine Instandsetzung gestörter Aufschüttungen und Einschnitte ist die anderweitige Beschaffung geeigneten Schüttmaterials.

11,7. Das Planum der Verkehrsbauten. Was die Tragfähigkeit und Frostbeständigkeit des Planums anbetrifft, muß man sich vergegenwärtigen, daß in der heutigen Zeit an diese Eigenschaften höhere Anforderungen gestellt werden als früher, denn einerseits stieg der Raddruck stark an, und andererseits ist man bestrebt, die geforderte höhere Tragfähigkeit der Fahrbahn nicht durch eine stärkere Straßendecke, sondern durch Verbesserung ihres Unterbaues und Untergrundes zu erreichen. Dadurch werden gleichzeitig wertvolle Rohstoffe eingespart.

Zur Bewertung der Tragfähigkeit des Planums werden verschiedene Verfahren angewendet. Manche Straßen- und Flugplatzverwaltungen ermitteln die Tragfähigkeit indirekt nach der Korngröße und den physikalischen Eigenschaften der Gesteine; anschließend wird diese nach einer bestimmten Klassifikation durch einen Index gekennzeichnet, der für das Projekt der Fahrbahnkonstruktion ausschlaggebend ist.

Die Tragfähigkeit des Planums wird auch an Hand von Probebelastungen direkt bestimmt. Die Verformungseigenschaften werden beispielsweise durch den sog. Reaktionsmodul des Untergrundes (Modulus of Subgrade Reaction) ausgedrückt, der durch das Verhältnis des einwirkenden Druckes zur entsprechenden Einsenkung in kg/cm³ gegeben ist (Bettungsziffer). Zu seiner Bestimmung wird eine kreisförmige Standard-Druckplatte mit einem Durchmesser von 76 cm verwendet, deren Belastung bei einer Einsenkung von 0,05 Zoll (0,127 cm) gemessen wird.

Vielfach wird das C. B. R. — Prüfverfahren (*California Bearing Ratio Test*) angewendet. Bei diesem Prüfverfahren wird der Widerstand gemessen, den der Baugrund im Planum beim Einsenken eines Zylinders mit einem Durchmesser von 5 cm leistet. Es wird der für das Einsenken eines Zylinders um 2,5 mm erforderliche Druck mit dem Druck von 70,8 kg/cm² (das ist der für das Einsenken des gleichen Zylinders um 2,5 mm in eine gute Schotterfahrbahndecke erforderliche Druck) verglichen. Das in Prozenten ausgedrückte Verhältnis wird für die untersuchte Schicht als charakteristisch angesehen. Danach, sowie nach der Beanspruchung der Fahrbahn, wird die Stärke des Unterbaues und der Fahrbahn selbst bestimmt.

Für den Unterbau von Fahrbahnen werden unklassierter Splitt aus Steinbrüchen oder sandige Kiesablagerungen verwendet. Aufgabe des Geologen ist es, bei der Erkundung solcher Lagerstätten in der Umgebung der Baustelle mitzuwirken, denn (bei Schichtdicken des Unterbaues bis zu 50 cm und mehr) es handelt sich um große zu transportierende Mengen. Dieses Material soll keine tonigen Bestandteile enthalten.

Bei der Beurteilung der Tragfähigkeit des Planums von Straßen und Flugplätzen zeigt sich, daß es bisher nicht ganz geklärt ist, ob die Gesteine im Untergrund die Konsistenz, die sie während der Untersuchung aufweisen, beibehalten, d. h. ob es später nicht zu einer Zunahme des Feuchtigkeitsgehalts dieser Gesteine kommt und inwieweit man mit einer Verringerung der Tragfähigkeit rechnen muß. Dieses Problem hängt mit den Gesetzen zusammen, nach denen sich die Bewegung des gebundenen Wassers in den Gesteinen unter dem Einfluß von Temperaturunterschieden, von Niveauschwankungen des Kapillarwassers usw. vollzieht. Die Ingenieurgeologie soll bei der Lösung dieser Probleme behilflich sein. Heute bemühen sich die Straßen- und Flugplatzverwaltungen, durch eingehende Untersuchungen an bereits früher errichteten Bauwerken die Feuchtigkeitszunahme zu ermitteln, damit diese bei den oben angeführten Erwägungen zur Bestimmung der Tragfähigkeit berücksichtigt werden kann. Durch systematischen Aufschluß von Querprofilen wird die Feuchtigkeitsverteilung unterhalb der Fahrbahnen und in deren Umgebung unter verschiedenen Bedingungen ermittelt.

Aus Abb. 11—14 geht hervor, daß sich unterhalb der Betonfahrbahn in tonigen Schichten auch während einer anhaltenden Trockenperiode mehr Feuchtigkeit als in der Umgebung hält. Dies hängt nicht nur mit der Austrocknung in der Umgebung der Fahrbahn, sondern auch mit der Wanderung (Migration) des Wassers unter dem Einfluß von Temperaturunterschieden in kühleren Perioden zusammen. Bei Straßenbauten, bei denen die Fahrbahn das Planum vor dem Eindringen des Wassers von der Oberfläche schützt, kann damit gerechnet werden, daß sich der Zustand des Planums nicht verschlechtern wird, wenn die Kapillarwirkung des Wassers vom Untergrund her unterbunden wird. Das Eisenbahnplanum ist jedoch auch dem Zutritt des Oberflächenwassers ausgesetzt; deshalb bleibt nichts anderes übrig, als die ungünstige

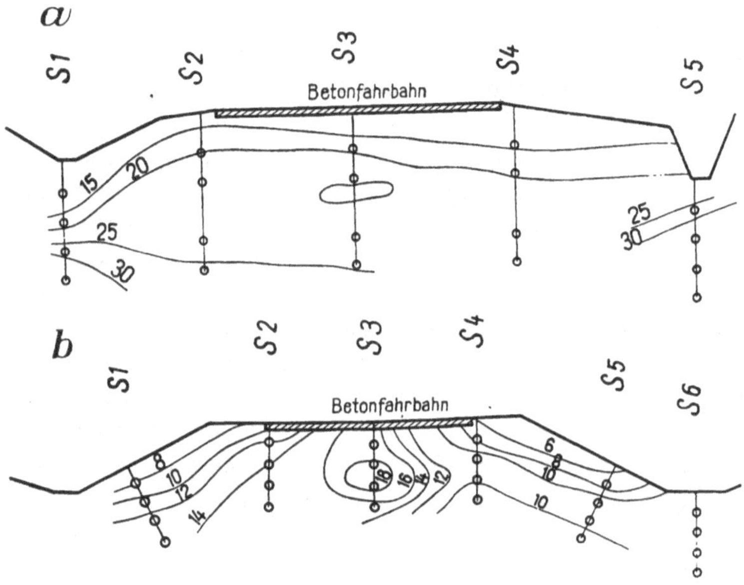

Abb. 11—14. Linien gleichen Wassergehaltes (in Gewichtsprozenten) in Sand *a*, in Ton *b*. Unterhalb der Beton-Fahrbahn hält sich in tonigen Schichten mehr Feuchtigkeit als in der Umgebung.

Schicht vom Planum zu entfernen und einen zweckentsprechenden Untergrund zu schaffen.

Was die *Frostbeständigkeit* des Planums anbelangt, so ist zu untersuchen, ob die Gesteine im Planum nicht durch Frosteinwirkung an Volumen zunehmen. Wenn dieses Problem auch ziemlich kompliziert ist, kommt es dabei doch hauptsächlich auf die kapillaren Eigenschaften der Gesteine und auf den Grundwasserstand an. Bedenklich sind feinkörnige Erdarten, angefangen bei den Feinsanden mit Beimengungen feinerer Teilchen. Eine Volumenvergrößerung wird dadurch bewirkt, daß das Kapillarwasser in Form von linsenförmigen Schichten gefriert. Dadurch steigt der Wassergehalt in der durchfrorenen Schicht stark an, und die Fahrbahndecke wird angehoben. Während des Frühjahrstauwetters weicht das Gestein unter der Fahrbahndecke auf, die Fahrbahn verliert ihre Stütze, wird dadurch beschädigt, und an diesen schadhaften Stellen wird der aufgeweichte Untergrund an die Oberfläche der Fahrbahn hinaufgedrückt (Abb. 11—15, 11—16).

Abb.11—15, Während des Frühjahrtauwetters wird der Boden unterhalb der Fahrbahndecke aufgeweicht und durch schadhafte Stellen an die Oberfläche herausgedrückt. (*Foto Q. Záruba.*)

Abb. 11—16. Detailaufnahme von Abb. 11—15.

Es ist anzunehmen, daß bei Feinsanden eine Grundwasserabsenkung durch Dränagen gelingt. Bei frostempfindlichen Gesteinen und dort, wo eine Entwässerung nicht möglich ist, bleibt nur übrig, einen Teil des Untergrundes zu beseitigen und dann den Unterbau in mächtigen Schichten (in einer Stärke, die etwa der halben Durchfrierungstiefe entspricht) anzulegen.

11,8. Geologische Untersuchung für Durchlässe und Brücken. Für Brückenkonstruktionen ist die Untersuchung des Baugrundes erforderlich. Man muß sich dabei vergegenwärtigen, daß die Geländevertiefungen, die Täler und Erosionsfurchen in der Regel nicht zufällig entstanden sind, sondern größtenteils dadurch, daß an diesen Stellen die Gesteine weniger widerstandsfähig sind als anderswo. Man muß deshalb untersuchen, ob das Tal in weichen, nichttragfähigen Gesteinen eingebettet ist oder ob es sich um tektonische Täler usw. handelt. Gleichzeitig werden die Bedingungen für die Gründung des betreffenden Bauwerkes in Betracht gezogen. Sind die Gründungsverhältnisse ungünstig und handelt es sich um kleinere Durchlässe, dann wird nicht gefordert, daß diese vollständig auf felsigem Untergrund zu gründen sind, denn es ist vorteilhafter, wenn sie sich gemeinsam mit der Aufschüttung setzen. Es muß jedoch damit gerechnet werden, daß beide Widerlager eine gemeinsame Gründungsplatte erfordern. Hierbei braucht man gewöhnlich nicht zu befürchten, daß unterhalb der Gründungsplatte die Tragfähigkeit überschritten wird, denn die Beanspruchung des Baugrundes unter dem Durchlaß ist nicht größer als unter dem Damm in der nächsten Umgebung. Wenn also der Untergrund den Damm trägt, wird er auch das Objekt tragen. Der Setzung ist jedoch Aufmerksamkeit zu schenken. Das Objekt wird sich hauptsächlich unter der Wirkung der Dammlast der nächsten Umgebung setzen. Deshalb wird die Setzung des Untergrundes aus der Dammlast ermittelt. Danach wird der Durchlaß durch Dehnungsfugen unterteilt, und die einzelnen Abschnitte werden mit der entsprechenden Überhöhung

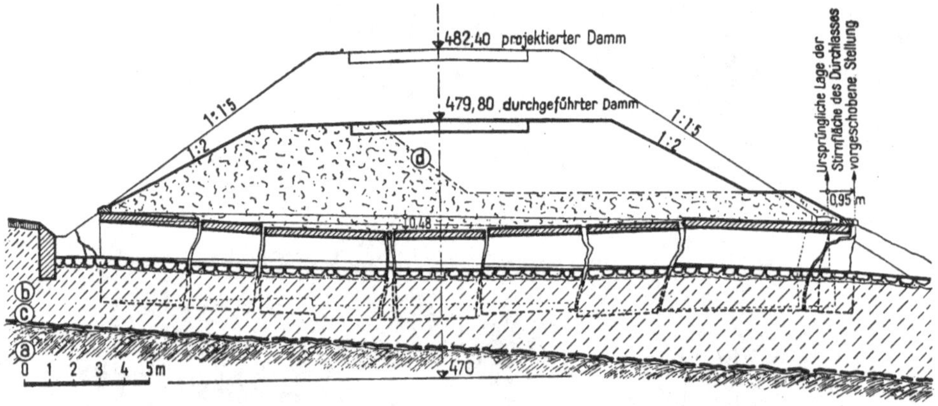

Abb. 11–17. Beschädigung des auf nachgiebigen Schichten gegründeten Durchlasses durch die Dammlast. *a* — paläogene Mergelschiefer, *b* — lehmigsandiger Hangschutt, *c* — Rutschfläche, *d* — Dammschüttung zur Zeit der Beschädigung des Durchlasses.

projektiert. Die Pflasterung wird meistenteils nachträglich vorgenommen, wenn die Hauptsetzung des Durchlasses beendet ist. Unter der Gründungsplatte wird eine 20 cm starke Konsolidierungsschicht aus Kies eingebracht. Dadurch wird einerseits die Konsolidierung des Baugrundes unterhalb der Fundamente beschleunigt und andererseits das Grundwasser abgeleitet. Bei Durchlässen an Berghängen ist es auch wichtig, den Längsdruck aufzunehmen. An der Stelle des Durchlasses ist ein Teil des Dammfußes fortgelassen, so daß die Gefahr besteht, daß sich der Auslauf des Durchlasses durch den Dammdruck verschiebt.

In der Abb. 11—17 ist ein gewölbter Durchlaß dargestellt, der sich durch die Dammlast setzte und dessen Stirnfläche in Richtung der Hangneigung um 95 cm vorgeschoben wurde. Um einer Längsverschiebung vorzubeugen, der Auslauf muß tiefer gegründet werden, so daß die Gründung entweder an der Stirnseite durch das Erdreich abgestützt (Abb. 11—18) oder auf tragfähigem Gestein errichtet wird.

Manchmal ist es möglich, das Bauwerk in vorteilhafter Weise in den Talhang hinein in Richtung des Nullpunktes zu verlegen, wo der felsige Untergrund leichter zu erreichen ist (Abb. 11—19). Dies ist dann von Vorteil, wenn ein Überschuß an Schüttmaterial zur Verfügung steht, denn es kann damit ein Teil des Tales oberhalb

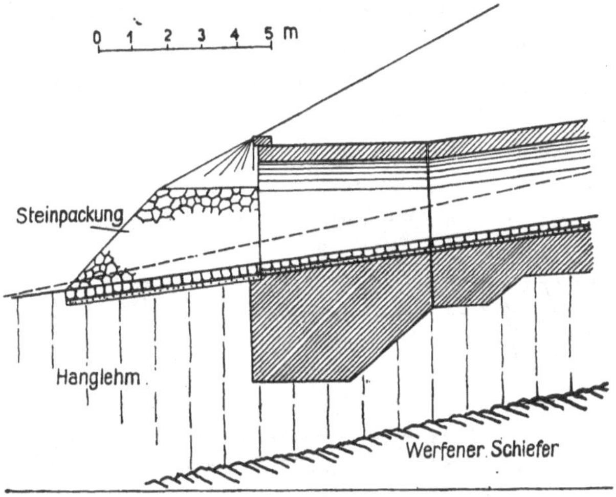

Abb. 11—18. Um einer Längsverschiebung der Stirnfläche des Durchlasses vorzubeugen, muß das Auslaufstück tiefer gegründet werden, damit dieses durch das Erdreich abgestützt wird.

des Bahnkörpers zugeschüttet werden. Auf der Talsohle ist die Anlage einer Dränage erforderlich, um das zu den tiefsten Punkten des Tales durchgesickerte Wasser abzuleiten.

Liegen bei größeren Objekten ungünstige Gründungsverhältnisse vor, so wird gewöhnlich eine Brücke als statisch bestimmte Konstruktion errichtet, die ziemlich große Deformationen ohne Beschädigung verträgt. In diesem Falle brauchen die beiden Widerlager nicht in der gleichen Weise gegründet zu werden (Abb. 11—20).

Bei der eingehenden geologischen Untersuchung für Projekte von *Brückenkonstruktionen* müssen die zulässige Beanspruchung und die Setzung bestimmt

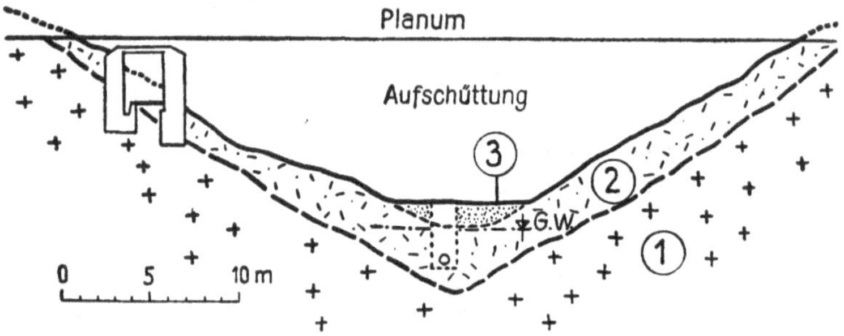

Abb. 11—19. Manchmal ist ein Verlegen des Durchlasses in den Talhang von Vorteil, da hier oft günstigere Gründungsverhältnisse vorherrschen. *1* — Felsuntergrund, *2* — Hangschutt, *3* — Bachablagerungen.

werden. Vor allem wenn es sich um statisch unbestimmte Konstruktionen handelt, ist eine möglichst genaue Berechnung der Setzung der Brückenpfeiler erforderlich. Bei nachgiebigen Gesteinen ist es wichtig, deren *Deformationsmodul* zu bestimmen, weil bei der Berechnung der Konstruktion das Nachgeben der Stützen berücksichtigt werden muß. Die zulässige Beanspruchung und die Deformationsmoduln der Gesteine werden mit Hilfe der im 7. Kapitel angeführten Verfahren bestimmt.

Bei Bogenkonstruktionen befaßt man sich auch mit der Frage, wie die *Horizontalkräfte* übertragen werden. Die Horizontalkräfte von Bogenbrücken verursachen

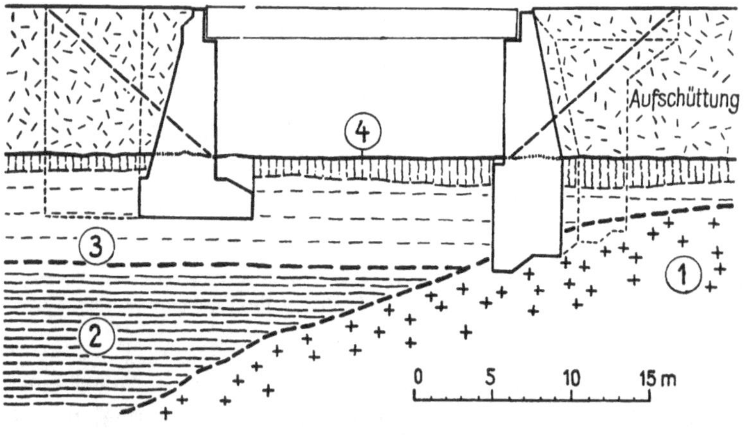

Abb. 11—20. Bei statisch bestimmter Anordnung der Brückenkonstruktion brauchen die beiden Widerlager nicht in gleicher Art gegründet zu sein. Diese Konstruktion verträgt größere Unterschiede in der Setzung der Widerlager. *1* — Brünner Eruptivmasse, *2* — neogener Ton, *3* — umgelagerter Ton, *4* — holozäne Tonanschwemmung.

dort Schwierigkeiten, wo nicht auf felsigem Untergrund gegründet wird. Bei Tiefgründung wird auch der Widerstand des Baugrundes hinter den Widerlagern zur Aufnahme dieser Kraft ausgenutzt. Da der passive Widerstand des Gesteins erst bei großen Deformationen (größeren als beim aktiven Druck) zur Geltung kommt, muß man in diesem Falle das Mitwirken der Erdmasse durch zweckmäßige Vorspannung erreichen.

Größere Bogenbrücken mit beträchtlichen Horizontalkräften werden gewöhnlich bis auf den felsigen Untergrund gegründet; hierbei muß durch sorgfältigen Aufschluß die Oberfläche des tragfähigen Baugrundes ermittelt werden. Bei unvorhergesehener Tieferlegung während des Baues würde der Brückenpfeiler samt dem Fundament zu hoch und müßte in den Fundamenten verbreitert werden. Das würde jedoch zu einer nachträglichen Verbreiterung und zu einer erneuten kostspieligen Auszimmerung der Baugrube führen.

In Abb. 11—21 ist ein Beispiel dargestellt, bei dem die geologischen Verhältnisse die Projektierung der Brückenkonstruktion wesentlich beeinflußten. In Nordwest-

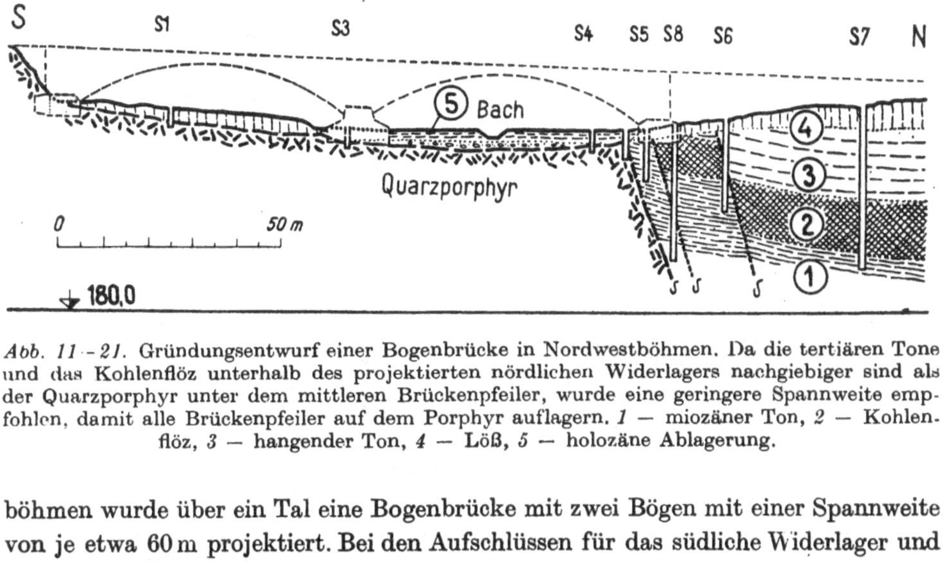

Abb. 11-21. Gründungsentwurf einer Bogenbrücke in Nordwestböhmen. Da die tertiären Tone und das Kohlenflöz unterhalb des projektierten nördlichen Widerlagers nachgiebiger sind als der Quarzporphyr unter dem mittleren Brückenpfeiler, wurde eine geringere Spannweite empfohlen, damit alle Brückenpfeiler auf dem Porphyr auflagern. *1* — miozäner Ton, *2* — Kohlenflöz, *3* — hangender Ton, *4* — Löß, *5* — holozäne Ablagerung.

böhmen wurde über ein Tal eine Bogenbrücke mit zwei Bögen mit einer Spannweite von je etwa 60 m projektiert. Bei den Aufschlüssen für das südliche Widerlager und für den mittleren Brückenpfeiler stieß man in verhältnismäßig geringer Tiefe unter der Geländeoberfläche auf festen Quarzporphyr. Unterhalb des nördlichen Widerlagers wurden tertiäre Tone mit dem Ausbiß eines Kohlenflözes festgestellt. Der Kontakt zwischen dem Quarzporphyr und den tertiären Ablagerungen ist tektonisch bedingt, wie aus den Aufschlüssen hervorgeht, die zur Ermittlung der Grenze zwischen beiden geologischen Einheiten niedergebracht wurden. Aus dem unterbrochenen Verlauf des Kohlenflözes ist zu erkennen, daß die Verwerfung von mehreren sekundären, gleichlaufenden Dislokationen begleitet ist. Die tertiären Ablagerungen sind im Vergleich zum Porphyr stark zusammendrückbar, und zwar besonders die Oberflächenlagen der Braunkohle und die verwitterten Tone des

Hangenden, die weich sind und einen hohen Wassergehalt aufweisen. Deshalb wurde eine etwas geringere Spannweite empfohlen, damit alle Brückenpfeiler und Widerlager auf dem Porphyr gegründet werden konnten.

Bei großen Brücken sind die geologischen Verhältnisse für die Gesamtanordnung der Konstruktion oft entscheidend. So stellen beispielsweise vertiefte Rinnen von Flüssen mit wassergesättigten Talablagerungen ein großes Hindernis für die Gründung von Brückenpfeilern im Flußbett dar. Deshalb werden Brücken mit großen Spannweiten nach Möglichkeit ohne Mittelpfeiler projektiert. Auf diese Weise wurden die Brücken in New York gebaut; besonders die Washington-Brücke über den Hudsonfluß mit einer Spannweite von 1064 m. Der östliche Pfeiler am linken Ufer wurde auf festen Gneisen des Präkambrium gegründet, dagegen der westliche Pfeiler der noch in den Fluß hineinreicht in einer Tiefe von 26 m auf Triasschiefern und Sandsteinen. Die Talkante auf dem rechten Ufer bildet ein mächtiger intrusiver Diabaskörper, in dem die Tragseile in Stollen verankert wurden. Obwohl der Standort der Brücke und der Brückenpfeiler eingehend untersucht wurde, traten bei der Gründung der Brückenpfeiler am rechten Ufer beträchtliche Schwierigkeiten auf. An der Oberfläche des felsigen Untergrundes waren große Diabasblöcke angehäuft; deswegen konnte die Spundwand nicht bis auf den Felsen vorgetrieben werden, was teilweise zur Beschädigung der Spundwand und der Baugrube führte (Abb. 11—22).

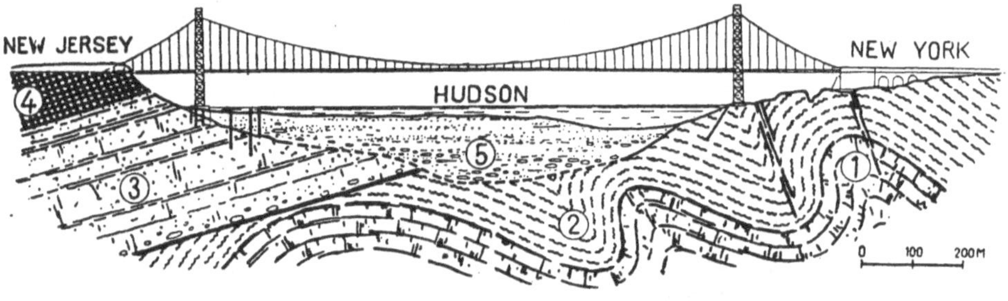

Abb. 11—22. Die geologischen - und Gründungsverhältnisse der Washington-Brücke über den Hudsonfluß in New York (*nach Ch. P. Berkey*). Ein Beispiel, wie die geologischen Verhältnisse die Gesamtanordnung der Konstruktion beeinflussen. Das Flußbett wurde im Pleistozän durch einen Gletscher vertieft und mit fluvioglazialen Sedimenten *5* ausgefüllt. *1* — Kalksteine 2— präkambrische Gneise, *3* — Sandsteine, Trias, *4* — intrusiver Diabas.

11,9. Geologische Untersuchungen während der Bauausführung bei Verkehrswegen. Wie bei anderen großen Ingenieurbauten, soll der Geologe auch bei großen Verkehrsbauten während der Bauausführung mitwirken. Die großen Einschnitte für Verkehrsbauten reichen bis tief unter die Geländeoberfläche, und es ist erforderlich, diese während der Erd- und Felsarbeiten systematisch geologisch zu untersuchen und zu vermessen. Nur für eine gewisse Zeit zugängliche geologische Profile an den Böschungen der Einschnitte, in Dränagen und in den Erdaushüben für die Bauobjekte vermitteln wichtige Erkenntnisse über den geologischen Aufbau des Geländes; deshalb ist es zweckmäßig, diese Profile eingehend zu vermessen und auszuwerten. Dabei kann gleichzeitig die Richtigkeit der geologischen Annahmen bestätigt werden, die bei der vorhergehenden Untersuchung ermittelt wurden.

Bei einigen Teilarbeiten ist auch die unmittelbare Zusammenarbeit des Geologen mit der Bauleitung zweckmäßig, und zwar insbesondere bei der Aufstellung des Planes der Aushubarbeiten, bei der Sicherung von Rutschungsgebieten, bei der Errichtung von Futtermauern usw. Besonders in einigen Gegenden muß der Verlauf der Aushubarbeiten in tiefen Einschnitten den geologischen Verhältnissen angepaßt werden. Man muß daran denken, daß durch die Beseitigung der ausgehobenen Erdmassen an den Hängen Kräfteveränderungen verursacht werden, denen sich das umliegende Gestein anpassen und einen neuen Gleichgewichtszustand herbeiführen muß.

Bei einigen Gesteinsarten müssen tiefe Einschnitte nach und nach von der Geländeoberfläche aus niedergebracht werden, damit keine hohen Steilwände entstehen; denn dadurch könnte in manchen Fällen die Standfestigkeit der Hänge auf weite Strecken hin und auch außerhalb des im Projekt vorgesehenen Einschnittbereiches gestört werden.

Durch schichtenweise Vertiefung wird auch allmählich der Grundwasserspiegel abgesenkt. Auf diese Weise wird ungünstigen Einwirkungen vorgebeugt, zu denen es dann kommt, wenn das Wasser durch die Erdschichten in den im Bau befindlichen

Abb. 11—23. Ansicht einer Stützmauer, die nach und nach in einzelnen Abschnitten errichtet wurde. (*Foto Q. Záruba.*)

Abschnitt einfließt. In einigen Fällen ist zur Grundwasserabsenkung und Ableitung des ausfließenden Wassers die Anlage einer behelfsmäßigen mittleren Dränage erforderlich; denn Längsdränagen unter den Gräben, durch die nach dem Projekt der Grundwasserspiegel abgesenkt werden soll, können gewöhnlich erst zuletzt angelegt werden. Bei Eisenbahnbauten kann die mittlere Dränage nach Fertigstellung des Bauwerks zur Entwässerung des Planums zweckmäßig dienen (Abb. 11—13). Bei der Projektierung des Arbeitsvorganges zur Errichtung von Futtermauern müssen die geologischen Verhältnisse unbedingt berücksichtigt werden. Manchmal kann in größeren Abschnitten das Gestein vor der Errichtung der Stützmauern nicht abgebaut werden. Deshalb werden Futtermauern in der Regel abschnittsweise errichtet; dabei läßt man neben dem im Bau befindlichen Abschnitt den entsprechenden Teil des ungestörten Hanges als zeitweilige Stütze stehen (Abb. 11—23). Die Abschnitte werden den örtlichen Verhältnissen entsprechend 6 bis 12 m lang gewählt. In schwierigen Fällen müssen die Futtermauern vor der endgültigen Niederbringung der Einschnittsohle in Gräben errichtet werden (Abb. 11—13).

Benutzte und ergänzende Literatur zum 11. Kapitel

Babkow W. F., Bykowski N. I., und Kollektiv: Bodenkunde und Bodenmechanik, Moskau 1950 (russisch).

Бабков В. Ф., Быковский Н. И. и кол.: Грунтоведение и механика грунтов, Москва 1950.

Begründung der Veranschlagungsparameter für Bitumenstraßendecken. Verlag für Straßenbauwesen (Dorizdat), Moskau 1952 (russisch).

Обоснование расчетных параметров для нежестких дорожных покрытий, Дориздат, Москва 1952.

Berkey Ch. P.: Engineering geology of the City of New York, Washington 1933.

Beskow G.: Schwedische Erfahrungen mit dem Einbau von Isolierschichten gegen Frostaufbrüche und Hebungen, Schriftenreihe Straße, H. 3, Berlin 1936.

Beskow G.: Frostbildung und Frosthebung, Der Straßenbau, Berlin 1936.

Dücker A.: Untersuchungen über die frostgefährlichen Eigenschaften nichtbindiger Böden, Forschungsarbeiten aus dem Straßenwesen, Bd. *17*, Berlin 1939.

Keil K.: Verhütung und Beseitigung von Frostschäden beim Straßenbau, Geologie und Bauwesen, Wien 1956.

Kögler F., Scheidig A., Leussink H.: Beiträge zur Frostforschung im Straßenbau, Schriftenreihe Straße, H. 3, Berlin 1936.

Krynine D. P., Judd W. R.: Principles of Engineering Geology and Geotechnics. New York 1957.

Mencl V.: Einige Erscheinungen aus der Bodenmechanik bei der Errichtung von Eisenbahnbauten, Seminar für Eisenbahnbauwesen *IV*, Prag 1953. (tschechisch)

Mencl V.: Bodenmechanik, Prag 1955 (tschechisch).

Myslivec A.: Rutschungen von Straßenböschungen und Hangsicherung, Prag 1951 (tschechisch).

Pacher F.: Über die Berechnung von Felssicherungen, verankerten Stützmauern und Futtermauern, Geologie und Bauwesen, Wien 1957.

ROTH Z.: Standfestigkeit der Felseinschnitte und Drücke beim Streckenvortrieb in festen Gesteinen. Technický obzor (Technische Rundschau) Prag 1946. (tschechisch)

SAWARENSKI F. P.: Ingenieurgeologie, Moskau 1937. (russisch)

Саваренский Ф. П.: Инженерная геология, Москва 1937.

SIMONDS A. W.: L'emploi des boulouns d'ancrage pour stabiliser les dalles rocheuses, Annales de l'Institut technique du bâtiment, Paris 1958.

Soil mechanics for Road Engineers. Road Research Laboratory, London 1954.

STINY J.: Geologie und Bauen im Hochgebirge, Geologie und Bauwesen, Wien 1934.

TABER S.: Freezing and thawing of soils as factors in the destruction of road pavements, Public roads, Washington 1930.

ZÁRUBA Q.: Geologische Erkundungsarbeiten im Ingenieurbauwesen, Prag 1932 (tschechisch).

ZÁRUBA Q.: Rutschungen am Lysá-Paß und deren Bedeutung für Verkehrsbauten, Technický obzor (Technische Rundschau). Prag 1938 (tschechisch).

12. Kapitel. Tunnelbauten

12,1. Einführung. Die geologische Untersuchung bei Tunnelbauten ist eine sehr verantwortungsvolle, weil von dieser Untersuchung nicht nur das Projekt des Tunnels, sondern auch der Arbeitsgang und vielfach auch die Sicherheit der Bauarbeiten abhängen. Wie bei den sonstigen Verkehrsbauten, stellt bei Tunnelbauten die geologische Voruntersuchung eine wichtige Komponente beim Entwurf der Linienführung und besonders beim Vergleich und bei der Beurteilung verschiedener bereits untersuchter Lösungswege dar. Man kann sagen, daß bei Tunnelbauten das Ergebnis der geologischen Untersuchung für die Wahl einer wirtschaftlichen Linienführung geradezu ausschlaggebend ist, denn nach den geologischen Verhältnissen richten sich das Arbeitssystem, die Form und die Abmessungen des Verkleidungsmauerwerkes der Tunnelröhre, der Termin der Fertigstellung und die Baukosten.

Der Tunnelbau nahm in der zweiten Hälfte des vorigen Jahrhunderts, als zahlreiche Eisenbahntunnel fertiggestellt wurden, eine starke Aufwärtsentwicklung. Bei diesen Ingenieurbauten, die bis in große Tiefen unter die Geländeoberfläche reichten, konnten erstmals alle Annahmen über den geologischen Bau des Geländes unmittelbar kontrolliert werden. Natürlich waren die ersten Erfahrungen mit den vorläufigen geologischen Gutachten nicht die besten, denn es mußten zweckentsprechende Arbeitsverfahren gesucht und praktische Erfahrungen gesammelt werden, um die geologischen Erkenntnisse auch in technischer Hinsicht voll auswerten zu können. Es war erforderlich, die bisherigen großzügigen Hypothesen über den geologischen Aufbau der Erdoberfläche den Bedürfnissen der Ingenieurbauten anzupassen. Von der Lösung allgemeiner geologischer Probleme mußte man nun die Aufmerksamkeit einer sehr sorgfältigen Arbeit im Gelände zuwenden, denn einzig und allein auf der Grundlage dieser Kleinarbeit konnten die für einen Tunnelvortrieb erforderlichen Unterlagen vorgelegt werden. Der Ruf der geologischen Untersuchungen wurde vor allem dadurch geschädigt, daß man annahm, der Geologe könne eingehende geologische Profile des Geländes nach unvollkommenen natürlichen Aufschlüssen aufstellen. Derartige geologische Vorgutachten können nur als Unterlage für die ersten Studien der Linienführung und zur allgemeinen Beurteilung der Durchführbarkeit dienen. Man kann aber nicht auf Grund solcher Voruntersuchungen die genaue Lage des Tunnels feststellen und die Baupläne und den Arbeitsvorgang ausarbeiten. Wegen der Bedeutung der geologischen Unterlagen für den Tunnelbau ist es unerläßlich, daß sich die geologischen Folgerungen auf genau vermessene Aufschlüsse und zuverlässige Angaben stützen, und keinesfalls allein auf theoretische Erwägungen über den geologischen Aufbau des Geländes. Sind natürliche Aufschlüsse

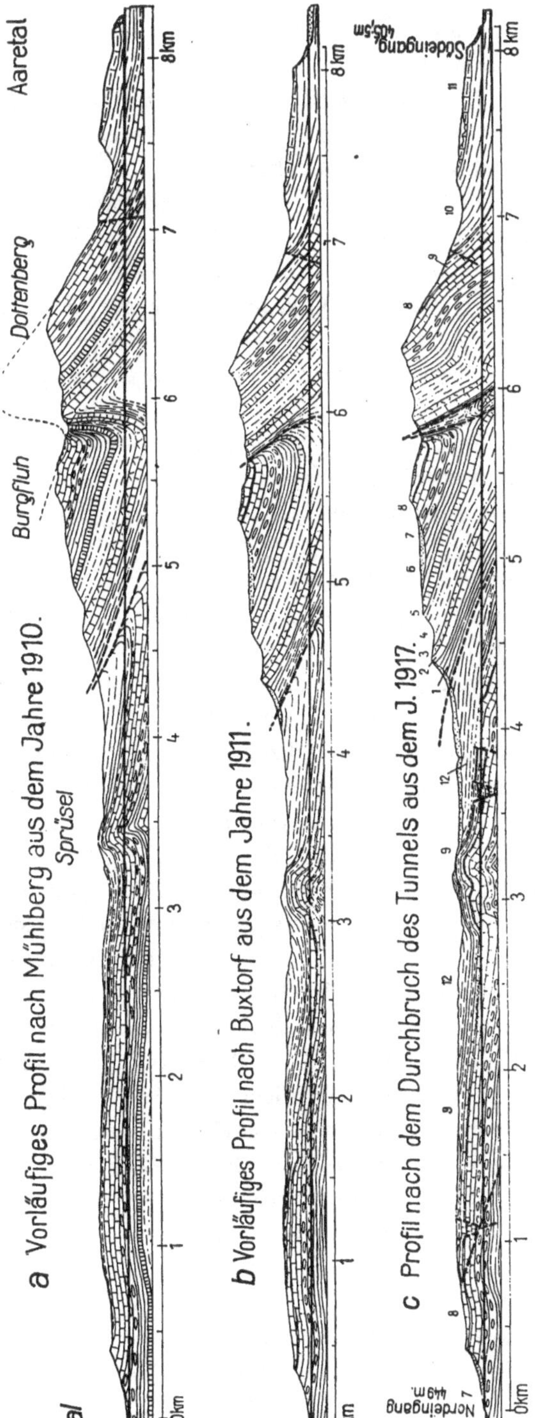

Abb. 12—1. Geologische Profile des Hauensteintunnels. *1 — 3* Schichten des Muschelkalkes, *4* — Keuper, *5* — Lias, *6—9* Dogger-Schichten, *10—11* Tertiär.

in ausreichender Zahl nicht vorhanden, dann müssen so viele Schürfe, Untersuchungsstollen und Bohrungen durchgeführt werden, daß es möglich ist, eine exakte geologische Karte eines breiteren Geländestreifens aufzustellen und geologische Profile des untersuchten Geländes zu konstruieren, die eine zuverlässige Unterlage für die Lösung der geologischen Probleme geben können.

Um zu zeigen, in welchem Maße die vor der Bauausführung konstruierten geologischen Profile die tatsächlichen geologischen Verhältnisse des Geländes wiedergeben können, seien zwei Beispiele angeführt: In Abb. 12—1 sind drei Profile des Hauensteintunnels auf der Strecke Basel — Olten in der Schweiz dargestellt. Das erste Profil stellte F. Mühlberg im Jahre 1910, das zweite A. Buxtorf im Jahre 1911 auf. Beide Profile wurden nach den geologischen Untersuchungen vor der Bauausführung gezeichnet. Das dritte Profil konstruierte Buxtorf im Jahre 1917 nach dem Durchbruch des Tunnels. Die beiden vorläufigen Profile können als sehr gelungen bezeichnet werden, denn sie geben die tatsächlichen Verhältnisse wieder, wie sie beim Durchbruch des Tunnels angetroffen wurden; größere Unterschiede zeigen sich lediglich längs der tektonischen Störungen.

In der nächsten Abbildung (Abb. 12—2) ist eine Gruppe von Profilen des Grenchenbergtunnels wiedergegeben, der quer durch den Schweizer Jura führt. In diesem Tunnel waren die geologischen Verhältnisse wesentlich komplizierter, und deshalb ließen auch die Voruntersuchungen bei der Aufstellung des geologischen Längsprofils mehrere Lösungen zu. Die Tunneltrasse durchschneidet zwei Bergrücken, den südlichen, 1405 m hohen Grenchenberg und den nördlichen, 1240 hohen Graiteryberg. Im Tunnel wurden verschiedene Schichten des Trias und des Jura aufgeschlossen, auf denen tertiäre Ablagerungen transgressiv liegen. Bereits aus dem vorläufigen Profil von L. Rollier aus dem Jahre 1902 (erstes Profil in Abb. 12—2) war zu ersehen, daß die Tunnelröhre durch zwei Antiklinalen hindurchführen würde, die in großen Zügen die beiden Bergrücken bilden. Rollier vermutete, daß beide Antiklinalen einen fast symmetrischen Aufbau aufweisen und betrachtete die dazwischenliegende Zone Chaluet als Doppelsynklinale, die durch eine mächtige Überschiebung gestört ist. Rollier nahm an, daß die Juraschichten des Bergrückens Chaluet entlang dieser Verwerfung über die tertiäre Molasse des Südflügels der Graitery-Antiklinale geschoben wurden. Wie aus dem ersten Profil in Abb. 12—2 hervorgeht, waren die Ansichten über den geologischen Bau des Geländes im Jahre 1902 von den tatsächlichen Verhältnissen weit entfernt. Der Unterschied zwischen dem ersten Profil und den folgenden ist auch darauf zurückzuführen, daß beim ersten Profil eine etwas abweichende Linienführung vorgesehen war.

Durch die eingehenden geologischen Untersuchungen von A. Buxtorf und weiteren Geologen vor dem Baubeginn, während der Bauausführung und nach der Fertigstellung des Tunnels wurde nach und nach der komplizierte geologische Bau des Geländes ermittelt. Vergleicht man die drei folgenden Profile miteinander, so sieht man, daß die Lagerungsverhältnisse der Molassezone am Nordeingang des Tunnels bereits vor Baubeginn richtig erkannt und durch einige Aufschlüsse bestätigt wurden.

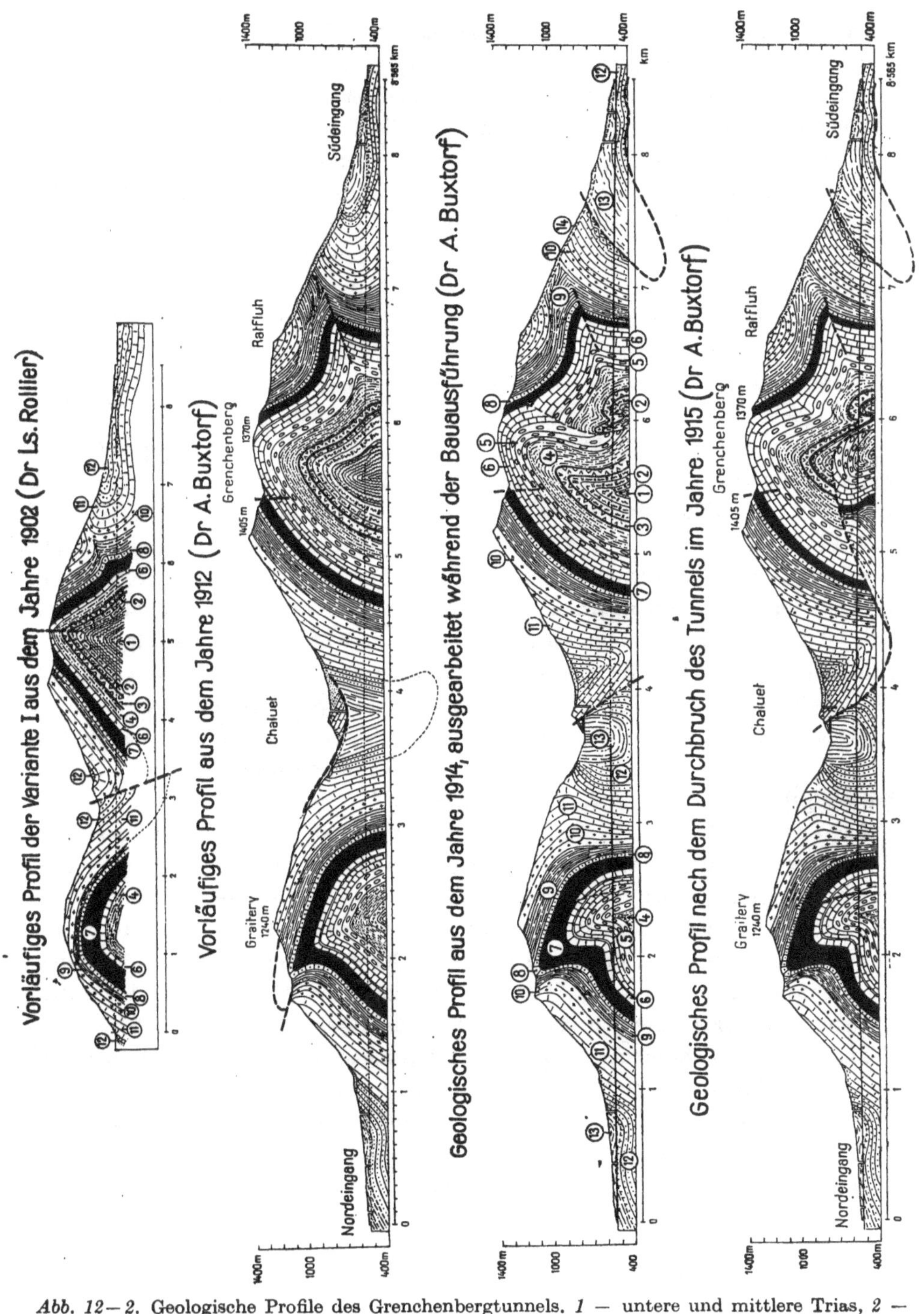

Abb. 12—2. Geologische Profile des Grenchenbergtunnels. *1* — untere und mittlere Trias, *2* — Keuper, *3* — Lias, *4* — *6* Dogger-Schichten, *7*—*11* Malm-Schichten, *12* — oligozäne Molasse, *13* — miozäne Molasse.

Buxtorf stellte ferner fest, daß die Antiklinale des Bergrückens Graitery nicht so einfach gebaut ist, wie sich dies L. Rollier ursprünglich vorstellte. Die Scheitelzone ist etwas nach Norden verkippt und durch eine Verwerfung gestört. Der nördliche Flügel dieser Antiklinale ist durch eine Synklinalbiegung deformiert, die jedoch erst beim Vortrieb des Richtstollens festgestellt werden konnte.

Interessant ist, wie sich die Ansichten über die Synklinalzone Chaluet zwischen den beiden Bergrücken entwickelten. Nach dem Profil von Buxtorf aus dem Jahre 1912 bildete die tertiäre Molasse eine einfache Synklinale, auf die eine Scholle der Juraschichten vom Südhang des Bergrückens Graitery abgerutscht war. Einige Bohrungen, die vor Baubeginn abgeteuft wurden, zeigten jedoch, daß es sich um eine durch eine Verwerfung geteilte Doppelsynklinale handelt, entlang der die Juraschichten an die Oberfläche treten. Damit wurde bestätigt, daß die ursprüngliche Ansicht Rolliers der Wirklichkeit näher kam.

Die geologischen und tektonischen Verhältnisse der Grenchenberg-Antiklinale waren aber noch komplizierter. Wenn das Profil von Buxtorf aus dem Jahre 1912 auch sehr sinnvoll konstruiert war, so wurde der komplizierte tektonische Bau doch erst durch den Vortrieb des Richtstollens erkannt. Es zeigte sich, daß die Juragesteine des Südflügels in südlicher Richtung über die tertiäre Molasse geschoben waren. Vom Sattelkern nahm Buxtorf noch an, daß er einen regelmäßigen Bau besäße. Beim Tunnelvortrieb wurde jedoch festgestellt, daß der Sattelkern durch eine komplizierte Überschiebung der Chaluetzone gestört ist. Aus einem Vergleich der Profile aus den Jahren 1914 und 1915 geht hervor, wie schwierig es ist, im Längsprofil eines Tunnels Einzelheiten des tektonischen Baues vorher abzuschätzen. Erst nach Durchbruch des mittleren Tunnelabschnittes wurden zahlreiche Erscheinungen geklärt, die bei der Voruntersuchung nicht vorauszusehen waren.

Aus den angeführten Beispielen ist zu ersehen, daß die enge Zusammenarbeit der Geologen mit den Bauingenieuren beiden Seiten Vorteile erbrachte. Die Geologen halfen den geologischen Bau des Geländes für die Erfordernisse des Tunnelbaues zu klären. Gleichzeitig gewann dabei die Geologie sehr wertvolle Erkenntnisse über den Bau der Bergrücken. Man kann sagen, daß der Vortrieb der tiefliegenden Alpentunnel, insbesondere des Simplontunnels, einen wichtigen Meilenstein in den Ansichten über den geologischen Bau dieses Gebirges bedeutet. Ebenso klärte der Vortrieb des neuen Hauensteintunnels den geologischen Aufbau des Juragebirges. In der ČSSR wurde beim Bau des Harmanecer Tunnels auf der Strecke Banská Bystrica — Diviaky die Theorie über den Deckenaufbau des Großen Fatragebirges bestätigt. Beim Vortrieb des Tunnels wurden an einigen Stellen Überschiebungsflächen einwandfrei aufgeschlossen. Damit konnte nachgewiesen werden, daß die älteren Triasgesteine über die jüngeren Kreideschichten aufgeschoben waren (Záruba, Andrusov, 1939).

12,2. Aufgaben der geologischen Untersuchung. Der Umfang der geologischen Untersuchung richtet sich — wie bei allen Ingenieurbauten — nach dem Stand der Projektvorbereitung und nach der Bedeutung des betreffenden Bauwerks. Man unterscheidet die Voruntersuchung und die eingehende Untersuchung sowie die Mitarbeit des Geologen während der Bauausführung.

Die Aufgaben der geologischen Untersuchung sind bei Tunnelbauten in allen Projektierungsstadien im wesentlichen die gleichen, sie unterscheiden sich jedoch in der Gründlichkeit der angewendeten Arbeitsmethoden. Die zu lösenden Probleme können in folgende Punkte zusammengefaßt werden:

1. Die Untersuchung der *geologischen Verhältnisse* des Geländes und der Eigenschaften der Gesteine, in denen die Tunneltrasse vorgetrieben wird. Es handelt sich dabei hauptsächlich um den geologischen Aufbau des Geländes, die Lagerungs- und tektonischen Verhältnisse, um die Bestimmung der wichtigsten Kluftsysteme, um den petrographischen Charakter der Gesteine, den Grad der Verwitterung usw. An Hand dieser Unterlagen wird auf den Gebirgsdruck geschlossen, der auf die zeitweilige Stollenzimmerung und den Tunnelausbau selbst einwirken wird.

2. Die *hydrogeologische Untersuchung* der weiteren Umgebung des Tunnels, aus deren Ergebnis geschlossen wird, in welchen Bauabschnitten und in welchem Umfange Wasser in den Tunnel eindringen wird. Gleichzeitig muß die chemische Zusammensetzung des Grundwassers ermittelt werden, um seine mögliche Aggressivität auf den Tunnelausbau festzustellen.

3. Die Bewertung des Gesteins in bezug auf seine *Lösbarkeit* und *Vortriebseignung.* Diese Eigenschaften der Gesteine sind für die für den Ausbruch eines jeden Teilabschnittes erforderliche Zeit, für die rechtzeitige Einplanung und Beschaffung zweckentsprechender Geräte, Maschinen usw. von entscheidender Bedeutung. Mit dem Problem der Lösbarkeit hängt auch die einwandfreie Bestimmung des sog. *Überprofils* zusammen.

4. Um die Belüftung tiefliegender Tunnel berechnen zu können, ist es notwendig, die *Temperatur des Gesteins* abzuschätzen. Bei der Festlegung der Dimensionen der Lüftungsanlage muß die Frage beantwortet werden, ob in einigen Bauabschnitten *Erdgasaustritte* zu erwarten sind, die die Anforderungen an die Tunnelbelüftung erhöhen würden.

5. Bei Tunnelbauten ist es wichtig, ob für den Tunnelausbau geeignete *Baustoffe* zu beschaffen sind, da mit dem Fortgang der Arbeiten deren kontinuierliche Anlieferung gewährleistet sein muß. Es geht hierbei um die Auffindung eines geeigneten Bausteins für den Tunnelausbau und die Gewölbequader, ferner um Erkundung von Kies- und Sandlagerstätten für den Beton, für die Herstellung von Mörtel usw. (siehe 9. Kapitel). Das ist eine sehr wichtige Aufgabe, durch deren günstige Lösung die Kosten für das gesamte Bauwerk wesentlich gesenkt werden können. Wird sie vernachlässigt, so treten schwere Schäden auf, weil durch Verzug in der Anlieferung der Baustoffe die Kontinuität des Bauablaufes gestört wird und sich durch Belassung des Gesteins für längere Zeit auf der Stollenzimmerung der Gebirgsdruck erhöht. So trat beispielsweise bei der Bauausführung eines Eisenbahntunnels in der Karpaten-Flyschzone infolge Mangels an Bausteinen eine wesentliche Verzögerung ein.

Die ausgehauenen Räume blieben lange Zeit nur mit der provisorischen Stollenzimmerung stehen, und dies verursachte eine Lockerung des Gesteins sowie eine Erhöhung des Gebirgsdruckes.

Bereits bei der *Voruntersuchung* muß man sich mit all diesen Problemen beschäftigen. Als Unterlagen für die Voruntersuchung werden gewöhnlich nur die geologischen Karten und eine eingehende Untersuchung im Gelände dienen. Nur in Ausnahmefällen werden Bohrungen niedergebracht, um entscheidende Fragen zu beantworten oder die Gesteine des felsigen Untergrundes, die von Verwitterungsmaterial überdeckt sind, aufzuschließen. Die Ergebnisse der Voruntersuchung werden in einem vorläufigen geologischen Längsprofil zusammengefaßt, das in der Regel die wirklichen Verhältnisse nur annähernd und in großen Zügen wiedergibt. Die Voruntersuchung dient der Ausarbeitung allgemeiner Richtlinien für die Projektierung der Tunneltrasse und soll so gründlich durchgeführt werden, daß nach ihren Ergebnissen die Linienführung des Tunnels in Übereinstimmung mit den geologischen Verhältnissen des Geländes projektiert werden kann. Je nach dem Charakter der Gesteine kann im voraus gesagt werden, in welchen Gesteinen der Tunnelvortrieb leichter und in welchen Schichten die Bauausführung schwieriger sein wird. So wurde beispielsweise beim Studium der Tunneltrasse der nördlichen Rampe der Transiranischen Eisenbahn die Alternative der Linienführung nach der Länge der Tunnelabschnitte bewertet, in denen die Trassen in für den Bau ungünstigen Juraschiefern verlaufen (Rabcewicz, 1938).

Ist die Lage des Tunnels annähernd bestimmt, wird an die *eingehende Untersuchung* herangegangen, die die Grundlage für das technische Projekt bildet. Es werden alle Eigenschaften der Gesteine ermittelt, in denen der Tunnel vorgetrieben wird, um deren Gewinnbarkeit und sonstige technische Eigenschaften, die die Größe des Gebirgsdruckes auf die Stollenzimmerung und den Tunnelausbau beeinflussen, beurteilen zu können. Bei der eingehenden Untersuchung werden die Annahmen über den geologischen Bau des Geländes überprüft, die an Hand der Ergebnisse der Voruntersuchung aufgestellt wurden. Um die Richtigkeit des geologischen Längsprofils zu beweisen, werden gewöhnlich Bohrungen bis zum Planum des Tunnels, manchmal auch noch tiefer, niedergebracht. Die Bohrungen werden längs der Tunneltrasse angeordnet, und zwar nicht einfach in regelmäßigen Abständen, sondern an den Punkten, wo die geologischen Verhältnisse noch geklärt werden müssen. Manchmal werden die Bohrungen, um wichtige Querprofile des untersuchten Geländes zu kontrollieren, auch ziemlich weit von der Tunneltrasse entfernt durchgeführt.

Wertvolle Erkenntnisse, die für eine eingehende geologische Untersuchung notwendig sind, werden durch den Vortrieb eines *Richtstollens* gewonnen, wie es bei großen Tunnelbauten üblich ist. Beim Vortrieb des Richtstollens werden die Lagerungsverhältnisse, die Schichtmächtigkeit, der Charakter der Klüfte, der Wasserzufluß und die technischen Eigenschaften der Gesteine am besten erkannt, die einen Einfluß auf die Größe des Gebirgsdruckes, die Gewinnbarkeit der Gesteine und die Bildung von Überprofilen ausüben.

Die modernen Tunnelbauverfahren, die eine *Verankerung* des Gesteins oder Stahlringe als vorübergehende Ausrüstung verwenden, ermöglichen den Tunnelvortrieb im gesamten Querschnitt. Bei diesen Verfahren entfällt der Vortrieb eines Richtstollens und damit gehen auch die Vorteile verloren, die dieser für die Untersuchung der Trasse hat. Das zeigte sich beispielsweise vor kurzem beim Bau des Wassertunnels Isère — Arc in den Französischen Alpen. Dieser 13,5 km lange Tunnel führt durch ein Massiv kristalliner Schiefer. Zwischen den Kilometern 2—3 an der Auslaufseite wurde der Tunnel in drückenden Talkschiefern vorgetrieben, so daß beim Kilometer 2,396 (von der Auslaufseite her) die Arbeit eingestellt und die Brust einbetoniert werden mußte. Bevor man weitere Tunnelbauarbeiten in Angriff nahm, wurde an der Vorderfront eine 260 m lange waagerechte Bohrung vorgetrieben, um die Mächtigkeit dieser drückenden Gesteine zu ermitteln und eine Entscheidung über die weiteren Vortriebsverfahren zu treffen.

12,3. Erforschung des geologischen Aufbaus des Geländes. Die wichtigsten Grundlagen für das Erkennen des geologischen Aufbaus eines Gebirges sind gute geologische Karten und die eingehende Untersuchung des Geländes. Wenn das Gebiet nicht zumindest auf der Grundlage der topographischen Karte im Maßstab 1 : 25 000 neu geologisch kartiert ist, muß bereits bei der Voruntersuchung ein breiter Geländeabschnitt entlang der vorgesehenen Tunneltrasse eingehend kartiert werden. In diesem Falle genügt es nicht, wie bei anderen Verkehrsbauten nur einen schmalen Streifen zu erfassen, sondern es muß ein größeres Gebiet kartiert werden, um den geologischen Aufbau des Geländes richtig erkennen zu können. Bei tief unter Bergrücken liegenden Tunneln soll das gesamte hydrogeologische Einzugsgebiet des projektierten Tunnels kartiert werden.

Bereits bei der Voruntersuchung sind die Schichtenausbisse in allen Tälern und Schluchten, die in das Gebirge einschneiden, zu vermessen, besonders wenn sie in Richtung des projektierten Tunnels verlaufen. Befinden sich in der Nähe der Tunneltrasse tiefe Täler und Schluchten, dann stellen diese die besten Aufschlüsse dar, an denen man die Lagerungsverhältnisse der Gesteine, in denen der Tunnel vorgetrieben werden soll, richtig erkennen kann. Steht nicht eine genügende Anzahl von natürlichen Aufschlüssen zur Verfügung, dann müssen die Erkundungsarbeiten durch Bohrungen und Schürfe erweitert werden. Während der Vorarbeiten sind zumeist kleine Schürfgräben anzulegen, damit die Oberfläche des felsigen Untergrundes an jenen Stellen aufgeschlossen wird, an denen sie von Verwitterungsmaterial und jungen Deckschichten überlagert wird.

Bei der Voruntersuchung wird das Gelände auch *morphologisch* erkundet. Vor allem ist in Betracht zu ziehen, in welcher Tiefe unter der Geländeoberfläche die Tunneltrasse projektiert ist und ob sich in Hinblick auf das Geländerelief der Tunnelbau praktisch durchführen läßt. Handelt es sich beispielsweise um einen

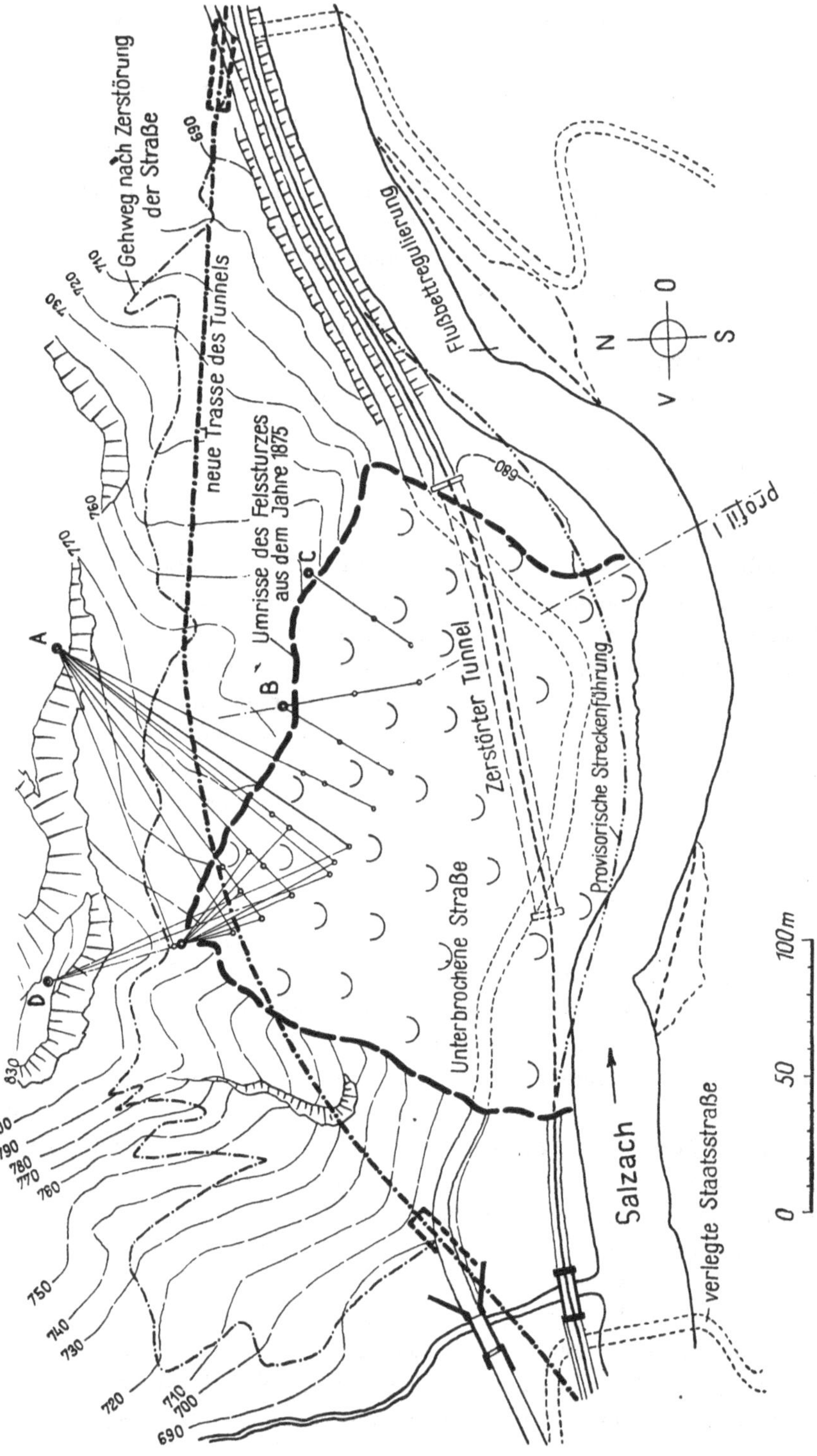

Abb. 12—3. **Verschüttung des Untersteintunnels durch Felssturz** *nach C. J. Wagner (1884)*

Hangtunnel, so muß man die Tiefe der Oberflächenverwitterung und Auflockerung der Gesteine sowie die Tiefe der Hangbewegungen kennen. Unter Berücksichtigung des Geländereliefs ist zu erwägen, welche Folgen diese Erscheinungen für die Lage des Tunnels haben werden.

Als lehrreiches Beispiel sei die Verschüttung des *Untersteintunnels bei Salzburg* durch Felssturz angeführt (Abb. 12—3 bis 12—5). Der Tunnel wurde im Jahre

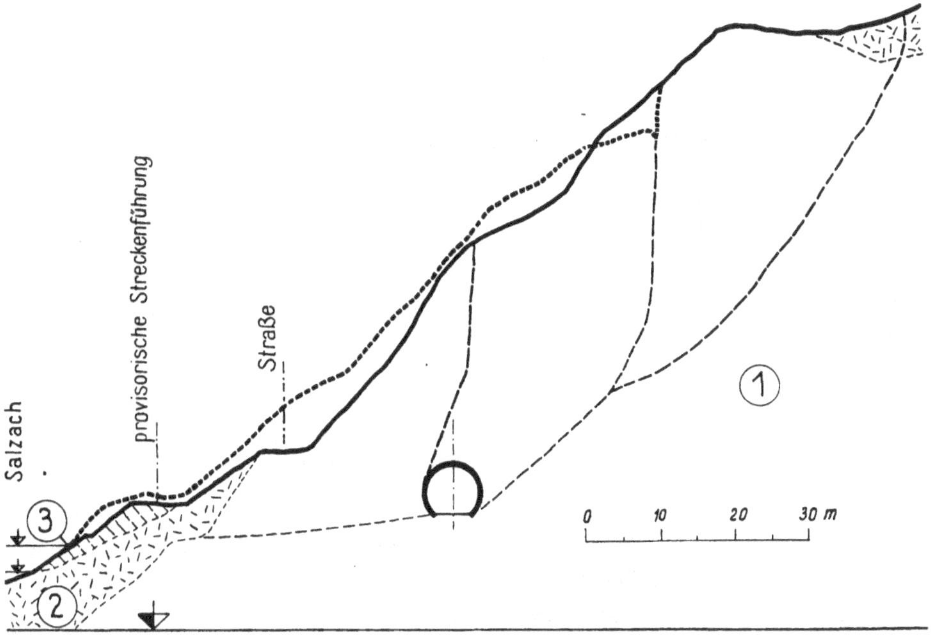

12—4. Querprofil des Felssturzes über dem zerstörten Untersteintunnel (*C. J. Wagner*)
1 — Chloritschiefer, *2* — Hangschutt, *3* — Aufschüttung.

1874 für die Eisenbahnstrecke im Salzachtal gebaut. Er wurde in einer Felsrippe vorgetrieben, die aus Chloritschiefern besteht. Da die Schichten in den Hang einfielen, bestand kein Zweifel an der Standfestigkeit des Hanges, und die Trasse wurde in allzu großer Nähe der Geländeoberfläche projektiert. Die Arbeiten nahmen ohne größere Schwierigkeiten bis zum Februar 1875 ihren Fortgang; der Richtstollen war in der gesamten Länge des Tunnels von 164 m aufgefahren, die Mauerung des Tunnelrohres war in einer Länge von 64 m fertiggestellt, weitere 15 m wurden gemauert und 25 m befanden sich im Ausbruch. Es wurde im Einbruchsringverfahren in 8 m langen Ringen gearbeitet. In Anbetracht dessen, daß bei diesem Verfahren der Arbeitsablauf eine Verzögerung erfuhr, wurden im Frühjahr des Jahres 1875 mehrere 15 m lange Ringe auf einmal aufgeschlossen. Dieser beschleunigte Arbeitsablauf hatte zuerst in zwei Abschnitten Verschüttungen der Arbeitsstelle zur Folge, wobei der Einsturz von etwa 550 m^3 Gestein den Transport im Tunnel lahmlegte. Hierbei zeigte sich, daß das Gestein von einem Kluftsystem quer zur Schieferung hangwärts durchsetzt war. Von diesem Zeitpunkt an machte sich an den meisten Arbeitsplätzen ein starker Gebirgsdruck bemerkbar. Die Tunnelmauerung der bereits vollendeten Ringe aus weniger festem Gestein (kavernösem Dolomit und Konglomerate) wurde zerdrückt und mußte durch einen Granitausbau ersetzt werden. Am 10. Juni des gleichen Jahres mußten die Arbeiten eingestellt werden. Die Arbeiter hatten kaum

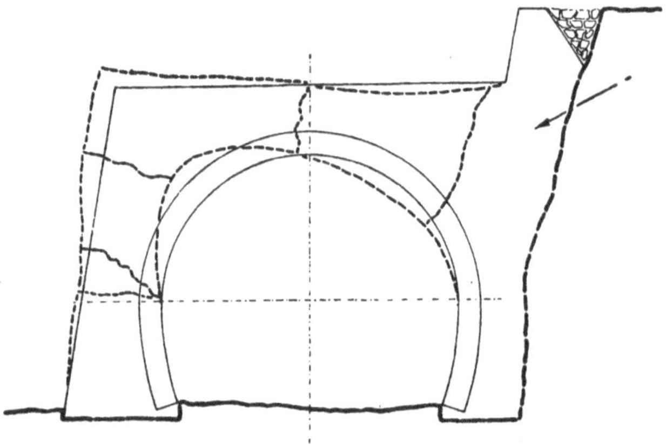

Abb. 12—5. Skizze der Deformation und Risse am Osteingang des Untersteintunnels unmittelbar vor dessen Einsturz. *(nach C. J. Wagner).*

ihre Arbeitsplätze verlassen, da kam es zur Verschüttung des Tunnels und zu einem Felssturz des Hanges. Die Staatsstraße wurde durch den Felssturz verschüttet und mußte auf das andere Ufer der Salzach verlegt werden; die Eisenbahnstrecke wurde provisorisch an das Ufer verlegt.

Der eingestürzte Tunnel wurde durch Schürfstollen eingehend untersucht, der Hang über dem Tunnel vermessen und die Hangbewegung systematisch beobachtet. Die Untersuchungen zeigten, daß eine Rekonstruktion des Tunnels in seiner alten Trasse nicht möglich war, so daß er aufgelassen werden mußte und tiefer in den Hang hinein verlegt wurde. Der neue, 400 m lange Tunnel wurde in den Jahren 1877 bis 1878 erbaut. Der geschilderte Einsturz des Tunnels war auf die unzureichende Untersuchung, auf die Lage der Tunneltrasse in allzu großer Nähe des Hanges und auf einen unachtsamen Arbeitsvorgang während der letzten Bauetappe zurückzuführen.

Nach den morphologischen Merkmalen kann auch auf die Festigkeit der Gesteine und auf deren Widerstandsfähigkeit gegenüber Erosion und Witterungseinflüssen geschlossen werden. Bei der Projektierung einer Tunneltrasse unterhalb von Gebirgssätteln und anderen Vertiefungen des Geländes ist jeweils zu berücksichtigen, daß dies Stellen sind, an denen die Gesteine aus irgendeinem Grunde den äußeren Kräften, die auf die Erdoberfläche einwirken, einen geringeren Widerstand entgegensetzen. Deshalb kann eine Einsparung von einigen zehn Metern an der Länge des Tunnels oft zu schwierigen Problemen führen, wenn der Tunnel in weichen oder gestörten Gesteinen vorgetrieben wird.

So wurde beispielsweise der Wasserstollen eines Speicherbeckens in Mähren so angelegt, daß an der Einlaufstelle die seitliche Schlucht in der Weise ausgenutzt wurde, daß die Länge des Wasserstollens eine Verkürzung erfuhr. Die Schlucht stand jedoch in weichen Chloritschiefern zwischen festen Gneisen und Glimmerschiefern. So mußte der überwiegende Teil des Stollens in ungünstigem Gestein vorgetrieben werden. Auch ein Tunnel in der Slowakei wurde, zur Verringerung seiner Länge, unterhalb eines Sattels angelegt, der sich dort gebildet hatte, wo der Bergrücken durch eine Überschiebungsfläche unterbrochen war, längs der die Gesteine zermalmt worden waren. Der Tunnel mußte somit in drückenden und wassergesättigten Gesteinen vorgetrieben werden.

Verläuft die Tunneltrasse *unter einer Talsohle*, dann ist die Mächtigkeit der Aufschwemmungen, die das Tal ausfüllen, eingehend zu untersuchen, damit die Mächtigkeit des felsigen Hangenden oberhalb des Tunnels im tiefsten Punkt des Tales genau bekannt ist. Besonders im Gebirge, wo alte Täler oftmals durch die Erosions- und Akkumulationstätigkeit der Gletscher und Gebirgsbäche umgewandelt wurden, ist diesem Problem erhöhte Aufmerksamkeit zu schenken. In solchen Fällen muß das Tal sorgfältig untersucht werden, um das Relief des felsigen Untergrundes eingehend zu ermitteln.

Wie wichtig es ist, auf der Talsohle die Tiefe des felsigen Untergrundes einwandfrei zu bestimmen, zeigt das Unglück beim Bau des *Lötschbergtunnels* im Granitmassiv der Berner Alpen. Bei der Projektierung des Tunnels vermutete man, daß unter der Talsohle des Flusses Kander nur geringmächtige fluvioglaziale Ablagerungen lagern, der Tunnel somit in einer Tiefe von 170 m unter der Talsohle im Granit vorgetrieben werden könnte. Beim Stollenvortrieb wurde an diesen Stellen nicht vorsichtig genug verfahren, so daß es am 24. Juli 1908 nach einer Sprengung zur Überschwemmung des Stollens kam. Wasser drang unter dem Druck einer 170 m hohen Wassersäule in den Stollen ein und riß etwa 10 000 m^3 wassergesättigter Talablagerungen mit sich fort. Dabei kam die gesamte Belegschaft des Stollens ums Leben. Die gerade Tunneltrasse wurde daraufhin aufgelassen und in einen großen Bogen verlegt, damit der Tunnel in seiner gesamten Länge in festen Gesteinen verläuft.

Ein ähnlicher Fall war beim Bau des Stollens für das *Wasserkraftwerk Wäggital* zu verzeichnen, wo der Stollen unter dem Schwendibachtal vorgetrieben werden mußte. Da die Talsohle von einer Moräne überdeckt war, wurde auf ihr vor Aufnahme der Arbeiten ein Schacht bis auf den felsigen Untergrund niedergebracht. Auf Grund dieses Aufschlusses wurde angenommen, daß bis zur Talsohle über dem Stollen noch eine Felsüberdeckung von 18 m liege. Beim Stollenvortrieb zeigte es sich jedoch, daß sich der tiefste Punkt der Oberfläche des felsigen Untergrundes nicht in der Talmitte, sondern etwa 50 m weiter nördlich befand, wo der felsige Untergrund 30 m unter dem Wasserspiegel des Baches verlief (Abb. 12—6). Die Arbeit in diesem Abschnitt gestaltete sich infolge des starken Wasserzuflusses und des hohen Druckes der kohäsionslosen Moränenablagerungen sehr schwierig. Aus diesen Beispielen geht hervor, wie wichtig es ist, das Querprofil eines Tales am Kreuzungspunkt mit der Tunneltrasse eingehend zu untersuchen. Man darf nicht vergessen, daß auf der Talsohle alte Erosionsrinnen und Auskalkungen vorhanden sein können, die nicht immer in der Talmitte liegen müssen.

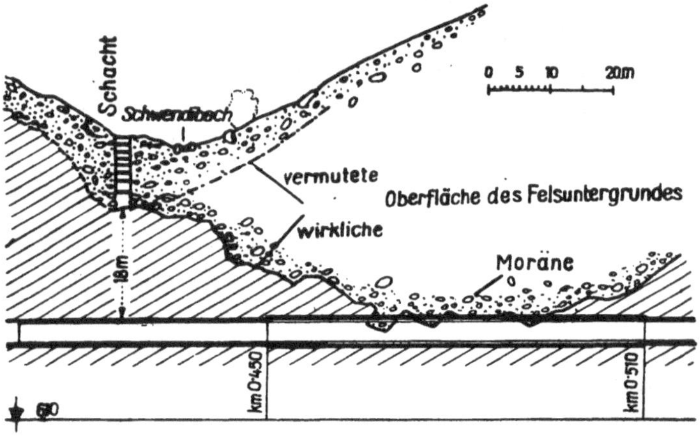

Abb. 12—6. Das Längsprofil des Stollens für das Wasserkraftwerk Wäggital unterhalb des Schwendibachtales zeigt, daß durch einen einzigen Schacht die Mächtigkeit der Moräne auf der Talsohle nicht zuverlässig ermittelt werden kann.

An Hand der geologischen Karte und auf der Grundlage von eingehenden Untersuchungen sowie von Aufschlußarbeiten wird das *geologische Längsprofil* eines Tunnels konstruiert. Um den geologischen Aufbau einwandfrei feststellen zu können, ist es zweckmäßig, mehrere Querprofile zu konstruieren, in die die Lage des projektierten Tunnels einzuzeichnen ist (Abb. 12—7).

Die vorläufige Beurteilung der geologischen Verhältnisse bei Tunneln größerer Länge, besonders wenn diese in beträchtlicher Tiefe unter der Geländeoberfläche vorgetrieben werden, ist immer eine sehr interessante, wenn auch zumeist undankbare Aufgabe. Unvollkommen aufgeschlossene Grenzen der geologischen Schichten und die infolge ungenügender Genauigkeit der topographischen Unterlage auftretenden Schwierigkeiten bedingen, daß die geologischen Arbeitsmethoden auch bei sehr sorgfältiger Durchführung der Arbeiten keine endgültige Lösung der geologischen Probleme ermöglichen. Beim Tunnelvortrieb hingegen werden alle Hypothesen und Vermutungen über den geologischen Bau des Geländes kontrolliert, und Abweichungen von dem angenommenen Profil können auf den Zentimeter genau gemessen werden. In Gebieten, in denen die Lagerung der Gesteine und die tektonischen Verhältnisse eine gewisse Regelmäßigkeit aufweisen, können an vorläufige geologische Profile höhere Anforderungen gestellt werden, dagegen bei tektonisch kompliziertem Bau des Gebirges können die vorläufigen geologischen Profile von der Wirklichkeit beträchtlich abweichen.

In Abb. 12—11 sind zwei geologische Profile *des Harmanecer Tunnels* in der Slowakei dargestellt, von denen das erste im Jahre 1937 vor der Bauausführung konstruiert und veröffentlicht, das zweite nach dem Durchbruch des Richtstollens im Jahre 1939 konstruiert wurde (Záruba, Andrusov 1939). Das erste Profil wurde auf Grund der eingehenden Kartierung und nach den Ergebnissen einiger Tief-

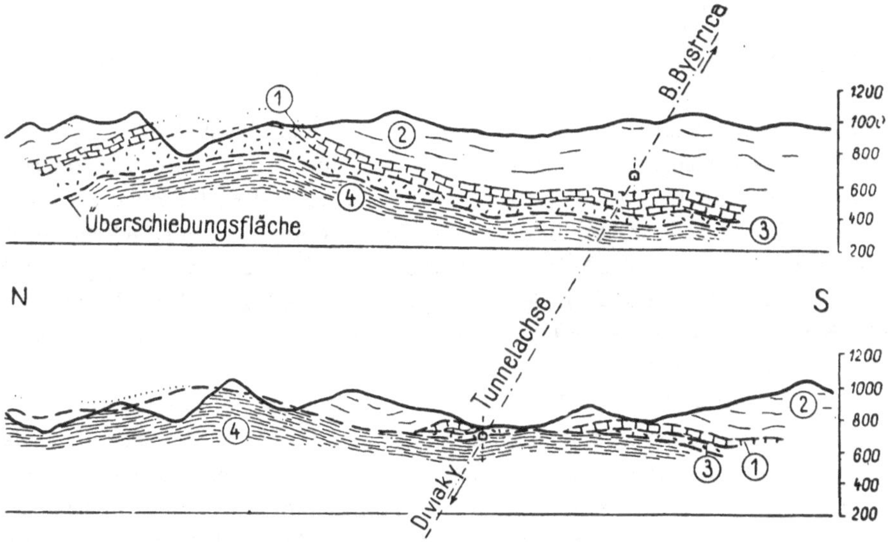

Abb. 12—7. Geologische Querprofile des Geländes des Harmanecer Tunnels in der Slowakei. *1* — Guttensteiner Kalk, *2* — Triasdolomit, *3* — Dolomit-Brekzie, *4* — Mergelkalk des Neokom der Subtatra-Decke.

bohrungen konstruiert. Aus dem Vergleich der beiden Profile geht hervor, daß der geologische Bau des Geländes in seinen Grundzügen richtig eingeschätzt wurde. Der Tunnel wurde größtenteils in Gesteinen der Choč-Decke, und zwar in Gutensteinkalk und Dolomit des mittleren Trias, vorgetrieben. Diese Decke ist über die Mergelkalke der Unterkreide (Neokom) geschoben, die der unteren Subtatradecke angehören. Zwischen den Gesteinen der beiden Decken wurde eine unregelmäßige Lage zermalmten Dolomits und Dolomitbrekzien festgestellt, die die Autoren der Profile als Digitation der unteren Subtatradecke betrachteten. Beim Tunnelvortrieb wurde an einigen Punkten die Überschiebungsfläche einwandfrei aufgeschlossen, so daß mit Sicherheit festgestellt wurde, daß die älteren Triasgesteine auf den jüngeren Kreideschichten ruhen.

Im einzelnen sind zwischen beiden geologischen Profilen gewisse Unterschiede erkennbar, die einerseits durch die Unregelmäßigkeit in der Schichtenlagerung, andererseits durch die schwankende Mächtigkeit der einzelnen, stellenweise stark reduzierten Schichten hervorgerufen wurden. Die kleinen Unstimmigkeiten gleichen sich teilweise aus, so daß man beim Vergleich der Abschnittslängen der einzelnen

Gesteinsarten nach dem vorläufigen Profil und nach den im Richtstollen gemessenen Werten zu folgenden Verhältniszahlen gelangt:

	nach der Vorhersage	im Richtstollen gemessen
im Dolomit	50 %	47 %
im Gutensteiner Kalk	16 %	19 %
im Mergelkalk der Unterkreide	34 %	34 %

Bildliche Darstellung der Absonderungsflächen. Beim Tunnelbau kommt dem Verlauf der Schichtflächen, der Schieferung, der Klüfte und anderer Absonderungsflächen große Bedeutung zu. Die räumliche Beziehung dieser Flächen zur Achse des Bauwerks, ihr Charakter und ihre Dichte üben sowohl auf die Druckverhältnisse als auch auf die Gewinnbarkeit der Gesteine und die sonstigen betrieblichen Bedingungen beim Bau des Tunnels einen großen Einfluß aus. Deshalb ist bei der geologischen Untersuchung für alle unterirdischen Bauten diesen Fragen besondere Aufmerksamkeit zu widmen.

Alle Absonderungsflächen gehören bestimmten Systemen an, die im Gestein mit größerer oder geringerer Regelmäßigkeit auftreten. Um ein in hinreichendem Maße den Tatsachen entsprechendes Bild von deren Lage zur Achse des projektierten unterirdischen Bauwerkes zu erhalten, muß vor allem eine größere Anzahl von Messungen vorgenommen werden, zumindest 80 bis 100 für jede tektonische Einheit. Das durch die Messungen festgestellte Streichen und Fallen der Flächen, oder das Streichen und Fallen der Neigungslinien dieser Flächen, wird meistenteils zusammen mit einer kurzen Charakteristik (beispielsweise gekrümmt, tektonisch geglättet,

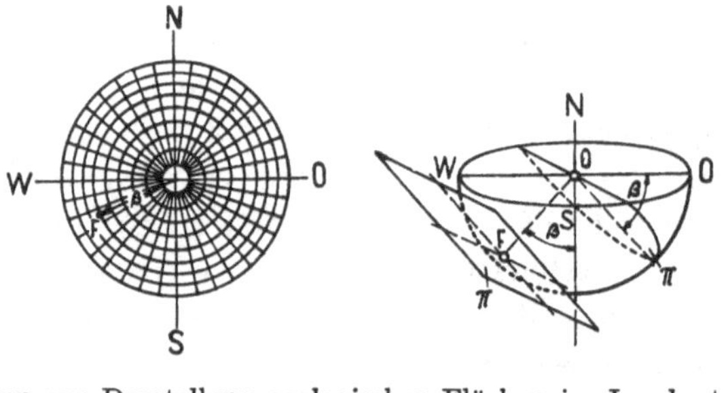

Abb. 12—8. Verfahren zur Darstellung geologischer Flächen im Lambertschen Netz. Die dargestellte Fläche wird durch ihren Pol F, der in das flächentreue Netz projiziert wird, veranschaulicht (*Müller, 1953*).

rauh, offen, mit toniger Füllmasse usw.) in ein Registrierbuch eingetragen. Die Auswertung der Meßdaten geschieht sodann in Diagrammen entweder vom Rosetten- oder Kreisformtyp.

Diagramme in *Rosettenform* stellen die Häufigkeit der gemessenen Klüfte dar und können auf zweierlei Art und Weise gezeichnet werden. Beim ersten Verfahren (siehe Abb. 8—53) wird auf die Strahlen des Diagrammes in beliebig gewähltem Maßstab die Anzahl der gemessenen Flächen aufgetragen, deren Richtung dem betreffenden Strahl mit einer Abweichung von 5 bis 10° entspricht. Die auf den Strahlen der Rosette erhaltenen Punkte werden durch eine gebrochene Linie miteinander verbunden. Da das Diagramm symmetrisch ist, genügt es, nur eine Hälfte zu zeichnen.

Aus dem auf diese Weise angefertigten Diagramm gehen die Neigungen der Absonderungsflächen nicht hervor. Dieser Nachteil wird zum Teil durch das zweite Verfahren der rosettenförmigen Diagrammgestaltung aufgehoben, bei dem die Anzahl der gemessenen Flächen auf die der Richtung der Fallinien der Fläche entsprechenden Strahlen aufgetragen werden. Da dieses Diagramm im allgemeinen unsymmetrisch ist, muß es vollständig gezeichnet werden.

Daraus geht hervor, daß die rosettenförmigen Diagramme wegen ihrer zweidimensionalen Ausführung nicht gerade das geeignete Mittel zur Darstellung von Systemen räumlichen Charakters sind. Zur Verfolgung des Verlaufes der Absonderungsflächen und deren Beziehung zum Bauwerk entsprechen besser Diagramme kreisförmigen Typs, die auch in mehreren Varianten angefertigt werden können.

Am häufigsten werden in der Ingenieurgeologie zur Darstellung von Absonderungsflächen *polare Koordinatensysteme* verwendet. Die einzelnen Absonderungsflächen werden als Punkte (Pole) in das Diagramm eingetragen. Der Winkel zwischen der Achse des Koordinatensystems und dem Leitstrahl des Poles drückt die Richtung

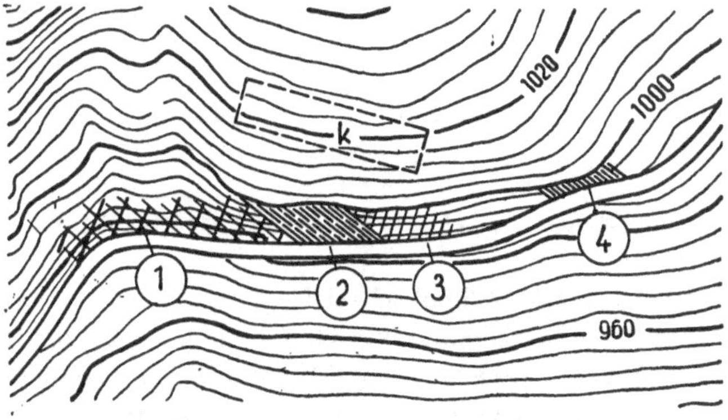

Abb. 12—9. Abgrenzung der tektonischen Schollen in der Umgebung der projektierten unterirdischen Kaverne. *1 — 4* Abschnitte mit unterschiedlichen tektonischen Störungsflächen, die in Abb. 12—10 dargestellt sind.

der Neigungslinie der gemessenen Fläche aus, deren Neigung durch die Länge des Leitstrahles gegeben ist. Die gemessenen Werte können unmittelbar im Gelände in das Diagramm eingetragen werden, wenn vorher für Flächen unterschiedlichen Charakters bestimmte Markierungszeichen (Ring, Dreieck usw.) gewählt wurden. Das unmittelbare Einzeichnen der Punkte bedeutet eine beträchtliche Zeitersparnis, besonders bei einer großen Anzahl von Messungen.

Vom Standpunkt der statistischen Auswertung aus gesehen, bietet die graphische Darstellung des Verlaufes geologischer Flächen in der *flächentreuen Projektion von Lambert* gewisse Vorteile. Wie aus Abb. 12—8 hervorgeht, werden die dargestellten Flächen durch die Projektion ihrer Pole auf der orientierten unteren Kugelhälfte im Lambertschen Netz in normaler (äquatorialer) Lage dargestellt. Hierbei stellen wir uns vor, daß alle Flächen durch die Mitte der Kugel hindurchgehen. Die An-

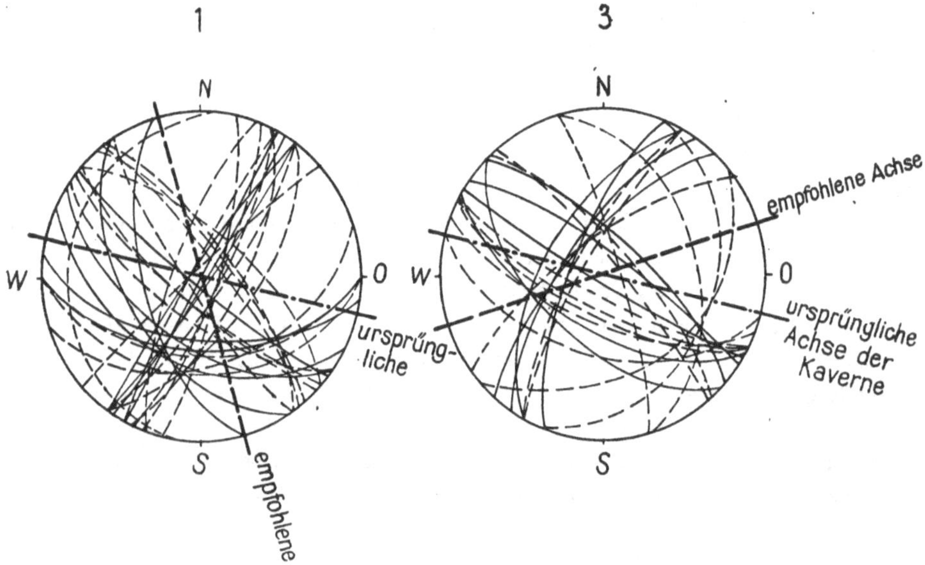

Abb. 12—10. Diagramme, die die tektonische Störung der Schollen *1* und *3* in Abb. 12—9 veranschaulichen. Die Klüfte werden durch ihre Schnittlinien auf der orientierten unteren Kugelhälfte dargestellt. (*F. Karl, 1954*).

wendung des Lambertschen Netzes ermöglicht eine unmittelbare graphische Auswertung der Poldichte.

Beide angeführte Typen der Punkt-Kreisdiagramme stellen jedoch hohe Anforderungen an das Vorstellungsvermögen, wenn man sich mit ihrer Hilfe eine Vorstellung von der räumlichen Beziehung der Absonderungsflächen zum projektierten Bauwerk bilden will. Am günstigsten scheint es zu sein, für diesen Zweck die in Abb. 12—10 angeführte Darstellung anzuwenden.

Die Schnittlinien der Absonderungsflächen mit der orientierten unteren Kugelhälfte ermöglichen nämlich die beste räumliche Vorstellung über deren Verlauf. Die einzelnen Kluftsysteme treten durch die unterschiedliche Dichte der Hauptkreislinien in Erscheinung. Ein Nachteil dieser Diagramme besteht allerdings darin, daß sie bei einer größeren Anzahl von Messungen an Übersichtlichkeit verlieren. In Abb. 12—9 ist die Analyse der tektonischen Störungsflächen der Gesteine zur Bestimmung der günstigsten Lage einer unterirdischen Kaverne dargestellt (Karl F., 1954).

12,4. Das Eindringen von Wasser in den Tunnel. Bei der geologischen Erkundung des Geländes, in dem ein Tunnel vorgetrieben werden soll, sind die hydrogeologischen Verhältnisse eingehend zu erkunden. Die Autoren beabsichtigen nicht, sich in diesem Abschnitt systematisch mit der Hydrogeologie zu befassen; es soll lediglich an einigen Beispielen die Bedeutung einer einwandfreien Bestimmung des Wasserzuflusses in einen Tunnel aufgezeigt werden. Es muß untersucht werden, ob es zu einem Eindringen von Wasser in den Tunnel kommen kann und in welchen Abschnitten des Tunnels und in welchem Ausmaße dies der Fall sein wird. Man muß die Stellen der konzentrierten und verstreuten Wasserzuflüsse kennen, weil ein Eindringen von Wasser die Vortriebsarbeit erschwert und stärkere Wasserzuflüsse den Fortgang der Arbeiten hemmen oder sogar gefährden können. Nach dem Ausmaß des wahrscheinlichen Wasserzuflusses in den Tunnel werden die Abmessungen der Längs- und Querdränage sowie auch eine zweckentsprechende Isolierung der Tunnelrohre projektiert. Gleichzeitig muß man sich mit der chemischen Zusammensetzung des Grundwassers befassen, um festzustellen, ob es nicht vielleicht den Tunnelausbau beschädigen wird (siehe Abschnitt 7,7).

Neben der Menge des Zuflusses ist zu ermitteln, in welchen Abschnitten ein ausgiebiger Wasserzufluß zu erwarten ist. Dies ist dann besonders wichtig, wenn der Tunnel ein einheitliches Gefälle aufweist oder dieser gleichzeitig von mehreren Punkten oder Schächten aus vorgetrieben werden soll.

So wurde beispielsweise beim Bau des Eisenbahntunnels quer durch den Apennin von Bologna nach Florenz gleichzeitig von beiden Tunneleingängen und von einem in der Mitte des Tunnels niedergebrachten Schrägschacht aus gearbeitet. Die Arbeit wurde durch starken Wasserzufluß sehr erschwert. Der Wasserzufluß hatte ein solches Ausmaß, daß die Pumpstation laufend vergrößert werden mußte, die schließlich vor dem Durchbruch des Stollens, der den Wasserabfluß vom Arbeitsort des Mittelabschnittes ermöglichte, über 37 elektrische Pumpen mit einer Leistung von 1200 l/sec verfügte.

In der nachstehenden Übersicht wird der Wasserabfluß aus einigen bekannten Tunneln angeführt, wonach man beurteilen kann, auf welche Mengen das in den Tunnel eindringende Wasser ansteigen kann und wie wichtig es ist, rechtzeitig eine ordnungsgemäße Tunnelentwässerung vorzusehen.

Mont d'Or	3000	bis	10 000 l/sec
Simplon	bis zu		1 200 l/sec
Bologna—Florenz	bis zu		1 200 l/sec
Harmanec	400	—	800 l/sec
Bosruck	bis zu		800 l/sec
Grenchenberg	570	—	800 l/sec
Weissenstein	bis zu		450 l/sec
St. Gotthard	bis zu		230 l/sec.

Wird ein Tunnel in Gesteinen des felsigen Untergrundes vorgetrieben, dann kann es zu einem nachhaltigen Wasserzufluß kommen:

1. Aus Klüften, besonders in stark zerklüfteten Gesteinen und tektonisch gestörten Zonen,

2. in wasserdurchlässigen Gesteinen, die einen hohen freien Porenraum besitzen, wie beispielsweise in porösen Sandsteinen, Arkosen, in verwittertem Granit usw.,

3. in durch Karsterscheinungen gestörten Kalksteinen, durch die in den Tunnel ergiebige unterirdische Wasserläufe abgeleitet werden können, auch wenn an der Geländeoberfläche keine Spur von Wasser zu bemerken ist.

So stieß man beispielsweise beim Bau des Grenchenbergtunnels in Kalksteinen auf einen unterirdischen Wasserlauf. Wegen des einströmenden Wassers mußte die Arbeit im Stollen unterbrochen werden. Erst nach etwa zwei Monaten, als der Wasserzufluß von ursprünglich 800 l/sec auf 570 l/sec gesunken war, konnte die Arbeit fortgesetzt werden. Auch beim Bau des Harmanecer Tunnels kam es im Januar 1938 zur Überflutung der Brust des Stollens durch starken Wasserzufluß bis zu 400 l/sec. Da man am Abbauort auf einen möglichen Wassereinbruch vorbereitet war, brauchte die Arbeit nur zwei Tage lang eingestellt wurden.

Die Wassermenge vorauszubestimmen, die in den Tunnel einfließen wird, ist sehr schwierig. Um diese Wassermenge annähernd berechnen zu können, muß auf der geologischen Karte das Einzugsgebiet abgegrenzt werden, aus dem ein Wasserzufluß in den Tunnel erfolgen könnte. Gewöhnlich stimmen die Abgrenzungen des hydrogeologischen mit den Grenzen des geographischen Einzugsgebietes nicht überein. Wechseln wasserdurchlässige und wasserundurchlässige Gesteine miteinander ab, dann ist für die Ausdehnung dieses Gebietes die Durchdringung derjenigen undurchlässigen Schicht mit der Geländeoberfläche von entscheidender Bedeutung, die an der tiefsten Stelle des Tunnels angetroffen wird. Bei der hydrogeologischen Untersuchung für den Bau des Harmanecer Tunnels wurde z. B. festgestellt, daß sich das Einzugsgebiet in nordost-südwestlicher Richtung stark ausdehnt, d. h. parallel zum Streichen einiger mäßiger Falten der Subtatra-Decken in der weiteren Umgebung des Tunnels (Abb. 12—7). Diese Falten sind für die Wasserverhältnisse im Tunnel von großer Bedeutung, da in den Tunnel nur das Wasser eindringen kann, das sich in den Becken ansammelt, die von undurchlässigen Mergelkalken der Unterkreide gebildet werden.

Ist die Ausdehnung des Einzugsgebietes bestimmt, dann sind die Niederschlagsmengen zu ermitteln. In der ČSSR besteht ein dichtes Netz von Niederschlagsmeßstationen, so daß zuverlässige Angaben über die Niederschlagsmengen während der letzten 50 bis 70 Jahre zur Verfügung stehen. Nach diesen Angaben ist der im Bereich des Einzugsgebietes während eines Jahres gefallene Mittelwert der Niederschlagsmenge zu ermitteln.

Ferner sind die Infiltrationskoeffizienten zu bestimmen. Wie bekannt, sickert nur ein Teil des Niederschlagswassers in den Boden ein; ein Teil verdunstet, und ein Teil fließt an der Erdoberfläche ab. Die Proportionen zwischen der verdunstenden, der abfließenden und der einsickernden Wassermenge sind entsprechend den örtlichen Verhältnissen und dem Charakter des Einzugsgebietes beträchtlichen Schwankungen unterworfen. Auf den Infiltrationskoeffizienten üben vor allem die klimatischen Verhältnisse des betreffenden Gebietes, besonders die Verteilung der Niederschlagsmengen, die Dauer der Regenfälle und die Art der Niederschläge (d. h., ob es sich um Regen oder Schnee handelt) einen Einfluß aus. Die klimatischen Verhältnisse beeinflussen auch die Verdunstung des Wassers in stärkerem Maße, da diese von der Temperatur und dem Feuchtigkeitsgehalt der Luft abhängt. Ebenso große Bedeutung haben die Form des Geländereliefs und der geologische Aufbau des Einzugsgebietes. An Steilhängen, die von undurchlässigen Gesteinen gebildet werden, fließt das Wasser größtenteils an der Geländeoberfläche ab. Auf mäßig geneigten, mit einer durchlässigen Schicht von Verwitterungsmaterial bedeckten Hängen sickert ein Großteil des Wassers ein. Für die Bestimmung des Infiltrationskoeffizienten ist auch die Art des Pflanzen- und Baumbestandes im Einzugsgebiet zu berücksichtigen, wie zum Beispiel ob es sich um landwirtschaftlich genutzte Flächen oder um Laub- oder Nadelwälder usw. handelt.

Als Beispiel wird die Analyse dieses Problems beim Bau des Harmanecer Tunnels angeführt. Das Einzugsgebiet umfaßt eine Fläche von annähernd 26 km^2 und ist vorwiegend mit alten Nadel- und Laubgehölzen bewachsen. An den Steilhängen treten auch kahle Felsen an die Oberfläche, die von Kalkstein und Dolomit gebildet und sehr wasserdurchlässig sind, da sie von zahlreichen Spalten und einem ganzen System unterirdischer Hohlräume durchsetzt sind. Deshalb wurde der Infiltrationskoeffizient auf 40 % der gesamten Niederschlagsmenge festgelegt. Die Verdunstung wurde nach den für ein Gebiet mit Laubwäldern angeführten Daten auf 40 % geschätzt. Der Wasserabfluß an der Geländeoberfläche wird nur mit 20 % angenommen, da die Täler, besonders in den höheren Lagen, fast trocken sind. Auf der Geländeoberfläche fließt das Wasser nur bei anhaltenden Regengüssen ab. Auf Grund dieser Unterlagen wurde der durchschnittliche Wasserabfluß aus dem Tunnel vorläufig mit 330 l/sec berechnet. Es wurde angenommen, daß sich diese Wassermenge nicht auf die gesamte Länge des Tunnels verteilt, sondern daß sich der Wasserzufluß im Tunnel auf einige Abschnitte konzentriert, in denen die austretenden Wassermengen zeitweilig bis auf ein Vielfaches des Wertes der durchschnittlichen Abflußmenge ansteigen können.

Beim Auffahren des Tunnels wurden die Ergebnisse der hydrogeologischen Voruntersuchungen im großen und ganzen bestätigt. Ein kurzzeitiger maximaler Wasserabfluß bis zu 800 l/sec aus dem Tunnel an der Harmanecer Seite wurde am 17. Januar 1938 beobachtet (siehe Abb. 12—12). Nach dem Tunneldurchbruch sank der Wasserabfluß auf etwa 400 l/sec ab, in den folgenden trockenen Jahren war er noch wesentlich geringer. Im vorliegenden Falle scheint der Infiltrationskoeffizient mit 40 % ziemlich niedrig festgelegt zu sein; für durchlässigen Dolomit und Kalkstein sind 45 bis 50 % in Betracht zu ziehen.

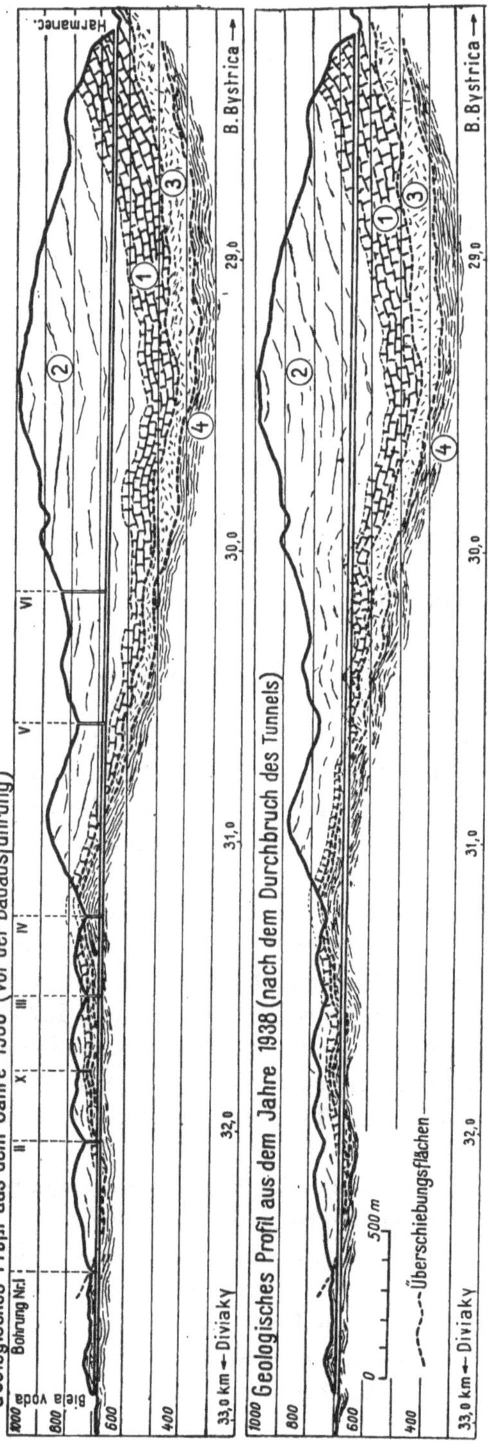

Abb. 12—11. Geologische Profile des Harmanecer Tunnels.

1 — Guttensteinkalk, *2* — Dolomit, *3* — Dolomit-Brekzie, *4* — Mergelkalk des Neokom (*Zâruba* — *Andrusov 1939*).

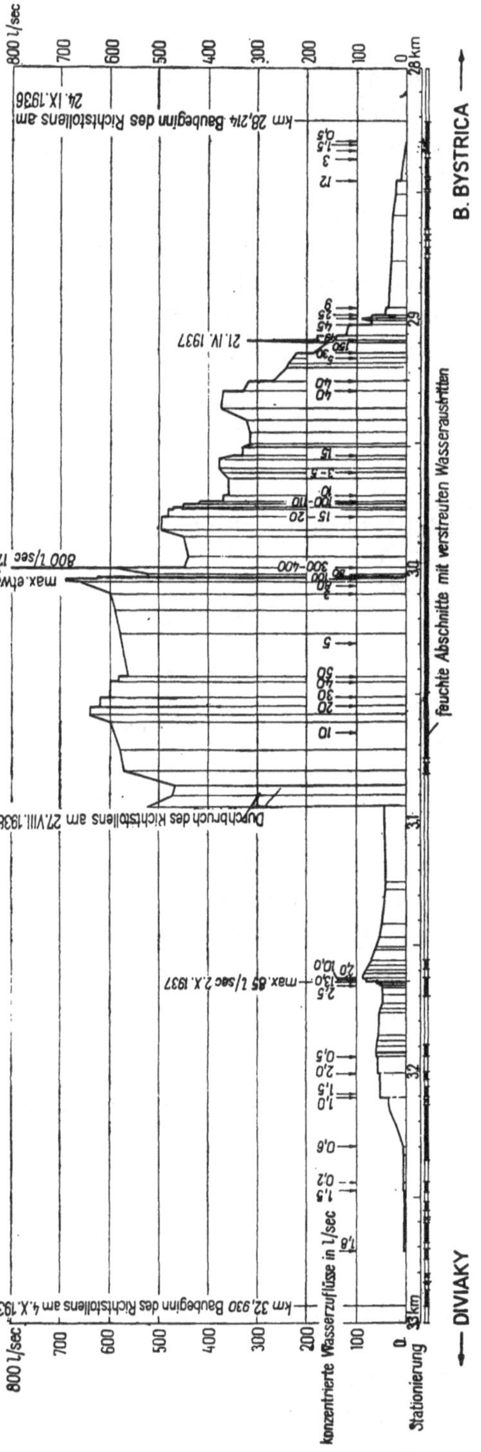

Abb. 12—12. Verlauf des Wasserabflusses beim Vortrieb des Richtstollens für den Harmanecer Tunnel. Gemessen wurde an beiden Tunneleingängen.

Bei der Beurteilung der hydrogeologischen Verhältnisse muß man den geologischen Bau des Einzugsgebietes kennen und gleichzeitig wissen, welche Gesteinsarten durchlässig, welche undurchlässig sind und in welcher Form das Grundwasser im Berg auftritt. Bilden wasserundurchlässige Gesteine an der Basis des Einzugsgebietes ein Becken, in dem durchlässige Gesteine abgelagert werden, dann ist zu untersuchen, in welcher Ebene in diesem Einzugsgebiet der Grundwasserspiegel liegt. Wird der Tunnel über der Ebene des Grundwasserspiegels vorgetrieben, dann werden die in den Tunnel einsickernden Wassermengen relativ gering sein. Wird jedoch der Tunnel in größerer Tiefe unter dem Grundwasserspiegel liegen, so kommt es beim Anzapfen der durchlässigen Schicht zu starken Wasserzuflüssen (Abb. 12—13). Die Wasser-

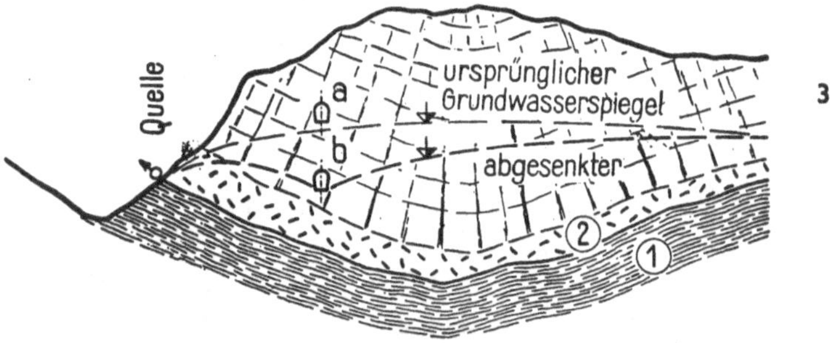

Abb. 12—13. Die Höhenlage der Sohle des Tunnels gegenüber dem Grundwasserspiegel ist für die Wasserverhältnisse des Tunnels von entscheidener Bedeutung. *1* — Mergelkalk, Neokom, *2* — Dolomitbrekzien, *3* — kavernöser Guttensteinkalk.

menge kann bis zur Absenkung des Grundwasserspiegels auf die Ebene des Stollens ein Vielfaches dessen betragen, was ursprünglich angenommen wurde. So wurde beispielsweise an einem Tunneleingang in Mittelmähren im neogenen Sand Grundwasser angezapft, das durch undurchlässigen Hanglehm gestaut wurde. Beim Tunnelvortrieb in den undurchlässigen Deckschichten kam es zu einem starken Wasserzutritt von maximal 600 l/sec. Der Wasserzufluß verringerte sich schnell und sank nach einigen Tagen bis auf 1 l/sec. ab.

Das Wasser kann sich in Klüften oder Störungszonen ansammeln. Trifft man auf eine wasserführende Störungszone, dann kann es zu einem starken Wasseraustritt kommen. So stieß man beispielsweise beim Bau des Tunnels der Eisenbahnstrecke Horní Štubňa—Handlová auf eine wasserführende Störungszone zwischen paläogenen Schiefern und Andesit. Das Wasser drang unter hohem Druck in den Tunnelstollen ein, so daß dieser teilweise verschüttet wurde. Bevor in diesem Tunnelabschnitt die Arbeit fortgesetzt werden konnte, mußte das Wasser durch einen Umlaufstollen aus dem zerklüfteten Andesit abgeleitet werden.

Im Rahmen der Voruntersuchung ist zu beachten, daß durch den Tunnelbau der Grundwasserhaushalt in einem weit ausgedehnten Gebiet oberhalb des Tunnels gestört wird. Der Tunnel wirkt wie eine Dränage, die die Brunnen und sonstigen

Wasserleiter der weiteren Umgebung trocken legt (Abb. 12—14). Ist die Gegend oberhalb des Tunnels besiedelt, dann ist bei den betroffenen Gemeinden für eine Ersatzquelle an Trink- und Brauchwasser zu sorgen. So verschwand zum Beispiel beim Bau des Tunnels unter dem Berg Polana in den Westkarpaten in einigen oberhalb des Tunnels liegenden Gemeinden das Wasser aus den Brunnen und Quellen. In ähnlicher Weise war beim Bau eines Wasserstollens in Partenstein der zerklüftete Granit derart wasserdurchlässig, daß alle Quellen im Gebiet oberhalb des Tunnels versiegten. In beiden Fällen mußten den betroffenen Gemeinden Ersatzquellen zur Verfügung gestellt werden.

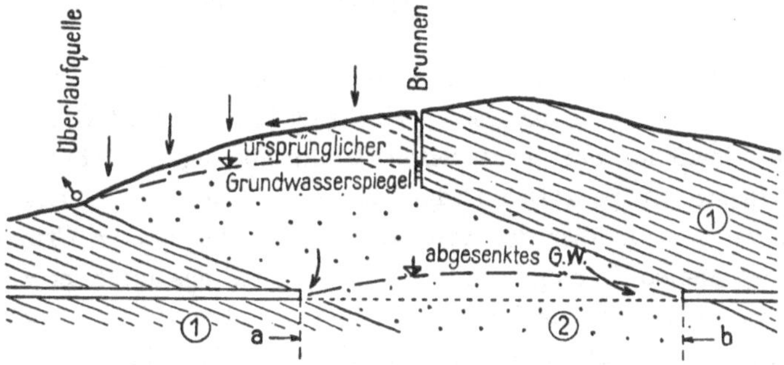

Abb. 12—14. Absinken des Grundwasserspiegels beim Tunnelvortrieb. Auch in Brunnen verschwindet das Wasser. *1* — undurchlässiger Schiefer, *2* — durchlässiger Sandstein.

12,5. Der Bau von Untergrundbahnen. Ein besonderer Fall ist der Bau von Untergrundbahnen, die manchmal durch wasserführende Ablagerungen unter den Tälern großer Flüsse führen. Diese Tunnel werden gewöhnlich unter Anwendung spezieller Arbeitsmethoden gebaut. Man bedient sich dabei des Schildvortriebs und hält das eindringende Wasser durch Druckluft zurück. Auch hier muß man für den Entwurf der Tunnelkonstruktion und zur Festlegung einer wirtschaftlichen Arbeitsmethode die Zusammensetzung der Talablagerungen und die Art des felsigen Untergrundes unterhalb der Talsohle genau kennen.

In einigen Großstädten wurde der Untergrundbahnkörper oberflächennah in den Talablagerungen gegründet. Ein typisches Beispiel dafür ist die Untergrundbahn in Berlin, wo lockere und wasserdurchlässige Gesteine noch bis in größere Tiefen reichen, so daß es zweckmäßiger war, mit der Tunneltrasse in der Nähe der Erdoberfläche zu bleiben (Unterpflasterbahn). Dadurch entwickelte sich ein System des Untergrundbahnbaues in offener Baugrube mit betriebssicherem Auszimmerungsverfahren, die sog. Berliner Methode. Bei dieser Baumethode werden die Schalbohlen gegen vorher eingerammte Stahlträger gelegt. Will man dieses Verfahren unter anderen geologischen Verhältnissen anwenden, so muß man sorgfältig prüfen, ob das Einrammen der Stahlträger in das Gestein möglich ist. Man kann auch in Erwägung ziehen, die Träger unter Anwendung verschiedener neuzeitlicher Bohrverfahren in vorgebohrte Löcher einzusetzen. Ein schwieriges Problem stellt oft die Baugrubenentwässerung dar, die in der Regel durch künstliches Absenken des Grundwasserspiegels vorgenommen wird.

Sonst ist man bestrebt, den wasserführenden Oberflächenablagerungen und ebenso der Besiedlung, die die Zügigkeit der Linienführung einengen und eine Verringerung der Fahrgeschwindigkeit zur Folge haben, auszuweichen. Dies zwingt die Projektanten zum Entwurf von tief in den Gesteinen des felsigen Untergrundes angelegten Tunneln. Diese Methode hat den Vorteil, daß der Tunnel sowohl den lockeren und wasserführenden Oberflächenablagerungen, als auch dem Einfluß der Besiedlung ausweicht. Dies ermöglicht eine zweckentsprechendere Wahl der Tunneltrasse und damit eine Erhöhung der Fahrgeschwindigkeit und eine Verringerung der Anzahl der U-Bahnstationen.

In diesem Falle besteht die Aufgabe der geologischen Untersuchung darin, die minimal erforderliche Stärke der Gesteinsdecke zu bestimmen. Dafür sind die Eigenschaften der Gesteine, besonders deren Undurchlässigkeit, von entscheidender Bedeutung. In steifen, praktisch undurchlässigen Tonen genügt eine Schicht von einigen wenigen Metern über der Tunneldecke, um den oberen Grundwasserleiter von dem ausgehauenen Raum getrennt zu halten, allerdings unter der Voraussetzung, daß eine zweckentsprechende Arbeitsmethode (Schildvortrieb) angewendet wird. Ein gutes Beispiel dafür, wie der Bau der Untergrundbahn den natürlichen Bedingungen angepaßt werden kann, ist die neuerbaute Untergrundbahn in Budapest. Der Tunnel der zweigleisigen Strecke liegt etwa 20 m unter der Oberfläche der tertiären Ablagerungen. Diese größere Tiefe ermöglichte es, den Tunnel in den Abschnitten, die durch feste oligozäne Mergel führen, ohne Anwendung des Schildvortriebes zu bauen. Beim Bau dieses Tunnels wurde das System Kunz angewendet; es wurde dabei teilweise mit Luftüberdruck gearbeitet, der die Gesteinsdecke besonders unter dem Flußbett der Donau abstützte. Im östlichen Teil von Pest, in den Tortonmergeln, wurde meistens der Schildvortrieb ohne Druckluft angewendet. Schildvortrieb unter Anwendung von Druckluft war nur beim Auffahren der breiten, parallel verlaufenden Tunnelrohre für die U-Bahnstationen erforderlich. In den weichen sarmatischen Schluffmergeln mit wasserführenden Sandzwischenlagen mußte der Vortrieb unter Anwendung von Druckluft oder mit Hilfe des Gefrierverfahrens erfolgen; die Arbeit war hier sehr schwierig.

Handelt es sich um feste, jedoch zerklüftete Gesteine, dann muß selbst bei einer Felsüberdeckung von mehr als 10 m noch mit einem beträchtlichen Grundwasserzufluß gerechnet werden. Die Durchlässigkeit der Schichtgesteine wird durch die Druckentlastung der Fugen und Klüfte beim Tunnelausbruch noch erhöht. Deshalb ist die höhere Lage des Tunnels *b* gemäß Abb. 12—15 im Hinblick darauf, daß der Grundwasserleiter in den sandigen Kiesen der Talterrasse gewöhnlich von großer Ergiebigkeit ist, weil er mit Wasser aus dem Fluß gespeist wird, nicht gut durchführbar. Günstiger wäre die tiefere Lage *c*. Vom geologischen Standpunkt aus erweist sich die Lage *a* am günstigsten, bei der es möglich wäre, den Untergrundbahnkörper in offener Baugrube oberhalb des Grundwasserspiegels anzulegen.

Diese oberflächennahe Tunneltrasse der Untergrundbahn wird jedoch ungünstig, wenn ein Übergang zu einem tiefer gelegenen, bergmännisch vorgetriebenen Tunnel notwendig ist (Abb. 12—16). Vor diesem Tunnelabschnitt wird eine sehr tiefe Baugrube erforderlich.

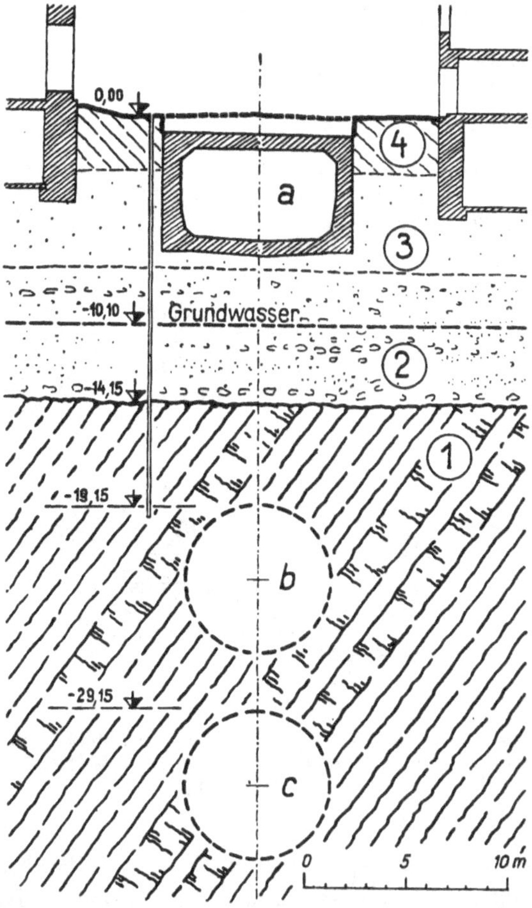

Abb. 12—15. Der Einfluß der geologischen Verhältnisse auf die Höhenlage der Untergrundbahn. Vom geologischen Standpunkt aus betrachtet, ist eine oberflächennahe Führung oberhalb des Grundwasserspiegels am vorteilhaftesten. Am ungünstigsten ist die Lage — *b* —, weil die geringe Felsüberdeckung beim Tunnelvortrieb gestört wird; dies bewirkt eine Erhöhung des Grundwasserzuflusses und des Gebirgsdrucks; *1* — Ordoviziumschiefer mit Quarzitbänken, *2* — sandiger Schotter, *3* — Sand, *4* — Aufschüttung.

12,6. Der Vortrieb von Stollen und Tunneln. Beim Vortrieb von Stollen und Tunneln geht es nicht nur um das Aushauen eines bestimmten Raumes im Gebirge, sondern auch um die Sicherung des entstandenen Hohlraumes, dessen Schaffung einen Eingriff in die natürlichen Gleichgewichtsverhältnisse unter der Erdoberfläche bedeutet. Die Arbeit ist um so einfacher, je leichter sich das Gestein lösen läßt, je mehr der im Gestein geschaffene Hohlraum der geforderten Form entspricht und je geringer der Gebirgsdruck auf die zeitweilige Auszimmerung und den bleibenden Tunnelausbau ist.

Um die Arbeit in Stollen und Tunneln zu beurteilen, muß man nicht nur die Gewinnbarkeit des Gesteins berücksichtigen, sondern auch den Gebirgsdruck in Betracht ziehen, dem die Auszimmerung ausgesetzt sein wird. Darüber hinaus muß

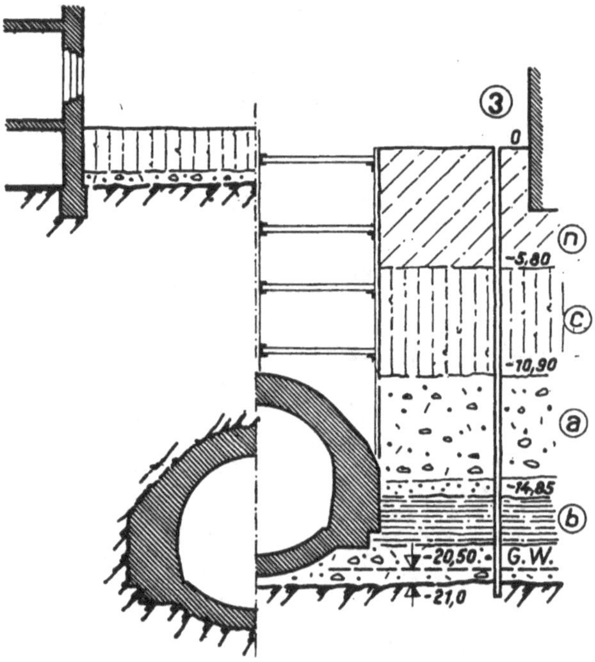

Abb. 12–16. Querschnitt einer tiefen Baugrube der Untergrundbahn am Übergang zu einem bergmännisch vorgetriebenen Streckenabschnitt. *a* — sandiger Schotter, *b* — Ton, *c* — Lößlehm, *n* — Aufschüttung.

man den Charakter der Arbeit im begrenzten Raum berücksichtigen, wo nicht die Arbeitsverfahren angewendet werden können, die bei offenen Baugruben möglich sind.

Die Gesteine werden deshalb nicht nur nach ihrer Gewinnbarkeit beurteilt; es wird der Begriff *Vortriebseignung* eingeführt, durch den die Schwierigkeiten der mit dem Aushauen des unterirdischen Raumes und der mit dessen vorläufigem und bleibendem Ausbau verbundenen Arbeiten zusammenfassend bewertet werden. Die Vortriebseignung wird hierbei der Gewinnbarkeit der Gesteine übergeordnet. Es ist nämlich möglich, daß ein härteres und schwieriger zu gewinnendes Gestein hinsichtlich der Vortriebseignung günstigere Bedingungen bietet als ein Gestein, das in einer offenen Baugrube als leichter gewinnbar bezeichnet wird, weil es weicher ist. Nach der Vortriebseignung werden in der ČSSR die Gesteine in drei Gruppen gegliedert, die nach dem Grad der Gewinnbarkeit wie folgt unterteilt werden können:

Vortriebseignung I. Grades: Feste Gesteine des felsigen Untergrundes; nicht oder wenig drückend. Beim Ausbruch wird gewöhnlich ohne oder mit schwacher Auszimmerung gearbeitet, und es können mehrere Ringe auf einmal nebeneinander aufgeschlossen werden (sog. kontinuierlicher Ausbau); es genügt ein Verkleidungsmauerwerk. Nach der Gewinnbarkeit gehören hierzu folgende Gesteine:

a) leicht sprengbares Gestein (Gewinnungsklasse 3);
b) schwer sprengbares Gestein (Gewinnungsklasse 4);
c) sehr schwer sprengbares Gestein (Ausnahmefälle von Gewinnungsklasse 4, sog. „Massivfelsen").

Vortriebseignung II. Grades: Kohäsionslose und bindige Lockergesteine; stark drückende Gesteine, die eine schwere Auszimmerung und Druckmauerwerk erfordern. Es wird abschnittsweise aufgeschlossen („Pfeilervortrieb").

Vortriebseignung III. Grades: Kohäsionslose, wasserführende und weiche, bindige Lockergesteine. Es handelt sich hierbei um sehr stark drückende Gesteine, die eine Getriebezimmerung, besondere Tunnelvortriebsmethoden und den stärksten Ausbau erfordern.

Ein weiterer wichtiger Faktor, der beim Stollenvortrieb zu beachten ist, ist der Wasserzufluß in den Abbauort. Beim Kostenvoranschlag unterscheidet man gewöhnlich drei Fälle: trockene, nasse und stark wasserführende Gesteine.

Bei der Projektierung und beim Bau der Tunnel und Stollen weicht man nach Möglichkeit Gebieten aus, in denen der Vortrieb in Gesteinen der II. oder III. Vortriebseignung durchgeführt werden müßte. Im Gestein vorwiegend der I. Vortriebseignung muß man indes damit rechnen, daß in ihnen kürzere Abschnitte mit Gesteinen der II. Vortriebseignung auftreten können. In drückenden Gesteinen der II. oder III. Vortriebseignung (in kohäsionslosen und wasserführenden Lockergesteinen) werden Tunnel nur in den Fällen gebaut, wo die Tunneltrasse nicht anders geführt werden kann, vor allem bei Tunneln der Untergrundbahnen in Großstädten.

Die *Tiefengesteine* gehören zumeist zur I. Vortriebseignung, weil sie größtenteils homogen und relativ wenig zerklüftet sind. Etwas ungünstigere Bedingungen bestehen am Rande der Tiefengesteinskörper, wo die Gesteine gewöhnlich unregelmäßig zerklüftet und heterogen sind. In ihnen ist deshalb der Vortrieb schwierig.

Bei *Erguß-* und *Ganggesteinen* kommt es auf die Form des Eruptivgesteinskörpers, seinen petrographischen Charakter und die Absonderung an. Mächtige Decken und Lakkolithe mit bankförmiger Absonderung sind für den Vortrieb zumeist besser geeignet als die unregelmäßigen Füllmassen der Zufuhrgänge und vulkanischer Kamine. Auch verschiedene vulkanische Agglomerate mit festen Gesteinsblöcken und weichem Bindemittel oder bröckelige Gesteine mit säuliger Absonderung sind für den Tunnelvortrieb weniger günstig.

Bei *Schichtgesteinen* kommt es auf deren Lagerungsverhältnisse, Mächtigkeit und Schichtenneigung sowie auf ihre Festigkeit an. Für den Tunnelvortrieb ist es wichtig, welchen Winkel die Tunnelachse mit dem Streichen der Schichten bildet. Sind die Schichten horizontal gelagert, so ist es vorteilhaft, wenn die Tunneldecke aus festen Gesteinen in mächtigen Bänken ausgebildet ist.

In der Regel sind die Schichten unterschiedlich geneigt, gekrümmt oder gefaltet. Die Bedeutung der Lagerungsverhältnisse der Schichtgesteine für den Tunnelvortrieb kann am besten aus der Abb. 12—17 erkannt werden. Der günstigste Fall

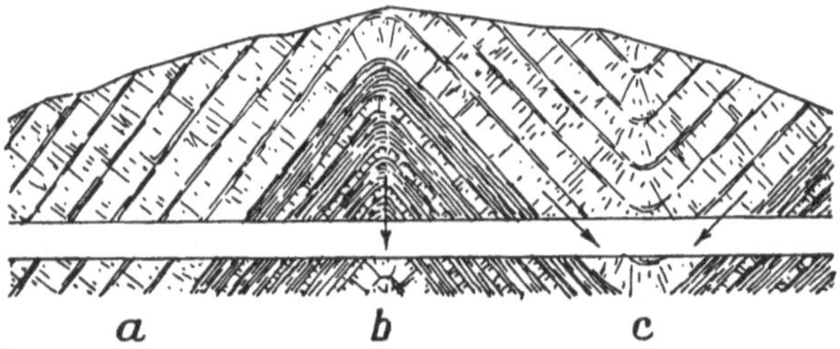

Abb. 12—17. Tunnelvortrieb in gefalteten Schichten senkrecht zum Streichen.

liegt vor, wenn die Tunneltrasse senkrecht zum Streichen der Schichten verläuft (Abb. 12—17a) und die Schichten zum Abbauort einfallen, weil sich dann die Gesteine gut bohren und verladen lassen und die Abbauwände standfest sind. Führt das Tunnelrohr durch eine Aufsattelung quer zum Schichtenstreichen, dann stößt der Tunnelvortrieb auf Schwierigkeiten, denn das Gestein ist einerseits verkeilt, so daß es sich schlechter lösen läßt, andererseits meistens zerklüftet, so daß in den Schichten örtliche Drücke auftreten können (Abb. 12—17b). Führt ein Tunnel durch eine Synklinale, dann ist er gewöhnlich naß, besonders wenn durchlässige und undurchlässige Gesteine abwechseln (Abb. 12—17c).

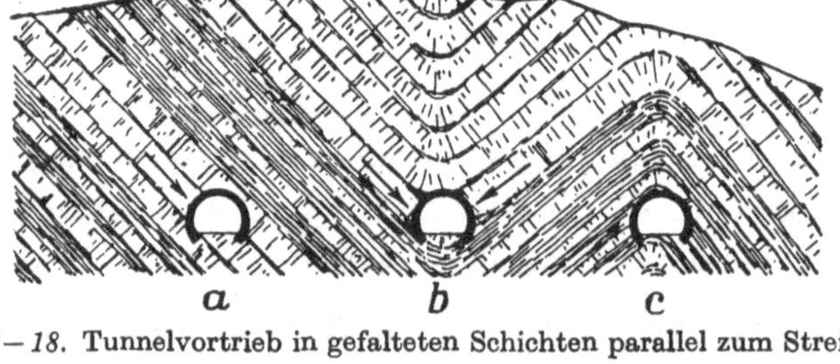

Abb. 12—18. Tunnelvortrieb in gefalteten Schichten parallel zum Streichen.

Ungünstiger ist es, wenn ein Tunnel parallel zum Streichen der Schichten vorgetrieben werden muß, besonders wenn das Gestein nicht homogen ist (Abb. 12—18).

Bei schräg einfallenden Schichten kann der Tunnel durch einseitigen Druck beansprucht werden, außerdem kommt es zumeist zu einem beträchtlichen Überprofil. Läge der Tunnel ausnahmsweise genau in der Achse der Antiklinale, dann würde es sehr auf die Schichtenneigung ankommen. Bei mäßiger Neigung würde das Gestein keinen Druck ausüben, aber der Abbau wäre ziemlich schwierig, weil das Gestein beiderseits verspreizt wäre. Ungünstig wäre die Lage des Tunnels in der Achse der Antiklinalen bei steil einfallenden Schichten. Die Tunneldecke wäre mit dem vollen Gewicht der losgelösten Schichten belastet. Die Lage des Tunnels in einer synklinalen Verbiegung wäre ebenfalls ungünstig. Das Gestein würde von beiden Seiten her einen Druck ausüben, und bei durchlässigen Schichten würden starke Wasserzuflüsse eintreten. Besonders ungünstig ist es, wenn eine Tunneltrasse parallel zum Streichen solcher Schichten liegt, die entweder senkrecht oder sehr steil einfallen. Auf dem Tunnelgewölbe lastet dann oft das große Gewicht des Hangenden, und das Gestein wird hoch über das theoretische Profil herausgebrochen (es bilden sich auch bei vorsichtigem Arbeitsvorgang die sog. Kamine).

Bei Schichtgesteinen ist deshalb eine sorgfältige Untersuchung des Streichens und Fallens der Schichten im Hinblick auf den Trassenverlauf des Tunnels erforderlich. Die gleiche Aufmerksamkeit ist auch anderen Absonderungsflächen, besonders den Hauptkluftsystemen, zuzuwenden.

Eine Schwächung des Gesteins, die durch Schichtenbildung oder durch ein System parallel verlaufender Klüfte entstand, kann auch die Wahl der Arbeitsmethoden beeinflussen. Als Beispiel dafür wird die Bedeutung des Einfallens der Schichten bei

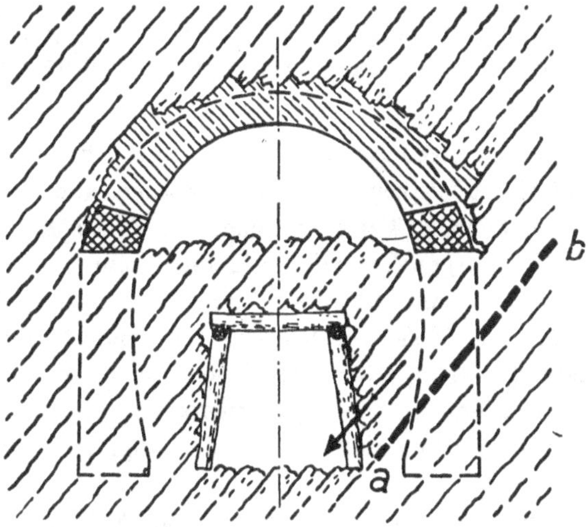

Abb. 12—19. Der Sohlstollen beim belgischen System, der parallel zum Streichen der Schichten vorgetrieben wurde, gefährdet die Abstützung der Gewölbekämpfer entlang der Fläche *a* — *b*.

der Unterfangungsbauweise angeführt. Herrscht eine parallel mit der Längsachse des Tunnels verlaufende Absonderung vor, dann ist es zweckmäßiger, den Firststollen als Richtstollen vorzutreiben, sofern dies möglich ist. Ein Sohlstollen könnte die Standfestigkeit der Seitenwände gefährden, auf denen der Gewölbekämpfer auflagert (Abb. 12—19). Es wird eine möglichst tiefe Anordnung des Gewölbekämpfers empfohlen, damit die Höhe der Unterfangungspfeiler gering ist.

Verlaufen die Absonderungsflächen senkrecht zur Tunnelachse und fallen die Schichten oder Klüfte in Achsenrichtung schräg ein, so ist die Standfestigkeit der Gesteinsblöcke, auf denen zeitweilig das Gewicht des Gewölbes ruht, gefährdet. Beim Ausbrechen des Gesteins für die Unterfangungspfeiler läßt es sich kaum verhindern, daß es zu einer Loslösung des zwischenliegenden Gesteins kommt (Abb. 12—20). In solch einem Falle muß vorsichtig gearbeitet werden, in jedem Abschnitt

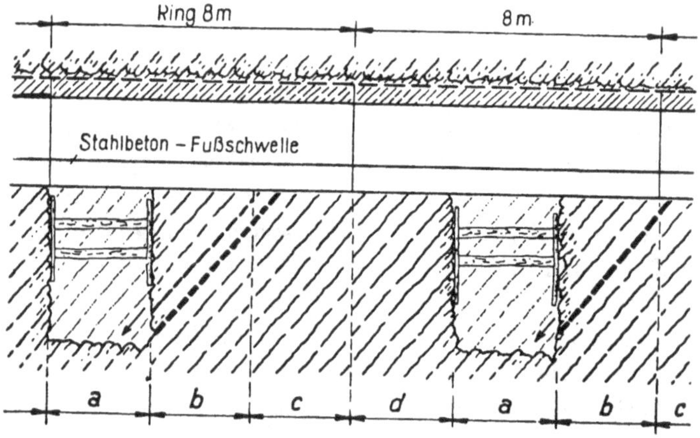

Abb. 12—20. Wenn die Schichten oder Klüfte quer zum Tunnel verlaufen, sind beim belgischen System die zwischenliegenden Gebirgspfeiler beim Herausbrechen der Stützen gefährdet.

möglichst nur an einem einzigen Abbauort. Die Arbeit wird erleichtert, wenn die Gewölbekämpfer möglichst niedrig angeordnet werden, um die Unterfangungspfeiler kurz halten zu können. Längsschwellen aus Stahlbeton in den Gewölbekämpfern müssen kräftig ausgesteift und durchlaufend sein.

Wenn sich das Gestein entlang den Absonderungsflächen sehr leicht löst und zur Rutschung neigt, wäre das Herausbrechen eines Raumes für die Unterfangungspfeiler aus dem Firststollen erforderlich, damit die für eine gewisse Zeit das Gewölbe tragenden Gesteinsblöcke am ungestörten Kern im Innern des Tunnels verspreizt bleiben. Unter solchen Umständen ist die Unterfangungsbauweise nicht mehr zweckmäßig.

Beim Tunnelvortrieb muß man sich auch mit dem Problem des *Überprofils* beschäftigen. Ein Überprofil entsteht bei einigen Gesteinsarten dann, wenn es nicht gelingt, in ihnen das vorgeschriebene Profil auszubrechen. Dies tritt hauptsächlich bei Gesteinen ein, die geschichtet und dabei hart sind, so daß sie eine intensive Anwendung von Sprengstoffen erfordern. Eine weitere Verschlechterung wird durch die Anwendung unzweckmäßiger Sprengverfahren und den Gebrauch von Sprengstoffen bewirkt, die das Gestein auflockern (Ammonsalpeter-Sprengstoffe).

Beträchtliche Überprofile entstehen beispielsweise in tektonisch gestörten Ordoviziumschiefern, wie beim Tunnelvortrieb in der Umgebung von Prag festgestellt wurde. Ein Beispiel für das Überprofil eines Stollens in zerklüftetem Granit in Ostböhmen ist in Abb. 12—21 dargestellt.

Bedenkt man, daß ein Überprofil entweder mit Mauerwerk, Beton oder zumindest mit einer Steinpackung sorgfältig ausgefüllt werden muß, um dem Loslösen der Gesteine im Hangenden des Tunnels vorzubeugen, dann ist es erklärlich, daß dem

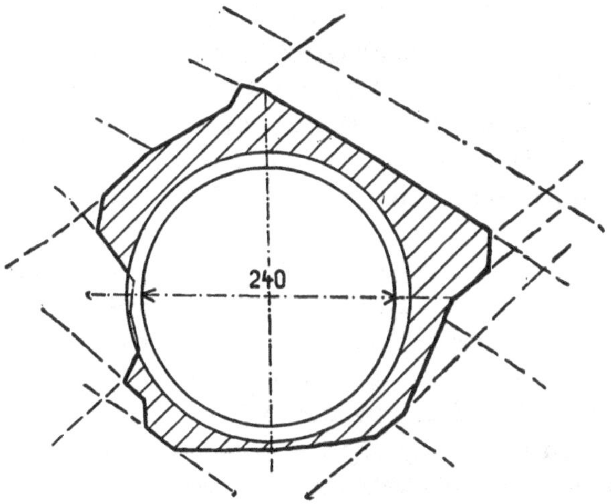

Abb. 12—21. Ausbrechen eines Stollens im zerklüfteten Granit führt zu einem Überprofil.

Problem des Überprofils große Bedeutung zukommt und bereits bei den Untersuchungsarbeiten beachtet werden muß. Besonders unwirtschaftlich ist ein Überprofil bei Wasserdruckstollen, da es mit hochwertigem Beton ausgefüllt werden muß.

In neuerer Zeit bevorzugt man beim Vortrieb von Stollen und Tunneln jene Verfahren, bei denen der gesamte ausgebrochene Querschnitt frei ist, so daß eine Mechanisierung beim Bohren und Verladen des Gesteins sowie bei der Betonierung des Tunnelausbaus möglich ist. Aufgabe des Geologen ist es, die Abschnitte abzugrenzen, in denen den Eigenschaften der Gesteine entsprechend bestimmte Arbeitsmethoden angewendet werden können. Normalerweise wird es sich um die zwei folgenden Fälle handeln:

a) Das Gestein ist fest; es besteht jedoch die Gefahr, daß sich einzelne Gesteinsblöcke lösen oder daß die Tunneldecke durchbrochen wird. Es wird eine *Verankerung* angewendet, mit deren Hilfe ein Loslösen der Gesteinsblöcke verhindert wird. Gleichzeitig werden dadurch in das Gestein Kräfte hineingetragen, die die statischen Verhältnisse oberhalb des Ausbruches verbessern. Auch die ungünstige Einwirkung der Luftfeuchtigkeit und des Sickerwassers wird verringert, denn durch die Kräfte der Anker werden die Absonderungsflächen geschlossen.

Der Geologe hat hier neben der allgemeinen Untersuchung des petrographischen Charakters und der Lagerungsverhältnisse des Gesteins die Aufgabe, festzustellen, ob die Anker in dem betreffenden Gestein nicht nachgeben werden. Im allgemeinen kann gesagt werden, daß sich die Zahl der Gesteine, bei denen eine Verankerung angewendet werden kann, ständig erhöht; es wird noch geprüft, wie sich in dieser Hinsicht verschiedene Schiefer verhalten. Ein wichtiges Problem stellt in diesem Zusammenhang der Einfluß des Wassers dar, denn dessen Vorhandensein kann die Haltbarkeit der Anker wesentlich herabsetzen. Im großen und ganzen handelt es sich entweder um das aus dem Gestein herausfließende Wasser oder um Wasser, das beim Bohren der Löcher für die Anbringung der Anker in das Gestein geleitet wird. Deshalb muß man den folgenden Fragen Aufmerksamkeit schenken: ob das Gestein so beschaffen ist, daß in ihm die Haltbarkeit der Anker verringert werden könnte; ob das Gestein beim Tunnelvortrieb trocken sein wird und schließlich, ob nicht vorgeschrieben werden sollte, an Stelle der Bohrhämmer mit Wasserspülung Bohrer mit pneumatischer Absaugung des Bohrschmantes zu verwenden.

b) Dort, wo es sich um große Querschnitte in weniger festen Gesteinen handelt, werden beim neuzeitlichen Tunnelvortrieb zur vorübergehenden Aussteifung Stahlringe verwendet. Diese Praxis stellt in den meisten Fällen geringere Anforderungen an die geologische Untersuchung, denn während des Tunnelvortriebes kann man sich verhältnismäßig leicht dem veränderten Verhalten des Gesteins durch Veränderung des Abstandes der Ringe anpassen. Trotzdem können Beispiele angeführt werden, die zeigen, daß der geologische Bau auch hier von entscheidender Bedeutung ist.

Ein interessantes Beispiel ist der Bau des Wasserstollens Isère—Arc in den französischen Alpen. Wie bereits im Abschnitt 13,1 erwähnt wurde, führt dieser 13,456 km lange Tunnel durch ein Massiv kristalliner Schiefer. Beim Tunnelvortrieb von der Auslaufseite her mußte beim Kilometer 2,396 die Arbeit eingestellt und die Vorderfront einbetoniert werden, denn man befand sich hier in stark drückenden Talkschiefern und Anhydrit, die die starken Stahlringe deformierten. Nach der Untersuchung ging man vom neuzeitlichen Vortriebsverfahren des Vollausbruches zur klassischen Unterfangungsbauweise mit Sohlstollen über. Die Kalotte wurde unter ungünstigsten Bedingungen durch eine Holzabsteifung, in Abschnitten mit weniger großem Gesteinsdruck durch Stahlringe abgestützt. Auf diese Weise wurde ein 401 m langer Tunnelabschnitt ausgeführt. Erst nach 14 Monaten begann wieder der Tunnelvortrieb im Vollausbruch in günstigeren kristallinen Schiefern.

12,7. Gebirgsdruck auf die zeitweilige Auszimmerung und auf das Mauerwerk des Tunnels. Durch Aushauen des Tunnelrohres werden Kräfte frei, die das Gestein bisher trug, es sind dies sowohl Horizontal- als auch Vertikalkräfte. Das Gestein um den ausgehauenen Tunnelraum herum verliert die Abstützung und kann sich deformieren. Diese Deformationen sind gewöhnlich nicht zu erkennen, der Spannungszustand in der Umgebung des Tunnels verändert sich jedoch durch sie wesentlich. Der Druck vom Gewicht des Hangenden, der bislang durch die nunmehr abgebaute Gesteinsmasse hindurchging, muß die Tunnelöffnung umgehen und durch das umliegende Gestein übertragen werden. In sehr hartem Gestein ohne Absonderungsflächen ist der Spannungszustand annähernd gleich der theoretischen Spannungsverteilung innerhalb einer elastischen Masse. In Abb. 12—22 sind in dem durch die waagerechte X-Achse geführten Schnitt die Vertikalspannungen ν_z dargestellt. Die punktierte Linie bedeutet die Spannung im elastischen Mittel, in dem die Maximalspannungen am Rande der Öffnung verlaufen. Je weniger fest, zerklüftet oder plastisch nachgiebig das Gestein ist, desto mehr entfernt sich dieses Maximum vom Rande der Öffnung (Vollinie in Abb. 12—22).

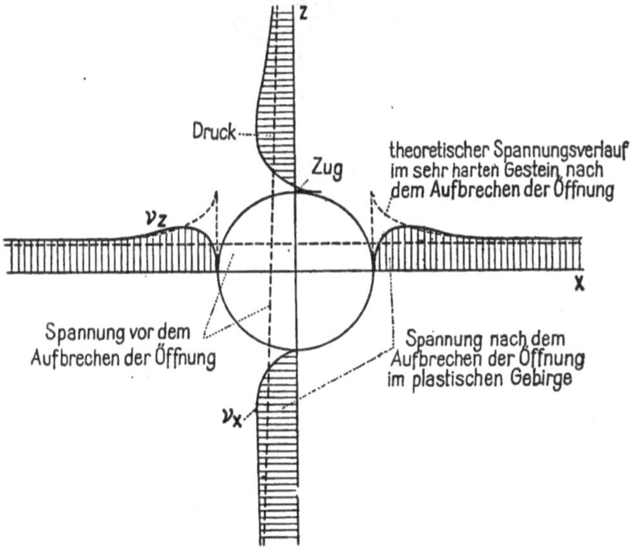

Abb. 12—22. Der Einfluß des Auffahrens eines Tunnelrohres auf die Spannungsverteilung im Gebirge.

Die Partien, durch die die erhöhten Spannungen in den Flanken verlaufen, bilden Kämpfer für die natürliche Wölbung des Gesteines, die sich oberhalb des Tunnelgewölbes bildet.

Man muß sich noch vergegenwärtigen, daß sich zwischen dem Tunnelgewölbe und der natürlichen Wölbung des Gesteines eine Zugzone bildet. Deren Entstehung kann man sich einfach vorstellen, indem man sich vor Augen führt, wie die natürliche Wölbung im Gestein durch das Nachgeben der Stützen entsprechend dem in Abb. 12—23 dargestellten Schema deformiert wird. Hieraus ist auch folgendes zu ersehen: Je größer die Deformation in den Stützen ist, desto ausgedehnter ist auch die Zugzone oberhalb des Gewölbes. Da das Gebirge meistens den Zug nicht übertragen kann, verändert sich dieses statische Schema ein wenig; das Gewicht der entlasteten Zone unterhalb der natürlichen Wölbung muß die Tunneldecke tragen. Treten im Gebirge vor dem Ausbau der Öffnung außer den Vertikaldrücken auch Horizontaldrücke auf, dann ist die Zugzone oberhalb des Tunnels verhältnismäßig klein, wie dies in Abb. 12—22 dargestellt ist.

Das weitere Verhalten der Gesteine und deren Druck auf die zeitweilige Auszimmerung und den Tunnelausbau hängen davon ab, wie das um den Tunnel herum befindliche Gestein den erhöhten Druck aufnehmen kann. Je nachdem, wie das Gestein auf diese Beanspruchung reagiert, unterscheidet man:

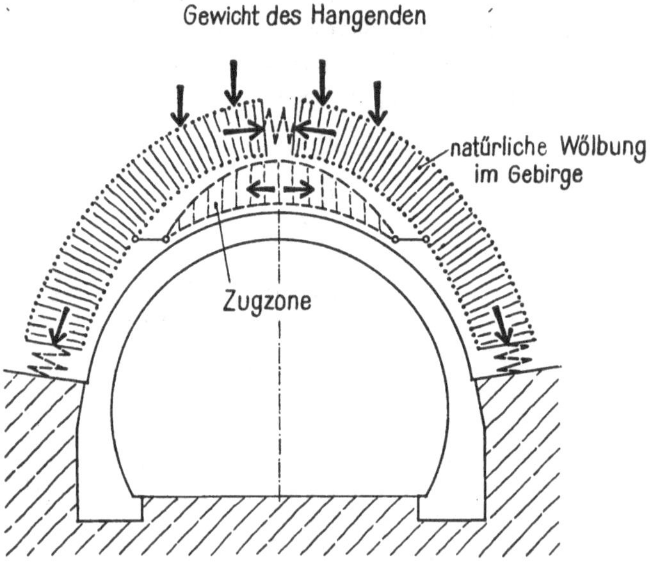

Abb. 12—23. Schematische Darstellung der Bildung einer Zugzone über dem abgebauten Raum unterhalb der natürlichen Wölbung.

1. *Massige, feste Gesteine.* Diese vertragen ohne weiteres einen erhöhten Druck auf den Umfang des Tunnels und die erhöhte Druckspannung in den Wänden des Tunnels. Ausnahmefälle treten dort ein, wo infolge großer Tiefen oder einer abklingenden tektonischen Spannung der Gebirgsdruck außergewöhnlich hoch ist. Das Gestein verträgt dann nicht den hohen Druck an der Peripherie des ausgehauenen Raumes. Dies zeigt sich durch ein plötzliches Abspringen von Gesteinsbruchstücken von den Wänden, das von einem klirrenden Ton begleitet ist (dem sog. Bergschlag in den Alpentunneln). Deshalb werden Tunnel in solchen Fällen mit einer Auszimmerung und einem Verkleidungsmauerwerk versehen, um ein gefährliches Loslösen und Abspringen von den Felswänden zu verhüten. Es genügt durchaus ein sehr leichtes Verkleidungsmauerwerk.

2. *Feste Schichtgesteine.* Während es in den vorhergegangenen Fällen meistenteils möglich war, den ausgehauenen Raum über eine längere Zeit ohne Zimmerung zu lassen, ist es bei geschichteten oder regelmäßig zerklüfteten Gesteinen in der Regel erforderlich, den Tunnel von Anbeginn an zu verschalen. Die Größe des Druckes hängt von der Dichte der Absonderungsflächen, von ihrer Lage und von der Füllmasse der Klüfte ab.

Je geringer die Schichtmächtigkeit ist, desto größer ist zumeist in den festen Schichtgesteinen auch der Gebirgsdruck; dies gilt vor allem für die waagerechte Schichtenbildung, wo mächtige Bänke des festen Gesteins den ausgehauenen Raum sicher überdecken können. Bei weniger festen und dünnen Gesteinsschichten kann eine Lockerung des Gesteins oberhalb der Wölbung bis zu einer Höhe reichen, die etwa der Hälfte der Tunnelbreite gleichkommt, wenn die Füllmasse der Fugen nicht tonhaltig ist. Weisen die Fugen eine tonige Füllmasse auf, dann lockert sich das Gestein bis zu einer Höhe, die der Breite des Tunnels gleicht. In solchen Fällen reichen also schwache bis mittlere Drucktypen von Mauerwerk aus.

Sind die Schichten geneigt, dann ist durch die Reibung, die an den Schichtflächen besonders unter dem Einfluß des Gewölbedruckes oberhalb des ausgehauenen Raumes entsteht, eine Bewegung der Gesteinsmassen nicht so leicht möglich. Es kommt sehr auf die Form und die Füllmasse der Schichtflächen an. Sind diese eben und weisen eine tonige Füllmasse auf oder sind sie tektonisch geglättet, dann kann es leicht zu einer Loslösung der Gesteinsblöcke kommen. Der Winkel der Reibung an den Schichtflächen beträgt zumeist nur 12 bis 15°. Schichten mit unausgefüllten oder mit festen Gesteinsbruchstücken ausgefüllten Fugen sind standfester, denn der Reibungswinkel an den Schichtflächen steigt auf 25° an. In derarti-

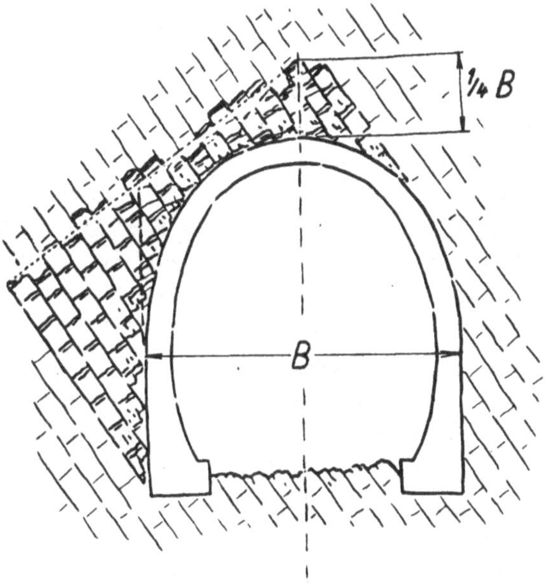

Abb. 12—24. Lockerung des Gesteins während des Tunnelvortriebs im Streichen der schräg einfallenden Schichten.

gen Fällen wird angeführt (Terzaghi, 1946), daß die auf das Verkleidungsmauerwerk oder die Stollenzimmerung drückende gelockerte Gesteinsmasse eine maximale Höhe, die einem Viertel der Breite des Tunnelrohres gleichkommt, erreicht (Abb. 12—24). Diesen angenommenen Wert kann man zur vorläufigen Schätzung des Gebirgsdruckes auf die Stollenauszimmerung und das Verkleidungsmauerwerk benutzen. Dabei ist auch die Beschaffenheit des Gesteins zu berücksichtigen. So wird beispielsweise Kalkstein in Schichtfugen etwas ineinander gepreßt; es bilden sich in ihm nur selten Einbrüche und sie weisen auch nur eine geringe Höhe auf. Demgegenüber bilden sich in hartem Granit meistens durchgehende, ebene Kluftflächen, und längs dieser Flächen kommen die Gesteinsblöcke bis zu einer beträchtlichen Höhe leicht in Bewegung.

Nach Lage, Form und Füllmasse der Schichtfugen wendet man schwache bis mittlere Typen der Tunnelmauerung an. Außergewöhnlich hohe Drücke können auftreten, wenn der Tunnelvortrieb im Streichen steil einfallender Schichten erfolgt; in diesem Falle sind schwere Typen der Tunnelmauerung, manchmal auch mit Untergewölbe, erforderlich.

3. *Stark geklüftete feste Gesteine* und *Bruchgesteine.* Diese Gesteinsarten sind weder imstande an irgendeinem Punkt der Peripherie des ausgehauenen Raumes die Druckspannung aufzunehmen, noch als feste Gesteinsbänke das Gewicht der gelockerten Zone zu tragen. Deshalb müssen sie gleichzeitig mit dem Tunnelvortrieb gerüstet werden. Dabei werden Drucktypen der Tunnelmauerung benutzt. Die Lücken zwischen der Zimmerung bzw. dem Mauerwerk und dem Gestein müssen sorgfältig verfüllt werden. Wird das Gestein gegen das Mauerwerk nicht ordnungsgemäß verspreizt, dann erhält nicht genügend Gegendruck, damit sich in ihm eine natürliche Wölbung bilden kann. Die Wölbung verschiebt sich deshalb vom Tunnelausbruch weiter in den Berg hinein. Das gleiche gilt auch für schlecht abgestützte Tunnelwände. Durch deren Lockerung verlieren die Gewölbekämpfer der natürlichen Wölbung ihren Halt, und die Wölbung verschiebt sich allmählich in den Berg hinein. Deshalb wird nicht nur auf eine Zimmerung der Decke, sondern auch der Gewölbekämpfer und der Tunnelwände Wert gelegt. Aus alle dem geht hervor, daß die Höhe der gelockerten Zone nicht nur von der Breite, sondern auch von der Höhe des Tunnels, ferner von der Art des Gesteins und davon, wie sorgfältig die Ausrüstungsarbeiten ausgeführt werden, abhängt. Sie kann ungefähr ein der Summe von Breite und Höhe des Tunnels entsprechendes Maß erreichen und bei schlechter Zimmerung noch größer werden. Bei der geologischen Untersuchung müssen deshalb alle Kluftsysteme und Schichtfugen innerhalb des Gesteins, deren Füllmasse und deren Wasserführung sorgfältig studiert werden. Handelt es sich um ein Gestein, das von mehreren Kluftsystemen durchsetzt ist, so daß dessen Druckfestigkeit gering ist, dann muß darauf aufmerksam gemacht werden, daß eine vollkommene Auszimmerung der Stollenwände notwendig ist.

Analoge Erscheinungen treten auch bei *sandigen Schichten* auf. Hier muß insbesondere dafür gesorgt werden, daß der Sand nicht durch Lücken in der Verschalung herausfallen kann. Das würde sich nämlich so auswirken, als ob das Gestein an der Verschalung nicht anläge. Dadurch lockert sich der Sand, verliert seine geringe Kohäsion und es treten plötzliche Verschiebungen der natürlichen Wölbungen auf. Es kommt zum Einsturz der Stollenzimmerung, denn es fehlt dann die Zeit, sie auszusteifen. Diese Erscheinung kündigt sich jedoch in der Regel durch Herausfallen des Sandes aus den Fugen der Stollenzimmerung an.

In *wasserführenden sandigen Schichten* kommt zum Gebirgsdruck noch der Druck des strömenden Wassers hinzu, der manchmal von ausschlaggebender Bedeutung ist. Dadurch wächst der Druck auf die Stollenzimmerung stark an, manchmal bis auf das Doppelte, sofern der Sand nicht gänzlich in flüssigen Zustand übergeht. Der Tunnelvortrieb in derartigen Gesteinen ist sehr schwierig, und es sind besondere Arbeitsmethoden erforderlich (Schildbauweise unter Anwendung von Luftüberdruck gegen eindringendes Wasser, Injizierung, Gefrierverfahren, künstliches Absenken des Grundwasserspiegels usw).

4. *Gesteine mit tonigem Bindemittel, Tone*, Gesteine, die von einem dichten Kluftnetz mit toniger Füllmasse durchsetzt sind; Die Kohäsion dieser Gesteine ist relativ gering; es ist eine sofortige Stollenzimmerung erforderlich, da sonst die gelockerte Zone oberhalb der Tunneldecke den Tunnelausbruch verschütten würde. Ähnlich wie bei der vorher genannten Gesteinsgruppe müssen die Tunnelwände sorgfältig ausgezimmert werden, damit die natürliche Wölbung ihre Stützung nicht verliert. Bei diesen Gesteinen kommt als wichtiger Faktor ihre *Quellfähigkeit* hinzu. Das Gestein wird durch den Ausbruch der Tunnelröhre entlastet, es quillt auf und

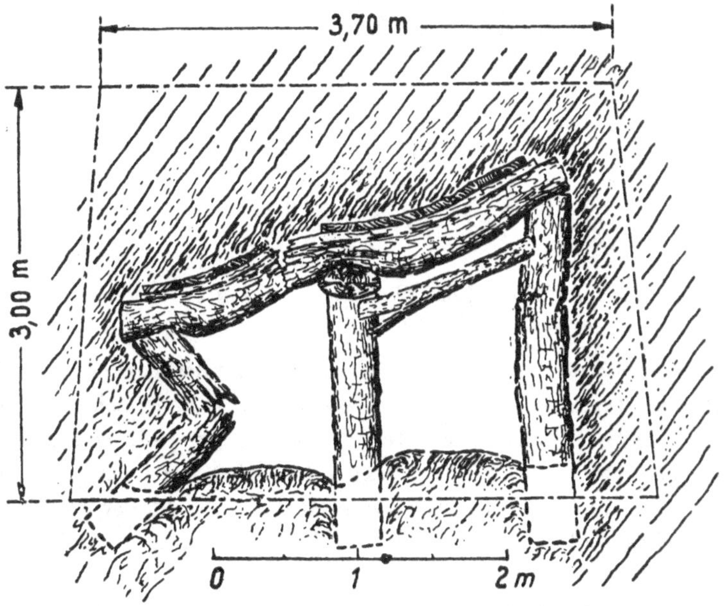

Abb. 12—25. Geknickte Stollenzimmerung in den Mergelschiefern des Senon, hervorgerufen durch das Aufquellen des Gesteins.

wird in den freien Raum hineingepresst. Die Stollenzimmerung und das Mauerwerk werden durch hohe Drücke beansprucht (Abb. 12—25), deren Größenordnung sich dem Gewicht der Felsüberdeckung nähern kann. Das Aufquellen schreitet verhältnismäßig langsam voran, denn das Gestein muß aus seiner Umgebung (dem umliegenden Gestein) Feuchtigkeit ansaugen. Da in der Regel weder die zeitweilige Stollenzimmerung noch das Mauerwerk eng am Gestein anliegen, zeigt sich ein Druck auf diese erst nach einer gewissen Zeit, gewöhnlich nach einigen Tagen. Es sind in diesem Falle also solche Vortriebsverfahren zweckmäßig, bei denen gleichzeitig mit dem Tunnelvortrieb der Tunnelausbau erfolgt (z. B. die Schildbauweise), und zwar als geschlossener Tunnel mit rundem Querschnitt, der hohe Drücke verträgt.

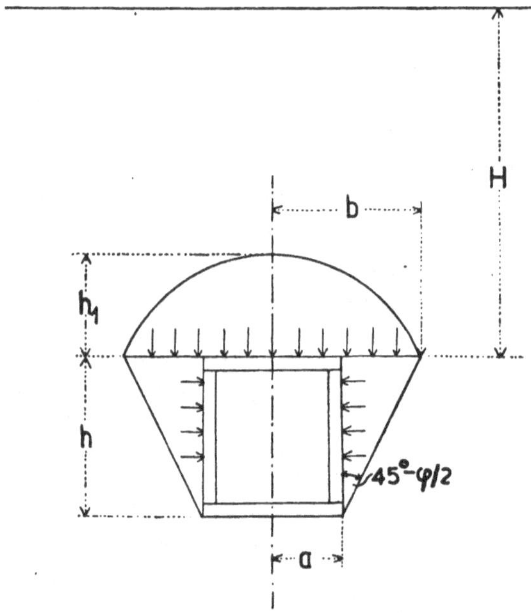

Abb. 12—26. **Abgrenzung des Bereiches im Gebirge, der auf den Tunnelausbau drückt** *(nach M. M. Protodjakonow).*

Kommt es vor dem Tunnelausbau zum Auseinanderdrücken der Zimmerung dann sinkt der Druck vorübergehend etwas ab. Es wird jedoch nicht empfohlen, diese Erscheinung praktisch zu verwerten; durch eine weitere Lockerung des Gesteins steigt dessen Feuchtigkeit an, wird dessen Kohäsion verringert und sowohl der Querdruck der natürlichen Wölbung als auch das Gewicht der gelockerten Zone, die sich fortschreitend verbreitet, erhöht. Diese Gesteinsarten erfordern schwere Drucktypen der Tunnelausmauerung.

Bei der ingenieurgeologischen Untersuchung ist es somit erforderlich, den petrographischen Charakter, sowie die physikalischen und mechanischen Eigenschaften der tonigen Gesteine, der tonhaltigen Füllmassen in den Fugen und des tonigen Bindemittels innerhalb der Gesteine zu studieren.

Daraus geht hervor, daß die mechanischen Erscheinungen des Druckes in Tunneln verschiedene Ursachen haben. Auch die Bestrebungen nach einem universal rechnerischen Ausdruck für die Größe des Druckes innerhalb eines Tunnels können nicht die Vielfalt an Erscheinungen erfassen und entsprechen nicht genau der Wirklichkeit. Dadurch wird auch erklärlich, daß es eine ganze Reihe von Verfahren zur Berechnung der Druckverhältnisse in einem Tunnel gibt. Die bei den Gesteinen der dritten Kategorie beschriebenen Erscheinungen werden ziemlich treffend durch das Berechnungsverfahren von M. M. Protodjakonow (1906, 1907) erfaßt.

Bei den unter Punkt 3 angeführten Fällen nimmt M. M. Protodjakonow an, daß sich ein abgegrenzter Bereich des Gesteins in der Weise lockert, wie es in Abb. 12–26 dargestellt ist. Hierbei führt er als Kennzeichen die sog. Festigkeitszahl des Gesteins f ein. Für feste Gesteine legt Protodjakonow die Beziehung $f = \frac{R}{100}$ zugrunde, wobei R die Druckfestigkeit des Gesteins unter natürlichen Lagerungsverhältnissen bedeutet. Die Höhe der gelockerten Zone, deren Gewicht auf der Stollenzimmerung oder dem Tunnelausbau ruht, beträgt $h_1 = \frac{b}{f}$. Die Gesteinskeile rufen in den Stollen-

Tabelle 12 - I

Festigkeitszahl der Gesteine nach M. M. Protodjakonow zur Berechnung des Tunnelausbaues

Gesteins-klasse	Festigkeitsgrad des Gesteins	Gesteinsart	Raumgewicht in t/m³ (unter natürlichen Lagerungsverhältnissen)	Gesteins-festigkeit in kg/cm² (unter natürlichen Lagerungsverhältnissen)	Festig-keits-zahl f
I	besonders hart	härteste feste, dichte und zähe Gesteine, z. B. Basalt, Quarzit und sonstige außergewöhnlich harte Gesteine	2800–3000	2000	20
II	sehr hart	sehr harter Granit, Quarzporphyr; von den Sedimentgesteinen Lydit und besonders harter Sand- und Kalkstein	2600–2700	1500	15
III	hart	dichter Granit und Granitgesteine, sehr harter Sand- und Kalkstein, Quarzerzlagergänge, harte Konglomerate	2500–2600	1000	10
IIIa	hart	weniger harter Granit, harter kristalliner Kalkstein und Dolomit, harter Sandstein	2500	800	8

FORTSETZUNG DER TABELLE 12 - I

Gesteins-klasse	Festigkeits-grad des Gesteins	Gesteinsart	Raumgewicht in t/m^3	Gesteins-festigkeit in kg/cm^2	Festig-keits-zahl f
			unter natürlichen Lagerungsverhältnissen		
IV	ziemlich hart	Sandsteine	2400	600	6
IVa	ziemlich hart	sandiger Schiefer, schiefriger Sandstein	2300	500	5
V	mittelhart	harter Tonschiefer, weniger harter Kalkstein, Sandstein und Konglomerate	2400—2800	400	4
Va	mittelhart	weniger harter Schiefer, fester Mergel	2400—2600	300	3
VI	mäßig weich	weicher Schiefer, sehr weicher Kalkstein, Gips, Mergel, gestörter Sandstein, verfestigter Kies, Frostboden, steiniger Boden	2200—2600	200—150	2
VIa	mäßig weich	gestörter Schiefer, grober, dichtgelagerter Schutt und Kies, fester Ton	2200—2400	—	1,5
VII	weich	steifer Ton, feste Anschwemmungen, tonige Lockergesteine	2000—2200	—	1,0
VIIa	weich	leichter toniger Sand, Löß, Feinkies	1800—2000	—	0,8
VIII	sehr weich	Ackerkrume, Torf, weicher Lehm, feuchter Sand	1600—1800	—	0,6
IX	rollig	Sand, Feinkies, künstliche Aufschüttungen, Gehängeschutt	1400—1600	—	0,5
X	fließend	Fließsand, breiiger Löß und andere breiige Gesteine	—	—	0,3

wänden seitliche Drücke hervor. Nach den Festigkeitszahlen f teilte Protodjakonow das Gestein in zehn Gruppen ein (Dandurow, 1952). Von diesen haben Basalt und Quarzit, die Gesteine mit der höchsten Festigkeit, die Festigkeitszahl $f = 20$; die Gesteine mit der geringsten Festigkeit (breiige Gesteine) weisen die Festigkeitszahl $f = 0,3$ auf (siehe Tabelle 12—I).

12,8. Gesteinstemperatur und Belüftung des Tunnels. Um eine zweckdienliche Belüftung des Tunnels projektieren zu können, muß man sich bereits bei der Voruntersuchung mit der Frage der Gesteinstemperatur innerhalb des Tunnels und mit der Möglichkeit etwaiger Gasaustritte während des Tunnelvortriebes befassen. Die Angaben darüber sind für die Berechnung der Lüftungsanlage wichtig. Bei tief unter dem Bergrücken liegenden Tunneln muß man sich vor allem mit der Gesteinstemperatur innerhalb des Tunnels befassen. Es ist bekannt, daß die Erdtemperatur unterhalb der Erdoberfläche mit zunehmender Tiefe etwa um 1,8 bis 3 °C je 100 m zunimmt. Die Temperaturzunahme wird in der Regel durch die sog. *geothermische Tiefenstufe* ausgedrückt; das ist die Tiefe, bei der sich die Temperatur der Erde um 1 °C erhöht. Die geothermische Tiefenstufe beträgt gewöhnlich 30 bis 33 m. Im ebenen Gelände verlaufen die Geoisothermen (Flächen mit gleichen Temperaturen) annähernd parallel zur Geländeoberfläche. Im Gebirge folgen sie zwar der Gestalt der Erdoberfläche, jedoch ist die geothermische Tiefenstufe in den Tälern geringer, unterhalb von Bergrücken jedoch größer, so daß die Differenzen nach der Tiefe zu allmählich ausgeglichen werden.

Die beobachteten maximalen Gesteinstemperaturen in Tunneln sind in der folgenden Tabelle angeführt.

Tabelle 12 - 2

	Gotthard	Arlberg	Simplon	Lötschberg
Tunnellänge in m	14 944	10 240	19 803	14 563
Höhe des Tunneleinganges über dem Meeresspiegel	1 109	1 302	687	1 200
Höhe des Bergrückens über dem Meeresspiegel	2 861	2 030	2 840	2 917
maximale Höhe der Felsüberdeckung	1 706	720	2 135	1 673
maximale Gesteinstemperatur in °C	30,8	18,5	56,0	34,0

Werden die beobachteten maximalen Gesteinstemperaturen in einigen bekannten Tunneln miteinander verglichen, dann ergibt sich, daß die Gesteinstemperatur nicht nur von der Höhe der Felsüberdeckung, d. h. von der Tiefe des Tunnels unter der Geländeoberfläche, abhängt. Besonders auffallend ist der Unterschied der Gesteinstemperaturen im Gotthard- und im Simplontunnel. Die Gesteinstemperatur unterhalb der Geländeoberfläche hängt nämlich auch von der Schichtenneigung ab, denn die Gesteine leiten gewöhnlich die Wärme besser in Richtung des Streichens als senkrecht zu den Schichten. Deshalb weist ein Gebirge, das aus steil einfallenden Schichten besteht, eine geringere Gesteinstemperatur auf als parallel zur Geländeoberfläche gelagerte Schichten. Im erstgenannten Falle leiten die Schichten die Wärme schneller ab, und die Abkühlung ist deshalb intensiver. Die geothermische Tiefenstufe ist im ersten Falle größer, und im Tunnel sind geringere Temperaturen zu erwarten als im zweiten Falle. Im Gotthardtunnel, wo steil einfallende Schichten vorherrschen, ist daher die Gesteinstemperatur verhältnismäßig gering (30,8 °C) im Vergleich zum Simplontunnel, wo die Schichten meistenteils mit der Geländeoberfläche parallel verlaufen.

Ferner wirkt auf die Gesteinstemperatur unterhalb der Geländeoberfläche das Wasser ein. Hat das Wasser, von dem das Gestein durchsickert wird, eine niedrige Temperatur, dann verringert sich die Gesteinstemperatur wesentlich. Handelt es sich um Thermalwasser, dann erhöht sich die Gesteinstemperatur. Ein anschauliches Beispiel dafür ist das geothermische Profil des Grenchenbergtunnels (Abb. 12—27), bei dem die Verringerung der Gesteinstemperatur im Tunnel durch das einsickernde Kaltwasser einwandfrei beobachtet werden kann. Der Temperaturverlauf in diesem Tunnel ist nur dann zu verstehen, wenn die Lagerungsverhältnisse der Gesteine in Betracht gezogen werden. Von Kilometer 4,2 bis 4,5 und von Kilometer 6,7 bis 7,2 führt der Tunnel durch stark zerklüfteten Jurakalk, durch den das Kaltwasser in den Tunnel einfließt, das die Gesteinstemperatur wesentlich verringert.

In Sonderfällen können auf die Gesteinstemperatur auch chemische Vorgänge einwirken, wie z. B. die Oxydation von Kohlenflözen, der Zerfall des Pyrits, die Umwandlung des Anhydrits zu Gips und andere Erscheinungen. Daran ist bereits bei der Voruntersuchung zu denken.

Wenn man die Dimensionen einer Lüftungsanlage festlegt, so muß man bereits bei der geologischen Voruntersuchung beachten, ob es beim Tunnelvortrieb nicht zu einem *Erdgasaustritt* am Abbauort kommen kann. Meistens handelt es sich dabei um Methan, manchmal auch um Kohlensäure oder Schwefelwasserstoff. Im Flyschgebiet der Karpaten sind Methangasaustritte eine regelmäßige Erscheinung. Beim Tunnelbau unter dem Berg Polana in der Slowakei erfolgten in den paläogenen Gesteinen an einigen Stellen Erdgasaustritte, die eine Unterbrechung der Tunnelvortriebsarbeiten verursachten. Einige Erdgasaustritte entzündeten sich bei der Sprengung und brannten bis zu 72 Stunden. Auch bei anderen Tunneln in den Karpaten erschwerten Erdgasaustritte den Arbeitsablauf beträchtlich und erforderten besondere Sicherheitsvorkehrungen. Beim Bau des bereits erwähnten Tunnels quer durch den Apennin kam es ebenfalls zu schweren Betriebsstörungen infolge starker Methanaustritte und -brände.

Diese brennbaren Gase treten in Schichten mit Kohlenflözen, in der Nähe von Erdöl- und Salzlagerstätten oder in sonstigen bituminösen Gesteinen auf. In Gebieten, wo Erdgasvorkommen wahrscheinlich sind, ist bereits bei den Aufschlußarbeiten der Feststellung solcher Gase erhöhte Aufmerksamkeit zu schenken. Bei

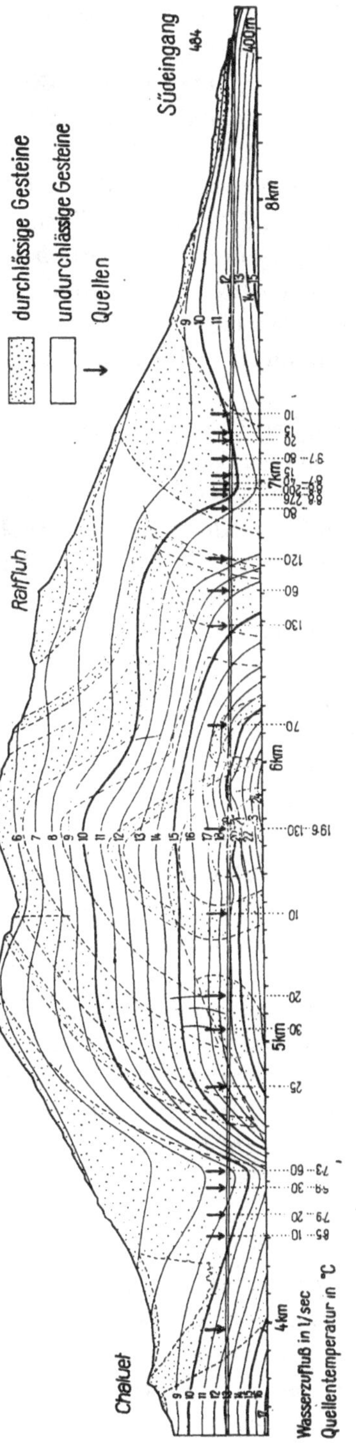

Abb. 12—27. Geothermisches Profil der Abschnitte des Grenchenbergtunnels; die Temperatur des Gesteins wird durch den Zufluß von **Kaltwasser verringert** (***nach Buxtorf***).

Aufschlüssen festgestellte Gasaustritte sind zu vermerken und für deren chemische Analyse ist Sorge zu tragen. Sind beim Tunnelvortrieb Gasaustritte wahrscheinlich oder möglich, dann ist immer eine entsprechende Dimensionierung der Lüftungsanlagen des Tunnels zu empfehlen, um die Gase absaugen zu können.

12,9. Stollenanlagen für die Wasserwirtschaft. Immer häufiger werden Tunnel dazu benutzt, das Wasser an solche Orte zu leiten, die ein größeres Gefälle ermöglichen oder wo das Wasser für Zwecke der Wasserwirtschaft oder der Landwirtschaft benötigt wird. Sofern es sich um drucklose Wasserstollen handelt, unterscheiden sich diese in bezug auf den Tunnelbau nicht wesentlich von anderen Tunneln. Eine besondere Untersuchung und Sondermaßnahmen beim Bau erfordern jedoch Druckwasserstollen.

Aus wasserwirtschaftlichen Gründen ist es zumeist nicht möglich, das Wasser aus den Staubecken der Talsperren durch Wasserstollen mit freiem Wasserspiegel abzuleiten, denn beim Abfluß des Wassers aus dem Staubecken würde der Wasserspiegel bald bis unter die Stollenmündung absinken. Deshalb werden Wasserstollen in einer tiefer gelegenen Ebene angeordnet, so daß das Wasser in ihnen bei gefülltem Staubecken eine Druckhöhe von 10 bis 50 m und mehr aufweist. Das Mauerwerk der Wasserstollen nimmt also nicht nur den Gebirgsdruck, sondern auch den inneren Wasserdruck auf, den es teilweise auch auf das umliegende Gestein überträgt. Dieser Druck wird noch durch dynamische Einwirkungen beim plötzlichen Schließen der Druckleitung erhöht. Deshalb richtet man bei der Projektierung dieser Stollen die Aufmerksamkeit nicht nur auf den Gebirgsdruck, sondern auch auf die Auswirkungen des inneren Wasserdruckes.

Bevor man an die einzelnen Punkte der Untersuchung für die Trassierung des Druckstollens herangeht, muß man sich vor Augen halten, welche Gefahr den Wasserwirtschaftsbauten und deren Betrieb droht, wenn die Stollenwandungen beschädigt und dadurch wasserdurchlässig werden. Ist das Staubecken gefüllt (Abb. 12—28), dann wird ein bestimmter Teil des an das Wasserbecken angrenzenden Gesteins mit Wasser aus dem Staubecken gesättigt (sog. *Einlaufteil*). In diesem Teil kann es deshalb nicht zu einem Entweichen des Wassers aus dem Stollen kommen; der innere Wasserdruck beansprucht den Ausbau nur wenig, denn ihm wirkt der Druck des Wassers entgegen, das aus dem Wasserbecken in das umliegende Gestein einsickerte. Es besteht hier vielmehr die Gefahr, daß bei entleertem Wasserstollen der Ausbau durch den Außendruck des wassergesättigten Gesteins ungünstig beansprucht wird.

Im *Mittelteil des Wasserstollens* kann es bei einer Beschädigung des Ausbaues zum Entweichen des Wassers aus dem Stollen kommen, sofern das Grundwasser im Gestein einen niedriger gelegenen Grundwasserspiegel aufweist als der Wasserspiegel im Staubecken. Dadurch würde sich einerseits die durch den Stollen geleitete nutzbare Wassermenge verringern, andererseits würden sich die statischen Verhältnisse in dem bisher trockenen Gestein verändern. Die auf diese Weise entstehenden Wasserverluste sind deshalb sehr unerwünscht; die Veränderungen der Eigenschaften des Gesteins kommen besonders bei tonigen Gesteinen vor. Durch ihr Aufquellen würden sie auf den Ausbau einen hohen Druck ausüben, was jedoch zum Schließen und Abdichten der feinen Risse führten würde.

In zahlreichen Fällen liegt jedoch der Grundwasserspiegel im Gebirge höher als der Wasserspiegel im Staubecken. Bei einer Beschädigung des Stollenausbaues

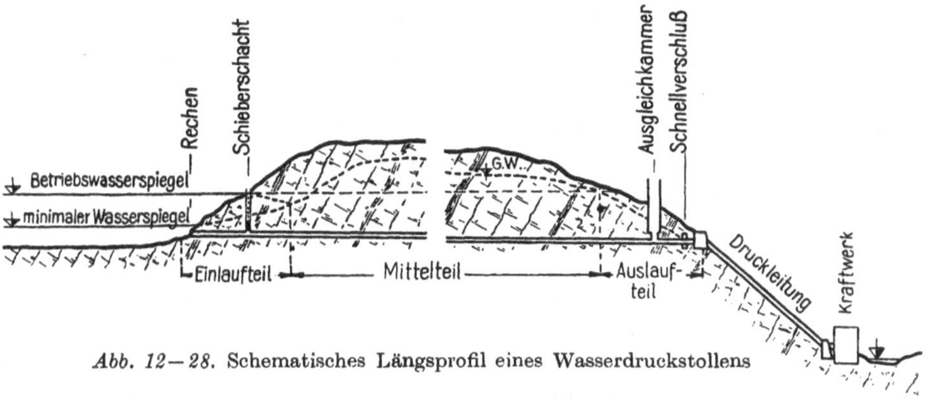

Abb. 12—28. Schematisches Längsprofil eines Wasserdruckstollens

würde es viel eher zum Einsickern des Wassers in den Stollen als zu dessen Entweichen aus dem Stollen kommen. Anlaß zu Bedenken gibt in diesem Falle ein entleerter Wasserstollen, wenn der undurchlässige Stollenausbau neben dem Gebirgsdruck auch den Wasserdruck innerhalb des Gesteins aufnehmen muß.

Im *Auslaufteil des Stollens* liegt der Grundwasserspiegel im Gebirge meist tiefer als der Wasserspiegel im Staubecken. In diesem Auslaufteil ist eine Beschädigung des Wasserstollens sehr gefährlich, denn das Wasser könnte aus dem Stollen entweichen. Sollte eine Beschädigung des Wasserstollens in der Nähe der Hangoberfläche erfolgen, so könnte das Wasser aus dem Hang ausfließen und aus diesem Gesteinsteilchen herausschwemmen. Das kann eine Zerstörung des Stollens in diesem Abschnitt verursachen. Bei höheren Drücken und weniger günstigen Gesteinen wird der Wasserstollen auf eine größere Länge gepanzert, um ihn auf diese Weise undurchlässig zu machen. Hierbei muß der Stollenausbau bei gefülltem Wasserstollen den inneren Druck und bei entleertem Stollen den äußeren Druck des Gesteins und des Grundwassers aufnehmen.

Daraus geht hervor, daß für die Projektierung eines Wasserstollens neben dem Charakter des Gesteins auch die hydrogeologischen Verhältnisse des betreffenden Gebietes von großer Bedeutung sind. Sehr häufig werden die Einflüsse des Grundwassers vernachlässigt, und es wird der äußere Wasserdruck weder bei günstiger Einwirkung als Gegendruck zum inneren Druck im Stollen noch bei ungünstiger Einwirkung auf den Ausbau des entleerten Stollens in Betracht gezogen. In manchen Fällen ist die Untersuchung der hydrogeologischen Verhältnisse nicht leicht und ihre Ergebnisse sind nicht immer vollkommen zuverlässig. So änderten sich die

Wasserverhältnisse eines in den Flyschgesteinen der Ostkarpaten vorgetriebenen Wasserstollens rasch zwischen kurzen Teilstrecken. Aus vollkommen trockenen, in undurchlässigen Tonschiefern vorgetriebenen Abschnitten gelangte man in Abschnitte, wo der Stollen im durchlässigen Sandstein verlief, der besonders an tektonischen Störungen stark wasserführend war.

Was das Zusammenwirken des Gesteins mit dem Stollenausbau anbelangt, so ist es offenkundig, daß das Gestein einen um so größeren Teil des inneren Überdruckes selbst aufnimmt, je größer sein Verformungsmodul ist. Die sowjetische Norm für Druckwasserstollen führte als Kennziffer der Gesteinsdeformation die sog. Widerstandszahl k des Gesteins ein. Diese bezeichnet das Verhältnis zwischen dem Druck auf das Gestein an der Stollenwandung p und seiner Umformung u (d. h. die Vergrößerung des Halbmessers b). Dieses Verhältnis kann mit Hilfe des Elastizitätsmoduls E, der Poissonschen Konstante m und des Halbmessers b wie folgt ausgedrückt werden:

$$k = \frac{p}{u} = \frac{E}{b} \cdot \frac{m}{m + 1} .$$

Wenn also der Verformungsmodul des Gesteins bekannt ist (siehe Abschnitt 7,3), kann auch der Wert k ermittelt werden. Hierbei wird für die Poissonsche Konstante ein Wert von etwa 5 bis 7, bei tonigen Gesteinen ein geringerer Wert angesetzt. (Im Hinblick auf den Ausdruck $\frac{m}{m + 1}$ wirkt sich ein Fehler bei der Bestimmung der Konstanten nicht allzu stark auf das Ergebnis aus). In den sowjetischen Lehrbüchern und in der bereits erwähnten Norm ist als Kriterium für die Bewertung des Gesteins *die Einheits-Widerstandszahl* k_o eingeführt; sie entspricht dem obenangeführten Koeffizienten k für den Halbmesser $b = 1m$.

Somit ergibt sich der Ausdruck

$$k_o = \frac{E}{100} \cdot \frac{m}{m + 1} .$$

Die Werte des Koeffizienten k_o werden in der gleichen Art und Weise wie die Werte E bestimmt (siehe Kapitel 7,3). Die Bedeutung der genauen Bestimmung des Verformungsmoduls des Gesteins ist groß. Besonders bei kleineren Werten des Moduls, um 50 000 kg/cm² und weniger, hat er einen großen Einfluß auf die Größe der Mitwirkung des Gesteins mit der Ummauerung eines Wasserdruckstollens. So kann z. B. bei einem Stollen von 2 m Durchmesser und bei einem Modul E = 80 000 bis 100 000 kg/cm² das Gestein 70 % bis 80 % des inneren Wasserdruckes übernehmen. Dagegen sinkt bei einem Modul E = 50 000 kg/cm² der Anteil des Gesteins auf nur 30 %; die Belastung der Ummauerung ist dann so groß, daß eine Stahlbeton-Ummauerung gewählt werden muß. Deshalb ist der Bestimmung des Verformungsmoduls E erhöhte Aufmerksamkeit zu widmen und es sind zu seiner Bestimmung kostspielige Versuche durchzuführen.

Beim Bau von Wasserstollen wird manchmal die Messung der Deformation der Stollenwandungen beim Wasserdruck vorgenommen, wobei das Wasser unter Druck in einen bestimmten Stollenabschnitt gepumpt wird. Da es aus betrieblichen Gründen meist nicht möglich ist, diesen Versuch im Stollen, der im Bau begriffen ist, durchzuführen, ist der Vortrieb eines seitlich angeordneten Versuchsstollens erforderlich (Abb. 12—29). Weil sich die auf diese Weise erzielten Ergebnisse kaum von

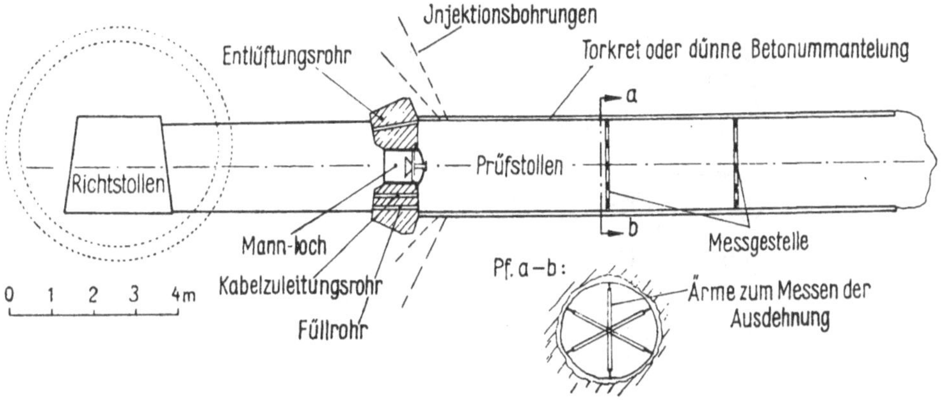

Abb. 12—29. Versuchsstollen zur Bestimmung der mechanischen Eigenschaften des Gesteins.

einwandfrei durchgeführten Probebelastungen an frischem Gestein unterscheiden und obiger Prüfversuch mit hohen Kosten verbunden ist, wird dieser nur in Ausnahmefällen bei größeren Wasserbauten angewendet. In dem bereits erwähnten Wasserstollen im Karpatenflysch bestätigte ein solcher Versuch die vermutete Quellfähigkeit der tonigen Gesteine. Nach der Wasserfüllung verringerten sich die Abmessungen des Wasserstollens, und nur bei plötzlicher Erhöhung des Wasserdruckes trat eine Vergrößerung des Stollenhalbmessers ein (Abb. 12—30).

Um ein Zusammenwirken des Gesteins mit dem Stollenausbau zu erreichen, müssen durch sorgfältige Injektion etwaige Hohlräume zwischen dem Stollenausbau und dem Gestein verfüllt und gelockerte Schichten ebenfalls durch Injektion verfestigt werden. Dadurch gelingt es manchmal, den Verformungsmodul des Gesteins um 50 % und mehr zu erhöhen. Bei der geologischen Untersuchung ist also festzustellen, ob sich das Gestein zur Injizierung eignet. Am zuverlässigsten ist eine Versuchsinjektion in einem Untersuchungsstollen, der in einer bestimmten Länge ausgemauert werden muß.

Besondere Sorgfalt erfordert der Ausbau des *Einlaufteils* des Wasserstollens. Da er an oder in dem Hang liegt, der noch den Einwirkungen des Wassers im Staubecken ausgesetzt sein wird, ist für seine Anordnung eine standfeste Lage zu wählen. Es ist meist unrichtig, den Einlaufteil in einer Einsenkung oder Erosionsrinne des Hanges anzuordnen. Manchmal wird dies im Projekt angestrebt, um die Länge des Wasserstollens so weit wie möglich zu reduzieren. Da diese Einsenkungen und Schluchten an Stellen entstanden sind, wo weniger feste oder gestörte Gesteine anstehen, ist der Hang in deren Umgebung oft nicht standfest genug.

Die gleiche Aufmerksamkeit muß man den Anlagen zuwenden, die am Auslaufteil des Stollens angeordnet sind, insbesonders den *Ausgleichskammern* (Abb. 12—28). In diesen Ausgleichskammern soll der dynamische Schlag des den Stollen durchströmenden Wassers gedämpft werden, wenn es mit Schnellverschlüsse

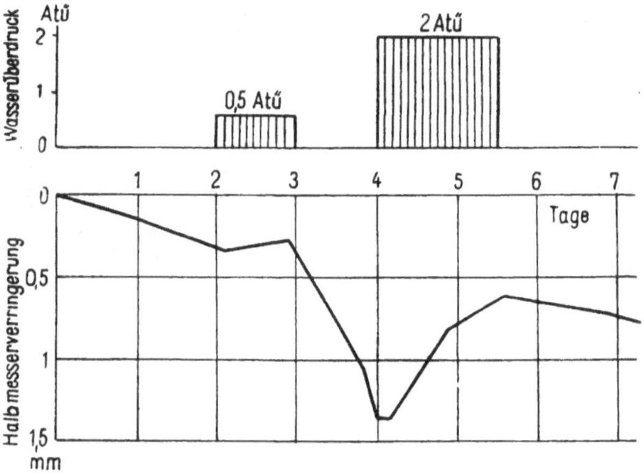

Abb. 12—30. Veränderung des Stollenhalbmessers bei der Wasserdruckprobe in den Mergelschiefern des Senon in den Karpaten.

abgesperrt wird. Deshalb wird die Ausgleichskammer nach Möglichkeit am Auslauf des Wasserstollens angelegt. Ist das Gestein standfest genug, dann wirkt es zusammen mit dem Beton der Kammerausmauerung bei dessen Beanspruchung durch den Wasserdruck. In diesem Falle ist es zweckmäßig, die Ausgleichskammer als Schacht auszubauen. Die entleerte Ausgleichskammer wird jedoch unter dem Druck des Grundwassers stehen; dies ist vor allem dann ungünstig, wenn die Ausgleichskammer gepanzert ist, denn die Panzerung muß auch an ihrer inneren Stirnseite durch eine kräftige Stahlbetonausmauerung abgestützt werden. Eine solche Ausgleichskammer wird deshalb möglichst außerhalb der Reichweite des Grundwassers angeordnet. Der Bau der Ausgleichskammer als Schacht ist mit hohen Kosten verbunden; deshalb ist es dort, wo es sich um weniger festes Gestein handelt, das nicht allzu sehr zur Tragfähigkeit der Ausmauerung beiträgt, wirtschaftlicher, wenn die Ausgleichskammer am Hang als Turm gebaut wird, sofern der Hang standfest genug ist. Auf jeden Fall muß das Gestein unterhalb der Kammersohle fest sein, damit es bei wechselnder Füllung und Entleerung der Ausgleichskammer zu keinen größeren Deformationen kommt.

Der Bau von tiefen Schächten für Ausgleichskammern mit großem Durchmesser ist nicht leicht. Vor allem an den Verbindungsstellen mit dem Wasserstollen, wo der Anschluß manchmal aus hydraulischen Gründen ziemlich kompliziert ist, wird das

Gestein sehr geschwächt. Deshalb muß man bereits bei der Voruntersuchung darauf aufmerksam machen, daß der Projektant nicht nur die Forderungen der Hydraulik an die Formgebung der Ausgleichskammer beachten, sondern auch feststellen muß, ob die Ausführung des Projektes in Übereinstimmung mit den geologischen Bedingungen möglich ist.

Beim Bau des Wasserkraftwerkes in Mallnitz in den österreichischen Alpen traten beim Felsausbruch für die Ausgleichskammer Hangbewegungen auf, die um so bedenklicher waren, als oberhalb der Baustelle die Eisenbahnstrecke verläuft. Den Hang bildeten stark gestörter Gneis und Phyllit. Die Baustelle mußte zuerst durch große Stützmauern gesichert werden, bevor der Ausbau der Ausgleichskammer selbst in Stahlbetonkonstruktion möglich war (Hammer, 1927).

Die Druckleitung ist eine kostspielige und wichtige Anlage. Der Hang, auf dem sie angelegt wird, muß deshalb aus festen Gesteinen bestehen und soll nicht von Verwitterungsmaterial oder Gehängeschutt überdeckt sein, die durch ihre Bewegung die Ankerblöcke der Rohrleitung gefährden könnten. Eine Druckleitung im Stollen zu projektieren und damit zu rechnen, daß das Gestein einen Teil des Wasserdruckes aufnimmt, ist nur bei sehr festen Gesteinen möglich. In der Regel wird es wirtschaftlicher, die Druckleitung an der Geländeoberfläche zu projektieren.

Ein interessanter Fall der Beschädigung einer Druckleitung durch Hangbewegungen des Schuttes wurde aus Neuseeland berichtet (W. N. Benson, 1946). Die aus vier Rohren mit einem Durchmesser von 1,5 m bestehende Druckleitung mit einem Gefälle von etwa 200 m wurde ursprünglich an einem Hang verlegt, der aus Chloritgneis bestand und von Verwitterungsmaterial und Gehängeschutt überdeckt war. Bald nach Abschluß der Bauarbeiten konnten Bewegungen der einzelnen Blöcke beobachtet werden, welche genau vermessen wurden. Im Verlaufe von 3 Monaten wurden bei einigen Blöcken Ablenkungen von mehr als 10 cm gemessen. Da die Druckleitung nicht gerade war, wurde sie sehr ungünstig beansprucht. Eine nachträgliche geologische Untersuchung ergab, daß die Blöcke nicht tief genug in das feste Gestein gegründet waren. So wurde eine Verlegung der Druckleitung in einen Stollen erforderlich. Der Tunnel wurde in beträchtlicher Tiefe unter der Hangoberfläche vorgetrieben, denn der ungestörte Untergrund wurde mit Hilfe seismographischer Messungen erst in einer Tiefe von 60 m unter der Geländeoberfläche ermittelt. Das Längsprofil des Tunnels mußte deshalb einigemal eine Knickung erfahren (Abb. 12—31).

12,10. Unterirdische Kraftwerke. Diese machen das Aushauen großer unterirdischer Räume erforderlich. Da dadurch die Spannungsverhältnisse innerhalb der Felsmasse bedeutend gestört werden, ist es erforderlich, die Abmessungen der Kaverne des Kraftwerkes so wirtschaftlich wie möglich zu wählen. Vor allem soll die Breite der Turbogeneratorenhalle auf ein unbedingt erforderliches Mindestmaß beschränkt und nicht durch Nebenräume vergrößert werden. In gleicher Weise wird die Standfestigkeit eines unterirdischen Raumes auch durch die Höhe der Kaverne gefährdet, wohingegen es auf die Länge meistens nicht so sehr ankommt. Nebenräume können deshalb in Verlängerung der Kaverne angeordnet werden. Der Zuleitungs- und der Auslaufstollen sowie die Verkehrswege sollen so angelegt werden, daß die Gebirgspfeiler zwischen den einzelnen Räumen nicht allzu sehr geschwächt werden. Deshalb sollten bei der Grundkonzeption der Räume die geologischen- und die Spannungsverhältnisse berücksichtigt werden.

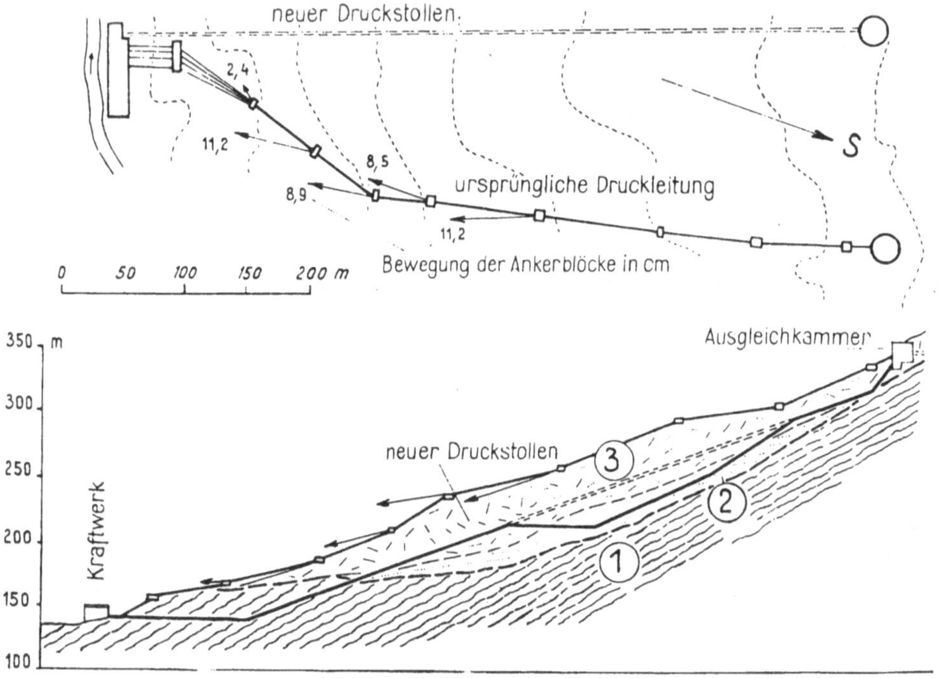

Abb. 12—31. Deformation einer in nicht standfesten Schutt gelegten Druckleitung. Die Leitung mußte in den Stollen hinein verlegt werden (*Benson, 1946*). *1* — Chloritgneis, *2* — verwitterter Gneis, *3* — Hangschutt.

Für eine genaue Lagebestimmung der Kaverne reichen meist auch Kernbohrungen nicht aus, weil mit ihrer Hilfe der Verlauf und die Dichte der Klüfte nicht exakt genug bestimmt werden können. Günstiger ist es, die Untersuchung mit Hilfe von Untersuchungsstollen durchzuführen, in denen die wichtigsten Kluftsysteme, sowie deren Dichte und ihre Füllmasse genau vermessen werden können. Der Ausbruch der Kaverne soll nach Möglichkeit so angelegt werden, daß die Hauptklüfte annähernd senkrecht zu ihrer Längsachse verlaufen. Bereits einige wenige, zu den Wänden des ausgehauenen Raumes ungünstig geneigte Klüfte können eine Lockerung großer Gesteinsblöcke und wegen der großen Abmessungen des ausgehauenen Raumes schwierig aufzunehmende Drücke hervorrufen.

Wenn sich das gesamte Bauwerk nebst Auslauftunnel und Druckstollen unter der Ebene eines Flußtales befindet, wird es zu einer Dränage für das Grundwasser der weiteren Umgebung. Man muß deshalb die hydrogeologischen Probleme des gesamten Gebietes, besonders den Einfluß des Wasserdruckes auf den Tunnelausbau, eingehend studieren. Druckstollen sind nicht nur mit Rücksicht auf den inneren Wasserüberdruck, sondern auch auf den äußeren Wasserdruck aus dem Gestein bei entleertem Wasserstollen zu projektieren. Das Einsickern des Wassers in die unterirdischen Räume wird nach dem Füllen des Staubeckens noch verstärkt.

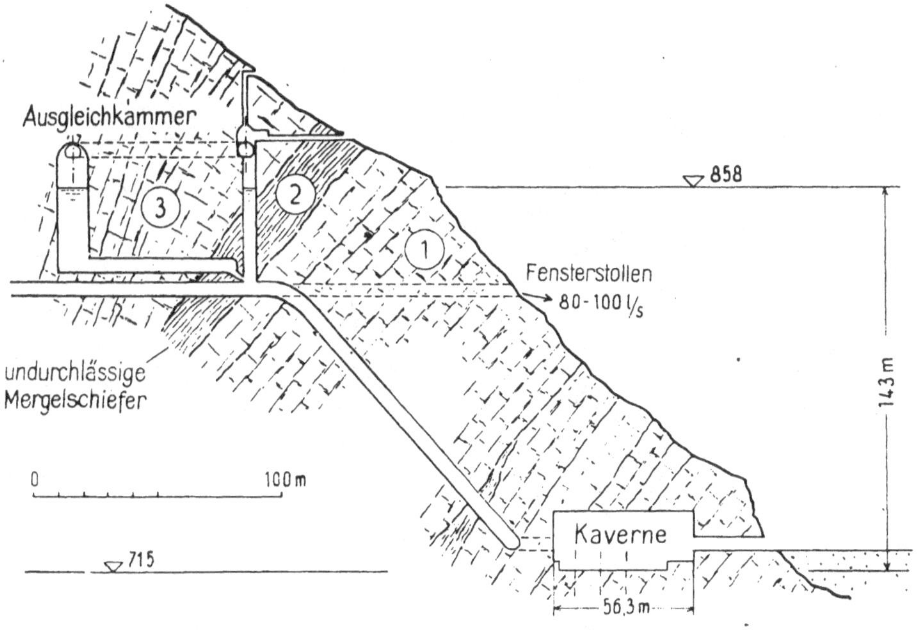

Abb. 12—32. Beispiel günstiger geologischer Verhältnisse für ein unterirdisches Kraftwerk (Prutz in Tirol). *1* u. *3* — Guttensteinkalk und Dolomit, *2* — undurchlässige Mergelschiefer.

In geologischer Hinsicht wurden die unterirdischen Kraftwerke Braz und Prutz in den österreichischen Alpen sinnvoll angeordnet. Die Abb. 12—32 zeigt das Längsprofil des unterirdischen Kraftwerkes *Prutz am Inn in Tirol.* Der Platz für die Kaverne wurde vom geologischen Standpunkt aus günstig gewählt. Der Tunnel für das Kraftwerk wurde in dickbankigem Dolomit und Gutensteiner Kalk senkrecht zum Streichen der Schichten vorgetrieben. Die Schichten fallen unter 50° in den Hang ein und enthalten eine Lage Mergelschiefer. Diese (Partnacher) Mergelschiefer sind wasserundurchlässig und gliedern den Hang in einen unteren Teil, der praktisch trocken ist und in dem die Kaverne ausgebrochen wurde, und in einen oberen Teil, wo der Kalkstein und der Dolomit stark wasserführend sind. Der Druckstollen wurde während des Baues durch einen Fensterstollen entwässert, aus dem 80 bis 100 l Wasser pro Sekunde abflossen.

Dieses Bauwerk ist ein Beispiel für ein in bezug auf seine Wirtschaftlichkeit günstig angelegtes unterirdisches Wasserkraftwerk. Bei einer installierten Leistung von 3 × 40 MW hat es eine Breite von nur 18 m, eine maximale Höhe von 25 m und eine Länge von etwa 55 m. Auf jedes MW installierte Leistung entfällt ein Ausbruch von nur etwa 221 m³. Die Wände der Kaverne sind oval ausgewölbt; deshalb genügte eine Wandstärke von 60 cm.

Unter ähnlichen geologischen Bedingungen wurde das unterirdische Kraftwerk Braz durchgeführt. Dieses liegt in Liaskalksteinen und wird durch Mergelschiefer

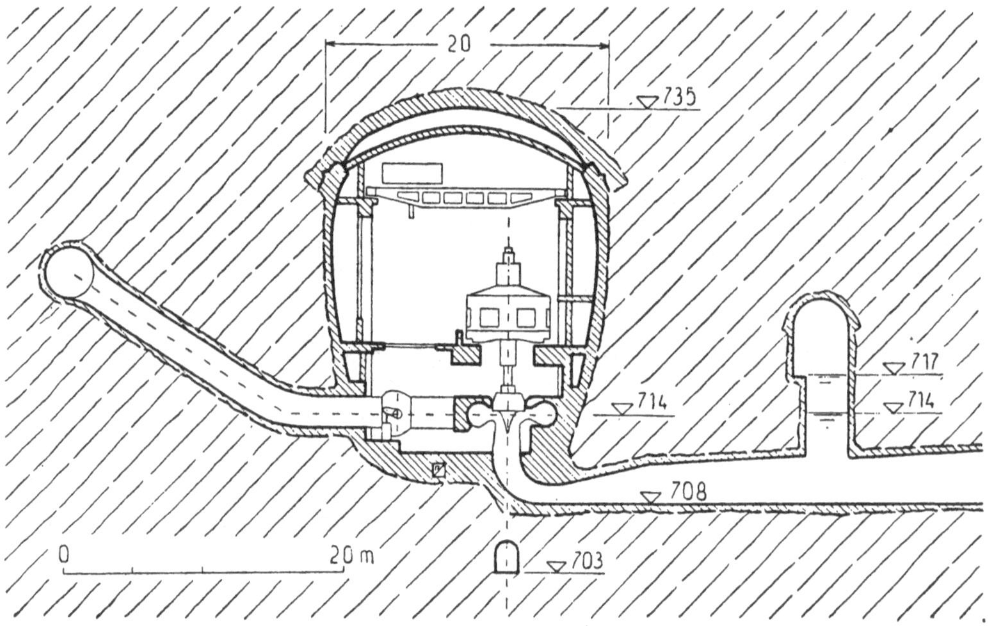

Abb. 12—33. Querschnitt des unterirdischen Kraftwerkes Prutz in festen Triaskalken. Beispiel einer raumsparenden Lösung.

der Kössener Schichten von dem stark wasserführenden Dolomit des Hangenden isoliert.

In letzter Zeit wurden die unterirdischen Kraftwerke *Guajabo in El Salvador* und *Abuklao auf den Philippinen* erbaut (Abb. 12—35; A. Eberhardt, 1958), bei denen sich das Bestreben, beim Bau des Kraftwerkes Ausbruch und Beton einzusparen darin zeigt, daß die Turbinen mit waagerechter Achse ausgeführt sind. Drei Turbogeneratoren mit einer Leistung von 3 × 25 MW sind radial zum Druckstollen angeordnet. Der für das Maschinenhaus benötigte Raum wurde auf diese Weise im Vergleich zu einer vertikalen Anordnung der Turbinen wesentlich reduziert. Obwohl auch der Schaltraum unterirdisch angelegt wurde, kam auf je MW installierte Leistung ein Ausbruch von nur 270 m³.

Wie die geologischen Bedingungen die Anordnung eines unterirdischen Kraftwerkes beeinflussen, zeigt sich am Beispiel des Wasserkraftwerkes *Premadio* in den *italienischen Alpen* (F. Carati, 1958). Bei der Projektierung des unterirdischen Kraftwerkes wurden gemäß Abb. 12—34 zwei Varianten in Betracht gezogen. Die Variante I wurde mit vertikalem Einlaufstollen, einer im Triasdolomit ausgebrochenen Kaverne und einem 1400 m langen Auslauftunnel projektiert; die Variante II sah eine Druckleitung in einem schräg verlaufenden Stollen von 850 m Länge, eine am Hangfuß im Phyllit angeordnete Kaverne und einen 730 m langen Auslauf-

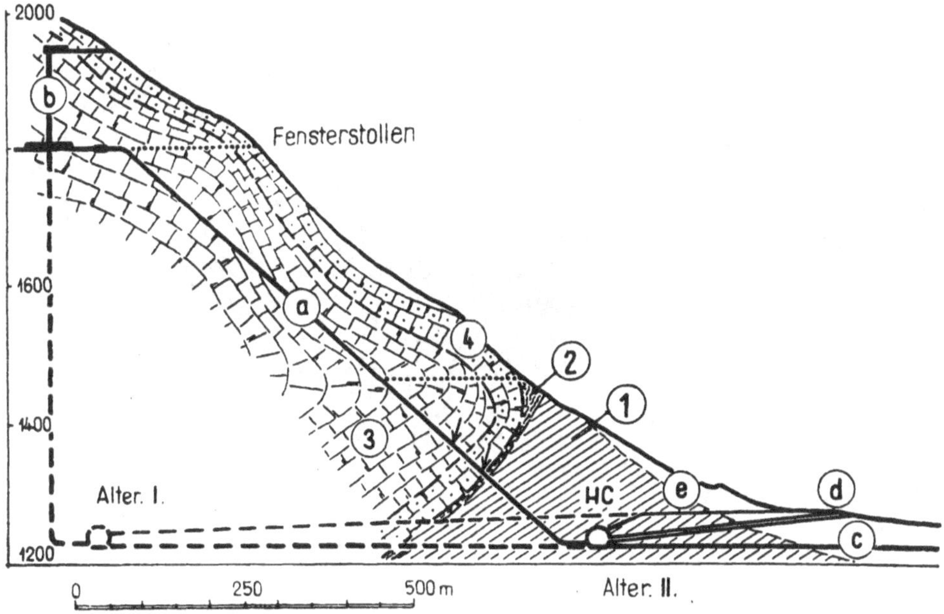

Abb. 12—34. Geologisches Profil des unterirdischen Kraftwerkes Premadio (*F. Carati 1958*). *1* — Phyllit, *2* — Serizitschiefer, *3* — fester grauer Dolomit, *4* — zerklüfteter gelber Dolomit, *a* — schräg verlaufender Stollen mit Druckleitung, *b* — Ausgleichskammer, *c* — Abflußtunnel, *d* — Betriebstunnel, *e* — Lüftungsstollen.

tunnel vor. Man wählte ganz richtig die Variante II, und zwar zunächst deshalb, weil der schräge Stollen mit Hilfe eines Fensterstollens in der Mitte des Hanges in zwei Arbeitsabschnitten schneller vorgetrieben werden konnte. Der Hauptvorteil dieser Lösung war, daß die Kaverne in trockenem Phyllit vorgetrieben werden konnte, denn der Phyllit wird im Hangenden vom zerklüfteten, wasserführenden Dolomit (in der Abb. 12—34 mit 4 bezeichnet) durch eine Lage undurchlässiger Serizitschiefer (2) getrennt. Ein weiterer Vorteil war, daß der Druckstollen in einer höheren Lage durch den wasserführenden Dolomit hindurchführte und auf diese Weise den Grundwasserhaushalt, zu dem die Thermalquellen des in der Nähe gelegenen Badeortes Bormio gehören, wenig störte.

Aus diesen Beispielen geht hervor, daß die geologischen Verhältnisse auf die bauliche Gestaltung und die Ausführungsmethoden einen entscheidenden Einfluß ausüben. Unter den außergewöhnlich günstigen geologischen Verhältnissen im wenig gestörten Granit in Skandinavien ist es möglich, die Profile für die Kavernen im Vollausbruch ohne Stollenzimmerung herzustellen. *In Schweden* wurden einige unterirdische Kraftwerke im festen Granit ohne Traggewölbe angelegt; der Kavernenraum wurde nur durch ein leichtes Schalengewölbe gegen das Loslösen und Herabfallen von Steinen und das Abtropfen von Wasser geschützt. Das Schalengewölbe

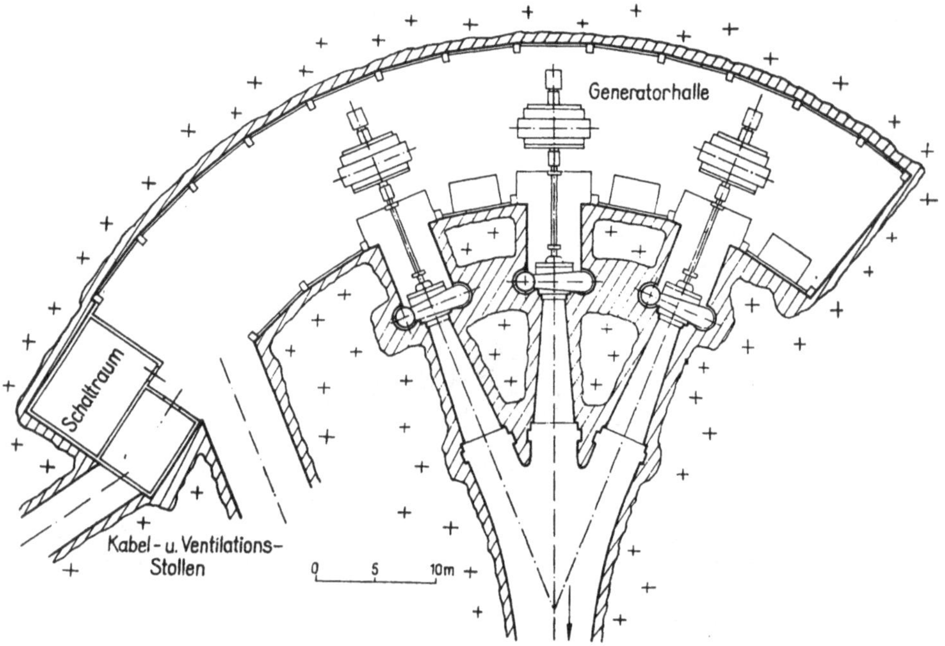

Abb. 12—35. Durch radiale Anordnung der Generatoren der unterirdischen Hydrozentrale Ambuklao auf den Philippinen verringerte sich der Ausbruch der Kaverne.

aus Stahlbeton wurde in einem bestimmten Abstand von der Stirnfläche des ausgebrochenen Gesteins errichtet und durch Betonrippen gegen das Gestein abgestützt. Die Wände der Kaverne wurden durch Pfeilerreihen ausgesteift, die gleichzeitig als Auflage für die Kranbahn dienen. An den Stellen, wo keine glatte Oberfläche der Wände benötigt wurde, blieb die Felswand unverkleidet, soweit es die Standfestigkeit des Gesteins zuließ (Abb. 12—37).

Große Aufmerksamkeit erfordern hohe *Wände von unterirdischen Räumen,* die eine Höhe von mehreren zehn Metern erreichen. Bei festen Gesteinen ist es möglich, die Wände gleichzeitig mit der Kalotte auszubrechen. In weniger festen Gesteinen werden die Blöcke wie beim Unterfangungsverfahren pfeilerweise aufgeschlossen. So wurden die Wände der Kaverne des unterirdischen Kraftwerkes Prutz ausgeführt, wo aufeinanderfolgend in 5 m langen Abschnitten ausgebrochen, ausgemauert und unmittelbar darauf die Ausmauerung im Gestein verankert wurde.

Die Anker aus Stahlkabel waren 3 bis 5 m lang, hatten einen Durchmesser von 2,5 cm und wurden nach dem Erhärten des Zementvergusses gespannt. In ungünstigen Gesteinen muß die Kernbauweise angewendet werden. Nach diesem Verfahren wurde beispielsweise eine Wand der bereits erwähnten Kaverne des unterirdischen Kraftwerkes Prutz fertiggestellt.

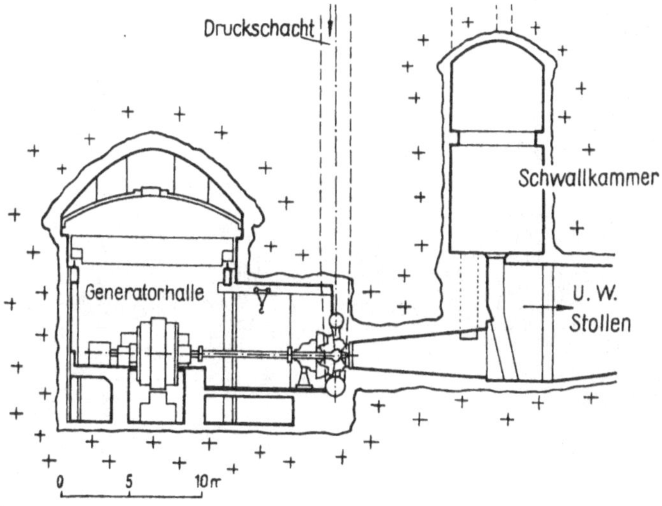

Abb. 12—36. Querschnitt durch die Kaverne der Hydrozentrale Ambuklao im zerklüfteten Diorit. *(Eberhardt A. 1958).*

Ein erfolgreiches Mittel zur Sicherung zeitweilig unverkleideter Kavernen-wände ist die *Verankerung.* Ihre Anwendung erfuhr eine starke Verbreitung; man kann zwei Entwicklungsrichtungen dieses Verfahrens feststellen:

a) In einigen Fällen ergibt sich die Notwendigkeit, die Spannungen des Gesteins im Bereich der Kaverne zu beeinflussen. Aufgabe der Verankerung ist es nicht nur, die Reibung an den Schichtflächen und Klüften zu erhöhen, sondern die Kräfte in das gesamte die Kaverne umschließende Felsmassiv hineinzutragen. Dadurch wird die ungünstige Erhöhung der Spannung am Ausbruchprofil der Kaverne aufgehoben (siehe Kapitel 12,6). Dieses Verfahren wurde von L. Müller (1953) bei der erwähnten Kaverne des unterirdischen Kraftwerkes Braz in klüftigen Kalksteinen angewendet. Die Abb. 12—37 veranschaulicht, wie notwendig es war, ziemlich lange Anker zu verwenden, damit sich deren Einwirkung in dem Bereich bemerkbar machte, in dem sich die Hauptspannungen durch den Ausbruch der Kaverne veränderten. Dieser Bereich wurde mit Hilfe der Spannungsoptik (Photoelastizität) statisch untersucht. Die Ergebnisse wurden nach den von Torre (1952) veröffentlichten Untersuchungen den Verformungseigenschaften der Gesteine angepaßt. Es zeigt sich nämlich, daß langfristige plastische Deformationen innerhalb der Gesteine durch die gleichen Gesetze der Mechanik ausgedrückt werden können, die in der Hydromechanik

Abb. 12—37. Maschinenhaus eines unterirdischen Wasserkraftwerkes, das im Granit herausgesprengt wurde (*Schweden*).

für das Strömen von Flüssigkeiten gelten. Aus Abb. 12—38 geht hervor, daß die Anker annähernd senkrecht zum Hauptkluftsystem verlaufen.

b) In anderen Fällen werden die Anker nur zu dem Zwecke verwendet, die Gesteinsblöcke einzuspannen und an den Absonderungsflächen aneinanderzupressen, so daß sich die Reibung an diesen Flächen erhöht und die Standfestigkeit der Wände vergrößert. Darüber hinaus wirken die Anker auch innerhalb des Gesteins als schräg verlaufende Zugbewehrung. In diesem Falle sind die Anker kürzer; sie sind so angebracht, daß sie bei einer Verschiebung der Gesteinsblöcke nicht nur auf Abscherung, sondern auch wie die Krümmungen der Längsbewehrung in Stahlbetonträgern auf Zug beansprucht werden.

Ein Beispiel für eine solche Lösung stellt die Sicherung der Kavernenwände eines unterirdischen Kraftwerkes im zerklüfteten Granit des Böhmischen Massivs dar (Abb. 12—39, Bělař, Zajíc, 1958). Das Hauptkluftsystem zeigte hier einen nur in geringem Maße von der Längsrichtung der Kavernenwände abweichenden Verlauf. Die Klüfte hatten eine Breite von einigen Millimetern bis zu einigen Dezimetern und eine sandig-tonige Füllmasse. Oberhalb der Ausläufe war das Gestein so stark gestört, daß es notwendig war, die Wand bereits während des Ausbruches durch eine Stahlbetonmauer zu sichern. Die anderen Wände der Kaverne mußten durch Verankerung gesichert werden. Die Anker waren bis zu 7 m lang und wurden

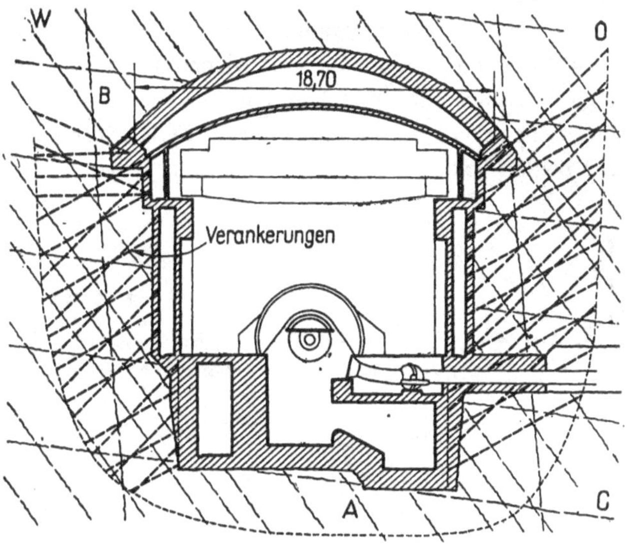

Abb. 12—38. Schematisches Profil des unterirdischen Kraftwerkes Braz mit Anordnung der Wände in zerklüfteten Kalksteinen (*L. Müller 1953*).

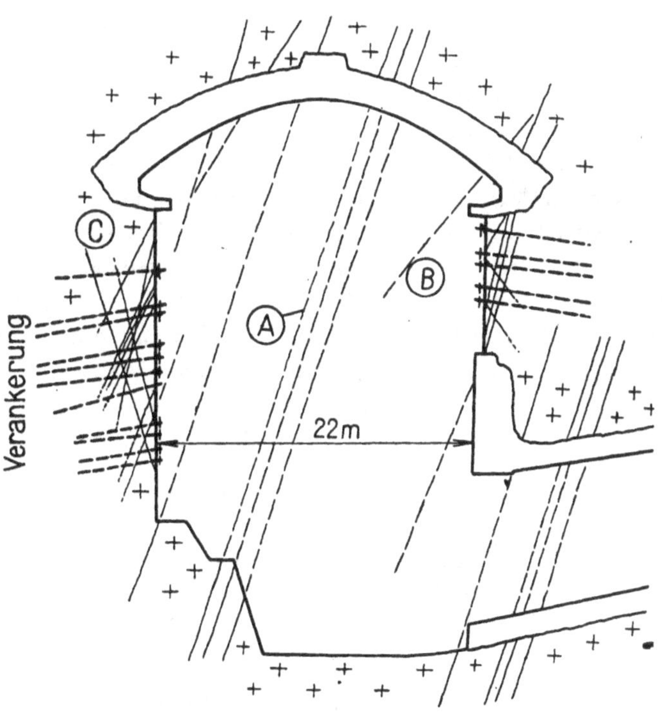

Abb. 12—39. Profil eines unterirdischen Kraftwerkes im zerklüfteten Granit des böhmischen Massivs; die Wände der Kavernen wurden durch Verankerung gesichert (*Bělař, Zajíc 1958*).

in die Bohrlöcher von 50 mm Durchmesser eingesetzt. Der Durchmesser der Anker betrug 34 mm. Um diese vor dem Spannen nur an ihren Enden befestigen zu können, wurde das Ende der Ankerzüge mit Widerhaken versehen und in die Bohrung zuerst eine Glasröhre mit einem Durchmesser von 35 mm, einer Wanddicke von 1 mm und einer Länge von 1,5 m eingeschoben. Die Glasröhre wurde mit Zementmörtel gefüllt, ihre beiden Enden wurden vor dem Einschieben in das Bohrloch mit

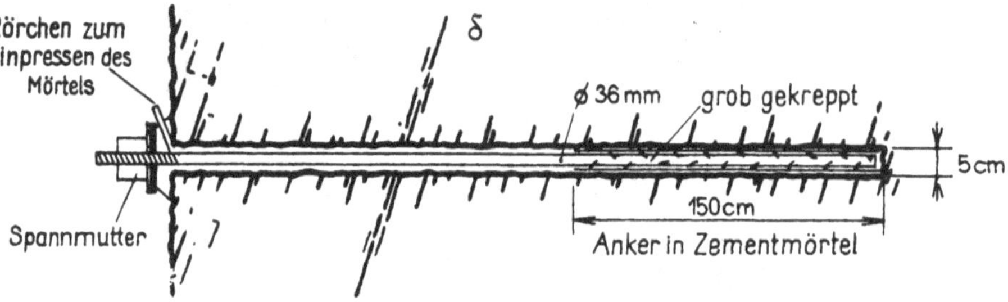

Abb. 12—40. Herrichtung der Anker für die Verankerung der Wände einer unterirdischen Kaverne in Abb. 12—39.

Papier verstopft. Die Glasröhre wurde durch das Eintreiben des Ankers zertrümmert, so daß der Zementmörtel den Raum zwischen dem Ankerzug und der Bohrung ausfüllte. Bei Zerreißproben übertrugen die so befestigten Ankerenden Kräfte von 22 bis 26 t; durch Drehung der Schraubenmutter wurden sie durch eine Kraft von 8 t beansprucht. Der Rest des Bohrloches wurde nachträglich mit Zementmilch vergossen. Der Zug in den Ankern bewirkte einen Druck zwischen den Gesteinsblöcken und damit eine Reibung zwischen ihren Wänden. Je nach der Art und der Dicke der Füllmasse in den Klüften wurde der Berechnung des Gleichgewichtes ein Reibungswinkel von 30° bis 50° zugrunde gelegt. Aus dem Gewicht der Gesteinsblöcke konnte also die erforderliche Reibung und damit auch die notwendige Anzahl der Anker errechnet werden, wobei auch das Zusammenwirken der Anker bei Zug und Abscherung berücksichtigt wurde. Dieses Verankerungsverfahren hat sich gut bewährt, und trotz großer Abmessungen der Kavernenwände traten so gut wie keine Zerstörungen auf.

Benutzte und ergänzende Literatur zum 12. Kapitel

Andreae C.: Der Bau langer tiefliegender Gebirgstunnel, Berlin 1926.

Bělař J., Zajíc J.: Die Sicherung der Felswände beim Ausbruch großer unterirdischer Räume, Sammelschrift der Konferenz über Geomechanik, Brno (Brünn) 1958 (tschechisch).

Buxtorf A.: Die mutmaßlichen geologischen Profile des neuen Hauenstein- und Grenchenbergtunnels im Schweizer Jura, Verhandl. Natur. Ges., Basel 1913.

Carati F.: L'impianto idroelettrico di Premadio, l'Energia Elettrica, Milano 1958.

Dandurow M. I.: Tunnelbauten, Moskau 1952.

Дандуров М. И.: Тонелли, Москва 1952.
Dawydow S. S.: Berechnung der Tragkonstruktionen unterirdischer Bauwerke und Verkleidungsmauerwerke, Moskau 1936.
Давыдов С. С.: Расчет несущих конструкций подземных и маскированных сооружений, Москва 1936.
Eberhardt A.: Ambuklao Underground Power Station, Proceed. ASCE, Vo. *84*, 1958.
Karl F.: Ein Beispiel für die Anwendung gefügeanalytischer Arbeitsmethoden in der Baugeologie, Geologie und Bauwesen, Wien 1954.
Koněrza J.: Der Bau der eingleisigen Eisenbahnstrecke von Handlová nach Horní Štubňa, Prag 1933 (tschechisch).
Mencl V., Mencl J.: Tunnelbau, Prag 1956 (tschechisch).
Müller L.: Die Darstellung geologischer Flächen in Bauplänen, Geologie und Bauwesen, Wien 1953.
Müller L.: Setzungen von Bauwerken auf Felsuntergrund, Vorträge der Baugrundtagung in Hannover, Hamburg 1953.
Pícha V.: Überblick über den Tunnelbau, Prag 1937 (tschechisch).
Rabcewicz L.: Die Nordrampe der Transiranischen Eisenbahn, Bautechnik 1938.
Rabcewicz L.: Gebirgsdruck und Tunnelbau, Wien 1944.
Roth Z.: Probleme des Gebirgsdruckes der Felsmassive vom Standpunkt der Geologie, Knihovna ÚÚG (Bibliothek des Geolog. Zentralinstituts), Prag 1954.
Sedláček J.: Bauwerkssicherung bei Tunnelbauten, Inženýrské stavby (Ingenieurbauten), Prag 1953.
Schilow N. W., Udalkin N. B.: Schnellvortrieb von Stollen und Tunneln, Prag 1952 (Übersetzung aus dem russischen).
Stiny J.: Tunnelbaugeologie, Springer-Verlag, Wien 1950.
Széchy K.: Vom Bau der neuen Untergrundbahn in Budapest, Österreichische Ingenieur-Zeitschrift, Jg. 1, H. 7, 1958.
Terzaghi K.: Rock Defects and Loads on Tunnel Supports, Harward Univ. 1946.
Torre .: Hydrodynamische Theorie fester Stoffe, Österreichisches Ingenieur-Archiv 6, H. 5., 1952.
Wolkow W. P.: Tunnelbauten, Moskau 1945.
Волков В. П.: Тонелли, Москва 1945.
Wagner C. J.: Die Beziehungen der Geologie zu den Ingenieurwissenschaften, Wien 1884.
Záruba Q., Andrusov D.: Die geologischen Verhältnisse der projektierten Eisenbahnstrecke Banská Bystrica—Diviaky, Zprávy želez. inženýrů (Berichte der Eisenbahningenieure) *XIV*, Prag 1937 (tschechisch).
Záruba Q., Andrusov D.: Vergleich der geologischen Profile des Harmanecer Tunnels der Eisenbahnstrecke Banská Bystrica—Diviaky, Technický obzor (Technische Rundschau), Prag 1939 (tschechisch).

13. Kapitel. Geologische Untersuchungen bei Wasserwirtschaftsbauten.

Die Bedeutung der angewandten Geologie wurde bei umfangreichen Wasserwirtschaftsbauten, insbesondere beim Bau von Talsperren, wo eine Reihe der wichtigsten Probleme mit den geologischen Verhältnissen des betreffenden Gebietes in Zusammenhang steht, immer wieder bewiesen. Die Untersuchungsarbeiten beschränken sich nicht nur auf den Standort des Staudammes selbst, sondern auch das gesamte überflutete Gebiet, die Ufer des künftigen Staubeckens und die weitere Umgebung müssen eingehend untersucht werden, um zuverlässige geologische Unterlagen zu gewinnen, die für die Ausarbeitung des Projektes erforderlich sind. Der Umfang und das Programm der Untersuchungsarbeiten richten sich nach dem Stand der Projektvorbereitung. Deshalb unterscheidet man i. allg. die Voruntersuchung, die eingehende Untersuchung und die Mitarbeit des Geologen während der Bauausführung.

13,1. Geologische Voruntersuchung. Diese dient als Unterlage zur Ausarbeitung wasserwirtschaftlicher Studien und für das Vorprojekt des hydrotechnischen Bauwerkes. Mit der Voruntersuchung wird ein erfahrener Geologe betraut, der seinen Bericht auf der Grundlage der Geländeuntersuchung, der natürlichen und künstlichen Aufschlüsse und nach eingehendem Studium der geologischen Karten, der einschlägigen Fachliteratur und sonstiger in den Archiven der wissenschaftlichen Institute aufbewahrter Materialquellen zusammenstellt. Er befaßt sich nicht nur mit der ausgewählten Baustelle, sondern untersucht auch die weitere Umgebung des künftigen hydrotechnischen Bauwerks. Diese Untersuchung auf breiter Basis ist auch aus dem Grunde zweckdienlich, weil sich während der Projektierungsarbeiten auch andere Lösungen hinsichtlich des Standortes der Sperre und der Stauhöhe ergeben können.

Ist das Gebiet bisher geologisch nicht kartiert worden, dann ist es erforderlich, daß der Investträger für eine allgemeine geologische Untersuchung und geologische Kartierung sorgt. Bei der Kartierung ist der Darstellung der Lagerungsverhältnisse und der Tektonik (Faltungen, Verwerfungen und Störungszonen) sowie der Lage und Art der Klüfte erhöhte Aufmerksamkeit zuzuwenden. Ebenso wichtig ist die Beobachtung des Charakters, des Ausmaßes und der Tiefe der Verwitterung. Eine eingehende geologische Kartierung des Interessengebietes ist deshalb erforderlich, um alle morphologisch günstigen Staustellen, die Undurchlässigkeit des künftigen Überflutungsgebietes, die Standfestigkeit der Ufer des Staubeckens und die Probleme, die mit der Verschlämmung des Staubeckens zusammenhängen, beurteilen zu können. Die ausführliche geologische Karte ist ein wichtiges Hilfsmittel zur Erkundung geeigneter Baustoffe und zur Ermittlung, ob nicht durch das Stauwasser Lagerstätten wertvoller natürlicher Baustoffe entwertet werden.

In den letzten Jahren wurden ingenieurgeologische Rayonierungskarten einiger Wasserläufe angefertigt, für die die Anlagen von hydrotechnischen Bauten geplant sind. Es sind dies im wesentlichen eingehende geologische Karten, in denen das untersuchte Gelände in Abschnitte (Rayons) mit analogem morphologischem und geologischem Charakter unter Berücksichtigung des Talsperrenbaues gegliedert ist. Die Rayonierungskarten dienen der allgemeinen Orientierung des Projektanten und geben Hinweise, in welchen Abschnitten des Wasserlaufes Talsperren ohne große Schwierigkeiten projektiert werden können, und welchen Talabschnitten aus geologischen Gründen zweckmäßigerweise auszuweichen wäre. In dieser Art wurden beispielsweise in der Slowakei die Täler der Flüsse Hron (A. Němčok 1956), Slaná (M. Matula, 1956) und Laborec (J. Pašek, 1957) bearbeitet.

Nach der Voruntersuchung arbeitet der Geologe einen vorläufigen Bericht aus, in dem grundsätzlich die Frage geklärt wird, ob es vom geologischen Standpunkt aus zweckmäßig ist, sich weiterhin mit der Aufgabe zu befassen, oder ob die ausgewählte Baustelle absolut ungeeignet ist. Ist das Ergebnis positiv, dann stellt der Geologe gemeinsam mit einem Vertreter des Investträgers und dem Projektanten ein Programm für die Vorarbeiten auf. Die Vorarbeiten umfassen gewöhnlich folgende Teilaufgaben:

a) Die *ingenieurgeologische Aufnahme* der weiteren Umgebung der Sperrstelle, des Standortes des Kraftwerkes und sonstiger wichtiger Objekte, wie auch des Geländes, das für die Baustelleneinrichtung und die Gewinnung von Baustoffen bestimmt ist.

b) Die *vorläufigen Aufschlußarbeiten* an der Sperrstelle und im Überflutungsgebiet. Es sind beispielsweise die Mächtigkeit der Deckschichten und die Verwitterungstiefe, sowie der Verlauf und Charakter von Störungszonen zu ermitteln, die für die Durchführbarkeit des Bauwerkes Bedeutung haben könnten. Manchmal sind Aufschlüsse zur vorläufigen Beurteilung einer Lagerstätte von Baustoffen erforderlich, die öfters für den Staumauertyp von entscheidender Bedeutung sind. In einigen Fällen müssen die Eigenschaften der in Betracht gezogenen Baustoffe durch technologische Prüfversuche ermittelt werden.

Während der geologischen Voruntersuchung sollen Aufschlußarbeiten nur in begrenztem Umfange durchgeführt werden, weil man sich auch der wirtschaftlichen Seite bewußt sein muß. Für wasserwirtschaftliche Studien und das Vorprojekt ist es unwirtschaftlich, so umfangreiche und kostspielige Aufschlußarbeiten durchzuführen wie für das eingehende Projekt. Im ersten Stadium der Projektvorbereitung sollen nur einfache Mittel zur Erreichung einer übersichtlichen Beurteilung des geologischen Baues des Geländes verwendet werden. Manche Projekte werden aus anderen als aus geologischen Gründen nicht realisiert werden können.

Die Kosten für umfangreiche Aufschlußarbeiten wären dann überflüssig. Die Durchführung von Bohrungen und die Anlage von Untersuchungsstollen im Stadium der Vorarbeiten sind nur dann begründet, wenn zu befürchten ist, daß irgendein schwerwiegendes, aus dem geologischen Charakter des Geländes bedingtes Hindernis die Durchführbarkeit des Bauwerkes in Frage stellen könnte.

c) Für die geologische Voruntersuchung sind *geophysikalische Verfahren* zweckmäßig, weil die erforderlichen Geräte leicht zu transportieren und die Arbeiten im Gelände verhältnismäßig schnell und billig durchzuführen sind. Es sind dies hauptsächlich das elektrische Widerstands- und seismische Verfahren, mit deren Hilfe in den meisten Fällen die Mächtigkeit der Deckschichten, die Verwitterungstiefe, das Vorhandensein von Störungszonen usw. bestimmt werden können.

d) Die vorläufige Ermittlung des *chemischen Charakters des Oberflächen- und Grundwassers* und Klärung der Frage, ob dieses schädliche Einwirkungen auf die projektierte Konstruktion ausüben wird.

e) Erforderlichenfalls ist die Zusammenarbeit von Sachverständigen verwandter Fachbereiche, aus der Hydrogeologie, Bodenmechanik, der angewandten Geophysik oder auch aus dem Bergbau sicherzustellen, wenn es sich um ein bergbaulich genutztes Gelände handelt.

Über das Ergebnis der Voruntersuchung erstattet der Geologe einen *Schlußbericht*, der eine Analyse der geologischen Verhältnisse des Interessengebietes, eine stratigraphische und tektonische Übersicht, die morphologische Entwicklung des Tales, ferner die Bewertung der ausgewählten Sperrstelle und des Überflutungsgebietes sowie einen Vorschlag zur Gewinnung geeigneter Baustoffe enthalten soll. Der Schlußbericht soll nach Möglichkeit durch eine eingehende geologische Karte, geologische Profile, eine graphische Dokumentation der durchgeführten Bohrungen und Stollen, der Wasserdruckproben und schließlich durch ein Verzeichnis der benutzten Material- und Literaturquellen belegt sein. In den Schlußbericht sollen auch die Teilberichte der Sachverständigen anderer Fachbereiche, so z. B. aus der Hydrogeologie, Bodenmechanik, dem Bergbau usw. einbezogen werden, sofern diese Sachverständigen zur Voruntersuchung herangezogen wurden.

Das Programm der Voruntersuchungsarbeiten mit allen Teilaufgaben soll in einem *Zeitplan* zusammengestellt werden, denn alle Untersuchungsarbeiten sollen rechtzeitig abgeschlossen und ausgewertet werden, damit die Ergebnisse bei der Ausarbeitung des Vorprojektes berücksichtigt werden können.

13,2. Eingehende geologische Untersuchung. Nach Genehmigung des Vorprojektes wird die eingehende geologische Untersuchung durchgeführt. Diese umfaßt im wesentlichen die Untersuchung der Sperrstelle (Abschnitt 13,4), des Stauraumes (Abschnitt 13,11), der Anlagen für die Ableitung des Wassers aus dem Staubecken (Abschnitt 13,16) und die Untersuchung der Baustofflagerstätten.

Als Unterlage für die eingehende Untersuchung der Sperrstelle dient ein Lageplan mit Höhenlinien etwa im Maßstab 1 : 1000. Für die geologische Untersuchung des Stauraumes wird gewöhnlich eine topographische Unterlage im Maßstab 1 : 5000 oder 1 : 10 000 gewählt. Den Plan der eingehenden geologischen Untersuchung, die Anordnung und Art der Aufschlüsse stellt der Geologe im Einvernehmen mit einem Vertreter der Fachabteilung des Investträgers und dem Projektanten nach den Ergebnissen der Voruntersuchung und entsprechend der Anordnung des Bauwerkes auf. Es werden entweder Schürfschächte, Schürfgräben, Stollen angelegt, das Kern- oder schlagende Bohren angewendet, oder es werden erforderlichenfalls die Talsohle und die Talhänge bis auf den felsigen Untergrund aufgeschlossen. Das Programm der Aufschlußarbeiten wird manchmal nach den Ergebnissen der fortschreitend durchgeführten Arbeiten ergänzt oder geändert.

Im mitteleuropäischen Hügelland sind Schürfschächte, Schürfgräben und Stollen ein wichtiges Hilfsmittel. Die Störung der Gesteine des felsigen Untergrundes durch tiefreichende mechanische Verwitterung im Pleistozän kann in Erdaushüben am besten beurteilt werden. Schürfschächte und Schürfgräben sind gewöhnlich auch ziemlich billig, so daß deren Anwendung nicht vernachlässigt werden sollte.

Für Untersuchungsarbeiten bei hydrotechnischen Bauvorhaben, die auf Felsgesteinen gegründet werden, wird im allgemeinen das *Kernbohren* angewendet; dessen Vorteil ist, daß die Bohrungen in verschiedenen Richtungen geführt werden können. In Abb. 13—1 ist die Anordnung der Aufschlußarbeiten dargestellt; die

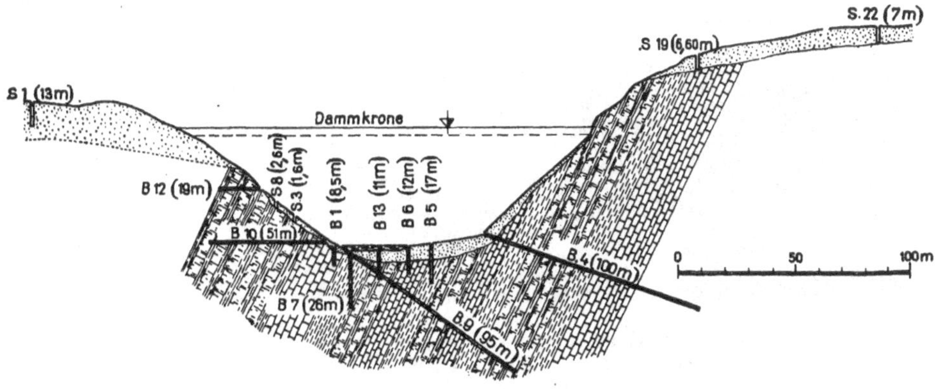

Abb. 13—1. Beispiel einer zweckentsprechenden Anordnung der Aufschlußarbeiten zur Untersuchung des Baugrundes für eine Talsperre am Fluß Spray in Kanada (*nach Engineering Journal 1927*).

Bohrungen wurden senkrecht zu den Schichtenflächen niedergebracht, Schürfe wurden in den Deckschichten angelegt. Es ist ein Arbeitsverfahren zu wählen (siehe Abschnitt 4,4), durch das eine möglichst hohe Bohrkernausbeute erzielt wird. Bei Anwendung von Bohrungen mit ausreichendem Durchmesser und doppeltem Kernrohr können heute Kerne auch in weichen gestörten Gesteinen gewonnen werden. Allerdings ist es notwendig, daß die Bohrbetriebe und Bohrmeister ihre Aufmerksamkeit auf die Gewinnung möglichst vollkommener Gesteinsproben und keineswegs nur auf einen schnellen Arbeitsablauf bei der Durchführung der Bohrarbeiten konzentrieren. Deshalb ist gewöhnlich eine ständige Beaufsichtigung durch einen erfahrenen Fachmann erwünscht, der nicht von dem Bohrbetrieb abhängig ist. Seine Pflicht ist es, für die Vermessung der Bohrungen und den ordnungsgemäßen Umgang mit den Proben zu sorgen. Gleichzeitig muß er während der Bohrarbeiten den Grundwasserstand im Bohrloch beobachten, weil ein erhöhter Wasserzufluß oder Wasserverlust wichtige Aufschlüsse über die hydrogeologischen Verhältnisse, den Zustand und die Füllmasse der Klüfte innerhalb der Gesteine liefert.

Bei der Untersuchung von Sperrstellen haben sich *Kernbohrungen mit großem Durchmesser* sehr gut bewährt (Abb. 13—2). Sie gestatten es dem Geologen oder

Abb. 13- 2. Bohrkern von großem Durchmesser (90 cm) vom Bau der Wasserleitung im Gebiet von Stafford in Mittelengland (*Foto Záruba*).

Ingenieur, in die Tiefe hinabzusteigen, um unmittelbar an den Bohrlochwandungen die Lagerungsverhältnisse und Klüftung der Gesteine zu untersuchen. Bohrungen mit großem Durchmesser wurden auf einigen Baustellen in der Sowjetunion und insbesondere bei der Untersuchung von Sperrstellen am Flusse Tennessee in den USA und anderwärts erfolgreich durchgeführt.

Bohrungen mit großem Durchmesser können allerdings nur dort angewendet werden, wo der Grundwasserzufluß bewältigt werden kann. Der Wasserzufluß in das

Bohrloch kann entweder abgepumpt werden oder das Gestein wird vor dem Niederbringen einer Bohrung mit großem Durchmesser injiziert, und im allgemein mit Zementmörtel. Bei der Verfestigung des Gesteins durch Injektionen kann auf zweierlei Art verfahren werden; entweder werden einige Injektionsbohrungen außerhalb der vorgesehenen Bohrung durchgeführt oder das Gestein wird aus zwei bis drei Bohrungen innerhalb der künftigen Bohrung mit großem Durchmesser injiziert. An den ausgebrachten Bohrkernen kann sodann das Ergebnis der Injektion beurteilt werden. Besitzt das Gestein eine helle Farbe, dann ist es zweckmäßig, zur Injektion ein gefärbtes Gemisch zu verwenden, damit dieses vom Gestein deutlich unterschieden werden kann.

Bohrungen von großem Durchmesser bieten eine bessere Gelegenheit zur Untersuchung der Eigenschaften und Lagerungsverhältnisse der Gesteine, als irgendein anderes bisher übliches Verfahren. Dem Geologen steht ein glatt abgeschnittenes Profil des Gesteins an den Bohrlochwandungen zur Verfügung. Man kann die Dichte und Orientierung der Klüfte verfolgen, ferner feststellen, ob diese geschlossen oder offen sind, welche sekundäre Füllmasse sie aufweisen u. a. m. Es können der Charakter und die Mächtigkeit weicher Gesteinseinlagen genau gemessen werden; dies ist zumeist weder in einer Bohrung von geringem Durchmesser noch an den gestörten Wänden der Schürfgruben möglich.

Für die Untersuchung der Bohrlochwandungen bei Bohrungen mit geringem Durchmesser wurden zu diesem Zwecke verschiedene *optische Geräte* in der Art eines Periskops konstruiert; es werden auch Einrichtungen zum Photographieren der Bohrlochwandungen verwendet. Diese Verfahren haben sich jedoch nur in einigen besonderen Fällen bewährt.

Handelt es sich um den Bau von Talsperren und anderen Objekten auf zusammendrückbarem Gestein, dann muß dessen Tragfähigkeit und Zusammendrückbarkeit eingehend untersucht werden. Ein Beispiel sehr eingehender Erkundungsarbeiten dieser Art ist die Untersuchung der Sperrstelle für das Wasserkraftwerk Kamyschin an der Wolga (Grischin, 1936). An der Sperrstelle wurden mehr als 200 Bohrungen mit einer Gesamtlänge von mehr als 9 km durchgeführt. Zur Entnahme ungestörter Proben und Durchführung von Probebelastungen wurden drei bis zu 80 m tiefe Schächte niedergebracht und ein besonderer Untersuchungscaisson mit den Abmessungen 6×11 m bis in eine Tiefe von 37 m unterhalb des Wasserspiegels der Wolga in die Schächte hinabgelassen. Der Vorteil bestand darin, daß die tonigen Gesteine in der ursprünglichen Lagerung und ohne wesentliche Entlastung untersucht werden konnten (Abb. 13—3).

Die Durchlässigkeit fester Gesteine wird durch *Wasserdruckproben* ermittelt. Auch die Anwendung von *Probeinjektionen* ist zu empfehlen, deren Erfolg mit Hilfe von Kontrollbohrungen festgestellt wird. In einigen Fällen können die Probeinjektionen so angeordnet werden, daß das injizierte Gestein beim Ausbruch wieder gelöst wird. Auf diese Weise kann am besten beurteilt werden, wie das Gestein durch die Injektion verfestigt wurde. Durchlässigkeitsprüfungen und Injektionen werden unter einem Druck entsprechend der vorgesehenen Stauhöhe und unter Berücksichtigung der Mächtigkeit und des Charakters der Felsüberdeckung durchgeführt.

Probeinjektionen sind ein wichtiges Untersuchungsverfahren, weil sie das Ausmaß und den Zusammenhang der Klüfte und somit auch die Durchlässigkeit des Gesteins

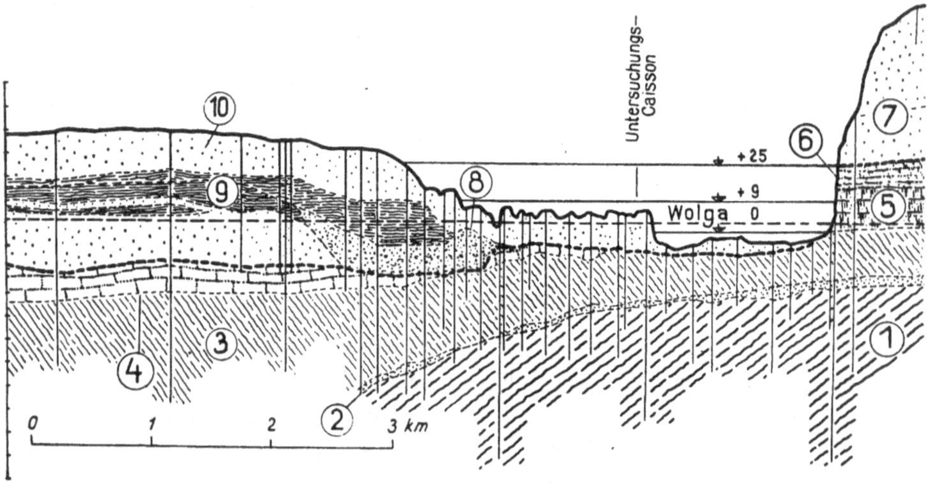

Abb. 13—3. Beispiel einer eingehenden geologischen Untersuchung der Staustelle bei Kamyschin an der Wolga. *1* — Diatomitton, *2* — glaukonitischer Sand, *3* und *4* — Diatomitschichten, *5* — Sandstein, *6* — Diatomitton, *7* — Sand, *8* — sandiger Kies, *9* — Ton, *10* — Sand.

in verschiedenen Tiefen unterhalb der Geländeoberfläche wiedergeben (siehe Abschnitt 13,9).

Die Aufschlußarbeiten sollen an Ort und Stelle ständig von einem Vertreter des Investträgers oder eines Fachinstitutes überwacht werden. Es soll dies ein mit den Bohrarbeiten vertrauter Fachmann sein, der über Grundkenntnisse der Geologie und Bodenmechanik verfügt. Dieser kontrolliert systematisch den Arbeitsablauf und vermerkt alle für die Auswertung der Untersuchungsarbeiten wichtigen Daten.

Alle Unterlagen, Profile und Kernbohrungen und Gesteins- oder Bodenproben aus den einzelnen Aufschlüssen sind sorgfältig, gewöhnlich unmittelbar auf der Baustelle in einem trockenen, hellen und ordnungsgemäß verschließbaren Raum aufzubewahren. Bei einer größeren Anzahl von Proben ist darauf zu achten, daß die Behälter für Gesteins- oder Bodenproben übersichtlich angeordnet und somit zur Durchführung weiterer Untersuchungen jederzeit zugänglich sind. Nach der Fertigstellung des Bauwerkes sollen typische Gesteinsproben mit allen Unterlagen bei dem Institut aufbewahrt werden, das die Aufschlußarbeiten leitete.

Der Vertreter des Investträgers sorgt für eine ordnungsgemäße Lage- und höhenmäßige Vermessung aller Aufschlüsse. Handelt es sich um umfangreiche Vermessungsarbeiten, dann wird mit der Vermessung der Aufschlüsse zumeist ein besonderes Fachinstitut betraut. Bei der Erkundung geeigneter Gesteine für den Bau und die Abdichtung von Erddämmen, bei der Berechnung der Standfestigkeit von Böschungen usw. ist die Mitarbeit eines Fachmannes aus dem Bereich der Bodenmechanik unerläßlich, der die weiteren erforderlichen Prüfversuche vorschlägt.

13,3. Die Mitarbeit des Geologen während der Bauausführung. Bei der geologischen Untersuchung ist der Geologe auf einzelne Bohrungen und Aufschlüsse angewiesen, so daß er bei der Aufstellung zusammenhängender geologischer Profile und Karten die dazwischenliegenden Abschnitte ergänzen und gegebenenfalls nach seiner Vorstellung, die er sich von dem geologischen Aufbau des Geländes machte, interpolieren muß. Deshalb enthalten die Ergebnisse der geologischen Untersuchung neben konkreten Angaben auch Annahmen, die bis zu einem gewissen Maße mit der Wirklichkeit in Widerspruch stehen können. Es ist deshalb erforderlich, daß insbesondere bei umfangreichen hydrotechnischen Bauwerken mit komplizierten geologischen Verhältnissen systematische Untersuchungen auch während der Bauausführung durchgeführt werden. Insbesondere beim Felsaushub und bei Bohrarbeiten können die Kenntnisse vom geologischen Aufbau des Geländes ergänzt und die Schlußfolgerungen früherer Untersuchungen kontrolliert werden. Wird während der Bauausführung festgestellt, daß ein Teil der früheren geologischen Annahmen mit der Wirklichkeit nicht übereinstimmt, dann besteht noch die Möglichkeit, den weiteren Arbeitsablauf den ermittelten Umständen anzupassen; dies ist manchmal schwierig und bedeutet Zeitverluste und finanzielle Einbußen, aber es ist immer noch zweckmäßiger, als an einer falschen Disposition festzuhalten.

Der Geologe soll der Bauleitung Empfehlungen geben über die Art der Ausgestaltung und der Tiefe der Gründungssohle. Er empfiehlt die Tiefe, bis zu welcher Sprengstoffe verwendet werden dürfen, und wie stark die Schicht sein muß, die unterhalb der Gründungssohle ohne Sprengung ausgebrochen werden soll. Bei Talsperrenbauten soll die aufgeschlossene Gründungssohle eingehend geologisch vermessen und kartiert werden. Da die einzelnen Blöcke nacheinander ausgebrochen werden, sind regelmäßige Besuche des Geologen oder dessen ständige Anwesenheit auf der Baustelle erforderlich, damit die Fundamente aller Blöcke geologisch aufgenommen und ausgewertet werden. Beim Bau von Staumauern soll die Gründungssohle vor der Betonierung der Fundamente durch eine Kommission unter Beteiligung eines Vertreters des Investträgers, des Projektanten, des ausführenden Betriebes und des Geologen abgenommen werden. Es wird empfohlen, die Gründungsfläche nach Möglichkeit den Weisungen des Geologen entsprechend systematisch zu photographieren. Grundsätzlich ist die gleichzeitige Abnahme der Gründungssohle zumindest zweier benachbarter Blöcke erforderlich, um unvorhergesehenen Überraschungen beim Ausbrechen der Fundamentgrube in der Nachbarschaft eines bereits fertigbetonierten Blockes vorzubeugen Der Ingenieurgeologe soll die Injektionsbohrungen systematisch verfolgen und nach dem Ergebnis der Wasserdruckproben kontrollieren, ob die Tiefe des Injektionsschleiers ausreichend ist.

Bei großen Wasserbauten wird empfohlen, daß ein fachlich geschulter Geologe zur systematischen Beobachtung aller zeitweilig zugänglichen Aufschlüsse und zur

Auswertung der Bohrarbeiten ständig auf der Baustelle anwesend ist und über seine Ermittlungen während der Bauausführung nach Bedarf laufend Teilberichte erstattet. Gleichzeitig entnimmt er Gesteinsproben zur Durchführung laboratoriumsmäßiger Untersuchungen und für die geologische Dokumentation. Nach der Fertigstellung des Bauwerkes ist es seine Pflicht, den Schlußbericht auszuarbeiten, in dem die eingehende geologische Kartierung der Gründungssohle und die bei der Gründung und Injektion gesammelten Erfahrungen sowie die Ergebnisse der an natürlichen Baustoffen durchgeführten technologischen Prüfversuche angeführt sind.

Die große Bedeutung der ständigen Zusammenarbeit des Geologen mit den Bauingenieuren kann aus den eingehenden und sehr lehrreichen Arbeiten beurteilt werden, die veröffentlicht worden sind. Beim Studium dieser Berichte gelangt man zu der Feststellung, welche Fülle an theoretischen und praktischen Erfahrungen sowie Erkenntnissen gewonnen und zur Bereicherung der ingenieurgeologischen Wissenschaften und des Fortschrittes erhalten werden können. Auch auf den dem Bau von Talsperren gewidmeten Kongressen (Washington 1937, Stockholm 1948, Neu Delhi 1951, Paris 1955, New York 1958) wurden zahlreiche Referate auch aus dem Fachgebiet der Ingenieurgeologie gehalten, von denen viele, bedingt durch die ständige Mitarbeit der Geologen auf den Baustellen, wertvolle Erkenntnisse und Erfahrungen erbrachten.

In den vorhergegangenen Abschnitten wurde der Arbeitsvorgang bei der geologischen Untersuchung von Bauwerken der Wasserwirtschaft nach dem Stand der Projektierungs- und Bauarbeiten erörtert. Im folgenden werden die geologischen Aufgaben im Hinblick auf die wichtigsten Bauelemente behandelt. Der Fragenkomplex, mit dem man sich bei der geologischen Untersuchung zur Ausnutzung der Wasserkraft beschäftigt, kann in drei Gruppen wie folgt gegliedert werden: Beurteilung der Sperrstelle, Untersuchung des Stauraumes und der zur Ableitung des Wassers bestimmten Objekte.

13,4. Beurteilung der Sperrstelle. Im Hinblick auf den dauernd steigenden Bedarf an Elektroenergie setzte in den letzten Jahren ein intensiver Ausbau von Talsperren, hauptsächlich für die Zwecke der Energiewirtschaft ein. Es werden ständig neue Talsperren gebaut, immer gewagtere Konstruktionen projektiert, erhöhte Anforderungen an den Baugrund gestellt und dabei Stauwerke auch an Stellen projektiert, die früher als ungeeignet bezeichnet worden wären. Allerdings stellen solche geologisch weniger geeignete Talsperrenbaustellen erhöhte Anforderungen an den Umfang und die Gründlichkeit der geologischen Untersuchung.

Das Problem einer günstigen Sperrstelle ist bei jedem Bauwerk der Wasserwirtschaft zumeist das wichtigste, weil es nicht nur für die Zweckmäßigkeit und Wirtschaftlichkeit des Projektes sondern auch für die Zuverlässigkeit des Betriebes und die Sicherheit eines ausgedehnten Gebietes unterhalb des Staudammes von ausschlaggebender Bedeutung ist. Bei der Erkundung und Voruntersuchung der Sperrstelle muß man sich vergegenwärtigen, welchen Bedingungen der Standort des

Staudammes vom geologischen Standpunkt aus betrachtet entsprechen soll und welche Probleme während der Untersuchungsarbeiten gelöst werden müssen. Bei der Untersuchung des Standortes der Sperrstelle sind folgende Aufgaben zu lösen:

1. Die Untersuchung morphologisch geeigneter Stellen im Tal. Die morphologischen Bedingungen der Sperrstelle wirken sich nicht nur auf die konstruktive Ausbildung des Bauwerks, sondern auch auf den Ablauf der Bauarbeiten, die Art der Entwässerung der Baugrube und die Umleitung des Wasserlaufes während der Bauausführung aus (Abschnitt 13,5).

2. Die geologischen Verhältnisse der Sperrstelle und ihrer Umgebung müssen nach Möglichkeit vollkommen geklärt sein. Zu diesem Zwecke sind die modernsten technischen Verfahren und Untersuchungsmethoden anzuwenden und alle möglichen Unterlagen, die die geologische Wissenschaft bietet, zu nutzen. Es sind die stratigraphischen und tektonischen Probleme des Gebietes zu lösen, um sich ein richtiges Bild von den Lagerungsverhältnissen und dem geologischen Aufbau des Tales in den vorgesehenen Talsperrenprofilen machen zu können.

3. In den ausgewählten Profilen ist die Tiefe des geeigneten Baugrundes zu ermitteln und dessen Standfestigkeit, Zusammendrückbarkeit und Durchlässigkeit zu bestimmen. In diesem Zusammenhange ist es notwendig, die Möglichkeit der Unter- und Umläufigkeit an der Sperrmauer zu erwägen und geeignete Maßnahmen für die Abdichtung und Sohlenentwässerung zur Verhinderung des Auftriebes vorzuschlagen (Abschnitt 13,6—13,9).

4. Beurteilung der Standfestigkeit der Hänge oberhalb der Dammkrone unter Berücksichtigung des erforderlichen Felsaushubes für die Einbindung des Dammes in die Talhänge.

5. Beurteilung, ob das Gebiet nicht erdbebengefährdet ist, gegebenenfalls welchen Intensitätsgrad die Erdbeben in der Umgebung der vorgesehenen Sperrstelle erreichten.

6. Ermittlung, ob der Staudamm oder seine Gründung durch chemische Einwirkungen des Grund- oder Oberflächenwassers gefährdet werden (siehe 7. Kapitel).

7. Beurteilung der Gewinnbarkeit der Gesteine, in denen die Gründung des Staudammes beziehungsweise die Einbindung in die Talhänge erfolgt (Siehe 6. Kapitel).

8. Erkundung geeigneter Baustoffe, Untersuchung ihrer Eigenschaften und Beurteilung, ob die auf der Baustelle gewonnenen Baustoffe verwendet werden können, oder ob die Erkundung einer anderen Lagerstätte erforderlich wird. Es handelt sich vor allem um Sand und Kies zur Betonherstellung, wobei nicht nur der Grad der Reinheit, die Festigkeit und der petrographische Charakter der einzelnen Fraktionen, sondern auch die Gestalt und Oberfläche der Körner berücksichtigt werden müssen, die für die Verarbeitbarkeit des Betongemisches von ausschlaggebender Bedeutung sind. Ferner handelt es sich um geeignetes, undurchlässiges Material zur Abdichtung der Fangdämme bzw. für den Dichtungskern eines Staudammes selbst. Es müssen auch geeignete Lagerstätten für Bausteine erkundet werden, die für das Mauerwerk,

Abb. 13—4. Staustelle Serre-Ponçon am Flusse Durance mit der 100 m tiefen Erosionsrinne unter der heutigen Talsohle (*Foto Solétanche*).

als Verkleidungsmaterial, zur Pflasterung, als Steinpackung usw. verwendet werden können.

13,5. Die Geländeform und die geologischen Verhältnisse. Nach der Morphologie des Tales ist es zumeist schon möglich zu beurteilen, ob der Talsperrenstandort grundsätzlich brauchbar ist. Ein geeignetes Talprofil wird möglichst in einem verengten Talabschnitt zu suchen sein, wo die Hänge steil und felsig sind und sich gegenseitig nähern. Eine derartige Talenge deutet gewöhnlich an, daß sie von festen Gesteinen gebildet wird, die der Erosion des Wassers größeren Widerstand leisten als Gesteine in einem breiten Tal mit mäßig geneigten Hängen.

In einigen tiefen Tälern des Böhmischen Massivs ist erhöhte Aufmerksamkeit auch den felsigen Talengen zuzuwenden. Es sind einige Fälle bekannt, wo sich der nach der Morphologie des Geländes ausgewählte Talsperrenstandort als ungeeignet erwies, weil die Talenge durch *Bergsturz* entstanden war. An der Moldau untersuchte V. Zoubek (1953) einen derartigen Fall bei Orlické Zlákovice und erkannte ihn rechtzeitig. In Abb. 13—5 ist das Profil des linken Talhanges dargestellt,

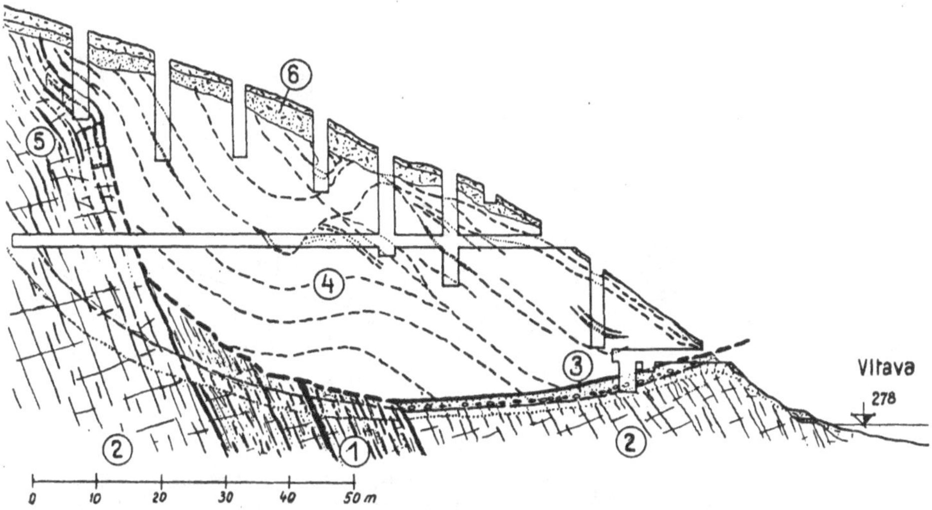

Abb. 13—5. Geologisches Profil des linken Hanges der ursprünglichen Staustelle an der Moldau bei Zlákovice. *1* — Porphyroide, *2* — Epidiorite, *3* — pleistozäner Terrassenschotter, *4* — Einsturzzone der Porphyroide, *5* — gelockerte Epidiorite mit offenen Klüften, *6* — steiniger Hangschutt. (*V. Zoubek, 1953*).

welcher aus einem fossilen Bergsturz gebildet wird. Die Hangbewegung der Felsmassen wurde in den Untersuchungsstollen nach den unterschiedlichen Lagerungsverhältnissen der Porphyroide und deren Auflockerung erkannt. Der Nachweis des Vorhandenseins eines Bergsturzes wurde auch durch Schürfschächte erbracht, die von einem am Hangfuß vorgetriebenen Stollen aus angelegt wurden. In diesen Schürfschächten stieß man unterhalb des abgerutschten Porphyroids auf Terrassenschotter.

Es ist dies kein vereinzelter Fall. Bei der Untersuchung der Sperrstellen an der mittleren Moldau wurde eine der untersuchten vorgesehenen Sperrstellen bei Štěchovice auch wegen eines Bergsturzes aufgegeben, der infolge der Unterschneidung des steilen Felshanges durch einen alten Steinbruch hervorgerufen wurde. Auch im Oberlauf der Moldau wurden in einigen Profilen alte Hangbewegungen der Felshänge festgestellt, die auf die Wahl der Sperrstelle von Einfluß waren. Zahlreiche Fälle von Bergstürzen in tieferen Flußtälern der ČSSR hängen mit den klimatischen Bedingungen im Pleistozän zusammen, wo infolge tiefreichender Durchfrierung die exponierten Felswände gelockert wurden. Entweder stürzten die gelockerten Massen bereits damals ab und traten an den Hängen als großblöckige Steinmeere in Erscheinung oder sie blieben an Ort und Stelle liegen. Die Standfestigkeit der auf diese Weise gelockerten Felswände kann jedoch durch einen für die Einbindung des Staudammes erforderlichen tiefen Aushub leicht gestört werden.

In Abb. 13—6 ist ein ähnlicher Fall aus den französischen Alpen dargestellt. (M. Gignoux-Barbier, 1955). Oberhalb des bekannten Staudammes Chambon im Oberlauf des Flusses *Romanche* wurde ein morphologisch vermeintlich günstiges Tal-

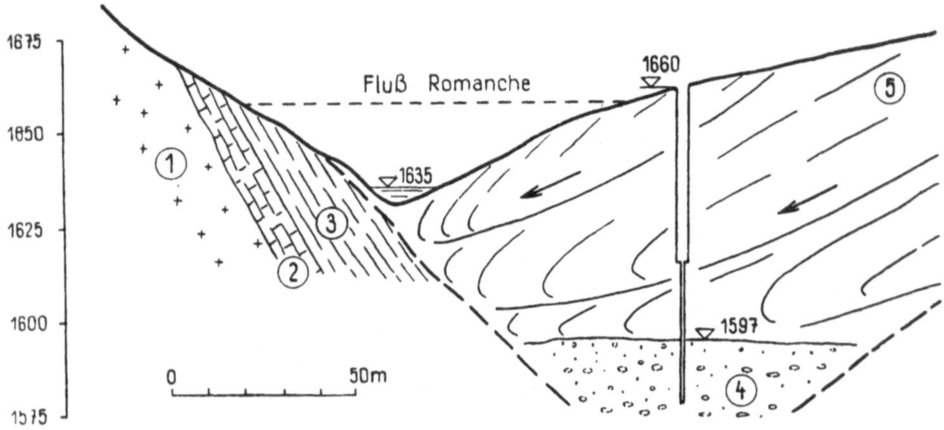

Abb. 13—6. Die Talenge, die als Staustelle vorgesehen war, ist durch Rutschung der Liasschieter entstanden. *(Gignoux, Barbier, 1955) 1* – Granit, — *2* Sandstein, — *3* Triaskalkstein, — *4* sandige Schotter, — *5* abgerutschte Liastonschiefer

profil untersucht. An der linken Talseite traten Granite mit Trias-Sandsteinen und Kalksteinen an die Oberfläche. Der rechte Hang mit einer geringeren Neigung schien standfest zu sein und bei den ersten Aufschlüssen stieß man auf Liasschiefer, die größtenteils geschichtet und im großen und ganzen undurchlässig waren. Die geologische Untersuchung der weiteren Umgebung deutete an, daß das Tal, durch eine umfangreiche alte Rutschung eingeengt wurde. Deshalb wurde eine Tiefbohrung durchgeführt, in welcher man erst in einer Tiefe von 63 m auf Granitschotter stieß. Das alte Tal des Flusses Romanche war durch Rutschung bis zu einer Höhe von 40 m verschüttet und das Flußbett zum linken Ufer hin verlagert worden. Die mächtige Schichtenfolge schwarzer Liasschiefer befand sich also nicht mehr an ihrer ursprünglichen Stelle, sie wurde über das alte vorglaziale, mit durchlässigen Ablagerungen ausgefüllte Tal des Flusses geschoben. Deshalb wurde die vorgesehene Sperrstelle aufgegeben.

Die morphologischen Bedingungen beeinflussen oftmals auch die Wahl des Staudammtyps. In den Talengen mit standfesten Felshängen sind Bogenstaumauern gewöhnlich am wirtschaftlichsten (Abb. 13—7 und 13—8). Manchmal ist die Entscheidung über den Staumauertyp schwierig und es müssen mehrere Faktoren in Betracht gezogen werden.

So erforderte beispielsweise die morphologisch interessante Form der Sperrstelle

Abb. 13—7. Gewölbetalsperre Cancano in den italienischen Alpen, welche in Triaskalksteinen gegründet wurde (*Foto Záruba*).

des Dammes *Pieve di Cadore* mehrere Studien, um den zweckmäßigsten Staumauertyp zu wählen. Die Sperrstelle liegt in Trias-Dolomitkalken. Das Talprofil bildet ein etwa 50 m hohes und 300 m breites Trapez. An der rechten Talseite ist der Fluß

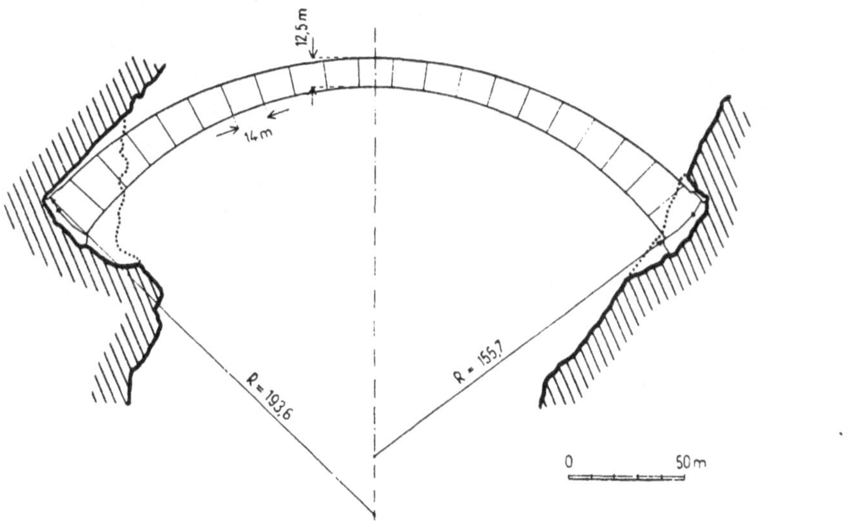

Abb. 13—8. Sperrstelle Cancano, Horizontalschnitt 20 m unterhalb der Dammkrone. Gewölbetalsperren übertragen die Belastung in die Talhänge, welche deshalb aus festen und womöglich homogenen Gesteinen bestehen müssen.

Piave in die 55 m tiefe Erosionsrinne eingeschnitten. Das breite Talprofil sollte ursprünglich durch eine kombinierte Staumauer gesperrt werden, und zwar die tiefe Erosionsrinne durch eine Bogenstaumauer (1) und das übrige Profil durch eine Schwergewichtsstaumauer. Hierbei wäre die Errichtung einer mächtigen Abstützung der Bogenstaumauer am linken Ufer erforderlich gewesen. Es wurde deshalb eine Schwergewichtsstaumauer über das gesamte Talprofil projektiert. Da die Erosionsrinne schräg über das ganze Tal verläuft, wäre eine Drehung der Achse der Staumauer senkrecht zur Erosionsrinne erforderlich gewesen, was zu einer größeren Kubatur der Schwergewichtsstaumauer geführt hätte. Aus diesen Untersuchungen ging hervor, daß eine durch Dehnungsfuge getrennte Bogenstaumauer, wie in den Abbildungen 13—9 bis 13—11 dargestellt, am wirtschaftlichsten ist.

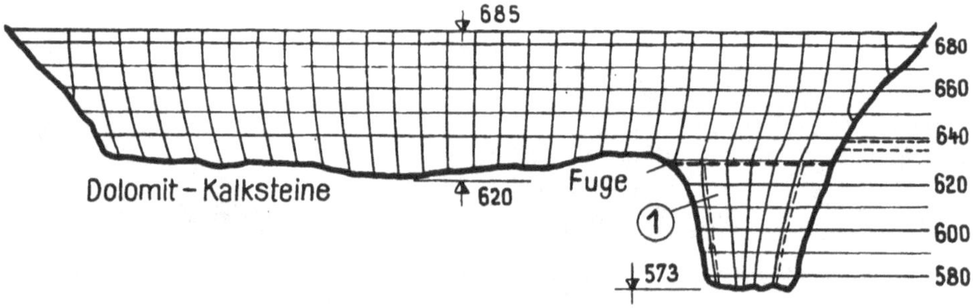

Abb. 13—9. Einfluß der morphologischen Form der Staustelle auf die Wahl des Staumauertyps. Durch eine besondere Bogenmauer abgeschlossene Erosionsrinne *1*.

Die Bedeutung einer einwandfreien Bestimmung der Tiefe und des Charakters des felsigen Untergrundes auf der Talsohle ist zu beachten, und zwar sowohl für die Anordnung des Bauwerkes als auch für die Planung der Bauarbeiten. Bei der Voruntersuchung der vorgesehenen Sperrstelle muß man sich vergegenwärtigen, daß Täler oftmals an solchen Stellen entstanden sind, wo Gesteine anstanden, die gegen die Erosion durch den Fluß nicht sehr widerstandsfähig waren. Deshalb treten an der Talsohle oftmals vertiefte Erosionsrinnen auf, bedingt entweder durch die tektonische Störung der Gesteine oder durch weichere Gesteinsarten, deren Charakter bereits bei der ursprünglichen Ablagerung gegeben war. Es ist deshalb erforderlich, die Entstehung des Tales und dessen geologischen Bau einwandfrei zu erkennen. (Abb. 13—4)

Die Bedeutung einer eingehenden Untersuchung der Talsohle zeigte sich beispielsweise beim Bau des Wasserkraftwerkes bei *Ryburg-Schwörstadt am Rhein* (Abb. 13—12). Durch Aufschlüsse wurde festgestellt, daß der größte Teil des Flußbettes im Triaskalk eingeschnitten ist, der an der Talsohle fast ohne Schotterablagerungen an die Oberfläche tritt. Am rechten Ufer wurde eine etwa 20 m tiefe Erosionsrinne festgestellt, die mit sandigem Grobschotter ausgefüllt war. Der Staudamm wurde auf dem felsigen Untergrund unter dem Schutz von Fangdämmen gegründet. Von Pontons aus wurden zwei Reihen von Bohrungen mit einem Durchmesser von 12 cm

Abb. 13—10. Bogenstaumauer Pieve di Cadore im Bau (*nach Schweizerische Bauzeitung 1951*).

Abb. 13—11. Die Staumauer Pieve di Cadore nach der Fertigstellung. Am rechten Talhang ist die tiefe Erosionsrinne zu sehen (*nach Schweizerische Bauzeitung 1951*).

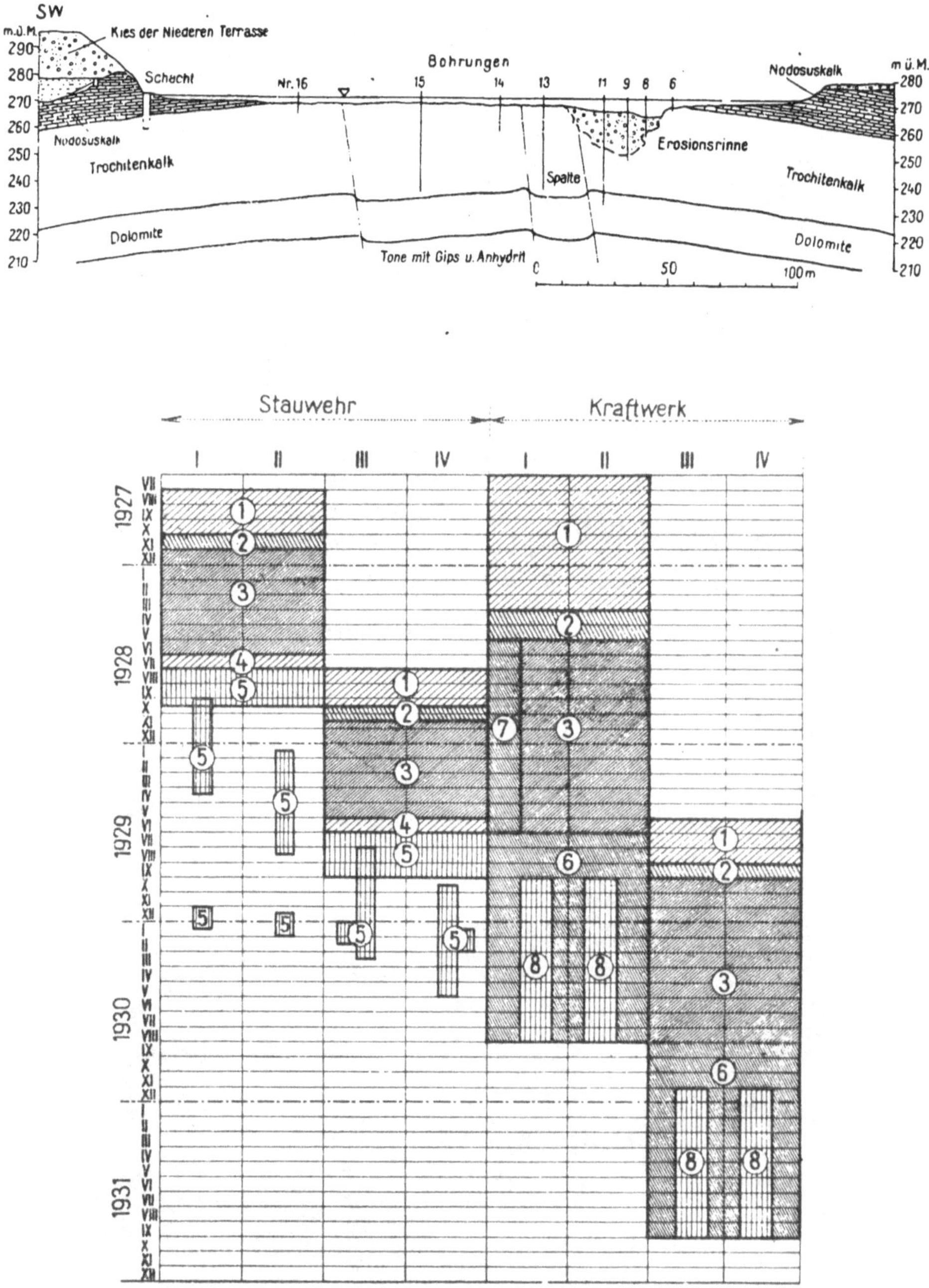

Abb. 13—12. Talquerschnitt des Rheins bei Ryburg — Schwörstadt. Den geologischen Verhältnissen angepaßter Bauzeitenplan des Wasserbauwerks (*Schweizerische Bauzeitung, 1928*). *1* — Errichtung der Fangdämme, *2* — Abdichtung und Auspumpen der Baugrube, *3* — Aushub und Betonierung der Fundamente, *4* — Entfernen des Fangdammes, *5* — Errichtung des Stauwehres, *6* — Bau des Kraftwerkes, *7* — Errichtung des Trennpfeilers. *8* — Maschinenmontage.

in einer Entfernung von 2 m bis zu einer Tiefe von 1 bis 1,5 m niedergebracht, in die Schienenstücke eingerammt wurden. An den Schienenstücken wurden Holzzwingen befestigt, zwischen denen Spundwände errichtet wurden. Zwischen den Spundwänden wurde das Flußbett bis auf den Felsen durch einen Taucher gereinigt und der gesamte Raum unter Wasser betoniert. Dieses Verfahren konnte nicht in der tiefen Erosionsrinne, die mit Schotter ausgefüllt war, durchgeführt werden. Hier wurden schwere Stahlspundwände verwendet, die durch die Schotterablagerungen hindurch bis auf den Felsen eingerammt wurden. Die Breite der Fangdämme mußte bis auf 6 m erweitert werden. Da Stahlspundwände nicht in der erforderlichen Länge hergestellt wurden, daß sie überall den felsigen Untergrund erreichten, mußte nach teilweiser Absenkung des Wasserspiegels noch eine dritte Spundwand eingerammt werden, damit auch die tiefsten Stellen der Erosionsrinne abgedichtet werden konnten. Diese schwierige Arbeit wurde nach einem vorher ausgearbeiteten Bauprogramm durchgeführt, das auch im großen und ganzen eingehalten wurde. Für die schwierigen Gründungsarbeiten im Abschnitt der Erosionsrinne wurde im Arbeitsprogramm eine ausreichend lange Zeit (24 Monate) vorgesehen, wogegen in den übrigen Abschnitten die Gründungsarbeiten bereits nach 11 Monaten abgeschlossen werden konnten. Da durch Bohrungen die tiefe Erosionsrinne rechtzeitig erkannt wurde, konnten im Bauprogramm die tatsächlichen geologischen Verhältnisse berücksichtigt werden.

In manchen Gegenden begegnet man Beispielen, wo in der Nachbarschaft des heutigen Tales die älteren Täler durch jüngere Ablagerungen überdeckt sind. Besonders häufig ist diese Erscheinung in Gebieten, die vereist waren.

In Abb. 13—13 ist das Beispiel einer etwa 20 m hohen Talsperre in Schottland dargestellt, die in festen Gneisen gegründet wurde. Der felsige Untergrund der Stau-

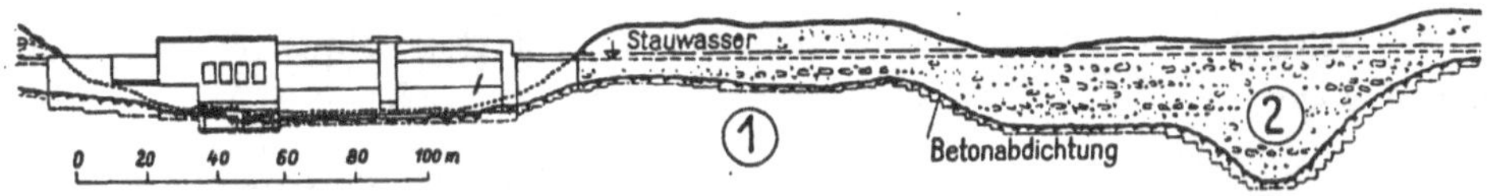

Abb. 13—13. Ungünstiges Talprofil. Das mit fluvioglazialen Schottern ausgefüllte vertiefte alte Tal mußte mit einer 280 m langen Betonabdichtung versehen werden. *1* — fester Gneis, *2* — sandiger Schotter.

mauer war absolut standfest und praktisch undurchlässig. Die Geländeoberfläche war von fluvioglazialem Sand und Schotter überdeckt, die das *alte vorglaziale Tal* ausfüllten, dessen Sohle tiefer als die Sohle des Flußbettes liegt. Deshalb mußte der Staudamm durch eine 280 m lange Betonabdichtung verlängert werden.

Aus diesen Beispielen geht hervor, daß mit der Ausarbeitung des eingehenden Projektes einer Talsperre erst begonnen werden soll, wenn jeder Zweifel über den Charakter des Talprofils vom geologischen Standpunkt aus betrachtet beseitigt ist. Die geologischen Verhältnisse eines Standortes für eine höhere Staumauer sollen so eingehend untersucht werden, wie es im Bereich der menschlichen Möglichkeiten und Kräfte liegt, denn sie sind nicht nur für die ökonomischen Prinzipien des Projektes, sondern auch für die Sicherheit des Bauwerkes von entscheidender Bedeutung. Größere geologische Mängel, wie z. B. Störungszonen, kavernöse Gesteine, ein altes Flußbett, Rutschungen usw. können sich als ein schweres Hindernis beim Bau von Staumauern erweisen oder überhaupt die Durchführbarkeit des Projektes in Frage stellen.

Besonders sind die tektonischen Linien zu berücksichtigen, in deren Nachbarschaft die Gesteine zumeist intensiv gestört sind. So zeigte sich beispielsweise bei der Untersuchung der Sperrstellen am Flusse Hornad in der Ostslowakei, daß der Granit im Bereiche der *Überschiebungsfläche* dicht zerklüftet und durch Druck gestört ist; in größerer Entfernung von der Überschiebungsfläche zeigte der gleiche Granit eine wesentlich geringere Störung.

In analoger Weise sind gewöhnlich unterhalb von *Transgressionsflächen* die Gesteine durch eine tiefreichende fossile Verwitterung gestört. Im Bereich des Böhmischen Massivs sind zumeist auch die festen Gesteine durch tiefreichende Verwitterung im Untergrund der Kreide- oder tertiären Ablagerungen aufgelockert. Diese Störung der Gesteine ist zumeist sehr intensiv und besitzt den Charakter fossiler tropischer Verwitterung.

Allgemein kann gesagt werden, daß die Tiefe der Verwitterungszonen ziemlich unregelmäßig ist und stellenweise bis tief in den gesunden Felsen hinein, insbesondere entlang den Klüften und Störungszonen, verläuft. In den Erosionstälern der ČSSR ist die Mächtigkeit der Verwitterungszone am Hangfuß verhältnismäßig gering, jedoch in den höheren Hanglagen nimmt die Verwitterung wesentlich zu. Die Flußtäler der ČSSR sind nämlich zum größten Teil verhältnismäßig jung, so daß in den höheren Hanglagen die Verwitterung viel längere Zeit hindurch einwirkte als an der Talsohle.

Das Beispiel einer schwierigen Gründung in verwittertem Glimmerschiefer zeigt die *Staumauer Prettyboy* für die Wasserleitung der Stadt Baltimore (Abb. 13—14).

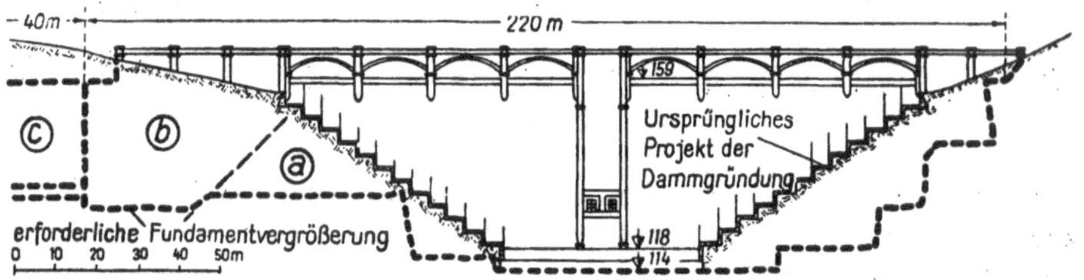

Abb. 13—14. Unvorhergesehene Vergrößerung des Ausbruches und der Kubatur der Staumauer im verwitterten Glimmerschiefergneis. *a* — fester Glimmerschiefergneis, *b* — zersetzter Glimmerschiefergneis, *c* — Betonabdichtung (*Engineering News Record 1933*).

Diese Talsperre wurde als normale Schwergewichtsstaumauer mit einer Höhe von 45 m projektiert. Beim Aushub der Baugrube am rechten Hang zeigte sich, daß die geologischen Verhältnisse durch die Kernbohrungen mit geringerem Durchmesser nicht einwandfrei ermittelt worden waren. Ferner zeigte es sich, daß der Glimmerschiefer tiefreichend bis zu 50 m verwittert war. Auf Grund einer nachträglich durchgeführten Untersuchung mußten die Pläne der Talsperre geändert werden. Die Gründung mußten wesentlich tiefer geführt und die kleinen Stufen in der Gründungssohle durch einige große ersetzt werden. Der Staudamm wurde in das gestörte Gestein hinein durch eine 50 m lange Betonabdichtung verlängert. Da es nicht möglich war, den verwitterten Fels mit Hilfe von Sprengungen zu lösen, wurde die Baugrube in das Gestein nach dem Seilsägeverfahren ausgeschnitten. Die unvorhergesehenen ungünstigen geologischen Verhältnisse bewirkten, daß der ursprüngliche Plan wesentlich geändert werden mußte. Der Aushub stieg fast auf das Sechsfache, von ursprünglich 54 000 m³ auf 319 000 m³, an. Die Kubatur des Betons verdoppelte sich beinahe auf 147 000 m³. Ein weiterer Schaden wurde dadurch verursacht, daß infolge des wesentlich höheren Arbeitsaufwandes eine weit längere Frist zur Fertigstellung des Bauwerkes erforderlich wurde.

Auf *die Tiefe der Verwitterungszone* ist auch die Schichtenneigung von Einfluß. So war beispielsweise an einer Sperrstelle im Erzgebirge das Tal in festen Biotit-Paragneisen eingeschnitten, deren Schichten parallel zum Tal verlaufen und eine einheitliche Neigung von 30°—40° westwärts aufweisen. Am Osthang stimmte die Schichtenneigung mit der Hangneigung überein, am gegenüberliegenden Hang fielen die Schichten hangwärts ein. Am Osthang war die Tiefe der Verwitterungszone gering, beim Aushub der Baugrube jedoch trat eine Lockerung und Abgleitung der Bänke entlang den Schichtenflächen, insbesondere während des Frühjahrstauwetters ein. Am Westhang reichte die Verwitterungszone in eine wesentlich größere Tiefe, nämlich bis zu 12—15 m, wahrscheinlich deshalb, weil das Wasser entlang den Schichtenflächen wesentlich tiefer in den Hang einsickern konnte (Abb. 13—15).

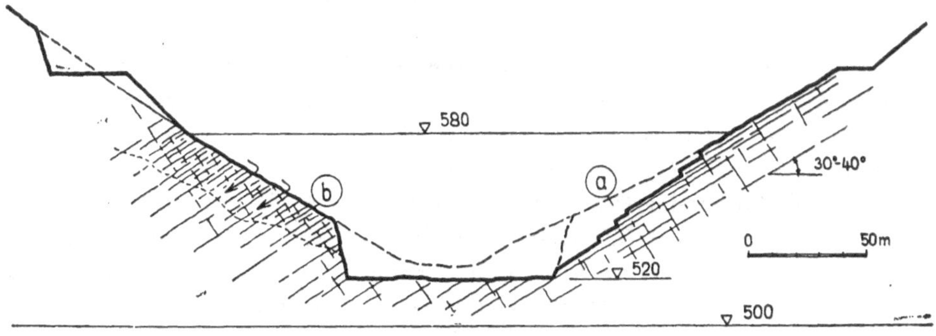

Abb. 13—15. Talsperrenbaustelle in Biotit-Paragneisen im Erzgebirge. Am Osthang (*a*) kam es zur Rutschung der Bänke in die Baugrube entlang der Schichtflächen, am Westhang (*b*) reicht die Verwitterungszone wesentlich tiefer.

Die *Standfestigkeit der Hänge* einer Sperrstelle ist mit Rücksicht auf den Aushub der Baugrube eines der wichtigsten Probleme, das in manchen Fällen für die Wahl der Sperrstelle mitentscheidend ist. Eine ordnungsgemäße Staumauergründung erfordert verhältnismäßig tiefe Ausbrüche an beiden Hangseiten, deren Standfestigkeit dadurch gewöhnlich gestört wird. Für die Standfestigkeit der Hänge sind die gleichen Faktoren von entscheidender Bedeutung, die im 8. Kapitel behandelt wurden. Im allgemeinen werden Talprofile, die oberhalb der Dammkrone keine steilen und hohen Hänge aufweisen, die die Sicherheit der Bauausführung, insbesondere während der Aushubarbeiten gefährden könnten, als günstig angesehen. In zahlreichen Fällen mußten kostspielige Maßnahmen getroffen werden, um die in ihrer Standfestigkeit gestörten Hänge oberhalb der Dammkrone zu sichern; es sind sogar Fälle bekannt, wo die Sperrstelle aus diesem Grunde aufgegeben werden mußte.

Der Aushub der Baugrube muß deshalb oft den morphologischen und geologischen Bedingungen des Geländes angepaßt werden. In Abb. 13—16 ist das Profil eines Fels-

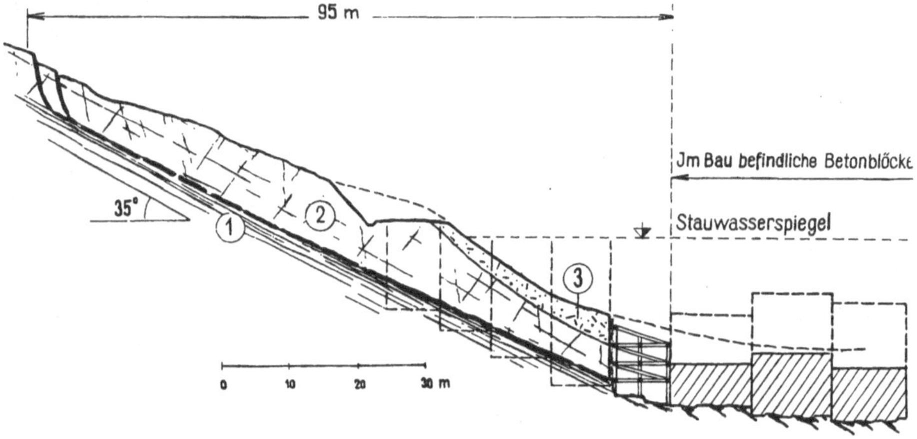

Abb. 13—16. Durch den Ausbruch am Hangfuß gestörte Standfestigkeit des Hanges. *1* — Graphitschiefer, *2* — Gabbrodiorit, *3* — Hangschutt.

hanges dargestellt, der durch den Felsaushub zur Einbindung der Staumauer gelockert wurde. Der Hang wird aus tektonisch gestörtem Gabbrodiorit gebildet, der auf Tonschiefern des Karbon ruht. Während des Ausbruches für die Gründung der Staumauer wurde die Standfestigkeit des Hanges gestört und es trat eine Rutschung der mächtigen Gabbrodioritbänke entlang den Schichtflächen der Tonschiefer ein. Um einer Gefährdung der Arbeitsstelle vorzubeugen, mußte der Ausbruch zur Einbindung der Staumauer sehr vorsichtig und abschnittsweise für die einzelnen Betonblöcke durchgeführt werden. Der ausgebrochene Raum wurde durch eine schwere Zimmerung gegenüber den im Bau begriffenen Talsperrenblöcken abgestützt. Die Betonierung dieser Blöcke wurde beschleunigt durchgeführt, um eine ausreichende Höhe der Betonblöcke zum Abstützen der Zimmerung zu bekommen. Im vorliegenden Falle war es nicht erforderlich, das ursprüngliche Projekt der Staumauer zu ändern, weil die Schwergewichtsstaumauer in der Lage war, den Druck des gelockerten Hanges in Richtung der Längsachse der Staumauer aufzunehmen.

Auch im festen Gneis, wenn die Schichten hangwärts einfallen, sind Ausbrüche für die Staumauergründung sehr schwierig. Aus Abb. 13—17 geht hervor, daß sich die

Abb. 13—17. Ungünstige Schichtenneigung erschwert den Ausbruch auch in festem Gneis (*Foto J. Pašek*).

durch den Aushub gestörten Schichten des festen Gneises nach der Überwinterung lockerten und die Baugrube verschütteten.

Ähnliche Erscheinungen sind auch in Schiefergebirgen unausbleiblich, wenn die Schichtflächen oder die Schieferungsflächen annähernd die gleiche Neigung wie der Hang aufweisen. Beim Aushub der Baugrube kommt es zwangsläufig zu einer Unterschneidung der Schichten und damit zur Störung der Standfestigkeit des Hanges. Ähnliche Schwierigkeiten waren am linken Hang der *Rappbode-Talsperre* im Harz zu verzeichnen; größere Rutschungen traten hier dank des vorsichtigen Vorgehens beim Aufschluß des Baugrundes nicht ein (F.Reuter 1958).

Ungünstiger lagen die Dinge beim Bau eines gegliederten Staudammes in den Apenninen am Flusse *Tidone*. Da die Konstruktion des gegliederten Staudammes den seitlichen Druck nicht aufnehmen konnte, mußte das gesamte Projekt geändert werden. Die Einbindungen des Staudammes in die Hänge mußten als Schwergewichtsmauer vorgesehen werden. Die Kubatur des Gesteinsausbruches und Betons stieg um mehr als das Dreifache gegenüber dem ursprünglichen Projekt an (Abb. 13—18 und 13—19, Q.Záruba 1927).

Beim Bau der Talsperre Fork Site am Flusse *San Gabriel* in Kalifornien mußte sogar infolge Hangrutschung die Baustelle des Staudammes aufgegeben werden (Q. Záruba 1934). Die geologischen Vorarbeiten waren hier unzureichend gewesen;

Abb. 13–18. Eine gegliederte Gewölbestaumauer ist an einer durch Rutschungen gefährdeten Stelle ungünstig. Bei der Staumauer Tidone in den Apenninen mußte der Übergang zu den rutschgefährdeten Hängen durch Schwergewichtsmauer hergestellt werden. – Ansicht der Wasserseite der Talsperre, links ist der mächtige Seitenflügel als Schwergewichtsmauer zu sehen. (*Foto Q. Záruba*).

die Talsperre lag im Granit und man hatte irrtümlicherweise angenommen, daß es sich um einfache geologische Verhältnisse handelt. Am rechten Hang lag jedoch eine breite Störungszone, entlang welcher der Granit stark zerklüftet und zersetzt war. Im Jahre 1929, als bereits der größte Teil des Felsausbruches von etwa 580 000 m^3 für die Einbindung des Staudammes durchgeführt worden war, kam es gerade entlang der beschriebenen Störungszone zu einer Felsrutschung. Nach erneuter geologischer Untersuchung der Baustelle wurde die Sperrstelle für die weitere Durchführung des Bauvorhabens als ungeeignet erkannt und aufgegeben (Abb. 13—20).

Im Zusammenhang mit der Standfestigkeit der Hänge nach dem Bodenaushub ist die vorherige Gründung der *hangseitigen Betonblöcke* der Staumauer vor der Betonierung der talseitigen Betonblöcke zu erwähnen. Der Bauablauf erfordert nämlich manchmal, daß mit der Betonierung der hangseitigen Blöcke, für die die Ausbrüche zumeist früher abgeschlossen sind, zuerst begonnen wird. Manchmal wird aus betrieblichen Gründen eine Betonierung der hangseitigen Betonblöcke zur Erleichterung des Arbeitsablaufes als erforderlich angesehen. Eine solche Betonierung der hangseitigen Betonblöcke vor den talseitigen Blöcken ist immer sehr bedenklich. Dies ist nur in festen Gesteinen, bei günstiger Neigung der Schichten und Klüfte und dort möglich, wo eine Auflockerung der Gesteine durch Hangbewegungen nur bis in eine geringe Tiefe reicht. Wurde ausnahmsweise die Betonierung

Abb. 13—19. Ansicht der Talspere Tidone von der rechten Hangseite und der rechtwinklig angeordneten Schwergewichtsmauer.

der hangseitigen Blöcke gestattet, dann müssen die Ausbrüche zumindest zweier benachbarter Blöcke zu beiden Seiten (oben und unten) abgeschlossen sein, um die Kontinuität der Gründungssohle zu gewährleisten, und auch aus dem Grunde, weil keine Sprengstoffe in unmittelbarer Nähe der teilweise betonierten Blöcke Verwendung finden sollen.

Die morphologischen und geologischen Bedingungen der Baustelle sind oftmals dafür entscheidend, ob ein *Umlaufstollen* zur zeitweiligen Ableitung des Wassers angelegt werden kann oder ob eine Ableitung des Wassers über die Baustelle erforderlich sein wird. Ein Umlaufstollen ist für den ungestörten Betrieb auf der Baustelle zweckmäßiger, denn die Fundamentgrube für die Talsperre kann auf einmal aufgeschlossen werden und der Bauverlauf ist durch die Überleitung des Wassers nicht gestört. Allerdings setzt dies eine geeignete morphologische Form des Talhanges voraus, in welchem der Umlaufstollen vorgetrieben werden soll, ferner ein hinreichend festes Gestein, denn es wäre unwirtschaftlich, einen Umlaufstollen in drückenden Gesteinen vorzutreiben. Eine weitere Voraussetzung ist, daß durch den Vortrieb des Umlaufstollens die Gesteine in dem Hang, in den der Staudamm eingebunden wird, nicht gestört werden, und daß der Stollen für die Ableitung eines Hochwassers ausreicht.

Handelt es sich um ein breites Tal mit einem großen Wasserlauf, dann muß gewöhnlich die Baugrube in mehreren Abschnitten nacheinander aufgeschlossen werden;

Abb. 13—20. Bergsturz in scheinbar festem Granit, demzufolge die vorgesehene Staustelle Fork Site in Kalifornien aufgegeben wurde. (*Foto Q. Záruba*).

das Wasser wird dann zeitweilig über die teilweise betonierten Blöcke geleitet. Der Bauablauf wird ebenfalls durch die morphologischen Bedingungen der Baustelle vorausbestimmt. Der Geologe arbeitet mit dem Bauleiter zusammen an einem zweckentsprechenden Projekt der Fangdämme und an der Ausgestaltung der Baugrube. Man muß den Charakter und die Mächtigkeit der Talablagerungen und des Hangschuttes am Hangfuß kennen. Zur Projektierung der Fangdämme und der Pumpstation ist durch Pumpversuche der wahrscheinliche Grundwasserzufluß in die Baugrube zu ermitteln.

13,6. Der Baugrund der Talsperrenmauer, seine Tragfähigkeit, Zusammendrückbarkeit und Wasserdurchlässigkeit. Von einer geeigneten Talsperrenbaustelle wird verlangt, daß die Staumauer in festen und ausreichend tragfähigen Gesteinen gegründet werden kann, die in praktisch erreichbarer Tiefe auf der Talsohle und an den Talhängen anstehen. Aufgabe der Vorarbeiten ist es, die Tiefe des geeigneten Baugrundes unterhalb der Geländeoberfläche zu ermitteln und zu bestimmen, welche Belastung für die vorgesehene Gründungssohle als zulässig erkannt wird; ferner ist die Wasserdurchlässigkeit der Sperrstelle, insbesondere unter Berücksichtigung der Einwirkungen des Wasserauftriebes, in Betracht zu ziehen.

Grundsätzlich ist man bestrebt, Talsperrenmauern auf den festen Gesteinen des felsigen Untergrundes zu gründen. Bei Bogenstaumauern ist dies eine unerläßliche Voraussetzung. M. Gignoux und Barbier (1955 S. 95) führen einen Ausnahmefall der Staumauergründung am Flusse Isère bei Echelles d'Annibal in Savoyen an. Die Staumauer wurde auf einem Gewölbe mit einer Spannweite von 26 m oberhalb des 50 m tiefen Cañons gegründet.

In Abb. 13—21 ist die zweckmäßige Anordnung der Bohrungen dargestellt, mit deren Hilfe die Form und Tiefe des Cañons ermittelt wurden. Am linken Ufer wurden vertikale Tiefbohrungen durchgeführt, wohingegen das rechte Ufer durch Schrägbohrungen von einer verbreiterten Nische innerhalb des Untersuchungsstollens aus untersucht wurde. Durch die Schrägbohrungen wurde die Form und Tiefe des Cañons genau bestimmt. Den felsigen Untergrund bilden Bänke aus Kalkstein, Schiefer und Kalksteinbrekzien des Eozän; die Schichten fallen in Gegenstromrichtung ein. Der Cañon ist mit Schutt und fluvioglazialen Ablagerungen ausgefüllt.

Die eingehende Untersuchung dient als Unterlage für die statische Berechnung des Staudammes; deshalb ist es erforderlich, zumindest für Schwergewichtsstaumauern kurz auf die *Berechnungsgrundlagen* einzugehen. Als äußere Kräfte wirken auf die Staumauer bei voller Stauung die Kräfte H_1 und H_2 (Abb. 13—22), das Eigengewicht des Dammkörpers Q und der Wasserauftrieb W ein. Die Staumauer und deren Baugrund müssen in der Lage sein, die Resultante dieser Kräfte R zuverlässig aufzunehmen. Die Resultante R wird in die senkrecht auf die Gründungssohle verlaufende normale Komponente N und die parallel mit der Gründungssohle verlaufende tangentiale Komponente T zerlegt. Die normale Komponente N beansprucht die Gründungssohle auf Druck, die tangentiale Komponente T beansprucht die Fundamente auf Abscherung. Bei der statischen Lösung wird gewöhnlich angenommen, daß die Spannungsfläche in der Gründungssohle durch eine Gerade begrenzt ist. In diesem Falle entsteht der größte Druck auf das Gestein bei vollgefülltem Staubecken unterhalb des luftseitigen Dammfußes, bei entleertem Stau-

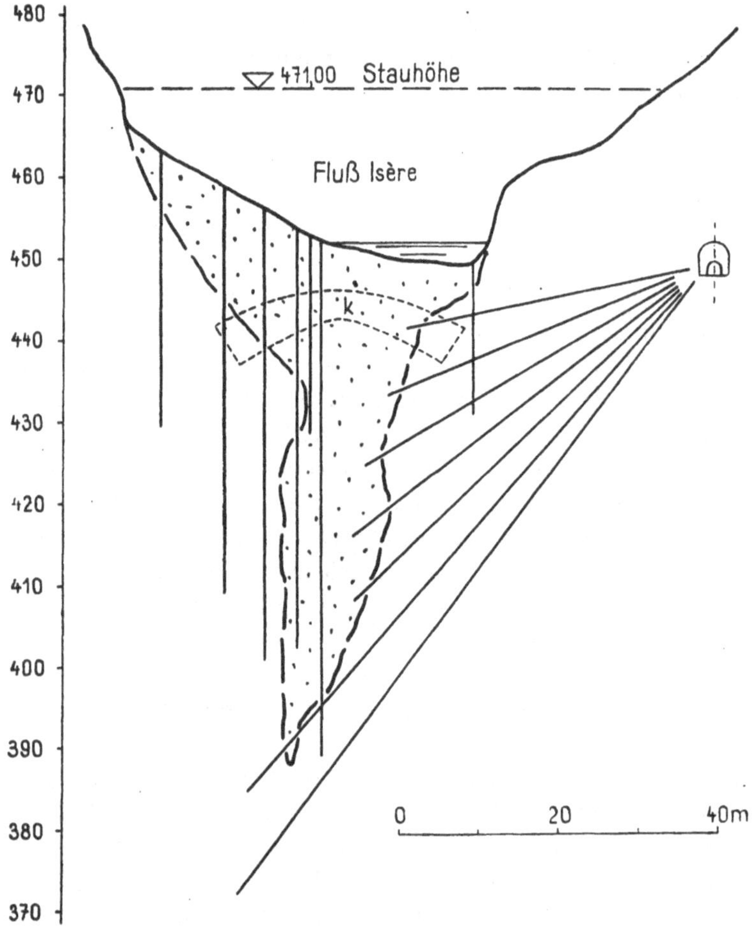

Abb. 13—21. Beispiel der Staumauergründung am Flusse Isère in Savoyen; die Form des Cañons wurde durch Schrägbohrungen von einem Stollen aus gefunden. Die Staumauer ist auf einem Gewölbe gegründet (*Gignoux, Barbier, 1955*).

becken unterhalb des wasserseitigen Dammfußes. Diese Drücke müssen von dem Gestein zuverlässig aufgenommen werden. Das Verhältnis T zu N ist für die Standsicherheit des Staudammes gegenüber Abgleiten entscheidend.

In Wirklichkeit bilden die Staumauer und ihr Untergrund ein kompliziertes statisches System und die Spannungsverteilung innerhalb der Gründungssohle hängt sowohl von der Zusammendrückbarkeit des Materials der Staumauer als auch von den Verformungseigenschaften der Gesteine im Untergrund der Staumauer ab.

Verhält sich der Untergrund annähernd wie ein *elastischer Halbraum*, dann sind die Spannungen an den Rändern der Gründungssohle größer und in deren Mittelteil geringer als bei linearer Spannungsverteilung. Wie bereits erwähnt, werden in den üblichen Fällen bei der statischen Berechnung diese Unterschiede nicht beachtet,

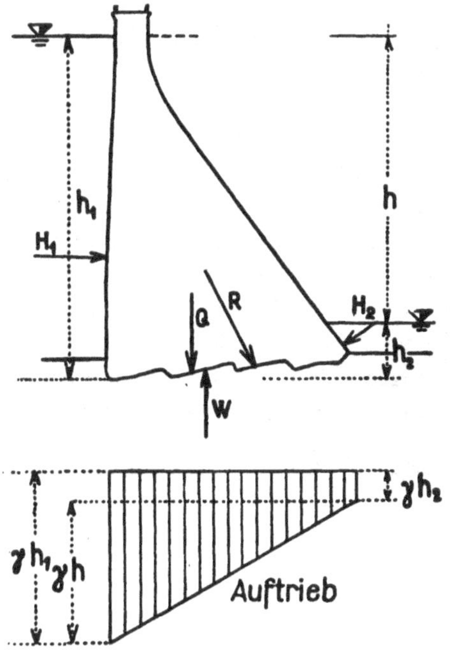

Abb. 13—22. Die auf die Gewichtsstaumauer einwirkenden äußeren Hauptkräfte.

denn für die Beurteilung der Festigkeit und Zusammendrückbarkeit des Gesteins werden die Werte bei linearer Spannungsverteilung verglichen. Die Verschiedenheit der Spannungsverteilung ist jedoch in komplizierten Fällen zu berücksichtigen, insbesondere, wenn der Baugrund unterhalb der Staumauer heterogen ist. In diesem Falle nehmen die festeren Gesteine den Großteil der Belastung auf, so daß deren Beanspruchung stark zunimmt; auch der Dammkörper wird ungünstig beansprucht. In jedem Falle müssen also der geologische Charakter der Gesteine im Untergrund, deren Festigkeit und Verformungseigenschaften bekannt sein.

Die Wasserdurchlässigkeit der Gesteine wirkt sich in Bezug auf die Wasserverluste aus dem Staubecken, sowie hinsichtlich der Verschlechterung der Standfestigkeit des Abschlußbauwerkes ungünstig aus, da sich dabei der Wasserauftrieb unterhalb der Gründungssohle erhöht. *Der Wasserauftrieb* verringert die Standsicherheit des Staudammes in Bezug auf Abgleiten, da er die vertikale Komponente der Resultante R verringert. Deshalb ist die Ermittlung der Größe des Wasserauftriebes eine wichtige, jedoch bisher unvollständig gelöste Aufgabe. Der Wasserauftrieb wird dadurch bewirkt, daß das Stauwasser mit dem Druck h_1 unterhalb der Staumauergründung eindringt. Auf die Größe des Wasserauftriebs sind folgende Faktoren von Einfluß:

a) *die Eigenschaften der Gesteine unterhalb der Gründungssohle*; es sind alle Umstände zu untersuchen, die auf das Einsickern des Wassers unterhalb der Fundamente von Einfluß sein könnten. Durch Wasserdruckproben in den Bohrungen ist man bestrebt, die durchlässigeren Gesteinsschichten, Störungszonen oder Schichtfugen, durch die das Wasser einsickern könnte, zu ermitteln. Auch der Einfluß des Stauwassers im Staubecken auf die Füllmasse dieser Fugen ist zu untersuchen, um auf diese Weise feststellen zu können, ob diese durch mechanische oder chemische Einwirkungen des Wassers nicht herausgeschwemmt wird. Ferner ist der Charakter des Grundwassers in den Gesteinen unterhalb der Staumauergründung zu untersuchen, insbesondere, ob in einigen Schichten oder Klüften nicht gespanntes Grundwasser auftritt.

b) In den meisten Fällen und insbesondere bei höheren Staudämmen ist man bestrebt, den Wasserauftrieb dadurch zu verringern, daß unterhalb der Gründungsfuge in der Nähe des wasserseitigen Dammfußes dem einsickernden Wasser der Weg durch einen undurchlässigen *Injektionsschleier* versperrt wird. Durch eingehende Messungen an bereits fertiggestellten Talsperren wurde festgestellt, daß der Wasserauftrieb unterhalb der Staumauer dadurch wesentlich verringert wird (Abb. 13—23);

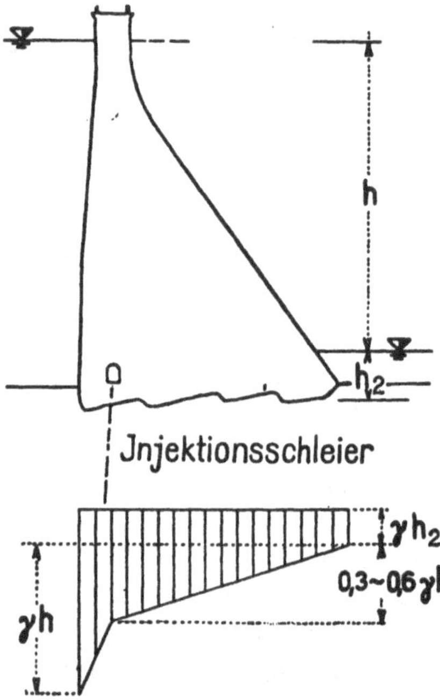

Abb. 13—23. Verringerung des Auftriebes in der Gründungsfuge durch einen Injektionsschleier.

denn wenn auch das Wasser die Gesteine durchströmt, so wird doch dessen Weg verlängert. Früher wurde üblicherweise an der Wasserseite des Staudammes ein tiefreichender Fundamentsporn geschaffen, durch dessen Ausbruch jedoch das umliegende Gestein stark gestört wird. In der heutigen Zeit wird Injektionsschleiern der

Vorzug gegeben, die mit Hilfe von Kernbohrungen in eine größere Tiefe ohne Störung des Gesteins geführt werden. Die erforderliche Tiefe des Injektionsschleiers hängt von dem Charakter des Gesteins und dessen Zerklüftung ab. Befindet sich unterhalb der Staumauergründung eine wasserundurchlässige Schicht, dann wird der Injektionsschleier nach Möglichkeit in diese Schicht eingebunden. Der Abstand der Injektionsbohrungen und die Wahl einer geeigneten Injektionstechnik werden nach den Prüfversuchen an Ort und Stelle bestimmt.

Der Geologe wirkt bei der Festlegung der erforderlichen Tiefe des Injektionsschleiers und bei der Bestimmung der zweckentsprechenden Richtung der Bohrungen sowie deren Anordnung mit; dabei ist das Streichen, Fallen und der Charakter der Klüfte maßgebend. Ferner wirkt er bei der Wahl des geeigneten Injektionsgemisches und bei der Bestimmung der erforderlichen Abstände der Bohrungen untereinander mit. Für diese Angaben bieten die Wasserdruckproben und das Ergebnis der Versuchsinjektionen wichtige Informationen.

c) Ein weiteres Verfahren, wie der Wasserauftrieb in der Gründungssohle vermindert werden kann, ist die Ableitung des Sickerwassers aus der Gründungssohle durch *Entwässerungsstollen.* Der Wasserauftrieb in der Gründungssohle vermindert sich auf die durch den Wasserspiegel in den Entwässerungsstollen gegebene Höhe. In

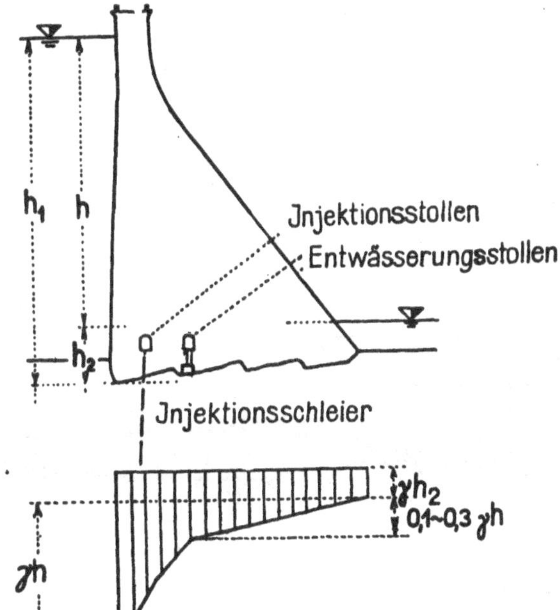

Abb. 13—24. Zusammenwirken des Injektionsschleiers und des Entwässerungsstollens auf die Verminderung des Auftriebes in der Gründungsfuge.

diesem Falle wird der Wert des Wasserauftriebes stark verringert, der größeren Sicherheit wegen wird jedoch nur eine teilweise Verminderung des Wasserauftriebes in Betracht gezogen, wie beispielsweise in Abb. 13—24 dargestellt ist. Durch eingehende Untersuchungen der Eigenschaften des Gesteins ist eine Bestimmung des Abstandes zwischen dem Injektionsschleier und dem Anfang der durch Dränagen entwässerten Fläche möglich. Es geht darum, zu verhindern, daß Gesteinsteilchen in die Entwässerungsstollen hineingeschwenmt werden, wenn der Weg des Sickerwassers allzu kurz ist. In festen ungestörten Gesteinen werden manchmal als Entwässerung Bohrungen vorgesehen, die von dem gleichen Stollen aus wie der Injektionsschleier abgeteuft werden. Die Tiefe der Entwässerungsbohrungen soll maximal 80 % der Tiefe des Injektionsschleiers betragen; dabei beträgt der Abstand der Entwässerungsbohrungen gewöhnlich 3 m. Diese Lösung setzt allerdings voraus, daß es sich um ein Gestein handelt, das durch die Bewegung des Wassers nicht gestört und herausgeschwemmt werden kann.

Eine besondere Lösung zur Verminderung des Wasserauftriebs in der Gründungsfuge wurde bei der Talsperre am Flusse Orava (Arwa) im Flyschgebiet der Karpaten angewendet (Abb. 13—25). Der Baugrund war hier relativ sehr ungünstig, denn die Sandstein- und Schieferschichten waren durch einige Verwerfungszonen gestört. Der

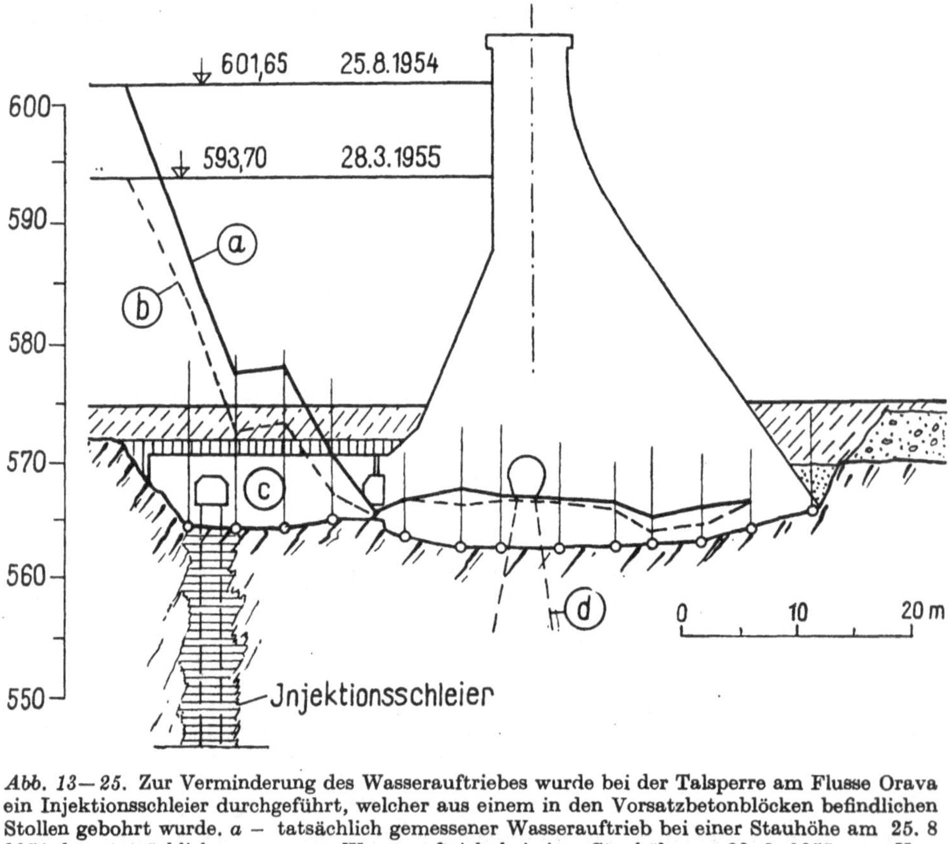

Abb. 13—25. Zur Verminderung des Wasserauftriebes wurde bei der Talsperre am Flusse Orava ein Injektionsschleier durchgeführt, welcher aus einem in den Vorsatzbetonblöcken befindlichen Stollen gebohrt wurde. *a* — tatsächlich gemessener Wasserauftrieb bei einer Stauhöhe am 25. 8 1954, *b* — tatsächlich gemessener Wasserauftrieb bei einer Stauhöhe am 28. 3. 1955, *c* — Vorsatzbetonblock mit Injektionsstollen, *d* — Dränagebohrungen (Z. Čermák, 1955).

Projektant wendete deshalb Vorsatzbetonblöcke zur Verminderung des Wasserauftriebes unterhalb des Dammkörpers an. Die Kurve des in den Beobachtungsrohren gemessenen Wasserauftriebes zeigt den wesentlichen Einfluß des Injektionsschleiers und der Entwässerungsstollen auf die Verminderung des Wasserauftriebes an. Aus der Kurve geht hervor, inwieweit eine Verringerung des Wasserauftriebes unterhalb des Staumauerkörpers gelungen ist.

Da die einzelnen Gesteinsarten unterschiedliche Bedingungen für den Bau von Talsperrenmauern hervorrufen, wird eine Aufgliederung des Kapitels über den Baugrund nach den wichtigsten Gesteinsarten zweckmäßig sein.

13,7. Talsperrenbau in eruptiven und metamorphen Gesteinen. Alle Gesteine, die in diese Gruppe gehören — ob es sich um Tiefengesteine (beispielsweise Granit, Diorit, Gabbro) oder um Gang- und Ergußgesteine (beispielsweise verschiedene Porphyre, Diabase, Basalte, Andesite) oder um kristalline Schiefer (wie z. B. Gneis, Amphibolit, verschiedenartiger Hornfels) usw. handelt — sind im wesentlichen fester als Beton, und ihre Tragfähigkeit ist immer ausreichend, sofern sie nicht tektonisch oder durch Verwitterung gestört sind. Allerdings sind alle diese Gesteine bis zu einem gewissen Grade zusammendrückbar, so daß sie unter einer hohen Belastung, die von einer Schwergewichtsstaumauer in der Gründungsfuge an der Talsohle, von einer Bogenstaumauer an den Talhängen hervorgerufen wird, zusammengedrückt werden. Es ist deshalb eine wichtige Aufgabe der Vorarbeiten, daß mit Hilfe geeigneter Verfahren die Verformungseigenschaften der Gesteine möglichst genau ermittelt werden. Der Projektant der Talsperre muß sie kennen, um die Gesteinsdeformation bei der Projektierung der Staumauerkonstruktion bestimmen zu können. Bei hohen Schwergewichtsstaumauern und Pfeilerstaumauern handelt es sich hauptsächlich um die Deformation des Gesteins unter der Gründungssohle; bei Bogenstaumauern, die den Wasserdruck hauptsächlich auf die Talhänge übertragen, muß man die Deformation der Gesteine an den Talhängen kennen.

Zur Bestimmung des Deformationsmoduls ist es nicht zweckmäßig, Prüfverfahren an kleinen Gesteinsproben durchzuführen. Die an Gesteinsbruchstücken bestimmten Werte sind sehr hoch, da sie für eine homogene dichte Masse gelten. Das Gestein des Baugrundes ist jedoch im allgemeinen von zahlreichen verschiedenen Klüften oder Schichtfugen durchsetzt, die dessen Deformationsmodul wesentlich verringern. So wurde beispielsweise für den stark schiefrigen Gneis des Wasserstollens Lucendro an Proben der Elastizitätsmodul zu 390 000 kg/cm² bestimmt, während das Gestein als Ganzes nur einen solchen von 120 000 kg/cm² aufzuweisen hatte. Der Diabas der Talsperre Zitterbach (Stiny, 1953) hatte einen Elastizitätsmodul von 800 000 kg/cm² an der Gesteinsprobe, aber nur von 92 000 kg/cm² in der Natur aufzuweisen. Jedoch auch feste Eruptivgesteine und kristalline Schiefer weisen manchmal im großen und ganzen einen sehr unterschiedlichen Deformationsmodul auf. Für eine Staumauerkonstruktion ist es ungünstig, wenn verschiedenartige Gesteine in der Gründungssohle aufeinandertreffen, auch wenn jedes von ihnen einen geeigneten Baugrund gewährleisten würde.

In Abb. 13—26 ist ein Beispiel dargestellt, wo das engste Talprofil ohne Rücksicht auf die unterschiedlichen Eigenschaften der Gesteine des Untergrundes gewählt wurde; dies führte zu Schwierigkeiten bei der Gründung der Betonblöcke am linken Talhang.

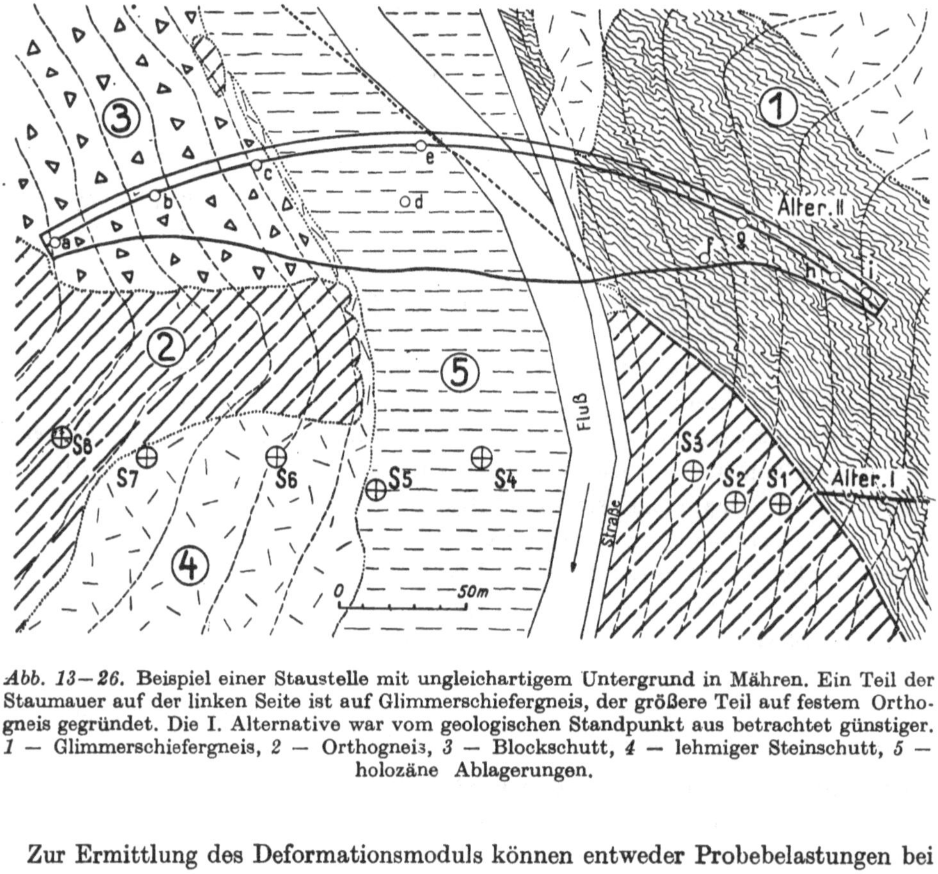

Abb. 13—26. Beispiel einer Staustelle mit ungleichartigem Untergrund in Mähren. Ein Teil der Staumauer auf der linken Seite ist auf Glimmerschiefergneis, der größere Teil auf festem Orthogneis gegründet. Die I. Alternative war vom geologischen Standpunkt aus betrachtet günstiger. *1* — Glimmerschiefergneis, *2* — Orthogneis, *3* — Blockschutt, *4* — lehmiger Steinschutt, *5* — holozäne Ablagerungen.

Zur Ermittlung des Deformationsmoduls können entweder Probebelastungen bei ausreichend großer Belastungsfläche oder Wasserdruckproben in den Stollen oder auch seismische Verfahren angewendet werden. Im Hinblick darauf, daß an der Geländeoberfläche und auch in der Talsohle die Gesteine zum Teil gelockert sind, kann angenommen werden, daß in einer größeren Tiefe unterhalb der Geländeoberfläche die Gesteine des felsigen Untergrundes bessere Eigenschaften aufweisen als die durch Prüfversuche an der Geländeoberfläche ermittelten. Seismische Prüfverfahren haben den Vorteil, daß sie die Eigenschaften der Gesteine auch in größeren Tiefen erfassen. Man sollte sie deshalb nach Möglichkeit vervollkommnen. Die nach den Prüfversuchen an der Geländeoberfläche berechneten Setzungen der Staumauern sind zumeist größer als die tatsächlich gemessenen.

Gleitwiderstand. In festen Eruptivgesteinen ist die Kontaktfläche zwischen Beton und Gestein praktisch niemals eben. Der Ausbruch wird durch die unebenen Flächen entsprechend der Absonderung der Gesteine und Hauptkluftsysteme unregelmäßig begrenzt. Deshalb kann es nicht zu einem Abgleiten des Betons entlang der Oberfläche des felsigen Untergrundes kommen. Eine Ausnahme bilden nur die durch einen Gletscher geglätteten Flächen der Felsen. In diesem Falle, auch wenn es sich um einen massiven Felsen handelt, ist die Oberfläche aufzureißen und entsprechend abzustufen. Das Problem des Dammgleitens wird hier zu einem Problem der Scherfestigkeit der Gesteine unterhalb der Gründungssohle. Aufgabe der Untersuchungsarbeiten ist es, die Scherfestigkeit der Gesteine des felsigen Untergrundes in Richtung einer möglichen Bewegung zu bestimmen; dies bedeutet, daß auch die festen Gesteine des felsigen Untergrundes sorgfältig untersucht werden müssen, ob sie nicht von Klüften einer solchen Orientierung durchsetzt sind, daß durch Einwirkung des Wasserdruckes ein Abgleiten eintreten kann.

Wasserdurchlässigkeit der Staustelle. In festen Eruptivgesteinen und kristallinen Schiefern kann es zum Einsickern des Wassers unterhalb der Staumauergründungen und an den Hängen durch offene Klüfte, entlang von Dislokationen und Störungszonen kommen. Sofern die Klüfte offen sind, insbesondere, wenn es sich um dicht zerklüftete, bei gebirgsbildenden Prozessen entstandene Störungszonen handelt, ist deren Abdichtung gewöhnlich durch Injizierung erforderlich. Treten in den Fundamenten der Staumauer Störungszonen auf, in denen das Gestein durch Druck zertrümmert oder zersetzt wurde, dann sind ein Aushub dieser Störungszonen bis zu einer bestimmten Tiefe und Verfüllung mit Beton erforderlich. Störungszonen und größeren Dislokationen soll die Sperrstelle nach Möglichkeit ausweichen.

Besondere Aufmerksamkeit erfordern die Sperrstellen in Basalten, Andesiten und anderen jüngeren Ergußgesteinen. Diese Ergußgesteine sind meist stark wasserdurchlässig, weil sich in ihnen durch die schnelle Abkühlung eine große Anzahl offener Klüfte und schlackenartige Schichten bildeten. Manchmal enthalten sie vulkanische Tuffschichten, die eine ungleichartige Zusammendrückbarkeit des Baugrundes verursachen können. Ein Beispiel einer Talsperre, bei der das Abdichten jüngerer Ergußgesteine ein ernstes Problem darstellte, ist in Abb. 13—28 veranschaulicht. Das Tal, in dem die Staumauer gegründet wurde, wird durch einige Ströme junger Ergußgesteine gebildet, die durch Tuffschichten voneinander getrennt sind. Aus dem Profil geht hervor, mit welch hohem Kostenaufwand das Bohren des dichten Injektionsschleiers in einem so harten Gestein und dessen Injizierung bei hohem Zementverbrauch verbunden war.

Die Abb. 13—27 zeigt den Anschluß der Bogenstaumauer Shoshone im festen Granit, dessen Hauptkluftsystem quer zum Tal verläuft.

Vorbereitung der Gründungssohle. Gewichtsstaumauern und Bogenstaumauern können nur in festem, von der Oberflächenverwitterung unberührtem Gestein gegründet werden. Aufgabe der Vorarbeiten ist es also, die Tiefe des verwitterten und gelockerten Gesteins zu ermitteln, damit bereits im Projekt mit der richtigen Gründungstiefe gerechnet werden kann. Bei Felsausbrüchen für die Fundamente sollen nur kleine Sprengladungen verwendet werden, damit das Gestein nicht unnötig zerstört wird und die Klüfte sich nicht öffnen. Gewöhnlich wird so verfahren, daß bis zu

Abb. 13—27. Anschluß der Bogenstaumauer Shoshone an den festen klüftigen Granit (*Foto Q. Záruba*).

einer Tiefe von 2 m oberhalb der Gründungsfuge mit den normalerweise verwendeten Sprengstoffen gearbeitet wird; eine weitere 1,5 m dicke Schicht wird unter minimaler Verwendung von Sprengmitteln ausgebrochen und die letzte, etwa 0,5 m dicke Schicht wird erst vor der Betonierung und möglichst ohne Verwendung von Sprengstoffen gelöst. In diesen festen Gesteinen beschränkt sich die Vorbereitung der Gründungssohle auf ein gründliches Reinigen und Waschen des Felsens unter Verwendung von Druckwasser; insbesondere ist darauf zu achten, daß alle gelockerten Gesteinsbruchstücke entfernt werden. Eine Torkretierung der Gründungssohle in diesen festen Gesteinen ist nicht erforderlich. Handelt es sich um zerklüftete Gesteine, dann wird die Durchführung 5—15 m tiefer Anschlußinjektionen über die gesamte Fläche der Gründungssohle je nach dem Charakter der Gesteine und der Höhe der Staumauer empfohlen. Diese Anschlußinjektionen werden erst nach dem Einbringen der ersten Betonschicht durchgeführt, um einen höheren Injektionsdruck anwenden zu können.

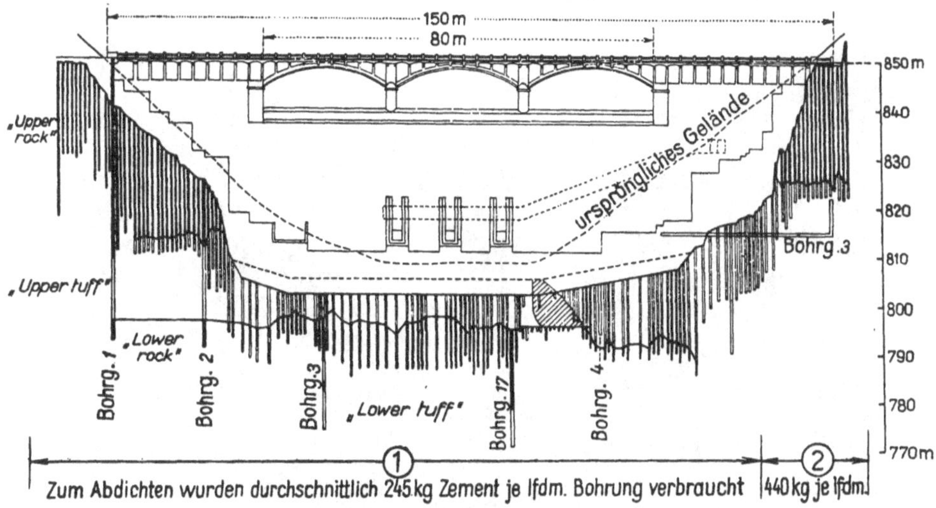

Abb. 13—28. Mit hohem Kostenaufwand verbundenes Abdichten der Talsperrengründung in klüftigen Ergußgesteinen am Pit River in Kalifornien. (*Engineering News Record 1926*).

13,8. Talsperrenbau in festen Sedimentgesteinen. Der Untersuchung von Sperrstellen in sedimentären Gesteinen ist erhöhte Aufmerksamkeit zuzuwenden, weil einige Sedimente Sperrstellen mit ausgezeichneten Bedingungen gewährleisten, andere für eine Staumauergründung dagegen ungeeignet sind. Die sedimentären Gesteine können im Hinblick auf den Talsperrenbau in drei Gruppen gegliedert werden: a) feste Psammite (klastische Gesteine) wie z. b. Sandstein, Arkosen, Grauwacke usw., b) Kalkstein und Dolomit, c) Tonschiefer.

a) *Talsperren im Sandstein und in verwandten Gesteinen.* Alle diese Ablagerungen bildeten sich im wesentlichen durch Verkittung und Verfestigung sandiger Schichten. Die Festigkeit dieser Ablagerungen hängt von dem Grad ihrer Verkittung und dem Charakter des Bindemittels ab. Dieses kann kalkig, eisenhaltig, kiesel-, ton- und kaolinhaltig sein. Sandsteine, Arkosen und Grauwacken weisen gewöhnlich eine weit höhere Festigkeit auf als Beton, nur einige mürbere Sandsteine besitzen eine geringere Festigkeit. Bei der Voruntersuchung müssen deshalb die technologischen Eigenschaften der Gesteine bestimmt werden. Sandstein und verwandte Gesteinsarten besitzen eine relativ hohe Tragfähigkeit, auch wenn sie eine unvollkommene Bindung aufweisen. Bei Konstruktionen, die eine hohe Belastung hervorrufen, ist der Deformationsmodul der Schichten zu bestimmen und danach die Setzung der einzelnen Betonblöcke der Staumauer zu berechnen. In grobkörnigen Sandsteinen der Molasse an der Talsperre Rossens in der Schweiz wurde parallel zu den Schichten ein Deformationsmodul von 10 000 bis 20 000 kg/cm², senkrecht zu den Schichten von 8000 bis 10 000 kg/cm² ermittelt. Der Elastizitätsmodul der gleichen Sandsteine betrug an Proben parallel zu den Schichten 80 000 bis 150 000 kg/cm², senkrecht zu den Schichten 30 000 bis 50 000 kg/cm² (A. Moos, F. Quervain 1948).

Abb. 13—29. Reinigung der Gründungssohle mit Druckwasser und Preßluft für die Betonblöcke der Staumauer Orlík a. d. Moldau. *(Foto Záruba).*

Was den *Gleitwiderstand* anbelangt, so verhalten sich Sandsteine ähnlich wie andere feste Gesteine des felsigen Untergrundes. Sie besitzen eine relativ hohe Scherfestigkeit und spalten beim Ausbruch entlang der Klüfte und Schichtenflächen; je schmaler und zerklüfteter die Sandsteinbänke sind, mit einer desto geringeren Kohäsion ist zu rechnen. Bei der Berechnung ist in Betracht zu ziehen, daß die Scherfestigkeit durch die Reibung bedingt ist. Auch Tonschiefereinlagen oder Tonschichten geringen Umfanges können die Festigkeit wesentlich verringern (siehe Abschnitt 7,3). Deshalb sind die Lagerungsverhältnisse genau in Betracht zu ziehen, und der Verlauf dieser Einlagen, an denen sich Gleitflächen entwickeln könnten, ist eingehend zu untersuchen.

Wasserdurchlässigkeit. In Sandsteinen kann das Wasser nicht nur durch die offenen Klüfte entlang den Schichtfugen und Dislokationen, sondern auch durch die Poren des Gesteins einsickern. Die Wasserbewegung in den Poren zwischen den

Körnern eines Sandsteines hängt von der Korngröße und dem Grad der Verkittung ab.

Bilden durchlässige Gesteine Einlagerungen oder Schichten in sonst undurchlässigen Gesteinen (beispielsweise Bänke zerklüfteter poröser Sandsteine im Tonschiefer), dann hängt die Wasserdurchlässigkeit der Sperrstelle von der Mächtigkeit der durchlässigen Schichten und deren Lagerungsverhältnissen (Streichen und Fallen der Schichten) im Hinblick auf die vorgesehene Talsperre ab; sind diese gefaltet, dann kommt es auf den Grad der tektonischen Störung und auf die Richtung der Längsachsen der Falten zum projektierten Staudamm an.

Streichen die Schichten parallel zur Talrichtung, dann ist das Einsickern des Wassers unterhalb der Staumauer weitaus bedenklicher als bei senkrecht zur Talrichtung verlaufenden Schichten. Die durchlässige Schicht kommt im ersten Falle mit dem Stauwasser fast in der gesamten Länge des Staugebietes in Berührung. Ob die Schichten waagerecht liegen, steil einfallen (Abb. 13—30) oder eine Antiklinale

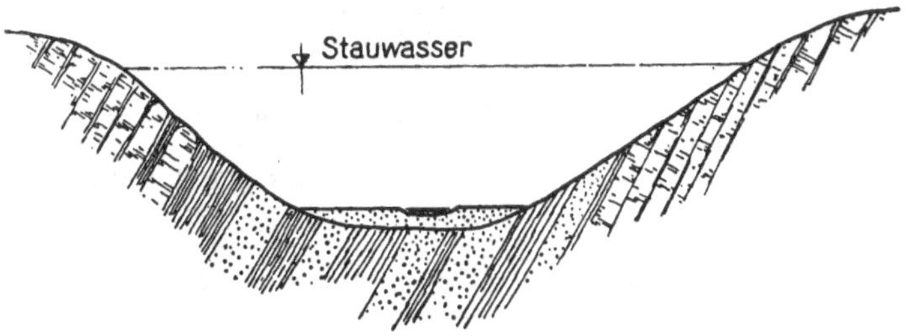

Abb. 13—30. Die Schichten streichen parallel zur Talrichtung und sind stark geneigt. Das Stauwasser durchdringt das durchlässige Gestein fast in der gesamten Länge des Staugebietes.

bilden (Abb. 13—31 a), immer muß mit einem beträchtlichen Durchsickern des Wassers gerechnet werden, wenn das Stauwasser in das durchlässige Gestein im Staugebiet in stärkerem Maße eindringen kann. Ein Abdichten durchlässiger Gesteine auf großen Flächen des Staugebietes ist praktisch sehr schwierig und kostspielig. Eine Sperrstelle dieser Art käme nur dann in Frage, wenn die Ausbisse der durchlässigen Gesteine im Staugebiet von undurchlässigen Deckschichten, beispiels-

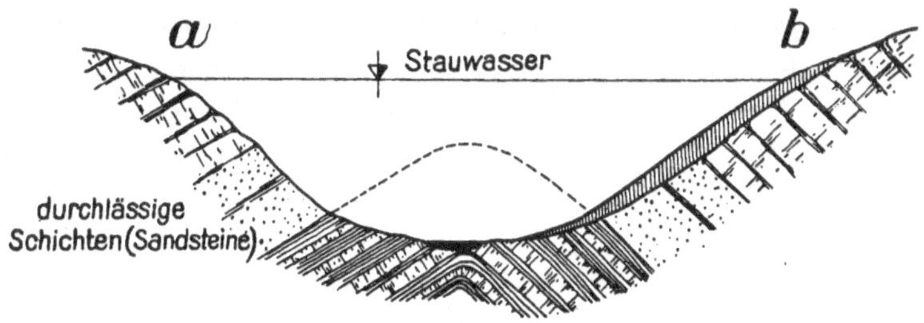

Abb. 13—31. Die Schichten bilden eine Antiklinale. *a* — das Wasser kann im durchlässigen Gestein um den Dammkörper herumfließen, *b* — die Stirnflächen der wasserdurchlässigen Schichten sind mit weniger durchlässigen Hanglehmen überdeckt.

weise von dicht gelagertem tonigen Schutt, tonigem Gehängelehm usw. überdeckt sind (Abb. 13—31 b). In diesem Falle müßte eine künstliche Abdichtung der durchlässigen Gesteine nur in der nächsten Umgebung der Sperrstelle und im Staumaueruntergrund durchgeführt werden; in dieser Weise ist bereits öfter verfahren worden.

Etwas günstiger liegt der Fall, wenn die Schichten eine Synklinale parallel zur Talrichtung bilden (Abb. 13—32); weisen die Schichten eine geringere Neigung als

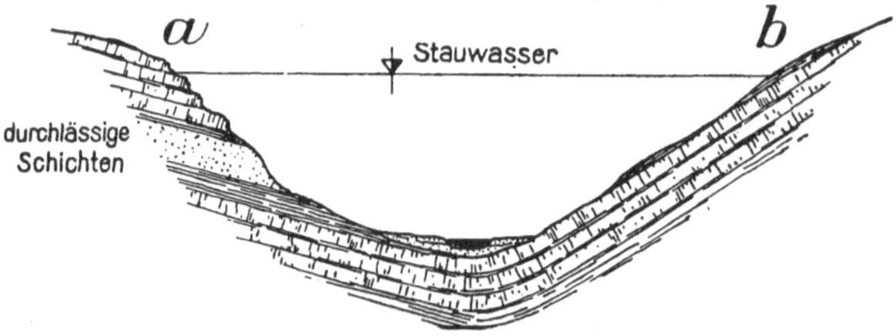

Abb. 13—32. Die Schichten bilden eine Synklinale in Talrichtung. *a* — die Schichten weisen geringere Neigung als der Hang auf, das Wasser kann um den Dammkörper herum fließen, *b* — die Schichten weisen die gleiche Neigung wie der Hang auf, es besteht Gleitgefahr für den Damm.

der Hang auf, dann kann das Wasser in das durchlässige Gestein im Hang ebenfalls einsickern, jedoch in weit geringerem Umfange als im vorhergegangenen Falle. Im Hinblick auf die Dichte ist es günstiger, wenn die Schichten eine übereinstimmende oder steilere Neigung gegenüber der Hangoberfläche aufweisen. Sind jedoch die Schichtflächen eben und durchgehend, so ist dies wegen des geringen Gleitwiderstandes nachteilig, wobei sich auch der Auftrieb des einsickernden Wassers am Hang unterhalb der Staumauer ungünstig bemerkbar machen kann. Auch Hangrutschungen können beim Ausbruch für die Einbindung des Sperrenbauwerkes eintreten.

Für Sperrstellen ist es weit günstiger, wenn die Schichten annähernd senkrecht zur Talrichtung verlaufen. In diesem Falle kann auch eine Schichtenfolge mit überwiegend durchlässigen Gesteinen eine einwandfreie Staustelle in bezug auf die Wasserdurchlässigkeit gewährleisten. Dieser Fall ist zumeist auch hinsichtlich der Tragfähigkeit günstig, weil der Staudamm in Längsrichtung auf homogenem Untergrund ruht. Hinsichtlich der Wasserdurchlässigkeit wird es im allgemeinen als am günstigsten angesehen, wenn die Schichten steil flußaufwärts einfallen (Abb. 13—35). Handelt es sich beispielsweise um wasserdurchlässige Sandsteine, dann genügen lediglich dünne Zwischenlagen toniger Gesteine, damit die Sperrstelle wasserundurchlässig wird (Abb. 13—33). Sind die Schichten gefaltet, dann ist die Anlage des Staudammes auf dem flußaufwärts einfallenden Flügel der Antiklinale anzustreben (Abb. 13—36). Flußaufwärts mäßig geneigte Tonschiefer und Sandsteinschichten sind vom Standpunkt der Tragfähigkeit als ungünstig anzusehen, weil die Standsicherheit durch Abgleiten entlang den Schichtflächen gefährdet ist (Abb.13—37).

Eine sehr sorgfältige Untersuchung erfordert die Sperrstelle, wenn die Schichten flußabwärts geneigt sind. Sofern die Neigung der Schichten steil ist, und diese tektonisch nicht gestört sind, handelt es sich um einen verhältnismäßig günstigen Fall. Ändert sich jedoch unterhalb der Staumauer die Schichtenneigung, dann kann

Abb. 13—33. Ausbruch für die Gründung der rechten Seite der Staumauer am Flusse Arda bei Mignano in den Apenninen. Die Sandsteine und Mergelschiefer fallen steil in Stromrichtung ein. (*Foto Q. Záruba*).

es zum Versickern des Wassers unterhalb der Staumauer kommen, insbesondere bei synklinalem Schichtenverlauf, wie es in Abb. 13—38 dargestellt ist. Auch bei tektonisch gestörten und flußabwärts geneigten Schichten ist es sehr wahrscheinlich, daß das Wasser unter der Staumauer abfließen wird (Abb. 13—39). Aus diesem Grunde werden Sperrstellen mit mäßig flußabwärts geneigten Schichten im allgemeinen als ungünstig angesehen, sie erfordern erhöhte Aufmerksamkeit.

Bei der geologischen Untersuchung muß der Verlauf der durchlässigen und undurchlässigen Gesteine ermittelt werden, um die Staumauer so anordnen zu können, daß sich das Bauwerk an der Wasserseite möglichst in wasserundurchlässigem Gestein befindet. Würden an der Wasserseite durchlässige Gesteine vorkommen (Abb. 13—40 a) und an der Luftseite undurchlässige, dann wäre das im Hinblick auf die Einwirkung des Wasserauftriebes sehr ungünstig.

Vorbereitung der Gründungssohle. Handelt es sich um Sandsteine und andere nicht schnell verwitternde Gesteine, dann sind keine besonderen Maßnahmen erforderlich, um in der Gründungssohle eine einwandfreie Verbindung des Betons mit dem Gestein zu gewährleisten. Es müssen nur alle Deckschichten und verwitterte Zonen entfernt werden. Stark zerklüftete bis schiefrige Sandsteine werden ebenfalls oft entfernt und durch Beton von guter Qualität ersetzt. Die Tiefe dieser Verfüllung

Abb. 13—34. Die gleiche Talsperre während der Bauausführung; das Betonieren der Blöcke (*L'Energia Elettrica 1934*).

ist sorgfältig zu erwägen. Sind die Klüfte sauber, dann ist es vorteilhaft, sie so tief zu verfüllen, wie die Störungszone breit ist, und dann eine Injizierung der gestörten Schichten vorzunehmen. Ein tiefer Ausbruch der gestörten Zonen führt manchmal zur Loslösung und Auflockerung des Gesteins in der Umgebung und damit zu einer Verschlechterung der Verhältnisse unterhalb der Gründungssohle. Sind die Klüfte mit einer tonigen Masse und Gesteinsbruchstücken verfüllt, dann ist ein Ausbruch der gestörten Zone in größerer Tiefe durch Stollen erforderlich, die aufgeschlossen und nacheinander einbetoniert werden, oder es wird ein Talsperrentyp gewählt, bei dem diese kostspieligen Herrichtungen eingespart werden können.

Sandsteine sind relativ spröde und werden durch Sprengung stark gestört (Abb. 13—41). Deshalb sollen für das endgültige Herstellen der Baugrundsohle („Fertigbrechen") keine Sprengstoffe verwendet, sondern die letzte Schicht mit einer Mächtigkeit von mindestens 0,5 m soll von Hand abgebaut werden.

Besitzen die Sandsteine ein mergeliges oder toniges Bindemittel, so daß sie rasch verwittern, dann wird empfohlen den Ausbruch der letzten Schicht nach Möglichkeit unmittelbar vor dem Betonieren vorzunehmen. Wenn die fertig

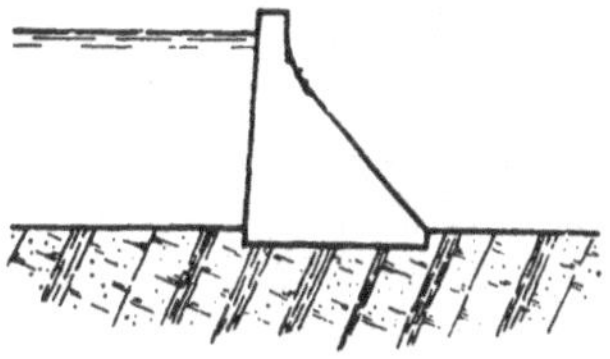

Abb. 13—35. Günstige Schichtenneigung für eine Sperrstelle. Die Schichten verlaufen quer zum Tal und fallen flußaufwärts steil ein.

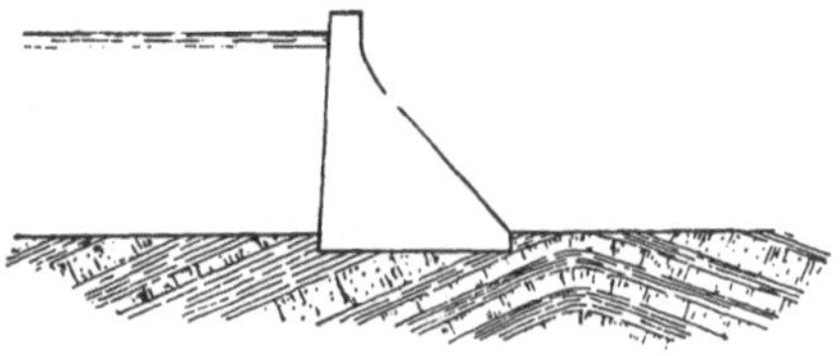

Abb. 13—36. Zweckentsprechende Anordnung der Staumauer am Flügel der flußaufwärts einfallenden Antiklinale.

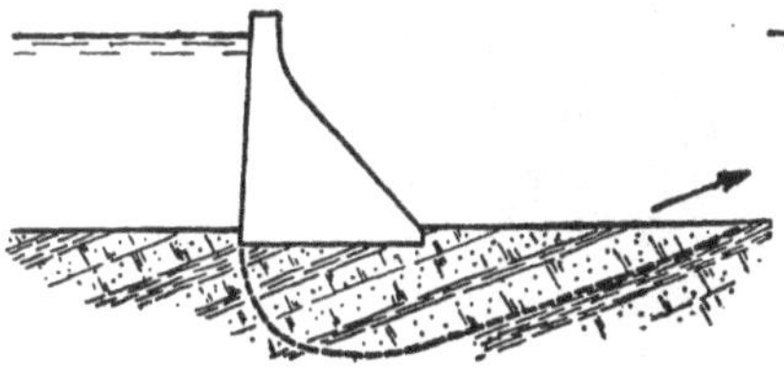

Abb. 13—37. Bei stromaufwärts mäßig geneigten Schichten kann es zu einem Gleiten der Mauer entlang der Schichtenfläche kommen.

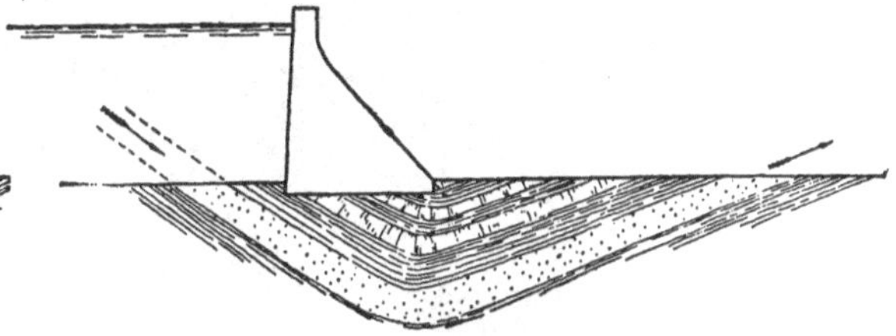

Abb. 13—38. Ungünstige Anordnung einer Staumauer an dem stromabwärts einfallenden Flügel der Synklinale.

Abb. 13—39. Bei tektonisch gestörten, stromabwärts mäßig geneigten Schichten kann das Wasser durch das durchlässige Gestein und entlang den Klüften abfließen.

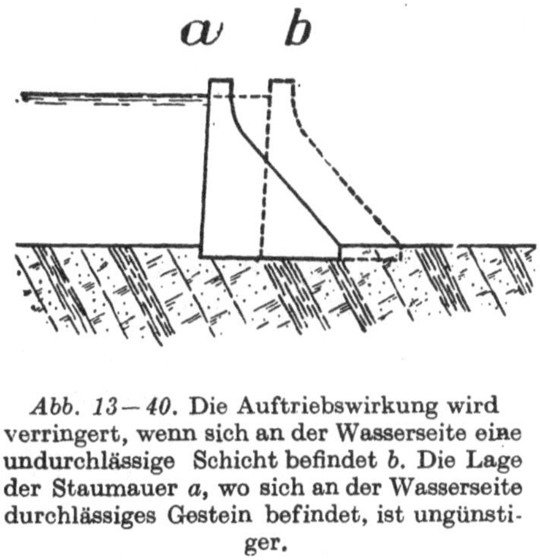

Abb. 13—40. Die Auftriebswirkung wird verringert, wenn sich an der Wasserseite eine undurchlässige Schicht befindet *b*. Die Lage der Staumauer *a*, wo sich an der Wasserseite durchlässiges Gestein befindet, ist ungünstiger.

ausgehobene Baugrube überwintert, dann ist im Frühjahr mit einer weiteren Vertiefung derselben zu rechnen, weil das Gestein gewöhnlich in der Durchfrierungstiefe gestört wird.

b) *Sperrstellen im Kalkstein und in verwandten Gesteinen.* In diese Gruppe gehören feste kristalline Kalksteine, dichte Kalksteine in mächtigen Schichten sowie dünnplattige Mergelkalksteine. In technischer Hinsicht können in diese Gruppe auch Dolomite und Dolomitkalksteine eingereiht werden.

Abb. 13–41. Durch unzweckmäßiges Sprengen mit großen Ladungen zertrümmerter fester Sandstein in der Baugrube.

Die Tragfähigkeit der Kalksteine ist in den meisten Fällen ausreichend, weil diese gewöhnlich eine höhere Festigkeit als der Beton besitzen. Der Deformationsmodul der Kalksteine ist je nach der Dichte und der Zerklüftung der Schichten verschieden. Beim Bau der Talsperre Pieve di Cadore wurden in zerklüfteten Dolomitkalken Werte von 20 000 bis 30 000 kg/cm^2 ermittelt; nach der Injektion des Gesteins stiegen diese auf 50 000 bis 60 000 kg/cm^2 an.

Kalksteine können also einen einwandfreien Baugrund gewährleisten, sofern ihre Tragfähigkeit und Durchlässigkeit nicht durch unterirdische Räume gefährdet ist. Der Kalkstein ist ein lösliches Gestein und insbesondere in reinen zerklüfteten Kalksteinen begegnet man den Karsterscheinungen. Die Klüfte sind zu breiten Hohlräumen, Gängen und Höhlen erweitert, die für die Bauausführung mancher

Talsperren im Kalkstein ein schweres Hindernis darstellen. Es ist deshalb erforderlich, die Untersuchungsarbeiten sorgfältig durchzuführen, um festzustellen, ob die Gesteine an der Sperrstelle nicht durch Karsthöhlen gestört sind.

Es muß bemerkt werden, daß bei den Untersuchungsarbeiten der momentane Zustand der Kalksteine untersucht werden muß; das Auflösen der Kalksteine in Wasser ist zwar ein im geologischen Sinne relativ schneller, jedoch im Hinblick auf die Haltbarkeit des Bauwerkes sehr langsamer Vorgang. Die Sperrstelle wird durch die Auflösung des Gesteins unter der Gründung oder am Hang nicht gefährdet. Der Beton der Staumauer ist gewöhnlich für eine Auflösung anfälliger als die meisten Kalksteine.

Gleitwiderstand. Kalksteine sind im wesentlichen feste Gesteine, die sich ungleichmäßig absondern, so daß keine unmittelbare Gefahr des Abgleitens in der Gründungsfuge zwischen dem Beton und Gestein besteht. Maßgebend ist die Scherfestigkeit der Kalksteinschichten. In dünnschichtigen Kalksteinen mit durchgehenden Schichtfugen kann es zu einem Abgleiten entlang dieser Schichtflächen kommen. Insbesondere Tonschiefer und Toneinlagerungen verringern die Scherfestigkeit der Schichtenfolge. Die geologischen Untersuchungsarbeiten haben die Aufgabe, die Lage dieser möglichen Gleitflächen festzustellen, damit bei der statischen Lösung mit ihnen gerechnet werden kann.

Wasserdurchlässigkeit. Wie bereits erwähnt wurde, ist der Kalkstein löslich, und deshalb ist dem Problem der Durchlässigkeit der Staustellen erhöhte Aufmerksamkeit zuzuwenden, sobald in der Gründungssohle Kalksteine auftreten. Die Anordnung, das Ausmaß, die Form, die Größe und die Tiefe der unterirdischen Räume hängen davon ab, wieweit die Entwicklung der Karsterscheinungen fortgeschritten ist, was von zahlreichen verschiedenen Faktoren beeinflußt wird. So sind z. B. einige Kalksteinschichten löslicher als andere; je chemisch reiner der Kalkstein ist, desto leichter wird er vom Wasser ausgelaugt, so daß die Karsträume in reinen Kalksteinen immer größer und ausgedehnter sind als beispielsweise in Mergelkalken unter sonst gleichen Bedingungen. Der Verlauf unterirdischer Räume kann nach der Faltung und Richtung der Klüfte vorausgesehen werden; in Antiklinalen sind die Klüfte zumeist erweitert und längs der Klüfte tritt eine stärkere Löslichkeit der Kalksteine ein. Karsthohlräume, Gänge und Höhlen sind, je nach der Entwicklung des Tales, gewöhnlich in mehreren übereinander angeordneten Stockwerken entwickelt. Die Talstufen entsprechen annähernd den Akkumulationsebenen pleistozäner Terrassen; dies stellt wiederum einen guten Hinweis zur Bestimmung der Höhenlage der wichtigen Höhlen dar. In Kalksteingebieten, wo es zu einer Senkung kam, können sich vor der Senkung gebildete Karsthöhlen auch tief unterhalb der Talsohle befinden (Abb. 13–42).

In *kavernösen Kalksteinen* ist es sehr schwierig, einen wasserdichten Injektionsschleier herzustellen. Es ist fast unmöglich, bei der Untersuchung der Gründungen an Talhängen und unter der Talsohle alle offenen Klüfte und Hohlräume festzustellen, durch die das Wasser fließen könnte.

Beim Bau von Talsperren wurde deshalb nach verschiedenen Methoden verfahren. Da das Einsickern des Wassers gewöhnlich die Standfestigkeit des Staudammes nicht unmittelbar gefährdet, wurden Staudämme ohne Injektionsschleier errichtet, das Staubecken wurde gefüllt und wenn das Einsickern des Wassers beträchtlich war, wurde erst dann an eine Abdichtung herangegangen. Das Staubecken wurde

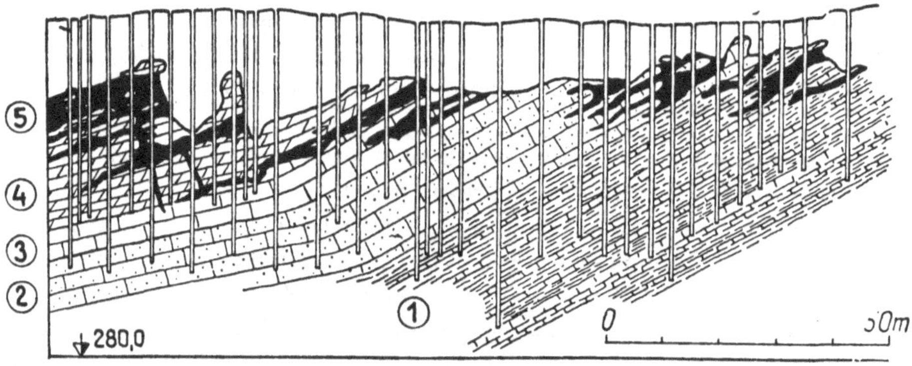

Abb. 13–42. Karsthöhlen reichen zuweilen tief unter die Talsohle. Die Abdichtung der Talsperrenstelle ist dann eine schwierige Aufgabe (Staudamm Cherokee am Flusse Holston). *1* bis *3* – Kalksteine und Kalkschiefer, mittleres Kambrium, *4* – Dolomit und Dolomitkalkstein, oberes Kambrium, *5* – verkarstete Höhlen (*nach T. V. A. 1949*).

entleert und die auf diese Weise empirisch ermittelten Räume wurden verfüllt und injiziert. In den meisten Fällen werden jedoch Dichtungsschleier während der Bauausführung noch vor der Füllung des Staubeckens hergestellt, und zwar zumindest in jenen Abschnitten, wo ein Durchsickern des Wassers zu erwarten ist.

Hohlräume und Spalten in den Kalksteinen können entweder offen sein oder teilweise oder auch gänzlich durch abgelagerten Ton und tonigen Lehm verfüllt sein. Die mit tonigem Lehm verfüllten Hohlräume können während der ersten Füllung des Staubeckens nur eine geringe Wassermenge durchlassen, die jedoch allmählich ansteigt, wenn die Füllmasse aus den Hohlräumen ausgeschwemmt wird. Diese Erscheinung wurde in einigen Fällen irrtümlicherweise mit einer schnellen Erweiterung der unterirdischen Räume infolge Auflösung des Kalksteins gedeutet. Nach eingehender Untersuchung wurden alle diese Fälle durch ein Ausschwemmen der sekundären Füllmasse in den Karsthöhlen erklärt.

Ein Abdichten der Karsthöhlen mit Zement und Zementmörtel hat sich in kavernösen Kalksteinen im allgemeinen nicht bewährt. Die Hohlräume sind gewöhnlich einige Meter breit und es ist praktisch hoffnungslos, diese mit Zementmörtel abzudichten, da dieser durch das strömende Wasser immer wieder fortgeschwemmt wird. In einigen Fällen haben sich Injektionen mit heißem Asphalt bewährt; dies erfordert jedoch eine komplizierte Anlage für das Erhitzen des Asphalts auch in den Injektionsbohrungen, damit dieser in flüssigem Zustand bis in die Hohlräume gelangt, die er ausfüllen soll. Die Abdichtung mit Asphalt ist nicht von langem Bestand und dient zumeist nur zur Bildung eines behelfsmäßigen groben Injektionsschleiers als Basis für spätere Zementinjektionen. Sehr schwierig ist das Herausschwemmen der tonigen Füllmassen aus Karsthöhlen und die Abdichtung mit einem geeigneten Injektionsmaterial. Dies erfordert gewöhnlich ein langfristiges Programm für die Injektionsarbeiten. Von dem Grad der Verkarstung der Kalksteine hängt auch die Größe des Wasserauftriebes ab. Sind die Kalksteine von offenen Klüften durchsetzt, dann muß bei Schwergewichtsstaumauern mit dem vollen Wert des Wasserauftriebes gerechnet werden; dies führt zu einer beträchtlichen Erhöhung der erforderlichen Betonmenge für die Staumauer.

Vorbereitung der Gründungen. Für die Vorbereitung der Gründungen gilt annähernd das gleiche, was bei anderen festen Gesteinsarten bereits gesagt wurde. Es müssen alle Verwitterungs- und auch dünnen Schichten der festen Kalksteine entfernt werden, die größere unterirdische Räume bedecken. Die beräumte und gesäuberte Oberfläche der Kalksteine braucht für die Haftung des Betons mit dem Gestein nicht besonders vorgerichtet zu werden. Die Kalksteine verwittern an der Luft nicht. Enthalten die Kalksteinschichten Tonschiefereinlagerungen, dann wird der Schiefer zumindest bis zu einer ihrer Dicke gleichenden Tiefe entfernt und durch Beton von guter Qualität ersetzt. Die Oberfläche der zur Verkarstung neigenden Kalksteine ist zumeist sehr unregelmäßig, sie weist steile Felsgrate und tiefe, mit tonigem Verwitterungsmaterial ausgefüllte Taschen auf. Deshalb ist es im allgemeinen erforderlich, die unregelmäßige Oberfläche ziemlich tief auszubrechen, damit die Gründung mit ihrer gesamten Fläche auf festem unverwittertem Gestein erfolgt.

Es ist offenkundig, daß Kalksteine sehr unzuverlässige Sperrstellen bieten. Deshalb ist nach Möglichkeit eine Gründung von Talsperren in von Karsterscheinungen betroffenen Kalksteinen zu vermeiden. Bekannt ist das Beispiel der Talsperre *Camarasa* in Katalonien (J. Woldřich, 1920), die auf Jurakalk und Dolomit gegründet ist. Nach der Fertigstellung und Füllung des Staubeckens zeigten sich unterhalb der Staumauer zahlreiche Quellen, die bis zu 11 m^3 Wasser in der Sekunde lieferten. Ein Abdichten des Staubeckens war im gegebenen Falle schwierig, weil sich das Einsickern des Wassers über eine große Fläche verteilte. Es mußte ein Injektionsschleier an beiden Ufern mit einer Länge von 1029 m und einer Tiefe von 112—394 m vorgesehen werden. Es wurden 224 Injektionsbohrungen mit einer Gesamtlänge von 49,6 km durchgeführt (M. Lugeon, 1933).

Als Beispiel ungünstiger geologischer Verhältnisse in zerklüfteten Kalksteinen kann die Talsperre *De Castillon* am Fluß Verdon in den Französischen Alpen dienen (E. Ischy, 1948). Morphologisch ist die Sperrstelle für eine Bogenstaumauer günstig, geologisch waren jedoch die Bedingungen, insbesondere am rechten Ufer, ungünstig. Das Tal ist in Jurakalken eingeschnitten, die auf der linken Seite mäßig (mit etwa 20°) gegen den Hang einfallen; das Gestein ist verhältnismäßig kompakt. Am rechten Hang fallen die Schichten schräg zum Tal ein und sind durch eine Antiklinale gestört. Die Kalksteinbänke sind ungefähr in drei verschiedenen

Richtungen stark zerklüftet, wie aus dem Blockdiagramm in der Abb. 13—43 hervorgeht. Die Klüfte sind offen und einige davon sind bis zu einige Meter breiten Spalten erweitert. Alle Klüfte sind tektonischen Ursprungs, bildeten sich bei der antiklinalen Schichtenbiegung und weisen keinerlei Karsterscheinungen auf. Am rechten Hang war es nicht möglich, die Bogenstaumauer an den zerklüfteten Kalksteinen ohne gründliche Sicherung abzustützen. Es wurden sehr eingehende

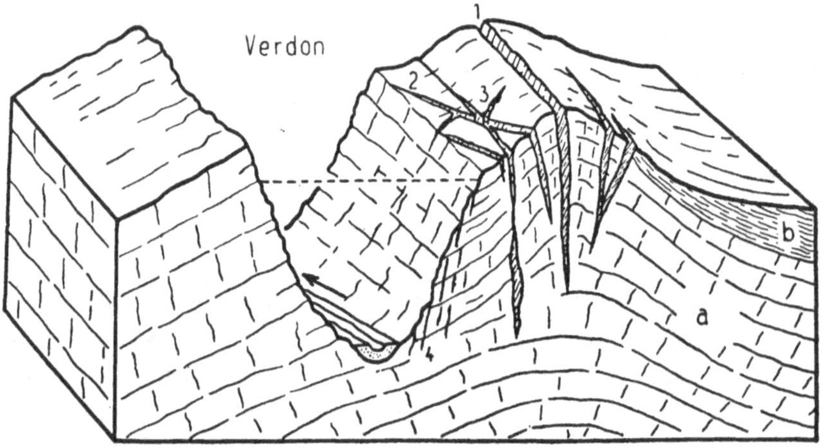

Abb. 13—43. Blockdiagramm über den Verlauf der Hauptklüfte in den Kalksteinen am rechten Ufer der Talsperrenstelle De Castillon (*Gignoux, Barbier 1955*).

Untersuchungen mit Hilfe von Untersuchungsstollen und Bohrungen durchgeführt, so daß der Verlauf der Klüfte möglichst genau registriert werden konnte.

Im wesentlichen mußten zwei verschiedene Aufgaben gelöst werden. Einerseits die Verfestigung der zerklüfteten Kalksteine, damit diese einen ausreichenden Baugrund für die Bogenstaumauer gewährleisten, andererseits die Sicherung der Dichte der Sperrstelle. Die Verfestigung wurde durch Betonierung aller offenen Klüfte, die vorher gesäubert wurden, durchgeführt. Ferner wurde das Gesteinsmassiv am rechten Hang mit einer Gesamtkubatur von etwa 200 000 m^3 injiziert. Die gelockerten Kalksteinblöcke am Hangfuß wurden durch Betonstützen gesichert, die durch Zuganker der Bauart Coyne befestigt waren.

Das Hauptproblem bei der Injektion war die Abgrenzung des zu verfestigenden Gesteinsblocks, damit der Zementmörtel durch die geöffneten Klüfte nicht zu leicht ausfließt. Es wurden deshalb zuerst Bohrungen an der Peripherie durchgeführt, die das zu verfestigende Gesteinsmassiv abgrenzten. Von drei Untersuchungsstollen aus wurden Konsolidierungsbohrungen in Abständen von 2 bis 5 Metern nach mehreren Richtungen ausgeführt. Das Bohren war wegen der offenen Klüfte sehr schwierig. Für die Injektionsarbeiten mußte ein besonderes Injektionsgemisch gewählt werden, weil der dünnflüssige Zementmörtel durch die offenen Klüfte ausgeflossen wäre und keinen durchgehenden Injektionsschleier gebildet hätte. Nach laboratoriumsmäßig durchgeführten Prüfversuchen wurde ein Injektionsgemisch von Zement, Bentonit und Gesteinsmehl gewählt, das die Konsistenz von trockenem Mörtel besaß, aber noch mit Hilfe der üblichen Geräte injiziert werden konnte. Eine besondere Eigenschaft dieses Injektionsgemisches war, daß es bald nach Beendigung der Bewegung dank des thixotropen Charakters des Bentonits erstarrte. Das Gemisch wies eine Festigkeit von 30 bis 40 kg/cm^2 nach einer Abbindezeit von 7 Tagen und von 80 kg/cm^2 nach einer Abbindezeit von 28 Tagen auf. Mit Hilfe dieses Injektionsgemisches war es möglich, auch Klüfte von mehreren Dezimetern Breite zu injizieren.

Die Bohrungen wurden in der Weise angeordnet, daß das Gesteinsmassiv in allen Richtungen von ihnen durchsetzt wurde und je nach dem Bauablauf fortschreitend durchgeführt werden konnten. Die vorgesehene Gesamtlänge der Bohrungen betrug 15 000 m oder 7,5 cm je m^3 Gestein. Insgesamt waren zur Verfestigung des Gesteinblockes mit einem Gesamtvolumen von 200 000 m^3 etwa 6000 m^3 Injektionsgemisch, das sind ungefähr 3 $^0/_0$, erforderlich.

Der Dichtungsschleier wurde teilweise von der Geländeoberfläche, teilweise von Stollen aus durchgeführt (Abb. 13—44). Der Abstand der Bohrlöcher wurde je nach

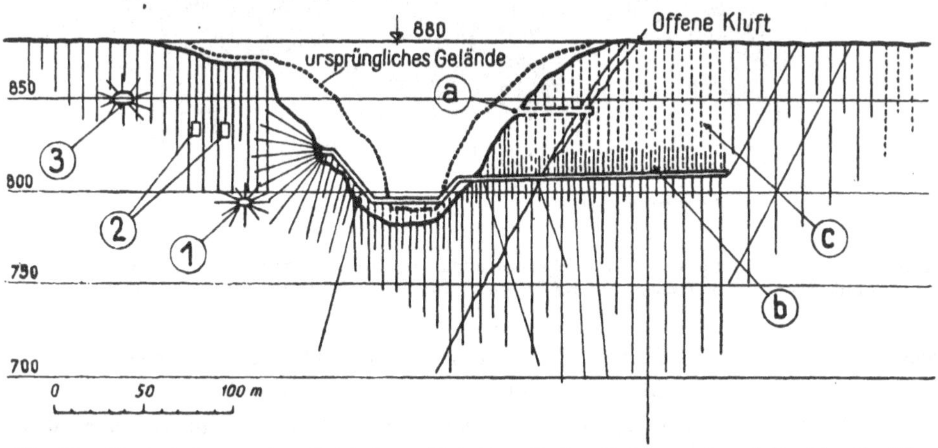

Abb. 13—44. Anordnung des Injektionsschleiers auf der Talsperrenbaustelle De Castillon; *a, b* — Injektionsstollen, *c* — Schrägbohrungen (*Ischy, 1948*).

Bedarf mit 4 bis 15 m festgelegt. Der Dichtungsschleier besitzt eine Fläche von 10 000 m^2 am linken und von 25 000 m^2 am rechten Hang. Der durchschnittliche Zementverbrauch betrug 810 kg je lfm Bohrung. Der Zementverbrauch war sehr unterschiedlich, in einigen Bohrungen betrug er nur einige 10 kg je lfm Bohrung, in anderen dagegen mehrere 10 t. Die Arbeiten an der Talsperre De Castillon zeigen, daß die Gründung einer Bogenstaumauer auf gestörten Gesteinen sehr schwierig und kostspielig ist.

Als weiteres Beispiel einer umfangreichen Abdichtung der Sperrstelle im zerklüfteten Dolomit wird die Anordnung der Injektionsbohrungen für den Dichtungsschleier der Talsperre *Santa Giustina* in Italien angeführt (Abb. 13—45). Die Injektionsbohrungen wurden an beiden Talhängen von 3 Stollen aus mit einer Gesamtlänge von 45 km durchgeführt (C. Marcello, 1951).

In einigen Fällen wurde der Injektionsschleier in beiden Hängen verlängert und zwar auf Grund einer beobachteten Umläufigkeit. Ein Beispiel hierfür ist die Ab-

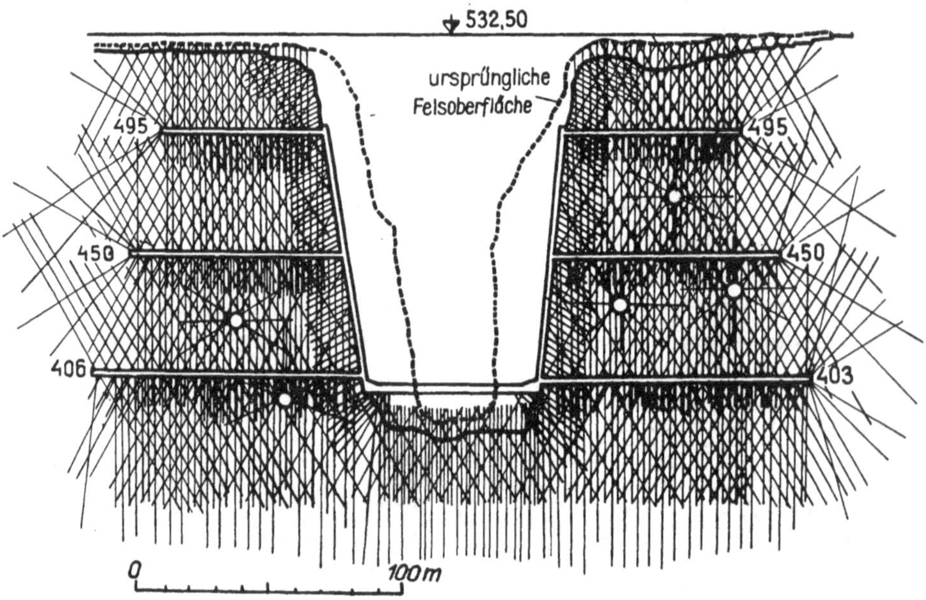

Abb. 13—45. Anordnung der Injektionsbohrungen für den Dichtungsschleier der Talsperre Santa Giustina in Italien, die auf Dolomitkalken gegründet ist. (*C. Marcello, 1951*).

dichtung zerklüfteter Kalksteine in Umgebung des Staudammes *Foum el Gherza* am Flusse El Abiod 15 km östlich von Biskra am Rande der Sahara. Die 65 m hohe Bogenstaumauer sperrt das tief in zerklüftetem Kalkstein der Oberkreide (Maastrichtien) eingeschnittene Erosionstal. Kalkstein ist ein ausreichend tragfähiger Baugrund für die Gründung eines Staudammes, jedoch erforderte die beträchtliche Wasserdurchlässigkeit umfangreiche Injektionsarbeiten, die in drei Etappen durchgeführt wurden. Die Kalksteinschicht besitzt eine Mächtigkeit von etwa 200 m und ruht auf wasserundurchlässigen Mergelschiefern (Campanien). Die Kreideschichten bildeten eine Synklinale, deren Achse annähernd parallel zum Tal verläuft. Die undurchlässigen Mergel treten an beiden Flügeln der Synklinale in solchen Höhen auf, daß sie fast den Stauwasserspiegel erreichen. Die Untersuchungen haben ergeben, daß die Kalksteine in ihrer gesamten Breite zerklüftet sind, so daß deren Abdichtung an beiden Talhängen bis zu den Ausbissen der Mergelschiefer erforderlich war (Abb. 13—46).

Der Injektionsschleier wurde als zusammenhängende Bohrlochreihe unterhalb des

Staudammes, und am linken und rechten Talhang bis zu den Ausbissen der Mergelschiefer ausgeführt. In der Talenge wurden die Injektionsbohrungen fächerartig in Gruppen angeordnet, um die Anzahl der Arbeitsbühnen an topographisch zugänglichen Stellen zu verringern. An beiden Talhängen sind die Bohrungen gleichlaufend, 30° von der Vertikalen geneigt, damit sie die Klüfte besser durchschneiden.

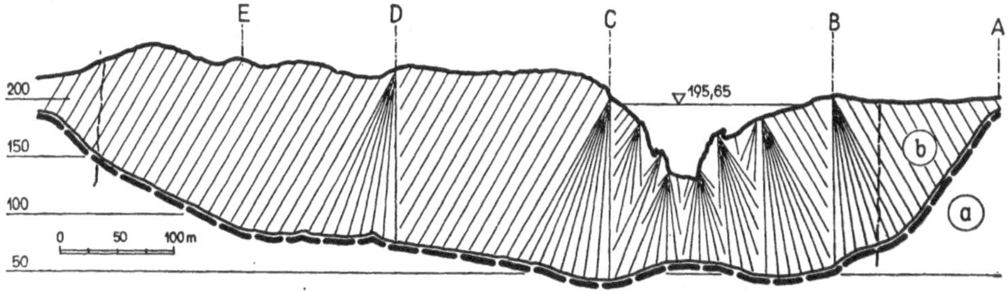

Abb. 13—46. Anordnung des Injektionsschleiers in Umgebung des Staudammes Foum el Gherza (*Travaux, 1958*). *a* — Mergelschiefer, *b* — klüftiger Kalkstein (*Maestrichtien*).

An jedem Punkt, wo sich die Richtung des Injektionsschleiers änderte, wurden die Bohrlöcher fächerartig angeordnet. Die Bohrlöcher haben einen Durchmesser von 46—56 mm; injiziert wurde ein Gemisch von 30 % Zement, 55 % Sand und 15 % Mergel. Die Bohrungen und Injektionen wurden abschnittsweise von oben nach unten durchgeführt und es wurde ein Enddruck von 25 kg/cm² angewendet. Der Verbrauch an Injektionsgemisch war je nach dem Charakter des Gesteins und dessen Störung sehr verschieden.

1. Wenig zerklüftete homogene Kalksteine oder solche mit verfüllten Klüften an der Talsohle und den Wänden der Talenge verbrauchten bis zu 35 kg Gemisch für 1 m² des Injektionsschleiers.

2. In zerklüfteten Kalksteinen mit offenen oder teilweise geöffneten Klüften am linken und rechten Flügel des Injektionsschleiers wurden 50—70 kg/m² Injektionsgemisch verbraucht.

3. In tektonischen Störungszonen erreichte der Verbrauch an Injektionsgemisch bis zu 235 kg/m².

4. Bei wenig zerklüfteten Mergeln betrug der Durchschnittsverbrauch an Injektionsgemisch nur 0—6 kg/m².

Die Injektion stellte ein ernstes wirtschaftliches Problem dar, wie aus dem Umfang der durchgeführten Injektionsarbeiten hervorgeht: die Gesamtlänge der Bohrungen betrug 18 608 m, die Fläche des Injektionsschleiers 88 800 m². Die Ergebnisse der ursprünglichen Injektionsarbeiten waren unzureichend, denn bei der teilweisen Füllung des Staubeckens wurde ein Wasserverlust von 370 l/sec festgestellt. Deshalb wurde die weitere Etappe der Injektionsarbeiten in Angriff genommen. In dieser zweiten Etappe wurde ein Injektionsgemisch von Zement und Bentonit (60 g/l) verwendet und es gelang, den Wasserverlust um annähernd 50 % zu senken. Erst nach der dritten Etappe, bei der ein Bentonitgemisch von 200 g/l verwendet wurde, gelang es, die Wasserverluste unter die zulässige Grenze abzumindern.

c) *Sperrstellen in Tonschiefern.* Unter der Bezeichnung Tonschiefer werden in der technischen Praxis alle verfestigten pelitischen Ablagerungen zusammengefaßt, die ursprünglich als tonige Sedimente abgelagert und dann verfestigt wurden. Deshalb wurden in der Natur Tonschiefer in verschiedenen Konsolidierungsstufen angetroffen. Auf die Konsolidierungsgeschwindigkeit sind hauptsächlich folgende Faktoren von Einfluß:

die Korngröße und der Charakter der tonigen Gemengteilchen,
die Mächtigkeit der Ablagerungen und das Gewicht der Deckschichten,
das Vorhandensein sandiger Einlagen, durch die das Wasser besser abfließen kann,
die Zeit, während der die Belastung anhielt,
das Ausmaß der Deformationen und der durch gebirgsbildende Prozesse hervorgerufenen Drücke.

Die Schiefer können je nach dem Grad ihrer Konsolidierung in folgende zwei Gruppen gegliedert werden:

1. Schiefer, die durch Witterungseinflüsse leicht zerfallen und breiig werden (Abb. 13—47), insbesondere wenn sie nach teilweiser Austrocknung mit Wasser in Berührung kommen;

Abb. 13—47. Scherbenartig zerfallene und nach der Durchfrierung aufweichende paläogene Tonschiefer (*Foto Q. Záruba*).

2. Schiefer, die den Witterungseinflüssen gut widerstehen und nicht aufweichen, wenn sie nach Austrocknung mit Wasser in Berührung kommen.

Es gibt noch Übergangstypen von Schiefern, die im Wasser rissig werden und zerfallen, jedoch nicht breiig werden. Zur Beurteilung dieses grundlegenden Charakters der pelitischen Schiefergesteine werden Erweichungsversuche angewendet, nach denen beurteilt werden kann, wie der Baugrund für das Einbringen der ersten Betonschicht vorzubereiten ist.

Im Gebiet des Böhmischen Massivs gehören die Paläozoischen Tonschiefer im allgemeinen zu den festen Schiefern. Wahrscheinlich deshalb, weil sie bei der herzynischen (varistischen) Gebirgsbildung einem hohen Druck ausgesetzt waren. Der größte Teil der pelitischen Kreide- und Tertiärablagerungen der ČSSR verwittert infolge der Witterungseinflüsse rasch. Werden diese Gesteine nach Austrocknung in Wasser getaucht, dann weichen sie auf. Sie erfordern eine gründliche Untersuchung, eine sorgfältig durchdachte Anordnung der Gründungssohle und einen wohlüberlegten Arbeitsvorgang bei der Betonierung. In diese Gruppe gehören auch mehrere tertiäre vulkanische Tuffgesteine, Tuffite und einige sandige Schiefer mit tonigem oder mergeligem Bindemittel. Eine der größten Katastrophen, die sich infolge des Bruches der Talsperre St. Francis in Südkalifornien im Jahre 1928 ereignete, wird gerade dadurch erklärt, daß am Hang Tonschiefer auftraten, die zum Breiigwerden neigten.

Die *Tragfähigkeit der Schiefer* der ersten Gruppe hängt vom Wassergehalt ab. Im allgemeinen kann gesagt werden, daß die Tragfähigkeit der Schiefer mit absinkendem Wassergehalt zunimmt. Diese Schiefer besitzen einen relativ geringen Verformungsmodul, so daß sie als plastisch bezeichnet werden können. Bei höherer Belastung können sie aufgepreßt werden. Manchmal werden sie an der Talsohle tief eingeschnittener Täler durch das Gewicht des Hangenden gestört (siehe Abschnitt 8,10). Schieferschichten, die in jüngster Vergangenheit durch das Gewicht des Hangenden gestört und deformiert wurden, sind für die Gründung einer Gewichtsstaumauer ungeeignet.

Die Schiefer der zweiten Gruppe sind weit tragfähiger. Ihre Festigkeit entspricht annähernd der Festigkeit eines Betons minderer Qualität. Unter der Belastung, die eine Staumauer ausübt, neigen sie noch nicht zu plastischen Deformationen. Ihr Verformungsmodul ist jeweils sorgfältig zu ermitteln. Er ist gewöhnlich geringer als beim Beton, so daß die Schiefer bei einer höheren Belastung stark zusammengedrückt werden. So wurde beispielsweise beim Bau eines hydrotechnischen Bauwerks in den Karpaten in Mergelschiefern ein Verformungsmodul von 49 000 kg/cm^2 ermittelt. Deshalb sollen auf diesen Schiefern Staumauertypen gewählt werden, bei denen der Belastungsunterschied der Gründungssohle bei vollgefülltem und entleertem Staubecken möglichst gering ist. Starke Deformationen des Baugrundes können den Injektionsschleier beschädigen, die Bindung zwischen dem Beton und Baugrund lockern und ungleichmäßige Setzungen der einzelnen Betonblöcke hervorrufen.

Gleitwiderstand. Das Problem des Abgleitens ist bei der Staumauergründung in Tonschiefern sehr wichtig. Die Kontaktfläche zwischen dem Beton und dem grob ausgebrochenen Schiefer ist zumeist unregelmäßig, so daß der Reibungskoeffizient zwischen den Schiefern und dem Beton fast immer größer als die Scherfestigkeit der

Schiefer ist. Es muß deshalb die Scherfestigkeit der Flächen ermittelt werden, entlang welcher das Gestein abgleiten kann. Dort, wo die Druckfestigkeit des Gesteins geringer als 10 kg/cm² ist, empfiehlt S. A. Rosa (1952), nur jenen Teil der Scherfestigkeit in Betracht zu ziehen, der durch die Reibung zwischen den einzelnen Gesteinskörpern gegeben ist. Manchmal sind der Gleitwiderstand und die Tragfähigkeit der Tonschiefer so gering, daß es günstiger ist, einen Erddamm vorzusehen.

Wasserdurchlässigkeit. In Bezug auf die Wasserdurchlässigkeit stellen Schiefer im allgemeinen einen zufriedenstellenden Baugrund dar. Die Plastizität der Schiefer bewirkt, daß sie durch den Einfluß der Belastung keine offenen Klüfte und Spalten bilden, sondern umgekehrt alle diese Klüfte durch plastische Deformationen geschlossen werden. Das Gestein ist praktisch wasserundurchlässig und eine Undichtigkeit kann nur dort in Erscheinung treten, wo Schichten durchlässiger Sandsteine mit Schieferschichten wechseln. Dort wo das der Fall ist muß der Beschaffenheit der Schiefer unmittelbar unterhalb der Sandsteinschicht erhöhte Aufmerksamkeit zugewendet werden. Feste Sandsteine sind meist stark zerklüftet und oftmals porös, so daß durch sie Wasser einsickert, wodurch dann die darunter liegende oberste Schicht der Schiefer aufweichen kann. Dieses Aufweichen der Schiefer kann auch in einer weit größeren Tiefe auftreten, als die Oberflächenverwitterung reicht.

Die harten Schiefer des zweiten Typs können allerdings von offenen Klüften, Spalten und Störungszonen durchsetzt sein, die wie bei anderen festen Gesteinen durch Injektion abgedichtet werden müssen.

Vorbereitung der Gründungssohle. Da sich die Schiefer, insbesondere des ersten Typs, bei jedem Wechsel des Wassergehaltes verändern, weisen sie als Baugrund sehr ungünstige Eigenschaften auf. Während einer Trockenperiode verlieren sie durch Verdunstung das Wasser, und es bilden sich in der Gründungssohle Schrumpfrisse. Wird auf diesen ausgetrockneten Schiefern betoniert, dann wird die trockene Oberflächenschicht der Tonschiefer durch das Wasser aus dem Beton aufgeweicht; an der Kontaktfläche zwischen dem Gestein und Beton bildet sich eine dünne weiche Tonschicht; dies muß unbedingt verhindert werden. Am günstigen ist es, wenn die Zeit zwischen dem endgültigen Ausbruch und der Bearbeitung der Gründungssohle einerseits und dem Einbringen der ersten Betonschicht andererseits möglichst kurz gehalten wird. In manchen Fällen hat sich ein Oberflächenschutz der Tonschiefer durch Torkretieren bewährt.

Die Tonschiefer befinden sich, wie andere Gesteine, in ihrer ursprünglichen Lagerung in einem bestimmten Spannungszustand; wird in ihnen ein tiefer Aushub für die Staumauergründung durchgeführt, dann verringert sich diese Spannung und das Gestein gibt in Richtung der Baugrube nach. Dadurch kommt es an der Baugrubensohle zum Öffnen von Klüften und Schichtfugen. Das Öffnen der Klüfte ist manchmal irrtümlicherweise mit der Oberflächenaustrocknung der Schiefer erklärt worden. Dieses ungünstige Verhalten der Schiefer beim Aushub der Fundamentgruben kann nur dadurch eingeschränkt werden, daß nach Möglichkeit die Zeit zwischen dem endgültigen Baugrubenaushub und dem Einbringen der ersten Betonschicht verkürzt und der Umfang der Arbeitsabschnitte innerhalb der Fundamentgrube verringert wird.

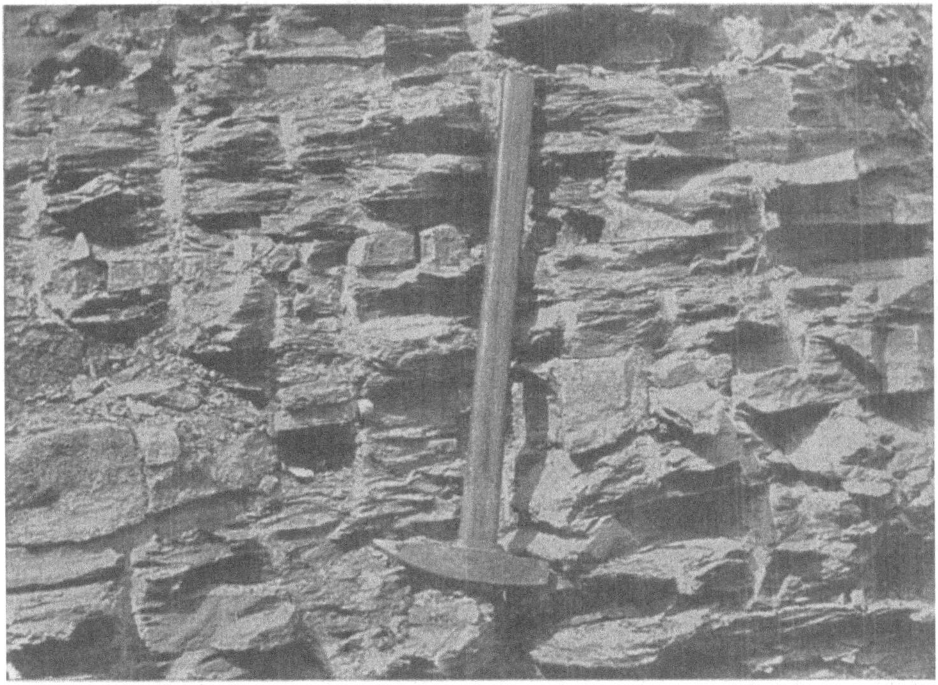

Abb. 13—48. Praktisch undurchlässige paläogene Schiefertone mit Sandsteineinlagen am rechten Ufer der Staustelle bei Krpeľany (*Foto J. Pašek*).

Der Charakter der Schiefer ist auch für die technischen Eigenschaften einer Schichtenfolge, bei der die Schiefer einen größeren Anteil haben, von entscheidender Bedeutung. Es sind dies beispielsweise die Schichten des alpin-karpatischen Flyschgebietes, in dem die Schiefer mit dünnen Sandsteinbänken wechsellagern. Zur Beurteilung der technischen Eigenschaften dieser Schichten ist es wichtig, den Charakter der Schieferschichten und den Grad ihrer tektonischen Störung zu ermitteln. In manchen Gebieten sind die Schichten des Flysches verhältnismäßig ruhig gelagert, sie weisen keine größeren tektonischen Störungen auf. Die einzelnen Sandstein- und Schieferschichten sind nur mäßig gefaltet und können auf weite Entfernung kontinuierlich verfolgt werden. Schichtenfolgen dieser Art sind gewöhnlich nur wenig wasserdurchlässig, insbesondere quer zur Schichtung, weil die ungestörten Tonschiefer die durchlässigen Sandsteinbänke genügend abdichten.

Die Schichten des Flyschgebietes waren jedoch zum größten Teil einem hohen gebirgsbildenenden Druck ausgesetzt, so daß sie meist kompliziert gefaltet, untereinander überschoben und von zahlreichen Dislokationen unterschiedlichen Charakters durchsetzt sind. Erhöhte Aufmerksamkeit erfordern steil einfallende Schichten.

Diese weisen in einigen Fällen eine vermeintlich geringe Störung auf; stehen jedoch größere Aufschlüsse zur Verfügung, so kann festgestellt werden, daß die Gesteine einem hohen Druck senkrecht zu den Schichten ausgesetzt waren. Dieser Druck tritt dadurch in Erscheinung, daß die Schiefereinlagen aufgepreßt oder gar durchgeknetet, stellenweise stark reduziert und gestaucht sind, so daß sie ein typisches Beispiel für eine *disharmonische Faltung* darstellen. Die von solchen aufgepreßten Schiefern getrennten harten Sandsteinbänke sind quer zur Schichtung stark zerklüftet; die Klüfte sind offen und manchmal werden die weichen Schiefer teilweise in diese Klüfte hineingepreßt. Die so gestörten Schichten sind gewöhnlich stark wasserdurchlässig. Bei Messungen der Scherfestigkeit an aufgepreßten Schiefern erhält man zumeist sehr geringe Werte, weil es an den Schichtenflächen der Schiefer zu verschiedenen Teilbewegungen kam, so daß diese Flächen geglättet sind. Tektonisch stark gestörte Zonen in den Gesteinen des Flyschgebietes sind für die Gründung von Talsperrenmauern weniger geeignet. Deshalb muß bereits während der Voruntersuchung der Grad der tektonischen Störung ermittelt werden.

Als Beispiel eines auf gestörten oligozänen flyschartigen Schiefer- und Sandsteinschichten gegründeten Staudammes wird die Talsperre *Ben Metir* für die Wasserleitung der Stadt Tunis angeführt (A. Stucky, M. H. Marty, A. de Montmarin, 1955). Die Sandsteine bilden verhältnismäßig schmale, stark zerklüftete und wasserdurchlässige Bänke; diese werden durch Schieferton abgeteilt, der im unverwitterten Zustand fest, in einigen Lagen jedoch, insbesondere in der Nachbarschaft von Sandsteinbänken, tiefreichend verwittert und plastisch ist. Am linken Talhang sind die Gesteine der Flyschzone von einem Rest jüngerer tonig-sandiger limnischer Sedimente überdeckt. Diese Sedimente sind fast horizontal abgelagert worden und gehören dem Pontien an. Die Gesteine im Bereich der Sperrstelle sind sehr heterogen und dementsprechend verschieden zusammendrückbar. Deshalb wurde das Talsperrenprojekt den geologischen Bedingungen angepaßt. Am linken Ufer, wo stark zusammendrückbare tonig-sandige limnische Ablagerungen auftraten, wurde ein Steindamm projektiert (Abb. 13—49c). Auf den oligozänen Schichten wurde eine gegliederte Pfeilerstaumauer *b* errichtet. Für die Pfeiler wurde eine solche Länge ge-

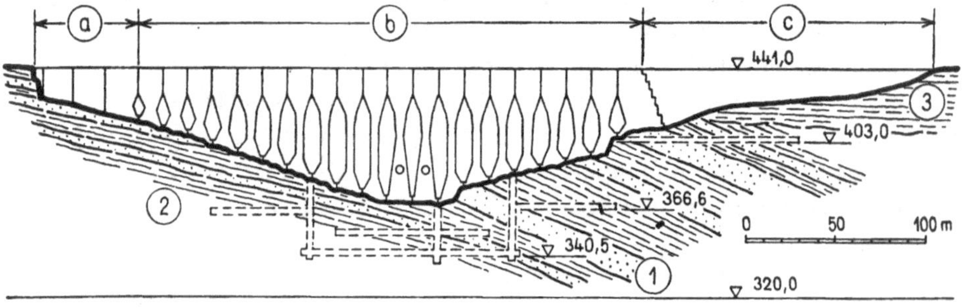

Abb. 13—49. Längsschnitt des Staudammes Ben-Metir mit Anordnung der Entwässerungsstollen (*M. H. Marty* 1955); *1* — Sandstein, *2* — Schieferton (Oligozän), *3* — tonig-sandige Ablagerungen (Pontien). *a* — Schwergewichtsmauer, *b* — Pfeilerstaumauer, *c* — Steindamm.

wählt, daß innerhalb der Gründungssohle ein Druck von 8,5 kg/cm² nicht überschritten wird. Das Abdichten der Fugen zwischen den einzelnen Pfeilern war so vorgesehen, daß diese eine Gesamtsetzung von 10 cm und Setzungsunterschiede der Pfeiler untereinander bis zu 5 cm vertragen. Einige Betonblöcke am rechten Ufer, die auf festen Sandsteinen ruhen, wurden als Schwergewichtsmauer *a* ausgeführt. Nach der Fertigstellung des Staudammes und teilweiser Füllung des Staubeckens wurde eine Setzung bis zu 58 mm gemessen und die Setzungsunterschiede zwischen den einzelnen Pfeilern waren geringer als 1 mm.

Die Dichtigkeit der Sperrstelle wurde durch einen 20 bis 30 m tiefen Injektionsschleier gewährleistet. Unterhalb des Dammkörpers wurden in den Gesteinen der Flyschzone Entwässerungsstollen angelegt. Einerseits deshalb, um die Konsolidierung der Tonschichten zu beschleunigen, andererseits um den Wasserauftrieb unterhalb des Dammkörpers zu verringern. Von diesen Entwässerungsstollen aus wurden Entwässerungsbohrungen fächerartig nach oben unterhalb der Gründungssohle durchgeführt (Abb. 13—50).

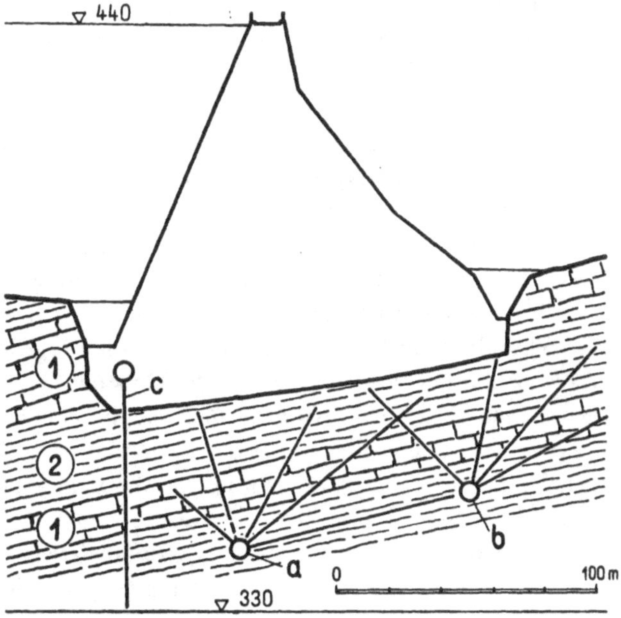

Abb. 13—50. Querschnitt des Staudammes Ben-Metir (*A. Stucky 1956*). *1* — Sandstein, *2* — Schieferton (Oligozän), *a*, *b* — Entwässerungsstollen, *c* — Injektionsschleier.

13,9. Wasserdruckproben und Injektionsarbeiten. Zu den wichtigsten Prüfverfahren in der Ingenieurgeologie gehören die Wasserdruckproben, die zur Ermittlung der Wasserdurchlässigkeit des Gesteins dienen und bei sorgfältiger Durchführung auch wertvolle Informationen über den Charakter und die Füllmasse der Klüfte gewähren. Sie sind eine wichtige Vorarbeit zur Durchführung von Injektionen.

Wasserdruckproben werden gewöhnlich in Kernbohrungen durchgeführt, die zur Injektion der Gesteine des felsigen Untergrundes dienen. In das Bohrloch wird Wasser eingepreßt und die Wassermenge gemessen, die der einer Prüfung unterzogene Abschnitt des Bohrloches während einer bestimmten Zeit (beispielsweise während 10 Minuten) und bei einem bestimmten Druck (z. B. 2 bis 10 atm) aufnimmt.

Die zulässige Wasserdurchlässigkeit der Gesteine wird nach verschiedenen Kriterien beurteilt, von denen das am meisten verbreitete *Kriterium* das *von M. Lugeon* (1933) ist: Bei Talsperren mit einer Höhe von mehr als 30 m sollen die Wasserverluste während der Wasserdruckprobe 1 Liter in der Minute je m Bohrlochlänge bei einem Druck von 10 atm nicht überschreiten; hierbei soll der Druck zumindest 10 Minuten lang einwirken. Für Talsperren mit einer Höhe von weniger als 30 m sind Wasserverluste bis zu 3 Liter in der Minute je m Bohrlochlänge bei einem Druck von 10 atm zulässig. Es ist jedoch immer günstiger, wenn die Wasserverluste geringer sind.

Die Wasserdruckproben werden entweder gleichzeitig mit dem Bohren (von oben nach unten) oder nach Beendigung der Bohrarbeiten (von unten nach oben) durchgeführt. Beim Verfahren *von oben nach unten* wird das Bohrloch jeweils um eine Stufe, beispielsweise um 3 bis 5 m vertieft, am oberen Ende durch einen Obturator verschlossen, und in den abgeteilten Abschnitt Wasser unter entsprechendem Druck eingepresst. Nach beendigtem Prüfversuch wird der untersuchte Abschnitt der Bohrung injiziert und der Vorgang wiederholt sich in der nächsten Stufe. Der injizierte Abschnitt wird durchbohrt, seine Wasserdurchlässigkeit mit Hilfe von Druckwasser überprüft und die Bohrung dann um eine weitere Stufe vertieft. Der neue Abschnitt wird wiederum oben durch einen Obturator verschlossen und die Wasserdruckprobe wiederholt. Auf diese Weise wird bis zur festgelegten Tiefe oder so tief verfahren, bis man auf ausreichend dichtes Gestein stößt.

Beim Verfahren *von unten nach oben* wird die Bohrung auf einmal niedergebracht und es werden die Prüfversuche aufeinanderfolgend stufenweise von unten nach oben durchgeführt. In diesem Falle ist es erforderlich, die untersten Stufen mittels zweier Obturatoren oberhalb und unterhalb des untersuchten Abschnittes abzudichten und die Bohrung fortschreitend von unten her zu injizieren.

Sollen die Schlußfolgerungen über die Wasserdurchlässigkeit der Gesteine zuverlässig sein, dann müssen die Wasserdruckproben sehr genau und unter Berücksichtigung des Charakters der Gesteine durchgeführt werden. In stark zerklüfteten Gesteinen mit steil einfallenden Klüften ist vor allem an eine gründliche Abdichtung des untersuchten Abschnittes mit Hilfe eines geeigneten Obturators zu denken, damit das Wasser nicht unterhalb oder oberhalb des Obturators entweichen kann. In den Abb. 13—51 ist dargestellt, wie das Wasser oder das Injektionsgemisch durch das Kluftsystem um den Obturator herum, unterhalb oder oberhalb des untersuchten Abschnittes, oder auch in die Ablagerungen außerhalb des Futterrohres entweichen kann. In zerklüfteten Gesteinen sind deshalb Obturatoren von größerer Länge zu verwenden, damit der Abschluß des untersuchten Abschnittes zuverlässig ist. Ursprünglich wurde ein einfacher, aus einem Gummiring von 20—30 cm Länge bestehender Obturator verwendet, der nach Einführung in das Bohrloch

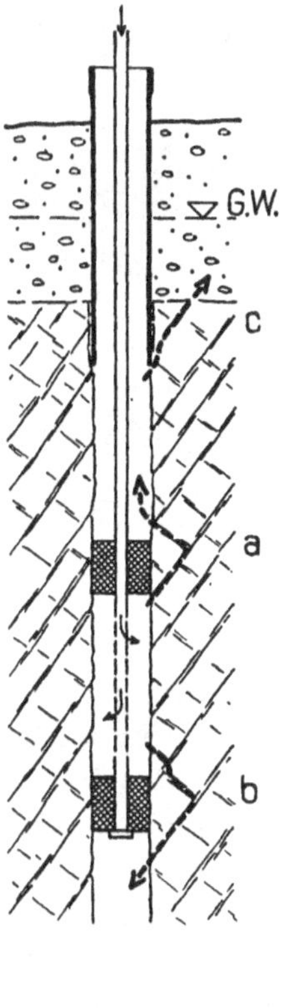

Abb. 13—51. Entweichen des Wassers oder Gemisches durch die Klüfte um den Obturator herum.

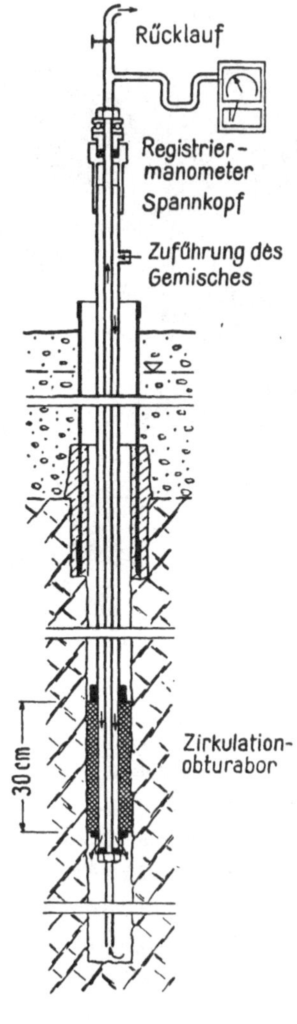

Abb. 13—52. Vom Institut für Baugeologie in der ČSSR verwendeter Zirkulationsobturator (nach *J. Verfel*).

etwa um $^1/_5$ zusammengedrückt und dadurch an die Bohrlochwandungen gepreßt wurde.

In anderen Staaten werden abweichende Konstruktionen der Obturatoren verwendet, mit deren Hilfe man bestrebt ist, auf verschiedene Art und Weise ein einwandfreies Abdichten des Bohrloches zu erreichen. So wird beispielsweise in der

Sowjetunion ein Obturator verwendet, der gewöhnlich aus sechs fäßchenförmigen Gummiringen besteht, die durch Metallringe untereinander abgeteilt sind. In den USA werden hohle Obturatoren verwendet, die an die Bohrlochwandungen mit Hilfe des in einem besonderen Rohr zugeleiteten Druckwassers angepreßt werden, oder es werden Ledermanschetten verwendet, die ebenfalls mit Hilfe von Druckwasser gegen die

Abb. 13—53. Zirkulationsobturator (*Foto J. Verfel*).

Bohrlochwandungen gepreßt werden. Der Druck in den Dichtungszylindern muß entsprechend höher sein als der Druck des in das Bohrloch eingepreßten Wassers.

Der neue Zirkulationsobturator nach J. Verfel, mit dem das Institut für Baugeologie in Prag zu arbeiten begann, hat sich gut bewährt (Abb. 13—53). Ein Vorteil des Zirkulationsobturators ist, daß er eine gründliche Durchspülung des Bohrloches vor der Durchführung des Prüfversuches gestattet, denn das in das Bohrloch durch die äußere Rohrleitung eingepreßte Wasser kann durch die Rücklaufleitung, die bis auf die Bohrlochsohle reicht, entweichen. Während der Injektion selbst wird das Injektionsgemisch bei konstanter Zirkulation unter Druck gehalten, so daß einer vorzeitigen Ablagerung des Zementgemisches an der Bohrlochsohle vorgebeugt wird. Ein weiterer Vorteil ist, daß der Prüfdruck unmittelbar an der Bohrlochsohle gemessen wird und daß nach Beendigung der Injektionsarbeiten der injizierte Abschnitt durchgespült werden kann, wodurch das Durchbohren des injizierten Abschnittes entfällt (J. Verfel, V. Roth und L. Jarolímek 1955).

Bei Durchführung der Wasserdruckproben und Versuchsinjektionen ist die *Größe des Druckes* für die einzelnen Abschnitte zu bestimmen. Gewöhnlich wird angeführt, daß die Prüfversuche mit einem so hohen Druck durchgeführt werden sollen, daß dieser dem hydrostatischen Druck, hervorgerufen durch den Wasserstau des projektierten Staubeckens, entsprechen würde. Als angemessen bezeichnen einige Autoren (Grundy, 1955) den Druck

$$P = 0{,}45\, D,$$

wobei P den Druck in kg/cm^2 und D die Tiefe des Abschnittes unterhalb der Geländeoberfläche in Metern bedeuten. Dies entspricht annähernd dem doppelten Gewicht der Deckschicht des untersuchten Abschnittes. Die empirischen Formeln können im gegebenen Falle nicht als richtig angesehen werden, weil die Größe des Druckes unter Berücksichtigung der geologischen Bedingungen gewählt werden muß. Ein dem doppelten Gewicht der Deckschicht entsprechender Prüfdruck ist für feste Gesteine, z. B. Eruptivgesteine mit steil einfallenden Klüften, zulässig. Würde dieser Druck in Schiefern mit horizontal gelagerten Schichten Anwendung finden, so würde es wahrscheinlich zu einer Störung des Gesteins kommen. Eine Hebung der Schichten äußert sich in einem auffallenden Ansteigen des Verbrauches an Wasser oder Injektionsgemisch. Dieser Fall ist unerwünscht, und deshalb muß in Schiefern mit horizontal verlaufenden oder mäßig geneigten Schichtfugen oder Klüften die Wahl des Injektionsdruckes reiflich überlegt werden. Insbesondere in tektonisch gestörten Schiefern soll kein höherer Druck als das Gewicht des Hangenden beträgt, gegebenenfalls einschließlich der zur Zeit der Injektionsarbeiten eingebrachten Betonschicht, angewendet werden.

Bei der Injektion für den Dichtungsschleier in Kreideschieferschichten in den Beskiden wurden dem doppelten Gewicht des Hangenden entsprechende Drücke angewendet und hierbei kam es zu einer beträchtlichen Hebung der im Bau befindlichen Betonblöcke der Schwergewichtsstaumauer (Záruba - Rybář, 1957). Die Möglichkeit einer Hebung des Hangenden entlang schwach geneigter Fugen ist um so größer, je ausgedehntere Flächen unter Druck gelangen. Das Ausmaß der Hebung hängt von der Zeit ab, während welcher das Injektionsgemisch in der Kluft unter Druck gehalten wird. In einem solchen Falle hat sich deshalb ein Injektionsgemisch, das lange Zeit hindurch flüssig bleibt und langsam abbindet, nicht bewährt, weil, solange das Injektionsgemisch nicht erhärtet, das Gestein auf großen Flächen unter Druck gehalten und das Hangende ständig gehoben wird. Günstiger ist deshalb beispielsweise ein Zementgemisch, das schnell abbindet. Es hat sich auch gezeigt, daß es ein großer Unterschied ist, ob eine einzige Injektionsanlage unterhalb eines Betonblockes der Staumauer arbeitet und entfernt liegende Bohrlöcher einzeln injiziert werden, oder ob mit mehreren Injektionsanlagen in nahe gelegenen Bohrlöchern gearbeitet wird. Im ersten Falle kann der Injektionsdruck über das Gewicht der Deckschicht mäßig erhöht werden, weil dem Injektionsdruck das Gewicht des Hangenden in Form eines Kegels entgegenwirkt, der sich nach oben hin ausbreitet. Werden jedoch mehrere in der Nähe gelegenen Bohrlöcher gleichzeitig injiziert, dann soll maximal mit einem dem Gewicht des Hangenden entsprechenden Druck gearbeitet werden. Bei horizontal verlaufenden oder mäßig geneigten Schichtfugen wird der Druck auf große Flächen übertragen und die gesamte Kraft, durch die das Hangende gehoben wird, kann beträchtliche Werte erreichen. Es wird empfohlen, durch genaue Nivellierung oder ein anderes Meßverfahren die Hebung des felsigen Untergrundes in der Umgebung des zu injizierenden Bohrloches zu beobachten.

Der Verlauf der Wasserdruckproben soll mit Hilfe eines Registriermanometers genau verfolgt und sorgfältig vermerkt werden. Die Versuchsergebnisse werden auf verschiedene Art und Weise unmittelbar in die Bohrloch- oder Übersichtsprofile der Sperrstelle eingezeichnet.

In Abb. 13—54 ist das Ergebnis der Wasserdruckprüfung auf der Baustelle der Talsperre in Krpeľany am Flusse Váh (Waag) dargestellt. In paläogenen Ton-

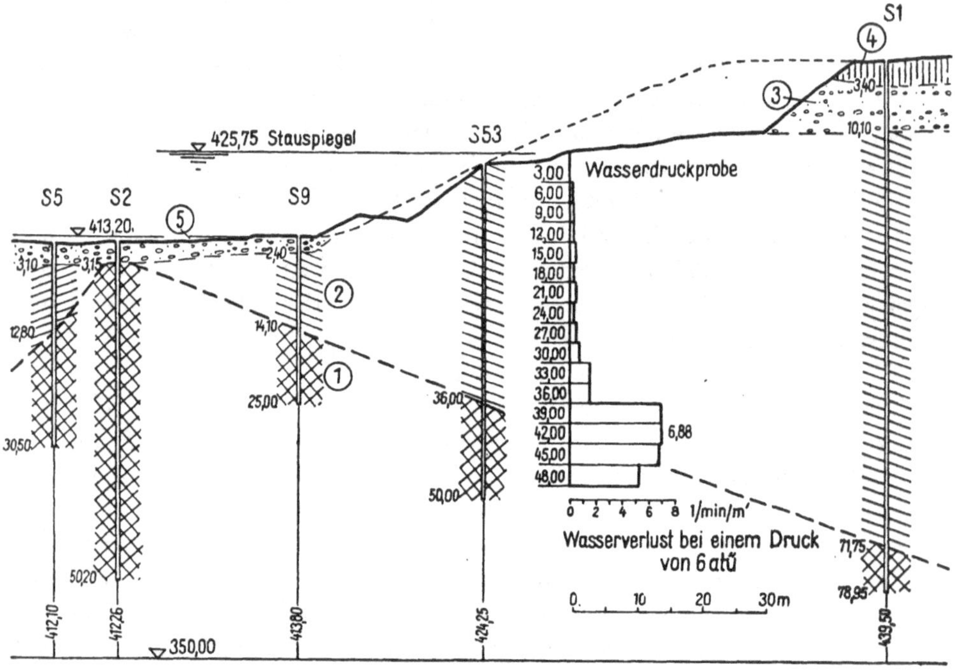

Abb.13—54. Die Bedeutung der Wasserdruckproben für die Bestimmung der Wasserdurchlässigkeit des Gesteins. *1* — klüftiger Trias-Dolomit, *2* — praktisch undurchlässiger paläogener Schieferton (*Foto 13—48*), *3* — sandige Terrassenschotter, *4* — Lößlehm, *5* — sandiger Schotter des Waagflusses.

schiefern waren die Wasserverluste geringfügig, jedoch in den unteren Abschnitten in einer Tiefe von 36 bis 40 m, wo die Bohrung durch zerklüfteten Dolomit hindurchführte, waren sie beträchtlich; sie betrugen 6,8 l in der Minute je lfm Bohrung bei einem Druck von 6 atm.

In übersichtlicher Form ist das Ergebnis der Wasserdurchlässigkeitsversuche für die Talsperre Sarrans in Frankreich in Abb. 13—55 dargestellt (M. Lugeon, 1933).

Aus der Abbildung geht klar hervor, daß der Granit am rechten Ufer bis zu einer Tiefe von 50 m unterhalb der Geländeoberfläche ziemlich wasserdurchlässig, dagegen das linke Ufer verhältnismäßig dicht war.

Die systematische Ermittlung der Wasserdurchlässigkeit der Gesteine des felsigen Untergrundes und die sorgfältige Auswertung der Ergebnisse in bezug auf den geologischen Bau eines Gebietes gewähren wichtige Unterlagen für weitere wasser-

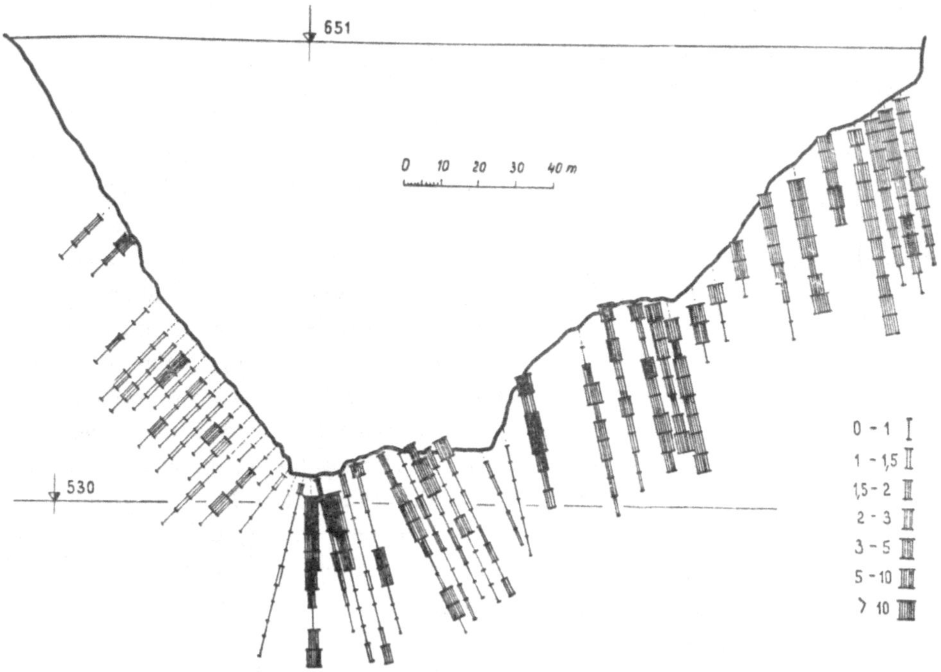

Abb. 13—55. Beispiel für die Untersuchung der Wasserdurchlässigkeit des Talsperrenprofils mit Hilfe von Wasserdruckproben. Wasserverluste in l/min m bei einem Druck 10kg/cm² (*Staumauer Sarrans, Lugeon 1933*).

wirtschaftliche Studien. Die Ergebnisse von den einzelnen Sperrstellen können nicht ohne eingehende geologische Analyse auf andere Sperrstellen übertragen werden, weil auch nur wenig voneinander entfernte Stellen eine wesentlich andere Wasserdurchlässigkeit aufweisen können. So zeigten beispielsweise zwei am Flusse Hornád im Granit gelegene Sperrstellen unterschiedliche Ergebnisse; die größere Wasserdurchlässigkeit des einen Profils war jedoch leicht zu erklären, denn der Granit war in der Nähe der Überschiebungsfläche einer ausgedehnten Decke sehr stark tektonisch gestört (Fusán, Záruba, Hromada, 1954).

Injektionen werden hauptsächlich zur Verringerung der Wasserdurchlässigkeit der Gesteine und zur Reduzierung des Auftriebes unterhalb der Gründungssohle angewendet. Durch Injektion kann auch die Tragfähigkeit des Baugrundes erhöht werden, wenn alle Klüfte und Hohlräume im Gestein unterhalb der Fundamente verfüllt werden. Injektionen werden zu weiteren Hilfszwecken, so z. B. zur Verfestigung des gelockerten Gesteins verwendet, um steilere Böschungen der Baugrube ausführen zu können, ferner für das Abdichten von Quellen, beim Tunnelvortrieb zur Vermeidung von Überprofilen und Verfüllung der Hohlräume zwischen Gestein und Verkleidungsmauerwerk usw.

Gewöhnlich werden unterhalb einer Schwergewichtsstaumauer drei Arten von Injektionsbohrungen verschiedener Länge unter Anwendung von unterschiedlichen Drücken durchgeführt.

Während des normalen Bauablaufes werden zuerst die *Haftinjektionen* (Verheftung) (Abb. 13—56) mit Hilfe relativ kurzer Bohrungen (3 bis 15 m) unter Anwendung eines geringen Druckes (1,5 bis 10 atm) durchgeführt. Die Bohrungen sind über das wasserseitige Drittel der Gründungsfuge verteilt, in Ausnahmefällen werden sie auf der gesamten Fläche der Gründungssohle durchgeführt, wenn dies im Hinblick auf die Zerklüftung des Gesteins erforderlich ist. Die Bohrungen werden meist senkrecht zur Gründungssohle niedergebracht, nur bei steil einfallenden Schichten werden sie so geneigt, daß sie das Hauptkluftsystem oder die Schichtfugen durchschneiden. Die Verheftung der Mauer mit dem Untergrund wird erst nach dem Einbringen der ersten Betonschicht durchgeführt, um einen höheren Druck anwenden zu können.

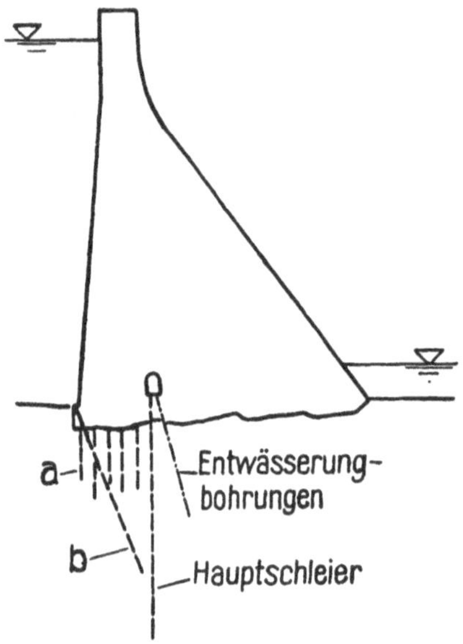

Abb. 13—56. Anordnung der Injektionsbohrungen unterhalb der Schwergewichtsmauer. *a* — Anschlußbohrungen, *b* — Abdichtung der Wasserseite.

Injektionen unter Anwendung von mittleren Drücken werden zum Abdichten tieferliegender Schichten im Untergrund entlang der Wasserseite des Staudammes verwendet. Die Bohrtiefe beträgt gewöhnlich 15 bis 30 m, je nach den örtlichen Verhältnissen. Der angewandte Druck hängt von dem Gewicht der aufgebrachten Betonblöcke zur Zeit der Injektion und von der Festigkeit der Gesteine im Gründungsbereich ab. Normalerweise wird ein Druck von 5 bis 20 atm verwendet.

Injektionen unter Anwendung von hohen Drücken dienen zur Herstellung eines wasserundurchlässigen *Injektions-Hauptschleiers* unterhalb der Staumauer. Es werden gewöhnlich in einer oder in mehreren Reihen angeordnete Tiefbohrungen niedergebracht, die auch von einem in der Nähe der Gründungssohle in Richtung der Dammachse angelegten Kontrollgang aus durchgeführt werden können. Die Bohrtiefe hängt von den geologischen Verhältnissen ab. In Deutschland beträgt die Schleiertiefe gewöhnlich $^{2}/_{3}$ der Stauhöhe. Das U. S. Bureau of Reclamation verwendet zur Vorausbestimmung der Tiefe des Injektionsschleiers die empirische Formel

$$d = \frac{1}{3} h + C ,$$

wobei d — die Bohrtiefe,
h — die Höhe der Staumauer und
C — eine Konstante in den Grenzen von 8 bis 25 m

bedeuten. Bei hohen Staumauern wird mit einem Druck von 8 bis 40 atm und mehr injiziert. Um einer Beschädigung der Fundamente durch Hebung des Baugrundes vorzubeugen, sollen hohe Drücke mit Vorsicht angewendet werden.

Die Injektion wird entweder fortschreitend von oben nach unten während des Bohrens, oder von unten nach oben nach Beendigung der Bohrarbeiten durchgeführt, ähnlich wie es bei den Wasserdruckprüfungen aufgezeigt wurde. Die Injektion von oben nach unten geht langsamer vor sich und ist teurer, gewährleistet aber zuverlässigere Ergebnisse; der Obturator dichtet im injizierten Abschnitt des Bohrloches besser ab. Ein weiterer Vorteil der Injektion von oben nach unten ist, daß die Bohrung in einer Tiefe beendet werden kann, bei der sich dies als erforderlich erweist. Bei der Injektion von unten nach oben wird die Tiefe des Injektionsschleiers durch Schätzung bestimmt und manchmal erweist sich dies als unzureichend. Deshalb wird heutzutage von einer Injektion von unten nach oben Abstand genommen.

Eine etwas andere Anordnung haben die Injektionsarbeiten bei schlanken Bogenstaumauern zu verzeichnen. Als Beispiel werden die Injektionsarbeiten bei der Gründung der Talsperre *Mauvoisin* in der Schweiz angeführt (E. Paréjas, O. Rambert 1955, A. Thomas 1957). Diese Staumauer ist auf Tonschiefer- und Kalkschieferschichten im Bereich der oberen Trias und des Jura gegründet. Der Baugrund bestand im großen und ganzen aus einwandfreien und relativ homogenen Gesteinen. Der Untergrund erwies sich aber als ziemlich wasserdurchlässig, denn die Wasserdruckproben erbrachten Verluste bis 20 l in der Minute je lfm Bohrung bei einem Druck von 30 atm Den Injektionsarbeiten wurde große Aufmerksamkeit zugewendet und es wurden folgende drei Systeme von Injektionsbohrungen angewandt:

a) Der *Hauptschleier* setzt sich aus einer Reihe von Bohrungen zusammen, die bis zu 220 m unterhalb der Gründungssohle reichen. Die Bohrungen sind etwa 12° wasseraufwärts geneigt, damit sie die Klüfte im Gestein besser durchschneiden. Der Injektionsschleier wurde fortschreitend verdichtet; zuerst wurden Bohrungen in einem Abstand von 36 m durchgeführt, die Untersuchungscharakter besaßen und in ihrer gesamten Länge mittels Druckwasser in Abschnitten von je 3 m untersucht wurden. Nach deren Injektion wurden die Bohrungen zweiter Ordnung in einem Abstand von 12 m und schließlich die Bohrungen dritter Ordnung in Abständen von 6 m niedergebracht. Der durchschnittliche Zementverbrauch betrug 172 kg je lfm Bohrung. Um die Arbeiten auf der Baustelle nicht zu stören, wurden die Bohrungen des Hauptschleiers von einem Injektionsstollen aus durchgeführt.

b) Der *Sekundärschleier* wurde am wasserseitigen Dammfuß errichtet, sein Zweck war eine Unterbindung des Wasserzutrittes zur Gründungsfuge. Die Bohrungen des Sekundärschleiers waren 3 bis 6 m von einander entfernt, 25 m tief und unter der Staumauer fächerartig um den unteren Stollen herum angeordnet (Abb. 13—57). Der Verbrauch an Injektionsgut betrug 87 kg Zement je lfm Bohrung.

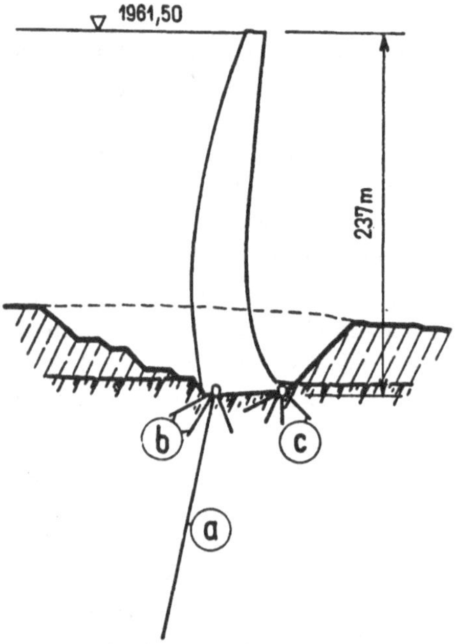

Abb. 13—57. Anordnung der Injektionsarbeiten unterhalb der Bogenstaumauer der Talsperre Mauvoisin. *a* — Hauptschleier, *b* — Sekundärschleier an der Wasserseite, *c* — Konsolidierungsinjektionen.

c) Darüber hinaus wurden *Konsolidierungsinjektionen* unterhalb des luftseitigen Mauerfußes durchgeführt, die vor allem den Zweck hatten, das Gestein zu verfestigen, damit der Druck am luftseitigen Mauerfuß gleichmäßig auf das Gestein übertragen wird. Die Bohrungen für die Konsolidierungsinjektionen waren nur 10 m tief, um den Abfluß des Sickerwassers nicht zu verhindern und den Wasserauftrieb unterhalb der Staumauer nicht zu erhöhen. Der Abstand der Bohrlöcher betrug 3 bis 6 m und der Verbrauch an Injektionsgut 60 kg Zement je lfd. m Bohrung.

Der *Abstand der Bohrlöcher* wird je nach Bedarf verschieden gewählt. In Gesteinen mit einer mittleren Wasserdurchlässigkeit beträgt der Abstand der Bohrlöcher 3 bis 4 m, manchmal ist eine Anordnung derselben in Abständen von weniger als 1 m erforderlich. Der Abstand der Bohrlöcher und der Zementverbrauch werden durch Probeinjektionen bestimmt. Es werden drei Bohrungen im Dreieck durchgeführt und bereits nach dem Verlauf der Injektionsarbeiten bestimmte Erfahrungen gewonnen. Sodann wird in der Mitte des Bohrlochdreieckes eine Kontrollbohrung durchgeführt und mit Hilfe von Wasserdruckproben werden das Ergebnis der Injektion und die Zweckmäßigkeit des gewählten Abstandes zwischen den ersten drei Bohrlöchern erkannt.

Für eine erfolgreiche Injektion ist nicht nur ein zweckentsprechendes Arbeitsverfahren, sondern auch ein geeignetes Injektionsgemisch zu wählen. Für offene Klüfte wird gewöhnlich Zementbrei oder feiner Zementmörtel verschiedener Konsistenz verwendet. In Gesteinen mit geschlossenen Klüften wird zuerst mit einem dünnflüssigen Zement-Wasser-Gemisch von beispielsweise 1 : 8 zur Verfüllung entfernt liegender Feinstrisse injiziert. Anschließend wird das Injektionsgemisch auf 1 : 5 bis 1 : 3 zum Abdichten von größeren Klüften in der Umgebung des Bohrloches dickflüssiger zubereitet. Da in Gesteinen sowohl Feinrisse als auch offene Klüfte vorkommen, so ist es immer zweckmäßiger mit einem dünnflüssigen Gemisch bei der Injizierung zu beginnen. Der Zementverbrauch ist entweder in kg je m² Schleier oder in kg je lfm Bohrung anzugeben.

Feine Klüfte, für die der Zement zu grob ist, werden entweder mit Ton oder chemisch injiziert. Gewöhnlich wird eine Lösung von Wasserglas verwendet, die durch Zusatz eines geeigneten Koagulationsmittels gerinnt.

Die Injektionsverfahren sind heutzutage zu einem wichtigen Hilfsmittel bei der Errichtung von hydrotechnischen Bauwerken geworden. Daher können heute Talsperren auch auf wasserdurchlässigen Gesteinen errichtet werden. Der Erfolg bei der Herstellung wasserundurchlässiger Schleier hängt von der gründlichen und sorgfältigen Injektionsarbeit ab. Wurden die Injektionsarbeiten nicht systematisch durchgeführt, dann hatte dies stets eine kostspielige nachträgliche Rekonstruktion des Injektionschleiers zur Folge.

Lehrreich sind die nachträglichen umfangreichen Injektionsarbeiten, die in den Jahren 1938 bis 1947 zur Rekonstruktion des Injektionsschleiers an der Staumauer *Boulder am Flusse Colorado* durchgeführt wurden (A. W. Simonds 1951). Nach Füllung des Staubeckens zeigte sich, daß der ursprüngliche annähernd 40 m tiefe Injektionsschleier nicht genügend dicht war und beim höchsten Wasserstau einerseits das Wasser an mehreren Stellen in beträchtlicher Menge durchsickern ließ und andererseits in den Kontrollbohrungen ein wesentlich stärkerer Wasserauftrieb zu verzeichnen war als in den Berechnungen angenommen wurde. Deshalb wurde im Jahre 1938 mit der Errichtung eines neuen, bis zu 130 m tiefen Injektionsschleiers begonnen (Abb. 13—58). Der Staudamm war in einem tiefen Cañon des Flusses Colorado, der in

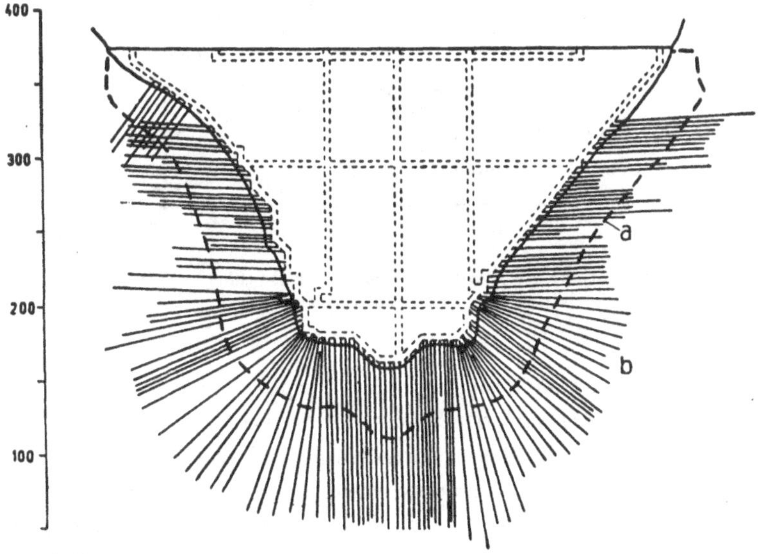

Abb. 13—58. Rekonstruktion des Injektionsschleiers unterhalb der Staumauer Boulder am Flusse Colorado. *a* -- ursprünglicher Injektionsschleier, *b* — neuer Schleier (*M. Gignoux, 1955*).

vulkanischen Andesitbrekzien eingeschnitten ist, angelegt worden. Die Wasserdurchlässigkeit des Injektionsschleiers wurde durch dessen unvollkommene Ausführung und ungenügende Tiefe verursacht. Beim Bohren des ursprünglichen Injektionsschleiers entwich der Zementmörtel aus einigen Bohrlöchern in die Fugen zwischen den Staumauerblöcken. Es bestand daher die Gefahr, daß eine Injektion der Fugen zwischen den Betonblöcken nicht mehr möglich sein würde; deshalb wurden tiefere Schleierbohrungen nicht injiziert. Diese ausgelassenen Bohrlöcher stellten nun Lücken im Injektionsschleier dar. Darüber hinaus stieß man in den Bohrungen, die am Fuße des am Nevadaufer gelegenen Hanges niedergebracht worden waren, auf eine Störungszone, in der einige Bohrlöcher infolge des außerordentlich hohen Zementverbrauches nicht vollkommen abgedichtet wurden. Die Rekonstruktion des Injektionsschleiers erforderte einen hohen Aufwand, der 2,38 % der für den Bau des gesamten Stauwerkes berechneten Kosten ausmachte. Die Rekonstruktion verlief erfolgreich. In Abb. 13—59 ist der Wasserauftrieb vor der Rekonstruktion und nach der Ausführung des neuen tiefreichenden Injektionsschleiers dargestellt.

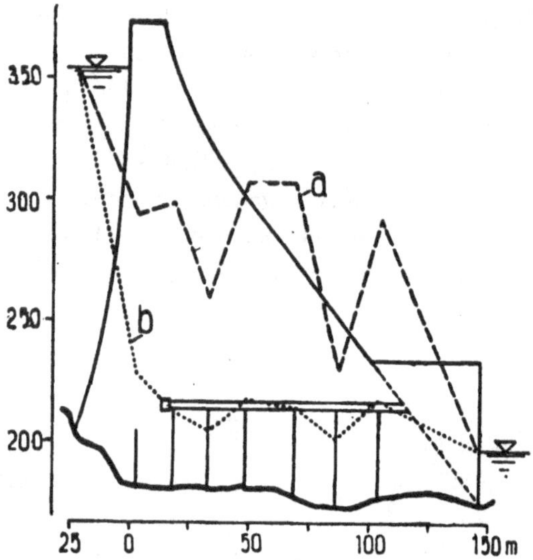

Abb. 13—59. Auftriebsverlauf unterhalb der Staumauer Boulder, *a* — nach Füllung, *b* — nach der Rekonstruktion des Injektionsschleiers (*A. W. Simonds, 1951*).

Injektionen sandiger und kiesiger Talablagerungen. Zur Abdichtung einer 100 m tiefen Erosionsrinne unterhalb der Staumauer *Serre-Ponçon,* die mit Ablagerungen des Flusses Durance ausgefüllt ist, wurde ein neues Verfahren von der Gesellschaft Solétanche (H. Cambefort 1955) ausgearbeitet. Die Talenge Serre-Ponçon wurde bereits im Jahre 1857 untersucht, weil sie in wasserwirtschaftlicher Hinsicht eine außergewöhnlich günstige Sperrstelle darbot. Die geologischen Verhältnisse waren jedoch derart ungünstig, daß der Bau der Talsperre erst in den letzten Jahren in

Angriff genommen werden konnte, als der Fortschritt im Talsperrenbau eine Überwindung der äußerst ungünstigen natürlichen Bedingungen ermöglichte. Der felsige Untergrund wird von festen Mergelkalken gebildet, unterhalb der Talsohle verläuft jedoch eine über 100 m tiefe Erosionsrinne, die mit Flußablagerungen ausgefüllt ist. Die Ablagerungen sind heterogen, besonders in bezug auf die Wasserdurchlässigkeit. Es wechseln Grobsandschichten mit Schotterschichten und in die Ablagerungen reicht zungenförmig Gehängeschutt hinein, der von Kalkstein- und Mergelbruchstücken gebildet wird. Mit Hilfe von Bohrungen wurde festgestellt, daß schwefelhaltiges Thermalwasser mit einer Temperatur von 60 °C und aggressivem Charakter in die Ablagerungen eindringt. Der Untersuchungsschacht und der vorgetriebene Stollen wurden im Jahre 1913 durch das Ausfließen dieses Wassers in einer Tiefe von 55 m überflutet.

Zur Injektion dieser Ablagerungen wurden Futterrohre verwendet (Abb. 13—62), deren gelochte Abschnitte durch Gummimanschetten verdeckt werden. Nach dem Niederbringen der Bohrungen mit einem Durchmesser von 90 bis 110 mm wurde das perforierte Futterrohr mitsamt den Gummimanschetten, die von einer speziellen halbplastischen Masse umgeben waren, in das Bohrloch hinabgelassen. Die Injektion wurde in kurzen Abschnitten von 30 bis 50 cm, die im Futterrohr mit Hilfe eines Doppelobturators abgedichtet wurden, durchgeführt. Das Injektionsgemisch dehnt unter Druck die Gummimanschetten aus, zerreißt die plastische Füllmasse und dringt in das Gestein ein. Der Vorteil dieses Verfahrens besteht darin, daß ein Druck angewendet werden kann, der dem Charakter des Gesteins in dem betreffenden Abschnitt des Bohrloches entspricht. Es wird zuerst mit Injektion der am stärksten durchlässigen Schotterschicht unter einem relativ geringen Druck begonnen, damit das Injektionsgemisch nicht unnötig weit vom Bohrloch entweicht. Demgegenüber werden feinere Sandschichten unter einem höheren Druck injiziert.

Zum Abdichten der Ablagerungen unterhalb der Staumauer Serre-Ponçon wurde auf diese Weise ein vertikaler Injektionsschleier geschaffen, der vom wasserundurchlässigen Dammkern bis in den felsigen Untergrund hineinreicht. Der Injektions-

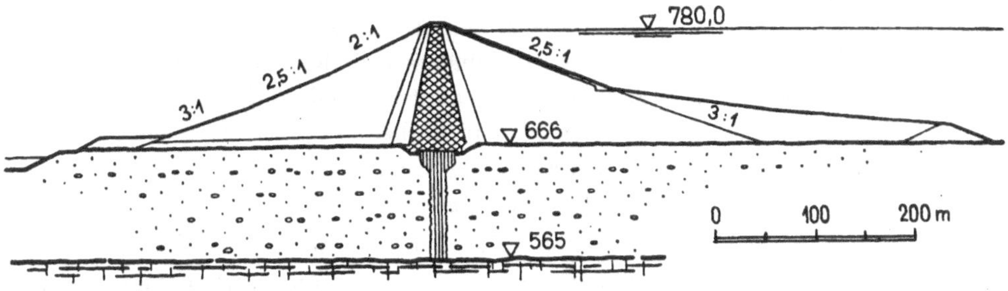

Abb. 13—60. Serre-Ponçon. Staumauerprofil.

schleier besteht aus einem System von Bohrungen, deren Anordnung aus Abb. 13—60 ersichtlich ist. Unterhalb der Staumauer besteht der Schleier aus 12 Bohrlochreihen und besitzt eine Breite von 35 m, die sich in der Tiefe auf 15 m (4 Bohrlochreihen) verringert. Zur Injektion der Talablagerungen wurde ein Gemisch von Bentonitton und Zement verwendet. Der Injektionsschleier erforderte insgesamt 17 200 m an Bohrungen und es wurden 11 000 t Zement und 24 000 t Bentonitton verbraucht. Das Vorhandensein des aggressiven Thermalwassers machte die Verwendung eines besonderen Schlackenzementes erforderlich.

Das Verfahren hat sich gut bewährt, denn es gelang, die Wasserdurchlässigkeit der Ablagerungen unterhalb der Staumauer fast um das 1000 fache zu verringern, und zwar von ursprünglich 5×10^{-2} cm/sec auf 5×10^{-5} cm/sec, wie durch ein System von Kontrollbohrungen festgestellt wurde. Das Verfahren wurde auch mit Erfolg zum Abdichten einer 100 m tiefen Erosionsrinne unterhalb des Erddammes Sylvenstein an der Isar in Bayern und zum Abdichten der Baugrube für das Wasserkraftwerk Fessenheim am Rhein angewendet (Ch. F. Blatter, 1956, Abb 13—92)).

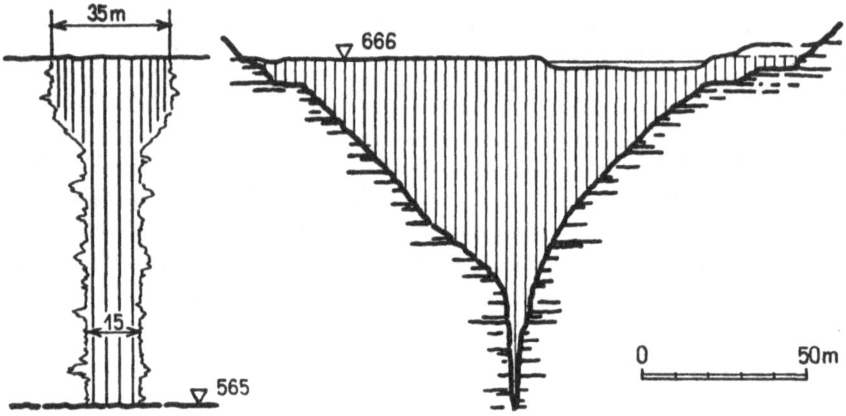

Abb. 13—61. Der Injektionsschleier unterhalb der Staumauer Serre Ponçon (Cambefort, 1955)

13,10. Geologische Untersuchungen für Erddämme. Dem Ingenieurgeologen wird heute weitaus häufiger als früher die Aufgabe gestellt, Untersuchungen für das Projekt eines Erddammes durchzuführen. Dies ist einerseits darauf zurückzuführen, daß die Zahl wasserwirtschaftlich und geologisch geeigneter Stellen für die Errichtung von Staumauern ständig abnimmt, andererseits darauf, daß die Erddämme eine Mechanisierung der Bauarbeiten in weit stärkerem Maße als beim Bau von Staumauern gestatten; die Kenntnisse auf dem Gebiete der Bodenmechanik haben den Bau sicherer und dabei wirtschaftlicher gemacht.

Die ingenieurgeologische Untersuchung für den Bau von Erd- und Steindämmen muß ähnliche Fragen beantworten wie bei den Schwergewichtsstaumauern; die Reihenfolge ihrer Bedeutung ändert sich jedoch im Hinblick auf den anderen Charakter des Bauwerkes. Es handelt sich hauptsächlich um folgende Aufgaben:

1. Erkundung geeigneter Gesteine zur Errichtung des Dammkörpers, die in der Umgebung des vorgesehenen Bauwerkes anstehen. Die Gesteine müssen die Stand-

festigkeit und die Dichtigkeit des Staudammes gewährleisten und volumenbeständig sein. Die Lagerstätten der verwendbaren Gesteine müssen mit wirtschaftlichem Nutzen gewinnbar sein.

2. Untersuchung, ob die Gesteine im Gründungsbereich der Sperrstelle ausreichend fest sind, damit die Standfestigkeit des Dammes gewährleistet ist.

3. Beurteilung, ob die Gesteine unterhalb des Staudammes nicht wasserdurchlässig sind, gegebenenfalls müssen geeignete Vorkehrungen zur Verminderung der Wasserdurchlässigkeit und zur Beseitigung der schädigenden Einwirkungen des Sickerwassers getroffen werden.

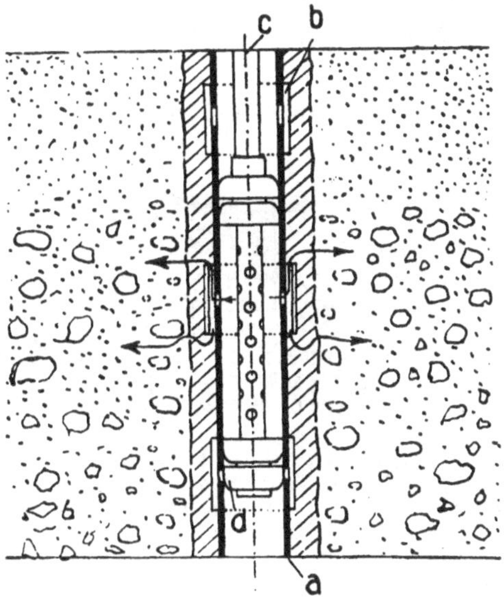

Abb. 13—62. Vorrichtung zur Injizierung sandiger Schotter. *a* — Futterrohr mit perforierten Abschnitten, *b* — Gummihüllen, *c* — Injektionsrohr, *d* — Doppelobturator (Cambefort, 1955).

4. Erkundung geigneter Stellen für die Erriohtung der Abfluß- und Enlastungsanlagen.

5. Ermittlung der endgültigen Lage der Dammachse in der Weise, daß der Staudamm an die Talhänge zuverlässig angeschlossen wird und gleichzeitig die Forderungen der vorangegangenen Punkte erfüllt werden.

6. Beurteilung der Standfestigkeit der Hänge beim Aushub der Baugruben für den Anschluß des Staudammes an der Talsohle und den Talhängen.

7. Mitarbeit an den Problemen, wie diese Baugruben während der Bauausführung entwässert werden.

8. Beurteilung des Ausmaßes der Dammsetzung und Zusammendrückung des Dammuntergrundes.

9. Mitarbeit bei der Erkundung geeigneter Gesteine und Baustoffe für Betonblöcke, Dränagen, Steinpackungen, Pflasterungen usw.

Die einzelnen Probleme sind einer genauen Betrachtung zu unterziehen und es ist anzuführen, in welcher Form der Ingenieurgeologe an ihnen mitarbeitet. Der Charakter dieser Arbeit erfordert eine ständige Fühlungnahme mit dem Projektanten des Staudammes, damit die sich aus der geologischen Untersuchung ergebenden Forderungen den Gesamtinteressen des Projektes angepaßt werden.

1. *Erkundung geeigneter Gesteinslagerstätten* für den Bau des Staudammes. Dieses Problem hängt gewöhnlich mit der Gesamtanordnung des Staudammes zusammen und ist auf die Art und Form des Dammes von Einfluß. Bei Erddämmen kommen folgende Lösungen in Frage:

a) Der gesamte Damm ist aus einem einzigen Lockergestein geschüttet (Abb. 13—63). Dieses Verfahren kommt in der ČSSR selten vor. Gewöhnlich werden in der

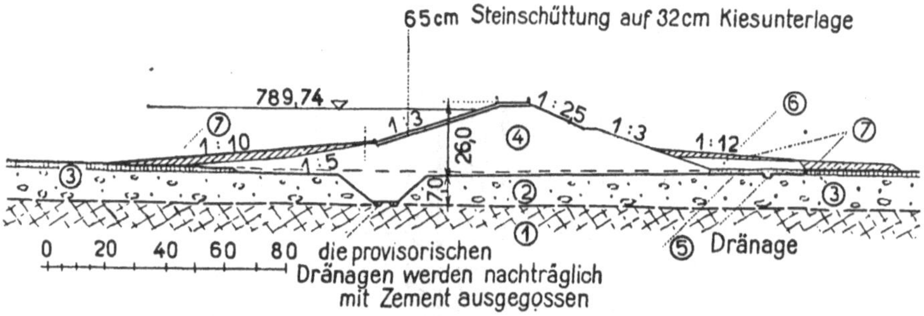

Abb. 13—63. Aus einer einzigen Erdart geschütteter Erddamm Fresno (*Treatise on Dams 1950*). *1* — durchlässiger Felsuntergrund, *2* — sandiger Schotter, *3* — Lehmablagerungen, *4* — Dammschüttung, *5* — Kiessandaufschüttung, *6* — Steinschüttung, *7* — Aufschüttung vom überschüssigen Erdaushub.

Umgebung der Baustelle eines Staudammes zumindest zwei Lockergesteine angetroffen, die eine wirtschaftlichere Lösung gestatten. Ist der gesamte Damm aus einem einzigen Baustoff geschüttet, dann ist zumeist die Erfüllung der Forderung sowohl nach einer ausreichenden Wasserundurchlässigkeit als auch hinsichtlich der Standsicherheit mit hohen Kosten verbunden.

Einen ersten Überblick über die Eignung eines Gesteines vermittelt dessen Kornverteilungskurve, die weitere Untersuchung der Eigenschaften fällt sodann unter die Zuständigkeit eines Laboratoriums für Bodenmechanik. In Abb. 13—64 ist der nach den Erfahrungen des U. S. Bureau of Reclamation für wasserundurchlässige Teile von Erddämmen günstige Bereich der Kornverteilungskurven von Lockergesteinen durch Vollinien abgegrenzt. Sowohl in bezug auf die Standsicherheit als auch auf die Wasserdurchlässigkeit werden für den Dammtyp nach Abb. 13—63 nur solche Kornverteilungen als günstig angesehen, deren Kurven ausreichend kontinuierlich sind und bis in den Bereich des Kiesschotters hineinreichen. Das Beispiel eines solchen Dammes ist der Erddamm bei *Luhačovice* in Mähren, der aus Gehängelehmen der Flyschgesteine geschüttet wurde (K. Krejčí, 1938). Die Kornverteilungskurve dieser Lehme *1* ist in Abb. 13—64 eingezeichnet; an der Wasserseite des Staudammes wurde jedoch zur Erhöhung der Festigkeit dem Lehm zerkleinerter Andesitschotter zugesetzt und dieser Dammteil intensiv verdichtet. Deshalb konnte die Neigung der Wasserseite verhältnismäßig steil 1 : 1,5 und im unteren Teil 1 : 2 bis

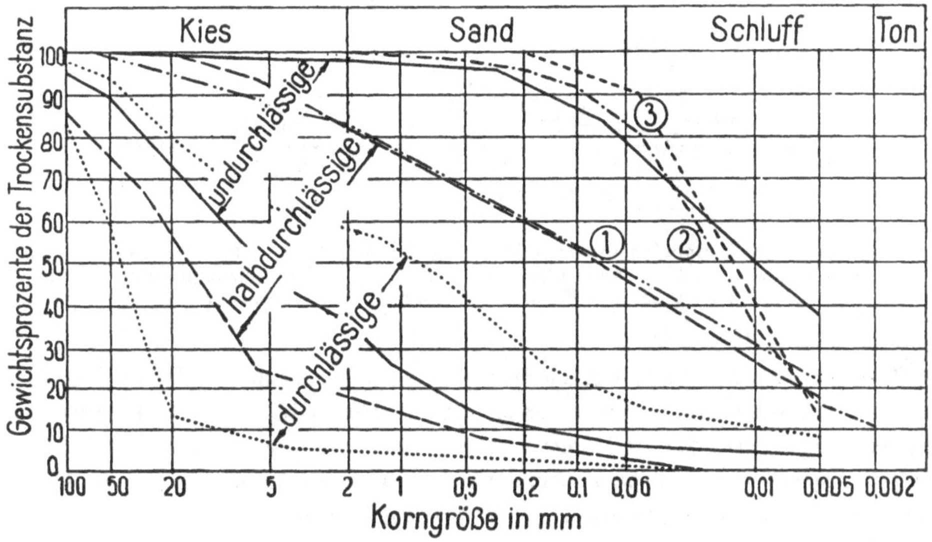

Abb. 13—64. Kornverteilungskurven der durchlässigen, halbdurchlässigen und undurchlässigen Lockergesteine für Erddämme *1* - Erddamm Luhačovice, *2* - Lößlehm für den Dichtungskern des Erddammes bei Ostrava, *3* - Katta-Kurgansker Erddamm.

1 : 2,5 vorgesehen werden. Die Wasserseite ist durch Betonplatten gegen Erosion geschützt.

In der Sowjetunion, wo Lockergesteine gleicher Zusammensetzung in massenhafter Lagerung anzutreffen sind, wurden die Erbauer von Erddämmen vor die Notwendigkeit gestellt, auch relativ feinkörnige Lockergesteine für den Bau von Erddämmen zu verwenden. So ist in Abb. 13—64 der Verlauf der Kornverteilungskurve *3* des Katta-Kurgansker Erddammes (M. M. Grischin, 1954) dargestellt, der 31 m hoch ist und zu dessen Bau Löß verwendet wurde; die Wasserseite weist eine Neigung von 1 : 3, 1 : 4 und 1 : 5, die Luftseite von 1:3, 1:3,5 und 1:4 auf; die Wasserseite ist durch eine doppelschichtige Pflasterung geschützt.

b) Der undurchlässige Teil des Dammes ist von einem Lockergestein mittlerer Durchlässigkeit umgeben; auch dieser Fall tritt in der ČSSR nicht häufig ein, denn unter den hier gegebenen Bedingungen ist es wahrscheinlich, daß in der Umgebung der Baustelle Schotter anzutreffen sind, so daß es sich gewöhnlich um den Fall *c* handeln wird. In Abb. 13—64 ist durch eine gestrichelte Linie der Bereich abgegrenzt, in den die Kornverteilungskurve der halbdurchlässigen Gesteine fällt.

c) Am häufigsten werden in der ČSSR Dämme mit unterteiltem Querschnitt, aus einem Stützkörper an der Luftseite, einem wasserundurchlässigen Dammkern und einer Schutzschicht an der Wasserseite bestehende Erddämme projektiert (Abb. 13—66).

Gesteine für den Dichtungskörper des Dammes können verschiedenen Ursprungs sein:

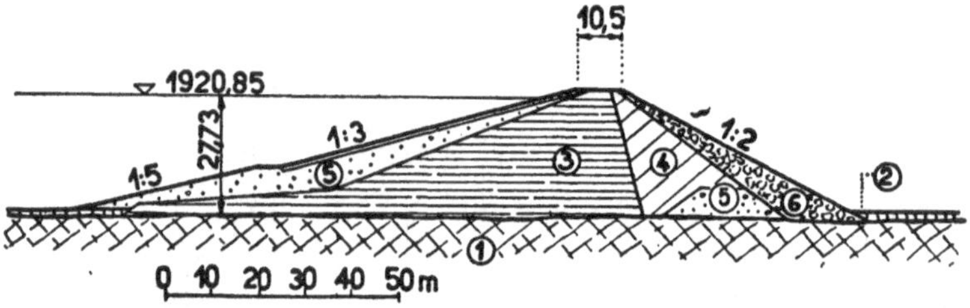

Abb. 13—65. Der Erddamm Island Park (*Treatise on Dams 1950*). *1* — durchlässige Rhyolittuffe, *2* — Lehmablagerungen, *3* — undurchlässiger Kern, *4* — halbdurchlässige sandige Lehmaufschüttung, *5* — Schotterschüttung, *6* — Steinpackung.

Gehängelehme. die durch Umlagerung der Verwitterungsprodukte aus verschiedenen weicheren Gesteinen wie Schiefer, Sandsteine, Granit- und Gneisgrus usw. entstanden sind. Bei diesem Material ist besonders darauf zu achten, daß die Kornverteilungskurve hinreichend kontinuierlich verläuft. Durch mineralogische Untersuchung wird der Verwitterungsgrad der Gemengteile und deren Beständigkeit ermittelt. Ferner ist die Form größerer Gesteinsbruchstücke zu beachten, denn in den

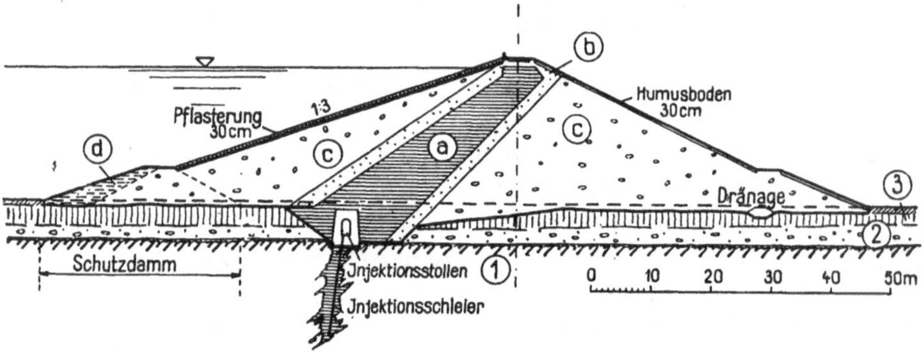

Abb. 13—66. Auf undurchlässigem Felsuntergrund gegründeter Erddamm. *1* — Mergelschiefer mit Sandstein, *2* — sandiger Kies, *3* — Lehmablagerungen, *a* — undurchlässiger Kern, *b* — Sandfilter, *c* — sandiger Schotter, *d* — Abdichtung des Schutzdammes.

Gehänge- und Eluviallehmen sind die Bruchstücke gewöhnlich flach, plattenförmig, was sich auf die Verdichtungsmöglichkeit ungünstig auswirkt. Es ist in solchen Fällen eine geringere Dicke der geschütteten Schicht zu wählen und es sind schwere Riffelwalzen zu verwenden, um diese Bruchstücke zu zermalmen.

Lößlehme werden heutzutage für Kerne von Erddämmen laufend verwendet. Gegenüber dem primären Löß enthalten diese relativ wenig Kalziumkarbonat; auch bei einem höheren Anteil an Kalziumkarbonat besteht jedoch keine Gefahr, daß dieser herausgelöst wird, wenn das Gestein genügend tonige Bestandteile besitzt. Der Scherfestigkeitswinkel dieser Gesteine beträgt gewöhnlich beim langsam durchgeführten Versuch 20—26°. In Abb. 13—64 ist die typische Kornverteilungskurve des Lößlehmes *2* für den Dichtungskern des Erddammes im Gebiet von Ostrava eingezeichnet.

Bei Lößlehm begegnet man am häufigsten den Auswirkungen der ungünstigen klimatischen Verhältnisse in den Bergländern Mitteleuropas. Die Lehme besitzen gewöhnlich eine hohe Feuchtigkeit von 20—22 %, das heißt, der Wassergehalt liegt um 4—5 % höher als dies für den Bau von Dämmen zweckmäßig ist. Wie bekannt, soll der Lehm weder allzu trocken sein, da er sich sonst schwer verdichten und binden läßt, noch soll er all zu feucht sein, weil ein Überschuß von Wasser das Verdichten verhindert und die Festigkeit verringert (die Kohäsion ist geringer und es entsteht ein ungünstiger Porenwasserdruck während der Dammsetzung). Deshalb wird für die Verdichtung der günstigste, d. h. optimale Wassergehalt ermittelt. Mit Hilfe bodenmechanischer Verfahren läßt sich nachweisen, daß eine Erhöhung des Wassergehaltes um 2—3 % die Standfestigkeit des Dammes bereits wesentlich herabsetzt und den Sicherheitsgrad beispielsweise von 1,5 auf 1,1 verringert. Bei Gesteinen mit einem hohen Wassergehalt sind deshalb die Projektanten gezwungen, den undurchlässigen Kern im Innern des Dammkörpers anzuordnen (Abb. 13—66), damit durch das Gewicht der Schotterlage an der Wasserseite die Standfestigkeit erhöht wird.

Der Wassergehalt der Lehme ist jedoch auch auf deren Verarbeitung von Einfluß. Feuchtere Lehme lassen sich mit Hilfe von Igelwalzen gewöhnlich nicht verdichten und es müssen luftbereifte Walzen oder Traktoren verwendet werden. Daraus geht hervor, daß dem Wassergehalt der Gesteine am Gewinnungsort und allen Faktoren, die einen Einfluß auf deren Veränderung nehmen könnten, Aufmerksamkeit zuzuwenden ist.

Angeschwemmte Lehme: Auelehme mit sandiger Beimengung sind manchmal günstiges als Lößlehm, denn ihre Scherfestigkeit ist größer; sie besitzen einen Scherfestigkeitswinkel von annähernd 30°, dadurch wird gewöhnlich die Kubatur des Dammes geringer. Besonders günstig sind Materialien, die eine ausreichende Beimengung an Sand oder Kies enthalten, so daß deren Porosität bei hoher Scherfestigkeit gering ist. Ein Nachteil ist es, wenn die Schotterstücke allzu groß sind (mehr als 8—10 cm betragen); diese müssen dann aus dem Schüttmaterial entfernt werden. Bei angeschwemmtem Lehm aus der Talsohle ist zumeist auch dessen allzu hoher Wassergehalt eine ungünstige Eigenschaft.

Gesteine mit einem hohen Gehalt an tonigen Bestandteilen (mehr als etwa 40 % an Kornanteilen kleiner als 0,005 mm) sind für Erddämme ungünstig, denn ihre Verarbeitung ist sehr schwierig. Deshalb soll auch die Fließgrenze nicht wesentlich höher als 50 % sein. Bei diesen Gesteinen macht sich auch das Quellen nachteilig bemerkbar.

Bei der Untersuchung von Lagerstätten dieser Rohstoffe sind der Umfang der Lagerstätte, die natürliche Feuchtigkeit, die Lagerungsverhältnisse und die Mächtigkeit des Abraums zu ermitteln. Die Lagerungsverhältnisse werden auf das Gewinnungsverfahren von wesentlichem Einfluß sein; nur eine homogene Lagerstätte kann in horizontalen Strossen, beispielsweise mit Hilfe von Schrappern, abgebaut werden. Im allgemeinen weisen jedoch die Lagerstätten Schichten unterschiedlicher Eigenschaften auf und dann ist eine Gewinnung mittels Bagger zweckmäßiger, damit die Gesteine besser miteinander vermengt werden. Die weitere Untersuchung der Eigenschaften der Gesteine fällt bereits in das Aufgabengebiet der Bodenmechanik.

Das *Schottermaterial* für den Stützkörper des Dammes und für die Deckschicht an der Wasserseite soll eine ausreichende Scherfestigkeit besitzen und so wasserdurchlässig sein, daß beim Absenken des Stauspiegels das Wasser aus der Wasserseite des Dammes rasch abfließt. Hierbei soll es jedoch der Wasserströmung einen gewissen Widerstand entgegensetzen, um den Sandfilter über dem Dichtungskörper vor Ausschwemmung zu schützen. Die maximal zulässige Korngröße hängt von der Art der Lagerung im Damm ab; da die Aufschüttung heutzutage vielfach durch Befahren mit schweren luftbereiften Lastkraftwagen verdichtet wird, steigt diese Grenze ständig auf wesentlich mehr als 15 cm an. Am zweckmäßigsten ist ein Material mit einer Durchlässigkeitszahl in der Größenordnung von 1×10^{-1} cm/sec. Am häufigsten werden Schotter der Flußterrassen und Talauen verwendet. Bei der Untersuchung einer Lagerstätte müssen die Lagerungsverhältnisse eingehend untersucht werden, um eine Entscheidung über das günstigste Gewinnungsverfahren unter Berücksichtigung der Forderung nach Homogenität treffen zu können.

Schwierig ist die Erkundung einer geeigneten Lagerstätte für den Sandfilter, der den Dichtungskörper schützt. Nur selten gelingt es, Sandlagerstätten mit einer geeigneten Korngröße in den Ablagerungen von Talauen zu erkunden. Deshalb muß das Filtermaterial oftmals aus sandigen Kiesen ausgesiebt werden.

Bei *Steindämmen* ist es Aufgabe der ingenieurgeologischen Untersuchung, das Dichtungsmaterial für den Dammkern zu erkunden. Weiterhin muß geeignetes Gestein für die Steinschüttung an einer solchen Stelle nachgewiesen werden, wo ein Steinbruch von ausreichender Kapazität wirtschaftlich angelegt werden kann. Bei der Lagerstättenerkundung des Gesteins für einen Steindamm muß man sich mit folgenden Fragen beschäftigen:

Vor allem wird eine ausreichende Festigkeit des Gesteins gefordert. Die für einen höheren Steindamm zulässige Mindestqualität des Gesteins entspricht annähernd der eines festen Sandsteins. Bei geringerer Qualität würde das Gestein durch den Druck brüchig und zermalmt werden und es würden unerwünschte Setzungen eintreten. Eine geringe Beimengung von Gesteinen minderer Qualität (beispielsweise Schiefer in Sandsteinen) ist zulässig, jedoch nur in dem Maße, daß nicht alle Zwischenräume zwischen den großen Steinen damit ausgefüllt werden; die Steine müssen nämlich untereinander auflagern und dürfen nicht durch eine weiche Füllmasse in den Zwischenräumen getrennt werden, damit die Reibung nicht vermindert wird und keine größeren Setzungen des Dammkörpers eintreten können. Sofern das Vorhandensein solcher weicheren Gesteinsbruchstücke nicht zu umgehen ist, muß das Material während des Transportes sortiert werden und die Wagen mit den kleinstückigen und weicheren Gesteinsbruchstücken sind in die Zone zwischen dem Dammkern und der Steinschüttung zu bringen, wo das Material durch Stampfen verdichtet wird. Im Material für die Steinschüttung selbst sollten sich nicht mehr als 10 % Gesteinsbruchstücke von geringerer Festigkeit befinden. Auch die Form der Gesteinsbruchstücke ist sehr wichtig. Flache, langgestreckte Gesteinsbruchstücke sind in höheren Steindämmen unerwünscht, denn es besteht die Gefahr, daß sich unterhalb derselben Hohlräume bilden.

Bei der Anlage eines Steinbruches ist auch die Gewinnungsmöglichkeit eingehend zu untersuchen. Es handelt sich darum, durch Sprengung transportfähige Gesteinsblöcke zu gewinnen, dabei aber den Anfall kleinerer Gesteinsbruchstücke gering zu halten. Im Durchschnitt sollte der Stützkörper des Dammes nicht mehr als 5 % kleinere Gesteinsbruchstücke (Stückgröße weniger als 15 cm) enthalten. Beim Aufschluß eines Steinbruches sind im allgemeinen die zweckmäßigsten Gewinnungsverfahren zu erproben.

Ferner sind der Steinbruchbetrieb und die Anfahrwege so vorzusehen, wie sie dem Baubetrieb am besten entsprechen. Heutzutage wird der Dammbau dadurch erfolgreich mechanisiert, daß man die Lagerung der Steinschüttung durch Druckwasserstrahl zu erreichen versucht. Es ist dann eine Schüttung möglichst hoher Schichten (auch von mehr als 20 m) anzustreben, wobei erforderlich ist, die Verkehrswege der Anschüttungshöhe entsprechend anzulegen.

2. Die Festigkeit der Gesteine im Dammuntergrund hat auf die Projektierung des Dammes großen Einfluß. Ist die Festigkeit dieser Gesteine gering, dann sind bei der Frage der Standfestigkeit des Dammuntergrundes folgende ungünstige Umstände in Betracht zu ziehen:

a) Tongesteine im Untergrund der Dammschüttung können nicht so schnell konsolidieren, wie der Dammbau seinen Fortgang nimmt.

b) Als besonderer Fall kann angesehen werden, wenn zeitweilig Lücken für die Umleitung des Flusses freigelassen werden; dabei ist zu berechnen, welche Scherspannungen an den einzelnen Punkten des Dammuntergrundes entstehen und diese sind mit der Festigkeit des Gesteins zu vergleichen.

c) Nach Fertigstellung des Dammes wird gewöhnlich dessen Standfestigkeit am meisten beansprucht, wenn der Wasserspiegel im Staubecken plötzlich abgesenkt wird. Für die statische Lösung dieses Falles muß die Festigkeit der Gesteine im Dammuntergrund bekannt sein, denn bei gegliederten Dämmen und weniger festen Gesteinen im Dammuntergrund verläuft zumeist eine bedenkliche Gleitfläche durch den Dammkern und den Dammuntergrund. Deshalb ist eine eingehende Untersuchung der Festigkeit aller toniger Gesteine im Dammuntergrund und der verwitterten Oberfläche des felsigen Untergrundes erforderlich. Während die Festigkeit toniger Gesteine anhand ungestörter, den Bohrungen entnommener Bodenproben verhältnismäßig leicht bestimmt werden kann, müssen bei den Gesteinen des felsigen Untergrundes gewöhnlich Feldversuche in Schürfen durchgeführt werden. Die oberflächlichen Gesteine mit organischen Bestandteilen sollen jeweils entfernt werden.

3. Die *Wasserdurchlässigkeit* der Gesteine im Dammuntergrund ist auf die Projektierung der Abdichtung und Entwässerung des Dammes von großem Einfluß. Bei wasserdurchlässigen Gesteinen gefährdet das Sickerwasser den Damm in zweierler Hinsicht:

a) Nach dem Füllen des Staubeckens wird durch das Einsickern der Wasserauftrieb erhöht und die Standfestigkeit des Dammes verringert;

b) durch die Wasserströmung werden feine Gemengteilchen herausgeschwemmt und die Hohlräume in den Gesteinen fortschreitend erweitert, bis es durch einen starken, konzentrierten Wasserstrom zum Grundbruch kommen kann.

Befindet sich der dichte Untergrund in geringer Tiefe, dann wird zumeist der abdichtende Dammkern bis auf den dichten Untergrund herabgeführt (Abb. 13—66). Auf nachgiebigem Untergrund wird heutzutage einem tonigen Dammkern der Vorzug vor einem Betonkern gegeben, denn er ist gegenüber Setzungen des Dammuntergrundes nicht so empfindlich. Es ist jedoch erforderlich, alle Klüfte oder sonstigen Hohlräume im Gestein, durch die das Sickerwasser konzentriert strömen und die tonigen Materialien des Dammkernes herausschwemmen könnte, sorgfältig zu untersuchen. Deshalb müssen wasserdurchlässige Gesteine unterhalb der Einbindung des Dammkernes durch Injektionen gründlich abgedichtet oder es muß ein toniger Dammkern mit einem Betonkern usw. kombiniert werden.

Die Forderungen bezüglich der Dichtigkeit nach der Injektion können jedoch von den für Staumauern geltenden Regeln abweichen. In hohem Maße kommt es dabei auf die Sickerlänge des Wassers an; bei Staudämmen mit breitem Dammkern kann die Tiefe des Injektionsschleiers relativ gering sein und es sind größere Wasserverluste bei der Wasserdruckprobe zulässig als bei Staumauern (beispielsweise $1\frac{1}{2}$ mal höhere, als Lugeon zuläßt). Ist demgegenüber bei Dämmen mit dünnem Dichtungskern der Sickerweg des Wassers kurz, sind Injektionen bis in größere Tiefen erforderlich und die Wasserverluste bei der Wasserdruckprobe müssen geringer sein als bei Schwergewichtsstaumauern.

Wenn eine Entscheidung über die Tiefe des Injektionsschleiers und die angewandten Drücke getroffen werden soll, dann ist mit Hilfe der Wasserdruckproben zu ermitteln, bis zu welcher Tiefe die Gesteine wasserdurchlässig sind. Ferner ist darauf zu achten, daß die angewandten Drücke nicht allzu hoch sind, damit das Gestein entlang der Schichtflächen oder Klüfte nicht aufgerissen wird und die feinen Gemengteilchen nicht herausgeschwemmt werden, usw.

Ist die wasserdurchlässige Schicht unterhalb des Dammes so mächtig, daß der Dichtungsschleier allzu tief reichen würde, dann wird eine *Horizontaldichtung* vor dem wasserseitigen Dammfuß angelegt (Abb. 13—65). Dabei ist auch die Ausnutzung einer natürlichen Lehmdecke an der Geländeoberfläche möglich. Mit Hilfe eines dichten Netzes von Handbohrungen ist jedoch die Mächtigkeit und Beschaffenheit dieser Decke zu ermitteln. Gegebenenfalls muß diese Schicht nach Bedarf durch einen künstlichen, aus geeigneten Gesteinen bestehenden aufgewalzten Teppich ergänzt werden. Es ist darauf zu achten, daß durch weitere Arbeiten auf der Baustelle diese Decke nicht beschädigt wird.

Schließlich ist durch Bohrungen und Wasserdruckproben die Durchlässigkeit des Dammuntergrundes an der Luftseite des Staudammes zu ermitteln; danach wird der Projektant entscheiden, wie das im Dammuntergrund eingesickerte Wasser entweder durch Dränagerohre oder Dränagebrunnen, die sich besonders dort bewährt haben, wo im Untergrund Schichten verschiedener Durchlässigkeit anzutreffen sind, zweckmäßig abzuleiten ist. Hierbei ist die Korngröße der Gesteine im Dammuntergrund sorgfältig zu untersuchen, um die Filter der Entwässerungsanlagen richtig anordnen zu können.

4. *Anordnung der Auslauf-und Überfallanlagen.* Dieses Problem erfordert ein eingehendes Studium, denn eine unzweckmäßige Anordnung der Ablaßobjekte kann schwere Beschädigungen an der fertigen Talsperre und große Schwierigkeiten während der Bauausführung verursachen. Als Ablaßeinrichtung wird heutzutage Umlaufstollen der Vorzug gegeben, die in den Talhängen angelegt werden, so daß sie dem Dammkörper ausweichen. Ist diese Lösung infolge der ungünstigen Eigenschaften des Gesteins nicht möglich, dann werden die Objekte an Punkten angeordnet, wo die Setzung des Dammuntergrundes gleichmäßig verlaufen wird. Sind größere Setzungen zu erwarten, dann ist es besser, den Grundablaß als Rohrleitung in einem durchgehenden Stollen mit Absperrvorrichtung an der Wasserseite anzulegen. Der Stollen wird in starre Blöcke durch eine möglichst geringe Anzahl Dehnungsfugen unterteilt, die gut abgedichtet sein müssen.

Auch die Hochwasserentlastung wird nach Möglichkeit auf den festen Gesteinen der Talhänge gegründet. Wo aber die Talhänge weniger standfest oder schwere Mauern usw. erforderlich sind, werden Überfalleinrichtungen auch in der Dammschüttung projektiert.

Ein Beispiel, wie die geologischen Bedingungen für die Anordnung des hydrotechnischen Bauwerkes zweckmäßig genutzt werden, ist die Talsperre am *Flusse Zanga* in Armenien. Der Fluß Zanga fließt aus dem Sewansee heraus, der mit seinem hohen Fassungsvermögen den Durchfluß ausgleicht und auf diese Weise eine langfristige Wasserstandsregelung im Hinblick auf die Ausnutzung der Wasserkraft ermöglicht. Das größte Bauwerk dieses Systems ist die Gjumuscher Talsperre (R. A. Mejer, 1936) mit dem Wasserkraftwerk, das etwa 65 km vom Sewansee entfernt ist. Aus dem Querprofil der Sperrstelle (Abb. 13—67) geht hervor, daß der Staudamm und das Einlaufbauwerk auf einem basaltoiden Andesitstrom gegründet sind, der in der Mitte des Tales bis an die Geländeoberfläche tritt. Im rechten Talabschnitt wurde ein auf Talschottern gegründeter Steindamm errichtet. Im linken Talabschnitt wurde ein Erddamm vorgesehen, der auf einer mächtigen Lößlehmschicht gegründet ist. Es wird angenommen, daß der Erddamm den Deformationen des Untergrundes besser folgen wird.

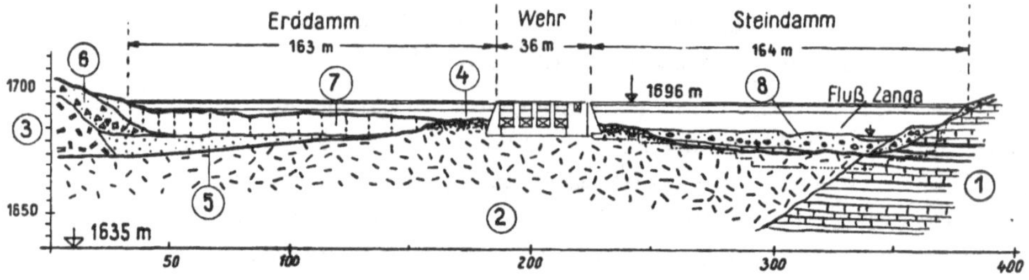

Abb. 13—67. Gjumuscher Damm am Flusse Zanga in der UdSSR. Beispiel einer zweckmäßigen Gründung der Betriebsblöcke auf felsigem Untergrund, Anwendung unterschiedlicher Dammtypen auf verschieden zusammendrückbaren Gesteinen. *1* — eozäne Tone und Sande, *2* — basaltoider Andesitstrom, *3* — jüngerer basaltoider Andesitstrom, *4* — blockförmig geklüfteter Andesit, *5* — pleistozäne Sandablagerungen, *6* — Hanglehm und -schutt, *7* — Löß, *8* — sandige Schotter.

Ein weiteres Beispiel einer eingehenden Untersuchung für einen Erddamm sind die Vorarbeiten für das Wasserkraftwerk *Kuibyschew* an *der Wolga*. Aus vier untersuchten Profilen wurde für das ursprüngliche Projekt das Zarew-Kurgansker Profil ausgewählt. In diesem Profil treten in der Mitte des Tales die Gesteine des felsigen Untergrundes in einem ausreichend breiten Streifen fast bis an die Geländeoberfläche und diese werden von einer durchgehenden Dislokation, die entlang dem Wolgatal verläuft, nicht mehr gestört. Aus Abb. 13—68 geht hervor, daß sich die Wolga zwei ausgetiefte Täler in den Kalksteinen und Dolomitkalksteinen des Karbon schuf. Die beiden alten Täler sind mit neogenen Ton- und Sandablagerungen ausgefüllt, die von pleistozänen sandigen Schottern und Lehm überdeckt sind. Die schweren Betonblöcke des hydrotechnischen Bauwerkes wurden auf festem Kalkstein und Dolomitkalkstein gegründet, wohingegen der Erddamm auf den jungen Ablagerungen projektiert wurde. In einer Tiefe von etwa 20 m unterhalb der Geländeoberfläche tritt unter den Sanden eine zusammenhängende Schicht fester Tone mit einer Mächtigkeit von 4—5 m auf, die eine wasserundurchlässige horizontale Schicht unterhalb des gesamten Dammes bildet. Für den Anschluß des Dichtungskernes an diese Schicht wurde eine Spundwand vorgesehen. Die eingehende Untersuchung der geologischen Verhältnisse wurde in den Jahren 1930—1936 durchgeführt. (Tichomirow, 1937; Tschappylin, 1937).

5. Da die Forderungen der vorhergegangenen Punkte manchmal eine Verschiebung der Dammachse im technischen Projekt verlangen, muß der Ingenieurgeologe auch an dieser Aufgabe mitwirken. Er sorgt dafür, daß der Damm einwandfrei an die Talhänge angeschlossen wird und wendet bei der Untersuchung seine Aufmerksamkeit folgenden Fragen zu:

a) Unterhalb der Einbindung des undurchlässigen Dammteiles in den Talhang sollen keine wasserdurchlässigen Gesteinsschichten vorhanden sein, z. B. keine überdeckten Überreste von Schotterterrassen, und keine durchgehenden wasserdurchlässigen Schichten usw.

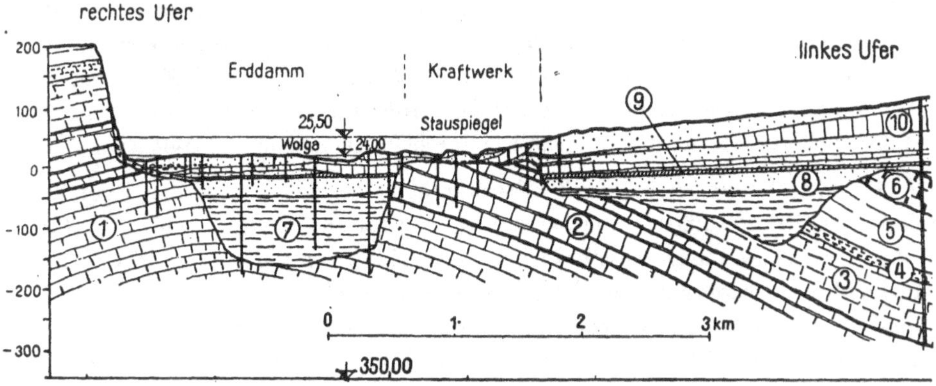

Abb. 13–68. Zarew-Kurganer Profil für das Wasserkraftwerk Kuibyschew. Auf festem Gestein des felsigen Untergrundes projektierte Betriebsblöcke. *1, 2, 3* — Dolomitkalkstein (Karbon), *4* — Kalkstein (Karbon), *5, 6* — Dolomitkalkstein (Perm), *7* — neogene sandige Tone und Tonsande, *8* — ältere pleistozäne Sande, *9* — durchlaufende Schicht toniger Ablagerungen, an die der Abdichtungskern des Staudammes angeschlossen werden sollte, *10* — pleistozäner Löß und Lößlehm.

b) Der Dichtungskern kann nicht an Steilhänge angeschlossen werden. Deshalb müssen Steilhänge auf eine Neigung von mindestens 1 : 1 abgeflacht werden, was den Umfang der Erdarbeiten erhöht. Auch in Talrichtung muß die Oberfläche des wasserundurchlässigen Untergrundes kontinuierlich verlaufen, damit der Dichtungskern, der einen beträchtlichen Wasserdruck aufnimmt, am Dammfuß entsprechend abgestützt wird.

c) Ob der felsige Untergrund, an den der Damm angeschlossen wird, durch Hangbewegungen beim Einschneiden des Tales nicht aufgelockert und losgelöst wird.

6. Die *Beurteilung der Standfestigkeit* von Hängen während des Aushubes des Herdgrabens für den Anschluß des Dammes an die Talsohle und Talhänge stellt eine Anwendung der üblichen Aufgaben zur Ermittlung der Standfestigkeit von Hängen dar. Es ist eine Stelle zu erkunden, wo die Einbindungstiefe nicht allzu groß sein wird und wo beim Bodenaushub gelockerte oder zur Rutschung neigende Deckschichten der Hänge nicht unterschnitten werden.

7. Der Herdgraben für die Einbindung des Dammes folgt annähernd der Oberfläche des dichten Untergrundes; bei dessen Projektierung ist das Problem seiner Entwässerung wohl zu überlegen. Die Ausschachtungsarbeiten werden durch ein ausgetieftes, altes, von jüngeren Ablagerungen überdecktes Flußbett erschwert; in diesem Falle können die Schlitze unter Anwendung des natürlichen Gefälles nicht entwässert werden und es ist mit einem Abpumpen des Wassers zu rechnen. Ist der

Wasserzufluß in den Schlitz beträchtlich, dann werden an der Sohle des Schlitzes provisorische Dränagen angelegt, die nachträglich injiziert werden (Abb. 13—63).

8. Die Berechnung der Dammsetzung ist gewöhnlich Aufgabe der Bodenmechanik; bei der ingenieurgeologischen Untersuchung ist jedoch die Frage zu beantworten, ob sich die Zusammendrückbarkeit der Gesteine nach der Tiefe zu verringert, oder ob in der gesamten Tiefe mit einem so geringen Elastizitätsmodul gerechnet werden kann, der anhand einer Probebelastung im Aufschluß ermittelt wurde. Zur genaueren Berechnung ist es zweckmäßig, wenn tiefere Aufschlüsse angelegt werden können und die Zunahme des Moduls unmittelbar durch Prüfversuche ermittelt wird.

9. Auch für Erddämme ist die Beschaffung einer beträchtlichen Menge von Bausteinen für Pflasterungen. Steinschüttungen, Dränagefüllungen und Funktionsblöcke erforderlich. Das geeignete Gestein in der Nähe der Baustelle zu erkunden, ist manchmal mit Schwierigkeiten verbunden. Wenn das Gestein von einem entlegenen Abbauort herangefahren werden muß, dann soll das Projekt den geologischen Verhältnissen angepaßt und eine einfache Pflasterung auch dann projektiert werden, wenn die Neigung der Wasserseite des Staudammes etwas verringert werden muß.

13,11. Untersuchung des Staugebietes. Bei der geologischen Untersuchung für hydrotechnische Bauten konzentriert sich die Aufmerksamkeit oftmals auf das Problem der Staustelle. Es handelt sich jedoch nicht nur um ein geeignetes Talprofil, sondern es sind beispielsweise auch die Probleme der Dichtigkeit des gesamten künftigen Staubeckens oder der Verlandung des Staubeckens mit Geschieben für die Wirtschaftlichkeit und Lebensdauer des hydrotechnischen Bauwerks von gleich großer Bedeutung. Deshalb muß man sich bei der geologischen Untersuchung für derartige Bauten mit einer Reihe weiterer Probleme befassen, die mit der Entstehung eines Stausees zusammenhängen. Es sind dies:

a) die Dichtigkeit des Staubeckens (Abschnitt 13,12),

b) die Standfestigkeit der Ufer des künftigen Stausees (Abschnitt 13,13),

c) das Verlanden des Staubeckens mit Geschieben (Abschnitt 13,14),

d) ob durch das Stauwasser nicht etwa Lagerstätten wichtiger mineralischer Rohstoffe und Grundwasserquellen entwertet werden (Abschnitt 13,15),

e) der Einfluß des erhöhten Grundwasserspiegels auf die Besiedlung und die landwirtschaftliche Nutzung der in der Umgebung des neuen Staubeckens gelegenen Grundstücke.

13,12. Dichtigkeit des Staugebietes. Untersucht man die Dichtigkeit des Staugebietes, so muß man sich vergegenwärtigen, daß das Wasser aus dem Staubekken auf zweierlei Art und Weise entweichen kann. Einerseits besteht die Möglichkeit, daß das Wasser in ein Nachbartal eindringt, andererseits kann ein Einsickern ins eigene Tal unterhalb des Staudammes eintreten. Der zweite Fall kann entweder durch eine Undichtigkeit des Staudammes oder infolge Umläufigkeit oder Unterläufigkeit eintreten. In diesem Abschnitt werden alle jene Fälle behandelt, bei denen ein Ausfließen des Wassers außerhalb der Staustelle stattfindet.

Das Wasser des Staubeckens kann in das Nachbartal eindringen, wenn es beispielsweise bis in die *Terrassenschotter* hineinreicht, die auch am Hang eines Nachbartales an die Oberfläche treten (Abb. 13—69). Terrassenschotter sind, sofern sie nicht mit

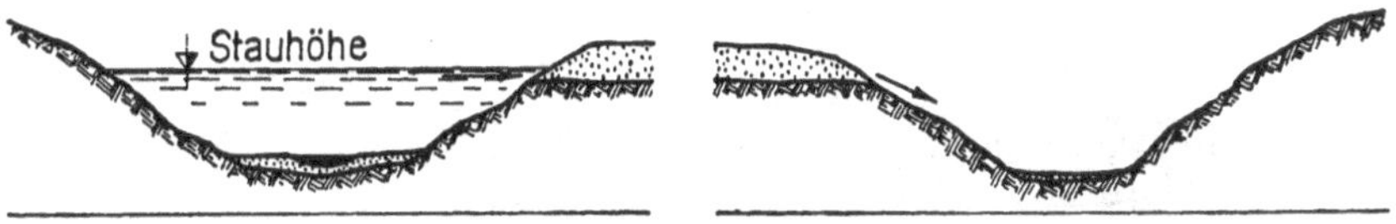

Abb. 13—69. Eindringen des Wassers in das Nachbartal, wenn das Stauwasser in die Terrassenschotter, die beide Täler verbinden, hineinreicht.

einem wasserundurchlässigen Bindemittel verkittet sind, stark wasserdurchlässig. Würde man ein Staubecken unter diesen Bedingungen anlegen, könnte es zu einem beträchtlichen Abfließen des Wassers in das Nachbartal kommen.

Bei der Untersuchung dieses Problems müssen auch die hydrogeologischen Bedingungen ermittelt werden. In Schottern ist gewöhnlich der Grundwasserhorizont einwandfrei feststellbar und aus dem Verlauf des Grundwasserspiegels sowie aus der Ergiebigkeit der Quellen kann auf die Durchlässigkeit der Terrassenablagerungen geschlossen werden. Wird der Grundwasserspiegel ständig höher sein als der Wasserspiegel im künftigen Staubecken, dann bestehen keine Bedenken, daß das Wasser aus dem Staubecken abfließen wird.

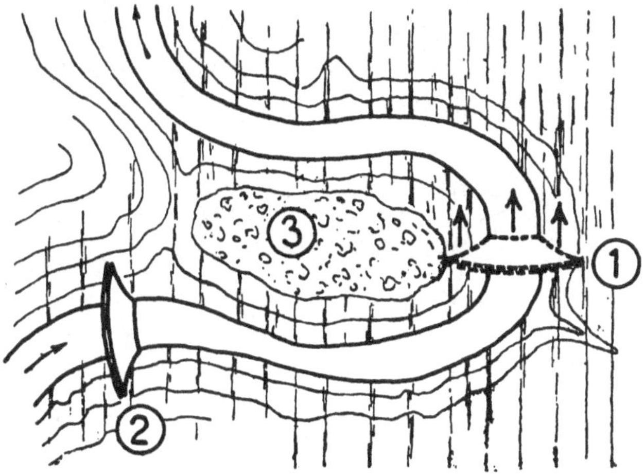

Abb. 13—70. Unzweckmäßige Anordnung des Dammes *1* an einem Mäander bildenden Fluß. Das Wasser aus dem Staubecken würde durch die Klüfte im felsigen Untergrund quer durch den Mäanderkern entweichen und, falls das Stauwasser bis in die Terrassenablagerungen *3* — hineinreicht, auch diese durchdringen. Die vorgesehene Staustelle *2* ist vom geologischen Standpunkt aus betrachtet günstiger.

Ferner ist allen, insbesondere den älteren, mit Schottern angefüllten Seitentälern, Aufmerksamkeit zuzuwenden. Ein beträchtliches Durchsickern des Wassers durch ein altes vorglaziales Tal trat am Flusse Drac in Frankreich auf, nachdem das Staubecken Sautet mit Wasser gefüllt wurde (Gignoux, Barbier 1955, S. 184). Die Sperrstelle befindet sich an einer Talenge in festen Liaskalken und Mergelschiefern. Das heutige Dractal oberhalb des Staudammes hingegen ist mit dem Nachbartal des

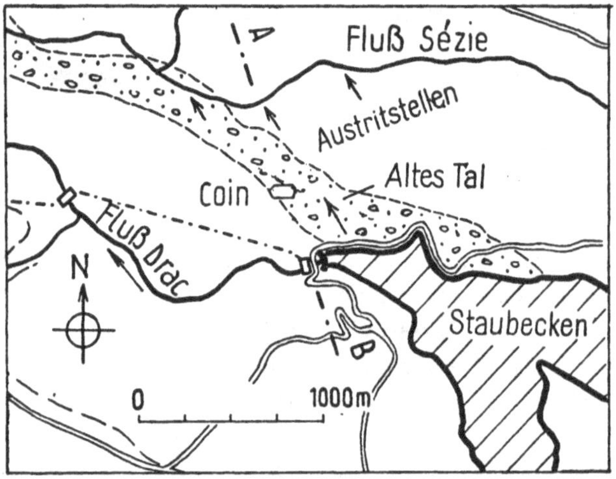

Abb. 13—71. Entweichen des Wassers aus dem Staubecken Sautet durch mit Schotter ausgefülltes vorglaziales Tal (*Gignoux, Barbier 1955*).

Flusses Sézie durch ein altes vorglaziales Tal verbunden, dessen Talsohle 5—10 m über dem heutigen Wasserspiegel des Flusses liegt (Abb. 13—71). Das alte Tal ist im Untergrund mit wasserdurchlässigen, groben, sandigen Schottern, an der Oberfläche dagegen mit den Ablagerungen eines glazialen Stausees angefüllt. Das Wasser

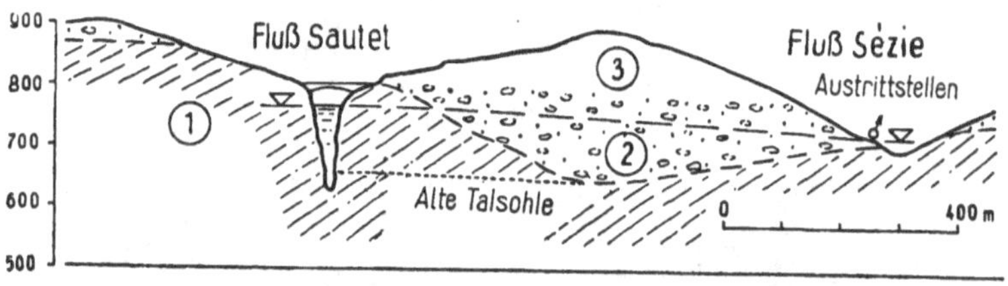

Abb. 13—72. Profil *A—B* zu Abb. 13—71. *1* — Liaskalk, *2* — grobe sandige Schotter, *3* — glaziale Sedimente.

aus dem Staubecken versickert in den Ablagerungen und fließt in Form starker Quellen im Tal des Flusses Sézie in einer Entfernung von 900—1000 m vom Stausee aus (Abb. 13—72). Als Durchlässigkeitskoeffizient der Ablagerungen wurde ein Wert von 2 cm/sec ermittelt und die Versuche, dieses alte Tal abzudichten, waren sehr schwierig. Die Injektionen mit einem Zementgemisch bildeten nämlich dünne horizontale Schleier, zwischen denen sich die Wasserzirkulation keineswegs verringerte. Ein Versuch, die Infiltrationsstelle im Staubecken abzudichten, mißlang ebenfalls, weil die dichtende Tonschicht am Steilhang beim Entleeren des Staubeckens abrutschte. Es wurden auch Toninjektionen in einer bestimmten Entfernung vom Ufer des Stausees in Erwägung gezogen, doch wurde die Durchführung im Hinblick auf die Breite des alten Tales und die erforderliche Tiefe der Bohrungen für die Injektionen als unverhältnismäßig kostspielig bezeichnet.

Bei den zahlreichen Veränderungen, die im Wasserhaushalt der Oberflächenwässer im Pleistozän eintreten, können die Seitentäler mit Resten sandiger Schotter der früheren Wasserläufe ausgefüllt sein. Würde in einem solchen Falle das Stauwasser bis über den undurchlässigen felsigen Untergrund an der Wasserscheide reichen, dann könnte das Wasser durch die Schotterschichten in das benachbarte Stromgebiet abfließen.

Ein geologisch lehrreiches Beispiel gab es bei der Abdichtung eines alten, durch eine umfangreiche Rutschung verschütteten Tales beim Bau des Staudammes am *Flusse Senaiga* in den Italienischen Alpen (G. Ciampi, 1958). Die Sperrstelle befindet sich in einer Talenge, die in festen, knolligen Kalksteinen der unteren Kreide eingeschnitten ist und durch eine Bogenstaumauer von 70 m Höhe gesperrt wurde. Im Staubecken befinden sich wasserundurchlässige Gesteine, außer einem kurzen Abschnitt am linken Talhang neben der Sperrstelle. Das Geländerelief wird hier von einem kleinen Rücken gebildet, in dem gleichfalls Kreidekalksteine, jedoch stark gestört, an die Oberfläche treten. Durch Bohrungen und Stollen wurde festgestellt, daß es sich nicht um anstehendes Gestein, sondern um gerutschtes Material handelt,

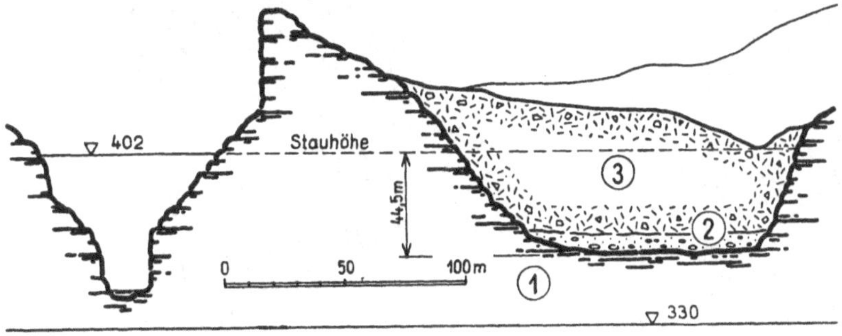

Abb. 13–73. Querprofil der Staustelle am Flusse Senaiga mit durch Rutschung verschüttetem alten Tal. *1* — knollige Kalksteine (untere Kreide), *2* — fluvioglaziale Ablagerungen, *3* — Rutschmaterial (Ciampi, 1958).

durch das das alte Tal verschüttet und der Fluß Senaiga zum rechten Ufer hin abgedrängt wurde. Die Kalksteine wurden nur wenig verlagert, so daß sie einen gewissen stratigraphischen Zusammenhang beibehielten, und nur stellenweise besaß das gerutschte Material den Charakter eines Bergsturzes. Durch weitere Untersuchungsarbeiten wurden die Form des alten Tales und der Charakter des gerutschten Materials ermittelt.

Es zeigte sich, daß das alte Tal in knolligen, fast horizontal gelagerten Kalksteinen mit Hornsteinlagen eingeschnitten wurde. Die Sohle des alten Tales ist durch sandige, fluvioglaziale Ablagerungen mit Felsblöcken ausgefüllt, die sehr wasserdurchlässig sind. Diese Ablagerungen besitzen eine Mächtigkeit von 5 bis 6 m und auf ihnen ruhen die abgerutschten Kalksteinschichten. Die abgerutschten Kalksteine sind, insbesondere in den unteren Lagen, ziemlich dicht, weil die Klüfte eine durch das Regenwasser hineingeschwemmte tonige Füllmasse aufweisen. Aus Abb. 13—74 geht der Umfang der Rutschungen und der annähernde Verlauf des alten Tales hervor.

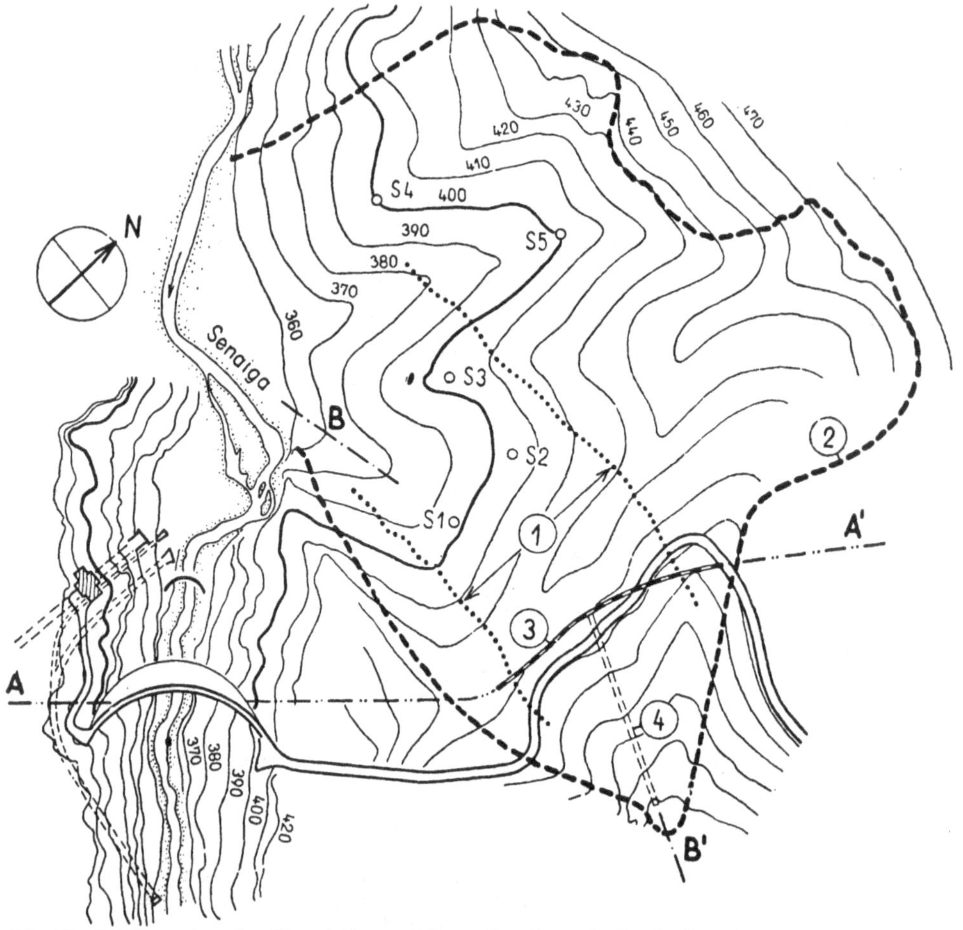

Abb. 13—74. Lageplan der Staustelle am Flusse Senaiga mit durch Rutschung verschüttetem alten Tal. *1* — altes Tal, *2* — Grenze des Rutschgebietes, *3* — Dichtungsschleier, *4* — Untersuchungsstollen.

Die Abb. 13—73 zeigt, daß der felsige Untergrund des alten Tales bis zur Höhe 357,50 reicht, so daß das Staubecken im alten Tal durch einen geschütteten Naturdamm gesperrt wird, der bis zu einer Höhe von 44,50 m unter Wasser steht. In der Ebene des Stauwassers ist der Naturdamm mehr als 90 m und an der Talsohle 270 m breit.

Die Wasserdruckproben haben ergeben, daß neben den fluvioglazialen Ablagerungen auch die zerklüfteten Kalksteine des felsigen Untergrundes stark wasserdurchlässig sind. Demgegenüber waren die Wasserverluste im gerutschten Material so gering, daß dieses praktisch als wasserundurchlässig anzusehen ist. Deshalb war eine Absperrung des alten Tales in der gesamten Stauhöhe nicht erforderlich, sondern es genügte die Anlage eines abdichtenden Betonkernes bis zur Höhe der fluvioglazialen Ablagerungen. Für die Anlage des Dichtungsschleiers waren drei Stollen übereinander angeordnet, die so große Innenmaße besaßen, daß in ihnen die Bohrgeräte zum Niederbringen der Kernbohrungen für den Injektionsschleier untergebracht werden konnten. Die Stollen wurden im Jahre 1944 fertiggestellt und anschließend die Injektionsarbeiten in zwei Etappen durchgeführt.

Während der ersten Stufe der Injektionsarbeiten wurde der Injektionsschleier in den Kalksteinen bis zu einer Tiefe von 3 m unterhalb des unteren Stollens angelegt. Die Injektionsbohrungen waren in zwei parallel zueinander verlaufenden Reihen in Abständen von je 1,7 m angeordnet. Die Bohrlöcher besaßen eine Länge von 3 m und es wurde mit Zementmilch injiziert. Nach Beendigung der ersten Etappe der Injektionsarbeiten wurde das Staubecken versuchsweise gefüllt. Jedoch bereits bei einem Stau von 375 m NN entwichen 35 l Wasser in der Sekunde und deshalb wurde das Staubecken wieder entleert. Es zeigte sich, daß die größten Wasserverluste in den Kalksteinen unterhalb der alten Talsohle zu verzeichnen waren. Deshalb wurden weitere Injektionsarbeiten in Angriff genommen.

In der zweiten Etappe wurde ein 25 m tiefer Injektionsschleier unterhalb des unteren Stollens durchgeführt. Die Bohrlöcher wurden in Abständen von 3 m angeordnet und die Kontrollbohrungen waren 30° von der Vertikalen geneigt. Es wurde mit Zementmilch injiziert; in stark wasserdurchlässigen Abschnitten wurde ein Gemisch von Zement mit Feinsand verwendet. Im Bereich des Injektionsschleiers betrug der durchschnittliche Verbrauch an trockenen Injektionsmaterialien 245,7 kg je lfm Bohrung, und in den Kontrollbohrungen 93,2 kg je lfm Bohrung. Die Kontrollbohrungen zeigten eine deutliche Verbesserung. Die abgerutschten Kalksteine oberhalb des Injektionsschleiers wurden vom oberen Stollen aus durch schräg nach oben unter einem Winkel von 45° geneigte Bohrungen bis zu einer Höhe von 10 m über der Decke des oberen Stollens injiziert. Die Bohrlöcher waren in Abständen von 3,5 m angeordnet. Die abgerutschten Kalksteine waren ziemlich wasserundurchlässig, jedoch hatten die in den felsigen Untergrund hineinreichenden Bohrungen große Wasserverluste aufzuweisen. Der Kalksteinschutt verbrauchte nur 35 kg Injektionsmaterial je lfm Bohrung, wohingegen die Bohrungen an der Kontaktfläche mit dem felsigen Untergrund bis zu 582 kg Injektionsmaterial je lfm erforderten. Ferner wurde noch eine Reihe von Horizontalbohrungen in den fluvioglazialen Ablagerungen durchgeführt. Die Bohrlöcher besaßen eine Länge von 14 m und waren in Abständen von je 3,5 m angeordnet. Es wurde mit einem Gemisch von

Sand und Zement mit einem Bentonitzusatz injiziert. Die Anordnung der durchgeführten Injektionsarbeiten geht aus Abb. 13—76 hervor.

Die zweite Füllung des Staubeckens erfolgte im Januar 1955; die Wasserverluste gegenüber der ersten Füllung des Staubeckens wurden etwa auf 1/5 reduziert. Ent-

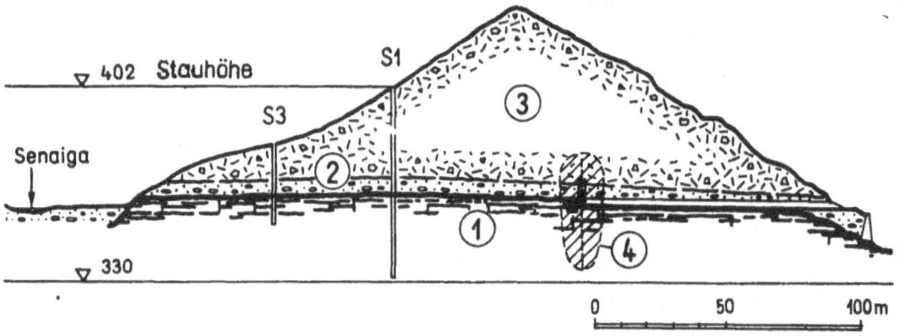

Abb. 13—75. Längsschnitt des durch Rutschung verschütteten alten Tales. *1* — knollige Kalksteine, *2* — fluvioglaziale Ablagerungen, *3* — Rutschmaterial, *4* — injizierter Bereich.

sprechend den Stauspiegelschwankungen (Höhe 375 bis 399) betrugen die Wasserverluste 4 bis 27 l/s, was als zulässig angesehen wurde. Die Wasserverluste traten hauptsächlich in den durchlässigen Kalksteinen und keineswegs in dem gerutschten Material auf.

Ist das alte Tal nicht allzu breit, dann kann eine Abdichtung der stark durchlässigen Ablagerungen versucht werden. Durch eingehende Aufschlüsse ist zu ermitteln, welche Höhe der dichte felsige Untergrund an der Wasserscheide besitzt und wie stark wasserdurchlässig die Ablagerungen sind. Hierbei müssen auch die hydrogeo-

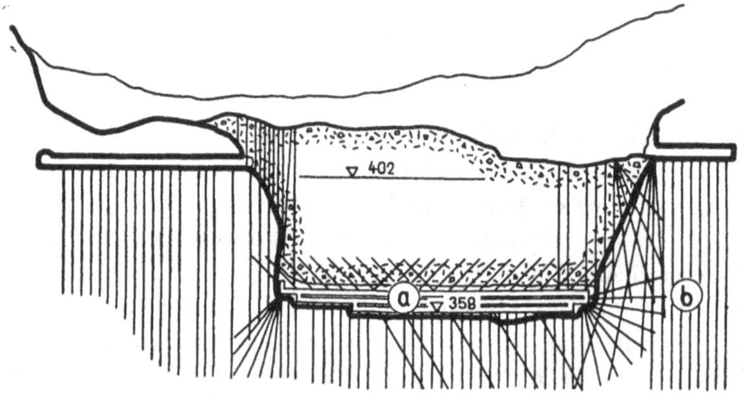

Abb. 13—76. Anordnung des Abdichtungsschleiers und der Injektionen in der Umgebung des alten Tales. *a* — Dichtungsschleier, bestehend aus drei übereinander angeordneten Stollen, *b* — Injektionsbohrungen (Ciampi, 1958).

logischen Verhältnisse in den alten Ablagerungen untersucht werden. Befindet sich der Grundwasserspiegel ständig über dem künftigen Stauwasserspiegel, so bestehen keine Bedenken, daß das Wasser aus dem Staubecken ausfließen wird.

Ein Abfließen des Wassers aus dem Staubecken in das abgesperrte Tal außerhalb der Sperrstelle kann bei einem mäandrierenden Fluß eintreten, wenn das Stauwasser bis in die Terrassenablagerungen des Mäanderkerns hineinreicht. Es ist dies ein ähnliches Beispiel wie beim Abfließen des Wassers durch die Terrassenschotter in das Nachbartal (Abb. 13—70).

Würden *durchlässige Gesteine*, z. B. poröse zerklüftete Sandsteine, die Hänge in dem überfluteten Teil des Tales bilden, kontinuierlich in das Nebental übergehen, dann würde auch durch diese das Wasser aus dem Staubecken abfließen können. Die größten Wasserverluste sind gewöhnlich dann zu verzeichnen, wenn die wasserdurchlässigen Schichten horizontal gelagert oder nur geringfügig geneigt sind, weil sie dann vom gestauten Wasser in einer beträchtlichen Länge im Bereich des Staubeckens durchtränkt werden (Abb. 13—77). Ist die Wasserdurchlässigkeit einer solchen

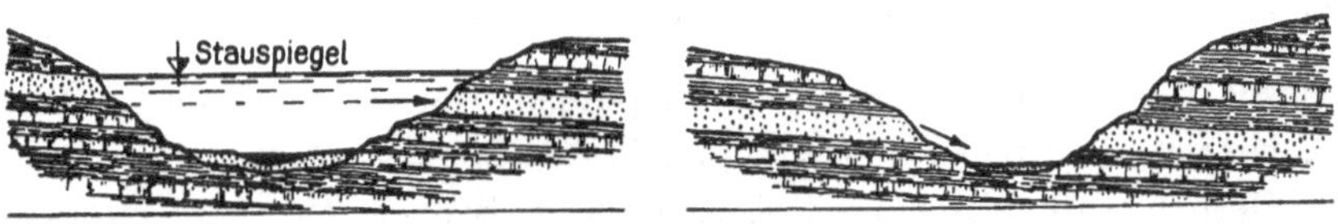

Abb. 13—77. Durch eine durchlässige Schicht kann das Wasser nach dem Füllen des Staubeckens in das Nachbartal eindringen.

durchgehenden Schicht erheblich, dann ist durch deren Basis die Höhe eines wirtschaftlichen Wasserstaues gegeben. Ein Abfließen des Wassers ins eigene Tal durch zerklüftete oder wasserdurchlässige Gesteine des felsigen Untergrundes kann auch durch einen verengten Kern eines Mäanders eintreten.

Ein Abfließen des Wassers aus dem Staubecken ins Nachbartal kann auch dann erfolgen, wenn die Gesteine von durchgehenden Klüften durchsetzt sind. Das Einsickern des Wassers kann auch größere Ausmaße annehmen, wenn es sich um ausgedehnte, *tektonisch gestörte Zonen* oder um durch *Karsterscheinungen* verbreiterte Klüfte in Kalksteinen handelt.

In diese Gruppe gehören auch durch alten Bergbau bedingte mögliche Wasserverluste. *In Bergbaugebieten*, wo geschürft wird, ist in Erwägung zu ziehen, ob das Wasser nicht durch alte, teilweise verschüttete und an der Oberfläche unkenntliche Stollen und Querschläge abfließen könnte, wenn diese mit dem Nachbartal in Verbindung stehen oder unterhalb der Sperrstelle in das Tal einmünden. Dieses Problem erschwerte beispielsweise den Bau der Talsperre am Flusse Vrchlice bei Kutná Hora (Kuttenberg), wo beide Talhänge durch ausgedehnten Bergbau, der überwiegend aus dem Mittelalter stammt, tiefreichend gestört sind.

Bei der Anlage von Staubecken in *Karstgebieten* können Fälle eintreten, wo es nicht unbedingt erforderlich ist, daß das Staubecken absolut dicht sein muß. Die Wasserdurchlässigkeit kavernöser Kalksteine gefährdet zumeist nicht die Standsicherheit eines Staudammes. Falls es sich um ein Hochwasserrückhaltebecken handelt, kommt es nicht so sehr auf eine absolute Dichtigkeit des Staubeckens an.

Eine interessante Aufgabe wurde im Gebiet des dinarischen Karstes gelöst, wo die Forderung nach vollkommener Abdichtung des Staubeckens Gegenstand ökonomischer Erwägungen war. Im wesentlichen ging es darum, ob die bei der Abdichtung der verkarsteten Kalksteine anfallenden relativ hohen Kosten in einem tragbaren Verhältnis zu der aus dem Wasser gewonnenen Energiemenge, das durch die Karsthöhlen aus dem Staubecken abfließt, stehen. Sind die geologischen Bedingungen so geartet, daß das Wasser aus dem Staubecken nur in das eigene Tal unterhalb des Staudammes entweichen kann, dann besteht die Möglichkeit, dieses verlorene Wasser an der folgenden Kaskadenstufe zu stauen. Befindet sich das Wasserkraftwerk mit dem Hauptgefälle erst unterhalb dieser zweiten Staustufe, dann ist es aus wirtschaftlichen Gründen nicht unbedingt erforderlich, das erste Staubecken mit einem unverhältnismäßig hohen Kostenaufwand vollkommen abzudichten (beispielsweise der Staudamm Peruca in Jugoslawien, V. M. Jevdjevic, 1955).

13,13. Die Standfestigkeit der Ufer des künftigen Stausees. Um die Standsicherheit der Ufer des künftigen Stausees beurteilen zu können, ist zu untersuchen, aus welchen Gesteinen die Talhänge, insbesondere im Bereich der Stauspiegelschwankungen gebildet werden. Hangstörungen sind gewöhnlich auf zwei Ursachen zurückzuführen:

1. Durch die *Überflutung der Hänge* ändert sich die Standsicherheit der Gesteine an den Hängen; werden die Gesteine von Wasser durchtränkt, dann verringert sich ihr Eigengewicht infolge des Wasserauftriebes, wobei sich allerdings deren Auflast oberhalb des Wasserpiegels nicht ändert. Gleichzeitig vermindert sich wesentlich die Kohäsion der feinkörnigen Lockergesteine. Bei raschem Absenken des Wasserspiegels vergrößern sich sofort die Gewichtskomponenten der Erdmassen parallel zum Abhang, und infolge Strömung des abfließenden Wassers werden in die Erdmassen bedeutende Kräfte hineingetragen. Alle diese Faktoren lösen Uferrutschungen aus.

2. Der insbesondere durch den Wind hervorgerufene *Wellenschlag* verursacht eine Erosion an den Ufern, wobei in Analogie zur Abrasionstätigkeit des Wassers an der Meeresküste eine typische, durch Steilufer begrenzte Brandungsplatte entsteht. An der Küste werden Strandsedimente abgelagert. In künstlichen Stauseen ist, im Gegensatz zu natürlichen Seen, der Wasserspiegel je nach dem Betriebsplan der Stauanlage ziemlich starken Schwankungen unterworfen. Die Höhe des Wasserspiegels ändert sich in regelmäßigem Zeitabstand während eines Tages oder Jahres. Sodann erfolgt auch eine Erosion im Bereich der bereits abgesetzten Uferablagerungen, deren Material hangabwärts zur Sohle des Staubeckens hin verlagert wird. Durch Steilufer wird der Hang unterschnitten und kann je nach der Beschaffenheit des Gesteins abrutschen.

Wenn an den Hängen feste Gesteine des felsigen Untergrundes an die Oberfläche treten, sind keinerlei Uferbeschädigungen durch das Stauwasser zu befürchten. Diese Gesteine bilden zumeist standfeste Ufer, auch bei beträchtlichen Schwankungen des Stauspiegels. Wenn jedoch die Hänge von Schutt, Lehm, sandigen

Terrassenablagerungen und anderen jüngeren Gesteinsschichten überdeckt sind, dann ist dem Problem der Standsicherheit der Ufer erhöhte Aufmerksamkeit zuzuwenden. Sind diese Deckschichten sehr mächtig und fallen talwärts ein und werden unter dem Einfluß von Wasser breiig, oder wurden sie bereits früher durch Hangrutschungen gestört, dann können Schwankungen des Wasserspiegels Uferrutschungen hervorrufen, die sich manchmal bis weit über den Stauwasserspiegel hinaus erstrecken können.

Derartige Fälle sind beispielsweise aus den Apenninen bekannt, wo die Fragen der Hangrutschungen zu wichtigen Problemen der geologischen Vorarbeiten gehören. So werden bei den zur Ausnutzung der Wasserkräfte an den Flüssen Reno und Limentra ausgeführten Talsperren die Ufer der Staubecken vorwiegend aus tertiären Sandmergeln gebildet, die leicht aufweichen und zu Rutschungen neigen. Die Hänge sind durch zahlreiche Rutschungen unterschiedlichen Ausmaßes und verschiedenen Alters gestört. Durch Überflutung der Hänge und Spiegelschwankungen leben die Bewegungen in diesen alten Rutschgebieten wieder auf, so daß diese Rutschungen als Hauptursache für eine allzu rasche Verschlammung des Staubeckens anzusehen sind (C. Segré, 1924).

Bei der Projektierung von Staubecken in den Karpaten sind diese Erfahrungen auszuwerten, denn es treten insbesondere in von Flyschgesteinen gebildeten Gegenden häufig untereinander fast zusammenhängende Rutschungsgebiete auf, in denen bei Stauspiegelschwankungen ähnliche Erscheinungen wie bei den italienischen Staubecken eintreten können. So wurden beispielsweise nach der Füllung des Staubeckens bei Rožnov am Dunajec in Polen die aus Hangschutt der Flyschgesteine gebildeten Ufer ziemlich stark verändert. Die Hangbewegungen erstreckten sich verhältnismäßig hoch über den Stauwasserspiegel hinaus.

Die Ufer des künftigen Stausees sind stets auf Standsicherheit zu untersuchen gleichviel welche Gesteine hier vorkommen. Werden mehrere Projekte mit verschiedener Stauhöhe beurteilt, dann kann die Entscheidung durch die Kosten für durchzuführende Ufersicherungen beeinflußt werden, und zwar hauptsächlich dort, wo von den infolge durch Rutschungen entstandenen Schäden wertvolle Grundstücke oder bebaute Gelände betroffen werden.

So wurden beispielsweise die künftigen Ufer des Staubeckens der Talsperre Slapy an der mittleren Moldau eingehend untersucht. Hierbei zeigte es sich, daß die Ufer größtenteils aus Gesteinen des felsigen Untergrundes gebildet werden. Nur in einigen Abschnitten wurden im Schwankungsbereich des Stauwasserspiegels von Lößlehm überdeckte Feinsande festgestellt, wo sowohl bei Spiegelschwankungen als auch durch Wellenschlag Uferabbrüche des Stausees eintraten. In diesem Falle wurde die Ufersicherung bis zur Fertigstellung des Staubeckens aufgeschoben, weil es sich um wirtschaftlich weniger wertvolle und vor dem Füllen des Staubeckens schwer zugängliche, hoch oben auf den Talhängen gelegene Grundstücke handelt. Die Ufergestaltung wird erst nachträglich je nach Bedarf durchgeführt. Hierbei wird der Umstand ausgenutzt, daß die Arbeitsstellen durch das gestaute Wasser besser zugänglich sind.

Das Hochwasser der Moldau füllte im Juli des Jahres 1954 das Staubecken der Talsperre Slapy fast bis zur vollen Stauhöhe (auf der Höhe 268). Da die Montage der Stahlkonstruktionen für das Staubauwerk noch nicht beendet war, sank der Wasserspiegel schnell auf die Höhe der Überfallskante, d. h. auf die Höhe 263. Während der Monate August und September wurde der Wasserspiegel, um die Bauarbeiten an der Talsperre beenden zu können, allmählich bis auf die Höhe 251 abgesenkt. Die gesamte Absenkung betrug also 17 m. Das Füllen des Staubeckens und dessen verhältnismäßig rasche Entleerung wurden im vorliegenden Fall durch die Natur selbst bewirkt, noch vor Beendigung des Bauwerkes. Bei normalem Sommerbetrieb wird nicht mit so großen Spiegelschwankungen gerechnet wie sie im Jahre 1954 auftraten. In den cañonartigen Abschnitten des Moldautales erwies sich die Absenkung des Wasserspiegels durchaus nicht als ungünstig. Die Felshänge waren in den meisten Fällen absolut standfest. Nur an einzelnen Stellen kam es zur Loslösung von Felsblöcken an den talwärts geneigten Klüften. Auch alle Abschnitte, wo die Ufer aus sandigen Terrassenschottern gebildet waren, überstanden ziemlich gut die plötzliche Absenkung. Zu Uferabbrüchen kam es, wie erwartet, in jenen Abschnitten, wo die Ufer aus feinen Sanden und aus Lößlehm gebildet waren.

Hangrutschungen wurden bei der ersten Absenkung des Wasserspiegels fast gleichzeitig in mehreren Abschnitten beobachtet, insbesondere bei der Ortschaft Voboz, wo der Lößlehm mit einer Mächtigkeit bis zu 7 m auf Feinsanden an der Oberfläche von Terrassenschottern ruhte (Abb. 13—78). Der durch Rutschungen

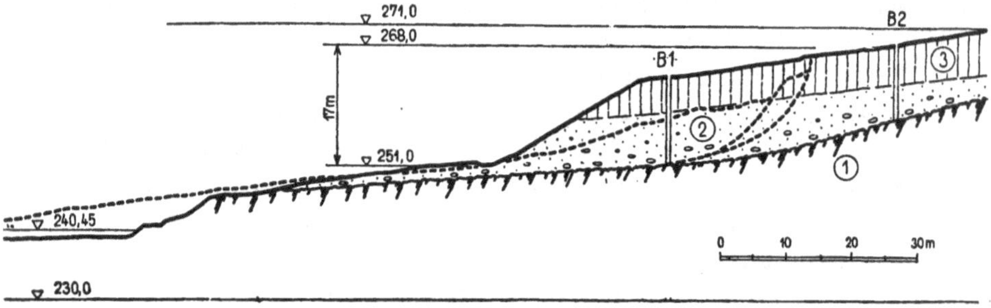

Abb. 13—78. Uferabbruch am Staubecken der Talsperre Slapy nach dem Absenken des Stauspiegels um 17 m im Jahre 1954. *1* Amphibolite, *2* — Terrassensande mit Schotter, *3* — Lößlehm.

gefährdete Abschnitt ist etwa 550 m lang. Das Ausschlämmen des Sandes unter den Lehmschichten wird auch durch Einbrüche mit einem Durchmesser von 0,5—1,5 m angedeutet, die sich in den lehmigen Schichten bildeten. Die Einbruchsstellen weisen einen annähernd runden Grundriß auf; der Durchmesser an der Oberfläche ist zumeist kleiner und verbreitert sich nach der Tiefe zu glockenförmig. Uferrutschungen bei plötzlicher Absenkung des Wasserspiegels wurden in diesen Abschnitten vorausgesagt.

Bei der Beurteilung des künftigen Verhaltens der Ufer neuer Staubecken und bei der Projektierung der Ufergestaltung können auch die Erfahrungen und wissenschaftlichen Erkenntnisse sowjetischer Geologen verwertet werden. Mit dem Problem des Uferabbruches und der Ufergestaltung von Staubecken, insbesondere unter Berücksichtigung der Wasserspiegelschwankungen, befaßte sich bereits im Jahre 1935 F. P. Sawarenski, der auch ein Verfahren zur Bestimmung des neuen Profils der Staubeckenufer im Hinblick auf die hydrogeologischen Bedingungen ausarbeitete.

In Abb. 13—79 ist ein Beispiel dargestellt, wie sich ein aus festen Oberjuratonen gebildetes Staubeckenufer veränderte. Der flache Teil des Ufers beginnt unterhalb des

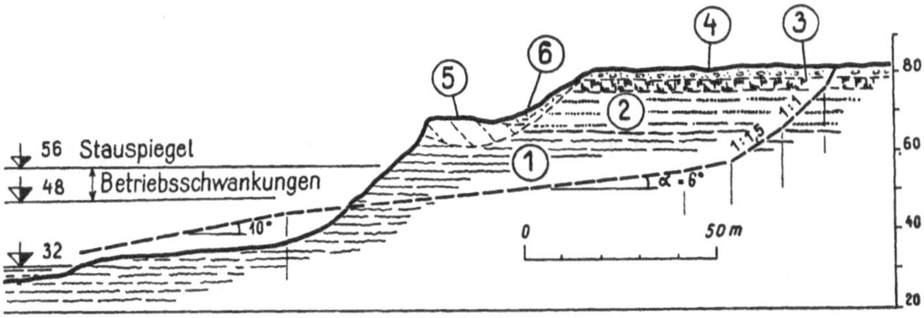

Abb. 13—79. Ufergestaltung eines künstlichen Staubeckens nach *F. P. Sawarenski, 1* und *2* feste Jurakalktone, *3* — Jurasandsteine, *4* — sandige Schotter, *5* — abgerutschte Tone der Wolgastufe, *6* — Hangschutt.

niedrigsten Betriebswasserspiegels, und zwar in einer Tiefe, bis in die die Wirkung des Wellenschlages reicht. Die Neigung des flachen Teiles ändert sich mit den Eigenschaften der die Ufer bildenden Gesteine. Im unteren Abschnitt, wo sich kleine Gesteinsbruchstücke aus den höher gelegenen Uferabschnitten ablagern, beträgt die Uferneigung etwa 10°, im folgenden Abschnitt nur noch 6°. Das flache Ufer endet oberhalb des höchsten Betriebswasserspiegels und zwar etwa eine halbe Wellenhöhe über demselben. Von da ab hat der Hang entsprechend den Eigenschaften der Gesteine eine steilere Neigung.

In der ČSSR wurde dieses Problem an den dicht besiedelten Ufern des Staubeckens der Talsperre Kníničky eingehend untersucht (J. Linhart, 1954; Bayer-Mencl-Pelikán, 1955). An diesem Beispiel wurden Richtlinien für weitere Talsperrenbauten erarbeitet. Es wurde insbesondere festgestellt, daß die Brandungsplatte die ursprüngliche Hangoberfläche annähernd in der Ebene des häufigsten Niedrigwassers oder auch um einige Dezimeter höher durchschneidet (Abb. 13—80). Von hier steigt sie sanft an, mit einer Neigung, die verschieden ist, je nach der Art der Gesteine, aus denen sich der Hang zusammensetzt, oder die vom oberen Teil des Hanges auf die Brandungsplatte abstürzen: In reinem Steinschutt beträgt die Neigung 1 : 2 bis 1 : 2,5, im Terrassenschotter und Schutt mit Lehmbeimengungen 1 : 2,5, im Lößlehm 1 : 4, im neogenen Ton 1 : 7 und im Auelehm etwa 1 : 11. Der obere Abschluß der Brandungsplatte, d. h. der Hangfuß des Steilufers, befindet sich einige Dezimeter oberhalb des Wellenbereichs des höchsten Wasserspiegels. Bildet sich dieser Steilhang in festen Gesteinen, dann ist er fast senkrecht; in wenig festen Gesteinen rutscht er ab und die gerutschten Massen werden vom Wasser fortgetragen, bis der Steilhang oberhalb der Brandungsplatte den Gleichgewichtszustand erreicht.

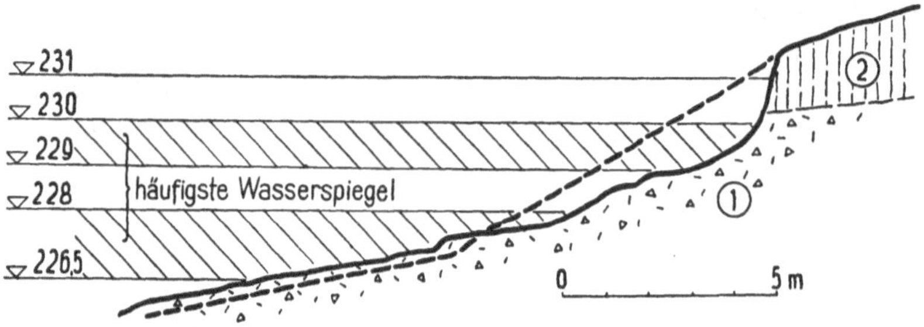

Abb. 13—80. Uferbeschädigungen des Staubeckens der Talsperre Kníničky durch **Erosion** des Stauwassers. *1* — lehmiger Steinschutt, *2* — Lößlehm.

Bei der *Untersuchung des Stauraumes* wird folgendes Verfahren empfohlen:

Nach den Ergebnissen der allgemeinen geologischen Untersuchungen und den morphologischen Bedingungen werden die Uferbereiche in Abschnitte mit annähernd gleichen Verhältnissen unterteilt. In diesen Abschnitten werden charakteristische Querprofile ermittelt, die eingehend untersucht werden. Zumeist genügen flachgründige Schürfgruben und einige Bohrungen bis auf den festen felsigen Untergrund.

An geologischen Querschnitten wird der Einfluß der künftigen Überflutung studiert und es wird auch eingezeichnet, welche Form und Neigung die natürlichen Flußufer haben. Danach wird ermittelt, welche Bauwerke durch einen Uferabbruch gefährdet sind und ihrem wirtschaftlichen Wert entsprechend wird eine mögliche Ufergestaltung projektiert. Im Situationsplan und in den Querschnitten werden folgende Abschnitte eingezeichnet:

a) Abschnitte, wo an den Ufern große Bewegungen von Erdmassen auftreten, die deshalb nicht zu verhindern sind, weil dies entweder technisch fast unmöglich oder unverhältnismäßig kostspielig ist,

b) Abschnitte, wo zwar Hangbewegungen an den Ufern zu erwarten, jedoch technische Maßnahmen (Anschüttungen, Neigungsverminderungen usw.) möglich und erforderlich sind,

c) Abschnitte, wo wahrscheinlich nur eine Ufererosion eintritt, ohne daß ihr durch zweckdienliche Bepflanzung begegnet werden könnte. In diesem Falle wäre eine Schätzung erforderlich, bis wohin das Abreißen des Hanges reichen wird und wie sich das Gleichgewichtsprofil stabilisiert,

d) Abschnitte, wo die Erosionstätigkeit des Wassers durch Bepflanzung der Ufer verhindert werden kann,

e) nicht gefährdete Abschnitte.

Bei hydrotechnischen Bauwerken für die Wasserkraftausnutzung begegnet man dem Problem der Standfestigkeit der Ufer auch noch in einem anderen Falle, und zwar, wenn der bisherige *Wasserspiegel eines Sees abgesenkt* werden soll. Es kann sich um eine nur vorübergehende Absenkung während der Bauausführung, um eine dauernde, oder um eine von Zeit zu Zeit sich wiederholende Absenkung entsprechend dem Kraftwerksbetrieb handeln. Immer ist eingehend zu untersuchen, ob die Spiegelabsenkungen zu einer Zerstörung der Ufer und zu Rutschungen führen können. Fast in jedem Falle, in dem der ständige Wasserspiegel abgesenkt wurde, waren starke Uferbeschädigungen durch Rutschungen zu verzeichnen.

So wurde beispielsweise beim Bau des Wasserkraftwerkes Davos-Klosters in der Schweiz der Wasserspiegel des *Davoser Sees* gesenkt (R. Moor, 1923). Dabei kam es zu einer Reihe kleinerer Rutschungserscheinungen an den freigelegten Ufern. Im Februar 1923, als der Spiegel um 11,30 m gesenkt worden war, rutschte ein beträchtlicher Teil eines Schuttkegels mit einer Kubatur von etwa 900 000 m³ an der Einmündung des Todtalbaches ab. Die plötzliche Bewegung einer so großen Masse löste im See einen starken Wellenschlag aus, der eine 80 cm dicke Eisschicht in kleine Schollen zerlegte und an den Ufern bis zu einigen Metern Höhe große Schäden anrichtete. Bei dieser Katastrophe wurde das Pumpwerk zerstört und es waren auch Verluste an Menschenleben zu beklagen. Der Dejektionskegel bestand aus Sand und Feinschotter und am Fuße desselben lagerten sich tonige Sedimente und Schlamm in Form eines in den See vorgeschobenen Deltas ab. Diese feinen Sedimente wurden nach und nach von gröberem Sand und Schotter überdeckt. Ursache der Rutschung war eine Aufpressung der feineren Sedimente im Liegenden des Dejektionskegels, dessen Gewicht sich nach dem Auftauchen aus dem Wasser wesentlich erhöhte.

Bei der Wasserspiegelabsenkung des *Spullersees in Tirol* kam es in einigen Abschnitten auch zu Uferrutschungen. Dieser See bot eine gute Gelegenheit zum Studium dieses Problems, da die Ufer unterschiedliche geologische Verhältnisse aufweisen (Abb. 13—81).

Umfangreiche Bewegungen traten im nordöstlichen und südöstlichen Teil des Sees ein, wo die Ufer aus feinen glimmerhaltigen Tonen bestehen. Auch am Ostufer kam es zum Abrutschen der aus Sandablagerungen des Alpbaches gebildeten Steilufer. Nur im nordwestlichen Abschnitt blieben die Ufer ungestört, und zwar deshalb, weil sie teils aus Felsgestein, teils aus festgelagerten Moränenablagerungen unterschiedlicher Korngröße bestehen (O. Ampferer — H. Ascher, 1925).

Neben Uferrutschungen treten bei einer Seespiegelabsenkung auch Störungen der Dejektionskegel und Deltaablagerungen infolge der Zuflüsse auf. Infolge Wasserspiegelabsenkung sinkt nämlich die untere Erosionsbasis der Bäche ab. Durch Einwirkung der rückschreitenden Erosion der Bäche entstehen in den Dejektionskegeln tiefe cañonartige Einschnitte, deren Hänge sehr steil sind, so daß diese abrutschen und die Standfestigkeit der weiteren Umgebung gefährden.

Bei Ausnutzung der Wasserkraft des *Aachensees in Tirol* wurde für die Winterzeit auch mit einer Absenkung des Seespiegels um 5—10 m gerechnet. Nach den bei der Wasserspiegelabsenkung des Davosersees und des Spullersees gewonnenen ungünstigen Erfahrungen wurde aber dabei mit äußerster Vorsicht vorgegangen. Die

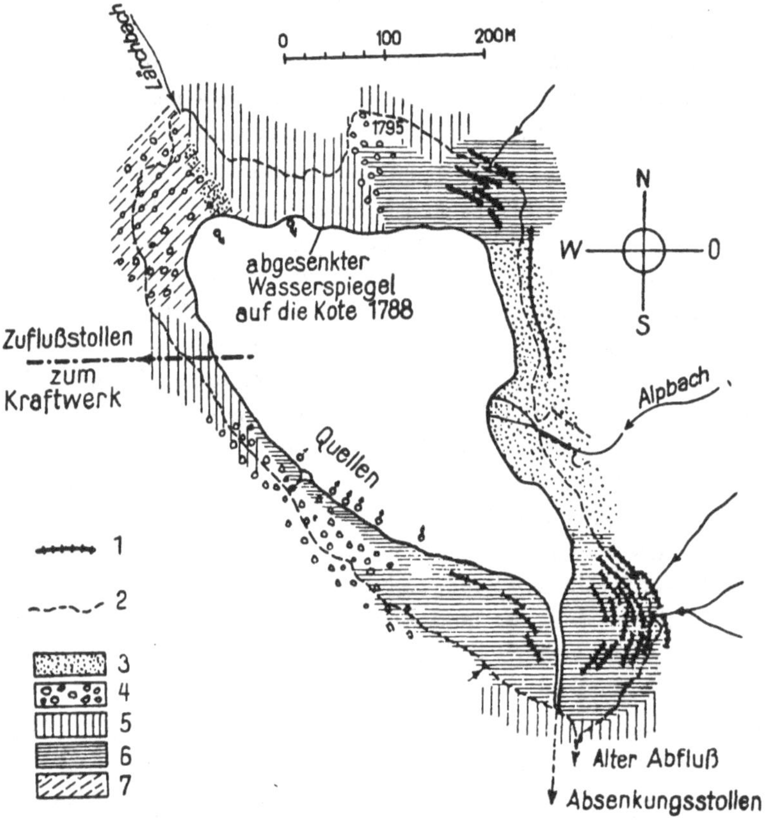

Abb. 13—81. Uferabbrüche am Spullersee nach dem Absenken des ursprünglichen Wasserspiegels um 7 m (*Ampferer, Ascher 1925*). *3* — Sand und Schotter, *4* — grobe Felsbrocken, *5* — felsiger Untergrund, *6* — feiner Tegel, *7* — Moräne.

Seeufer und insbesondere alle Dejektionskegel und Deltaablagerungen der Zuflüsse wurden eingehend untersucht. Es wurde die Mächtigkeit und Neigung der feinsandigen Seeablagerungen ermittelt. Diese sind zwar nach Austrocknung scheinbar fest, aber sobald sie mit Wasser in Berührung kommen, werden sie gestört und durch Wellenschlag vom Wasser weggeschwemmt. Die Aufgabe der Vorarbeiten bestand darin, die gefährdeten Abschnitte des Ufers vorher festzustellen und Richtlinien für den Uferschutz auszuarbeiten. Als Ergebnis der geologischen Untersuchungen wurden folgende Sicherungsarbeiten durchgeführt:

1. Die zur Rutschung neigenden Ufer wurden durch mehrere Reihen von Holzpfählen, die bis in die festen Gesteine eingerammt wurden, gesichert.

2. Gegen Uferabbruch durch Wellenschlag wurden die gefährdeten Abschnitte durch mit Steinpackung ausgefüllte Drahtnetze geschützt, die wiederum an Holzpfählen befestigt waren.

3. Eine rückschreitende Erosion der Zuflüsse wurde dadurch verhindert, daß alle Bäche durch hölzerne Rinnen in den See geleitet wurden, damit sie nicht über die freigelegten Steilufer abfließen.

Im geschilderten Falle gelang es, diese schwierige Aufgabe zu bewältigen. Wenn es auch nicht möglich war, die Uferabbrüche gänzlich zu unterbinden, so blieben sie doch auf ein Mindestmaß beschränkt. Nirgendwo traten an den Seeufern Störungen an Gebäuden, Verkehrswegen oder wertvollen Grundstücken auf (O. Ampferer — J. Berger, 1929).

13,14. Die Sedimentation im Staubecken. Durch die Anlage eines künstlichen Staubeckens wird die natürliche Kurve des Längsprofils eines Flusses gestört und durch diesen Eingriff werden die Bedingungen verändert, nach denen sich die Erosions- und Akkumulationsprozesse im Staugebiet richten. Vom geologischen Standpunkt aus entsteht durch die Bildung eines künstlichen Sees eine neue untere Erosionsbasis. Im oberen Teil des Staubeckens tritt eine deltaförmige Sedimentation auf, deren Intensität von zahlreichen Faktoren abhängt. Ihre Beurteilung fällt zum größten Teil auch in das Aufgabengebiet der geologischen Vorarbeiten.

Die Sedimentation im Staubecken hängt von dessen Größe und Form, der Menge und Geschwindigkeit des zufließenden Wassers und von der durch das Wasser hereingeschleppten Geschiebemenge ab. Die Geschiebemenge ist veränderlich und richtet sich nach dem Charakter des Stromgebietes und den klimatischen Bedingungen. Insbesondere sind es die Niederschlagsmengen und deren Verteilung während des Jahres, das Gefälle des Flußlaufes, die geologischen Verhältnisse des Gebietes, die Hangneigungen und der Umstand, ob die Hänge kahl oder bewachsen sind, der Umfang künstlicher Flußregulierungen und andere, für jedes Stromgebiet individuelle Faktoren, die einen wesentlichen Einfluß auf die flächenhafte Abtragung des Gebietes und damit auf die Geschiebemenge im Fluß ausüben.

Die von den Wasserläufen transportierten Sedimentmassen sind einerseits als Suspension herangeschleppte feine Ton- und Schluffteilchen, andererseits große Gerölle, Sand und Schotter. Die großen Gerölle werden an der Sohle der Wasserläufe verschleppt, sie kommen gewöhnlich nur bei höchsten Hochwasserständen in Bewegung.

Die suspendierten Stoffe bilden bei Hochwasser den wesentlichen Teil der transportierten Materialien; in kleineren Staubecken werden sie jedoch nicht abgelagert, sondern durchfließen sie und es erfolgt eine Ablagerung erst an der Einmündung der Flüsse in die Meere und Seen. So werden beispielsweise vom Staudamm in Assuan am Nil fast keine suspendierten feinen Schwebstoffe zurückgehalten; diese lagern sich erst im Nil-Delta ab. In großen Staubecken und Seen, in denen die Geschwindigkeit des durchfließenden Wassers sehr gering ist, lagern sich alle suspendierten

Stoffe ab. So stellte beispielsweise Collet (1925) fest, daß die Rhône in den Jahren 1904—1905 bis zu 568 m^3 suspendierte Schwebstoffe je km^2 Einzugsgebiet in den Genfer See transportierte und aus diesem vollkommen klar herausfloß. In analoger Weise trägt der Rhein vor der Einmündung in den Bodensee bei Lustenau nach Messungen von Collet (1925, S. 215) aus den Jahren 1893—1912 je km^2 Stromgebiet 545 t feine Schwebstoffe mit sich fort; das Maximum im Jahre 1910 betrug während des außergewöhnlichen Hochwasserstandes bis zu 1679 t/km^2.

Die größten Mengen suspendierter Stoffe in Europa werden von den Gebirgsbächen im Emilianischen Apennin fortgetragen, deren Stromgebiete überwiegend von weichen tonigen und mergeligen Gesteinen gebildet werden. Visentiny (1937) führt einen Jahresdurchschnitt für den Zeitraum von 3 bis 9 Jahren für den Fluß Enz von 5280 m^3/km^2, für den Sacchio von 5085 m^3/km^2 und für den Fluß Panare von 4305 m^3/km^2 an. Der Fluß Arda schleppt in das Staubecken bei Mignano jährlich neben 157 m^3/km^2 großer Gerölle noch 2300 m^3/km^2 suspendierte Stoffe hinein.

Die feinen Schwebstoffe setzen sich am Grund der Seen und ausgedehnten Staubecken in Form von Feinschlamm ab, der das gesamte Staubecken bedeckt oder sich am Grund in Form von Schlammströmen fortbewegt. So wurde bei Entleerung des Staubeckens der Talsperre Sautet im Jahre 1948 (13 Jahre nach Füllung des Staubeckens) rechts vom Staudamm eine Schlammschicht von 30 m festgestellt, die sich wahrscheinlich durch Wirbelströmungen ansammelte (Gignoux—Barbier, 1955, S. 215). Der oftmals kühle und daher schwerere Schlammstrom kann sich am Grund des Sees weit fortbewegen, wie er von der Einmündung der Rhône in den Genfer See unter der Bezeichnung „la bataillère" beschrieben wurde. Diese Schlammströme werden auch im Staubecken der Talsperre Boulder am Coloradofluß beobachtet und sind Gegenstand eingehender Untersuchungen.

Bei den Verhältnissen der ČSSR geht bei kleineren Staubecken der größte Teil der suspendierten Stoffe bei Hochwasser über das Sperrenbauwerk ab, weil die Wassergeschwindigkeit im Staubecken nicht so weit absinkt, daß die suspendierten Stoffe abgelagert werden können. Bei großen Staubecken muß an die Möglichkeit eines zeitweiligen Ablassens des Feinschlammes durch den Grundablaß gedacht werden.

Die Sedimentation von Feinschlamm in den Staubecken hängt auch von der Art des Betriebes ab. Die größte Verschlämmung tritt dann ein, wenn der Stau des gesamten Wassers auch z. Zt. starker Wasserzuflüsse angestrebt wird. Wird das trübe Flutwasser im Staubecken nicht zurückgehalten, dann ist die Sedimentation wesentlich geringer. Im Jahre 1954 wurde das Hochwasser im Staubecken der Talsperre Slapy größtenteils zurückgehalten, so daß es mit diesem trüben Wasser erstmalig gefüllt wurde. Wenn sich auch im Staubecken bei weitem nicht alle von diesem Hochwasser fortgetragenen suspendierten Stoffe absetzten, so wurden trotzdem im Staubecken etwa 400 000 m^3 Feinschlamm abgelagert. Bei einem Einzugsgebiet von 12 100 km^2 beträgt dies etwa 33 m^3/km^2, also eine geringfügige Menge im Vergleich zu den Flüssen der Alpen und des Apennin.

Die Menge der am Flußgrund hauptsächlich z. Zt. des Hochwassers fortgeschleppten großen Geschiebe, Sand und Schotter läßt sich nur schwierig messen. Besonders schwierig ist die Feststellung eines Mittelwertes, denn ein einziges Hochwasser transportiert mehr Geschiebe als das Normalwasser in einigen Jahren in das Staubecken. Zur genauen Ermittlung des Volumens der großen Geschiebe müßten der Flußlauf für einige Jahre gesperrt und die abgelagerte Menge gemessen werden.

Zur Beurteilung der Geschiebemenge verbleibt lediglich die Vergleichsmethode. Es wird der Wasserhaushalt des Flußlaufes, an dem der Staudamm errichtet werden soll, mit dem Wasserhaushalt anderer Wasserläufe unter ähnlichen Verhältnissen, an denen bereits eine Talsperre errichtet wurde oder die sich in natürliche Seen ergießen, verglichen. Die Menge der abgelagerten Geschiebe kann durch Vermessung der Querprofile innerhalb des Staubeckens ermittelt werden.

Die Messungen müssen in genügend langen Zeitintervallen (5 bis 10 Jahre) durchgeführt werden, um auch die Wirkungen der Hochwässer zu erfassen. Die Oberfläche der Ablagerungen wird während der Entleerung des Staubeckens mit Hilfe der üblichen geodätischen Verfahren gemessen. Die Tiefe der Oberfläche der unterhalb des Wasserspiegels im Stausee abgelagerten Geschiebe wird mittels Ultraschalls bestimmt. Dieses Meßverfahren ist zur Bestimmung großer Gerölle, die im oberen Teil des Staubeckens oder Stausees Delta bilden, geeignet. Abgelagerter Feinschlamm ist in dünnen Schichten über eine ausgedehnte Fläche verteilt, sein Volumen kann durch Messungen nicht einwandfrei ermittelt werden.

Die Füllung eines Staubeckens mit Geschiebe ist in manchen Gegenden verhältnismäßig gering, in anderen Gegenden dagegen so intensiv, daß sie das Fassungsvermögen des Staubeckens ernsthaft gefährdet. Mit dem Problem der Sedimentation im Staubecken beschäftigte sich der Internationale Talsperrenkongreß in Neu Delhi im Jahre 1950. Bei dieser Gelegenheit wurde eine Reihe hervorragender, zur Lösung dieses Problems beitragender Arbeiten veröffentlicht. G. Drouhin (1951) führte in einem zusammenfassenden Bericht einige Meßergebnisse für verschiedene Einzugsgebiete in m^3 pro Jahr je km^2 Einzugsgebiet an. Für Stromgebiete kleiner Gebirgsbäche (etwa 20 km^2) in Südkalifornien wurde ein Maximum von 25 000 m^3 fortgeschleppter Geschiebe je km^2 bei einem Hochwasser registriert. In Algier wurden Werte von 3500 bis 10 000 m^3 pro Jahr je km^2 ermittelt. Für das Staubecken der Talsperre Sautet in den Französischen Alpen ergaben sich in den Jahren 1927 bis 1930 insgesamt 800 m^3 pro Jahr je km^2, in den Jahren 1935 bis 1945 Geschiebemengen von 166 m^3 pro Jahr je km^2, für die Pyrenäen etwa 70 m^3 und für das Zentralmassiv nur 30 m^3.

Für die Verhältnisse in der ČSSR ist die Messung, die im Staubecken der Talsperre Sautet durchgeführt wurde, von gewisser Bedeutung, da sie mit den Verhältnissen in den Karpaten vergleichbar ist. Das Einzugsgebiet des Staudammes Sautet besitzt eine Ausdehnung von 987 km^2 und setzt sich etwa aus folgenden Gesteinen zusammen:

Granit, Gneis und andere feste kristalline Schiefer	30 %
feste Kalksteine	10 %
leicht verwitternde Mergel und Tonschiefer	25 %
Sandsteine	15 %
Moränen und Schutt	20 %

Die mittlere Jahresniederschlagsmenge beträgt 1450 mm, der durchschnittliche jährliche Wasserabfluß 33 m³/sec, bei Niedrigwasser 7 bis 8 m³, bei mittlerem Hochwasser 150 bis 200 m³/sec.

In Abb. 13—82 ist die Verlandung des kleinen Staubeckens Pont du Loup dargestellt, das am Flusse Drac errichtet und später durch den Wasserstau der Tal-

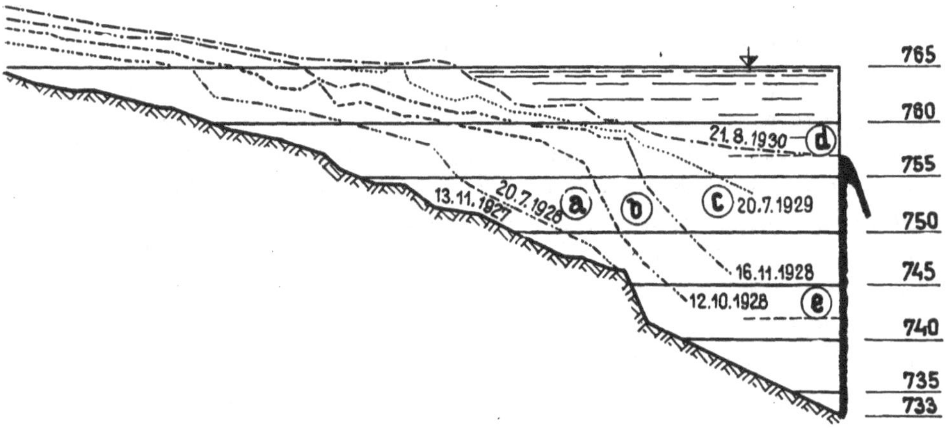

Abb. 13—82. Verlandung des Staubeckens Pont du Loup in den französischen Alpen durch Geschiebe im Laufe von 3 Jahren (*G. Drouhin 1951*).

sperre Sautet überflutet wurde. Das Abschlußbauwerk bei Pont du Loup ist eine 30 m hohe Staumauer und das Staubecken besaß ursprünglich ein Fassungsvermögen von 1 750 000 m³. In den Jahren 1927 bis 1930 wurde die Sedimentation im Staubecken für das Projekt der großen Talsperre Sautet systematisch gemessen. Es wurden die Querprofile des Staubeckens in Abständen von 50 m regelmäßig vermessen, in denen wiederum die Tiefe in Abständen von 20 m gemessen wurde. Bereits zu Beginn der Messungen wurde ein außergewöhnliches Hochwasser im Jahre 1928 registriert, das bei einem Wasserdurchfluß von 750 m³/sec in das Staubecken 536 000 m³ Geschiebe, das sind etwa 550 m³ je km² Einzugsgebiet, hereinschleppte. Das zweite Hochwasser des gleichen Jahres mit einem Maximum von etwa 700 m³/sec schleppte weitere 464 000 m³ Geschiebe in das Staubecken hinein. Im Jahre 1929, als eine relative Trockenheit herrschte, wurde ein Geschiebezuwachs von 230 000 m³ registriert. Aus Abb. 13—82 geht hervor, daß unmittelbar nach dem Hochwasser im Jahre 1928 eine starke Erhöhung der Beckensohle am Ende des Staubeckens eintrat. Im August 1930 erreichten die Geschiebe am Ende des Staubeckens eine Höhe von 6 m über dem normalen Wasserstand.

Im Jahre 1932 wurde das Staubecken praktisch vollkommen ausgefüllt. Nach einigen vergeblichen Versuchen, die Ablaßöffnungen freizumachen, wurde auf der Höhe 742, d. h. 23 m unterhalb des Stauspiegels (auf der Höhe 765) ein neuer Tunnel vorgetrieben. Beim Tunnelvortrieb wurde der letzte Abschnitt mit einer Ladung von 400 kg Dynamit herausgesprengt. Erst 5 Minuten nach der Sprengung begann das Wasser langsam die Ablagerungen aus dem Staubecken fortzutragen. Vier Tage nach der Sprengung war ein Teil des Staubeckens an der Staumauer von Geschieben befreit, die sich dort mehrere Jahre lang angesammelt hatten.

Das Hauptstaubecken der Talsperre Sautet wurde im Jahre 1935 mit Wasser gefüllt und im Jahre 1945 wurden 12 Querprofile vermessen und untersucht. Es zeigte sich, daß die sedimentierte Schicht eine durchschnittliche Dicke von 14 m erreicht, deren Oberfläche mit der ursprünglichen Staubeckensohle annähernd parallel verläuft. Das untere Ende des Schwemmkegels besitzt die steile Neigung von 1 : 1. Im Querprofil ist die Oberfläche des Kegels annähernd horizontal. Das Volumen der Ablagerungen betrug 1 330 000 m^3; dies entspricht durchschnittlich 166 m^3 im Jahr je km^2 Einzugsgebiet. Diese Masse ist weitaus geringer als die der Jahre 1927 bis 1930, als die Geschiebemenge durch das Katastrophenhochwasser beeinflußt wurde.

Wesentlich geringere Werte an Geschiebemengen wurden durch eingehende Messungen an der Talsperre La petite Rhue im Einzugsgebiet des Flusses Dordogne im Bereich des Zentralmassivs gewonnen. Das Stromgebiet dieses Staubeckens besitzt eine Ausdehnung von 182 km^2. Die Geschiebemenge wurde in den Jahren 1927 bis 1938 gemessen und erreichte 60 000 m^3, das sind 30 m^3 Geschiebe pro Jahr je km^2. Dies ist darauf zurückzuführen, daß das Stromgebiet mit Vegetation stark bewachsen ist und sich nach der geologischen Karte aus folgenden Gesteinen zusammensetzt:

Andesit	30 %
Basalt	35 %
Gneis	30 %
Aufschwemmungen und glaziale Ablagerungen	5 %

In der Geschichte des Talsperrenbaues wurden Fälle registriert, daß Staubecken in verhältnismäßig kurzer Zeit verlandet wurden. So wurde beispielsweise das im Jahre 1913 errichtete Staubecken Austin am Coloradofluß bis zum Jahre 1926 mit Geschieben bis zu 95 % des gesamten Fassungsvermögens ausgefüllt. Das Staubecken Cismon in Italien wurde im Verlaufe von 10 Jahren nach dem Füllen bis zur Hälfte seines Fassungsvermögens verlandet. Das Einzugsgebiet des Staubeckens Cismon besitzt eine Ausdehnung von 496 km^2 und C. Segré (1929) unterscheidet in diesem drei Bereiche, die in unterschiedlicher Weise zum Heranschleppen der Geschiebe beitragen. Im Oberlauf überwiegen Phyllite und glaziale Talablagerungen, die den größten Anteil an feinem und suspendiertem Material liefern. Der von Kalkstein und Dolomit gebildete Mittellauf versorgt den Fluß hauptsächlich mit

Schottern aus Schuttkegeln. Der untere Teil des Einzugsgebietes, wo mergelige Gesteine vorkommen, liefert verhältnismäßig am wenigsten Material, und zwar aus dem Hangschutt. Aus den angeführten Beispielen geht hervor, daß das Problem der Verlandung eines Staubeckens sehr wichtig ist, und diesem die gleiche Aufmerksamkeit zuzuwenden ist, wie beispielsweise dem Problem der Wasserdurchlässigkeit, denn durch eine rasche Verlandung kann das Staubecken vollkommen entwertet werden.

Bei der Untersuchung der Einzugsgebiete ist mit Hilfe eines geeigneten Verfahrens zumindest annähernd die Menge der bei Hochwassereinbrüchen vom Wasser mitgeschleppten Geschiebe zu bestimmen. Das Einzugsgebiet ist zumindest übersichtlich geologisch zu kartieren. Sodann ist festzulegen, aus welchem Gebiet der größte Geschiebeanteil kommt. Insbesondere handelt es sich um die Ermittlung der Schuttkegel, des Gehängeschuttes, der glazialen, fluvioglazialen und sonstigen jungen Ablagerungen, die vom Oberflächenwasser leicht fortgetragen werden und auf diese Weise die Wasserläufe mit Geschieben versorgen. Auf der Grundlage der geologischen Untersuchung können Richtlinien ausgearbeitet werden, um Hinweise zu geben, wie es möglich ist, die Geschiebemengen durch zweckdienliche Aufforstung mancher Hänge, Instandsetzung der Rutschungsgebiete, Eindämmung schotterführender Gebirgsbäche usw. einzuschränken.

13,15. Wirtschaftliche Folgen der Hebung des Wasserspiegels im Staugebiet und seiner Umgebung. Eine Teilaufgabe der geologischen Untersuchung des Überflutungsgebietes ist es, zu ermitteln, ob nicht durch das Stauwasser wichtige *Lagerstätten mineralischer Rohstoffe* überflutet werden. Die geologische Untersuchung soll dafür zuverlässige Unterlagen liefern, um den wirtschaftlichen Verlust beurteilen zu können, der durch Überflutung einer Lagerstätte im Vergleich zum Nutzen, den der Ausbau des Staubeckens erbringt, entstehen würde. In einigen Fällen, wenn es sich um Lagerstätten geringeren Ausmaßes handelt, ist auch deren Abbau zu empfehlen (beispielsweise für den Bau verwendbare sandige Kiese, Torf usw.). Einige Lagerstätten können dadurch auch teilweise entwertet werden, daß nach dem Füllen des Staubeckens der Spiegel des Grundwassers ansteigt, so daß dieser während des Abbaues abgesenkt werden muß.

Eine Überflutung der Torflagerstätten ist noch mit einem weiteren Problem verknüpft; das Wasser des Staubeckens am Oberlauf ist gewöhnlich weich bis lösend („hungrig") und schon bei einem geringen Gehalt an Huminsäuren ist es stark betongefährdend. Es ist anzunehmen, daß ein weiterer Anteil aggressiver Bestandteile, im vorliegenden Falle die Huminsäuren, durch allmähliche Auslaugung des Torfes in das Wasser des Staubeckens gelangen wird. Die Geschwindigkeit dieser Auslaugung und die Menge der Huminsäuren werden vom Typ der Torflagerstätte und dem Zersetzungsgrad des Torfes, ferner von der Größe und Unversehrtheit der Oberfläche der Torflagerstätte, von dem Charakter ihrer Deckschicht und auch von der Menge des durchsickernden Wassers abhängig sein.

Um die Aggressivität des Wassers im Staubecken nicht zu erhöhen, soll die natürliche Oberfläche des Torfes, insbesondere die lehmig-sandige Deckschicht, nicht gestört werden. Die Vorräte an gewonnenem Torf sind aus dem Überflutungsgebiet abzufahren und die Steilwände der Einschnitte, in denen der Torf gewonnen wurde, sollen zu mäßig geneigten Hängen begradigt werden, damit sich keine Torfblöcke loslösen und zum Wasserspiegel emporsteigen.

Vor dem Füllen des Staubeckens mit Wasser sollen nach Möglichkeit die Pflanzenbestände, Bäume und Sträucher, die durch ihre Zersetzung den Säuregehalt des Wassers im Staubecken erhöhen könnten, entfernt werden.

Im Überflutungsgebiet sollen möglichst große Mengen an Stoffen belassen werden, die in teilweise löslicher Form Hydroxyde oder Kalziumkarbonat (Kalkstein, Dolomit usw.) enthalten. Auch gemauerte Objekte sollen eingerissen und die Trümmer auseinandergebreitet werden, damit das Wasser Zutritt zum alten Mörtel hat. Theoretisch bestände die Möglichkeit, eine weitere, künstliche Anreicherung des Überflutungsgebietes mit gebranntem Kalk usw. in Betracht zu ziehen, was allerdings im größeren Maße sehr kostspielig wäre.

Durch das Stauwasser werden gewöhnlich auch alte *Steinbrüche* überflutet, die in gesunden Gesteinen an der Sohle tief eingeschnittener Erosionstäler angelegt wurden. So waren beispielsweise bis vor kurzem im Mittellauf der Moldau Steinbrüche zur Gewinnung von Granit in Betrieb, der ausgezeichnete technologische Eigenschaften aufzuweisen hatte und insbesondere bei der Errichtung hydrotechnischer Bauwerke verwendet wurde (bekannt als Orlíker Granit). Da der Granit im oberen Teil des Hanges zu Grus tiefreichend verwittert war, konnte ein wirtschaftlicher Abbau der Gesteine nur an der Talsohle bis zu einer bestimmten Entfernung vom Hangfuß erfolgen (Abb. 13—83). Als der Abbau immer tiefer in den Hang vorgetrieben wurde und demzufolge die Abraummenge unverhältnismäßig anstieg, wurden die alten Steinbrüche nach und nach aufgelassen und neue angelegt. Infolge Überflutung des tiefen Moldautales durch den Stausee der Talsperre Orlík werden zahlreiche Steinbrüche in diesem Granit außer Betrieb gesetzt.

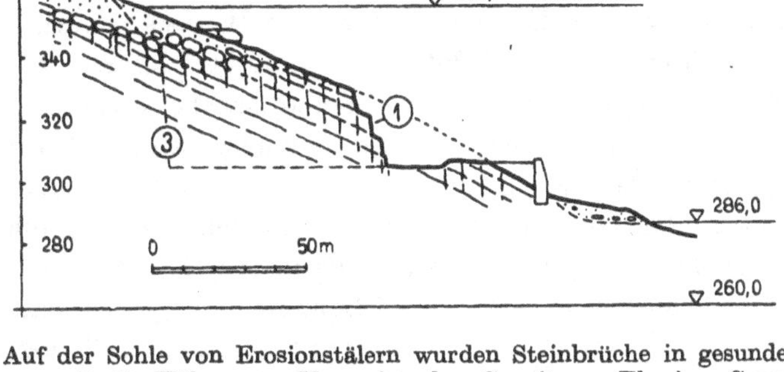

Abb. 13—83. Auf der Sohle von Erosionstälern wurden Steinbrüche in gesundem Gestein angelegt (Porphyrgranit *1*). Höher am Hang ist der Granit zu Eluvium-Gruss *2* verwittert. Nach der Überflutung durch das Stauwasser wird der Steinbruch im Hinblick auf die hohe Abraumschicht oberhalb des Stauspiegels stillgelegt. *3* — Grenze des wirtschaftlichen Abbaus.

Ernstere Probleme entstehen auch dann, wenn durch das Stauwasser *Quellen* überflutet werden, die zur Wasserversorgung von Städten und Gemeinden genutzt werden, die höher gelegen sind und nach der Anlage des Staubeckens erhalten bleiben. So wurden beispielsweise nach dem Füllen des Staubeckens der Talsperre Slapy die Brunnen in den Talterrassen überflutet, die zur Wasserversorgung der zum Teil oberhalb des Stauwasserspiegels verbliebenen Ortschaften dienten. Es mußten neue Wasserversorgungsanlagen geschaffen werden, weil es an den trockenen Granit-hängen nicht möglich war, Wasser aus einfachen Ersatzbrunnen zu erhalten.

Eine Erhöhung des Grundwasserspiegels entlang den Ufern des Staubeckens nach dessen Füllen kann für Siedlungen, Industriebetriebe und auf den Ertrag landwirtschaftlicher Nutzflächen von ungünstigem Einfluß sein. Eine Entwertung der Bauobjekte tritt dadurch ein, daß bei vollem Wasserstau das Grundwasser in die Kellerräume eindringt oder die Fundamente der Gebäude überflutet werden und durch die Kapillarwirkung des Wassers die Gebäude dauernd feucht bleiben.

Durch eine Grundwasererhöhung kann es zu einer Vernässung der Grundstücke und damit zu einer wesentlichen Minderung der *landwirtschaftlichen Nutzung* kommen. Das Außmaß dieser Schäden hängt von der Gestaltung und dem Aufbau der Ufer sowie von der Breite des betroffenen Geländestreifens ab. Der Einfluß des erhöhten Grundwasserspiegels ist vor allem in ebenen, von wasserdurchlässigen Sanden und Schottern gebildeten Gebieten, so z. B. im Elbetal, am Unterlauf der Waag und insbesondere bei den hydrotechnischen Bauwerken an der Donau zu untersuchen, wo durch das Stauwasser der ursprüngliche Grundwasserhaushalt in einem Gelände von großer Ausdehnung verändert werden kann.

13,16. Ableitung des Wassers aus dem Staubecken. Der Umfang der geologischen Arbeiten zur Ableitung des Wassers aus dem Staubecken oder zur Überleitung des Hochwassers ist durch das Projekt gegeben. Zur Ausnutzung der Wasserkraft wird das Wasser aus dem Staubecken entweder durch Wasserstollen oder in Kanälen abgeleitet. Das Hochwasser wird zumeist über den Staudamm oder mit Hilfe besonders hergerichteter Überfälle außerhalb des Dammes geleitet.

Die geologische Untersuchung befaßt sich vor allem mit der Widerstandsfähigkeit der Gesteine gegenüber der Erosionstätigkeit des Wassers unterhalb der Überlaufblöcke oder Überfälle. Der Einfluß des Überlaufwassers auf die Gesteine im Unterwehr ist eingehend zu untersuchen, denn so manche Talsperre wurde gerade wegen der geringen Widerstandsfähigkeit des Gesteins gegenüber Auskolkung durch Dammunterspülung gefährdet. So wurde beispielsweise beim Bau der Wilson-Talsperre am Flusse Tennessee durch die Wasserströmung und rückläufige Wirbelbewegungen das aus festem Kalkstein bestehende Unterwehr bis zu 10 m ausgespült, so daß eine mit hohen Kosten verbundene Dammsicherung erforderlich war. Auch der Einsturz der alten Talsperre bei Austin am Coloradofluß, die vermeintlich auf festem Fels (zerklüftetem Kalkstein) gegründet worden war, wird einer Unterspülung des Unterwehres zugeschrieben.

Die Erosionswirkung des Wassers hängt in starkem Maße von der Form und Höhe des Überfalles und der Form und den Ausmaßen des Tosbeckens ab, so daß bei der Gestaltung der Überfallanlage eine Zusammenarbeit des Geologen mit dem hydrotechnischen Laboratorium zweckdienlich ist.

Ableitung des Wassers aus dem Staubecken in Kanälen. Um das durch die Talsperre erzielte Gefälle zu erhöhen, wird das Wasser manchmal entfernteren Punkten zugeleitet, wo die Ebene der Talsohle niedriger als an der Sperrstelle ist. Es werden entweder Wasserstollen vorgetrieben (Abschnitt 12,9) oder parallel zum Wasserlauf Kanäle angelegt, die in einem niedriger gelegenen Abschnitt des Wasserlaufes wieder in den Fluß einmünden. Am Kanal werden an geeigneten Stellen ein oder mehrere Kraftwerke errichtet, bei denen das vorhandene Gefälle ausgenutzt wird. Oberhalb eines jeden Kraftwerkes wird das Wasser im Zuleitungskanal hochgestaut, während sich dieses im Abflußkanal tief unterhalb der Geländeoberfläche befindet.

1. *Der Zuleitungskanal* besitzt also einen höheren Wasserspiegel als die Talsohle. Es ist deshalb zweckmäßig, den Kanalkörper auf ebenen Talhängen und keineswegs auf der Talsohle, wo hohe Dämme errichtet werden müssen, zu verlegen.

Aufgabe der ingenieurgeologischen Untersuchung ist es, einwandfreie Unterlagen zur Bestimmung der Streckenführung des Kanals zu gewinnen. Diese Aufgabe ist nicht leicht, denn es ist unwirtschaftlich, einen Kanal in feste Gesteine des felsigen Untergrundes einzuschneiden (dadurch würde sich der Aushub verteuern). In weichen Gesteinen besteht die Gefahr, daß die Kanalböschungen keine ausreichende Standfestigkeit gewährleisten. Falls die Möglichkeit besteht, ist es zweckmäßig, den Kanal auf Schotterterrassen oder Schwemmkegeln anzulegen.

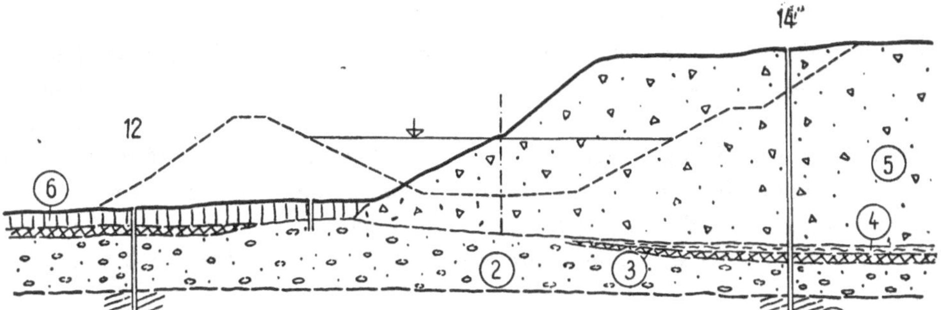

Abb. 13—84. Günstige Lage der Trasse des Zuleitungskanals bei Lipovec am Fuße des Dejektionskegels. *1* — neogener Mergel, *2* — Schotter des Waagflusses, *3* — Moorboden, *4* — Tone, *5* — Granitschutt des Dejektionskegels, *6* — holozäne Ablagerungen.

In Abb. 13—84 ist das Beispiel einer günstigen Lage des Wasserkanals am Fuße eines ausgedehnten Dejektionskegels, der durch Seitenerosion des Waagflusses bei Lipovec teilweise abgetragen wurde, angeführt. Vom geologischen Standpunkt bestehen keinerlei Einwände dagegen, daß die Trasse des Kanals in einem Einschnitt verläuft, denn der Granitschutt gewährleistet einen festen Untergrund, standfeste Hänge und auch geeignetes Material für die Anschüttung des talseitigen Dammes. Demgegenüber war es bei Turany nicht möglich, die Trasse des Kanals in einem Einschnitt am Hang anzulegen (Abb. 13—85, Alternative I), weil ein Anschnitt das

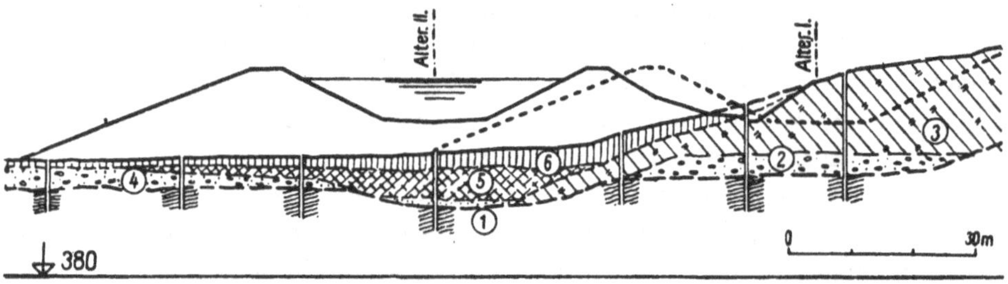

Abb. 13—85. Einfluß der geologischen Verhältnisse auf das Projekt des Zuleitungskanals. Die Alternative *I* störte die Standfestigkeit der alten Rutschungen, für die Alternative *II* war eine Herrichtung des Untergrundes und die Beseitigung des zusammendrückbaren Moorbodens erforderlich. *1* — Mergelschiefer (Paläogen), *2* — sandige Terrassenschotter, *3* — durch Rutschung verlagerter Hangschutt, *4* — Schotter des Waagflusses, *5* — Moorboden, *6* — Lehm.

Gleichgewicht der alten fossilen Rutschungen, die tief in den Hang reichen, stören würde. Auch der beim Bodenaushub für den Kanal gewonnene tonigsandige Schutt war für den Bau des talseitigen Dammes nicht gut geeignet.

Einzelheiten bei der Untersuchung hängen davon ab, wie hoch die zulässigen Wasserverluste im Kanal sind, wie groß die Wasserdurchlässigkeit der Gesteine ist, die die Kanalsohle und -böschungen bilden, und wie hoch der Grundwasserspiegel im benachbarten Gelände ist.

Dürfen Wasserverluste nicht auftreten, dann werden gewöhnlich die Böschungen und die Sohle des Zuleitungskanals abgedichtet. In Abb. 13—86 ist das Querprofil des Zuleitungskanals am Waagfluß unterhalb von Púchov (Smrček, 1937) dargestellt, der durch Betonplatten abgedichtet ist. Diese Ausführung ist dort zweckmäßig, wo sandige Schotter den Untergrund für die Abdichtung bilden, die standfest sind und steile, wirtschaftlich günstige Dammböschungen zulassen. Von der ingenieurgeologischen Untersuchung wird die Beantwortung folgender Fragen gefordert:

a) Welche Setzung wird der Kanalkörper nach dem Füllen mit Wasser aufweisen? Auf Schotterterrassen und Schwemmkegeln oder auf den Schottern von Talauen ist dieses Problem nicht so schwerwiegend, denn einerseits sind die Setzungen gering, andererseits verteilen sich im Hinblick auf die beträchtliche innere Reibung der Massen die Setzungsunterschiede auf größere Flächen. Ungünstig ist es, wenn der Kanal in Ablagerungen mit organischen Stoffen, schlammigen Sanden oder Moorböden angelegt wird. Derartige stark zusammendrückbare Schichten werden gewöhnlich aus dem Dammuntergrund entfernt. So wurde beispielsweise bei Turany

(Abb. 13—85, Alternative II) der Zuleitungskanal zum Hangfuß hin verlegt. In der Talaue stieß man auf ein altes, mit starkzusammendrückbaren Moorböden ausgefülltes Flußbett des Waagflusses. Die humosen Schichten mußten zum Teil entfernt werden, damit es zu keiner allzu unterschiedlichen Setzung der Kanalsohle und Beschädigung der Betonabdichtung kommt.

b) Wie ist die Wasserdurchlässigkeit der Gesteine unterhalb der Schotterdämme und gefährdet das durch die Risse und Dehnungsfugen der Abdichtung etwa eingesickerte Wasser den luftseitigen Dammfuß? Aus Abb. 13—86 geht hervor, wie der

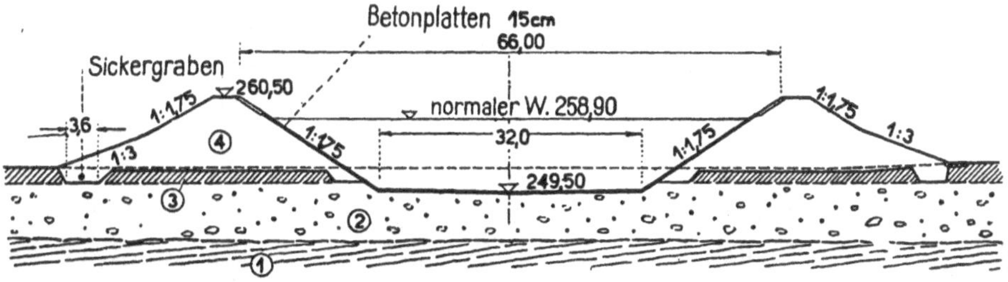

Abb. 13—86. Zuflußkanal an der Talaue des Flusses Waag bei Púchov. Die Dämme wurden aus sandigen Schottern errichtet und durch Betonplatten abgedichtet. *1* — Sphärosiderit-Mergel, *2* — sandiger Schotter, *3* — Lehm, *4* — Schotteraufschüttung.

luftseitige Dammfuß angeordnet wurde, damit das Sickerwasser auf der Luftseite des Dammes abgeleitet wird. Aber auch an der Wasserseite ist eine Überdeckung des Ausbisses der abdichtenden Lehme mit einer Geröllpackung erforderlich.

c) Wie hoch steigt das Grundwasser im umliegenden Gelände empor, gefährdet es durch seinen Auftrieb die Betonabdichtung und auf welche Weise ist eine Verringerung des Wasserauftriebes möglich?

d) Es ist selbstverständlich, daß die geologische Untersuchung ein Bild von dem gesamten geologischen Bau des Geländes geben muß, damit auch die Lagerstätten der geeigneten Baustoffe für Schüttmaterial beurteilt werden können.

Tondichtungen der Kanäle vertragen gewöhnlich starke, auch Dezimeter betragende Setzungen, wenn sie eine ausreichende Dicke besitzen. Demgegenüber muß der Zustand bei entleertem Kanal eingehend untersucht werden, denn eine Tondichtung läßt kein Abfließen des von den Hängen zufließenden Wassers zu.

Nicht abgedichtete Zuleitungskanäle sind dort möglich, wo Wasserverluste aus dem Kanal zulässig sind, und wo die Gesteine, aus denen der Kanal erbaut wurde, nicht allzu wasserdurchlässig sind; hierbei wird auch mit einer selbsttätigen Abdichtung durch die Flußgeschiebe gerechnet. Eine bemerkenswerte Anordnung und beachtliche Ergebnisse wurden am 17,3 km langen Zuleitungskanal des Stauwerkes Donzère-Mondragon erzielt (Bouvet 1950). In Abb. 13—87 sind zwei verschiedene Typen der Querprofile dieses gewaltigen Kanals dargestellt; es kamen noch einige weitere, annähernd analoge Querschnittstypen zur Anwendung, denn die Pro-

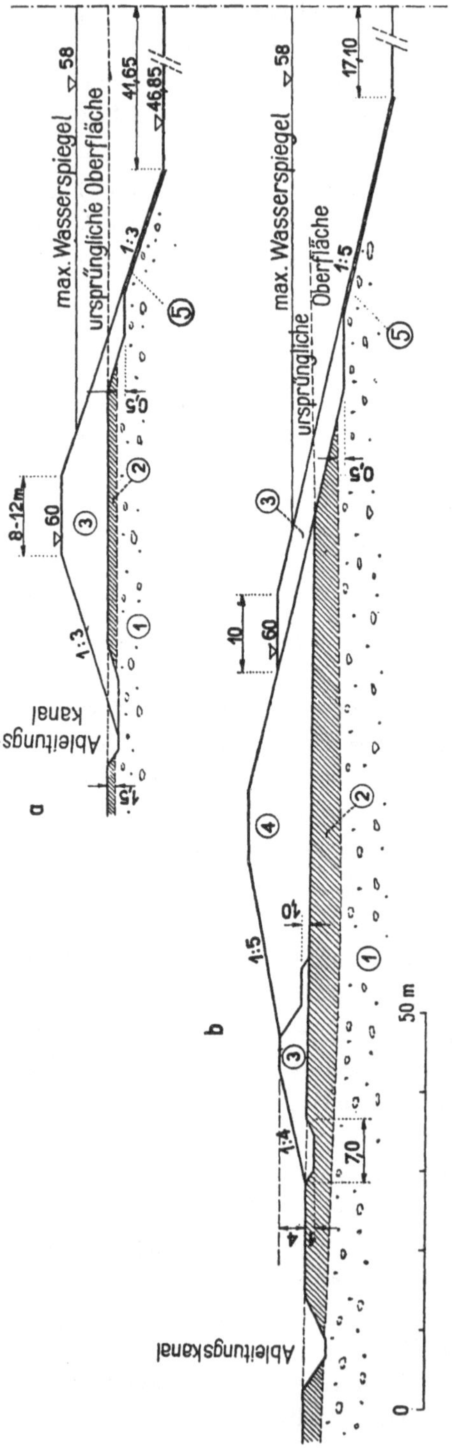

Abb. 13—87. Profile des Zuleitungskanals Donzère-Mondragon. *1* — sandiger Kies, *2* — Lehmablagerungen, *3* — Kiesschüttung, *4* — Aufschüttung aus gemischtem Lehm und Kies, *5* — 15 cm dicke Schicht aus gemischten Ablagerungen mit einem Bitumenteppich von 6 cm.

jektanten erstrebten aus Einsparungsgründen eine Anpassung der Formgebung des Kanals an die geologischen Bedingungen, das heißt an die Gesteine, in denen der Kanal angelegt wurde, und aus denen gleichzeitig auch die Kanaldämme erbaut wurden. In Abb. 13—87a ist die Form des in Terrassenschottern angelegten Kanals dargestellt; hier mußten bei der Projektierung des Kanalprofils die ungünstigen Eigenschaften der an der Oberfläche vorhandenen Lehmschicht berücksichtigt werden. Die Abb. 13—87b veranschaulicht Querprofile des Kanals in der Talaue, wo sowohl im Abschnitt des Erdaushubes als auch in den Anschüttungen der Lehmanteil charakteristisch zum Ausdruck kommt. In beiden Fällen wird damit gerechnet, daß das Schüttmaterial während der Arbeit vermengt und weniger durchlässig sein wird als in der ursprünglichen Lagerung; Prüfversuche haben ergeben, daß die Wasserdurchlässigkeit vom Mittelwert $k = 2 \times 10^{-1}$ cm/sec auf ein Viertel absinkt. Auch die selbsttätige Verschlammung durch den Fluß machte sich schnell bemerkbar, denn die Wasserverluste verringerten sich während zweier Jahre auf ein Viertel, also auf einen wirtschaftlich annehmbaren Wert (etwa $1 m^3$/sec je km Kanallänge). Zum Schutz gegen die Einwirkungen des Wellenschlages und der Wasserströmung ist die Kanalböschung mit einer schwachen Bitumenschicht bedeckt, die allerdings wasserdurchlässig ist. Damit keine Entwertung der landwirtschaftlich wertvollen Nutzflächen durch das Sickerwasser eintritt, wird dieses durch einen Ableitungsgraben, der bis in die Schotter ausgehoben wurde, in den Abflußkanal geleitet.

3. *Der Abflußkanal* wird gewöhnlich tief in die Talsohle, oftmals bis unter die Talablagerungen, eingeschnitten; auch der Wasserspiegel im Kanal, zumindest im Abschnitt unmittelbar unterhalb des Kraftwerkes, ist niedriger als der Grundwasserspiegel. Deshalb ist es erforderlich, die Art und Eigenschaften der Gesteine zu ermitteln, in die der Kanal einschneidet, und die Ufergestaltung so festzulegen, daß die Ufer durch das einsickernde Grundwasser nicht gestört werden. Gesteine mit einer geringen Festigkeit müssen beispielsweise durch eine Schotterschicht oder durch Pflasterung geschützt werden.

Bei den Abflußkanälen ergibt sich noch ein weiteres ingenieurgeologisches Problem; durch die Austiefung des Kanals wird nämlich der Grundwasserspiegel in der weiteren Umgebung so tief abgesenkt, daß das Grundwasser von der oberflächlichen Lehmschicht getrennt wird und aufhören würde, diese mit Kapillarwasser zu versorgen. Dies würde die landwirtschaftliche Nutzung der umliegenden Grundstücke stark beeinträchtigen. Deshalb ist zumeist eine Bewässerung des Geländes entlang eines tiefeingeschnittenen Abflußkanals erforderlich. In Abb. 13—88 ist der Abflußkanal des Stauwerkes Donzère-Mondragon dargestellt, entlang welchem eine Bewässerung der landwirtschaftlich wertvollen Nutzflächen mit Hilfe der an den Zuleitungskanal angeschlossenen Bewässerungsgräben möglich war. Das Wasser sickerte aus dem Bewässerungsgraben entweder durch besondere Sickergruben oder Bohrbrunnen in die Schotter ein.

13,17. Geologische Untersuchung für Wasserkraftwerke. Ein Wasserkraftwerk soll an Stellen mit einwandfreiem, nach Möglichkeit dichtem Baugrund und gleichzeitig an einem morphologisch geeigneten Ort errichtet werden, wo der Zuleitungskanal das höhere Gelände verläßt und in die tiefer gelegene Talebene übergeht.

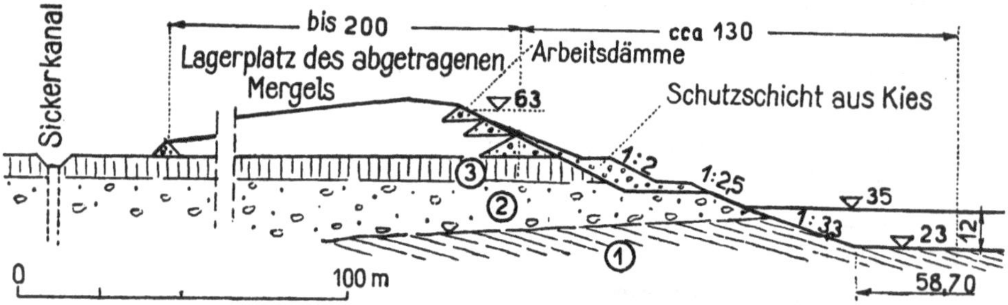

Abb. 13—88. Schnitt durch den Abflußkanal des Stauwerkes Donzère-Mondragon. *1* — neogener Mergel, *2* — sandiger Kies, *3* — Lehmablagerungen. (*Bouvet M. J. 1950*).

In Abb. 13—89 ist das Längsprofil des bereits erwähnten Kanals des Stauwerkes *Donzère-Mondragon* schematisch dargestellt. Es zeigt auf, wie das Wasserwehr, der Kanaleinlauf, das Kraftwerk und die Schleusenkammer zweckmäßig in den festen Gesteinen angeordnet wurden, während der Kanal in Flußablagerungen und Mergeln verläuft. Die Lage der Sandsteinschwelle (Cenoman) wurde durch geoelektrische Widerstandsmessungen ermittelt.

Oft zwingen die morphologischen Bedingungen den Projektanten das Kraftwerk am Hangfuß anzulegen, denn auf diese Weise kann der Zuleitungskanal im Hang

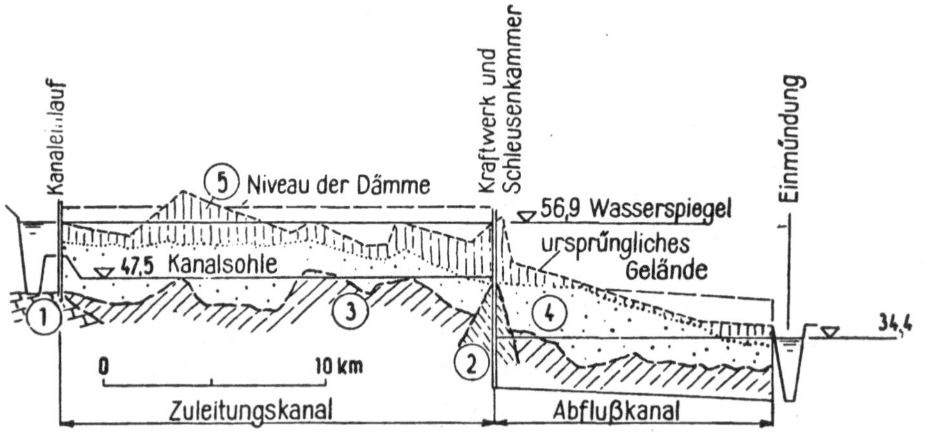

Abb. 13—89. Geologisches Längsprofil des Stauwerkes Donzère-Mondragon. Die Lage des Kraftwerkes wurde unter Berücksichtigung des Verlaufes des felsigen Untergrundes gewählt. *1* — Kalkstein (Unterkreide), *2* — Sandstein (Oberkreide), *3* — pliozäner Mergel, *4* — sandiger Kies, *5* — Lehmablagerungen. (*Bouvet M. J. 1950*).

enden und der Abflußkanal bis auf die Talsohle ausgetieft werden. In manchen Fällen kann jedoch die Baustelle des Kraftwerkes in das durch Rutschungen gefährdete Gelände oder in den Bereich tektonischer Störungen geraten, durch die die Entstehung des Tales bedingt ist.

So wurde beispielsweise das Kraftwerk bei Sučany an der Waag an einer morphologisch günstigen Stelle errichtet, wo der Zuleitungskanal einen ausgedehnten Dejektionskegel verläßt (Abb. 13—90). Die Gründung des Kraftwerkes am Fuß des

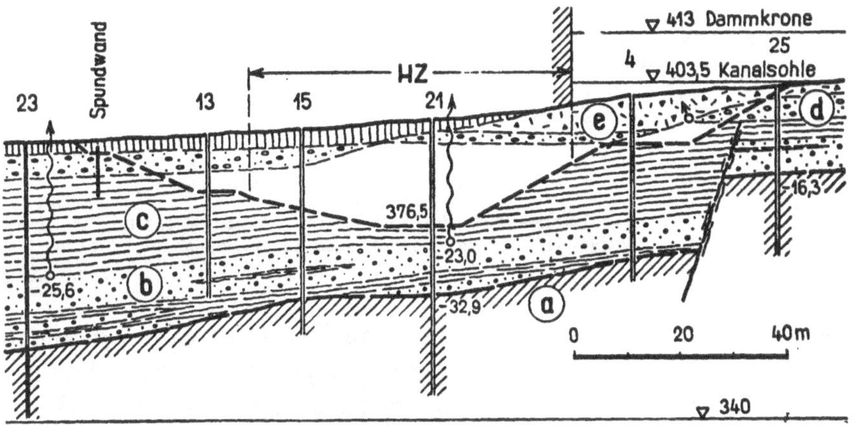

Abb. 13—90. Geologischer Längsschnitt des Kraftwerkes bei Sučany an der Waag (*Záruba—Mencl 1956*). *a* — Tonschiefer (Paläogen), *b* — Konglomerate (Neogen), *c* — sandiger Mergel (Neogen), *d* — sandiger Schotter, *e* — Granitschutt des Dejektionskegels.

Hanges war mit ziemlichen Schwierigkeiten verbunden, weil die neogenen Ablagerungen aus mergeligem Schluff und Zwischenlagen wasserdurchlässiger Konglomerate mit gespanntem Grundwasser bestanden. Da die Konglomeratschichten unmittelbar unterhalb der Baugrubensohle verlaufen, mußte für eine systematische Entlastung des gespannten Grundwassers durch Abpumpen in Bohrbrunnen gesorgt werden, damit es beim Aushub der Fundamentgrube nicht zu einem Durchbruch der Baugrubensohle kommt. Darüber hinaus mußte das in den Baugrubenwänden aus dem Granitschutt und den Schottern, die die neogenen Ablagerungen überlagern, austretende Wasser abgeleitet werden.

Bei Wasserkraftwerken in breiten Talauen kann die Gründung zu einem schwierigen Problem werden, wenn sich der felsige Untergrund in großer Tiefe befindet. Ein lehrreiches Beispiel ist der Bau des Wasserkraftwerkes *Fessenheim* am Lateralkanal des Rheins (R. Lefoulon, E. Ischy, 1955). Unterhalb von Basel ist das Flußbett des Rheins in festen Kalksteinen eingeschnitten und das Wasserkraftwerk Kembs ist noch auf diesen Kalksteinen gegründet (Abb. 13—91). In nördlicher Richtung taucht der felsige Untergrund unter die Talablagerungen. Beim Bau des Wasserkraftwerkes Ottmarsheim wurde der felsige Untergrund erst in einer Tiefe von 30 m ermittelt und bis in diese Tiefe wurde eine die Baugrube abdichtende Spundwand getrieben. Es wurde angenommen, daß auch die Gründung des Wasserkraftwerkes Fessenheim auf die gleiche Art und Weise möglich sein würde. Die geologische Untersuchung ergab, daß der felsige Untergrund hier bis in eine Tiefe von mehr als 100 m abfällt, denn das Tal des Rheins ist eine Grabensenke, in der die Absenkungen

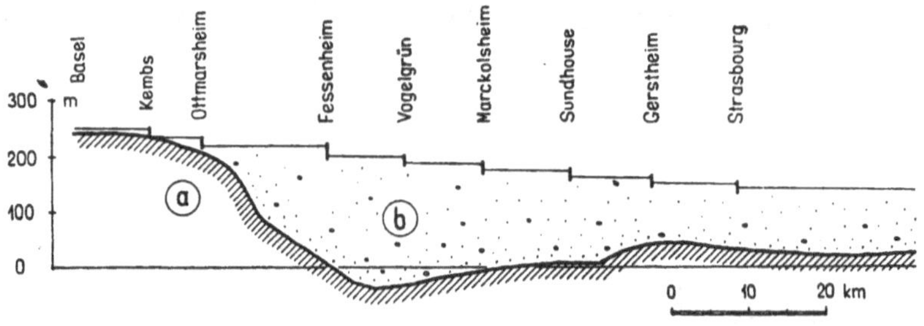

Abb 13—91. Übersichtlicher Längsschnitt des Rheintals zwischen Basel und Straßburg. *a* — felsiger Untergrund, *b* — Quartärablagerungen.

auch im Pleistozän ihren Fortgang nahmen. Auf der Baustelle des Wasserkraftwerkes Fessenheim befanden sich Ablagerungen des Rheins mit einer Mächtigkeit von mehr als 100 m und deshalb mußte die Baugrube des Kraftwerkes 27 m tief nicht nur seitlich, sondern auch auf der Talsohle abgedichtet werden (Abb. 13—92). Nach eingehender granulometrischer Untersuchung und Ermittlung der

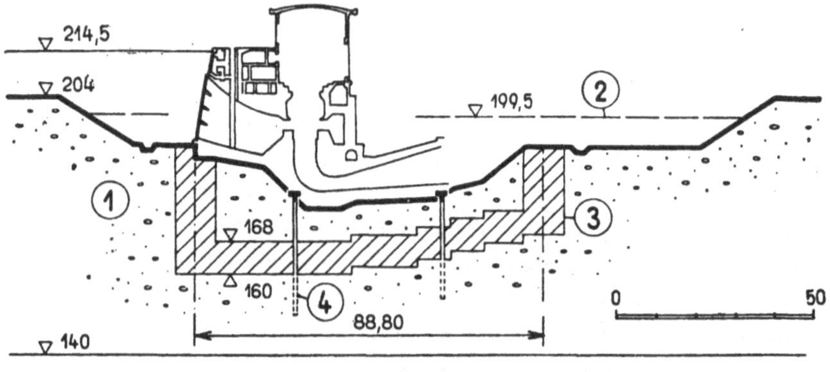

Abb. 13—92. Schnitt der Baustelle des Wasserkraftwerkes Fessenheim (*Cambefort 1955*). *1* — sandiger Kies, *2* — ursprünglicher Grundwasserspiegel, *3* — durch Injizierung abgedichteter Bereich, *4* — Entlastungsbohrungen.

Wasserdurchlässigkeit der jungen Ablagerungen wurde die Abdichtung unter Anwendung von Injektionen in ähnlicher Weise, wie in diesem Kapitel bereits geschildert, durchgeführt.

Benutzte und ergänzende Literatur zum 13. Kapitel

ALLAS E. E., MESTSCHERJAKOW A. N.: Injektionen im hydrotechnischen Bauwesen, Prag 1953.

AMPFERER O., ASCHER H.: Über geologisch-technische Erfahrungen beim Bau des Spullerseewerkes, Jahrb. der Geol. Bundesanstalt, Wien 1925.

AMPFERER O., BERGER J.: Vom geologischen Aufbau der Aachensee-Ufer, seine Auswirkung bei der Spiegelabsenkung, Schweizer. Bauzeit. 1929.

ARIS R.: Les travaux d'étanchement des terrains au barrage de Foum-el Gherza, V. Congrès des grands barrages, Paris 1955.

BAYER M., MENCL V., PELIKÁN V.: Erosionserscheinungen an den Staubeckenufern der Talsperre Kníničky bei Brno (Brünn), Sammelschrift der Hochschule für Bauwesen (ČSS), Brno 1955 (tschechisch).

BAŽANT Z. jr.: Die Grundwasserströmung und deren Einfluß auf die Projektierung von Bauwerksgründungen, insbesondere von Wasserwehren, Prag 1938 (tschechisch).

BAŽANT Z. jr.: Die Standfestigkeit kohäsionsloser Erdstoffe, Prag 1953 (tschechisch).

BLATTER CH. F.: Sondierungen und Injektionen für Talsperren. Wasser- und Energiewirtschaft, Zürich 1956.

BOUVET M. J.: Les terassements du Canal de Donzère-Mondragon. Ann. Inst. Techn., Paris 1950.

BURWELL E. B., MONEYMAKER B. C.: Geology in Dam Construction. Geol. Soc. of Am., Berkey Volume, Washington 1950.

CABANIUS J., MAIGRE R.: Le barrage de Serre-Poncon. Travaux, Paris 1958.

CAMBEFORT H.: Forages et sondages, leurs emploi dans les travaux publics, Paris 1955.

CAMBEFORT H.: Parafouilles spéciaux en terrains perméables. V. Congrès des grands barrages, Paris 1955.

TSCHAPPYLIN A. W.: Das Wasserkraftwerk im Samarabogen, Moskau 1937.

Чаппылин А. В.: Гидроэнергетический узел на Самарской Луке, Гидр. строительство, Москва 1937.

ČERMÁK Z.: Ergebnisse der Deformationsmessungen an der Orava-Talsperre, Vodní hospodářství (Wasserwirtschaft), Prag 1955.

CIAMPI G.: Diaframma nell'alveo epigenetico del bacino del Senaiga. Geotecnica, Milano 1958.

COLLET L. W.: Sedimentation des reservoirs et problèmes connexes. IV. Congrès des grands barrages, New Delhi 1951.

FUSÁN O., ZÁRUBA Q., HROMADA K.: Geologische Untersuchung des Hornádtales zum Studium der Stauwerke zwischen Margecany und Kysak, Geotechnika, Bratislava 1954 (slowakisch).

Geology and Foundation Treatment, 1949, TVA *22*, Washington.,

GIGNOUX M., BARBIER R.: Géologie des barrages et des aménagements hydrauliques, Paris 1955.

GRISCHIN M. M.: Untersuchung unter Berücksichtigung der geotechnischen Beschaffenheit des Baugrundes bei der Talsperrenprojektierung, Talsperrenkongress, Washington 1936.

GRISCHIN M. M.: Hydrotechnische Bauwerke, Moskau 1954.

Гришин М. М.: Гидротехнические сооружения, Москва 1954.

GINSBOURG M. B.: Study of the Effect of Grout Curtains and Drainage on the Uplift Intensity in Concrete Dams Built in Rock Foundations, VI. Congrès des grands barrages, New York 1958.

GRUNDY C. F.: The Treatment by Grouting of Permeable Foundations of Dams, V. Congrès des grands barrages, Paris 1955.

HAMMER W.: Geologische Beobachtungen beim Bau des Wasserkraftwerkes bei Mallnitz, Jahrb. des Geol. Bundesamtes, Wien 1927.

HYNIE O.: Störungen der Standfestigkeit des Baugrundes bei hydrotechnischen Bauwerken unter Berücksichtigung der Gebietsverhältnisse in der ČSSR, Zprávy veř. služby techn. (Mitteilungen des öffentlichen technischen Dienstes), Prag 1933 (tschechisch).

Ingenieurgeologische Untersuchungen für das hydrotechnische Bauwesen, Moskau 1950.

Инженерно-геологические исследования для гидроэнергетического строительства, Москва 1950.

ISCHY E.: Barrage de Castillon. Lutte contre les érosions souterraines, III. Talsperrenkongreß, Stockholm 1948.

JÄHDE A.: Injektionen zur Verbesserung von Baugrund und Bauwerk, Berlin 1953.

JEVDJEVIČ V. M.: Les bassins d'accumulation en terrains karstiques, V. Talsperrenkongreß, Paris 1955.

JEŽDÍK T.: Das Bauwesen Nordamerikas in den letzten Jahren, Technický obzor (Technische Rundschau), Prag 1939 (tschechisch).

KEENER K.: Uplift Pressures in Concrete Dams, Amer. Soc. of Civil Eng. Vol. *116*, 1951.

KOLOMENSKI N. W.: Methodische Hinweise zum Studium der Verwitterungsprozesse von Gesteinen für die Zwecke der Ingenieurgeologie, Gosgeolisdat, Moskau 1952.

Коломенский Н. В.: Методические указания по изучению процессов выветривания горных пород для инженерно-геологических целей, Госгеолиздат, Москва 1952.

KÖHLER R., REUTER F.: Einige ingenieurgeologische Probleme beim Bau von Talsperren in der ČSSR, Zeitschrift für angewandte Geologie, Berlin 1958.

KRATOCHVÍL S.: Verfestigung und Abdichtung des Baugrundes mit Hilfe von Injektionen, Bratislava 1947 (slowakisch).

KRATOCHVÍL S.: Talsperrenbauten, Bratislava 1953.

KREJČÍ K.: Beobachtungen an der Talsperre bei Luhačovice, Technický obzor (Technische Rundschau), Prag 1938, (tschechisch).

LEFOULON M. R., ISCHY M. E.: Usine de Fessenheim. Protection des fouilles par injection des alluvions. V. Congrès des Grands Barrages, Paris 1955.

LOSSMANN K.: Die Gründung von Schwergewichtsstaumauern, Prag 1950.

LOSSMANN K.: Gesteinsuntersuchung mit Hilfe der Wassserdruckprobe, Vodní hospodářství (Wasserwirtschaft), Prag 1955 (tschechisch).

LUGEON M.: Barrages et géologie, Librairie de l'Université Lausanne 1953.

MARCELLO C.: Santa Giustina Dam. IV. Congrès des grands barrages, New Delhi 1951.

MARTY M. H., MONTMARIN A DE.: Le barrage de Ben-Metir, Un exemple de barrage à contreforts fondé sur sol compressible, V. Congrès des grands barrages, Paris 1955.

MASSLOW N. N.: Bedingungen für die Standfestigkeit der Hänge und Böschungen im hydrotechnischen Bauwesen, Moskau 1955.

Маслов Н. Н.: Условия устойчивости склонов и отклонов в гидроэнергетическом строительстве, Москва 1955.

MATULA M.: Ingenieurgeologische Aufgliederung des Tales des Flusses Slaná. Geologický sborník (Geologische Sammelschrift der Slowakischen Akademie der Wissenschaften) Bratislava 1954 (slowakisch).

MEAD W. J.: Engineering Geology of Dam Sites, II. Congress of Large Dams, Washington 1938.

Mejer P. A.: Das Gjumuscher Wasserkraftwerk am Sewan-Stausee des Flusses Zanga, Hydrotechnisches Bauwesen, Moskau 1936.

Меер П. А.: Гюмушская гидростанция севанозангиского каскада, Гидр. строительство, Москва 1936.

Moor R. A.: Der Uferabbruch am Davoser See, Schweizer. Bauzeitung 1923.

Myslivec A.: Die Abdichtung von Kanälen und Erddämmen. Technický obzor (Technische Rundschau), Prag 1945 (tschechisch).

Němčok A.: Die Wasserdurchlässigkeit einiger Gesteinsarten im Untergrund projektierter Talsperren in der Slowakei, Geologische Arbeiten der Slowakischen Akademie der Wissenschaften (SAV), Bratislava 1955 (slowakisch).

Paréjas E., Rambert O.: Reconnaissance, géologie et traitement de la fondation du barrage de Mauvoisin, V. Congrès des grands barrages, Paris 1955.

Pavlin, Mladineo, Stubičan et Nonveiller: Bassin d'accumulation de Peruča dans le Karst Dinarique. V. Congrès des grands barrages, Paris 1955.

Reuter F.: Hangrutschungen bei den Baustellen des Bodewerkes. Zeitschr. für angew. Geologie, Berlin 1958.

Reuter F.: Die Wasserdurchlässigkeitsprüfungen und Baugrundvergütung als ingenieurgeologische Untersuchungsmethode bei Talsperrenbauten. Zeitschr. für angew. Geologie, Berlin 1958.

Rogge H. J., Miehlke O.: Zu den jüngsten Küstenrückgängen bei Kühlungsborn und Graal—Müritz—Neuhaus. Zeitschr. für angew. Geologie, Berlin 1958.

Rosa S. A.: Der Gleitwiderstand der Gesteine des felsigen Untergrundes bei hydrotechnischen Bauwerken, Moskau 1952.

Роза С. А.: Сопротивление скальных пород основания гидротехнического сооружения сдвигающему усилию. Москва 1952.

Roth Z.: Der Baugrund von Talsperren als Ergebnis des Klimas im Pleistozän. Sammelschrift des Geologischen Zentralinstituts (ÚÚG), Prag 1954.

Segré C.: Considerazioni geognostiche sulla deltazione. Annali C. S. d. A., Roma 1921.

Segré C.: Condizioni geognostico-costruttive di due grandi sbarramenti nell Appennino Emiliano, Roma 1924.

Schardt H.: Die geologischen Verhältnisse des Stau- und Kraftwerkes Wäggital, Eclogae Geol. Helvetiae 1924.

Simonds A. W.: Final Foundation Treatment at Hoover Dam, Trans. Am. Soc. of Civ. Eng. Vol. *116*, New York 1951.

Simonds A. W., Lippold F. H., Keim R. E.: Treatment of Foundations for Large Dams by Grouting Methods. Transactions of Am. Soc. of Civ. Eng. Vol. *116*, New York 1951.

Staub R.: Die geologische Beurteilung von Sperrstellen und Speicherbecken. Wasser- und Energiewirtschaft, Zürich 1956.

Stiny J.: Statik und Talsperrengeologie, Geologie und Bauwesen, Wien 1953.

Stucky A.: Ben Metir dam, Water Power 1956.

Tichomirow N. K.: Ingenieurgeologische Bedingungen der hydrotechnischen Bauwerke im Samarabogen, Hydrotechnisches Bauwesen, Moskau 1938.

Тихомиров Н. К.: Инженерно-геологические условия гидротехнических сооружений на Самарской Луке, Гидр. строительство, Москва 1938.

Thomas A.: Die Talsperre Mauvoisin, Zeitschr. für angew. Geol., Berlin 1957.

Verfel J., Roth V., Jarolímek L.: Gesteinsuntersuchungen unter Anwendung der Wasserdruckprobe, Vodní hospodářství (Wasserwirtschaft) Prag 1956 (tschechisch).

Verfel J.: Die Durchführung von Wasserdruckproben und Injektionsversuchen, Sammelschrift des Instit. für Baugeologie, Brünn 1957 (tschechisch).

Woldřich J.: An den Talsperren Camarassa und Tremp in Katalonien, Technický obzor (Technische Rundschau) Prag 1927 (tschechisch).

Záruba Q.: Die Talsperren am Flusse Arda und Tidone bei Piacenza, Zprávy veř. služby techn. (Mitteil. des öffentl. technischen Dienstes), Prag 1927 (tschechisch).

Záruba Q.: Staudämme am Flusse San Gabriel in Kalifornien, Technický obzor (Technische Rundschau), Prag 1934.

Záruba Q., Mencl V.: Ingenieurgeologische Probleme bei der Gründung des Wasserkraftwerkes Sučany an der Waag, Inženýrské stavby (Ingenieurbauten) Prag 1956 (tschechisch).

Záruba Q., Rybář J.: Erfahrungen bei der Injektion eines Dichtungsschleiers in gestörten Schiefern, Inženýrské stavby (Ingenieurbauten), Prag 1957 (tschechisch),

Zolotarjow G. S.: Die Bedeutung der Ufergestaltung des Staubeckens. Ingenieurgeologische Untersuchungen für das hydrotechnische Bauwesen, Moskau 1950 (russisch).

Zoubek V.: Geologische Unterlagen zum Projekt der Talsperre bei Orlické Zlákovice, Geotechnica, Prag 1953 (tschechisch).

14. Kapitel. Aufgaben der Geologie für die Gebietsplanung

14,1. Einführung. Aufgabe der Gebietsplanung nach der heutigen Auffassung ist eine möglichst optimale Ausnutzung eines bestimmten Gebietes und seiner natürlichen Rohstoffquellen unter Berücksichtigung der Besonderheiten des Baugrundes und der natürlichen Bedingungen. Die Gebietsplanung beschränkt sich also nicht nur auf die Probleme, die mit dem Aufbau neuer Siedlungen und Industriebetriebe und dem Ausbau des Verkehrsnetzes selbst zusammenhängen. Eine zweckdienliche Aufteilung der Gebiete in land- und forstwirtschaftlich genutzte Flächen, in Flächen zur Gewinnung mineralischer Rohstoffe, zur Besiedlung und für die industrielle Bebauung, für Naturschutzgebiete und zur Erholung der Werktätigen, erfordert vor allem umfassende Kenntnisse der geologischen und natürlichen Verhältnisse im weitesten Sinne des Wortes. Allerdings sind bei der Ausarbeitung eines Gebietsplanes auch die Tätigkeit der Menschen selbst und deren Konsequenzen in der natürlichen Umwelt in Betracht zu ziehen.

Die Geländeoberfläche in einem so lange Zeit hindurch besiedelten Gebiet, wie es Mitteleuropa ist, befindet sich nicht im ursprünglichen natürlichen Zustand, sondern wurde von Menschenhand stark verändert. Die Tätigkeit des Menschen veränderte die ursprüngliche Vegetation; insbesondere durch rücksichtsloses Abholzen der Wälder wurde die Fläche der Waldbestände wesentlich verringert. Durch Kahlschlag auf Bergrücken wurden an zahlreichen Stellen Bedingungen für eine erhöhte Bodenerosion geschaffen und dies führte manchmal zu einer Verschandelung des betreffenden Gebietes. Durch systematischen Ackerbau wurde der Boden aufgelockert; dies ermöglichte ein verstärktes Abfließen des Niederschlagswassers und Ausschwemmen der Ackerkrume oftmals in hohem Maße. Einschneidende Folgen zeitigen die Eingriffe des Menschen in den Wasserhaushalt des betreffenden Gebietes. Unbedachtsame Flußregulierungen und eine Liquidierung der Teiche beschleunigen den Abfluß des Oberflächenwassers, eine systematische Quellenfassung und das Abpumpen des Grundwassers senken dauernd den Grundwasserspiegel ab, usw. Dies sind Eingriffe, die einen besonders ungünstigen Einfluß ausüben, weil sie das betreffende Gebiet systematisch austrocknen und sich auf das Klima nachteilig auswirken.

Auch die Tätigkeit des Menschen auf der Erde mit seinen technischen Hilfsmitteln nimmt ständig zu. Der mit leistungsfähigen Maschinen ausgerüstete moderne Mensch erweist sich in der Natur als ein wichtiger Faktor, der das Aussehen der Landschaft grundlegend verändert. Man muß sich nur vor Augen führen, welch großen Umfang die Erdarbeiten besitzen, die der Mensch für verschiedene Verkehrs- und Wasserwirtschaftsbauten ausführt, wie umfangreich der Abbau von Baustoffen, die Kohle- und Erzförderung sowie die Gewinnung sonstiger mineralischer Rohstoffe sind. Durch die Arbeit des Menschen und seiner Maschinen wird das Landschaftsbild stellenweise vollkommen verändert, es ändern sich sowohl die Vegetation als auch die Gestalt der Erdoberfläche, die Abflußverhältnisse des Oberflächen- und Grundwassers sowie die klimatischen Bedingungen. Die meisten dieser Eingriffe verursachen eine Störung des biologischen Gleichgewichtes der Landschaft, weil sich die Menschen der Tragweite ihrer Handlungen bisher nicht bewußt waren, und sich die Kompliziertheit der Beziehungen, durch die alle Vorgänge in der Natur untereinander verknüpft sind, nicht vor Augen führten. Auf diese Weise nahmen nicht nur die Flächen mit natürlichem Waldbestand, sondern auch die zur landwirtschaftlichen Nutzung geeigneten Flächen in bedenklichem Maße ab. Bei dem stetigen Bevölkerungszuwachs und dem ständig steigenden Lebensstandard der Bevölkerung werden die Rekultivierungsprobleme der aus der landwirtschaftlichen Produktion ausgeschiedenen Nutzflächen und die Wiederherstellung verschandelter Landschaften überhaupt zu einer unerläßlichen Notwendigkeit.

Die Tätigkeit des Menschen war in der Vergangenheit vorwiegend von privaten Interessen geleitet und vom Gesichtspunkt des momentanen Profits, ohne Rücksicht auf die Interessen der Allgemeinheit, bestimmt. Die Gebietsplanung nach der heutigen Auffassung soll diese willkürlichen und unseligen Eingriffe in die Landschaft durch einen wohldurchdachten Plan ersetzen, der eine Nutzbarmachung des Gebietes in der Weise festlegt, daß zwischen der Tätigkeit des Menschen und der Natur eine harmonische Übereinstimmung besteht, damit durch eine Neuregelung die Fehler der Vergangenheit nach Möglichkeit wieder gut gemacht werden. Die Probleme der Gebietsplanung und vor allem der Siedlungs- und Industrieplanung gewannen insbesondere bei der Umgestaltung der Gesellschaftsordnung in der ČSSR an Bedeutung, weil weitaus größere Möglichkeiten zur Lösung dieser Aufgaben gegeben sind. Die Planwirtschaft setzt zwangsläufig einen systematischen Ausbau von Siedlungen und Industriebetrieben, sowie die Ausnutzung der natürlichen Rohstoffquellen nach einem eingehend ausgearbeiteten Volkswirtschaftsplan voraus. Deshalb werden in allen fortschrittlichen Staaten Gesetze und Richtlinien über die Gebietsplanung, deren Ausführung und die dazu erforderlichen Unterlagen erlassen.

14,2. Arten der Gebietspläne. Nach dem Grad der Vorbereitung und der Zweckbestimmung werden gewöhnlich unterschieden:

a) Gebietspläne größerer Interessengebiete (Bezirke),
b) Gebietspläne von Siedlungen mit dem zugehörigen Interessengebiet,
c) Bebauungspläne der Gemeinden und Städte.

Die *Gebietspläne der Bezirke* werden für wirtschaftlich oder kulturell wichtige Interessengebiete (Bezirke) ausgearbeitet, für die die Bedingungen des systematischen Aufbaus, insbesondere im Hinblick auf die vorgesehenen weiteren Investitionen, festzulegen sind. Aufgabe der Gebietspläne von Bezirken ist also der Entwurf grundlegender Richtlinien für die Gestaltung des Interessengebietes in der Weise, daß alle wirtschaftlichen Möglichkeiten des geplanten Gebietes genutzt und entwickelt werden. Der Gebietsplan des Bezirkes ist ein langfristiger Plan, er wird gewöhnlich für einen Zeitraum von 15—20 Jahren aufgestellt, und in ihm ist die Festlegung der vorgesehenen Reihenfolge der Realisierung des geplanten Ausbaus vorzusehen.

Die *Gebietspläne der Siedlungen* werden für den gesamten Umfang einer Siedlung und deren Interessengebiet ausgearbeitet. Aufgabe des Gebietsplanes einer Siedlung ist die Abgrenzung des Interessengebietes der Stadt und die Lösung der Wechselbeziehungen zwischen der Siedlung und den natürlichen Bedingungen des betreffenden Gebietes. Nach der angenommenen Entwicklung, der die wirtschaftlichen Möglichkeiten zugrunde gelegt wurden, ist die Größe der Siedlung perspektivisch festzulegen, sind die Flächen für die einzelnen Zwecke abzugrenzen und der Plan des Verkehrsnetzes aufzustellen sowie der Charakter der Bebauung und die Reihenfolge des Ausbaues zu bestimmen. In diesem Plan sind die für eine Wiederherstellung in Frage kommenden Gebiete abzugrenzen und die als natürliche und historische Denkmäler geschützten Objekte zu bestimmen. Gleichzeitig sind grundsätzlich die Ausstattung der Siedlung mit technischen Einrichtungen, das Problem der Wasserversorgung, die Entwässerungsmöglichkeiten, die Energieversorgung usw. zu lösen.

Die *Bebauungspläne* betreffen den Ausbau von Gemeinden und Städten oder ihrer Teile. Sie werden nach den in den Gebietsplänen genehmigten Prinzipien angefertigt. In diesen wird im einzelnen die Art, Form und der Umfang der Flächennutzung in baulicher Hinsicht bestimmt. Sie enthalten eine genaue lage- und höhenmäßige Anordnung aller Gebäude, Straßen, Verkehrseinrichtungen und technischen Anlagen, die Ausgestaltung der Parkanlagen usw.

Unterlagen der Gebietsplanung. Die Ausarbeitung der Gebietspläne setzt eine genaue Kenntnis des Planungsgebietes voraus. Jede wie immer geartete Diskussion über die optimale Nutzung und Aufteilung von Grund und Boden ist zwecklos, wenn das Gelände nicht eingehend untersucht wurde. Die Mannigfaltigkeit der geologischen Verhältnisse, die Gliederung der Geländeoberfläche, die Verschiedenartigkeit der Bodenqualität, der hydrogeologischen und klimatischen Verhältnisse bewirken eine abwechselungsreiche Landschaft, erschweren jedoch die Gebietsplanung. Diese vielgestaltigen natürlichen Bedingungen und Besonderheiten eines Gebietes gilt es zu erkennen, um bei der Aufstellung des Gebietsplanes alle Quellen und Vorteile zweckdienlich nutzen zu können, die die Natur bietet, damit die von der Natur in den Weg gelegten Hindernisse leichter überwunden werden können.

Eine unentbehrliche Unterlage zur Ausarbeitung aller Gebietspläne sind die durch wissenschaftliche Verfahren gewonnenen Analysen des Gebietes, die einen Überblick darüber vermitteln, wie das betreffende Gelände von der Natur ausgestattet wurde, wie dieses durch die heutige Besiedlung genutzt wird und welche Möglichkeiten und Voraussetzungen zu seiner Entwicklung gegeben sind. Zur Ausarbeitung der Gebietspläne sind die grundlegenden natürlichen Bedingungen des Interessengebietes zu ermitteln. Zu den grundlegenden Untersuchungen der natürlichen Umwelt gehören folgende Unterlagen und Analysen:

a) Die *topographischen* und *geomorphologischen Unterlagen.* Der morphologische Charakter des Gebietes und die topographischen Angaben sind in entsprechenden Karten enthalten. Diese Untersuchung umfaßt also das Studium der betreffenden Karten und die Besichtigung des Geländes. Es handelt sich im wesentlichen um die geographische Lage des Interessengebietes, die morphologische Gestalt der Geländeoberfläche, deren Gliederung, die Verteilung der bestehenden Bebauung, der Wasserflächen und fließenden Gewässer, der aufgeforsteten Flächen, der Hauptverkehrswege usw. Eine gute Kenntnis der geomorphologischen und topographischen Verhältnisse ist Voraussetzung für weitere Untersuchungen.

b) *Die geologische Analyse.* Wichtigste Unterlage des Gebietsplanes ist eine grundlegende geologische Karte, die auf der Grundlage der ingenieurgeologischen Untersuchung ausgearbeitet wurde. Aus dieser Karte werden gewöhnlich die Baugrundkarten abgeleitet, die einen Überblick über die Eigenschaften der Gesteine bis zu der für bauliche Zwecke erforderlichen Tiefe sowie über den Stand des Grundwasserspiegels Aufschluß geben sollen. Ein weiterer wesentlicher Bestandteil der geologischen Analyse ist das Verzeichnis und die Erkundung von Lagerstätten mineralischer Rohstoffe. Zur wirtschaftlichen Beurteilung muß man den Umfang der Lagerstättenvorräte, deren bisherige Ausnutzung wie auch den Stand der bisher noch nicht genutzten Vorkommen mineralischer Rohstoffe kennen, die ein entscheidender Faktor für die perspektivische Entwicklung des betreffenden Gebietes sind.

c) Die *wasserwirtschaftliche Analyse*, die neben den hydrologischen und hydrogeologischen Daten beispielsweise auch Angaben über die Wasserdurchlässigkeit der Oberflächenschichten, über die Fläche der Waldbestände und weitere für die Aufspeicherung des Niederschlags- und Grundwassers wichtige Angaben enthalten soll.

d) Die *klimatologische Analyse*, aus der die Faktoren hervorgehen, die auf die Bildung der örtlichen klimatischen Bedingungen von Einfluß sind. Aufgabe dieser Untersuchung ist die Abgrenzung der zur Besiedlung und Anordnung von Industriebetrieben geeigneten oder weniger geeigneten Flächen. Insbesondere sollen die aus mikroklimatischen Gründen bedenklichen Flächen gekennzeichnet werden.

Neben diesen grundlegenden Analysen der natürlichen Faktoren sind für die Aufstellung der Gebietspläne weitere Untersuchungen erforderlich, die wirtschaftliche Fragen (Analyse der Besiedlung, der bestehenden Industriebetriebe usw.), verkehrstechnische, biologische Probleme (der zusammenhängenden Baumbestände und der Vegetation überhaupt) sowie Fragen der Naturschutzgebiete usw. betreffen.

Im folgenden werden die Hauptprobleme der einzelnen Analysen behandelt, sofern sie zu den geologischen und morphologischen Verhältnissen der Landschaft in irgendeiner Beziehung stehen.

14,3. Geologische Analyse. Die geologische Analyse stützt sich auf die eingehende ingenieurgeologische Untersuchung des gesamten Interessengebietes und hat bei der Ausarbeitung der Gebietspläne vielfältige und wichtige Aufgaben zu erfüllen. Das Gebiet wird eingehend geologisch kartiert und gleichzeitig werden die Gesteine der

Geländeoberfläche durch Aufschlüsse untersucht. Wo es erforderlich ist, werden auch tiefere Bohrungen, hauptsächlich zur Ermittlung der Mächtigkeit der Deckschichten und Beschaffenheit des felsigen Untergrundes, und zwar zumindest entlang einiger Hauptprofile, niedergebracht. In diesen Profilen werden der geologische Bau des Geländes und die Wechselbeziehungen der Deckschichten sowie die Tiefe der einzelnen Grundwasserleiter dargestellt (Abb. 14—1).

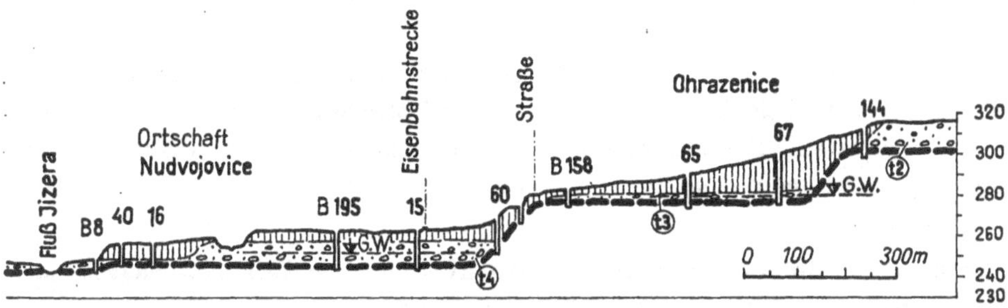

Abb. 14—1. Beispiel eines geologischen Profils, das zum Zwecke der Übersicht über die Gründungsverhältnisse im Gebiet von Turnov (Turnau) mit Hilfe von Brunnen und Bohrungen angefertigt wurde. Den felsigen Untergrund bilden Sandmergel des oberen Turon. Die drei Terrassenstufen *t2*, *t3*, *t4* sind mit Lößlehm überdeckt.

Gleichzeitig werden alle zugänglichen Aufgrabungen und Aufschlüsse, auch die früher aufgegebenen, vermessen und ausgewertet, sofern die letzteren im Archiv des betreffenden geologischen Instituts registriert oder in der Fachliteratur und in verschiedenen örtlichen Archiven, beispielsweise in den Bauabteilungen der städtischen Behörden, Brunnenbaubetrieben usw., verzeichnet sind. Das Ergebnis der eingehenden Untersuchung wird in einer grundlegenden geologischen Karte gewöhnlich im Maßstab 1 : 5000 ausgewertet; (es ist dies im wesentlichen eine abgedeckte geologische Karte mit Darstellung der Deckschichten). Für größere Komplexe wird manchmal der Maßstab 1 : 10 000 angewandt, je nachdem, in welchem Maßstab die sonstigen Unterlagen bereitgestellt werden (siehe Abschnitt über die geologischen Karten, 3. Kapitel). Für Großstädte und neuerbaute Siedlungen mit komplizierten geologischen Verhältnissen werden anhand geologischer Karten weitere, sog. abgeleitete Karten, wie beispielsweise die Baugrundkarte, die Karte der Gewinnbarkeit und technischen Verarbeitbarkeit der Gesteine usw. angefertigt.

In der *Baugrundkarte* werden die Flächen des Interessengebietes keineswegs nach der Gesteinsart, sondern nach den für die Gründung wichtigen Eigenschaften aufgeteilt. Bei der Beurteilung des Geländes unter Berücksichtigung der Eigenschaften der Gesteine als Baugrund ist es falsch, sich ausschließlich nach dem Begriff der Tragfähigkeit zu richten; es ist vielmehr der gesamte Charakter des Baugeländes im Hinblick auf die Gründung, wie im 7. Kapitel angeführt, zu berücksichtigen. Abgeleitete Baugrundkarten, die mechanisch nach der Tragfähigkeit der Gesteine aufgestellt wurden, sind im großen und ganzen bestenfalls nur für Laien ein geeignetes Hilfsmittel, die nicht einmal über die Grundkenntnisse der angewandten Geologie verfügen. Für den Ingenieur, dem der geologische Bau des Geländes verständlich ist, und der die richtige Vorstellung von der Entwicklung des Reliefs des untersuchten Gebietes hat, ist eine einwandfrei ausgearbeitete ingenieurgeologische Karte weitaus zweckmäßiger, aus der er die komplizierten geologischen Verhältnisse besser als aus zu sehr vereinfachten schematischen Darstellungen, die sowieso nicht allgemeingültig sind, herauslesen kann. Wie bereits im 7. Kapitel erläutert wurde, ist die zulässige Beanspruchung des Baugrundes keine eindeutige Zahl, denn sie ist auch vom Konstruktionstyp des Bauwerkes, seinen Abmessungen, betrieblichen Bedingungen usw. abhängig. So kann beispielsweise ein für einen Industriebetrieb mit schweren, unterschiedlich belasteten Fundamentkonstruktionen ungeeignetes Gelände für die Gründung eingeschossiger Wohnhäuser einer neu zu errichtenden Siedlung usw. durchaus geeignet sein.

Es wird deshalb empfohlen, in dem Baugrundplan die Bebauungsflächen nach einem weiteren Gesichtspunkt wie folgt zu bezeichnen:

1. sehr gut geeigneter Baugrund,
2. gut verwendbarer Baugrund,
3. nur unter bestimmten Voraussetzungen verwendbarer Baugrund,
4. ungeeigneter Baugrund.

Gleichzeitig werden in diesen Plänen die Flächen gekennzeichnet, die deshalb nicht bebaut werden sollen, weil sie geschützt sind oder als Naturschutzgebiet oder historisches Denkmal zum Schutz vorgeschlagen werden.

In die *Karte der Gewinnbarkeit* und technischen Verarbeitbarkeit der Gesteine wird der flächenmäßige Umfang der Gesteine nach den Gewinnungsklassen (siehe 6. Kapitel) eingezeichnet. Diese Karten werden nach der grundlegenden geologischen Karte hergestellt, so daß die Tiefe des felsigen Untergrundes durch verschieden breite Streifen in der entsprechenden Farbe des Gesteins ausgedrückt wird. In der Karte kann sodann sowohl der Grad der Gewinnbarkeit oberflächennaher Gesteine als auch der Gesteine des felsigen Untergrundes ausgedrückt werden.

Für die Zwecke der Gebietsplanung sind die *Bodenarten* vom Standpunkt der landwirtschaftlichen Produktivität, beispielsweise nach den früheren Richtlinien des deutschen Amtes für Bodenforschung zu bewerten. In diesen Richtlinien wurde nicht nur die Genese der Bodenart und deren Tiefe berücksichtigt, sondern auch dem momentanen Stand der physikalischen, chemischen und biologischen Eigenschaften des Bodens Rechnung getragen (Bodentyp). Die Bewertung der Böden vom landwirtschaftlichen Gesichtspunkt gehört in das Fachgebiet der Agropedologie und soll sich nach Möglichkeit auf bodenkundliche Untersuchungsverfahren stützen. Für landwirtschaftlich wichtige Gebiete sollte als Unterlage für den Gebietsplan auch eine agropedologische Analyse ausgearbeitet werden.

Aus der grundlegenden geologischen Karte und aus den weiteren abgeleiteten Karten geht hervor, welche Gebiete günstige Bedingungen für eine Bebauung aufweisen und welche zu diesem Zweck weniger geeignet sind, ferner, welche Flächen für die landwirtschaftliche Nutzung besonders wertvoll sind und wo Lagerstätten natürlicher Rohstoffe auftreten. Die Bedeutung der geologischen Verhältnisse für den Siedlungsbau, insbesondere im Hinblick auf die Eigenschaften das Baugrundes, wird im Abschnitt 14,6 eingehender behandelt.

Ein wichtiger Bestandteil der geologischen Analyse ist das Verzeichnis der *Lagerstätten natürlicher Baustoffe*, der Steinbrüche zur Gewinnung von Bausteinen und Schotter, der Sand-, Kies- und Lehmgruben sowie der bisher ungenutzten Vorkommen von Baustoffen innerhalb des Interessengebietes. Die Lagerstätten und die flächenmäßige Ausdehnung der Vorkommen werden auch in einer topographischen Karte (1 : 25 000) gemeinsam mit den Lagerstätten anderer mineralischer Rohstoffe dargestellt.

Die Lagerstätten mineralischer Rohstoffe sind für die Gebietspläne von großer Bedeutung, denn deren Lage ist für die Standortbestimmung der betreffenden Industrie, die der Bevölkerung Arbeitsmöglichkeiten bietet und gleichzeitig auch den Bau von Wohnsiedlungen, Verkehrswegen usw. bestimmt, entscheidend. Durch das Vorhandensein wirtschaftlich wichtiger Lagerstätten mineralischer Rohstoffe wird also die perspektivische Entwicklung des betreffenden Gebietes vorausbestimmt.

Die flächenmäßige Ausdehnung der Lagerstätten wichtiger mineralischer Rohstoffe muß auch deshalb bekannt sein, damit an deren künftigen Abbau bei der Anordnung neuer Wohnsiedlungen, Industriebetriebe und anderer Bauobjekte gedacht wird. Durch die Errichtung einer Wohnsiedlung oder eines anderen wertvollen Bauobjektes auf Flächen mit Vorkommen mineralischer Rohstoffe wird die Lagerstätte entwertet, weil beim Abbau dann auf die Oberflächenbebauung Rücksicht genommen werden muß. So treten beispielsweise bei der Kohleförderung, wie beim untertägigen Bergbau überhaupt, gewisse Oberflächenstörungen auf. Es sind unausgehauene Sicherheitspfeiler in den Gruben zu belassen, die in volkswirtschaftlicher Hinsicht auch schwere Verluste einerseits unmittelbar an Rohstoffen, andererseits durch die erschwerte Förderung bedeuten.

Lagerstätten mineralischer Rohstoffe dürfen auch in keiner anderen Form, beispielsweise durch Überflutung mit Stauwasser aus künstlichen Staubecken usw. entwertet werden. Mit den Vorräten mineralischer Rohstoffe soll zweckdienlich und sparsam umgegangen werden, denn die heutige Generation trägt die Verantwortung für deren sparsamen Verbrauch den künftigen Generationen gegenüber. Deshalb sind natürliche Rohstoffe in der Weise abzubauen und zu verarbeiten, daß deren wirtschaftliche Werte bestmöglich genutzt werden.

Zahlreiche Lagerstätten wurden durch die Anwendung von Ausbeutermethoden unsystematisch abgebaut. An einer einzigen Lagerstätte wurden oftmals mehrere Konkurrenzunternehmen gegründet, die sich gegenseitig Hindernisse in den Weg legten und bestrebt waren, den am leichtesten zugänglichen Teil der Lagerstätte ohne Rücksicht auf die Zukunft abzubauen. Auf diese Weise wurden zahlreiche Vorkommen mineralischer Rohstoffe innerhalb kurzer Zeit ausgeplündert, obwohl diese bei verantwortlicher Förderung noch genügend Rohstoffe den künftigen Generationen hätten bieten können. Man muß sich beispielsweise das unwirtschaftliche Kammerabbauverfahren bei der Kohleförderung ins Gedächtnis zurückrufen, das noch unlängst in manchen Gebieten angewendet wurde. Wie bekannt, wurden dabei nur etwa 40 % der Vorräte (manchmal sogar noch weniger) gefördert, während 60 % der Kohlenflöze unter der Erde belassen und praktisch vollkommen entwertet wurden. Oder es wurden beispielsweise zahlreiche Erdölvorkommen durch unsystematische Förderung und Raubbau miteinander konkurrierender Unternehmer vorzeitig erschöpft.

Ein ähnlich unwirtschaftlicher Abbau ist auch bei der Torfgewinnung zu verzeichnen, dessen wirtschaftliche Bedeutung vielfach unterschätzt wird. Torf ist heutzutage ein wichtiger, vielseitig verwendbarer Rohstoff, der zum natürlichen Reichtum gehört und mit dem entsprechend seiner Wichtigkeit verfahren werden sollte. Es ist deshalb unzweckmäßig, wenn in den Überflutungsgebieten neuer Staubecken der Talsperren unabgebaute Torflagerstätten zurückgelassen werden. Weitere Schäden können auch dadurch entstehen, daß das Wasser im Staubecken durch humose Stoffe, die aus der Torflagerstätte nach und nach ausgelaugt werden, stark verunreinigt wird.

Vom Standpunkt der wirtschaftlichen Nutzung natürlicher Rohstoffe ist wohl zu überlegen, ob der volkswirtschaftliche Nutzen irgendeines Stauwerkes die Verluste aufwiegt, die durch Überflutung oder Entwertung von Lagerstätten wichtiger natürlicher Rohstoffe entstehen.

Auch eine übereilte und unsystematische *Anlage von Steinbrüchen* und der Aufschluß von Lagerstätten zur Baustoffgewinnung zu Zeiten starker Nachfrage führte oftmals zum unwirtschaftlichen Zerwühlen der Lagerstätte, zur unverantwortlichen Ablagerung des Abraumes auf den Vorräten und zur Verschandelung des Geländes in der weiteren Umgebung. Bei der planmäßigen Förderung mineralischer Rohstoffe ist darauf zu achten, daß deren wirtschaftliche Werte optimal genutzt werden. Dieser Gesichtspunkt wird zweckmäßigerweise an einigen konkreten Beispielen erläutert:

Vom Standpunkt der wirtschaftlichen Verwertung natürlicher Rohstoffe aus ist es unrichtig, wenn sehr wertvolle hochprozentige Kalksteine zu Bausteinen gebrochen und als Straßenschotter verwendet werden, auch wenn sie sich für diesen Zweck gut eignen. Diese Kalksteine sind nämlich ein gesuchter chemischer Rohstoff, sie gehören zum natürlichen Reichtum des Gebietes. Werden sie zu einem anderen Zweck verwendet, für den sich Kalksteine mit einem weitaus geringeren Gehalt an Kalziumkarbonat eignen würden, dann wird mit den Rohstoffen schlecht gewirtschaftet. Ähnliche Fälle könnten eine ganze Menge angeführt werden. Am genannten Beispiel wurde der Sinn und die Bedeutung einer einwandfreien Bewirtschaftung mineralischer Rohstoffe erläutert, die so verwertet werden sollen, daß sie der Volkswirtschaft den größtmöglichen Nutzen erbringen. Man muß sich vergegenwärtigen, daß der einmal abgebaute und unzweckmäßig genutzte natürliche Reichtum der Volkswirtschaft für immer verloren geht.

14,4. **Wasserwirtschaftliche Analyse.** Mit der Baugrunduntersuchung ist auch die Erkundung der Wasserverhältnisse eng verknüpft. Diese Ermittlung ist ein unentbehrliches Hilfsmittel für die Gebietsplanung, denn einer der wichtigsten Faktoren in der Natur ist das Wasser, ohne das es weder ein Leben auf der Erde gibt, noch Wohnsiedlungen und Industriebetriebe denkbar sind.

Eine wichtige Voraussetzung für eine einwandfreie wasserwirtschaftliche Analyse ist die gründliche Kenntnis des gesamten Einzugsgebietes eines Wasserlaufes. Deshalb umfaßt die wasserwirtschaftliche Analyse gewöhnlich ein größeres Gebiet als die sonstigen Analysen, die nur für Hauptgebiete der gemeinsamen Interessen durchgeführt werden. Eine wasserwirtschaftliche Analyse erfordert längere Zeit als andere für die Gebietsplanung erforderliche Unterlagen. Für zuverlässige Schlußfolgerungen sind langjährige Messungen beispielsweise der Ergiebigkeit und Verteilung der Niederschlagsmengen, der Durchflußmenge, des Einsickerns und der Verdunstung des Wassers, der Quellenergiebigkeit, der Grundwasserspiegelschwankungen usw. erforderlich. Die ermittelten Daten werden in hydrogeologischen Karten (Karten der Wasserverhältnisse) zusammengestellt. In diesen Karten werden die Gesteine der Geländeoberfläche nach ihrer Wasserdurchlässigkeit in mehrere Stufen unterteilt und deren flächenmäßiger Umfang dargestellt. Es werden alle fließenden Oberflächengewässer, Seen, Teiche, künstliche Wasserbecken und Brunnen, Quellen und Tümpel eingezeichnet. In den Karten wird durch zweckentsprechende Markierung eine Darstellung der Ebene des Grundwasserspiegels, gegebenenfalls auch des chemischen Charakters des Grundwassers angestrebt. Stehen genügend Angaben zur Verfügung, dann ist eine Darstellung des Grundwasserstandes unterhalb der Geländeoberfläche durch Isobathen zweckmäßig.

Auf der Grundlage langfristiger Beobachtungen und anhand der hydrogeologischen Karten läßt sich bestimmen, welche Wassermenge im geplanten Gebiet zur Verfügung steht, und welcher Anteil für die Elektroenergieerzeugung, für Zwecke der Wasserversorgung und Schiffahrt sowie zur landwirtschaftlichen Bewässerung genutzt werden kann.

Ein sehr wichtiger Bestandteil der wasserwirtschaftlichen Analyse ist der Fragenkomplex, der die *Trink-* und *Brauchwasserversorgung* für Städte und Industriebetriebe betrifft. Die Stadtbevölkerung, die ihr ganzes Leben lang keinen Wassermangel zu spüren bekam und durch bloßes Aufdrehen des Wasserhahnes jeweils den Wasserbedarf decken konnte, weiß oftmals nicht zu schätzen, wie unentbehrlich das Wasser für die heutige Lebensweise und wie wichtig das Problem der Bereitstellung einer ausreichenden Wassermenge ist. Wenn sich auch in einigen Gegenden und Ortschaften ein örtlicher Wassermangel einstellt, so nehmen die Menschen doch an, daß die Wasserquellen praktisch unerschöpflich sind und es also nicht so sehr darauf ankommt, wieviel Wasser der Mensch für sich und seine Wirtschaft verbraucht, oder ob das Wasser in den Flüssen und Bächen schneller oder langsamer ins Meer abfließt. Dies verhält sich aber nicht so, denn es besteht, insbesondere während gewisser Jahreszeiten, auch in den Gebieten der ČSSR ein fühlbarer Wassermangel. Es handelt sich hier um ein dringliches Problem, weil sich mit zunehmender Bevölkerungsziffer der Wasserverbrauch ständig erhöht und durch die gesteigerten hygienischen Forderungen und Einrichtungen auch der relative Pro-Kopfverbrauch an Wasser je Einwohner zunimmt.[1] Auch der großzügige Ausbau der Industrie und des Eisenbahnverkehrs stellt immer höhere Anforderungen an die Wasserversorgung.

Gleichlaufend mit dem ständig steigenden Wasserverbrauch erhöht sich auch die Menge *der Abwässer*, und zwar sowohl aus den Wohnsiedlungen als auch aus den Industriebetrieben. Da in zahlreichen Gemeinden eine ordnungsgemäß ausgebaute Kläranlage fehlt, fließen die Abwässer entweder in die fließenden Oberflächengewässer frei ab oder versickern einfach in den Boden und dringen durch wasserdurchlässige Gesteine in die Grundleiter ein. Dies hat zwangsläufig eine allgemeine Qualitätsverschlechterung des Grund- und Oberflächenwassers zur Folge.

Systematische Entwässerungen der Geländeoberfläche in bebauten Gebieten und Flußregulierungen beschleunigen den Abfluß des Oberflächenwassers und senken dauernd den Grundwasserspiegel. Quellenfassungen und das Abpumpen des Grundwassers für die Zwecke der Wasserversorgung verringern wesentlich den Wasservorrat in der ČSSR. Wie daraus hervorgeht, stehen diese Eingriffe des Menschen, die quantitativ und qualitativ die Wasserversorgung beeinträchtigen, in direktem Gegensatz zu dem erhöhten Wasserverbrauch.

Um ausreichende Mengen an Trink- und Brauchwasser für geplante Wohnsiedlungen und Industriebetriebe bereitzustellen, ist bei der Gebietsplanung an folgendes zu denken:

a) An Schutzmaßnahmen zur Erhaltung der Sauberkeit und der Qualität aller möglichen Wasserquellen,

b) an den quantitativen Schutz der Wasservorkommen, damit nach Möglichkeit die Grundwasservorräte nicht verringert werden.

Zur Trink- und Brauchwasserversorgung stehen einerseits Grundwasserquellen, andererseits das Oberflächenwasser der Flüsse und Bäche zur Verfügung. Für die Zwecke der Wasserversorgung wurde bisher in der ČSSR vorwiegend Grundwasser verwendet. Schutzmaßnahmen für Gebiete, in denen Grundwasserquellen für die öffentliche Versorgung gefaßt werden, oder die künftig für diesen Zweck genutzt werden könnten, sind daher ein dringliches Problem. Dieses Gelände ist abzugrenzen und für die Zwecke der Wasserversorgung, nach Möglichkeit bereits im Gebietsplan, rechtzeitig freizuhalten. Es kam des öfteren vor, daß die geeignetsten Stellen für die

---

[1] Nach dem ersten Weltkrieg wurde mit einem durchschnittlichen Tagesverbrauch von etwa 120 l Wasser je Stadtbewohner gerechnet, heute muß in Großstädten mit einem täglichen Pro-Kopfverbrauch von etwa 400 l Wasser, in Sonderfällen sogar mit einem noch höheren Verbrauch gerechnet werden.

Wasserfassung und Anlage von Brunnen dadurch entwertet wurden, daß diese von Projektanten mit mangelndem Weitblick anderweitig bebaut wurden.

Bei der Planung neuer Wohnsiedlungen oder Industriebetriebe ist deshalb in Erwägung zu ziehen, ob die natürlichen Grundwasserquellen durch die Bauarbeiten oder den Betrieb der Industriewerke selbst nicht beeinträchtigt oder in anderer Weise entwertet werden. Dies könnte durch eine Bebauung und teilweises Abschließen des Infiltrationsgebietes oder durch Verunreinigung der Geländeoberfläche, aus der die Grundwasserhorizonte gespeist werden, eintreten. Es sind also keine die Umgebung verunreinigende Industriebetriebe, Kläranlagen, Schlachthöfe, und auch keine Wohnsiedlungen mit einfachen Senkgruben auf wasserdurchlässigen und zerklüfteten Gesteinen, die das Infiltrationsgebiet einer wichtigen Wasserquelle bilden, zu errichten.

Eine empfindliche Störung des Oberflächen- und Grundwasserhaushaltes kann durch den Einfluß verschiedener *Bergbauarbeiten* eintreten. Das Oberflächen- und Grundwasser wird gewöhnlich durch alte Stollen und Schächte in die Ebene der tiefstgelegenen Entwässerungssohle das Bergbaubetriebes abgeleitet. So wurde beispielsweise in der Umgebung von Kutná Hora (Kuttenberg) der ursprüngliche Oberflächen- und Grundwasserhaushalt durch untertägigen Bergbau vollkommen gestört. Das Geländerelief deutet an, daß die Gesteine des felsigen Untergrundes ursprünglich größtenteils wasserundurchlässig waren und daß in den Talmulden zwischen den umliegenden Anhöhen kleine Bäche, insbesondere während der Regenperioden, flossen. Ein bedeutender Grundwasserleiter verlief ursprünglich auf der Basis der Kreideablagerungen auf wasserundurchlässigem Gneisuntergrund. Das Oberflächen- und Grundwasser wurde durch zahlreiche Schächte, Stollen und durch die bei der Setzung der Geländeoberfläche entstandenen offenen Klüfte hinabgeleitet, bis in eine Ebene, aus der die alten Hauer das Wasser noch abpumpen konnten. In der heutigen Zeit, wo die Gruben aufgelassen und überflutet sind, ist dies annähernd die Wasserspiegelhöhe des Flusses Vrchlice. Der gesamte westliche Teil des Gebietes von Kutná Hora (Kuttenberg) besitzt hydrologische Verhältnisse, die den Verhältnissen eines Karstgebietes ähneln; der größte Teil des Oberflächenwassers sickert schnell ein und fließt in die offenen, durch Bergbau gebildeten unterirdischen Räume, aus denen es an der Sohle tief eingeschnittener Täler ausfließt.

Aufgabe der wasserwirtschaftlichen Analyse ist die eingehende Untersuchung der hydrogeologischen Verhältnisse und die Festlegung von Gebieten mit einem Überschuß an Grundwasser, aus dem die benachbarten und an Grundwasser armen Gebiete versorgt werden können. Gebiete, deren Wasserbedarf auch durch das Grundwasser aus der Nachbarschaft nicht gedeckt werden kann, werden mit Oberflächenwasser versorgt werden müssen. Im Hinblick auf den erhöhten Wasserverbrauch wird man in manchen Gegenden eine Verwendung des Oberflächenwassers, insbesondere aus Staubecken, in stärkerem Maße in Erwägung ziehen müssen.

In den Gebietsplänen ist an den Schutz der Einzugsgebiete der Flußläufe, die für die Wasserversorgung genutzt werden können, zu denken. Eine Verunreinigung der Einzugsgebiete ist erforderlichenfalls auch durch eine Bausperre, ein Bebauungsverbot der an diesen Wasserläufen gelegenen Flächen, insbesondere in der Umgebung projektierter Staubecken zu unterbinden. Bedenken bestehen hauptsächlich bei Unternehmen und Industriebetrieben, die durch ihre Abwässer die Reinheit des Oberflächenwassers gefährden.

Damit ist man bei dem brennenden Problem *der Abwässer* angelangt, das in den verflossenen Jahren stark vernachlässigt wurde. Einige Flüsse in der ČSSR sind durch vorschriftswidrige und verderbenbringende Abwässer verseucht und die Inordnungbringung ihrer Einzugsgebiete stellt ein vorrangiges Problem dar. Der heutige mißliche Zustand ist die Folge eines undisziplinierten Wirtschaftens in vergangenen Jahren, in denen die Interessen der Industrie über die öffentlichen Interessen gestellt wurden. Es wurden große Industriebetriebe an kleinen Wasserläufen mit geringem Wasserreichtum erbaut und die Kläranlagen für Abwässer waren dabei unzureichend. Aus den Forschungsarbeiten des Staatlichen Hydrogeologischen Instituts geht hervor, daß eine derartige Verunreinigung des Wassers in den Flüssen nicht nur unterhalb einiger Industriebetriebe, sondern auch unterhalb vieler Städte eintritt und daß eine Abhilfe im Interesse der Volksgesundheit und Wiederherstellung der Landschaft dringend notwendig ist.

Bei neu erbauten Wohnsiedlungen ist an die Bedeutung eines sauberen fließenden Wassers zur Versorgung der Bevölkerung zu denken und diese Forderung beeinflußt die Situierung der Wohnsiedlungen. Gleichzeitig muß für eine ordnungsgemäße Klärung der Abwässer gesorgt werden, weil reines Wasser die Voraussetzung für eine gesunde Gegend ist.

Bei der Gebietsplanung muß man sich vor allem mit den Folgen aller *hydrotechnischen Bauwerke* befasssen, die sehr nachhaltig in die natürlichen und biologischen Verhältnisse der Landschaft eingreifen. Die Erfahrungen der letzten Jahre haben gezeigt, daß sich viele Bauwerke der Wasserwirtschaft, wie z. B. unüberlegte Regulierungen der Wasserläufe, die systematische Entwässerung bebauten Geländes und der Verkehrswege, die Auflassung von Teichen, die Trockenlegung von Sümpfen und verschiedene Entwässerungsarbeiten für die Zwecke der Landwirtschaft und des Bergbaus im Grundwasserhaushalt sehr ungünstig auswirken. Zahlreiche dieser wasserwirtschaftlichen Eingriffe in die natürlichen Bedingungen der Landschaft rufen ein beschleunigtes Abfließen des Oberflächenwassers und eine bleibende Absenkung des Grundwasserspiegels hervor. Dies hat eine übermäßige Austrocknung des Geländes, eine wesentliche Ertragsminderung der betroffenen landwirtschaftlich genutzten Flächen und eine Verringerung der Grundwasservorräte zur Folge. Deshalb müssen alle Veränderungen wasserwirtschaftlicher Art im Gebietsplan sorgfältig erwogen werden und es ist insbesondere an die Erhaltung der Feuchtigkeit zu denken, die für das biologische Gleichgewicht der Landschaft erforderlich ist.

Auch bei der Anlage großer Staubecken ist im Gebietsplan deren komplexe Eingliederung in das Landschaftsbild in Betracht zu ziehen. Es wäre unzweckmäßig, nur auf die Energieerzeugung bedacht zu sein und die Planung ausschließlich der Forderung nach einem möglichst geringen Aufwand an Investitionsmitteln für das Bauwerk der Wasserwirtschaft unterzuordnen. Es handelt sich um einen nachhaltigen Eingriff in die natürliche Umwelt und es ist nicht nur für eine zweckmäßige Ufergestaltung, sondern auch für die endgültige Lösung der Verkehrswege, für eine ersatzweise Besiedlung zu sorgen, und in der Umgebung größerer Städte ist die Forderung nach Erholung an einer Wasserfläche usw. zu berücksichtigen. An den Hängen künstlicher Wasserbecken treten oftmals kohäsionslose Deckschichten, Gehängelehm, Sand, Löß usw. auf, die bei Wasserspiegelschwankungen im Staubecken oder bei Wellenschlag gestört und unterspült werden können. Es ist eine zweckmäßige Befestigung der neuen Ufer vorzusehen, und zwar in der Weise, daß dies dem Charakter der Landschaft entspricht. Wasserspiegelschwankungen im Staubecken sind im Hinblick auf den Kraftwerksbetrieb erforderlich, bei abgesenktem Wasserspiegel entstehen jedoch Geländeabschnitte mit entblößten Flachufern, die auch der Gesundheit abträglich sind. In besiedelten Gebieten mit Waldkulturen ist an eine zweckmäßige Gestaltung dieser Ufer zu denken oder es sind Unterwasserdämme zu errichten, die den Wasserspiegel in den Endabschnitten des Staubeckens auf einem unbedingt erforderlichen Niveau halten.

14,5. Geologische Aufgaben bei der Planung und beim Ausbau von Wohnsiedlungen. Bei der Planung einer neuen Wohnsiedlung oder eines Industriebetriebes treten zahlreiche Probleme auf, die mit der natürlichen Umwelt eng verknüpft sind und deshalb auch vom Standpunkt der gegebenen natürlichen Bedingungen der Landschaft gelöst werden müssen. Hierbei muß man sich vergegenwärtigen, daß eine Wohnsiedlung nicht den Charakter einer übergeordneten Einheit besitzt, der sich die landschaftlichen Verhältnisse unterordnen sollen, sondern umgekehrt, daß die Lage sowie der Bau einer neuen Wohnsiedlung oder auch eines anderen Objektes nach dem Perspektivplan und Gebietsplan als Bestandteil der Landschaft zu lösen sind und eine Übereinstimmung zwischen den Erfordernissen der Planung und der natürlichen Umwelt anzustreben ist.

Der Bebauungsplan muß in Übereinstimmung mit der Gestalt der Erdoberfläche, im Einklang mit den geologischen und Gründungsverhältnissen, unter Berücksichtigung des landschaftlichen Nutzungswertes des Bodens und der Forderung nach Schutz des natürlichen Charakters der Landschaft gelöst werden. Es wurde bereits erwähnt, daß die Einordnung einer neuen Wohnsiedlung oder eines Industriebetriebes im Gebietsplan mit Rücksicht auf die wirtschaftliche Zweckmäßigkeit in der Nähe der Grundstoffvorkommen der geplanten Industrieproduktion, ferner im Hinblick auf die Versorgung mit Trink- und Brauchwasser und auf die Entwässerungsmöglichkeit des Gebietes erfolgen soll. Man muß auch den Umfang der Lagerstätten mineralischer Rohstoffe kennen, damit eine Wohnsiedlung oder ein Industriewerk nicht auf den Vorräten wertvoller mineralischer Rohstoffe erbaut wird.

Eine weitere Forderung der breiten wirtschaftlichen Interessen ist, daß landwirtschaftlich und biologisch wertvolle Flächen nach Möglichkeit unangetastet bleiben. Im Hinblick auf die große Bevölkerungsdichte der Länder der ČSSR und die intensive Bebauung des Geländes auch außerhalb der Stadtgebiete müssen die fruchtbaren, landschaftlich genützten Flächen geschont werden. Werden ertragsreiche, landwirtschaftlich genutzte Flächen der landwirtschaftlichen Produktion entzogen, dann verringern sich die Möglichkeiten zur Sicherung des Lebensunterhaltes der Bevölkerung. Deshalb ist es in einem dicht besiedelten Gebiet mit dichter Bebauung zweckmäßiger, das erforderliche Gelände für Neubauten durch Abtragung unzweckmäßiger Objekte und durch Wiederherstellung alter Stadtviertel zu beschaffen als neue unbebaute Flächen auf Kosten des land- und forstwirtschaftlich genutzten Bodens zu beschlagnahmen. Für eine Bebauung ist es ratsam, beispielsweise von mageren Sand- und Schotterböden gebildete Flächen auszusuchen, die im allgemeinen günstige Gründungsbedingungen gewährleisten und dabei landwirtschaftlich weniger wertvoll sind. In diesem Zusammenhang ist ein Fall zu verurteilen, wo ein großer Industriebetrieb Ostböhmens in einem von Lößlehm und fruchtbarer Schwarzerde an der Geländeoberfläche — dem wertvollsten landwirtschaftlich genutzten Boden — gebildeten Gebiet erbaut wurde.

Was den Ausbau selbst anbelangt, so werden vom geologischen Standpunkt aus betrachtet an den Baugrund der künftigen Bebauung folgende Forderungen gestellt: Es wird die Erkundung eines standfesten, durch Rutschung nicht gefährdeten Geländes mit einwandfreiem Baugrund angestrebt, wo weder das Oberflächen- noch das Grundwasser die Bauarbeiten beeinträchtigen und geeignete Baustoffe an Ort und Stelle gewonnen werden. Es ist an die Beschaffungsmöglichkeit eines geeigneten Trink- und Brauchwassers zu denken und es sind solche Flächen auszuwählen, die ein genügend großes Gefälle für die ordnungsgemäße Entwässerung der Wohnsiedlung aufweisen. Bei der Projektierung eines Bebauungsplanes weicht man also Flächen mit ausgesprochen ungünstigen geologischen Bedingungen aus; es werden nicht bebaut:

a) überflutete Talauen, Sümpfe und Moore,

b) durch Rutschungen gefährdete Gebiete,

c) Gelände auf Steilhängen, Felsböden und am Rande alter Steinbrüche und Furchen gelegene Flächen,

d) Gebiete mit untertägigem Bergbau und Orte mit fortgeschrittenen Karsterscheinungen,

e) Gelände entlang jungen tektonischen Linien in erdbebengefährdeten Gebieten.

a) *Talauen.* Vordringlich und aktuell ist das Problem der Bebauung von Talauen. Als Talaue wird eine verbreiterte ebene Talsohle bezeichnet, die von jungen quartären Ablagerungen bedeckt ist. Diese verbreiterten Täler der Flüsse und Bäche werden zu Zeiten des Hochwassers überflutet und sind somit gleichzeitig *Überflutungsgebiete.* Die Gestalt und Breite der Talaue sind durch die morphologische Entwicklung der Landschaft, hauptsächlich durch das Gefälle des Wasserlaufes, seinen Wasserreichtum, die Menge der fortgeschleppten Geschiebe usw. gegeben. Die Talaue ist also ein organischer Bestandteil der Landschaft, ein Teil des Flußbettes, den der Fluß zur Ableitung des Hochwassers braucht. Ungestörte, von zahlreichen Wiesen oder Auwäldern bedeckte ursprüngliche Talauen, von natürlichem Pflanzen- und Baumbestand eingesäumt, sind landschaftlich schöne Gegenden und im Interesse des Naturschutzes sollten diese nach Möglichkeit geschont und erhalten werden. Es ist aber nicht nur der ästhetische Gesichtspunkt, der dafür spricht. Nicht weniger wichtig sind auch die Gründe einer wirtschaftlichen Bauwerksgründung, der landwirtschaftlichen Produktivität und mikroklimatische Beweggründe.

In bezug auf die *Bauwerksgründung* ist das Bauen in Talauen ungünstig weil auf vom Flußwasser durchtränkten Talablagerungen errichtete Gebäude einen unverhältnismäßig hohen Kostenaufwand für die Fundamentkonstruktionen, das Abpumpen des Wassers während der Bauausführung, für eine zuverlässige Isolierung gegen einsickerndes Grundwasser oder auch für den Hochwasserschutz und für Sicherheitsmaßnahmen gegen den Wasserauftrieb erfordern. Holozäne Ablagerungen in Talauen sind gewöhnlich aufgelockerte, humose lehmig-sandige Ablagerungen des Hochwassers, die stellenweise eine Mächtigkeit bis zu einigen Metern erreichen. Sie sind zumeist wasserführend, so daß sie den Charakter schlammiger Ablagerungen insbesondere dort besitzen, wo sie alte aufgelassene Mäander oder ein aufgelassenes Flußbett ausfüllen. Sie gewährleisten daher nur einen wenig tragfähigen und ungleichmäßig zusammendrückbaren Baugrund. Sofern einige Objekte auf diesen Ablagerungen gegründet wurden, sind sie zumeist durch die ungleichmäßige Setzung stark gestört. Die Entwässerung einer Baustelle in einer Talaue ist im allgemeinen wegen mangelnden Gefälles sehr schwierig. Auch alle oberflächennahen unterirdisch verlegten Leitungen, die Kanalisations- und Wasserleitungsrohre sowie Kabel werden ungünstig beeinflußt, da sie unterhalb des Grundwasserspiegels verlegt werden müssen.

Berechtigte Einwände gegen eine Beeinträchtigung in Talauen können in landwirtschaftlicher Hinsicht im Hinblick auf die notwendige Erhaltung der Ertragsfähigkeit des Baugrundes gemacht werden. Die Böden auf der Talaue sind gewöhnlich die fruchtbarsten und wertvollsten Flächen des Gebietes. Im Hinblick darauf, daß der Grundwasserspiegel zumeist in der Nähe der Geländeoberfläche verläuft, besitzen diese Flächen auch zu Zeiten der größten Trockenheit genügend Feuchtigkeit und deshalb sind sie in ungünstigen trockenen Jahren für die landwirtschaftlichen Erträge ausschlaggebend. Wird ein Teil der Talaue mit einem Stadtteil oder Fabrikobjekt bebaut, dann wird dadurch der Landwirtschaft nicht nur die tatsächlich bebaute Fläche entzogen, sondern es entstehen auch weitere Schäden. Durch Bebauung eines Teiles der Talsohle verringert sich das Durchflußprofil des Wasserlaufes bei Hochwasser, so daß zu Zeiten hoher Wasserstände ausgedehnte Überflutungen im Tal oberhalb des verringerten Querschnittes entstehen. Die betroffenen Interessenten erzwingen dann eine Regulierung des Wasserlaufes, wobei gewöhnlich das Flußbett vertieft wird, um das Hochwasser ohne schädliche Überflutungen ableiten zu können. Der Wasserspiegel im regulierten Abschnitt des Flusses sinkt ständig ab. Dies macht sich durch ein Absinken des Grundwasserspiegels und Austrocknung der

Talaue in weit größerem Umfange bemerkbar. Das schöne Tal mit seinen bewachsenen Ufern und ausgewogenen natürlichen Bedingungen verändert sich fortschreitend zu einem ausgetrockneten Tal mit tief abgesunkenem Wasserspiegel im gepflasterten Flußbett.

Auch die *mikroklimatischen Gründe* sprechen gegen eine Bebauung von Talauen. Tiefe Täler mit feuchten, verbreiterten Auen werden als Sohlen- oder Inversionstäler bezeichnet, in denen sich die Talnebel halten, die die Feuchtigkeit und Kühle eines Ortes erhöhen. Unter diesen Bedingungen gegründete Bauwerke sind feucht und kalt und werden durch das einsickernde Grundwasser und die Talnebel beeinträchtigt. Unter den klimatischen Verhältnissen der ČSSR werden feuchte Bauwerke im Winter durch Frost gestört; dies verringert ihre Lebensdauer und erhöht die Kosten für die Instandhaltung. Auch vom hygienischen Standpunkt aus betrachtet ist das Wohnen in feuchten Bauwerken unerwünscht und gesundheitsschädlich.

Die Erbauer der mittelalterlichen Städte vermieden eine Bebauung der Talauen, weil sie das Hochwasser fürchteten, und auch deshalb, weil es Gebiete mit oberflächennahem Grundwasserspiegel sind; dies erschwerte die Bauarbeit. Deshalb sind die ursprünglichen alten Stadtteile in der ČSSR, sofern sie an Flußläufen liegen, zumeist auf erhöhten, trockenen Talterrassen erbaut. In größerem Umfange begann man in der ČSSR mit der Bebauung von Talauen zum Schaden der Wirtschaft erst in der zweiten Hälfte des vorigen Jahrhunderts, bei der überstürzten und unüberlegten Entwicklung der Städte.

Es ist bedauerlich, daß sich noch unlängst, wo diese Umstände allgemein bekannt waren, Projektanten fanden, die so schwerwiegende Gründe außer acht ließen und Wohnsiedlungen, Industrieobjekte und Schulen auf solchen unzweckmäßigen Flächen projektierten. Eine vermeintliche Einsparung an Erdarbeiten im ebenen Gelände wird jeweils durch die aus den ungünstigen Gründungsverhältnissen und der Feuchtigkeit der Baustelle resultierenden erhöhten Kosten aufgezehrt und außerdem entstehen auch die bereits geschilderten wirtschaftlichen Schäden und gesundheitlichen Nachteile.

Ein anschauliches Beispiel einer unzweckmäßigen Bebauung der Talaue und ungünstigen Ufergestaltung bietet das Moldautal in Prag. Das Flußbett der Moldau wurde Ende des vorigen Jahrhunderts mit hohen Ufermauern eingefaßt, so daß es in einigen Abschnitten wie ein Kanal aussieht. Die durch Ufermauern geschützten Flußufer verleiteten zur Bebauung der anliegenden Grundstücke, die jedoch relativ ungünstige Gründungsverhältnisse — locker gelagerte Aufschüttungen und wasserführende holozäne Ablagerungen — aufweisen (Abb. 14—2).

Zwischen dem Stadtbezirk Smíchov und der Neustadt wird der Fluß nicht nur von unschönen Ufermauern, sondern auch von den Fassaden der hohen Häuser eingeschlossen, die in unmittelbarer Nähe des Flußbettes errichtet wurden, so daß heute weder der erforderliche Raum zur Entwicklung des Verkehrs noch für einen schmalen Grünstreifen in Form einer Parkanlage entlang dem Flußufer zur Verfügung steht. Bei der Beurteilung der Gestaltung des Moldauufers in Prag vom Gesichtspunkt neuzeitlicher Prinzipien in der Gebietsplanung und im Hinblick auf den Denkmalschutz gelangt man zu dem Schluß, daß durch eine rücksichtslose Geländeregulierung der ursprüngliche Charakter des Flußtales vollkommen verwischt, so manche historischen Denkmäler zerstört und auch die schönen natürlichen Flußufer durch über-

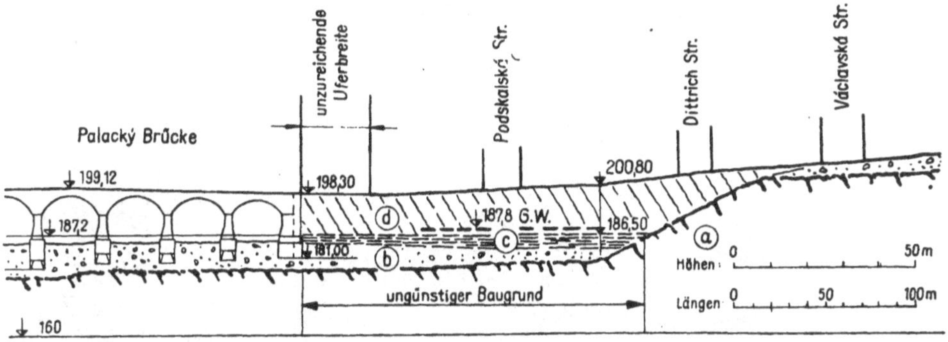

Abb.14—2. Beispiel einer ungünstigen Bebauung der Talaue in Prag bei der Palacký-Brücke. *a* — Tonschiefer (Ordovizium), *b* — Sandige Schotter, *c* — Talaue-Anschwemmungen, *d* — Aufschüttung

mäßig hohe Ufermauern ersetzt wurden. Nur das Flußufer der Kleinseite blieb von dieser Uferregulierung bewahrt und am Flußabschnitt zwischen der Kleinseite und der Čech-Brücke ist zu erkennen, wie natürlicher und schöner die niedrigen, von Bäumen umsäumten Flußufer sind, die das ursprüngliche Niveau der Talaue andeuten.

b) *Rutschungsgebiete.* Die für eine Bebauung bestimmten Flächen sollen standfest und nicht durch Hangbewegungen irgendwelcher Art gefährdet sein. Eine vorrangige Aufgabe der geologischen Untersuchung für die Bebauungspläne ist es deshalb, Gebiete zu kennzeichnen, die in der Vergangenheit von Rutschungen heimgesucht wurden, und auch jene, die zu Rutschungen, insbesondere durch den Einfluß von Bauarbeiten, neigen. In einigen Gegenden der ČSSR sind Rutschungen eine sehr häufig auftretende Erscheinung, durch die alle Bauarbeiten erschwert werden, die eine Bebauung der landwirtschaftlich genutzten Flächen unmöglich machen, manchmal auch den Abbau mineralischer Rohstoffe erschweren und ganze Ortschaften gefährden. Auch in Böhmen, wo eine Rutschung nicht eine so alltägliche Erscheinung ist, wurden durch Bodenbewegungen zahlreiche Ortschaften zerstört oder schwer beschädigt. Von den charakteristischen Fällen werden folgende angeführt:

Im Gebiet von Žatec (Saaz) wurde im Jahre 1820 die Ortschaft Staré Stranné einschließlich der Kirche und Schule, die auf miozänem Ton und Schluff an einem Talhang erbaut wurden, durch Unterspülung des Flusses Ohře (Eger) zerstört. Zu weiteren Bodenrutschungen kam es hier in den Jahren 1872, 1882, 1895, wobei auch das damalige Flußbett der Eger größtenteils verschüttet wurde.

Allgemein bekannt ist die Rutschung am Berghang der Ruine Haznburk (Hasenburg), durch die in den Jahren 1882, 1898 bis 1900 nach und nach die Ortschaft

Klapé zerstört wurde. Zu erneuten Bodenbewegungen kam es hier im Jahre 1939. In einer an Niederschlägen reichen Periode rutschten der Basaltschutt und die angewitterten Kreidemergelschichten ab.

Am Fuße des Berges Mužský bei Mnichovo Hradiště (Münchengrätz) kam es im Jahre 1926 zu einer ausgedehnten Rutschung des Sandsteinschuttes auf den Kreidemergeln, wobei die Ortschaft Dneboh zerstört wurde (Abb. 14—3 und 14—4).

Abb. 14—3. Durch Rutschungen gefährdete Gebiete sollen nicht bebaut werden. Durch Bodenbewegung entstehen derartige Deformationen, daß die Gebäude nicht instandgesetzt werden können, wie an Häusern der Ortschaft Dneboh, die im Jahre 1926 durch eine Rutschung zerstört wurde, zu sehen ist (*Foto Q. Záruba*).

Sehr häufig sind Rutschungserscheinungen im Böhmischen Mittelgebirge. Von den bedeutendsten Bodenbewegungen wird die Rutschung des Phonolithschuttes auf den Kreidemergeln angeführt, zu der es im Jahre 1770 am Nordhang des Ziegenberges am linken Elbeufer gegenüber der Ortschaft Velké Březno kam. Damals wurde ein Teil der Ortschaft Veselí zerstört und das Flußbett der Elbe teilweise verschüttet. Im Frühjahr 1940 trat eine ausgedehnte Rutschung im Gebiet von Litoměřice (Leitmeritz) ein, durch die die Ortschaft Dolní Týnec zerstört wurde (K. Keil, 1951).

In der ČSSR wurden bisher nicht alle Rutschungsgebiete systematisch registriert. Einen Versuch zur Aufstellung eines Verzeichnisses dieser Gebiete machte R. Urych (1927) für einige besonders betroffene Bezirke in Nordböhmen. In dreien dieser Bezirke wurde festgestellt, daß 23 Ortschaften durch Rutschung unmittelbar gefährdet sind, und die Fläche der in Mitleidenschaft gezogenen Gebiete mehr als 300 ha beträgt.

Noch häufiger treten Rutschungen in Ostmähren und in der Slowakei im Flyschgebiet und insbesondere dort auf, wo Erosionstäler in junge neogene Ablagerungen eingeschnitten sind. Aus diesen Beobachtungen ist ersichtlich, daß Rutschungen in einigen Gegenden eine ernsthafte Erscheinung darstellen, die alle Bauarbeiten

Abb. 14—4. Durch Rutschung unterhalb des Berges Mužský im Jahre 1926 zerstörte Straße (*Foto Q. Záruba*).

beeinträchtigt. In zahlreichen Fällen können auch vermeintlich standfeste Hänge durch eine Gleichgewichtsveränderung, hervorgerufen durch bauliche Veränderungen oder Bodenaushübe für Verkehrswege, unterirdische Leitungen usw., gestört werden. Deshalb ist es erforderlich, für das Projekt von Gebiets- und Bebauungsplänen die gefährdeten Gebiete zu kennen und nach Möglichkeit eine Bebauung derselben zu vermeiden. Die Rutschungserscheinungen wurden im 8. Kapitel, auf das verwiesen wird, eingehend behandelt.

c) *Bebauung der Hänge.* Eine andere konkrete Aufgabe bei der Lösung städtebaulicher Aufgaben, bei der der geologische Aufbau der Landschaft berücksichtigt werden muß, ist die Bebauung der Talhänge. Einige mäßig geneigte Hänge sind für den Ausbau von Wohnsiedlungen geeignet, die Art der Bebauung und die Linienführung der Verkehrswege sind jedoch den geologischen und morphologischen Bedingungen anzupassen. Die Bebauungspläne und am Hang hervortretende Verkehrswege werden zumeist nur vom Gesichtspunkt der geringsten Erdmassenbewegung und der bequemen Aufstiegsmöglichkeiten aus den Tälern in höhere Hanglagen gelöst. Es wird jedoch oftmals der geologische Bau des Geländes außer acht gelassen, so daß der Plan in wirtschaftlicher Hinsicht nicht zweckmäßig ist, weil der Projektant sein Werk der natürlichen Umwelt nicht anzupassen vermag. Wird ein derartiger Plan verwirklicht, dann entstehen schwere wirtschaftliche Schäden, und zwar sowohl während der Bauausführung als auch später bei der Unterhaltung des Bauwerkes.

Zahlreiche Beispiele können aus der Umgebung von Prag angeführt werden, wo ein stark gegliedertes Geländerelief bewirkte, daß zahlreiche Wohnviertel auf steilen Hängen erbaut wurden. In der Umgebung von Prag werden diese Hänge vorwiegend von Ordoviziumschiefern gebildet, deren Standfestigkeit von den Lagerungsverhältnissen, dem Streichen und Fallen der Schichten im Hinblick auf die Hangneigung abhängig ist. Eine städtebauliche Lösung, bei der der Richtungsverlauf der Straße mit dem Streichen der hangwärts geneigten Schichten überreinstimmend verläuft, hat sich nicht bewährt. In solchen Fällen wurde durch Bauarbeiten das Gleichgewicht des Hanges leicht gestört, so daß es zu einem Abgleiten entlang den Schichtflächen kam. Dies erfolgte manchmal bereits bei der Untergrabung des Hanges durch einen Einschnitt für eine Straße, ein andermal erst beim Bodenaushub für die unterhalb der Straße verlegten Leitungen, insbesondere beim Bau tief verlegter Entwässerungskanäle. So kam es beispielsweise an einem Talhang eines nordöstlichen Stadtteiles von Prag während des Baues der Kanalisation für die im Schichtenstreichen in den Hang eingeschnittenen Straßen zu starken Hangbewegungen und zur Beschädigung

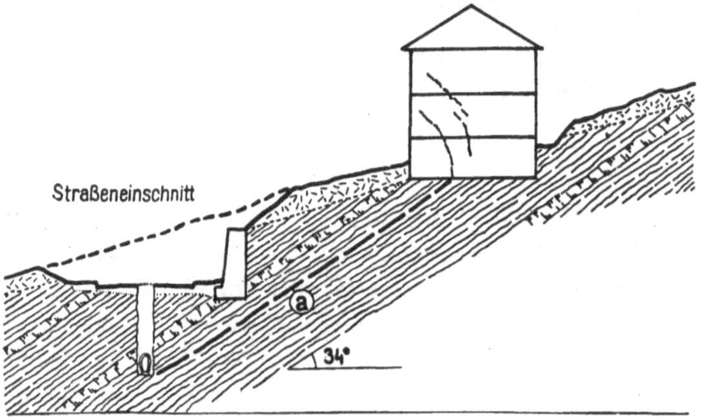

Abb. 14—5. Straßen sollen unter Berücksichtigung der Schichtenlagerung projektiert werden und es muß auch an tiefere Ausschachtungen für Leitungen unter dem Straßenniveau gedacht werden. Beim Aushub für die Kanalisation lockerten sich die Tonschiefer entlang den Schichtenflächen.

der Stütz- und Umfassungsmauern. Einzig und allein war es der Villenbebauung, und damit dem größeren Abstand der Gebäude von dem Bodenaushub zu verdanken, daß keine größere Beschädigung der Nachbargebäude eintrat (Abb. 14—5). Ähnliche

Beispiele zeigten sich bei der Bebauung von Talhängen auch in anderen Städten. Der Bebauungsplan soll in derartigen Fällen so ausgearbeitet sein, daß die Straßen nach Möglichkeit das Schichtenstreichen kreuzen. Dadurch werden die Ausschachtungsarbeiten wesentlich erleichtert und Hangrutschungen entlang den Schichtflächen vermieden. Je steiler die Talhänge sind, desto leichter kann deren Standfestigkeit durch Bauarbeiten gestört werden. Deshalb ist eine sorgfältige Untersuchung des geologischen Aufbaues der Hänge erforderlich, damit der Bebauungsplan in Übereinstimmung mit den natürlichen Bedingungen ausgearbeitet werden kann.

Steile Hänge sollen nach Möglichkeit aufgeforstet werden, damit sie vor den Einwirkungen der Erosion geschützt sind (Abb. 14—6).

Abb. 14—6. Tiefe Erosionsfurchen im Basalttuff im Gebiet von Žatec (Saaz) zerstören die Hänge auch unter unseren klimatischen Bedingungen (*Foto Q. Záruba*).

In Gebieten mit einer hohen Bevölkerungs- und Bebauungsdichte sind manchmal landwirtschaftlich unbebaute Hänge (hauptsächlich steinige Steilhänge) der letzte Rest der ungestörten Natur. Es ist ratsam, solche Hänge in den Bebauungsplänen als Freiflächen für Parkanlangen vorzusehen und dabei ihren natürlichen Charakter zu erhalten.

An Steilhängen treten gewöhnlich die Gesteine des felsigen Untergrundes bis an die Geländeoberfläche. Es ist sehr unwirtschaftlich, wenn nicht nur der Baugrubenaushub, sondern auch die Ausschachtungen für alle unterhalb der Straße verlegten

Leitungen im Fels ausgehauen werden müssen. Diese Felsarbeiten sind, insbesondere bei Teilbebauung eines solchen Geländes, mit großen Schwierigkeiten verbunden, weil dann wegen der Vermeidung von Schäden an den Nachbargebäuden keine Sprengstoffe verwendet werden können.

Die Umgebung größerer Städte wird zumeist durch alte Steinbrüche und Gruben nach dem Abbau verschiedener mineralischer Rohstoffe empfindlich gestört. Alte aufgelassene Steinbrüche, mit städtischen Abfällen teilweise zugeschüttete Lehm- und Sandgruben sind ein schwieriges Problem bei der Lösung städtischer Bebauungspläne. Bei einem zweckmäßigen und verantwortlichen Abbau sollte an eine Rekultivierung der Steinbrüche nach Erschöpfung der Gesteinsvorräte gedacht werden. Dazu kommt es aber nur in den seltensten Fällen, und zwar nur dann, wenn der Steinbruch gut zugänglich ist und dieser als Abladeplatz benutzt werden kann. In den Bebauungsplänen ist deshalb eine zweckmäßige Gestaltung dieser alten Steinbrüche vorzusehen. Bei einigen wird es zweckmäßig sein, sie zuzuschütten, bei anderen, die interessante Aufschlüsse der Schichten aufweisen, wird eine Ausgestaltung als Naturdenkmal zweckmäßig sein.

Künstliche Böschungen aufgelassener Steinbrüche und Lehmgruben werden zumeist in einer steileren Neigung, als dies den natürlichen Bedingungen entspricht, zurückgelassen. Dies bedeutet, daß das dem Steilhang anliegende Gelände keine bleibende Standfestigkeit aufweist. Deshalb ist erforderlich, in den Bebauungsplänen eine Hangregulierung mit einer solchen Neigung vorzusehen, daß der Hang dauernd standfest sein wird und um die Steilhänge herum einen ausreichend breiten Streifen unbebauten Raumes zu belassen. Es wurde bereits eine Reihe schwerer Schäden registriert, die dadurch entstanden, daß diese Prinzipien nicht beachtet wurden.

d) Gebiete mit *untertägigem Bergbau* treten in der Umgebung von Bergbaustädten auf, wo Lagerstätten verschiedener Erze, der Kohle und anderer mineralischer Rohstoffe, sei es unter Tage oder im Tagebau und Abraum, systematisch abgebaut wurden oder werden. Gebiete mit untertägigem Bergbau setzen sich ungleichmäßig und sinken ein, so daß in der Umgebung von Bergbaustädten tiefe Gruben, Einsenkungen und auch hohe unschöne Halden von Abfallstoffen und taubem Gestein entstehen. Diese Flächen können weder bebaut noch landwirtschaftlich genutzt werden und viele verschandelte Gebiete sind eine schwere Anklage der jüngsten Vergangenheit. In durch früheren Abbau gestörten Gegenden bleibt dem eingehenden Gebietsplan eine schwierige Aufgabe zu lösen: die Rekultivierung verschandelter Gebiete.

Die Rekultivierung der durch untertägigen Bergbau und Abbau mineralischer Rohstoffe verschandelten Gebiete und die Wiederherstellung von Industriegebieten wurden zu einem vordringlichen wirtschaftlichen Problem in allen industriell hoch entwickelten Staaten. In der ČSSR ist es hauptsächlich das Gebiet des Nordböhmischen Braunkohlenbeckens, wo durch den Abbau der Braunkohle mehr als 10 000 ha landwirtschaftlicher Nutzfläche in Anspruch genommen wurden (Štýs 1959).

Bei der Gewinnung mineralischer Rohstoffe ist darauf zu achten, daß an eine Landschaftsgestaltung nach dem Abbau der Lagerstätten konsequent gedacht wird.

Insbesondere jetzt, wo große Förder- und Versatzmaschinen verwendet werden, sollte man Arbeitsverfahren wählen, die die Rekultivierungsarbeiten nicht erschweren.

Bei der Planung dieser Anlagen ist es Aufgabe der ingenieurgeologischen Untersuchung, die für eine Rekultivierung geeigneten Bodenarten zu bestimmen, die während des Abbaues ausgehalten und zur Erneuerung der landwirtschaftlichen Nutzflächen verwendet werden sollten.

Einen ähnlichen Charakter wie die Gebiete mit untertägigem Bergbau weisen auch die Gebiete mit fortgeschrittener Entwicklung der *Karsterscheinungen* auf. Verkarstete, von breiten offenen Klüften und Hohlräumen durchsetzte Gesteine, mit Karstdolinen und Höhlen, wie beispielsweise Kalkstein-, Gips- und Salzlagerstätten, gewährleisten keinen zuverlässigen Baugrund. Diese Gebiete sollten auch nicht bebaut werden. Manchmal ist es schwierig, einen geeigneten Standort für ein Objekt zu erkunden, dessen Lage an einen bestimmten Ort gebunden ist.

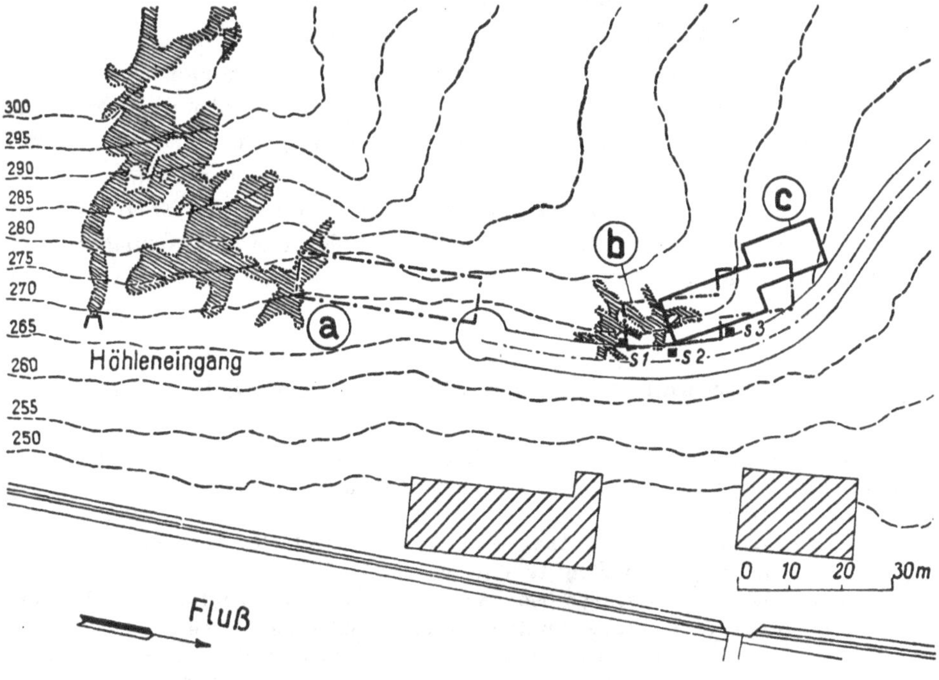

Abb. 14—7. Standortwahl für ein Kesselhaus auf einem von Devonkalken gebildeten Hang, die durch Karsterscheinungen gestört sind.

In Abb. 14—7 wird das Beispiel der Erkundung eines geeigneten Standortes für ein Kesselhaus in einem ostmährischen Badeort dargestellt. Der ursprünglich projektierte Standort (*a*) lag unmittelbar oberhalb bekannter Höhlen. Bei der Untersuchung des zweiten ausgewählten Standortes stieß man in den Aufschlüssen ebenfalls auf ausgedehnte Hohlräume gerade unterhalb der Fundamentkonstruktionen.

Erst die dritte Lage (c) konnte verwirklicht werden, obzwar auch hier das Gebäude auf Streifenfundamenten aus Stahlbeton gegründet werden mußte, die die offenen Klüfte in den Devonkalken überbrückten.

Noch typischer sind die aus dem Gebiet der Gips- und Salzlagerstätten in Mitteldeutschland bekannten Fälle, wo sogar ganze Ortschaften gefährdet und stellenweise auch durch die ungleichmäßige Bodensetzung infolge Deformationen, die durch Auslaugung der Gesteinsunterlage im Liegenden entstanden waren, beschädigt wurden (E. v. Hoyningen-Huene, 1957).

In Gebieten, wo in geschichtlicher Zeit Erdbeben registriert wurden, ist noch ein in der Fachliteratur hervorgehobener Grundsatz anzuführen. Neue Wohnsiedlungen und Industriebetriebe sollen nicht an Orten junger tektonischer Störungslinien projektiert werden. Entlang diesen jungen tektonischen Störungslinien zeigen sich vielfach die Auswirkungen eines Erdbebens in gesteigertem Maße. Im Gebiet des Böhmischen Massivs ist dieser Umstand praktisch ohne Bedeutung, aber in der Slowakei sollte dieser Tatsache Augenmerk zugewendet werden.

Es wurden einige konkrete geologische und naturwissenschaftliche Probleme bei der Siedlungsplanung aufgezeigt. Es ist offenkundig, daß beim Städtebau von den Erkenntnissen der belebten und leblosen Natur ausgegangen werden muß, damit sich die Bauwerke in die natürliche Umwelt harmonisch einfügen und nach Möglichkeit den natürlichen Charakter der Landschaft sowie deren biologisches Gleichgewicht, das Voraussetzung für eine gesunde Gegend ist, nicht stören. Die Erhaltung einer gesunden Gegend und ihrer Produktivkräfte für die Zukunft sind die Grundforderungen einer zweckdienlichen Planung, die für jedes technische Bauwerk respektiert werden sollte.

Benutzte und ergänzende Literatur zum 14. Kapitel

Cehák K.: Geologisch-technische Analyse der Umgebung von Zruč a. d. Sázava unter besonderer Berücksichtigung der baulichen Zwecke, Geotechnika, Bd. *4*, Prag 1948 (tschechisch).

Fencl J.: Technisch-geologische Analyse des Interessengebietes der Stadt Rakovník. (Anthropozoikum 5, 1955), Prag 1956 (tschechisch).

Gartner O.: Technische Geologie beim Bau von Städten und ländlichen Siedlungen, Technický obzor, (Technische Rundschau), Prag 1925 (tschechisch).

Goetel W.: Der Schutz der Naturreserven in seiner volkswirtschaftlichen Bedeutung, Sitzungsberichte der Deutschen Akademie der Landwirtschaftswissenschaften zu Berlin, 1958.

Hoyningen-Huene E. v.: Ingenieurgeologische Bedeutung von Auslaugungsschäden, Zeitschr. für angew. Geologie, Berlin 1957.

Ingenieurgeologische Untersuchungen, Moskau 1950.

Инженерно-геологические изыскания, Москва 1950.

Knabe W.: Wiederurbarmachung des Kippengeländes, SVT Berlin, Bd. *26*, 1952.

Köhler R., Thomas A.: Von der Bodenkarte zur Baugrundkarte, Bergakademie, Freiberg 1959.

Lehmann H.: Die Wiederurbarmachung der Tagebaue im Rahmen des Fünfjahrplanes, Bergbautechnik, Heft 6, Berlin, 1951.

Moos A.: Die Geologie der Schweiz und deren Beziehung zur Bautechnik, Zürich 1942.

Popov I. V.: Ingenieurgeologie, Moskau, 1951, 1959

Попов, И. В.: Инженерная геология, Москва 1951, 1959.

Pořiska O.: Methodik und Dokumentation der Gebietspläne, VÚVA Brno (Brünn) 1956 (tschechisch).

Schmassmann H.: Naturwissenschaftliche Probleme der Orts- und Regionalplanung, Schweizerische technische Zeitschr., Zürich 1947.

Singer M.: Der Baugrund, Springer-Verlag, Wien 1932.

Štys S.: Rekultivierung verschandelter Gebiete im Nordböhmischen Braunkohlenbecken, Universum, Nr. 9, Prag 1959 (tschechisch).

Weisbrod W.: Rekultivierung von Braunkohlentagebauen—eine echte Vermehrung der landwirtschaftlichen Nutzfläche, Zeitschr. für angewandte Geologie, Berlin 1957.

Záruba Q.: Beitrag zur Bedeutung der Geologie für städtische Verkehrsbauten, Věstník S. G. Ú (Mitteilungsblatt des Staatl. Geolog. Instituts),Prag 1929 (tschechisch)

Záruba Q.: Bedeutung der Geologie für den Aufbau der Stadt New York, Zprávy veř. služby technické (Mitteil. des öffentl. technischen Dienstes), Prag, 1935 (tschechisch).

Záruba Q.: Die Verkehrsbauten in Gebirgsgebieten und Naturschutz, Ochrana přírody (Naturschutz),Prag,1950 (tschechisch).

Záruba Q.: Gebietsplanung und Naturschutz, Sborník ochrany přírody (Sammelschrift Tschechoslowak. Naturschutz) Prag, 1954 (tschechisch).

Záruba Q., Fencl J.: Der Baugrund der Stadt Česká Lípa (Böhmisch Leipa) und der umliegenden Ortschaften, Sborník FIS (Sammelschrift d. Fakultät für Bauwesen), Prag 1949 (tschechisch).

Záruba Q., Hromada K.: Technisch-geologische Analyse der Stadt Kutná Hora, Geotechnica Nr. 9, Prag 1950 (tschechisch).

Žebera K.: Die Geologie in der Gebiets- und Siedlungsplanung, Geotechnica, Prag 1947 (tschechisch).

Žebera K.: Geologie der Wohnsiedlungen und deren aktuelle Aufgaben, Anthropozoicum Nr. 5, Prag 1956 (tschechisch).

AUTORENVERZEICHNIS

C

D

H

L

M

N

O

T

U

V

W

Z

Kolibri 360 GmbH
Ferdinand-Jühlke-Straße 7
99095 Erfurt, Deutschland
produktsicherheit@kolibri360.de